U0310913

普通高等教育“十三五”规划教材

大学物理教程

主　编　严导淦　易江林

副主编　刘浩广　王海威

参　编　肖文波　肖慧荣

颜　超　海　霞

刘　彬　冯翠娣

机械工业出版社

本书根据教育部颁布的《理工科类大学物理课程教学基本要求》，结合编者多年教学改革和实践经验，并参阅大量相关资料编写而成．书中的部分章节体现了对传统大学物理内容的一些调整，阅读材料紧跟大学物理知识在现代科研方向的应用，丰富了教材内容．本书各章中例题的选编力求题目形式多样，涵盖知识点广泛，紧紧围绕教材的基本内容，凸显基本概念和基本计算，有利于学生巩固和深化所学内容．本书主要内容有力学、电磁学、机械振动与机械波、波动光学、热力学和量子物理简介等，每章列有习题，部分习题附有答案．

本书可作为工科大学各专业的大学物理少学时公共课程的教材，也可作为大专院校相关专业的教材或参考书．

图书在版编目（CIP）数据

大学物理教程/严导淦，易江林主编．—北京：机械工业出版社，2016.1

普通高等教育“十三五”规划教材

ISBN 978-7-111-52600-1

Ⅰ.①大…　Ⅱ.①严…②易…　Ⅲ.①物理学-高等学校-教材　Ⅳ.①O4

中国版本图书馆 CIP 数据核字（2015）第 308016 号

机械工业出版社（北京市百万庄大街 22 号　邮政编码 100037）

策划编辑：李永联　冯国华　责任编辑：李永联

责任校对：杜雨霏　　　　　封面设计：马精明

责任印制：乔　宇

保定市中画美凯印刷有限公司印刷

2016 年 2 月第 1 版第 1 次印刷

184mm×260mm・26.75 印张・660 千字

标准书号：ISBN 978-7-111-52600-1

定价：48.50元

前 言

自然界是由各种形态的物质所组成的．它们都是在相互联系和相互作用下，通过能量的交换和传递而处于永恒的运动中．因此，物质、运动、相互作用和能量是我们认识自然界的基本着眼点．

物理学是研究不同层次的物质结构和物质运动的最基本、最普遍规律的一门自然科学．正如1999年3月于美国亚特兰大召开的第23届纯粹物理和应用物理联合会代表大会所指出的：“物理学——研究物质、能量和它们的相互作用的学科，是一项国际事业，它对人类未来的进步起着关键的作用．”

物理学所研究的运动形式包括机械运动、分子热运动、电磁运动、原子和原子核内粒子的运动等．这些运动及其基本规律普遍反映在其他较高级、较复杂的物质运动形式之中．例如，自然界中所发生的一切运动过程，无论是物理的、化学的、生物的、工程的，都遵从能量转换与守恒定律．因而，物理学就成为其他自然科学和工程技术的重要基础，而许多科学技术和生产领域也都广泛应用着物理学中的力学、热学、电磁学、光学和近代物理等各方面的基本知识和基本理论．可以认为，物理学是当代其他自然科学和工程技术的重要支柱，也是科技创新的催化剂．

可以预期，如果我们能够扎实而系统地理解和掌握物理学的基本知识、基本理论和基本技能，并从中逐步领会物理学的思想方法，充分利用物理学在工程技术中的新成就，必将推动我们今后所从事的专业及早进入现代化的行列．

总而言之，面临着人类文明由工业化进入信息化的新时代，在理工科学生的知识结构中，物理学具有不可替代的奠基作用，并对当代工程技术具有举足轻重的导向作用．

本书是依据编者多年的教学实践，根据教育部颁布的《理工科类大学物理课程教学基本要求》编写而成的。针对目前高校课程改革和压缩课时的现状，在编写中对一些内容进行了整合，尽量压缩篇幅，同时在内容上涵盖了大学生应掌握和了解的大学物理知识．书中的阅读材料和冠有“*”的章节可供教师根据课时数和专业的需要选用．

本书由严导淦教授、易江林教授任主编，刘浩广、王海威任副主编．此外，参加本书编写的人员还有肖文波、肖慧荣、颜超、海霞、刘彬和冯翠娣等．

本书在编写过程中，还得到了其他老师的大力支持．同时，编者们还参阅了国内外许多教材的有关资料，受益匪浅，在此一并表示诚挚的谢意．

书中难免有疏漏和不妥之处，期望读者不吝赐正．

编 者

目　录

[自测题] 如果不用皮尺去测量，你能否利用已学过的高中物理知识，从理论上拟订一个估测上海市杨浦大桥净空高度（即桥面离黄浦江正常水位的高度）的最简单方案？（请参阅本章习题1-14）

第1章 质点运动学与牛顿定律

1.1 质点 参考系 时间和空间

1.1.1 质点

从本章开始，我们首先研究力学．**力学是研究物体机械运动及其规律的一门学科**，它包括运动学和动力学两部分内容．

所谓**机械运动**，是指**一个物体相对于另一个物体或组成一个物体的各部分之间发生的相对位置的变动**．例如：宇宙间的天体运动、机器中各部件的运转、物质材料受外力作用而发生的形状和大小的改变、甚至人们的举手投足等，都是机械运动．

在研究物体的机械运动时，**如果物体的形状和大小不影响物体的运动，或其影响甚微**，那么，就可以**将物体看作是没有形状和大小，而只拥有物体全部质量的一个点**，称为**质点**．所以，质点是将真实物体经过简化、抽象后的一个**物理模型**．例如，在地球绕太阳公转的同时，尚有自转，因而地球上各处的运动情况迥异．但是，由于地球到太阳的距离约为地球半径的两万多倍，所以相对于太阳而言，地球上各点的运动状态差异甚小，因而在研究地球绕太阳的公转时，也可将地球视作质点．

顺便指出，如果物体的形状和大小相对于其运动空间而言，不能视作质点，**但物体各点的运动状态相同**，那么，我们就把物体的这种运动称为**平动**，并可用**其上任一点的运动代替该物体的整体运动**．例如，局限于内燃机汽缸内的活塞，在曲柄连杆驱动下做往复运动，就是一种平动．

当然，对同一个物体能否视作质点，应针对具体问题进行具体分析．例如，研究地球绕轴自转时，就不能将地球视作质点来研究了．

综上所述，推而广之，今后我们在研究物理现象时，往往抓住其主要因素，撇开次要因素，把复杂的研究对象及其演变过程简化成**理想化的物理模型**，以便能更深刻地凸现问题的本质．理想化模型方法不仅是物理学中一种重要的研究方法，也是引领科技工作者去探索和解决实际问题的一种有效途径．读者通过本课程的学习，应逐步加以领会和掌握．

1.1.2 参考系

宇宙万物皆处于永恒的运动之中，这就是**运动的绝对性**．就机械运动而言，为了描述物体位置的变动，总是相对于另一个作为参考的物体来考察的. 这个被作为参考的物体称为**参考系**.

显然，选择不同的参考系，同一个物体的运动将相应地有不同的描述，这就是**描述物体的运动具有相对性**. 例如，一人坐在做匀速直线运动的列车中，若以列车为参考系，此人是静止的，而以地面为参考系，此人随车做同样的匀速直线运动. 由此可见，研究某个物体的运动，必须确认是对哪个参考系而言的.

在运动学中，参考系的选择可以是任意的，选择的原则应是在问题的性质和情况允许的前提下，力求使运动的描述和处理简单方便. 例如，研究地面上物体的运动，通常选地面（即地球）为参考系最为方便. 又如，研究行星运动时，则宜选太阳为参考系，有助于简化处理问题.

1.1.3　坐标系　时间和空间

在选定参考系后，为了描述物体在不同时刻所到达的空间位置，可以在参考系上任取一点 O 作为**参考点**，建立一个**坐标系**. 最常用的是**直角坐标系**. 一般在认定的参考系上以任选的参考点 O 作为坐标系的原点，并作相互垂直的 Ox 轴、Oy 轴和 Oz 轴，从而建构成空间直角坐标系 $Oxyz$. 于是，质点在空间的位置就可用 x、y、z 三个坐标来表示. 若质点在一个平面上运动，类似地，可在这个平面上作平面直角坐标系 Oxy，用 x、y 两个坐标就可以表示它在平面上的位置. 当质点做直线运动时，可以沿该直线作 Ox 轴，只需用一个坐标 x 就可表示它的位置. 这样，借助于参考系，利用坐标系，便可定量描述运动物体的空间特征.

把运动物体在空间所经历的一系列位置，按物体到达的迟、早相应地用数字大小排列成一个序列，这个数字就称为**时刻**. **时刻是描述物体运动位置到达迟、早的物理量**，它是标量，记作 t.

时间则是描述物体运动过程长短的物理量. 设物体在运动过程中先、后到达两个位置 P、Q，所对应的时刻分别为 t_0 和 t，则物体从位置 P 运动到位置 Q 所经历的时间为 $\Delta t = t - t_0$. 倘若我们选择物体在起始位置的时刻 $t_0 = 0$，则 $\Delta t = t$. 在这种情况下，时间的量值 Δt 就是时刻的量值 t. 今后，我们在习惯上常常这么说，运动物体的空间位置随时间 t 的变更而改变，就是从上述这个意义上来说的. 这里，时间 t 既具有时刻的含义，也具有与某起始位置的零时刻之间的时间间隔的含义.

坐标的大小通常用几何上的长度来标示. 在国际单位制（SI）中，长度的单位是 m（米），也常用 km（千米）、cm（厘米）等. 时刻和时间的单位都是 s（秒），有时也用 min（分）、h（小时）、d（天）或 a（年）做单位.

> 注意：今后为简便起见，凡是说到“国际单位制”，都用它的代号“SI”表示；并认定各个物理量的单位皆用相应的基本单位及其导出单位或组合单位.

值得指出，由于坐标系（连同所配置的尺和钟）固连于被选作参考系的物体上，因而质点相对于坐标系的运动就是相对于参考系的运动. 这意味着一旦建立了坐标系，实际上就暗示参考系已经选定. 今后，在我们的心目中，往往把坐标系等同于参考系，不加区分.

问题 1-1　为了测量一艘货轮在大海中的航速，可否将此货轮看作质点？若要观察此货轮驶近码头停泊时的运动情况，这时将货轮看作质点是否正确？

问题1-2（1）　何谓参考系和坐标系？为什么要引入这些概念？脱离参考系能否说出悬浮在蓝天白云间的一只气球的位置？

（2）魏武帝曹操在《短歌行》一诗中有两句诗："月明星稀，乌鹊南飞。"这究竟是对哪个参考系而言的？

（3）如问题1-2（3）图所示，为了测定飞机的飞行性能，常需把所设计的飞机按有关原理制作成实物模型，安置在风洞中进行实验．飞机模型相对于风洞及地面是静止的．在风扇驱动的高速气流通过风洞的同时，试问飞机模型相对于哪个参考系在做高速飞行？

（4）当载有卫星的火箭腾空起飞时，以地面为参考系，卫星是运动的；以火箭为参考系，卫星是静止的。这是为什么？

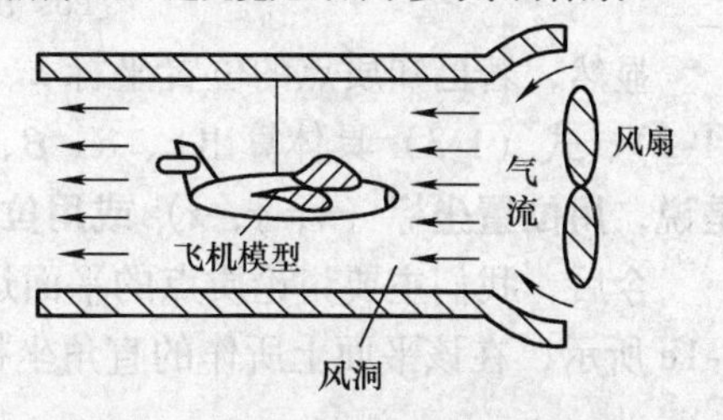

问题1-2（3）图　飞机风洞实验

1.2　位矢　位移和路程

1.2.1　位矢

如图1-1a所示，在参考系上任意取定一个**参考点** O，从 O 点指向质点在某一时刻的位置 P，作一矢量 $\boldsymbol{r}$，称为质点在该时刻的**位置矢量**，简称**位矢**．位矢 $\boldsymbol{r}$ 的长度 $|\boldsymbol{r}|$ 表示质点离参考点 O 的远近，即 $|\boldsymbol{r}|=OP$；其方向自 O 指向 P，表示质点相对于参考点 O 的方位．

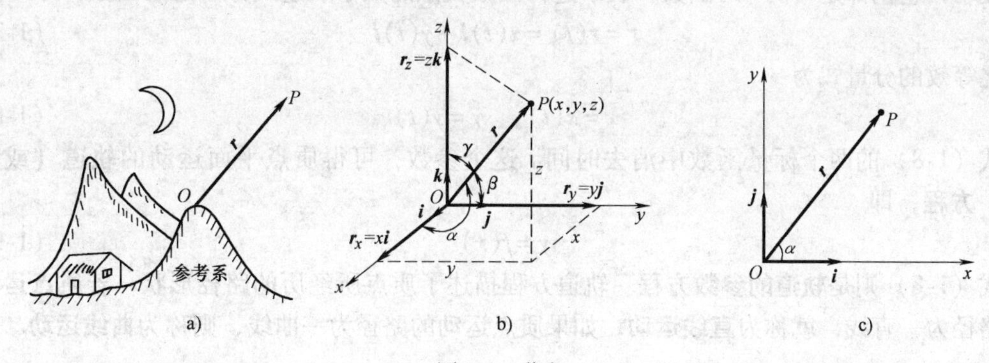

图1-1　位矢

为了便于定量计算，如图1-1b所示，可在参考系上作一个以 O 为原点的空间直角坐标系 $Oxyz$，各轴的正方向分别用相应单位矢量 $\boldsymbol{i}$、$\boldsymbol{j}$、$\boldsymbol{k}$ 标示．这样，P 点的位置坐标 x、y、z 就是该点位矢 $\boldsymbol{r}$ 分别沿 Ox、Oy、Oz 轴上的分量，而 $x\boldsymbol{i}$、$y\boldsymbol{j}$、$z\boldsymbol{k}$ 则为位矢 $\boldsymbol{r}$ 的三个分矢量．由此便可写出位矢 $\boldsymbol{r}$ 在空间直角坐标系 $Oxyz$ 中的正交分解式，即

$$\boldsymbol{r}=x\boldsymbol{i}+y\boldsymbol{j}+z\boldsymbol{k} \tag{1-1}$$

由位矢 $\boldsymbol{r}$ 的分量，即 P 点的坐标 x、y、z，可以求位矢 $\boldsymbol{r}$ 的大小和方向．其大小为正的标量，即

$$r=|\boldsymbol{r}|=\sqrt{x^2+y^2+z^2} \tag{1-2}$$

其方向可用位矢 $\boldsymbol{r}$ 分别与 x、y、z 轴所成的夹角（称为**方向角**）α、β、γ 表示，方向角的余弦称为 $\boldsymbol{r}$ 的**方向余弦**，即

$$\cos\alpha = \frac{x}{r}, \quad \cos\beta = \frac{y}{r}, \quad \cos\gamma = \frac{z}{r} \tag{1-3}$$

并且，读者不难自行证明：式（1-3）的三个方向余弦存在着如下的关系式：

$$\cos^2\alpha + \cos^2\beta + \cos^2\gamma = 1 \tag{1-4}$$

显然，若已知质点的位置坐标 x、y、z，则该位矢便可由式（1-1）表示，并可借式（1-2）、式（1-3）具体算出 r、α、β、γ，从而确定位矢的大小和方向. 反之亦然. 也就是说，**用位置坐标（x，y，z）或用位矢 $\boldsymbol{r}$ 来描述质点的位置是等价的.**

今后，我们主要讨论质点的平面运动和直线运动. 当质点在同一平面内运动时，如图1-1c 所示，在该平面上所作的直角坐标系 Oxy 中，其位矢 $\boldsymbol{r}$ 为

$$\boldsymbol{r} = x\boldsymbol{i} + y\boldsymbol{j}$$

$\boldsymbol{r}$ 的大小为

$$r = |\boldsymbol{r}| = \sqrt{x^2 + y^2} \tag{1-5}$$

$\boldsymbol{r}$ 的方向可用它与 Ox 轴的夹角 α 表示，即

$$\alpha = \arctan\frac{y}{x} \tag{1-6}$$

1.2.2 运动函数 轨道方程

当质点做平面运动时，其位矢 $\boldsymbol{r}$ 或其在坐标系 Oxy 中相应的坐标 x、y 一般皆随时间 t 而变动，它们都是时间 t 的函数. 表示这种函数关系的数学表达式称为**运动函数**，即

$$\boldsymbol{r} = \boldsymbol{r}(t) = x(t)\boldsymbol{i} + y(t)\boldsymbol{j} \tag{1-7}$$

与之等效的分量式为

$$x = x(t), \quad y = y(t) \tag{1-8}$$

从式（1-8）的两个标量函数中消去时间 t 这个参数，可得质点平面运动的**轨道（或轨迹）方程**，即

$$y = f(x) \tag{1-9}$$

而式（1-8）则是**轨道的参数方程**. 轨道方程描述了质点所经历的路径形状. 若质点运动的路径为一直线，就称为**直线运动**；如果质点运动的路径为一曲线，则称为**曲线运动**.

1.2.3 位移和路程

设质点做平面运动，在时刻 t 位于 P 点，在时刻 $t+\Delta t$ 运动到 Q 点，则从 P 点指向 Q 点的矢量 $\Delta\boldsymbol{r}$ 称为 **t 到 $t+\Delta t$ 这段时间内的位移**，如图 1-2 所示，有

$$\Delta\boldsymbol{r} = \boldsymbol{r}_2 - \boldsymbol{r}_1 = (x_2 - x_1)\boldsymbol{i} + (y_2 - y_1)\boldsymbol{j} \tag{1-10}$$

式中，$\boldsymbol{r}_1$、$\boldsymbol{r}_2$ 分别为始点 P 和终点 Q 的位矢. 相应地，在平面直角坐标系 Oxy 中的位置坐标分别为（x_1，y_1）、（x_2，y_2）. **位移 $\Delta\boldsymbol{r}$ 是矢量**，其大小表示质点位置的变动程度，其方向反映质点位置的变动趋向.

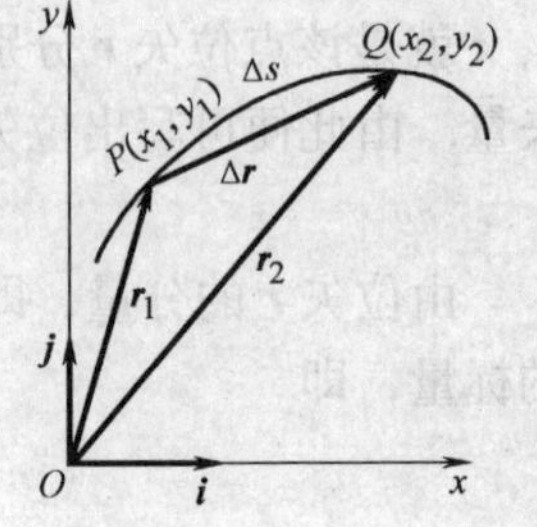

图 1-2 位移

事实上，位移描述了质点在某段时间内始、末位置变动的总效果，它并不一定能反映质点在始、末位置之间所经历路径

的实际行程．我们把**质点运动所经历的实际行程的长度**，称为**路程**．路程是一个正的标量．如图1-2所示，质点沿曲线运动时，与位移 $\Delta\boldsymbol{r}$ 对应的路程是弧长 Δs，而位移的大小 $|\Delta\boldsymbol{r}|$ 则是对应于这段弧的弦长．显然，$|\Delta\boldsymbol{r}|\neq\Delta s$.

位移的大小和路程的单位都是m（米），有时也用km（千米）、cm（厘米）等作为单位.

问题1-3　（1）试述位移和路程的意义及其区别.

（2）若汽车沿平直公路（作为 Ox 轴）从 O 点出发行驶了2000m到达 B 点，又折回到 OB 的中点 C．求汽车行驶的路程和位移．（答：（2）3000m，$\Delta\boldsymbol{r}=(1000\mathrm{m})\boldsymbol{i}$）

问题1-4　设在湖面上的坐标系 Oxy 中，小艇的运动函数为 $\boldsymbol{r}=(2t)\boldsymbol{i}+(3-8t^2)\boldsymbol{j}$ (SI)．求轨道方程．（答：$y=3-2x^2$，即小艇在湖面上沿抛物线轨道运动）

问题1-5　一滚珠在竖直平板内的直角坐标系 Oxy 中循一凹槽滚动，其运动函数为 $\boldsymbol{r}=(\cos\pi t)\boldsymbol{i}+(\sin\pi t)\boldsymbol{j}$ (SI)，求证：滚珠在竖直平板内沿半径为1m的圆周轨道运动，并求在 $t_0=0$ 到 $t_1=1\mathrm{s}$ 之间滚珠的位移．（答：$\Delta\boldsymbol{r}=(-2\mathrm{m})\boldsymbol{i}$）

1.3　速度　加速度

1.3.1　速度　平均速度

设质点按运动规律 $\boldsymbol{r}=\boldsymbol{r}(t)$ 沿曲线轨道 C 运动（图1-3），某时刻 t 位于 P 点，其位矢为 $\boldsymbol{r}_P=\boldsymbol{r}(t)$；往后在 $t+\Delta t$ 时刻，运动到了 Q 点，其位矢为 $\boldsymbol{r}_Q=\boldsymbol{r}(t+\Delta t)$，则在时间 Δt 内，质点的位移为 $\Delta\boldsymbol{r}=\boldsymbol{r}(t+\Delta t)-\boldsymbol{r}(t)$，而**位移 $\Delta\boldsymbol{r}$ 与所需时间 Δt 之比为 $\Delta\boldsymbol{r}/\Delta t$**，就是质点在时间 Δt 内的**平均速度**，以 $\overline{\boldsymbol{v}}$ 表示，即

$$\overline{\boldsymbol{v}}=\frac{\Delta\boldsymbol{r}}{\Delta t}\tag{1-11}$$

式中，位移 $\Delta\boldsymbol{r}$ 是矢量，而 Δt 是正的标量，则所得的平均速度仍是矢量．**其方向与位移 $\Delta\boldsymbol{r}$ 的方向相同，其大小等于 $|\Delta\boldsymbol{r}|/\Delta t$.**

1.3.2　瞬时速度　瞬时速率

平均速度只是粗略地反映了在某段时间内（或某段路程中）质点位置变动的快慢和方向．为了细致地描述质点在某一时刻（或相应的某一位置）的运动情况，应使所取的时间 Δt 尽量缩短并趋向于零；与此同时，$\Delta\boldsymbol{r}$ 的大小（即图1-3中的弦 PQ 的长度）也逐渐缩短而趋近于零，这时，质点的位置从 Q 点经 Q_1、Q_2、…就越来越接近 P 点；于是位移 $\Delta\boldsymbol{r}$ 的方向以及平均速度 $\Delta\boldsymbol{r}/\Delta t$ 的方向也相应地从 $\overrightarrow{PQ}$ 改变到 $\overrightarrow{PQ_1}$、$\overrightarrow{PQ_2}$、…的方向，并逐渐趋向于 P 点的切线方向．这样，质点在某一时刻 t（或相应的位置 P）的运动情况便可用 **$\Delta t\to0$ 时平均速度 $\Delta\boldsymbol{r}/\Delta t$ 所取的极限**（包括大小和方向的极限）——**瞬时速度**（简称**速度**）$\boldsymbol{v}$ 来描述，即

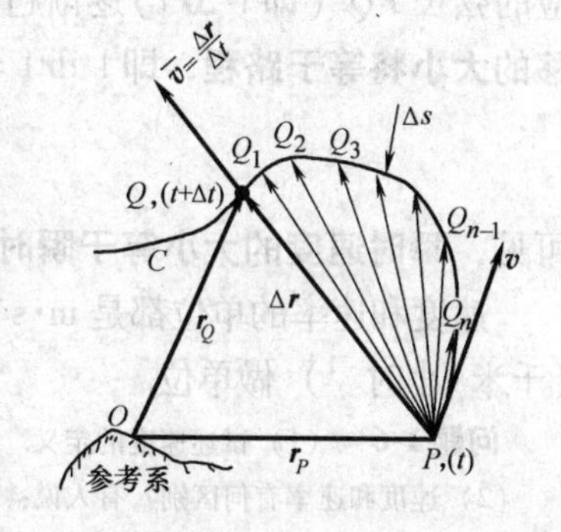

图1-3　速度

$$\boldsymbol{v}=\lim_{\Delta t\to 0}\frac{\Delta \boldsymbol{r}}{\Delta t}=\frac{\mathrm{d}\boldsymbol{r}}{\mathrm{d}t} \tag{1-12}$$

这一极限就是位矢 $\boldsymbol{r}$（矢量）对时间 t（标量）的导数 $\mathrm{d}\boldsymbol{r}/\mathrm{d}t$，称为**矢量导数**.

由于矢量导数仍是一个矢量，**故速度是矢量**. **速度方向沿着轨道上质点在该时刻所在点的切线，指向质点运动前进的一方；其大小为**

$$|\boldsymbol{v}|=\left|\frac{\mathrm{d}\boldsymbol{r}}{\mathrm{d}t}\right|=\frac{|\mathrm{d}\boldsymbol{r}|}{\mathrm{d}t} \tag{1-13}$$

需要指出，质点在任一时刻的位矢和速度，表述了质点在该时刻位于何处、朝着什么方向以多大的速率离开该处. 所以，位矢 $\boldsymbol{r}$ 和速度 $\boldsymbol{v}$ 是全面描述**质点运动状态**的两个物理量，缺一不可. 通常，我们把质点在起始时刻（$t=0$）的运动状态（其位矢为 $\boldsymbol{r}_0$、速度为 $\boldsymbol{v}_0$）称为质点运动的**初始条件**，记作：$t=0$ 时，$\boldsymbol{r}=\boldsymbol{r}_0$，$\boldsymbol{v}=\boldsymbol{v}_0$.

通常，我们还引用速率这一物理量，它描述质点运动的快慢，而不涉及质点的运动方向. 在图 1-3 中，质点在 Δt 时间内所通过的路程为曲线段 $\widehat{PQ}$ 的弧长 Δs，则 **Δs 与 Δt 之比**叫作在时间 Δt 内质点的**平均速率**，记作 $\bar{v}$，即

$$\bar{v}=\frac{\Delta s}{\Delta t}$$

当 $\Delta t\to 0$ 时，平均速率的极限称为质点运动的**瞬时速率**（简称**速率**），记作 v，即

$$v=\lim_{\Delta t\to 0}\frac{\Delta s}{\Delta t}=\frac{\mathrm{d}s}{\mathrm{d}t} \tag{1-14}$$

平均速率是正的标量，而平均速度是矢量，两者不能等同看待；纵然是平均速度的大小，一般来说，与平均速率也不尽相等. 这是因为时间 Δt 内的位移的大小 $|\Delta\boldsymbol{r}|$ 一般不等于相应的路程 Δs.

然而，当 $\Delta t\to 0$ 时，我们从图 1-3 中的质点位置演变过程来推想，这时 Q 点趋向于 P 点，相应的位移 $\Delta\boldsymbol{r}$ 将趋向**位移元** $\mathrm{d}\boldsymbol{r}$（即位矢 $\boldsymbol{r}$ 的微分），$\mathrm{d}\boldsymbol{r}$ 的方向为 $\Delta t\to 0$ 时 $\Delta\boldsymbol{r}$ 的极限方向，即沿轨道在 P 点的切线方向；与此同时，路程 Δs 将趋近于轨道曲线的一段**线元** $\mathrm{d}s$. 由于这时轨道曲线段 $\widehat{PQ}$ 的弧长 Δs 与对应的弦长 PQ（即 $|\Delta\boldsymbol{r}|$）逐渐趋于相等，所以，**当 $\Delta t\to 0$ 时，位移的大小将等于路程**，即 $|\mathrm{d}\boldsymbol{r}|=\mathrm{d}s$，因而

> "线元"是指曲线上的一段微分直线段，整条曲线可以看成由无限多段的线元连接而成.

$$|\boldsymbol{v}|=\left|\frac{\mathrm{d}\boldsymbol{r}}{\mathrm{d}t}\right|=\frac{\mathrm{d}s}{\mathrm{d}t}=v \tag{1-15}$$

可见，**瞬时速度的大小等于瞬时速率**.

速度和速率的单位都是 $\mathrm{m\cdot s^{-1}}$（米·秒$^{-1}$）；有时也常用 $\mathrm{cm\cdot s^{-1}}$（厘米·秒$^{-1}$）、$\mathrm{km\cdot h^{-1}}$（千米·小时$^{-1}$）做单位.

问题 1-6 （1）试述速度的定义.

（2）速度和速率有何区别？有人说："一辆汽车的速度可达 $75\mathrm{km\cdot h^{-1}}$，它的速率为向东 $75\mathrm{km\cdot h^{-1}}$". 你觉得这种说法有何不妥？

（3）设一质点做平面曲线运动，其瞬时速度为 $\boldsymbol{v}$，瞬时速度为 v，平均速度为 $\bar{\boldsymbol{v}}$，平均速度为 $\bar{v}$. 试问它们之间的下列四种关系中哪一种是正确的？

(A) $|\boldsymbol{v}|=v$，$|\bar{\boldsymbol{v}}|=\bar{v}$；(B) $|\boldsymbol{v}|\neq v$，$|\bar{\boldsymbol{v}}|=\bar{v}$；(C) $|\boldsymbol{v}|=v$，$|\bar{\boldsymbol{v}}|\neq\bar{v}$；(D) $|\boldsymbol{v}|\neq v$，$|\bar{\boldsymbol{v}}|\neq\bar{v}$（答：C）.

例题 1-1　如例题 1-1 图所示，一质点在坐标系 Oxy 的第一象限内运动，轨道方程为 $xy=16$，且 x 随时间 t 的变动规律为 $x=4t^2(t\neq 0)$. 这里，x、y 以 m 计，t 以 s 计. 求质点在 $t=1\mathrm{s}$ 时的速度.

例题 1-1 图

解　质点运动函数沿 Ox 轴的分量式为

$$x=4t^2 \tag{a}$$

将式（a）代入轨道方程 $xy=16$ 中，可得质点运动函数沿 Oy 轴的分量式为

$$y=4t^{-2}\quad (t\neq 0) \tag{b}$$

显然，质点做平面运动，其运动函数的矢量正交分解式为

$$\boldsymbol{r}=(4t^2)\boldsymbol{i}+(4t^{-2})\boldsymbol{j} \tag{c}$$

把式（c）对时间 t 求导，便得质点在任一时刻的速度，即

$$\boldsymbol{v}=\frac{\mathrm{d}\boldsymbol{r}}{\mathrm{d}t}=(8t)\boldsymbol{i}+(-8t^{-3})\boldsymbol{j} \tag{d}$$

当 $t=1\mathrm{s}$ 时，由式（d）可得速度 $\boldsymbol{v}$ 的两个分量分别为

$$v_x=(8\times 1)\mathrm{m\cdot s^{-1}}=8\mathrm{m\cdot s^{-1}},\qquad v_y=-(8\times 1^{-3})\mathrm{m\cdot s^{-1}}=-8\mathrm{m\cdot s^{-1}}$$

这时，质点速度 $\boldsymbol{v}$ 的大小为

$$v=\sqrt{v_x^2+v_y^2}=\sqrt{(8\mathrm{m\cdot s^{-1}})^2+(-8\mathrm{m\cdot s^{-1}})^2}=8\sqrt{2}\mathrm{m\cdot s^{-1}}=11.31\mathrm{m\cdot s^{-1}}$$

在质点做平面运动的情况下，速度 $\boldsymbol{v}$ 的方向仅需用它与 Ox 轴所成的夹角 θ 表示，如例题 1-1 图所示，即

$$\theta=\arctan\frac{v_y}{v_x}=\arctan\frac{-8\mathrm{m\cdot s^{-1}}}{8\mathrm{m\cdot s^{-1}}}=\arctan(-1)=-45°$$

1.3.3　相对运动

通常，我们在描述物体的运动时，选地面或相对于地面静止的物体（如山峦、房舍等）作为参考系. 但是，有时为了方便起见，往往也改选相对于地面运动的物体（例如行驶着的车、船等）作为参考系. 这时，由于参考系的变换，就要考虑物体相对于不同参考系的运动及其相互关系，这就是**相对运动**问题.

通常，可先选定一个**基本参考系** K（例如地球），如果另一个参考系 K′相对于基本参考系 K 在运动，则称之为**运动参考系**（例如一架飞行着的飞机）. 如图 1-4 所示，坐标系 $Oxyz$ 和 $O'x'y'z'$分别是建立在参考系 K 和 K′上的坐标系.

设一运动物体 P 在某一时刻相对于参考系 K 和 K′的位置，可分别用位矢 $\boldsymbol{r}$ 和 $\boldsymbol{r}'$表示；而运动参考系 K′上的原点 O'在基本参考系 K 中的位矢为 $\boldsymbol{r}_0$，从图 1-4 中可见，它们之间有如下关系：

$$\boldsymbol{r}=\boldsymbol{r}_0+\boldsymbol{r}'$$

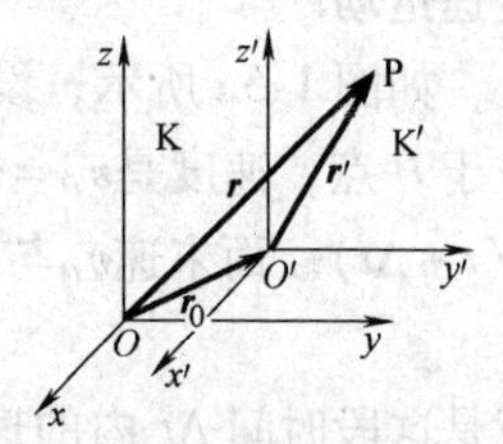

图 1-4　相对运动

将上式对时间 t 求导，得

$$\frac{\mathrm{d}\boldsymbol{r}}{\mathrm{d}t}=\frac{\mathrm{d}\boldsymbol{r}_0}{\mathrm{d}t}+\frac{\mathrm{d}\boldsymbol{r}'}{\mathrm{d}t}$$

式中，$\mathrm{d}\boldsymbol{r}/\mathrm{d}t$ 是在基本参考系 K 中观察到的物体速度，称为物体的**绝对速度**，用 $\boldsymbol{v}$ 表示；$\mathrm{d}\boldsymbol{r}'/\mathrm{d}t$ 是在运动参考系 K′中观察到的物体速度，称为物体的**相对速度**，用 $\boldsymbol{v}_\mathrm{r}$ 表示；$\mathrm{d}\boldsymbol{r}_0/\mathrm{d}t$ 是运动参考系 K′自身相对于基本参考系 K 的速度，称为物体的**牵连速度**，用 $\boldsymbol{v}_0$ 表示. 于是，可得物体在不同参考系之间的三者速度之间的关系式为

$$\boldsymbol{v}=\boldsymbol{v}_\mathrm{r}+\boldsymbol{v}_0 \tag{1-16}$$

即绝对速度等于相对速度与牵连速度之矢量和.

例题1-2 如例题1-2图，滚滚长江东流水，流速为$v_1 = 4\ \mathrm{m \cdot s^{-1}}$，一船在长江中以航速$v_2 = 3\ \mathrm{m \cdot s^{-1}}$向正北方向行驶，则岸上的人将看到船以多大的速率$v$、朝什么方向在航行？

解 以岸为基本参考点K，江水是运动参考系K′，船是运动物体. 江水对岸的流速$\boldsymbol{v}_1$是牵连速度，船在水中的航速$\boldsymbol{v}_2$是相对速度. 岸上的人观察到的船相对于岸的速度$\boldsymbol{v}$是绝对速度，按式（1-16），有

$$\boldsymbol{v} = \boldsymbol{v}_2 + \boldsymbol{v}_1$$

根据上式所给出的矢量合成图，可得绝对速度的大小和方向分别为

$$v = \sqrt{(3\ \mathrm{m \cdot s^{-1}})^2 + (4\ \mathrm{m \cdot s^{-1}})^2} = 5\ \mathrm{m \cdot s^{-1}}$$

$$\theta = \arctan\frac{v_2}{v_1} = \arctan\frac{3\ \mathrm{m \cdot s^{-1}}}{4\ \mathrm{m \cdot s^{-1}}} = 36.87°$$

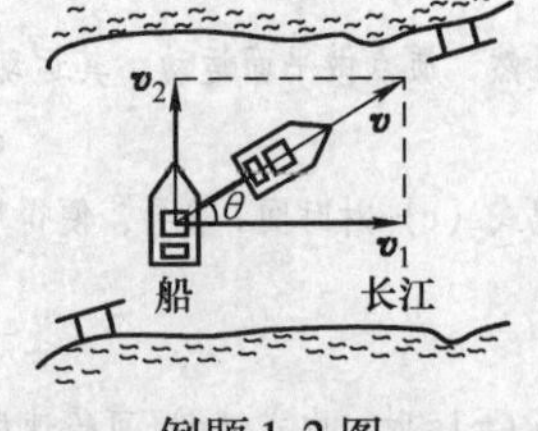

例题1-2图

问题1-7 （1）一人坐在行驶的汽车中，看到后面超车的汽车速度较实际速度慢，而看到迎面驶来的汽车速度较实际速度快. 为什么？

（2）火车向东做匀速直线运动，从车内的桌上自由落下一球，问站在车上和地面上的人看这球在下落过程中，各做什么运动？又问：雨点竖直下降时，在行驶的火车中的乘客为什么看到雨点是倾斜落下的？

最后，应当指出，若在地球上以很高的速度发射火箭，此后在该火箭上又以高速发射第二级火箭，…，那么原则上，只要火箭级（枚）数足够多，我们就可由式（1-16）获得任意大的速度. 可是，相对论（见后面第5章）指出，自然界中最大的速度是真空中的光速c（$c = 3 \times 10^8\ \mathrm{m \cdot s^{-1}}$），任何实物粒子及其组成的物体都不能超越这个极限速度. 因此，这意味着应用式（1-16）是有一定局限性的.

1.3.4 加速度

一般来说，速度$\boldsymbol{v}$的大小和方向都可能随时间t的改变而改变，故可以表示为矢量函数，即

$$\boldsymbol{v} = \boldsymbol{v}(t) \tag{1-17}$$

这表示质点做**变速运动**. 例如，当质点做曲线运动时，曲线轨道上各点的切线方向不同，也就是质点的速度方向在不断改变. 因此，不管其速度大小是否改变，**曲线运动总是一种变速运动.**

如图1-5a所示，设质点沿一曲线轨道，按速度$\boldsymbol{v} = \boldsymbol{v}(t)$做变速运动. 在时刻$t$，质点位于$P$点，速度是$\boldsymbol{v}_P = \boldsymbol{v}(t)$，经过时间$\Delta t$，在时刻$t + \Delta t$，质点位于$Q$点，速度变为$\boldsymbol{v}_Q = \boldsymbol{v}(t + \Delta t)$. 而末速$\boldsymbol{v}_Q$与初速$\boldsymbol{v}_P$的矢量差（图1-5b）

$$\Delta\boldsymbol{v} = \boldsymbol{v}_Q - \boldsymbol{v}_P = \boldsymbol{v}(t + \Delta t) - \boldsymbol{v}(t) \tag{1-18}$$

就是这段时间Δt内的**速度增量**，它表示时间Δt内质点运动速度（包括其大小和方向）的改变. 我们把**速度增量$\Delta\boldsymbol{v}$与所需时间Δt之比**称为质点从时刻t起所取一段时间Δt内的**平均加速度**，记作$\overline{\boldsymbol{a}}$，即

$$\overline{\boldsymbol{a}} = \frac{\Delta\boldsymbol{v}}{\Delta t} \tag{1-19}$$

由于$\Delta\boldsymbol{v}$是一个矢量，Δt是一个正的标量，则平均加速度$\overline{\boldsymbol{a}}$亦为一矢量，其方向与$\Delta\boldsymbol{v}$相同（图1-5b），大小为$|\overline{\boldsymbol{a}}| = |\Delta\boldsymbol{v}| / \Delta t$.

平均加速度一般因时刻t及所取时间Δt不同而异，所以，应指明是在哪一时刻开始

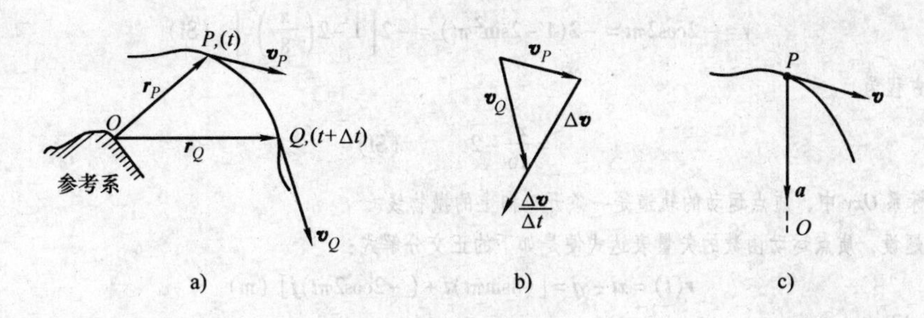

图1-5　曲线运动的加速度

所取的哪一段时间内的平均加速度.

为了给出质点在时刻 t（或位置）的瞬时加速度，可令 $\Delta t\to 0$，求平均加速度的极限，即为该时刻 t 的**瞬时加速度**，简称**加速度**，它是一个矢量，记作 $\boldsymbol{a}$，即

$$\boldsymbol{a}=\lim_{\Delta t\to 0}\frac{\Delta\boldsymbol{v}}{\Delta t}=\frac{\mathrm{d}\,\boldsymbol{v}}{\mathrm{d}t} \tag{1-20a}$$

因为 $\boldsymbol{v}=\mathrm{d}\boldsymbol{r}/\mathrm{d}t$，所以式（1-20a）也可写成

$$\boldsymbol{a}=\frac{\mathrm{d}^2\boldsymbol{r}}{\mathrm{d}t^2} \tag{1-20b}$$

即加速度等于速度对时间的一阶导数，或等于位矢对时间的二阶导数. 加速度矢量的大小为

$$a=|\boldsymbol{a}|=\lim_{\Delta t\to 0}\frac{|\Delta\boldsymbol{v}|}{\Delta t} \tag{1-20c}$$

其方向是 $\Delta t\to 0$ 时 $\Delta\boldsymbol{v}$ 的极限方向，如图1-5b所示，$\Delta\boldsymbol{v}$ 的方向以及它的极限方向一般不同于速度 $\boldsymbol{v}$ 的方向. 因而，加速度 $\boldsymbol{a}$ 的方向与同一时刻（或同一地点）的速度 $\boldsymbol{v}$ 的方向一般亦不相同. 也就是说，加速度一般并不沿曲线的切线方向，但从 $\Delta\boldsymbol{v}/\Delta t$ 趋于极限方向的演变过程来看，速度总是指向运动轨道曲线的凹侧（见图1-5c).

在SI中，速度大小的单位是 $\mathrm{m\cdot s^{-1}}$（米·秒$^{-1}$），则加速度的单位便是 $\mathrm{m\cdot s^{-2}}$（米·秒$^{-2}$）. 例如，自由落体的加速度（即重力加速度）$\boldsymbol{g}$ 的大小约为 $9.80\mathrm{m\cdot s^{-2}}$，其方向竖直向下.

问题1-8　(1) 试述加速度的定义，并问 $\mathrm{d}\boldsymbol{v}/\mathrm{d}t$ 与 $\mathrm{d}v/\mathrm{d}t$ 有何区别?

(2) 在某时刻，物体的速度为零，加速度是否一定为零? 加速度为零，速度是否一定为零? 速度很大，加速度是否一定很大? 加速度很大，速度是否一定很大? 试举例说明.

例题1-3　设一质点在水平面上所选的直角坐标系 Oxy 中的运动函数分量式为

$$x=8\sin\pi t,\ y=-2\cos 2\pi t \qquad \text{(SI)}$$

求:(1) 质点运动的轨道方程;(2) 在 $t=0$ 到 $t=1\mathrm{s}$ 这段时间内质点的位移;(3) 质点在 $t=1\mathrm{s}$ 时的速度和质点在 $t=1/2\mathrm{s}$ 时的加速度.

解　(1) 从运动函数的分量式

$$x=8\sin\pi t,\ y=-2\cos 2\pi t \quad \text{(SI)}$$

中消去时间 t，有

$$y = -2\cos 2\pi t = -2(1-2\sin^2\pi t) = -2\left[1-2\left(\frac{x}{8}\right)^2\right] \quad \text{(SI)}$$

从而得轨道方程为

$$y = \frac{x^2}{16} - 2 \qquad \text{(SI)}$$

所以，在坐标系 Oxy 中，质点运动的轨道是一条开口向上的抛物线.

(2) 按题设，质点运动函数的矢量表达式便是如下的正交分解式：

$$\boldsymbol{r}(t) = x\boldsymbol{i} + y\boldsymbol{j} = [(8\sin\pi t)\boldsymbol{i} + (-2\cos 2\pi t)\boldsymbol{j}]\ (\text{m}) \tag{a}$$

质点在 $t=0$ 时的位矢为

$$\boldsymbol{r}_1 = 8\sin(\pi\times 0)\boldsymbol{i} - 2\cos(2\pi\times 0)\boldsymbol{j} = -2\text{m}\boldsymbol{j}$$

质点在 $t=1\text{s}$ 时的位矢为

$$\boldsymbol{r}_2 = 8\sin(\pi\times 1)\boldsymbol{i} - 2\cos(2\pi\times 1)\boldsymbol{j} = (-2\text{m})\boldsymbol{j}$$

质点在 $t=0$ 到 $t=1\text{s}$ 这段时间内的位移为

$$\Delta\boldsymbol{r} = \boldsymbol{r}_2 - \boldsymbol{r}_1 = (-2\text{m})\boldsymbol{j} - (-2\text{m})\boldsymbol{j} = 0$$

(3) 今求式 (a) 对时间 t 的矢量导数，可得质点的速度为

$$\boldsymbol{v} = \frac{\text{d}\boldsymbol{r}}{\text{d}t} = \frac{\text{d}x}{\text{d}t}\boldsymbol{i} + \frac{\text{d}y}{\text{d}t}\boldsymbol{j} = [(8\pi\cos\pi t)\boldsymbol{i} + (4\pi\sin 2\pi t)\boldsymbol{j}]\ (\text{m}\cdot\text{s}^{-1}) \tag{b}$$

则 $t=1\text{s}$ 时的速度为

$$\boldsymbol{v}\big|_{t=1\text{s}} = (-8\pi\text{m}\cdot\text{s}^{-1})\boldsymbol{i} = (-25.13\text{m}\cdot\text{s}^{-1})\boldsymbol{i}$$

即质点在 $t=1\text{s}$ 时速度沿 Ox 轴负向，大小为 $25.13\text{m}\cdot\text{s}^{-1}$.

求式 (b) 对时间 t 的矢量导数，可得质点的加速度为

$$\boldsymbol{a} = \frac{\text{d}\boldsymbol{v}}{\text{d}t} = \frac{\text{d}v_x}{\text{d}t}\boldsymbol{i} + \frac{\text{d}v_y}{\text{d}t}\boldsymbol{j} = [(-8\pi^2\sin\pi t)\boldsymbol{i} + (8\pi^2\cos 2\pi t)\boldsymbol{j}]\ (\text{m}\cdot\text{s}^{-2}) \tag{c}$$

则 $t=1/2\text{s}$ 时的加速度为

$$\boldsymbol{a}\big|_{t=\frac{1}{2}\text{s}} = [(-8\pi^2)\boldsymbol{i} + (-8\pi^2)]\boldsymbol{j}\ (\text{m}\cdot\text{s}^{-2})$$

其大小为

$$|\boldsymbol{a}| = \sqrt{(-8\pi^2)^2 + (-8\pi^2)^2}\ \text{m}\cdot\text{s}^{-2} = 8\sqrt{2}\pi^2\text{m}\cdot\text{s}^{-2} = 111.66\text{m}\cdot\text{s}^{-2}$$

其方向可用 $\boldsymbol{a}$ 与 Ox 轴正向所成的夹角 θ 表示，即

$$\theta = \arctan\frac{a_y}{a_x} = \arctan\frac{-8\pi^2\text{m}\cdot\text{s}^{-2}}{-8\pi^2\text{m}\cdot\text{s}^{-2}} = \arctan 1 = 45°$$

注意 位矢、速度和加速度等物理量的大小和方向都是对某一时刻而言的，即它们都具有瞬时性，或者说，它们都是瞬时量；而位移、平均速度等都是对一段时间而言的，它们都是过程量.

说明 读者在求一个矢量时，可以具体算出其大小和方向；也可以只给出其正交分解式. 因为给出一矢量的正交分解式，意味着总是可由它的分量确切地求出该矢量的大小和方向.

例题 1-4 一机车的车轮无滑动地在水平轨道上滚动，轮缘上一点 P 所经过的轨道在例题 1-4 图示的坐标系 Oxy 中可用参数方程

$$x = R\omega t - R\sin\omega t, \quad y = R - R\cos\omega t$$

表示. 式中，R、ω 为正的恒量；t 为时间. 求 P 点在任一时刻的位矢、速度和加速度；并由此求出加速度的大小和方向.

解 已知轮缘上一点 P 的运动函数，则 P 点在任一时刻的位矢为

$$\boldsymbol{r} = x\boldsymbol{i} + y\boldsymbol{j} = (R\omega t - R\sin\omega t)\boldsymbol{i} + (R - R\cos\omega t)\boldsymbol{j}$$

速度为

$$\boldsymbol{v}=(\mathrm{d}x/\mathrm{d}t)\boldsymbol{i}+(\mathrm{d}y/\mathrm{d}t)\boldsymbol{j}=(R\omega-R\omega\cos\omega t)\boldsymbol{i}+(R\omega\sin\omega t)\boldsymbol{j}$$

加速度为

$$\boldsymbol{a}=(\mathrm{d}^2x/\mathrm{d}t^2)\boldsymbol{i}+(\mathrm{d}^2y/\mathrm{d}t^2)\boldsymbol{j}=(R\omega^2\sin\omega t)\boldsymbol{i}+(R\omega^2\cos\omega t)\boldsymbol{j}$$

其大小为

$$|\boldsymbol{a}|=[(R\omega^2\sin\omega t)^2+(R\omega^2\cos\omega t)^2]^{1/2}=R\omega^2$$

其方向可用与 Ox 轴所成夹角 θ 表示，即

$$\theta=\arctan\frac{a_y}{a_x}=\arctan\frac{R\omega^2\cos\omega t}{R\omega^2\sin\omega t}=\arctan(\cot\omega t)$$

故

$$\theta=k\pi+\pi/2-\omega t$$

按初始条件：$t=0$ 时，$\theta=\pi/2$，由上式可得 $k=0$，由此得

$$\theta=\pi/2-\omega t$$

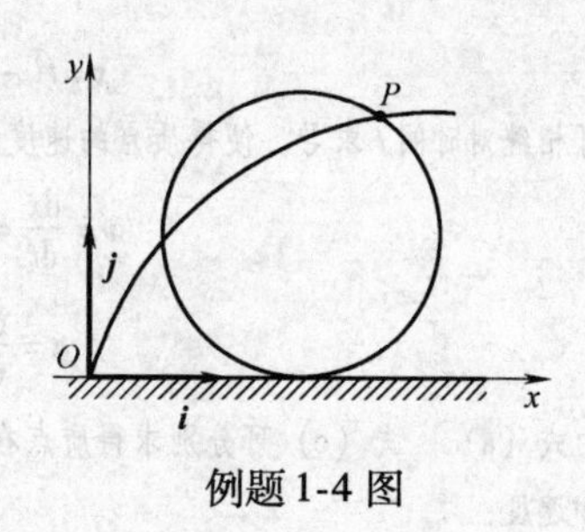

例题 1-4 图

问题 1-9　在下列情况中，哪几种运动是可能的？

（A）一物体的速度为零，但加速度不等于零；

（B）一物体的加速度方向朝西，与此同时，其速度的方向朝东；

（C）一物体具有恒定的速度和不等于零的加速度；

（D）一物体的加速度和速度都不是恒量.

1.4　直线运动

前述各节，我们引入了描述质点运动的一些物理量，如位矢、位移、速度和加速度等. 下面我们将讨论几种常见的运动. 本节先讨论质点的直线运动，这是一种较简单而又最基本的运动.

现在我们讨论直线运动的标量表述. 当质点相对于一定的参考系做直线运动时，只需沿此直线取 Ox 轴，并在其上选定一个合适的原点 O 和规定一个 Ox 轴的正方向，如图 1-6 所示. 于是，描述质点直线运动的位矢、位移、速度和加速度等物理量皆可用标量处理，它们的矢量性体现在其方向可用正、负来标示，即凡与选定的 Ox 轴正向一致者，取正值；反之则取负值. 这些标量式为

图 1-6　质点的直线运动

$$\left.\begin{aligned}&\text{运动函数} && x=x(t)\\ &\text{位移} && \Delta x=x_P-x_Q\\ &\text{速度} && v=\frac{\mathrm{d}x}{\mathrm{d}t}\\ &\text{加速度} && a=\frac{\mathrm{d}v}{\mathrm{d}t}=\frac{\mathrm{d}^2x}{\mathrm{d}t^2}\end{aligned}\right\}\qquad(1\text{-}21)$$

不难理解，做直线运动的质点，若其加速度 a 与速度 v 同号，即二者方向相同，则做加速运动；若二者异号，则做减速运动.

例题 1-5　一质点沿 Ox 轴做直线运动，其运动函数为

$$x=t^3-4t^2+10t+1\qquad(\mathrm{SI})$$

求：(1) 质点在 $t=0$、1s、2s 时的位矢、速度和加速度以及 $t=0$ 到 $t=2\mathrm{s}$ 内的平均速度；

(2) 质点的最小速度和相应的位置坐标，并绘出 v-t 图线.

解　(1) 由质点运动函数

$$x = t^3 - 4t^2 + 10t + 1 \qquad \text{(a)}$$

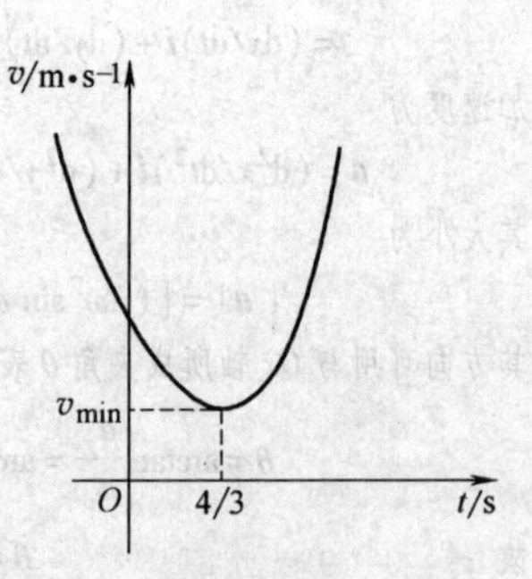

例题 1-5 图

可相继对时间 t 求导，便得质点的速度和加速度分别为

$$v = \frac{dx}{dt} = 3t^2 - 8t + 10 \qquad \text{(b)}$$

$$a = \frac{dv}{dt} = 6t - 8 \qquad \text{(c)}$$

由式（a）～式（c）可分别求得质点在题设各时刻的位矢（即位置坐标）、速度和加速度：

$$t = 0,\ x_0 = 1\text{m},\ v_0 = 10\text{m}\cdot\text{s}^{-1},\ a_0 = -8\text{m}\cdot\text{s}^{-2}$$
$$t = 1\text{s},\ x_1 = 8\text{m},\ v_1 = 5\text{m}\cdot\text{s}^{-1},\ a_1 = -2\text{m}\cdot\text{s}^{-2}$$
$$t = 2\text{s},\ x_2 = 13\text{m},\ v_2 = 6\text{m}\cdot\text{s}^{-1},\ a_2 = 4\text{m}\cdot\text{s}^{-2}$$

则在 $t=0$ 到 $t=2\text{s}$ 内，质点的平均速度为

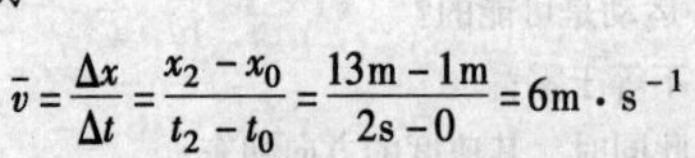

$$\bar{v} = \frac{\Delta x}{\Delta t} = \frac{x_2 - x_0}{t_2 - t_0} = \frac{13\text{m} - 1\text{m}}{2\text{s} - 0} = 6\text{m}\cdot\text{s}^{-1}$$

（2）令 $dv/dt = 0$，由式（c），得 $t = 4/3\text{s}$，且 $d^2v/dt^2|_{t=4/3\text{s}} = 6 > 0$. 根据求函数极值的充要条件，则在 $t = 4/3\text{s}$ 时，速度具有极小值 $v_{\min}$，因而可从式（b）算出这个最小速度为

$$v_{\min} = v|_{t=4/3\text{s}} = \left[3\left(\frac{4}{3}\right)^2 - 8\left(\frac{4}{3}\right) + 10\right]\text{m}\cdot\text{s}^{-1} = 4.67\text{m}\cdot\text{s}^{-1}$$

由式（a），可求相应于质点速度最小时的位置坐标为

$$x = \left[\left(\frac{4}{3}\right)^3 - 4\left(\frac{4}{3}\right)^2 + 10\left(\frac{4}{3}\right) + 1\right]\text{m} = \frac{259}{27}\text{m} = 9.59\text{m}$$

根据上述这些结果，可大致绘出 v-t 图线，如例题 1-5 图所示.

注意　从式（c）可知，质点的加速度 a 随时间 t 而改变，故质点做变速直线运动. 为此，求平均速度时，应从它的定义式 $\bar{v} = \Delta x/\Delta t$ 入手，切忌任意套用匀变速直线运动中求平均速度的公式 $v = (v_0 + v_2)/2$.

例题 1-6　导出质点的**匀变速直线运动**公式.

解　设质点沿 Ox 轴做匀变速直线运动，则其加速度 a 为恒量. 若已知质点运动的初始条件为：当 $t=0$ 时，$x = x_0$，$v = v_0$. 于是，按加速度的定义式 $a = dv/dt$，有

$$dv = a dt$$

并由初始条件，求上式的定积分，即

$$\int_{v_0}^{v} dv = a\int_0^t dt$$

由此可得质点在任一时刻的速度为

$$v = v_0 + at \qquad (1\text{-}22)$$

由 $v = dx/dt$，可改写为 $dx = vdt$，并将式（1-22）代入，成为

$$dx = (v_0 + at)dt$$

按初始条件，对上式求定积分，有

$$\int_{x_0}^{x} dx = \int_0^{t_0} v_0 dt + a\int_0^t t dt$$

由此可得质点在任一时刻 t 的位移为

$$x - x_0 = v_0 t + \frac{1}{2}at^2 \qquad (1\text{-}23)$$

又因 $a = dv/dt = (dv/dx)(dx/dt) = vdv/dx$，可把它改写为

$$vdv = adx$$

按初始条件，对上式求定积分，有

$$\int_{v_0}^{v} v\mathrm{d}v = a\int_{x_0}^{x}\mathrm{d}x$$

得

$$v^2 = v_0^2 + 2a(x - x_0) \tag{1-24}$$

应用式（1-22）、式（1-23）和式（1-24）时，其中位置坐标的正、负取决于原点 O 的位置，速度和加速度的正、负则决定于它们的方向：凡是沿 Ox 轴正向的，用正值代入；凡是沿 Ox 轴负向的，用负值代入，所得结果若为正值，表示其方向沿 Ox 轴正向；若为负值，则沿 Ox 轴负向.

问题1-10　（1）质点做直线运动时，其位置、速度和加速度的意义如何？它们的大小和方向是如何确定的？试与曲线运动的情况相比较.

（2）物体在静止或做匀速直线运动时，它们的速度和加速度各如何？

问题1-11　质点沿 Ox 轴做直线运动时，速度 $\boldsymbol{v}$ 和加速度 $\boldsymbol{a}$ 的方向分别如问题1-11图所示，试根据它们的运动方向说明是做减速运动还是做加速运动？

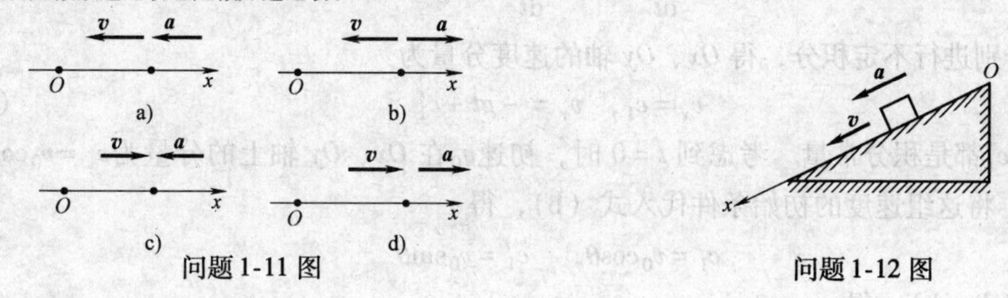

问题1-11 图　　问题1-12 图

问题1-12　设一木块在斜面顶端 O 自静止开始下滑，沿斜面做直线运动，如问题1-12图所示，以出发点 O 为原点，沿斜面向下取 Ox 轴，则木块的运动函数为 $x = 4t^2$（SI）. 试绘制木块运动中的位置、速度和加速度与时间的函数关系 $x = x(t)$、$v = v(t)$、$a = a(t)$ 的图线，即所谓 x-t 图、v-t 图和 a-t 图.

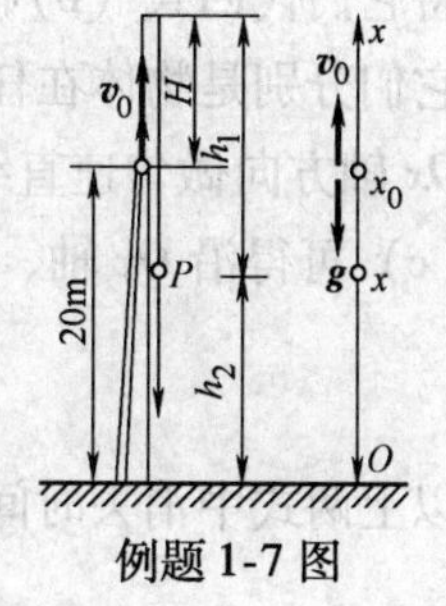

例题1-7 图

例题1-7　在20m高的塔顶以速度 $6\mathrm{m\cdot s^{-1}}$ 竖直向上抛一石子，求2s后石子离地面的高度.

解　先建立坐标系，令地面（塔底）为坐标原点 O，取 Ox 轴向上为正向（见例题1-7图），则初位置 x_0 为正，$x_0 = +20\mathrm{m}$；初速 $\boldsymbol{v}_0$ 与 Ox 轴正向一致，亦取正值，$v_0 = +6\mathrm{m\cdot s^{-1}}$. 重力加速度 $\boldsymbol{g}$ 的方向向下，沿 Ox 轴负向，故取负值，$a = -g = -9.80\mathrm{m\cdot s^{-2}}$. 在匀变速直线运动式（1-23）中，$x - x_0$ 为位移，x 为末位置. 把已知值代入式(1-23)，算得

$$x = (+20\mathrm{m}) + (+6\mathrm{m\cdot s^{-1}}) \times 2\mathrm{s} + \frac{1}{2} \times (-9.80\mathrm{m\cdot s^{-2}}) \times (2\mathrm{s})^2 = +12.4\mathrm{m}$$

末位置坐标为正值，说明在2s后石子位于地面（原点）以上高12.4m处.

说明　本例解法简明方便，其原因在于采取了坐标系和运用了位移、速度和加速度等物理量的矢量性. 因此，在全过程中，无论是上升期间或后来的下落期间，实际上就是受重力加速度支配的同一个匀变速直线运动. 因而便可直接求出式（1-23）中的位移 $x - x_0$，而无须分段考虑中间的路程如何.

1.5　抛体运动

抛体运动是一种平面曲线运动.

当地面附近的物体以速度 $\boldsymbol{v}_0$ 沿仰角为 θ 的方向斜抛出去后（见图1-7），若物体的速度不大而可忽略空气阻力等，则物体在整个运动过程中只具有一个竖直向下的重力加速度 $\boldsymbol{g}$.

将开始抛出的时刻作为计时零点，即 $t = 0$，由于初速 $\boldsymbol{v}_0$ 与 $\boldsymbol{g}$ 两者方向不一致，运动轨道不可能是一直线，而是在 $\boldsymbol{v}_0$ 与 $\boldsymbol{g}$ 两矢量所决定的竖直平面内做曲线运动.

在上述物体运动的竖直平面内，以抛出点作为原点 O，沿水平和竖直方向分别取坐标轴 Ox、Oy. 在所建立的直角坐标系 Oxy 中，由于物体只具有一个竖直向下的重力加速度 $\boldsymbol{g}$，因而沿 Ox、Oy 轴的加速度分量分别为 $a_x=0$、$a_y=-g$，按平面运动的加速度定义式，有

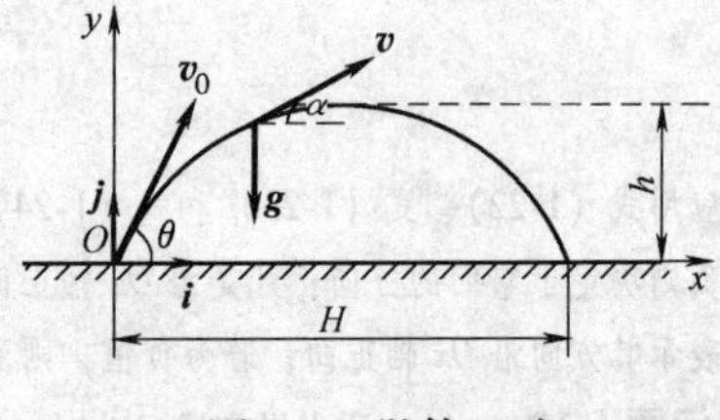

图 1-7 抛体运动

$$\boldsymbol{a}=a_x\boldsymbol{i}+a_y\boldsymbol{j}=\frac{\mathrm{d}v_x}{\mathrm{d}t}\boldsymbol{i}+\frac{\mathrm{d}v_y}{\mathrm{d}t}\boldsymbol{j}=0\boldsymbol{i}+(-g)\boldsymbol{j} \quad \text{(a)}$$

则

$$\frac{\mathrm{d}v_x}{\mathrm{d}t}=0,\quad \frac{\mathrm{d}v_y}{\mathrm{d}t}=-g$$

将上两式分别进行不定积分，得 Ox、Oy 轴的速度分量为

$$v_x=c_1,\quad v_y=-gt+c_1' \quad \text{(b)}$$

式中，c_1、c_1'都是积分常量. 考虑到 $t=0$ 时，初速$\boldsymbol{v}_0$在 Ox、Oy 轴上的分量为$v_x=v_0\cos\theta$、$v_y=v_0\sin\theta$，将这组速度的初始条件代入式（b），得

$$c_1=v_0\cos\theta,\quad c_1'=v_0\sin\theta$$

将它们代回式（b），得

$$v_x=v_0\cos\theta,\quad v_y=v_0\sin\theta-gt \quad \text{(c)}$$

它们分别是物体在任一时刻 t 的速度$\boldsymbol{v}$ 沿 Ox、Oy 轴的分量式. 上式表明，物体沿水平的 Ox 轴方向做匀速直线运动，沿竖直的 Oy 轴方向以初速 $v_0\sin\theta$ 做匀变速直线运动. 由式（c）可得沿 Ox 轴、Oy 轴的运动函数分别为

$$x=(v_0\cos\theta)t,\quad y=(v_0\sin\theta)t-\frac{1}{2}gt^2$$

以上两式中消去时间参量 t，即得抛体运动的轨道方程

$$y=x\tan\theta-\frac{gx^2}{2v_0^2\cos^2\theta} \quad \text{(1-25)}$$

式（1-25）表明，轨道是一条抛物线. 令式（1-25）中的 $y=0$，可解得此抛物线与 Ox 轴的两个交点的坐标分别为

$$x_1=0,\quad x_2=\frac{v_0^2\sin2\theta}{g}$$

其中，x_2 即为抛体的**射程**，记作 H，则

$$H=\frac{v_0^2\sin2\theta}{g} \quad \text{(1-26)}$$

显然，当以仰角 $\theta=45°$抛射时，射程可达最大值 $H_{\max}=v_0^2/g$.

将式（1-25）对 x 求导，并令 $\mathrm{d}y/\mathrm{d}x=0$，则得 $x=\dfrac{v_0^2\sin2\theta}{2g}$，将它代回式(1-25)，可得抛体在飞行时所能达到的最大高度 $y_{\max}$，称为**射高**，记作 h，即

$$h=\frac{v_0\sin^2\theta}{2g} \quad \text{(1-27)}$$

问题 1-13 （1）试导出抛体运动的轨道方程. 若抛射角 $\theta=0°$，即成为平抛运动，试求其运动函数及轨道

方程.

（2）利用问题 1-13 图所示的装置可测量子弹的速率．A、B 为两块竖直的平行板，相距为 d．使子弹水平地穿过 A 板上的小孔 S 后，射击于 B 板上．若测得小孔 S 与 B 板上着弹点 P 之间的竖直距离 l，求子弹射入小孔 S 时的速率 v．（答：$v=\sqrt{gd^2/(2l)}$）

问题 1-14　如问题 1-14 图所示，一颗炮弹以仰角 θ 抛射出去，不计空气阻力，当这颗炮弹到达位于轨道上的 P 点时，其位移 $\Delta\boldsymbol{r}$ 和速度$\boldsymbol{v}$ 与 Ox 轴正向分别成 α 和 β 角．求证：$2\tan\alpha-\tan\beta=\tan\theta$.

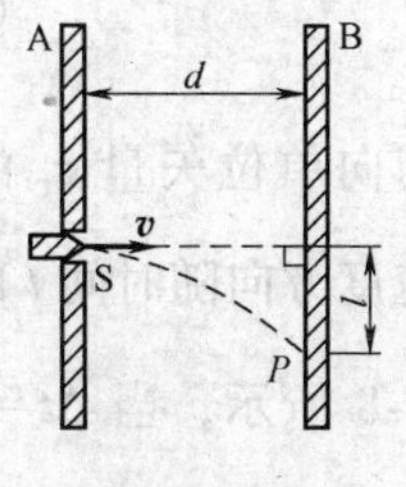

问题 1-13 图

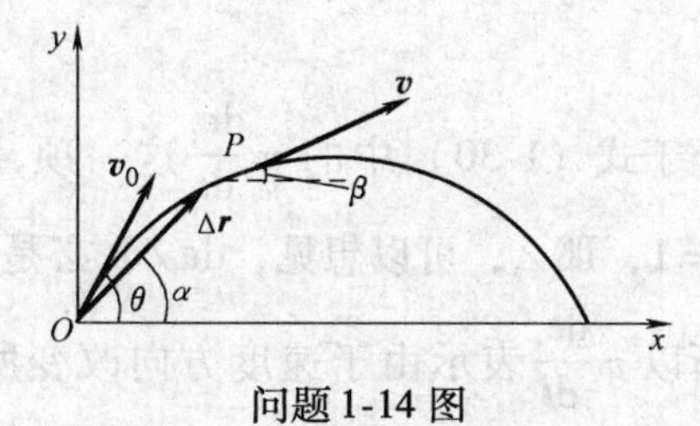

问题 1-14 图

1.6　圆周运动

质点沿固定的圆周轨道运动，称为**圆周运动**．它是一种平面曲线运动．

1.6.1　自然坐标系　变速圆周运动

当质点做半径为 R 的圆周运动时，显然，其运动轨道是既定的．在这种场合下，如果仍用前述的直角坐标系来讨论也未尝不可；但若采用自然坐标系，似更简明合适．所谓**自然坐标系**，就是在圆周轨道上任取一点 O'作为原点，质点在时刻 t 的位置 P 取决于质点与原点 O'间的轨道长度 s，如图 1-8 所示．这样，质点沿轨道的运动函数便可写作

$$s=s(t) \tag{1-28}$$

同时，规定两条随质点一起运动的正交坐标轴：一条是沿质点运动方向的坐标轴（即轨道的切线方向），并沿运动方向取单位矢量 $\boldsymbol{e}_{\mathrm{t}}$，标示此坐标轴的正向，$\boldsymbol{e}_{\mathrm{t}}$ 称为**切向单位矢量**；另一条是垂直于切向、并指向轨道凹侧的坐标轴，它沿法线方向指向圆心 O，用单位矢量 $\boldsymbol{e}_{\mathrm{n}}$ 标示，称为**法向单位矢量**.

在上述自然坐标系中，质点在时刻 t 位于轨道上的 P 点，其速度$\boldsymbol{v}$ 的方向总是沿轨道上 P 点的切线方向，$\boldsymbol{v}$ 的大小为 $v=\mathrm{d}s/\mathrm{d}t$．因而时刻 t 的速度可写作

$$\boldsymbol{v}=v(t)\boldsymbol{e}_{\mathrm{t}}(t) \tag{1-29}$$

式中，$\boldsymbol{e}_{\mathrm{t}}(t)$ 为质点在时刻 t 位于轨道上 P 点的切向单位矢量．当质点沿圆周轨道运动时，它随时间 t 在不断改变其方向．经 Δt 时间，质点运动到 Q 点，其切向单位矢量变为 $\boldsymbol{e}_{\mathrm{t}}(t+\Delta t)$．按加速度的定义，将式（1-29）对时间 t 求导，有

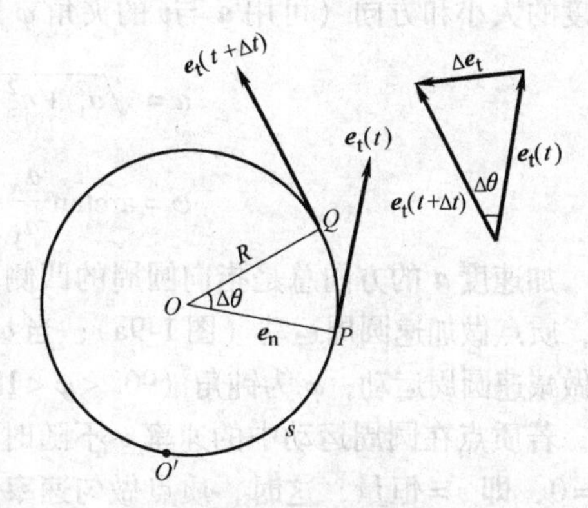

图 1-8　圆周运动

$$\boldsymbol{a}=\frac{\mathrm{d}\boldsymbol{v}}{\mathrm{d}t}=\frac{\mathrm{d}v}{\mathrm{d}t}\boldsymbol{e}_{\mathrm{t}}+v\frac{\mathrm{d}\boldsymbol{e}_{\mathrm{t}}}{\mathrm{d}t} \tag{1-30}$$

式中，$\frac{\mathrm{d}v}{\mathrm{d}t}\boldsymbol{e}_{\mathrm{t}}$ 表示由于速度大小改变所引起的加速度. 因为$\frac{\mathrm{d}v}{\mathrm{d}t}$就是速率 v 对时间 t 的变化率，其方向沿轨道切向，所以叫作**切向加速度**，记作 $\boldsymbol{a}_{\mathrm{t}}$，即

$$\boldsymbol{a}_{\mathrm{t}}=\frac{\mathrm{d}v}{\mathrm{d}t}\boldsymbol{e}_{\mathrm{t}} \tag{1-31}$$

至于式（1-30）中的 $v\frac{\mathrm{d}\boldsymbol{e}_{\mathrm{t}}}{\mathrm{d}t}$这一项，由于表征速度方向的切向单位矢量 $\boldsymbol{e}_{\mathrm{t}}$ 的大小 $|\boldsymbol{e}_{\mathrm{t}}|=1$，那么，可以想见，$\mathrm{d}\boldsymbol{e}_{\mathrm{t}}/\mathrm{d}t$ 必是质点沿圆周轨道运动时速度方向随时间 t 的变化率，所以 $v\frac{\mathrm{d}\boldsymbol{e}_{\mathrm{t}}}{\mathrm{d}t}$表示由于速度方向改变所引起的加速度. 如图 1-8 所示，当 $\Delta t\to 0$ 时，$\Delta\theta\to 0$，$\Delta\boldsymbol{e}_{\mathrm{t}}$ 将垂直于轨道上 P 点处的切向单位矢量 $\boldsymbol{e}_{\mathrm{t}}$，并指向轨道凹侧、沿法线方向指向圆心 O，即与该点 P 的法向单位矢量 $\boldsymbol{e}_{\mathrm{n}}$ 同方向，$\Delta\boldsymbol{e}_{\mathrm{t}}$ 的大小为 $|\Delta\boldsymbol{e}_{\mathrm{t}}|=|\boldsymbol{e}_{\mathrm{t}}|\Delta\theta=\Delta\theta$，且

$$\frac{\mathrm{d}\boldsymbol{e}_{\mathrm{t}}}{\mathrm{d}t}=\lim_{\Delta t\to 0}\frac{\Delta\boldsymbol{e}_{\mathrm{t}}}{\Delta t}=\lim_{\Delta t\to 0}\frac{|\Delta\boldsymbol{e}_{\mathrm{t}}|}{\Delta t}\boldsymbol{e}_{\mathrm{n}}=\lim_{\Delta t\to 0}\frac{\Delta\theta}{\Delta t}\boldsymbol{e}_{\mathrm{n}}=\frac{\mathrm{d}\theta}{\mathrm{d}t}\boldsymbol{e}_{\mathrm{n}}$$

且可写成

$$\frac{\mathrm{d}\boldsymbol{e}_{\mathrm{t}}}{\mathrm{d}t}=\frac{\mathrm{d}\theta}{\mathrm{d}s}\frac{\mathrm{d}s}{\mathrm{d}t}\boldsymbol{e}_{\mathrm{n}}=\frac{v}{R}\boldsymbol{e}_{\mathrm{n}}$$

式中，$R=\mathrm{d}s/\mathrm{d}\theta$ 是圆周轨道的半径. 将上式代入式（1-30）的第二项，便得加速度沿法线方向的分量，叫作**法向加速度**，记作 $\boldsymbol{a}_{\mathrm{n}}$，则 $\boldsymbol{a}_{\mathrm{n}}=v\frac{\mathrm{d}\boldsymbol{e}_{\mathrm{t}}}{\mathrm{d}t}$ 便可改写成

$$\boldsymbol{a}_{\mathrm{n}}=\frac{v^2}{R}\boldsymbol{e}_{\mathrm{n}} \tag{1-32}$$

于是，质点的变速圆周运动加速度应为

$$\boldsymbol{a}=a_{\mathrm{t}}\boldsymbol{e}_{\mathrm{t}}+a_{\mathrm{n}}\boldsymbol{e}_{\mathrm{n}}=\frac{\mathrm{d}v}{\mathrm{d}t}\boldsymbol{e}_{\mathrm{t}}+\frac{v^2}{R}\boldsymbol{e}_{\mathrm{n}} \tag{1-33}$$

据此可用变速圆周运动加速度的切向分量 $a_{\mathrm{t}}=\mathrm{d}v/\mathrm{d}t=\mathrm{d}^2s/\mathrm{d}t^2$ 和法向分量 $a_{\mathrm{n}}=v^2/R$ 来求加速度的大小和方向（可用 $\boldsymbol{a}$ 与 $\boldsymbol{v}$ 的夹角 φ 表示），即

$$\left.\begin{aligned}a&=\sqrt{a_{\mathrm{t}}^2+a_{\mathrm{n}}^2}=\sqrt{\left(\frac{\mathrm{d}v}{\mathrm{d}t}\right)^2+\left(\frac{v^2}{R}\right)^2}\\ \varphi&=\arctan\frac{a_{\mathrm{n}}}{a_{\mathrm{t}}}\end{aligned}\right\} \tag{1-34}$$

加速度 $\boldsymbol{a}$ 的方向总是指向圆周的凹侧. 当 $a_{\mathrm{t}}=\mathrm{d}v/\mathrm{d}t>0$ 时，速率增快，这时 $\boldsymbol{a}_{\mathrm{t}}$ 与 $\boldsymbol{v}$ 同向，质点做加速圆周运动（图 1-9a）；当 $a_{\mathrm{t}}=\mathrm{d}v/\mathrm{d}t<0$ 时，速率减慢，这时 $\boldsymbol{a}_{\mathrm{t}}$ 与 $\boldsymbol{v}$ 反向，质点做减速圆周运动，φ 为钝角（$90°<\varphi<180°$）（图 1-9b）.

若质点在圆周运动中的速率 v 不随时间 t 而改变，显然，加速度的切向分量 $a_{\mathrm{t}}=\mathrm{d}v/\mathrm{d}t=0$，即 $v=$恒量，这时，质点做**匀速率圆周运动**. 由于其速度方向仍在不断地改变，因而 $a_{\mathrm{n}}\neq 0$. 按式（1-34），质点做匀速率圆周运动的加速度大小等于法向分量，即

$$a=\frac{v^2}{R} \tag{1-35}$$

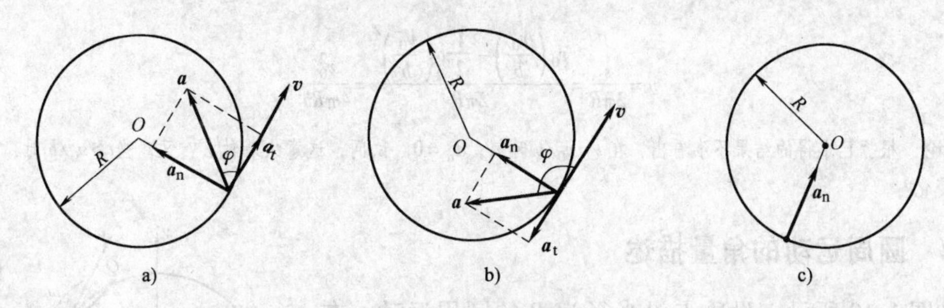

图1-9　几种圆周运动

a）加速圆周运动　b）减速圆周运动　c）匀速率圆周运动

方向沿半径、并指向圆心（图1-9c），故常将这个加速度称为**向心加速度**.

问题1-15　(1) 在变速圆周运动中，切向加速度和法向加速度是如何引起的？加速度的方向是否向着圆心？为什么？

(2) 在匀速率圆周运动中，速度、加速度两者的大小和方向变不变？

(3) 人体可经受9倍的重力加速度. 若飞机在飞行时保持770km·h^{-1}的速率，则飞机驾驶员沿竖直圆周轨道俯冲时，能够安全地向上转弯的最小半径为多少？(**答**：$R=519$m)

例题1-8　一质点沿圆心为O、半径为R的圆周运动，设在P点开始计时（即$t=0$），其路程从P点开始用圆弧$\widehat{PQ}$表示，并令$\widehat{PQ}=s$，它随时间变化的规律为$s=v_0t-bt^2/2$，且v_0、b都是正的恒量. 求：(1) 时刻t的质点加速度；(2) t为何值时加速度的大小等于b? (3) 加速度大小达到b值时，质点已沿圆周运行了几圈？

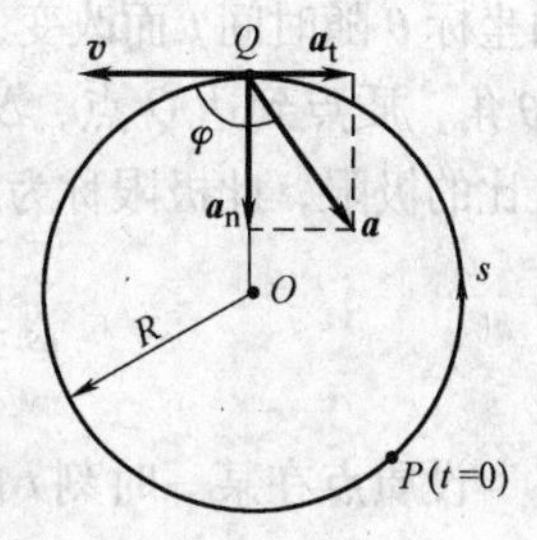

例题1-8图

解　(1) 由题设，可得质点的速率为

$$v=\frac{\mathrm{d}s}{\mathrm{d}t}=\frac{\mathrm{d}}{\mathrm{d}t}\left(v_0t-\frac{1}{2}bt^2\right)=v_0-bt$$

可见，质点沿圆周运动的速率v随时间t而均匀减小，乃是一种匀减速的变速圆周运动. 欲求质点的加速度，需先求加速度的切向分量a_t和法向分量a_n，即

$$a_n=\frac{v^2}{R}=\frac{(v_0-bt)^2}{R},\quad a_t=\frac{\mathrm{d}v}{\mathrm{d}t}=\frac{\mathrm{d}}{\mathrm{d}t}(v_0-bt)=-b$$

上式表明，加速度的法向分量a_n随时间t而改变. 由上列两式可求质点在t时刻的加速度$\boldsymbol{a}$（见例题1-8图），其大小为

$$a=\sqrt{a_t^2+a_n^2}=\sqrt{(-b)^2+\left[\frac{(v_0-bt)^2}{R}\right]^2}=\frac{1}{R}\sqrt{R^2b^2+(v_0-bt)^4}$$

如例题1-8图所示，其方向与速度所成的夹角

$$\varphi=\arctan\frac{(v_0-bt)^2}{-Rb}$$

(2) 由 (1) 中求得的加速度$\boldsymbol{a}$的大小，根据题设条件，有

$$\frac{1}{R}\sqrt{R^2b^2+(v_0-bt)^4}=b$$

解上式可知，在

$$t=\frac{v_0}{b}$$

时，加速度的大小等于b.

(3) 由 (1) 中求出的v的表达式，按题设可知，在$t=v_0/b$时，$v=0$，可见在$t=0$到$t=v_0/b$这段时间内，v恒为

正值. 因此，质点已转过的圈数 n 为

$$n=\frac{s}{2\pi R}=\frac{v_0\left(\frac{v_0}{b}\right)-\frac{1}{2}b\left(\frac{v_0}{b}\right)^2}{2\pi R}=\frac{v_0^2}{4\pi Rb}$$

讨论 根据已求得的结果不难看出，在 $t=v_0/b$ 时刻，$a_n=0$. 试问，这意味着什么？又，当 $t>v_0/b$ 时，速度 v 将如何变化？

1.6.2 圆周运动的角量描述

如图 1-10 所示，设质点沿半径为 R 的圆周运动，在某时刻 t 位于 P 点，它相对于圆心 O 的位矢为 $\boldsymbol{r}$. 以圆心 O 为原点，取直角坐标系 Oxy，则 P 点的位置坐标为

$$x=R\cos\theta,\quad y=R\sin\theta \tag{1-36}$$

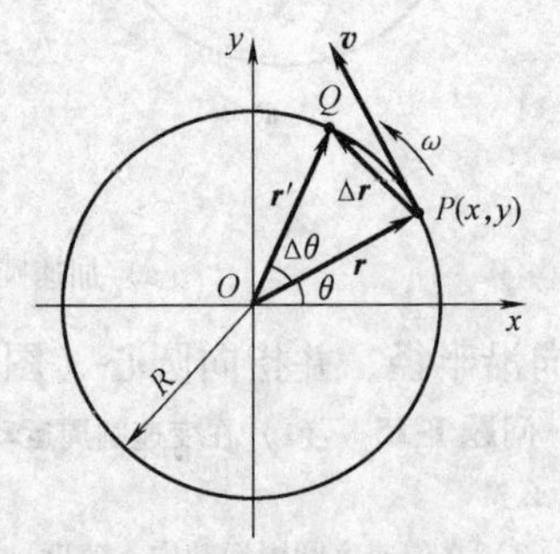

图 1-10 圆周运动的角量描述

式中，θ 为位矢 $\boldsymbol{r}$ 与 Ox 轴所成的角，且 $|\boldsymbol{r}|=R$ 是给定的. 故由式 (1-36) 可知，只需用 θ 角就可确定质点在圆周上的位置，θ 称为对 O 点的**角坐标**. 当质点沿圆周运动时，角坐标 θ 随时间 t 而改变，其运动函数可表述为 $\theta=\theta(t)$. 在时间 t 到 $t+\Delta t$ 内，位矢 $\boldsymbol{r}$ 转过 $\Delta\theta$ 角，质点到达 Q 点，$\Delta\theta$ 称为对 O 点的**角位移**，令 Δt 趋向于零，取角位移 $\Delta\theta$ 与时间 Δt 之比的极限，此极限称为质点在 t 时刻对 O 点的**瞬时角速度**，简称**角速度**，用 ω 表示，即

$$\omega=\lim_{\Delta t\to 0}\frac{\Delta\theta}{\Delta t}=\frac{d\theta}{dt} \tag{1-37}$$

> 质点做圆周运动时，其路程 Δs、位移 $\Delta\boldsymbol{r}$、速度 $\boldsymbol{v}$、加速度 $\boldsymbol{a}$ 统称为**线量**；而把角坐标 θ、角位移 $\Delta\theta$、角速度 ω、角加速度 α 等统称为**角量**.

设质点在某一时刻 t 的角速度为 ω，经过时间 Δt 后，角速度变为 ω'. 在 Δt 时间内，角速度的增量为 $\Delta\omega=\omega'-\omega$. 令 Δt 趋近于零，取角速度增量 $\Delta\omega$ 与时间 Δt 之比的极限，此极限称为质点在 t 时刻对 O 点的**瞬时角加速度**，简称**角加速度**，以 α 表示，即

$$\alpha=\lim_{\Delta t\to 0}\frac{\Delta\omega}{\Delta t}=\frac{d\omega}{dt} \tag{1-38}$$

角坐标和角位移的单位都是 rad（弧度），角速度和角加速度的单位分别是 $\text{rad}\cdot\text{s}^{-1}$（弧度·秒$^{-1}$）和 $\text{rad}\cdot\text{s}^{-2}$（弧度·秒$^{-2}$）.

对给定的圆周轨道而言，用上述这些相对于圆心 O 的角量来描述圆周运动，则这些角量都可视作标量. 其大小即为相应标量的绝对值. 质点绕圆心的转向可用相应标量的正、负表示. 一般规定：循圆周逆时针转向作为正的转向，各角量与正转向相同时，取正值；反之，取负值.

当 α 与 ω 同号时，两者同向，质点做加速圆周运动；当 α 与 ω 异号时，两者反向，质点做减速圆周运动.

现在，我们来寻求角量与线量之间的关系. 由图 1-10 可知，与 $\Delta\theta$ 对应的弧长为 $\widehat{PQ}=\Delta s$，则有

$$\Delta s=R\Delta\theta$$

由此，可得质点速度的大小（速率）v 与角速率 ω 的关系，即

$$v=\lim_{\Delta t\to 0}\frac{\Delta s}{\Delta t}=R\lim_{\Delta t\to 0}\frac{\Delta\theta}{\Delta t}=R\omega \tag{1-39}$$

质点做匀速率圆周运动时，因 v、R 是恒量，所以 ω 也是恒量. 也可以说，这时质点对圆心 O 点做**匀角速转动**.

由式（1-38）、式（1-39）可得法向加速度 a_n 和切向加速度 a_t 的角量表示式

$$a_n=\frac{v^2}{R}=\frac{1}{R}(R\omega)^2=R\omega^2 \tag{1-40}$$

和

$$a_t=\frac{dv}{dt}=\frac{d}{dt}(R\omega)=R\frac{d\omega}{dt}=R\alpha \tag{1-41}$$

问题1-16　一质点做匀变速圆周运动时，对圆心 O 的角加速度 α 为一恒量，试用积分法证明：(1) $\omega=\omega_0+\alpha t$；(2) $\theta=\omega_0 t+\frac{1}{2}\alpha t^2$；(3) $\omega^2=\omega_0^2+2\alpha\theta$，其中 θ、ω、ω_0 分别表示角坐标、角速度和初角速度（即 $t=0$ 时，$\omega=\omega_0$）. 并将上述各式与匀变速直线运动的三个公式相比较.

例题1-9　一质点开始做圆周运动时，在经历一段较短弧段的过程中，其切向加速度与法向加速度的大小恒保持相等. 设 θ 为同一圆周轨道平面上相近两点的速度 $\boldsymbol{v}_1$ 与 $\boldsymbol{v}_2$ 的夹角，其值不大. 试证：$v_2=v_1e^{\theta}$.

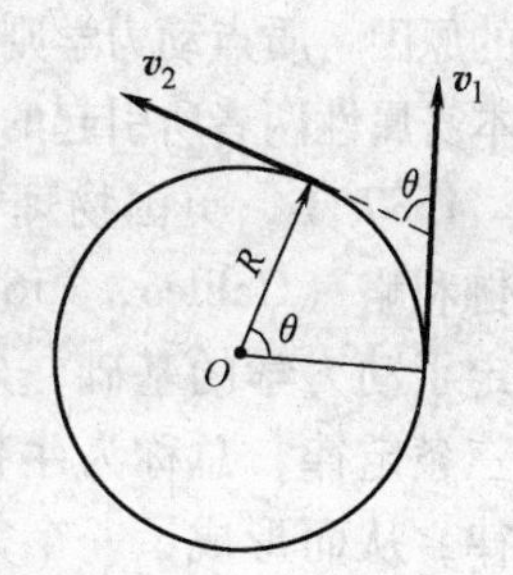

例题1-9图

证　如例题1-9图所示，设圆周轨道的半径为 R，则按题设，$a_n=a_t$，即

$$R\omega^2=R\alpha$$

为了便于运算，可将角加速度改写成 $\alpha=d\omega/dt=(d\omega/d\theta)(d\theta/dt)=\omega d\omega/d\theta$，并代入上式，化简后，得

$$d\theta=\frac{d\omega}{\omega}$$

再由角量与线量的关系式 $R\omega=v$，上式可化成

$$d\theta=\frac{dv}{v}$$

积分之，有

$$\int_0^{\theta}d\theta=\int_{v_1}^{v_2}\frac{dv}{v}$$

得

$$\theta=\ln\frac{v_2}{v_1}$$

即

$$v_2=v_1e^{\theta}$$

例题1-10　如例题1-10图所示，一直立在地面上的伞形洒水器，其边缘的半径为 $O'O=R$，离地面的高度为 h，当洒水器绕中心的竖直输水管以匀角速 ω 旋转时，求证：从输水管顶端 S 喷出的水循圆锥形伞面淌下而沿边缘飞出后，将洒落在地面上半径为 $r=R\sqrt{1+2h\omega^2/g}$ 的圆周上.

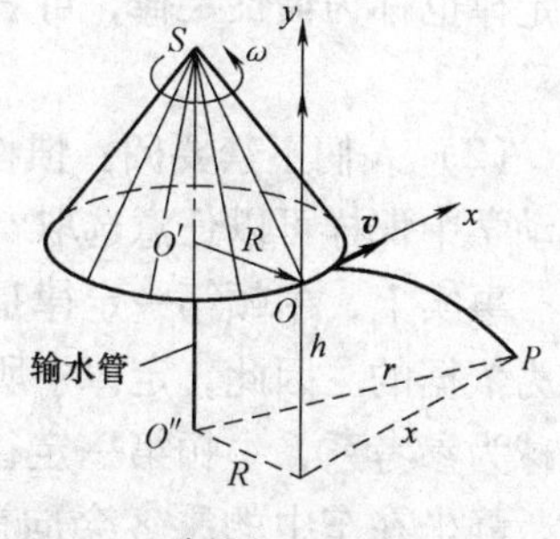

例题1-10图

证　水滴流到锥面边缘时将以速度 $\boldsymbol{v}$ 水平地沿切向飞出；而一旦脱离边缘，将同时具有竖直向下的重力加速度 $\boldsymbol{g}$. 今取坐标系 Oxy（见图），令 Ox 轴沿离开边缘上 O 点的水滴速度 $\boldsymbol{v}$ 的方向. 按题设，$v=R\omega$，则水滴在落地过程中的运动函数为

$$x=R\omega t,\ y=-\frac{1}{2}gt^2$$

落地时，$y=-h$，由上述后一式得所需时间为

$$t=\sqrt{\frac{2h}{g}}$$

这时

$$x=R\omega\sqrt{\frac{2h}{g}}$$

输水管轴位于地面上的点 O''，它与水滴着地点 P 的距离为

$$r=O''P=\sqrt{R^2+x^2}=\sqrt{R^2+R^2\omega^2(2h/g)}=R\sqrt{1+2h\omega^2/g}$$

即水滴落在半径为 r 的圆周上. 倘若 R、h、ω 的大小可以根据需要进行调节，则水滴便可洒落在半径不同的圆周上.

前面所讲的质点运动学，仅从几何观点描述了质点的运动，并未涉及引起运动和运动改变的原因. 质点动力学则研究物体（可视作质点）之间相互作用，以及这种相互作用和物体本身属性两者所引起的物体运动状态的改变.

1687 年，英国物理学家牛顿（I. Newton，1642—1727）分析和概括了意大利科学家伽利略（Galileo，1564—1642）等人对力学的研究成果，又根据本人的实验和观察，奠定了动力学的基础. 尔后，经过许多科学家的努力，把质点动力学的基本规律总结成三条定律，总称为**牛顿运动定律**. 在此基础上，从宏观上可进一步推导出许多力学规律，从而形成了一个完整的理论体系，通常称为**牛顿力学或经典力学**.

1.7　牛顿运动定律

1.7.1　牛顿第一定律

牛顿第一定律的表述：**任何物体都保持静止或匀速直线运动状态，直至其他物体所作用的力迫使它改变这种状态为止**.

（1）这条定律表明，物体在不受外力作用时，保持静止状态或匀速直线运动状态. 可见，保持静止状态或匀速直线运动状态必然是物体自身某种固有性质的反映. 这种性质称为物体的**惯性**.

物体仅在惯性支配下所做的匀速直线运动，叫作**惯性运动**. 无论是静止或匀速直线运动状态，都意味着速度 $\boldsymbol{v}$ 是恒矢量，即其大小和方向皆不变，或者说没有加速度. 牛顿第一定律也称为**惯性定律**，可表示为

$$\boldsymbol{v}=\text{恒矢量} \tag{1-42}$$

（2）人们不禁要问：惯性运动究竟是相对于哪个参考系而言的？这个参考系是否像运动学中那样可以任意选取？

事实上，牛顿第一定律是一条经验定律，它的正确性是以地面上观察到的大量实验事实为依据的. 因此，定律中所说的静止或匀速直线运动显然皆相对于地面而言. 亦即，选地球为参考系，牛顿第一定律所表述的结论可以认为是正确的. 例如，当汽车紧急制动时，静坐在车中的乘客会向前倾倒. 站在地面上的观察者（即以地面为参考系）认为，在未制动前，乘客随着汽车以相同的速度前进；在紧急制动时，乘客由于惯性还保持着自己原来的运动状态，但汽车已减速，因而乘客的上半身向前倾倒. 这一例子以及许多事实都表明，物体相对于地面的运动表现出惯性，牛顿第一定律成立.

但是，若以汽车为参考系，坐着的乘客相对于汽车原是静止的，在汽车紧急制动时，乘客突然前倾，故乘客相对于汽车并不保持静止状态，亦即并不表现出惯性．也就是说，以紧急制动的汽车为参考系，乘客的运动并不服从牛顿第一定律．可见，牛顿第一定律并非在任何参考系中都适用．

如果牛顿第一定律在某个参考系中适用，则这种参考系称为惯性参考系，简称**惯性系**；否则，就称为**非惯性参考系**，简称**非惯性系**．观察和理论均指出，**凡是相对于惯性系静止或做匀速直线运动的参考系都是惯性系**．反之，相对于任一惯性系做加速运动的参考系，一定是非惯性系．进一步的实验发现，**地球仅是一个近似的惯性系**；不过实践表明，相对于地球运动的物体都足够精确地遵守牛顿第一定律．因此，**地球或静止在地面上的物体都可看作惯性系，在地面上做匀速直线运动的物体也可看作惯性系**．我们平常观察和研究物体运动时，大都是立足于地面上的，实际上是以地球作为参考系．因此，应用牛顿第一定律所得的结果总是近似正确的．

（3）若物体相对于惯性系不保持静止，也不做匀速直线运动，则牛顿第一定律断言，物体必受到力的作用．因此，牛顿第一定律在惯性系概念已经建立的基础上，定性地提出了力的定义：**力是物体在惯性系中运动状态发生变化的一个原因**．

（4）牛顿第一定律中的物体都是指质点，不能视作质点的物体是不符合这个定律的．

（5）总而言之，牛顿第一定律仅定性地指出在惯性系中力与质点运动状态改变的关系．

1.7.2　牛顿第二定律

牛顿第二定律在牛顿第一定律的基础上，进一步说明物体在外力作用下运动状态的改变情况，并给出力、质量（惯性的量度）和加速度三者之间的定量关系．现在，我们将根据实验结果归纳出第二定律的内容．

（1）加速度与力的关系：通常，力的大小可用测力计（例如弹簧秤）测定．若用**不同大小的力**相继作用于任一物体，实验证明：同一物体所获得的加速度 $\boldsymbol{a}$ 的大小与它所受外力 $\boldsymbol{F}$ 的大小成正比，加速度的方向与外力作用的方向一致，即

$$a \propto F \tag{a}$$

（2）加速度与质量的关系：如果我们用各种**不同物体**来做实验，将会发现，在相同的外力作用下，惯性越大的物体越不容易改变其原有的运动状态，其加速度越小．量度惯性大小的量，称为物体的**惯性质量**，简称**质量**，以 m 表示．在SI中，质量是基本量，它的单位是kg（千克）．实验证明：在**相等的外力**作用下，各物体获得的加速度的大小与它自身的质量成反比，即

> 切莫把质量误解为"物质的量"．应当指出，当前在SI中，"物质的量"是七个基本物理量之一，其单位是mol（摩尔）．

$$a \propto \frac{1}{m} \tag{b}$$

（3）把式（a）、式（b）合并，可得关系式 $a \propto F/m$，或

$$F = kma \tag{c}$$

式中，比例系数 k 取决于力、质量和加速度的单位．

在国际单位制（SI）中，我们规定：**以质量为 1kg 的物体产生$1\mathrm{m}\cdot\mathrm{s}^{-2}$的加速度所需的力作为力的量度单位，即为 1N（牛顿，简称牛）**. 因此，把这些选定的单位代入式（c），有

$$1\mathrm{N}=k(1\mathrm{kg})(1\mathrm{m}\cdot\mathrm{s}^{-2})$$

从上式两边的数值上来看，$k=1$；从等式两边的单位来看，有

$$1\mathrm{N}=1\mathrm{kg}\cdot\mathrm{m}\cdot\mathrm{s}^{-2}$$

按各量的单位确定比例系数 $k=1$ 后，则式（c）成为

$$\boldsymbol{F}=m\boldsymbol{a} \tag{d}$$

（4）根据式（d）可计算力 $\boldsymbol{F}$ 的大小；但要确认力是矢量，还得证明力的合成符合平行四边形法则. 为此，尚需补充一条**力的独立作用原理**：“**由几个力作用于物体上所产生的加速度，等于其中每个力分别作用于该物体时所产生的加速度的矢量和**”. 亦即，这些力各自对同一物体产生自己的加速度而互不影响. 这是一个由实验所证实的经验性原理. 据此，设有一组力 $\boldsymbol{F}_1$、$\boldsymbol{F}_2$、…、$\boldsymbol{F}_i$…、$\boldsymbol{F}_n$ 同时作用于一个质量为 m 的质点上，则其中任一力 $\boldsymbol{F}_i$ 将和其他力无关、而独自对该质点产生加速度 $\boldsymbol{a}_i$，且 $\boldsymbol{F}_i$ 与 $\boldsymbol{a}_i$ 同方向，即有 $\boldsymbol{F}_i=m\boldsymbol{a}_i$. 这样，质点将同时分别获得加速度

$$\boldsymbol{a}_1=\frac{\boldsymbol{F}_1}{m},\quad \boldsymbol{a}_2=\frac{\boldsymbol{F}_2}{m},\quad \cdots,\quad \boldsymbol{a}_n=\frac{\boldsymbol{F}_n}{m}$$

由于质点所获得的总加速度 $\boldsymbol{a}$ 是按照矢量的平行四边形合成法则相加的，即

$$\boldsymbol{a}=\sum_{i=1}^{n}\boldsymbol{a}_i=\frac{1}{m}\sum_{i=1}^{n}\boldsymbol{F}_i \tag{e}$$

可见质点宛如仅受到一个单力 $\boldsymbol{F}$，它等于力 $\boldsymbol{F}_1$、$\boldsymbol{F}_2$、…、$\boldsymbol{F}_n$ 的矢量和，即

$$\boldsymbol{F}=\sum_{i=1}^{n}\boldsymbol{F}_i \tag{f}$$

这就表明，**力也是服从矢量相加的平行四边形法则的**，即**力确是矢量**，而 $\boldsymbol{F}$ 就称为质点所受的**合外力**.

（5）由式（e）、式（f），得

$$\boldsymbol{F}=m\boldsymbol{a} \tag{1-43}$$

这就是牛顿第二定律的数学表达式，可陈述如下：**质点所获得的加速度大小与合外力的大小成正比，与质点的质量成反比；加速度与合外力两者方向相同.**

（6）对牛顿第二定律的几点说明：

1）式（1-43）是**质点动力学的基本方程**，亦称**质点的运动方程**，它只适用于质点的运动. 今后，如果未指出要考虑物体的形状和大小，一般地，我们都把物体看成质点.

2）从式（1-43）可知，对于质量 m 一定的物体来说，若合外力 $\boldsymbol{F}$ 不变，则 $\boldsymbol{a}$ 也不变，可见匀加速运动是物体在恒力作用下的运动；若物体不受外力或所受合外力 $\boldsymbol{F}$ 为零，则 $\boldsymbol{a}$ 也为零，物体处于**平衡状态**. 这时，物体将做匀速直线运动，或者处于静止状态（亦称**静平衡**）.

3）式（1-43）表明 $\boldsymbol{a}$ 只与合外力 $\boldsymbol{F}$ 同方向，但不一定与其中某个外力同方向.

4）牛顿第二定律只是说明瞬时关系，如 $\boldsymbol{a}$ 表示某时刻的加速度，则 $\boldsymbol{F}$ 表示该时刻物体所受的合外力. 在另一时刻，合外力一旦改变了，加速度也将同时改变.

5）前面说过，牛顿第一定律适用于惯性参考系，并在惯性系概念已经建立的基础上定义了力，即力是物体在惯性系中运动状态改变（即有加速度）的一个原因．牛顿第二定律则在牛顿第一定律的基础上定量地给出一物体所受外力与加速度的关系，显然，这个加速度也是相对于惯性系而言的．因此，**牛顿第二定律也只适用于惯性参考系**．这也是观察和理论所证实的．今后我们应用牛顿第一、第二定律时，如果未明确指出参考系，就认为以地球作为惯性系了．

6）式（1-43）是矢量式，按照此式具体求解力学问题时，可利用它的正交分量式，把矢量运算转化为标量运算．通常，在选定的直角坐标系 $Oxyz$ 中，将合外力 $\boldsymbol{F}$ 分别沿各坐标轴 Ox、Oy 和 Oz 分解，便可得三个正交分量 F_x、F_y、F_z；加速度 $\boldsymbol{a}$ 也可相应地分解为三个正交分量 a_x、a_y 和 a_z．并令 $\boldsymbol{i}$、$\boldsymbol{j}$、$\boldsymbol{k}$ 分别为沿 Ox、Oy、Oz 轴的单位矢量，则式（1-43）成为

$$F_x\boldsymbol{i}+F_y\boldsymbol{j}+F_z\boldsymbol{k}=m(a_x\boldsymbol{i}+a_y\boldsymbol{j}+a_z\boldsymbol{k})$$

移项、合并同类项后，可得

$$(F_x-ma_x)\boldsymbol{i}+(F_y-ma_y)\boldsymbol{j}+(F_z-ma_z)\boldsymbol{k}=\boldsymbol{0}$$

因 $|\boldsymbol{i}|=|\boldsymbol{j}|=|\boldsymbol{k}|=1\neq0$，故要求上式成立，意味着：

$$F_x-ma_x=0,\quad F_y-ma_y=0,\quad F_z-ma_z=0$$

于是，在直角坐标系 $Oxyz$ 中，就得到了与矢量式 $\boldsymbol{F}=m\boldsymbol{a}$ 等价的一组分量式，即

$$\left.\begin{aligned}F_x&=ma_x\\F_y&=ma_y\\F_z&=ma_z\end{aligned}\right\}\tag{1-44}$$

实际上，根据力的独立作用原理，上式相当于物体同时沿三个正交方向做直线运动的牛顿第二定律的标量表达式．

需要注意，分量式（1-44）中的 F_x 是物体所受各外力的合力 $\boldsymbol{F}$ 在 Ox 轴上的分量，它等于各个外力在 Ox 轴上的分量之代数和．至于各外力在 Ox 轴上的正、负，则视它们的方向与规定的 Ox 轴正方向一致与否而定．同理，对分量式中的 $\boldsymbol{F}_y$、$\boldsymbol{F}_z$ 也可以做类似的理解．同时，对于加速度 $\boldsymbol{a}$ 的各分量，凡与相应坐标轴正方向一致者，取正值；反之，取负值．

在物体做圆周运动的情况下，我们也可以对式（1-43）写出相应的切向分量式和法向分量式，即

$$\left.\begin{aligned}F_{\mathrm{t}}&=m\frac{\mathrm{d}v}{\mathrm{d}t}\\F_{\mathrm{n}}&=m\frac{v^2}{R}\end{aligned}\right\}\tag{1-45}$$

7）顺便指出，在合外力为零的情况下，牛顿第二定律归结为牛顿第一定律，即牛顿第一定律似乎是牛顿第二定律的特例．这从形式上来理解，似是正确的．但从本源上讲，没有牛顿第一定律，就没有惯性参考系和力这些概念，牛顿第二定律也就无从说起．牛顿第一定律乃是牛顿第二定律的前奏，并不仅仅是牛顿第二定律的特例．

1.7.3　牛顿第三定律

我们讲过，力是物体间的相互作用. 事实上，任何一个物体所受的力一定来自其他物体，施力者与受力者不可能是同一个物体. **牛顿第三定律**在于进一步说明物体间相互作用的关系，可陈述如下：**当物体 A 以力 $\boldsymbol{F}_2$ 作用在物体 B 上时，物体 B 同时也以力 $\boldsymbol{F}_1$ 作用在物体 A 上，$\boldsymbol{F}_1$ 与 $\boldsymbol{F}_2$ 在一条直线上，大小相等而方向相反**（图 1-11），即

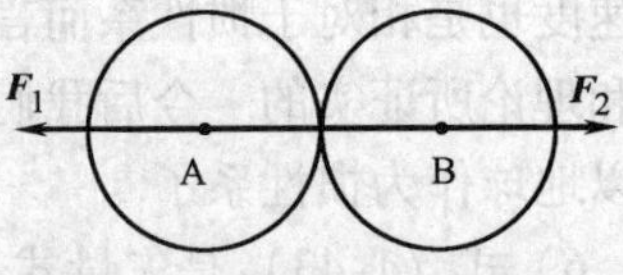

图 1-11　作用力与反作用力

$$\boldsymbol{F}_1 = \boldsymbol{F}_2 \tag{1-46}$$

现在来说明牛顿第三定律的含义：

（1）牛顿第三定律指出物体间的作用是相互的，即力是成对出现的. 如果把物体 A 作用在物体 B 上的力称为**作用力**，那么，物体 B 作用在物体 A 上的力就称为**反作用力**；反之亦然.

（2）**作用力和反作用力同时存在、同时消失**；当它们存在的时候，不论在哪一时刻，一定沿同一条直线，而且大小相等、方向相反. 必须特别注意，**作用力和反作用力是作用在不同物体上的**，因此，一个物体所受的作用力决不能和这个力的反作用力相互抵消. 当物体 B 受到物体 A 的作用力时，可获得相应的加速度；与此同时，物体 A 受到物体 B 的反作用力，也可获得相应的加速度.

（3）力是按它在惯性系中产生的效应来定义的，作用力和反作用力当然也是如此，所以牛顿第三定律也只适用于惯性系.

（4）**作用力和反作用力是属于同一性质的力**. 例如，作用力是弹性力，或摩擦力，那么反作用力也一定相应地是弹性力，或摩擦力.

问题 1-17　正确完备地叙述牛顿运动定律. 在 SI 中，力的单位是怎样规定的？

问题 1-18　（填空）

（1）力是物体之间的一种__________. 改变物体运动状态依靠______；维持物体运动状态凭借______.

（2）如果质点所受合外力的方向与质点运动方向相同，则质点的加速度与速度的方向______，于是，质点做______运动；如果质点所受合外力的方向与质点的运动方向相反，则质点的加速度与速度的方向______，于是，质点做______运动.

（3）质点做变速圆周运动时，其法向力 F_n =______，切向力 F_t =______，法向力改变质点的__________，切向力改变质点的__________.

（4）如果质点所受合外力等于非零的恒矢量，则质点做______运动；如果这个合外力为零，则质点的加速度为______，质点处于______或做__________.

1.8　力学中常见的力

1.8.1　万有引力　重力

1680 年，牛顿发表了著名的万有引力定律，它是针对两个质点之间存在相互吸引力而言的，可表述为：**在自然界中，任何两个质点之间都存在着引力，引力的大小与两个质点的质量 m_1、m_2 的乘积成正比，与两个质点间的距离 r 的平方成反比；引力的方向在两**

个质点的连线上（图 1-12）. 万有引力 $\boldsymbol{F}$（或 $\boldsymbol{F}'$）的大小可表示为

$$F = G\frac{m_1 m_2}{r^2} \tag{1-47}$$

式中，G 是一个普适常量，对任何物体都适用，称为**引力常量**，其值可由实验测得，通常取其近似值为

$$G = 6.672\times10^{-11}\mathrm{N\cdot m^2\cdot kg^{-2}}$$

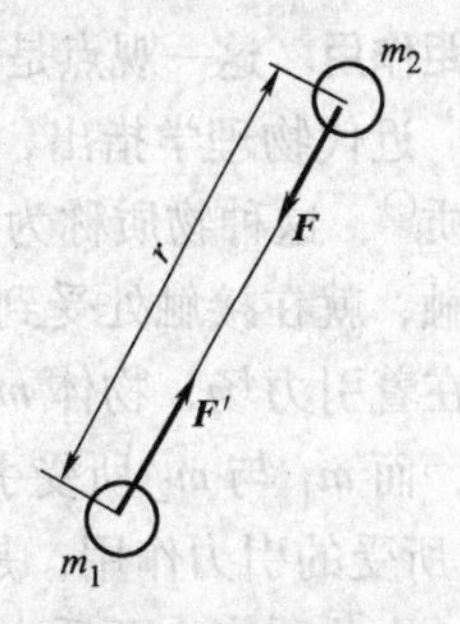

图 1-12　万有引力

需要指出，在万有引力定律中出现的质量，它是反映物体和其他物体之间引力强弱的一种定量描述，称为**引力质量**，它不涉及惯性；而牛顿第二定律 $\boldsymbol{F}=m\boldsymbol{a}$ 中的质量是指**惯性质量**，它反映质点保持其运动状态不变的顽强程度，而不涉及引力. 引力质量和惯性质量是物体的两种不同属性. 近代的精密实验证明，惯性质量等于引力质量. 因此，以后两者不加区分，统称为**质量**.

通常，我们把**地球对地面附近物体所作用的万有引力**，称为物体所受的**重力**，记作 $\boldsymbol{W}$，重力的大小亦称为物体的**重量**，重力的方向可认为竖直向下而指向地球中心. 在重力作用下，物体获得重力加速度 $\boldsymbol{g}$，其方向与重力 $\boldsymbol{W}$ 方向相同. 按式（1-43），质量为 m 的物体所受重力为

$$\boldsymbol{W} = m\boldsymbol{g} \tag{1-48}$$

设物体离开地面的高度为 h，地球的半径为 r_e，地球的质量为 m_e，则质量为 m 的物体在地面附近（即 $h \ll r_e$）的重力大小为

$$F = G\frac{mm_e}{(r_e+h)^2} = m\frac{Gm_e}{(r_e+h)^2} = mg$$

> 计算时需用的 G、r_e、m_e 等物理常量的大小可在书末附录 A 中查取.

式中，将 $(r_e+h)^{-2}$ 按泰勒公式展开，且因 $h \ll r_e$，可得 g 的近似值为

$$g = \frac{Gm_e}{(r_e+h)^2} \approx \frac{Gm_e}{r_e^2}\left(1-2\frac{h}{r_e}\right)$$

可见重力加速度 g 随离地面高度 h 的增大而减小. 而当 $h/r_e \ll 1$ 时，可取

$$g = \frac{Gm_e}{r_e^2} \tag{1-49}$$

g 近似为一常量，可按 G、m_e、r_e 等值算出 $g = 9.82\mathrm{m\cdot s^{-2}}$，在通常计算时，可取 $g = 9.80\mathrm{m\cdot s^{-2}}$.

前面说过，万有引力定律只适用于计算两个质点之间的引力，因而在上述计算地球对它附近的物体的引力时，不应把地球视作质点而直接应用式（1-47）. 不过，如果地球内部质量均匀分布并具有球对称性，则可以证明（从略），一个均匀球体（或球壳）对球外一个质点的万有引力，等于整个球体（或球壳）的质量集中于球心时对球外这个质点的引力. 因此，我们在上述求地球附近物体所受的地球引力时，就可以把地球近似看作质量集中于球心的一个质点.

近代物理指出，只有相互接触的物体之间才能够相互作用. 那么，读者也许会进一步拷问：任何物体之间若并未直接接触，为何存在万有引力呢？牛顿时代的有些人认为，任何物

体并不需要直接接触，就可凭借无限大的速度即时地超越时空来传递万有引力．这就是所谓**超距作用**．这一观点是无法被近代物理学所接受的．

近代物理学指出，任何具有质量 m 的物体，在它周围空间都存在着某种特殊形式的物质㊀，这种物质称为**引力场**．当质量 m_2 的物体进入 m_1 的引力场内时，由于与该引力场接触，就在接触处受到 m_1 的引力场对它所作用的引力；与此同时，在 m_2 周围的空间也存在着引力场，物体 m_1 在 m_2 的引力场内，也要接触 m_2 的引力场而受到对它所作用的引力，而 m_1 与 m_2 所受引力的反作用力应是 m_1 和 m_2 分别对引力场所作用的．所以 m_1 与 m_2 所受的引力作用，是通过它们周围的引力场来实现的．

由此看来，两质点之间的这一对引力并不能认为是一对作用力与反作用力．可是，当两质点静止时，它们互施的这一对引力是等值、反向、共线的，因此，可以认为牛顿第三定律仍是成立的；并且近代物理指出，当这两质点相距甚远、且两个质点低速运动时，牛顿第三定律对这一对引力仍近似适用．

地球在其地面附近的引力场称为**重力场**．今后，我们在研究地面附近的物体运动时，必须考虑它所受的重力．

问题 1-19 （1）若两个质量都为 1kg 的均匀球体，球心相距 1m，求此两球之间的引力大小．

（2）质量 1kg 的物体在地面附近，它受地球的引力为多大？（将地球看作均匀球体；已知地球的赤道半径 r_e = 6370km，地球质量 $m_e = 5.977\times10^{24}$kg）（**答**：（1）6.637×10^{-11}N，这个力可忽略不计；（2）9.8N，这个力就不能忽视了！）

1.8.2 弹性力

物体在外力作用下发生形变（即改变形状或大小）时，由于物体具有弹性，产生企图恢复原来形状的力，这就是**弹性力**．它的方向要根据物体形变的情况来决定．**弹性力产生在直接接触的物体之间，并以物体的形变为先决条件．**下面介绍几种常见的弹性力．

1. 弹簧的弹性力

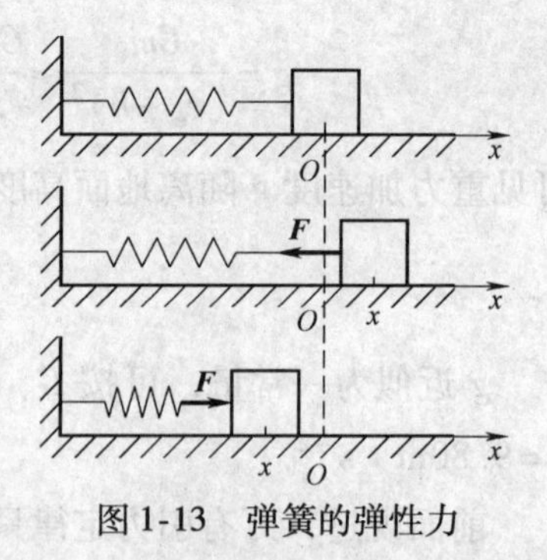

图 1-13 弹簧的弹性力

弹簧在外力作用下要发生形变（伸长或压缩），与此同时，弹簧反抗形变而对施力物体有力作用，这个力就是**弹簧的弹性力**．如图 1-13 所示，把一条不计重力的轻弹簧的一端固定，另一端连接一个放置在水平面上的物体．O 点为弹簧在**原长**（即没有伸长或压缩）时物体的位置，称为**平衡位置**．以平衡位置 O 为原点，并取向右为 Ox 轴的正方向，则当物体自 O 点向右移动而将弹簧稍微拉长时，弹簧对物体作用的弹性力 $\boldsymbol{F}$ 指向左方；当物体自 O 点向左移动而稍微压缩弹簧时．$\boldsymbol{F}$ 就指向右方．实验表明，**在弹簧的形变（伸长或压缩）甚小，而处于弹簧的弹性限度内时，弹性力的大小为**

$$F = -kx \tag{1-50}$$

㊀ 引力场、电磁场等都是客观存在的物质，场与实物粒子乃是宇宙间的两类基本物质．场的观点是近代物理学中最基本的观点之一．

式中，x 是**物体相对于平衡位置**（原点 O）的位移，其大小（绝对值）即为弹簧的伸长（或压缩）量；k 是一个正的恒量，称为弹簧的**劲度系数**，它表征弹簧的力学性能，即弹簧发生单位伸长量（或压缩量）时弹性力的大小，k 的单位是 $\mathrm{N \cdot m^{-1}}$（牛·米$^{-1}$）. 式(1-50)中的负号表示弹性力的方向，即当 $x>0$ 时，$F<0$，弹性力 $\boldsymbol{F}$ 指向 Ox 轴负向；当 $x<0$ 时，$F>0$，$\boldsymbol{F}$ 指向 Ox 轴正向.

2. 物体间相互挤压而引起的弹性力

这种弹性力是由于彼此挤压的物体发生形变所引起的；其形变一般极为微小，肉眼不易觉察. 例如，屋架压在柱子上，柱子因压缩形变而产生向上的弹性力，托住屋架；又如，物体压在支承面（如斜面、地面等）上，物体与支承面之间因相互挤压也要产生弹性力. 如图1-14所示，一重物放置在桌面上，桌面受重物挤压而发生形变，它要力图恢复原状，对重物作用一个向上的弹性力 $\boldsymbol{F}_{\mathrm{N}}$，这就是桌面对重物的**支承力**；与此同时，重物受桌面挤压而发生形变，也要力图恢复原状而对支承的桌面作用一个向下的弹性力 $\boldsymbol{F}'_{\mathrm{N}}$，即重物对桌面的**压力**.

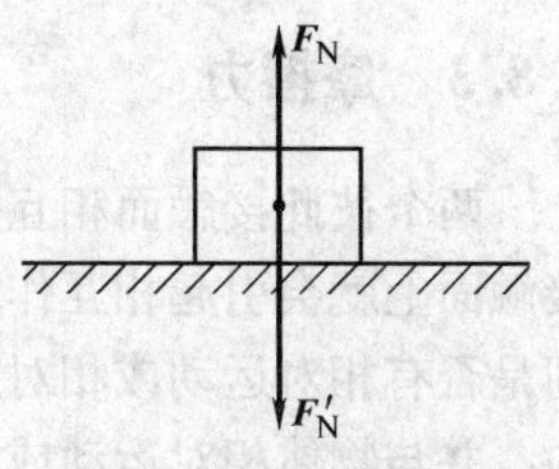

图1-14　挤压弹性力

上述这种挤压弹性力总是垂直于物体间的接触面或接触点的公切面，故亦称为法向力.

3. 绳子的拉力

一根杆在外界作用下，在一定程度上具有抵抗拉伸、压缩、弯曲和扭转的性能，但是，对一条柔软的绳子来说，它毫无抵抗弯曲、扭转的性能，也不能沿绳子方向受外界的推压，**而只能与相接触的物体沿绳子方向互施拉力.** 这种拉力也是一种弹性力，它是在绳子受拉而发生拉伸形变（一般也很微小）时所引起的.

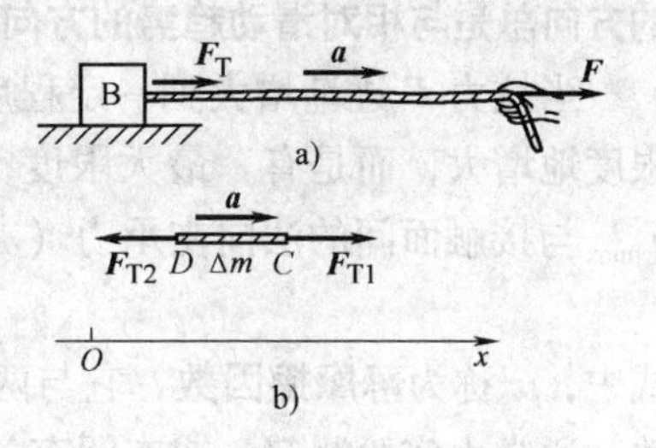

图1-15　绳子的拉力

现在讨论绳子产生拉力时绳内的张力问题. 如图1-15所示，手对绳施加一水平拉力 $\boldsymbol{F}$，拖动一质量为 m 的物体沿水平面以加速度 $\boldsymbol{a}$ 运动（见图1-15a）. 这时，绳子被近乎水平地拉直而发生拉伸形变，绳子内部相邻各段之间便产生弹性力，这种弹性力称为**张力**. 一般而言，绳内各处的张力是不相等的. 设想把绳子分成数段，取其中任一段质量为 Δm 的绳子 CD，它要受前、后方相邻绳段的张力 $\boldsymbol{F}_{\mathrm{T1}}$ 和 $\boldsymbol{F}_{\mathrm{T2}}$ 作用. 当绳子和物体一起以加速度 $\boldsymbol{a}$ 前进时，沿绳长取 Ox 轴正向，如图1-15b所示，则对绳段 CD 而言，按牛顿第二定律的分量式(1-44)有 $F_x = ma_x$，即

$$F_{\mathrm{T1}} - F_{\mathrm{T2}} = \Delta m a$$

可知，张力大小 $F_{\mathrm{T1}} \neq F_{\mathrm{T2}}$，并可推断绳中各处张力大小也是不相等的. 但是，如果绳子是一条质量可以忽略不计（即 $m \approx 0$）的细线（或轻绳），则绳子各段的质量 $\Delta m = 0$；或者绳子质量不能忽略（$m \neq 0$），而处于匀速运动或静止状态（$a = 0$），在这两种情况下，由上式可得出，绳中各处的张力大小处处相等，且与拉重物的外力大小相等. 于是，手

> 注意：今后凡是讲到“细绳”或“轻绳”，都是指绳的质量可以忽略不计. 对于“轻杆”或“细杆”“轻弹簧”或“轻滑轮”等也都可做这样的理解.

拉绳子的力 $\boldsymbol{F}$ 和绳拉物体的力 $\boldsymbol{F}_{\mathrm{T}}$ 大小相等，亦即，拉力 $\boldsymbol{F}$ 便大小不变地传递到绳的另一端.

类似地，当杆受拉伸或压缩时，其内部各处的内力情况也可仿此说明. 不过，在受压时，杆中任何一点的内力是相向的一对作用力与反作用力，即**压力**. 对轻杆而言，其中任何一点的压力的大小都相等，外力的大小也可以沿杆不变地传递.

1.8.3 摩擦力

两个彼此接触而相互挤压的物体，当存在着相对运动或相对运动趋势时㊀，在两者的接触面上就会引起相互作用的摩擦力. **摩擦力产生在直接接触的物体之间，**并以两物体之间是否有相对运动或相对运动的趋势为先决条件. 摩擦力的方向沿两物体接触面的切线方向，并与物体相对运动或相对运动趋势的方向相反. 粗略地说，产生摩擦力的原因通常是由于两物体的接触表面粗糙不平.

1. 静摩擦力

一物体静置在平地上，这时，它与支承的地面之间没有相对运动或相对运动趋势，两者的接触面之间就不存在摩擦力. 若用不大的力 $\boldsymbol{F}$ 去拉该物体（见图 1-16），物体虽相对于支承面有滑动趋势，但并不开始运动，这是由于物体与支承面之间出现了摩擦力，它与力 $\boldsymbol{F}$ 相互平衡，所以，物体相对于支承面仍为静止，这个摩擦力叫作**静摩擦力**，以 $\boldsymbol{F}_{\mathrm{f0}}$ 表示. $\boldsymbol{F}_{\mathrm{f0}}$ 的大小与物体所受的其他外力有关，需由力学方程求解，$\boldsymbol{F}_{\mathrm{f0}}$ **的方向总是与相对滑动趋势的方向相反.**

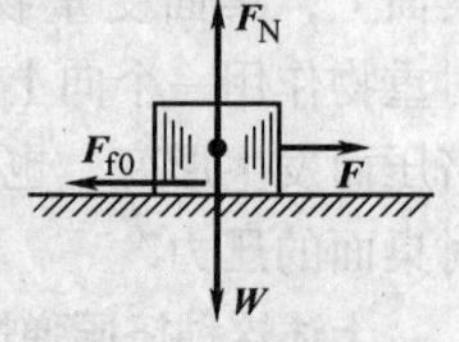

图 1-16 静摩擦力

当拉力 $\boldsymbol{F}$ 逐渐增大到一定程度时，物体将要开始滑动，这表明静摩擦力并非可以无限度地增大，而是有一最大限度，称为**最大静摩擦力**. 根据实验，最大静摩擦力的大小 F_{fmax} 与接触面间的法向支承力（亦称**正压力**）的大小 F_{N} 成正比，即

$$F_{\mathrm{fmax}} = \mu' F_{\mathrm{N}} \tag{1-51}$$

式中，μ' 称为**静摩擦因数**，它与两物体接触面的材料性质、粗糙程度、干湿情况等因素有关，通常由实验测定，或查阅有关物理手册.

显然，静摩擦力的大小介于零与最大静摩擦力之间，即

$$0 < F_{\mathrm{f0}} \leqslant F_{\mathrm{fmax}} \tag{1-52}$$

在许多场合下，静摩擦力可以是一种驱动力. 例如，汽车行驶的驱动力就是凭借后轮轮胎与地面之间的静摩擦力；人们走路，就是依靠脚底与地面之间的静摩擦力. 否则将寸步难移.

㊀ 读者特别要注意“相对”两字. 这里是指彼此接触的两个物体中的任一个物体相对于另一个物体存在着运动或运动趋势. 例如，汽车相对于地面朝前运动，这是指观察者立足于地面所看到的；如果观察者站在汽车上，他就可以说，地面相对于汽车同时在后退，这就是地面与汽车存在着相对运动的情况. 若汽车静止在地面上，则两者虽有接触，但无相对运动. 如果用一外力推汽车，汽车未动，这是由于地面对汽车存在着阻碍相对运动的摩擦力；而不能说外力对改变汽车运动状态的效应消失了. 因此，这时汽车与地面虽无相对运动，但彼此相对运动的趋势是存在的. 亦即，假想没有摩擦力的话，汽车在推力作用下，将相对于地面运动了，其运动方向，即为汽车沿地面的相对运动趋势的方向；同时，地面相对于汽车则存在着与之相反的相对运动趋势.

2. 滑动摩擦力

当作用于上述物体的力 $\boldsymbol{F}$ 超过最大静摩擦力而发生相对运动时，两接触面之间的摩擦力称为**滑动摩擦力**. 滑动摩擦力的方向与两物体之间相对滑动的方向相反；滑动摩擦力的大小 F_{f} 也与法向支承力的大小 F_{N} 成正比，即

$$F_{\mathrm{f}}=\mu F_{\mathrm{N}} \tag{1-53}$$

式中，μ 称为**动摩擦因数**，通常它比静摩擦因数稍小一些，计算时，一般可不加区别，近似地认为 $\mu=\mu'$.

至于滑动摩擦力的方向，总是与物体相对运动的方向相反. 读者仍需注意“相对”两字. 例如，自行车的前轮是被动轮，当自行车后轮受地面作用的静摩擦力 $\boldsymbol{F}_{\mathrm{f1}}$ 而前进时（图 1-17），就推动前轮相对于地面的接触点向前滚动，从而地面对它作用着向后的滑动摩擦力 $\boldsymbol{F}_{\mathrm{f2}}$.

图 1-17　自行车轮所受的摩擦力

3. 黏滞阻力

以上所说的仅是固体之间的摩擦力. 另外，当固体在流体（液体、气体等）中运动时，或流体内部的各部分之间存在相对运动时，流体与固体之间或流体内部相互之间也存在着一种摩擦力，称为**黏滞阻力或黏性阻力**，记作 $\boldsymbol{F}_{\mathrm{r}}$. 黏滞阻力的大小主要取决于固体或流体的速度，但也与固体的形状、流体的性质等因素有关. 本书中如不特别指出，均不考虑这种阻力，例如空气阻力等.

问题 1-20　（1）“摩擦力是阻碍物体运动的力”或“摩擦力总是与物体运动的方向相反”，这种说法为什么是不妥当的？你如何理解“相对滑动”和“相对滑动趋势”？如何判断静摩擦力和滑动摩擦力的方向？它们的大小如何决定？如何判断究竟真正发生了滑动还是仅仅有滑动趋势？

（2）重力为98N的物体静置在平地上，物体与地面间的静摩擦因数 $\mu'=0.5$. 今以水平向右的力 $F=0.1\mathrm{N}$ 推物体，问地面对物体作用的摩擦力的方向如何？摩擦力的大小是否为 $\boldsymbol{F}_{\mathrm{f0}}=\mu'\boldsymbol{F}_{\mathrm{N}}=0.5\times98\mathrm{N}=49\mathrm{N}$？如果是的话，物体将会朝什么方向运动？不然的话，物体受到的摩擦力应为多大？

问题 1-21　人推小车时，小车也推人. 结果，小车向前行而人不向后退，这是为什么？试分析一下人和小车各受哪些力的作用. 小车向前行而人不向后退的情况，是否仅由小车与人之间的相互作用力所决定的？

问题 1-22　根据下述题设，检查物体 A 的示力图中有无错误. 如有错误，试重新绘图订正.

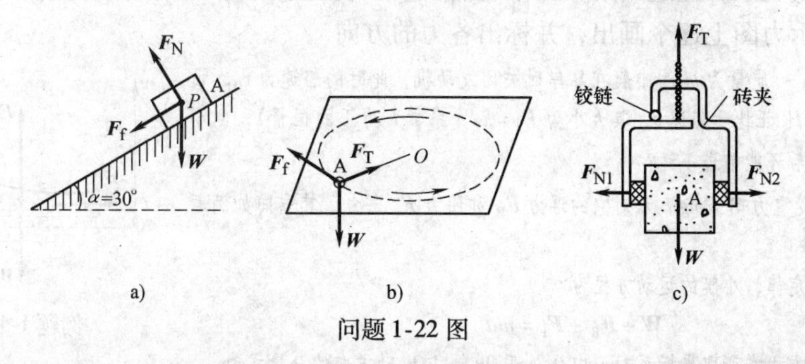

问题 1-22 图

（a）已知物体 A 与斜面之间的摩擦因数为 $\mu=0.64$，物体 A 以初速 $v_0=25\mathrm{m\cdot s^{-1}}$ 沿斜面上滑到最高点 P.

（b）绳拉一个小木块 A 绕 O 点在平地上循逆时针转向做圆周运动.

（c）砖夹在提升力 $\boldsymbol{F}_{\mathrm{T}}$ 作用下，夹起一块混凝土砌块 A 上升.

1.9 牛顿运动定律应用示例

应用牛顿运动定律求解质点动力学问题，通常都是以牛顿第二定律为核心而展开的. 大致有下述两类问题：

（1）已知质点运动函数，对其求导，可得加速度；再由 $\boldsymbol{F} = m\boldsymbol{a}$，就可求质点所受的合外力.

（2）已知质点所受的合外力，求质点的运动规律. 若质点所受的是变力，则把 $\boldsymbol{F} = m\boldsymbol{a}$ 写成微分方程 $\boldsymbol{F} = m\mathrm{d}\boldsymbol{v}/\mathrm{d}t$ 或 $\boldsymbol{F} = m\mathrm{d}^2\boldsymbol{r}/\mathrm{d}t^2$，结合初始条件，进行积分，就可解得质点运动函数.

应用牛顿第二定律求解问题的一般步骤为：

（1）根据题设条件和需求，有目的地选取一个或几个物体，分别隔离出来，称为**隔离体**；以此作为研究对象.

（2）选定可以作为惯性系的参考系.

（3）分析隔离体的受力情况，画**示力图**，并标示出其运动情况.

（4）按牛顿第二定律的表达式 $\boldsymbol{F} = m\boldsymbol{a}$ ［式(1-43)］ 列出质点运动方程（矢量式）.

（5）在惯性参考系中建立合适的坐标轴，对上述矢量形式的质点运动方程，写出它沿各坐标轴的分量式［参阅式（1-44）或式（1-45）］.

（6）解出用字母表示的所求结果（代数式）；如题中给出已知量的具体数据，应将各量统一换算成用国际制单位来表示，再代入用字母表示的式中，算出具体答案. 必要时，还应对所得结果进行讨论.

> 读者亦可不列出矢量形式的质点运动方程，直接按所选定的坐标轴列出与之等价的一组运动方程分量（标量）式，在本书中有时就是这样做的.

其中，正确无误地分析隔离体的受力情况和画出示力图，乃是解决力学问题的关键性一步. 否则，按照不准确的示力图去列式计算，是徒劳无益的，只能得出错误的答案.

鉴于力是物体之间的相互作用，因此，对所选定的隔离体分析受力情况时，除了重力和已知外力可先在示力图上画出外，接下来应无遗漏地逐一考察该隔离体与哪些物体存在着相互接触或联系，经过判断，如果它们在接触或联系处对该隔离体有弹性力或摩擦力等作用，亦在示力图上逐个画出，并标出各力的方向.

例题 1-11　质量为 m 的小艇在靠岸时关闭发动机，此时的船速为 v_0. 设水对小艇的阻力 $\boldsymbol{F}_\mathrm{r}$ 正比于船速 v，其大小为 $F_\mathrm{r} = kv$（系数 k 为正的恒量），问小艇在关闭发动机后还能前进多远?

解　小艇受重力 $\boldsymbol{W} = m\boldsymbol{g}$、水对它的浮力 $\boldsymbol{F}_\mathrm{B}$ 和阻力 $\boldsymbol{F}_\mathrm{r}$ 三力，其方向如例题 1-11 图所示.

例题 1-11 图

按牛顿第二定律，小艇的运动方程为

$$\boldsymbol{W} + \boldsymbol{F}_\mathrm{B} + \boldsymbol{F}_\mathrm{r} = m\boldsymbol{a}$$

小艇的运动方程在所取坐标系 Oxy 中分别沿 Ox 轴、Oy 轴方向的分量式为

$$-F_\mathrm{r} = ma_x \tag{a}$$

$$F_\mathrm{B} - mg = ma_y \tag{b}$$

式中，由于沿 Oy 轴方向水对小艇的浮力 $\boldsymbol{F}_B$ 和重力 $\boldsymbol{W}$ 平衡，故 $a_y=0$；阻力 $F_r=kv$. 今设小艇沿水面上的 Ox 轴的运动速度大小为 v，则 $a_x=\mathrm{d}v/\mathrm{d}t=(\mathrm{d}v/\mathrm{d}x)(\mathrm{d}x/\mathrm{d}t)=v(\mathrm{d}v/\mathrm{d}x)$. 将这些量代入式（a），化简得

$$\frac{\mathrm{d}v}{\mathrm{d}x}=-\frac{k}{m}$$

当 $x=0$ 时，$v=v_0$，积分上式，有

$$\int_{v_0}^{v}\mathrm{d}v=-\int_0^x\frac{k}{m}\mathrm{d}x$$

即

$$v=v_0-\frac{kx}{m}$$

当 $v=0$ 时，由上式可得小艇前进的距离为

$$x=\frac{mv_0}{k}$$

说明　从本题的要求来说，式（b）无助于求解，故亦可不列出此式.

例题 1-12　试计算一质量为 m 的小球在阻尼介质（水、空气或油等，这里是指水）中竖直沉降的速度. 已知：水对小球的浮力为 $\boldsymbol{F}_B$，水对小球运动的黏性阻力为 $\boldsymbol{F}_r$，其大小为 $F_r=\gamma v$. 式中，v 为小球在水中运动的速度，γ 是与小球的半径、水的黏性等有关的一个恒量.

解　小球受重力 $\boldsymbol{W}=m\boldsymbol{g}$、浮力 $\boldsymbol{F}_B$ 和黏滞阻力 $\boldsymbol{F}_r$ 作用，各力方向如例题 1-12 图 a 所示. 按牛顿第二定律，有

$$\boldsymbol{W}+\boldsymbol{F}_B+\boldsymbol{F}_r=m\boldsymbol{a}$$

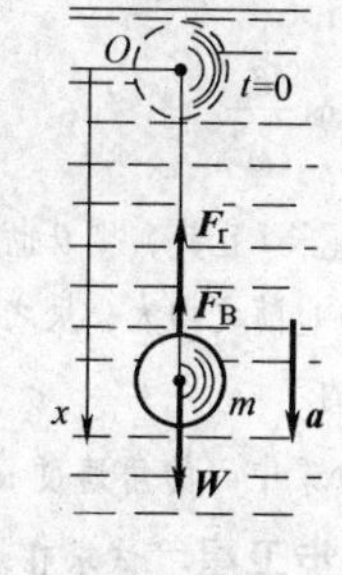

a)　　b)

例题 1-12 图

取 Ox 轴方向竖直向下，并将小球开始下落处取为 Ox 轴的原点 O，列出上述运动方程沿 Ox 轴的分量式为

$$mg-F_B-\gamma v=ma \tag{a}$$

显然，当小球开始下落时，即 $t=0$ 时，$x=0$，$v=0$，则由式（a）可知，这时，加速度却具有最大值 $a=g-B/m$. 继而，沉降速度 v 逐渐增加，黏滞阻力也随之增大，小球的加速度就逐渐减小. 当小球的加速度减小到零时，其速度称为**收尾速度**，记作 v_T，由式（a）可得小球的收尾速度为

$$v_T=\frac{mg-F_B}{\gamma} \tag{b}$$

这时，小球所受的重力 $\boldsymbol{W}$、浮力 $\boldsymbol{F}_B$ 和黏性阻力 $\boldsymbol{F}_r$ 三者达到平衡；此后，小球将以收尾速度 v_T 匀速地沉降. 由式（b）得 $\gamma v_T=mg-F_B$，并代入式（a），有

$$\gamma(v_T-v)=m\frac{\mathrm{d}v}{\mathrm{d}t}$$

分离变量，并积分之，有

$$\int_0^v\frac{\mathrm{d}v}{v_T-v}=\int_0^t\frac{\gamma}{m}\mathrm{d}t$$

可解得

$$v=v_T(1-\mathrm{e}^{-\frac{\gamma}{m}t}) \tag{c}$$

上述 v 与 t 的关系曲线如例题 1-12 图 b 所示.

说明　利用收尾速度的概念可解释许多常见的现象. 例如，轮船的速度不能无限制地增大. 这是由于黏滞阻力随速度而变，当船速达到收尾速度 v_T 后，阻力已增大到与轮船推进力相平衡，即推进力已全部用于克服阻力，故不可能再加速，而以匀速行驶. 又如，飞行员的跳伞、江河中的泥沙沉降和空气中的尘粒或雨滴降落等，当达到重力、阻力与浮力三者平衡时，亦以收尾速度下降.

从式（c）还可看出，小球在阻尼介质中的沉降速度 v 与 γ 有关，而实验表明，γ 又与小球的半径有关. 这样，大

小不同的小球在同一介质中将具有不同的沉降速度．据此，在工农业生产中（例如选矿、净化颗粒等）常可用来分离不同粒径的球状微粒．

例题 1-13 如例题 1-13 图所示，一长为 l 的细绳，上端固定于 O' 点，下端拴一质量为 m 的小球．当小球在水平面上以匀角速 ω 绕竖直轴 OO' 做圆周运动时，绳子将画出一圆锥面，故这种装置被称为**圆锥摆**．求此时绳与竖直轴所成的夹角 θ．

解 小球在水平面上做圆周运动的任一时刻，受重力 $\boldsymbol{W}=m\boldsymbol{g}$ 和绳的拉力 $\boldsymbol{F}_\mathrm{T}$ 作用，其加速度为 $\boldsymbol{a}$，且恒指向圆心 O；小球所受 $\boldsymbol{W}$、$\boldsymbol{F}_\mathrm{T}$ 的合力，其方向应与加速度 $\boldsymbol{a}$ 的方向一致．故在任一时刻，$\boldsymbol{W}$、$\boldsymbol{F}_\mathrm{T}$ 与 $\boldsymbol{a}$ 三者必处于同一竖直面内．据此，我们就可以在运动过程中任一时刻的这样竖直平面内，建立一个与地面相连接的平面坐标系 Oxy，如例题 1-13 图所示．于是，也可直接写出沿 Ox、Oy 轴方向的分量式，即

$$\left.\begin{aligned} F_\mathrm{T}\sin\theta &= ma_x \\ -W+F_\mathrm{T}\cos\theta &= ma_y \end{aligned}\right\}$$

由于小球在竖直方向无运动，即 $a_y=0$；而 $a_x=R\omega^2=(l\sin\theta)\omega^2$ 为小球向心加速度，代入上两式，可求得

$$\theta=\arccos\frac{g}{l\omega^2}$$

讨论 由上式可知，若角速度 ω 与绳长 l 已定，则 θ 也就一定．若角速度 ω 增大，$\cos\theta$ 就减小，θ 便增大，因而 $R=l\sin\theta$ 也随之增大；反之亦然．工厂里常见的离心调速器就是根据圆锥摆的这一原理做成的．

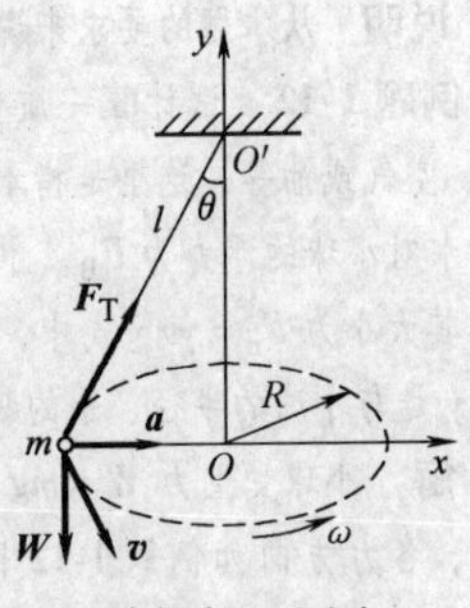

例题 1-13 图

例题 1-14 如果人造地球卫星绕地球中心的角速度 ω 等于地球自转的角速度，则这种与地球同步运转的卫星叫作**同步卫星**．试求在地球赤道平面上空的同步卫星与地球中心的距离．

解 设地球中心与此卫星的距离为 r，且它们的质量分别为 m_e 和 m．由于卫星在高空运行时，空气阻力可忽略不计，故仅受地球对它作用的万有引力 $\boldsymbol{F}$，其大小为 $F=G\dfrac{m_\mathrm{e}m}{r^2}$，其方向指向地球中心．显然，力 $\boldsymbol{F}$ 是使卫星绕地球中心以角速度 ω 做匀速率圆周运动的向心力，相应的向心加速度为 $a_\mathrm{n}=r\omega^2$．按牛顿第二定律的法向分量式 (1-45)，有

$$G\frac{m_\mathrm{e}m}{r^2}=mr\omega^2$$

从而得出此卫星与地球中心的距离为

$$r=\sqrt[3]{\frac{Gm_\mathrm{e}}{\omega^2}}$$

例题 1-15 质量分别为 $m_1=5\mathrm{kg}$、$m_2=3\mathrm{kg}$ 的两物体 A、B 在水平桌面上靠置在一起，如例题 1-15 图 a 所示．在物体 A 上作用一水平向左的推力 $F=10\mathrm{N}$，不计摩擦力，求两物体的加速度及其相互作用力，以及桌面作用于两物体上的支承力．

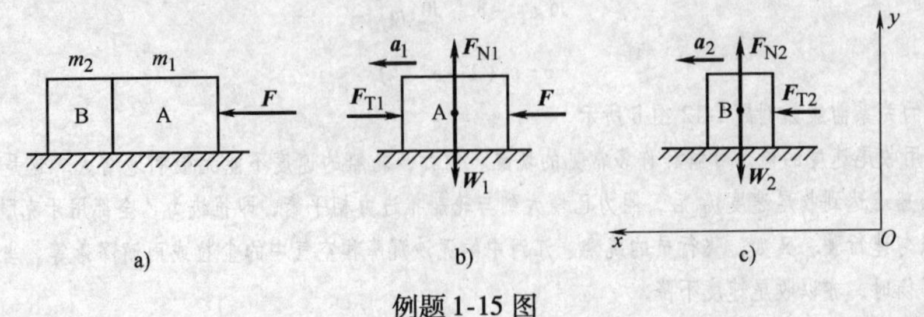

例题 1-15 图

分析 本题研究的对象，不止一个物体；并且还要求解物体间的相互作用力，因此在求解时，须分别取物体A和B为隔离体.

解 (1) 分别选取物体A和B为隔离体.

(2) 以地面为惯性系，按题意分析物体A和B的受力和运动情况.

物体A受四个力作用：已知的外力$\boldsymbol{F}$、重力$\boldsymbol{W}_1=m_1\boldsymbol{g}$、桌面的支承力$\boldsymbol{F}_{N1}$和物体B对它的作用力$\boldsymbol{F}_{T1}$（这是由于在推力$\boldsymbol{F}$的作用下，物体A、B间相互挤压而引起的弹性力)，它们的方向如例题1-15图b所示．设物体A的加速度为$\boldsymbol{a}_1$.

物体B受三个力作用：重力$\boldsymbol{W}_2=m_2\boldsymbol{g}$、桌面的支承力$\boldsymbol{F}_{N2}$和物体A对它的作用力$\boldsymbol{F}_{T2}$，方向如例题1-15图c所示．设物体B的加速度为$\boldsymbol{a}_2$.

(3) 按牛顿第二定律，分别列出物体A和B的运动方程：

$$\left.\begin{aligned}&\text{物体A}\quad \boldsymbol{W}_1+\boldsymbol{F}+\boldsymbol{F}_{N1}+\boldsymbol{F}_{T1}=m_1\boldsymbol{a}_1\\&\text{物体B}\quad \boldsymbol{W}_2+\boldsymbol{F}_{N2}+\boldsymbol{F}_{T2}=m_2\boldsymbol{a}_2\end{aligned}\right\}\tag{a}$$

(4) 选取坐标系，给出上述运动方程的分量式．初看起来，两物体都做水平运动，只要取水平的Ox轴就行了；但题中尚需求竖直方向的支承力，因而还得取Oy轴．今选取Oy轴方向竖直向上，Ox轴方向水平向左，则物体A、B的运动方程沿Ox轴、Oy轴的分量式分别为

$$\text{物体A}\quad\begin{cases}F-F_{T1}=m_1a_1\\F_{N1}-m_1g=0\end{cases}\qquad\text{物体B}\quad\begin{cases}F_{T2}=m_2a_2\\F_{N2}-m_2g=0\end{cases}\tag{b}$$

(5) 求解．由于两物体在外力$\boldsymbol{F}$作用下紧靠在一起运动，它们的加速度必相同，其大小以a表示，即$a_1=a_2=a$，又因物体A、B间的相互作用力$\boldsymbol{F}_{T1}$、$\boldsymbol{F}_{T2}$是一对作用力与反作用力，大小相等，以F_T表示，即$F_{T1}=F_{T2}=F_T$，则由式(b)解得

$$F_T=\frac{m_2}{m_1+m_2}F,\qquad a=\frac{F}{m_1+m_2}\tag{c}$$

$$F_{N1}=m_1g,\qquad F_{N2}=m_2g\tag{d}$$

(6) 计算．将$m_1=5\text{kg}$、$m_2=3\text{kg}$、$F=10\text{N}=10\text{kg}\cdot\text{m}\cdot\text{s}^{-2}$代入式(c)、式(d)中的各式，读者可自行算出物体的加速度、两物体之间的相互作用力和桌面对物体A、B的支承力分别为

$$a=1.25\text{m}\cdot\text{s}^{-2},\quad F_T=3.75\text{N},\quad F_{N1}=49\text{N},\quad F_{N2}=29.4\text{N}$$

讨论 在式(c)中，$m_2/(m_1+m_2)<1$，所以$F_T<F$．如果$m_1\gg m_2$，则两物体间的相互作用力$F_T\approx0$；若$m_1\ll m_2$，则$F_T\approx F$，这相当于外力$\boldsymbol{F}$的大小通过物体A不变地传递到物体B.

说明 如果本例的物体A、B不是独立的两个物体，而是一个物体不可分割的两部分，则$\boldsymbol{F}_{T1}$、$\boldsymbol{F}_{T2}$就是这物体内相邻两部分的交界面之间的相互作用力，它们都称为物体的**内力**．物体的内力总是成对出现的，它们是一对作用力与反作用力，服从牛顿第三定律.

设想用一截面将物体隔离成A、B两部分，如果A、B在截面处相互作用的内力$\boldsymbol{F}_{T1}$、$\boldsymbol{F}_{T2}$的方向都是分别朝向截面的，这样的内力叫作**压力**，本例图示的$\boldsymbol{F}_{T1}$、$\boldsymbol{F}_{T2}$两力就是压力；如果这对内力$\boldsymbol{F}_{T1}$、$\boldsymbol{F}_{T2}$的方向都是分别背离截面的，这样的内力叫作**张力**．如杆件或绳索受拉时，其内部相互作用的内力就是张力.

在材料力学、结构力学和流体力学中，内力的分析是极其重要的．分析内力的方法，通常就是利用隔离体法，即在物体（固体或流体）内部取一截面，将物体假想分割成为两部分，以暴露出这两部分间相互作用的内力，然后再根据力学方法求出内力．因此，隔离体法不仅可用在上述由几个物体组成的分立的物体系统上，也可以用在连续的物体系统（如流体、固体等）上.

例题1-16 如例题1-16图a所示，质量分别为m_1、m_2的物体B_1和B_2，分别放置在倾角为α和β的斜面上，借一跨过轻滑轮P的细绳相连接，设此两物体与斜面的摩擦因数皆为μ．求物体的加速度.

解 取物体B_1和B_2为隔离体，它们的受力情况如例题1-16图b、c所示．设物体B_1上滑，物体B_2下滑，则物体B_1、B_2所受绳子的拉力分别为$\boldsymbol{F}_T$、$\boldsymbol{F}'_T$，而两斜面各对物体B_1、B_2的摩擦力分别为F_{f1}、F_{f2}，则按牛顿第二定

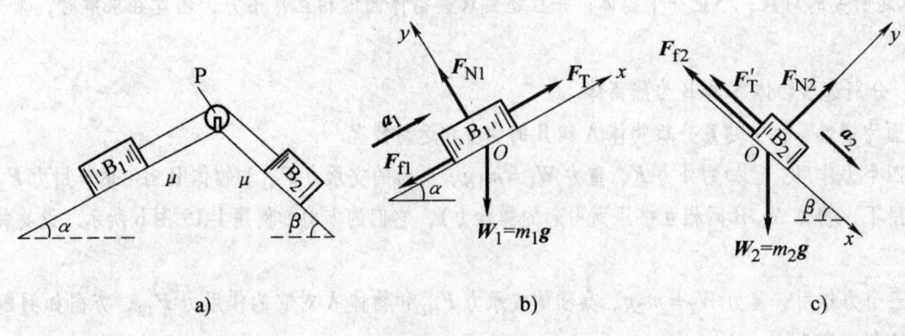

例题 1-16 图

律，物体 B_1 和 B_2 的运动方程分别为

$$\boldsymbol{W}_1+\boldsymbol{F}_{N1}+\boldsymbol{F}_T+\boldsymbol{F}_{f1}=m_1\boldsymbol{a}_1$$

$$\boldsymbol{W}_2+\boldsymbol{F}_{N2}+\boldsymbol{F}'_T+\boldsymbol{F}_{f2}=m_2\boldsymbol{a}_2$$

选取图示的 Ox 轴和 Oy 轴，则上两式沿 Ox、Oy 轴的分量式分别为

$$F_T-m_1g\sin\alpha-F_{f1}=m_1a_1 \tag{a}$$

$$F_{N1}-m_1g\cos\alpha=0 \tag{b}$$

$$m_2g\sin\beta-F'_T-F_{f2}=m_2a_2 \tag{c}$$

$$F_{N2}-m_2g\cos\beta=0 \tag{d}$$

且

$$F_T=F'_T \tag{e}$$

$$F_{f1}=\mu F_{N1} \tag{f}$$

$$F_{f2}=\mu F_{N2} \tag{g}$$

因为 $a_1=a_2=a$，联立求解式（a）～式（g），得物体的加速度

$$a=\frac{m_2g\ (\sin\beta-\mu\cos\beta)\ -m_1g\ (\sin\alpha+\mu\cos\alpha)}{m_1+m_2}$$

讨论 （1）当 $m_2g\ (\sin\beta-\mu\cos\beta)-m_1g(\sin\alpha+\mu\cos\alpha)>0$，即 $\dfrac{m_2}{m_1}>\dfrac{\sin\alpha+\mu\cos\alpha}{\sin\beta-\mu\cos\beta}$ 时，$a>0$，则物体 B_1 上滑，物体 B_2 下滑.

（2）当 $\dfrac{m_2}{m_1}=\dfrac{\sin\alpha+\mu\cos\alpha}{\sin\beta-\mu\cos\beta}$ 时，$a=0$，则物体 B_1 与 B_2 皆静止或以初速沿斜面做匀速运动.

（3）同理，设物体 B_2 上滑、物体 B_1 下滑，这时，除摩擦力 $\boldsymbol{F}_{f1}$、$\boldsymbol{F}_{f2}$ 的方向改变以外，其他情况皆相同，读者可自行求出此时物体的加速度.

例题 1-17 （1）如例题 1-17 图所示，质量分别为 m_1 和 m_2 的两物体 A、B 与一个定滑轮和一个动滑轮用细绳按照图示的方式连接起来. 滑轮和绳的质量以及它们之间的摩擦力均可不计. 试求两物体的加速度及绳中张力.（2）若 $m_2=50$kg，另一端将物体换成一只质量为 $m_1=20$kg 的猴子，猴子抓住绳子向上攀登. 求证：当猴子以加速度 $g/4$ 攀登时，物体 B 在整个时间内都位于同一高度.

解 （1）如例题 1-17 图 b 所示，分别列出两物体 A、B 的运动方程沿竖直向下的 y 轴方向的分量式. 即

$$m_1g-F_T=m_1a_1$$

及

$$\left.\begin{aligned}-2F'_T+m_2g&=m_2a_2\\a_1&=2a_2\\F'_T&=F_T\end{aligned}\right\}$$

联立求解上述方程组，得两物体的加速度 a_1、a_2 及绳中的张力 F_T 为

$$a_1=\frac{2(2m_1-m_2)g}{4m_1+m_2},\qquad a_2=\frac{(2m_1-m_2)g}{4m_1+m_2},\qquad F_T=\frac{3m_1m_2g}{4m_1+m_2}$$

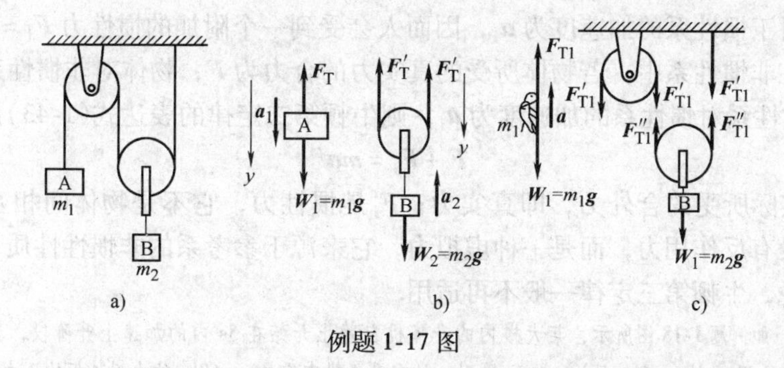

例题 1-17 图

(2) 如例题 1-17 图 c 所示，分别列出猴子和物体 B 的运动方程沿竖直方向（取向上为正）的分量式：

$$\left.\begin{aligned} F_{T1}-m_1g&=m_1a\\ F''_{T1}+F''_{T1}&=m_2g\\ F_{T1}=F'_{T1}&=F''_{T1}\end{aligned}\right\}$$

且

联立以上各式，并按题设，解算出猴子的加速度 a 为

$$a=\frac{(m_2g/2)-m_1g}{m_1}=\frac{[(50/2)-20]g}{20}=\frac{g}{4}$$

*1.10　非惯性参考系　惯性力

我们通常都是在惯性系中讨论物体的运动. 但是，有时为了方便起见，也可以在非惯性系中观察和研究物体的运动. 这时，牛顿定律便不再适用.

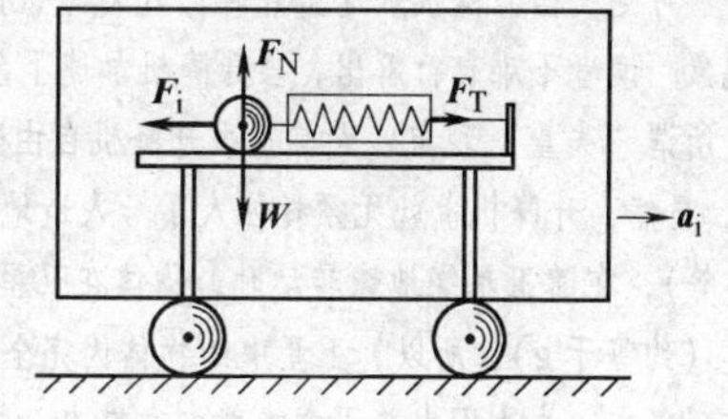

图 1-18　加速运动的车厢

所谓非惯性系，是指相对于惯性系做变速运动的参考系. 例如，一列火车以加速度 $\boldsymbol{a}_i$ 在地面上行驶，把地面看作惯性系，则列车便是非惯性系（见图 1-18）. 今在这列火车的一节车厢里，把一个小球放在水平桌面上，不计一切摩擦，则坐在车厢里的观察者看到小球在往后做加速运动. 可是观察者认为小球除了受到重力 $\boldsymbol{W}$ 和桌面的支承力 $\boldsymbol{F}_N$ 这两个互相平衡的真实力以外，似乎并不受其他力作用，感到难以理解；而地面上的观察者却看到此球保持静止或匀速直线运动. 若把小球系于弹簧秤的一端，另一端则固定于桌面上. 小球跟着弹簧秤一起运动，秤上则显示出某一读数. 地面上的观察者看到小球在弹簧秤的拉力作用下加速运动，列车内的观察者却看到小球受到弹簧秤的拉力而保持静止不动.

地面上的观察者处于惯性系，他观察到小球的运动遵从牛顿第二定律. 列车中的观察者处于非惯性系，他对小球的运动感到并不遵从牛顿第二定律. 不过，倘若小球除了受到各种真实力作用外，还加上一个假想的力 $\boldsymbol{F}_i=-m\boldsymbol{a}_i$，则在非惯性系中物体的运动也遵从牛顿第二定律了. 这个在非惯性系中假想的力称为**惯性力**. 它的大小为 $|\boldsymbol{F}_i|=ma_i$，方向与 $\boldsymbol{a}_i$ 相反.

当汽车启动时，车上的人会感到一个向后的附加力；制动时，会感到一个向前的附加力；拐弯时，身体会感到一个向外的附加力；…. 这是由于汽车启动或制动时是一个非惯

性系，它相对于惯性系的加速度为 $\boldsymbol{a}_\mathrm{i}$，因而人会受到一个附加的惯性力 $\boldsymbol{F}_\mathrm{i} = -m\boldsymbol{a}_\mathrm{i}$.

所以，在非惯性系中，若物体所受的真实力的合力为 $\boldsymbol{F}$，物体对非惯性系的加速度为 $\boldsymbol{a}'$，而此非惯性系对惯性系的加速度为 $\boldsymbol{a}_\mathrm{i}$，则牛顿第二定律的表达式(1-43)应修改为

$$\boldsymbol{F} + \boldsymbol{F}_\mathrm{i} = m\boldsymbol{a}' \tag{1-54}$$

式中，$\boldsymbol{F}$ 是实际所受的合外力，即真实力；$\boldsymbol{F}_\mathrm{i}$ 是惯性力，它不是物体间相互作用的真实力，所以也没有反作用力，而是一种虚拟力，它来源于参考系的非惯性性质. 因此，对于非惯性系来说，牛顿第三定律一般不再适用.

例题 1-18 如例题 1-18 图所示，某大楼内的升降机自静止开始在 5s 内的加速上升阶段，其运动函数为 $z = 0.125t^3/6$（式中，z 以 m 计，t 以 s 计），求 $t = 4$s 时，站在升降机中质量 $m = 60$kg 的人对地板的压力.

解 选上升的升降机为参考系，它在 $t = 4$s 时的加速度为

$$a_0 = \frac{\mathrm{d}v_z}{\mathrm{d}t} = \frac{\mathrm{d}^2 z}{\mathrm{d}t^2} = \frac{\mathrm{d}^2}{\mathrm{d}t^2}\left(\frac{0.125t^3}{6}\right)$$
$$= 0.125t = (0.125 \times 4)\,\mathrm{m \cdot s^{-2}} = 0.50\,\mathrm{m \cdot s^{-2}}$$

相应的惯性力为 $\boldsymbol{F}_\mathrm{i} = -m\boldsymbol{a}_0$. 从升降机中看，人受重力 $\boldsymbol{W}$ 和地板对他的支承力 $\boldsymbol{F}_\mathrm{N}$，还要另加一个惯性力 $\boldsymbol{F}_\mathrm{i}$，方向如图所示. 此人相对于升降机是静止的，即 $a' = 0$. 则由牛顿第二定律，有

$$F_\mathrm{N} - W - F_\mathrm{i} = m \cdot 0 = 0$$

由此得

$$F_\mathrm{N} = W + F_\mathrm{i} = mg + ma_0 = (60\mathrm{kg})(9.80 + 0.50)\,\mathrm{m \cdot s^{-2}} = 618\mathrm{N}$$

按牛顿第三定律，在 $t = 4$s 这一时刻，人对地板的向下压力为

$$F'_\mathrm{N} = F_\mathrm{N} = 618\mathrm{N}$$

可见，当升降机加速上升时，人对地板的压力大于人的重量，这就是所谓“超重”现象. 读者不难自行解出，当升降机加速下降时，人对地板的压力小于人的重量，这就是所谓“失重”现象. 尤其是当升降机自由落下时，$\boldsymbol{a} = \boldsymbol{g}$，这时，人对地板的压力 $F_\mathrm{N} = 0$，显然，升降机也就无须托住人了. 人造地球卫星中的物体（如放置于卫星中的仪器设备等），在随卫星绕地球转动时，物体在卫星轨道上的加速度就是地球引力所产生的加速度（约等于 $\boldsymbol{g}$），所以，卫星中的物体因完全失重而无须有任何支承力. 但要注意，在失重现象中，失去压力并不意味着失去重力. 物体始终受有地球对它的吸引力——重力.

例题 1-18 图

阅读材料

宇宙速度

发射人造星体，必须具有足够大的速率，才能使其在空间运行.

1. 第一宇宙速度

要使人造地球卫星在距地面高度为 h 处环绕地球运行而不落下，必须使卫星所受地球的万有引力正好等于卫星绕地球运行的向心力. 假设卫星沿圆周轨道运转，则有

$$G\frac{m_\mathrm{e} m}{r^2} = m\frac{v^2}{r}$$

式中，r 为人造卫星与地心的距离，即轨道半径，$r = r_\mathrm{e} + h$；m_e、r_e 分别为地球的质量和半径；m、v 分别为人造卫星的质量和运动速率. 由上式得

$$v = \sqrt{Gm_\mathrm{e}/r}$$

这就是人造卫星沿半径为 r 的圆周轨道绕地球运转时所需的速率. 今借关系式(1-49)，即 $g=Gm_e/r_e^2$，由上式可得

$$v=\sqrt{r_e^2 g/r}$$

若 $h \ll r_e$，则 $r=r_e+h\approx r_e$，于是，由上式可算出从地面上发射出去的人造地球卫星绕地球运转所需的最小速度，称为**第一宇宙速度**，记作 v_{I}，即

$$v_{\mathrm{I}}=\sqrt{r_e g}$$

以 $g=9.80\mathrm{m\cdot s^{-2}}$、$r_e=6370\mathrm{km}$ 代入上式，可算得 $v_{\mathrm{I}}=7.9\mathrm{km\cdot s^{-1}}$.

2. 第二宇宙速度

从地球上发射出去的物体，能脱离地球的引力而不再回到地球上来，所需的最小发射速度，称为**第二宇宙速度**，记作 v_{II}.

设质量为 m 的宇宙飞船从地面上竖直向上发射，初速为 $\boldsymbol{v}_0$. 取地心 O 为原点、Oy 轴竖直向上的坐标系（图 1-19）. 设飞船（视作质点）在运动过程中只受地球引力，其大小为

$$F=\frac{Gmm_e}{y^2}$$

方向竖直向下. 由关系式（1-49）有 $Gm_e=gr_e^2$，代入上式，则有

$$F=\frac{gr_e^2 m}{y^2}$$

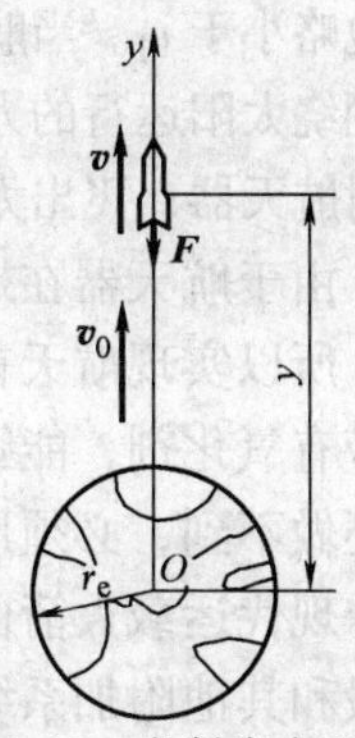

图 1-19　发射宇宙飞船

按牛顿第二定律，列出飞船运动方程的 Oy 轴方向分量式：

$$-\frac{gr_e^2 m}{y^2}=ma_y=m\frac{\mathrm{d}v_y}{\mathrm{d}t}=m\frac{\mathrm{d}v_y\mathrm{d}y}{\mathrm{d}y\,\mathrm{d}t}=mv_y\frac{\mathrm{d}v_y}{\mathrm{d}y}$$

即
$$-\frac{gr_e^2}{y^2}=v_y\frac{\mathrm{d}v_y}{\mathrm{d}y}$$

或
$$-gr_e^2\frac{\mathrm{d}y}{y^2}=v_y\mathrm{d}v_y$$

已知 $y=r_e$（即在地面上）时，$v_y=v_0$；又设飞船抵达高度 y 时的速度为 $\boldsymbol{v}$. 根据这些条件，积分上式

$$-gr_e^2\int_{r_e}^{y}\frac{\mathrm{d}y}{y^2}=\int_{v_0}^{v}v_y\mathrm{d}v_y$$

得
$$v^2=v_0^2-2gr_e^2\left(\frac{1}{r_e}-\frac{1}{y}\right)$$

在上式中，如果 $y\to\infty$，$v\geqslant 0$，则飞船就有可能脱离地球的引力范围，不再返回地球. 飞船脱离地球引力作用的空间范围，所需的最小发射速度即为**第二宇宙速度** v_{II}. 这时，$v_0=v_{\mathrm{II}}$，它可从上式中取 $y\to\infty$ 和 $v=0$ 而得到，即

$$\begin{aligned}v_{\mathrm{II}}&=\sqrt{2gr_e}\\&=\sqrt{2\times 9.80\mathrm{m\cdot s^{-2}}\times 6370\times 10^3\mathrm{m}}\\&=11.2\mathrm{km\cdot s^{-1}}\end{aligned}$$

当发射速度$\boldsymbol{v}_0$的大小为$v_{\mathrm{I}}<v_0<v_{\mathrm{II}}$时，飞船不能脱离地球引力的束缚，只能成为绕地球运转的人造卫星；当$v_0>v_{\mathrm{II}}$时，发射的飞船虽能脱离地球引力，但仍受太阳引力的作用，这样，就成为太阳系的人造行星.

3. 第三宇宙速度

从地面发射的物体，不仅能脱离地球引力，而且还能脱离太阳引力（即逃出太阳系），这时所需的最小发射速度，称为**第三宇宙速度**，记作v_{III}. 理论计算得出（从略）:

$$v_{\mathrm{III}}=16.7\mathrm{km}\cdot\mathrm{s}^{-1}$$

上述高速发射问题中的三种宇宙速度，在航天工业中，具有重要意义.

第一宇宙速度是航天器沿地球表面做圆周运动时必须具备的速度，也叫作**环绕速度**. 航天器在距离地球表面数百千米以上的高空运行，地面对航天器引力比在地面时要小，故其速度也略小于v_{I}。当航天器超过第一宇宙速度v_{I}达到一定值时，它就会脱离地球的引力场而成为围绕太阳运行的人造行星，这个速度就叫作第二宇宙速度，亦称**逃逸速度**. 要从地球表面发射航天器，飞出太阳系，到浩瀚的银河系中漫游需要达到第三宇宙速度以上.

由于航天器在地球稠密大气层以外极高真空的宇宙空间以类似自然天体的运动规律飞行，所以实现航天首先要寻找不依赖空气而又省力的运载工具. 火箭本身既携有燃烧剂，又带有氧化剂，能够在太空中飞行. 但要挣脱地球引力和克服空气阻力飞出地球，单级火箭还做不到，必须用多级火箭接力，逐级加速，最终才能达到宇宙速度要求的数值.

现代运载火箭由箭体结构、动力装置、制导和控制系统、遥测系统、外测系统、安全自毁和其他附加系统构成，各级之间靠级间段和分离机构连接，航天器装在末级火箭的顶端位置，通过分离机构与末级火箭相连；航天器外面装有整流罩，以便在发射初始阶段保护航天器. 运载火箭的技术指标主要包括运载能力、入轨精度、火箭对不同重量的航天器的适应能力和可靠性. 航天器的重量和轨道不同，所需火箭提供的能量和速度也各不相同，各种轨道与速度之间有一定的对应关系. 如把航天器送入185km高的圆形轨道运行所需的速度为$7.8\mathrm{km}\cdot\mathrm{s}^{-1}$；航天器进入1000km高的圆形轨道运行所需速度为$8.3\mathrm{km}\cdot\mathrm{s}^{-1}$；航天器进入地球同步转移轨道运行所需速度为$10.25\mathrm{km}\cdot\mathrm{s}^{-1}$；航天器探测太阳系所需速度为$12\sim20\mathrm{km}\cdot\mathrm{s}^{-1}$等. 直到今天，只有依靠火箭才能突破宇宙速度，实现人类飞天的理想.

习 题 1

1-1　若某质点做直线运动的运动学方程为$x=3t-5t^3+6$（SI），则该质点做

（A）匀加速直线运动，加速度沿x轴正方向.

（B）匀加速直线运动，加速度沿x轴负方向.

（C）变加速直线运动，加速度沿x轴正方向.

（D）变加速直线运动，加速度沿x轴负方向.　　[　　]

1-2　一质点做直线运动，某时刻的瞬时速度$v=2\mathrm{m}\cdot\mathrm{s}^{-1}$，瞬时加速度$a=-2\mathrm{m}\cdot\mathrm{s}^{-2}$，则1s后质点的速度

（A）等于零.　（B）等于$-2\mathrm{m}\cdot\mathrm{s}^{-1}$.　（C）等于$2\mathrm{m}\cdot\mathrm{s}^{-1}$.　（D）不能确定.

[　　]

1-3　质点沿半径为R的圆周做匀速率运动，每T s转一圈. 在$2T$时间间隔中，其平均速度大小与平均速率大小分别为

(A) $2\pi R/T, 2\pi R/T$.　(B) 0, $2\pi R/T$.　(C) 0, 0.　(D) $2\pi R/T$, 0.

[ ]

1-4 在相对地面静止的坐标系内，A、B两船都以$2\mathrm{m}\cdot\mathrm{s}^{-1}$速率匀速行驶，A船沿$x$轴正向，B船沿$y$轴正向．今在A船上设置与静止坐标系方向相同的坐标系（x、y方向单位矢用$\boldsymbol{i}$、$\boldsymbol{j}$表示），那么在A船上的坐标系中，B船的速度（以$\mathrm{m}\cdot\mathrm{s}^{-1}$为单位）为

(A) $2\boldsymbol{i}+2\boldsymbol{j}$.　(B) $-2\boldsymbol{i}+2\boldsymbol{j}$.　(C) $-2\boldsymbol{i}-2\boldsymbol{j}$.　(D) $2\boldsymbol{i}-2\boldsymbol{j}$.

[ ]

1-5 如习题1-5图所示，一光滑的内表面半径为10cm的半球形碗，以匀角速度ω绕其对称OC旋转．已知放在碗内表面上的一个小球P相对于碗静止，其位置高于碗底4cm，则由此可推知碗旋转的角速度约为

(A) $10\mathrm{rad}\cdot\mathrm{s}^{-1}$.　(B) $13\mathrm{rad}\cdot\mathrm{s}^{-1}$.

(C) $17\mathrm{rad}\cdot\mathrm{s}^{-1}$.　(D) $18\mathrm{rad}\cdot\mathrm{s}^{-1}$.　[ ]

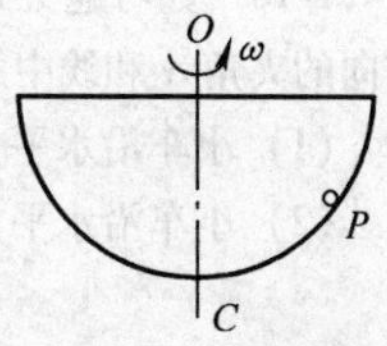

习题1-5图

1-6 如习题1-6图所示，在升降机天花板上拴有轻绳，其下端系一重物，当升降机以加速度$\boldsymbol{a}_1$上升时，绳中的张力正好等于绳子所能承受的最大张力的一半．若绳子刚好被拉断，则此时升降机上升的加速度为

(A) $2a_1$.　(B) $2(a_1+g)$.

(C) $2a_1+g$.　(D) a_1+g.　[ ]

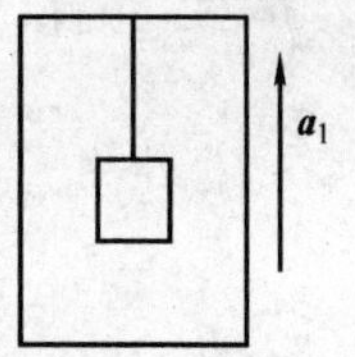

习题1-6图

1-7 一质点沿x方向运动，其加速度随时间的变化关系为

$$a=3+2t \quad \text{(SI)}$$

如果初始时刻质点的速度v_0为$5\mathrm{m}\cdot\mathrm{s}^{-1}$，则当$t$为3s时，质点的速度$v=$________.

1-8 灯距离地面高度为h_1，一个人身高为h_2，在灯下以匀速率v沿水平直线行走，如习题1-8图所示．他的头顶在地上的影子M点沿地面移动的速度为________.

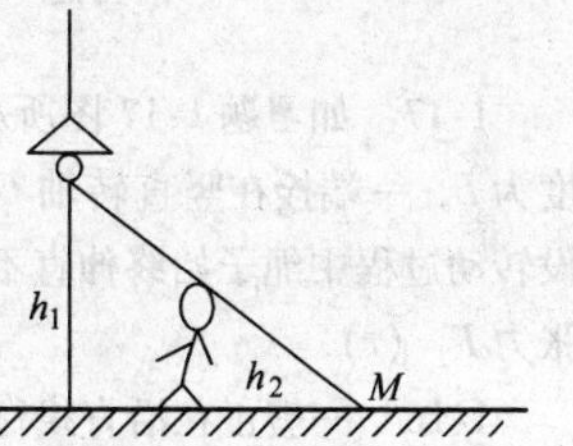

习题1-8图

1-9 质点沿半径为R的圆周运动，运动学方程为

$$\theta=3+2t^2 \quad \text{(SI)}$$

则t时刻质点的法向加速度大小为$a_n=$________；角加速度$\beta=$________.

1-10 一物体做如习题1-10图所示的斜抛运动，测得在轨道A点处速度$\boldsymbol{v}$的大小为v，其方向与水平方向夹角成30°．则物体在A点的切向加速度$a_t=$________，轨道的曲率半径ρ=________.

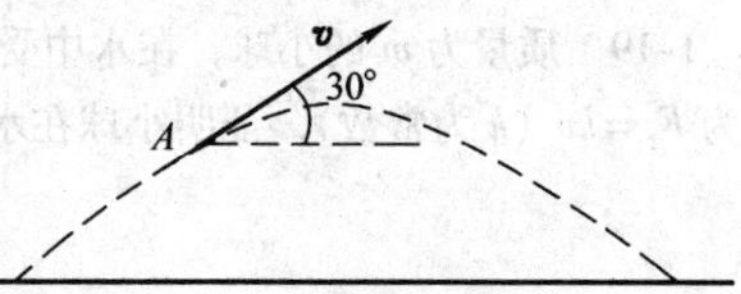

习题1-10图

1-11 质量为m的小球，用轻绳AB、BC连接，如习题1-11图所示，其中AB水平．剪断绳AB前后的瞬间，绳BC中的张力比$F_T : F'_T=$________.

1-12 一质点沿x轴运动，其加速度a与位置坐标x的关系为

$$a=2+6x^2 \quad \text{(SI)}$$

如果质点在原点处的速度为零，试求其在任意位置处的速度．

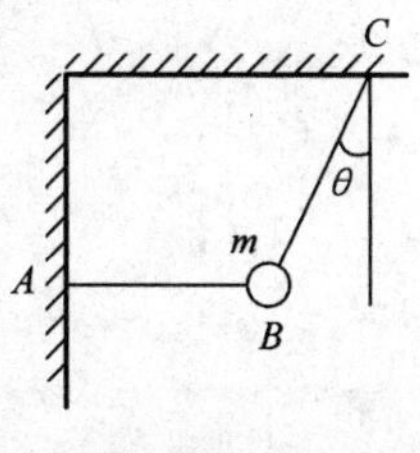

1-13 有一质点沿x轴做直线运动，t时刻的坐标为$x=4.5t^2-2t^3$（SI）．试求：

（1）第2s内的平均速度；

（2）第2s末的瞬时速度；

习题1-11图

（3）第2s内的路程.

1-14　为了估测上海市杨浦大桥桥面离黄浦江正常水面的高度，可在静夜时从桥栏旁向水面自由释放一颗石子，同时用秒表大致测得经过3.3s在桥面上听到石子击水声. 已知声音在空气中传播的速度为330m/s，试估算桥面离江面有多高?

1-15　如习题1-15图所示，一飞机驾驶员想往正北方向航行，而风以60km/h的速度由东向西刮来，如果飞机的航速（在静止空气中的速率）为180km/h，试问驾驶员应取什么航向? 飞机相对于地面的速率为多少? 试用矢量图说明.

1-16　如习题1-16图所示，质量为m的摆球A悬挂在车架上. 求在下述各种情况下，摆线与竖直方向的夹角α和线中的张力F_T.

（1）小车沿水平方向做匀速运动;

（2）小车沿水平方向做加速度为$\boldsymbol{a}$的运动.

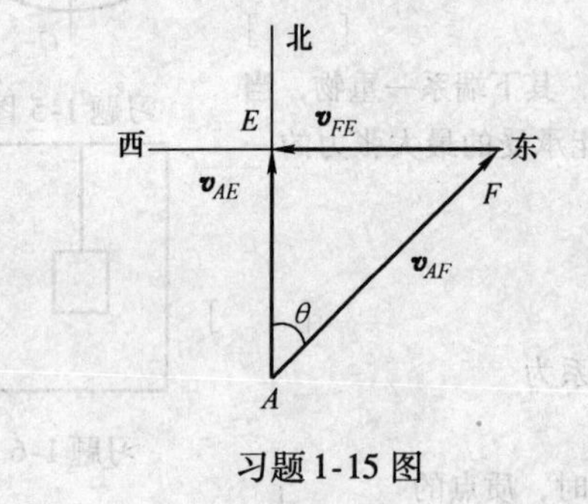

习题1-15图

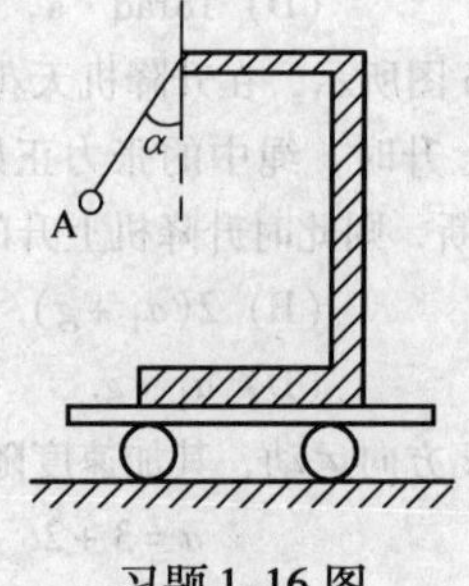

习题1-16图

1-17　如习题1-17图所示，一条质量分布均匀的绳子，质量为m、长度为L，一端拴在竖直转轴OO'上，并以恒定角速度ω在水平面上旋转. 设转动过程中绳子始终伸直不打弯，且忽略重力，求距转轴为r处绳中的张力$F_T(r)$.

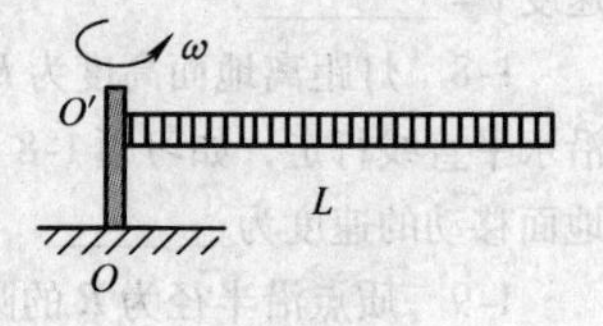

习题1-17图

1-18　一艘正在沿直线行驶的电艇，在发动机关闭后，其加速度方向与速度方向相反，大小与速度平方成正比，即$\mathrm{d}v/\mathrm{d}t=-Kv^2$，式中$K$为常量. 试证明电艇在关闭发动机后又行驶$x$距离时的速度为$v=v_0\exp(-Kx)$，其中$v_0$是发动机关闭时的速度.

1-19　质量为m的小球，在水中受的浮力为常力F，当它从静止开始沉降时，受到水的黏滞阻力大小为$F_r=kv$（k为常数）. 证明小球在水中竖直沉降的速度v与时间t的关系为

$$v=\frac{mg-F}{k}(1-\mathrm{e}^{-kt/m})$$

［**自测题**］ 一个身高1.8m的跳高运动员，竖直起跳后横身越过高度为2.1m的标杆（图2-0），不计空气阻力，并设其身体重心在身高的一半处．试估算他纵身起跳时竖直向上的速度需多大？（提示：跳高越杆，实际上是利用竖直上跃时的动能以提升运动员自身重心的高度、增大重力势能的过程）

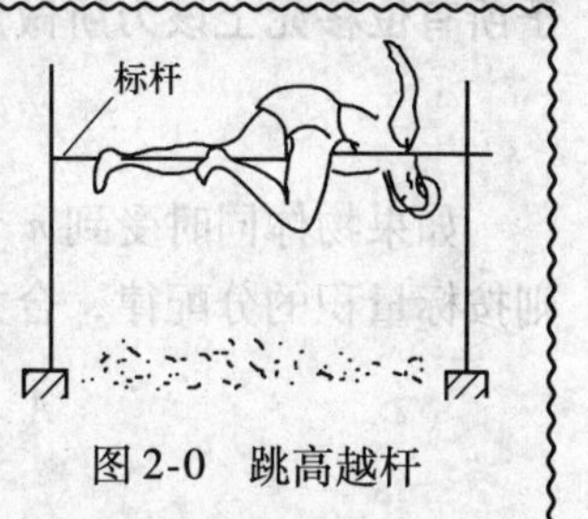

图2-0 跳高越杆

第2章 力学中的守恒定律

上一章讲过，牛顿运动定律阐述了力及其对物体所产生的瞬时效应，即物体受合外力作用的同时，产生相应的加速度．可是，物体在某时刻具有加速度，只显示物体在该时刻的运动状态（速度）要发生改变．因此，欲使物体运动状态发生有限的改变，就得探究在力的持续作用一段空间（或时间）过程所发生的累积效应；并由此进一步给出相应的守恒定律．本章先讨论力的空间累积效应；继而再讨论力和力矩的时间累积效应．

2.1 功 动能定理

2.1.1 功 功率

设物体（可视作质点）在恒力 $\boldsymbol{F}$ 作用下做直线运动，其位移为 $\Delta\boldsymbol{r}$，力与位移的夹角为 θ（见图2-1），则力 $\boldsymbol{F}$ 对物体所做的**功**定义为

$$A = F|\Delta\boldsymbol{r}|\cos\theta = \boldsymbol{F}\cdot\Delta\boldsymbol{r} \tag{2-1}$$

即恒力对物体所做的功，等于力 $\boldsymbol{F}$ 在物体位移方向的分量（$F\cos\theta$）和位移大小 Δr 的乘积，因而也可写成 $\boldsymbol{F}$ 与 $\Delta\boldsymbol{r}$ 的标量积 $\boldsymbol{F}\cdot\Delta\boldsymbol{r}$，所以**功是标量**．当 $0\leqslant\theta\leqslant\pi/2$ 时，功是正值，表示外力对物体做功；当 $\pi/2<\theta\leqslant\pi$ 时，功是负值，称为物体对外界做功．或者说，物体反抗外力做正功．

图2-1 恒力做功　　图2-2 变力沿曲线所做的功

如果物体受一变力 $\boldsymbol{F}$ 作用，沿曲线 l 从 a 点移动到 b 点（图2-2）．我们可先求力 $\boldsymbol{F}$ 在曲线上一段位移元 $\mathrm{d}\boldsymbol{r}$ 上所做的功，叫作**元功**．在位移元 $\mathrm{d}\boldsymbol{r}$ 上，可以认为力 $\boldsymbol{F}$ 的大小和方向变化不大，可当作恒力；$\mathrm{d}\boldsymbol{r}$ 所对应的实际路径上一段曲线元近似为与 $\mathrm{d}\boldsymbol{r}$ 重合的直线路程，其长度为 $\mathrm{d}s=|\mathrm{d}\boldsymbol{r}|$．因此，力 $\boldsymbol{F}$ 在这段位移元 $\mathrm{d}\boldsymbol{r}$ 上所做的元功为 $\mathrm{d}A=\boldsymbol{F}\cdot\mathrm{d}\boldsymbol{r}=F|\mathrm{d}\boldsymbol{r}|\cos\theta=F\mathrm{d}s\cos\theta$．**在物体从 a 点沿曲线路径 l 移到 b 点的全过程中，力 $\boldsymbol{F}$ 所做的功等**

于所有位移元上该力所做元功之总和. 从而可给出功的一般定义式为

$$A = \int_a^b \boldsymbol{F} \cdot \mathrm{d}\boldsymbol{r} = \int_l F\cos\theta \mathrm{d}s \tag{2-2}$$

如果物体同时受到 n 个力 $\boldsymbol{F}_1$、$\boldsymbol{F}_2$、…、$\boldsymbol{F}_n$ 的作用，其合力为 $\boldsymbol{F} = \boldsymbol{F}_1 + \boldsymbol{F}_2 + \cdots + \boldsymbol{F}_n$，则按标量积的分配律，合力 $\boldsymbol{F}$ 对物体所做的功为

$$A = \int_a^b \boldsymbol{F} \cdot \mathrm{d}\boldsymbol{r} = \int_a^b (\boldsymbol{F}_1 + \boldsymbol{F}_2 + \cdots + \boldsymbol{F}_n) \cdot \mathrm{d}\boldsymbol{r}$$

$$= \int_a^b \boldsymbol{F}_1 \cdot \mathrm{d}\boldsymbol{r} + \int_a^b \boldsymbol{F}_2 \cdot \mathrm{d}\boldsymbol{r} + \cdots + \int_a^b \boldsymbol{F}_n \cdot \mathrm{d}\boldsymbol{r}$$

即

$$A = A_1 + A_2 + \cdots + A_n = \sum_{i=1}^{n} A_i$$

亦即，**合力对物体所做的功等于其中各个力分别对该物体所做功之代数和.**

为了表征各种机械（如发动机、机床等）或做功者的做功快慢，还可引入**功率**的概念. 设在 Δt 时间内完成 ΔA 的功，那么在这段时间内的**平均功率**是

$$\overline{P} = \frac{\Delta A}{\Delta t} \tag{2-3}$$

当 Δt 趋近于零时，$\Delta A/\Delta t$ 的极限称为在某时刻的**瞬时功率**，即

$$P = \lim_{\Delta t \to 0} \frac{\Delta A}{\Delta t} = \frac{\mathrm{d}A}{\mathrm{d}t} \tag{2-4}$$

若将 $\Delta A = F\cos\theta\Delta s$ 代入上式，则有

$$P = \lim_{\Delta t \to 0}\left(F\cos\theta \frac{\Delta s}{\Delta t}\right) = F\cos\theta \frac{\mathrm{d}s}{\mathrm{d}t} = Fv\cos\theta = \boldsymbol{F} \cdot \boldsymbol{v} \tag{2-5}$$

从式（2-5）可知，一辆功率一定的汽车，在上坡时，为了增大牵引力 $\boldsymbol{F}$，必须放慢汽车的速率 v.

功的单位是 J（焦耳），功率的单位是 W（瓦），$1\mathrm{W} = 1\mathrm{J \cdot s^{-1}}$；$1\mathrm{kW} = 10^3\mathrm{W}$.

问题 2-1　（1）试述功和功率的定义，功的正负如何确定？列出功与功率的常用单位及其规定方法.

（2）一人将质量为 10kg 的物体提高 1m，问他对物体做了多少功？重力对物体做了多少功？此后，若将物体提着不动，他是否需要继续做功？（**答**：98J，－98J，0）

（3）汽车发动机功率是恒定的，为什么汽车在载货时比空载时跑得慢？

例题 2-1　如例题 2-1 图所示，一单摆，摆球质量为 m，摆线长为 l，今有一水平力 $\boldsymbol{F}$ 将摆球从最低位置很缓慢地拉起，使摆线与竖直方向成 θ_0 角. 计算此过程中 $\boldsymbol{F}$ 对摆球所做的功.

解　按题意，力 $\boldsymbol{F}$ 拉动小球的过程进行得很缓慢，这可理解为对任一微小位移 $\mathrm{d}s$，摆球都近似处于 $\boldsymbol{F}$、$\boldsymbol{F}_\mathrm{T}$ 和 $\boldsymbol{W} = m\boldsymbol{g}$ 三力平衡状态. 这样沿水平和竖直方向的合外力皆为零. 当摆球被拉到其摆线与竖直方向成 θ 角时，有

$$F - F_\mathrm{T}\sin\theta = 0,\ F_\mathrm{T}\cos\theta - mg = 0$$

由此得

$$F = mg\tan\theta$$

摆球从 $\theta = 0$ 到 $\theta = \theta_0$ 的拉动过程中，$\boldsymbol{F}$ 经历的位移元为 $l\mathrm{d}\theta$，则 $\boldsymbol{F}$ 对摆球所做的功为

$$A = \int_l \boldsymbol{F} \cdot \mathrm{d}\boldsymbol{s} = \int_0^{\theta_0} (mg\tan\theta)(\cos\theta) l\mathrm{d}\theta = mgl(1 - \cos\theta_0)$$

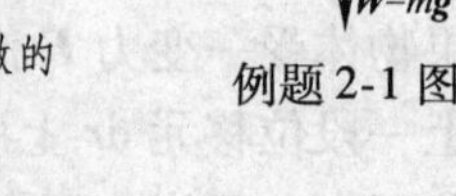

例题 2-1 图

例题 2-2　在丘陵地区建筑工地的斜坡（$\alpha = 25°$）线路上，用绞车及牵引索拉运一辆装土方的小车，如例题 2-2 图 a 所示. 车上装土 2 方（每方土的质量为 1.9t）. 如果当放松牵引索（即此时索中拉力为零）时，车能以匀速自行

滑下．而当绞车在电动机驱动下卷绕牵引索时，车以 $3\text{m}\cdot\text{s}^{-1}$ 的匀速被拉上．求所配置的电动机至少具有多少功率？设滑轮与牵引索之间的摩擦不计，小车和滑轮的质量亦不计．

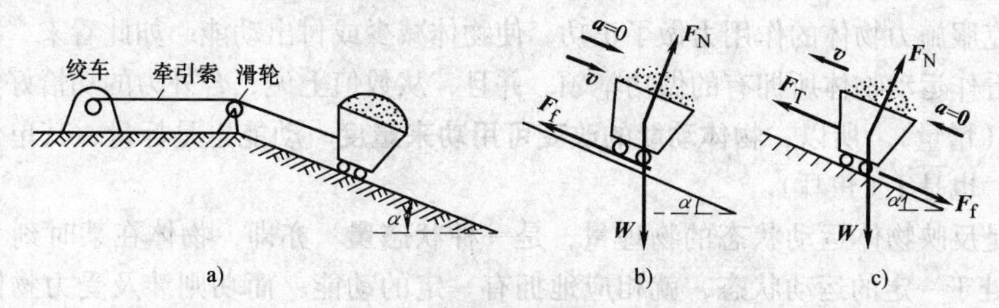

例题2-2图

解 如例题2-2图b所示，当小车匀速下滑时，按牛顿第二定律，沿斜面方向的分量式为

$$mg\sin\alpha - F_f = m\cdot 0 = 0$$

则滑动摩擦力为

$$F_f = mg\sin\alpha \tag{a}$$

当绞车对小车施加牵引力 $\boldsymbol{F}_T$ 匀速上滑时（见例题2-2图c），沿斜面方向，有

$$F_T - mg\sin\alpha - F_f = m\cdot 0 = 0 \tag{b}$$

将式（a）代入式（b），得绞车牵引力为

$$F_T = mg\sin\alpha + mg\sin\alpha = 2mg\sin\alpha$$

按题设 $m = 2\times 1.9\times 10^3\text{kg} = 3.8\times 10^3\text{kg}$，则小车以匀速 $v = 3\text{m}\cdot\text{s}^{-1}$ 上滑时，绞车的功率为

$$P = \boldsymbol{F}_T\cdot\boldsymbol{v} = F_T v\cos 0° = 2mgv\sin\alpha = 2\times(3.8\times 10^3\text{kg})\times(9.80\text{m}\cdot\text{s}^{-2})\times(3\text{m}\cdot\text{s}^{-1})\times\sin 25°$$
$$= 94.43\times 10^3\text{N}\cdot\text{m}\cdot\text{s}^{-1} = 94.43\times 10^3\text{J}\cdot\text{s}^{-1} = 94.43\times 10^3\text{W} = 94.43\text{kW}$$

2.1.2 质点的动能定理

外力对物体做功过程中所产生的空间累积效应，使物体的运动状态改变．上面讲过，在合外力是变力的情况下，物体做曲线运动时，功的定义式是

$$A = \int_a^b F\cos\theta \mathrm{d}s$$

式中，$F\cos\theta$ 是合外力 $\boldsymbol{F}$ 沿物体运动轨道切线方向的分力（见图2-2），即切向力 $\boldsymbol{F}_t$（另一分力——法向力处处与运动轨道垂直，不做功）．根据牛顿第二定律的分量式（1-45），有 $F_t = ma_t = m\mathrm{d}v/\mathrm{d}t$，把它代入上式，又因 $\mathrm{d}s/\mathrm{d}t = v$，并设物体在起点 a 和终点 b 时的速度大小分别为 v_1 和 v_2，则可得

$$A = \int_a^b F\cos\theta\mathrm{d}s = \int_a^b m\frac{\mathrm{d}v}{\mathrm{d}t}\mathrm{d}s = \int_a^b m\frac{\mathrm{d}v}{\mathrm{d}s}\frac{\mathrm{d}s}{\mathrm{d}t}\mathrm{d}s = \int_{v_1}^{v_2} mv\mathrm{d}v = \frac{1}{2}mv_2^2 - \frac{1}{2}mv_1^2 \tag{2-6}$$

式（2-6）表明，合外力对物体做功的效应要引起 $\frac{1}{2}mv^2$ 这个量的改变．$\frac{1}{2}mv^2$ 是物体速率的函数，它是表征物体运动状态的一个新的物理量，叫作物体的**动能**，记作 E_k；而 $\Delta E_k = E_{k2} - E_{k1} = \frac{1}{2}mv_2^2 - \frac{1}{2}mv_1^2$ 是物体在合外力作用过程中末态与始态的动能之差，即动能的增量．因此，式（2-6）可写成

$$A = E_{k2} - E_{k1} \tag{2-7}$$

即合外力对物体所做的功等于物体动能的增量．这个结论称为**质点的动能定理**．它表述了做功与物体运动状态改变（即动能的增量）之间的关系．

按照质点动能定理的表达式(2-7) 可知，若合外力对物体做正功（$A>0$），使物体增加或获得动能；反之，若合外力对物体做负功（$A<0$），这时物体反抗合外力做功，或者说，物体克服施力物体的作用力做了正功，使物体减少或付出动能．如此看来，我们也可以把动能看作运动物体所拥有的做功本领．并且，从数值上说，合外力的功恰好等于动能的改变值（增量）．所以，**物体动能的改变可用功来量度**．动能也是标量，其单位与功的单位相同，也是J（焦耳）．

动能是反映物体运动状态的物理量，是一种**状态量**．亦即，物体在某时刻（或相应的位置）处于一定的运动状态，就相应地拥有一定的动能．而功则涉及受力物体所经历的位移过程，它是一个与空间过程有关的**过程量**．我们说物体在某一时刻或某一位置拥有多少功，是没有任何意义的．

问题 2-2　(1) 试述质点的动能定理．阐明功与动能的区别和联系．

(2) 若物体所受的恒力 $\boldsymbol{F}$ 与水平轴 Ox 成 θ 角，试导出这时的质点动能定理的表达式为

$$F\Delta x\cos\theta=\frac{1}{2}mv_2^2-\frac{1}{2}mv_1^2$$

式中，$\Delta x=x_2-x_1$ 是物体的位移．

(3) 若将行星绕太阳的运动近似看作匀速率圆周运动，则太阳对行星的引力是否做功？行星的动能是否不变？

例题 2-3　质量为 m 的物体沿 Ox 轴方向运动，试求在沿 Ox 轴方向的合外力 $F=-k/x^2$ 作用下，从 $x=x_0$ 处自静止开始到达 x 处的速度．

解　由题设，按质点动能定理，有

$$\int_{x_0}^{x}(-k/x^2)\,\mathrm{d}x = mv^2/2-0$$

即

$$k/x\Big|_{x_0}^{x}=mv^2/2$$

由此得速度为

$$v=[(2k/m)(1/x-1/x_0)]^{1/2}$$

2.1.3　系统的动能定理

在研究力学问题时，我们往往根据需要将若干个互有联系的物体作为一个整体来加以研究．通常把**互有联系的这些物体所组成的总体或物体组**称为**系统**．如果组成系统的各物体都可认为是质点的话，则称为**质点系**．今后，我们主要讨论质点系．

系统内各物体间所存在的相互作用力，称为系统的**内力**；至于**系统外的其他物体对系统内的物体的作用力**，都称为系统的**外力**．

我们知道，系统内质点间相互作用的内力都是成对地以作用力和反作用力的形式出现的．这一对内力的矢量和虽然为零，可是这一对内力的两个受力质点的位移不一定相同，因而它们做功的代数和就不一定为零．例如，炸弹在爆炸过程中发生动能的突变，就是由于内力做功的结果．

现在我们讨论系统的动能定理．

设系统由 n 个物体所组成，对其中每个物体（可视为质点），按质点动能定理，有

$$A_1=\frac{1}{2}m_1v_{12}^2-\frac{1}{2}m_1v_{11}^2$$

$$A_2=\frac{1}{2}m_2v_{22}^2-\frac{1}{2}m_2v_{21}^2$$

$$\vdots$$

$$A_i = \frac{1}{2}m_i v_{i2}^2 - \frac{1}{2}m_i v_{i1}^2$$

$$\vdots$$

$$A_n = \frac{1}{2}m_n v_{n2}^2 - \frac{1}{2}m_n v_{n1}^2$$

式中，A_i 表示系统运动过程中作用于第 i 个物体上的合力所做的功；v_{i1} 和 v_{i2} 分别表示第 i 个物体在起始和末了时的速率．把以上各式相加，得

$$A_1 + A_2 + \cdots + A_n = \left(\frac{1}{2}m_1 v_{12}^2 + \frac{1}{2}m_2 v_{22}^2 + \cdots + \frac{1}{2}m_i v_{i2}^2 + \cdots + \frac{1}{2}m_n v_{n2}^2\right) - \left(\frac{1}{2}m_1 v_{11}^2 + \frac{1}{2}m_2 v_{21}^2 + \cdots + \frac{1}{2}m_i v_{i1}^2 + \cdots + \frac{1}{2}m_n v_{n1}^2\right)$$

用求和符号把上式的左端记作 $\sum_{i=1}^{n} A_i$，右端前、后两项分别记作 $\sum_{i=1}^{n} E_{ki2}$、$\sum_{i=1}^{n} E_{ki1}$，则

$$\sum_{i=1}^{n} A_i = \sum_{i=1}^{n} E_{ki2} - \sum_{i=1}^{n} E_{ki1}$$

式中，$\sum_{i=1}^{n} A_i$ 表示作用于系统内各个物体上一切力做功的代数和．对系统内每个物体来说，既可能受到系统以外的物体对它作用的外力，又存在着系统内其他物体对它作用的内力，因而，可将 $\sum_{i=1}^{n} A_i$ 分为两部分：所有外力做功之和 $\sum_{i=1}^{n} A_{外i}$ 与所有内力做功之和 $\sum_{i=1}^{n} A_{内i}$；其次，我们把**系统内各物体的动能之和称为系统的动能**，则上式右端的 $\sum_{i=1}^{n} E_{ki2}$、$\sum_{i=1}^{n} E_{ki1}$ 分别是系统的末动能和初动能．这样，上式成为

$$\sum_{i=1}^{n} A_{外i} + \sum_{i=1}^{n} A_{内i} = \sum_{i=1}^{n} E_{ki2} - \sum_{i=1}^{n} E_{ki1} \tag{2-8}$$

即一切外力对系统所做的功与系统内各物体间一切内力所做的功的代数和，等于该系统的动能的增量，这就是**系统的动能定理**．

问题 2-3　试导出系统的动能定理，并阐明其意义．

问题 2-4　如问题 2-4 图所示，物体 B_1、B_2 用跨过轻滑轮 P 的细绳连接，当物体 B_1 在水平恒力 $\boldsymbol{F}$ 拉动下，物体 B_1、B_2 分别在高差为 h 的平台上运动，不计一切摩擦，今将物体 B_1、B_2 和细绳各自所受的力都已画在图上．若把这三者视作一系统时，试指出哪些力是系统的外力？哪些是系统的内力？

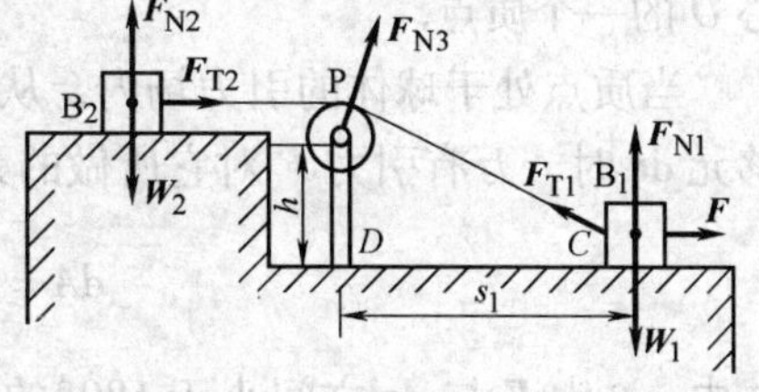

问题 2-4 图

例题 2-4　水平桌面上放置一质量为 $m' = 1\text{kg}$ 的厚木块，其初速 $u_1 = 0$．一质量为 $m = 20\text{g}$ 的子弹以 $v_1 = 200\text{m}\cdot\text{s}^{-1}$ 的速度水平地射入木块，穿出木块后的速度为 $v_2 = 100\text{m}\cdot\text{s}^{-1}$，并使木块获得 $u_2 = 2\text{m}\cdot\text{s}^{-1}$ 的速度．求子弹穿透木块过程中阻力所做的功（木块与桌面间的摩擦不计）．

分析　在子弹射穿木块的过程中，纵然可以断定子弹与木块两者在阻力相互作用下各自发生了位移，怎奈阻力和位移的情况皆无从获悉，故无法直接求出阻力的功．联想到功与能的关系，读者自然可以对子弹和木块分别运用质点动能定理求解本题．然而，考虑到子弹穿透木块过程的内情不详，可能甚为复杂，不如用系统的动能定理求解更为

合适，亦较简便.

解 以子弹与木块所组成的系统作为研究对象. 分析系统的受力情况：子弹和木块分别受地球作用的重力 $\boldsymbol{W}_1$ 和 $\boldsymbol{W}_2$、桌面对木块的支承力 $\boldsymbol{F}_N$、木块与子弹相互作用的阻力 $\boldsymbol{F}_f$ 与 $\boldsymbol{F}'_f$(互为作用力与反作用力). 显然，$\boldsymbol{W}_1$、$\boldsymbol{W}_2$ 和 $\boldsymbol{F}_N$ 都是系统的外力，且皆垂直于桌面，故它们在子弹射穿木块而使木块发生水平位移的过程中皆不做功；阻力 $\boldsymbol{F}_f$、$\boldsymbol{F}'_f$为系统的内力，设其做功之和为 $A_{阻}$. 则按系统的动能定理，有

$$(A_{W_1}+A_{W_2}+A_{F_N})+A_{阻}=\left(\frac{1}{2}m'u_2^2+\frac{1}{2}mv_2^2\right)-\left(\frac{1}{2}m'u_1^2+\frac{1}{2}mv_1^2\right)$$

按题设和以上所述，$A_{W_1}=A_{W_2}=A_{F_N}=0$，$m'=1\text{kg}$，$m=20\text{g}=0.02\text{kg}$，$u_1=0$，$u_2=2\ \text{m}\cdot\text{s}^{-1}$，$v_1=200\text{m}\cdot\text{s}^{-1}$，$v_2=100\text{m}\cdot\text{s}^{-1}$，代入上式，可算得阻力所做的功

$$A_{阻}=\left[\frac{1}{2}\times(1\text{kg})\times(2\text{m}\cdot\text{s}^{-1})^2+\frac{1}{2}\times(0.02\text{kg})\times(100\text{m}\cdot\text{s}^{-1})^2\right]-\left[0+\frac{1}{2}\times(0.02\text{kg})\times(200\text{m}\cdot\text{s}^{-1})^2\right]=-298\text{J}$$

负号表示子弹与木块间相互作用的阻力做负功. 亦即，子弹以消耗自身的动能为代价，用于克服阻力做功，并使木块获得了动能 $E_k=m'u_2^2/2=(1\text{kg})\ (2\text{m}\cdot\text{s}^{-1})^2/2=2\text{J}$.

说明 像本例中的阻力这一类内力的功，一般是很难求出的. 关于这类问题，应用功、能关系来求解就方便多了.

2.2 保守力　系统的势能

能量是物质的基本属性之一，它普遍依存于自然界的各种物质运动形式. 在机械运动中，涉及的能量包括动能和势能. 上节讲过，动能是运动物体所拥有的做功本领，可用合外力所做的功来量度. 而势能则是由物体之间相互作用和相对位置改变而拥有的做功本领，它是与保守力相关联的. 常见的保守力有万有引力、重力和弹性力等. 本节先引述这三种保守力所做的功及其特点，继而再相应地讨论引力势能、重力势能和弹性势能.

2.2.1 保守力做功的特点

1. 万有引力做的功

如图 2-3 所示，一质量为 m_0 的均质球体，其中心为 O，球外有一质量为 m 的质点. 在讨论均质球体和球外质点之间的引力时，可以认为球体固定不动且其质量 m_0 集中于中心 O 的一个质点.

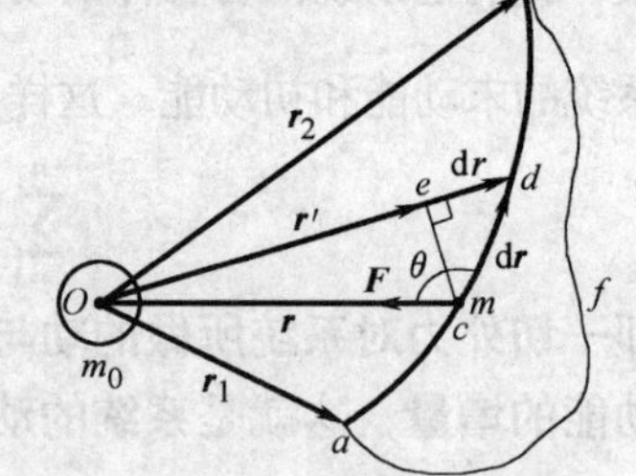

图 2-3　万有引力做功

当质点处于球体的引力场内，从 a 点沿任意路径运动到 b 点的过程中，在 c 点经过位移元 $\mathrm{d}\boldsymbol{r}$ 时，万有引力 $\boldsymbol{F}$ 对它所做的元功为

$$\mathrm{d}A=\boldsymbol{F}\cdot\mathrm{d}\boldsymbol{r}=\frac{Gmm_0}{r^2}|\mathrm{d}\boldsymbol{r}|\cos\theta$$

式中，θ 为 $\boldsymbol{F}$ 与 $\mathrm{d}\boldsymbol{r}$ 之间小于 180°的夹角；若 c、d 点相对于 O 点的位矢分别为 $\boldsymbol{r}$ 和 $\boldsymbol{r}'$，作 $ce\perp Od$，则位矢 $\boldsymbol{r}$ 与 $\boldsymbol{r}'$大小的增量为 $\mathrm{d}r=ed=|\boldsymbol{r}'|-|\boldsymbol{r}|$，由于 $\boldsymbol{r}'$与 $\boldsymbol{r}$ 的夹角甚小，故 $\angle Oce\approx 90°$，从而$|\mathrm{d}\boldsymbol{r}|\sin(\theta-90°)=\mathrm{d}r$ 或 $-|\mathrm{d}\boldsymbol{r}|\cos\theta=\mathrm{d}r$，于是，上式可化为

$$\mathrm{d}A=-G\frac{mm_0}{r^2}\mathrm{d}r$$

在质点从点 a 沿任意路径到达点 b 的过程中，设始、末位置 a 与 b 相对于 O 点的位矢分别为 $\boldsymbol{r}_1$ 和 $\boldsymbol{r}_2$，则对上式积分，便得万有引力所做的功为

$$A_{ab} = \int_{r_1}^{r_2}\left(-G\frac{mm_0}{r^2}\right)\mathrm{d}r = -\left[\left(-\frac{Gmm_0}{r_2}\right)-\left(-\frac{Gmm_0}{r_1}\right)\right] \tag{2-9a}$$

式（2-9a）表明，**当质点的质量 m_0 和 m 给定时，万有引力所做的功只与质点的始、末位置（用 r_1、r_2 表示）有关，而与所经历的路径无关．具有这种特点的力称为保守力**．万有引力既然是一种保守力，那么，读者不妨以 b 点为起始位置，经历另一条任取的路径 bfa，回到末了位置 a，则按式（2-9a）计算万有引力的功，有

$$A_{ba} = -\left[\left(-\frac{Gmm_0}{r_1}\right)-\left(-\frac{Gmm_0}{r_2}\right)\right]$$

这样，质点沿任一闭合路径 $acbfa$ 绕行一周，万有引力所做的功为

$$\oint_l \boldsymbol{F}\cdot\mathrm{d}\boldsymbol{r} = A_{acb} + A_{bfa} = 0 \tag{2-9b}$$

即质点绕行闭合路径一周，保守力 $\boldsymbol{F}$ 所做的功为零．$\oint_l \boldsymbol{F}\cdot\mathrm{d}\boldsymbol{r}$ 称为**保守力的环流**．式(2-9b)表明**保守力的环流为零**．显然，式（2-9b）与式（2-9a）是等价的．而环流不为零的力则称为**非保守力或耗散力**，例如摩擦力、磁场力等．

2. 重力做的功

如前所述，在地球表面附近的空间内，质量为 m 的物体所受的万有引力即为物体的重力 $\boldsymbol{W}=m\boldsymbol{g}$，此空间就是**重力场**．如图2-4所示，在地平面上取空间直角坐标系 $Oxyz$，物体在任一点 c 的位矢为 $\boldsymbol{r}=x\boldsymbol{i}+y\boldsymbol{j}+z\boldsymbol{k}$，其重力为 $\boldsymbol{W}=-mg\boldsymbol{k}$，物体在 c 点的位移元为 $\mathrm{d}\boldsymbol{r}=\mathrm{d}x\boldsymbol{i}+\mathrm{d}y\boldsymbol{j}+\mathrm{d}z\boldsymbol{k}$，则重力所做的元功为

$$\begin{aligned}\mathrm{d}A &= \boldsymbol{W}\cdot\mathrm{d}\boldsymbol{r} = (-mg\boldsymbol{k})\cdot(\mathrm{d}x\boldsymbol{i}+\mathrm{d}y\boldsymbol{j}+\mathrm{d}z\boldsymbol{k})\\ &= -mg\mathrm{d}z\end{aligned}$$

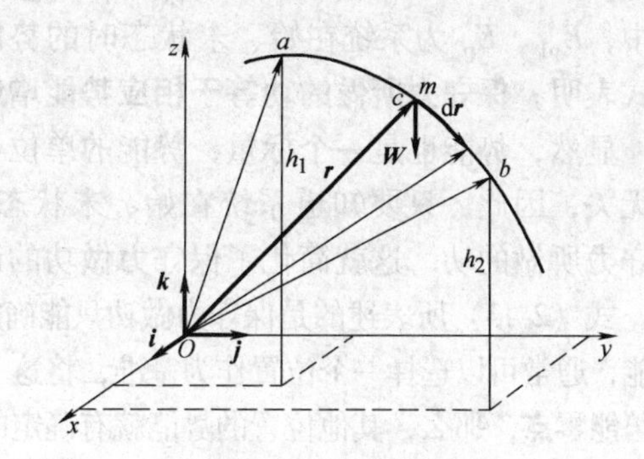

图2-4　重力做功

设物体从 a 点沿任意路径 acb 运动到 b 点，它在 a、b 点的高度分别为 $z_a=h_1$ 和 $z_b=h_2$，则在此过程中重力所做的功为

$$A_{ab} = \int_{z_a}^{z_b}\mathrm{d}A = \int_{h_1}^{h_2}(-mg)\mathrm{d}z = -(mgh_2 - mgh_1) \tag{2-10}$$

显然，**重力做功也与路径无关，只由始、末位置决定**．因而**重力是保守力**．

3. 弹簧的弹性力做的功

如图2-5所示，一劲度系数为 k 的水平轻弹簧，一端固定，另一端连接一物体，以弹簧处于原长时的平衡位置 O 为原点，取 Ox 轴正向向右，相应的单位矢量为 $\boldsymbol{i}$．在弹簧伸长（或缩短）甚小而处于弹性限度内的情况下，让它经历一个向右拉伸过程，其间在伸长量为 x 的一点处移过一段位移元 $\mathrm{d}\boldsymbol{r}=\mathrm{d}x\boldsymbol{i}$，则弹簧的弹性力 $\boldsymbol{F}=-kx\boldsymbol{i}$ 所做的元功为 $\mathrm{d}A=\boldsymbol{F}\cdot\mathrm{d}\boldsymbol{r}=(-kx\boldsymbol{i})\cdot(\mathrm{d}x\boldsymbol{i})=-kx\mathrm{d}x$．当物体从弹簧伸长量为 x_1 的 a 点时，移到伸长量为 x_2 的 b 点时，在这一过程中，弹性力做功为

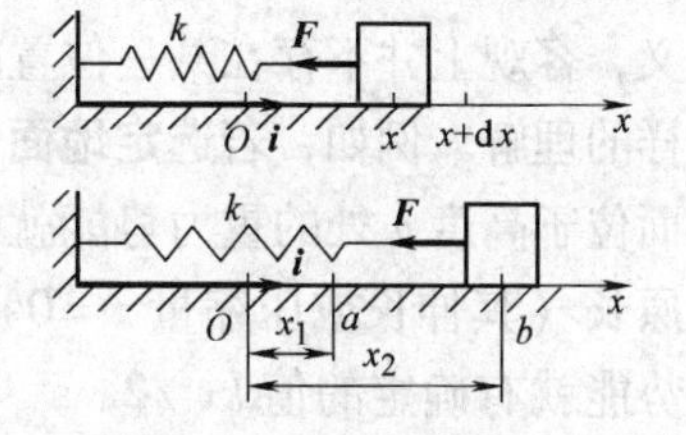

图2-5　弹性力做功

$$A_{ab} = \int_a^b \mathrm{d}A = \int_{x_1}^{x_2} (-kx)\mathrm{d}x = -\left(\frac{1}{2}kx_2^2 - \frac{1}{2}kx_1^2\right) \tag{2-11}$$

显然，弹性力的功也与路径无关，只由始、末位置决定，因而**弹性力是保守力**.

问题 2-5 (1) 举例说明保守力和非保守力的区别.

(2) 甲将弹簧拉伸 0.05m 后，乙又继续再将弹簧拉伸 0.03m，甲、乙二人谁做功多些?（**答**：$A_{甲} < A_{乙}$）

2.2.2 势能

我们已知，重力、弹性力和万有引力等都是保守力，而保守力做功只与始、末位置有关. 由于做功是能量变化的量度，则由式 (2-9a)、式 (2-10) 和式 (2-11) 可以看出，相应于保守力做功所引起的能量变化表现为一种位置函数之差，这种位置函数分明是一种能量，称为**势能**[㊀]，亦称**位能**，用 E_p 表示. 这样，我们从上述三式中，可以分别给出如下的三种势能，即

$$\left.\begin{aligned} &\text{重力势能} \quad E_p = mgh \\ &\text{弹性势能} \quad E_p = \frac{1}{2}kx^2 \\ &\text{引力势能} \quad E_p = -G\frac{m_0 m}{r} \end{aligned}\right\} \tag{2-12}$$

于是，我们可把前述的式 (2-9a)、式 (2-10) 和式 (2-11) 三式统一表示为

$$A_{保} = -(E_{p2} - E_{p1}) = -\Delta E_p \tag{2-13}$$

式中，E_{p1}、E_{p2} 为系统在始、末状态时的势能；而 $\Delta E_p = E_{p2} - E_{p1}$ 表示系统势能的增量. 上式表明，**保守力所做的功等于相应势能增量的负值**（或者说，**等于相应势能之差**）.

显然，势能也是一个标量，势能的单位与功的单位相同. 其次，由于保守力做功与路径无关，因此，只要知道系统在始、末状态的势能之差，按式 (2-13) 便可求出相应的保守力所做的功. 这就简化了保守力做功的计算.

式 (2-13) 所表述的是保守力做功只能确定始、末位置的势能之差. 为了表述某一位置的势能，通常可以选择一个位置作为基准，将这一位置的势能人为地指定为零，这个基准位置称为**势能零点**，那么，其他位置的势能就有确定的数值了. 如以保守力做功过程中的末了位置作为势能零点，则由式 (2-13)，因 $E_{p2} = 0$，故在起始位置处，相应于该保守力的势能为

$$E_{p1} = A_{保} \tag{2-14}$$

即某一位置的势能在数值上等于保守力从该位置到势能零点所做的功；然而，这个“某一位置的势能”实质上仍是该位置相对于势能零点的势能之差. 也就是说，势能只有相对意义，客观上并不存在某一位置的绝对势能. 我们对前面所述的重力势能和弹性势能也应做这样的理解. 例如，若**选定地面作为重力势能零点**（即将地面的高度 h 看作零），则相对于地面位于高度 h 处的重力势能就有确定的值 mgh；**对弹簧的弹性势能零点，一般选在弹簧处于原长**（其伸长或压缩量 $x = 0$）**时的平衡位置**，则弹簧在伸长（或压缩）量为 x 时，弹性势能就有确定的值 $kx^2/2$.

㊀ 例如打桩机的桩锤、水库中的水均处于重力场中，当它们位于高处时，就存在着这种潜在的能量，即重力势能 mgh. 当这种能量减少时重力就做功. 按动能定理，这个功使物体（如桩锤、水库中的水）获得动能，凭借所获得的动能就能对外做功. 例如桩锤下落打桩，使桩克服地面阻力做功而埋入土层；水库中的水流过水轮机时，水的一部分动能就驱动水轮机做功，进行水力发电.

对引力势能来说，由式（2-12）可见，引力势能是负值，这是因为我们规定了无限远处的引力势能为零的缘故．不难看出，质点在从无限远处移到 r 处的过程中，引力做正功，这功等于引力势能的减少，势能减少到比无限远处的零值还要小，那自然是负值．反之，在将质点 m 从距球心为 r 的位置移到无限远处，外力反抗引力所做的功（或者说引力做的负功）为 $-Gm_0m/r$，使系统的引力势能从负值增大到零．

由于重力是地球对物体的万有引力，因此，重力势能就是引力势能．已知地球的质量为 m_e、半径为 r_e，则质量为 m 的物体在离地面高 h 处与在地面 $h=0$ 处的引力势能之差为

$$\Delta E_p = \left(-G\frac{m_e m}{r_e+h}\right)-\left(-G\frac{m_e m}{r_e}\right)=G\frac{m_e m}{r_e(r_e+h)}h$$

由于 $h \ll r_e$，且由式（1-49）有 $g=Gm_e/r_e^2$，则

$$\Delta E_p = G\frac{m_e m}{r_e^2}h = mgh$$

我们选地面的重力势能为零，则重力势能为 $E_p=mgh$，可见 E_p 与上述 ΔE_p 一致，即

$$E_p = \Delta E_p = mgh$$

最后，必须强调，势能是属于参与保守力相互作用的物体所组成的系统的，而不是属于其中个别物体的．例如，重力势能是属于地球与受重力作用的物体所组成的系统．对弹簧的弹性势能来说也是如此，它是属于弹簧各质元所组成的弹性系统．但为了叙述方便，常常把系统等字省去，说成"物体的势能"．

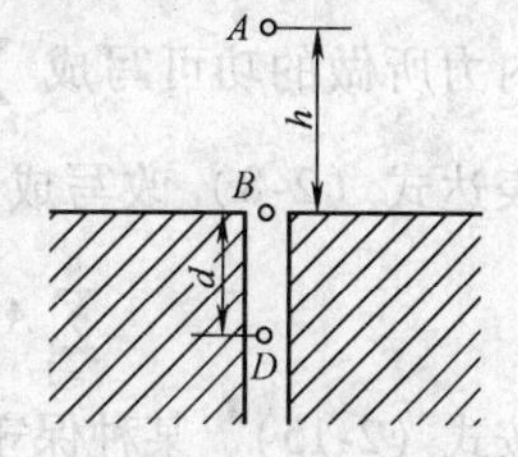

问题2-6 图

问题2-6　试述系统的保守性内力做功与其相应势能的关系．如何选择重力势能和弹性势能的零点？如问题2-6 图所示，若分别选 B 点和 D 点为重力势能零点，试求质量为 m 的物体处于位置 A、B、D 点时的重力势能和 A、D 两点之间的重力势能之差．

问题2-7　山区的一座小型水电站，每秒钟有50kg 的水自100m 高处流下而驱动发电机组的水轮机，水经水轮机流出时的速度很小，可忽略不计．水轮发电机组的效率为75%．问此水电站的发电量为多大？一年发电多少千瓦小时？（**答**：36.75kW；3.22×10^5kW·h）

例题2-5　如例题2-5 图所示，一根劲度系数为 k 的竖直轻弹簧，上端 O 固定，下端挂一质量为 m 的小球．将球托起，使弹簧处于原长，然后放手，并给小球以向下的初速度 $\boldsymbol{v}_0$．求小球所能下降的最大距离 s．不计摩擦．

解　选取小球、弹簧和地球为一系统，因弹簧上端 O 固定不动，O 点处顶壁对弹簧的支承力（外力）$\boldsymbol{F}_N$ 不做功．设弹簧为原长时，小球位于 A 点，经最大位移 s 后，小球位于 B 点．在此过程中，小球受重力 $\boldsymbol{W}=m\boldsymbol{g}$ 和弹簧的弹性力 $\boldsymbol{F}$ 作用，两者都是保守性内力，而保守力做功等于相应势能的减少．今设小球在 B 点的重力势能为零，弹簧为原长时的弹性势能为零，则重力和弹簧弹性力所做的功分别为

$$A_W = mgs - 0 = mgs$$

$$A_F = 0-\frac{1}{2}ks^2 = -\frac{1}{2}ks^2$$

例题2-5 图

小球在 A 点时速度为 $\boldsymbol{v}_0$，到达 B 点时速度为零．故按系统动能定理，有

$$mgs-\frac{1}{2}ks^2 = 0-\frac{1}{2}mv_0^2 \ominus$$

⊖ 若系统内包括地球与弹簧，则对地球来说，由于其质量巨大，它在各种内力和外力作用下所引起的加速度甚小，可忽略不计，故可认为地球的速率不变，相应的动能变化为零；对弹簧来说，通常都是指质量可忽略不计的轻弹簧，故弹簧在运动时，其动能总是为零．因此，在计算系统的动能时，对系统中所包括的地球和轻弹簧，可不予考虑其本身动能的改变．

化简后，上式成为关于 s 的一元二次方程，即

$$ks^2 - 2mgs - mv_0^2 = 0$$

求解这个方程，并在解的根式前取正号（为什么?），得小球下降的最大距离为

$$s = \frac{mg + \sqrt{(mg)^2 + kmv_0^2}}{k}$$

2.3 系统的功能原理 机械能守恒定律 能量守恒定律

2.3.1 系统的功能原理

系统的内力一般可区分为保守性内力和非保守性内力，若用 $\sum\limits_{i=1}^{n} A_{保内i}$ 和 $\sum\limits_{i=1}^{n} A_{非保内i}$ 分别表示该系统所有保守性内力和非保守性内力所做的功，则系统内一切内力所做的功可写成 $\sum\limits_{i=1}^{n} A_{内i} = \sum\limits_{i=1}^{n} A_{保内i} + \sum\limits_{i=1}^{n} A_{非保内i}$. 这样，便可将系统的动能定理表达式（2-8）改写成

$$\sum_{i=1}^{n} A_{外i} + \sum_{i=1}^{n} A_{保内i} + \sum_{i=1}^{n} A_{非保内i} = \sum_{i=1}^{n} E_{ki2} - \sum_{i=1}^{n} E_{ki1} \tag{2-15}$$

按式（2-15），某种保守力的功 $A_{保}$ 乃是相应于该保守力的势能之增量的负值. 若对系统内所存在的各种保守性内力所做的功求和，则得

$$\sum_{i=1}^{n} A_{保内i} = -\left(\sum_{i=1}^{n} E_{pi2} - \sum_{i=1}^{n} E_{pi1}\right) \tag{2-16}$$

式中，$\sum\limits_{i=1}^{n} E_{pi1}$、$\sum\limits_{i=1}^{n} E_{pi2}$ 分别表示系统处于始、末位置状态时相应于各种保守性内力的势能之和. 把式（2-16）代入式（2-15），并移项，得

$$\sum_{i=1}^{n} A_{外i} + \sum_{i=1}^{n} A_{非保内i} = \left(\sum_{i=1}^{n} E_{ki2} + \sum_{i=1}^{n} E_{pi2}\right) - \left(\sum_{i=1}^{n} E_{ki1} + \sum_{i=1}^{n} E_{pi1}\right) \tag{2-17}$$

我们把**系统中各物体的动能与势能之总和**称为**系统的机械能**，常用 E 表示；而 $\left(\sum\limits_{i=1}^{n} E_{ki1} + \sum\limits_{i=1}^{n} E_{pi1}\right)$、$\left(\sum\limits_{i=1}^{n} E_{ki2} + \sum\limits_{i=1}^{n} E_{pi2}\right)$ 就分别为系统在始、末状态的机械能. 于是，式（2-17）表明，**系统的机械能的增量等于它所受的一切外力和非保守性内力两者做功之代数和**. 这就是**系统的功能原理**，它全面地表达了力学中的**功能关系**.

必须注意，利用功能原理求解力学问题时，只需计算系统外力所做的功 $\sum\limits_{i=1}^{n} A_{外i}$ 和系统的非保守性内力所做的功 $\sum\limits_{i=1}^{n} A_{非保内i}$. 对保守性内力（重力、弹性力等）所做的功无须计算，因为它们所做的功已被相应的势能的减少所置换了.

问题2-8　(1) 试按系统的动能定理导出系统的功能原理.

(2) 如问题2-8 (2) 图所示，某火车站的自动扶梯以匀速$v=0.42\text{m}\cdot\text{s}^{-1}$每小时将8000位旅客自底楼输送到高度$h=5\text{m}$的楼上．设每位旅客的平均质量为55kg，不计机械传动过程中的一切能量损失，求电动机所需提供的平均功率 (**提示**：先求每位旅客机械能的改变)．(**答**：6kW)

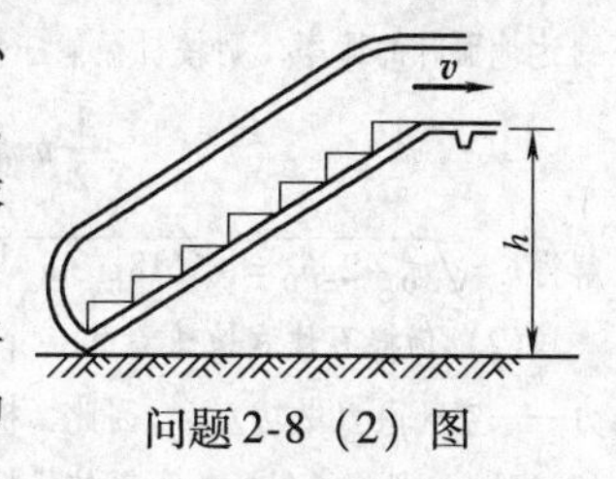

问题2-8 (2) 图

问题2-9　雪橇从高20m覆盖着冰的山上沿一缓坡滑下，滑到没有冰的平地以后继续滑行50m而停止，若雪橇与冰之间的摩擦力可以不计．试利用系统的功能原理，求雪橇与地面之间的摩擦因数．(**答**：$\mu=0.4$)

2.3.2　机械能守恒定律

若在一个力学过程中，外力和非保守性内力都不做功，即

$$\sum_{i=1}^{n} A_{外i} = 0, \quad \sum_{i=1}^{n} A_{非保内i} = 0 \tag{2-18}$$

则式 (2-17) 成为

$$\sum_{i=1}^{n} E_{ki2} + \sum_{i=1}^{n} E_{pi2} = \sum_{i=1}^{n} E_{ki1} + \sum_{i=1}^{n} E_{pi1}$$

或

$$\sum_{i=1}^{n} E_{ki} + \sum_{i=1}^{n} E_{pi} = 恒量 \tag{2-19}$$

式 (2-19) 表明，**如果一系统的所有外力和非保守性内力都不做功，则系统的机械能总是保持为一恒量**．这个结论称为系统的**机械能守恒定律**．式 (2-18) **是机械能守恒定律的适用条件**．在满足这一条件的情况下，如果系统内有保守力做功，那么，也只能使系统内的动能与势能相互转换，而不致引起系统机械能的改变．

我们经常考察地球附近一个物体的运动过程．这时，把地球与物体看作一个系统，除重力这个保守性内力外，若所有外力和非保守性内力都不做功，则这个系统的机械能守恒．对该系统运动过程中任意取定的始、末两状态，设其相应的速度和位置分别为$\boldsymbol{v}_1$、$\boldsymbol{v}_2$和h_1、h_2，则式 (2-19) 可以具体地写作

$$\frac{1}{2}mv_2^2 + mgh_2 = \frac{1}{2}mv_1^2 + mgh_1 \tag{2-20}$$

如果在上述系统内尚包括弹簧，还存在着弹性力这种保守性内力，则类似地可得它的机械能守恒定律具体表达式为

$$\frac{1}{2}mv_2^2 + mgh_2 + \frac{1}{2}kx_2^2 = \frac{1}{2}mv_1^2 + mgh_1 + \frac{1}{2}kx_1^2 \tag{2-21}$$

即在满足机械能守恒的条件下，对地球、物体和弹簧这一系统来说，动能、重力势能和弹性势能可以相互转换，但它们之和是守恒的．亦即，在过程中的任一时刻，系统的机械能E (即动能和各种势能之和) 为一恒量，或者说$\mathrm{d}E/\mathrm{d}t=0$.

问题2-10　(1) 试由系统的功能原理导出系统的机械能守恒定律.

(2) 起重机将一集装箱竖直地匀速上吊，以此集装箱与地球作为一系统，此系统的机械能是否守恒？

例题2-6　在高$h_0=20\text{m}$处以初速$v_0=18\text{m}\cdot\text{s}^{-1}$倾斜地向地面上方抛出一石块 (见例题2-6图)，(1) 若空气阻力忽略不计，求石块到达地面时的速率．(2) 如果考虑空气阻力，而石块落地时速率变成$v=20\text{m}\cdot\text{s}^{-1}$．求空气阻力所做的功．已知石块的质量为$m=50\text{g}$.

解　(1) 先分析力．在抛出后，如果不计空气阻力，则石块只受重力 (保守力) 作用，别无外力，所以对石块

和地球组成的系统而言，机械能守恒. 在地面上，取重力势能零点，并设 v 为石块到达地面时的速率. 则按机械能守恒定律，对抛出点和落地点，有

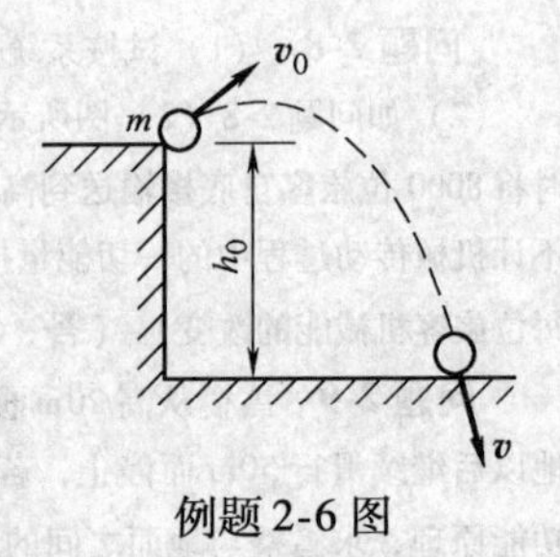

例题 2-6 图

$$\frac{1}{2}mv_0^2+mgh_0=\frac{1}{2}mv^2+0 \tag{a}$$

解得 $v=\sqrt{v_0^2+2gh_0}=\sqrt{(18\mathrm{m\cdot s^{-1}})^2+2\times(9.8\mathrm{m\cdot s^{-2}})\times 20\mathrm{m}}=26.76\mathrm{m\cdot s^{-1}}$

(2) 仍把石块和地球看作一个系统，在抛出后，除重力（内力）外，还有外力——空气阻力做功 $A_{阻}$，因此，机械能不守恒. 这时，可应用系统功能原理［式(2-17)］，即外力做功等于系统机械能的增量，仍取地面为势能零点，得

$$A_{阻}=\left(\frac{1}{2}mv^2+0\right)-\left(\frac{1}{2}mv_0^2+mgh_0\right) \tag{b}$$

代入题给数据，读者可自行求得空气阻力所做负功为

$$A_{阻}=-7.91\mathrm{J}$$

说明 如果在一个力学问题中，涉及物体在力的作用下经历一段位移过程，这时，我们通常可运用以上各节所述的有关功、能的定理或定律去求解，会简捷得多. 读者今后通过学习，将会逐步体察到从功、能观点出发，审视和解决物理学和其他科学、技术问题的重要性.

问题 2-11 如问题 2-11 图所示，在倾角为 α 的斜面上放置一劲度系数为 k 的轻弹簧，其下端固定，上端连接一质量为 m 的物体，若物体在弹簧为原长时的位置自静止开始下滑，试分别对斜面与物体间的摩擦因数为 $\mu=0$ 和 $\mu\neq 0$ 的两种情况求出物体下滑的最大距离.（**答**：$2mg\sin\alpha/k$；$2mg(\sin\alpha-\mu\cos\alpha)/k$）

问题 2-11 图

例题 2-7 如例题 2-7 图所示，一个质量为 $m=0.1\mathrm{kg}$ 的小球被压缩的水平轻弹簧弹出后，沿着水平轨道 AB 和铅直的半圆形轨道 BB' 运动，当小球到达 D 点时，刚好脱离轨道. 设半圆轨道的半径 $R=1.5\mathrm{m}$，D 点离水平轨道的高度 $H=2.4\mathrm{m}$，弹簧的劲度系数 $k=500\mathrm{N\cdot m^{-1}}$，并不计一切摩擦，求弹簧原先被压缩的长度.

分析 根据在运动全过程中受力情况的不同，可分为三个过程来考虑，即：小球被弹簧弹出的过程、弹出后沿水平轨道运动的过程以及小球进入半圆形轨道运动的过程.

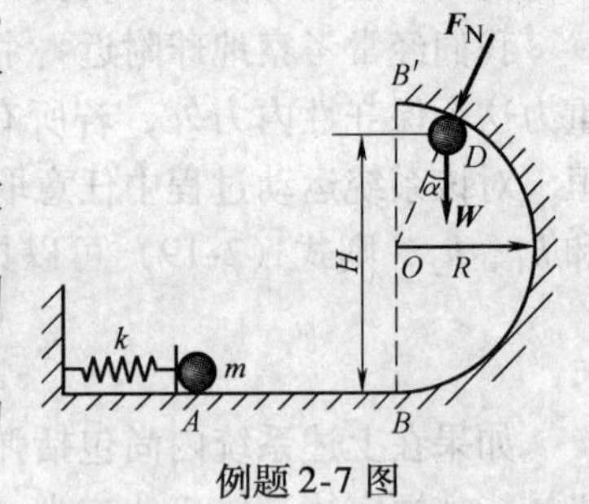

例题 2-7 图

解 在小球被弹簧弹出的过程中，以小球和弹簧为系统，其外力有重力、弹簧固定端和水平轨道的支承力，它们皆不做功，即 $\sum_{i=1}^{n}A_{外i}=0$；又因不计摩擦，$\sum_{i=1}^{n}A_{非保内i}=0$，故系统的机械能守恒. 由于系统内仅有保守性内力——弹簧的弹性力，则由式 (2-21)，取弹簧原长时作为弹性势能零点，便可列出

$$0+0+\frac{1}{2}kx^2=\frac{1}{2}mv^2+0+0$$

或

$$\frac{1}{2}kx^2=\frac{1}{2}mv^2 \tag{a}$$

而今，小球被弹出时的速度 $\boldsymbol{v}$ 不知道，故不能由上式求弹簧原先的压缩量 x；且此后沿水平轨道运动的过程中，小球以弹出时的速度 $\boldsymbol{v}$ 保持匀速前进（为什么?），无助于求速度 $\boldsymbol{v}$. 为此，只得再考察小球进入半圆形轨道 BD 段的运动过程：把小球和地球视作一系统，轨道的法向支承力 $\boldsymbol{F}_{\mathrm{N}}$ 为系统的唯一外力，但它处处垂直于小球的位移，故不做功. 因而，系统的机械能守恒. 在系统内力仅有保守力——重力 $\boldsymbol{W}=m\boldsymbol{g}$ 的情况下，按机械能守恒定律的表达式 (2-20)，取此过程中的最低点作为重力势能零点，便可列出

$$\frac{1}{2}mv^2+0=\frac{1}{2}mv_D^2+mgH \tag{b}$$

式中，v_D 为小球在 D 点的速率. 相应于小球在 D 点的瞬时，按牛顿第二定律，列出小球运动方程的法向分量式，即

$$F_N + mg\cos\alpha = m\frac{v_D^2}{R} \tag{c}$$

式中，$\cos\alpha = (H-R)/R$. 按题意，在 D 点处，小球开始脱离轨道，故 $F_N = 0$，则由式 (a) ~式 (c) 联立求解，并代入已知数据，可解算出弹簧原先的压缩量为

$$x = \sqrt{\frac{mg(3H-R)}{k}} = \sqrt{\frac{(0.1\text{kg})(9.80\text{m}\cdot\text{s}^{-2})(3\times 2.4\text{m}-1.5\text{m})}{500\text{N}\cdot\text{m}^{-1}}} = 0.106\text{m}$$

2.3.3　能量守恒定律

如果系统存在着非保守性内力，并且这种非保守性内力（例如摩擦力）做负功，则系统的机械能将减少. 但是大量事实证明，在机械能减少的同时，必然有其他形式的能量增加. 例如，因克服摩擦力做功而机械能减少时，必然有“热”产生，“热”也是一种能量（即**内能**，亦即平常所说的“**热能**”）. 不过，它是一种超出机械能范围的另一种形式的能量. 而且大量实验事实证明，在外力不做功的条件下，系统的机械能和其他形式的能量之总和仍是一恒量. 这就是说，**在自然界中，任何系统都具有能量，能量有各种不同的形式，可以从一种形式转换为另一种形式或从一个物体（或系统）传递给另一个物体（或系统），在转换和传递的过程中，能量不会消失，也不能创造**. 这一结论称为**能量守恒定律**. 它是自然界的一条普遍规律.

能量守恒定律能使我们更深刻地理解功的意义. 按能量守恒定律，一个物体或系统的能量变化时，必然有另一个物体或系统的能量同时也发生变化. 因此，当外界用做功的方式（也可以用传递热量等其他方式）使一个系统的能量变化时，其实质是这个系统和另一个系统（指外界）之间发生了能量的交换，而所交换的能量在数量上就等于功（或传递的热量等）. 从本质上说，**做功是能量交换或转化的一种形式**；从数量上说，**功是能量交换或转化的一种量度**. 还可以说，功率是单位时间内的能量转换的量度.

再次重申，**功是一个过程量，它总是和能量变化或交换的过程相联系的；而能量只决定于系统的状态，系统在一定状态时，就具有一定的能量，所以，能量是一种状态量**. 例如，对一个在重力场中运动的物体，当它处在一定的运动状态（在一定位置，具有一定的速度）时，它就具有一定量值的机械能（动能和重力势能）. 所以我们说，**能量是系统状态的单值函数**.

问题 2-12　什么是能量守恒定律？功与能有何区别和联系？利用晚上用电低谷时的电能来做功，用于压缩一硬弹簧，使它获得弹性势能而成为**储能器**；白天时，将它储存的弹性势能释放出来，对外做功（例如驱动车辆行驶或使物体移位），这一设想是否可行？

2.4　冲量与动量　质点的动量定理

现在，我们来讨论力对物体持续地作用一段时间过程所产生的累积效应，并用冲量这一概念来描述；它所引起的物体运动状态的改变表现为物体动量的改变. 动量定理则表述了合外力的冲量与物体的动量改变之间的关系.

为了研究力的时间累积效应，我们把牛顿第二定律表达式改写成

$$F = ma = m\frac{dv}{dt} = \frac{d(mv)}{dt} = \frac{dp}{dt} \tag{2-22}$$

在经典力学中，认为物体质量 m 是恒量，故可把它移到微分号内. 式中，$p = mv$ 是**物体（视作质点）的质量 m 与速度 v 之乘积**，称为**物体的动量**，**记作 p**. **动量 p 是矢量，其方向就是速度 v 的方向**. 我们知道，速度 v 是从运动学角度描述物体运动状态的一个物理量；显然，动量 mv 则是从动力学意义上全面描述物体运动状态的一个物理量. 现把式（2-22）两边乘以时间 dt，即得

> 牛顿最初就是以 $F = dp/dt$ 的形式来表述牛顿第二定律的，**即质点所受的合外力等于质点动量对时间的变化率**. 表达式 $F = dp/dt$ 比 $F = ma$ 更具有普遍意义. 在相对论力学中，$F = ma$ 不再适用，而 $F = dp/dt$ 仍然成立.

$$F dt = dp \tag{2-23}$$

其中，质点所受合外力 F 与作用时间 dt 的乘积 $F dt$，称为**合外力 F 的元冲量**，它描述合外力 F 在极短时间 dt 内的累积效应. **$F dt$ 是矢量，其方向与合外力的方向相同**. 式（2-23）表明，**质点所受合外力 F 在 dt 时间内的元冲量等于质点在同一时间 dt 内的动量的增量 dp**，这一结论称为**质点的动量定理**. 式（2-22）和式（2-23）都是它的微分表达式. 对式（2-23）积分，即得质点动量定理的积分表达式为

$$\int_{t_1}^{t_2} F dt = \int_{p_1}^{p_2} dp = p_2 - p_1 \tag{2-24}$$

或

$$\int_{t_1}^{t_2} F dt = mv_2 - mv_1 \tag{2-25}$$

式（2-25）左端是合外力 F 在有限时间 $\Delta t = t_2 - t_1$ 内的冲量，记作 I，即 $I = \int_{t_1}^{t_2} F dt$，这个累积效应导致质点在 Δt 时间内发生运动状态的改变，即 $mv_2 - mv_1$.

动量定理的表达式（2-25）是矢量式，为此，在具体计算时，可以建立一个合适的坐标系，把它化成等效的一组分量式. 这样，就便于用标量进行运算了. 例如，在质点的平面运动中，可取坐标系 Oxy，则式（2-25）的分量式为

$$\begin{cases} \int_{t_1}^{t_2} F_x dx = mv_{2x} - mv_{1x} \\ \int_{t_1}^{t_2} F_y dy = mv_{2y} - m_{1y} \end{cases} \tag{2-26}$$

这些分量式说明：**任何冲量分量等于在它自己方向的动量分量的增量**，即任何冲量分量只能改变其相应方向的动量分量，而不改变在其垂直方向的动量分量. 在应用分量式时，应注意各分量的正、负号与各坐标轴方向的关系.

对动量定理尚需注意：

（1）动量定理表明，合外力冲量的方向与动量增量的方向一致. 不要误以为合外力冲量的方向就是动量的方向.

（2）在处理碰撞、打击等问题时，由于作用力变化情况甚为复杂，不易求出其冲量；但若知道始、末动量，就可由动量定理求出冲量. 如果能够进一步测出碰撞时间 $\Delta t = t_2 - t_1$，则还可算出这段时间内的平均冲力 $\overline{F}$，这样，式（2-25）的左端成为

$$\int_{t_1}^{t_2} F dt = \overline{F}\int_{t_1}^{t_2} dt = \overline{F}(t_2 - t_1) = \overline{F}\Delta t$$

则由式（2-25）便可得平均冲力为

$$\overline{\boldsymbol{F}}=\frac{m\boldsymbol{v}_2-m\boldsymbol{v}_1}{\Delta t} \tag{2-27}$$

从式（2-27）可知，碰撞时的冲力不仅取决于动量的改变，而且也与作用的时间有关. 若作用时间 Δt 越短，动量改变越大，则碰撞时的冲力也越大. 例如，工厂中的冲压机械就是利用锤头在极短时间内所发生的动量变化，以提供巨大的冲击力，用来冲压锻件；又如，当人从高处跳下时，因做落体加速运动，所以在碰撞地板前的一刹那，速度较大，而在碰撞地板的极短时间内，由于人受到地板向上的作用冲力，碰撞后的速度几乎变成零，于是在极短时间内动量改变很大，故地板对人的冲力就颇大. 为了减小这个冲力，我们可以在地板上铺一些富有弹性的软垫，使人慢慢地停下来，以延长碰撞的时间 Δt，这样，就可减小地板对人的冲力. 与此同时，根据作用力与反作用力的关系，人对地板也有一个反作用冲力，相应地使地板受到的撞击有所减弱.

（3）值得指出，由于冲力作用的时间极短，所以质点的位置变动一般都很小，在整个冲击时间内可以认为质点的位置几乎没有改变. 这样，质点的位移就体现不出来，也就无从计算冲力的功，难以从功、能关系去考察和处理这类力学问题. 于是，我们就不得不转而从力的时间累积效应入手，借助于动量定理去解决碰撞之类的问题.

（4）尚需说明，由于冲力极大，在冲击过程中，作用在质点上其他有限大小的力（如重力等）与冲力相比，有时往往也可忽略不计.

（5）冲量的单位是 N·s（牛·秒），动量的单位是 $\mathrm{kg\cdot m\cdot s^{-1}}$（千克·米·秒$^{-1}$）. 其实，两者的单位在量纲上是一致的.

（6）功和冲量都是过程量，它们分别量度力对空间和时间的累积效应. 如果物体虽受外力作用而不发生位移，则力对物体就没有空间累积效应（即不做功），就不致引起物体动能的改变；可是，物体受外力作用总是存在时间累积效应的（即具有冲量），这就必然要引起其动量的改变.

（7）动量和动能都是描述质点运动状态的物理量. 但是，动能是标量，动量是矢量. 因此，两者不能混淆.

问题 2-12 （1）试述物体的动量和所受外力的冲量之间有什么关系？

（2）在装瓷器或精密仪器的木箱中，为什么要填塞很多泡沫塑料或棉花？

（3）为什么在起重机的钢丝绳和吊钩之间装设缓冲弹簧后，就可以防止开始起吊时拉断钢丝绳？

（4）所谓“以卵击石”，是说拿蛋去碰撞石头，必碎无疑；但是若蛋落于棉絮中，则可能不碎. 为什么？

问题 2-13 动能与动量有什么区别？质量为 m 的物体，它的速度是 $\boldsymbol{v}$，其动能是 $mv^2/2$，其动量是否是 mv？若物体的动量发生改变，它的动能是否一定也发生改变？试举例说明.

例题 2-8 当质量为 m 的物体沿水平的 Ox 轴方向运动时，它所受的水平力为 $F=\mu mg(1-kt)$，式中，μ、k 为恒量. 设物体在 $t=0$ 时的速度为 v_0，求此物体在时刻 t 的速度.

解 按题意，$F_x=F$，则按式（2-26）的第一个分量式，有

$$\int_0^t F_x\mathrm{d}t = mv_x - mv_{x0} = mv - mv_0$$

而

$$\int_0^t F_x\mathrm{d}t = \int_0^t \mu mg(1-kt)\mathrm{d}t = \mu mg(t-kt^2/2)$$

由以上两式，可求出物体在时刻 t 的速度为

$$v=v_0+\mu g(2t-kt^2)/2$$

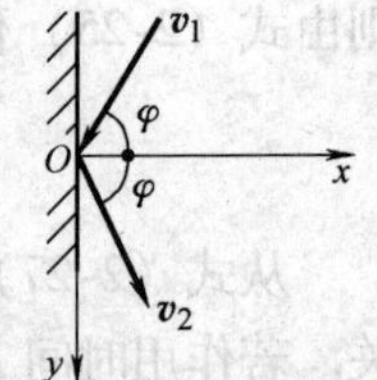

例题 2-9 图

例题 2-9　氢分子的质量 $m = 3.3 \times 10^{-27}$kg，它在碰撞容器壁前、后的速度大小不变，均为 $v = 1.6 \times 10^3$m·s^{-1}，而碰撞前、后的方向分别与垂直于器壁的法线成 $\varphi = 60°$角（见例题 2-9 图），碰撞时间是 10^{-13}s．求氢分子碰撞容器壁的平均作用力．

解　设器壁对氢分子的平均冲力为 $\overline{F}$，氢分子在碰撞前、后的速度分别为 $\boldsymbol{v}_1$ 和 $\boldsymbol{v}_2$，按质点动量定理，有

$$\overline{\boldsymbol{F}}\Delta t = m\boldsymbol{v}_2 - m\boldsymbol{v}_1$$

取垂直和平行于器壁的 Ox 和 Oy 轴正向，如图所示，将冲量和动量沿 Ox、Oy 轴分解，其分量式为

$$\overline{F}_x\Delta t = mv_{2x} - mv_{1x}$$

$$\overline{F}_y\Delta t = mv_{2y} - mv_{1y}$$

根据氢分子碰撞前、后的速度 $\boldsymbol{v}_1$ 和 $\boldsymbol{v}_2$ 的方向，从图可知，它们沿 Ox、Oy 轴的分量分别为 $v_{1x} = -v\cos\varphi$，$v_{2x} = v\cos\varphi$，$v_{1y} = v\sin\varphi$，$v_{2y} = v\sin\varphi$，代入上两式，得

$$\overline{F}_x\Delta t = mv\cos\varphi - m(-v\cos\varphi) = 2mv\cos\varphi$$

$$\overline{F}_y\Delta t = mv\sin\varphi - mv\sin\varphi = 0$$

由此得

$$\overline{F}_x = \frac{2mv\cos\varphi}{\Delta t}, \quad \overline{F}_y = 0$$

这里，$\Delta t \neq 0$．上式表明，器壁对氢分子的平均作用力为 $\overline{F} = \overline{F}_x$，其方向沿器壁的法线，与 Ox 轴的正向相同．代入题给数据，得平均作用力的大小为

$$\overline{F} = \overline{F}_x = \frac{2 \times 3.3 \times 10^{-27}\text{kg} \times 1.6 \times 10^3\text{m·s}^{-1} \times \cos 60°}{10^{-13}\text{s}} = 5.28 \times 10^{-11}\text{N}$$

按牛顿第三定律，氢分子对器壁的平均作用力和这个力等值、反向、共线，即垂直地指向器壁．

2.5　系统的动量定理　动量守恒定律

2.5.1　系统的动量定理

如图 2-6 所示，设质量分别为 m_1、m_2 的两个质点，在时刻 t_0 开始发生相互作用，其速度分别为 $\boldsymbol{v}_{10}$、$\boldsymbol{v}_{20}$；在时刻 t 相互作用结束时，速度分别为 $\boldsymbol{v}_1$、$\boldsymbol{v}_2$．在相互作用的一段时间 $\Delta t = t - t_0$ 内，这两个质点可视作一个系统，它们除相互间作用的内力 $\boldsymbol{F}_1'$、$\boldsymbol{F}_2'$ 外，还分别受合外力 $\boldsymbol{F}_1$、$\boldsymbol{F}_2$ 的作用．对系统内每一物体应用质点动量定理［式 (2-22)］，得

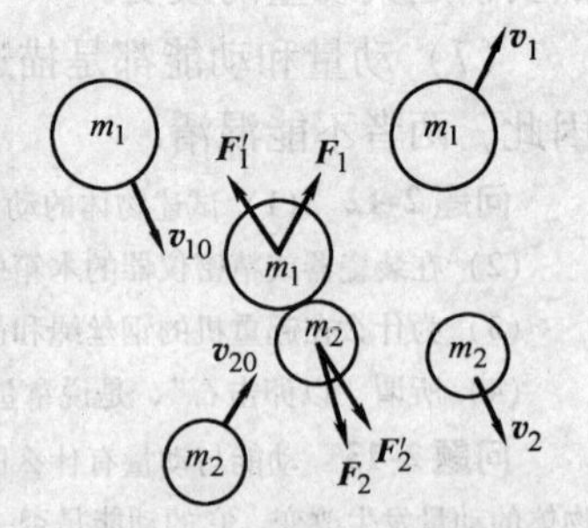

图 2-6　两个质点的相互作用

$$\boldsymbol{F}_1 + \boldsymbol{F}_1' = \frac{\mathrm{d}\boldsymbol{p}_1}{\mathrm{d}t}$$

$$\boldsymbol{F}_2 + \boldsymbol{F}_2' = \frac{\mathrm{d}\boldsymbol{p}_2}{\mathrm{d}t}$$

将上两式相加，按牛顿第三定律，$\boldsymbol{F}_1' = -\boldsymbol{F}_2'$，故对整个系统而言，内力的矢量和为零，即 $\boldsymbol{F}_1' + \boldsymbol{F}_2' = \boldsymbol{0}$，从而得

$$\boldsymbol{F}_1 + \boldsymbol{F}_2 = \frac{\mathrm{d}\boldsymbol{p}_1}{\mathrm{d}t} + \frac{\mathrm{d}\boldsymbol{p}_2}{\mathrm{d}t} = \frac{\mathrm{d}}{\mathrm{d}t}(\boldsymbol{p}_1 + \boldsymbol{p}_2)$$

将上式推广到由 n 个物体所组成的系统，有

$$F_1 + F_2 + \cdots + F_n = \frac{\mathrm{d}}{\mathrm{d}t}(p_1 + p_2 + \cdots + p_n)$$

得
$$\sum_{i=1}^{n} F_{外i} = \frac{\mathrm{d}}{\mathrm{d}t}\sum_{i=1}^{n} p_i = \frac{\mathrm{d}}{\mathrm{d}t}\left(\sum_{i=1}^{n} m_i v_i\right) \tag{2-28}$$

我们把**系统内各质点的动量的矢量和** $\sum\limits_{i=1}^{n} m_i v_i$ 称为**系统的动量**，则式（2-28）表明，**系统所受外力的矢量和等于系统动量对时间的变化率**.

已知外力作用时间自 t_0 到 t，则将式（2-28）积分，得

$$\int_{t_0}^{t}\left(\sum_{i=1}^{n} F_{外i}\right)\mathrm{d}t = \sum_{i=1}^{n} m_i v_i - \sum_{i=1}^{n} m_i v_{i0} \tag{2-29}$$

式中，右端表示相应于始、末状态的系统动量的增量；左端表示在 t_0 到 t 这段时间过程中系统所受外力矢量和的冲量. 式（2-29）表明，**在一段时间内，作用于系统的外力的矢量和在该段时间内的冲量等于系统动量的增量**. 这一结论称为**系统的动量定理**. 式（2-28）可称为**系统动量定理的微分形式**.

2.5.2　系统的动量守恒定律

若在一定的过程中，系统所受外力的矢量和等于零，即

$$\sum_{i=1}^{n} F_{外i} = 0 \tag{2-30}$$

则由式（2-29），有如下的矢量式：

$$m_1 v_1 + m_2 v_2 + \cdots + m_n v_n = m_1 v_{10} + m_2 v_{20} + \cdots + m_n v_{n0} \tag{2-31}$$

上式表明，**如果系统所受外力的矢量和为零，那么，系统的总动量保持不变**. 这一结论称为**动量守恒定律**. 式（2-30）**是动量守恒定律的适用条件**.

动量守恒定律的表达式（2-31）是一个矢量式，若系统内各物体都在同一平面内运动，可在该平面内选取直角坐标系 Oxy，则可用下列分量式进行代数运算，即系统在一定过程中，它所受合外力满足 $\sum\limits_{i=1}^{n} F_{外ix} = 0$ 和 $\sum\limits_{i=1}^{n} F_{外iy} = 0$ 的条件，则分别有

$$m_1 v_{1x} + m_2 v_{2x} + \cdots + m_n v_{nx} = m_1 v_{1x0} + m_2 v_{2x0} + \cdots + m_n v_{nx0} \tag{2-32}$$

$$m_1 v_{1y} + m_2 v_{2y} + \cdots + m_n v_{ny} = m_1 v_{1y0} + m_2 v_{2y0} + \cdots + m_n v_{ny0} \tag{2-33}$$

上述分量式还有着重要的物理意义：**有时系统所受的合外力虽不为零，但外力在某方向（例如沿 Ox 轴方向）的分量的代数和为零（沿其他方向则不为零），这时，尽管系统的动量不守恒，但它在该方向的分量却是守恒的**，这一结论称为**沿某一方向的动量守恒定律**.

动量守恒定律在生产实践和科学实验中的应用非常广泛，它不仅适用于由大量分子、原子组成的宏观物体，也适用于原子、原子核等微观粒子之间的相互作用过程. 在原子、原子核等微观领域中，牛顿定律虽不适用，但动量守恒定律仍是适用的. 因此，动量守恒定律与能量守恒定律一样，乃是自然界的一条普遍定律.

问题 2-14　（1）试述系统的动量定理，并由此给出动量守恒定律及其适用条件.

（2）汽车停在马路上，车上的乘客们纷纷用力推车，不能使车获得动量而前进. 大家下车后站在路上用力推车，车就动了，这是何故？

（3）在地面的上空停着一气球，气球下面吊着软梯，梯上站有一人. 当这人沿着软梯往上爬时，气球是否运动？

(4) 如果系统所受外力的矢量和的冲量等于零，即$\int_{t_1}^{t_2}\left(\sum_{i=1}^{n}\boldsymbol{F}_{外i}\right)\mathrm{d}t=\mathbf{0}$，为什么系统的动量不一定守恒？

例题 2-10 如例题 2-10 图 a 所示，水平地面上有一质量为 m_0 的大炮，炮身与水平方向成 θ 角时射出一颗质量为 m 的炮弹，设炮弹相对于炮身的出口速度为$\boldsymbol{v}$，试求炮车的反冲速度$\boldsymbol{u}$. 炮车和地面间的摩擦力可以忽略不计.

分析 (1) 动量守恒定律中各物体的速度都是对同一惯性系来说的. 炮车的反冲速度$\boldsymbol{u}$是对地面而言的，因此，炮弹的速度也应换成相对于地面的速度$\boldsymbol{v}'$. 由于在开炮的这一瞬间，炮车以水平速度$\boldsymbol{u}$后退，所以炮弹出口时兼有速度$\boldsymbol{v}$和$\boldsymbol{u}$，其合速度为$\boldsymbol{v}'=\boldsymbol{v}+\boldsymbol{u}$，例题 2-10 图 b 说明了它们之间的关系. 由此图可以看出，沿水平方向，有

$$v'\cos\beta=v\cos\theta-u \tag{a}$$

例题 2-10 图

(2) 在炮弹发射过程中，炮车和炮弹可看成为一个系统. 这系统所受外力有摩擦力（水平方向）、重力和地面的支承力（这两者都是沿竖直方向）. 其中，摩擦力可忽略，重力是恒量，而支承力是变力，开炮时，炮身受有向下的冲力，此时支承力（向上）必须与冲力和重力相平衡，其值大于重力，不能忽略不计，所以，系统的动量不守恒，但系统沿水平方向的动量却是守恒的.

解 由于发射前炮车和炮弹都是静止的，系统沿水平方向的动量为零，所以发射后的一瞬间系统沿水平方向的动量仍为零. 今取水平向右为 Ox 轴，假定炮车发射时向左运动，则根据式 (2-32)，有

$$mv'\cos\beta-m_0u=0+0 \tag{b}$$

将上面的式 (a) 代入式 (b)，化简，得

$$u=(mv\cos\theta)(m_0+m)^{-1}$$

若 $m\ll m_0$，则

$$u=\frac{mv\cos\theta}{m_0}$$

u 为正值，表明其方向与假设的方向相同，即炮车沿 Ox 轴负向运动.

例题 2-11 炮弹在抛物线轨道的顶点分裂成质量相等的两块碎片 A、B，一块碎片自由落下，落地处离发射炮弹处的水平距离 $L=1\text{km}$. 轨道顶点离地面的高度 $h=196\text{m}$，若不计空气阻力，求另一块碎片落地处离发射处的水平距离.

例题 2-11 图

解 按题意，画示意图，并选定如例题 2-11 图所示的坐标系 Oxy. 设质量为 m 的炮弹在最高点分裂为质量各为 $m/2$ 的两块碎片 A、B. 在最高点上，把碎片 A、B 视作一个系统，考虑到这时在水平方向上系统不受外力作用，故系统在水平方向的动量守恒. 分裂前，炮弹的水平速度为 v_x；分裂后，碎片 A 在水平方向的速度为 $v_{xA}=0$，设碎片 B 沿水平方向的速度为 v_{xB}，则

$$mv_x=(m/2)v_{xB}+(m/2)\cdot 0$$

即

$$v_{xB}=2v_x \tag{a}$$

因碎片自由落下，由 $h=gt^2/2$，故碎片 A 落地时间为 $t=\sqrt{2h/g}$；与此同时，碎片 B 落于 P 点，设它与发射处的水平距离为 H，则

$$H-L=v_{xB}t=v_{xB}\sqrt{2h/g}=2v_x\sqrt{2h/g} \tag{b}$$

设炮弹以仰角 θ 发射的初速为 v_0，则由 $h=v_0^2\sin^2\theta/(2g)$ 和 $L=v_0^2\sin\theta\cos\theta/g$，可得 $\tan\theta=2h/L$；将 $h=196\text{m}$、$L=1000\text{m}$ 代入，便可算出 $\theta=21.4°$ 以及 $v_0=170\text{m}\cdot\text{s}^{-1}$. 于是由式 (b)，可解算出

$$H=L+2v_x\sqrt{\frac{2h}{g}}=L+2v_0\cos\theta\sqrt{\frac{2h}{g}}$$

$$=1000\mathrm{m}+2\times170\mathrm{m\cdot s^{-1}}\times\cos21.4°\times\sqrt{\frac{2\times196\mathrm{m}}{9.8\mathrm{m\cdot s^{-2}}}}\approx3002\mathrm{m}$$

例题 2-12　火箭是利用燃料燃烧时产生的大量高温、高压气体，从尾部以高速朝后喷出，使火箭获得反冲力而向前飞行的．因此，火箭不需依赖外力而可以在空气稀薄的高空甚至宇宙空间飞行．而今，我们来求火箭的飞行速度．

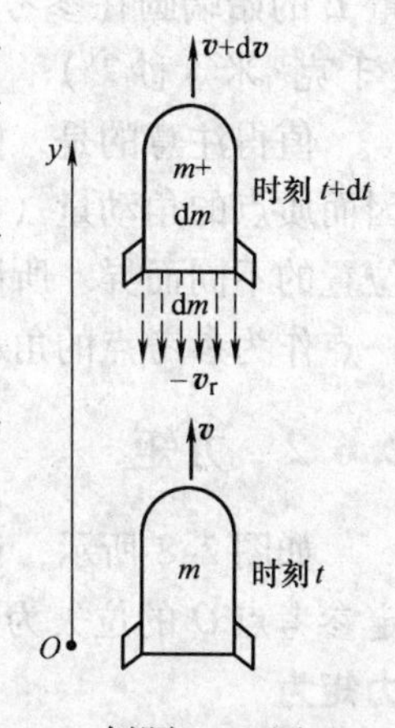

例题 2-12 图

解　选地面为惯性参考系，并沿火箭飞行方向取 Oy 轴，如例题 2-12 图所示．以火箭（包括壳体、装备、燃料和人造卫星、弹头等负载）和喷出的气体作为一系统．

在火箭飞行的某时刻 t，它的总质量为 m，速度为 $\boldsymbol{v}$，在 $\mathrm{d}t$ 时间内，它喷出质量为 $-\mathrm{d}m$ 的气体，相对于火箭的喷气速度为 $\boldsymbol{v}_\mathrm{r}$；这时，火箭的速度增至 $\boldsymbol{v}+\mathrm{d}\boldsymbol{v}$．由于不计火箭与喷出气体的重力和阻力等外力，所以系统沿 Oy 轴的动量守恒，有

$$[m-(-\mathrm{d}m)](v+\mathrm{d}v)+(-\mathrm{d}m)(v+\mathrm{d}v-v_\mathrm{r})=mv$$

化简后，得

$$\mathrm{d}v=-v_\mathrm{r}\frac{\mathrm{d}m}{m}$$

设开始点火时，火箭的质量为 m_1，初速度为 v_1；燃料烧尽后，火箭质量为 m_2，末速度为 v_2．于是将上式积分，有

$$\int_{v_1}^{v_2}\mathrm{d}v=-v_\mathrm{r}\int_{m_1}^{m_2}\frac{\mathrm{d}m}{m}$$

得

$$v_2-v_1=v_\mathrm{r}\ln\frac{m_1}{m_2}$$

说明　上式表明，火箭在喷气终了时所增加的速度和喷气速度成正比，也和火箭的始、末质量比的自然对数成正比．显然，提高火箭速度的途径是提高喷射速度和质量比．但由于许多实际条件的限制，这两者并不能无限制地提高．据估算，利用单级火箭发射人造卫星，它所能达到的最大速度远低于第一宇宙速度（$v_1=7.9\mathrm{km\cdot s^{-1}}$），不可能将人造卫星送上天空．为了使火箭能够运载人造卫星、宇宙飞船或爆炸弹头升空，并经制导后，进入预定轨道按一定的速度运行，一般是利用由几个单级火箭组合而成的多级火箭，以达到所需的速度．

2.6　角动量　力矩　质点的角动量守恒定律

为了便于描述物体具有转动特征的运动状态，尚需引用一个新的物理量——**角动量**．

在日常经验中，我们不难体察到，物体在外力作用下，不仅可以平动，还可以转动；而转动则与力的作用点有关．为了考察力的不同作用点对物体转动状态的影响，还得引入**力矩**这一物理量．正是由于力矩的时间累积效应，将引起物体角动量的改变．

2.6.1　质点的角动量

如图 2-7 所示，在某时刻，设一质量为 m 的质点位于 P 点时，相对于惯性系中给定的参考点 O，其位矢为 $\boldsymbol{r}$，速度为 $\boldsymbol{v}$，动量为 $m\boldsymbol{v}$，**则质点位矢 $\boldsymbol{r}$ 与其动量 $m\boldsymbol{v}$ 的矢量积称为质点对定点 O 的角动量**（亦称**动量矩**），显然，它是描述质点运动状态（$\boldsymbol{r}$，$m\boldsymbol{v}$）的函数，用 $\boldsymbol{L}$ 表示，即

$$\boldsymbol{L}=\boldsymbol{r}\times m\boldsymbol{v}\tag{2-34a}$$

$\boldsymbol{L}$ 是一个矢量，按矢量积定义，$\boldsymbol{L}$ 的方向垂直于位矢 $\boldsymbol{r}$ 与动量 $m\boldsymbol{v}$ 所构成的平面（显然，此平面必通过参考点 O），并按右手螺旋法则确定其指向，如图 2-7 所示；$\boldsymbol{L}$ 的大小为

$$L=|\boldsymbol{L}|=mvr\sin\theta\tag{2-34b}$$

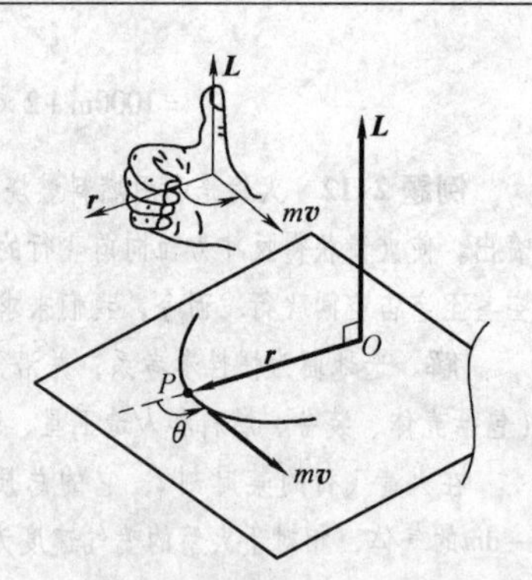

图 2-7 角动量 $\boldsymbol{L}$ 的方向

θ 为 $\boldsymbol{r}$ 与 $m\boldsymbol{v}$（或$\boldsymbol{v}$）之间小于 180°的夹角，通常将角动量矢量 $\boldsymbol{L}$ 的始端画在参考点 O 上．角动量的单位是 $\mathrm{kg\cdot m^2\cdot s^{-1}}$（千克·米^2·秒$^{-1}$）．

值得注意的是，由于位矢 $\boldsymbol{r}$ 总是相对于参考点而言的，因而质点的角动量（包括大小和方向）一般随所选参考点位置的不同而异．所以，在谈到角动量时，必须指明是以哪一点作为参考点的角动量．

2.6.2 力矩

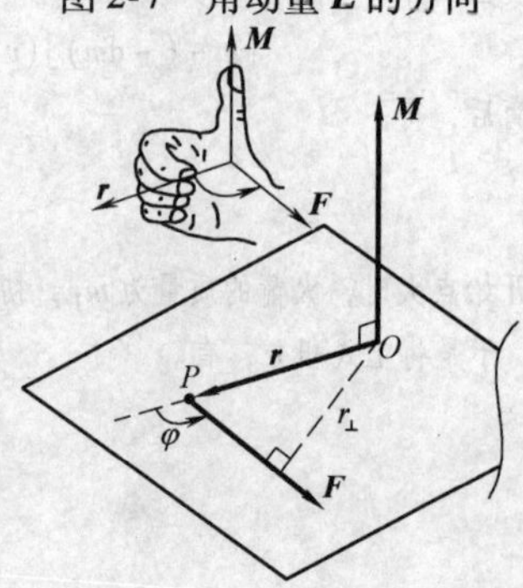

图 2-8 力矩的定义

如图 2-8 所示，设力 $\boldsymbol{F}$ 的作用点 P 相对于惯性系中给定参考点 O 的位矢为 $\boldsymbol{r}$，则定义这个**力 $\boldsymbol{F}$ 相对于参考点 O 的力矩为**

$$\boldsymbol{M}=\boldsymbol{r}\times\boldsymbol{F} \tag{2-35a}$$

力矩是矢量，不仅与力的大小和方向有关，还与其作用点的位置有关．其大小为

$$M=|\boldsymbol{M}|=rF\sin\varphi \tag{2-35b}$$

式中，φ 是 $\boldsymbol{r}$ 与 $\boldsymbol{F}$ 之间小于 180°的夹角，$r\sin\varphi=r_\perp$ 是垂直于力 $\boldsymbol{F}$ 的位矢分量，亦称**力臂**．因此，**力矩的大小等于力乘力臂**．力矩的方向按右手螺旋法则确定．

经验表明，只有垂直于位矢的分力 $F\sin\varphi$ 才能形成力矩．当 $\varphi=0$ 或 180°时，力的作用线通过参考点 O，它对参考点 O 的力矩 $\boldsymbol{M}=\boldsymbol{0}$．

如果质点受 n 个力 $\boldsymbol{F}_1$、$\boldsymbol{F}_2$、…、$\boldsymbol{F}_n$ 作用，这些共点力对参考点 O 的力矩分别为 $\boldsymbol{M}_1=\boldsymbol{r}\times\boldsymbol{F}_1$、$\boldsymbol{M}_2=\boldsymbol{r}\times\boldsymbol{F}_2$、…、$\boldsymbol{M}_n=\boldsymbol{r}\times\boldsymbol{F}_n$，则对参考点 O 的力矩 $\boldsymbol{M}$ 等于其合力 $\boldsymbol{F}$ 对同一参考点 O 的合力矩．即

$$\begin{aligned}\boldsymbol{M}&=\boldsymbol{r}\times\boldsymbol{F}_1+\boldsymbol{r}\times\boldsymbol{F}_2+\cdots+\boldsymbol{r}\times\boldsymbol{F}_n\\&=\boldsymbol{r}\times(\boldsymbol{F}_1+\boldsymbol{F}_2+\cdots+\boldsymbol{F}_n)\\&=\boldsymbol{r}\times\sum_{i=1}^{n}\boldsymbol{F}_i=\boldsymbol{r}\times\boldsymbol{F}\end{aligned} \tag{2-36}$$

力矩的单位是 $\mathrm{N\cdot m}$（牛·米）或 $\mathrm{kg\cdot m^2\cdot s^{-2}}$（千克·米^2·秒$^{-2}$）．它绝不能用功和能的专门名称的单位——J（焦耳）来表示．

2.6.3 质点的角动量定理

当质点相对于参考点 O 运动时，其位矢 $\boldsymbol{r}$ 和动量 $m\boldsymbol{v}$ 都可能随时间 t 而改变，因而质点对 O 点的角动量 $\boldsymbol{L}=\boldsymbol{r}\times m\boldsymbol{v}$ 也随时间而改变，现在我们来研究质点角动量随时间的变化率 $\mathrm{d}\boldsymbol{L}/\mathrm{d}t$．按矢量积的求导法则，有

$$\frac{\mathrm{d}\boldsymbol{L}}{\mathrm{d}t}=\frac{\mathrm{d}}{\mathrm{d}t}(\boldsymbol{r}\times m\boldsymbol{v})=\frac{\mathrm{d}\boldsymbol{r}}{\mathrm{d}t}\times(m\boldsymbol{v})+\boldsymbol{r}\times\frac{\mathrm{d}}{\mathrm{d}t}(m\boldsymbol{v})$$

因 $\mathrm{d}\boldsymbol{r}/\mathrm{d}t=\boldsymbol{v}$，它与 $m\boldsymbol{v}$ 是共线矢量，故其矢量积 $\boldsymbol{v}\times m\boldsymbol{v}=\boldsymbol{0}$；又因 $\mathrm{d}(m\boldsymbol{v})/\mathrm{d}t=m\boldsymbol{a}=\boldsymbol{F}$，而

$\boldsymbol{r}\times\boldsymbol{F}$ 就是合力 $\boldsymbol{F}$ 对 O 点的力矩 $\boldsymbol{M}$. 于是，上式可写作

$$\boldsymbol{M}=\frac{\mathrm{d}\boldsymbol{L}}{\mathrm{d}t} \tag{2-37}$$

即质点所受合力对任一参考点的力矩等于该质点对同一参考点的角动量随时间的变化率. 这一结论就是**质点的角动量定理**. 式（2-37）与质点动量定理的微分表达式（2-22）、即 $\boldsymbol{F}=\mathrm{d}\boldsymbol{p}/\mathrm{d}t$ 相对应，力矩 $\boldsymbol{M}$ 与力 $\boldsymbol{F}$ 相对应、角动量 $\boldsymbol{L}$ 与动量 $\boldsymbol{p}$ 相对应.

我们对式（2-37）在一段时间 $\Delta t=t_2-t_1$ 内进行积分，得

$$\int_{t_1}^{t_2}\boldsymbol{M}\mathrm{d}t=\boldsymbol{L}_2-\boldsymbol{L}_1 \tag{2-38}$$

式中，$\int_{t_1}^{t_2}\boldsymbol{M}\mathrm{d}t$ 称为质点在时间 Δt 内相对于参考点 O 所受合外力的**冲量矩**，它表示合力矩对质点持续作用一段时间的累积效应；由此引起了该段时间内质点运动状态的改变，即角动量的增量 $\boldsymbol{L}_2-\boldsymbol{L}_1$，$\boldsymbol{L}_1$ 和 $\boldsymbol{L}_2$ 分别为质点在时刻 t_1 和 t_2 相对于同一参考点的始、末角动量. 式（2-38）是质点角动量定理的积分形式，可表述为：**相对于同一参考点，质点所受合外力的冲量矩等于质点角动量的增量**. 而式（2-37）则为质点角动量定理的微分表达式.

2.6.4　质点的角动量守恒定律

在质点运动过程中，若所受合外力 $\boldsymbol{F}$ 对某一点 O 的力矩为零，即 $\boldsymbol{M}=\mathbf{0}$，则由式(2-37)，得 $\mathrm{d}\boldsymbol{L}/\mathrm{d}t=\mathbf{0}$，或

$$\boldsymbol{L}=\boldsymbol{r}\times m\boldsymbol{v}=\text{恒矢量} \tag{2-39}$$

式（2-39）表明，**如果作用于质点上的合力对参考点的力矩等于零，则质点对该参考点的角动量始终保持不变**. 这就是**质点的角动量守恒定律**[⊖]. 它在天体力学和原子物理学中有重要应用. 例如，当一颗行星 P（如地球）在太阳的万有引力 $\boldsymbol{F}$ 作用下绕太阳沿椭圆轨道运动时（见图 2-9），它的动量是不守恒的；但是，由于万有引力 $\boldsymbol{F}$ 的作用线恒指向太阳中心 O，它与行星相对于太阳中心 O（看作为固定不动的参考点）的位矢 $\boldsymbol{r}$ 共线，即 $\boldsymbol{M}=\boldsymbol{r}\times\boldsymbol{F}=\mathbf{0}$，所以行星相对于太阳的角动量 $\boldsymbol{L}=\boldsymbol{r}\times m\boldsymbol{v}$ 守恒. 又如，原子中带负电的电子在带正电的原子核的静电吸力（即库仑力）作用下绕原子核转动时，相对于原子核的力矩恒等于零，所以电子相对于原子核的角动量是一恒量.

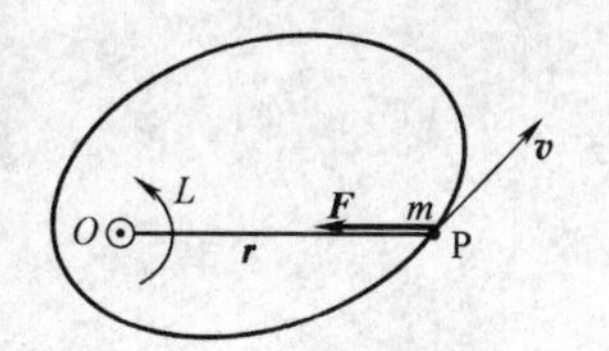

图 2-9　行星绕太阳沿椭圆轨道运动

问题 2-15　（1）质点对一点的角动量和力对一点的力矩是如何定义的？导出质点的角动量定理和角动量守恒定律.

（2）当小球在水平面上绕圆心 O 做匀速圆周运动时，其速率为 v. 问：小球的机械能和动量是否都守恒？对 O 点的角动量是否守恒？为什么？

⊖ 由于力矩与参考点的选择有关，因而，质点的角动量守恒与否，取决于所选取的参考点. 质点对某一点 O 的合外力矩为零，而对另一点 O' 不为零，则质点对 O 点的角动量守恒，而对 O' 点的角动量不守恒.

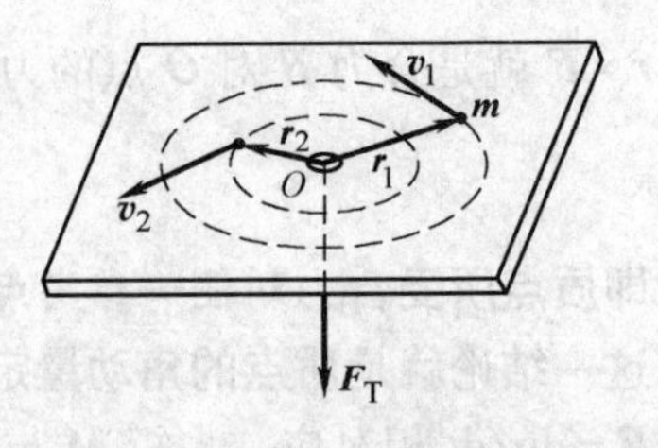

例题 2-13 图

例题 2-13 如例题2-13图所示，质量为 m 的小球拴在细绳的一端，绳的另一端穿过水平桌面上的小孔 O 而下垂，先使小球在桌面上以速度 $\boldsymbol{v}_1$ 沿半径为 r_1 的圆周匀速转动，然后非常缓慢地将绳向下拉，使圆的半径减小到 r_2，设小球与桌面的摩擦不计，求此时小球的速度 $\boldsymbol{v}_2$ 以及在此过程中绳子拉力 $\boldsymbol{F}_T$ 所做的功.

解 小球在运动过程中受重力 $\boldsymbol{W}=m\boldsymbol{g}$、桌面支承力 $\boldsymbol{F}_N$ 和绳子拉力 $\boldsymbol{F}_T$ 作用，其中 $\boldsymbol{W}$ 与 $\boldsymbol{F}_N$ 相互平衡，绳子拉力 $\boldsymbol{F}_T$ 的作用线恒通过 O 点，故拉力 $\boldsymbol{F}_T$ 对 O 点的力矩为零. 因此小球对 O 点的角动量守恒. 按矢量积的右手螺旋法则可以判断，始、末角动量 $\boldsymbol{r}_1\times m\boldsymbol{v}_1$、$\boldsymbol{r}_2\times m\boldsymbol{v}_2$ 均垂直于水平桌面，指向朝上，乃是两个同方向的矢量，因而均可按标量处理；又由于是缓慢拉绳，小球沿绳方向的速度甚小，可略去不计，故 $\boldsymbol{v}_1\perp\boldsymbol{r}_1$，$\boldsymbol{v}_2\perp\boldsymbol{r}_2$. 于是，有

$$mv_1r_1=mv_2r_2$$

得

$$v_2=v_1\frac{r_1}{r_2}$$

因 $r_1>r_2$，故 $v_2>v_1$，即小球速率随半径的减小而增大.

按质点动能定理，绳子拉力对小球所做的功 A 等于小球动能的改变，即

$$A=\frac{1}{2}mv_2^2-\frac{1}{2}mv_1^2=\frac{1}{2}mv_1^2\left[\left(\frac{r_1}{r_2}\right)^2-1\right]$$

*2.7 系统的角动量守恒定律

对 n 个质点组成的系统而言，列出其中每个质点相对于给定参考点 O 的角动量定理表达式，即

$$\boldsymbol{r}_1\times\boldsymbol{F}_1=\frac{\mathrm{d}}{\mathrm{d}t}(\boldsymbol{r}_1\times m\,\boldsymbol{v}_1)$$

$$\boldsymbol{r}_2\times\boldsymbol{F}_2=\frac{\mathrm{d}}{\mathrm{d}t}(\boldsymbol{r}_2\times m\,\boldsymbol{v}_2)$$

$$\vdots$$

$$\boldsymbol{r}_i\times\boldsymbol{F}_i=\frac{\mathrm{d}}{\mathrm{d}t}(\boldsymbol{r}_i\times m\,\boldsymbol{v}_i)$$

$$\vdots$$

对整个系统内的所有质点按上述各式求和，得

$$\sum_{i=1}^{n}\boldsymbol{r}_i\times\boldsymbol{F}_i=\sum_{i=1}^{n}\frac{\mathrm{d}}{\mathrm{d}t}(\boldsymbol{r}_i\times m\,\boldsymbol{v}_i)\tag{a}$$

把作用于系统上任一质点所受的力 $\boldsymbol{F}_i$ 区分为系统的内力 $\boldsymbol{F}_{i内}$ 和外力 $\boldsymbol{F}_{i外}$，则

$$\sum_{i=1}^{n}\boldsymbol{r}_i\times\boldsymbol{F}_i=\sum_{i=1}^{n}\boldsymbol{r}_i\times(\boldsymbol{F}_{i内}+\boldsymbol{F}_{i外})=\sum_{i=1}^{n}\boldsymbol{r}_i\times\boldsymbol{F}_{i内}+\sum_{i=1}^{n}\boldsymbol{r}_i\times\boldsymbol{F}_{i外}$$

如今，计算所受内力的力矩之和 $\sum\limits_{i=1}^{n}\boldsymbol{r}_i\times\boldsymbol{F}_{i内}$. 在系统内任取第 i 个和第 j 个质点，它们相互作用的成对内力服从牛顿第三定律，即 $\boldsymbol{F}_{ij}=-\boldsymbol{F}_{ji}$，如图2-10所示，两者对参考点 O 的力矩为

$$\boldsymbol{r}_i\times\boldsymbol{F}_{ij}+\boldsymbol{r}_j\times\boldsymbol{F}_{ji}=\boldsymbol{r}_i\times\boldsymbol{F}_{ij}+\boldsymbol{r}_j\times(-\boldsymbol{F}_{ij})$$

$$= (\boldsymbol{r}_i - \boldsymbol{r}_j) \times \boldsymbol{F}_{ij}$$
$$= \boldsymbol{r}_{ij} \times \boldsymbol{F}_{ij} = \boldsymbol{0}$$

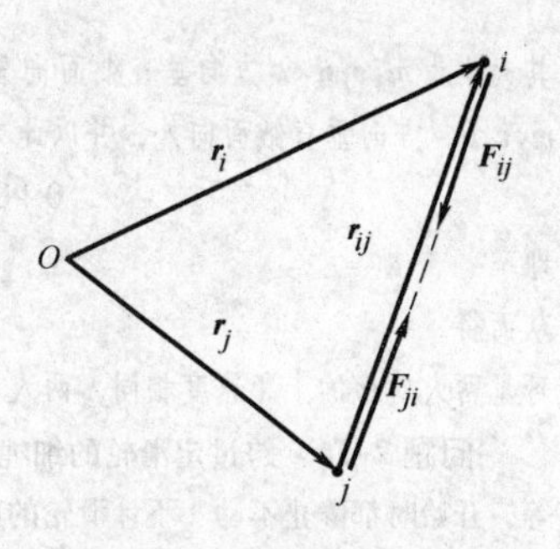

图2-10　系统内第 i 个和第 j 个质点的受力

上式中，因 $\boldsymbol{r}_{ij}$ 与 $\boldsymbol{F}_{ij}$ 两者共线，其矢量积为零．对整个系统中任意两质点都有此结果，所以

$$\sum_{i=1}^{n} \boldsymbol{r}_i \times \boldsymbol{F}_{i内} = \boldsymbol{0}$$

从而，式（a）可写作

$$\sum_{i=1}^{n} \boldsymbol{r}_i \times \boldsymbol{F}_{i外} = \frac{\mathrm{d}}{\mathrm{d}t} \sum_{i=1}^{n} \boldsymbol{r}_i \times m_i \boldsymbol{v}_i \qquad \text{(b)}$$

上式右端 $\sum_{i=1}^{n} \boldsymbol{r}_i \times m_i \boldsymbol{v}_i$ 是系统内各质点对参考点 O 的角动量的矢量和，称为**系统的角动量**，记作 $\boldsymbol{L}$；而 $\sum_{i=1}^{n} \boldsymbol{r}_i \times \boldsymbol{F}_{i外}$ 是作用于系统内各质点的外力对参考点 O 的力矩（即**外力矩**）的矢量和，记作 $\boldsymbol{M}$．于是，式（b）可写作

$$\boldsymbol{M} = \frac{\mathrm{d}\boldsymbol{L}}{\mathrm{d}t} \qquad (2\text{-}40)$$

式（2-40）表明，**相对于惯性系中一个给定的参考点，作用于系统内各质点上的外力矩的矢量和，等于该系统对同一参考点的角动量随时间 t 的变化率**．这一结论称为**系统的角动量定理**，式（2-40）为此定理的数学表达式．若

$$\boldsymbol{M} = \boldsymbol{0} \qquad (2\text{-}41)$$

则由式（2-40），即得**系统角动量守恒定律**的表达式，即

$$\boldsymbol{L} = \sum_{i=1}^{n} \boldsymbol{r}_i \times m_i \boldsymbol{v}_i = 恒矢量 \qquad (2\text{-}42)$$

该定律表明，**若外力对参考点 O 的力矩的矢量和等于零，则系统对同一参考点的角动量守恒**．式（2-41）就是**系统角动量守恒定律的适用条件**．

值得注意的是，系统的内力矩可以改变系统内各质点的角动量，但并不能改变整个系统的角动量．其次，式（2-41）是系统角动量守恒的条件，它要求系统所受的外力矩的矢量和为零，但并不要求系统所受的外力的矢量和必须为零．这意味着系统的角动量守恒时，系统的动量不一定守恒；反之，即使外力的矢量和为零，但由于各个外力可能有不同的作用点，对同一参考点的外力矩的矢量和也不一定为零，因而系统的动量守恒，系统的角动量也不见得一定守恒．

例题2-14　如例题2-14图所示，跨过定滑轮的细绳的两端各有一人，其质量相等，若他们自静止开始进行爬绳比赛，求证两人同时爬到最高点．

证　以定滑轮、两人和绳子作为一系统，系统所受外力有滑轮的重力 $\boldsymbol{W}$、支承力 $\boldsymbol{F}_\mathrm{N}$、两人的重力 $\boldsymbol{W}_1$ 和 $\boldsymbol{W}_2$．以滑轮轴上的 O 点为参考点，则 $\boldsymbol{W}$ 和 $\boldsymbol{F}_\mathrm{N}$ 皆通过滑轮轴 O 点，其力矩均为零．令两人对 O 点的位矢分别为 $\boldsymbol{r}_1$ 和 $\boldsymbol{r}_2$，则左方的人，其重力 $\boldsymbol{W}_1 = m_1\boldsymbol{g}$，对 O 点的力矩为 $\boldsymbol{r}_1 \times m_1\boldsymbol{g}$，大小为 $r_1 m_1 g\sin\theta = m_1 gR$，方向垂直纸面向外；右方的人，其重力 $\boldsymbol{W}_2 = m_2\boldsymbol{g}$，对 O 点的力矩为 $\boldsymbol{r}_2 \times m_2\boldsymbol{g}$，大小为 $r_2 m_2 g\sin\alpha = m_2 gR$，方向垂直纸面向里．由题设 $m_1 = m_2$，则系统对 O 点的合外力矩

$$\sum \boldsymbol{r}_i \times \boldsymbol{F}_{i外} = m_1 gR - m_2 gR = mgR - mgR = 0$$

因而系统对 O 点的角动量守恒．设左、右方两人相对于地面的速度分别为 $\boldsymbol{v}_1$ 和 $\boldsymbol{v}_2$，m_1 对 O 点的角动量为 $\boldsymbol{r}_1 \times m_1 \boldsymbol{v}_1$，

其大小为 $m_1v_1R_1$，方向垂直纸面向里；而 m_2 对 O 点的角动量为 $\boldsymbol{r}_2\times m_2\boldsymbol{v}_2$，其大小为 m_2v_2R，方向垂直纸面向外，并以此方向取作正方向，则系统的角动量

$$0+0=m_2v_2R-m_1v_1R$$

即

$$=mv_2R-mv_1R$$

从而得

$$v_1=v_2$$

可见两人对地的上爬速度相同，两人同时爬到最高点.

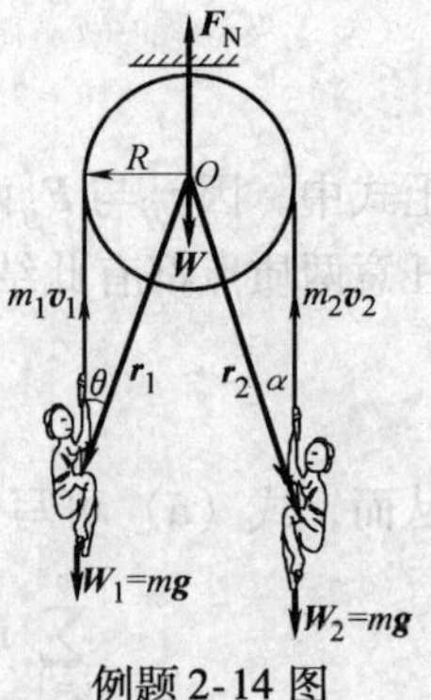

例题 2-14 图

问题 2-16　跨过定滑轮的细绳两端分别拴一个重物和一只猴子，且两者的质量相等，开始时都静止不动. 不计滑轮的质量及滑轮与细绳之间的摩擦，当猴子相对于绳子以速度$\boldsymbol{v}_0$攀绳上爬时，求证：重物相对于地面的速度为$\boldsymbol{v}=\boldsymbol{v}_0/2$.

习　题　2

2-1　一个质点同时在几个力作用下的位移为

$$\Delta\boldsymbol{r}=4\boldsymbol{i}-5\boldsymbol{j}+6\boldsymbol{k}\ \text{(SI)}$$
[　　]

其中一个力为恒力 $\boldsymbol{F}=-3\boldsymbol{i}-5\boldsymbol{j}+9\boldsymbol{k}$ (SI)，则此力在该位移过程中所做的功为

(A) −67J.　(B) 17J.　(C) 67J.　(D) 91J.

2-2　质量为 m 的一艘宇宙飞船关闭发动机返回地球时，可认为该飞船只在地球的引力场中运动. 已知地球质量为 m_E，引力恒量为 G，则当它从距地球中心 R_1 处下降到 R_2 处时，飞船增加的动能应等于

(A) $\dfrac{Gm_Em}{R_2}$.　(B) $\dfrac{Gm_Em}{R_2^2}$.

(C) $Gm_Em\dfrac{R_1-R_2}{R_1R_2}$.　(D) $Gm_Em\dfrac{R_1-R_2}{R_1^2}$.

(E) $Gm_Em\dfrac{R_1-R_2}{R_1^2R_2^2}$.　[　　]

2-3　质量为 $m=0.5$kg 的质点，在 xOy 坐标平面内运动，其运动方程为 $x=5t$，$y=0.5t^2$ (SI)，从 $t=2$s 到 $t=4$s 这段时间内，外力对质点做的功为

(A) 1.5J.　(B) 3J.　(C) 4.5J.　(D) −1.5J.　[　　]

2-4　人造地球卫星，绕地球做椭圆轨道运动，地球在椭圆的一个焦点上，则卫星的

(A) 动量不守恒，动能守恒.

(B) 动量守恒，动能不守恒.

(C) 对地心的角动量守恒，动能不守恒.

(D) 对地心的角动量不守恒，动能守恒.　[　　]

2-5　一质量为 m 的物体，原来以速率 v 向北运动，它突然受到外力打击，变为向西运动，速率仍为 v，则外力的冲量大小为____________，方向为____________.

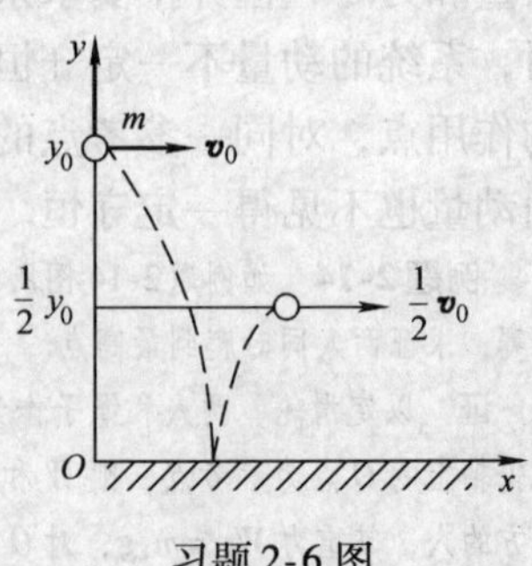

习题 2-6 图

2-6　如习题2-6图所示，质量为 m 的小球自高为 y_0 处沿水平方向以速率 v_0 抛出，与地面碰撞后跳起的最大高度为$\dfrac{1}{2}y_0$，水平速率为$\dfrac{1}{2}v_0$，则碰撞过程中，

(1) 地面对小球的竖直冲量的大小为____________；

(2) 地面对小球的水平冲量的大小为____________.

2-7　有两艘停在湖上的船，它们之间用一根很轻的绳子连接. 设第一艘船和人的总质量为 250kg，

第二艘船的总质量为500kg，水的阻力不计．现在站在第一艘船上的人用 $F=50\mathrm{N}$ 的水平力来拉绳子，则 5s 后第一艘船的速度大小为________；第二艘船的速度大小为________.

2-8　设作用在质量为 1kg 的物体上的力的大小 $F=6t+3$（SI）．如果物体在这一力的作用下由静止开始沿直线运动，在 0 到 2.0s 的时间间隔内，这个力作用在物体上的冲量大小 $I=$________.

2-9　习题 2-9 图中，沿着半径为 R 做圆周运动的质点，所受的几个力中有一个是恒力 $\boldsymbol{F}_0$，方向始终沿 x 轴正向，即 $\boldsymbol{F}_0=F_0\boldsymbol{i}$. 当质点从 A 点沿逆时针方向走过 3/4 圆周到达 B 点时，力 $\boldsymbol{F}_0$ 所做的功为 $W=$________.

2-10　一人造地球卫星绕地球做椭圆运动，近地点为 A，远地点为 B. A、B 两点距地心分别为 r_1、r_2．设卫星质量为 m，地球质量为 m_{E}，引力常量为 G，则卫星在 A、B 两点处的万有引力势能之差 $E_{\mathrm{pB}}-E_{\mathrm{pA}}=$________；卫星在 A、B 两点的动能之差 $E_{\mathrm{k}B}-E_{\mathrm{k}A}=$________.

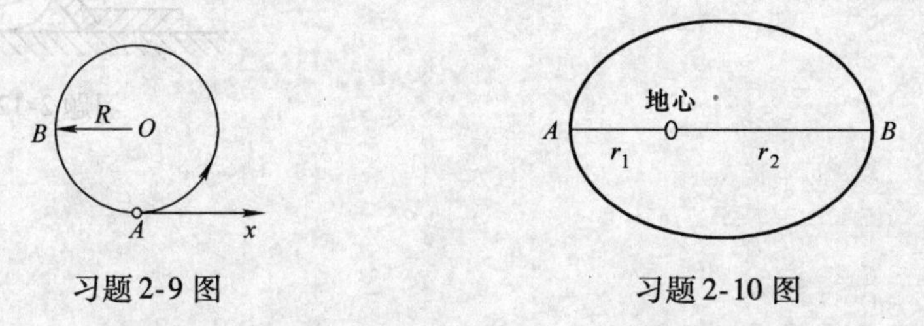

习题 2-9 图　　习题 2-10 图

2-11　如习题 2-11 图所示，我国第一颗人造地球卫星沿椭圆轨道运动，地球的中心 O 为该椭圆的一个焦点．已知地球半径 $R=6378\mathrm{km}$，卫星与地面的最近距离 $l_1=439\mathrm{km}$，与地面的最远距离 $l_2=2384\mathrm{km}$. 若卫星在近地点 A_1 的速度 $v_1=8.1\mathrm{km\cdot s^{-1}}$，则卫星在远地点 A_2 的速度 $v_2=$________.

2-12　如习题 2-12 图所示，x 轴沿水平方向，y 轴竖直向下，在 $t=0$ 时刻将质量为 m 的质点由 a 处静止释放，让它自由下落，则在任意时刻 t，质点所受的对原点 O 的力矩 $\boldsymbol{M}=$________；在任意时刻 t，质点对原点 O 的角动量 $\boldsymbol{L}=$________.

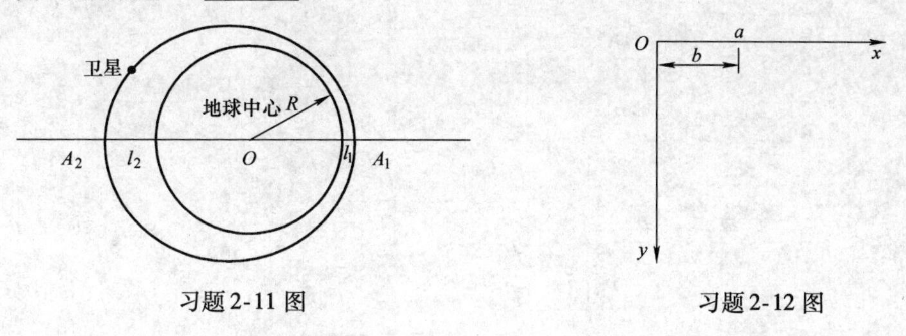

习题 2-11 图　　习题 2-12 图

2-13　一质点的运动轨迹如习题 2-13 图所示．已知质点的质量为 20g，在 A、B 两位置处的速率都为 $20\mathrm{m\cdot s^{-1}}$，$\boldsymbol{v}_A$ 与 x 轴成 45°角，$\boldsymbol{v}_B$ 垂直于 y 轴，求质点由 A 点到 B 点这段时间内，作用在质点上外力的总冲量．

2-14　如习题 2-14 图所示，陨石在距地面高 h 处时速度为 v_0．忽略空气阻力，求陨石落地的速度．令地球质量为 m_{E}，半径为 R，引力常量为 G.

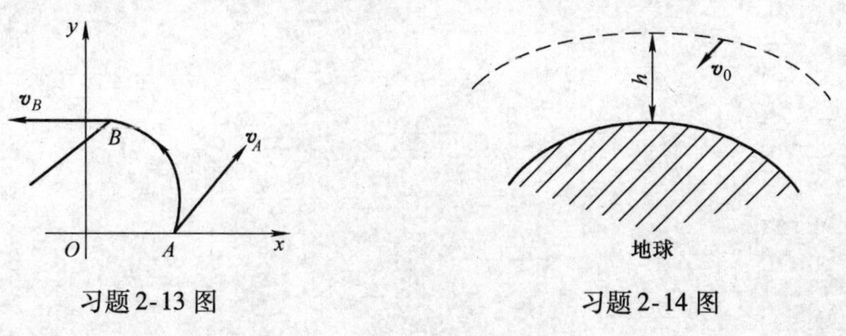

习题 2-13 图　　习题 2-14 图

2-15　一物体按规律 $x = ct^3$ 在流体媒质中做直线运动，式中 c 为常量，t 为时间．设媒质对物体的阻力正比于速度的平方，阻力系数为 k，试求物体由 $x = 0$ 运动到 $x = l$ 时，阻力所做的功．

2-16　质量 $m = 2\mathrm{kg}$ 的物体沿 x 轴做直线运动，所受合外力 $F = 10 + 6x^2$（SI）．如果在 $x = 0$ 处时速度 $v_0 = 0$，试求该物体运动到 $x = 4\mathrm{m}$ 处时速度的大小．

2-17　如习题 2-17 图所示，水平地面上一辆静止的炮车发射炮弹．炮车质量为 $m_{炮}$，炮身仰角为 α，炮弹质量为 m，炮弹刚出口时，相对于炮身的速度为 u，不计地面摩擦，

（1）求炮弹刚出口时，炮车的反冲速度大小；

（2）若炮筒长为 l，求发炮过程中炮车移动的距离．

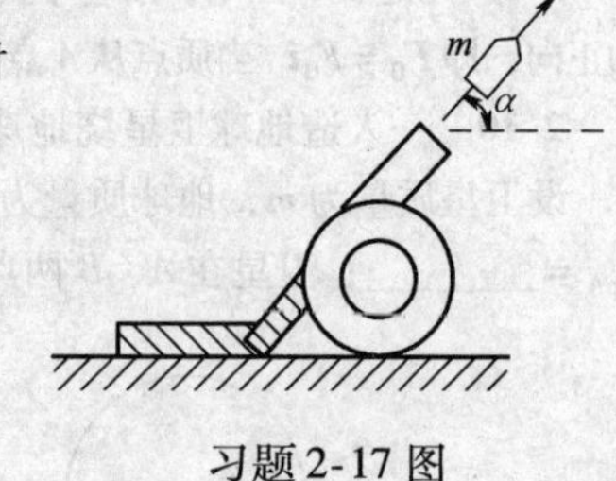

习题 2-17 图

[**自测题**] 如图 3-0 所示，在工厂车间或建筑工地中起重用的差动滑轮（俗称“神仙葫芦”），首尾环接的链条嵌在半径为 R 和 r 的共轴定滑轮周缘的齿上. AB 段自由下垂，不着力. 试证：工人欲拉住重量为 W 的重物，需在 CB 段的链条上施加拉力 $F_T = W(R-r)/(2R)$，动滑轮及链条的质量、轴承与滑轮间的摩擦均不计.

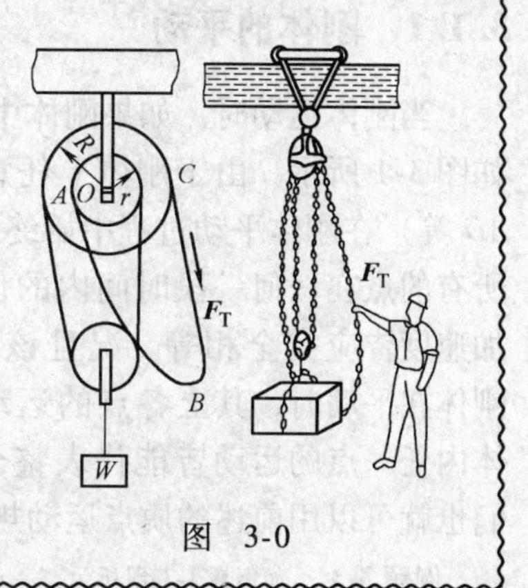

图 3-0

第 3 章 刚体力学基础

在前两章中，我们研究物体的运动时，根据具体情况，可以把物体看作质点，即忽略了物体的形状和大小. 可是，在有些场合中，物体的形状和大小是不能忽略的. 例如，在研究机床上的传动轮绕轴转动时，轮子上各点的运动情况不尽相同；并且在力的作用下还会引起轮子的微小形变. 因此，当我们进一步研究物体的转动时，或者，在讨论物体受力而引起形变的问题时，就不能再将物体简化为质点.

倘若根据问题的性质和要求，物体在外力作用下所引起的形变甚小，可以不予考虑，即把物体的形状和大小视作不变，那么，我们就将这种**在外力作用下形状和大小保持不变的物体**称为**刚体**. 其实，刚体也是从实际物体抽象出来的一种理想模型.

并且，我们在研究刚体运动时，可以将刚体看成由无数个拥有质量 $\mathrm{d}m$ 的刚性微小体积元 $\mathrm{d}V$、一个挨一个地连续组成的系统，这种体积元称为刚体的**质元**. 由于刚体的形状和大小在运动过程中始终保持不变，因而这种系统具有如下的基本特征：**刚体内任何两个质元之间的距离，在运动过程中始终保持不变**. 在研究刚体力学时，我们务必随时考虑到刚体的这一特征.

基于上述观点，我们就能够把构成刚体的全部质元的运动加以综合，给出刚体的整体运动所具有的规律.

问题 3-1 为什么说刚体是物体的一种理想模型?刚体这种模型具有什么特征? 在什么条件下，实际物体可当作刚体看待?

3.1 刚体的基本运动形式

一般来说，刚体的运动是很复杂的. 平动和转动是刚体的两种最基本的运动形式. 本章主要研究刚体的定轴转动.

3.1.1 刚体的平动

当刚体运动时，如果**刚体中任意一条直线始终保持平行移动**，则这种运动称为**平动**，如图 3-1 所示. 由于刚体上任意一条直线（如 AB、AC、AD 等）在刚体平动过程中始终保持平行移动，则直线上所有的点在任何一段时间内的位移和任一时刻的速度和加速度皆应完全相等. 况且该直线又是任意的. 因而，刚体在平动时，其上各点的运动情况是完全相同的，刚体内任一点的运动皆能代表整个刚体的运动. 这样，我们也就可以用前述的质点运动规律来描述刚体的平动.

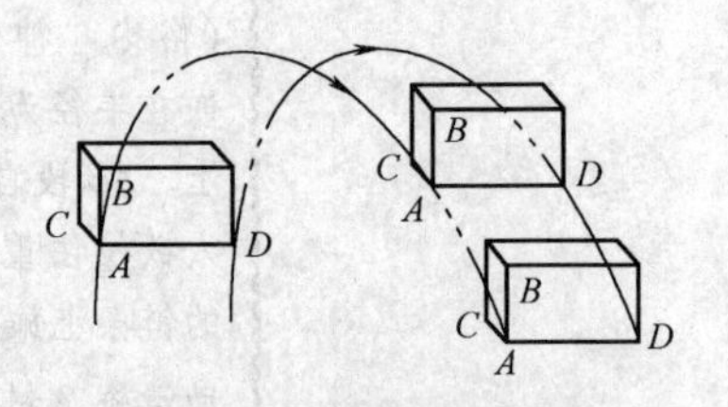

图 3-1　刚体的平动

例题 3-1　如例题 3-1 图所示，一曲柄连杆机构[⊖]的曲柄 OA 长为 r，连杆 AB 长为 l. 连杆 AB 的一端用销子 A 与曲柄 OA 相连结接，另一端以销子 B 与活塞相连接. 当曲柄以匀角速 ω 绕轴 O 做逆时针旋转时，通过连杆将带动活塞在气缸内往复运动，试求活塞的运动函数.

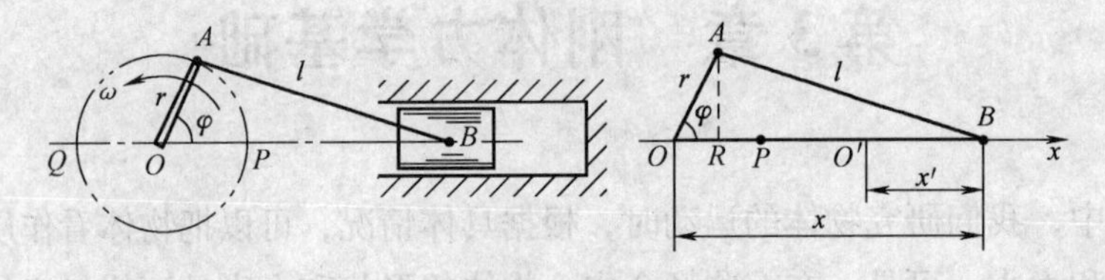

例题 3-1 图

分析　实际上，与活塞自身大小相比，它局限在气缸内的运动空间并不很大，因而不能把活塞视作质点；但由于它在气缸内做平动，所以活塞运动可按质点运动学方法来处理.

解　取 O 为原点，水平向右为 Ox 轴正向（见图）；并设开始时，曲柄销 A 在 Ox 轴上的 P 点. 当曲柄以匀角速 ω 做逆时针转动时，在 t 时刻曲柄的角坐标为 $\varphi=\omega t$，这时活塞的位置相应地为 $x=OR+RB$，即

$$x=r\cos\omega t+\sqrt{l^2-r^2\sin^2\omega t} \tag{a}$$

这就是活塞的运动函数. 由于式中含有 $\cos\omega t$ 和 $\sin\omega t$，其值均随时间 t 呈周期性变化，所以活塞在两个极端位置 $x_{右}=l+r$ 与 $x_{左}=l-r$ 之间，沿 Ox 轴来回运动.

我们把式（a）右端的平方根式按泰勒级数展开为

$$\sqrt{l^2-r^2\sin^2\omega t}=l\left[1-\left(\frac{r}{l}\right)^2\sin^2\omega t\right]^{1/2}=l\left[1-\frac{1}{2}\left(\frac{r}{l}\right)^2\sin^2\omega t+\cdots\right] \tag{b}$$

由于在实际的曲柄连杆机构中，$r/l<1/3.5$，所以可略去 $(r/l)^4\sin^4\omega t$ 以上的高阶小量；又因 $\sin^2\omega t=(1-\cos2\omega t)/2$，于是，式（a）可写成

$$x=l\left[1-\frac{1}{4}\left(\frac{r}{l}\right)^2+\frac{r}{l}\cos\omega t+\frac{1}{4}\left(\frac{r}{l}^2\right)\cos2\omega t\right] \tag{c}$$

或

$$x-l\left[1-\frac{1}{4}\left(\frac{r}{l}\right)^2\right]=r\cos\omega t+\frac{1}{4}l\left(\frac{r}{l}^2\right)\cos2\omega t \tag{d}$$

令 $x'=x-l[1-(r/l)^2/4]$，即将坐标原点从 O 点移到坐标为 $l[1-(r/l)^2/4]$ 的 O'点，从而可得，活塞以 O'为原点、以 x'为位置坐标的运动函数为

⊖ 曲柄连杆机构在机械工程中应用广泛. 它可将圆周运动变为直线运动（如本例情况），反之，也可将直线运动变为圆周运动. 例如，热机（蒸汽机、内燃机等）汽（气）缸中的活塞在缸内气体压力驱动下，做往复的直线运动，通过此机构可带动曲柄轴转动，与曲柄轴连接的动力机（发电机等）的转子也就跟着转动.

$$x' = r\cos\omega t + \frac{1}{4}l\left(\frac{r}{l}\right)^2\cos 2\omega t \tag{e}$$

若 $l \gg r$，读者试分析活塞的运动，并由式（e）试求活塞的速度和加速度.

3.1.2 刚体的定轴转动

刚体运动时，如果从几何上来看，**刚体内各点都绕同一直线做圆周运动**，这种运动称为刚体的**转动**；这一直线称为**轴**（见图3-2）. 例如机器上飞轮的转动，电动机的转子绕轴旋转，旋转式门窗的开、关，地球的自转等都是转动. 如果轴相对于我们所取的参考系（如地面等）是固定不动的，就称为刚体**绕固定轴的转动**，简称**定轴转动**.

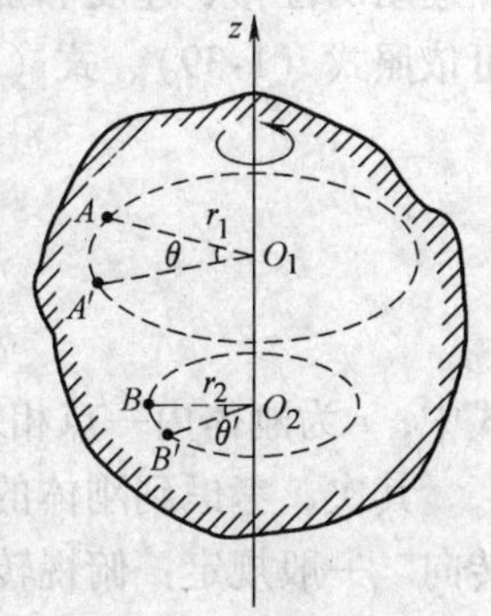

图3-2 刚体绕定轴的转动

当刚体做定轴转动时，如图3-2所示，刚体内不在转轴 z 上的任一点，都在垂直于转轴且通过该点的平面上做圆周运动. 这个平面就是该点的**转动平面**，它与转轴的交点（如图中的 O_1 和 O_2）就是该点在此平面上做圆周运动的圆心. 半径就是该点与轴的垂直距离. 当刚体转动时，其内各点因位置不同（即半径不同），在同一段时间内通过的圆弧路程 $\overset{\frown}{AA'}$、$\overset{\frown}{BB'}$ 等亦不相同，但由于刚体内各点之间相对位置不变，其中某点的半径在其转动平面内扫过多大的中心角，所有其他的点也在各自的转动平面内一起扫过同样大小的中心角（如图中的 θ 角），并且各点都具有相同的角位移、角速度和角加速度. 这样，刚体在同一段时间内也必定以与上述相同的角位移、角速度和角加速度等角量绕定轴转动. 因而我们可用任一点在其转动平面内做圆周运动的角量来描述整个刚体的定轴转动. 这样，刚体定轴转动的角坐标 θ 随时间 t 的变化规律（运动函数）、角位移 $\Delta\theta$、角速度 ω、角加速度 α 便可用角量分别表示成

$$\theta = \theta(t) \tag{3-1}$$

$$\Delta\theta = \theta(t+\Delta t) - \theta(t) \tag{3-2}$$

$$\omega = \frac{\mathrm{d}\theta}{\mathrm{d}t} \tag{3-3}$$

$$\alpha = \frac{\mathrm{d}\omega}{\mathrm{d}t} = \frac{\mathrm{d}^2\theta}{\mathrm{d}t^2} \tag{3-4}$$

按上述各个角量的定义式，相应地可给出它们的单位. 其中角坐标、角位移的单位是 rad，时间的单位是 s，因此，角速度的单位是 $\mathrm{rad\cdot s^{-1}}$（弧度·秒$^{-1}$），读作“弧度每秒”. 工程上，机器的角速度常用 $\mathrm{r\cdot min^{-1}}$（每分钟的转数）做单位. 因为1转相当于 2πrad，故每分钟 n 转相当于

$$\omega = \frac{2\pi n}{60}\mathrm{rad\cdot s^{-1}} = \frac{\pi n}{30}\mathrm{rad\cdot s^{-1}} \tag{3-5}$$

角加速度的单位是 $\mathrm{rad\cdot s^{-2}}$（弧度·秒$^{-2}$），读作“弧度每二次方秒”.

若已知刚体转动的初始条件：$t=0$ 时，$\theta=\theta_0$，$\omega=\omega_0$，按上述各个定义式，利用积分法，也可导出**刚体绕定轴做匀变速转动**（即 α = 恒量）的三个公式（它们类似于匀变速直线运动的公式）：

$$\omega = \omega_0 + \alpha t \tag{3-6}$$

$$\theta = \theta_0 + \omega_0 t + \frac{1}{2}\alpha t^2 \tag{3-7}$$

$$\omega^2 - \omega_0^2 = 2\alpha(\theta - \theta_0) \tag{3-8}$$

至于描述刚体定轴转动的这些角量，它们与刚体内各个点运动的位移、速度和加速度等线量的关系（见图 3-3）仍可依照式（1-39）、式（1-40）和式（1-41）表示成

$$v = r\omega \tag{3-9}$$

$$a_n = \frac{v^2}{r} = r\omega^2 \tag{3-10}$$

$$a_t = r\alpha \tag{3-11}$$

式中，r 为刚体内一点相对于转轴的位矢 $\boldsymbol{r}$ 的大小.

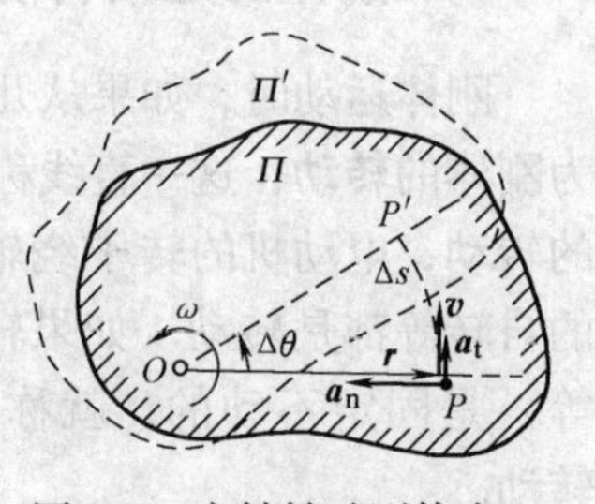

图 3-3　定轴转动刚体内一点的运动的线量描述

其次，考虑到刚体的定轴转动只有逆时针和顺时针两种转向. 一般规定：俯视转轴 z 所规定的正方向时，刚体循逆时针转动，则角量 θ、$\Delta\theta$、ω 和 α 皆取正值，而循顺时针转动，则皆取负值. 当然，这也并非绝对的，有时根据问题的情况和需要，也可取顺时针转向的各角量为正值. 于是，在计算时，我们就可把描述刚体定轴转动的这些角量都视作标量（代数量）. 例如，当刚体加速转动时，α 与 ω 同号；减速转动时，α 与 ω 异号.

综上所述，刚体平动时，可借用质点运动规律来处理；刚体定轴转动时，其整体运动可用角量来描述.

问题 3-2　试述刚体平动的特征.

问题 3-3　（1）试述刚体定轴转动的特征. 描述刚体定轴转动的角坐标、角位移、角速度和角加速度等角量是如何表述的？并由此导出刚体绕定轴做匀变速转动的三个运动学公式.

（2）若规定逆时针转向为正，问下列各组不等式 $\theta>0$，$\omega<0$；$\theta<0$，$\omega>0$；$\omega>0$，$\alpha<0$；$\omega<0$，$\alpha<0$；$\omega<0$，$\alpha>0$ 等分别表示刚体的什么运动情况？

（3）当刚体以角速度 ω、角加速度 α 绕定轴转动时，刚体上距轴 r 处的一点，其加速度的大小和方向如何确定？

例题 3-2　如例题 3-2 图所示，卷扬机转筒的直径为 $d = 40\text{cm}$，在制动的 2s 内，鼓轮的运动函数为 $\theta = -t^2 + 4t$. 式中，θ 以 rad 为单位，t 以 s 为单位. 绳端悬挂一重物 B，绳上方与鼓轮边缘相切于 P 点；且绳与鼓轮之间无相对滑动. 求 $t = 1\text{s}$ 时轮缘上 P 点及重物 B 的速度和加速度.

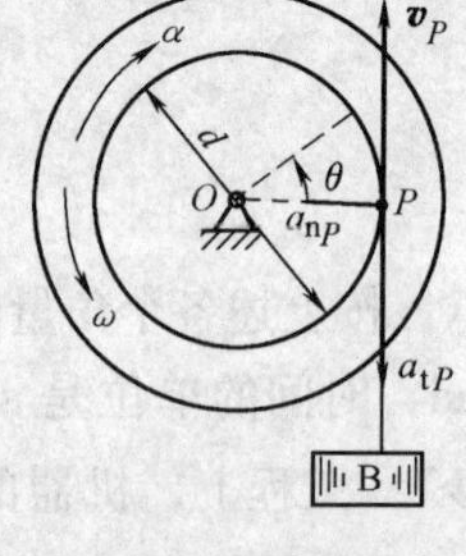

例题 3-2 图

解　按题设，鼓轮在制动过程中的角速度和角加速度分别为

$$\omega = \frac{d\theta}{dt} = \frac{d}{dt}(-t^2 + 4t) = -2t + 4\text{rad}\cdot\text{s}^{-1}$$

$$\alpha = \frac{d\omega}{dt} = \frac{d}{dt}(-2t + 4) = -2\text{rad}\cdot\text{s}^{-2}$$

当 $t = 1\text{s}$ 时，由上两式可算得

$$\omega = 2\text{rad}\cdot\text{s}^{-1},\quad \alpha = -2\text{rad}\cdot\text{s}^{-2}$$

ω 与 α 异号，且 α 为恒量，表明转筒做匀减速转动，此时 P 点的速度、切向和法向加速度的大小分别为

$$v_P = r\omega = [(0.4/2)\text{m}](2\text{rad}\cdot\text{s}^{-1}) = 0.4\text{m}\cdot\text{s}^{-1}$$

$$a_{tP} = r\alpha = [(0.4/2)\text{m}](-2\text{rad}\cdot\text{s}^{-2}) = -0.4\text{m}\cdot\text{s}^{-2}$$

$$a_{nP} = r\omega^2 = [(0.4/2)\text{m}](2\text{rad}\cdot\text{s}^{-1})^2 = 0.8\text{m}\cdot\text{s}^{-2}$$

P 点的加速度大小为

$$a_P = \sqrt{a_{tP}^2 + a_{nP}^2} = \sqrt{(-0.4\text{m}\cdot\text{s}^{-2})^2 + (0.8\text{m}\cdot\text{s}^{-2})^2}$$
$$= 0.894\text{m}\cdot\text{s}^{-2}$$

方向可用与速度 $\boldsymbol{v}_P$ 所成的夹角 φ 表示，即

$$\varphi = \arctan\frac{a_{nP}}{a_{tP}} = \arctan\frac{r\omega^2}{r\alpha} = \arctan\frac{\omega^2}{|\alpha|}$$
$$= \arctan\frac{(2\text{rad}\cdot\text{s}^{-1})^2}{2\text{rad}\cdot\text{s}^{-2}} = \arctan 2 = 63.5°$$

由于绳与鼓轮之间无相对滑动，所以绳在 P 点的速度和加速度，必定等于鼓轮轮缘上与 P 点相接触的那点的速度和加速度，并因绳无伸缩，因而重物B的速度和加速度也就分别等于轮缘上 P 点的速度和切向加速度，即

$$v_B = v_P = 0.4\text{m}\cdot\text{s}^{-1},\quad a_B = a_{tP} = -0.4\text{m}\cdot\text{s}^{-2}$$

3.2　刚体定轴转动的转动动能　转动惯量

3.2.1　刚体定轴转动的转动动能

刚体以角速度 ω 绕定轴 O 转动时，体内各质元具有不同的线速度．如图3-4所示，设其中第 i 个质元的质量为 m_i，离转轴 O 的垂直距离为 r_i，其线速度大小 $v_i = r_i\omega$，相应的动能为 $m_i v_i^2/2 = m_i r_i^2\omega^2/2$．整个**刚体的转动动能**就是**刚体内所有质元的动能之和**，即

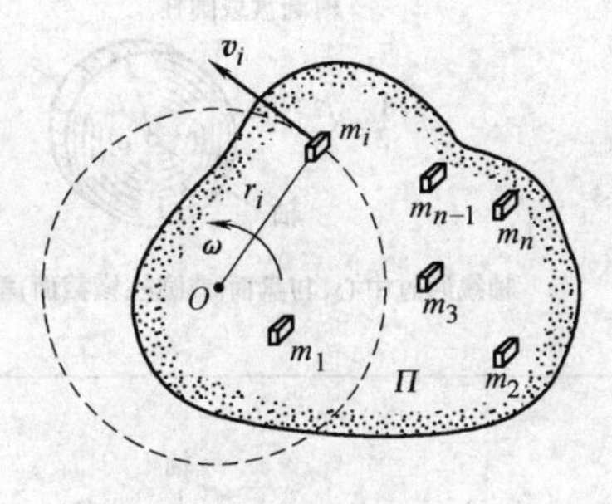

图3-4　刚体定轴转动的转动动能计算用图

$$E_k = \frac{1}{2}m_1 r_1^2\omega^2 + \frac{1}{2}m_2 r_2^2\omega^2 + \cdots$$
$$= \frac{1}{2}(m_1 r_1^2 + m_2 r_2^2 + \cdots)\omega^2$$
$$= \frac{1}{2}(\sum_i m_i r_i^2)\omega^2$$

式中，$\sum_i m_i r_i^2$ 称为**刚体对给定轴的转动惯量** J，故上式可写成

$$E_k = \frac{1}{2}J\omega^2 \tag{3-12}$$

即刚体绕定轴的转动动能等于刚体对此轴的转动惯量与角速度平方的乘积的二分之一．将物体绕定轴的转动动能 $J\omega^2/2$ 与物体的平动动能 $mv^2/2$ 相比较，也可看出物体的转动惯量 J 与物体平动时的质量 m 相对应．

3.2.2　刚体的转动惯量

从上述转动惯量的定义

$$J = \sum m_i r_i^2 = m_1 r_1^2 + m_2 r_2^2 + \cdots + m_i r_i^2 + \cdots \tag{3-13}$$

可知，**刚体对某一轴的转动惯量** J **等于构成此刚体的各质元的质量和它们分别到该轴距离**

的平方的乘积之总和，其单位为 kg · m^2（千克·米^2）.

一般刚体的质量可以认为是连续分布的，式（3-13）可写成积分形式

$$J = \iiint\limits_m r^2 \mathrm{d}m \tag{3-14}$$

几何形状简单、密度均匀（均质）的几种物体对不同转轴的转动惯量，如表 3-1 所示，读者解题时，可直接查用.

表 3-1　几种物体对不同转轴的转动惯量

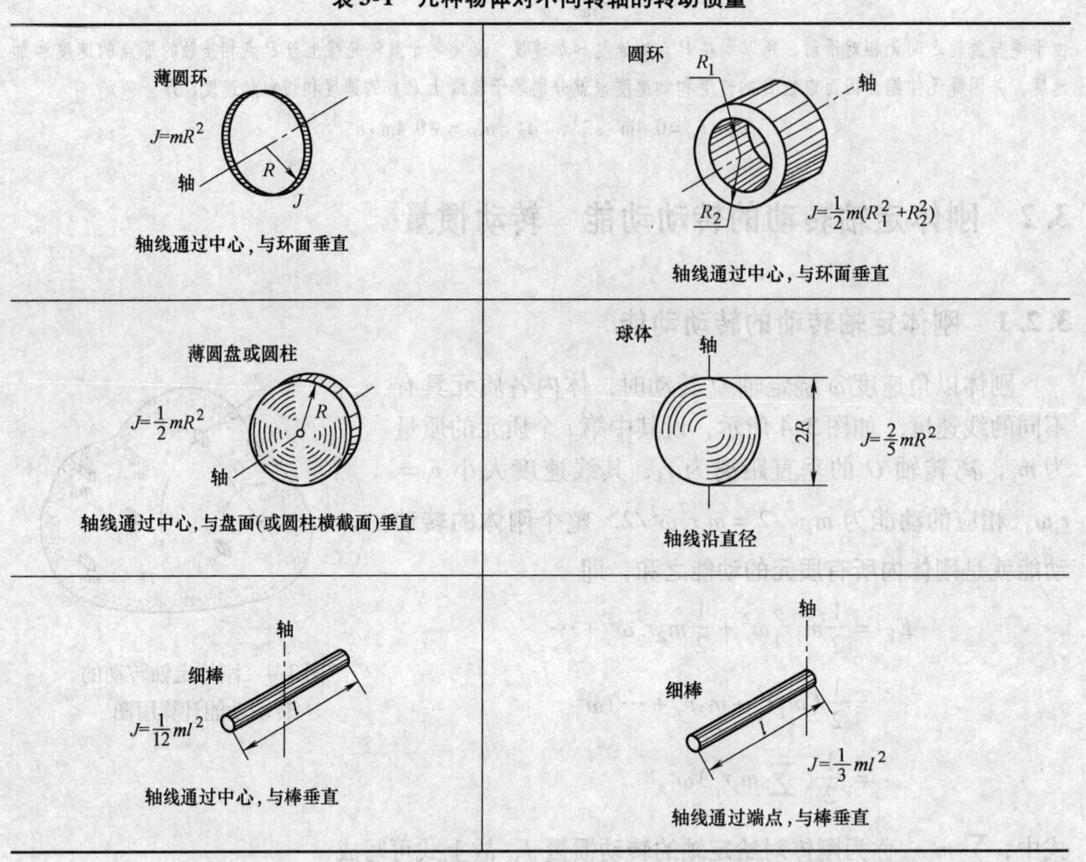

从表 3-1 所列的公式可以看到，物体的转动惯量除与轴的位置有关以外，还与刚体的质量 m 有关；在质量一定的情况下，转动惯量又与质量的分布有关，亦即与刚体的形状、大小和各部分的密度有关. 例如，同质料的质量相等的空心圆柱体和实心圆柱体，对中心轴来说，前者的转动惯量比后者为大. 这是因为物体的质量分布得离轴越远，即 r 越大，它的转动惯量也就越大. 所以制造飞轮时，常做成大而厚的边缘，借以增大飞轮的转动惯量，使飞轮转动得较为稳定.

在工程上，根据相应于刚体转轴的转动惯量 J，还定义刚体对转轴的**回转半径**，记作 r_G，即

$$r_G = \sqrt{\frac{J}{m}} \tag{3-15}$$

式中，m 为整个刚体的质量. 例如，半径为 R、质量为 m 的均质圆盘，其转轴通过圆盘中

心且垂直于盘面，则查表3-1知，圆盘对此轴的转动惯量为 $J=\frac{1}{2}mR^2$，其回转半径为

$$r_G=\sqrt{\frac{J}{m}}=\sqrt{\frac{mR^2/2}{m}}=\frac{R}{\sqrt{2}}$$

问题3-4 （1）试述刚体转动惯量的含义和计算方法. 一个给定的刚体，它的转动惯量的大小是否一定？

（2）设有两个圆盘是用密度不同的金属制成的，但重量和厚度都相同. 对通过盘心且垂直于盘面的轴而言，试讨论哪个圆盘具有较大的转动惯量.

问题3-5 一根长为 l 的刚杆，在杆的两端和中心分别固定一个相同质量 m 的小物体. 如果取轴和杆垂直并通过与杆一端相距为 $l/4$ 的一点. 求这个系统对该轴的转动惯量和回转半径. 杆的质量不计.（**答**：$J=11ml^2/16$；$r_G=0.48l$）

3.3 力矩的功 刚体定轴转动的动能定理

3.3.1 力矩

如图3-5a所示，设刚体所受外力 $\boldsymbol{F}$ 在转动平面 Π 内，其作用点 P 与转轴相距为 r（相应的位矢为 $\boldsymbol{r}$），力的作用线与转轴的垂直距离为 d，叫作**力对转轴的力臂**. 若力 $\boldsymbol{F}$ 与位矢 $\boldsymbol{r}$ 的夹角为 φ，则 $d=r\sin\varphi$. 我们定义：力的大小与力臂的乘积称为**力对转轴的力矩**，记作 M，则

$$M=Fd=Fr\sin\varphi \tag{3-16}$$

力矩是改变物体转动状态的一个物理量. 大家知道，开关门窗的把手总是安装在离转轴尽可能远的地方. 如果作用力的方向平行于转轴或通过转轴，纵然用很大的力也难以开、关门窗. 只有在转动平面内，且与转轴不相交的力才能改变物体的转动状态. 因此，如果这个力 $\boldsymbol{F}$ 不在转动平面 Π 内（见图3-5b），我们可把 $\boldsymbol{F}$ 分解为两个分力：一个是平行于转轴的分力 $\boldsymbol{F}_{/\!/}$，它对刚体的转动不起作用；另一个是垂直于转轴而在转动平面内的分力 $\boldsymbol{F}_{\perp}$，它对刚体的转动有影响. 这时，在计算力 $\boldsymbol{F}$ 对转轴的力矩公式（3-16）中，F 应理解为 $F_{\perp}$.

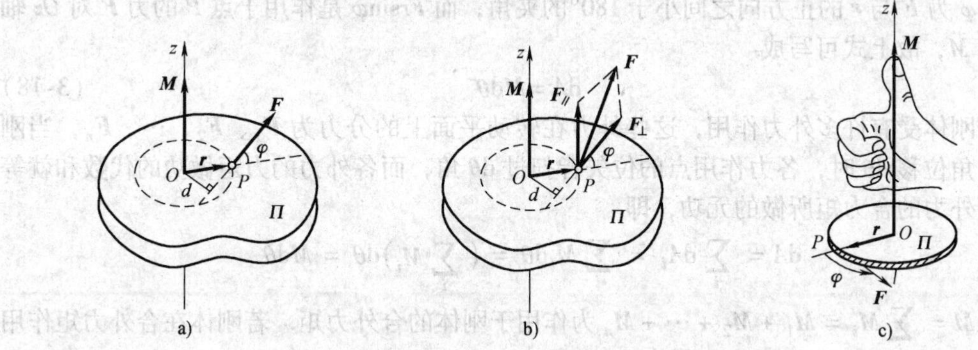

图3-5 力对转轴的力矩

a）力矩 b）力矩的计算 c）力矩矢量

力矩不仅有大小，也有方向，乃是一个矢量，记作 $\boldsymbol{M}$. 它的方向可用右手螺旋法则确定，即右手四指自 $\boldsymbol{r}$ 循小于180°角转向力 $\boldsymbol{F}$ 的方向时（见图3-5c），大拇指的指向就是 $\boldsymbol{M}$ 的方向. 按矢量积定义，便可将式（3-16）表示成矢量形式，即

$$\boldsymbol{M}=\boldsymbol{r}\times\boldsymbol{F} \tag{3-17}$$

对定轴转动的刚体而言，力矩 $\boldsymbol{M}$ 的方向可画在转轴上. 由于沿转轴只有两个可能的方向，通常就规定：若按右手螺旋法则判定的方向沿转轴 Oz 的正向，$\boldsymbol{M}$ 取正值；反之，取负值. 这时，力矩便可作为标量处理.

当有几个力同时作用于定轴转动的刚体上时（图 3-6），它们对转轴的力矩可以用效果相同的一个对同轴的力矩来代替，这个力矩称为这几个力的**合力矩**. **由于力对定轴的力矩是标量，故对同一定轴而言，合力矩等于这几个力的力矩的代数和.**

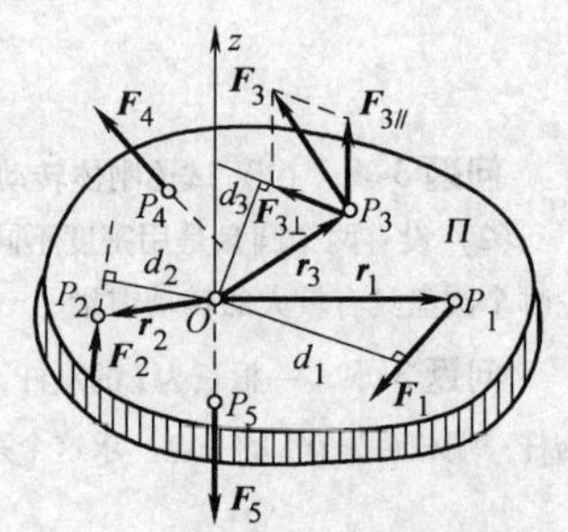

图 3-6　几个力的合力矩

如图 3-6 所示，读者可按力对轴的力矩定义式（3-16），求出刚体所受外力 $\boldsymbol{F}_1$、$\boldsymbol{F}_2$、$\boldsymbol{F}_3$、$\boldsymbol{F}_4$、$\boldsymbol{F}_5$ 对 Oz 轴的力矩以及合外力矩为

$$\begin{aligned}M &= M_1 + M_2 + M_3 + M_4 + M_5\\ &= -M_1 - M_2 + M_3 + 0 + 0\\ &= -F_1 d_1 - F_2 d_2 + F_3 d_3\end{aligned}$$

3.3.2　力矩的功

如图 3-7 所示，刚体在垂直于 Oz 轴的外力 $\boldsymbol{F}$ 作用下转动. 力 $\boldsymbol{F}$ 的作用点 P 离开轴的距离 $OP = r$（相应的位矢为 $\boldsymbol{r}$）. 经时间 $\mathrm{d}t$ 后，刚体的角位移为 $\mathrm{d}\theta$，位矢 $\boldsymbol{r}$ 也随之扫过 $\mathrm{d}\theta$ 角，使 P 点发生位移 $\mathrm{d}\boldsymbol{r}$. 由于时间 $\mathrm{d}t$ 很小，位移 $\mathrm{d}\boldsymbol{r}$ 与 P 点沿圆周轨道移过的路程相重合，故位移 $\mathrm{d}\boldsymbol{r}$ 的大小 $|\mathrm{d}\boldsymbol{r}| = \mathrm{d}s = r\mathrm{d}\theta$，位移 $\mathrm{d}\boldsymbol{r}$ 的方向与 OP 相垂直. 按功的定义，力 $\boldsymbol{F}$ 在这段位移中所做的**元功**为

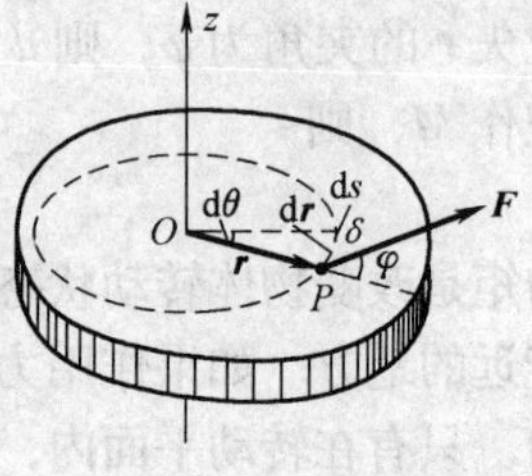

图 3-7　力矩所做的功

$$\begin{aligned}\mathrm{d}A &= \boldsymbol{F}\cdot\mathrm{d}\boldsymbol{r} = F|\mathrm{d}\boldsymbol{r}|\cos\delta = F\cos\delta\mathrm{d}s\\ &= F\cos(90° - \varphi)r\mathrm{d}\theta = Fr\sin\varphi\mathrm{d}\theta\end{aligned}$$

式中，φ 为 $\boldsymbol{F}$ 与 $\boldsymbol{r}$ 的正方向之间小于 180°的夹角；而 $Fr\sin\varphi$ 是作用于点 P 的力 $\boldsymbol{F}$ 对 Oz 轴的力矩 M，故上式可写成

$$\mathrm{d}A = M\mathrm{d}\theta \tag{3-18}$$

若刚体受有许多外力作用，这些外力在转动平面上的分力为 $\boldsymbol{F}_1$、$\boldsymbol{F}_2$、…、$\boldsymbol{F}_n$，当刚体转过角位移 $\mathrm{d}\theta$ 时，各力作用点的位矢皆扫过 $\mathrm{d}\theta$ 角，而各外力的力矩做功的代数和就等于这些外力的合力矩所做的元功，即

$$\mathrm{d}A = \sum_i \mathrm{d}A_i = \sum_i M_i\mathrm{d}\theta = \left(\sum_i M_i\right)\mathrm{d}\theta = M\mathrm{d}\theta$$

式中，$M = \sum_i M_i = M_1 + M_2 + \cdots + M_n$ 为作用于刚体的合外力矩. 若刚体在合外力矩作用下转过 θ 角，则此力矩对刚体做功为

$$A = \int_0^\theta \mathrm{d}A = \int_0^\theta M\mathrm{d}\theta \tag{3-19}$$

设力矩 M 是恒定的，则式（3-19）成为

$$A = \int_0^\theta M\mathrm{d}\theta = M\int_0^\theta \mathrm{d}\theta = M\theta \tag{3-20}$$

由功率的定义，可给出**力矩的瞬时功率**（简称**功率**）为

$$P=\frac{\mathrm{d}A}{\mathrm{d}t}=M\frac{\mathrm{d}\theta}{\mathrm{d}t}=M\omega \tag{3-21}$$

式（3-21）表明，**力矩对刚体定轴转动所做的功，其功率等于力矩与角速度的乘积.**

力矩所做的功，实质上仍是力所做的功. 只是在刚体转动的情况下，这个功在形式上表现为力矩与角速度的乘积而已. 力矩的功，其单位仍是J.

3.3.3　刚体定轴转动的动能定理

我们说过，刚体是由无数个质元所组成的系统. 设在合外力矩 M 作用下，刚体绕定轴转动的角速度自 ω_1 变为 ω_2. 在这过程中，按系统的功能原理，外力和非保守内力对系统所做的功之和等于系统机械能的增量. 考虑到刚体内质元之间保持距离不变，所有内力做功皆为零. 对定轴转动的刚体来说，外力做功实质上就是外力矩所做的功，系统的机械能就是刚体的转动动能 E_k. 于是，刚体在转过角位移 $\mathrm{d}\theta$ 的元过程中应有如下的关系，即

$$\mathrm{d}A=\mathrm{d}E_k \tag{3-22}$$

当刚体在转过 θ 角的过程中，角速度自 ω_1 变到 ω_2，积分上式，有

$$A=\int_\theta \mathrm{d}A=\int_{\omega_1}^{\omega_2}\mathrm{d}\left(\frac{1}{2}J\omega^2\right)$$

即

$$A=\frac{1}{2}J\omega_2^2-\frac{1}{2}J\omega_1^2 \tag{3-23}$$

式（3-23）表明，**合外力矩对刚体所做的功等于刚体转动动能的增量**. 这就是**刚体定轴转动的动能定理.**

当定轴转动的刚体受到阻力矩的作用时，由于阻力矩与角位移的转向相反，阻力矩做负功，由式（3-23）可知，转动动能的增量为负值；或者说，定轴转动的刚体克服阻力矩做功，它的转动动能就减少. 在这种情况下，刚体的转动角速度也就逐渐减慢下来，以至停止转动.

上述对单个刚体定轴转动的动能定理可推广到定轴转动的刚体与其他质点所组成的系统，这时，式（3-23）可写成

$$A=E_{k2}-E_{k1} \tag{3-24}$$

这里，A 表示作用于系统所有外力（及外力矩）做功的代数和；E_{k1}和 E_{k2}分别表示系统在始、末状态的总动能（即系统内所有的刚体转动动能和质点平动动能之和）.

例题3-3　如例题3-3图所示，一根质量为 m、长为 l 的均质直杆 OA，可绕通过其一端的轴 O 在竖直平面内转动，杆在轴承处的摩擦不计. 若让杆自水平位置自由释放，求直杆转到竖直位置时杆端 A 的速度.

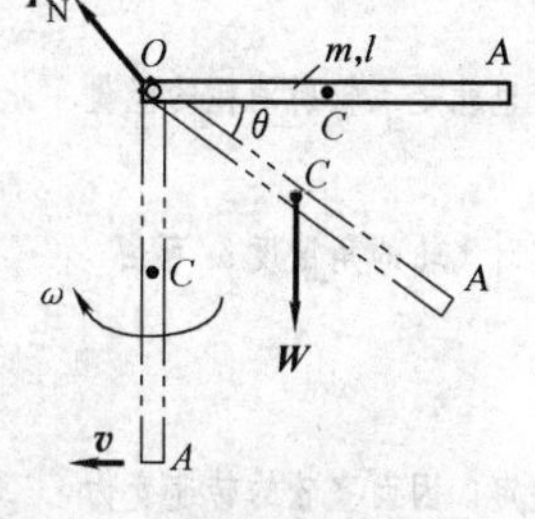

例题3-3图

解　首先分析杆 OA 所受的力. 均质直杆受有重力 $\boldsymbol{W}=m\boldsymbol{g}$，作用于杆的重心（即中点 C），方向竖直向下；轴与杆之间由题设不计摩擦力，轴对杆的支承力 $\boldsymbol{F}_N$ 作用于杆和轴的接触面且通过 O 点. 在杆的下落过程中，支承力 $\boldsymbol{F}_N$ 的大小和方向是随时改变的，但对轴的力矩等于零，对杆不做功. 由于在杆下落的过程中，重力 $\boldsymbol{W}$ 的力臂是变化的，所以重力的力矩是一个变力矩，大小等于 $mg(l/2)\cos\theta$，杆转过一微小角位移 $\mathrm{d}\theta$ 时，重力矩所做的元功为

$$\mathrm{d}A=mg\frac{l}{2}\cos\theta\mathrm{d}\theta$$

而在杆从水平位置下落到竖直位置的过程中，重力矩所做的功为

$$A = \int_0^{\frac{\pi}{2}} \mathrm{d}A = \int_0^{\frac{\pi}{2}} mg\frac{l}{2}\cos\theta \mathrm{d}\theta = mg\frac{l}{2}$$

按题意，杆的初角速度 $\omega_1 = 0$，设杆转到竖直位置时的角速度为 $\omega_2 = \omega$，根据刚体定轴转动的动能定理［式(3-23)］，有

$$mg\frac{l}{2} = \frac{1}{2}J\omega^2 - 0$$

式中，$J = \frac{1}{3}ml^2$（查表3-1）. 于是由上式解得杆转到竖直位置时的角速度为 $\omega = \sqrt{3g/l}$，这时，杆端速度的方向向左，大小为

$$v = l\omega = l\sqrt{\frac{3g}{l}} = \sqrt{3gl}$$

问题3-6　(1) 比较力和力矩所做的功和功率的表达式. 试导出刚体定轴转动的动能定理.

(2) 一直径为 d、厚度为 h、密度为 ρ 的均质砂轮，在电动机驱动下由静止开始做匀变速转动，在第 t 秒时角速度达到 ω，若不计一切摩擦，求该时刻砂轮的动能 E_k 和电动机的功率 P. ［**答**：$E_k = \pi d^4 h\rho\omega^2/64$，$P = \pi d^4 h\omega^2/(32t)$］

例题3-4　如例题3-4图所示，冲床上装配一质量为1000kg的飞轮，尺寸见图. 今用转速为 $900\mathrm{r\cdot min^{-1}}$ 的电动机借带传动来驱动这飞轮，已知电动机的传动轴直径为10cm. 求：(1) 飞轮的转动动能；(2) 若冲床冲断0.5mm厚的薄钢片需用冲力 $9.80\times10^4\mathrm{N}$，并且所消耗的能量全部由飞轮提供，求冲断钢片后飞轮的转速变为多大？

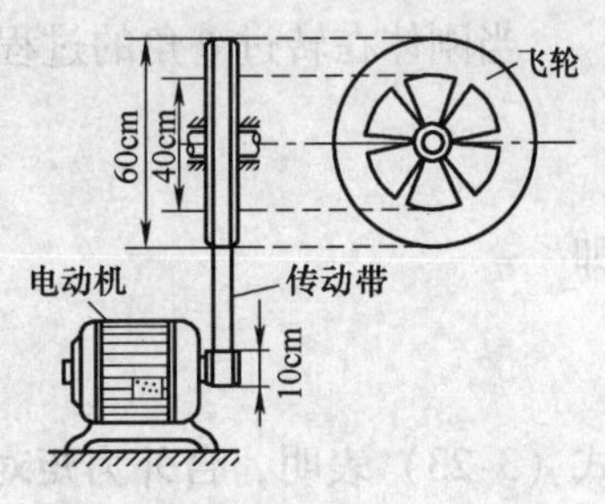

例题3-4图

解　(1) 为了求飞轮的转动动能，需先求出飞轮的转动惯量 J 和转速 ω. 由于飞轮的质量大部分分布在轮缘上，故可按图示尺寸，近似用圆筒的转动惯量公式（查表3-1）来求，即

$$J = \frac{m}{2}(r_1^2 + r_2^2) = \frac{1}{2}\times1000\mathrm{kg}\times\left[\left(\frac{0.6}{2}\mathrm{m}\right)^2 + \left(\frac{0.4}{2}\mathrm{m}\right)^2\right] = 65\mathrm{kg\cdot m^2}$$

在带传动机构中，电动机的传动轴是主动轮，飞轮是从动轮. 设两轮与带间无相对滑动，则两轮的转速 $n_{主}$、$n_{从}$ 与它们的直径 $d_{主}$、$d_{从}$ 成反比（为什么？），即飞轮的转速为

$$n_{从} = n_{主}\frac{d_{主}}{d_{从}} = (900\mathrm{r\cdot min^{-1}})\times\frac{10\mathrm{cm}}{60\mathrm{cm}} = 150\mathrm{r\cdot min^{-1}}$$

由此得飞轮的角速度

$$\omega = \frac{2\pi n_{从}}{60} = \frac{2\times3.14\mathrm{rad\cdot r^{-1}}}{60\mathrm{s\cdot min^{-1}}}\times150\mathrm{r\cdot min^{-1}} = 15.7\mathrm{rad\cdot s^{-1}}$$

于是，得飞轮的转动动能

$$E_k = \frac{1}{2}J\omega^2 = \frac{1}{2}\times65\mathrm{kg\cdot m^2}\times(15.7\mathrm{rad\cdot s^{-1}})^2 = 8011\mathrm{J}$$

(2) 在冲断钢片过程中，冲力 $\boldsymbol{F}$ 所做的功为

$$A = Fd = 9.80\times10^4\mathrm{N}\times0.5\times10^{-3}\mathrm{m} = 49\mathrm{J}$$

这也就是飞轮所消耗的能量. 此后，飞轮的能量变为

$$E_k' = E_k - A$$

这时飞轮的角速度 ω' 可由

$$\omega' = \sqrt{\frac{2E_k'}{J}} = \sqrt{\frac{2(E_k - A)}{J}}$$

决定；因而飞轮的转速变为

$$n_{从}' = \frac{60}{2\pi}\omega' = \frac{60}{2\pi}\sqrt{\frac{2(E_k - A)}{J}}$$

$$=\frac{30}{\pi}\sqrt{\frac{2\times(8011-49)\mathrm{J}}{65\mathrm{kg}\cdot\mathrm{m}^2}}$$

$$=149.5\mathrm{r}\cdot\mathrm{min}^{-1}$$

计算表明，冲断钢片后的飞轮转速变化很小．尔后，飞轮借传动带在电动机传动下，仍可很快达到额定转速，从而保证冲床连续平稳地工作．

冲床在冲制钢板时，冲力有时可高达本例所给数据的数十倍以至上百倍，若由电动机直接带动冲头，电动机是无法承受如此巨大负荷的．中间配置飞轮的目的，就在于使运转的飞轮把能量以转动动能 $J\omega^2/2$ 的形式储存起来．在冲制时，由飞轮带动冲头向下对钢板冲孔做功，把所储存能量的一部分释放出来，这样，可以大大减少电动机的负荷，使冲床能平稳地工作．

3.4　刚体定轴转动定律

在刚体定轴转动时，由式（3-22），将合外力矩对刚体所做的元功和刚体动能的增量代入，有

$$M\mathrm{d}\theta=\mathrm{d}\left(\frac{1}{2}J\omega^2\right)=J\omega\mathrm{d}\omega$$

对上式两边同除以 $\mathrm{d}t$，且因 $\mathrm{d}\theta/\mathrm{d}t=\omega$，$\mathrm{d}\omega/\mathrm{d}t=\alpha$，将上式化简，可得

$$M=J\alpha \tag{3-25}$$

式（3-25）表明，**刚体绕定轴转动时，所受的合外力矩等于刚体对该轴的转动惯量与刚体在此合外力矩作用下所获得的角加速度的乘积**．这一结论称为**刚体的定轴转动定律**．与牛顿第二定律 $\boldsymbol{F}=m\boldsymbol{a}$ 相对照：力矩 $\boldsymbol{M}$ 对应于力 $\boldsymbol{F}$，它是刚体定轴转动状态变化的一个原因；转动惯量 J 对应于质量 m，反映了改变转动状态的难易程度；角加速度 α 对应于线加速度 $\boldsymbol{a}$，体现了力矩对刚体作用所产生的瞬时转动效果．式（3-25）表述了刚体定轴转动的基本规律．需要注意：

（1）在刚体定轴转动中，角加速度 α 的方向沿着轴向，并恒与合外力矩 $\boldsymbol{M}$ 的方向一致，因此，式（3-25）为标量式．

（2）式（3-25）中的 M、J、α 都是对同一转轴而言的．

（3）由式（3-25），有 $J=M/\alpha$，即刚体所受合外力矩 M 一定时，J 越大，α 就越小，就越难改变其角速度，越能保持其原来的转动状态；反之亦然．这就是说，转动惯量 J 是量度刚体转动惯性的物理量．

（4）转动定律表明了刚体在合外力矩作用下绕定轴转动的瞬时效应，即某时刻的合外力矩将引起该时刻刚体转动状态的改变，亦即使刚体获得角加速度．当合外力矩为零时，角加速度也为零，则刚体处于静止或匀角速转动状态．若合外力矩为一恒量，则刚体做匀角加速转动．

问题3-7　（1）试述刚体定轴转动定律，并回答下列选择题：下列各种叙述中，哪个是正确的？

（A）刚体受力作用必有力矩；

（B）刚体受力越大，此力对刚体定轴的力矩也越大；

（C）如果刚体绕定轴转动，则一定受到力矩的作用；

（D）刚体绕定轴的转动定律表述了对轴的合外力矩与角加速度两者的瞬时关系．

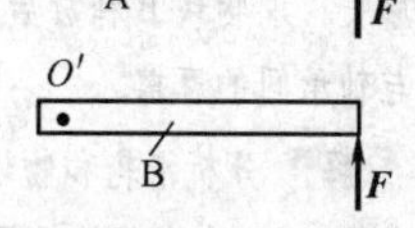

问题3-7图

（2）如问题3-7图所示，两条质量和长度相同的直棒A、B，可分别绕通过中点 O 和左端 O' 的水平轴转动，设它

们在右端都受到一个垂直于杆的力 $\boldsymbol{F}$ 作用，则它们绕各自转轴的角加速度 α_A 与 α_B 为

（A）$\alpha_A=\alpha_B$　（B）$\alpha_A>\alpha_B$　（C）$\alpha_A<\alpha_B$　（D）不能确定

例题 3-5　如例题 3-5 图 a 所示，一细绳绕在质量为 m_0、半径为 R 的定滑轮（可视作均质圆盘）边缘，绳的下端挂一质量为 m 的重物 A. 今将重物 A 自静止开始释放、并带动滑轮绕轴 O 转动，这时，轴对滑轮的摩擦阻力矩为 M_f. 求重物下降的角加速度.

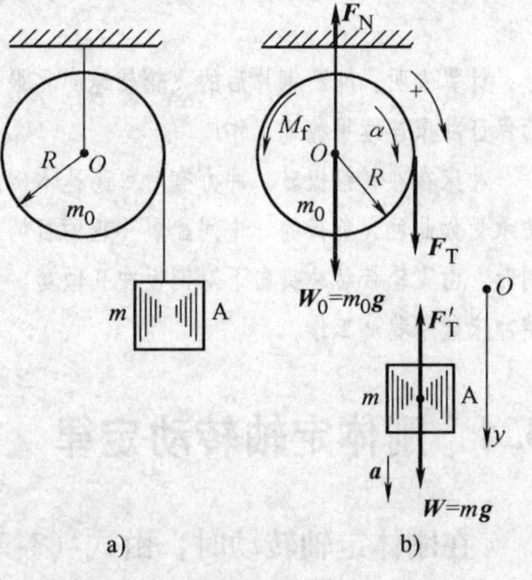

例题 3-5 图

分析　重物 A 下降时，绳的张力 $\boldsymbol{F}_T$ 对定轴 O 的力矩 $M=F_TR$ 将带动滑轮旋转，其角加速度 α 可用转动定律来求；而重物在下降时做平动，可用质点力学的有关规律来处理.

解　以地面为惯性参考系，考察本题中重物和滑轮的运动情况，为便于讨论，不妨选顺时针的转向和竖直向下的 Oy 轴作为正向.

滑轮的角加速度 α 为未知值，可姑且设它沿顺时针转向，并设沿顺时针转向为正.

滑轮受重力 $\boldsymbol{W}_0=m_0\boldsymbol{g}$ 和转轴对它的支承力 $\boldsymbol{F}_N$，均作用于滑轮中心 O 处，对转轴的力矩皆为零. 滑轮还受转轴对它作用的摩擦阻力矩 M_f，它与滑轮的角加速度 α 反向；而绳子对滑轮作用的拉力 $\boldsymbol{F}_T$，方向向下.

重物 A 受重力 $\boldsymbol{W}=m\boldsymbol{g}$ 和绳子拉力 $\boldsymbol{F}'_T$ 作用，竖直向下运动，设其加速度 $\boldsymbol{a}$ 的方向沿 Oy 轴正向，竖直向下.

据上所述，绘出以滑轮和重物 A 为隔离体的受力图（见例题 3-5 图 b），按牛顿第二定律和转动定律，列出重物 A 和滑轮的运动方程为

$$-F'_T+mg=ma \tag{a}$$

$$F_TR-M_f=J\alpha \tag{b}$$

上两式中，有 F'_T、F_T、a 和 α 四个未知量，为此尚需列出两个方程，才能求解. 按牛顿第三定律和考虑到滑轮定轴转动的角量与线量的关系，在大小上有

$$F'_T=F_T,\quad a=R\alpha \tag{c}$$

联立式（a）、式（b）和式（c），便可解出

$$\alpha=\frac{mgR-M_f}{J+mR^2}$$

查表 3-1，把 $J=m_0R^2/2$ 代入上式，最后便得滑轮绕定轴 O 的角加速度为

$$\alpha=\frac{2(mgR-M_f)}{(m_0+2m)R^2}$$

问题 3-8　在例题 3-5 中，若绳的下端不挂重物，而代之以用手拉绳. 手的拉力大小 $F_T=mg$，且不计摩擦力矩. 求这时定滑轮的角加速度 α'.（**答：** $\alpha'=2(mgR-Mf)/(m_0k^2)$）

例题 3-6　如例题 3-6 图 a 所示，一细绳跨过质量为 $m_{轮}$、半径为 R 的均质定滑轮，一端与劲度系数为 k 的竖直轻弹簧相连，另一端与质量为 m 的物块 B 相连，物块 B 置于倾角为 θ 的斜面上. 开始时滑轮与物块 B 皆静止，而弹簧处于原长. 求物块 B 释放后沿斜面下滑距离 l 时的速度. 不计物块 B 与斜面间和滑轮与轴承间的摩擦.

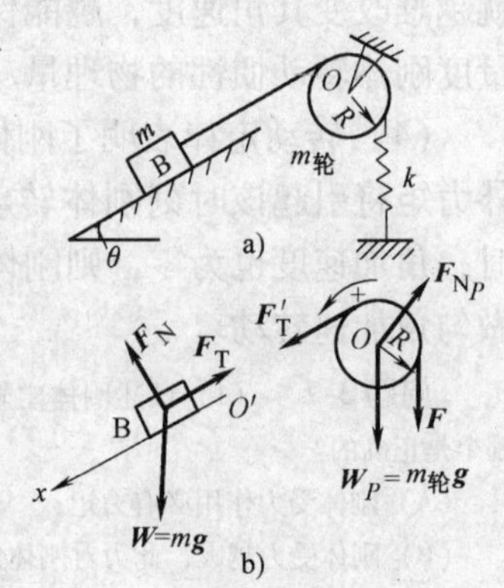

例题 3-6 图

解　分析滑轮和物块 B 的受力情况，并分别规定滑轮正的转向和沿斜面的 $O'x$ 轴正向，如例题 3-6 图 b 所示. 按转动定律和牛顿第二定律沿 $O'x$ 轴的分量式，分别对滑轮和物块 B 列出运动方程

$$F'_TR-kxR=J\alpha \tag{a}$$

$$mg\sin\theta - F_T = ma \tag{b}$$

及

$$a = R\alpha \tag{c}$$

且

$$F_T = F'_T \tag{d}$$

其中，滑轮对轴的转动惯量为 $J = m_{轮} R^2/2$，弹性力 $\boldsymbol{F}$ 的大小为 $F = |-kx|$（x 为弹簧伸长量），对上述方程（a）~方程(d) 联立求解，得

$$a = \frac{2(mg\sin\theta - kx)}{m_{轮} + 2m}$$

式中，$a = \mathrm{d}v/\mathrm{d}t = (\mathrm{d}v/\mathrm{d}x)(\mathrm{d}x/\mathrm{d}t) = v\mathrm{d}v/\mathrm{d}x$，代入上式，并分离变量积分之，得

$$\int_0^v v\mathrm{d}v = \frac{2}{m_{轮} + 2m}\int_0^l (mg\sin\theta - kx)\mathrm{d}x$$

由此可求出滑块的速度为

$$v = \left[\frac{4(mgl\sin\theta - 0.5kl^2)}{m_{轮} + 2m}\right]^{1/2}$$

例题3-7　一质量为 $m_0 = 60\mathrm{kg}$、半径为 $R = 15\mathrm{cm}$ 的圆柱状均质鼓轮 A，往下运送一质量为 $m = 40\mathrm{kg}$ 的重物 B（见例题3-7图a）. 重物以匀速率 $v = 0.8\mathrm{m\cdot s^{-1}}$ 向下运动. 为了使重物停止，用一摩擦式制动器K以正压力 $F_N = 1962\mathrm{N}$ 作用在轮缘上，制动器K与轮缘之间的摩擦因数为 $\mu = 0.4$. 求制动开始后，重物的下降距离 h（不计其他摩擦）.

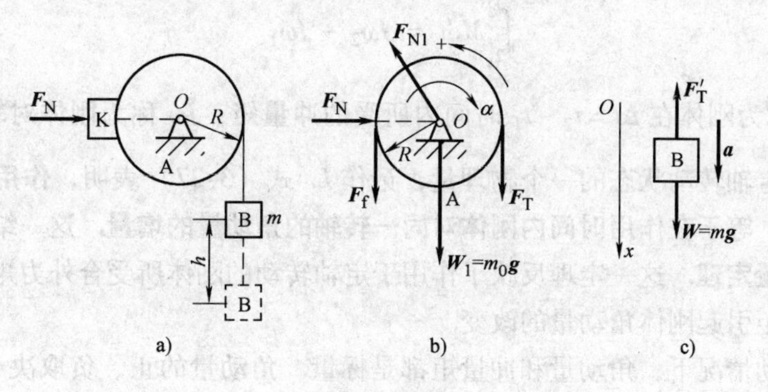

例题3-7图

解　取鼓轮A为隔离体，它受重力 $\boldsymbol{W}_1 = m_0\boldsymbol{g}$、轴的支承力 $\boldsymbol{F}_{N1}$、制动器K的正压力 $\boldsymbol{F}_N$ 与摩擦力 $\boldsymbol{F}_f$、绳的拉力 $\boldsymbol{F}_T$ 等五个力作用，设其角加速度为 α，如例题3-7图b所示. 若规定逆时针转向为正，则按刚体的定轴转动定律，可列出鼓轮的转动方程为

$$-F_T R + F_f R = J(-\alpha) \tag{a}$$

重物B受重力 $\boldsymbol{W} = m\boldsymbol{g}$ 和绳的拉力 $\boldsymbol{F}'_T(F'_T = F_T)$ 作用，设其加速度为 $\boldsymbol{a}$，按所取的 Ox 轴正向（见例题3-7图c），由牛顿第二定律，可列出物体的运动方程为

$$mg - F'_T = ma \tag{b}$$

再考虑刚体定轴转动的角加速度 α 与重物的平动加速度 a 的运动学关系

$$a = R\alpha \tag{c}$$

又因

$$F_f = \mu F_N \tag{d}$$

将 $J = mR^2/2$ 和 $F_f = \mu F_N$ 代入式（a），联立求解式（a）~式（d），可得

$$a = \frac{mg - \mu F_N}{0.5m_0 + m}$$

代入题给数据，可算出 $a = -5.61\mathrm{m\cdot s^{-2}}$；又由 $v^2 - v_0^2 = 2ah$，且因 $v = 0$，$v_0 = 0.8\mathrm{m\cdot s^{-1}}$，便可解算出重物的下降距离为

$$h=\frac{-v_0^2}{2a}=\frac{-(0.8\mathrm{m\cdot s^{-1}})^2}{2\times(-5.61\mathrm{m\cdot s^{-2}})}=0.057\mathrm{m}$$

3.5 刚体定轴转动的角动量定理　角动量守恒定律

刚体的定轴转动定律 $M=J\alpha$ 表达了合外力矩对刚体作用的瞬时效应．现在我们来讨论合外力矩在一段时间内的累积效应．

3.5.1 角动量　冲量矩　角动量定理

把刚体定轴转动定律 $M=J\alpha=J\dfrac{\mathrm{d}\omega}{\mathrm{d}t}$改写为

$$M=\frac{\mathrm{d}(J\omega)}{\mathrm{d}t} \tag{3-26}$$

设刚体在定轴转动的过程中，相应于时刻 t_1 和 t_2 的角速度分别为 ω_1 和 ω_2，则对式（3-26）积分，得

$$\int_{t_1}^{t_2}M\mathrm{d}t = J\omega_2 - J\omega_1 \tag{3-27}$$

式中，$\int_{t_1}^{t_2}M\mathrm{d}t$ 称为刚体在 $\Delta t=t_2-t_1$ 时间内所受的**冲量矩**；$J\omega$ 称为**刚体对转轴的角动量**，它是描述刚体定轴转动状态的一个物理量，记作 L. 式（3-27）表明，**作用于定轴转动刚体上的冲量矩，等于在作用时间内刚体对同一转轴的角动量的增量**．这一结论称为**刚体定轴转动的角动量定理**．这一定理反映了作用于定轴转动的刚体所受合外力矩对时间的累积效应——冲量矩引起刚体角动量的改变．

在定轴转动情况下，角动量和冲量矩都是标量．角动量的正、负取决于角速度的正、负；当力矩为恒量时，冲量矩 $\int_{t_1}^{t_2}M\mathrm{d}t = M(t_2-t_1)$，即其正、负与力矩的正、负相同．

角动量的单位是 $\mathrm{kg\cdot m^2\cdot s^{-1}}$（千克·米^2·秒$^{-1}$），冲量矩的单位为$\mathrm{N\cdot m\cdot s}$（牛顿·米·秒）．

3.5.2 角动量守恒定律

根据刚体定轴转动的角动量定理，若**刚体绕定轴转动时所受的合外力矩为零**，即

$$M=0 \tag{3-28}$$

则由式（3-26），有$\dfrac{\mathrm{d}(J\omega)}{\mathrm{d}t}=0$，或

$$J\omega=\text{恒量} \tag{3-29}$$

式（3-29）告诉我们：**在刚体做定轴转动时，如果它所受外力对轴的合外力矩为零（或不受外力矩作用），则刚体对同轴的角动量保持不变**．这就是刚体定轴转动的**角动量守恒定律**．式（3-28）是这条定律的适用条件．

现在我们来说明应用角动量守恒定律的几种情形．

（1）由于单个刚体对定轴的转动惯量 J 保持不变，若所受外力对同轴的合外力矩 M 为零，则该刚体对同轴的角动量是守恒的，即任一时刻的角动量 $J\omega$ 应等于初始时刻的角动量 $J\omega_0$，亦即 $J\omega = J\omega_0$，因而 $\omega = \omega_0$. 这时，物体对定轴做匀角速转动.

（2）当物体定轴转动时，如果它对轴的转动惯量是可变的，则在满足角动量守恒的条件下，变化前、后的角动量之间的关系满足 $J\omega = J_0\omega_0$. 遂得 $\omega = (J_0/J)\omega_0$，这就是说，物体的角速度 ω 随转动惯量 J 的改变而变，但二者的乘积 $J\omega$ 却保持不变. 当 J 变大时，ω 变小；J 变小时，ω 变大. 例如，芭蕾舞演员表演时，如欲在原地绕其自身飞快旋转，需先伸开两臂以增大转动惯量 J_0，使其初始角速度 ω_0 较小；然后再将两臂突然收拢，使转动惯量 J 尽量减小，由于演员的重力和地面支承力沿竖直方向相互抵消，对轴的合外力矩为零，故演员的角动量守恒，从而就可获得较大的旋转角速度 ω.

（3）若由几个物体（其中除了可视作刚体的物体外，也包括可视作质点的物体）所组成的系统绕一条公共的固定轴转动，则因系统的内力总是成对、共线的作用力和反作用力，它们对轴的合力矩的代数和为零，不影响系统整体的转动状态，因而在系统所受外力对公共轴的合外力矩为零的条件下，该系统对此轴的总角动量也守恒. 这时，将式(3-29)推广，可得**系统绕定轴转动的角动量守恒定律**的表达式为

$$\sum_i J_i\omega_i = \text{恒量} \tag{3-30}$$

例题 3-8 如例题3-8图所示，一水平均质圆形转台，质量为 $m_台$，半径为 R，绕铅直的中心轴 Oz 转动. 质量为 m 的人相对于地面以不变的速率 u 在转台上行走，且与 Oz 轴的距离始终保持为 r，开始时，转台与人均静止. 问转台以多大的角速度 ω 绕轴转动？

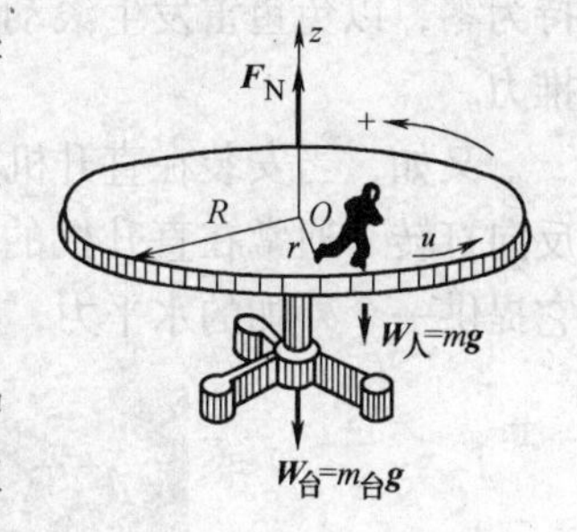

例题3-8图

分析 可将人和转台看作一个系统. 人行走时，人作用于转台的力和转台对人的反作用力都是系统的内力. 系统所受的外力有：人和转台的重力 $W_人$ 和 $W_台$ 以及竖直轴对转台的支承力 $\boldsymbol{F}_N$，这些力的方向均与竖直轴平行，对轴的力矩均为零，故该系统不受外力矩作用，它对 Oz 轴的角动量守恒.

解 以地面为参考系，取逆时针转向为正. 转台的角速度 $\omega_台$ 是未知的，但其转向可假定为正（如计算结果为负，表明其实际转向与所假定的相反）；人距 Oz 轴为 r，沿转台行走的速度是相对于地面而言的，因此，人（可视作质点）相对于地面的角速度为 $\omega_人 = u/r$，设转台相对于地面转动的角速度为 ω. 按题设，走动前 $\omega_{人0} = \omega_{台0} = 0$. 于是，按系统绕定轴转动的角动量守恒定律，有

$$0 + 0 = \frac{1}{2} m_台 R^2 \omega + mr^2 \frac{u}{r}$$

由此可求得转台的角速度为

$$\omega = -\frac{2mru}{m_台 R^2}$$

负号表示转台的转动方向与假定的正方向相反.

例题 3-9 如例题3-9图所示，两轮A、B分别绕通过其中心的垂直轴同向转动，且此两轮的中心轴共线. 角速度分别为 $\omega_A = 50\text{rad}\cdot\text{s}^{-1}$，$\omega_B = 200\text{rad}\cdot\text{s}^{-1}$. 已知两轮的半径与质量分别为 $r_A = 0.2\text{m}$，$r_B = 0.1\text{m}$，$m_A = 2\text{kg}$，$m_B = 4\text{kg}$. 试求两轮对心衔接（即啮合）后的角速度 ω.

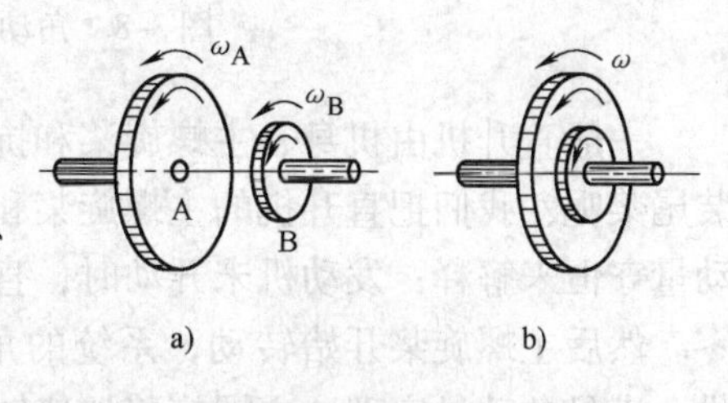

例题3-9图
a）衔接前 b）衔接后

解 在衔接过程中，对转轴无外力矩作用，故由两轮构成的

系统的角动量守恒，即衔接前两轮的角动量之和等于衔接后两轮的角动量之和．于是有

$$J_A\omega_A + J_B\omega_B = (J_A + J_B)\omega$$

得

$$\omega = \frac{J_A\omega_A + J_B\omega_B}{J_A + J_B} = \frac{m_A r_A^2\omega_A/2 + m_B r_B^2\omega_B/2}{m_A r_A^2/2 + m_B r_B^2/2} = \frac{0.04\times50 + 0.02\times200}{0.04 + 0.02}\text{rad}\cdot\text{s}^{-1} = 100\text{rad}\cdot\text{s}^{-1}$$

问题 3-9 （1）试导出刚体定轴转动的角动量守恒定律，角动量守恒的条件是什么？并讨论系统绕定轴转动的角动量守恒定律．

（2）有人将握着哑铃的两手伸开，坐在以一定角速度 ω 转动着的转椅上，摩擦不计．如果此人把手缩回，使转动惯量减为原来的一半．试问：角速度变为多少？（答：2ω）

阅读材料

角动量守恒定律的实际应用

角动量守恒定律在实践中有着广泛的应用．

鱼雷在其尾部装有转向相反的两个螺旋桨就是一例．鱼雷最初是不转动的，在不受外力矩作用时，根据角动量守恒定律，其总的角动量应始终为零．如果只装一部螺旋桨，当其顺时针转动时，鱼雷将反向滚动，这时鱼雷就不能正常运行了．为此鱼雷的尾部再装一部相同的螺旋桨，工作时让两部螺旋桨向相反的方向旋转，这样就可使鱼雷的总角动量保持为零，以免鱼雷发生滚动．而水对转向相反的两台螺旋桨的反作用力便是鱼雷前进的推力．

又如，当安装在直升机上方的旋翼转动时，根据角动量守恒定律，它必然引起机身的反向打转，通常在直升机的尾部侧向安装一个小的辅助螺旋桨，叫作尾桨（见图 3-8），它提供一个外加的水平力，其力矩可抵消旋翼给机身的反作用力矩．

图 3-8　角动量守恒定律应用直升机尾桨

一般直升机由机身、主螺旋桨和抗扭螺旋桨组成．那么为什么直升机必须在机尾处安装尾桨呢？我们把直升机的主螺旋桨和机身视为一个物体系，并从物体系对转动轴线的角动量守恒来解释：发动机未开动时，直升机静止于地面，系统对主螺旋桨转轴的角动量为零．然后主螺旋桨开始转动，系统的角动量增加，这时外力矩由轮子与地面的摩擦力提供，满足角动量定理．主螺旋桨加速转动的力矩对系统来讲是内力矩，它与作用在机身的内力矩总合为零，因此合内力矩对系统的角动量没有影响．而作用于机身的内力矩又与地

面的摩擦力矩相平衡，而使机身处于平衡．当主螺旋桨的角速度不断增加，一旦机身离地，摩擦力矩将突然消失，忽略空气对主螺旋桨转动的阻力矩，此时外力矩则为零，故系统角动量应保持不变，若主螺旋桨的角速度继续增加，则机身会反方向转动，以抵消由于主螺旋桨继续加速而增加的角动量，使系统总角动量保持不变．所以在机尾安装的小螺旋桨使之旋转，可产生一个附加力矩与机身所受内力矩平衡，从而消除机身的转动．

安装在轮船、飞机或火箭上的导航装置称为回旋仪，也叫作陀螺。也是通过角动量守恒的原理来工作的（见图3-9）．通常所说的陀螺是特指对称陀螺，它是一个质量均匀分布的、具有轴对称形状的刚体，其几何对称轴就是它的自转轴．陀螺仪的原理就是，一个旋转物体的旋转轴所指的方向在不受外力影响时，是不会改变的．人们根据这个道理，用它来保持方向，制造出来的东西就叫作陀螺仪．陀螺仪在工作时要给它一个力，使它快速旋转起来，可以工作很长时间．然后用多种方法读取轴所指示的方向，并自动将数据信号传给控制系统．

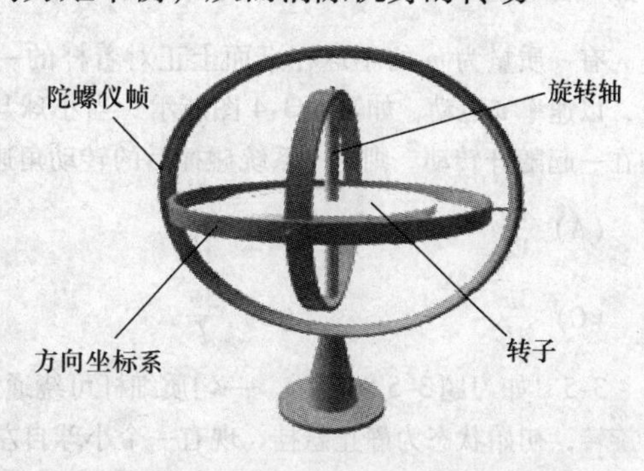

图3-9　角动量守恒定律应用陀螺仪

传统的惯性陀螺仪主要是指机械式的陀螺仪，机械式的陀螺仪对工艺结构的要求很高，结构复杂，它的精度受到了很多方面的制约．而现代陀螺仪是一种能够精确地确定运动物体的方位的仪器，完全取代了机械式的传统的陀螺仪，它是现代航空、航海、航天和国防工业中广泛使用的一种惯性导航仪器．陀螺仪能够测量角速度以跟踪位置变化，也就是说，只要你在某个时刻得到了当前所在位置，然后只要陀螺仪一直在运行，根据数学计算，就可以知道你的行动轨迹．所以陀螺仪最常见的应用就是导航仪陀螺仪用来测量飞机的姿态角（俯仰角、横滚角、航向角）和角速度．

习　题　3

3-1　均匀细棒 OA 可绕通过其一端 O 而与棒垂直的水平固定光滑轴转动，如习题3-1图所示．今使棒从水平位置由静止开始自由下落，在棒摆动到竖直位置的过程中，下述说法哪一种是正确的？

（A）角速度从小到大，角加速度从大到小．

（B）角速度从小到大，角加速度从小到大．

（C）角速度从大到小，角加速度从大到小．

（D）角速度从大到小，角加速度从小到大．　[　　]

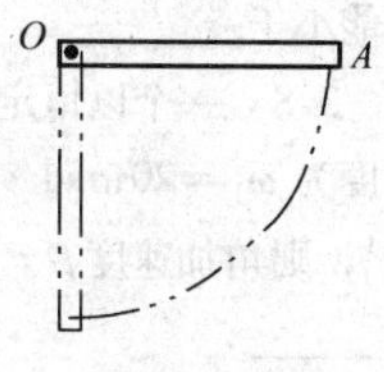

习题3-1图

3-2　关于刚体对轴的转动惯量，下列说法中正确的是

（A）只取决于刚体的质量，与质量的空间分布和轴的位置无关

（B）取决于刚体的质量和质量的空间分布，与轴的位置无关

（C）取决于刚体的质量、质量的空间分布和轴的位置

（D）只取决于转轴的位置，与刚体的质量和质量的空间分布无关　[　　]

3-3　花样滑冰运动员绕通过自身的竖直轴转动，开始时两臂伸开，转动惯量为 J_0，角速度为 ω_0．然后她将两臂收回，使转动惯量减少为$\frac{1}{3}J_0$．这时她转动的角速度变为

(A) $\frac{1}{3}\omega_0$.　　　(B) $\frac{1}{\sqrt{3}}\omega_0$.

(C) $\sqrt{3}\omega_0$.　　　(D) $3\omega_0$.　　　[ ]

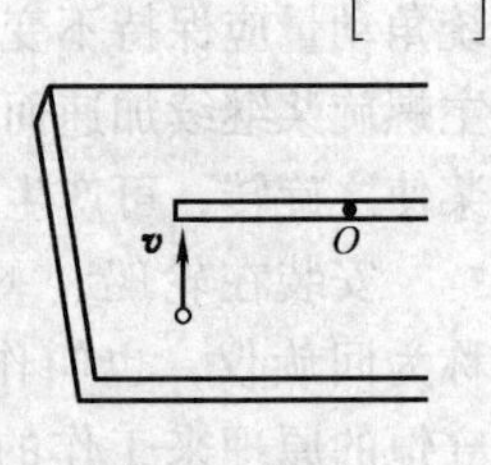

习题 3-4 图

3-4 光滑的水平桌面上有长为 $2l$、质量为 m 的匀质细杆，可绕通过其中点 O 且垂直于桌面的竖直固定轴自由转动，转动惯量为$\frac{1}{3}ml^2$，起初杆静止．有一质量为 m 的小球在桌面上正对着杆的一端，在垂直于杆长的方向上，以速率 v 运动，如习题 3-4 图所示．当小球与杆端发生碰撞后，就与杆粘在一起随杆转动．则这一系统碰撞后的转动角速度是

(A) $\frac{lv}{12}$.　　　(B) $\frac{2v}{3l}$.

(C) $\frac{3v}{4l}$.　　　(D) $\frac{3v}{l}$.　　　[ ]

3-5 如习题 3-5 图所示，一匀质细杆可绕通过上端与杆垂直的水平光滑固定轴 O 旋转，初始状态为静止悬挂．现有一个小球自左方水平打击细杆．设小球与细杆之间为非弹性碰撞，则在碰撞过程中对细杆与小球这一系统

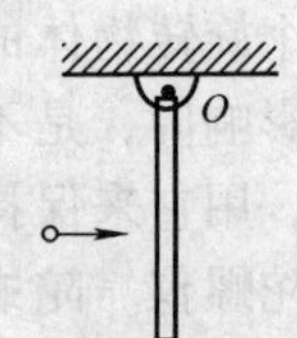

习题 3-5 图

(A) 只有机械能守恒．

(B) 只有动量守恒．

(C) 只有对转轴 O 的角动量守恒．

(D) 机械能、动量和角动量均守恒．　　　[ ]

3-6 利用带传动，用电动机拖动一个真空泵．电动机上装一半径为 0.1m 的轮子，真空泵上装一半径为 0.29m 的轮子，如习题 3-6 图所示．如果电动机的转速为 1450r · min^{-1}，则真空泵上的轮子的边缘上一点的线速度为________，真空泵的转速为________．

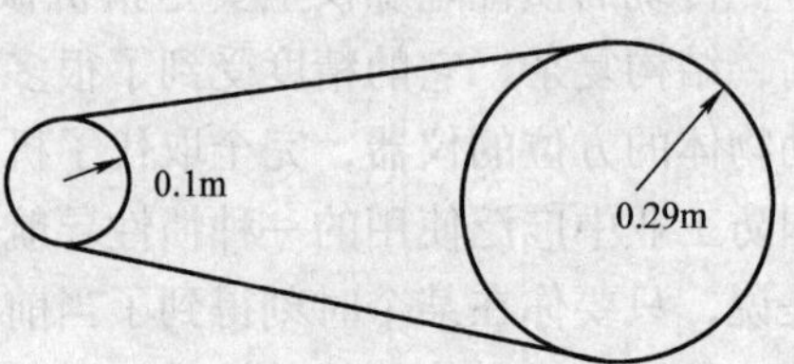

习题 3-6 图

3-7 质量为 20kg、边长为 1.0m 的均匀立方物体，放在水平地面上．有一拉力 $\boldsymbol{F}$ 作用在该物体一顶边的中点，且与包含该顶边的物体侧面垂直，如习题 3-7 图所示．地面极粗糙，物体不可能滑动．若要使该立方体翻转 90°，则拉力的大小 F 不能小于________．

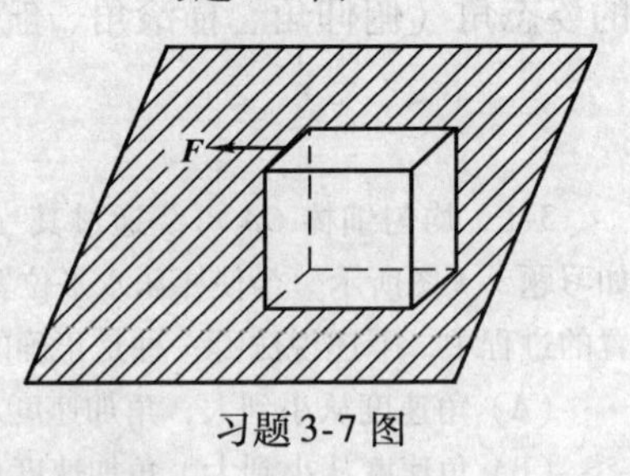

习题 3-7 图

3-8 一个以恒定角加速度转动的圆盘，如果在某一时刻的角速度为 $\omega_1 = 20\pi \text{rad} \cdot \text{s}^{-1}$，再转 60 转后角速度为 $\omega_2 = 30\pi \text{rad} \cdot \text{s}^{-1}$，则角加速度 $\beta =$________，转过上述 60 转所需的时间 $\Delta t =$________．

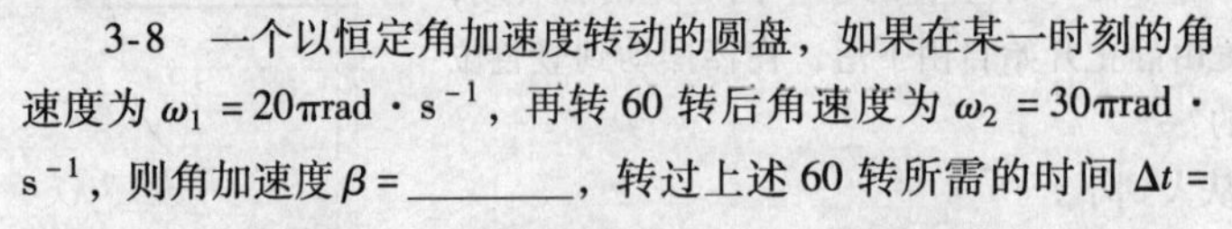

3-9 决定刚体转动惯量的因素是________________________．

3-10 一长为 l，质量可以忽略的直杆，可绕通过其一端的水平光滑轴在竖直平面内做定轴转动，在杆的另一端固定着一质量为 m 的小球，如习题 3-10图所示．现将杆由水平位置无初转速地释放．则杆刚被释放时的角加速度 $\beta_0 =$________，杆与水平方向夹角为 60°时的角加速度 $\beta =$________．

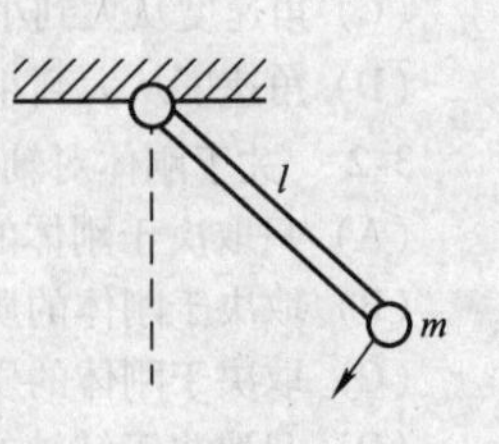

习题 3-10 图

3-11 一长为 l、质量可以忽略的直杆，两端分别固定有质量为 $2m$ 和 m 的小球，杆可绕通过其中心 O 且与杆垂直的水平光滑固定轴在铅直平面内转动．开始时杆与水平方向成某一角度 θ，处于静止状态，如习题 3-11 图所示．释放后，杆绕 O 轴转动．则当杆转到水平位置时，该系统所受到的合外力矩的大小 $M =$________，此时

该系统角加速度的大小 $\beta=$________.

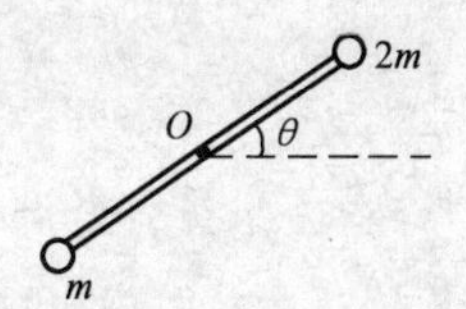

习题3-11图

3-12　一飞轮以 $600\mathrm{r\cdot min^{-1}}$ 的转速旋转，转动惯量为 $2.5\mathrm{kg\cdot m^2}$，现加一恒定的制动力矩使飞轮在1s内停止转动，则该恒定制动力矩的大小 $M=$________.

3-13　一飞轮以角速度 ω_0 绕光滑固定轴旋转，飞轮对轴的转动惯量为 J_1；另一静止飞轮突然和上述转动的飞轮啮合，绕同一转轴转动，该飞轮对轴的转动惯量为前者的两倍．啮合后整个系统的角速度 $\omega=$________.

3-14　如习题3-14图所示，一个质量为 m 的物体与绕在定滑轮上的绳子相连，绳子质量可以忽略，它与定滑轮之间无滑动．假设定滑轮质量为 $m_{轮}$、半径为 R，其转动惯量为 $\frac{1}{2}m_{轮}R^2$，滑轮轴光滑．试求该物体由静止开始下落的过程中，下落速度与时间的关系．

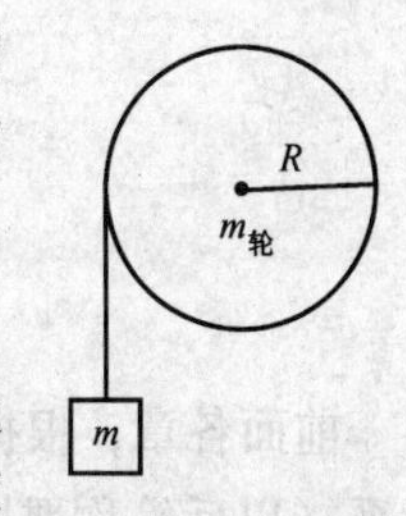

习题3-14图

3-15　一质量 $m=6.00\mathrm{kg}$、长 $l=1.00\mathrm{m}$ 的匀质棒，放在水平桌面上，可绕通过其中心的竖直固定轴转动，对轴的转动惯量 $J=ml^2/12$. $t=0$ 时棒的角速度 $\omega_0=10.0\mathrm{rad\cdot s^{-1}}$. 由于受到恒定的阻力矩的作用，$t=20\mathrm{s}$ 时，棒停止运动．求：

（1）棒的角加速度的大小；

（2）棒所受阻力矩的大小；

（3）从 $t=0$ 到 $t=10\mathrm{s}$ 时间内棒转过的角度．

3-16　质量为5kg的一桶水悬于绕在辘轳上的轻绳的下端，辘轳可视为一质量为10kg的圆柱体．桶从井口由静止释放，求桶下落过程中绳中的张力．辘轳绕轴转动时的转动惯量为 $\frac{1}{2}m'R^2$，其中 m' 和 R 分别为辘轳的质量和半径，轴上摩擦忽略不计．

3-17　一根放在水平光滑桌面上的匀质棒，可绕通过其一端的竖直固定光滑轴 O 转动．棒的质量为 $m=1.5\mathrm{kg}$，长度为 $l=1.0\mathrm{m}$，对轴的转动惯量为 $J=\frac{1}{3}ml^2$. 初始时棒静止．今有一水平运动的子弹垂直地射入棒的另一端，并留在棒中，如习题3-17图所示．子弹的质量为 $m'=0.020\mathrm{kg}$，速率为 $v=400\mathrm{m\cdot s^{-1}}$. 试问：

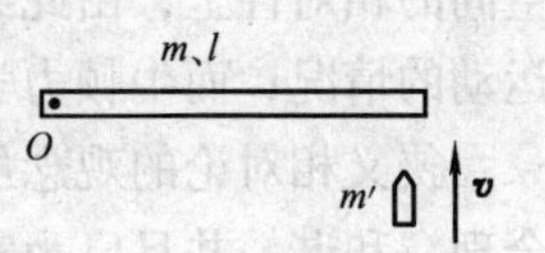

习题3-17图

（1）棒开始和子弹一起转动时角速度 ω 有多大?

（2）若棒转动时受到大小为 $M_r=4.0\ \mathrm{N\cdot m}$ 的恒定阻力矩作用，棒能转过多大的角度 θ?

3-18　如习题3-18图所示，A和B两飞轮的轴杆在同一中心线上，设两轮的转动惯量分别为 $J_1=10\mathrm{kg\cdot m^2}$ 和 $J_2=20\mathrm{kg\cdot m^2}$. 开始时，A轮转速为 $600\mathrm{r\cdot min^{-1}}$，B轮静止．C为摩擦啮合器，其转动惯量可忽略不计．A、B分别与C的左、右两个组件相连，当C的左右组件啮合时，B轮得到加速而A轮减速，直到两轮的转速相等为止．设轴光滑，求：

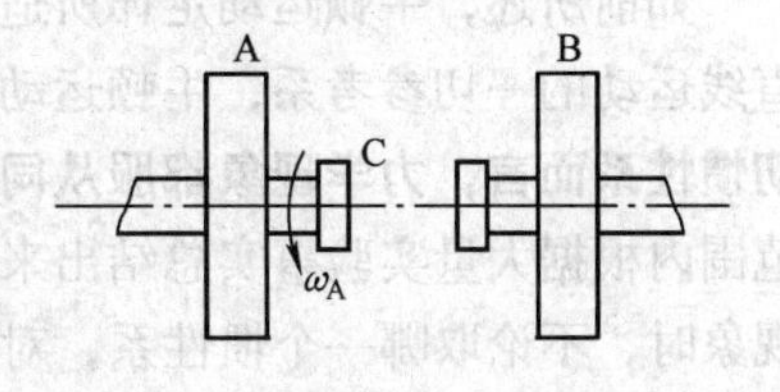

习题3-18图

（1）两轮啮合后的转速 n；

（2）两轮各自所受的冲量矩．

[自测题] 一列火车的静止长度为 800m，通过一条长度为 900m 的长直隧道．当这列火车假想以速度 $0.8c$ 穿行隧道时，若在地面上测量，列车从前端进入隧道到尾端驶出隧道需时若干？（**答**：0.575×10^{-5}s）

第 4 章　狭义相对论

前面各章，根据牛顿力学（或经典力学）的概念和理论，对解决宏观物体在惯性参考系（以后简称惯性系）中的低速⊖运动问题，卓有成效．

到 19 世纪末叶，随着电磁学和光学的发展，人们在研究电磁波的传播速度（例如光速）与参考系之间的关系时，做了大量实验和理论研究工作，发现在电磁（光）现象和高速运动问题中，应用经典力学，其结果与实验事实相悖．正是在这样的历史背景下，爱因斯坦在 1905 年提出了时间和空间的新观念和在惯性系中高速运动问题的理论，创建了**狭义相对论**；1915 年又把它拓展到非惯性系中去，继而创建了**广义相对论**．

狭义相对论研究在高速情况下的运动相对性问题．它集中体现在惯性系之间的时间和空间的相对性上，由此给出的运动规律更具有普遍性，既适用于高速运动，也适用于低速运动的情况；而牛顿力学只不过是相对论在低速情况下的近似．

狭义相对论的观念虽然很难用人们的日常经验去领会，但是它在物理学上却是那样地合理、和谐，并且已为实验所证实．

4.1　经典力学的相对性原理　伽利略变换

如前所述，牛顿运动定律所适用的参考系，称为惯性系；而相对于某一惯性系做匀速直线运动的一切参考系，牛顿运动定律皆同样适用，因而也都是惯性系．这就表明，**对一切惯性系而言，力学现象都服从同样的规律**．这就是经典**力学的相对性原理**，它是在力学范围内根据大量实验事实总结出来的一条普遍规律．按照这一原理，我们在研究一个力学现象时，不论取哪一个惯性系，对这一现象的描述都是没有丝毫区别的．因此，我们也可将力学相对性原理表述为：**一切惯性系都是等价的**．例如，静坐在匀速直线运动的轮船内的旅客，如果把船舱四周的窗帘拉上，而且船身又不摇晃，旅客就并不感觉到船在前进，这时，竖直向上抛掷一件东西，仍将落回原处；人向后走动并没有感到比向前走动来得困难．由此可知，在船上与在地面上发生的任一力学现象并没有什么两样，选择轮船还是选择地面为参考系来描述运动，是完全一样的．如上所述，在匀速直线运动的轮船上，旅客

⊖ 请读者注意，今后所说的“低速”是指物体的速度 $\boldsymbol{v}$ 的大小 $v\ll c$ 的情况；而“高速”是指物体的速度 $\boldsymbol{v}$ 的大小可与 c 相比较的情况．这里，c 为真空中的光速，其值取 $c=3\times10^{8}\mathrm{m\cdot s^{-1}}$．

既然觉察不到船上所发生的力学现象与在地面上时有何区别，因而，船上的旅客不能通过任何力学现象（或任何力学实验）来判断轮船究竟相对于地面是静止的，还是在匀速直线行驶.

所以，力学的相对性原理要求：**力学定律从一个惯性系换算到另一个惯性系时，定律的表述形式保持不变.** 而下述的伽利略（Galileo，1564—1642）变换正是表达了惯性系之间的这种换算关系.

设有一惯性参考系 K′（例如，以飞机作为这一参考系）以速度 $\boldsymbol{u}$ 相对于惯性参考系 K（例如地面，它近似为一惯性系）做匀速直线运动（即平动）. 在 K 和 K′系中分别安置时钟（已按同样标准校准过）和选取坐标系 $Oxyz$、$O'x'y'z'$，并将 Ox 和$O'x'$轴取在沿速度方向 $\boldsymbol{u}$ 的同一直线上，其他相应的坐标轴始终各自平行（图 4-1）. 在时刻 $t=0$，设 K 和 K′系的原点 O、O'相重合.

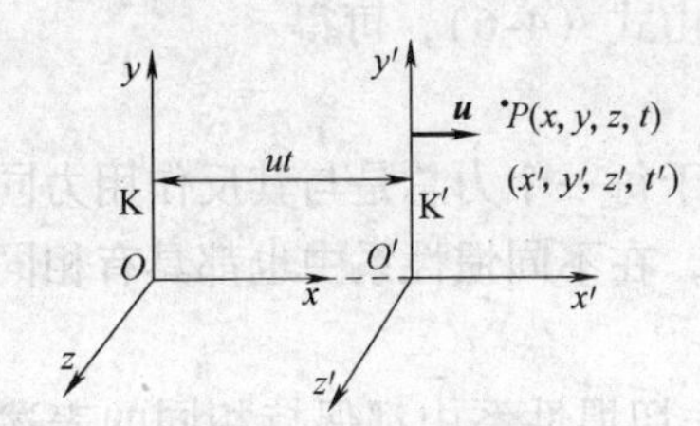

图 4-1　伽利略变换

> 今后，我们对设置在两个惯性系 K 和 K′上的坐标系的安排和计时零点的选取，如不另做说明，都采取这种考虑和如图4-1所示这样的布设.

现在我们在 K 和 K′系中观测同一质点 P 的运动. 在 K 系中测得质点 P 在时刻 t 的位置为（x，y，z），在 K′系测得相应的时刻为 t'、位置为（x'，y'，z'）. 牛顿力学认为，从不同的惯性参考系中去测量同一段时间间隔，所测得的大小总是相同的；并且认为，从不同的参考系中去测量同一个空间间隔，所测得的长短也总是相同的. 或者说，**时空的测量与参考系以及它们之间的相对运动状态无关.** 这就是牛顿的**绝对时空观.** 从这一前提出发，在上述两个惯性系 K、K′中测得的时刻是相同的，即 $t=t'$；Oy、Oz 轴方向的坐标也是相同的，Ox 轴方向的坐标相差一段$\overline{OO'}=ut$. 因此，这两组坐标、时间之间的变换关系为

$$\left.\begin{aligned} x'&=x-ut\\ y'&=y\\ z'&=z\\ t'&=t \end{aligned}\right\}\quad 或 \quad \left.\begin{aligned} x&=x'+ut\\ y&=y'\\ z&=z'\\ t&=t' \end{aligned}\right\} \tag{4-1}$$

以上这两组等式是互逆的，皆称为**伽利略变换式.**

为了描述质点 P 的运动情况，将式（4-1）的位置坐标对时间求导，从而得出**伽利略的速度变换公式**

$$\left.\begin{aligned} \frac{\mathrm{d}x'}{\mathrm{d}t'}&=\frac{\mathrm{d}x}{\mathrm{d}t}-u\\ \frac{\mathrm{d}y'}{\mathrm{d}t'}&=\frac{\mathrm{d}y}{\mathrm{d}t}\\ \frac{\mathrm{d}z'}{\mathrm{d}t'}&=\frac{\mathrm{d}z}{\mathrm{d}t} \end{aligned}\right\}\quad 即 \quad \left.\begin{aligned} v'_x&=v_x-u\\ v'_y&=v_y\\ v'_z&=v_z \end{aligned}\right\} \tag{4-2}$$

写成矢量式，即为　$\boldsymbol{v}'=\boldsymbol{v}-\boldsymbol{u}$

或
$$\boldsymbol{v}=\boldsymbol{v}'+\boldsymbol{u} \tag{4-3}$$
在所述的惯性系 K 和 K′做相对平动情况下，将式（4-3）对时间再求导一次，因 $\boldsymbol{u}$ 为恒量，故 $\mathrm{d}\boldsymbol{u}/\mathrm{d}t=\boldsymbol{0}$，则
$$\boldsymbol{a}=\boldsymbol{a}' \tag{4-4}$$
因而按伽利略变换，**在不同惯性系中，同一质点的加速度是相同的**. 牛顿力学认为，在不同的参考系中，物体的质量是不变的. 因此，在惯性系 K 和 K′中，质点 P 的质量相同，即 $m=m'$，则式（4-4）可写成
$$m\boldsymbol{a}=m'\boldsymbol{a}' \tag{4-5}$$
这样，在惯性系 K 和 K′中，牛顿第二定律都具有相同的表述形式

在 K 系中，
$$\boldsymbol{F}=m\boldsymbol{a} \tag{4-6}$$
在 K′系中，
$$\boldsymbol{F}'=m\boldsymbol{a}'$$
即牛顿第二定律的表达形式对于伽利略变换是不变的. 由式（4-6），可得
$$\boldsymbol{F}=\boldsymbol{F}'$$
即在不同惯性系中，测得同一物体所受的力都相同. 由于每一个力总是与其反作用力同时存在的，故表述作用力与反作用力关系的牛顿第三定律，在不同惯性系中也都具有相同的表述形式.

综上所述，通过伽利略变换，牛顿运动三定律在一切惯性系中都保持相同的表述形式. 由于牛顿运动三定律是牛顿力学的基本规律，故可广而言之，**在伽利略变换下，牛顿力学的一切规律在所有惯性系中都保持相同的表述形式**，这正是经典力学相对性原理所要求的. 但应指出，当物体在高速运动的场合下，伽利略变换不再适合所述的力学的相对性原理，牛顿力学就得改造，才能给出符合实际的结果.

问题 4-1 （1）试阐明力学的相对性原理.

（2）简述牛顿的绝对时空观，并在这一前提下导出伽利略变换.

（3）为什么说，牛顿力学的规律都符合力学的相对性原理？

（4）在由伽利略变换判断时间间隔、空间间隔、速度和加速度等物理量中，哪些是不变量？在牛顿力学中，物体质量是与参考系之间相对运动无关的不变量吗？

4.2 狭义相对论的基本原理 洛伦兹变换

4.2.1 狭义相对论的基本原理

上节所讲的伽利略变换和牛顿力学的相对性原理，在相对论创建以前，一直被人们确信无疑. 但是，把它应用到高速运动物体的力学问题，特别是推广到电磁现象和光学现象中去时，则与实验事实存在着不可调和的矛盾，从而导致狭义相对论的诞生.

现在我们以光的传播速度问题为例，指出按伽利略变换所给出的结果与实验事实之间的矛盾. 设想一高速飞行的火箭，它相对于地面（近似为一惯性系）以速度 $\boldsymbol{u}$ 做匀速直线运动，则火箭亦为一惯性系. 以地面和火箭分别作为参考系 K、K′，建立坐标系 $Oxyz$ 和 $O'x'y'z'$，并使 Ox、$O'x'$轴沿火箭运动方向，如图 4-1 所示. 开始时，两坐标系的原点 O、O'重合，这时 $t=t'=0$. 当 $t=0$ 时，火箭沿飞行方向发出一次闪光（即一个光脉冲），它沿 $O'x'$轴以真空中的光速 c 传播. 按伽利略速度变换公式（4-3），光相对于地面的观

察者来说，其传播速度应为 $v=c+u$；如果上述光脉冲发出的方向与火箭飞行方向相反，则光相对地面的传播速度应为 $v=c-u$；如果上述光脉冲沿其他各个方向发出，则光相对于地面的传播速度也可按伽利略速度变换公式算出，其大小和方向将各不相同. 这就是说，在做相对运动的不同惯性系中，所测得的光速是不同的.

但是，根据麦克斯韦电磁场理论和许多有关光速测量的实验都证实，不论在哪个惯性系中，沿任何方向去测定真空中的光速，结果都相同，其大小都等于常量 c，与光源和观察者的运动情况无关. 这显然与上述伽利略速度变换公式所预期的结果相矛盾.

由于伽利略速度变换公式来源于伽利略变换，因而以上所述也表明，伽利略变换在电磁现象（包括光学现象）中是不成立的. 尽管那时有些物理学家做了许多实验，例如，最著名的是迈克耳孙（A. A. Michelson，1852—1931）-莫雷（E. W. Morey，1838—1923）实验㊀，但由于因袭了绝对的时空观念，并企图在维持伽利略变换的前提下解释上述矛盾，结果都无一例外地归于失败. 这样，就从根本上动摇了牛顿力学的绝对时空观. 正是在这样的历史背景下，1905年，爱因斯坦断然摆脱绝对时空观的束缚，科学地提出了两条假说，作为狭义相对论的两条基本原理：

（1）**狭义相对论的相对性原理　在所有惯性系中，物理定律都具有相同的表达形式.**

这条原理是力学相对性原理的推广，它不仅仅适合于力学定律，乃至适合于电磁学、光学等所有物理定律，其表达形式在不同惯性系中都保持不变，即一切惯性系都是等价的. 人们不论在哪个惯性系中做任何物理实验（不仅仅是力学实验），都不能确定该惯性系是静止的还是在做匀速直线运动㊁.

（2）**光速不变原理　在所有惯性系中，测得真空中的光速都等于 c.** 而光速 c 是一切速度大小的上限，与光源（即发光体）的运动情况无关.

正如前述，按照伽利略速度变换公式，光速与观察者和光源之间的相对运动有关，而光速不变原理实际上则否定了伽利略变换.

这样，我们必须放弃伽利略变换，从光速不变原理出发，寻找一个新的时空变换关系，并使任何物理定律在这一新的变换下保持不变的表述形式. 这一变换就是下述的洛伦兹变换.

4.2.2　洛伦兹变换及其速度变换公式

按照狭义相对论两条基本原理的要求，对图4-1所示的情况做进一步的讨论，可以导出惯性系 K、K′之间新的时空变换关系为（推导从略）

$$\left.\begin{aligned} x&=\frac{x'+ut'}{\sqrt{1-(u/c)^2}}\\ y&=y'\\ z&=z'\\ t&=\frac{t'+(u/c^2)x'}{\sqrt{1-(u/c)^2}}\end{aligned}\right\}\quad 或\quad \left\{\begin{aligned} x'&=\frac{x-ut}{\sqrt{1-(u/c)^2}}\\ y'&=y\\ z'&=z\\ t'&=\frac{t-(u/c^2)x}{\sqrt{1-(u/c)^2}}\end{aligned}\right. \tag{4-7}$$

㊀ 有关迈克耳孙-莫雷实验的详细介绍可参阅有关参考书.

㊁ 设想宇宙中存在一个绝对静止的参考系，则它就称为**绝对参考系**. 相对于绝对参考系的运动称为**绝对运动**. 相对性原理表明，这种绝对参考系是找不到的，因而我们无法觉察到绝对运动.

式中，c 为真空中的光速．式（4-7）称为**洛伦兹**（H. A. Lorentz，1853—1928）**变换.**

式（4-7）中，当 $u \ll c$ 时，洛伦兹变换就退化成伽利略变换．可见，伽利略变换是洛伦兹变换在低速情况下的一种近似．其次，在洛伦兹变换中，时间的变换是与坐标的变换相联系的，这说明时间与空间是不可分割的.

并且，考虑到 x' 和 t' 都应是实数，这就要求 $1-u^2/c^2 \geqslant 0$，即速度值 u 必须满足

$$u \leqslant c \tag{4-8}$$

这就表明，**任何物体的运动速度都不能大于真空中的光速** c，亦即**真空中的光速** c **是物体运动的极限速度.**

继而，我们将式（4-7）的两组变换式分别对 λ 和 λ' 求导，可得洛伦兹速度变换公式及其逆变换公式，即

$$\left.\begin{aligned} v'_x &= \frac{v_x - u}{1-(u/c^2)v_x} \\ v'_y &= \frac{\sqrt{1-(u/c)^2}\,v_y}{1-(u/c^2)v_x} \\ v'_z &= \frac{\sqrt{1-(u/c)^2}\,v_z}{1-(u/c^2)v_x} \end{aligned}\right\} \quad \text{或} \quad \left.\begin{aligned} v_x &= \frac{v'_x + u}{1+(u/c^2)v'_x} \\ v_y &= \frac{\sqrt{1-(u/c)^2}\,v'_y}{1+(u/c^2)v'_x} \\ v_z &= \frac{\sqrt{1-(u/c)^2}\,v'_z}{1+(u/c^2)v'_x} \end{aligned}\right\} \tag{4-9}$$

现在，我们根据上述结果来讨论真空中的光速．设在 K 系中有一束光沿某一方向（这里不妨取 Ox 轴方向）以速度 c 传播，即 $v_x = c$，则按洛伦兹速度变换公式（4-9），此光束在 K′系中的传播速度为

$$v'_x = \frac{v_x - u}{1-\dfrac{v_x u}{c^2}} = \frac{c-u}{1-\dfrac{cu}{c^2}} = c \tag{4-10}$$

亦即，在别的惯性系中观察到真空中的光速亦为 c，这符合光速不变原理.

问题 4-2 试由洛伦兹变换导出洛伦兹速度变换公式．试证它在 $u \ll c$ 时转化成为式（4-2）.

4.3 相对论的时空观

相对论突破了牛顿的绝对时空观，提出了一种新的时空观，认为时空的量度是相对的，不是绝对的．而洛伦兹变换则集中反映了相对论的时空观，由这个变换可以推出如下的一些结论.

4.3.1 同时的相对性

同时性是指：相对于某一惯性系来说，两个事件发生于同一时刻．例如，分别从南京和杭州开来的两列列车于 19:30 这一时刻同时到达上海新客站，对站在月台上（作为惯性系）的观察者来说，上述发生在**同一地点**的两个事件是**同时**的．又如，岸上的哨所和大海中匀速航行的军舰同时侦察到敌机入侵，这是说**两个不同地点**观察到一事件的发生是同时的.

从牛顿力学的绝对时空观认为，在同一惯性系 K 中观察到是的是同时发生的事件，在别的惯性系 K′中，按伽利略变换 $t = t'$，也应观察到是同时发生的．但是，相对论认为

时间不是绝对的，因而同时性也并非绝对的．在K系观察到同时的两个事件，一般说，在K′系观察到的并不是同时的．

设在惯性系K′中观测到不同地点同时发生的两个事件，其时空坐标分别为（x_1'，y_1'，z_1'，t'）和（x_2'，y_2'，z_2'，t'），按洛伦兹变换式（4-7），在惯性系K中观测到这两个事件发生的时刻分别为

$$t_1=\frac{t'+ux_1'/c^2}{\sqrt{1-(u/c)^2}},\quad t_2=\frac{t'+ux_2'/c^2}{\sqrt{1-(u/c)^2}}$$

式中，u为K′系相对于K系的运动速度．由上两式可得

$$t_2-t_1=\frac{(x_2'-x_1')u/c^2}{\sqrt{1-(u/c)^2}} \tag{4-11}$$

这就表明，如果在K′系中观测到的两个同时事件发生于不同地点，即$x_1'\neq x_2'$，则在K系中观测到的这两个事件并非同时，而是有先有后，其相隔的时间$\Delta t=t_2-t_1$取决于式(4-11)．如果这两个事件发生在同一地点，即$x_1'=x_2'$，则在K系观测到的这两个事件才是同时发生的．

上述由洛伦兹变换导出的同时的相对性，可用一个理想实验来说明．如图4-2所示，在一节长为L的列车车厢的两端，分别装置一只光信号接收器A′和B′．当车厢的中点P'与地面上的点P对齐时，从点P'发出一次闪光，向车厢的前、后端传播．若分别以地面和车厢作为参考系K、K′，且车厢以速度$\boldsymbol{u}$沿着K系的Ox轴方向匀速前进，则在车厢中的观察者认为，该闪光分别传播到A′和B′处所经过的距离相等，皆为$L/2$，按光速不变原理，A′和B′应同时接收到该光信号；可是，在地面上的观察者认为，当光信号经过时间t传到B′时，由于在这段时间t内车厢相对于点P向前移过了距离ut，所以这时B′相对于点P的距离为$L/2+ut$，而A′相对于点P的距离为$L/2-ut$，即这两段距离不相等；又因光速相等，故当光信号传到A′处时，却尚未传到B′处．亦即，对K系中的观察者来说，A′和B′处分别接收到光信号这两个事件并非同时发生．由此可知，在车厢内同时发生、但发生地点不同的两个事件，在地面上看来，是先后发生的，并非同时．这就说明了同时的相对性，即**“同时”只是相对于某个参考系而言的，没有绝对意义．**

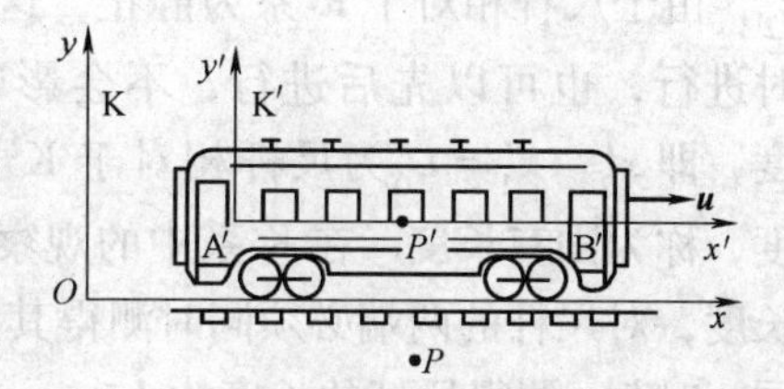

图4-2　同时的相对性理想实验

问题4-3　何谓同时性？试阐明同时的相对性．

问题4-4　站在地面上的人看到两个闪电分别同时击中一列以匀速$v=70\text{km}\cdot\text{h}^{-1}$行驶的火车前端$P$和后端$Q$．试问车上的一个观察者测得该两个闪电是否同时发生？他在车上测出这列火车全长为600m．（**答**：$t_Q'-t_P'=0.13\times10^{-12}$s，后端$Q$比前端$P$迟发生闪电）

例题4-1　甲、乙两人分别静止于惯性系K和K′中，设K′系相对于K系沿Ox轴正向以匀速度$\boldsymbol{u}$运动（见图4-1）．若甲测得在同一地点发生的两事件的时间间隔为4s，而乙测得这两事件发生的时间间隔为5s．求：(1) 速度$\boldsymbol{u}$；(2) 乙测得这两事件发生地点的距离．

解　(1) 按洛伦兹变换式，由于两事件在K系中发生于同一地点，即$x_1=x_2$，则有

$$t_2'-t_1'=\frac{t_2-(u/c^2)x_2}{\sqrt{1-(u/c)^2}}-\frac{t_1-(u/c^2)x_1}{\sqrt{1-(u/c)^2}}=\frac{t_2-t_1}{\sqrt{1-(u/c)^2}}$$

解得

$$u=[1-(t_2-t_1)^2(t_2'-t_1')^{-2}]^{1/2}c$$
$$=[1-(4\text{s})^2(5\text{s})^{-2}]^{1/2}\times(3\times10^8\text{m}\cdot\text{s}^{-1})$$
$$=1.8\times10^8\text{m}\cdot\text{s}^{-1}$$

(2) 因 $x_1=x_2$，按洛伦兹变换公式，有

$$x_1'-x_2'=\frac{x_1-ut_1}{\sqrt{1-(u/c)^2}}-\frac{x_2-ut_2}{\sqrt{1-(u/c)^2}}=\frac{u(t_2-t_1)}{\sqrt{1-(u/c)^2}}$$

以 $u=1.8\times10^8\text{m}\cdot\text{s}^{-1}$，$t_2-t_1=4\text{s}$ 代入上式，可算出

$$x_1'-x_2'=9\times10^8\text{m}$$

说明 本例指出，K 系中同一地点（$x_1=x_2$）、不同时（$t_2\neq t_1$）发生的两事件，它们在 K′系中发生于不同地点和不同时间，这就是同时的相对性.

4.3.2 长度的收缩

在图 4-3 中，设一尺杆相对于 K′系为静止，且随同 K′系相对于 K 系以速度 $\boldsymbol{u}$ 沿 Ox 轴方向运动. 在 K′系中的观察者测得尺杆两端的坐标分别为 x_1'、x_2'，由于尺杆相对于 K′系为静止，这种测量可以同时进行，也可以先后进行，不会影响所测到的长度，即 $x_2'-x_1'=L_0'$ 为尺杆相对于 K′系静止时的长度，称为**固有长度**. 在 K 系中的观察者，要获悉其长度，对尺杆的两端必须同时测得其坐标 x_1、x_2，否则，两者之差不能代表其长度. 设在同一时刻 t 测得尺杆的长度为 $L=x_2-x_1$. 由式（4-7）右侧的第一式，得

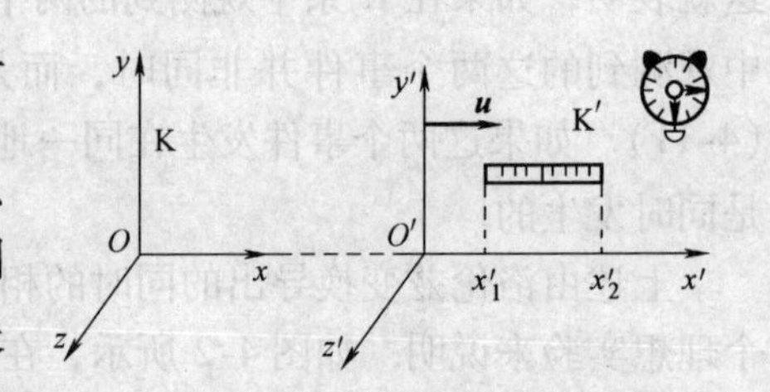

图 4-3 长度的收缩

$$L_0'=x_2'-x_1'=\frac{x_2-ut}{\sqrt{1-(u/c)^2}}-\frac{x_1-ut}{\sqrt{1-(u/c)^2}}=\frac{x_2-x_1}{\sqrt{1-(u/c)^2}}$$

即

$$L=L_0'\sqrt{1-\left(\frac{u}{c}\right)^2} \tag{4-12a}$$

即尺杆相对于观察者运动时，观察者沿运动方向测得尺杆的长度 L 要比尺杆的固有长度 L_0' 短些.

反之，如果尺杆在 K 系中是静止的，这时尺杆的固有长度可表示为 $L_0=x_2-x_1$，而 K 系相对于 K′系以速度 $-\boldsymbol{u}$ 运动，则由式（4-7）左侧的第一式，得

$$L_0=x_2-x_1=\frac{x_2'+ut'}{\sqrt{1-(u/c)^2}}-\frac{x_1'+ut'}{\sqrt{1-(u/c)^2}}$$
$$=\frac{x_2'-x_1'}{\sqrt{1-(u/c)^2}}$$

其中 $L'=x_2'-x_1'$ 为 K′系中在同一时刻 t' 测得的杆长，即

$$L'=L_0\sqrt{1-\frac{u^2}{c^2}} \tag{4-12b}$$

即在 K′系看起来，尺杆的长度同样也要缩短.

总之，**在某一惯性系中静止的物体，在相对于该惯性系以匀速 $\boldsymbol{u}$ 运动的其他惯性系**

中来量度时，长度在其运动方向上有了收缩．但在与 $\boldsymbol{u}$ 垂直的方向（y、z 方向），物体的长度没有收缩．

问题4-5　(1) 试述长度收缩效应（亦称"尺缩效应"）；何谓固有长度？在低速情形下，即 $u \ll c$，试由式(4-1)证明 $L = L_0'$，即与牛顿力学中空间量度的结论相一致．

(2) 宇航员坐在宇宙飞船中，拿着一个正方体木块．设飞船以接近光速的速度从地球匀速地飞向一恒星，且木块的一棱边平行于飞船运动方向．试分析在地球上和飞船上所观察到的木块形状．

例题4-2　如例题4-2图所示，设惯性系K′相对于惯性系K以匀速 $u = c/2$ 沿 Ox 轴方向运动．在K′系的 $x'O'y'$ 平面内静置一长为1.5m、并与 $O'x'$ 轴成 $\theta' = 30°$ 角的棒．试问：在K系中观察到此棒的长度和棒与 Ox 轴的夹角为多大？

例题4-2 图

解　在K′系中，棒的长度在 $O'x'$、$O'y'$ 轴上的投影 L'_{0x}、L'_{0y} 分别为

$$L'_{0x} = L'_0 \cos\theta', \quad L'_{0y} = L'_0 \sin\theta'$$

式中，L'_0 为K′系中测得的棒长，即固有长度1.5m．由于K和K′系仅在沿 Ox 轴方向有相对运动，故在K系中，棒在 Ox 轴方向的投影 L_x 有收缩，而在 Oy 轴方向的投影则没有改变，即

$$L_x = L'_{0x}\sqrt{1-(u/c)^2} = L'_0\cos\theta'\sqrt{1-(u/c)^2}, \quad L_y = L'_{0y} = L'_0\sin\theta'$$

因此，在K系中，观察到棒的长度 L 及棒与 Ox 轴的夹角 θ 分别为

$$L = \sqrt{L_x^2 + L_y^2} = L'_0\sqrt{1-(u/c)^2\cos^2\theta'}$$

$$\theta = \arctan\frac{L_y}{L_x} = \arctan\left[\frac{L'_0\sin\theta'}{L'_0\cos\theta'}\frac{1}{\sqrt{1-(u/c)^2}}\right] = \arctan\frac{\tan\theta'}{\sqrt{1-(u/c)^2}}$$

在上两式中，代入题给的数据，读者不难自行算出 $L = 1.35\text{m}$，$\theta = 33.669°$．可见，在K系中观察到这条高速运动的棒，不仅长度缩短，其空间方位亦有改变．

4.3.3　时间的延缓

首先说明什么是固有时间．如果相对于某一惯性系静止的观察者，用一只时钟分别测定两个事件A和B在同一地点发生的时刻为 t_A 和 t_B，则在与这两事件发生地点相对静止的该惯性系中，测得的时间间隔 $\Delta t = t_B - t_A$，就称为**固有时间**．

若在K′系内装置一时钟，如图4-3所示．设时钟随着K′系相对于K系以速度 $\boldsymbol{u}$ 沿 Ox 轴方向运动，在K′系中测得两个事件发生的时间间隔为 $t_2' - t_1'$㊀，这就是固有时间，记作 $\Delta t_0'$．由于时钟随K′系一起运动，两个事件发生在同一地点，即 x' 不变，则在K系中的观察者测得该两个同地事件发生的时间间隔 $\Delta t = t_2 - t_1$，可由式（4-7）左侧的第四式求出，即

$$t_2 - t_1 = \frac{t_2' + (u/c^2)x'}{\sqrt{1-(u/c)^2}} - \frac{t_1' + (u/c^2)x'}{\sqrt{1-(u/c)^2}} = \frac{t_2' - t_1'}{\sqrt{1-(u/c)^2}}$$

因 $\Delta t_0' = t_2' - t_1'$，则上式成为

$$\Delta t = \frac{\Delta t_0'}{\sqrt{1-(u/c)^2}} \tag{4-13a}$$

㊀　例如，一人坐在飞机中看书，开始看书是一个事件，看书结束又是一个事件．如果他从手表上发现已看了两个小时的书，则这两事件之间的固有时间就是两小时．

可见 $\Delta t > \Delta t_0'$，即在 K 系中的观察者（相对于时钟在运动）测得的该两事件的时间间隔，比 K′系中的观察者（相对于时钟为静止）测得的固有时间要长些.

反之亦然，如果时钟设置于 K 系内，而 K 系则相对于 K′系以 $-\boldsymbol{u}$ 运动，若在 K 系中测得的固有时间为 $\Delta t_0 = t_2 - t_1$，则按式（4-7）右侧的第四式，在 K′系中测得两个同地事件的时间间隔 $\Delta t' = t_2' - t_1'$，比在 K 系中测得的固有时间 $\Delta t_0 = t_2 - t_1$ 来得长，即

$$\Delta t' = \frac{\Delta t_0}{\sqrt{1-(u/c)^2}} \tag{4-13b}$$

总之，**静止在某一惯性系内的时钟所指示的时间间隔．在其他以相对速度 $\boldsymbol{u}$ 运动的惯性系内观测时，时间有了延长.**

最后我们指出，对于上述长度缩短和时间变慢的现象，仅当低速时才与牛顿力学时空观的结论相一致．这时，$u \ll c$，$\sqrt{1-(u/c)^2} \approx 1$，由式（4-12a）、式（4-13a）得到

$$L = L_0', \quad \Delta t = \Delta t_0'$$

由于人们在日常生活中接触到的现象，u 都远比 c 小，所以上述“相对论效应”几乎是观测不出来的．在这些情况下，牛顿力学的时空观和伽利略变换都是适用的．应该指出，相对论的时空观直接或间接地已为实验所证实.

问题 4-6 （1）何谓固有时间？试述时间延缓效应（亦称“钟慢效应”）.

（2）两只经校准的时钟甲、乙做相对运动，从甲钟所在的惯性系中观察，哪只钟走得快？

例题 4-3 静止的 μ 子的平均寿命㊀ $\tau_0 = 2\times10^{-6}$s．今在 8km 的高度，由于 τ 介子的衰变产生了一个 μ 子，它相对于地面以速度 $u = 0.998c$（c 为真空中的光速）向地面飞行着．试论证这个 μ 子有无可能到达地面：（1）按经典理论；（2）考虑相对论效应.

解 （1）按经典理论，以地面为参考系，μ 子飞行的距离为 $s_1 = u\tau_0 = 0.998c\tau_0 = 0.998\times3\times10^8\text{m}\cdot\text{s}^{-1}\times2\times10^{-6}\text{s} = 598.8\text{m}$，$s_1$ 远小于 8km，故 μ 子在平均寿命期间，根本不可能到达地面.

（2）由于 μ 子的飞行速度接近于光速 c，必须考虑相对论效应．以地面为参考系，μ 子的平均寿命为

$$\tau = \frac{\tau_0}{\sqrt{1-(u/c)^2}} = \frac{2\times10^{-6}\text{s}}{\sqrt{1-[(0.998c)/c]^2}} = 31.6\times10^{-6}\text{s}$$

则 μ 子的平均飞行距离为

$$s_2 = u\tau = 0.998c\tau$$
$$= (0.998\times3\times10^8\text{m}\cdot\text{s}^{-1})\times(31.6\times10^{-6}\text{s}) = 9.46\text{km}$$

μ 子飞行距离 $s_2 = 9.46\text{km} > 8\text{km}$，故有可能到达地面.

4.4 狭义相对论的动力学基础

4.4.1 质量与速率的关系

我们说过，牛顿第二定律 $\boldsymbol{F} = m\boldsymbol{a}$ 作为经典力学的基本定律，在伽利略变换下具有不变性；但是在洛伦兹变换下，它将不再具有不变性．因而，在狭义相对论中，牛顿第二定律的数学表达形式需做合理修改.

㊀ 高能物理学指出，π 介子、μ 子等都是原子核内的不稳定粒子，它们存在一段时间后，将自动地衰变成其他粒子．在粒子自身的惯性系中，测得粒子生存的时间称为**固有寿命**，记作 $\Delta t_0'$；当被测的粒子以速度 $\boldsymbol{u}$ 相对于实验室（可作为另一惯性系）高速飞行时，在实验室参考系中测得的粒子生存时间，称为**平均寿命**，记作 Δt.

倘若不把 $\boldsymbol{F}=m\boldsymbol{a}$ 的表达形式加以改造，那么，质点在有限的恒力 $\boldsymbol{F}$ 作用下，将沿此力的方向做匀加速（$a=F/m=$恒量）直线运动，从牛顿力学来看，物体质量为一恒量，与物体的速率㊀无关，则按公式 $v=v_0+at$，质点的速度将随时间 t 可以无限地增加，于是，经过足够长时间，总可使其速度超过光速 c. 这显然与相对论中运动速度不能超过光速 c 这一论断相抵触. 究其根源，在于把物体质量看作与速率无关. 倘若认为物体在高速运动时，其质量随速率而俱增，亦即速率越大，越难加速，则就有可能指望速率的极限不超过光速. 因此，在狭义相对论中，认为物体的质量并非恒量，而是随速率而变化的，并可根据相对性原理来探讨质量与速率的变化关系.

考虑到动量守恒定律是一条普遍规律，在相对论中也是成立的，亦即，根据相对性原理，如果在一个惯性系中，系统的动量守恒，则经过洛伦兹变换，在另一个惯性系中，动量仍是守恒的. 因而从动量守恒定律出发，可以推导（从略）出运动物体的质量 m 与其速率 v 的关系（简称"质速关系"）为

$$m=\frac{m_0}{\sqrt{1-\left(\frac{v}{c}\right)^2}} \tag{4-14}$$

式中，m_0 是物体在静止（即 $v=0$）时的质量，称为**静止质量**. 图4-4绘出的曲线给出了物体的质量 m 随其速率 v 的变化关系. 从图中看出，仅当物体速率 v 与光速 c 可比较时，其质量 m 与**静止质量** m_0 存在显著差别；当速率接近于 c 时，其质量将迅速增大到无限大，即越难加速. 这就是物体的速率 v 以光速 c 为极限的动力学根由.

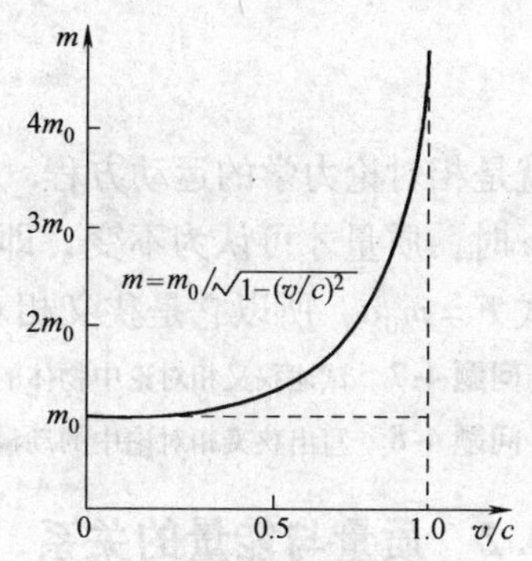

图4-4　物体质量 m 随其速率 v 的变化关系

低速物体的质量变化很难观测. 例如，地球公转的速率虽高达 $v=30\mathrm{km\cdot s^{-1}}=30\times10^3\mathrm{m\cdot s^{-1}}$，但与光速 $c=3\times10^8\mathrm{m\cdot s^{-1}}$ 相比仍然甚小，这时，质量的变化极其微小，即

$$m=\frac{m_0}{\sqrt{1-\frac{v^2}{c^2}}}=\frac{m_0}{\sqrt{1-\left(\frac{30\times10^3\mathrm{m\cdot s^{-1}}}{3\times10^8\mathrm{m\cdot s^{-1}}}\right)^2}}=\frac{m_0}{\sqrt{1-\frac{1}{10^8}}}$$
$$=1.000000005m_0$$

但是对电子等微观粒子，我们则可以比较容易地使它加速到接近于光速的情形，其质量的变化就非常显著. 不难证明，速度 $v=2.7\times10^8\mathrm{m\cdot s^{-1}}$ 的快速电子，其质量竟变到 $m=2.3m_0$.

某些基本粒子（如光子等）的速率等于光速 c，按质量与速率的关系式（4-14），粒子的静止质量 m_0 必须等于零. 否则，粒子的质量将变成无限大，没有实际意义.

现在我们利用式（4-14）来修正牛顿第二定律. 应该指出，牛顿最初所提出的运动

㊀ 由于物体的质量不具有方向性，在考虑质量与速度 $\boldsymbol{v}$ 的关系时，不涉及 $\boldsymbol{v}$ 的方向问题，只需考虑速度的大小，即速率.

方程，原是用动量 $\boldsymbol{p}=m\boldsymbol{v}$ 来描述的，即

$$\boldsymbol{F}=\frac{\mathrm{d}(m\boldsymbol{v})}{\mathrm{d}t}=\frac{\mathrm{d}\boldsymbol{p}}{\mathrm{d}t} \tag{4-15}$$

但由于牛顿力学认为物体的质量 m 与速率无关，是一个恒量，故式（4-15）才可写成为经典力学中熟知的形式，即

$$\boldsymbol{F}=\frac{\mathrm{d}(m\boldsymbol{v})}{\mathrm{d}t}=m\frac{\mathrm{d}\boldsymbol{v}}{\mathrm{d}t}=m\boldsymbol{a}$$

而在相对论力学中，质量随速度而变，不是恒量，将运动方程表述成式（4-15），就具有更普遍的意义了.

相对论中的动量应该写作

$$\boldsymbol{p}=m\boldsymbol{v}=\left(\frac{m_0}{\sqrt{1-\left(\frac{v}{c}\right)^2}}\right)\boldsymbol{v} \tag{4-16}$$

在相对论中，力学的运动方程就必须改造成如下形式：

$$\boldsymbol{F}=\frac{\mathrm{d}}{\mathrm{d}t}\left(\frac{m_0}{\sqrt{1-\left(\frac{v}{c}\right)^2}}\boldsymbol{v}\right) \tag{4-17}$$

这就是相对论力学的运动方程. 它的数学表达形式在洛伦兹变换下具有不变性. 显然，当 $v\ll c$ 时，质量才可认为不变，即 $m=m_0$. 于是，上述方程就退化到牛顿力学的运动方程形式 $\boldsymbol{F}=m_0\boldsymbol{a}$，所以它是狭义相对论的一个特例.

问题 4-7 试述狭义相对论中物体的质量与速率的关系.

问题 4-8 写出狭义相对论中的动量表示式和牛顿运动方程.

4.4.2 质量与能量的关系

根据相对论力学的运动方程（4-17），我们来推导相对论中的动能表达式；由此可得到相对论中质量与能量之间的一个重要关系式.

在牛顿力学中，动能定理表述为：物体动能的增量（微分）$\mathrm{d}E_\mathrm{k}$ 等于合外力对它所做的元功 $\mathrm{d}A$. 这一关系也适用于相对论. 为简单起见，我们研究物体沿 Ox 轴方向的运动. 设物体在 $x=x_1$ 处自静止开始，在 Ox 轴方向的合外力 $\boldsymbol{F}$ 作用下运动到 $x=x_2$ 处，其速度为$\boldsymbol{v}$，相应的始、末动能分别为 0 和 E_k，则按功的定义，有

$$\mathrm{d}E_\mathrm{k}=\mathrm{d}A=\boldsymbol{F}\cdot\mathrm{d}\boldsymbol{r}=F\mathrm{d}x\cos0^\circ=F\mathrm{d}x$$

将 $F=\mathrm{d}(mv)/\mathrm{d}t$ 和 $\mathrm{d}x=v\mathrm{d}t$ 代入上式，得

$$\mathrm{d}E_\mathrm{k}=F\mathrm{d}x=\frac{\mathrm{d}(mv)}{\mathrm{d}t}v\mathrm{d}t=v\mathrm{d}(mv)$$

再将式（4-14）代入，并积分，得

$$\int_0^{E_\mathrm{k}}\mathrm{d}E_\mathrm{k}=\int_0^v v\mathrm{d}\left(\frac{m_0v}{\sqrt{1-(v/c)^2}}\right)$$

式中，m_0 为物体的静止质量. 对上式积分，其右端利用分部积分法，就可得到相对论动能的表达式为

$$E_k = \frac{m_0 v^2}{\sqrt{1-(v/c)^2}}\Bigg|_0^v - \int_0^v \frac{m_0 v \mathrm{d}v}{\sqrt{1-(v/c)^2}}$$

$$= \frac{m_0 v^2}{\sqrt{1-(v/c)^2}} + m_0c^2\sqrt{1-(v/c)^2}\Bigg|_0^v$$

$$= mc^2 - m_0c^2 \tag{4-18}$$

其中，$m = m_0/\sqrt{1-(v/c)^2}$是物体以速率v运动时的质量．由式（4-18）可以看出，当物体以低速（$v \ll c$）运动时，将式（4-18）的第一项利用二项式定理展开后，成为

$$E_k = \frac{m_0c^2}{\sqrt{1-(v/c)^2}} - m_0c^2 = m_0c^2\left[\left(1+\frac{1}{2}\left(\frac{v}{c}\right)^2+\frac{3}{8}\left(\frac{v}{c}\right)^4+\cdots\right)-1\right]$$

$$= m_0c^2\left[\frac{1}{2}\left(\frac{v}{c}\right)^2+\frac{3}{8}\left(\frac{v}{c}\right)^4+\cdots\right]$$

略去高次项，近似可得

$$E_k = \frac{1}{2}m_0v^2$$

这就是牛顿力学的动能表达式．所以从能量角度来看，牛顿力学也是相对论力学的近似．

按式（4-18），由于物体的动能E_k等于mc^2与m_0c^2之差，故mc^2和m_0c^2也是能量．如果把mc^2看成是物体的总能量E．即$E = mc^2$，则当物体静止时，即使动能$E_k = 0$，但仍有能量m_0c^2．因而，就将m_0c^2叫作静止质量为m_0的物体所具有的**静能**，以E_0表示．这样，式（4-18）可写作

$$E = E_k + E_0 = mc^2 \tag{4-19}$$

即物体的总能量等于其动能与静能之和．

在式（4-19）中，c为真空中的光速，乃是一常量．所以，狭义相对论指出，物体的质量和能量是相互联系的，即

$$E = mc^2 \tag{4-20}$$

这就是狭义相对论的**质量与能量的关系**（简称"质能关系"）．它反映了任何物质客体都具有质量和相对应的能量，从而揭示了能量和质量的不可分割性．式（4-20）只表述了质量与能量的联系，但并不是说，质量和能量可以相互转化．对此，读者切莫误解．

我们知道，质量和能量都是物质的重要属性．质量可以通过物体的惯性和万有引力现象显示出来，能量则通过物质系统状态变化时对外做功、传递热量等形式显示出来．能量与质量虽然在表现方式上有所不同，但两者是不可分割的，任何质量的改变，都伴有相应的能量改变．事实上，如果一物体的速率由v增大到$v+\Delta v$，相应地它的质量就由m增加到$m+\Delta m$，它的总能量由E增加到$E+\Delta E$，由式(4-20)，有

$$E + \Delta E = (m+\Delta m)c^2$$

与式（4-19）相减，得

$$\Delta E = c^2\Delta m \tag{4-21}$$

反之，任何能量的改变，也伴有质量的改变．这可由下式来表述：

$$\Delta m = \frac{\Delta E}{c^2} \tag{4-22}$$

由此可知，对一个系统来说，如果它的能量守恒（即 $\Delta E = 0$），则它的质量也必定守恒（即 $\Delta m = 0$）. 因此，在相对论中，能量守恒意味着质量守恒.

值得指出，在历史上，能量守恒和质量守恒是分别发现的两条相互独立的自然规律；而今，则在相对论中被统一起来了. 至于历史上发现的质量守恒和式（4-22）给出的结果是有区别的. 它只涉及粒子的静止质量，它是相对论质量守恒在质点能量变化很小时的近似. 正如爱因斯坦所说："就一个粒子来说，如果由于自身内部的过程使它的能量减小了，它的质量也将相应地减小"；并指出"用那些所含能量是高度可变的物体（例如用镭盐）来验证这个理论，不是不可能成功的". 事实上，正如他所预料的那样，在放射性蜕变、原子核反应和高能粒子实验中，都证明了式（4-19）所表达的质能关系的正确性，显示出它们之间深刻的内在联系，从而催动着原子能时代的到来.

问题 4-9 试导出相对论中物体动能的表达式.

问题 4-10 何谓物体的总能量？何谓物体的静能？试求 1g 质量的任何物质含有的静能.（**答：** 9×10^{13} J）

问题 4-11 试阐述相对论中的质量与能量的关系.

4.4.3 能量与动量的关系

设粒子的静止质量为 m_0、速度为 $\boldsymbol{v}$，则其动量和能量分别为

$$p = mv = \frac{m_0 v}{\sqrt{1-(v/c)^2}} \tag{a}$$

$$E = mc^2 = \frac{m_0 c^2}{\sqrt{1-(v/c)^2}} \tag{b}$$

将上两式平方相除，有

$$v^2 = p^2 c^4 / E^2 \tag{c}$$

再将式（c）代入式（b）中，便得相对论中的**能量与动量的关系式**，即

$$E^2 = m_0^2 c^4 + p^2 c^2$$

或

$$E^2 = E_0^2 + (pc)^2 \tag{4-23}$$

在高能物理中，当粒子的总能量已知时，利用式（4-22）可求其动量；反之亦然. 借图 4-5 所示的直角三角形，有助于记忆狭义相对论中的总能量、动量和静能三者之间的关系.

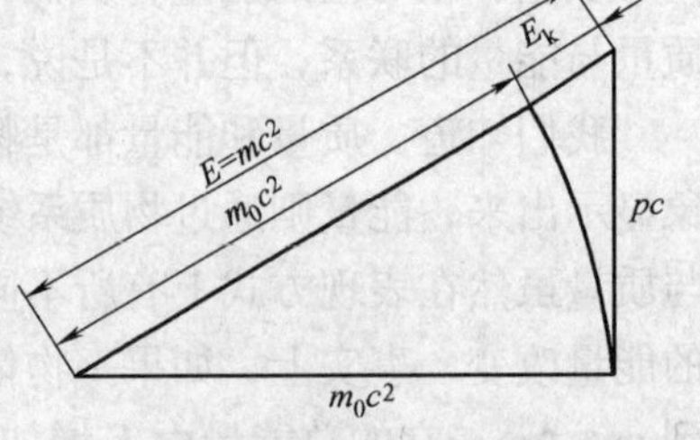

图 4-5 狭义相对论中总能量、动量和静能三者之间的关系

顺便指出，光子是以光速 c 运动的粒子，即 $v = c$，由关系式 $v^2 = p^2c^4/E^2$，便可得**光子的能量与动量的关系式**，即

$$E = pc \tag{4-24}$$

由于光子的运动速率为 c，根据式（4-14），光子的静止质量必须等于零，即 $m_0 = 0$，这又说明一切静止质量 $m_0 \neq 0$ 的物体，不可能以光速运动，光速是所有静止质量不为零的物体运动速度的极限.

阅读材料

广义相对论简介　宇宙的奥秘

狭义相对论在现代物理学中得到了广泛的应用，取得了巨大的成就，但是这个理论的应用范围仅仅限制在惯性系，对非惯性系就不适用．为此，爱因斯坦把相对论推广到非惯性系，建立了等效原理，由此又创建了研究引力本质和时空理论的广义相对论．这里将只限于介绍广义相对论中的等效原理和广义相对论的相对性原理，这是广义相对论的基础．

爱因斯坦在1916年发表了广义相对论，他指出：**在加速系统中看到的所有物理现象，都等同于在引力场中静止系统内发生的现象．**为了帮助我们理解这一概念，设想有一位观察者登上一个远离任何引力天体而在宇宙中飞行的火箭．如果关掉火箭发动机，则火箭将按牛顿第一定律在宇宙中做匀速直线运动，而这时在火箭这个局部范围内的观察者和火箭内一切物体都将处于“失重”状态而自由漂浮着．现在假定启动火箭发动机，火箭开始以加速度 $\boldsymbol{a}$ 做匀加速直线运动，而这时火箭内观察者将能站立在火箭的底座上，如图4-6所示．若当 $\boldsymbol{a}=-\boldsymbol{g}$ 时，这时站在底座上的观察者就好像站在地球上的实验室内的地板上一样．若这时观察者手里拿着一个球，同样，他感到球对手有压力，并且与在地球上拿这个球时一样．若将球释放，则球以加速度 $\boldsymbol{a}=\boldsymbol{g}$ 沿直线自由下落到底座上．若观察者将一个铁球和一个木球放置在同一位置上，同时释放两球，则两球同时到达底座，与它们的质量无关．由此可以看出，当火箭以加速度 $\boldsymbol{a}=-\boldsymbol{g}$ 运动时，在这个做匀加速直线运动的非惯性系中，所引起的力学效应和一个静止在地球表面的惯性系中的力学效应完全相当，因而，我们可以表述如下：**在处于均匀的恒定引力场影响下的惯性系中所发生的一切物理现象，可以与一个不受引力场影响但以恒定加速度运动的非惯性系内的物理现象完全相同**（在相同条件下），这便是通常所说的**等效原理．**

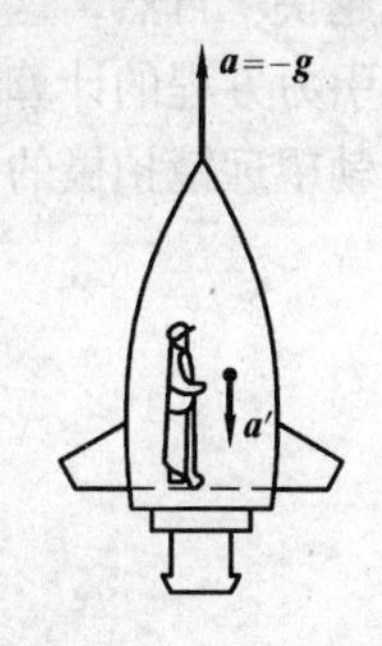

图　4-6

由上述引力场和加速度等效的事实我们可以想到，物理学定律在非惯性系中和在惯性中是完全一样的，但要求有引力存在，这便是**广义相对论的相对性原理．**正如上述，这位观察者在火箭内做“自由落体实验”时，他无法判断自己究竟是在宇宙空间相对于恒星做加速运动，还是静止在引力场中（当然，如果他一旦知道外界情况，就会恍然大悟了）．

上面，我们只讨论了匀加速运动的非惯性系，并且已经看到，这种运动所引起的力学效应完全等效于一个均匀的恒定引力场．由此可见，如果一个系统内不存在引力场，则可令这个系统做加速运动，在这个系统内“建立”起一种人工的引力场；反之，如果一个系统处于均匀的恒定引力场中，则也可令这个系统做加速运动，人工地“改变”甚至“消除”这一引力场．至于在其他非惯性系（如转动系统、非匀变速运动的系统等）中，根据上述的等效原理结出的几个推论，即预言存在着光线在引力场中的弯曲、水星轨道近日点的进动和引力红移等现象，从1919年以来，这些现象相继被精确测定，成为广义相对论的实验验证．

广义相对论的进一步发展使人类对宇宙奥秘的认知更加深入．当爱因斯坦1915年提出了广义相对论后，全世界的物理学家和数学家继而着手求解其中的引力方程．方程的解表明，宇宙不会完全静止，宇宙没有静止点．方程的一种解指出，如果宇宙只存在引力，没有其他的力作用的话，由于相互吸引，宇宙不可能静止；另一种解认为：宇宙大爆炸的那一瞬间获得了一个初速度，向外膨胀，可是由于引力作用要往回拉，导致宇宙膨胀越来越慢，那么宇宙不是膨胀就是收缩，不可能静止．爱因斯埋从哲学思想上认为两种解皆不合适，他认为，宇宙应该是静止的，不能永不停息地运动，因而他在广义相对论引力方程中引入一个所谓“宇宙常数”的项，而这个常数起排斥力的作用．这样，引力方程同时具备了引力和斥力，两相平衡，可让宇宙静止下来．可是，事与愿违，没过多久，20世纪的20年代，美国著名天文学家哈勃（E. P. Hubble，1889—1953）经过观测发现，宇宙确实是在不断膨胀．他根据星系的距离和运行速度证实，离我们越远的星系向外运动的速度越快．自然，这是宇宙正在膨胀的表现．这一观测结果完全与引入“宇宙常数”之前的引力方程的计算结果相契合，迅速得到了世界上绝大多数科学家的认可．图4-7所示是哈勃望远镜拍摄的宇宙深处照片．

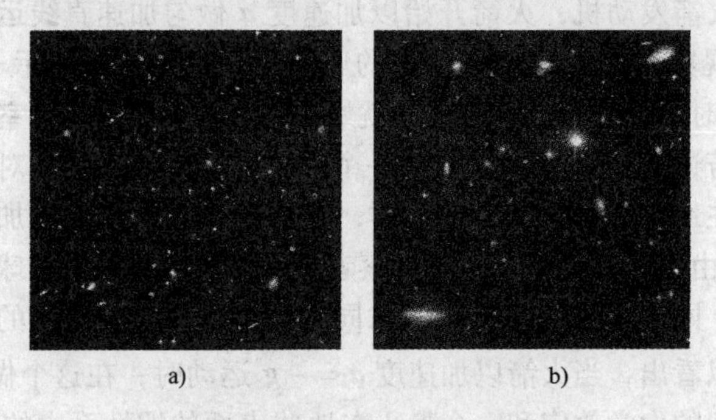

a)　　b)

图4-7　哈勃望远镜拍摄的宇宙深处照片

此后，宇宙常数一直冷落了数十年，直到1998年，两个国际组织的天文学家们在南极，用气球搭载无线电波探测仪器探测宇宙微波背景，也就是宇宙大爆炸之后的残留，他们并没有探测全部天穹，只是探测了一小块，但即使如此，探测完之后，他们马上得出结论：“宇宙常数”不等于0；不仅不等于0，而且在整个宇宙中所占比例还很大．此后，“宇宙常数”就被称为“暗能量”．近年来，科学家们一再通过各种的观测和计算证实，暗能量在宇宙中占主导地位，约达到73%，暗物质占近23%，普通物质仅约占4%．睿智如爱因斯坦者也许不会想到，当初曾一度被他认为是错误的“宇宙常数”竟然是极有道理的，几乎可称得上是宇宙的本质．对于整个人类的认知来讲，这是一个十足的悖论：宇宙中所占比例最多的反而是最迟也是最难为我们所知晓的，我们至今仅知道它们存在着，但性质如何，我们一无所知．这说明，一方面人类现在对宇宙奥秘的了解越来越多，另一方面我们所要面对的未知也越来越多．而这日益深远的未知又反过来不断刺激着人类去探索宇宙背后的真相．

从哲学角度讲，暗物质、暗能量的存在相继被证实，对人们的观念是一次极大的冲击和突破．当年哥白尼仅仅将宇宙的中心从地球搬到太阳，就引起了全世界的轩然大波，人们不得不重新审视自身在宇宙中所扮演的角色．之后，天文学上的发现不断地突破人们刚刚建构的关于宇宙中心知识体系，地球不是中心，太阳也并非就是，银河系也不是. 随着爱因斯坦的广义相对论一出炉，人们恍然大悟：宇宙根本没有中心.

有人形容暗物质和暗能量是21世纪理论物理学的“一朵乌云”. 但是，可以预期，暗物质和暗能量这朵乌云一旦烟消云散，人类肯定获益匪浅.

习 题 4

4-1 在狭义相对论中，下列说法中哪些是正确的?

(1) 一切运动物体相对于观察者的速度都不能大于真空中的光速.

(2) 质量、长度、时间的测量结果都是随物体与观察者的相对运动状态而改变的.

(3) 在一惯性系中发生于同一时刻、不同地点的两个事件在其他一切惯性系中也是同时发生的.

(4) 惯性系中的观察者观察一个与他做匀速相对运动的时钟时，会看到这时钟比与他相对静止的相同的时钟走得慢些.

(A) (1), (3), (4).　　(B) (1), (2), (4).

(C) (1), (2), (3).　　(D) (2), (3), (4).　　[ ]

4-2 在某地发生两件事，静止位于该地的甲测得时间间隔为4s，若相对于甲做匀速直线运动的乙测得时间间隔为5s，则乙相对于甲的运动速度是（c表示真空中光速）

(A) $(4/5)c$.　　(B) $(3/5)c$.

(C) $(2/5)c$.　　(D) $(1/5)c$.　　[ ]

4-3 (1) 对某观察者来说，发生在某惯性系中同一地点、同一时刻的两个事件，对于相对该惯性系做匀速直线运动的其他惯性系中的观察者来说，它们是否同时发生?

(2) 在某惯性系中发生于同一时刻、不同地点的两个事件，它们在其他惯性系中是否同时发生?

关于上述两个问题的正确答案是：

(A) (1) 同时，(2) 不同时.　　(B) (1) 不同时，(2) 同时.

(C) (1) 同时，(2) 同时.　　(D) (1) 不同时，(2) 不同时.　　[ ]

4-4 一宇航员要到离地球为5光年的星球去旅行. 如果宇航员希望把这路程缩短为3光年，则他所乘的火箭相对于地球的速度应是：（c表示真空中光速）

(A) $v = (1/2)c$.　　(B) $v = (3/5)c$.

(C) $v = (4/5)c$.　　(D) $v = (9/10)c$.　　[ ]

4-5 设某微观粒子的总能量是它的静止能量的K倍，则其运动速度的大小为（以c表示真空中的光速）

(A) $\frac{c}{K-1}$.　　(B) $\frac{c}{K}\sqrt{1-K^2}$.

(C) $\frac{c}{K}\sqrt{K^2-1}$.　　(D) $\frac{c}{K+1}\sqrt{K(K+2)}$.　　[ ]

4-6 某核电站年发电量为100亿度，它等于36×10^{15}J的能量，如果这是由核材料的全部静止能转化产生的，则需要消耗的核材料的质量为

(A) 0.4kg.　　(B) 0.8kg.

(C) $(1/12)\times10^7$kg.　　(D) 12×10^7kg.　　[ ]

4-7 狭义相对论的两条基本原理中，相对性原理说的是____；光速不变原理说的是______________________________.

4-8 π^+介子是不稳定的粒子，在它自己的参考系中测得平均寿命是2.6×10^{-8}s，如果它相对于实验室以$0.8c$（c为真空中的光速）的速率运动，那么实验室坐标系中测得的π^+介子的寿命是________s.

4-9　一观察者测得一沿米尺长度方向匀速运动着的米尺的长度为 0.5m. 则此米尺以速度 v = ________ $m \cdot s^{-1}$接近观察者.

4-10　μ 子是一种基本粒子，在相对于 μ 子静止的坐标系中测得其寿命为 $\tau_0 = 2 \times 10^{-6}$s. 如果 μ 子相对于地球的速度为 $v = 0.998c$（c 为真空中光速），则在地球坐标系中测出的 μ 子的寿命 = ________.

4-11　观察者 A 测得与他相对静止的 xOy 平面上一个圆的面积是 $12cm^2$，另一观察者 B 相对于 A 以 $0.8c$（c 为真空中的光速）平行于 xOy 平面做匀速直线运动，B 测得这一图形为一椭圆，其面积是多少？

4-12　在惯性系 K 中，有两事件发生于同一地点，且第二事件比第一事件晚发生 t = 2s；而在另一惯性系 K′中，观测第二事件比第一事件晚发生 t' = 3s. 那么在 K′系中发生两事件的地点之间的距离是多少？

[**科技小品**] 图 5-0 所示的**喷墨打印机**，其墨盒所射出墨滴微粒的直径约 10^{-5}m，墨滴进入带电室时被带上负电，所带电荷由计算机按字体笔画高低输入信号加以控制. 带电后的墨滴以一定的初速 $\boldsymbol{u}_0$ 通过偏转电场而发生偏转后，打在纸上，显示出字体. 无信号输入时，墨汁微滴不带电，径直通过偏转板而注入回流槽，流回墨盒.

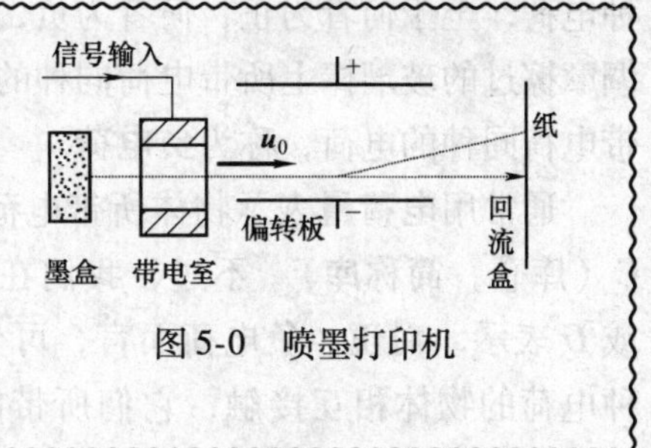

图 5-0　喷墨打印机

第 5 章　静　电　学

从本章开始，我们将研究**电磁学**，它是论述物质之间电磁相互作用及其基本规律的一门学科.

当前，在日常生活和工农业生产的电气化、自动化、数字化方面以及医疗、生物学等各个领域中，电磁学获得了长足的进展和广泛的应用，从而成为工程和自然科学的重要基础.

19 世纪以来，许多科学家对电磁现象的规律和物质的电结构做了大量的实验和理论研究，总结出了本书所要讨论的**经典电磁理论**.

本章将从静止电荷之间存在着作用力这一事实出发，引述静电场的两个基本概念（即电场强度和电势）以及两者之间的关联，并由此总结出静电场的基本规律，为以后各章内容的学习打好基础.

5.1　电荷　库仑定律

5.1.1　电荷　电荷守恒定律

实验表明，两个不同材质的物体（例如丝绸和玻璃棒）相互摩擦后，都能吸引羽毛或纸屑等轻小物体. 这时，显示出这两种物体都处于**带电状态**，我们把这两种物体都称为**带电体**. 今后，我们也往往把**带电体本身简称为电荷**（如运动电荷、自由电荷等）.

其实，自然界并不存在脱离物质而单独存在的电或电荷. **电或电荷乃是物质的一种固有属性**. 并且，实验证明，**自然界只存在两种不同性质的电荷；正（+）电荷和负（−）电荷. 同种电荷互相排斥，异种电荷互相吸引**. 这种相互作用的斥力或吸力便是**电性力**.

通常可用验电器来检验物体是否带电. 检验结果表明，当一个带电体增加同种电荷时，这个带电体的电荷为二者之和；当一个带电体增加异种电荷时，则一种电荷消失，另一种电荷也减小，甚至两种电荷都消失. 因此，我们可以用代数学中的正和负来区别这两种电荷，至于何者为正，何者为负，我们一直沿袭历史上的规定，即在室温下，凡与被丝绸摩擦过的玻璃棒上所带电荷同种的电荷，称为**正电荷**，凡与被毛皮摩擦过的硬橡胶棒所带电荷同种的电荷，称为**负电荷**.

通常用**电荷量**表示物体所带电荷的多少. 在国际单位制（SI）中，电荷量的单位是C（库仑，简称**库**）. 不过，我们在叙述时，往往对电荷和电荷量不加区分，且皆用q或Q表示. 对正、负电荷而言，可分别表示为$q>0$和$q<0$. 这样，如果将存在等量异种电荷的物体相互接触，它们所带的正、负电荷的代数和为零，表现为对外的电效应互相抵消，在宏观上宛如不带电一样，它们呈现**电中性**. 这种现象叫作**放电**或**电中和**. 并且，在放电时还可发现闪光的火花.

我们知道，宏观物体（固体、液体、气体等）都是由分子、原子组成的. 任何化学元素的原子，都含有一个带正电的原子核和若干个在原子核周围运动的带负电的电子. 原子核中含有带正电荷的质子和不带电的中子，原子核所带的正电就是核内全部质子所带正电的总和. 一个质子所带的电荷量和一个电子所带的电荷量的大小相等，都用e表示. 据测定，$e\approx1.60\times10^{-19}$C.

由此可见，任何物体都是一个拥有大量正、负电荷的集合体. 在正常状态下，原子核外电子的数目等于原子核内质子的数目，亦即每个原子里电子所带的负电荷和原子核所带的正电荷都相等，原子内的**净电荷**为零（即正、负电荷的代数和为零），因而，每个原子都呈**电中性**. 这时，整个物体对外界不显示电性. 换句话说，在一切不带电的中性物体中，并非其固有的属性——电消失了，而总是有等量的正、负电荷同时存在.

然而，两种不同质料的中性物体通过相互摩擦或借其他方式而起电的过程，会使每个物体中都有一些电子摆脱了带正电荷的原子核的束缚而转移到另一个物体上去. 虽然不同质料的物体，彼此向对方转移的电子个数往往不相等，但其结果必然是，一个物体因失去一部分电子而带正电，另一个物体则得到这部分电子而带负电. 所以，在起电时，两个物体总是同时带异种而等量的电荷.

总而言之，一切起电过程其实都是使物体上正、负电荷分离或转移的过程，在这一过程中，电荷既不能消灭，也不能创生，只能使原有的电荷重新分布. 由此可以总结出**电荷守恒定律：一个孤立系统的总电荷（即系统中所有正、负电荷的代数和）在任何物理过程中始终保持不变**，即

$$\sum_i q_i = \text{恒量} \tag{5-1}$$

这里所指的孤立系统，就是它与外界没有电荷的交换. 电荷守恒定律也是自然界中一条基本的守恒定律，在宏观和微观领域中普遍适用.

尚需指出，在不同的惯性系中观测物体所带电荷的多少是相同的，即电荷不随物体的运动速度而改变. 这就是**电荷不变性原理**.

最后，我们指出电荷的量子化. 自然界中有许多事物是**量子化**的，例如动植物的个数、珍珠的粒数、台阶的高度等；另一些事物是可以**连续变化**的，如时间的流逝、空间的长度、质量的大小、速率的大小、力的强弱等.

然而，人们起初意想不到的是，电荷竟是不连续的. 实验表明，电子是自然界具有最

小电荷的带电粒子．任一带电体所拥有的电荷量都是电子所带电荷量e的整数倍，这就是说，**e是电荷的一个基本单元**．当带电体的电荷发生改变时，它只能按元电荷e的整数倍改变其大小，不能做连续的任意改变．这种电荷只能一份一份地取分立的、不连续的量值的性质，叫作**电荷的量子化**．**电荷的量子就是e**．不过，常见的宏观带电体所带的电荷远大于元电荷e，在一般灵敏度的电学测试仪器中，电荷的量子性是显示不出来的．因此，在分析带电情况时，可以认为电荷是连续变化的．这正像人们看到不尽长江滚滚流时，认为水流总是连续的，而并不觉得水是由一个个分子、原子等微观粒子组成的一样．

问题 5-1　（1）何谓电荷的量子化？试述电荷守恒定律．

（2）在干燥的冬天，人在地毯上走动时，为什么鞋和地毯都有可能带电？人在夜里脱卸化纤衣服时，为什么衣服上会出现闪光的火花？

5.1.2　库仑定律　静电力叠加原理

带电体之间存在着作用力，它与带电体的大小、形状、电荷分布、相互间的距离等因素有关．当带电体之间的距离远大于它们自身的几何线度时，上述因素所导致的影响可以忽略不计．这时，就可把带电体视作"**点电荷**"．可见，点电荷这个概念和力学中的"质点"概念相仿，只有相对的意义．例如，有两个带电体，其线度皆为d，若两者相距为r，则只有在$r >> d$的情况下，才能把它们当作点电荷来处理．

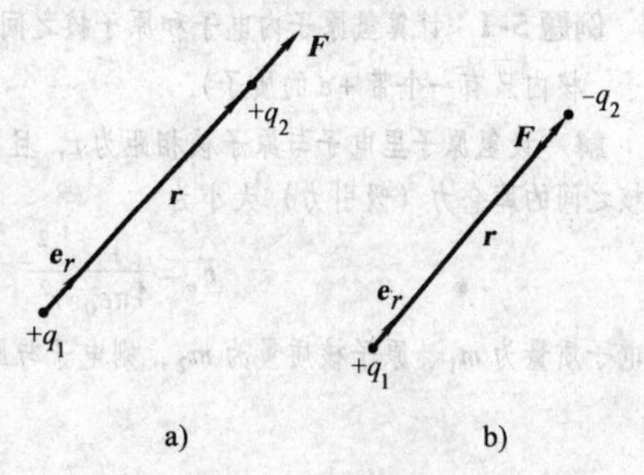

图5-1　q_1对q_2的作用力

a）q_1、q_2同种　b）q_1、q_2异种

下面讨论真空中两个静止点电荷之间的作用力．假定这两个点电荷的电荷量分别为q_1和q_2，它们相距为r（见图5-1）．实验表明，**两个静止的点电荷之间存在着作用力$\boldsymbol{F}$，其大小与两个点电荷的电荷量的乘积成正比，与两个点电荷之间距离的二次方成反比；作用力的方向沿着两个点电荷的连线；同号电荷相斥，异号电荷相吸**．这就是**真空中的库仑定律**，它是库仑（C. A. Coulomb，1736—1806）从实验中总结出来的静电学基本定律．今设从q_1指向q_2的单位矢量为$\boldsymbol{e}_r$，则如图5-1所示，电荷q_2受到电荷q_1的作用力$\boldsymbol{F}$可表示为

$$\boldsymbol{F}=\frac{1}{4\pi\varepsilon_0}\frac{q_1 q_2}{r^2}\boldsymbol{e}_r \tag{5-2a}$$

> 若$\boldsymbol{r}$为q_1指向q_2的位矢，则自q_1指向q_2的单位矢量$\boldsymbol{e}_r=\boldsymbol{r}/r$标志了位矢$\boldsymbol{r}$的方向．

式中，比例常量$\dfrac{1}{4\pi\varepsilon_0}=8.987776\times10^9\mathrm{N\cdot m^2\cdot C^{-2}}\approx9\times10^9\mathrm{N\cdot m^2\cdot C^{-2}}$（计算时取近似值）；其中$\varepsilon_0$称为**真空电容率**（习惯上亦称**真空介电常数**），它表征真空的电学特性．$\varepsilon_0=8.85\times10^{-12}\mathrm{C^2\cdot N^{-1}\cdot m^{-2}}$．

静电力$\boldsymbol{F}$通常又称为**库仑力**．当q_1、q_2为同种电荷时，$\boldsymbol{F}$与$\boldsymbol{e}_r$同方向，两者之间表现为斥力；当q_1、q_2为异种电荷时，$\boldsymbol{F}$与$\boldsymbol{e}_r$反方向，两者之间表现为引力．

在一般情况下，对于两个以上的点电荷，实验证明：**其中每个点电荷所受的总静**

电力，等于其他点电荷单独存在时作用于该点电荷上的静电力的矢量和. 这就是**静电力叠加原理**. 也就是说，不管周围有无其他电荷存在，两个点电荷之间的作用力总是符合库仑定律的. 设$\boldsymbol{F}_1$、$\boldsymbol{F}_2$、…、$\boldsymbol{F}_n$分别为点电荷q_1、q_2、…、q_n单独存在时对点电荷q_0作用的静电力，则q_0所受静电力的合力$\boldsymbol{F}$（矢量和）为

$$\boldsymbol{F}=\boldsymbol{F}_1+\boldsymbol{F}_2+\cdots+\boldsymbol{F}_n=\sum_{i=1}^{n}\boldsymbol{F}_i \tag{5-2b}$$

式（5-2b）即为静电力叠加原理的表达式.

问题 5-2　(1) 试述库仑定律及其比例常量. 什么叫作点电荷？在库仑定律中，按教材中图 5-1 所示的$\boldsymbol{e}_r$方向的规定，试按式（5-2）写出电荷q_2对电荷q_1的作用力$\boldsymbol{F}'$的表达式. 倘若令$r\to 0$，则库仑力$F\to\infty$，显然没有意义. 试对此做出解释.

(2) 试述静电力叠加原理. 如问题 5-2（2）图所示，两个带负电的静止点电荷，在其电荷量$|Q_1|$和$|Q_2|$相等或不相等的各种情况下，相距为l，一个正的点电荷Q放在两者连线的中点O，试分别讨论电荷Q所受静电力的合力方向.

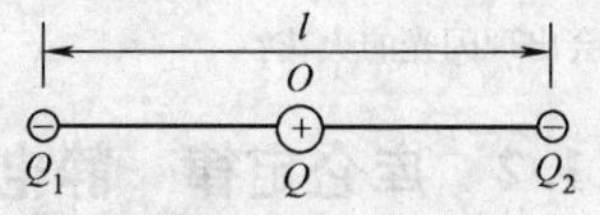

问题 5-2（2）图

例题 5-1　计算氢原子内电子和原子核之间的库仑力与万有引力的比值（注意，氢原子的核外只有一个带$-e$的电子，核内只有一个带$+e$的质子）.

解　设氢原子里电子与原子核相距为r，且因电子和原子核所带的电荷等量异种，电荷大小均为e，故电子与原子核之间的库仑力（吸引力）大小为

$$F_e=\frac{1}{4\pi\varepsilon_0}\frac{e^2}{r^2}$$

设电子质量为m_1、原子核质量为m_2，则电子与原子核之间的万有引力大小为

$$F_m=G\frac{m_1m_2}{r^2}$$

> 今后，凡对电荷周围介质的情况未加任何说明时，均指真空而言.

式中，G为引力常量. 把以上两式相比，有

$$\frac{F_e}{F_m}=\frac{1}{4\pi\varepsilon_0 G}\frac{e^2}{m_1m_2}$$

查书末附录 A，$e=1.60\times10^{-19}\,\text{C}$，$m_1=9.11\times10^{-31}\,\text{kg}$，$m_2=1840m_1$；常量$1/4\pi\varepsilon_0=9\times10^9\,\text{N}\cdot\text{m}^2\cdot\text{C}^{-2}$，$G=6.67\times10^{-11}\,\text{N}\cdot\text{m}^2\cdot\text{kg}^{-2}$，将它们代入上式，可算出库仑力与万有引力的比值为

$$\frac{F_e}{F_m}=\frac{(9\times10^9\,\text{N}\cdot\text{m}^2\cdot\text{C}^{-2})\times(1.60\times10^{-19}\,\text{C})^2}{(6.67\times10^{-11}\,\text{N}\cdot\text{m}^2\cdot\text{kg}^{-2})\times1840\times(9.11\times10^{-31}\,\text{kg})^2}$$

$$=2.26\times10^{39}$$

显然，在微观粒子之间的作用力中，万有引力远小于静电力，可略去不计. 然而，在讨论宇宙中的行星、恒星、星系等大型天体之间的作用力时，则主要考虑万有引力. 因为这些星体也是由带正电和带负电的粒子所组成的，可是它们相距是如此遥远，其正电与正电之间的斥力、负电与负电之间的斥力以及正电和负电之间的引力的合力微不足道，所以其静电作用力表现不出来，而可视作中性的.

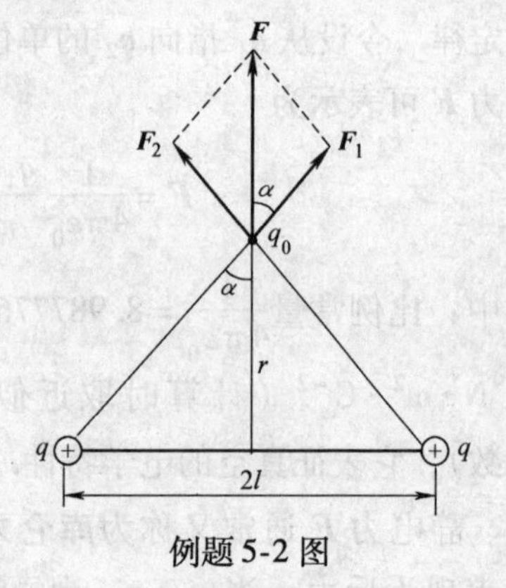

例题 5-2 图

例题 5-2　如例题 5-2 图所示，两个相等的正点电荷q，相距为$2l$. 若一个点电荷q_0放在上述两电荷连线的中垂

线上. 问: 欲使 q_0 受力最大, q_0 到两电荷连线中点的距离 r 为多大?

解 由库仑定律和静电力叠加原理可知,电荷 q_0 受两个电荷 q 的静电力分别为 $\boldsymbol{F}_1$ 和 $\boldsymbol{F}_2$, 合力为 $\boldsymbol{F}$, 其值随 r 而变. 当 r 较大时, q_0 与 q 之间的距离较大, 合力随这个距离的增加而减小; 当 r 较小时, q_0 受 q 的力增大, 但所受两个力之间的夹角 2α 变大, 合力仍是减小. 因此, 当 r 为某一定值时, q_0 所受的合力有最大值. 相应的 r 值可用求函数极值方法算出. 由于 $F_1=F_2$, 则合力为

$$F=2F_1\cos\alpha=\frac{2q_0q}{4\pi\varepsilon_0(l^2+r^2)}\frac{r}{(l^2+r^2)^{\frac{1}{2}}}$$

$$=\frac{q_0qr}{2\pi\varepsilon_0\sqrt{(l^2+r^2)^3}}$$

由于两个点电荷 q 相对于中垂线对称, 故中垂线上任一点的静电力 $\boldsymbol{F}_1$ 和 $\boldsymbol{F}_2$, 其水平分量 $F_1\sin\alpha=F_2\sin\alpha$, 等值反向共线, 互相抵消. 因此, 合力 $\boldsymbol{F}$ 的大小等于 $F_1\cos\alpha+F_2\cos\alpha=2F_2\cos\alpha$.

且 $$\frac{\mathrm{d}F}{\mathrm{d}r}=\frac{q_0q}{2\pi\varepsilon_0}\left[\frac{\sqrt{(l^2+r^2)^3}-3\sqrt{l^2+r^2}r^2}{(l^2+r^2)^3}\right]$$

令 $\frac{\mathrm{d}F}{\mathrm{d}r}=0$, 则化简后, 得 $r=\frac{l}{\sqrt{2}}$.

又可求出 $\left.\frac{\mathrm{d}^2F}{\mathrm{d}r^2}\right|_{r=\frac{l}{\sqrt{2}}}<0$. 因此, 当 $r=\frac{l}{\sqrt{2}}$ 时, F 具有极大值.

5.2 电场 电场强度

5.2.1 电场

库仑定律给出了两个点电荷之间作用力的定量关系，但并未阐明电荷之间的作用是如何实现的. 过去，人们一直认为，这种作用无须通过中间的媒介物质，也不需要传递的时间，而可以从一个带电体直接作用到另一个带电体. 这种所谓“超距作用”的观点随着近代物理学的发展而被摒弃，并提出了新的观点，认为在带电体的周围空间存在着电场，其他带电体处于此电场中时，所受到的作用力是由该电场所施加的，称为**电场力**. 那么，此力的反作用力，也就应该作用在该电场上了. 因此，电荷之间的作用力是通过电场来传递的. 可表示为

$$\text{电荷 A}\underset{\text{作用于}}{\overset{\text{激发}}{\rightleftharpoons}}\text{电场}\underset{\text{激发}}{\overset{\text{作用于}}{\rightleftharpoons}}\text{电荷 B}$$

理论和实验都已证明，后一种观点是正确的. 电场与由分子、原子等组成的实物一样，也具有能量、动量和质量，所以电场也是物质的一种形态. 不过，场与实物的一个重要区别，就是同一个空间不能同时被两个实物所占据，但可以存在两个以上的场；如果是同一性质的场，还可以在同一空间内叠加. 我们在本章只研究由静止电荷所激发的电场，称为**静电场**. 这里所说的“静止”，当然也是相对于惯性参考系而言的. 静电场对外的表现主要有如下三个特征：

（1）引入电场中的任何带电体，都将受到电场力的作用.

（2）当带电体在电场中移动时，电场力将对带电体做功，这意味着电场拥有能量.

（3）电场能使导体中的电荷重新分布，能使电介质极化.

5.2.2 电场强度 电场强度叠加原理

由于电场对电荷有力作用，因此可以利用电荷作为检测电场的工具. 用于判断电场的存在与否和电场强弱的电荷称为**试探电荷**，记作 q_0. 通常将激发电场的电荷称为**场源电荷**. 场源电荷可以是若干个点电荷或具有某种电荷分布和任意形状的带电体. 试探电荷则应满足下列两个条件：首先，试探电荷的电荷量 q_0 应足够小，不因 q_0 引入电场而导致场源电荷分布发生显著的变化；其次，试探电荷的几何线度应足够小，可视作点电荷，以能确切地探测电场内每一点（**即场点**）的电场强弱和方向. 这样，我们就可借试探电荷 q_0 对空间各点电场的强弱和方向进行检测和探究.

实验表明，对场源电荷及其分布给定的电场，在其中任一确定场点 P_1 上放置试探电荷 q_0；适当改变 q_0 的大小，q_0 所受电场力 $\boldsymbol{F}$ 将随之改变，但其比值 $\boldsymbol{F}/q_0$ 却不变；如果任意选择电场中不同的场点 P_1、P_2、…、P_n，重复上述实验，比值 $\boldsymbol{F}/q_0$ 只随地点不同而异，而与试探电荷 q_0 的大小无关. 因此，可用比值 $\boldsymbol{F}/q_0$ 描述电场中各点电场的强弱和方向. 称 $\boldsymbol{F}/q_0$ 为**电场强度**，它是一个矢量，既有大小，又有方向. 通常用 $\boldsymbol{E}$ 表示电场强度矢量，即

$$\boldsymbol{E}=\frac{\boldsymbol{F}}{q_0} \tag{5-3}$$

在式（5-3）中，取 $q_0=+1$，则 $\boldsymbol{E}=\boldsymbol{F}$. 这就是说，**电场中任一点的电场强度在量值上等于一个单位正电荷放在该点所受到的电场力的大小，电场强度的方向规定为正电荷在该点所受电场力的方向.**

在 SI 中，力的单位是 N，电荷的单位是 C，则按式（5-3），电场强度的单位应是 $\mathrm{N\cdot C^{-1}}$（牛顿·库仑$^{-1}$），也可写作 $\mathrm{V\cdot m^{-1}}$（伏特·米$^{-1}$）.

如果电场中各点的电场强度的大小都相同，方向也都相同，这样的电场称为**均匀（或匀强）电场.**

若已知电场中任一点的电场强度，则放在该点的电荷所受的电场力为

$$\boldsymbol{F}=q\boldsymbol{E} \tag{5-4}$$

显然，放在该点的电荷 q 为正，则 $\boldsymbol{F}$ 与 $\boldsymbol{E}$ 同方向；反之，若此电荷 q 为负，则 $\boldsymbol{F}$ 与 $\boldsymbol{E}$ 反方向.

值得指出，电场对电荷的作用力与电场强度是两个不同的概念. 前者是指电场与电荷的相互作用，它取决于电场与引入场中的电荷；后者则是描述电场中各场点的强弱和方向，仅与场源电荷有关.

若电场是由一组场源电荷 q_1、q_2、…、q_n 所共同激发的，为了计算它们周围空间某一点的电场强度，仍可把试探电荷 q_0 放在该点，从它的受力情况来计算电场强度. 设 $\boldsymbol{F}_1$、$\boldsymbol{F}_2$、…、$\boldsymbol{F}_n$ 分别表示点电荷 q_1、q_2、…、q_n 单独存在时对 q_0 的作用力，则按静电力叠加原理式（5-2b），q_0 所受的合力为

$$\boldsymbol{F}=\boldsymbol{F}_1+\boldsymbol{F}_2+\cdots+\boldsymbol{F}_n$$

将上式两边同除以 q_0，得

$$\boldsymbol{E}=\boldsymbol{E}_1+\boldsymbol{E}_2+\cdots+\boldsymbol{E}_n=\sum_i \boldsymbol{E}_i \tag{5-5}$$

式（5-5）表明，电场中某点的总电场强度等于各个点电荷单独存在时在该点的电场强度的矢量和. 这就是**电场强度叠加原理**. 利用这个原理，我们可以计算任意的**点电荷系**或带电体的电场强度. 所谓点电荷系，就是由若干个点电荷组成的集合.

问题 5-3 （1）试述电场强度的定义. 它的单位是怎样规定的？何谓电场强度叠加原理？

（2）在一个带正电的大导体附近的一点 P，放置一个试探电荷 q_0（$q_0>0$），实际测得它所受力的大小为 F. 若电荷 q_0 不是足够小，则 F/q_0 的值比点 P 原来的电场强度 E 大还是小？若大导体带负电，情况又将如何？

（3）有人问："对于电场中的某定点，电场强度的大小 $E=F/q_0$，不是与试探电荷 q_0 成反比吗？为何却说 E 与 q_0 无关？"你能回答这个问题吗？

5.3 电场强度和电场力的计算

本节将根据电场强度的定义和电场强度叠加原理，推导出几种典型分布电荷在真空中激发的电场内各点电场强度的表达式，供读者在阅读教材和解题计算时作为公式直接引用.

5.3.1 点电荷电场中的电场强度

如图 5-2 所示，在真空中有一个静止的点电荷 q，在与它相距为 r 的场点 P 上，设想放一个试探电荷 q_0（$q_0>0$），按库仑定律，试探电荷 q_0 所受的力为

$$\boldsymbol{F}=\frac{1}{4\pi\varepsilon_0}\frac{qq_0}{r^2}\boldsymbol{e}_r$$

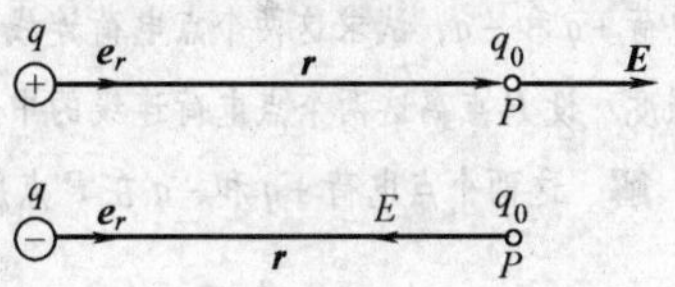

图 5-2 点电荷电场中的电场强度

式中，$\boldsymbol{e}_r$ 是单位矢量，用来标示点 P 相对于场源点电荷 q 的位矢 $\boldsymbol{r}$ 的方向. 按电场强度定义，$\boldsymbol{E}=\boldsymbol{F}/q_0$，由上式即得点 P 的电场强度为

$$\boldsymbol{E}=\frac{1}{4\pi\varepsilon_0}\frac{q}{r^2}\boldsymbol{e}_r \tag{5-6}$$

即在点电荷 q 的电场中，任一点 P 的电场强度大小为 $E=|q|/(4\pi\varepsilon_0 r^2)$，其值与场源电荷的大小 $|q|$ 成正比，并与点电荷 q 到该点距离 r 的二次方成反比，且当 $r\to\infty$ 时，电场强度大小 $E\to 0$；电场强度 $\boldsymbol{E}$ 的方位沿场源电荷 q 和点 P 的连线，其指向取决于场源电荷 q 的正、负（图5-2）：若 q 为正电荷（$q>0$），其方向与 $\boldsymbol{e}_r$ 的方向相同，即沿 $\boldsymbol{e}_r$ 而背离 q；若 q 为负电荷（$q<0$），其方向与 $\boldsymbol{e}_r$ 的方向相反，而指向 q.

显然，在点电荷 q 的电场中，以点电荷 q 为中心、以 r 为半径的球面上各点的电场强度大小均相同，电场强度的方向皆分别沿半径向外（若 $q>0$）（图 5-3）或指向中心（若 $q<0$），通常说，具有这

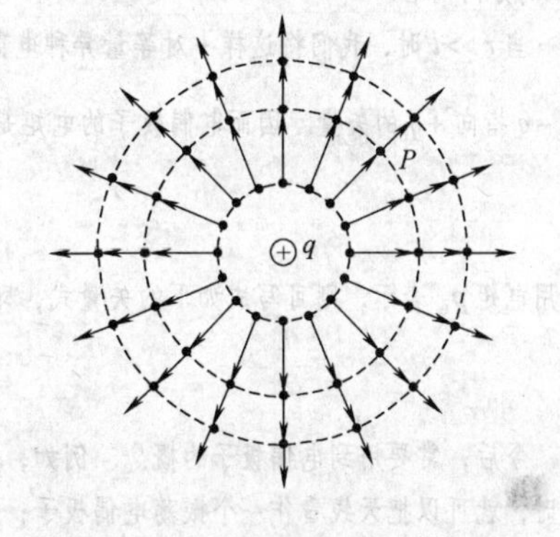

图 5-3 点电荷的电场是球对称的

样特点的电场是**球对称**的.

5.3.2 点电荷系电场中的电场强度

设电场是由一组点电荷 q_1、q_2、…、q_n 所构成的**点电荷系**共同激发的，而场点 P 与各个点电荷的距离分别为 r_1、r_2、…、r_n（相应的位矢为 $\boldsymbol{r}_1$、$\boldsymbol{r}_2$、…、$\boldsymbol{r}_n$），则各个点电荷激发的电场在点 P 的电场强度按式（5-6）分别为

$$\boldsymbol{E}_1=\frac{q_1}{4\pi\varepsilon_0 r_1^2}\boldsymbol{e}_{r1},\quad \boldsymbol{E}_2=\frac{q_2}{4\pi\varepsilon_0 r_2^2}\boldsymbol{e}_{r2},\quad \cdots,\quad \boldsymbol{E}_n=\frac{q_n}{4\pi\varepsilon_0 r_n^2}\boldsymbol{e}_{rn}$$

式中，$\boldsymbol{e}_{r1}$、$\boldsymbol{e}_{r2}$、…、$\boldsymbol{e}_{rn}$ 分别是场点 P 相对于场源电荷 q_1、q_2、…、q_n 的位矢 $\boldsymbol{r}_1$、$\boldsymbol{r}_2$、…、$\boldsymbol{r}_n$ 方向上的单位矢量，按照电场强度叠加原理［式（5-5）］，这些点电荷各自在点 P 激发的电场强度的矢量和，等于点 P 的总电场强度 $\boldsymbol{E}$，即

$$\boldsymbol{E}=\boldsymbol{E}_1+\boldsymbol{E}_2+\cdots+\boldsymbol{E}_n=\sum_i \boldsymbol{E}_i=\sum_i \frac{q_i}{4\pi\varepsilon_0 r_i^2}\boldsymbol{e}_{ri} \tag{5-7}$$

问题 5-4 在问题 5-4 图 a、b 所示的静电场中，试绘出 P 点的电场强度 $\boldsymbol{E}$ 的方向，其中 $+q$、$-q$ 为场源点电荷.

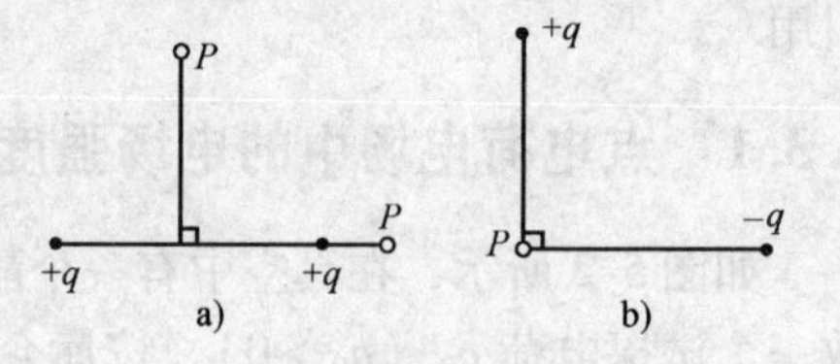

问题 5-4 图

例题 5-3 如例题 5-3 图所示，有一对相距为 l 的等量异种点电荷 $+q$ 和 $-q$，试求这两个点电荷连线的延长线上一点 P 的电场强度. 设 P 点离这两个点电荷连线的中点 O 的距离为 r.

解 这两个点电荷 $+q$ 和 $-q$ 在 P 点所激发的电场强度大小分别为

$$E_+=\frac{q}{4\pi\varepsilon_0\left(r-\dfrac{l}{2}\right)^2},E_-=\frac{q}{4\pi\varepsilon_0\left(r+\dfrac{l}{2}\right)^2}$$

例题 5-3 图

由于共线矢量 $\boldsymbol{E}_+$ 和 $\boldsymbol{E}_-$ 方向相反，所以，根据电场强度叠加原理，P 点处的电场强度 $\boldsymbol{E}_P$ 的大小为

$$E_P=E_+-E_-=\frac{q}{4\pi\varepsilon_0\left(r-\dfrac{l}{2}\right)^2}-\frac{q}{4\pi\varepsilon_0\left(r+\dfrac{l}{2}\right)^2}=\frac{2qrl}{4\pi\varepsilon_0\left[r^2-\left(\dfrac{l}{2}\right)^2\right]^2}$$

$\boldsymbol{E}_P$ 的方向向右.

当 $r\gg l$ 时，我们将这样一对等量异种电荷称为**电偶极子**. 这时，可以用电矩 $\boldsymbol{p}_e=q\boldsymbol{l}$ 来描述电偶极子，其中 $\boldsymbol{l}$ 是从 $-q$ 指向 $+q$ 的矢量. 因而电偶极子的电矩是矢量，其方向与 $\boldsymbol{l}$ 的方向相同. 由于 $r^2-\left(\dfrac{l}{2}\right)^2\approx r^2$，故有

$$E_P=\frac{2ql}{4\pi\varepsilon_0 r^3}$$

若用电矩 $\boldsymbol{p}_e$ 表示，则可写成如下的矢量式，即

$$\boldsymbol{E}_P=\frac{2\boldsymbol{p}_e}{4\pi\varepsilon_0 r^3} \tag{5-8}$$

今后，常要用到电偶极子的概念. 例如，由于无线电台的发射天线里电子的运动，而在其两端交替地带正、负电荷时，就可以把天线看作一个振荡电偶极子；又如，在研究电介质的极化时，其中每个分子等效于一个电偶极子.

顺便指出，如果 $l=0$，则 $+q$ 与 $-q$ 将重合在一起，点 P 的电场强度为零，即

$$E_P = \frac{q}{4\pi\varepsilon_0 r^2} + \frac{(-q)}{4\pi\varepsilon_0 r^2} = 0$$

这就是**电中和**的意义. 所谓等量异种电荷的中和，并不是说这些电荷消失了，也就不激发电场了，而是指它们聚集在一起，对外所激发的电场相互抵消.

5.3.3 连续分布电荷电场中的电场强度

如果场源电荷在空间某一范围内是连续分布的，则在计算该电荷系所激发的电场时，一般可将全部电荷看成许多微小的电荷元 dq 的集合，每个电荷元 dq 在空间任一点所激发的电场强度，与点电荷在同一点激发的电场强度相同，即按式（5-6），可表示为

$$\mathrm{d}\boldsymbol{E} = \frac{1}{4\pi\varepsilon_0}\frac{\mathrm{d}q}{r^2}\boldsymbol{e}_r \tag{5-9}$$

式中，$\boldsymbol{e}_r$ 为场点 P 相对于电荷元 dq 的位矢 $\boldsymbol{r}$ 方向上的单位矢量. 根据电场强度叠加原理，求各电荷元在点 P 的电场强度的矢量和（即求矢量积分），就可得到电荷系在点 P 的电场强度为

$$\boldsymbol{E} = \iiint_V \mathrm{d}\boldsymbol{E} = \iiint_V \frac{1}{4\pi\varepsilon_0}\frac{\mathrm{d}q}{r^2}\boldsymbol{e}_r \tag{5-10}$$

其中，积分号下的 V 表示对场源电荷的集合在整个分布范围求积分. 式（5-10）是一个矢量积分，具体计算时要利用分量式转化为标量积分.

问题 5-5 （1）试写出电荷在电场中所受电场力的公式.

（2）如问题 5-5（2）图 a、b、c、d 所示，在点电荷 $+q$（或 $-q$）的电场中，请绘出 P 点电场强度 $\boldsymbol{E}$ 的方向；若在 P 点放置一个点电荷 $+q_0$（或 $-q_0$），试绘出它所受电场力的方向.

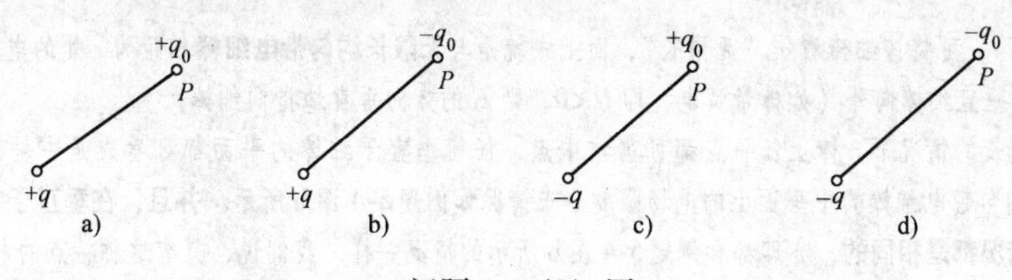

问题 5-5（2）图

（3）如何计算连续分布电荷的电场？

例题 5-4 如例题 5-4 图 a 所示，设一长为 L 的均匀带电细棒，带电荷 Q（$Q>0$），求棒的中垂线上一点 P 的电场强度.

解 以棒的中点 O 为原点，建立坐标系 Oxy，在棒上坐标为 x 处取一线元 dx，其上带电荷为 dq. 按题设，细棒均匀带电，则电荷线密度 $\lambda = Q/L$ 为一恒量，因此电荷元为 $\mathrm{d}q = \lambda\mathrm{d}x$，它在场点 P 激发的电场强度为

$$\mathrm{d}E = \frac{1}{4\pi\varepsilon_0}\frac{\lambda\mathrm{d}x}{x^2 + r^2}$$

其方向如图所示. 上式中的 r 为中垂线上的场点 P 与棒的中点 O 的距离.

将 d$\boldsymbol{E}$ 分解成 d$\boldsymbol{E}_x$ 和 d$\boldsymbol{E}_y$ 两个分矢量，由于电荷对中垂线为对称分布，应有 $\int_L \mathrm{d}\boldsymbol{E}_x = \boldsymbol{0}$（读者可自行分析），而 d$\boldsymbol{E}_y$ 分量的大小为

$$\mathrm{d}E_y = \mathrm{d}E\sin\alpha = \frac{1}{4\pi\varepsilon_0}\frac{\lambda \mathrm{d}x}{x^2+r^2}\frac{r}{\sqrt{x^2+r^2}}$$

因而，P 点的总电场强度为

$$E = E_y = \int_L \mathrm{d}E_y = \int_{-\frac{L}{2}}^{\frac{L}{2}} \frac{\lambda r \mathrm{d}x}{4\pi\varepsilon_0\sqrt{(x^2+r^2)^3}} = \frac{\lambda r}{4\pi\varepsilon_0}\frac{x}{r^2\sqrt{x^2+r^2}}\Bigg|_{-\frac{L}{2}}^{\frac{L}{2}}$$

$$= \frac{\lambda r L}{4\pi\varepsilon_0 r^2\sqrt{\dfrac{L^2}{4}+r^2}} = \frac{Q}{4\pi\varepsilon_0 r\sqrt{\dfrac{L^2}{4}+r^2}}$$

$\boldsymbol{E}$ 沿 Oy 轴正方向，当 $r \ll L$ 时，上式成为

$$E = \frac{\lambda}{2\pi\varepsilon_0 r} \tag{5-11}$$

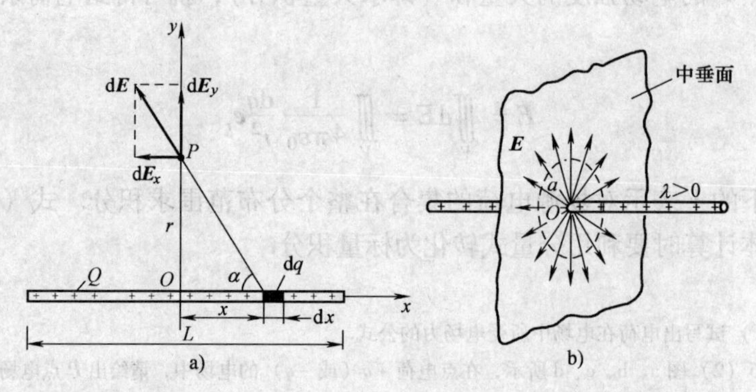

例题 5-4 图

此时，相对于距离 r，可将该细棒看作“无限长”，而上式就是与**无限长均匀带电细棒**相距为 r 处的电场强度的大小 E 的公式. $\boldsymbol{E}$ 的方向垂直细棒向外（如棒带负电，即 $Q<0$，则 $\boldsymbol{E}$ 的方向垂直地指向细棒）.

在细棒为无限长的情况下，棒上任一点都可当作中点，任何垂直于细棒的平面都可看成是中垂面，那么，按式 (5-11)，无限长均匀带电细棒的中垂面上的电场强度分布情况如例题 5-4 图 b 所示. **并且，在垂直于它的任一平面上其电场强度分布情况都是相同的**，亦即都和例题 5-4 图 b 所示的情况一样. 我们说，具有这种特点的电场是轴对称的.

值得指出，无限长的带电细棒是不存在的，实际上都是有限长的，但如果我们研究棒的中央附近而又离棒很近区域内的电场，就可以近似地把棒看成是无限长的.

例题 5-5 如例题 5-5 图所示，求垂直于均匀带电细圆环的轴线上任一场点 P 的电场强度. 设圆环半径为 R，带电荷量为 Q. 环心 O 与场点 P 相距为 x.

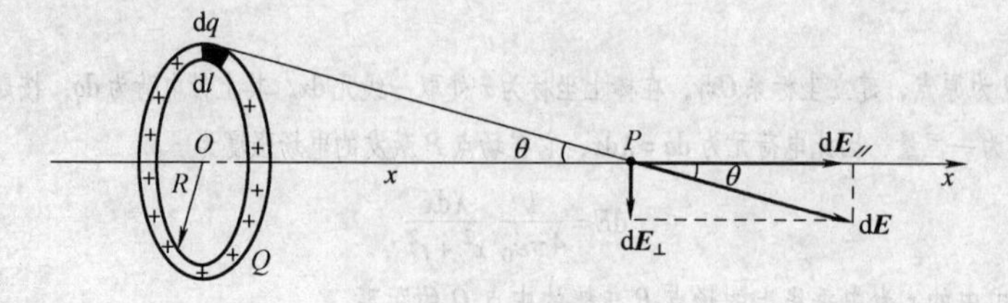

例题 5-5 图

解 设 P 点在圆环右侧的轴线上，以此轴线为坐标轴 Ox，按题设，圆环均匀带电，其电荷线密度为 $\lambda = Q/$

$(2\pi R)$. 任取一电荷元 $\mathrm{d}q$，长为 $\mathrm{d}l$，它所带的电荷量为 $\mathrm{d}q=\lambda\mathrm{d}l$，电荷元在 P 点的电场强度为 $\mathrm{d}\boldsymbol{E}$，其方向如图所示，大小为

$$\mathrm{d}E=\frac{\mathrm{d}q}{4\pi\varepsilon_0 r^2}=\frac{\lambda\mathrm{d}l}{4\pi\varepsilon_0(R^2+x^2)}$$

将 $\mathrm{d}\boldsymbol{E}$ 分解为沿 Ox 轴的分量 $\mathrm{d}\boldsymbol{E}_{/\!/}$ 和垂直于 Ox 轴的分量 $\mathrm{d}\boldsymbol{E}_{\perp}$，由于相对于轴线而言，电荷分布具有对称性，则 $\int_L \mathrm{d}\boldsymbol{E}_{\perp}=\boldsymbol{0}$，于是 P 点的总电场强度为

$$E=\int_L \mathrm{d}E_{/\!/}=\int_L \mathrm{d}E\cos\theta=\int_0^{2\pi R}\frac{\lambda\mathrm{d}l}{4\pi\varepsilon_0(R^2+x^2)}\frac{x}{\sqrt{R^2+x^2}}$$

$$=\frac{\lambda(2\pi R)x}{4\pi\varepsilon_0\sqrt{(R^2+x^2)^3}}=\frac{Qx}{4\pi\varepsilon_0\sqrt{(R^2+x^2)^3}} \tag{5-12}$$

式 (5-12) 即为均匀带电圆环中心轴线上一点的电场强度. 若 $Q>0$，$\boldsymbol{E}$ 沿 Ox 轴正向；若 $Q<0$，$\boldsymbol{E}$ 沿 Ox 轴负向.

当 $x\gg R$ 时，$E=\dfrac{Qx}{4\pi\varepsilon_0 x^3}=\dfrac{Q}{4\pi\varepsilon_0 x^2}$，与点电荷的电场强度公式相同.

同理，沿圆环左侧的 Ox 轴负向，亦可同样给出式 (5-12)，但当 $Q>0$ 时，$\boldsymbol{E}$ 的方向则沿 Ox 轴负向；$Q<0$ 时，$\boldsymbol{E}$ 沿 Ox 轴正向. 所以，在垂直于均匀带电圆环的轴线上，其两侧的电场强度是对称分布的.

说明 从以上各例可以看到，利用电场强度叠加原理求各点的电场强度时，由于电场强度是矢量，具体运算中需将矢量的叠加转化为各分量（标量）的叠加；并且在计算时，关于电场强度的对称性的分析也是不可忽视的，在某些情形下，它往往能使我们立即看出矢量 $\boldsymbol{E}$ 的某些分量相互抵消而等于零，使计算大为简化.

例题 5-6 一半径为 R 的均匀带电圆平面 S 上，电荷面密度为 σ（即单位面积所带电荷，其单位为 $\mathrm{C\cdot m^{-2}}$），设圆平面带正电，即 $\sigma>0$，求垂直于圆平面的轴上任一场点 P 的电场强度.

分析 按题设，S 为一均匀带电圆平面，因而电荷面密度 σ 为一恒量. 求解时，可将均匀带电圆平面视作由许多不同半径的同心带电圆环所组成，每一圆环在轴上任一场点的电场强度 $\mathrm{d}\boldsymbol{E}$ 可借上例的结果［式 (5-12)］给出，再按电场强度叠加原理，通过积分，就可以求出整个带电圆平面在点 P 的电场强度 $\boldsymbol{E}$.

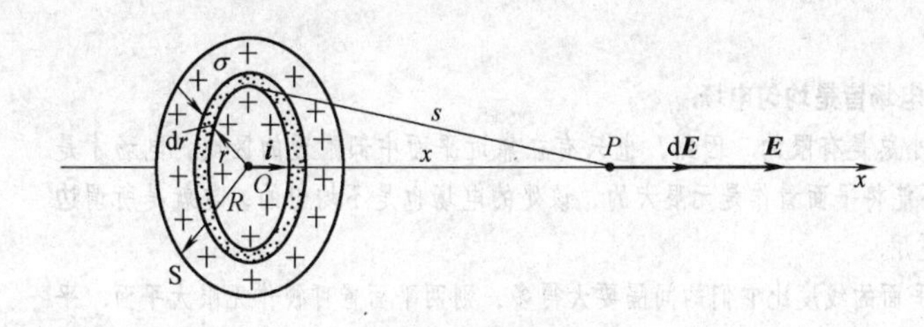

例题 5-6 图

正如上例所说，垂直于圆平面的轴上各点电场强度相对于圆平面是左、右对称的. 为此，这里只对右侧的场点进行讨论.

解 如例题 5-6 图所示，在圆平面上距中心 O 为 r 处，取宽度 $\mathrm{d}r$ 的圆环，在这个圆环上带有电荷 $\mathrm{d}q=\sigma(2\pi r\mathrm{d}r)$，利用式 (5-12). 它在沿垂直于圆平面的 Ox 轴上（其单位矢量为 $\boldsymbol{i}$）的点 P，其电场强度为

$$\mathrm{d}\boldsymbol{E}=\frac{1}{4\pi\varepsilon_0}\frac{(\mathrm{d}q)x}{(x^2+r^2)^{3/2}}\boldsymbol{i}=\frac{2\pi r\sigma x\mathrm{d}r}{4\pi\varepsilon_0(x^2+r^2)^{3/2}}\boldsymbol{i}=\frac{\sigma x}{2\varepsilon_0}\frac{r\mathrm{d}r}{(x^2+r^2)^{3/2}}\boldsymbol{i}$$

由于各带电同心圆环在 P 点的电场强度 $\mathrm{d}\boldsymbol{E}$ 方向相同，所以对上式只需进行标量积分，可得整个带电圆平面在轴上一点 P（x 为定值）的电场强度为

$$\boldsymbol{E}=\iint_S \mathrm{d}\boldsymbol{E}=\left[\frac{\sigma x}{2\varepsilon_0}\int_0^R\frac{r\mathrm{d}r}{(x^2+r^2)^{3/2}}\right]\boldsymbol{i}$$

$$E = \frac{\sigma}{2\varepsilon_0}\left(1 - \frac{x}{\sqrt{x^2 + R^2}}\right)\boldsymbol{i} \tag{5-13}$$

由于所述均匀带电圆平面两侧沿 Ox 轴的电场分布也是对称的，所以在圆平面左侧沿 Ox 轴负向的电场强度亦与式 (5-13) 相同，但其方向则沿 Ox 轴负向.

例题 5-7 设有一很大的、电荷面密度为 σ 的均匀带电平面. 在靠近平面的中部而且离开平面的距离比平面的几何线度小得多的区域内的电场，称为"无限大"均匀带电平面的电场. 试证此带电平面两侧的电场都是均匀电场.

证明 在上例中，若 $x \ll R$，则均匀带电圆平面就可视作无限大的均匀带电平面；对无限大的平面而言，凡是 $x \ll R$ 的点都处于本例中所述的区域内. 因此，由式 (5-13)，可得无限大均匀带电平面的电场中各点电场强度 $\boldsymbol{E}$ 的大小为

$$E = \frac{\sigma}{2\varepsilon_0} \tag{5-14}$$

可见，在上述电场区域内，各点电场强度 $\boldsymbol{E}$ 的大小相等，且与上述区域内各点离开平面的距离无关，也与平面的形状和线度无关. 至于电场强度 $\boldsymbol{E}$ 的方向，理应沿着垂直于该平面的中心轴，由于平面为"无限大"，所以在上述区域内，任一条垂直于该平面的轴线都可视作中心轴，因而各点电场强度 $\boldsymbol{E}$ 的方向都垂直于平面而相互平行；若该平面带正电，即 $\sigma > 0$，则电场强度 $\boldsymbol{E}$ 的方向背离平面 (见例题 5-7 图 a)；反之，若平面带负电，即 $\sigma < 0$，则电场强度 $\boldsymbol{E}$ 的方向指向平面 (见例题 5-7 图 b).

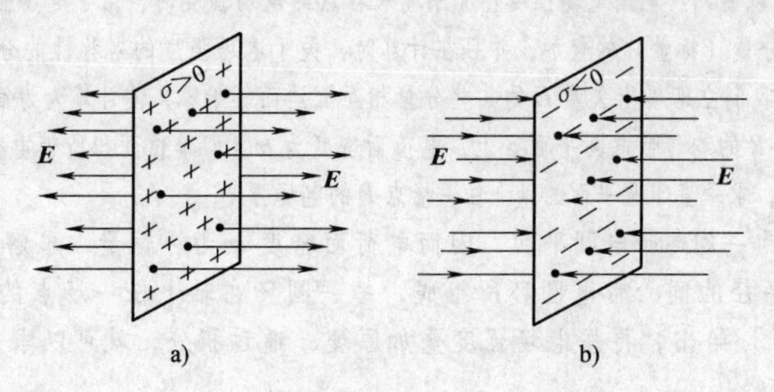

例题 5-7 图

综上所述，**"无限大"均匀带电平面两侧的电场皆是均匀电场.**

说明 实际上，任何一个带电平面，其大小总是有限的. 因此，也只有在靠近平面中部附近的区域，电场才是均匀的，而相对于平面边缘附近的点而言，就不能将平面看作是无限大的，该处的电场也是不均匀的，这就是所谓**边缘效应**. 因此，对该处而言，式 (5-14) 不再适用.

例题 5-8 设有两个平行平面 A 和 B，两平面的线度比它们的间隔要大得多，则两平面皆可视作无限大平面. 平面 A 均匀地带正电，平面 B 均匀地带负电，电荷面密度分别为 $\sigma > 0$ 和 $\sigma < 0$ (见例题 5-8 图 a). 求该两个带电平面所激发的电场.

解 根据电场强度叠加原理，两个带电平面在任一场点所激发的电场强度 $\boldsymbol{E}$，是每个带电平面分别在该点激发的电场强度 $\boldsymbol{E}_{\mathrm{A}}$ 和 $\boldsymbol{E}_{\mathrm{B}}$ 的矢量和，即

$$\boldsymbol{E} = \boldsymbol{E}_{\mathrm{A}} + \boldsymbol{E}_{\mathrm{B}}$$

除两平面边缘的附近处以外，$\boldsymbol{E}_{\mathrm{A}}$ 和 $\boldsymbol{E}_{\mathrm{B}}$ 分别是"无限大"均匀带电平面 A 和 B 所激发的电场强度，由上例可知，其大小皆为 $\frac{\sigma}{2\varepsilon_0}$，方向分别如例题 5-8 图 a 中的实线和虚线箭头所示.

在两平面之间的区域内，$\boldsymbol{E}_{\mathrm{A}}$、$\boldsymbol{E}_{\mathrm{B}}$ 的方向相同，都从 A 面指向 B 面，其大小均为 $\frac{\sigma}{2\varepsilon_0}$，所以总电场强度的方向是从电荷面密度为 $\sigma > 0$ 的 A 面指向电荷面密度为 $\sigma < 0$ 的 B 面，显而易见，其大小为 $E = E_{\mathrm{A}} + E_{\mathrm{B}} = \frac{\sigma}{2\varepsilon_0} + \frac{\sigma}{2\varepsilon_0}$，即

$$E=\frac{\sigma}{\varepsilon_0} \tag{5-15}$$

在两平面的外侧区域，$\boldsymbol{E}_A$ 和 $\boldsymbol{E}_B$ 的方向相反、大小相等，所以总电场强度的大小为

$$E=E_A-E_B=0$$

因此，均匀地分别带上等量正、负电荷的两个无限大平行平面（即电荷面密度的大小相同），当平面的线度远大于两平面的间距时，除了边缘附近为非均匀电场而存在边缘效应外，电场全部集中于两平面之间（见例题5-8图b），**而且是均匀电场**. 局限于上述区域内的电场，称为**“无限大”均匀带电平行平面的电场.**

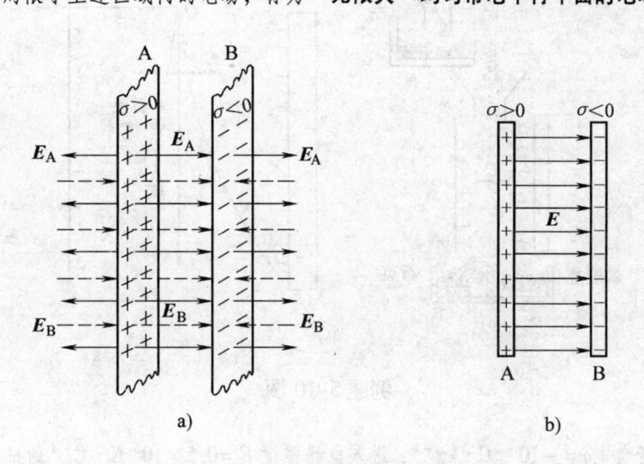

例题5-8 图

5.3.4　电荷在电场中所受的力

例题5-9　求电偶极子在均匀电场中所受的作用.

解　如例题5-9图所示，设电偶极子处于电场强度为 $\boldsymbol{E}$ 的均匀电场中，$\boldsymbol{l}$ 表示从 $-q$ 指向 $+q$ 的矢量，电偶极子的电矩 $\boldsymbol{p}_e=q\boldsymbol{l}$，方向与 $\boldsymbol{E}$ 之间的夹角为 θ. 作用于电偶极子正、负电荷上的电场力分别为 $\boldsymbol{F}_+$ 和 $\boldsymbol{F}_-$，其大小相等，按式(5-4)，有

$$F=|\boldsymbol{F}_+|=|\boldsymbol{F}_-|=qE$$

例题5-9 图

其方向相反，因此两力的矢量和为零，电偶极子不会发生平动；但由于电场力 $\boldsymbol{F}_+$ 和 $\boldsymbol{F}_-$ 的作用线不在同一直线上，此两力组成一个力偶⊖，使电偶极子发生转动. 电偶极子所受力偶矩的大小为

$$M=Fl\sin\theta=qEl\sin\theta=p_eE\sin\theta \tag{a}$$

式中，$l\sin\theta$ 为力偶矩的力臂；$p_e=ql$ 为电偶极子的电矩大小. 式（a）表明，当 $\boldsymbol{p}_e\perp\boldsymbol{E}$（$\theta=\pi/2$）时，力偶矩最大；当 $\boldsymbol{p}_e/\!/\boldsymbol{E}$（$\theta=0$ 或 π）时，力偶矩等于零. 在力偶矩作用下，电偶极子发生转动，其电矩 $\boldsymbol{p}_e$ 将转到与外电场 $\boldsymbol{E}$ 一致的方向上去.

综上所述，我们也可将式（a）表示成矢量式（$\boldsymbol{p}_e$ 与 $\boldsymbol{E}$ 的矢积），即

$$\boldsymbol{M}=\boldsymbol{p}_e\times\boldsymbol{E} \tag{5-16}$$

⊖　作用于同一物体上的大小相等、指向相反而不在同一直线上的两个平行力，称为**力偶**. 力偶对物体所产生的效应是使物体转动，力偶作用的强弱决定于力偶的力矩（简称**力偶矩**）. 此力矩的大小 M 等于力偶中任何一个力的大小 F 和这两个平行力之间的垂直距离 l（称为力臂）的乘积. 即力偶矩为 $M=Fl$. 如果力偶矩为零，则原来静止的物体不会转动，原来转动的物体做匀角速转动.

例题 5-10　压碎的某种磷酸盐矿石是磷酸盐和石英颗粒的混合体，在通过输送器 A 时它们将振动，引起摩擦带电，使磷酸盐带正电，石英带负电，尔后从两块平行带电平板（可视作无限大均匀带电平行平面）之间的中央落入，设其间的电场强度大小为 $E=0.5\times10^{5}\ \mathrm{N\cdot C^{-1}}$，方向如例题 5-10 图所示，它们所带电荷的大小均为每千克 10^{-5}C. 为了使磷酸盐能分离出来，两种粒子必须至少分开 10cm. 求：（1）粒子在两板间至少通过多少距离？（2）板上的电荷面密度大小.

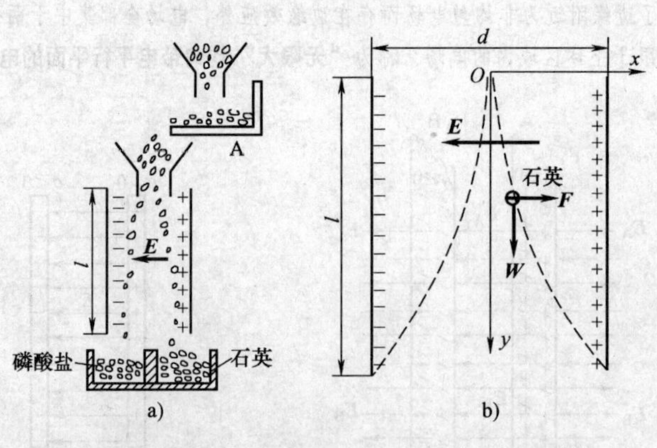

例题 5-10 图

解　（1）石英颗粒带负电 $q=-10^{-5}\mathrm{C\cdot kg^{-1}}$，进入电场强度 $E=0.5\times10^{5}\ \mathrm{N\cdot C^{-1}}$ 的平行带电平板之间的中央时，受水平向右的电场力 $\boldsymbol{F}$（$F=|q|E$）和竖直向下的重力 $\boldsymbol{W}=m\boldsymbol{g}$ 作用. 在图示的坐标系 Oxy 中，按牛顿第二定律，粒子运动方程沿 Ox、Oy 轴方向的分量式分别为

$$|q|E=ma_x,\qquad mg=ma_y$$

设 $m=1$kg，则上两式成为

$$a_x=|q|E,\quad a_y=g$$

对上两式进行两次积分，并根据初始条件：$t=0$ 时 $x=0$，$v_x=v_y=0$，则得

$$x=\frac{1}{2}|q|Et^2,\quad y=\frac{1}{2}gt^2$$

因粒子从中央进入，即 $x=d/2$，$d=10$cm；并设粒子通过的距离为 l，即 $y=l$，代入上两式，得

$$l=\frac{gd}{2|q|E}$$

代入题设数据，可算出 $l=0.98$m.

（2）由 $E=\sigma/\varepsilon_0$，得平板上的电荷面密度大小为

$$\sigma=\varepsilon_0E=(8.85\times10^{-12}\mathrm{C^2\cdot N^{-1}\cdot m^{-2}})\times(0.5\times10^{5}\mathrm{N\cdot C^{-1}})=4.43\times10^{-7}\mathrm{C\cdot m^{-2}}$$

问题 5-6　（1）如问题 5-6（1）图所示，三个场源电荷在点 P（x，y，z）激发的电场强度分别为

$$\boldsymbol{E}_1=(-10\mathrm{N\cdot C^{-1}})\boldsymbol{i}+(-5\mathrm{N\cdot C^{-1}})\boldsymbol{j}+(12\mathrm{N\cdot C^{-1}})\boldsymbol{k}$$
$$\boldsymbol{E}_2=(5\mathrm{N\cdot C^{-1}})\boldsymbol{i}+(3\mathrm{N\cdot C^{-1}})\boldsymbol{j}+(9\mathrm{N\cdot C^{-1}})\boldsymbol{k}$$
$$\boldsymbol{E}_3=(2\mathrm{N\cdot C^{-1}})\boldsymbol{i}+(-4\mathrm{N\cdot C^{-1}})\boldsymbol{j}+(-7\mathrm{N\cdot C^{-1}})\boldsymbol{k}$$

求点 P 的电场强度 E 的大小和方向（用三个方向余弦表示）.（**答**：$E=15.5\ \mathrm{N\cdot C^{-1}}$；$\cos\alpha=-0.194$，$\cos\beta=-0.387$，$\mathrm{cso}\gamma=0.903$）

问题 5-6（1）图

（2）一竖直大平板的一侧表面上均匀带电，它的电荷面密度为 $\sigma=0.33\times10^{-4}\mathrm{C\cdot m^{-2}}$. 一条长 $l=5$cm 的棉线，一端固定于该平板上，另一端悬有质量 $m=1$g 的带正电小球，若线与铅直方向成 $\varphi=30°$角而达到平衡，求球上的电荷 q.（**答**：$q=3.04\times10^{-9}$C）

（3）求均匀带电细圆环的环心 O 点的电场强度，并根据电场强度的对称性分布阐释所得结果.

5.4 电场强度通量 真空中的高斯定理

5.4.1 电场线

为了形象地描述电场的分布，我们引入电场线的概念. **在电场中画出一系列有指向的曲线，使这些曲线上的每一点的切线方向和该点的电场强度方向一致**. 这样的曲线就叫作**电场线**.

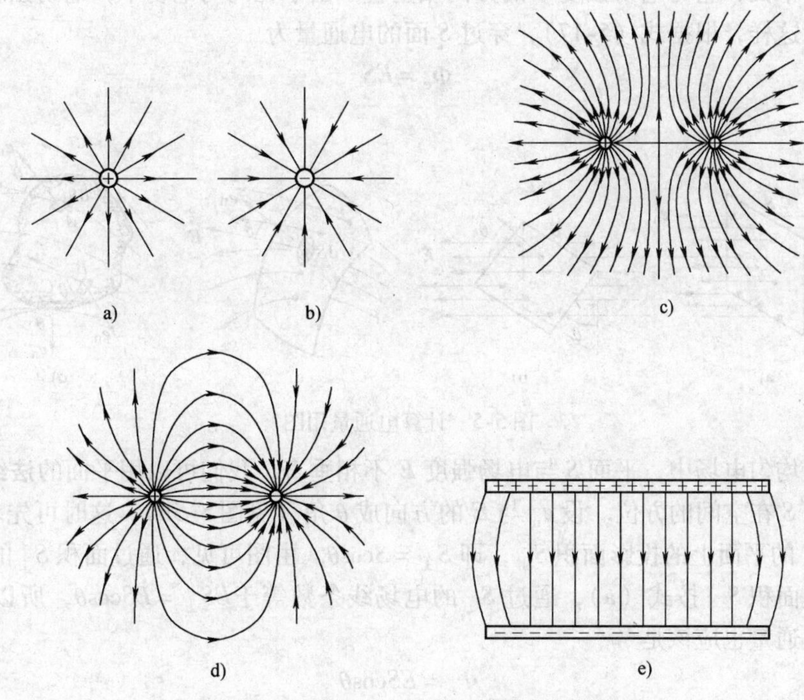

图5-4 几种典型电场的电场线分布图形

a）正点电荷 b）负点电荷 c）一对等量同种点电荷 d）一对等量异种点电荷 e）均匀带异种电荷的平行板

为了使电场线不仅能表示电场强度的方向，而且又能表示电场强度的大小，我们规定：**在电场中任一点附近，通过该处垂直于电场强度 $\boldsymbol{E}$ 方向的单位面积的电场线条数 ΔN 等于该点电场强度 $\boldsymbol{E}$ 的大小，即 $\Delta N/\Delta S_{\perp}=E$**. 这样，就可以看到，在电场中电场强度较大的地方，电场线较密；电场强度较小的地方，电场线较疏. 图5-4表示几种典型电场的电场线分布. 从图中可以看出，静电场的电场线有以下两个性质：①电场线总是起始于正电荷，终止于负电荷，不会形成闭合曲线，也不会在没有电荷的地方中断；②任何两条电场线都不会相交.

问题5-7 什么叫作电场线？电场线有什么性质？试用电场线大致表示点电荷和电偶极子的电场. 为什么均匀电场的电场线是一系列疏密均匀的同方向平行直线？

5.4.2 电场强度通量

在电场中任一点处，取一块面积元 $\Delta S_{\perp}$，与该点电场强度 $\boldsymbol{E}$ 的方向相垂直，我们把

电场强度的大小 E **与面积元** $\Delta S_{\perp}$ **的乘积**，称为穿过该面积元 $\Delta S_{\perp}$ 的**电场强度通量**（简称**电通量**），用 $\Delta \Phi_e$ 表示，即

$$\Delta \Phi_e = E\Delta S_{\perp} \tag{5-17}$$

另一方面，由上面有关电场线的描述，可得 $\Delta N = E\Delta S_{\perp}$. 这样，我们就可以把穿过电场中任一个给定面积 S 的电通量 Φ_e 用通过该面积的电场线条数来表述.

在均匀电场中，电场线是一系列均匀分布的同方向平行直线（见图 5-5a）. 想象一个面积为 S 的平面，它与电场强度 $\boldsymbol{E}$ 的方向相垂直. 由于在均匀电场中，电场强度的大小 E 处处相等，这样，根据式（5-17），穿过 S 面的电通量为

$$\Phi_e = ES \tag{a}$$

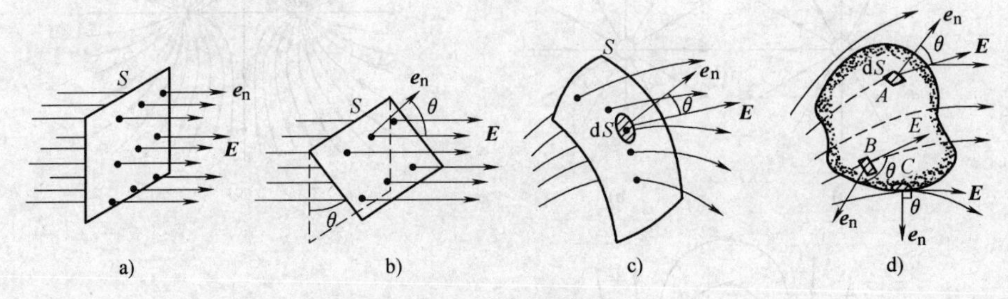

图 5-5　计算电通量用图

如果在均匀电场中，平面 S 与电场强度 $\boldsymbol{E}$ 不相垂直，我们可以用平面的**法线矢量** $\boldsymbol{e}_n$ ⊖ 来标示平面 S 在空间的方位. 设 $\boldsymbol{e}_n$ 与 $\boldsymbol{E}$ 的方向成 θ 角（见图 5-5b），这时可先求出平面 S 在垂直于 $\boldsymbol{E}$ 的平面上的投影面积 $S_{\perp}$，即 $S_{\perp} = S\cos\theta$. 由图可见，通过面积 $S_{\perp}$ 的电场线必定全部穿过面积 S. 按式（a），通过 $S_{\perp}$ 的电场线条数等于 $ES_{\perp} = ES\cos\theta$，所以穿过倾斜面积 S 的电通量也应该是

$$\Phi_e = ES\cos\theta \tag{b}$$

即穿过给定平面的电通量 Φ_e，等于电场强度 $\boldsymbol{E}$ 在该平面上的法向分量 $E\cos\theta$ 与面积 S 的乘积. 显然，穿过给定面积的电通量是一个标量，其正、负取决于这个面的法线矢量 $\boldsymbol{e}_n$ 和电场强度 $\boldsymbol{E}$ 两者方向之间的夹角 θ.

如果是非均匀电场，并且 S 也不是平面，而是一个任意曲面（见图 5-5c），那么，可以先把曲面分成无限多个面积元 dS，每个面积元 dS 都可视作平面，而且在面积元 dS 的微小区域上，各点的电场强度 $\boldsymbol{E}$ 也可视作相等，则由式（b），穿过面积元 dS 上的电通量为

$$d\Phi_e = EdS\cos\theta \tag{c}$$

式中，θ 为面积元的法线矢量 $\boldsymbol{e}_n$ 与该处电场强度 $\boldsymbol{E}$ 之间的夹角. 通过整个曲面 S 的电通量为

$$\Phi_e = \iint_S d\Phi_e = \iint_S E\cos\theta dS = \iint_S \boldsymbol{E}\cdot d\boldsymbol{S} \tag{d}$$

⊖ 平面的法线矢量 $\boldsymbol{e}_n$ 是指垂直于平面的一个单位矢量. 它的指向可以背离平面（或曲面）向外或朝向平面（或曲面），可由我们任意选定. 对下面将要讲到的闭合曲面来说，一点的法线矢量 $\boldsymbol{e}_n$ 垂直于过该点的切平面. 数学上规定，其指向朝着闭合曲面的外侧；或者说，$\boldsymbol{e}_n$ **沿闭合曲面的外法线方向**.

式中，**d*S* 为面积元矢量，其大小为 d*S*，方向用法线矢量 $\boldsymbol{e}_n$**（$\boldsymbol{e}_n$ 的大小是1）**表示**，可写作 $\mathrm{d}\boldsymbol{S}=\mathrm{d}S\boldsymbol{e}_n$.

对电场中的一个封闭曲面来说，所通过的电通量为

$$\Phi_e=\oiint_S \mathrm{d}\Phi_e=\oiint_S \boldsymbol{E}\cdot\mathrm{d}\boldsymbol{S}=\oiint_S E\cos\theta\mathrm{d}S \tag{5-18}$$

"$\oiint_S$"表示对整个闭合曲面求积分.

值得注意，**对一个封闭曲面而言，通常规定面积元法线矢量 $\boldsymbol{e}_n$ 的正方向为垂直于曲面向外**. 因而，由图5-5d可见，在电场线从曲面内穿出来的地方（如点 *A*），电场强度 $\boldsymbol{E}$ 和曲面法线矢量 $\boldsymbol{e}_n$ 的夹角 $\theta<90°$，$\cos\theta>0$，故电通量 $\mathrm{d}\Phi_e$ 为正；在电场线穿入曲面的地方（如点 *B*），$180°>\theta>90°$，$\cos\theta<0$，电通量 $\mathrm{d}\Phi_e$ 为负；在电场线与曲面相切的地方（如点 *C*），$\theta=90°$，$\cos 90°=0$，电通量 $\mathrm{d}\Phi_e=0$.

问题 5-8 （1）何谓电通量？试根据它的定义，读者自行推出其单位为 $\mathrm{N\cdot m^2\cdot C^{-1}}$.

（2）在电场中，通过一平面、曲面或闭合曲面的电通量如何计算？

5.4.3 高斯定理及应用高斯定理求静电场中的电场强度

从电通量的概念出发，可以引述真空中静电场的**高斯定理**.

我们先讨论点电荷的静电场. 设在真空中有一个正的点电荷 *q*，则在其周围存在着静电场. 以点电荷 *q* 的所在处为中心，取任意长度 *r* 为半径，作一个闭合球面，包围这个点电荷（见图5-6a）. 显然，点电荷 *q* 的电场具有球对称性，球面上任一点电场强度 $\boldsymbol{E}$ 的大小都是 $q/(4\pi\varepsilon_0 r^2)$，方向都是以点电荷 *q* 为中心，对称地沿着半径方向呈辐射状，并且处处与球面垂直. 在此闭合球面上任取一面积元矢量 d$\boldsymbol{S}$，其方向也沿半径向外，与电场强度 $\boldsymbol{E}$ 的夹角 $\theta=0°$. 按式（5-18），穿过整个闭合球面的电通量为

$$\Phi_e=\oiint_S \mathrm{d}\Phi_e=\oiint_S \boldsymbol{E}\cdot\mathrm{d}\boldsymbol{S}=\oiint_S \frac{q}{4\pi\varepsilon_0 r^2}\cos 0°\mathrm{d}S$$

$$=\frac{q}{4\pi\varepsilon_0 r^2}\oiint_S \mathrm{d}S=\frac{q}{4\pi\varepsilon_0 r^2}(4\pi r^2)=\frac{q}{\varepsilon_0} \tag{a}$$

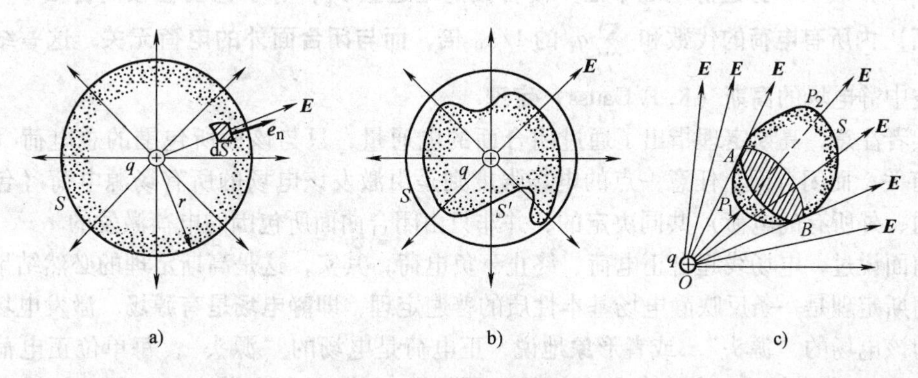

图5-6 证明高斯定理用图

a）从点电荷发出的电场线穿过球面 b）从点电荷发出的电场线穿过任意闭合曲面 c）点电荷在闭合曲面之外

即穿过此球面的电通量Φ_e只与被球面所包围的点电荷q有关，而与半径r无关. 式（a）中的q是正的，因此$\Phi_e>0$，这表示电场线从正电荷处发出，并穿出球面；若q为负，读者同样可以推出上述结果，但这时$\Phi_e<0$，表示电场线穿入球面，并终止于负电荷.

其次，我们来讨论穿过包围点电荷q（设$q>0$）的任意闭合曲面S'的电通量. 如图5-6b所示，在S'的外面作一个以点电荷q为中心的球面S，S和S'包围同一个点电荷q，S和S'之间并无其他电荷，故电场线不会中断，穿过闭合曲面S'和穿过球面S的电场线条数是相等的. 由式（a）可知，穿过球面S的电通量等于q/ε_0，因此穿过任意闭合曲面S'的电通量Φ_e也应等于q/ε_0. 并且在电场中作包围点电荷q的无限多个形状和大小不一的闭合曲面，我们不用计算就能断定，穿过每一闭合曲面的电通量Φ_e也都等于q/ε_0.

如果点电荷q在闭合曲面S之外（见图5-6c），则只有与闭合曲面相切的锥体AOB范围内的电场线才能通过此闭合曲面，而且每一条电场线从某处穿入曲面（如图中P_1处），必从另一处穿出曲面（如图中P_2处）. 按照规定，电场线从曲面穿入，电通量为负，电场线从曲面穿出，电通量为正，一进一出，正负相消. 这样，从这一曲面穿入和穿出的电场线条数是相等的，即穿过这一闭合曲面的电通量的代数和为零，有

$$\oint\!\!\!\oint_S \boldsymbol{E}\cdot \mathrm{d}\boldsymbol{S}=0 \tag{b}$$

以上我们只讨论了单个点电荷的电场中，穿过任一闭合面的电通量. 现在，将上述结果推广到点电荷系q_1、q_2、…、q_n、q_{n+1}、…、q_s的电场中去. 今作一任意闭合面S，它包围了n个点电荷q_1、q_2、…、q_n，对其中每个点电荷来说，由式（a），有$\Phi_{e1}=q_1/\varepsilon_0$，$\Phi_{e2}=q_2/\varepsilon_0$，…，$\Phi_{en}=q_n/\varepsilon_0$；而对于在闭合面$S$以外的点电荷$q_{n+1}$、…、$q_s$，由式（b），它们对闭合面$S$上电通量的贡献分别为零. 于是，穿过闭合面$S$的电通量合计为

$$\Phi_e=\frac{q_1}{\varepsilon_0}+\frac{q_2}{\varepsilon_0}+\cdots+\frac{q_n}{\varepsilon_0}+0+\cdots+0=\frac{1}{\varepsilon_0}\sum_i q_i$$

$$(i=1,2,3,\cdots,n)$$

根据穿过闭合曲面S的电通量表达式（5-18），可将上式写成

$$\oint\!\!\!\oint_S \boldsymbol{E}\cdot \mathrm{d}\boldsymbol{S}=\frac{1}{\varepsilon_0}\sum_i q_i \tag{5-19}$$

式（5-19）表明，**穿过静电场中任一闭合面的电通量Φ_e，等于包围在该闭合面S（称为高斯面）内所有电荷的代数和$\sum_i q_i$的$1/\varepsilon_0$倍，而与闭合面外的电荷无关**. 这一结论称为真空中静电场的**高斯**（K. F. Gauss）**定理**.

读者注意，高斯定理指出了通过闭合面的电通量，只与该面所包围的总电荷（净电荷）有关；而闭合面上任意一点的电场强度则是由激发该电场的所有场源电荷（包括闭合面内、外所有的电荷）共同决定的，并非只由闭合曲面所包围的电荷激发的.

前面说过，电场线起自正电荷、终止于负电荷，其实，这是高斯定理的必然结果. 所以，高斯定理是一条反映静电场基本性质的普遍定理，即**静电场是有源场**. 激发电场的电荷则为该电场的“源头”. 或者形象地说，正电荷是电场的“源头”，每单位正电荷向四周发出$1/\varepsilon_0$条电场线；负电荷是电场的“尾闾”，每单位负电荷有$1/\varepsilon_0$条电场线向它会聚（或终止）.

高斯定理是一条反映静电场规律的普遍定理，在进一步研究电学时，这条定理很重

要. 在这里，我们只是应用它来计算某些具有对称分布的电场.

问题5-9 试证真空中静电场的高斯定理；并据以阐明静电场的一个基本性质.

例题5-11 （1）电荷 q（>0）均匀分布在半径为 R 的球面上；（2）一半径为 R、电荷体密度为 ρ（即单位体积所带的电荷，其单位为 $\mathrm{C\cdot m^{-3}}$）的均匀带电球体. 试求上述球面和球体外的电场分布.

分析 应用高斯定理求电场强度时，首先要分析电场分布的对称性. 如例题5-11图b所示，我们以带电球面为例，来考虑球面外与球心 O 相距 r 的任一场点 P，点 P 和球心 O 的连线 OP 沿半径方向. 由于电荷均匀分布在球面上，故对球面上任一电荷元 $\mathrm{d}q_1$，总可在球面上找到等量的另一电荷元 $\mathrm{d}q_2$，两者对连线 OP 是完全对称的，故 $\mathrm{d}q_1$、$\mathrm{d}q_2$ 与点 P 的距离相等. 即 $r_1=r_2$，因而，在点 P 的电场强度 $\mathrm{d}E_1=\mathrm{d}q_1/(4\pi\varepsilon_0 r_1^2)$ 和 $\mathrm{d}E_2=\mathrm{d}q_2/(4\pi\varepsilon_0 r_2^2)$，大小相等，且与 OP 成等角，即对称于连线 OP. 显然，它们的矢量和 $\mathrm{d}\boldsymbol{E}=\mathrm{d}\boldsymbol{E}_1+\mathrm{d}\boldsymbol{E}_2$ 是沿着连线 OP 的. 将整个带电球面上的每一对的对称电荷元在点 P 的电场强度叠加，所得的总电场强度 $\boldsymbol{E}$ 也必定沿连线 OP，即沿半径方向.

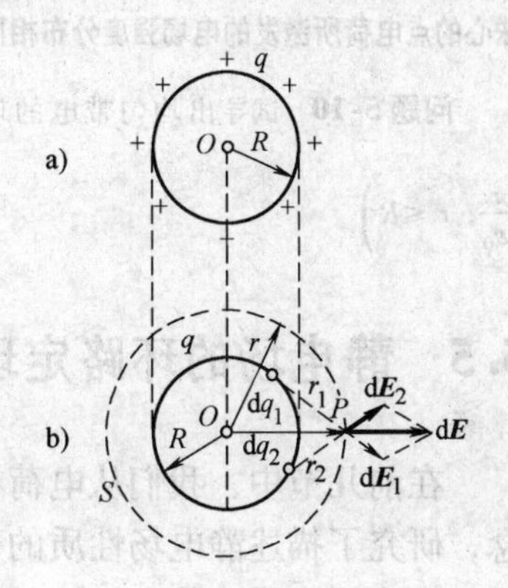

例题5-11图

同理，分析通过点 P、并与带电球面同心的球面（图中的虚线球面）上各点的电场强度，其方向各自沿所在点的半径指向球外，即整个电场的电场线呈辐射状；其大小都和点 P 的相同. 所以，**均匀带电球面的电场分布是球对称的.**

解 （1）既然电场是球对称的，我们就以通过点 P 的同心球面作为高斯面 S（如虚线所示），在 S 面上各点的电场强度 $\boldsymbol{E}$ 的大小处处都和点 P 的电场强度 E 相同；方向各沿其半径而指向球外，与球面上所在点的外法线方向一致，因而处处有 $\theta=0°$，$\cos\theta=1$，通过此高斯面（球面）S 的电通量为

$$\Phi_\mathrm{e}=\oint_S \boldsymbol{E}\cdot\mathrm{d}\boldsymbol{S}=\oint_S E\cos\theta\mathrm{d}S=E\oint_S\mathrm{d}S=E(4\pi r^2)$$

其中 $r=OP$，是球面 S 的半径.

由于所取场点 P 在带电球面外（$r>R$），则高斯面所包围的电荷 $\sum\limits_i q_i$ 即为球面上所带电荷 q. 于是，按高斯定理，有

$$4\pi r^2 E=\frac{q}{\varepsilon_0}$$

故在球面外的场点 P，其电场强度的大小为

$$E=\frac{1}{4\pi\varepsilon_0}\frac{q}{r^2}\qquad (r>R) \tag{5-20}$$

$\boldsymbol{E}$ 的方向沿半径指向球外（如 $q<0$，则沿半径指向球内），因而可用沿径向的单位矢量 $\boldsymbol{e}_r$ 标示，则式（5-20）可表示为矢量式

$$\boldsymbol{E}=\frac{1}{4\pi\varepsilon_0}\frac{q}{r^2}\boldsymbol{e}_r\qquad (r>R) \tag{5-21}$$

（2）今计算均匀带电球体外的电场分布. 由于电荷的分布对球心 O 是对称的，所以电场分布也具有球对称性，即以 O 为圆心的同心球面上，各点电场强度大小均相等，方向皆分别沿半径指向球外.

为了计算球外离球心为 r 处的电场强度. 以 O 为圆心、$r>R$ 为半径作一球形高斯面，则高斯面内的电荷为 $\sum\limits_i q_i=\rho(4\pi R^3/3)$，按高斯定理，由于高斯面上各点处处有 $\boldsymbol{E}\perp\mathrm{d}\boldsymbol{S}$ 的关系，且高斯面上各点 E 相等，则

$$\oint_S \boldsymbol{E}\cdot\mathrm{d}\boldsymbol{S}=\oint_S E\cos0°\mathrm{d}S=E\oint_S\mathrm{d}S=E(4\pi r^2)$$

从而有

$$E(4\pi r^2)=\frac{1}{\varepsilon_0}\rho\left(\frac{4}{3}\pi R^3\right)$$

得
$$E=\frac{1}{4\pi\varepsilon_0}\frac{q}{r^2}\quad (r>R)$$

同理，可用矢量式表示为
$$\boldsymbol{E}=\frac{1}{4\pi\varepsilon_0}\frac{q}{r^2}\boldsymbol{e}_r\quad (r>R)\tag{5-22}$$

综上所述，可得如下结论：**均匀带电球面（或球体）外的电场强度分布，与球面（或球体）上电荷全部集中于球心的点电荷所激发的电场强度分布相同.**

问题 5-10 试导出均匀带电的球面和球体在球内空间（$r<R$）的电场强度.$\left(\textbf{答:}\ E=0,\ r<R;\ E=\frac{\rho r}{3\varepsilon_0},\ r\leqslant R\right)$

5.5 静电场的环路定理 电势

在前几节中，我们从电荷在电场中受电场力作用这一事实出发，引入了电场强度等概念，研究了描述静电场性质的一条基本定理——高斯定理. 现在从电场力对电荷做功这一表观，将推出描述静电场性质的另一条基本定理，并由此从功能观点引入电势等概念.

5.5.1 静电力的功

如图 5-7 所示，在点电荷 q 的电场中，场点 a 和 b 到点电荷 q 的距离分别为 r_a 和 r_b，C 为从 a 点到 b 点的任意路径 l 上的任一点，C 点到 q 的距离为 r，C 点处的电场强度大小为
$$E=\frac{1}{4\pi\varepsilon_0}\frac{q}{r^2}$$

当试探电荷 q_0 沿路径 l 自 C 点经历位移元 $\mathrm{d}\boldsymbol{l}$ 时，电场力 $\boldsymbol{F}=q\boldsymbol{E}$ 所做的元功为
$$\mathrm{d}A=\boldsymbol{F}\cdot\mathrm{d}\boldsymbol{l}=q_0\boldsymbol{E}\cdot\mathrm{d}\boldsymbol{l}=q_0E\cos\theta\mathrm{d}l=q_0E\mathrm{d}r\tag{a}$$
式中，θ 为电场强度 $\boldsymbol{E}$ 与位移元 $\mathrm{d}\boldsymbol{l}$ 之间的夹角；$\mathrm{d}r$ 为位移元 $\mathrm{d}\boldsymbol{r}$ 沿电场强度 $\boldsymbol{E}$ 方向的分量. 当试探电荷 q_0 从 a 点移到 b 点时，电场力所做的功为

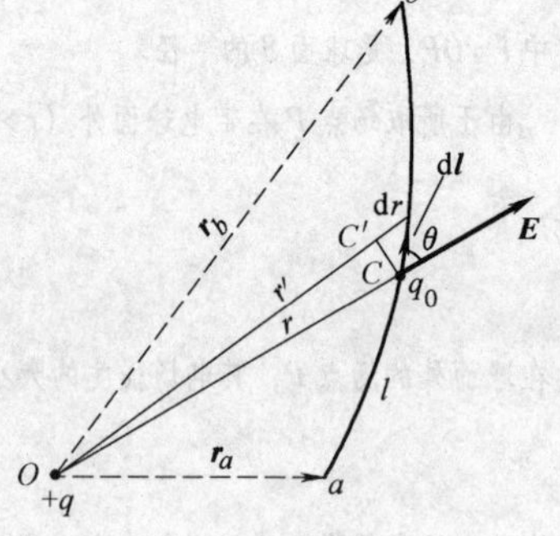

图 5-7 静电场力所做的功

$$A=\int_a^b\mathrm{d}A=\int_{r_a}^{r_b}q_0E\mathrm{d}r=\frac{q_0}{4\pi\varepsilon_0}\int_{r_a}^{r_b}\frac{q\mathrm{d}r}{r^2}=\frac{q_0q}{4\pi\varepsilon_0}\left(\frac{1}{r_a}-\frac{1}{r_b}\right)\tag{5-23}$$

式（5-23）表明，试探电荷 q_0 在静止点电荷 q 的电场中移动时，静电场力所做的功只与始点和终点的位置以及试探电荷的量值 q_0 有关，而与试探电荷在电场中所经历的路径无关.

上述结论对于任何静电场皆适用. 考虑到任何静电场都可看作由点电荷系所激发的，根据电场强度叠加原理，其电场强度 $\boldsymbol{E}$ 是各个点电荷 q_1、q_2、…、q_n 单独存在时的电场强度 $\boldsymbol{E}_1$、$\boldsymbol{E}_2$、…、$\boldsymbol{E}_i$、…、$\boldsymbol{E}_n$ 的矢量和，即
$$\boldsymbol{E}=\boldsymbol{E}_1+\boldsymbol{E}_2+\cdots+\boldsymbol{E}_i+\cdots+\boldsymbol{E}_n$$

当试探电荷 q_0 在电场中从场点 a 沿任意路径 l 移动到场点 b 时，由式（a），按矢量标积的分配律，电场力所做的功为

$$A_{ab} = q_0\int_a^b \boldsymbol{E}\cdot\mathrm{d}\boldsymbol{l} = q_0\int_a^b(\boldsymbol{E}_1+\boldsymbol{E}_2+\cdots+\boldsymbol{E}_i+\cdots+\boldsymbol{E}_n)\cdot\mathrm{d}\boldsymbol{l}$$

$$= q_0\int_a^b \boldsymbol{E}_1\cdot\mathrm{d}\boldsymbol{l} + q_0\int_a^b \boldsymbol{E}_2\cdot\mathrm{d}\boldsymbol{l} + \cdots + q_0\int_a^b \boldsymbol{E}_i\cdot\mathrm{d}\boldsymbol{l} + \cdots + q_0\int_a^b \boldsymbol{E}_n\cdot\mathrm{d}\boldsymbol{l}$$

或

$$A_{ab} = A_1 + A_2 + \cdots + A_i + \cdots + A_n = \sum_i A_i \tag{5-24}$$

即静电场力所做的功等于各个场源点电荷 q_n 对试探电荷 q_0 所施电场力做功的代数和. 由于每一个场源点电荷施于试探电荷 q_0 的电场力所做的功，都与路径无关［见式(5-23)］，那么，这些功的代数和也与路径无关，故得结论：**试探电荷在任何静电场中移动时，静电场力所做的功，仅与试探电荷以及始点和终点的位置有关，而与所经历的路径无关.**

5.5.2　静电场的环路定理

上述静电场力做功与路径无关这一结论，还可换成另一种说法：**静电场力沿任何闭合路径所做的功等于零.** 如图5-8所示，设试探电荷 q_0 在静电场中从某点 a 出发，沿任意闭合路径 l 绕行一周，又回到原来的点 a，即始点与终点重合. 为了计算沿闭合路径 l 所做的功，设想在 l 上再任取一点 c，将 l 分成 l_1 和 l_2 两段，则沿闭合路径 l 绕行一周，电场力对试探电荷 q_0 所做的功为

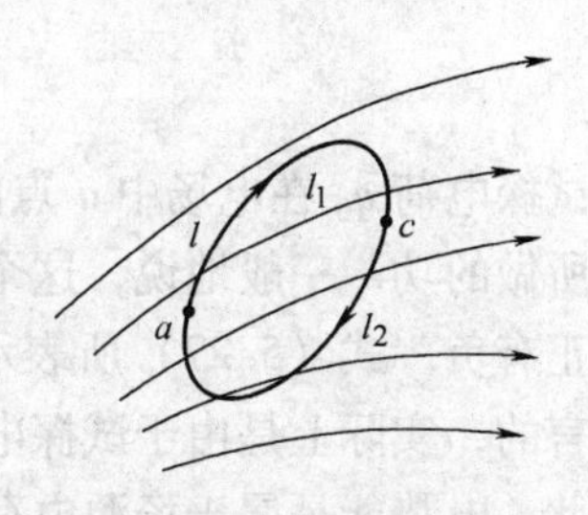

图5-8　静电场的环流等于零

$$q_0\oint_l \boldsymbol{E}\cdot\mathrm{d}\boldsymbol{l} = q_0\int_{a\,(l_1)}^{c}\boldsymbol{E}\cdot\mathrm{d}\boldsymbol{l} + q_0\int_{c\,(l_2)}^{a}\boldsymbol{E}\cdot\mathrm{d}\boldsymbol{l} = q_0\int_{a\,(l_1)}^{c}\boldsymbol{E}\cdot\mathrm{d}\boldsymbol{l} - q_0\int_{a\,(l_2)}^{c}\boldsymbol{E}\cdot\mathrm{d}\boldsymbol{l} \tag{b}$$

由于电场力做功与路径无关，对相同的始点和终点而言，有

$$q_0\int_{a\,(l_1)}^{c}\boldsymbol{E}\cdot\mathrm{d}\boldsymbol{l} = q_0\int_{a\,(l_2)}^{c}\boldsymbol{E}\cdot\mathrm{d}\boldsymbol{l} \tag{c}$$

将式（c）代入式（b），并因 $q_0\neq 0$，故可证得

$$\oint_l \boldsymbol{E}\cdot\mathrm{d}\boldsymbol{l} = 0 \tag{5-25}$$

式中，$\oint_l \boldsymbol{E}\cdot\mathrm{d}\boldsymbol{l}$ 是电场强度 $\boldsymbol{E}$ 沿闭合路径 l 的线积分，称为电场强度 $\boldsymbol{E}$ 的**环流**. 式（5-25）表示，**静电场中电场强度 $\boldsymbol{E}$ 的环流恒等于零.** 这一结论是电场力做功与路径无关的必然结果，称为**静电场的环路定理.** 它是描述静电场性质的另一条重要定理.

> 静电场中电场强度 $\boldsymbol{E}$ 的环流为零，表明静电场是**无旋场**. 数学上可以证明：无旋场必是**有势场.**

静电场力做功与路径无关这一特性，表明静电场是保守力场，因此，是一种有势场，亦即静电场力和重力相类同，也是一种保守力.

静电场的高斯定理和环路定理是描述静电场性质的两条基本定理. **高斯定理指出静电**

场是有源的；环路定理指出静电场是有势的，是一种保守力场. 因此，要完全地描述一个静电场，必须联合运用这两条定理.

问题 5-11 证明电荷在静电场中移动时，电场力做功与路径无关. 并由此导出静电场环路定理. 试问环路定理说明了静电场的什么性质？

5.5.3 电势能

对于每一种保守力，都可以引入相应的势能. 正如重力与重力势能的关系一样，静电场力也有与之相关的势能——静电势能（简称**电势能**）. 由保守力做功与势能改变的关系可知，**静电场力做的功等于电势能的减少**. 如以 W_a 和 W_b 分别表示试探电荷 q_0 在电场中始点 a 和终点 b 处的电势能，则试探电荷从 a 点移到 b 点，静电场力对它做的功为

$$A_{ab} = q_0\int_a^b \boldsymbol{E}\cdot \mathrm{d}\boldsymbol{l} = W_a - W_b \tag{5-26}$$

势能都是相对的量，电势能也是如此，其量值与势能零点的选择有关. 当电荷分布在有限区域时，通常规定无限远处的电势能为零. 这样，若令式（5-26）中的 b 点在无限远处，则 $W_b = W_\infty = 0$，于是

$$W_a = q_0\int_a^\infty \boldsymbol{E}\cdot \mathrm{d}\boldsymbol{l} \tag{5-27}$$

即试探电荷 q_0 在电场中 a 点的电势能，在量值上等于把它从 a 点移到势能零点处静电场力所做的功. 一般地说，这个功有正（例如斥力场中）有负（例如引力场中），电势能也有正有负. 式（5-27）所表示的试探电荷 q_0 的电势能，乃是对形成那个电场的场源电荷而言的，实际上是由于试探电荷 q_0 与这一场源电荷间存在着电场力这种保守力而具有的. 因此，电势能是属于场源电荷和引入电场中的电荷所组成的带电系统的. 电势能的单位为 J（焦耳）.

问题 5-12 电势能是如何规定的？试与重力势能相比较，说明负的试探电荷在正电荷的电场中移动时所做的功和相应电势能的增减情况.

5.5.4 电势 电势差

静电势能不仅与给定点的位置有关，而且与试探电荷 q_0 的大小有关，尚不能用来反映电场的做功本领，而比值 W_a/q_0 却与 q_0 无关，只取决于给定点 a 的位置，故可用来表征电场在一点所拥有的做功本领，我们把这个比值称为 a 点的**电势**，记为 V_a，由式（5-27）可得

$$V_a = \int_a^\infty \boldsymbol{E}\cdot \mathrm{d}\boldsymbol{l} \tag{5-28}$$

式（5-28）说明，**电场中某点的电势在量值上等于单位正电荷放在该点时所具有的电势能，也等于单位正电荷从该点经过任意路径移到无穷远处时静电场力所做的功**. 电势是标量，是有正或负的量值.

在静电场中，任意两点 a 和 b 的电势之差，叫作该两点间的电势差，也叫作电压，用符号 U_{ab}表示. 依定义

$$U_{ab} = V_a - V_b = \int_a^b \boldsymbol{E}\cdot \mathrm{d}\boldsymbol{l} \tag{5-29}$$

这就是说，**静电场中 a、b 两点的电势差（或电压），在数值上等于单位正电荷从 a 点经任意路径移到 b 点时，静电场力所做的功.** 因此，当试探电荷 q_0 在电场中从 a 点移到 b 点时，静电场力所做的功可用电势差表示为

$$A_{ab} = q_0(V_a - V_b) \tag{5-30}$$

和电势能一样，电势也是一个相对量，电势零点可以任意选择. 当研究有限大小的带电体时，一般选无限远处电势为零. 在实用中，往往选取地球（或接地的电器外壳）的电势为零.

在 SI 中，电势的单位是 V（**伏特**，简称**伏**），$1\text{V} = 1\text{J} \cdot \text{C}^{-1}$. 电势差（或电压）的单位也是 V（伏）. 在电势（或电势差）较大或较小的情形下，有时也用 kV（千伏）或 mV（毫伏）作单位，其换算关系为

$$1\text{kV} = 10^3\text{V},\quad 1\text{mV} = 10^{-3}\text{V}$$

已知电子电荷 e 等于 $1.60 \times 10^{-19}\text{C}$，当电子在电场中经过电势差为 1V 的两点时，所增加（或减少）的能量称为**电子伏特**，简称**电子伏**，符号为 eV. 电子伏是近代物理学中常用的一种能量单位，它与焦耳的换算关系为

$$1\text{eV} = 1.60 \times 10^{-19}\text{C} \times 1\text{V} = 1.60 \times 10^{-19}\text{J}$$

有时用电子伏作为单位显得太小，而常用 MeV（兆电子伏）作为单位，$1\text{MeV} = 10^6\text{eV}$.

问题 5-13　（1）为什么不用电势能而用电势来描述电场？电势和电势差及其单位是如何规定的？如何根据电势差计算电场力所做的功？

（2）设在一直线上的两点 a 和 b 分别距点电荷 $+q$ 为 r_a 和 r_b（$r_a < r_b$）. 将一试探电荷 $-q_0$ 从点 a 移到点 b，试决定电场力做功的正负和大小？a、b 两点哪一点电势较高？[**答：**$qq_0\ (1/r_b - 1/r_a)/4\pi\varepsilon_0$，$V_a > V_b$]

（3）当场源电荷分布在有限区域内时，通常取无限远处的电势为零，这样，电场中各点的电势是否一定为正？如果我们把地球的电势不取为零，而取为 10V，可以吗？这对测量电势的数值和测量电势差的数值是否都有影响？

（4）在电子机件的装修技术中，有时将整机的机壳作为电势零点. 若机壳未接地，能否说因为机壳电势为零，人站在地上就可以任意接触机壳？若机壳接地，则又如何？

5.5.5　电势的计算

点电荷电场中某一点的电势可由式（5-28）和式（5-23）求得. 设在点电荷 q 的电场中有一点 a，a 点距点电荷 q 的距离为 r，则可得 a 点的电势为

$$V_a = \int_a^\infty \boldsymbol{E} \cdot \mathrm{d}\boldsymbol{l} = \frac{q}{4\pi\varepsilon_0}\left(\frac{1}{r} - \frac{1}{r_\infty}\right) = \frac{q}{4\pi\varepsilon_0 r} \tag{5-31}$$

式（5-31）表明，在选取无限远处的电势为零后，在正的点电荷电场中，各点的电势值总是正的，负点电荷电场中各点的电势值总是负的.

设在有限空间内分布着 n 个点电荷 q_1、q_2、…、q_n. 为了求这个点电荷系电场中一点 a 的电势 V_a，按电场强度叠加原理和矢量标积的分配律，有

$$\begin{aligned} V_a &= \int_a^\infty \boldsymbol{E} \cdot \mathrm{d}\boldsymbol{l} = \int_a^\infty (\boldsymbol{E}_1 + \boldsymbol{E}_2 + \cdots + \boldsymbol{E}_i + \cdots + \boldsymbol{E}_n) \cdot \mathrm{d}\boldsymbol{l} \\ &= \int_a^\infty \boldsymbol{E}_1 \cdot \mathrm{d}\boldsymbol{l} + \int_a^\infty \boldsymbol{E}_2 \cdot \mathrm{d}\boldsymbol{l} + \cdots + \int_a^\infty \boldsymbol{E}_i \cdot \mathrm{d}\boldsymbol{l} + \cdots + \int_a^\infty \boldsymbol{E}_n \cdot \mathrm{d}\boldsymbol{l} \end{aligned}$$

即

$$V_a = \sum_{i=1}^{n} \int_a^\infty \boldsymbol{E}_i \cdot \mathrm{d}\boldsymbol{l} = \sum_{i=1}^{n} V_i = \sum_{i=1}^{n} \frac{1}{4\pi\varepsilon_0} \frac{q_i}{r_i} = \frac{1}{4\pi\varepsilon_0} \sum_{i=1}^{n} \frac{q_i}{r_i} \tag{5-32}$$

式中，E_i 和 V_i 分别为第 i 个点电荷 q_i 单独在与之相距为 r_i 的 P 点激发的电场强度和电势. 式（5-32）表明，**在点电荷系的电场中，任意一点的电势等于各个点电荷在该点激发的电势的代数和.** 这一结论称为**电势的叠加原理**.

欲求连续分布电荷电场中任意一点的电势，可根据连续带电体上的电荷分布情况，分别引用体电荷密度 ρ、面电荷密度 σ 和线电荷密度 λ，将式（5-32）分别写成

$$V_a = \frac{1}{4\pi\varepsilon_0}\iiint_\tau \frac{\rho \mathrm{d}\tau}{r},\quad V_a = \frac{1}{4\pi\varepsilon_0}\iint_s \frac{\sigma \mathrm{d}S}{r},\quad V_a = \frac{1}{4\pi\varepsilon_0}\int_l \frac{\lambda \mathrm{d}l}{r} \tag{5-33}$$

例题 5-12 如例题 5-12 图所示，两个点电荷相距 20cm，电荷分别为 $q_1 = -10\times10^{-9}\mathrm{C}$ 和 $q_2 = 30\times10^{-9}\mathrm{C}$，求连线中点 O 处的电场强度和电势.

q_1 O q_2
10cm 10cm

例题 5-12 图

分析 将两个点电荷分别在点 O 处激发的电场强度和电势叠加，即得所求结果. 电场强度是矢量，为此需分别求出它们的大小（绝对值）和方向，再求矢量和. 电势是标量，所以只要求出它们的代数和就可以了.

解 在点电荷 q_1、q_2 的电场中，点 O 处的电场强度大小和方向分别为

$$E_1 = \frac{1}{4\pi\varepsilon_0}\frac{|q_1|}{r^2} = 9\times10^9\times\frac{10\times10^{-9}}{(0.1)^2}\mathrm{N\cdot C^{-1}} = 9.0\times10^3\mathrm{N\cdot C^{-1}} \quad (\text{方向沿着连线向左})$$

$$E_2 = \frac{1}{4\pi\varepsilon_0}\frac{q_2}{r^2} = 9\times10^9\times\frac{30\times10^{-9}}{(0.1)^2}\mathrm{N\cdot C^{-1}} = 27.0\times10^3\mathrm{N\cdot C^{-1}} \quad (\text{方向沿着连线向左})$$

由于电场强度 $\boldsymbol{E}_1$、$\boldsymbol{E}_2$ 是同方向的两个矢量，故可按标量求和法则，算得 O 点的总电场强度 $\boldsymbol{E}$ 为

$$E = E_2 + E_1 = (27.0 + 9.0)\times10^3\mathrm{N\cdot C^{-1}} = 36.0\times10^3\mathrm{N\cdot C^{-1}} \quad (\text{方向沿着连线向左})$$

在点电荷 q_1、q_2 的电场中，点 O 处的电势分别为

$$V_1 = \frac{1}{4\pi\varepsilon_0}\frac{q_1}{r} = 9\times10^9\times\left(-\frac{10\times10^{-9}}{0.1}\right)\mathrm{V} = -0.9\times10^3\mathrm{V}$$

$$V_2 = \frac{1}{4\pi\varepsilon_0}\frac{q_2}{r} = 9\times10^9\times\frac{30\times10^{-9}}{0.1}\mathrm{V} = 2.7\times10^3\mathrm{V}$$

故 O 点的总电势 V 为

$$V = V_1 + V_2 = -0.9\times10^3\mathrm{V} + 2.7\times10^3\mathrm{V} = 1.8\times10^3\mathrm{V}$$

例题 5-13 一半径为 R 的细圆环连续均匀地带有电荷 q. 求：(1) 垂直于环面的轴上一点 A 的电势，已知点 A 与环面相距为 x；(2) 环心的电势.

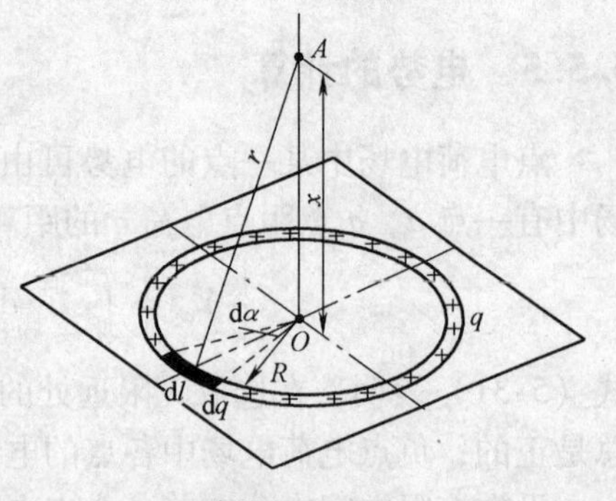

例题 5-13 图

解 (1) 点 A 的电势是环上所有电荷元在该点的电势的代数和. 由于电荷在环上是连续均匀分布的，则环上的线电荷密度为 $\lambda = q/(2\pi R)$. 现在我们在环上任取一电荷元 $\mathrm{d}q = \lambda \mathrm{d}l = \lambda R\mathrm{d}\alpha$（$\mathrm{d}\alpha$ 是对应于弧长 $\mathrm{d}l$ 的中心角，见例题 5-13 图）. 则根据式（5-33）中的第三式，得点 A 的电势为

$$V_A = \int_l \frac{\mathrm{d}q}{4\pi\varepsilon_0 r} = \int_0^{2\pi}\frac{1}{4\pi\varepsilon_0}\frac{\lambda R\mathrm{d}\alpha}{\sqrt{R^2+x^2}} = \frac{1}{4\pi\varepsilon_0}\frac{\lambda R}{\sqrt{R^2+x^2}}\int_0^{2\pi}\mathrm{d}\alpha$$

$$= \frac{1}{4\pi\varepsilon_0}\frac{\lambda 2\pi R}{\sqrt{R^2+x^2}} = \frac{1}{4\pi\varepsilon_0}\frac{q}{\sqrt{R^2+x^2}} \tag{5-34a}$$

(2) 令式（5-34a）中的 $x=0$，即得环心的电势为

$$V_O = \frac{q}{4\pi\varepsilon_0 R} \tag{5-34b}$$

如点A远离环心，即$x>>R$，读者试求点A的电势V.

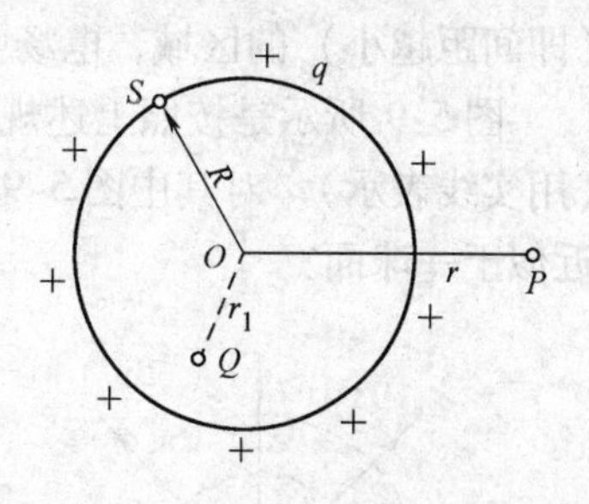

例题5-14图

例题5-14 如例题5-14图所示，一半径为R的均匀带电球面，电荷为q，求球外、球面及球内各点的电势.

分析 无须细说，读者可以根据高斯定理很容易求出均匀带电球面内、外的电场强度：$E_{内}=0$，$E_{外}=q/(4\pi\varepsilon_0 r^2)$. 因此在本例已知电场强度分布的情况下，可以直接利用电势的定义式（5-28）求解. 同时考虑到均匀带电球面的对称关系，电场强度方向沿径向；又因为电场力做功与路径无关，于是为了计算方便起见，我们常常选择这样的路径：把单位正电荷从该点沿径向移到无限远，这样将使电场强度$\boldsymbol{E}$与位移$d\boldsymbol{l}$的方向处处一致，即$\theta=0°$.

解 任取球面内一点Q，设与球心距离为r_1，其电势为

$$V_Q=\int_{r_1}^{\infty}E\cos\theta dr=\int_{r_1}^{\infty}E\cos0° dr=\int_{r_1}^{R}E_{内}\,dr+\int_{R}^{\infty}E_{外}\,dr$$

$$=\int_{r_1}^{R}0dr+\int_{R}^{\infty}\frac{q}{4\pi\varepsilon_0 r^2}dr=\frac{q}{4\pi\varepsilon_0}\left[-\frac{1}{r}\right]_R^{\infty}=\frac{q}{4\pi\varepsilon_0 R}$$

同理，球面S上一点的电势为

$$V_S=\int_{R}^{\infty}E\cos0° dr=\int_{R}^{\infty}\frac{q}{4\pi\varepsilon_0 r^2}dr=\frac{q}{4\pi\varepsilon_0 R}$$

可见，在球面内和球面上各点的电势均相等，皆等于恒量$q/(4\pi\varepsilon_0 R)$.

任取球面外一点P（设与球心相距r），其电势同样可求出，即

$$V_P=\int_{r}^{\infty}E\cos0° dr=\int_{r}^{\infty}\frac{q}{4\pi\varepsilon_0 r^2}dr=\frac{q}{4\pi\varepsilon_0 r}$$

把上式与点电荷的电势公式（5-31）相比较，可见，**表面均匀带电的球面在球外一点的电势，等同于球面上的电荷全部集中在球心的点电荷所激发的电场中该点的电势.**

5.6 等势面 电场强度与电势的关系

5.6.1 等势面

为了描述静电场中各点电势的分布情况，我们**将静电场中电势相等的各点连接成一个面，叫作等势面**.

按式（5-29），在静电场中，电势差为$U_{ab}=\int_a^b E\cos\theta dl$. 如果单位正电荷沿着某一等势面从点$a$移到点$b$的位移为$d\boldsymbol{l}$，因为在等势面上各点电势相等，故$V_a=V_b$，即$U_{ab}=V_a-V_b=0$，所以电场力所做的功$A_{ab}$为零，亦即

$$\int_a^b E\cos\theta dl=0$$

但单位正电荷所受的力$\boldsymbol{E}$和位移$d\boldsymbol{l}$都不等于零，因此必须满足的条件是$\cos\theta=0$，即$\theta=90°$，或者说，等势面上微小位移$d\boldsymbol{l}$和该位移$d\boldsymbol{l}$处的电场强度$\boldsymbol{E}$相互正交. 也就是说，电场强度$\boldsymbol{E}$的方向——电场线的方向必然与等势面正交. 由此得到结论：

（1）**在任何静电场中，沿着等势面移动电荷时，电场力所做的功为零.**

（2）**在任何静电场中，电场线与等势面是互相正交的.**

同电场线相仿，我们也可以对等势面的疏密做一个规定，使它们也能显示出电场的强

弱．这个规定是：**使电场中任何两个相邻等势面的电势差都相等**．这样，等势面越密(即间距越小）的区域，电场强度也越大．

图 5-9 所示是按照上述规定画出来的几种电场的等势面（用虚线表示）和电场线图(用实线表示)．对其中图 5-9c，读者试解释离带电体越远处的等势面，其形状为什么越近似于一球面？

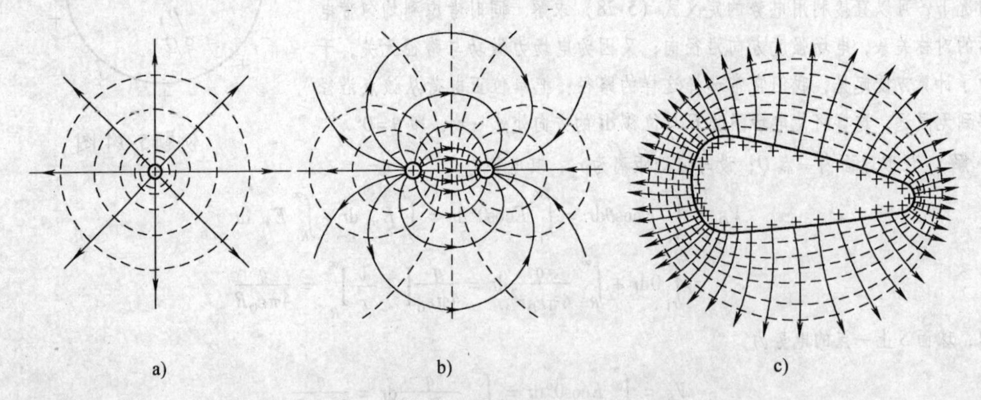

图 5-9　几种常见电场的等势面和电场线

a）正点电荷　b）正、负点电荷　c）不规则带电体

问题 5-14　什么叫作等势面？它有些什么特征？问在下述情况下，电场力是否做功：①电荷沿同一个等势面移动；②电荷从一个等势面移到另一个等势面；③电荷沿一条电场线移动．

5.6.2　电场强度与电势的关系

电场强度和电势都是描述电场的物理量，两者之间必有一定的联系．式(5-28)表述了电场强度与电势之间的积分关系，现在来研究它们之间的微分关系．

如图 5-10 所示，在静电场中两个等势面 Ⅰ 和 Ⅱ 靠得很近，其电势分别为 V 和 $V+\Delta V$，且 $\Delta V<0$．在两等势面上分别取点 a 和点 b，其间距 Δl 很小．它们之间的电场强度 $\boldsymbol{E}$ 可以认为不变．设 $\Delta \boldsymbol{l}$ 与 $\boldsymbol{E}$ 之间的夹角为 θ，则将单位正电荷由点 a 移到点 b 时，电场力所做的功为

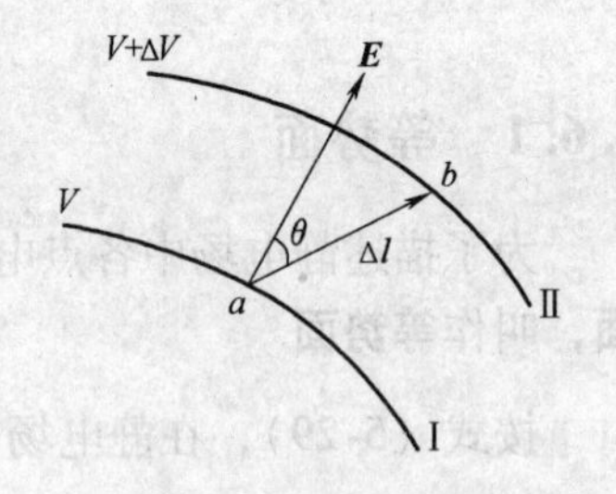

图 5-10　电场强度与电势的关系

$$V_a - V_b = \boldsymbol{E} \cdot \Delta \boldsymbol{l} = E\Delta l\cos\theta$$

因电场强度 $\boldsymbol{E}$ 在 $\Delta \boldsymbol{l}$ 上的分量为 $E_l = E\cos\theta$，且 $\Delta V = V_b - V_a = -(V_a - V_b)$，则上式可改写为

$$-\Delta V = E_l \Delta l$$

或

$$E_l = -\frac{\Delta V}{\Delta l} \tag{5-35}$$

式中，$\frac{\Delta V}{\Delta l}$为电势沿 $\Delta \boldsymbol{l}$ 方向的单位长度上电势的变化率．式（5-35）的负号表明，沿电场强度的方向，电势由高到低；逆着电场强度的方向电势由低到高．当 $\Delta l \to 0$ 时，式（5-35）可写成微分形式，即

$$E_l = -\frac{\partial V}{\partial l} \tag{5-36}$$

式（5-36）表示，**电场中给定点的电场强度沿某一方向 $\boldsymbol{l}$ 的分量 E_l，等于电势在这一点沿该方向变化率的负值.** 负号表示电场强度指向电势降落的方向. 从上式可知，在电势不变（$V=$恒量）的空间内，沿任一方向电势的变化率 $\mathrm{d}V/\mathrm{d}l=0$，因此在空间任一点上，$\boldsymbol{E}$ 沿各方向的分量均为零，即 $E_l=E\cos\theta=0$，故任一点的电场强度必为零. 其次，在电势变化的电场内，电势为零处，该处的电势变化率则不一定为零，因而由上式可知，电场强度 $\boldsymbol{E}$ 不一定为零；反之，电场强度为零处，该处的电势变化率也为零，但该处的电势 V 则不一定为零. 这就是说，电场中一点的电场强度与该点电势的变化率有关；而一点的电势则不足以确定该点的电场强度.

如果在电场中取定一个直角坐标系 $Oxyz$，并把 Ox、Oy、Oz 轴的正方向分别取作 $\boldsymbol{l}$ 的方向，则按照式（5-36），可分别得到电场强度 $\boldsymbol{E}$ 沿这三个方向的分量 E_x、E_y、E_z 与电势 V 的关系为

$$E_x=-\frac{\partial V}{\partial x},\quad E_y=-\frac{\partial V}{\partial y},\quad E_z=-\frac{\partial V}{\partial z} \tag{5-37}$$

这一关系在电学中非常重要. 当我们计算电场强度 $\boldsymbol{E}$ 时，通常可先求出电势 V，然后再按上式计算 E_x、E_y、E_z，从而就可求出电场强度 $\boldsymbol{E}$. 因为 V 是标量，计算 V 及其导数显然比计算矢量 $\boldsymbol{E}$ 来得方便.

问题 5-15 （1）电场强度和电势是描写静电场的两个重要概念，它们之间有何联系？

（2）为什么说电场强度为零的点，电势不一定为零；电势为零的点，电场强度不一定为零？一条细铜棒，两端的电势不等，问在棒内是否有电场？沿棒轴的电场强度与两端的电势差有什么关系？电场强度的方向如何？

（3）在问题 5-15（3）图中所示的各静电场中，大致画出 P 点的电场强度方向；判断问题 5-15 图 a、b 中 a、b 两点和 b、c 两点的电势哪一点高？若把负电荷 $-Q$ 从点 a 移到点 b，试判定电场力对它所做功的正负.

（4）从式（5-35）定出的电场强度单位为 $\mathrm{V\cdot m^{-1}}$（伏·米$^{-1}$）试证与前述的单位 $\mathrm{N\cdot C^{-1}}$（牛·库$^{-1}$）等同.

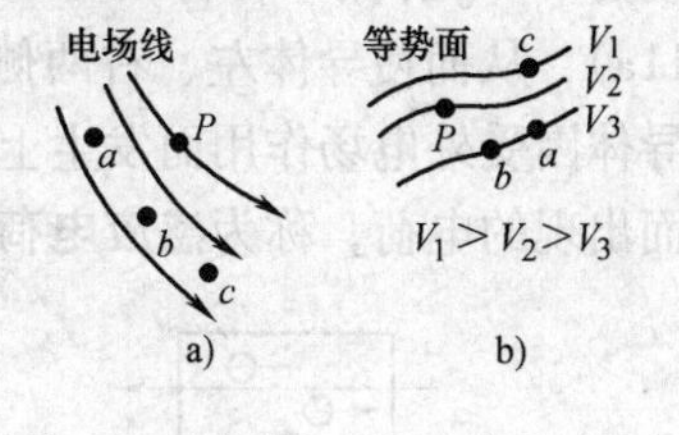

问题 5-15（3）图

例题 5-15 在例题 5-6 中，求垂直于带电圆面的轴线上任一点的电场强度.

解 设轴线上一点 P 距圆面中心 O 为 x（见例题 5-6 图）. 在面上取半径为 r、宽为 $\mathrm{d}r$ 的圆环，环上所带电荷为 $\mathrm{d}q=\sigma(2\pi r\mathrm{d}r)$. 由例题 5-13 可知，它在点 P 的电势为

$$\mathrm{d}V=\frac{\mathrm{d}q}{4\pi\varepsilon_0\sqrt{r^2+x^2}}=\frac{\sigma r\mathrm{d}r}{2\varepsilon_0\sqrt{r^2+x^2}}$$

整个带电圆面在点 P（将 x 看作为定值）的电势为

$$V=\int_S\mathrm{d}V=\int_0^R\frac{\sigma r\mathrm{d}r}{2\varepsilon_0\sqrt{r^2+x^2}}=\frac{\sigma}{2\varepsilon_0}(\sqrt{R^2+x^2}-x)$$

即点 P 的电势 V 仅仅是 x 的函数，故 $E_y=-\partial V/\partial y=0$，$E_z=-\partial V/\partial z=0$，所以点 P 的电场强度 $\boldsymbol{E}$ 沿 Ox 轴方向，其大小为

$$E=E_x=-\frac{\partial V}{\partial x}=-\frac{\partial}{\partial x}\left[\frac{\sigma}{2\varepsilon_0}(\sqrt{R^2+x^2}-x)\right]=\frac{\sigma}{2\varepsilon_0}\left(1-\frac{x}{\sqrt{R^2+x^2}}\right)$$

这与例题 5-6 所得的结果一致，有时，由电势求电场强度比用电场强度叠加原理直接积分求电场强度，更为简便.

5.7 静电场中的金属导体

5.7.1 金属导体的电结构

导体能够很好地导电，乃是由于导体中存在着大量可以自由运动的电荷．在各种金属导体中，由于原子中最外层的价电子与原子核之间的吸引力很弱，所以很容易摆脱原子的束缚，脱离所属的原子而在金属中自由运动，成为**自由电子**；而组成金属的原子，由于失去了部分价电子，成为带正电的离子．正离子在金属内按一定的分布规则排列着，形成金属的骨架，称为**晶体点阵**．因此，从物质的电结构来看，金属导体具有带负电的自由电子和带正电的晶体点阵．当导体不带电也不受外电场作用时，在导体中任意划取的微小体积元内，自由电子的负电荷和晶体点阵上的正电荷的数目是相等的，整个导体或其中任一部分都不显现电性，而呈中性．这时两种电荷在导体内均匀分布，都没有宏观移动，或者说，电荷并没有做定向运动．

5.7.2 导体的静电平衡条件

如图 5-11 所示，设在外电场 $\boldsymbol{E}_0$ 中放入一块金属导体．导体内带负电的自由电子在电场力 $-e\boldsymbol{E}_0$ 作用下，将相对于晶体点阵逆着电场 $\boldsymbol{E}_0$ 的方向做宏观的定向运动（见图 5-11a），从而使导体左、右两侧表面上分别出现了等量的负电荷和正电荷（见图 5-11b）．导体因受外电场作用而发生上述电荷重新分布的现象，称为**静电感应**．导体上因静电感应而出现的电荷，称为**感应电荷**．

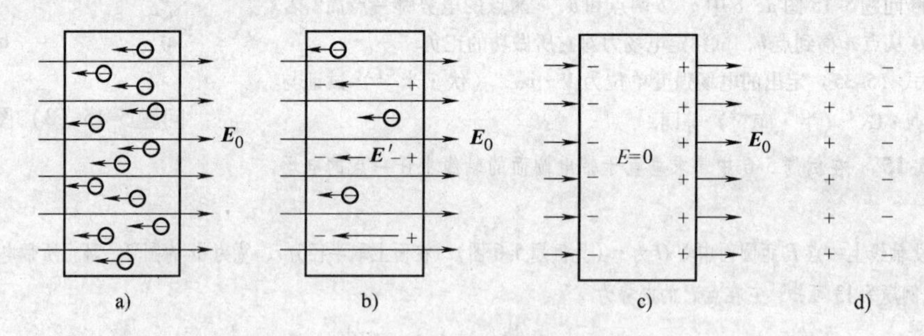

图 5-11　从导体的静电感应过程讨论静电平衡

当然，这些感应电荷也要激发电场．其电场强度 $\boldsymbol{E}'$ 与外电场的电场强度 $\boldsymbol{E}_0$ 方向相反（见图 5-11b）．导体内部各点的总电场强度应是 $\boldsymbol{E}_0$ 和 $\boldsymbol{E}'$ 的叠加．起初，$E' < E_0$，导体内各点的总电场强度不等于零，其方向仍与外电场 $\boldsymbol{E}_0$ 相同，就继续有自由电子逆着外电场 $\boldsymbol{E}_0$ 的方向做定向移动，使两侧的感应电荷继续增多，感应电荷的电场强度 $\boldsymbol{E}'$ 也随而继续增大，经过极短暂的时间，当 $\boldsymbol{E}'$ 在量值上增大到与 E_0 相等时，导体内各点的总电场强度 $\boldsymbol{E} = \boldsymbol{E}_0 + \boldsymbol{E}' = \boldsymbol{0}$（见图 5-11c），这时导体内自由电子所受电场力亦为零，定向移动停止，导体两侧的正、负感应电荷也不再增加，于是静电感应的过程就此结束．我们把**导体上没有电荷做定向运动的状态，称为静电平衡状态**．这时导体两侧表面上呈现的正、负电荷分布，等效于没有导体时真空中存在着如图 5-11d 所示那样分布的正、负电荷．

欲使导体处于静电平衡状态，须满足下述两个条件：

（1）**导体内部任何一点的电场强度都等于零；**

（2）**紧靠导体表面附近任一点的电场强度方向垂直于该点处的表面.**

这是因为：如果导体内部有一点电场强度不为零，该点的自由电子就要在电场力作用下做定向运动，这就不是静电平衡了；再说，若导体表面附近的电场强度 $\boldsymbol{E}$ 不垂直于导体表面，则电场强度将有沿表面的切向分量，使自由电子沿表面运动，整个导体仍无法维持静电平衡.

当导体处于静电平衡时，由于内部电场强度 $\boldsymbol{E}$ 处处为零，故在导体中沿连接任意两点 a、b 的曲线，必有 $\int_a^b E\cos\theta \mathrm{d}l = 0$，由关系式 $U_{ab} = \int_a^b E\cos\theta \mathrm{d}l$，可得该两点的电势差 $U_{ab}=0$，即 $V_a = V_b$. 由于 a、b 是导体中（包括导体表面）任取的两点，**因此，静电平衡时导体内各点和导体表面上各点的电势都相等.** 亦即，**整个导体是一个等势体，导体表面是一个等势面.**

处于静电平衡状态下导体所具有的电势，称为导体的电势. 当电势不同的两个导体相互接触或用另一导体（例如导线）连接时，导体间将出现电势差，引起电荷做宏观的定向运动，使电荷重新分布而改变原有的电势差，直至各个导体之间的电势相等、建立起新的静电平衡状态为止.

问题 5-16 （1）导体在电结构方面有何特征？什么叫作金属导体的静电平衡？试分析导体的静电平衡条件.
（2）为什么从导体出发或终止于导体上的电场线都垂直于导体外表面？

5.7.3 静电平衡时导体上的电荷分布

如图 5-12a 所示，在带电导体内部任意作一个高斯面（如虚线所示的闭合曲面 S_1 或 S_2），根据导体的静电平衡条件，导体内的电场强度 $\boldsymbol{E}$ 处处为零，所以通过高斯面的电通量 $\oint_S \boldsymbol{E}\cdot \mathrm{d}\boldsymbol{S} = 0$. 故按高斯定理 $\oint_S \boldsymbol{E}\cdot \mathrm{d}\boldsymbol{S} = \sum_i q_i/\varepsilon_0$，得 $\sum_i q_i = 0$. 由于高斯面 S_1 或 S_2 在导体内部是任意选取的，所以，对导体内的任何部分来说，都可得出 $\sum_i q_i = 0$ 的结论. 这就表明，**当带电导体达到静电平衡时，导体内部没有净电荷存在**（即没有未被抵消的正、负电荷），**因而电荷只能分布在导体的表面上.**

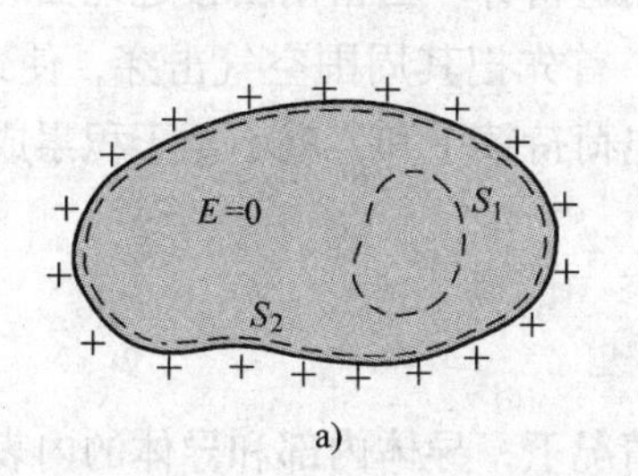

a)

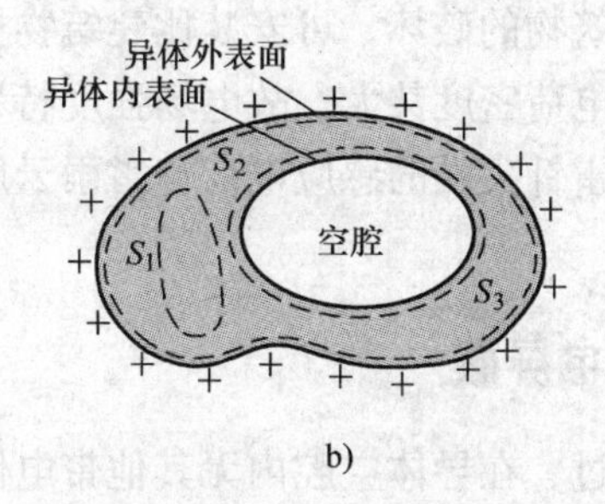

b)

图 5-12 带电导体上的电荷分布

如果带电导体内有空腔，而且腔内没有其他带电物体（见图5-12），则在导体内部任取闭合曲面 S_1、贴近导体外表面内侧的闭合曲面 S_2 和包围导体内表面的闭合曲面 S_3，把它们分别作为高斯面，则由于静电平衡的导体内部电场强度 $\boldsymbol{E}$ 处处为零，同样可用高斯定理证明：导体内部没有净电荷存在，而且在导体的内表面上也不存在净电荷．因此，**带电导体在静电平衡时，电荷只分布在导体的外表面上．**

一般来说，导体外表面各部分的电荷分布是不均匀的，即表面各部分的电荷面密度并不相同，而与相应各部分的表面曲率有关．实验指出，**如果带电导体不受外电场的影响，那么在导体表面曲率越大处，电荷面密度也越大．**

> 孤立导体是指离开其他物体很远而对它的影响可忽略不计的导体．

对于孤立球形带电导体，由于球面上各部分的曲率相同，所以球面上电荷的分布是均匀的，面电荷面密度在球面上处处相同．

对于形状不规则的孤立带电导体，表面上曲率越大处（例如尖端部分），电荷面密度越大，因此，单位面积上发出（或聚集）的电场线数目也越多，附近的电场也越强（见图5-9c）．由此可知，在带电导体的尖端附近存在着特别强的电场，导致周围空气中残留的离子在电场力作用下会发生激烈的运动，与尖端上电荷同种的离子，将急速地被排斥而离开尖端，形成“电风”，与尖端上电荷异种的离子，因相吸而趋向尖端，并与尖端的电荷中和，而使尖端上的电荷逐渐漏失；急速运动的离子与中性原子碰撞时，还可使原子受激而发光．这些现象称为**尖端放电现象**．

尖端放电现象在高压输电导线附近也可发生．有时在晚上或天色阴暗时，可看到高压输电线周围笼罩着一圈光晕，它是带电导线微弱的尖端放电的结果，叫作**电晕放电**．这一现象要消耗电能，能量散逸出去会使空气变热；特别在远距离的输电过程中，电能损耗更大；放电时发生的电波，还会干扰电视信号．为了避免这种现象，应采用较粗导线，并使导线表面平滑．又如，为了避免高压电气设备中的电极因尖端放电而发生漏电现象，往往把电极做成光滑的球形．

尖端放电也有可利用之处，避雷针㊀就是一例．雷雨季节，当带电的大块雷雨云接近地面时，由于静电感应，使地面上的物体带上异种电荷，这些电荷较集中地分布在地面上凸出处（高楼、烟囱、大树等），电荷面密度很大，故电场强度很大；且大到一定程度时，足以使空气电离，引起雷雨云与这些物体之间的火花放电，这就是雷击现象．为了防止雷击对建筑物的破坏，可安装比建筑物更高的避雷针．当雷雨云接近地面时，在避雷针尖端处的面电荷密度甚大，故电场强度特别大，首先把其周围空气击穿，使来自地面上、并集结于避雷针尖端的感应电荷与雷雨云所带电荷持续中和，就不至于积累成足以导致雷击的电荷．

5.7.4　静电屏蔽

前面讲过，在导体空腔内无其他带电体的情况下，导体内部和导体的内表面上处处皆

㊀ 避雷针尖端必须尖锐，并将通地一端与深埋地下的铜板相接，保持与大地接触良好．如果接地通路损坏，避雷针不仅不能起到应有作用，反而会使建筑物遭受雷击．

无电荷，电荷仅仅分布在导体外表面上．所以腔内的电场强度和导体内部一样，也处处等于零；各点的电势均相等，而且与导体电势相等．因此，如果把空心的导体放在电场中时，电场线将垂直地终止于导体的外表面上，而不能穿过导体进入腔内．这样，**放在导体空腔中的物体，因空腔导体屏蔽了外电场，而不会受到任何外电场的影响**，如图5-13a所示．

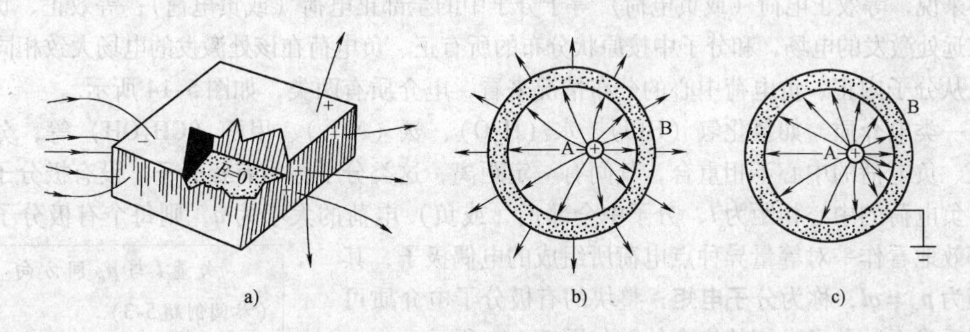

图5-13　静电屏蔽

另一方面，我们也可以使任何带电体不去影响别的物体．例如，把一个带正电的物体A放在空心的金属盒子B内，如图5-13b所示，则金属盒子的内表面上将产生感应的负电荷，外表面上则产生等量的感应正电荷．电场线的分布如图5-13b所示，电场线不穿过盒壁（因导体壁内的电场强度为零）．如果再把金属盒子用导线接地，则盒子外表面的正电荷将和来自地上的负电荷中和，盒外的电场线也就消失（见图5-13c）．这样，**金属盒内的带电体就对盒外不发生任何影响**．

总之，**一个接地的空心金属导体隔离了放在它内腔中的带电体与外界带电体之间的静电作用**．这就是**静电屏蔽的原理**．这样的一个空心金属导体，我们称它为**静电屏**．

静电屏在实际中应用广泛．例如，火药库以及有爆炸危险的建筑物和物体都可用编织相当密集的金属网蒙蔽起来，再把金属网很好地接地，则可避免由于雷电而引起爆炸．一般电学仪器的金属外壳都是接地的，这也是为了避免外电场的影响．又如，在高压输电线上进行带电操作时，工作人员全身需穿上金属丝网制成的屏蔽服（称为**均压服**），它相当于一个导体壳，以屏蔽外电场对人体的影响，并可使感应出来的交流电通过均压服而不危及人体．

5.8　静电场中的电介质

5.8.1　电介质的电结构

电介质的主要特征是这样的，它的分子中电子被原子核束缚得很紧，即使在外电场作用下，电子一般只能相对于原子核有一微观的位移，而不像导体中的自由电子那样，能够摆脱所属原子做宏观运动．因而电介质在宏观上几乎没有自由电荷，其导电性很差，故亦称为**绝缘体**．并且，在外电场作用下达到静电平衡时，电介质内部的电场强度也可以不等于零．

由于在电介质分子中，带负电的电子和带正电的原子核紧密地束缚在一起，故每个电介质分子都可视作中性．但其中正、负电荷并不集中于一点，而是分散于分子所占的体积中．不过，在相对于分子的距离比分子本身线度大得多的地方来观察时，分子中全部正电荷所起的作用可用一等效的正电荷来代替，全部负电荷所起的作用可用一等效的负电荷来代替．等效的正、负电荷在分子中所处的位置，分别称为该分子的正、负电荷“中心”．具体来说，等效正电荷（或负电荷）等于分子中的全部正电荷（或负电荷）；等效正、负电荷在远处激发的电场，和分子中按原状分布的所有正、负电荷在该处激发的电场大致相同．

从分子内正、负电荷中心的分布情况来看，电介质有两类，如图 5-14 所示．

一类电介质，如氯化氢（HCl）、水（H_2O）、氨（NH_3）、甲醇（CH_3OH）等，分子内正、负电荷的中心不相重合，其间有一定距离，这类分子称为**有极分子**．设有极分子的正、负电荷的中心相距为 l，分子中全部正（或负）电荷的大小为 q，则每个有极分子可以等效地看作一对等量异种点电荷所组成的电偶极子，其电矩为 $\boldsymbol{p}_e = q\boldsymbol{l}$，称为**分子电矩**；整块的有极分子电介质可以被看成无数分子电矩的集合体，如图 5-14a 所示．

矢量 $\boldsymbol{l}$ 与 $\boldsymbol{p}_e$ 同方向（参阅例题 5-3）．

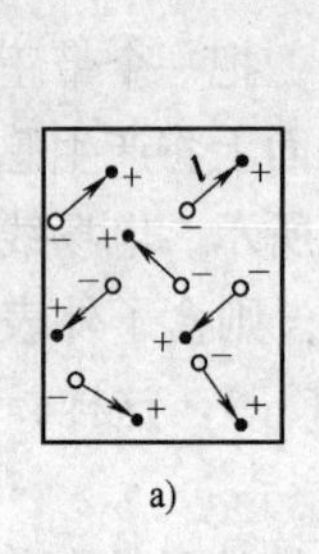
a)

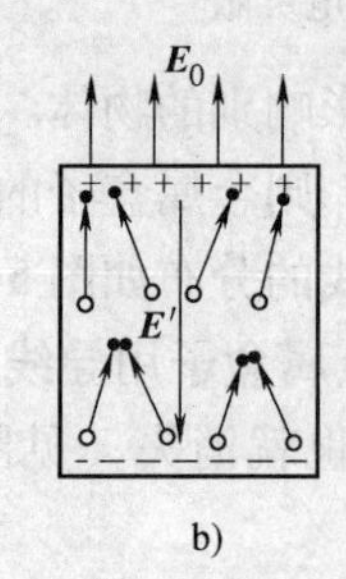

b)

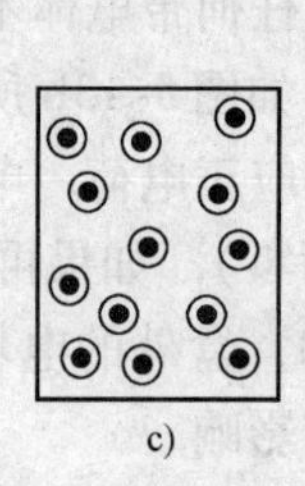
c)

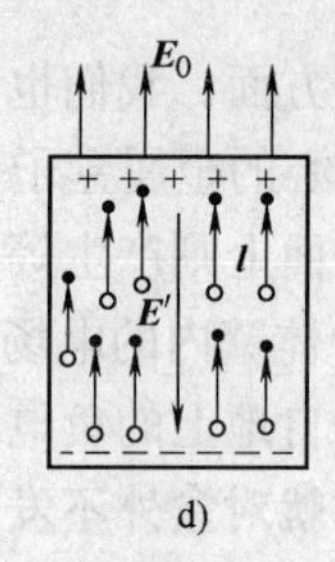

d)

图 5-14　两类电介质及其极化过程

a）有极分子电介质 $\boldsymbol{p}_e = ql \neq 0$　b）有极分子电介质处于外电场中极化时，$\sum_i \boldsymbol{p}_{ei} \neq \boldsymbol{0}$，出现束缚电荷

c）无极分子电介质 $\boldsymbol{p}_e = \boldsymbol{0}$　d）无极分子电介质处于外电场中极化时，$\sum_i \boldsymbol{p}_{ei} \neq \boldsymbol{0}$，也出现束缚电荷

（“●”代表正电荷中心，“○”代表负电荷中心）

另一类电介质，如氦（He）、氢（H_2）、甲烷（CH_4）等，分子内正、负电荷中心是重合的，$l=0$，故分子电矩 $\boldsymbol{p}_e = \boldsymbol{0}$，这类分子称为**无极分子**．整块的无极分子电介质如图 5-14c 所示．

5.8.2　电介质在外电场中的极化现象

当无极分子处在外电场 $\boldsymbol{E}_0$ 中时，每个分子中的正、负电荷将分别受到相反方向的电场力 $\boldsymbol{F}_+$、$\boldsymbol{F}_-$ 作用而被拉开，导致正、负电荷中心发生相对位移 $\boldsymbol{l}$．这时，每个分子等效于一个电偶极子，其电矩 $\boldsymbol{p}_e$ 的方向和外电场 $\boldsymbol{E}_0$ 的方向一致．外电场越强，每个分子的正、负电荷中心的距离被拉得越开，分子电矩也就越大；反之，则越小．当外电场撤去后，正、负电荷中心又趋于重合．

对于整块的无极分子电介质来说，如图 5-14d 所示，在外电场 $\boldsymbol{E}_0$ 作用下，由于每个分子都成为一个电偶极子，其电矩方向都沿着外电场的方向，以致在和外电场相垂直的电介质两侧表面上，分别出现正、负电荷．这两侧表面上分别出现的正电荷和负电荷是和电介质分子连在一起的，不能在电介质中自由移动，也不能脱离电介质而独立存在，故称为

束缚电荷或**极化电荷**. 在外电场作用下，电介质出现束缚电荷的这种现象，称为电介质的**极化**.

对于有极分子而言，即使没有外电场，每个分子本来就等效于具有一定电矩的电偶极子；但由于分子无规则的热运动，分子电矩的方向是杂乱无序的（见图 5-14a）. 所以，对于由有极分子组成的电介质的整体或某一部分来说，所有分子电矩的矢量和 $\sum_i \boldsymbol{p}_{ei}$ 的平均结果为零，电介质各部分都是中性的. 当有外电场 $\boldsymbol{E}_0$ 时，每个分子电矩都受到力偶矩作用，要转向外电场的方向（参阅例题5-9）. 但由于分子热运动的干扰，并不能使各分子电矩都循外电场的方向整齐排列. 外电场越强，分子电矩的排列越趋向整齐. 对整块电介质而言，在垂直于外电场方向的两个表面上也出现束缚电荷（见图 5-14b）. 如果撤去外电场，由于分子热运动，分子电矩的排列又将变得杂乱无序，电介质又恢复电中性状态.

但是，也有一些电介质，在撤去外电场后，在表面上仍可留驻电荷，这种电介质称为**驻极体**. 驻极体元件或器件，在当前工业和科技领域中应用日渐广泛.

上面所讲的两种电介质，其极化的微观过程虽然不同，但却有同样的宏观效果，即介质极化后，都使得其中所有分子电矩的矢量和 $\sum_i \boldsymbol{p}_{ei} \neq \boldsymbol{0}$，同时在介质上都要出现束缚电荷. 因此，在宏观上表征电介质的极化程度和讨论有电介质存在的电场时，就无须把这两类电介质区别开来，而可统一地进行论述.

问题 5-17 简述电介质的电结构特征，并由此说明电介质分子和电介质的极化现象.

5.8.3 有电介质时的静电场

有电荷，就会激发电场. 因此，不但在电介质中存在自由电荷所激发的电场 $\boldsymbol{E}_0$，使电介质极化，产生极化电荷，而且电介质中的极化电荷同样也要在它周围空间（无论电介质内部或外部）激发电场 $\boldsymbol{E}'$. 故按电场强度叠加原理，在这种有电介质时的电场中，某点的总电场强度 $\boldsymbol{E}$，应等于自由电荷和极化电荷分别在该点激发的电场强度 $\boldsymbol{E}_0$ 和 $\boldsymbol{E}'$的矢量和，即

$$\boldsymbol{E} = \boldsymbol{E}_0 + \boldsymbol{E}' \quad (5\text{-}38)$$

> 通常把不是由极化引起(例如电介质由于摩擦起电）的电荷称为**自由电荷**.

可见，电介质的极化改变了空间的电场强度. 从图 5-14b、d 不难判定，极化电荷激发的电场 $\boldsymbol{E}'$ 与外电场 $\boldsymbol{E}_0$ 方向，使原来的电场有所削弱. 因而

$$E = E_0 - E' \quad (5\text{-}39)$$

可见，电介质的极化改变了空间的电场强度. E 与 E_0 的关系可写成

$$E = \frac{E_0}{\varepsilon_r} \quad (5\text{-}40)$$

式中，$\varepsilon_r > 1$，ε_r 称为**电介质的相对电容率**（习惯上亦称**相对介电常数**），是一个纯数，是用来表征电介质性质的一个物性参数，其值可由实验测定. 对某些常见的电介质，其值亦可查物理手册.

5.8.4 有电介质时静电场的高斯定理 电位移矢量

现在我们进一步研究电介质中的高斯定理，由于真空中的高斯定理为 $\oiint_S \boldsymbol{E} \cdot \mathrm{d}\boldsymbol{S} = \sum_{i=1}^{n} q_i / \varepsilon_0$，

式中的 q_i 是自由电荷. 当有电介质存在时，电场是由自由电荷和极化电荷共同激发的，q_i 应理解为闭合面内的自由电荷和极化电荷之和，$\boldsymbol{E}$ 应理解为闭合面上面积元所在处的总电场强度：$\boldsymbol{E}=\boldsymbol{E}_0+\boldsymbol{E}'$. 今以均匀带电球体周围充满相对介电常数为 ε_r 的无限大均匀电介质的情况为例，来推导有电介质时静电场的高斯定理.

如例题 5-11 所述，在没有电介质时，均匀分布在导体球表面上的自由电荷 q 所激发的电场是球对称的；而今在球的周围充满均匀电介质，极化电荷 q'将均匀分布在与导体球表面相毗邻的介质边界面上，它无异是一个均匀地带异种电荷 q'、且与导体球半径相同的同心球面（见图 5-15），故而它所激发的电场也是球对称的. 因此由自由电荷和极化电荷在电介质内共同激发的总电场是球对称的，因而可借助于真空中的高斯定理求解.

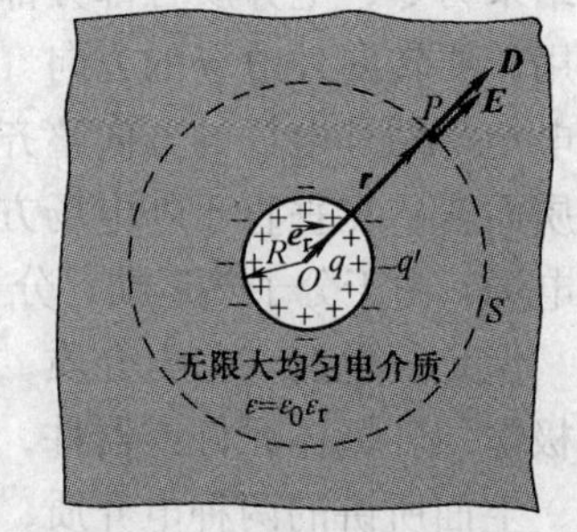

图 5-15　无限大均匀电介质中的带电导体球

设球外一点 P 相对于球心 O 的位矢为 $\boldsymbol{r}$，今作一高斯面，它是以 O 为中心，以 r 为半径，且通过场点 P 的闭合球面 S. 按式（5-21），均匀带电球体在球外真空中的电场强度为

$$\boldsymbol{E}_0=\frac{1}{4\pi\varepsilon_0}\frac{q}{r^2}\boldsymbol{e}_r \tag{a}$$

式中，$\boldsymbol{e}_r$ 为球心 O 指向场点 P 的径向单位矢量. 而今在电介质中的电场应是自由电荷 q 和极化电荷 q'共同激发的，其电场强度为

$$\boldsymbol{E}=\boldsymbol{E}_0+\boldsymbol{E}'=\frac{1}{4\pi\varepsilon_0}\frac{q+q'}{r^2}\boldsymbol{e}_r \tag{b}$$

又由式（5-40），有

$$\boldsymbol{E}=\frac{\boldsymbol{E}_0}{\varepsilon_r}=\frac{1}{4\pi\varepsilon_0\varepsilon_r}\frac{q}{r^2}\boldsymbol{e}_r \tag{c}$$

比较式（b）和式（c），有

$$q'=-\left(1-\frac{1}{\varepsilon_r}\right)q \tag{d}$$

由于 $\boldsymbol{E}$ 是自由电荷 q 和极化电荷 q'共同激发的总电场强度，为此，在电介质中取一个包围带电球体的同心球面作为高斯面 S，则高斯定理应是

$$\oint\!\!\!\oint_S \boldsymbol{E}\cdot \mathrm{d}\boldsymbol{S}=\frac{q+q'}{\varepsilon_0} \tag{e}$$

将式（d）代入式（e），有

$$\oint\!\!\!\oint_S \boldsymbol{E}\cdot \mathrm{d}\boldsymbol{S}=\frac{q}{\varepsilon_0\varepsilon_r}$$

或

$$\oint\!\!\!\oint_S \varepsilon_0\varepsilon_r\boldsymbol{E}\cdot \mathrm{d}\boldsymbol{S}=q \tag{f}$$

式（f）虽然是从式（e）得来的，但两者意义不相同. 该式右边只剩自由电荷 q 一项，若引入电介质的**电容率**（习惯上亦称**介电常数**）ε，并令

$$\varepsilon=\varepsilon_0\varepsilon_r \tag{5-41}$$

将它代入式（f），可写作

$$\oint\!\!\!\oint_S \varepsilon \boldsymbol{E} \cdot \mathrm{d}\boldsymbol{S} = q \tag{g}$$

为了方便，我们引入一个辅助矢量 $\boldsymbol{D}$，定义为

$$\boldsymbol{D} = \varepsilon \boldsymbol{E} \tag{5-42}$$

这就是电介质的**性质方程**．将它代入式（g），则有

$$\oint\!\!\!\oint_S \boldsymbol{D} \cdot \mathrm{d}\boldsymbol{S} = q \tag{h}$$

$\boldsymbol{D}$ 称为**电位移矢量**．$\oint\!\!\!\oint_S \boldsymbol{D} \cdot \mathrm{d}\boldsymbol{S}$ 称为**电位移通量**．式（h）的物理意义很简洁，表明**在有电介质时的电场中，通过封闭面 S 的电位移通量等于该封闭面所包围的自由电荷.**

> 注意：我们所讨论的电介质不仅是均匀的，而且是各向同性的．否则，对各向异性的电介质，$\boldsymbol{D}$ 和 $\boldsymbol{E}$ 就不可能存在式（5-42）的简单关系，且 $\boldsymbol{D}$ 和 $\boldsymbol{E}$ 一般也将具有不同的方向.

这个结论虽然是由处于无限大均匀电介质中带电球体的情况下得出的，但是可以证明，对于一般情况也是正确的，这一规律称为**有电介质时的静电场的高斯定理**，叙述如下：**在任何电介质存在的电场中，通过任意一个封闭面 S 的电位移通量等于该面所包围的自由电荷的代数和.** 其数学表达式为

$$\oint\!\!\!\oint_S \boldsymbol{D} \cdot \mathrm{d}\boldsymbol{S} = \sum_i q_i \tag{5-43}$$

式（5-43）表明，电位移矢量 $\boldsymbol{D}$ 是和自由电荷 q 联系在一起的.

电位移的单位是 $\mathrm{C \cdot m^{-2}}$（库仑每平方米）.

由式（5-42）所定义的 $\boldsymbol{D}$ 矢量，是表述有电介质时电场性质的一个辅助量，在有电介质时的电场中，各点的电场强度 $\boldsymbol{E}$ 都对应着一个电位移 $\boldsymbol{D}$．因此，在这种电场中，仿照电场线的画法，可以作一系列**电位移线**（或 $\boldsymbol{D}$ **线**），线上每点的切线方向就是该点电位移矢量的方向，并令垂直于 $\boldsymbol{D}$ 线单位面积上通过的 $\boldsymbol{D}$ 线条数，在数值上等于该点电位移 $\boldsymbol{D}$ 的大小，而 $\boldsymbol{D} \cdot \mathrm{d}\boldsymbol{S}$ 称为通过面积元 $\mathrm{d}\boldsymbol{S}$ 的**电位移通量**.

有电介质时静电场的高斯定理也表明电位移线从正的自由电荷发出，终止于负的自由电荷，如图5-16a所示；而不像电场线那样，起讫于包括自由电荷和束缚电荷在内的各种正、负电荷，如图5-16b所示．读者对此务必区别清楚.

问题5-18 （1）有电介质时静电场与真空中的静电场，其电场强度有何差别？

（2）为什么要引入电位移矢量 $\boldsymbol{D}$ 这个物理量？它与电场强度有何异同？

（3）试述有电介质时静电场的高斯定理.

5.8.5 有电介质时静电场的高斯定理的应用

利用有电介质时静电场的高斯定理，有时可以较方便地求解有电介质时的电场问题．当已知自由电荷的分布时，可先由式（5-43）求得 $\boldsymbol{D}$；由于 ε_r 可用实验测定，因而 $\varepsilon = \varepsilon_0 \varepsilon_r$ 也是已知的，于是再通过式（5-42），便可求出电介质中的电场强度 $\boldsymbol{E} = \boldsymbol{D}/\varepsilon$ ㊀.

㊀ 在真空中，$\varepsilon = \varepsilon_0$，故由 $\varepsilon = \varepsilon_r \varepsilon_0$ 可知，真空的相对电容率 $\varepsilon_r = 1$．而空气的 $\varepsilon_r = 1.000585 \approx 1$，即非常接近于真空的相对电容率，故空气中的电场可近似地用前面所述的真空中静电场的规律来研究.

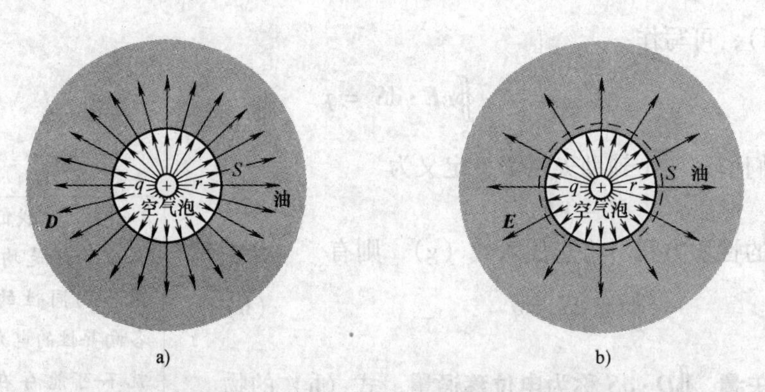

图 5-16　在油和空气两种介质中的电位移线和电场线的分布

a）电位移线在两种介质界面上连续　b）电场线密度在两种介质中不相同

根据以上所述，现在我们可以应用有电介质时静电场的高斯定理来求解有电介质时的静电场问题. 我们发现，求解均匀电介质中的静电场问题时，所得结果与真空中的完全类同，只不过把后者式子中出现的 ε_0 换成 ε，就是前者情况下的式子. 对此，为简明起见，不妨仍以图 5-15 所示的情况为例，即对一个半径为 R、电荷为 q 的导体球，求它在周围充满电容率为 ε 的无限大均匀电介质中任一点的电场强度和电势.

设球外一点 P 相对于球心 O 的位矢为 $\boldsymbol{r}$，今作一高斯面，它是以 O 为中心，以 r 为半径，且通过场点 P 的闭合球面 S. 由于 $\boldsymbol{D}$ 是球对称分布的，各场点的 $\boldsymbol{D}$ 均沿径向，故按有电介质时静电场的高斯定理［式（5-43）］，高斯面 S 上的电位移通量为

$$\oint_S \boldsymbol{D}\cdot \mathrm{d}\boldsymbol{S} = \oint_S D\cos 0^\circ \mathrm{d}S = D(4\pi r^2)$$

S 面所包围的自由电荷为 $\sum_i q_i = q$，故有

$$D(4\pi r^2) = q$$

则由上式，可求得 D，并将它写成矢量式，即

$$\boldsymbol{D} = \frac{q}{4\pi r^2}\boldsymbol{e}_r \tag{5-44}$$

式中，$\boldsymbol{e}_r$ 为沿位矢 $\boldsymbol{r}$ 方向的单位矢量。由电介质的性质方程 $\boldsymbol{D}=\varepsilon\boldsymbol{E}$，且 $\boldsymbol{E}$ 和 $\boldsymbol{D}$ 的方向相同，得电介质中一点 P 的电场强度为

$$\boldsymbol{E} = \frac{q}{4\pi\varepsilon_0\varepsilon_{\mathrm{r}} r^2}\boldsymbol{e}_r = \frac{q}{4\pi\varepsilon r^2}\boldsymbol{e}_r \tag{5-45}$$

即在相同的自由电荷分布下，与真空中的电场强度 $E_0 = q/(4\pi\varepsilon_0 r^2)$ 相比较，电介质中的电场强度只有真空中电场强度的 $1/\varepsilon_{\mathrm{r}}$ 倍. 这是由于电介质极化而出现的极化电荷所激发的附加电场 $\boldsymbol{E}'$ 削弱了原来的电场 $\boldsymbol{E}_0$ 所致，今沿径向取积分路径，则得场点 P 的电势为

$$V = \int_P^\infty \boldsymbol{E}\cdot \mathrm{d}\boldsymbol{l} = \int_r^\infty \frac{q}{4\pi\varepsilon r^2}\cos 0^\circ \mathrm{d}r = \frac{q}{4\pi\varepsilon r} \tag{5-46}$$

若导体球的半径 R 远小于场点 P 至中心 O 的距离 r，则可以将导体球看作点电荷. 在此情形下，式（5-45）、式（5-46）仍成立，即点电荷 q 在无限大均匀电介质中激发的电

场是球对称的．上两式分别是它在场点 P 的电场强度和电势的公式．将点电荷 q_0 放在点 P，它所受的力可由 $\boldsymbol{F}=q_0\boldsymbol{E}$ 和式（5-45）给出，即

$$\boldsymbol{F}=\frac{1}{4\pi\varepsilon}\frac{qq_0}{r^2}\boldsymbol{e}_r \tag{5-47}$$

式（5-47）常称为**无限大均匀电介质中的库仑定律**.

至此，读者不难领会，从式（5-45）和式（5-46）出发，分别利用电场强度和电势的叠加原理，与求解真空中静电场问题相仿，可以**求解均匀电介质中的电场问题．所得的结果与真空中的完全类同，只不过将 ε_0 换成 ε 而已.**

例如，将例题 5-8 所述的两个无限大均匀带异种电荷的平行平面，置于电容率为 ε 的均匀电介质中，则按电场强度叠加原理，可导出此两带电平行平面之间的电位移和电场强度分别为

$$D=\sigma,\quad E=\frac{\sigma}{\varepsilon} \tag{5-48}$$

两者方向亦都垂直于两带电平面，且从带正电的平面指向带负电的平面，若沿此方向取单位矢量 $\boldsymbol{i}$，则相应的矢量式为

$$\boldsymbol{D}=\sigma\boldsymbol{i},\quad \boldsymbol{E}=\frac{\sigma}{\varepsilon}\boldsymbol{i} \tag{5-49}$$

读者试将式（5-48）中的电场强度 E 与式（5-15）中的 E 相比较.

问题 5-19 根据有电介质时静电场的高斯定理和电介质的性质方程求解有关静电场问题时，具体步骤如何？

例题 5-16 如例题 5-16 所示，在无限长直的电缆内，导体圆柱 A 和同轴导体圆柱壳 B 的半径分别为 r_1 和 r_2 $(r_1<r_2)$，单位长度所带电荷分别为 $+\lambda$ 和 $-\lambda$，内、外导体 A 与 B 之间充满电容率为 ε 的均匀电介质．求电介质中任一点的电场强度大小及内、外导体间的电势差.

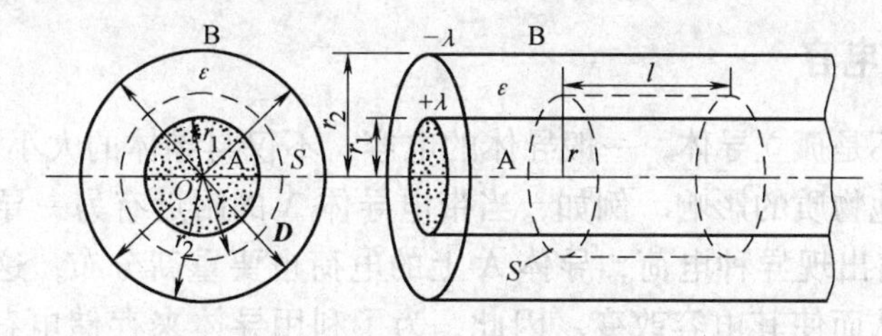

例题 5-16 图

分析 由于内、外导体面上的自由电荷和电介质与内、外导体 A 与 B 的交界面上的极化电荷都是轴对称分布的，故介质中的电场也是轴对称的.

解 取高斯面，它是半径为 $r(r_1<r<r_2)$、长度为 l 的同轴圆柱形闭合面 S．左、右两底面与电位移矢量 $\boldsymbol{D}$ 的方向平行，其外法线方向皆与 $\boldsymbol{D}$ 成夹角 $\theta=\pi/2$，故电位移通量为零；柱侧面与 $\boldsymbol{D}$ 的方向垂直，其外法线与 $\boldsymbol{D}$ 同方向，$\theta=0°$，通过侧面的电位移通量为 $D\cos 0°(2\pi rl)$．被闭合面包围的自由电荷为 λl．按有电介质时静电场的高斯定理[式 (5-43)]，有

$$D\cos 0°(2\pi rl)=\lambda l$$

即

$$D=\frac{\lambda}{2\pi r}$$

并由于 $\boldsymbol{E}$ 和 $\boldsymbol{D}$ 的方向一致，故由 $\boldsymbol{D}=\varepsilon\boldsymbol{E}$，得所求电场强度的大小为

$$E=\frac{D}{\varepsilon}=\frac{\lambda}{2\pi\varepsilon r}$$

内、外导体间的电势差为

$$V_A-V_B=\int_A^B \boldsymbol{E}\cdot d\boldsymbol{l}=\int_{r_1}^{r_2}\frac{\lambda}{2\pi\varepsilon r}\cos 0^\circ dr=\frac{\lambda}{2\pi\varepsilon}\ln\frac{r_2}{r_1}$$

5.9 电容　电容器

5.9.1 孤立导体的电容

电容是导体的一个重要特性．我们首先讨论孤立导体的电容．在静电平衡时，带电荷为 q 的孤立导体是一个等势体，具有确定的电势 V．如果导体所带电荷量从 q 增加到 nq 时，理论和实验都证明，导体的电势就从 V 增加到 nV．由此可知：如果导体带电，**导体所带的电荷 q 与相应的电势 V 的比值，是一个与导体所带的电荷量无关的恒量，称为孤立导体的电容**，用符号 C 表示，即

$$C=\frac{q}{V} \tag{5-50}$$

电容 C 是表征导体储电容量的一个物理量，它决定于导体的尺寸和形状，而与 q、V 无关．**在量值上等于该导体的电势为一单位时导体所带的电荷**．在一定的电势下，孤立导体所带的电荷为 $q=CV$，这说明导体的电容 C 越大，能够储藏的电荷越多．

在 SI 中，电容的单位为 F（法［拉］）．如果导体所带的电荷量为 1C，相应的电势为 1V 时，则导体的电容即为 1F．由于法拉这个单位太大，常用 μF（微法）或 pF（皮法）等较小的单位，其换算关系为

$$1\mu F=10^{-6}F;\quad 1pF=10^{-12}F$$

5.9.2 电容器的电容

实际使用的都不是孤立导体，一般导体的电容，不仅与导体的大小和几何形状有关，而且还要受周围其他物质的影响．例如，当带电导体 A 的附近有另一导体 B 时，由于静电感应，B 的两端将出现异种电荷，导体 A 上的电荷也要重新分布，这些都会使导体 A 的电势发生变化，从而使其电容改变．因此，为了利用导体来存储电荷（电势能），并便于实际应用，需要设计一个导体组，一方面使其电容较大而体积较小；另一方面使这个导体组的电容一般不受其他物体影响．电容器就是这种由导体组构成的存储电能的元件．通常的电容器由两个金属极板和介于其间的电介质所组成．电容器带电时，常使两极板带上等量异种的电荷（或使一板带电，另一板接地，借感应起电而使另一板带上等量异种电荷）．电容器的电容定义为**电容器一个极板所带电荷 q（指它的绝对值）和两极板的电势差 V_A-V_B 之比**，即

$$C=\frac{q}{V_A-V_B} \tag{5-51}$$

下面将根据上述定义式计算几种常用电容器的电容．

1. 平行板电容器

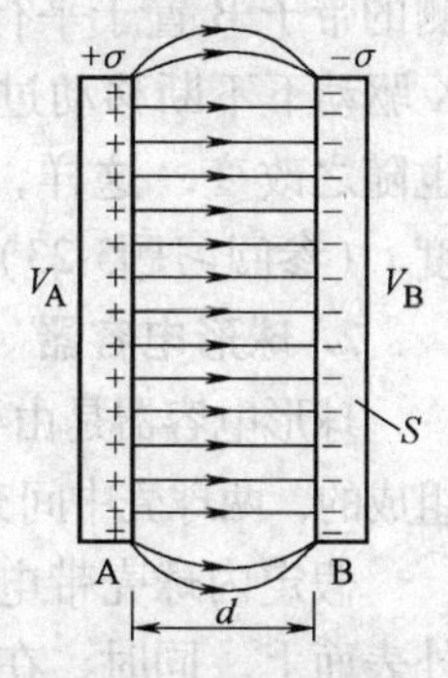

图 5-17 平行板电容器两板之间的电场

设有两平行的金属极板，每板的面积为 S，两板的内表面之间相距为 d，并使板面的线度远大于两板的内表面的间距（见图 5-17）. 设想板 A 带正电，板 B 带等量的负电. 由于板面线度远大于两板的间距，所以除边缘部分以外，两板间的电场可以认为是均匀的，而且电场局限于两板之间. 现在先不考虑介质的影响，即认为两极板间为真空或充满空气. 按式（5-15），两极板间均匀电场的电场强度大小为

$$E=\frac{\sigma}{\varepsilon_0}$$

式中，σ 为任一极板上所带电荷的面电荷的密度（绝对值）. 两极板间的电势差为

$$V_{\mathrm{A}}-V_{\mathrm{B}}=Ed=\frac{\sigma}{\varepsilon_0}d=\frac{qd}{\varepsilon_0 S}$$

其中，$q=\sigma S$ 为任一极板表面上所带的电荷大小. 设两极板间为真空时的平行板电容器电容为 C_0，则按电容器电容的定义，得

$$C_0=\frac{q}{V_{\mathrm{A}}-V_{\mathrm{B}}}=\frac{\varepsilon_0 S}{d} \tag{5-52}$$

由式（5-52）可知，只要使两极板的间距 d 足够微小，并增大两极板的面积 S，就可获得较大的电容. 但是缩小电容器两极板的间距，毕竟有一定限度；而加大两极板的面积，又势必要增大电容器的体积. 因此，为了制成电容量大、体积小的电容器，通常是在两极板间夹一层适当的电介质，它的电容就会增大. 仿照式（5-52）的导出过程，可以求得平行板电容器在两极板间充满均匀电介质时的电容为

$$C=\frac{\varepsilon S}{d} \tag{5-53}$$

式中，ε 为该电介质的电容率。将式（5-53）与式（5-52）相比，得

$$\frac{C}{C_0}=\frac{\varepsilon}{\varepsilon_0}=\varepsilon_{\mathrm{r}} \tag{5-54}$$

ε_{r} 即为该电介质的相对电容率（或相对介电常数）. 除空气的 ε_{r} 近似等于 1 以外，一般电介质的 ε_{r} 均大于 1. 故从式（5-54）可知，在充入均匀电介质后，平行板电容器的电容 C 将增大为真空情况下的 ε_{r} 倍. 并且对任何电容器来说，当其间充满相对电容率为 ε_{r} 的均匀电介质后，它的电容亦总是增至 ε_{r} 倍（证明从略）.

有的材料（如钛酸钡），它的 ε_{r} 可达数千，用来作为电容器的电介质，就能制成电容大、体积小的电容器.

从式（5-53）可知，当 S、d 和 ε 三者中任一个量发生变化时，都会引起电容 C 的变化. 根据这一原理所制成的**电容式传感器**㊀，可用来测量诸如位移、液面高度、压强和流量等非电学量. 例如，图 5-18 所示的**电容测厚仪**，可用来测量塑料带子等的厚度. 当被

㊀ 传感器是这样一种器件，它能够感受到所需测定的各种非电学量（如力学量、化学量等），把它转换成易于检测、处理、传输和控制的电学量（如电阻、电容、电感等），它一般由敏感元件、转换元件和测量电路三部分组成. 传感器在工业自动化和远距离监测等方面有广泛应用.

测的带子 B 置于平行板电容器的两极板之间、并在辊筒 K 驱动下不断移动过去时，若带子厚度 t 有变化，电容 C 也随之改变. 这样，只需测量电容 C，就能测定带子厚度 t（参阅习题5-23）.

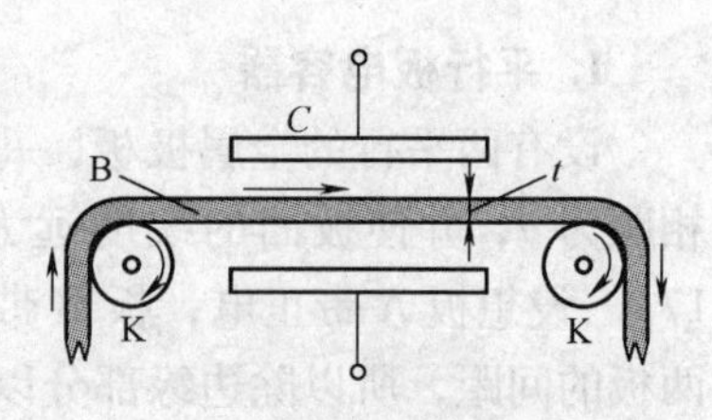

图 5-18　电容测厚仪

2. 球形电容器

球形电容器是由半径分别为 R_A 和 R_B 的两个同心球壳组成的，两球壳中间充满电容率为 ε 的电介质（见图 5-19）.

假定内球壳带电荷 $+q$，这电荷将均匀地分布在它的外表面上. 同时，在外球壳的内、外两表面上的感应电荷 $-q$ 和 $+q$ 也都是均匀分布的. 外球壳的外表面上的正电荷可用接地法消除掉. 两球壳之间的电场具有球对称性，可用有介质时的高斯定理求出这电场，它和单独由内球激发的电场相同，即

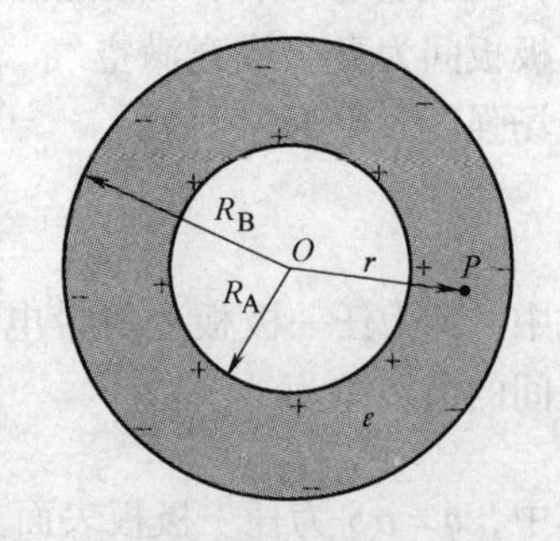

图 5-19　球形电容器

$$E=\frac{q}{4\pi\varepsilon r^2}$$

式中，r 为球心到场点 P 的距离. 因为 $V_A-V_B=\int_A^B \boldsymbol{E}\cdot \mathrm{d}\boldsymbol{l}$，而今取 $\mathrm{d}\boldsymbol{l}$ 沿径向，则 $\theta=0°$，故

$$V_A-V_B=\int_{R_A}^{R_B}E\cos 0^\circ\,\mathrm{d}r=\int_{R_A}^{R_B}\frac{q}{4\pi\varepsilon r^2}\mathrm{d}r=\frac{q}{4\pi\varepsilon}\left(\frac{1}{R_A}-\frac{1}{R_B}\right).$$

所以

$$C=\frac{q}{V_A-V_B}=\frac{q}{\dfrac{q}{4\pi\varepsilon}\left(\dfrac{1}{R_A}-\dfrac{1}{R_B}\right)}=\frac{4\pi\varepsilon R_A R_B}{R_B-R_A}\tag{5-55}$$

由式（5-52）、式（5-55）可见，电容器的电容取决于组成电容器的导体的形状、几何尺寸、相对位置以及介质情况，与它是否带电无关. 这就表明，**电容器的电容是描述电容器本身容电性质的一个物理量.**

电容器的电容通常也可用交流电桥等电学仪器来测定.

问题 5-20　电容器的电容取决于哪些因素？导出平行板电容器的电容公式.

例题 5-17　设有面积为 S 的平板电容器，两极板间填充两层均匀电介质，电容率分别为 ε_1 和 ε_2（如例题 5-17 图所示），厚度分别为 d_1 和 d_2，求这电容器的电容.

解　设想两极板分别带上电荷 $+q$、$-q$，在两层介质中的电场强度分别为 $\boldsymbol{E}_1$ 和 $\boldsymbol{E}_2$.

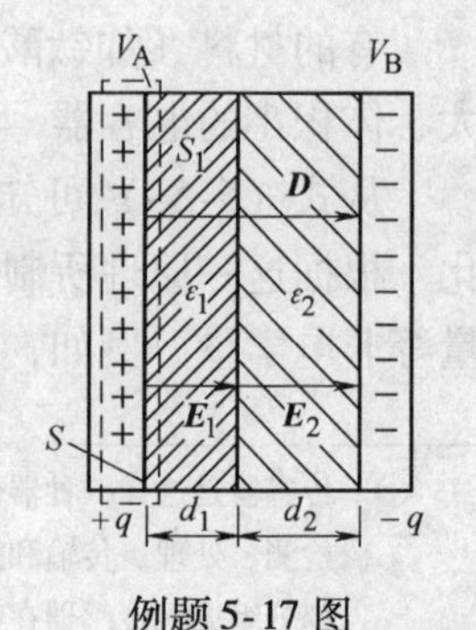

例题 5-17 图

根据有介质时静电场的高斯定理，由于电位移通量只与自由电荷有关，故可先求电场中的电位移矢量 $\boldsymbol{D}$. 为此，作高斯面，它是长方棱柱形的闭合面 S_1，其右侧表面在电容率 ε_1 的介质内，左侧表面在导体极板内（图中虚线所示）. 板内的电场强度为零；上、下、前、后面的外法线皆与 $\boldsymbol{D}$ 垂直，其夹角 $\theta=\pi/2$，故 $\boldsymbol{D}\cdot\mathrm{d}\boldsymbol{S}=0$；右侧面的外法线与 $\boldsymbol{D}$ 同方向，$\theta=0°$，即 $\boldsymbol{D}\cdot\mathrm{d}\boldsymbol{S}=D\cos0°\mathrm{d}S=D\mathrm{d}S$. 则由

$$\oiint_{S_1}\boldsymbol{D}\cdot\mathrm{d}\boldsymbol{S}=\sum_i q_i$$

有

$$DS=q$$

再由 $\boldsymbol{D}=\varepsilon\boldsymbol{E}$，并因 $\boldsymbol{D}$ 与 $\boldsymbol{E}$ 同方向，故分别由上式得

$$E_1=\frac{D}{\varepsilon_1}=\frac{q}{\varepsilon_1 S},\quad E_2=\frac{D}{\varepsilon_2}=\frac{q}{\varepsilon_2 S}$$

两极板间的电势差为

$$V_A-V_B=E_1d_1+E_2d_2=\frac{q}{S}\left(\frac{d_1}{\varepsilon_1}+\frac{d_2}{\varepsilon_2}\right)$$

所求电容为

$$C=\frac{q}{V_A-V_B}=\frac{S}{\left(\frac{d_1}{\varepsilon_1}+\frac{d_2}{\varepsilon_2}\right)}$$

可见电容与电介质填充的次序无关，而且上述结果可以推广到两极板间含有较多层数的电介质中去.

5.9.3 电容器的串联和并联

在实际应用中，常会遇到手头现有的电容器不适合于我们的需要，例如电容的大小不合用，或者是打算加在电容器上的电势差（电压）超过电容器的耐压程度（即电容器所能承受的电压[㊀]）等，这时可以把现有的电容器按适当的方式连接起来使用.

两电容器串联如图5-20所示，电容器 C_1、C_2 极板上的电荷相同，电势差（也称电压）分别为 U_{ac}、U_{cb}，串联后的**总电容**（亦称**等值电容**）为 C，电势差为 U_{ab}，则 $U_{ab}=U_1+U_2$，而

$$C=\frac{q}{U_{ab}},\ C_1=\frac{q}{U_{ac}},\ C_2=\frac{q}{U_{cb}}$$

从而可得

而
$$\frac{1}{C}=\frac{1}{C_1}+\frac{1}{C_2}$$

推而广之，可得几个串联电容器的总电容为

$$\frac{1}{C}=\frac{1}{C_1}+\frac{1}{C_2}+\cdots+\frac{1}{C_n}\tag{5-56}$$

这就是说：**串联电容器组的总电容的倒数，等于各个电容器电容的倒数之和**. 这样，电容器串联后，使总电容变小，但每个电容器两极板间的电势差，比欲加的总电压小，因此，电容器的耐压程度有了增加. 这是串联的优点.

两电容器并联如图5-21所示，电容器 C_1、C_2 极板上的电压相同，极板上的电荷为 q_1、q_2，并联的总电容为 C，极板上的电荷为 q，则 $q=q_1+q_2$，而

$$C=\frac{q}{U_{ab}},\ C_1=\frac{q_1}{U_{ab}},\ C_2=\frac{q_2}{U_{ab}}$$

从而可得
$$C=C_1+C_2$$

推而广之，可得几个并联电容器的总电容为

$$C=C_1+C_2+\cdots+C_n\tag{5-57}$$

㊀ 当电容器两极板间的电势差逐渐增加到一定限度时，其间的电场强度相应地增大到足以使电容器中电介质的绝缘性被破坏，这个电势差的极限，常称为"击穿电压". 相应的电场强度叫作该介质的绝缘强度，读者可从物理手册中查用.

所以，**并联电容器组的总电容是各个电容器电容的总和**. 这样，总的电容量是增加了，但是每只电容器两极板间的电势差和单独使用时一样，因而耐压程度并没有因并联而改善.

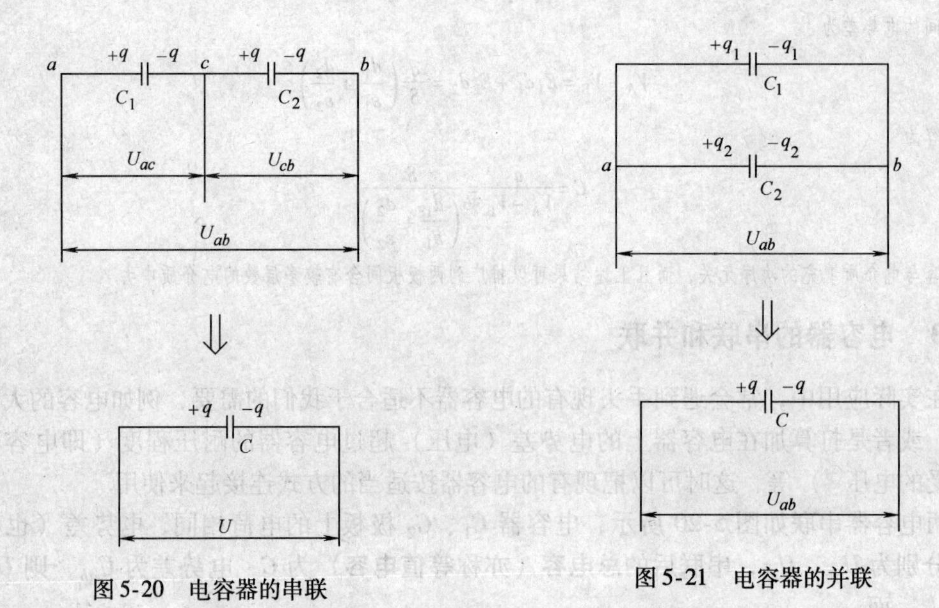

图 5-20　电容器的串联　　　图 5-21　电容器的并联

以上是电容器的两种基本连接方法. 实际上，还有混合连接法，即串联和并联一起应用，如下面的例题 5-20 所示的情况.

问题 5-21　(1) 如何求电容器并联或串联后的总电容? 在什么情况下宜用并联? 在什么情况下宜用串联?

(2) 电容器中的介质击穿是怎样引起的?

例题 5-18　有三个相同的电容器，电容均为 $C_1 = 6\mu F$，相互连接，如例题 5-18 图所示. 今在此电容器组的两端加上电压 $U_{AD} = V_A - V_D = 300V$. 求：(1) 电容器 1 上的电荷；(2) 电容器 3 两端的电势差.

解　(1) 设 C 为这一组合的等值电容，q_1 为电容器 1 上的电荷，也就是这一组合所储蓄的电荷. 图中 A、B、D 各点的电势分别为 V_A、V_B 和 V_D，则

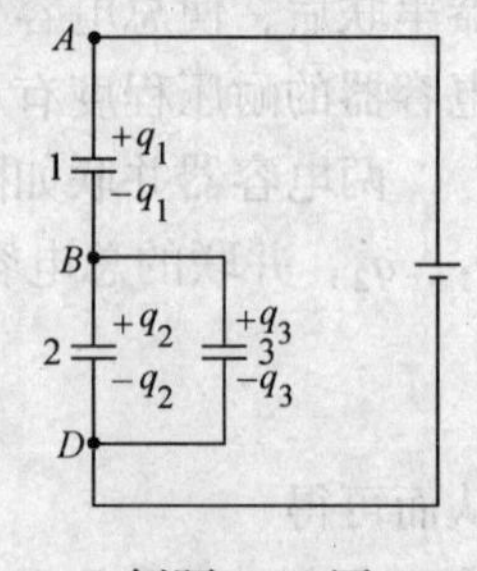

例题 5-18 图

$$q_1 = C(V_A - V_D)$$

因

$$C = \frac{C_1 \times 2C_1}{C_1 + 2C_1} = \frac{2}{3}C_1$$

得

$$q_1 = \frac{2}{3}C_1(V_A - V_D) = \frac{2}{3} \times 6 \times 10^{-6} F \times 300V = 1.2 \times 10^{-3} C$$

(2) 设 q_2 和 q_3 分别为电容器 2 和电容器 3 上所带电荷，则

$$V_B - V_D = \frac{q_2}{C_1} = \frac{q_3}{C_1}$$

因为 $q_1 = q_2 + q_3$，而由上式又有 $q_2 = q_3$，故 $q_2 = q_3 = q_1/2$，于是得

$$V_B - V_D = \frac{1}{2}\ \frac{q_1}{C_1} = \frac{1}{2} \times \frac{1.2 \times 10^{-3} C}{6 \times 10^{-6} F} = 100V$$

5.10 电场的能量

如前所述，任何带电过程都是正、负电荷的分离过程．在带电系统的形成过程中，凭借外界提供的能量，外力必须克服电荷之间相互作用的静电力而做功．带电系统形成后，根据能量守恒定律，外界能源所供给的能量必定转变为这带电系统的电能．电能在量值上等于外力所做的功，所以任何带电系统都具有一定值的能量．

如图5-22a所示，若带电系统是一个电容器，它的电容是C．设想电容器的带电过程是这样的，即不断地从原来中性的极板B上取正电荷移到极板A上，而使两极板A和B所带的电荷分别达到$+q$和$-q$，这时两板间的电势差$U_{AB}=V_A-V_B=q/C$（见图5-22c）．在上述带电过程中的某一时刻，设两极板已分别带电$+q_i$和$-q_i$，且其电势差为q_i/C（见图5-22b）．若从板B再将电荷$+dq_i$移到板A上，则外力做功为

> 正、负电是同时呈现的．例如摩擦起电，我们把正、负电荷及其周围伴同激发的电场叫作带电系统．

$$dA=\frac{q_i}{C}dq_i$$

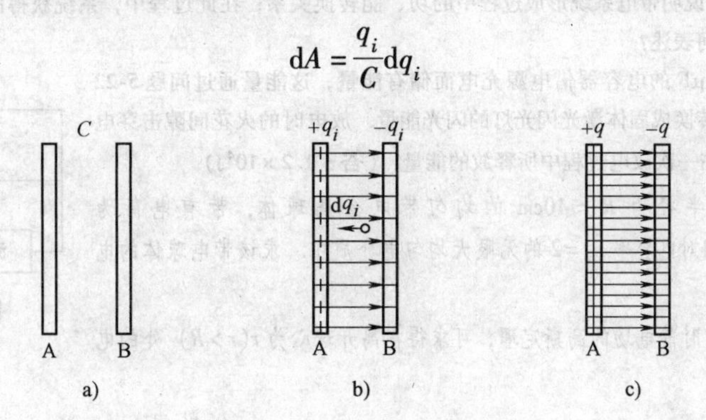

图5-22 电容器的带电过程

a) $q_0=0$ b) $U_{AB}=q_i/C$ c) $U_{AB}=q/C$

在极板带电从零达到q值的整个过程中，外力做功为

$$A=\int_0^q dA=\int_0^q \frac{q_i}{C}dq_i=\frac{1}{2}\frac{q^2}{C}$$

这功便等于带电荷为q的电容器所拥有的能量W_e，即

$$W_e=\frac{1}{2}\frac{q^2}{C} \tag{5-58}$$

根据电容器电容的定义式（5-51），式（5-58）也可写成

$$W_e=\frac{1}{2}C(V_A-V_B)^2 \tag{5-59a}$$

或

$$W_e=\frac{1}{2}q(V_A-V_B) \tag{5-59b}$$

现在我们进一步说明这些能量是如何分布的．实验证明，在电磁现象中，能量能够以电磁波的形式和有限的速度在空间传播，这件事证实了带电系统所储藏的能量分布在它所激发的电场空间之中，即电场具有能量．电场中单位体积内的能量，称为**电场的能量密**

度．现在以平板电容器为例，导出电场的能量密度公式．今把 $C=\varepsilon S/d$ 代入式（5-59a）中，即得电场的能量为

$$W_{\mathrm{e}}=\frac{1}{2}\frac{\varepsilon S}{d}(V_{\mathrm{A}}-V_{\mathrm{B}})^2=\frac{1}{2}\varepsilon Sd\left(\frac{V_{\mathrm{A}}-V_{\mathrm{B}}}{d}\right)^2=\frac{\varepsilon E^2}{2}\tau$$

式中，$(V_{\mathrm{A}}-V_{\mathrm{B}})/d$ 是电容器两极板间的电场强度 E；$\tau=Sd$ 是两极板间的体积．由于平行板电容器中的电场是均匀的，所以将电场能量 W_{e} 除以电场体积 τ，即为电场的能量密度 w_{e}，故由上式得

$$w_{\mathrm{e}}=\frac{W_{\mathrm{e}}}{\tau}=\frac{\varepsilon E^2}{2}=\frac{DE}{2} \tag{5-60}$$

上述结果虽从均匀电场导出，但可证明它是一个普遍适用的公式．也就是说，在任何非均匀电场中，只要给出场中某点的电容率 ε、电场强度 E（或电位移 $D=\varepsilon E$），那么该点的电场能量密度就可由式（5-60）确定．

因为能量是物质的状态特性之一，所以它是不能和物质分割开来的．电场具有能量，这就证明电场也是一种物质．

问题 5-22 （1）说明带电系统形成过程中的功、能转换关系；在此过程中，系统获得的能量储藏在何处？电场中一点的能量密度如何表述？

（2）电容为 $C=600\mu\mathrm{F}$ 的电容器借电源充电而储有能量，这能量通过问题 5-22 图所示的线路放电时，转换成固体激光闪光灯的闪光能量．放电时的火花间隙击穿电压为 2000V．求电容器在一次放电过程中所释放的能量．（**答**：$1.2\times10^4\mathrm{J}$）

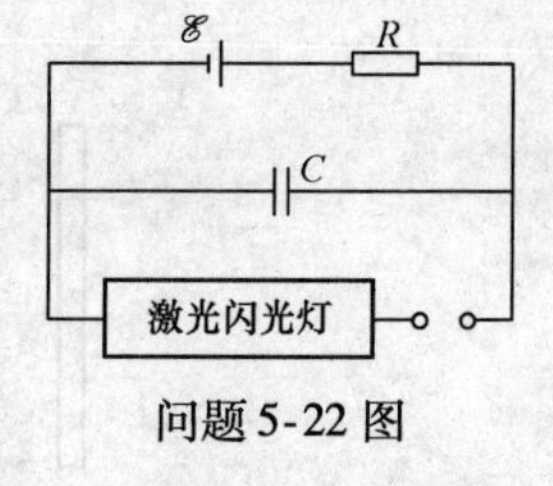

问题 5-22 图

例题 5-19 设半径为 $R=10\mathrm{cm}$ 的均匀带电金属球体，带有电荷为 $q=1.0\times10^{-5}\mathrm{C}$，位于相对电容率 $\varepsilon_{\mathrm{r}}=2$ 的无限大均匀电介质中．求该带电球体的电场能量．

解 根据有电介质时静电场的高斯定理，可求得在离开球心为 $r(r>R)$ 处的电场强度为

$$E=\frac{q}{4\pi\varepsilon r^2}$$

该处任一点的电场能量密度为

$$w_{\mathrm{e}}=\frac{\varepsilon E^2}{2}=\frac{q^2}{32\pi^2\varepsilon r^4}$$

如例题 5-19 图所示，在该处取一个与金属球同心的球壳层，其厚度为 $\mathrm{d}r$，体积为 $\mathrm{d}\tau=4\pi r^2\mathrm{d}r$，拥有的能量为 $\mathrm{d}W_{\mathrm{e}}=w_{\mathrm{e}}\mathrm{d}\tau$．则整个电场的能量可用积分计算：

$$W_{\mathrm{e}}=\iiint_{\tau}w_{\mathrm{e}}\mathrm{d}\tau=\int_R^{\infty}\frac{q^2}{32\pi^2\varepsilon r^4}4\pi r^2\mathrm{d}r=\frac{q^2}{8\pi\varepsilon R}=\frac{1}{4\pi\varepsilon_0}\frac{q^2}{2\varepsilon_{\mathrm{r}}R}$$

按上式，代入题设数据，可自行算出整个电场的能量为 $W_{\mathrm{e}}=2.25\mathrm{J}$.

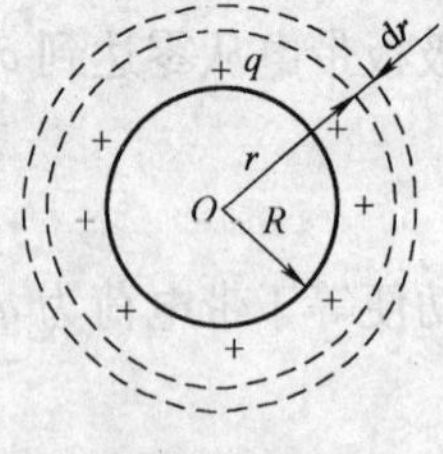

例题 5-19 图

阅读材料

尖端放电和电火花加工

1. 尖端放电

导体尖端的电荷特别密集，尖端附近的电场特别强，就会发生尖端放电现象．

在导体所带电荷量及其周围环境相同情况下，导体尖端越尖，尖端效应越明显。这是因为尖端越尖，曲率越大，电荷面密度越高，其附近电场强度也就越强. 一般的电子打火装置、避雷针，还有工业烟囱除尘的装置都是运用了尖端放电的原理.

高大建筑物上都会安装避雷针，当带电云层靠近建筑物时，建筑物会感应上与云层相反的电荷，这些电荷会聚集到避雷针的尖端，达到一定的值后便开始放电，这样不停地将建筑物上的电荷中和掉，永远达不到会使建筑物遭到损坏的强烈放电所需要的电荷. 雷电的实质是两个带电体间的强烈放电，在放电的过程中有巨大的能量放出. 建筑物的另外一端与大地相连，与云层相同的电荷就流入大地. 显然，要使避雷针起作用，必须保证尖端的尖锐和接地通路的良好，一个接地通路损坏的避雷针将使建筑物遭受更大的损失.

尖端放电的形式主要有电晕放电和火花放电两种. 在导体所带电荷量较小而尖端又较尖时，尖端放电多为电晕型放电. 这种放电只在尖端附近局部区域内进行，使这部分区域的空气电离，并伴有微弱的荧光和嘶嘶声。因放电能量较小，这种放电一般不会成为易燃易爆物品的引火源，但可引起其他危害. 在导体所带电荷量较大、电位较高时，尖端放电多为火花型放电. 这种放电伴有强烈的发光和破坏声响，其电离区域由尖端扩展至接地体（或放电体），在两者之间形成放电通道. 由于这种放电的能量较大，所以其引燃引爆及引起人体电击的危险性较大.

2. 电火花加工

电火花加工是利用浸在工作液中的两极间脉冲放电时产生的电蚀作用蚀除导电材料的特种加工方法，又称放电加工或电蚀加工，英文简称 EDM.

进行电火花加工时，工具电极和工件分别接脉冲电源的两极，并浸入工作液中，或将工作液充入放电间隙. 通过间隙自动控制系统控制工具电极向工件进给，当两电极间的间隙达到一定距离时，两电极上施加的脉冲电压将工作液击穿，产生火花放电. 在放电的微细通道中瞬时集中大量的热能，温度可高达 10000℃以上，压力也有急剧变化，从而使这一点工作表面局部微量的金属材料立刻熔化、气化，并爆炸式地飞溅到工作液中，迅速冷凝，形成固体的金属微粒，被工作液带走. 这时在工件表面上便留下一个微小的凹坑痕迹，放电短暂停歇，两电极间工作液恢复绝缘状态. 这样，虽然每个脉冲放电蚀除的金属量极少，但因每秒有成千上万次脉冲放电作用，就能蚀除较多的金属. 在保持工具电极与工件之间恒定放电间隙的条件下，一边蚀除工件金属，一边使工具电极不断地向工件进给，最后便加工出与工具电极形状相对应的形状来（如图 5-23 所示). 因此，只要改变工具电极的形状和工具电极与工件之间的相对运动方式，就能加工出各种复杂的型面. 工具电极常用导电性良好、熔点较高、易加工的耐电蚀材料，如铜、石墨、铜钨合金和钼等. 在加工过程中，工具电极也有损耗，但小于工件金属的蚀除量，甚至接近于无损耗. 工作液作为放电介质，在加工过程中还起着冷却、排屑等作用. 常用的工作液是黏度较低、闪点较高、性能稳定的介质，如煤油、去离子水和乳化液等.

电火花加工具有如下特点：可以加工任何高强度、高硬度、高韧性、高脆性以及高纯度的导电材料；加工时无明显机械力，适用于低刚度工件和微细结构的加工：脉冲参数可依据需要调节，可在同一台机床上进行粗加工、半精加工和精加工；电火花加工后的表面呈现的凹坑，有利于储油和降低噪声；生产效率低于切削加工；放电过程有部分能量消耗在工具电极上，导致电极损耗，影响成形精度.

电火花加工主要用于模具生产中的型孔、型腔加工，已成为模具制造业的主导加工方法，推动了模具行业的技术进步．按工艺过程中工具与工件相对运动的特点和用途不同，电火花加工可大体分为：电火花成形加工、电火花线切割加工、电火花磨削加工、电火花展成加工、非金属电火花加工和电火花表面强化等．电火花加工能加工普通切削加工方法难以切削的材料和复杂形状工件，加工时无切削力，不产生毛刺和刀痕沟纹等缺陷，工具电极材料无须比工件材料硬，直接使用电能加工，便于实现自动化．加工后表面产生变质层，在某些应用中须进一步去除，工作液的净化和加工中产生的烟雾污染处理比较麻烦．

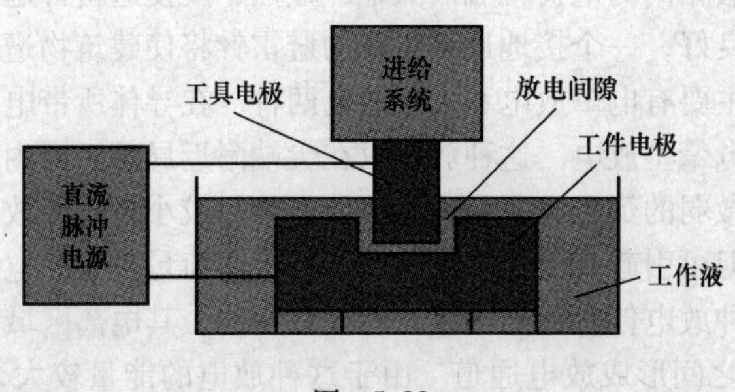

图　5-23

习　题　5

5-1　一电场强度为 $\boldsymbol{E}$ 的均匀电场，$\boldsymbol{E}$ 的方向沿 x 轴正向，如习题 5-1 图所示，则通过图中一半径为 R 的半球面的电场强度通量为

(A) $\pi R^2 E$.　　　　(B) $\pi R^2 E/2$.

(C) $2\pi R^2 E$.　　　　(D) 0.　　　　[　　]

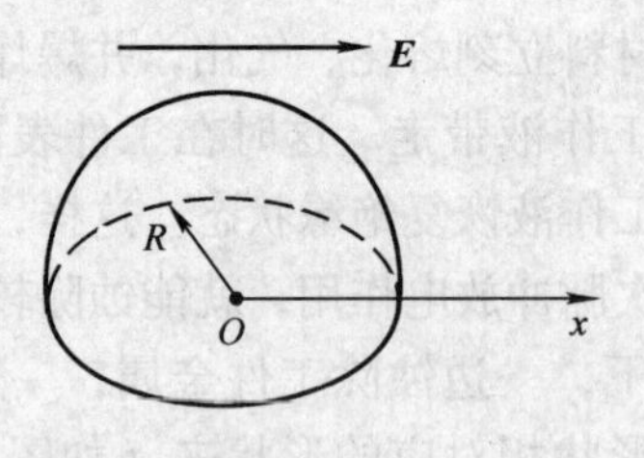

习题 5-1 图

5-2　有一边长为 a 的正方形平面，在其中垂线上距中心 O 点 $a/2$ 处，有一电荷为 q 的正点电荷，如习题 5-2 图所示，则通过该平面的电场强度通量为

(A) $\dfrac{q}{3\varepsilon_0}$.　　　　(B) $\dfrac{q}{4\pi\varepsilon_0}$.

(C) $\dfrac{q}{3\pi\varepsilon_0}$.　　　　(D) $\dfrac{q}{6\varepsilon_0}$.　　　　[　　]

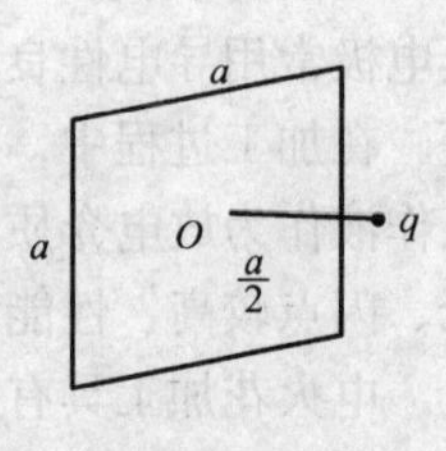

习题 5-2 图

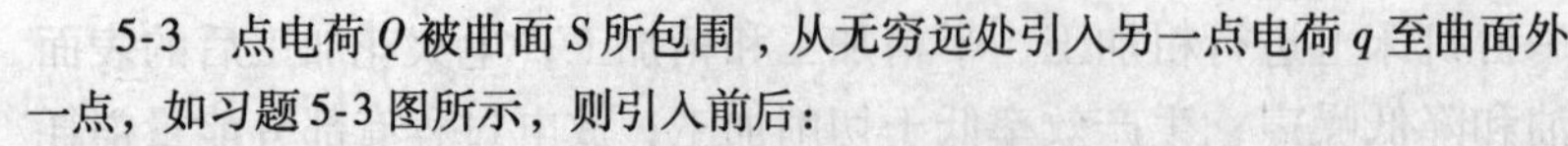

5-3　点电荷 Q 被曲面 S 所包围，从无穷远处引入另一点电荷 q 至曲面外一点，如习题 5-3 图所示，则引入前后：

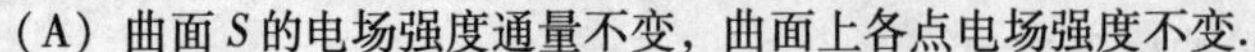

(A) 曲面 S 的电场强度通量不变，曲面上各点电场强度不变．

（B）曲面 S 的电场强度通量变化，曲面上各点电场强度不变.

（C）曲面 S 的电场强度通量变化，曲面上各点电场强度变化.

（D）曲面 S 的电场强度通量不变，曲面上各点电场强度变化.

[　　]

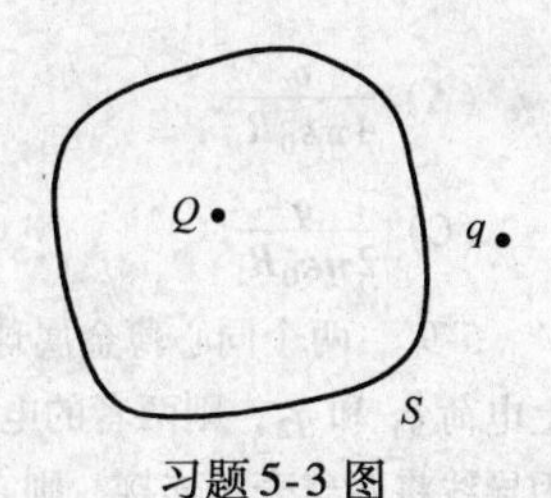

习题5-3图

5-4　如习题5-4图所示，半径为 R 的均匀带电球面的静电场中各点的电场强度的大小 E 与距球心的距离 r 之间的关系曲线为　[　　]

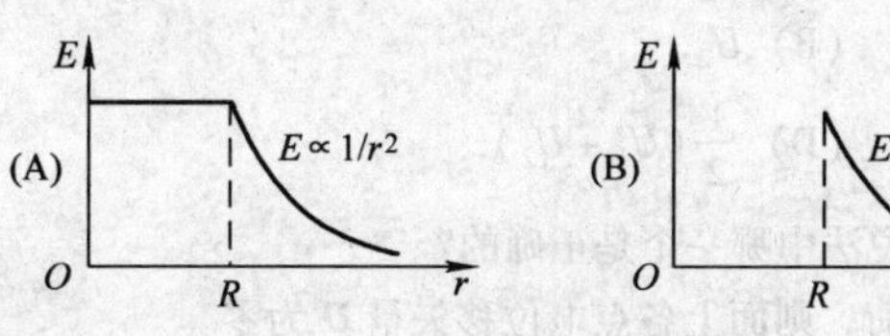

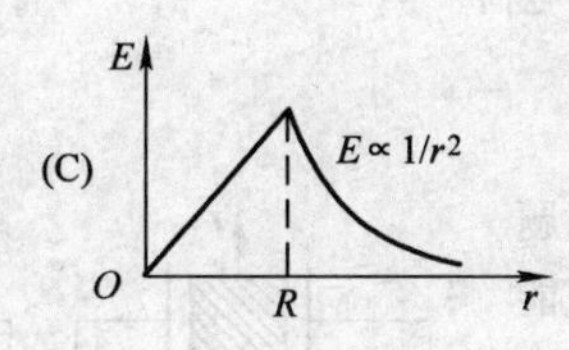

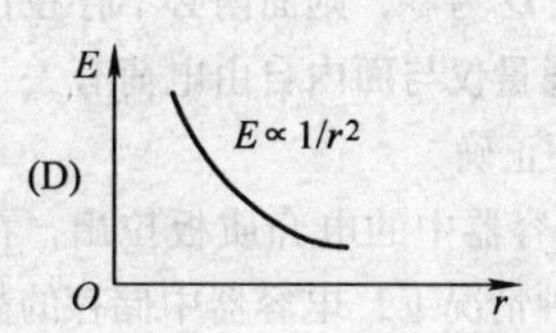

习题5-4图

5-5　两个同心均匀带电球面，半径分别为 R_a 和 R_b（$R_a<R_b$），所带电荷分别为 Q_a 和 Q_b. 设某点与球心相距 r，当 $R_a<r<R_b$ 时，该点的电场强度的大小为

（A）$\dfrac{1}{4\pi\varepsilon_0}\cdot\dfrac{Q_a+Q_b}{r^2}$.　　（B）$\dfrac{1}{4\pi\varepsilon_0}\cdot\dfrac{Q_a-Q_b}{r^2}$.

（C）$\dfrac{1}{4\pi\varepsilon_0}\cdot\left(\dfrac{Q_a}{r^2}+\dfrac{Q_b}{R_b^2}\right)$.　　（D）$\dfrac{1}{4\pi\varepsilon_0}\cdot\dfrac{Q_a}{r^2}$.　　[　　]

5-6　如习题5-6图所示，半径为 R 的均匀带电球面，总电荷为 Q，设无穷远处的电势为零，则球内距离球心为 r 的 P 点处的电场强度的大小和电势为

（A）$E=0$，$U=\dfrac{Q}{4\pi\varepsilon_0 r}$.

（B）$E=0$，$U=\dfrac{Q}{4\pi\varepsilon_0 R}$.

（C）$E=\dfrac{Q}{4\pi\varepsilon_0 r^2}$，$U=\dfrac{Q}{4\pi\varepsilon_0 r}$.

（D）$E=\dfrac{Q}{4\pi\varepsilon_0 r^2}$，$U=\dfrac{Q}{4\pi\varepsilon_0 R}$.　　[　　]

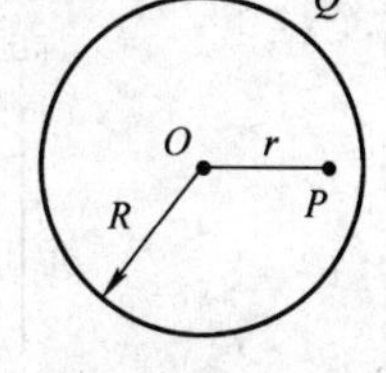

习题5-6图

5-7　真空中有一点电荷 Q，在与它相距为 r 的 a 点处有一试验电荷 q. 现使试验电荷 q 从 a 点沿半圆弧轨道运动到 b 点，如习题5-7图所示. 则电场力对 q 做功为

Q
b　r　O　r　a

习题5-7图

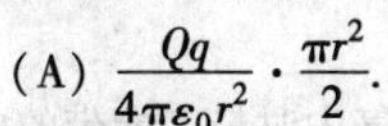

（A）$\dfrac{Qq}{4\pi\varepsilon_0 r^2}\cdot\dfrac{\pi r^2}{2}$.　　（B）$\dfrac{Qq}{4\pi\varepsilon_0 r^2}2r$.

（C）$\dfrac{Qq}{4\pi\varepsilon r^2}$，$\pi r$.　　（D）0.　　[　　]

5-8　一空心导体球壳，其内、外半径分别为 R_1 和 R_2，带电荷 q，如习题5-8图所示. 当球壳中心处再放一电荷为 q 的点电荷时，则导体球壳的电势（设无穷远处为电势零点）为

(A) $\dfrac{q}{4\pi\varepsilon_0 R_1}$.　　(B) $\dfrac{q}{4\pi\varepsilon_0 R_2}$.

(C) $\dfrac{q}{2\pi\varepsilon_0 R_1}$.　　(D) $\dfrac{q}{2\pi\varepsilon_0 R_2}$.　　[　　]

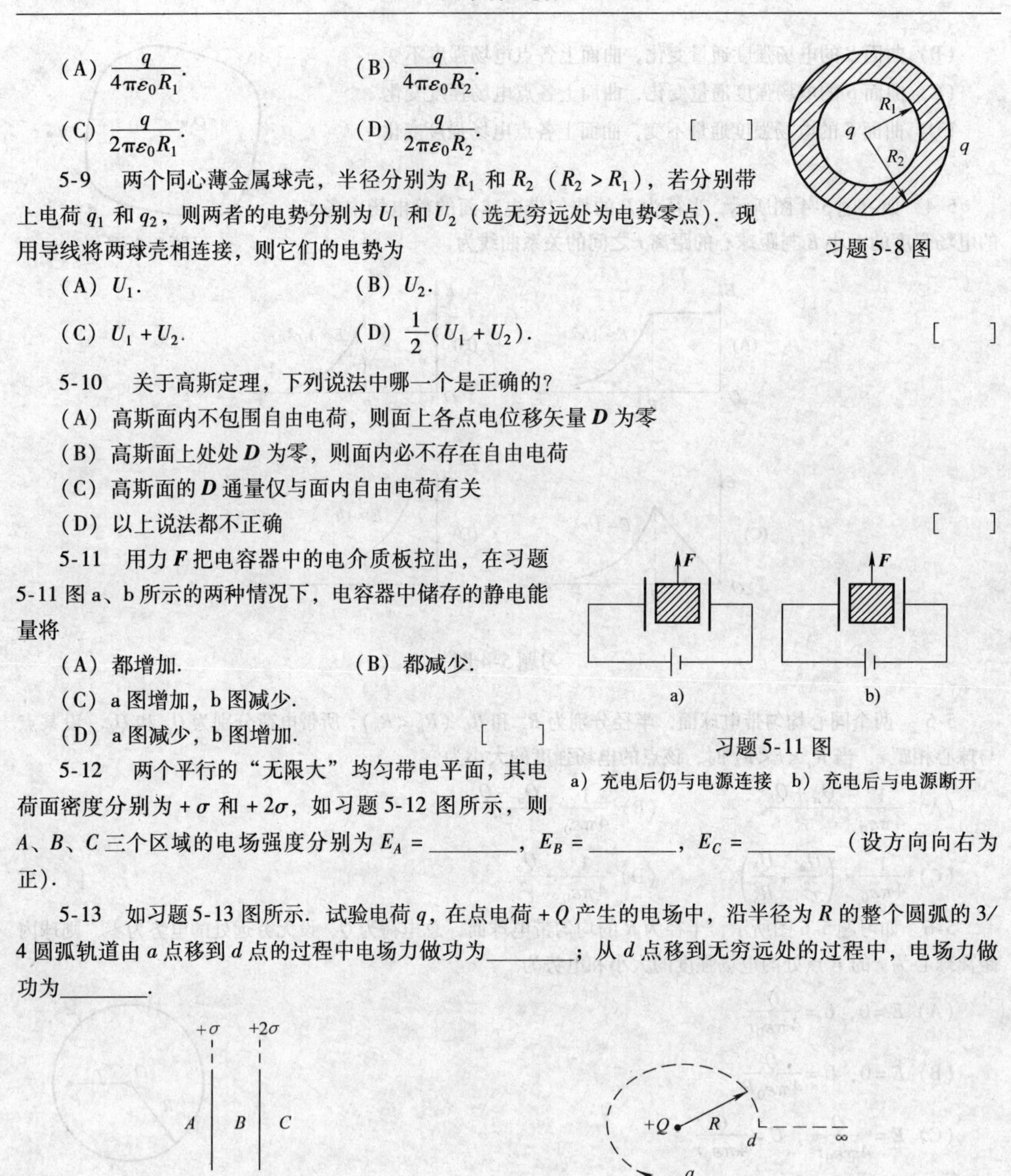

习题 5-8 图

5-9　两个同心薄金属球壳，半径分别为 R_1 和 R_2（$R_2 > R_1$），若分别带上电荷 q_1 和 q_2，则两者的电势分别为 U_1 和 U_2（选无穷远处为电势零点）. 现用导线将两球壳相连接，则它们的电势为

(A) U_1.　　(B) U_2.

(C) $U_1 + U_2$.　　(D) $\dfrac{1}{2}(U_1 + U_2)$.　　[　　]

5-10　关于高斯定理，下列说法中哪一个是正确的？

(A) 高斯面内不包围自由电荷，则面上各点电位移矢量 $\boldsymbol{D}$ 为零

(B) 高斯面上处处 $\boldsymbol{D}$ 为零，则面内必不存在自由电荷

(C) 高斯面的 $\boldsymbol{D}$ 通量仅与面内自由电荷有关

(D) 以上说法都不正确　　[　　]

5-11　用力 $\boldsymbol{F}$ 把电容器中的电介质板拉出，在习题 5-11 图 a、b 所示的两种情况下，电容器中储存的静电能量将

(A) 都增加.　　(B) 都减少.

(C) a 图增加，b 图减少.

(D) a 图减少，b 图增加.　　[　　]

习题 5-11 图

a) 充电后仍与电源连接　b) 充电后与电源断开

5-12　两个平行的“无限大”均匀带电平面，其电荷面密度分别为 $+\sigma$ 和 $+2\sigma$，如习题 5-12 图所示，则 A、B、C 三个区域的电场强度分别为 E_A = ________，E_B = ________，E_C = ________（设方向向右为正）.

5-13　如习题 5-13 图所示. 试验电荷 q，在点电荷 $+Q$ 产生的电场中，沿半径为 R 的整个圆弧的 3/4 圆弧轨道由 a 点移到 d 点的过程中电场力做功为________；从 d 点移到无穷远处的过程中，电场力做功为________.

习题 5-12 图　　习题 5-13 图

5-14　空气平行板电容器的两极板面积均为 S，两板相距很近，电荷在平板上的分布可以认为是均匀的. 设两极板分别带有电荷 $+Q$、$-Q$，则两板间相互吸引力为________.

5-15　空气的击穿电场强度为 $2\times10^6\mathrm{V\cdot m^{-1}}$，直径为 0.10m 的导体球在空气中时最多能带的电荷为________.（真空介电常数 $\varepsilon_0 = 8.85\times10^{-12}\mathrm{C^2\cdot N^{-1}\cdot m^{-2}}$）

5-16　设雷雨云位于地面以上 500m 的高度，其面积为 $10^7\mathrm{m^2}$，为了估算，把它与地面看作一个平行板电容器，此雷雨云与地面间的电场强度为 $10^4\mathrm{V\cdot m^{-1}}$，若一次雷电即把雷雨云的电能全部释放完，则此能量相当于质量为________ kg 的物体从 500m 高空落到地面所释放的能量.（真空介电常数 ε_0 = 8.85

$\times 10^{-12}C^2 \cdot N^{-1} \cdot m^{-2}$)

5-17　在相对介电常数为 ε_r 的各向同性的电介质中，电位移矢量与电场强度之间的关系是________.

5-18　如习题5-18图所示，真空中一长为 L 的均匀带电细直杆，总电荷为 q，试求在直杆延长线上距杆的一端距离为 d 的 P 点的电场强度.

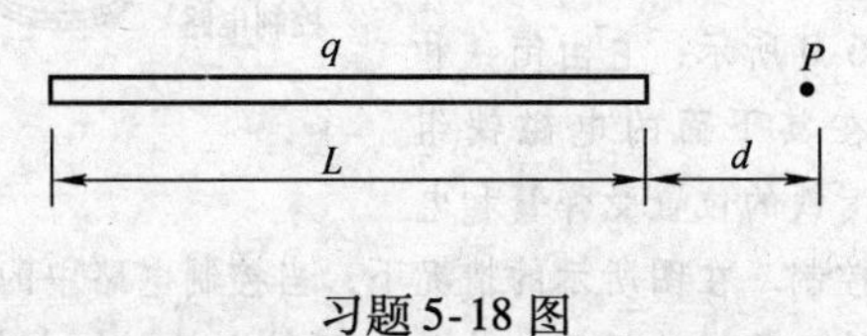

习题5-18图

5-19　带电细线弯成半径为 R 的半圆形，电荷线密度为 $\lambda = \lambda_0 \sin\phi$，式中 λ_0 为一常数，ϕ 为半径 R 与 x 轴所成的夹角，如习题5-19图所示. 试求环心 O 处的电场强度.

5-20　如习题5-20图所示，有一电荷面密度为 σ 的“无限大”均匀带电平面. 若以该平面处为电势零点，试求带电平面周围空间的电势分布.

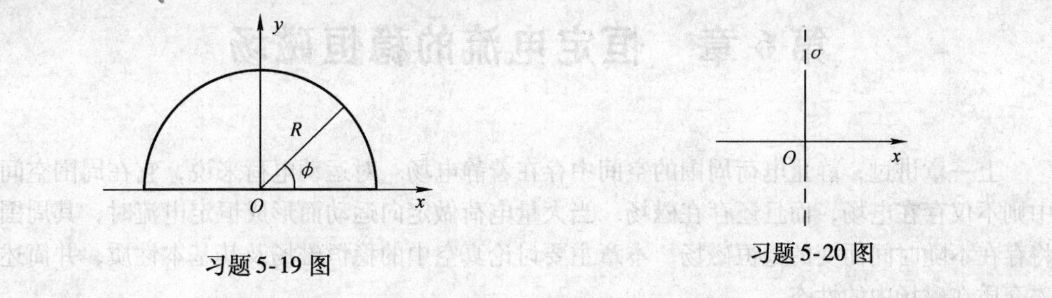

习题5-19图　　习题5-20图

5-21　用质子轰击重原子核. 因重核质量比质子质量大得多，可以把重核看成是不动的. 设重核带电荷 Ze，质子的质量为 m、电荷为 e、轰击速度 $\boldsymbol{v}_0$. 若质子不是正对重核射来，$\boldsymbol{v}_0$ 的延长线与核的垂直距离为 b，如习题5-21图所示，试求质子离核的最小距离 r.

5-22　习题5-22图所示一厚度为 d 的“无限大”均匀带电平板，电荷体密度为 ρ. 试求板内外的电场强度分布，并画出电场强度随坐标 x 变化的图线，即 $E-x$ 图线（设原点在带电平板的中央平面上，Ox 轴垂直于平板）.

习题5-21图　　习题5-22图

5-23　在教材第5.9节的图5-18所示的电容测厚仪中，设平行板电容器的极板面积为 S，两极板的间距为 d，被测带子的厚度和相对电容率分别为 t 和 ε_r. 求证：$C = \varepsilon_0 S / [d - (1 - 1/\varepsilon_r)t]$.

[科技小品] 通常，利用电磁铁可以开动各种机械装置（例如开关、阀门等）、控制电路等. 由电磁铁开动的开关叫作**继电器**. 如图6-0所示，它由衔铁和安装在其下面的电磁铁组成，衔铁的位置受弹簧和电磁铁控制. 在图所示的情况下，当控制电路中的开关S闭合时，电磁铁便具有磁性，将衔铁吸下，使继电器触点接触，与触点相连接的电源电路便接通；当控制开关S断开时，电磁铁的磁性被撤销，继电器触点弹开，电源电路亦随之断开. 因此，继电器常被广泛应用于自动控制和远程控制方面.

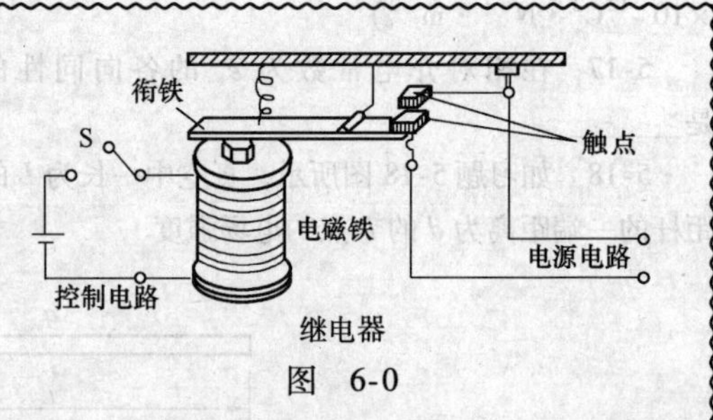

继电器

图 6-0

第6章 恒定电流的稳恒磁场

上一章讲过，静止电荷周围的空间中存在着静电场. 对运动电荷来说，它在周围空间中则不仅存在电场，而且还存在磁场. 当大量电荷做定向运动而形成恒定电流时，其周围将存在不随时间而变的稳恒磁场. 本章主要讨论真空中的稳恒磁场及其基本性质，并简述磁介质在磁场中的性态.

6.1 磁现象及其本源

我国约在春秋战国时代（公元前300年）就发现了天然磁铁矿石. **磁铁具有吸引铁、镍、钴等物质的性质**，称为**磁性**. 磁铁上各部分的磁性强弱是不同的，在靠近磁铁两端的磁性为最强的区域，称为**磁极**. 将磁铁悬挂起来使它在水平面内能够自由转动，那么，两端的磁极分别指向南、北的方向，指北的一端称为**北极**或**N极**，指南的一端称为**南极**或**S极**. 磁铁的两个磁极不能分割成独立存在的N极或S极；即使把磁铁分割得很小很小，每一个小磁铁仍具有N和S极. 迄今为止，自然界尚未发现独立存在的N极和S极.

两块磁铁的磁极之间存在相互作用力，称为**磁力**. 实验发现，当两磁极靠近时，**同种磁极相互排斥，异种磁极相互吸引**. 从磁铁在空间自动指向南北的事实可以推知，地球本身也是一个大磁体，它的N极在地理南极附近，S极在地理北极附近.

铁、镍、钴以及某些合金，都能被磁铁所吸引，这些物质称为**铁磁质**. 原来并不显示磁性的铁磁质，在接触或靠近磁铁时，就显示出磁性，这种现象称为**磁化**. 把铁磁质从磁铁附近移去后，磁性不一定能保留. 如果采取某些人工措施，使铁磁质获得磁性并能长期保留，就成为**永久磁铁**. 通常，在各种电表、扬声器（俗称“喇叭”）等设备中，常用这种永久磁铁，一般并不采用上述的天然磁铁.

到了19世纪初叶，人们发现了磁现象与电现象之间的密切关系.

1819年，奥斯特（H. C. Oersted）发现，放在载流导线（即通有电流的导线）附近的磁针，会受到力的作用而发生偏转（见图6-1）.

1820年安培（A. M. Ampère）又发现，放在磁铁附近的载流导线或载流线圈也会受到力的作用而发生运动（见图6-2）. 其后又发现，载流导线之间或载流线圈之间也有相互作用. 例如，把两根细直导线平行地悬挂起来，当电流通过导线时，发现它们之间有相互作用. 当电流方向相反时，它们相互排斥；当电流方向相同时，它们互相吸引（见图6-3）.

根据上述实验事实可知，磁现象与电现象之间有一定联系，磁铁与磁铁之间、电流与磁铁之间、电流与电流之间都存在着相互作用力，这些力皆称为**磁力**.

实验还证明，将同样的磁铁或电流放在真空中或各种不同物质中，它们相互间作用的磁力是不同的，亦即，各种物质对磁力有不同的影响. 因此，就磁性而言，这些物质皆可称为**磁介质**.

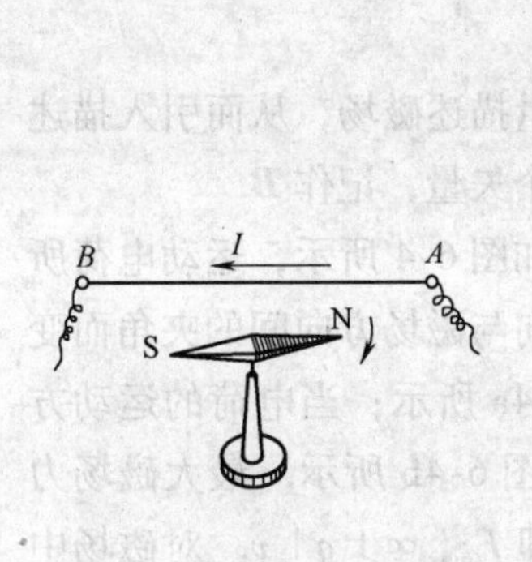

图6-1　在载流导线附近，磁针发生偏转

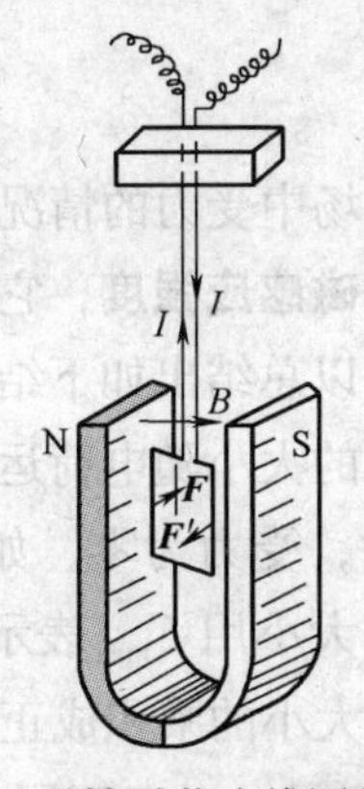

图6-2　磁铁对载流线圈的作用（线圈受到力偶矩作用而转动）

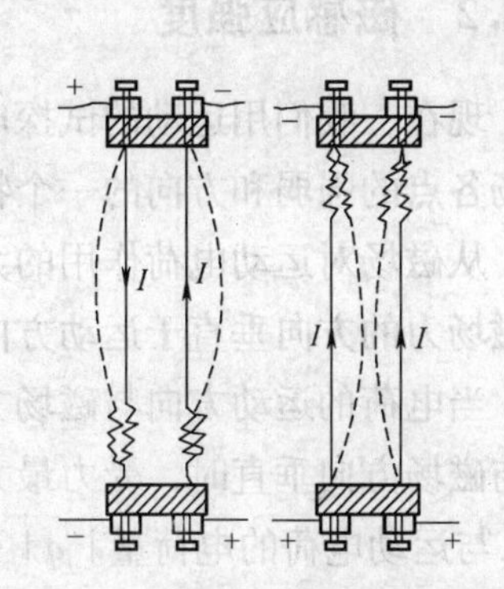

图6-3　载流导线之间的作用

为了解释磁的本质，在1922年，安培提出了下述假说：**一切磁现象的本源是电流**. 磁性物质里每个分子中都存在着圆形电流，称为**分子电流**，它等效于一个甚小的基元磁体. 当物质不呈现磁性时，这些分子电流呈无规则排列；一旦处于外磁场中而受外磁场作用时，等效于基元磁体的分子电流将倾向于外磁场方向取向，使物质呈现磁性.

总而言之，**一切磁现象的本源是电流，而电流是由大量的有规则运动的电荷所形成的. 因而电流与电流之间、电流与磁铁之间以及磁铁与磁铁之间的相互作用，都可看作运动电荷之间的相互作用. 即运动电荷之间除了和静止电荷一样有电力的作用外，还有磁力的作用.**

问题6-1　（1）简述基本磁现象，并举例说明磁现象与电现象之间的相互关系. 磁现象的本质是什么？

（2）如果在周围没有输电线的原始山区，发现磁针不指向南、北的异常现象，你认为该处地面浅层可能存在什么矿藏？

6.2　磁场　磁感应强度

6.2.1　磁场

想当初，我们在静电学中说过，电荷之间相互作用的电场力是通过电场来施加的. 与此相仿，运动电荷之间作用的磁力也并不是超距作用，而是通过运动电荷激发的磁场来施加的. 具体地说，任何电流（运动电荷）在其周围空间都存在着磁场，此磁场对位于该空间中的任一电流（运动电荷）都施以力的作用. 这种力称为**磁场力**，其反作用力是该电流（或运动电荷）作用在磁场上的，因为磁场类同于电场，它也是客观存在的一种物质形态. 因而各种磁现象之间的相互作用可归结为

$$\text{运动电荷} \underset{\text{作用于}}{\overset{\text{激发}}{\rightleftarrows}} \text{磁场} \underset{\text{激发}}{\overset{\text{作用于}}{\rightleftarrows}} \text{运动电荷}$$

我们记得，在静电场中，规定了试探正电荷受力的方向表示该点电场的方向；相仿地，**在磁场中任一点，则规定放在该点的试探小磁针 N 极的指向表示该点磁场的方向.**

值得指出，在谈到运动电荷或电流时，为明确起见，应指明是对哪一个参考系而言的. 今后，若不加说明，在研究磁场时，我们都是对所选定的惯性参考系而言的.

6.2.2　磁感应强度

现在，我们用运动的试探电荷 q 在磁场中受力的情况来定量描述磁场，从而引入描述磁场各点的强弱和方向的一个物理量——**磁感应强度**，它是一个矢量，记作 $\boldsymbol{B}$.

从磁场对运动电荷作用的大量实验可以总结出如下结论：如图 6-4 所示，运动电荷所受磁场力的方向垂直于运动方向，磁场力的大小随电荷运动方向与磁场方向间的夹角而变化，当电荷的运动方向与磁场方向平行时，受力为零，如图 6-4a 所示；当电荷的运动方向与磁场方向垂直时，受力最大，此力的大小用 $F_{\max}$ 表示，如图 6-4b 所示. 最大磁场力 $F_{\max}$ 与运动电荷的电荷量 $|q|$ 和速度 $\boldsymbol{v}$ 的大小的乘积成正比，即 $F_{\max} \propto |q| v$. 对磁场中某一个定点来说，比值 $F_{\max}/|q| v$ 是一恒量；对于不同的点，它具有不同的确定值. 因此，可以用此比值描述磁场中一点的强弱，即

$$B = \frac{F_{\max}}{|q| v} \tag{6-1}$$

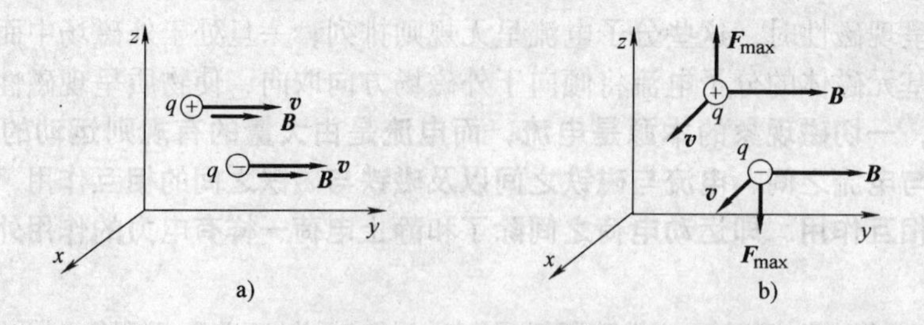

图 6-4　运动点电荷在磁场中受力的两种特殊情况

a) $\boldsymbol{v} /\!/ \boldsymbol{B}$, $\boldsymbol{F} = \boldsymbol{0}$　b) $\boldsymbol{v} \perp \boldsymbol{B}$, $\boldsymbol{F} = \boldsymbol{F}_{\max}$

（图中 $\boldsymbol{B}$ 的方向即为磁场方向）

而该点磁场的方向即为试探的小磁针 N 极的指向. 这样，就可归结为可用磁感应强度矢量 $\boldsymbol{B}$ 来描述磁场中各点磁场的强弱和方向.

总之，**磁感应强度 $\boldsymbol{B}$**（简称 **$\boldsymbol{B}$** 矢量）**是表述磁场中各点磁场强弱和方向的物理量. 某点磁感应强度的大小规定为：当试探电荷在该点的运动方向与磁场方向垂直时，磁感应**

强度的大小等于它所受的最大磁场力 F_{max} 与电荷大小 $|q|$ 及其速度大小 v 的乘积之比值；磁感应强度的方向就是该点的磁场方向.

在 SI 中，力 F_{max} 的单位是 N（牛），电荷 q 的单位是 C（库），速度 v 的单位是 $m \cdot s^{-1}$（米·秒$^{-1}$），则磁感应强度 $\boldsymbol{B}$ 的单位是 T，叫作“特斯拉”（Tesla），简称“特”. 于是有 $1T = 1N/(1C \times 1m \cdot s^{-1})$，由于 $1C \cdot s^{-1} = 1A$，所以

$$1T = \frac{1N}{1A \times 1m} = 1N \cdot A^{-1} \cdot m^{-1} \tag{6-2}$$

问题 6-2　（1）磁场有哪些对外表现？如何从磁场的对外表现来定义磁感应强度的大小和方向？磁场对静止电荷有力作用吗？运动电荷（或电流）A 与运动电荷（或电流）B 之间的相互作用是否是满足牛顿第三定律的一对作用与反作用力？

（2）在 SI 中，磁感应强度的单位是如何规定的？

6.3　毕奥 - 萨伐尔定律及其应用　运动电荷的磁场

6.3.1　毕奥-萨伐尔定律及其应用

现在我们将进一步讨论：在真空中，恒定电流与其所激发的磁场中各点磁感应强度的定量关系.

为了求恒定电流的磁场，我们可将载流导线分成无限多个小段（即线元），而每小段的电流情况可用电流元来表征，即在载流导线上循电流流向取一段长度为 dl 的线元，若线元中通过的恒定电流为 I，则我们就把 Idl 表示为矢量 $I\mathrm{d}\boldsymbol{l}$，$I\mathrm{d}\boldsymbol{l}$ 的方向循着线元中的电流流向，这一载流线元矢量 $I\mathrm{d}\boldsymbol{l}$ 称为**电流元**. 因此，电流元 $I\mathrm{d}\boldsymbol{l}$ 的大小为 Idl，方向循着这小段电流的流向（见图6-5）. 并且实验证明，**磁场也服从叠加原理**，也就是说，整个载流导线 l 在空间中某点所激发的磁感应强度 $\boldsymbol{B}$，就是这导线上所有电流元 $I\mathrm{d}\boldsymbol{l}$ 在该点激发的磁感应强度 d$\boldsymbol{B}$ 的叠加（矢量和），即

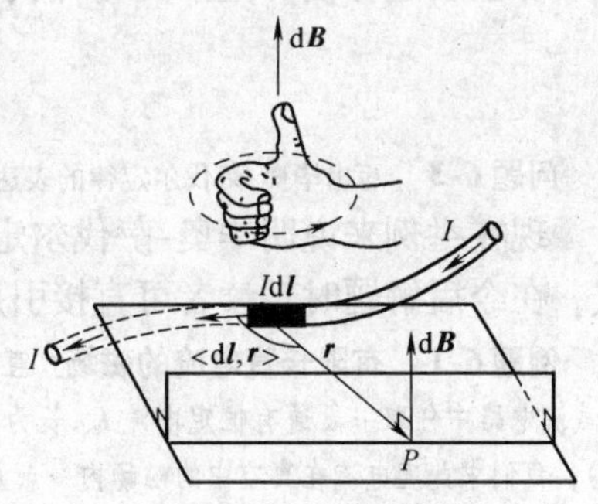

图 6-5　电流元所激发的磁感应强度

$$\boldsymbol{B} = \int_l \mathrm{d}\boldsymbol{B} \tag{6-3}$$

积分号下的 l 表示对整个导线中的电流求积分. 式（6-3）是一矢量积分，具体计算时可用它在选定的坐标系中的分量式.

> 严格地说，$I\mathrm{d}\boldsymbol{l}$ 的方向应是导线元中的电流密度矢量 $\boldsymbol{j}$ 的方向.

显然，要解决由 d$\boldsymbol{B}$ 叠加而求 $\boldsymbol{B}$ 的问题，就必须首先找出电流元 $I\mathrm{d}\boldsymbol{l}$ 与它所激发的磁感应强度 d$\boldsymbol{B}$ 之间的关系. 法国物理学家毕奥（J. B. Biot，1774—1862）和萨伐尔（F. Savart，1791—1841）等人分析了许多实验数据，总结出一条说明这两者之间关系的普遍定律，称为**毕奥-萨伐尔定律**，即：**电流元 $I\mathrm{d}\boldsymbol{l}$ 在真空中给定场点 P 所激发的磁感应强度 d$\boldsymbol{B}$ 的大小，与电流元的大小 Idl 成正比，与电流元的方**

向和由电流元到点 P 的位矢 $\boldsymbol{r}$㊀间的夹角 $<\mathrm{d}\boldsymbol{l},\ \boldsymbol{r}>$㊁的正弦成正比，并与电流元到点 P 的距离 r 的平方成反比，亦即

$$\mathrm{d}B = k\frac{I\mathrm{d}l\sin<\mathrm{d}\boldsymbol{l},\boldsymbol{r}>}{r^2} \tag{6-4a}$$

式中，比例常量 k 的数值与采用的单位制和电流周围的磁介质有关. 对于真空中的磁场，在 SI 中，$k=10^{-7}\mathrm{N\cdot A^{-2}}$. 为了使今后从毕奥-萨伐尔定律推得的其他公式中不出现因子 4π 起见，规定

$$k=\frac{\mu_0}{4\pi}$$

μ_0 称为**真空磁导率**，其值为

$$\mu_0 = 4\pi k = 4\pi\times10^{-7}\mathrm{N\cdot A^{-2}}$$

这样，式（6-4a）就成为

$$\mathrm{d}B = \frac{\mu_0}{4\pi}\frac{I\mathrm{d}l\sin<\mathrm{d}\boldsymbol{l},\boldsymbol{r}>}{r^2} \tag{6-4b}$$

再有，电流元 $I\mathrm{d}\boldsymbol{l}$ 在磁场中场点 P 所激发的磁感应强度 $\mathrm{d}\boldsymbol{B}$ 的方向，则是垂直于电流元 $I\mathrm{d}\boldsymbol{l}$ 与场点 P 的位矢 $\boldsymbol{r}$ 所组成的平面，其指向按右手螺旋法则判定，即用右手四指从 $I\mathrm{d}\boldsymbol{l}$ 经小于 180°角转到 $\boldsymbol{r}$，则伸直的大拇指的指向就是 $\mathrm{d}\boldsymbol{B}$ 的方向（见图 6-5）.

综上所述，便可把毕奥-萨伐尔定律表示成如下的矢量式，即

$$\mathrm{d}\boldsymbol{B} = \frac{\mu_0}{4\pi}\frac{I\mathrm{d}\boldsymbol{l}\times\boldsymbol{r}}{r^3} \tag{6-5}$$

问题 6-3 写出毕奥-萨伐尔定律的表达式，并说明其意义.

现在举例来说明毕奥-萨伐尔定律的应用. 由例题 6-1 ~ 例题 6-4 所获得的结论和公式，在今后解题时，读者可直接引用. 因此，要求读者很好地理解和掌握.

例题 6-1 有限长直电流的磁场 直导线中通有的电流称为**直电流**，它所激发的磁场称为**直电流的磁场**. 今在载流电路中任取一段通有恒定电流 I、长为 L 的直导线（见例题 6-1 图），我们求此直电流在真空中的磁场内一点 P 的磁感应强度.

在直电流上任取一段电流元 $I\mathrm{d}\boldsymbol{l}$，从它引向场点 P 的位矢为 $\boldsymbol{r}$，令夹角 $<\mathrm{d}\boldsymbol{l},\ \boldsymbol{r}>=\alpha$，于是电流元 $I\mathrm{d}\boldsymbol{l}$ 在点 P 激发的磁感应强度 $\mathrm{d}\boldsymbol{B}$ 的大小为

$$\mathrm{d}B=\frac{\mu_0}{4\pi}\frac{I\mathrm{d}l\sin\alpha}{r^2}$$

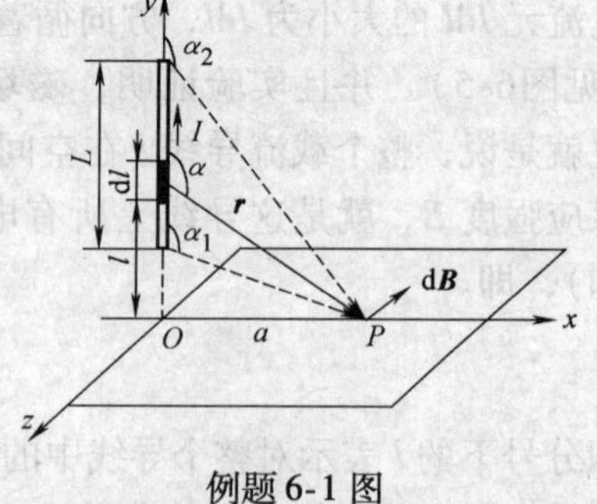

例题 6-1 图

其方向垂直于电流元与位矢所决定的平面（即图示的 Oxy 平面），并指向里面（沿图示的 Oz 轴负向）. 读者不难自行判断，这条直电流上任何一段电流元在点 P 所激发的磁感应强度，其方向都是相同的，故按式 (6-3)，它们的代数和就是整个直电流在场点 P 的磁感应强度，因而可用标量积分来计算其大小，即

$$B=\int_L \mathrm{d}B=\int_L\frac{\mu_0}{4\pi}\frac{I\sin\alpha}{r^2}\mathrm{d}l \tag{a}$$

㊀ 这里提到的位矢 $\boldsymbol{r}$，标示磁场中场点 P 相对于电流元 $I\mathrm{d}\boldsymbol{l}$ 的位置，它的方向从电流元所在处指向场点 P，它的大小就是电流元到场点 P 的距离.

㊁ 两个矢量 $\boldsymbol{A}$、$\boldsymbol{B}$ 正方向之间夹角 θ 的大小，有时我们常用 $<\boldsymbol{A},\ \boldsymbol{B}>$ 表示，即 $\theta=<\boldsymbol{A},\boldsymbol{B}>$，这样易于记忆和不致搞错顺序. 这里 $<\mathrm{d}\boldsymbol{l},\ \boldsymbol{r}>$ 乃是指电流元 $I\mathrm{d}\boldsymbol{l}$（因 $I\mathrm{d}\boldsymbol{l}$ 与 $\mathrm{d}\boldsymbol{l}$ 同方向）与 $\boldsymbol{r}$ 之间小于 180°的夹角.

在计算这个积分时，需把 dl、α 和 r 等各变量统一用同一个自变量来表示. 这里，我们用电流元 $Id\boldsymbol{l}$ 与位矢 $\boldsymbol{r}$ 二者方向的夹角 α 作为被积函数的自变量，由图中的几何关系，可将 r、l 分别表示为

$$l = a\cot(180° - \alpha) = -a\cot\alpha \tag{b}$$

$$r = \frac{a}{\sin(180° - \alpha)} = \frac{a}{\sin\alpha} \tag{c}$$

上两式中，a 为场点 P 到直电流的垂直距离 PO；l 为垂足 O 到电流元 $Id\boldsymbol{l}$ 处的距离. 对式（b）求微分，得

$$dl = \frac{a}{\sin^2\alpha}d\alpha \tag{d}$$

把式（c）、式（d）代入式（a），**并从直电流始端沿电流方向积分到末端**，相应地，自变量 α 的上、下限分别为 α_2 和 α_1（见图），则式（a）的积分，即 P 点的磁感应强度 $\boldsymbol{B}$ 的大小为

$$B = \frac{\mu_0 I}{4\pi a}\int_{\alpha_1}^{\alpha_2}\sin\alpha d\alpha = \frac{\mu_0 I}{4\pi a}[-\cos\alpha]_{\alpha_1}^{\alpha_2}$$

亦即

$$B = \frac{\mu_0 I}{4\pi a}(\cos\alpha_1 - \cos\alpha_2) \tag{6-6}$$

其方向也可用右手螺旋法则来确定，以右手四指围绕直电流，拇指指向电流流向，则四指的围绕方向即为 $\boldsymbol{B}$ 的方向.

再三叮咛，在应用上式时，读者千万不要把上、下限写错.

> 今后，凡题中未指明磁介质时，按照惯例，都认为是对真空而言的.

例题 6-2　无限长直电流的磁场　若载流直导线为“无限长”时（即导线长度远大于场点 P 到导线的垂直距离，即 $L >> a$，以后简称**长直电流**），则在式（6-6）中，$\alpha_1 \to 0$，$\alpha_2 \to \pi$，所以，在长直电流的磁场中，磁感应强度的大小为

$$B = \frac{\mu_0}{2\pi}\frac{I}{a} \tag{6-7}$$

即“无限长”直电流在某点所激发的磁感应强度的大小，正比于电流，反比于该点与直电流间的垂直距离 a，其方向如例题 6-1 所述.

问题 6-4　（1）导出有限长的直电流和长直电流的磁场中的磁感应强度公式.

（2）求证：若电流 I 进入直导线的始端为有限、而电流流出的终端在无限远，则式（6-6）成为 $B = \frac{\mu_0 I}{4\pi a}(\cos\alpha_1 + 1)$；如果始端在无限远处，终端为有限，则式（6-6）变成怎样？

（3）一长直载流导线被折成直角，如何求直角平分线上一点的磁感应强度？（答：$B = (\mu_0 I/2\pi a)(1 + \sqrt{2}/2)$，方向：⊙）

例题 6-3　圆电流轴线上的磁场　设真空中有一半径为 R、通有恒定电流 I 的圆线圈，求此圆电流在经过圆心 O 且垂直于线圈平面的轴线上任一点 P 所激发的磁感应强度 $\boldsymbol{B}$.

取以 O 为原点的坐标系 $Oxyz$，Ox 轴沿圆电流的轴线，设场点 P 的坐标为 x. 根据毕奥-萨伐尔定律，在圆电流上任取一电流元，例如在 Oy 轴上点 C 处取 $Id\boldsymbol{l}$，并向场点 P 引位矢 $\boldsymbol{r}$，按矢量积定义，由于 $Id\boldsymbol{l}$（在 Oyz 平面内）与 $\boldsymbol{r}$ 垂直，故 $Id\boldsymbol{l}$ 在点 P 激发的磁感应强度 d$\boldsymbol{B}$ 应在 Oxy 平面内，而且垂直于 $\boldsymbol{r}$，指向用右手螺旋法则确定，如例题 6-3 图所示. d$\boldsymbol{B}$ 与 Ox 轴所成的角等于 $\boldsymbol{r}$ 与 Ox 轴之间夹角 α 的余角，即 $\pi/2 - \alpha$. 磁感应强度 d$\boldsymbol{B}$ 的大小为

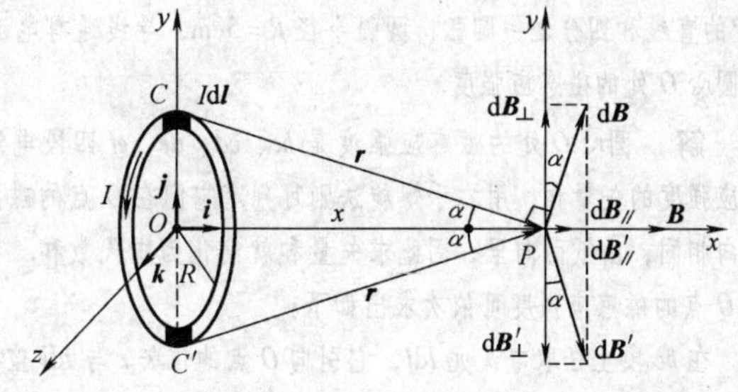

例题 6-3 图

$$dB = \frac{\mu_0}{4\pi}\frac{Idlr\sin 90°}{r^3} = \frac{\mu_0}{4\pi}\frac{Idl}{r^2} \tag{a}$$

按式（6-3），整个圆电流在场点P激发的磁感应强度$\boldsymbol{B}$，等于其中每个电流元$I\mathrm{d}\boldsymbol{l}$在该点激发的磁感应强度$\mathrm{d}\boldsymbol{B}$的矢量和，亦即求$\mathrm{d}\boldsymbol{B}$的矢量积分．这可用矢量的正交分解合成法来求解．由于各电流元在点P激发的磁感应强度$\mathrm{d}\boldsymbol{B}$对Ox轴线呈对称分布，故宜将$\mathrm{d}\boldsymbol{B}$分解为平行和垂直于Ox轴的两个分矢量$\mathrm{d}\boldsymbol{B}_{/\!/}$和$\mathrm{d}\boldsymbol{B}_{\perp}$．可以推断，若在通过$I\mathrm{d}\boldsymbol{l}$所在处$C$点的直径的另一端$C'$，取一个同样的电流元$I\mathrm{d}\boldsymbol{l}$，它在点$P$激发的$\mathrm{d}\boldsymbol{B}'$，大小与$\mathrm{d}\boldsymbol{B}$的相等，而且在轴线的另一侧，与$Ox$轴亦成$\pi/2-\alpha$角．显然，$\mathrm{d}\boldsymbol{B}$与$\mathrm{d}\boldsymbol{B}'$在垂直于$Ox$轴方向上的分矢量$\mathrm{d}\boldsymbol{B}_{\perp}$与$\mathrm{d}\boldsymbol{B}'_{\perp}$两相抵消．由于在整个圆电流上每条直径两端的相同电流元在点P的磁感应强度，在垂直于轴线方向的分矢量都成对抵消，而所有平行于轴线的分矢量$\mathrm{d}\boldsymbol{B}_{/\!/}$，皆等值同向（沿$Ox$轴正向），因而点$P$处总的磁感应强度$\boldsymbol{B}$沿着$Ox$轴，其大小等于各分量$\mathrm{d}B_{/\!/}=\mathrm{d}B\cos(\pi/2-\alpha)=\mathrm{d}B\sin\alpha$的代数和，即

$$B=\int_l \mathrm{d}B_{/\!/}=\int_l \mathrm{d}B\sin\alpha=\int_0^{2\pi R}\frac{\mu_0}{4\pi}\frac{I\mathrm{d}l}{r^2}\frac{R}{r}=\frac{\mu_0 IR}{4\pi r^3}\int_0^{2\pi R}\mathrm{d}l$$

式中，$\int_0^{2\pi R}\mathrm{d}l=2\pi R$为圆电流的周长．根据几何关系，上式便成为

$$B=\frac{\mu_0 IR^2}{2(x^2+R^2)^{3/2}} \tag{6-8}$$

取Ox轴方向的单位矢量$\boldsymbol{i}$，则场点P的磁感应强度$\boldsymbol{B}$可表示为

$$\boldsymbol{B}=\frac{\mu_0 IR^2}{2(x^2+R^2)^{3/2}}\boldsymbol{i} \tag{6-9}$$

例题6-4　圆电流中心的磁场　在式（6-8）中，令$x=0$，即得圆电流中心处的磁感应强度的大小为

$$B=\frac{\mu_0}{2}\frac{I}{R} \tag{6-10}$$

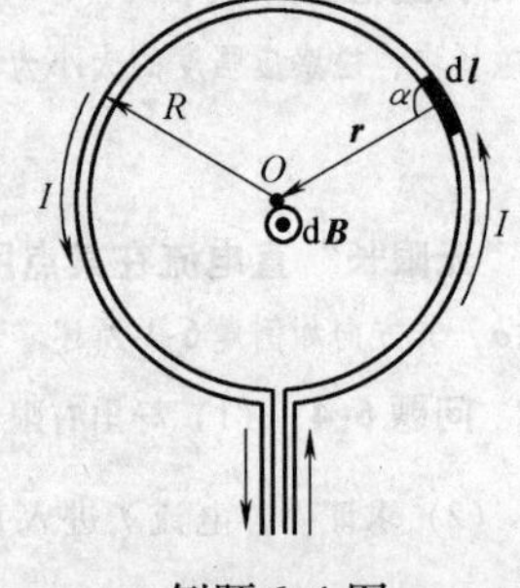

例题6-4图

即圆电流在中心激发的磁感应强度，与电流成正比，与圆的半径成反比．如例题6-4图所示，如果电流沿逆时针流向，则圆电流在中心点O的磁感应强度$\boldsymbol{B}$，其方向是垂直纸面向外的[㊀]．

如果圆电流是由N匝彼此绝缘、半径都是R的线圈串联而成的，并紧紧地叠置在一起，通过每匝的电流仍为I，则在中心O处激发的磁感应强度等于N个单匝圆电流在该处激发的磁感应强度之和，即

$$B=\frac{\mu_0}{2}\frac{NI}{R} \tag{6-11}$$

问题6-5　试导出垂直于圆电流平面的轴线上任一点的磁感应强度公式，并由此给出圆电流中心的磁感应强度公式．

例题6-5　如例题6-5图所示，两端无限长直导线中部弯成$\alpha=60°$的直线和四分之一圆弧，圆弧半径$R=5\text{cm}$，导线通有电流$I=2\text{A}$．求圆心O处的磁感应强度．

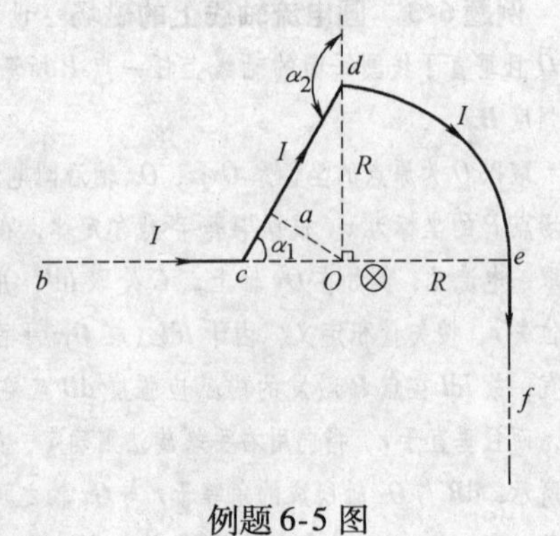

例题6-5图

解　圆心O处的磁感应强度是bc、cd、de、ef四段电流产生磁感应强度的矢量和，用右手螺旋法则可判定它们在O点的磁感应强度方向相同，由纸面向里，因此求矢量和就简化为求代数和．各段电流在O点的磁感应强度可依次求出如下：

在bc段上任取电流元$I\mathrm{d}\boldsymbol{l}$，它引向$O$点的位矢$\boldsymbol{r}$与$I\mathrm{d}\boldsymbol{l}$重合，因而角度$\langle \mathrm{d}\boldsymbol{l},\boldsymbol{r}\rangle=0$，$\sin\langle \mathrm{d}\boldsymbol{l},\boldsymbol{r}\rangle=0$，由毕奥-萨伐尔定律，有$\mathrm{d}\boldsymbol{B}=\boldsymbol{0}$，因而$\boldsymbol{B}_{bc}=\boldsymbol{0}$．

㊀ 今后约定：垂直于纸面向外的方向用“⊙”或“·”表示；垂直于纸面向里的方向用“⊗”或“×”表示．

cd 是一段有限长载流直导线，由 O 点向 cd 段作垂线，有 $\alpha_1=\alpha=60°$，$\alpha_2=150°$，$a=R\sin30°=R/2$，代入式（6-6），有

$$B_{cd}=\frac{\mu_0 I}{4\pi R/2}(\cos60°-\cos150°)=\frac{\mu_0 I}{4\pi R}(\sqrt{3}+1) \quad \otimes$$

de 段是 1/4 圆弧，在圆心 O 处的磁感应强度等于整个圆电流在圆心 O 的磁感应强度的四分之一．因此按式（6-10），有

$$B_{de}=\frac{1}{4}\frac{\mu_0 I}{2R}=\frac{\mu_0 I}{8R} \quad \otimes$$

ef 段为半无限长载流导线，在 O 点的磁感应强度为无限长载流导线在 O 点的磁感应强度的一半，因而

$$B_{ef}=\frac{1}{2}\frac{\mu_0}{2\pi}\frac{I}{R}=\frac{\mu_0 I}{4\pi R} \quad \otimes$$

按式（6-3），总的磁感应强度为

$$B=B_{bc}+B_{cd}+B_{de}+B_{ef}=0+\frac{\mu_0 I}{4\pi R}(\sqrt{3}+1)+\frac{\mu_0 I}{8R}+\frac{\mu_0 I}{4\pi R}$$

$$=\frac{\mu_0 I}{4R}\left(\frac{\sqrt{3}+2}{\pi}+\frac{1}{2}\right) \quad \otimes$$

代入已知数据，可计算得 $B=2.12\times10^{-5}\mathrm{T}$ $\otimes$．

6.3.2 运动电荷的磁场

载流导体中的电流在它周围空间激发的磁场，实质上与导体中大量带电粒子的定向运动有关．下面将讨论运动电荷的磁场，来说明毕奥-萨伐尔定律的微观意义．

如图 6-6 所示，设 S 为电流元 $I\mathrm{d}\boldsymbol{l}$ 的横截面，n 为导体中单位体积内的带电粒子数，每个粒子的电荷为 q（设 $q>0$）．它们以速度 $\boldsymbol{v}$ 沿 $\mathrm{d}\boldsymbol{l}$ 的方向做匀速运动，形成导体中的恒定电流，则单位时间内通过截面 S 的电荷为 $qnvS$．按电流的定义，有

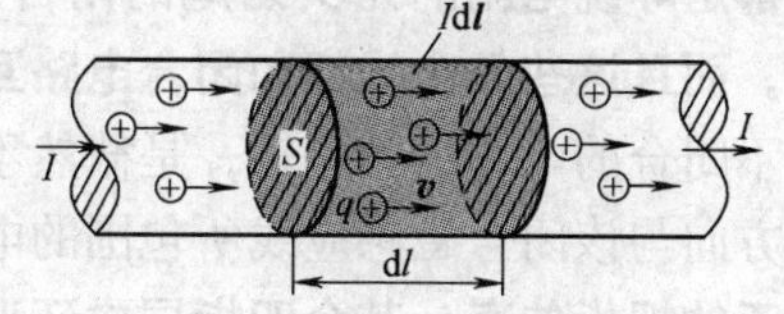

图 6-6 运动电荷的磁场

$$I=qnvS \tag{6-12}$$

把式（6-12）代入式（6-4b），并因电流元 $I\mathrm{d}\boldsymbol{l}$ 的方向和速度 $\boldsymbol{v}$ 的方向相同，则

$$\mathrm{d}B=\frac{\mu_0}{4\pi}\frac{I\mathrm{d}l\sin\langle\boldsymbol{v},\boldsymbol{r}\rangle}{r^2}=\frac{\mu_0}{4\pi}\frac{qnvS\mathrm{d}l\sin\langle\boldsymbol{v},\boldsymbol{r}\rangle}{r^2}$$

在这电流元内，任何时刻都存在着 $\mathrm{d}N=nS\mathrm{d}l$ 个以速度 $\boldsymbol{v}$ 运动着的带电粒子，所以，由电流元 $I\mathrm{d}\boldsymbol{l}$ 所激发的磁场可认为是这 $\mathrm{d}N$ 个运动电荷所激发的．这样，根据上式，可得其中每一个以速度 $\boldsymbol{v}$ 运动着的带电粒子所激发的磁感应强度 $\boldsymbol{B}$ 的大小为

$$B=\frac{\mathrm{d}B}{\mathrm{d}N}=\frac{\mu_0}{4\pi}\frac{qv\sin\langle\boldsymbol{v},\boldsymbol{r}\rangle}{r^2} \tag{6-13a}$$

$\boldsymbol{B}$ 的方向垂直于 $\boldsymbol{v}$ 和 $\boldsymbol{r}$ 所组成的平面，其指向亦适合右手螺旋法则，如图 6-7 所示．因此，真空中运动电荷激发的磁场，其磁感应强度 $\boldsymbol{B}$ 的矢量表示式为

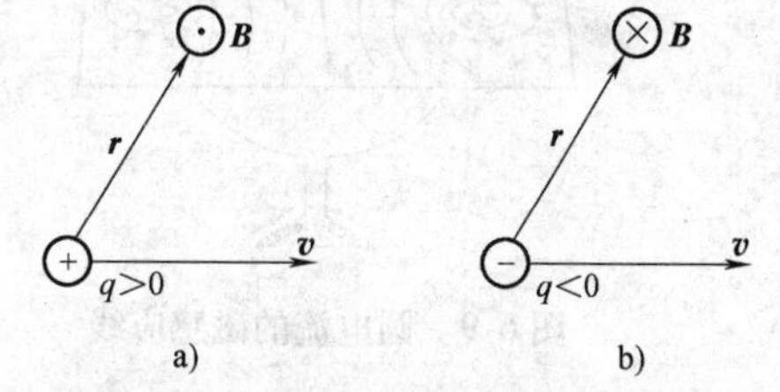

图 6-7 运动电荷的磁场方向
a）正电荷运动时，$\boldsymbol{B}$ 垂直于纸面向外 b）负电荷运动时，$\boldsymbol{B}$ 垂直于纸面向里

$$B = \frac{\mu_0}{4\pi} \frac{q\boldsymbol{v} \times \boldsymbol{r}}{r^3} \tag{6-13b}$$

问题 6-6　试导出运动电荷的磁场公式，并说明运动电荷在其运动方向上任一点的磁感应强度 $\boldsymbol{B}=0$.

6.4　磁通量　真空中磁场的高斯定理

6.4.1　磁感应线

与用电场线表示静电场相类似，我们也可以在磁场中画一簇有方向的曲线来表示磁场中各处磁感应强度 $\boldsymbol{B}$ 的方向和大小. **这些曲线上任一点的切线方向都和该点的磁场方向一致**，这样的曲线称为**磁感应线**或 ***B* 线**. 磁感应线上的箭头表示线上各点切线应取的方向，也就是小磁针 N 极在该点的指向，即该点的磁感应强度方向. 与电场线相似，**磁感应线在空间不会相交**.

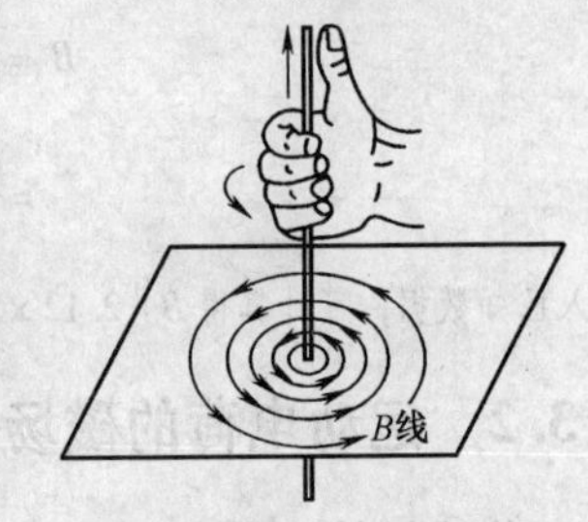

图 6-8　直电流的磁感应线

我们可以利用小磁针在磁场中的取向来描绘磁感应线. 图 6-8 到图 6-11 就是利用这种方法描绘出来的直电流、圆电流、螺线管电流和磁铁所激发的磁场中的磁感应线图形.

分析各种磁感应线图形，可以得到两个结论：第一，磁感应线和静电场的电场线不同，**在任何磁场中每一条磁感应线都是环绕电流的无头无尾的闭合线，即没有起点也没有终点，而且这些闭合线都和闭合电路互相套连**. 这是磁场的重要特性，与静电场中有头有尾的不闭合的电场线相比较，是截然不同的. 第二，在任何磁场中，每一条闭合的磁感应线的方向与该闭合磁感应线所包围的电流流向有一定的联系，可用**右手螺旋法则来判断：把右手的拇指伸直，其余四指屈成环形，如果拇指表示电流 *I* 的流向，则其余四指就指出该电流所激发的磁场中磁感应线的方向**（图 6-8）.

若是圆电流，如图 6-9 所示，圆电流 I 的流向与它的磁感应线的方向之间的关系则由下述方法判定：**用右手四指循圆电流 *I* 的流向屈成环形，则伸直的大拇指所指的方向即为穿过圆电流所围绕的内侧的磁感应线方向.**

图 6-10 的螺线管电流 I 是由许多圆电流串联而成的，所以螺线管内侧的磁感应线方向也可用上述方法判定.

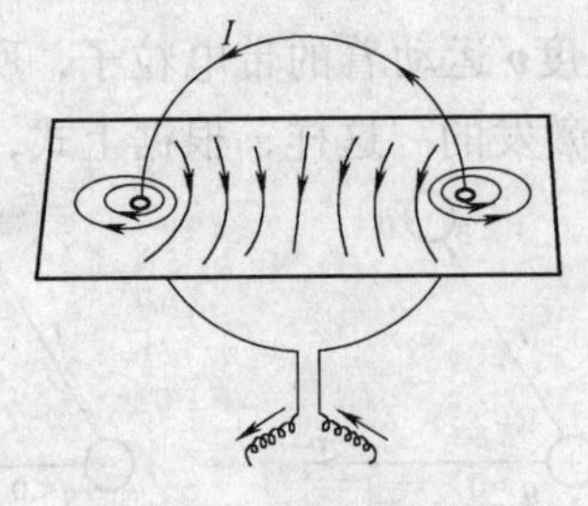

图 6-9　圆电流的磁感应线

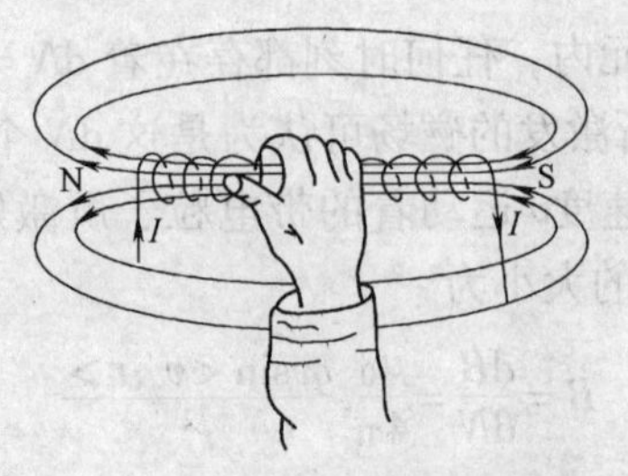

图 6-10　螺线管电流的磁感应线

对照图 6-10 和图 6-11 可见，载流线圈或螺线管外部的磁场与永久磁铁相似，并和永久磁铁一样，载流螺线管也具有极性，即起着条形磁铁的作用.

为了使磁感应线也能够定量地描述磁场的强弱，我们规定：**通过某点上垂直于 $\boldsymbol{B}$ 矢量的单位面积的磁感应线条数**（称为**磁感应线密度**），**在数值上等于该点 $\boldsymbol{B}$ 矢量的大小**. 这样，磁场较强的地方，磁感应线就较密；反之，磁场较弱的地方，磁感应线就较疏. 在均匀磁场中，磁感应线是一组间隔相等的同方向平行线. 例如图 6-10 所示的载流螺线管内部（靠近中央部分）的磁场，就是均匀磁场.

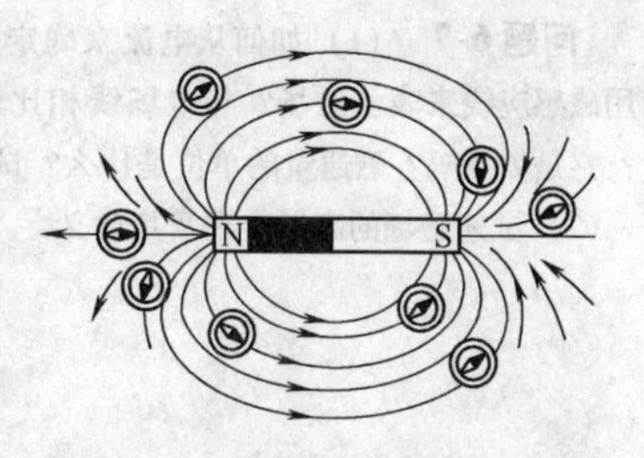

图 6-11　永久磁铁的磁感应线⊖

6.4.2　磁通量　真空中磁场的高斯定理

规定磁感应线密度后，我们就能够计算穿过一给定曲面的磁感应线条数，并用它表述这个曲面的**磁通量**或 **$\boldsymbol{B}$ 通量**，以 Φ_m 表示. 如图 6-12 所示，在磁场中设想一个面积元 dS，并用单位矢量 $\boldsymbol{e}_n$ 标示它的法线方向，$\boldsymbol{e}_n$ 与该处 $\boldsymbol{B}$ 矢量之间的夹角为 θ，根据磁感应线密度的规定，面积元 dS 的磁通量

$$\mathrm{d}\Phi_m = B\cos\theta \mathrm{d}S \tag{6-14}$$

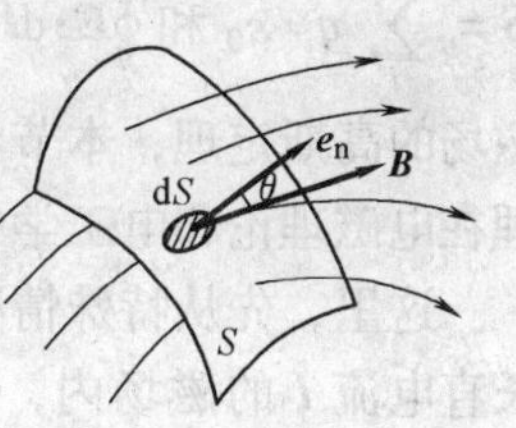

图 6-12　磁通量

将面积元表示成矢量 d$\boldsymbol{S}$，即 $\mathrm{d}\boldsymbol{S} = \mathrm{d}S\boldsymbol{e}_n$，则因 $B\cos\theta = \boldsymbol{B}\cdot\boldsymbol{e}_n$，故 $B\cos\theta\mathrm{d}S = \boldsymbol{B}\cdot\boldsymbol{e}_n\mathrm{d}S = \boldsymbol{B}\cdot\mathrm{d}\boldsymbol{S}$. 于是，面积为 S 的曲面的磁通量为

$$\Phi_m = \iint_S B\cos\theta\mathrm{d}S = \iint_S \boldsymbol{B}\cdot\mathrm{d}\boldsymbol{S} \tag{6-15}$$

磁感应强度 B 的单位是 T，面积 S 的单位是 m^2，磁通量 Φ_m 的单位是 Wb，称为“韦伯”，简称“韦”. 故 $1\mathrm{Wb} = 1\mathrm{T}\cdot\mathrm{m}^2$. 由此可见，磁感应强度 $\boldsymbol{B}$ 的单位也可记作 $1\mathrm{T} = 1\mathrm{Wb}\cdot\mathrm{m}^{-2}$（韦·米$^{-2}$）.

在磁场中任意取一个闭合曲面，面上任一点的法线方向 $\boldsymbol{e}_n$ 按规定为：垂直于该点处的面积元 dS 而指向向外. 这样，从闭合曲面穿出来的磁通量为正，穿入闭合曲面的为负（见图 6-13）. 由于每一条磁感应线都是闭合线，因此有几条磁感应线进入闭合曲面，必然有相同条数的磁感应线从闭合曲面穿出来. 所以，**通过任何闭合曲面的总磁通量必为零**，即

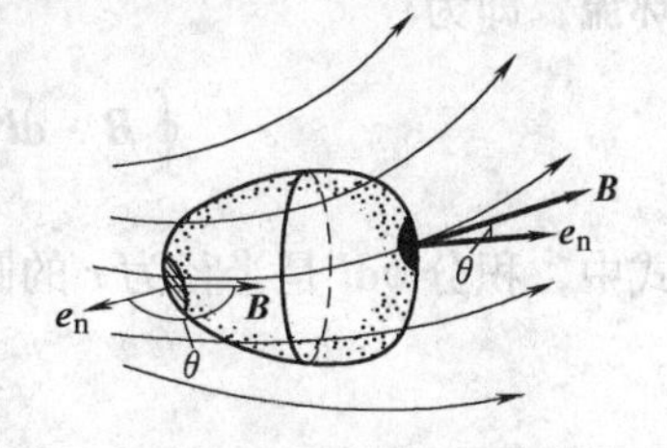

图 6-13　穿过一闭合曲面的磁通量

$$\oint\!\!\!\oint_S \boldsymbol{B}\cdot\mathrm{d}\boldsymbol{S} = 0 \tag{6-16}$$

这就是**真空中磁场的高斯定理**，它阐明磁感应线都是无头无尾的闭合线，所以通过任何闭合面的磁通量必等于零，即磁场是**无源场**. 由此可见，上述高斯定理是表示磁场性质的一个重要定理.

⊖　在永久磁铁的磁场中，磁感应线也是闭合的，每条磁感应线都是从 N 极发出，进入 S 极，再从 S 极经磁铁内而达 N 极，形成闭合的磁感应线，如同图 6-10 所示的载流螺线管的磁感应线一样，在图 6-11 中，我们未把磁铁内部的磁感应线分布画出来.

问题 6-7 （1）如何从电流来确定它所激发磁场的磁感应线方向？如何用磁感应线来表示磁场？与电场线相比较，两者有何区别？什么叫作磁通量？它是矢量吗？磁通量的单位是什么？试画出均匀磁场中磁感应线的分布.

（2）试述磁场的高斯定理及其意义.

切勿将无源场误解为激发磁场无须场源运动电荷. 无源场是表征场的一种性质.

6.5 安培环路定理及其应用

在静电场中，我们曾讨论过表述真空中静电场性质的高斯定理和环路定理，即 $\oiint_S \boldsymbol{E}\cdot \mathrm{d}\boldsymbol{S}=\sum_i q_i/\varepsilon_0$ 和 $\oint_l \boldsymbol{E}\cdot \mathrm{d}\boldsymbol{l}=0$. 同样，在磁场中也有相仿的两条定理. 上节已讨论了真空中磁场的高斯定理，本节将讨论真空中磁场的环路定理. 这条定理在电磁理论和电工学中甚为重要.

这里，先从特殊情况讨论，尔后再加以推广. 设在真空中长直电流 I 的磁场内，任取一个与电流垂直的平面（见图 6-14），以此平面与直电流的交点 O 为中心，在平面上作一条半径为 r 的圆形闭合线 l，则在这圆周上任一点的磁感应强度为

$$B=\frac{\mu_0}{2\pi}\frac{I}{r}$$

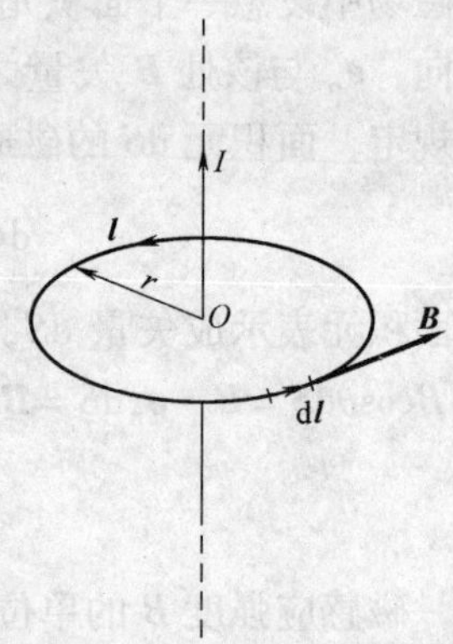

图 6-14 **B** 矢量的环流

其方向与电流流向成右手螺旋关系，即与圆周相切. 今在圆周 l 上循着逆时针绕行方向取线元矢量 $\mathrm{d}\boldsymbol{l}$，则 $\boldsymbol{B}$ 与 $\mathrm{d}\boldsymbol{l}$ 间的夹角 $\theta=\langle\boldsymbol{B},\mathrm{d}\boldsymbol{l}\rangle=0°$，$\boldsymbol{B}$ 沿这一闭合路径 $\boldsymbol{l}$ 的线积分，亦称 **B 矢量的环流**，即为

$$\oint_l \boldsymbol{B}\cdot \mathrm{d}\boldsymbol{l}=\oint_l B\cos\theta \mathrm{d}l=\oint_l \frac{\mu_0 I}{2\pi r}\cos 0°\mathrm{d}l=\frac{\mu_0 I}{2\pi r}\oint_l \mathrm{d}l$$

式中，积分 $\oint_l \mathrm{d}l$ 是半径为 r 的圆周之长 $2\pi r$，于是，上式可写作

$$\oint_l \boldsymbol{B}\cdot \mathrm{d}\boldsymbol{l}=\mu_0 I \tag{a}$$

式（a）虽是在长直电流的磁场中取圆周作为积分路径的特殊情况下导出的，但是可以证明（从略），式（a）不仅对长直电流的磁场成立，而且对任何形式的电流所激发的磁场也都成立；不仅对闭合的圆周路径成立，而且对任何形状的闭合路径也都成立. 所以，式（a）反映了电流的磁场所具有的普遍性质.

求式（a）的环流时，如果将绕行方向反过来，即在图 6-14 中按顺时针方向绕行一周，这时 $\boldsymbol{B}$ 与 $\mathrm{d}\boldsymbol{l}$ 的夹角 θ 处处为 180°，则积分值为负，并同样地可以得出

$$\oint_l \boldsymbol{B}\cdot \mathrm{d}\boldsymbol{l}=\oint_l B\cos 180°\mathrm{d}l=-\oint_l B\mathrm{d}l=-\mu_0 I=\mu_0(-I) \tag{b}$$

式中最后将 $-\mu_0 I$ 写成 $\mu_0(-I)$，使得电流可以当作代数量来处理，即将电流看作有正、

负的量. 对电流的正、负，我们可以用右手螺旋法则做如下规定：如图 6-15 所示，首先沿闭合路径 l 选定一个积分的绕行方向（在图 6-15a 中选取了逆时针绕行方向），然后伸直大拇指，使右手四指沿绕行方向弯曲，若电流流向与大拇指指向一致，则电流取作正值（见图 6-15a）；反之，则电流就取作负值（见图 6-15b）.

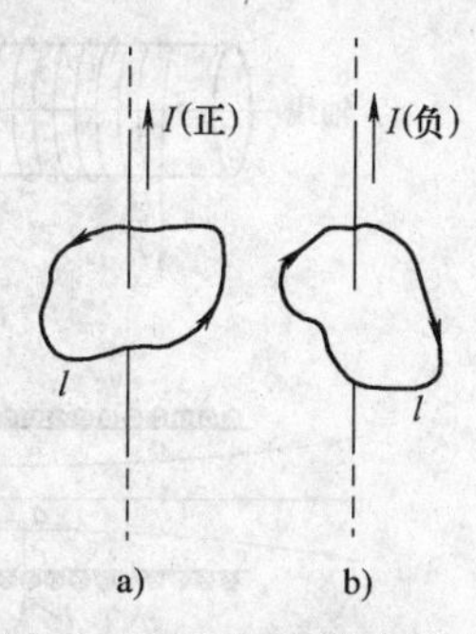

图 6-15　安培环路定理中电流正、负的规定

在一般情况下，如果闭合路径围绕着多个电流，则**在磁场中，磁感应强度沿任何闭合路径的环流，等于这闭合路径所围绕的各个电流之代数和的 μ_0 倍**. 这个结论称为**安培环路定理**. 它的数学表达式是

$$\oint_l \boldsymbol{B} \cdot \mathrm{d}\boldsymbol{l} = \mu_0 \sum_i I_i \tag{6-17}$$

注意：

（1）安培环路定理只是说明了 $\boldsymbol{B}$ 矢量的环流 $\oint_l \boldsymbol{B} \cdot \mathrm{d}\boldsymbol{l}$ 的值与闭合路径所围绕的电流 $\sum_i I_i$ 有关，并非说其中的磁感应强度 $\boldsymbol{B}$ 只与所围绕的电流有关. 应该指出，就磁场中任一点的磁感应强度 $\boldsymbol{B}$ 而言，它总是由激发这磁场的全部电流所决定的，不管这些电流是否被所取的闭合线所围绕，它们对磁场中任一点的磁感应强度 $\boldsymbol{B}$ 都有贡献.

（2）我们知道，每一电流总是闭合的（前面图中我们只画出一条闭合电流中的一段电流，未把闭合电流整体画出），在安培环路定理中，磁感应强度 $\boldsymbol{B}$ 不但是由全部电流激发的，而且其中每一条电流都是指闭合电流，而不是闭合电流上的某一段.

（3）在磁场中某一闭合路径 l 上磁感应强度的环流 $\oint_l \boldsymbol{B} \cdot \mathrm{d}l$，其值可以是零，但沿路径上各点磁感应强度 $\boldsymbol{B}$ 的值不见得一定等于零. 例如，当仅存在不被闭合路径所围绕的电流时，闭合路径上各处的磁感应强度 $\boldsymbol{B}$ 不一定为零，可是 $\boldsymbol{B}$ 沿整个闭合路径的环流却等于零.

安培环路定理是反映磁场性质的一条普遍定理. 由于磁场中 $\boldsymbol{B}$ 矢量的环流 $\oint_l \boldsymbol{B} \cdot \mathrm{d}l$ 与闭合路径 l 所包围的电流有关，一般不等于零，所以我们就说磁场是**非保守**的，它是一个**非保守力场或无势场**.

问题 6-8　（1）试述安培环路定理及其意义.

（2）如问题 6-8（2）图所示，求磁感应强度 $\boldsymbol{B}$ 循闭合路径 l 沿图示的绕行方向的环流.

（3）在圆形电流所在的平面上，做半径小于圆电流半径的小圆形环路，可得 $\oint_l \boldsymbol{B} \cdot \mathrm{d}\boldsymbol{l} = 0$. 能否说明环路上各点的 $\boldsymbol{B}$ 值为零？

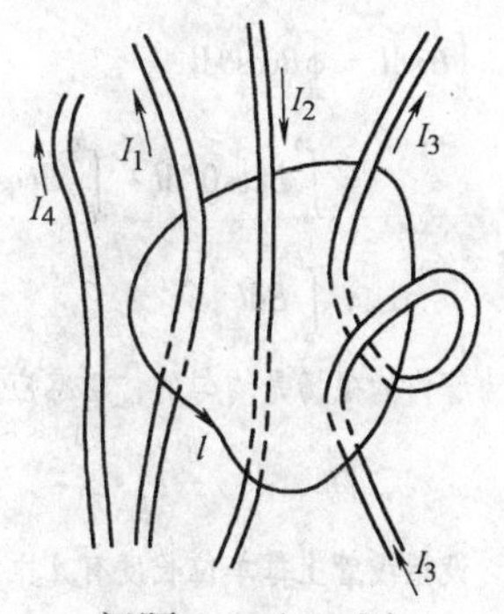

问题 6-8（2）图

例题 6-6　长直螺线管内的磁场　例题 6-6 图 a 表示一个均匀密绕的长直螺线管，通有电流 I；图 b 表示螺线管的轴截面和电流所激发的磁场的磁感应线，小圈“○”表示密绕导线的横截面，点子“·”表示电流从轴截面向外，叉号“×”表示电流进入轴截面.

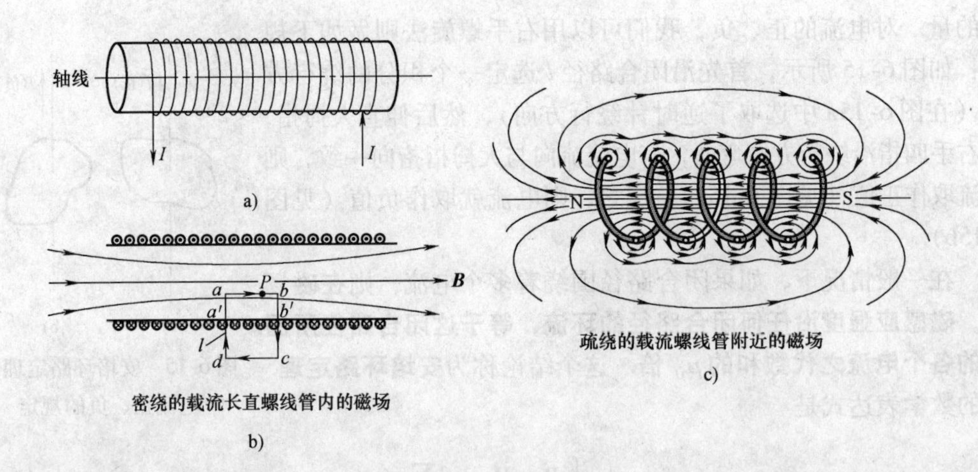

例题6-6 图

分析 首先分析题给螺线管周围磁场的大致分布情形. 从图6-9所示的单匝圆电流的磁场分布情况可以看到，在靠近导线处的磁场和一条长直载流导线附近的磁场很相似，磁感应线近似为围绕导线的一些同心圆.

对螺线管来说，它是用一条很长的导线一匝匝地绕制而成的，当它通以电流时，其周围磁场是各匝电流所激发磁场的叠加结果. 如例题6-6图c所示，在螺线管绕得不紧的情况下，管内、外的磁场是不均匀的，仅在螺线管的轴线附近，磁感应强度$\boldsymbol{B}$的方向近乎与轴线平行. 如螺线管很长，所绕的导线甚细，而且绕得很紧密，如例题6-6图b所示，这时整个载流螺线管的各匝电流宛如连成一片，形成一个与此螺线管的大小、形状全同的圆筒形"面电流"，则实验表明，对这种相当长而又绕得较紧密的螺线管（简称**长直螺线管**）而言，在管内的中央部分，磁场是均匀的，其方向与轴线平行，并可按右手螺旋法则判定其指向（见图6-10）；而在管的中央部分外侧，磁场很微弱，可忽略不计，即$\boldsymbol{B}\approx\boldsymbol{0}$. 今后，我们所说的螺线管及其磁场都是指这种密绕螺线管的中央部分而言的.

解 为了计算上述螺线管内的中央部分任一点P的磁感应强度$\boldsymbol{B}$，我们不妨通过该点P选取一条长方形的闭合路径l，其一边平行于管轴，如例题6-6图b所示. 根据上面所述，在线段cd上，以及在cb和da的一部分上（cb'和da'段），由于它们位于螺线管的外侧，$\boldsymbol{B}=\boldsymbol{0}$；又因磁场方向与管轴平行，位于螺线管内部的那一部分（$b'b$和$a'a$段），虽然$B\neq 0$，但是$\mathrm{d}\boldsymbol{l}$与$\boldsymbol{B}$相互垂直，即$\cos\theta=\cos<\boldsymbol{B},\mathrm{d}\boldsymbol{l}>=\cos 90^\circ=0$；若取闭合路径$l$的绕行方向为$a\to b\to c\to d\to a$，则沿$ab$段的$\mathrm{d}\boldsymbol{l}$方向与磁场$\boldsymbol{B}$的方向一致，即$<\boldsymbol{B},\mathrm{d}\boldsymbol{l}>=0^\circ$. 于是，沿此闭合路径$l$，磁感应强度$\boldsymbol{B}$的环流为

$$\begin{aligned}\oint_l \boldsymbol{B}\cdot\mathrm{d}\boldsymbol{l} &= \oint_l B\cos\theta\mathrm{d}l\\ &= \int_a^b B\cos 0^\circ\mathrm{d}l+\int_b^{b'}B\cos 90^\circ\mathrm{d}l+\int_{b'}^{c}0\cdot\mathrm{d}l+\int_c^d 0\cdot\mathrm{d}l+\int_d^{a'}0\cdot\mathrm{d}l+\int_{a'}^{a}B\cos 90^\circ\mathrm{d}l\\ &= \int_a^b B\mathrm{d}l\end{aligned}$$

因为管内的磁场是均匀的，磁感应强度$\boldsymbol{B}$是恒量，则上式成为

$$\oint_l \boldsymbol{B}\cdot\mathrm{d}\boldsymbol{l}=B\int_a^b\mathrm{d}l=B(\overline{ab})$$

设螺线管上每单位长度有n匝线圈，通过每匝的电流是I，则闭合路径所围绕的总电流为$(\overline{ab})nI$，根据右手螺旋法则，其方向是正的. 按安培环路定理，有

$$B(\overline{ab})=\mu_0(\overline{ab})nI$$

由此得长直螺线管内的磁场公式为

$$B=\mu_0 nI \tag{6-18}$$

例题6-7 环形螺线管内的磁场 如例题6-7图所示，通有电流I的环形螺线管（亦称**螺绕环**）及其剖面图.

如螺线管的平均周长为 l，管上的线圈绕得很密，则其周围磁场的分布，可仿照前面的分析来说明，即磁场几乎全部集中于管内，管内的磁感应线都是同心圆，在同一条磁感应线上，磁感应强度的数值相等，磁感应线上各点的磁感应强度方向分别沿圆周的切线方向.

为了计算环内某一点 P 的磁感应强度 $\boldsymbol{B}$，我们取通过该点的一条磁感应线作为闭合路径 l. 这样，在闭合路径 l 上任何一点的磁感应强度 $\boldsymbol{B}$ 都和闭合路径 l 相切，所以 $\theta=<\boldsymbol{B},\mathrm{d}\boldsymbol{l}>=0°$；而且 $\boldsymbol{B}$ 是一个恒量. 于是有

例题6-7图

当环形螺线管本身管径 $r_2-r_1<<(r_1+r_2)/2$（平均管径）时，环中各条磁感应线长度都可近似等于平均周长 l.

$$\oint_l \boldsymbol{B}\cdot\mathrm{d}\boldsymbol{l}=\oint_l B\cos\theta\mathrm{d}l=\oint_l B\cos0°\,\mathrm{d}l=B\oint_l \mathrm{d}l=Bl$$

式中，l 为闭合路径的长度.

设环形螺线管每单位长度上有 n 匝导线，导线中的电流为 I，则闭合路径所围绕的总电流为 nlI. 由安培环路定理，得

$$Bl=\mu_0 nlI$$

即

$$B=\mu_0 nI \tag{6-19}$$

可见，当环形螺线管的 n 和 I 与长直螺线管的 n 和 I 都相等时，则两管内磁感应强度的大小也相等.

例题6-8　在半径为 R 的"无限长"圆柱体中通有电流 I；设电流均匀地分布在柱体横截面上，求距离轴线 $r>R$ 处场点 P 的磁感应强度.

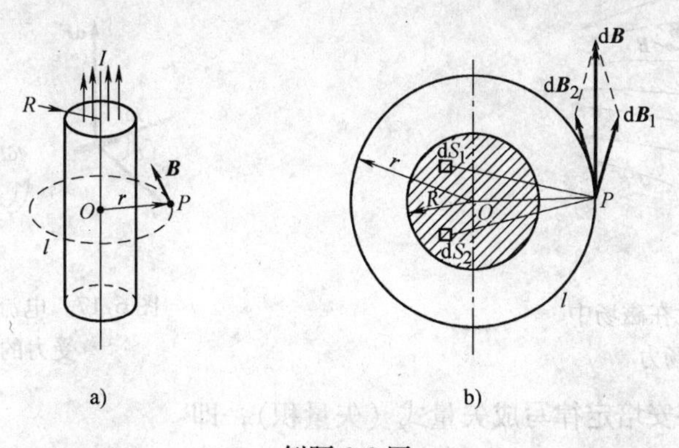

例题6-8图

分析　我们取 r 为半径，并取垂直于柱轴、且以柱轴上一点 O 为中心的圆周作为闭合路径 l（见例题6-8图a）. 由于轴对称性，磁感应强度 $\boldsymbol{B}$ 的大小只与场点 P 到载流圆柱轴线的垂直距离 r 有关，故在所取的同一闭合圆周路径 l 上，各点磁感应强度的大小相等.

其次，为了分析 $\boldsymbol{B}$ 的方向，在通过场点 P 的导线横截面上（见例题6-8图b），取一对面积元 $\mathrm{d}S_1$ 和 $\mathrm{d}S_2$，它们对连线 OP 对称. 设 $\mathrm{d}\boldsymbol{B}_1$ 和 $\mathrm{d}\boldsymbol{B}_2$ 分别是以 $\mathrm{d}S_1$ 和 $\mathrm{d}S_2$ 为横截面的长直电流在点 P 的磁感应强度. 从图示的关系可以看出，它们对闭合路径 l 在点 P 的切线对称，故合矢量 $\mathrm{d}\boldsymbol{B}=\mathrm{d}\boldsymbol{B}_1+\mathrm{d}\boldsymbol{B}_2$ 沿 l 的切线方向（即垂直于半径 r）. 由于整个柱截面可以成对地分割成许多对称的面积元，以对称面积元为横截面的每对长直电流在点 P 的磁感应强度（合矢量）也都沿 l 的切线方向. 因此，通过整个柱截面的总电流 I 在点 P 的磁感应强度 $\boldsymbol{B}$，必沿圆周 l 的切线方向.

解　对所选的闭合圆周路径 l，应用安培环路定理，有

$$B2\pi r=\mu_0 I$$

得

$$B=\frac{\mu_0}{2\pi}\frac{I}{r}\quad (r>R)$$

即柱外一点的磁感应强度 $\boldsymbol{B}$ 与将全部电流汇集于柱轴线时的长直电流所激发的磁感应强度 $\boldsymbol{B}$ 相同.

6.6　磁场对载流导线的作用　安培定律

前面各节讨论了电流（或运动电荷）所激发的磁场. 从现在开始，我们将研究磁场对电流（或运动电荷）的作用力.

6.6.1　安培定律

关于磁场对载流导线的作用力，安培从许多实验结果的分析中总结出关于电流元在磁场中受力的基本规律，称为**安培定律：位于磁场中某点的电流元 $I\mathrm{d}\boldsymbol{l}$ 要受到磁场的作用力 $\mathrm{d}\boldsymbol{F}$**（见图 6-16）**的作用，$\mathrm{d}F$ 的大小和电流元所在处的磁感应强度的大小 B、电流元的大小 $I\mathrm{d}l$ 以及电流元与磁感应强度两者方向间小于 180° 的夹角 $<\mathrm{d}\boldsymbol{l},\boldsymbol{B}>$ 的正弦均成正比.** 在 SI 中，其数学表达式为

$$\mathrm{d}F=BI\mathrm{d}l\sin<\mathrm{d}\boldsymbol{l},\boldsymbol{B}> \tag{6-20}$$

$\mathrm{d}\boldsymbol{F}$ 的方向垂直于 $I\mathrm{d}\boldsymbol{l}$ 和 $\boldsymbol{B}$ 所构成的平面，其指向可由右手螺旋法则判定：用右手四指从 $I\mathrm{d}\boldsymbol{l}$ 经小于 180° 角转到 $\boldsymbol{B}$，则大拇指伸直的指向就是 $\mathrm{d}\boldsymbol{F}$ 的方向，如图 6-17 所示.

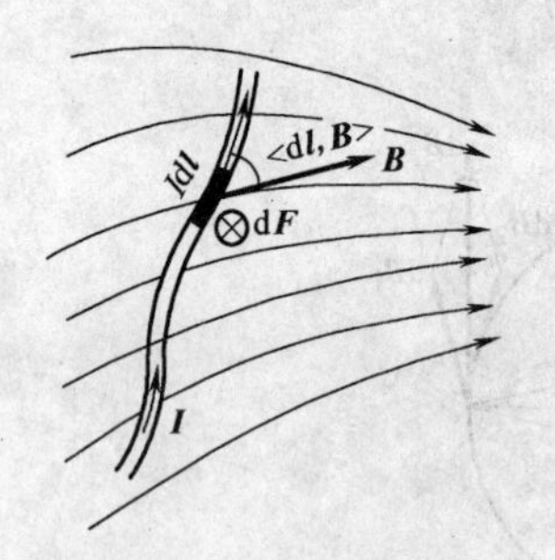

图 6-16　电流元在磁场中所受的磁场力

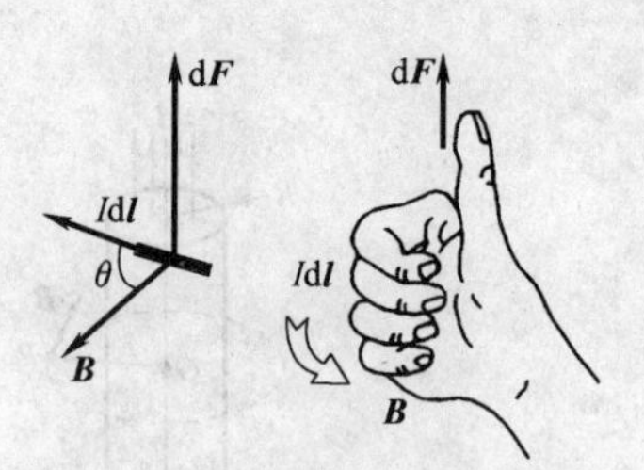

图 6-17　电流元在磁场中受力的方向

如上所述，可将安培定律写成矢量式（矢量积），即

$$\mathrm{d}\boldsymbol{F}=I\mathrm{d}\boldsymbol{l}\times\boldsymbol{B} \tag{6-21}$$

安培定律表明，磁场对一段电流元的作用，但任何载流导线都是由连续的无限多个电流元所组成的，因此，根据该定律来计算磁场对载流导线的作用力（亦称**安培力**）$\boldsymbol{F}$ 时，需要对长度为 l 的整条导线进行矢量积分，即

$$\boldsymbol{F}=\int_l \mathrm{d}\boldsymbol{F}=\int_0^l I\mathrm{d}\boldsymbol{l}\times\boldsymbol{B} \tag{6-22}$$

今应用式（6-22）来讨论磁感应强度为 $\boldsymbol{B}$ 的均匀磁场中，有一段载流的直导线，电流为 I，长为 l（图 6-18）. 在这直电流上任取一个电流元 $I\mathrm{d}\boldsymbol{l}$，则 $\mathrm{d}\boldsymbol{l}$ 与 $\boldsymbol{B}$ 之间的夹角 $<\mathrm{d}\boldsymbol{l},\boldsymbol{B}>$ 为恒量. 按安培定律，电流元 $I\mathrm{d}\boldsymbol{l}$ 所受磁场力 $\mathrm{d}F$ 的大小为

$$\mathrm{d}F = BI\mathrm{d}l\sin < \mathrm{d}\boldsymbol{l}, \boldsymbol{B} >$$

如图6-18所示，图中I和$\boldsymbol{B}$都在纸面上，d$\boldsymbol{F}$的方向按照矢量积的右手螺旋法则，为垂直纸面向里，在图上用⊗表示.

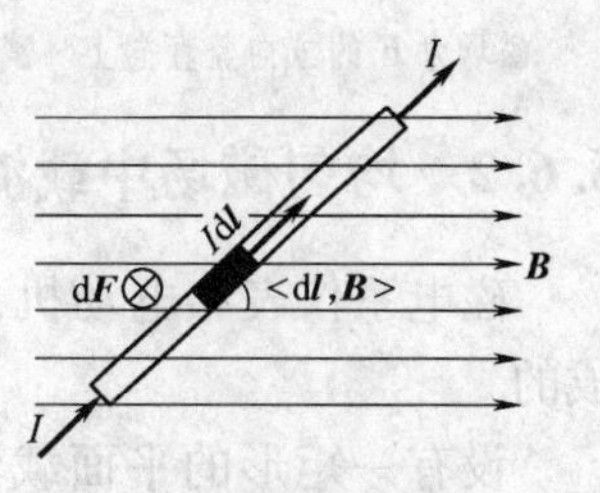

图6-18　直电流在均匀磁场中所受的磁场力

因为磁感应强度$\boldsymbol{B}$的方向和夹角$< \mathrm{d}\boldsymbol{l}, \boldsymbol{B} >$是恒定的，所以，直电流上任何一段电流元所受的磁场力，其方向按右手螺旋法则可以判断，都和上述方向相同，因而整个直电流所受的磁场力，乃等于各电流元所受的上述同方向平行力的代数和，因而就可用标量积分法求出，即

$$F = \int_l \mathrm{d}F = \int_0^l BI\mathrm{d}l\sin < \mathrm{d}\boldsymbol{l}, \boldsymbol{B} > = BI\sin < \mathrm{d}\boldsymbol{l}, \boldsymbol{B} > \int_0^l \mathrm{d}l$$
$$= BIl\sin < \mathrm{d}\boldsymbol{l}, \boldsymbol{B} > \qquad (6\text{-}23)$$

合力的作用点在载流导线的中点.

问题6-9　(1) 试述安培定律；并说明如何利用安培定律求磁场中载流导线所受的磁场力. 当图6-18中的直电流分别平行和垂直于磁场时，求所受力的大小.

(2) 一圆心为O、半径为R的水平圆线圈，通有电流I_1. 今有一条竖直地通过圆心O的长直导线，通有电流I_2，求证圆线圈所受的磁场力为零.

例题6-9　如例题6-9图所示，一竖直放置的长直导线，通有电流$I_1 = 2.0\mathrm{A}$；另一水平直导线L，长为$l_2 = 40\mathrm{cm}$，通有电流$I_2 = 3.0\mathrm{A}$，其始端与竖直载流导线相距$l_1 = 40\mathrm{cm}$，求水平直导线上所受的力.

例题6-9图

解　长直电流I_1所激发的磁场是非均匀的. 因此，我们可在水平载流导线L上任取一段电流元$I_2\mathrm{d}\boldsymbol{l}$，它与长直电流相距$l$，在$I_2\mathrm{d}\boldsymbol{l}$的微小范围内，磁感应强度可视作相等，这样

$$B = \frac{\mu_0}{2\pi}\frac{I_1}{l}$$

其方向垂直纸面向里，而$< \mathrm{d}\boldsymbol{l}, \boldsymbol{B} > = 90°$. 电流元$I_2\mathrm{d}\boldsymbol{l}$所受磁场力d$\boldsymbol{F}$的大小和方向为

$$\mathrm{d}F = BI_2\mathrm{d}l\sin 90° = \frac{\mu_0}{2\pi}\frac{I_1}{l}I_2\mathrm{d}l \quad \uparrow$$

由于水平载流直导线上任一电流元所受磁场力的方向都是相同的，所以整个水平载流导线上所受的磁场力$\boldsymbol{F}$是许多同方向平行力之和，可用标量积分法算出，即

$$F = \int_L \mathrm{d}F = \int_{l_1}^{l_1+l_2}\frac{\mu_0}{2\pi}\frac{I_1 I_2}{l}\mathrm{d}l = \frac{\mu_0}{2\pi}I_1 I_2\int_{l_1}^{l_1+l_2}\frac{\mathrm{d}l}{l}$$
$$= \frac{\mu_0}{2\pi}I_1 I_2[\ln l]_{l_1}^{l_1+l_2} = \frac{\mu_0}{2\pi}I_1 I_2\ln\frac{l_1+l_2}{l_1}$$
$$= \frac{\mu_0}{4\pi}2I_1 I_2\ln\frac{l_1+l_2}{l_1}$$

代入题设数据后，算得

$$F = \left(10^{-7}\times 2\times 2\times 3\times\ln\frac{0.40+0.40}{0.40}\right)\mathrm{N}$$
$$= (10^{-7}\times 12\times 0.693)\mathrm{N} = 8.32\times 10^{-7}\mathrm{N}$$

磁场力 F 的方向竖直向上. 试问力 F 的作用点在水平直导线 L 的中点上吗?

6.6.2 均匀磁场中载流线圈所受的力矩

磁电系仪表和电动机，均是利用载流线圈在磁场中受力偶矩作用而转动的原理制成的.

设有一矩形的平面载流的刚性线圈（以下简称“线圈”）$abcd$，边长分别为 l_1 和 l_2，通有电流 I，放在磁感应强度为 $\boldsymbol{B}$ 的均匀磁场中（图 6-19），线圈平面与磁场方向成任意角 θ，且 ab 边、cd 边均与磁场垂直.

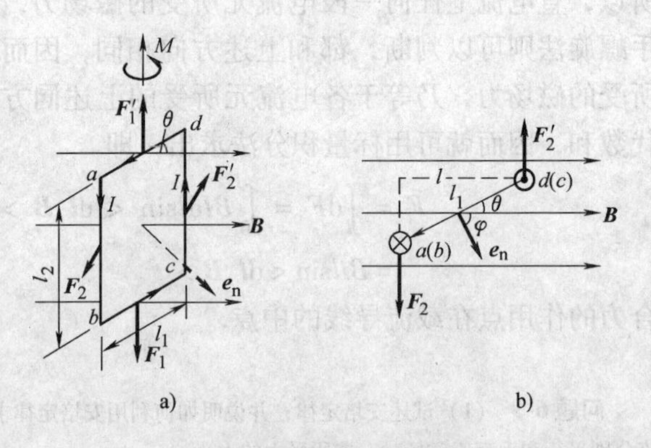

图 6-19 平面载流线圈在均匀磁场中所受的力偶矩（平面与磁场 $\boldsymbol{B}$ 成 θ 角）

a）侧视图 b）俯视图

根据安培定律，导线 bc 和 ad 所受磁场力 $\boldsymbol{F}_1$ 和 $\boldsymbol{F}'_1$ 的大小分别为 $F_1 = BIl_1\sin\theta$ 和 $F_1' = BIl_1\sin(\pi-\theta) = BIl_1\sin\theta$，这两个力大小相等，指向相反，分别作用在 ad 和 bc 边的中点，而位于同一直线上，所以它们的作用互相抵消. 导线 ab 和 cd 所受的磁场力 $\boldsymbol{F}_2$ 和 $\boldsymbol{F}'_2$ 的大小皆为

$$F_2 = F_2' = BIl_2$$

这两个力大小相等，指向相反，但不在同一直线上，因此形成一个力偶，其力臂为 $l = l_1\cos\theta$，所以**均匀磁场对载流线圈的作用是一个力偶**，其力矩大小为

$$M = F_2 l = F_2 l_1\cos\theta = BIl_2 l_1\cos\theta = BIS\cos\theta \tag{a}$$

式中，$S = l_1 l_2$ 就是线圈的面积.

我们常利用载流线圈平面的正法线方向来标示线圈平面在空间的方位，正法线方向可用单位矢量 $\boldsymbol{e}_n$ 标示，其方向可用右手螺旋法则来规定，即**握紧右手，伸直大拇指，如果四个指头的弯曲方向表示线圈内的电流流向，则大拇指的指向就是线圈平面的正法线 $\boldsymbol{e}_n$ 的方向**（见图 6-20）. 反过来说，线圈的正法线 $\boldsymbol{e}_n$ 在空间的方向一旦给出，则线圈平面在空间的方位和其中电流的流向也就确定.

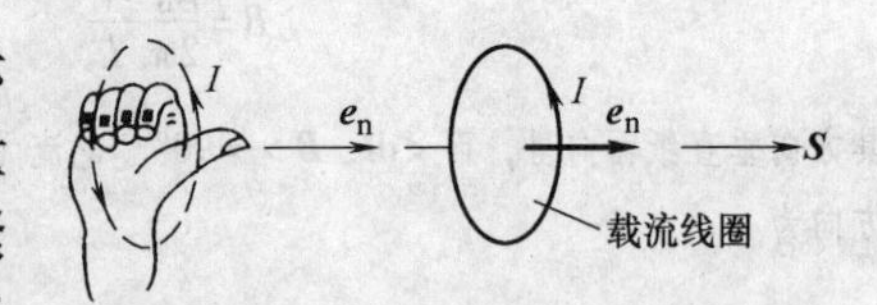

图 6-20 载流平面线圈正法线的指向

进一步我们还可引用线圈的面积矢量 $\boldsymbol{S}$ 来描述线圈的大小、方位和其中电流的流向. 亦即，规定面积矢量 $\boldsymbol{S}$ 的大小为线圈平面面积的大小 S，方向与线圈平面的正法线方向一致（见图 6-20），则 $\boldsymbol{S} = S\boldsymbol{e}_n$.

如果以线圈平面的正法线 $\boldsymbol{e}_n$ 方向与磁场 $\boldsymbol{B}$ 的方向之间的夹角 φ 来代替 θ（见图 6-19b），由于 $\theta + \varphi = \pi/2$，则式（a）可改写成

$$M = BIS\sin\varphi \tag{b}$$

如果线圈有 N 匝，则线圈所受的磁力矩为

$$M = NBIS\sin\varphi = Bp_{\mathrm{m}}\sin\varphi \tag{6-24}$$

式中，$p_{\mathrm{m}} = NIS$ 称为**载流线圈的磁矩**．为了还能同时表示线圈的方位和其中电流流向，可将磁矩表示成矢量：

$$\boldsymbol{p}_{\mathrm{m}} = NI\boldsymbol{S} = NIS\boldsymbol{e}_{\mathrm{n}} \tag{c}$$

载流线圈磁矩的大小为 $p_{\mathrm{m}} = NIS$，其方向就是面积矢量 $\boldsymbol{S}$ 的方向（也就是正法线 $\boldsymbol{e}_{\mathrm{n}}$ 的方向）．磁矩的单位是 $\mathrm{A \cdot m^2}$（安培·米^2）．可见，磁矩矢量 $\boldsymbol{p}_{\mathrm{m}}$ 完全反映了载流线圈本身的特征和方位．

综上所述，就可以把式（6-24）改写成矢量式

$$\boldsymbol{M} = \boldsymbol{p}_{\mathrm{m}} \times \boldsymbol{B} \tag{6-25}$$

按上述矢量积给出的力矩矢量 $\boldsymbol{M}$ 的方向，借右手螺旋法则可用来判定线圈在力矩 $\boldsymbol{M}$ 作用下的转向．把伸直的大拇指指向矢量 $\boldsymbol{M}$ 的方向，四指弯曲的回转方向就是线圈的转向（见图 6-19a）．

可以证明（从略），上述由长方形载流线圈所导出的结果也适用于一般情况，即**任何形状的平面载流线圈在均匀磁场中只受到力偶作用，力偶矩的数值等于磁感应强度 $\boldsymbol{B}$、线圈的磁矩 $\boldsymbol{p}_{\mathrm{m}}$ 和磁矩与磁场方向之间小于 180°的夹角 φ 的正弦的乘积，而与线圈的形状无关**．亦即，式（6-24）或式（6-25）对任意形状的平面线圈也是同样适用的．应用上式时，如 B 的单位用 $\mathrm{Wb \cdot m^{-2}}$（韦·米$^{-2}$），p_{m} 的单位用 $\mathrm{A \cdot m^2}$（安·米^2），则力矩的单位是 $\mathrm{N \cdot m}$（牛·米）．

考虑到载流线圈在磁场中所受的力矩与 $\sin\varphi$ 成正比，故有如下几种特殊情形：

（1）当 $\varphi = \pi/2$ 时，线圈平面与磁场 $\boldsymbol{B}$ 平行，通过线圈平面的磁通量为零，线圈所受到的力矩为最大值，即 $M_{\max} = Bp_{\mathrm{m}} = NIBS$．

（2）当 $\varphi = 0$ 时，线圈平面与磁场 $\boldsymbol{B}$ 垂直，通过线圈平面的磁通量最大，线圈所受到的力矩为零，相当于稳定平衡位置[㊀]．

（3）当 $\varphi = \pi$ 时，线圈平面也与磁场 $\boldsymbol{B}$ 垂直，通过线圈平面的磁通量是负的最大值，线圈所受力矩亦为零，相当于不稳定平衡位置．

由此可见，载流线圈在磁场中转动的趋势是要使通过线圈平面的磁通量增加，当磁通量增至最大值时，线圈达到稳定平衡．也就是说，**载流线圈在所受磁力矩的作用下，总是要转到它的磁矩 $\boldsymbol{p}_{\mathrm{m}}$（或者说正法线 $\boldsymbol{e}_{\mathrm{n}}$）和 $\boldsymbol{B}$ 同方向的位置上．**

总而言之，处于均匀磁场中的载流线圈在磁力矩的作用下，可以发生转动，但不会发生整个线圈的平动（因为合力为零）．进一步分析（从略）指出，在不均匀的磁场中，载流线圈在任意位置时，不仅受有磁力矩，同时还受到一个磁场力，这时，根据线圈运动的初始条件，它既可能做平动，也可能兼有平动和转动．

问题 6-10　（1）导出载流平面线圈在均匀磁场中所受磁力矩的公式．

（2）半圆形线圈的半径 $R = 10\mathrm{cm}$，通有电流 $I = 10\mathrm{A}$，放在磁感应强度 $B = 5.0 \times 10^{-2}\mathrm{T}$ 的均匀磁场中，磁场方向为水平且与线圈平面平行．求线圈所受的磁力矩．（答：$7.85 \times 10^{-3}\mathrm{N \cdot m}\uparrow$）

㊀ 使处于平衡状态的线圈稍微离开平衡位置，并因此出现一个新的力矩，若在这个力矩作用下，线圈可以回复到原来位置，这种平衡称为**稳定平衡**；反之，若在这个力矩作用下，不能使线圈回到原来位置，而且愈益偏离平衡位置，则称为**不稳定平衡**．

例题 6-10 如例题6-10图所示，一个边长 $l=0.1\text{m}$ 的正三角形载流线圈，放在均匀磁场 $\boldsymbol{B}$ 中，磁场与线圈平面平行，设 $I=10\text{A}$，$B=1.0\text{Wb}\cdot\text{m}^{-2}$，求线圈所受力矩的大小.

解 已知：$I=10\text{A}$，$B=1.0\text{Wb}\cdot\text{m}^{-2}$，$l=0.1\text{m}$，$N=1$，可求得线圈的磁矩大小为

$$p_\text{m}=NIS=I\frac{l}{2}\times l\sin 60°=\frac{\sqrt{3}}{4}Il^2$$

例题 6-10 图

根据磁力矩公式 (6-24)，有

$$M=p_\text{m}B\sin\frac{\pi}{2}=\frac{\sqrt{3}}{4}Il^2B$$

代入已知数据，计算得

$$M=\left[\frac{1.732}{4}\times 10\times(0.1)^2\times 1\right]\text{N}\cdot\text{m}=4.33\times10^{-2}\text{N}\cdot\text{m}$$

力矩的方向沿磁矩 $\boldsymbol{p}_\text{m}$ 与 $\boldsymbol{B}$ 的矢量的矢量积方向，沿 OO' 轴，向上.

例题 6-11 原子中的一个电子以速率 $v=2.2\times10^6\text{m}\cdot\text{s}^{-1}$ 在半径 $r=0.53\times10^{-8}\text{cm}$ 的圆周上做匀速圆周运动，求该电子轨道的磁矩.

解 电子的速率为 v，轨道半径为 r，所以在 1s 内电子通过轨道上任意一点的次数为 $n=v/(2\pi r)$ 次. 由于电子带着大小为 e 的电荷在做圆周运动，这种定向运动相当于圆电流，这圆电流 I 和面积 S 分别为

例题 6-11 图

$$I=ne=\frac{v}{2\pi r}e,\quad S=\pi r^2$$

设以 $\boldsymbol{p}_\text{m}$ 表示电子的轨道磁矩，则由磁矩的定义，它的大小和方向为

$$p_\text{m}=IS=\frac{v}{2\pi r}e\,\pi r^2=\frac{1}{2}ver$$

$$=\left(\frac{1}{2}\times2.2\times10^6\times1.6\times10^{-19}\times0.53\times10^{-10}\right)\text{A}\cdot\text{m}^2=9.3\times10^{-24}\text{A}\cdot\text{m}^2\ \otimes$$

因电子带负电，故圆电流 I 的方向与电子运动方向相反，圆电流平面的正法线方向指向纸里，所以磁矩 $\boldsymbol{p}_\text{m}$ 的方向也指向纸里.

读者根据质点的角动量定义 $\boldsymbol{L}=\boldsymbol{r}\times m\boldsymbol{v}$，可以自行证明：上述电子的轨道磁矩 $\boldsymbol{p}_\text{m}$ 与电子的角动量 $\boldsymbol{L}$ 存在着如下的矢量关系式：

$$\boldsymbol{p}_\text{m}=-\frac{e}{2m}\boldsymbol{L}$$

式中，m 为电子的质量.

说明 由于原子中的电子存在着轨道磁矩，所以在外磁场中的电子轨道平面，将和载流线圈一样，受到力矩的作用而发生转向. 并且原子中的电子除沿轨道运动外，电子本身还有自旋. 故还有电子的自旋磁矩.

6.7 带电粒子在电场和磁场中的运动

6.7.1 磁场对运动电荷的作用力——洛伦兹力

上面说过，载流导线在磁场中要受到力的作用. 由于导线中的电流是由其中大量带电粒子的定向运动所形成的，因此可以推断，这些运动电荷在磁场中一定也受到磁场力的作用，并不断地与金属导线中晶体点阵的正离子碰撞，把力传递给导线.

按安培定律，设载流导线上任一段电流元 $I\mathrm{d}\boldsymbol{l}$ 在磁感应强度 $\boldsymbol{B}$ 的磁场中所受磁场力大小为

$$\mathrm{d}F_{\mathrm{m}} = BI\mathrm{d}l\sin < \mathrm{d}\boldsymbol{l}, \boldsymbol{B} >$$

借关系式 $I = nvSq$ ［参阅式（6-12）］，并考虑到运动电荷的 $\boldsymbol{v}$ 方向就是 $\mathrm{d}\boldsymbol{l}$ 的方向，则

$$\mathrm{d}F_{\mathrm{m}} = nvSqB\mathrm{d}l\sin < \boldsymbol{v}, \boldsymbol{B} >$$

在 $\mathrm{d}\boldsymbol{l}$ 这段导体内，当电流恒定时，始终保持有 $\mathrm{d}N = nS\mathrm{d}l$ 个定向运动的电荷，因此，每个定向运动电荷受力大小为

$$F_{\mathrm{m}} = \frac{\mathrm{d}F_{\mathrm{m}}}{\mathrm{d}N} = qvB\sin < \boldsymbol{v}, \boldsymbol{B} >$$

写成矢量式为

$$\boldsymbol{F}_{\mathrm{m}} = q\boldsymbol{v} \times \boldsymbol{B} \tag{6-26}$$

式中，q 的正、负决定于带电粒子所带电荷的正、负.

式（6-26）由荷兰物理学家洛伦兹（H. A. Lorentz，1853—1928）首先导出，故称为**洛伦兹公式**. 上述这个磁场力 $\boldsymbol{F}_{\mathrm{m}}$ 通常称为**洛伦兹力**，其大小为

$$F_{\mathrm{m}} = |q| vB\sin < \boldsymbol{v}, \boldsymbol{B} > \tag{6-27}$$

式中，$< \boldsymbol{v}, \boldsymbol{B} >$ 为电荷运动方向与磁场方向之间小于 180°的夹角. 洛伦兹力的方向可按矢量积的右手螺旋法则判定.

由式（6-26）及式（6-27）可知：

（1）当电荷的运动方向与磁场方向相平行（同向或反向）时，$< \boldsymbol{v}, \boldsymbol{B} > = 0°$ 或 180°，则 $\sin < \boldsymbol{v}, \boldsymbol{B} > = 0$，所以 $F_{\mathrm{m}} = 0$，此时运动电荷不受磁场力作用.

（2）当电荷的运动方向与磁场方向相垂直时，$< \boldsymbol{v}, \boldsymbol{B} > = 90°$，则 $\sin < \boldsymbol{v}, \boldsymbol{B} > = 1$，所以 $F_{\mathrm{m}} = |q|vB$，此时运动电荷所受的磁场力为最大，即 $F_{\max} = |q|vB$.

事实上，我们在 6.2 节中就是利用运动电荷在磁场中所受洛伦兹力的上述特殊情况，来定义磁场中某点的磁感应强度 $\boldsymbol{B}$ 的.

（3）作用于运动电荷上的洛伦兹力 $\boldsymbol{F}_{\mathrm{m}}$ 的方向，恒垂直于 $\boldsymbol{v}$ 和 $\boldsymbol{B}$ 所构成的平面，此力在电荷运动路径上的分量永远为零. 因此，**洛伦兹力永远不做功**，仅能改变电荷运动的方向，使运动路径发生弯曲，而不能改变运动速度的大小.

例题 6-12 如例题 6-12 图所示，一带电粒子的电荷为 q、质量为 m，以速度 $\boldsymbol{v}$ 进入一磁感应强度为 $\boldsymbol{B}$ 的均匀磁场中.（1）若速度 $\boldsymbol{v}$ 的方向与磁场 $\boldsymbol{B}$ 的方向垂直；（2）若速度 $\boldsymbol{v}$ 的方向与磁场 $\boldsymbol{B}$ 的方向成 θ 角（$\theta \neq 90°$）. 试分别求带电粒子在磁场中的运动轨道（为便于讨论，设 $q > 0$，且不计带电粒子的重力）.

解 （1）由题设 $\boldsymbol{v} \perp \boldsymbol{B}$，故 $< \boldsymbol{v}, \boldsymbol{B} > = 90°$，带电粒子 $q(q > 0)$ 所受的洛伦兹力大小是

$$F_{\mathrm{m}} = |q| vB\sin 90° = qvB$$

该力的方向垂直于带电粒子的速度方向，它只能改变粒子的运动方向，使运动轨道弯曲，而不会改变运动速度的大小. 由上式可知，在粒子运动的全部路程中，洛伦兹力的大小不变，因此，带电粒子将做匀速率圆周运动，如例题 6-12 图 a 所示. 按牛顿第二定律，有

$$qvB = m\frac{v^2}{R} \tag{a}$$

由此得

$$R = \frac{mv}{qB} \tag{6-28}$$

式中，R 为圆形轨道半径，它与带电粒子的速率 v 成正比，而与磁感应强度的大小 B 成反比.

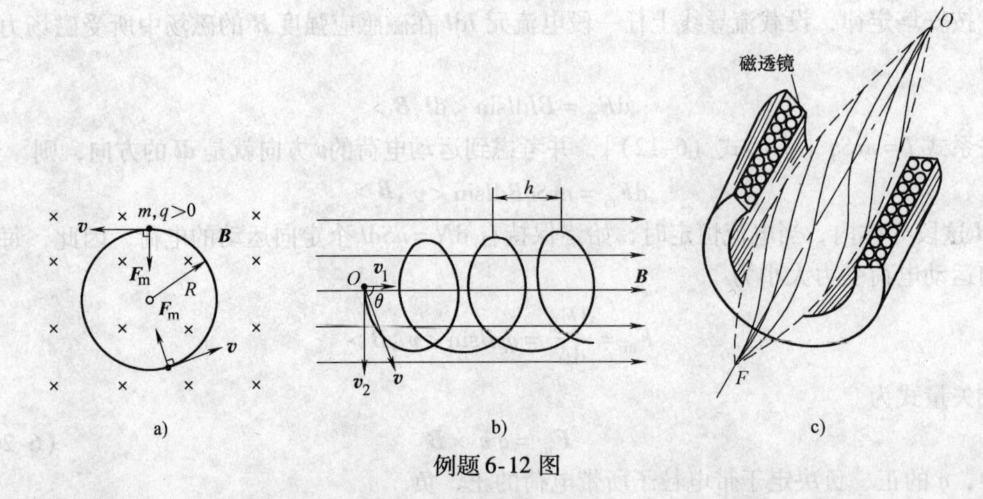

例题 6-12 图

顺便指出，带电粒子绕圆形轨道一周所需时间（称为**周期**）为

$$T=\frac{2\pi R}{v}=2\pi\frac{m}{q}\frac{1}{B} \tag{b}$$

即带电粒子在磁场中沿圆形轨道绕行的周期与带电粒子运动的速率 v 无关.

(2) 按题设，$\langle \boldsymbol{v}, \boldsymbol{B}\rangle=\theta\neq 90°$，如例题 6-12 图 b 所示，这时可将速度$\boldsymbol{v}$分解为垂直和平行于磁场的分量：$v_2=v\sin\theta$，$v_1=v\cos\theta$；其中，速度分量 v_2 使带电粒子在磁场力作用下做匀速率圆周运动，按式 (a)，其回旋半径为

$$R=\frac{mv_2}{qB}=\frac{mv\sin\theta}{qB} \tag{c}$$

与此同时，速度分量 v_1 使带电粒子沿磁场方向做匀速直线运动，其速度为

$$v_1=v\cos\theta \tag{d}$$

由于带电粒子同时参与这两种运动，可以想象，其合成运动的轨道是一条螺旋线，如图 b 所示. 带电粒子在螺旋线上每旋转一周，沿磁场 $\boldsymbol{B}$ 的方向前进的距离称为**螺旋线的螺距**，其值 h 可由式 (b)、式 (d) 求得，即

$$h=v_1T=\frac{2\pi mv\cos\theta}{qB} \tag{e}$$

说明　式 (e) 表明，带电粒子沿螺旋线每旋转一周，沿磁场 $\boldsymbol{B}$ 方向前进的位移大小与 v_1 成正比，而与 v_2 无关. 因此，若从磁场 $\boldsymbol{B}$ 中某点发射出一束具有相同电荷 q 和质量 m 的带电粒子群，它们具有相同的速度分量 v_1，则它们都将相交在距出发点为 h、$2h$、…处. 这就是**磁聚焦原理**. 至于各带电粒子的速度分量 v_2 不相同，只能使它们具有各不相同的螺旋线轨道，而不影响它们在前进 h 距离时会聚于一点. 磁场对带电粒子的磁聚焦现象，与一束光经透镜后聚焦于一点的现象颇相似.

上述的磁聚焦现象是利用载流长直螺线管中激发的均匀磁场来实现的. 在实际应用中，大多用载流的短线圈所激发的非均匀磁场来实现磁聚焦作用，如图 c 所示，由于这种线圈的作用与光学中的透镜作用相似，故称为**磁透镜**或叫作**电磁透镜**. 在显像管、电子显微镜和真空器件中，常用磁透镜来聚焦电子束.

问题 6-11　(1) 试述洛伦兹力公式及其意义.

(2) 电子枪同时将速度分别为$\boldsymbol{v}$与 $2\boldsymbol{v}$ 的两个电子射入均匀磁场 $\boldsymbol{B}$ 中，射入时两电子的运动方向相同，且皆垂直于磁场 $\boldsymbol{B}$，求证：这两个电子将同时回到出发点.

6.7.2　带电粒子在电场和磁场中的运动

如果在某一区域内同时有电场 $\boldsymbol{E}$ 和磁场 $\boldsymbol{B}$ 存在，则以电荷为 q、速度为$\boldsymbol{v}$ 运动的带电粒子在此区域内所受的总作用力 $\boldsymbol{F}$，应是所受电场力和磁场力两者的矢量和，即

$$\boldsymbol{F}=\boldsymbol{F}_{\mathrm{e}}+\boldsymbol{F}_{\mathrm{m}}=q\boldsymbol{E}+q\boldsymbol{v}\times\boldsymbol{B} \tag{6-29}$$

按牛顿第二定律，质量为 m 的带电粒子在上述两个力作用下的运动方程为

$$q\boldsymbol{E}+q\boldsymbol{v}\times\boldsymbol{B}=m\frac{\mathrm{d}\boldsymbol{v}}{\mathrm{d}t} \tag{6-30}$$

如果带电粒子的运动速度接近光速，则按相对论力学，运动方程为

$$q\boldsymbol{E}+q\boldsymbol{v}\times\boldsymbol{B}=\frac{\mathrm{d}(m\boldsymbol{v})}{\mathrm{d}t} \tag{6-31}$$

式中，$m=m_0/\sqrt{(1-v^2/c^2)}$是带电粒子的运动质量．当粒子运动的初始位置和初始速度等已知时，按式（6-30）或式（6-31）就可以求解带电粒子的运动规律．下面，我们限于讨论低速（$v \ll c$）带电粒子在均匀磁场中的运动．主要是通过外加的电场和磁场，来控制带电粒子（电子射线或离子射线）的运动，这在近代科学技术中是极为重要的．例如，在阴极射线示波管、电视机显像管、微波炉的磁控管、电子显微镜和加速器等的设计中都获得了广泛应用．

1. 汤姆孙实验　电子的比荷

1897 年，英国物理学家汤姆孙（J. J. Thomson，1856—1940）利用运动电荷在均匀电场和均匀磁场中受力的规律，通过实验测定了**电子的电荷 e 和质量 m 之比——电子的比荷 e/m**，这就是著名的**汤姆孙实验**．其实验装置如图 6-21 所示．K 为发射电子的阴极，A 为阳极．在 K、A 之间加上了高电压．阴极 A 和金属屏 A′中心各开一个小孔．由阴极发射的电子在 K、A 之间被电场加速，经 A、A′小孔后形成狭窄的沿水平方向前进的电子束，最后打在荧光屏 S 上的 O 点．整个装置安放在高真空的玻璃泡内．如果在圆形区域内有如图所示的磁场，则电子束就向下偏转，最后打在荧光屏 S 上的 O'点，电子束在磁场中做圆弧形运动，按式（6-28）可知，圆弧的半径为

$$R=\frac{mv}{eB} \tag{a}$$

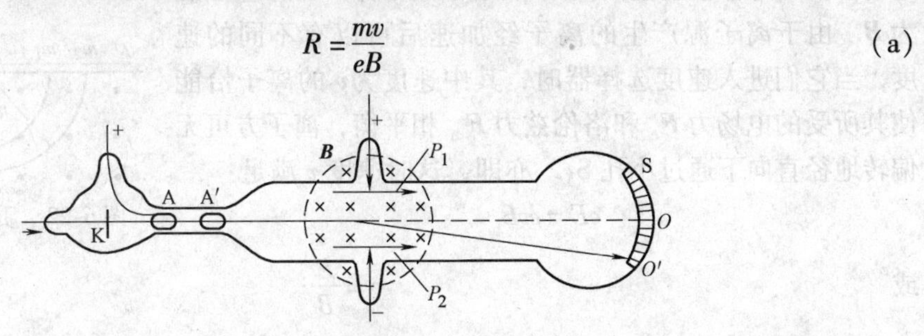

图 6-21　汤姆孙实验装置

倘若再加一竖直向下的均匀电场$\boldsymbol{E}$，只要$\boldsymbol{E}$ 的大小适当，就可使作用于电子上的电场力与洛伦兹力平衡，即 $eE=evB$，由此得

$$v=\frac{E}{B} \tag{b}$$

遂而使电子束仍打在荧光屏上的 O 点．测出这时的 $\boldsymbol{B}$ 与 $\boldsymbol{E}$，就可知道电子的速率 v，再将式（b）代入式（a），便得电子的比荷为

$$\frac{e}{m}=\frac{E}{RB^2} \tag{6-32}$$

式中，E、B、R 皆可由实验测定，因而由式（6-32）可求出电子的比荷. 后来，汤姆孙不断改进实验设备，充分提高测量准确度，测得电子的比荷为 $1.7588047(49)\times10^{11}\,\mathrm{C\cdot kg^{-1}}$. 此前，人们还不确切知道电子的存在，认为原子是最小的不可分割的粒子. 汤姆孙实验测得阴极射线的比荷很大，说明这种粒子比原子要小得多，后来就把它称为**电子**. 所以汤姆孙实验被称为发现电子的实验. 实际上，汤姆孙实验并没有分别测出电子的电荷和质量. 12 年后，密立根（R. A. Millikan，1868—1953）用油滴实验测得电子的电荷 $e=1.602\times10^{-19}\mathrm{C}$，从而通过比荷求出了电子的质量，即

$$m=\frac{1.602\times10^{-19}}{1.759\times10^{11}}\mathrm{kg}=9.110\times10^{-31}\mathrm{kg}$$

顺便指出，当电子速度接近光速时，应考虑相对论的质量与速度的关系：

$$m=\frac{m_{\mathrm{o}}}{\sqrt{1-v^2/c^2}}$$

式中，m_{o} 为电子的静止质量. 显然，电子的运动质量 m 将随其速度的增大而增大，因电子电量保持不变，故比荷 e/m 因电子速度增大而减小，但是 e/m_{o} 则仍为常量.

2. 质谱仪

质谱仪是一种用来分析同位素的仪器. 同位素是原子序数相同、相对原子质量不同的原子，因为同位素的化学性质相同，所以需要用物理方法来区分，常用的仪器就是**质谱仪**.

质谱仪的结构如图 6-22 所示. N 是离子源，产生的正离子（$q>0$）通过有狭缝的电极 S_1、S_2，中间存在加速电场，沿狭缝径直地进入**速度选择器**，即图示的平板 P_1、P_2 之间的区域. 在速度选择器中，有 P_1、P_2 两极间的电势差所形成的水平向右的均匀电场 $\boldsymbol{E}$，同时存在垂直纸面向外的均匀磁场，磁感应强度为 $\boldsymbol{B}$. 由于离子源产生的离子经加速后可以有不同的速度，当它们进入速度选择器时，其中速度为 $\boldsymbol{v}$ 的离子恰能使其所受的电场力 $\boldsymbol{F}_{\mathrm{e}}$ 和洛伦兹力 $\boldsymbol{F}_{\mathrm{m}}$ 相平衡，离子方可无偏转地径直向下通过小孔 S_3. 亦即，这时速度 v 满足：

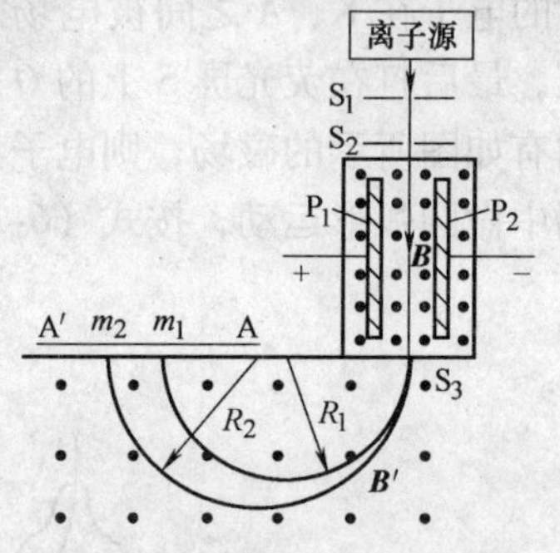

图 6-22　质谱仪的结构简图

$$eE=evB$$

或

$$v=\frac{E}{B} \tag{a}$$

的离子才能通过速度选择器而从小孔 S_3 进入均匀磁场 $\boldsymbol{B}'$ 的区域. $\boldsymbol{B}'$ 的方向也是垂直纸面向外的. 这样，由于该区域内没有电场，因而进入磁场 $\boldsymbol{B}'$ 的正离子在洛伦兹力作用下，做匀速率圆周运动，其轨道半径为

$$R=\frac{mv}{qB'} \tag{b}$$

将式（a）代入式（b），得离子的比荷为

$$\frac{q}{m}=\frac{E}{RB'B} \tag{6-33}$$

上式右端各量都可直接测定，因而，便可算出离子的比荷 q/m；若离子是一价的，q 与电子的电荷大小 e 相等，即 $q=e$；若离子是二价的，$q=2e$，以此类推. 于是从离子的价数

可知离子所带的电荷 q，再由 q/m，便可确定离子的质量 m.

从狭缝 S_3 射出而进入磁场 $\boldsymbol{B}'$ 中的离子，它们的速度 $\boldsymbol{v}$、电荷 q 都是相等的. 如果这些离子中有不同质量的同位素，则由 $R=mv/(qB')$ 可知，它们在磁场 $\boldsymbol{B}'$ 中做圆周运动的轨道半径 R 就不相同. 因此，这些不同质量 m_1、m_2、…的离子将分别射到胶卷 AA′上的不同位置（见图6-22），胶卷感光后，便形成若干条谱线状的细条纹，每一细条纹相当于一定质量的离子. 根据条纹的位置，可测出轨道半径 R_1、R_2、…，从而算出它们的相应质量，所以这种仪器叫作**质谱仪**. 利用质谱仪测得的锗（Ge）元素的质谱，条纹表示质量数（即最靠近相对原子质量的整数）为70、72、…锗的同位素^{70}Ge、^{72}Ge、…. 利用质谱仪还可以测定岩石中铅同位素的成分，用来确定岩石的年龄，据此曾对地球、月球甚至银河系的年龄做过估算.

6.8 磁场中的磁介质

前面我们研究了电流在真空中激发的磁场，现在将讨论有磁介质时的情况. 在磁场中可以存在着各种各样的物质（指由原子、分子构成的固体、液体或气体等），这些物质因受磁场的作用而处于所谓**磁化状态**；与此同时，磁化了的物质反过来又要对原来的磁场产生影响. 这种能影响磁场的物质，统称为**磁介质**. 这里只讨论各向同性的均匀磁介质.

6.8.1 磁介质在外磁场中的磁化现象

我们知道，电介质放在外电场中要极化，在介质中要出现极化电荷（或束缚电荷），有电介质时的电场是外电场与极化电荷激发的附加电场相叠加的结果. 与此相仿，磁介质放入外磁场中要**磁化**，在磁介质中要出现所谓**磁化电流**，有磁介质时的磁场 $\boldsymbol{B}$ 应是外磁场 $\boldsymbol{B}_0$ 和磁化电流激发的附加磁场 $\boldsymbol{B}'$ 的叠加，即

$$\boldsymbol{B}=\boldsymbol{B}_0+\boldsymbol{B}' \tag{6-34}$$

实验表明，不同的磁介质在磁场中磁化的效果是不同的. 在有些磁介质内，磁化电流所激发的附加磁场 $\boldsymbol{B}'$ 与原来的外磁场 $\boldsymbol{B}_0$ 的方向相同（见图6-23a），因而总磁场大于原来的磁场，即 $B>B_0$，这类磁介质称为**顺磁质**，例如锰、铬、氧等；而在另一些磁介质内，$\boldsymbol{B}'$ 与 $\boldsymbol{B}_0$ 的方向则相反（见图6-23b），因而总磁场小于原来的外磁场，即 $B<B_0$，这类磁介质称为**抗磁质**，例如铜、水银、氢等. 在上述这两类磁介质中，磁化电流激发的附加磁场 $\boldsymbol{B}'$ 的数值是很小的，即 $B'\ll B_0$，也就是说，磁性颇为微弱，故把顺磁质和抗磁质统称为**弱磁物质**. 还有一类磁介质，如铁、镍、钴及其合金等，磁化后不仅 $\boldsymbol{B}'$ 与 $\boldsymbol{B}_0$ 的方向相同，而且在数值上 $B'\gg B_0$，因而能显著地增强和影响外磁场，我们把这类磁介质称为**铁磁质或强磁物质**. 铁磁质用途广泛，平常所说的磁性材料主要是指这类磁介质.

图6-23　顺磁质和抗磁质的磁化

a）顺磁质　b）抗磁质

6.8.2 抗磁质和顺磁质的磁化机理

前面讲过，一切磁现象起源于电流．现在我们从物质的电结构出发，对物质的磁性做一初步解释．

在任何物质的分子（或原子）中，每个电子都在环绕着原子核做轨道运动，与此同时，它还绕其自身轴做自旋（自转）运动（见图6-24），宛如地球绕太阳公转的同时也在绕地轴自转一样．

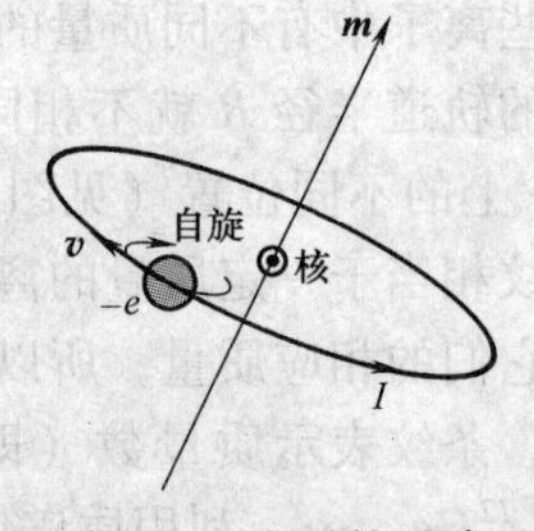

图6-24　电子的运动

电子在带正电的原子核的库仑力（向心力）$\boldsymbol{F}_e$ 作用下，沿着圆形轨道运动．由于电子带负电，形成与电子运动速度 $\boldsymbol{v}$ 反方向的电流 I，相应于这个圆电流的磁矩，叫作**轨道磁矩**，记作 $\boldsymbol{m}$，$\boldsymbol{m}$ 垂直于电子轨道平面，方向如图6-24所示（参阅例题6-11）．类似地，电子的自旋运动所具有的磁矩，叫作**自旋磁矩**．分子中所有电子的轨道磁矩和自旋磁矩的矢量和，称为**分子磁矩**，记作 $\boldsymbol{p}_m$．不同物质的分子磁矩大小不同．

今以顺磁质为例，说明介质磁化过程中所形成的磁化电流．设一条无限长载流直螺线管（见图6-25a），单位长度绕有 n 匝线圈，通有电流 I，在管内激发了一个沿管轴方向的均匀磁场 $\boldsymbol{B}_0$．当管内充满均匀磁介质时，与螺线管形状、大小全同的整块介质沿轴线方向被均匀地磁化，其中每个分子圆电流（即分子磁矩）的平面在外磁场的力偶矩作用下，将转到与外磁场 $\boldsymbol{B}_0$ 的方向垂直．图6-25b表示磁介质任一截面上分子电流的排列情况．由于各个分子电流的环绕方向一致，因此在介质内任一位置（例如点 P）处的两个相邻分子电流的流向恒相反，它们的效应相互抵消．只有在介质截面边缘各点上分子电流的效应未被抵消，它们相当于与截面边缘重合的一个大圆形电流．对于被螺线管包围的整个圆柱形介质的各个截面边缘上，都有这种大圆形电流．因此，介质内所有分子电流之和实际上等效于分布在介质圆柱面上的电流，这些表面电流称为**磁化电流**㊀，以 I' 表示（见图6-25c）．这样，便可把磁化了的介质归结为一个在真空中通有电流 I' 的"螺线管"，它所激发的磁场 $\boldsymbol{B}'$（大小为 $B'=\mu_0 nI'$）与螺线管中的传导电流 I㊁所激发的外磁场 $\boldsymbol{B}_0$（大小为 $B_0=\mu_0 nI$）两者方向相同，这两个磁场 $\boldsymbol{B}_0$ 与 $\boldsymbol{B}'$ 相叠加，就是顺磁质处于外磁场 $\boldsymbol{B}_0$ 中时的总磁感应强度 $\boldsymbol{B}$．

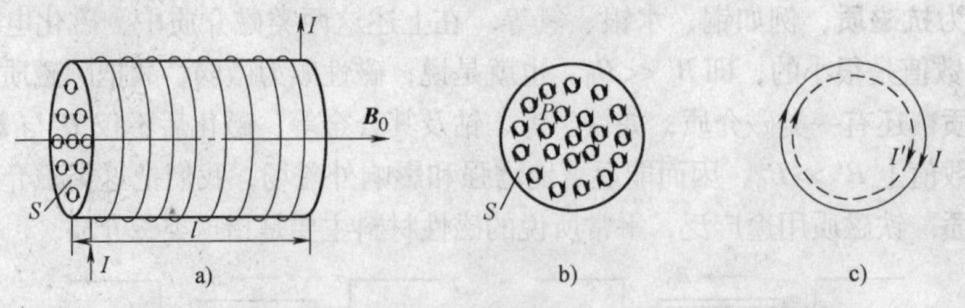

图6-25　充满均匀磁介质（顺磁质）的载流长直螺线管

㊀ 如果磁介质的磁化是不均匀的，则介质内相邻分子电流的磁效应未必能够互相抵消，此时介质中不仅表面有磁化电流，并且介质内部也将有磁化电流．

㊁ 我们把由自由电荷定向运动所形成的电流统称为**传导电流**，以与磁介质磁化时由分子电流形成的磁化电流相区别．

如果在上述载流螺线管内充满均匀的抗磁质，其磁化电流 I'的形成类似于顺磁质的情况．不过，这时磁化电流 I'所激发的磁场 $\boldsymbol{B}'$与外磁场 $\boldsymbol{B}_0$ 的方向相反．

问题 6-12 何谓磁化电流？相应于分子圆电流所形成的分子磁矩与磁化电流有何关系？

6.8.3 磁介质的磁导率

设在真空中某点的磁感应强度为 $\boldsymbol{B}_0$，充满均匀磁介质后，由于磁介质的磁化，该点的磁感应强度变为 $\boldsymbol{B}$，$\boldsymbol{B}$ 和 $\boldsymbol{B}_0$ 的比值称为**磁介质的相对磁导率**，用 μ_r 表示，即

$$\frac{B}{B_0}=\mu_r \tag{6-35}$$

相对磁导率 μ_r 是没有单位的纯数，它的大小说明磁介质对磁场影响的大小．真空中的毕奥-萨伐尔定律的数学表达式为

$$\mathrm{d}\boldsymbol{B}_0=\frac{\mu_0}{4\pi}\frac{I\mathrm{d}\boldsymbol{l}\times\boldsymbol{r}}{r^3}$$

则由式（6-35），无限大均匀磁介质中的毕奥-萨伐尔定律的数学表达式为

$$\mathrm{d}\boldsymbol{B}=\frac{\mu_0\mu_r}{4\pi}\frac{I\mathrm{d}\boldsymbol{l}\times\boldsymbol{r}}{r^3}=\frac{\mu}{4\pi}\cdot\frac{I\mathrm{d}\boldsymbol{l}\times\boldsymbol{r}}{r^3}$$

式中，$\mu=\mu_0\mu_r$ 称为**磁介质的磁导率**．真空中，$\boldsymbol{B}=\boldsymbol{B}_0$，磁介质的相对磁导率 $\mu_r=1$，$\mu=\mu_0$，故 μ_0 称为**真空中的磁导率**．μ 与 μ_0 的单位相同．

按相对磁导率 μ_r 值的不同，对上述三类磁介质而言，$\mu_r>1$，即为顺磁质；$\mu_r<1$，即为抗磁质；$\mu_r>>1$，即为铁磁质．顺磁质和抗磁质的 μ_r 都近似等于 1，表明这两种磁介质对磁场的影响很小；而铁磁质的 μ_r 可高至几万，铁磁质对磁场的影响很大．

相对磁导率 μ_r 的值可由实验测得，其值可查阅有关物理手册．

6.8.4 磁介质中的高斯定理和安培环路定理

从电流产生磁场的观点看，传导电流产生的磁场为 $\boldsymbol{B}_0$，磁介质中的附加磁场 $\boldsymbol{B}'$可以认为是磁介质磁化后出现的磁化电流所产生的，这两个磁场的磁力线都是闭合的，存在着 $\oint_S\boldsymbol{B}_0\cdot\mathrm{d}\boldsymbol{S}=0$，$\oint_S\boldsymbol{B}'\cdot\mathrm{d}\boldsymbol{S}=0$，因此有 $\oint_S\boldsymbol{B}\cdot\mathrm{d}\boldsymbol{S}=0$，这就是**磁介质存在时的高斯定理**．

真空中磁场的安培环路定理为 $\oint_l\boldsymbol{B}_0\cdot\mathrm{d}\boldsymbol{l}=\mu_0\sum\limits_{i=1}^{n}I_{传导i}$，与此类似，磁介质的附加磁场 $\boldsymbol{B}'$和磁化电流的关系为 $\oint_l\boldsymbol{B}'\cdot\mathrm{d}\boldsymbol{l}=\mu_0\sum\limits_{i=1}^{n}I_{磁化i}$．在磁介质中，安培环路定理为

$$\oint_l\boldsymbol{B}\cdot\mathrm{d}\boldsymbol{l}=\mu_0\left(\sum_{i=1}^{n}I_{传导i}+\sum_{i=1}^{n}I_{磁化i}\right)$$

其中 $\boldsymbol{B}=\boldsymbol{B}_0+\boldsymbol{B}'$，由上式得

$$\oint_l\frac{\boldsymbol{B}}{\mu_0}\cdot\mathrm{d}\boldsymbol{l}-\sum_{i=1}^{n}I_{磁化i}=\sum_{i=1}^{n}I_{传导i}$$

由于磁化电流较复杂，为此利用$\oint_l \boldsymbol{B}' \cdot \mathrm{d}\boldsymbol{l} = \mu_0 \sum_{i=1}^{n} I_{磁化i}$，将上式中的$\sum_{i=1}^{n} I_{磁化i}$取代掉，则得

$$\oint_l \frac{\boldsymbol{B}}{\mu_0} \cdot \mathrm{d}\boldsymbol{l} - \oint_l \frac{\boldsymbol{B}'}{\mu_0} \cdot \mathrm{d}\boldsymbol{l} = \sum_{i=1}^{n} I_{传导i}$$

令$\dfrac{\boldsymbol{B}}{\mu_0} - \dfrac{\boldsymbol{B}'}{\mu_0} = \boldsymbol{H}$，$\boldsymbol{H}$ **称为磁场强度矢量**，则上式可写成

$$\oint_l \boldsymbol{H} \cdot \mathrm{d}\boldsymbol{l} = \sum_{i=1}^{n} I_{传导i}$$

若以I代替$I_{传导}$，则得

$$\oint_l \boldsymbol{H} \cdot \mathrm{d}\boldsymbol{l} = \sum_{i=1}^{n} I_i \tag{6-36}$$

称式（6-36）为**有磁介质时磁场的安培环路定理**，它表明**磁场强度$\boldsymbol{H}$沿闭合回路的线积分等于回路内传导电流的代数和**. 它对于任意磁场均适用.

对于充满磁场空间的各向同性均匀磁介质而言，因为$\boldsymbol{B} = \boldsymbol{B}_0 + \boldsymbol{B}'$，且$B/B_0 = \mu_r$以及$\mu = \mu_0\mu_r$，所以

$$\boldsymbol{H} = \frac{\boldsymbol{B}}{\mu_0} - \frac{\boldsymbol{B}'}{\mu_0} = \frac{\boldsymbol{B}_0}{\mu_0} = \frac{\boldsymbol{B}_0\mu_r}{\mu_0\mu_r} = \frac{\boldsymbol{B}}{\mu}$$

或写作

$$\boldsymbol{B} = \mu\boldsymbol{H} \tag{6-37}$$

称式（6-37）为**磁介质的性质方程**. 因此，对于具有一定对称性的磁介质中的磁场，可先用式（6-36）求出$\boldsymbol{H}$，然后用式（6-37）就可求得$\boldsymbol{B}$.

最后我们指出，与求解真空中的磁场问题相仿，**根据有磁介质时磁场的安培环路定理和毕奥-萨伐尔定律，并利用磁场的叠加原理，可以求解有磁介质时的磁场问题，所得的结果与真空中的类同，只不过将μ_0换成μ而已.**

问题 6-13　（1）为什么要引入磁场强度$\boldsymbol{H}$这个物理量？它与磁感应强度$\boldsymbol{B}$有何异同？

（2）试述有磁介质时磁场的安培环路定理和毕奥-萨伐尔定律.

例题 6-13　如例题 6-13 图所示，在磁导率$\mu = 5.0 \times 10^{-4}\,\mathrm{Wb \cdot A^{-1} \cdot m^{-1}}$的磁介质圆环上，每米长度均匀密绕着 1000 匝的线圈，绕组中通有电流$I = 2.0\mathrm{A}$. 试计算环内的磁感应强度.

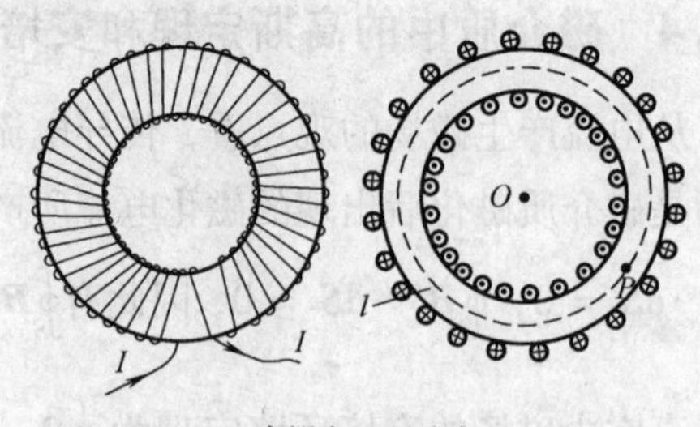

例题 6-13 图

解　在螺线管内充满磁介质时，欲求磁感应强度$\boldsymbol{B}$，一般是先求磁场强度$\boldsymbol{H}$. 这是因为$\boldsymbol{H}$只与绕组中的传导电流I有关. 所以，可利用有磁介质时磁场的安培环路定理来求磁场强度$\boldsymbol{H}$. 为此，取通过场点P的一条磁感应线作为线积分的闭合路径l，由于l上任一点的磁感应强度$\boldsymbol{B}$都和这条闭合的磁感应线相切，则由关系式$\boldsymbol{H} = \boldsymbol{B}/\mu$，$l$上任一点的磁场强度$\boldsymbol{H}$也都和闭合线相切，且由于环内同一条磁感应线上的$\boldsymbol{B}$或$\boldsymbol{H}$的值都相等，故有

$$\oint_l \boldsymbol{H} \cdot \mathrm{d}\boldsymbol{l} = \oint_l H\cos\theta \mathrm{d}l = H\oint_l \cos 0° \mathrm{d}l = H\oint_l \mathrm{d}l = Hl$$

l为闭合线长度，近似等于环形螺线管的平均周长. 而被l所围绕的传导电流为nlI（其中n为每单位长度的匝数），故由安培环路定理［式（6-36）］，有

$$Hl = nlI$$

即

$$H = nI$$

代入题设数据，算得

$$H = 1000\mathrm{m}^{-1} \times 2.0\mathrm{A} = 2.0 \times 10^3 \mathrm{A \cdot m^{-1}}$$

然后按照关系式 $\boldsymbol{B} = \mu \boldsymbol{H}$，得出磁感应强度为

$$B = \mu H = \mu n I = (5.0 \times 10^{-4} \times 2.0 \times 10^3) \mathrm{Wb \cdot m^{-2}} = 1.0 \mathrm{Wb \cdot m^{-2}}$$

阅读材料

电磁炮及电磁弹射应用

1. 电磁炮

电磁炮是利用电磁发射技术制成的一种先进动能杀伤武器. 它利用电磁力（洛伦兹力）沿导轨发射炮弹，原理如图6-26所示. 鉴于磁场中的电荷和电流会受到洛伦兹力的作用，科学家提出了用电磁推进方法制造电磁炮的设想. 第一个正式提出电磁发射/电磁炮概念并进行试验的是挪威奥斯陆大学的物理学教授伯克兰.

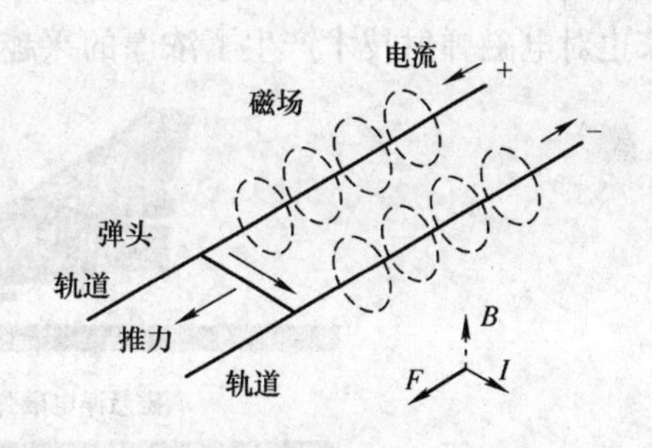

图　6-26

电磁炮作为发展中的高技术兵器，其军事用途十分广泛：

（1）电磁炮可用于天基反导系统. 由于电磁炮初速度极高，可用于摧毁低轨道卫星和导弹，还可以用它来拦截军舰发射的导弹.

（2）用于防空系统. 由于电磁炮初速度高，射速也高，所以美国的军事有关专家认为，可用电磁炮代替高射武器和防空导弹来执行防空任务. 如美国正在研制一种电磁炮，其发射速度为500发/min，射程可达几十千米，准备替代舰上的“密集阵防空系统”. 用它不仅能打击临空的各种飞机，还能远距离拦截空对舰导弹. 英国也正在积极研制用于装甲车的防空电磁炮.

（3）用于反坦克武器. 电磁炮初速极高，它的穿甲能力极强，能有效地穿过坦克装甲，成为反坦克利器. 美国曾进行过电磁炮打靶试验：电磁炮发射质量为50g、速度为$3\mathrm{km \cdot s^{-1}}$的炮弹，可穿透25.4mm厚的装甲. 有关资料还报道，用一种电磁炮做试验，完全可以穿透模拟的T－72、T－80坦克的装甲厚度.

（4）用于装备炮兵部队. 随着电磁发射技术的发展，在普通火炮的炮口加装电磁加速系统，可大大提高火炮的射程. 为此，电磁炮可望装备炮兵部队. 美国海军陆战队也对电磁炮感兴趣. 由于其经常在海外执行作战任务，需要电磁炮这样的远程快速打击武器，对沿岸作战的士兵进行火力支援. 美国陆军也在研发较小型的电磁炮用于陆战.

（5）用于装备海军舰艇. 电磁炮有望替代火炮，成为新型舰炮. 美国海军准备将电磁炮装备美国舰艇，美国的有关军事专家认为，电磁炮有可能成为未来美国海军新式武器. 美国前海军作战部长拉夫黑德上将称它会带来“海军战法的革命.

需要说明的是，由于电磁轨道炮是一种具有高能量的武器，所以发热情况严重，需要有良好的冷却技术支持. 电磁轨道炮并不仅仅是一个炮弹发射装置，而是由多个系统组

成的.

2. 电磁弹射应用

电磁弹射就是采用电磁的能量来推动被弹射的物体向外运动，其实就是电磁炮的一种形式. 弹射是发射技术的一种特例，电磁弹射的主要应用范围是大载荷的短程加速，在军事上比较典型的是航空母舰上的舰载飞机起飞弹射，如图 6-27 所示。电磁发射技术研究和应用备受重视，1988 年，美国海军与卡曼航空航天公司曾计划联合研制航母舰载电磁弹射器模型，指标是在 3s 的加速时间内，把重达 36t 的全载 F － 14 战机加速到 150 节㊀. 据估计，这种电磁弹射器的重量只有现役的蒸汽弹射器的十分之一，而且省去许多管道，这对于舰船的安全运行和减重提速都具有重要意义. 英国国防部正着手准备一个开发与试验计划，研究在未来两艘航母上加装一种新型电磁弹射系统的可能性. 与此同时，其他国家也对电磁弹射技术产生了浓厚的兴趣.

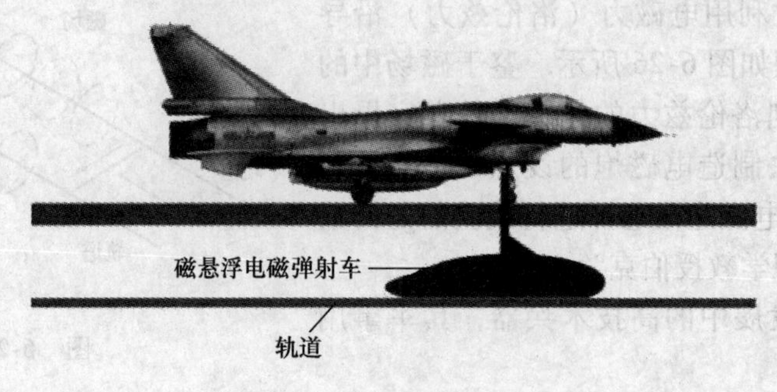

图 6-27

2013 年 10 月 11 日，全球第一艘装备电磁弹射器的美军福特号航母下水.

与蒸汽弹射器相比，电磁弹射器的优点是，操纵人数少，弹射力度可控，可以弹射无人机，非常适于全电力推动的航母和核动力航母.

习 题 6

6-1 边长为 l 的正方形线圈中通有电流 I，此线圈在 A 点（见习题 6-1 图）产生的磁感应强度 B 为

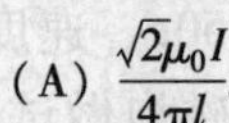

(A) $\dfrac{\sqrt{2}\mu_0 I}{4\pi l}$. (B) $\dfrac{\sqrt{2}\mu_0 I}{2\pi l}$.

(C) $\dfrac{\sqrt{2}\mu_0 I}{\pi l}$. (D) 以上均不对. [ ]

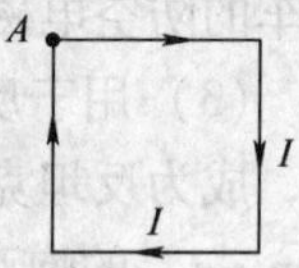

习题 6-1 图

6-2 如习题 6-2 图所示，两根直导线 ab 和 cd 沿半径方向被接到一个截面处处相等的铁环上，稳恒电流 I 从 a 端流入而从 d 端流出，则磁感应强度 $\boldsymbol{B}$ 沿图中闭合路径 L 的积分 $\oint_L \boldsymbol{B} \cdot d\boldsymbol{l}$ 等于

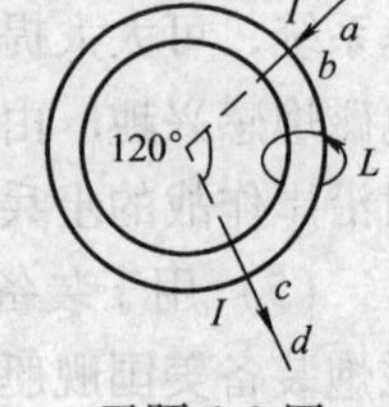

习题 6-2 图

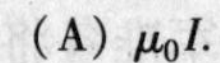

(A) $\mu_0 I$. (B) $\dfrac{1}{3}\mu_0 I$.

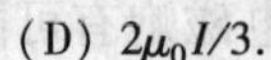

(C) $\mu_0 I/4$. (D) $2\mu_0 I/3$. [ ]

㊀ 1 节 = 0.5144m/s

6-3　习题 6-3 图所示为四个带电粒子在 O 点沿相同方向垂直于磁感应线射入均匀磁场后的偏转轨迹的照片. 磁场方向垂直纸面向外，轨迹所对应的四个粒子的质量相等，电荷大小也相等，则其中动能最大的带负电的粒子的轨迹是

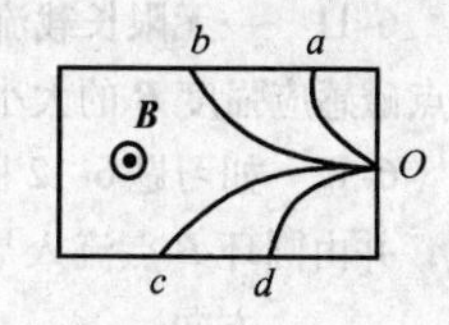

习题 6-3 图

（A）Oa.　　（B）Ob.

（C）Oc.　　（D）Od.　　[　　]

6-4　在匀强磁场中，有两个平面线圈，其面积 $A_1 = 2A_2$，通有电流 $I_1 = 2I_2$，它们所受的最大磁力矩之比 M_1/M_2 等于

（A）1.　　（B）2.

（C）4.　　（D）1/4.　　[　　]

6-5　如习题 6-5 图所示，无限长直导线在 P 处弯成半径为 R 的圆，若通以电流 I，则在圆心 O 点的磁感应强度的大小等于

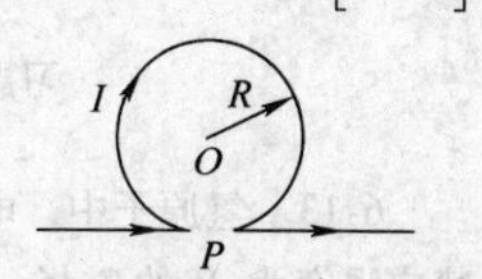

习题 6-5 图

（A）$\dfrac{\mu_0 I}{2\pi R}$.　　（B）$\dfrac{\mu_0 I}{4R}$.

（C）0.　　（D）$\dfrac{\mu_0 I}{2R}\left(1-\dfrac{1}{\pi}\right)$.

（E）$\dfrac{\mu_0 I}{4R}\left(1+\dfrac{1}{\pi}\right)$.　　[　　]

6-6　有一半径为 R 的单匝圆线圈，通以电流 I，若将该导线弯成匝数 $N=2$ 的平面圆线圈，导线长度不变，并通以同样的电流，则线圈中心的磁感应强度和线圈的磁矩分别是原来的

（A）4 倍和 1/8.　　（B）4 倍和 1/2.

（C）2 倍和 1/4.　　（D）2 倍和 1/2.　　[　　]

6-7　有一无限长通以电流的扁平铜片，宽度为 a，厚度不计，电流 I 在铜片上均匀分布，在铜片外与铜片共面，离铜片右边缘为 b 处的 P 点（见习题 6-7 图）的磁感应强度 $\boldsymbol{B}$ 的大小为

习题 6-7 图

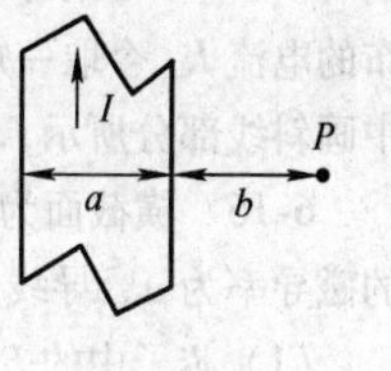

（A）$\dfrac{\mu_0 I}{2\pi(a+b)}$.　　（B）$\dfrac{\mu_0 I}{2\pi a}\ln\dfrac{a+b}{b}$.

（C）$\dfrac{\mu_0 I}{2\pi b}\ln\dfrac{a+b}{b}$.　　（D）$\dfrac{\mu_0 I}{\pi(a+2b)}$.　　[　　]

6-8　一磁场的磁感应强度为 $\boldsymbol{B} = a\boldsymbol{i} + b\boldsymbol{j} + c\boldsymbol{k}$（SI），则通过一半径为 R，开口向 z 轴正方向的半球壳表面的磁通量的大小为________Wb.

6-9　如习题 6-9 图所示，在宽度为 d 的导体薄片上有电流 I 沿此导体长度方向流过，电流在导体宽度方向均匀分布. 导体外在导体中线附近处 P 点的磁感应强度 $\boldsymbol{B}$ 的大小为________.

6-10　在阴极射线管的上方平行管轴方向上放置一长直载流导线，电流方向如习题 6-10 图所示，那么射线应________偏转.

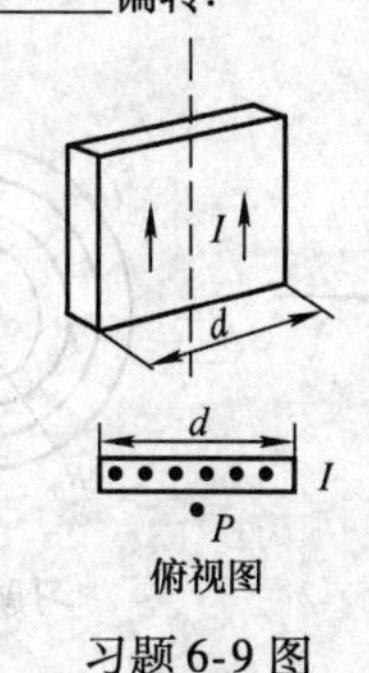

习题 6-9 图

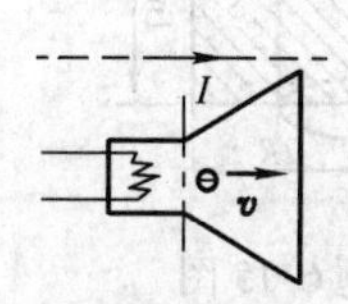

习题 6-10 图

6-11　一无限长载流直导线，通有电流 I，弯成如习题 6-11 图所示形状. 设各线段皆在纸面内，则 P 点磁感应强度 $\boldsymbol{B}$ 的大小为________.

6-12　如习题 6-12 图所示，用均匀细金属丝构成一半径为 R 的圆环 C，电流 I 由导线 1 流入圆环 A 点，并由圆环 B 点流入导线 2. 设导线 1 和导线 2 与圆环共面，则环心 O 处的磁感应强度的大小为________，方向________.

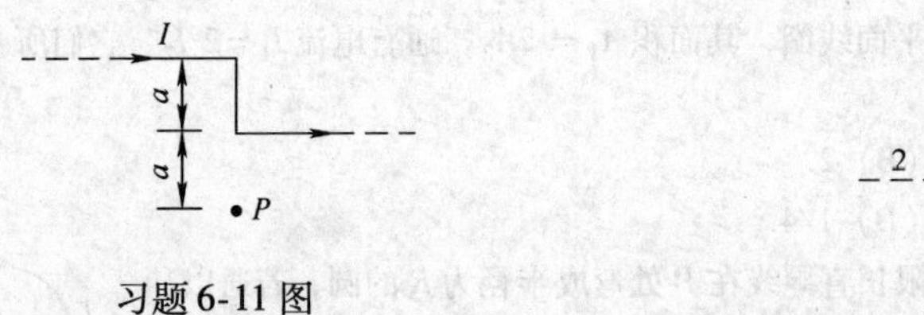

习题 6-11 图

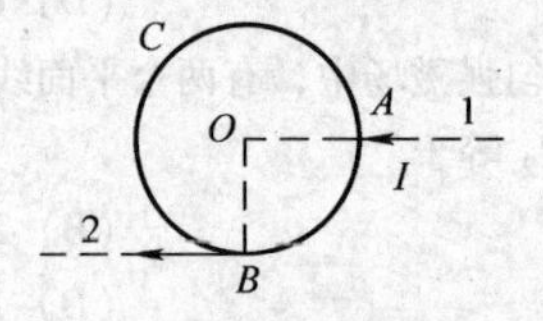

习题 6-12 图

6-13　氢原子中，电子绕原子核沿半径为 r 的圆周运动，它等效于一个圆形电流. 如果外加一个磁感应强度为 B 的磁场，其磁感应线与轨道平面平行，那么这个圆电流所受的磁力矩的大小 $M=$________.（设电子质量为 m_e，电子电荷的绝对值为 e）

6-14　习题 6-14 图所示为三种不同的磁介质的 $B-H$ 关系曲线，其中虚线表示的是 $B=\mu_0 H$ 的关系. 说明 a、b、c 各代表哪一类磁介质的 $B-H$ 关系曲线：

a 代表________的 $B-H$ 关系曲线.

b 代表________的 $B-H$ 关系曲线.

c 代表________的 $B-H$ 关系曲线.

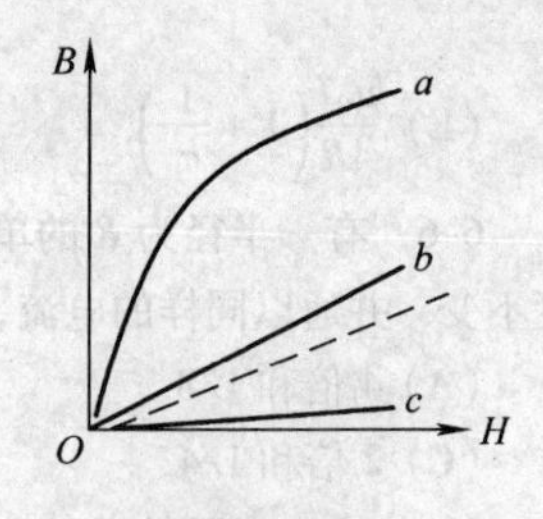

习题 6-14 图

6-15　一无限长圆柱形铜导体（磁导率 μ_0），半径为 R，通有均匀分布的电流 I. 今取一矩形平面 S（长为 1m，宽为 $2R$），位置如习题 6-15 图中画斜线部分所示，求通过该矩形平面的磁通量.

6-16　横截面为矩形的环形螺线管，如习题 6-16 图所示，圆环内外半径分别为 R_1 和 R_2，芯子材料的磁导率为 μ，导线总匝数为 N，绕得很密，若线圈通电流 I，求：

(1) 芯子中的 B 值和芯子截面的磁通量；

(2) 在 $r<R_1$ 和 $r>R_2$ 处的 B 值.

6-17　将通有电流 $I=5.0\text{A}$ 的无限长导线折成如习题 6-17 图所示形状，已知半圆环的半径为 $R=0.10\text{m}$. 求圆心 O 点的磁感应强度.（$\mu_0=4\pi\times10^{-7}\text{H}\cdot\text{m}^{-1}$）

6-18　如习题 6-18 图所示，有一密绕平面螺旋线圈，其上通有电流 I，总匝数为 N，它被限制在半径为 R_1 和 R_2 的两个圆周之间. 求此螺旋线中心 O 处的磁感应强度.

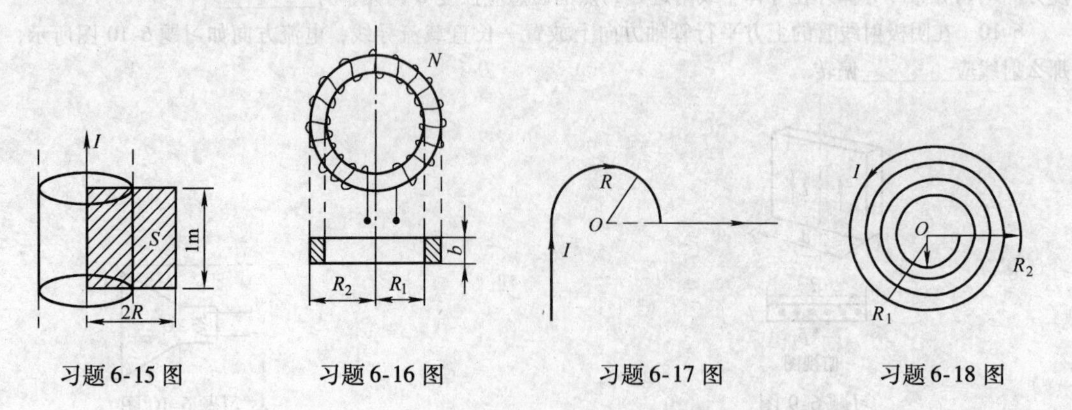

习题 6-15 图　　习题 6-16 图　　习题 6-17 图　　习题 6-18 图

［**自测题**］ 法拉第曾制成历史上第一台发电机模型（见图7-0）. 在永久磁铁两极之间放置一只圆形铜盘. 用手握住绝缘手柄使圆盘转动，便可以持续地产生电流. 试阐明其发电原理.

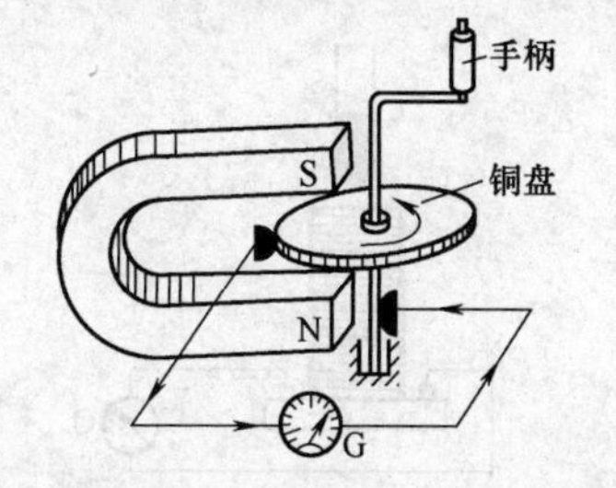

图7-0 历史上第一台发电机模型

第7章 变化的电磁场

前两章我们相继讨论了静电场和稳恒磁场的基本规律. 本章将进一步研究电场和磁场在时变的情况下相互激发、相互联系的情况和性质，并由此引入和归结为宏观电磁场理论的基础——麦克斯韦方程组.

1820年在奥斯特发现电流的磁现象之后不久，英国物理学家法拉第（M. Faraday, 1791—1867）于1821年提出“磁”能否产生“电”的想法，并经过多年实验研究，终于在1831年发现，当穿过闭合导体回路中的磁通量随时间发生改变时，回路中就出现电流，这个现象称为**电磁感应现象**.

电磁感应现象的发现，不仅揭示了电与磁之间的内在联系，为进一步建立电磁场理论提供了基础，而且使机械能转变为电能得以实现，促进了工业化社会的发展.

7.1 电磁感应现象及其基本规律

7.1.1 电磁感应现象

如图7-1所示，一线圈A与灵敏电流计G连接成一个回路，用一磁铁的N极或S极插入线圈的过程中，电流计显示出回路中有电流通过. 电流的方向与磁铁的极性及运动方向有关；电流的大小则与磁铁相对于线圈运动的快慢有关. 磁铁运动得越快，电流越大；运动得越慢，电流越小；停止运动，则电流为零.

如果采取相反的操作过程，令插入线圈中的磁铁静止不动，将线圈相对于磁铁运动，结果完全相同.

如果将磁铁换成另一载流线圈B，如图7-2所示，则发现只要载流线圈B和线圈A之间有相对运动，在线圈A的回路中就有电流通过. 情况和磁铁与线圈A之间有相对运动时完全一样. 不仅如此，还发现即使线圈A与B之间没有相对运动，而只要改变线圈B中的电流强度；或者甚至电流强度也不改变，只要改变线圈B中的介质（例如，把一根铁棒插入线圈B或将线圈中原有的铁棒抽出的过程中，同样要在线圈A的回路中引起电流.

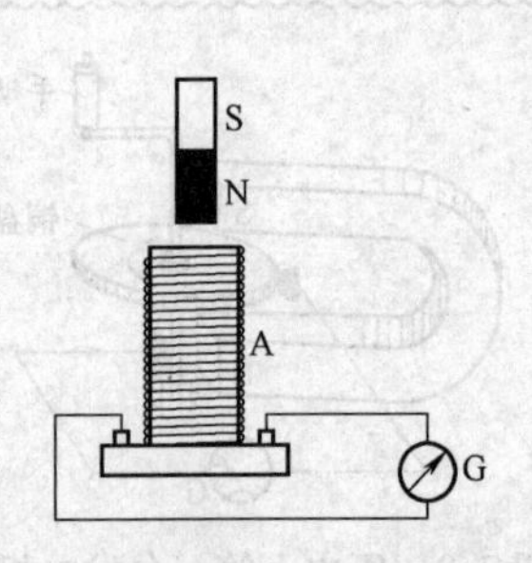

图 7-1 磁铁插入线圈的实验

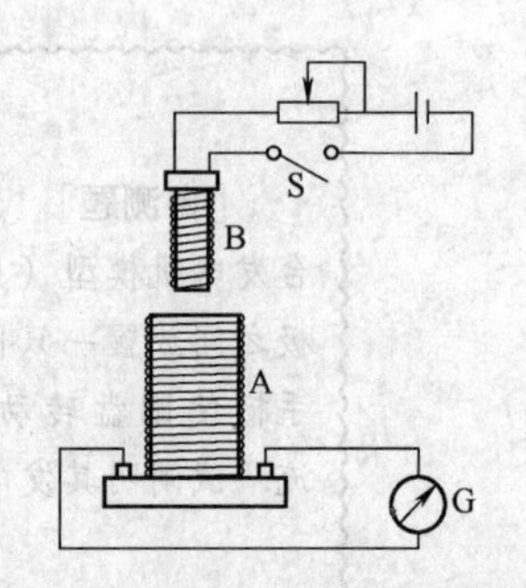

图 7-2 载流小线圈插入线圈

以上各实验的条件似乎很不相同，但是仔细分析，可以发现它们具有一个共同特征，即当线圈 A 内的磁感应强度发生变化时，线圈 A 中就有电流通过，这个电流称为**感应电流**. 并且，磁感应强度变化越迅速，感应电流也越大. 感应电流的方向可以根据磁场变化的具体情况来确定.

那么，磁场不变化能否产生感应电流呢？实验还发现另一种情况，如图 7-3 所示，在一均匀磁场 $\boldsymbol{B}$ 中放一矩形线框 $abcd$，线框的一边 cd 可以在 ad、bc 两条边上滑动，以改变线框平面的面积. 线框的另一边 ab 中接一灵敏电流计 G. 使线框平面与磁场 $\boldsymbol{B}$ 垂直，则当 cd 边滑动时，也会引起感应电流，滑动速度 $\boldsymbol{v}$ 越大，感应电流也越大. 感应电流的流向与磁场 $\boldsymbol{B}$ 的方向及 cd 滑动的方向彼此有关. 但如果线框平面平行于磁场方向，则无论怎样滑动，cd 边都没有感应电流产生. 在这个实验中，磁场没有发生变化，但当 cd 边的滑动使得通过线框的磁通量发生变化时，也要产生感应电流.

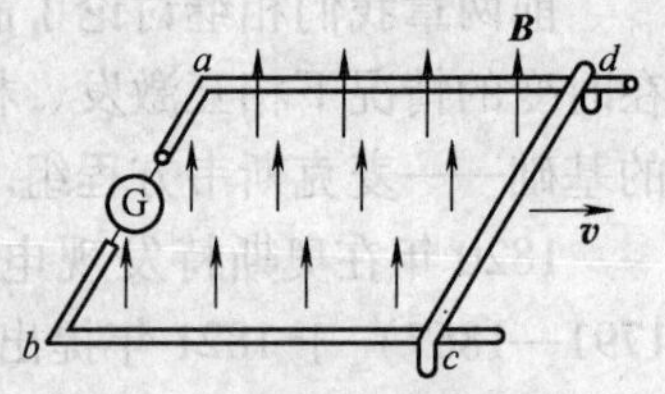

图 7-3 线框平面面积改变，引起感应电流

从以上三个实验现象我们可以看到，线圈中的感应电流是在磁铁相对于线圈位置发生变化，或者在磁场中的线圈回路面积发生变化的情形下引起的. 这种电流的产生可以归结为如下结论：**当通过一闭合电路所包围面积的磁通量发生变化时，闭合电路中就出现感应电流.**

问题 7-1 如问题 7-1 图所示，放在纸面上的闭合导体回路 C，在垂直纸面且向里的均匀磁场 $\boldsymbol{B}$ 中做各图所示的运动时，则回路 C 中有无感应电流？

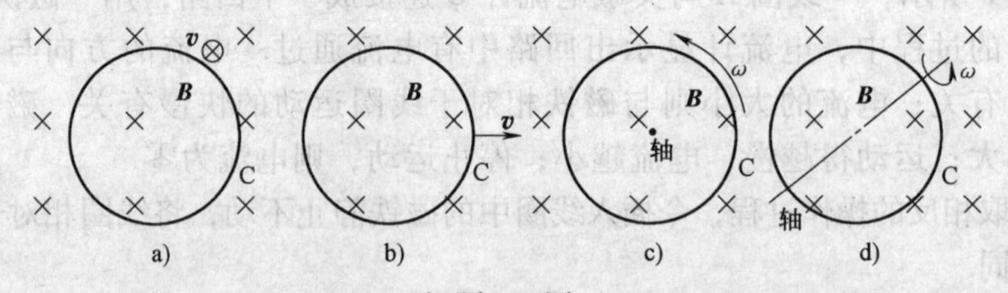

问题 7-1 图

a）回路沿磁场方向平动 b）回路垂直于磁场方向平动 c）回路绕平行于磁场的轴转动 d）回路绕垂直于磁场的轴转动

7.1.2 楞次定律

现在来说明如何判断感应电流的流向. 1833 年，楞次（H. F. E. Lenz，1804—1865）

在概括实验结果的基础上得出如下结论：**闭合回路中感应电流的流向，总是企图使感应电流本身所产生的通过回路面积的磁通量，去抵消或者补偿引起感应电流的磁通量的改变.** 这一结论称为**楞次定律.**

应用楞次定律判断感应电流的流向，可举例说明之．如图 7-4 所示，当磁铁向线圈 A 移动时，我们可以按下述三个步骤来判断线圈 A 中感应电流的流向：

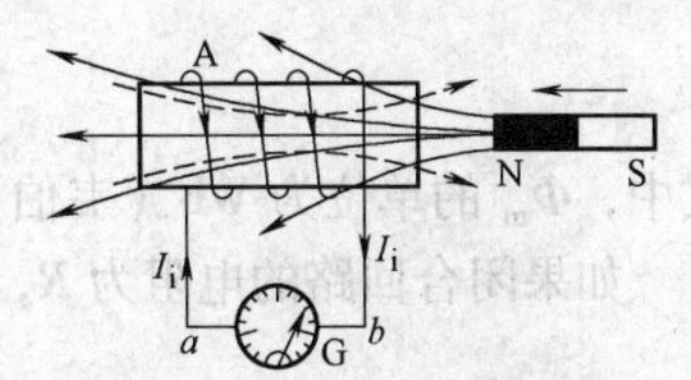

图 7-4　楞次定律举例说明

(1) 随着磁铁向线圈 A 靠近，穿过线圈 A 的磁通量在增大；

(2) 根据楞次定律，螺线管中感应电流的磁场方向应与磁铁的磁场方向相反（如图中虚线所示）；

(3) 根据右手螺旋法则，螺线管中感应电流 I_i 的方向是自 a 流向 b 的.

当磁铁离开线圈 A 向右移动时，读者不难自行判断，螺线管中感应电流的方向则自 b 流向 a.

我们还可以这样看：仍如图 7-4 所示，当磁棒的 N 极向线圈移动时，在线圈中既然有感应电流，那么，这线圈就相当于一个条形磁铁，它的右端便成为 N 极，面迎着磁棒的 N 极．以致这两个 N 极互相排斥．反之，当磁棒的 N 极离开线圈时，读者可自行分析，线圈的右端则成为 S 极，将吸引磁棒而企图阻止它离开．总之，**感应电流激发的磁场，其作用是反抗磁棒运动的.**

细加思量，读者不难领会，用以决定感应电流流向的楞次定律，是符合能量守恒与转换定律的．在上述例子中可以看到，感应电流所激发的磁场，它的作用是反抗磁棒的运动，因此，一旦移动磁棒，外力就要做功；与此同时，在导体回路中就具有感应电流，这电流在回路上则是要消耗电能的，例如消耗在电阻上而转变为热能．事实上，这个能量的来源就是外力所做的功.

反之，假如感应电流激发的磁场方向是使磁棒继续移动，而不是阻止它的移动，那么，只要我们将磁棒稍微移动一下，感应电流将帮助它移动得更快些，于是更增长了感应电流强度，这个增长更促进相对运动的加速，这样继续下去，相对运动就愈加迅速，回路中感应电流就愈加增长，不断获得能量．这就是说，此后我们可以不做功，而同时无限地获得电能，这显然是违背能量守恒定律的．所以，感应电流的流向只能按照楞次定律的规定取向.

问题 7-2　(1) 试述楞次定律，为什么说楞次定律是符合能量守恒定律的？

(2) 如问题 7-2 (2) 图所示，一导体回路 A 接入电源和可变电阻 R．当电阻值 R 增大及减小时，试判定回路中感应电流的流向.

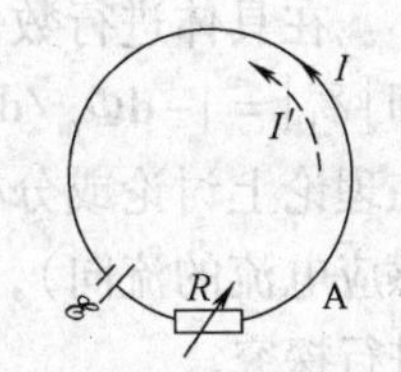

问题 7-2 (2) 图

7.1.3　法拉第电磁感应定律

不言而喻，电路中出现电流，说明电路中有电动势．直接由电磁感应而产生的感应电动势，只有当电路闭合时感应电动势才会产生感应电流．法拉第从实验中总结了感应电动势与磁通量变化之间的关系，得出**法拉第电磁感应定律：不论任何原因使通过回路面积的磁通量发生变化时，回路中产生的感应电动势**

$\mathscr{E}_i$ 与磁通量对时间的变化率 $\mathrm{d}\Phi_m/\mathrm{d}t$ 的负值成正比，即

$$\mathscr{E}_i = -k\frac{\mathrm{d}\Phi_m}{\mathrm{d}t}$$

式中，k 是比例系数. 在国际单位制中 $k=1$，则上式可写成

$$\mathscr{E}_i = -\frac{\mathrm{d}\Phi_m}{\mathrm{d}t} \tag{7-1}$$

式中，Φ_m 的单位为 Wb（韦伯）；t 的单位为 s（秒）；$\mathscr{E}_i$ 的单位为 V（伏特）.

如果闭合回路的电阻为 R，则回路中的感应电流为

$$I_i = -\frac{1}{R}\frac{\mathrm{d}\Phi_m}{\mathrm{d}t} \tag{7-2}$$

如果回路是由 N 匝线圈密绕而成，穿过每匝线圈的磁通量均为 Φ_m，那么总磁通量为 $N\Phi_m$. 这时，我们可把法拉第电磁感应定律写成如下形式，即

$$\mathscr{E}_i = -\frac{\mathrm{d}(N\Phi_m)}{\mathrm{d}t} = -\frac{\mathrm{d}\Psi}{\mathrm{d}t} \tag{7-3}$$

我们把 $\Psi = N\Phi_m$ 称为通过 N 匝线圈的**磁通链数**，简称**磁链**.

上述各式中的负号反映了感应电动势的指向或电流的流向与磁通量变化趋势的关系，乃是楞次定律的数学表示. 具体确定电动势 $\mathscr{E}_i$ 的指向（或电流 I_i 的流向）的方法如下：首先任意选定回路绕行的正取向，为方便起见，一般选取与原磁场 $\boldsymbol{B}$ 的方向成右手螺旋关系的绕行方向作为正的取向，如图 7-5a、b 中的虚线所示. 如果磁通量随时间增大，则 $\mathrm{d}\Phi_m/\mathrm{d}t > 0$，$\mathscr{E}_i < 0$，$I_i < 0$，说明感应电动势 $\mathscr{E}_i$ 的指向或感应电流 I_i 的流向与假设的正取向相反；如果磁通量随时间减小，则 $\mathrm{d}\Phi_m/\mathrm{d}t < 0$，$\mathscr{E}_i > 0$，$I_i > 0$ 说明感应电动势 $\mathscr{E}_i$ 的指向或感应电流 I_i 的流向与假定的正取向相同.

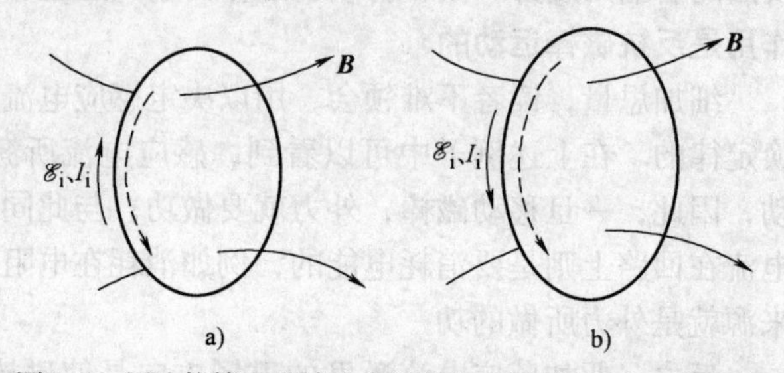

图 7-5　用法拉第电磁感应定律判定 $\mathscr{E}_i$ 的指向或 I_i 的流向

a) 若 $\frac{\mathrm{d}\Phi_m}{\mathrm{d}t} > 0$，则 $\mathscr{E}_i < 0$，$I_i < 0$

b) 若 $\frac{\mathrm{d}\Phi_m}{\mathrm{d}t} < 0$，则 $\mathscr{E}_i > 0$，$I_i > 0$

在具体进行数值计算时，我们往往用式（7-1）来求感应电动势的大小（绝对值），即 $|\mathscr{E}_i| = |-\mathrm{d}\Phi_m/\mathrm{d}t|$；而用楞次定律直接确定感应电动势的指向. 这样较为方便. 但是，在理论上讨论或分析电磁感应问题时，为了能从量值上同时表述感应电动势的指向（或感应电流的流向），则须直接运用法拉第电磁感应定律［式(7-1)、式(7-2) 或式(7-3)］进行探究.

问题 7-3　(1) 如问题 7-3a 图所示，当一长方形回路 A 以匀速 $\boldsymbol{v}$ 自无场区进入均匀磁场 $\boldsymbol{B}$ 后，又移出到无场区中. 试判断回路在运动全过程中感应电动势的指向.

(2) 如问题 7-3b 图所示，当一铜质曲杆 l 在均匀磁场 $\boldsymbol{B}$ 中沿垂直于磁场方向以速度 $\boldsymbol{v}$ 平动时，试判断杆中感应电动势的指向［提示：假想用三条不动的导线 KL、LM、MN（如图中虚线所示）与曲杆 l 构成一个"闭合导体回路"，而曲杆 l 可沿导线 KL、MN 平动］.

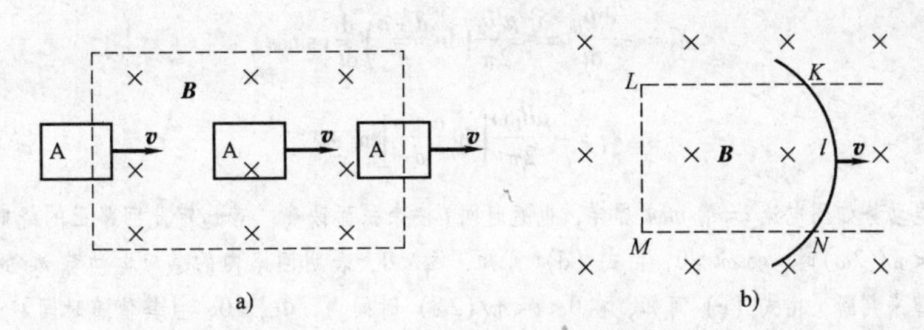

问题7-3图

例题7-1　自 $t=t_0$ 到 $t=t_1$ 的时间内，若穿过闭合导线回路所包围面积的磁通量由 Φ_{m0} 变为 Φ_{m1}，求这段时间内通过该回路导线自身的任一横截面上的电荷 q. 设回路导线的电阻为 R.

解　按题意可知，回路中将引起感应电动势，其大小为 $\mathscr{E}_i=\left|\dfrac{d\Phi_m}{dt}\right|=\dfrac{|d\Phi_m|}{dt}$，则由闭合电路的欧姆定律，有 $I=\dfrac{\mathscr{E}_i}{R}=\left(\dfrac{1}{R}\right)\dfrac{|d\Phi_m|}{dt}$. 根据电流的定义，$I=\dfrac{dq}{dt}$，遂得通过导线横截面的电荷为

$$q=\int_{t_0}^{t_1}dq=\int_{t_0}^{t_1}Idt=\frac{1}{R}\int_{\Phi_{m0}}^{\Phi_{m1}}|d\Phi_m|=\frac{1}{R}\left|\int_{\Phi_{m0}}^{\Phi_{m1}}d\Phi_m\right|=\frac{1}{R}|\Phi_{m1}-\Phi_{m0}|$$

说明　这电荷的大小与磁通量 Φ_m 的改变值成正比，而与其变化率无关. 因此，只要测得通过回路导线中任一横截面的电荷，并在回路导线电阻已知的情况下，就可用来测定磁通量 Φ_m 的变化值. **磁通计**就是根据这个原理设计的.

例题7-2　如例题7-2图所示，一长直导线通以交变电流 $i=I_0\sin\omega t$（即电流随时间 t 做正弦变化），式中 i 表示瞬时电流，而 I_0 表示最大电流（或称**电流振幅**），ω 是角频率，I_0 和 ω 都是恒量. 在此导线近旁平行地放一个长方形回路，长为 l，宽为 a，回路一边与导线相距为 d. 周围介质的磁导率为 μ. 求任一时刻回路中的感应电动势.

> 今后，常用 i 表示随时间 t 变化的电流，以区别于恒定电流 I.

分析　电流 i 随时间 t 变化，它激发的磁场也随时间 t 而变化，因此穿过回路的磁通量也随 t 而变化，故在此回路中要产生感应电动势 $\mathscr{E}_i$.

解　先求穿过回路的磁通量. 在某一瞬时，距导线 x 处的磁感应强度为

$$B=\frac{\mu}{2\pi}\frac{i}{x} \tag{a}$$

在距导线为 x 处，通过面积元 $dS=ldx$ 的磁通量为

$$d\Phi_m=BdS\cos0°=\frac{\mu}{2\pi}\frac{i}{x}ldx \tag{b}$$

例题7-2图

在该瞬时（t 为定值）通过整个回路面积的磁通量为

$$\begin{aligned}\Phi_m&=\int_S d\Phi_m=\int_d^{d+a}\frac{\mu}{2\pi}\frac{i}{x}ldx=\frac{\mu l}{2\pi}\int_d^{d+a}\frac{I_0\sin\omega t}{x}dx\\&=\frac{\mu I_0 l}{2\pi}\sin\omega t\int_d^{d+a}\frac{dx}{x}=\frac{\mu I_0 l}{2\pi}\left(\ln\frac{d+a}{d}\right)\sin\omega t\end{aligned} \tag{c}$$

从式（c）可知，当时间 t 变化时，磁通量 Φ_m 亦随之改变. 故回路内的感应电动势为

$$\mathscr{E}_i = -\frac{d\Phi_m}{dt} = -\frac{\mu l I_0}{2\pi}\left(\ln\frac{d+a}{d}\right)\frac{d}{dt}(\sin\omega t)$$

即

$$\mathscr{E}_i = -\frac{\mu l I_0 \omega}{2\pi}\left[\ln\frac{d+a}{d}\right]\cos\omega t \tag{d}$$

可见，感应电动势如同电流 $i=I_0\sin\omega t$ 那样，也随时间 t 按余弦而改变. 若选定此回路正的绕向是循顺时针转向的，则当 $0<t<\pi/(2\omega)$ 时，$\cos\omega t>0$，由式（d）可知，$\mathscr{E}_i<0$，表明回路内的感应电动势 $\mathscr{E}_i$ 的指向为逆时针的. 若用楞次定律来判断，由式（c）可知，在 $0<t<\pi/(2\omega)$ 时间内，$\Phi_m>0$，且其值随时间 t 而增大，故回路内的感应电流应是循逆时针流向的. 而感应电动势的指向也是循逆时针转向的. 结果是一致的.

读者试自行用法拉第电磁感应定律或楞次定律判断：在 $\pi/(2\omega)<t<\pi/\omega$ 这段时间内，此回路中感应电动势的指向.

例题 7-3　交流发电机的基本原理　设线圈 $abcd$ 的形状不变，面积为 S，共有 N 匝，在均匀磁场 $\boldsymbol{B}$ 中绕固定轴 OO' 转动，OO' 轴和磁感应强度 $\boldsymbol{B}$ 的方向垂直（见例题 7-3 图 a）. 在某一瞬时，设线圈平面的法线 $\boldsymbol{e}_n$ 和磁感应强度 $\boldsymbol{B}$ 之间的夹角为 θ，则这时刻穿过线圈平面的磁链为

$$N\Phi_m = NBS\cos\theta \tag{a}$$

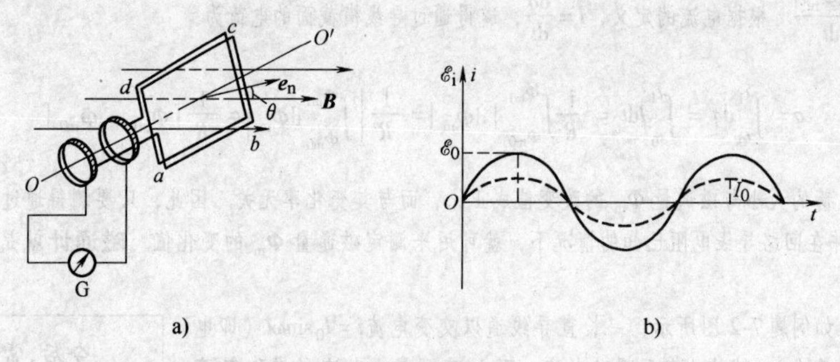

例题 7-3 图

a）在磁场中转动的线圈　b）交变电动势 $\mathscr{E}_i$ 和交变电流 i

当外加的机械力矩驱动线圈绕 OO' 轴转动时，式（a）的 N、B、S 各量都是不变的恒量，只有夹角 θ 随时间改变，因此磁通量 Φ_m 亦随时间改变，从而在线圈中产生感应电动势，即

$$\mathscr{E}_i = -N\frac{d\Phi_m}{dt} = NBS\sin\theta\frac{d\theta}{dt} \tag{b}$$

式中，$d\theta/dt$ 是线圈转动的角速度 ω；若 ω 是恒量（即匀角速转动），且使 $t=0$ 时，$\theta=0$，则得 $\theta=\omega t$，式（b）成为

$$\mathscr{E}_i = NBS\omega\sin\omega t \tag{c}$$

令 $NBS\omega=\mathscr{E}_0$，它是线圈平面平行于磁场方向（$\theta=90°$）时的感应电动势，也就是线圈中的最大感应电动势，则式（c）成为

$$\mathscr{E}_i = \mathscr{E}_0\sin\omega t \tag{d}$$

可见，在均匀磁场内转动的线圈，其感应电动势随时间做周期性变化，即周期为 $T=\frac{2\pi}{\omega}$ 或频率为 $\nu=\frac{\omega}{2\pi}$. 在相邻的每半个周期中，电动势的指向相反（见例题 7-3 图 b），这种电动势叫作**交变电动势**. 在任一瞬时的电动势 $\mathscr{E}_i$ 可由式（d）决定，称为**电动势的瞬时值**，而最大瞬时值 $\mathscr{E}_0$ 称为**电动势的振幅**.

如果线圈与外电路接通而构成回路，其总电阻是 R，则其电流为

$$i = \frac{\mathscr{E}_0}{R}\sin\omega t = I_0\sin\omega t = I_0\sin 2\pi\nu t \tag{e}$$

即 i 也是交变的（见例题7-3图b），称为**交变电流**或**交流电**，$I_0=\mathscr{E}_0/R$ 是电流的最大值，称为**电流振幅**.

说明　从功能观点来看，当线圈转动而出现感应电流时，这线圈在磁场中同时要受到安培力的力矩作用［参见6.6.2节］，这力矩的方向与线圈的转动方向相反，形成反向的制动力矩（楞次定律）. 因此，要维持线圈在磁场中不停地转动，必须通过外加的机械力矩做功，即要消耗机械能；另一方面，在线圈转动过程中，感应电流的出现，意味着拥有了电能. 这电能必然是由机械能转化过来的. 因此，线圈和磁场做相对运动而形成的电磁感应作用是：**使机械能转化为电能**. 这就是发电机的基本原理. 例题7-3图a所示就是一台简单的交流发电机的示意图.

7.2　动生电动势及其表达式

从磁通量的定义式 $\Phi_{\mathrm{m}}=\iint_S \boldsymbol{B}\cdot\mathrm{d}\boldsymbol{S}=\iint_S B\cos\theta\mathrm{d}S$ 分析磁通量的变化，有三种情况：

（1）回路导线的位置、形状和大小不变，而回路所在处的磁感应强度随着时间的变化在变化. 例如，θ、S 不变，$\boldsymbol{B}$ 的大小在变. 在这种情况下，由磁通量 Φ_{m} 变化而引起的感应电动势，称为**感生电动势**（如例题7-2）.

（2）回路导线所在处的空间内是稳恒磁场，但回路的位置、形状或大小在改变. 例如，S、θ 在变化，而 $\boldsymbol{B}$ 不变. 在这种情况下，由磁通量 Φ_{m} 变化而引起的感应电动势，称为**动生电动势**. 本节将详细讨论.

（3）还有一种是磁场和回路都在变化，同时产生上述两种感应电动势.

7.2.1　动生电动势

如图7-6所示，一段长为 l 的直导线 ab 在给定的均匀磁场 $\boldsymbol{B}$ 中，以速度 $\boldsymbol{v}$ 平动，设 ab、$\boldsymbol{B}$、$\boldsymbol{v}$ 三者相互垂直，则直导线 ab 在运动时宛如在切割磁感应线；并且导线内每个自由电子（带电 $-e$）受洛伦兹力 $\boldsymbol{F}_{\mathrm{m}}$ 作用，$\boldsymbol{F}_{\mathrm{m}}=-e\boldsymbol{v}\times\boldsymbol{B}$，方向沿导线向下，使电子向下运动到 a 端，结果，上端 b 因电子缺失而带正电，下端 a 带负电. 由于上、下端正、负电荷的积累，ab 间遂形成一个逐渐增大的静电场，该静电场使电子受到一个向上的静电力 $\boldsymbol{F}_{\mathrm{e}}=-e\boldsymbol{E}$. 当静电力增大到与洛伦兹力相等而达到两力平衡时，导线内的电子不再因导线的移动而发生定向运动. 这时，相应于导线内所存在的静电场，使导线两端具有一定的电势差，在数值上就等于动生电动势 $\mathscr{E}_{\mathrm{i}}$.

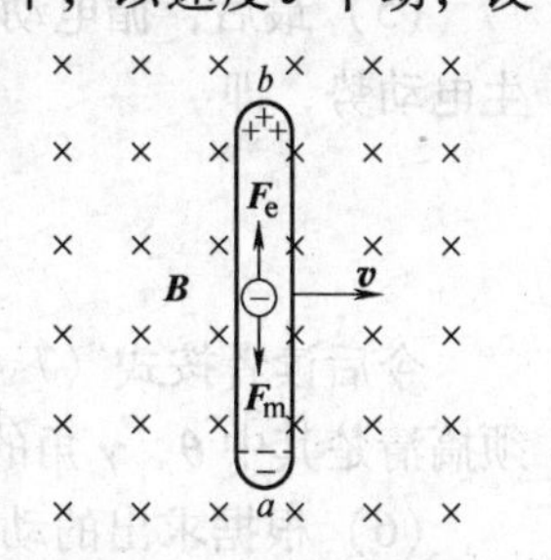

图7-6　动生电动势的电子理论

可见，在磁场中切割磁感线的上述导线 ab，相当于一个电源，上端 b 为正极，下端 a 为负极. 这表明 $\mathscr{E}_{\mathrm{i}}$ 的方向在导体内部是从 a 指向 b 的.

总而言之，运动导线在磁场中切割磁感应线所引起的动生电动势，其根源在于洛伦兹力.

7.2.2　动生电动势的表达式

电源的电动势，等于单位正电荷从电源负极通过电源内部移到正极的过程中非静电力

所做的功. 按照电动势的定义式，有

$$\mathscr{E}_i = \int_l \boldsymbol{E}^{(2)} \cdot \mathrm{d}\boldsymbol{l}$$

这里的非静电力就是电子所受的洛伦兹力 $\boldsymbol{F}_m = -e\boldsymbol{v} \times \boldsymbol{B}$，相应的非静电场的电场强度为 $\boldsymbol{E}^{(2)} = \boldsymbol{F}_m/(-e) = \boldsymbol{v} \times \boldsymbol{B}$，因而对均匀磁场中一段有限长的运动导线 l 而言，其动生电动势为

$$\mathscr{E}_i = \int_l (\boldsymbol{v} \times \boldsymbol{B}) \cdot \mathrm{d}\boldsymbol{l} \tag{7-4a}$$

应用式（7-4a）求动生电动势的具体步骤如下：

（1）在一般情形下，导线 L 不一定是直导线，其运动也不一定做平动，且处在非均匀磁场中（图 7-7）. 为此，我们可以首先沿导线 L 假定电动势的一个指向（如在图 7-7 中，选取 $a \to b$ 为电动势的指向）.

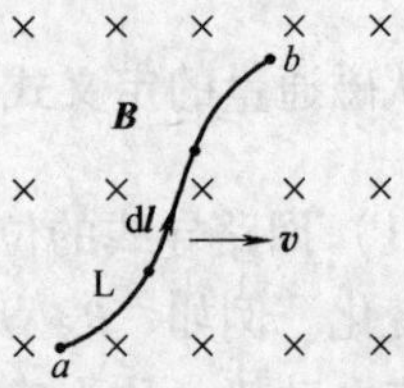

图 7-7　磁场中的运动导线

（2）循电动势的指向，在导线上任取一个线元矢量 $\mathrm{d}\boldsymbol{l}$，它相当于一小段直导线，其上的磁场可视作均匀的.

（3）根据线元 $\mathrm{d}\boldsymbol{l}$ 的速度 $\boldsymbol{v}$ 和该处的磁感应强度 $\boldsymbol{B}$ 以及两者之间小于 180° 的夹角 θ，按矢量积的定义，可求得 $\boldsymbol{v} \times \boldsymbol{B}$（$\boldsymbol{v} \times \boldsymbol{B}$）仍是一个矢量，其大小为 $Bv\sin\theta$，方向按右手螺旋法则确定.

（4）设矢量（$\boldsymbol{v} \times \boldsymbol{B}$）与 $\mathrm{d}\boldsymbol{l}$ 之间小于 180° 的夹角为 γ，则按标量积的定义，（$\boldsymbol{v} \times \boldsymbol{B}$）· $\mathrm{d}\boldsymbol{l}$ 乃是一个标量，其值即为线元 $\mathrm{d}\boldsymbol{l}$ 上的动生电动势，即

$$\mathrm{d}\mathscr{E}_i = (\boldsymbol{v} \times \boldsymbol{B}) \cdot \mathrm{d}\boldsymbol{l} = (vB\sin\theta)\,\mathrm{d}l\cos\gamma$$

（5）最后，循电动势的指向 $a \to b$，对上式进行积分，就可求得整个运动导线上的动生电动势，即

$$\mathscr{E}_i = \int_a^b vB\sin\theta\cos\gamma\,\mathrm{d}l \tag{7-4b}$$

今后读者按式（7-4a）求动生电动势时，可直接利用它的具体计算式（7-4b），但必须搞清楚其中 θ、γ 角的含义.

（6）根据求出的动生电动势 $\mathscr{E}_i$ 的正、负，判定其指向. 若 $\mathscr{E}_i > 0$，其指向与事先假定的指向 $a \to b$ 一致，表明 a 端为电源负极，b 端为电源正极；若 $\mathscr{E}_i < 0$，其指向则与 $a \to b$ 相反，即 a 端为电源正极，b 端为电源负极.

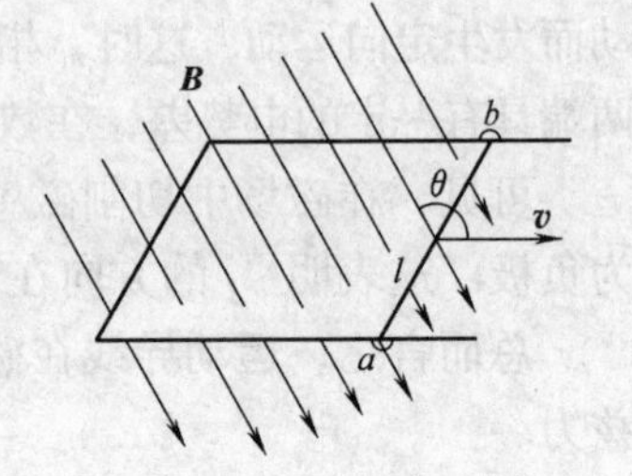

图 7-8　动生电动势的计算

现在，我们按照上述计算步骤，求长为 l 的直导线 ab 以垂直于自身的匀速 $\boldsymbol{v}$ 在均匀磁场 $\boldsymbol{B}$ 中平动时的动生电动势. 如图 7-8 所示，设磁感应强度 $\boldsymbol{B}$ 与速度 $\boldsymbol{v}$ 的夹角为 θ. 若假定导线 ab 中动生电动势 $\mathscr{E}_i$ 的指向为 $a \to b$，则在这条直导线上，每一线元矢量 $\mathrm{d}\boldsymbol{l}$ 的方向皆沿 $a \to b$. 因而，在所设指向 $a \to b$ 的情况下，矢量（$\boldsymbol{v} \times \boldsymbol{B}$）与 $\mathrm{d}\boldsymbol{l}$ 处处同方向，即 $\gamma = 0$，而 v 、B 和 θ 诸量是给

定的，于是，由式（7-4b），有

$$\mathscr{E}_i = \int_a^b vB\sin\theta\cos0°\mathrm{d}l = vB\sin\theta\int_a^b \mathrm{d}l$$

式中，$\int_a^b \mathrm{d}l$ 即为导线的长度 l. 故所求的动生电动势为

$$\mathscr{E}_i = Blv\sin\theta \tag{7-4c}$$

显然，$\mathscr{E}_i > 0$，表明其指向与假定的取向一致，即由 a 指向 b.

如果在图7-8中，磁感应强度 $\boldsymbol{B}$ 与速度 $\boldsymbol{v}$ 的夹角为 $\theta = 90°$，即 **$\boldsymbol{B}$、$\boldsymbol{v}$ 与直导线 ab 段三者满足相互垂直的条件**，则式（7-4c）成为

$$\mathscr{E}_i = Blv \tag{7-4d}$$ ㊀

$\mathscr{E}_i$ 的指向亦为 $a \to b$.

问题7-4 （1）何谓动生电动势？其式（7-4a）如何导出？应用式（7-4a）的具体步骤如何？若在此式中，①$\theta = 0°$ 或 $180°$，但 $\gamma \neq 90°$；②$\gamma = 90°$，这两种情况下，导线是否切割磁感应线？试绘图说明.

（2）在问题7-4（2）图所示的均匀磁场 $\boldsymbol{B}$ 中，回路A做平动，B、C各自绕轴转动，回路D的面积在缩小. 试判断各回路中哪些边在切割磁感应线？在回路A、C运动过程中，每个回路的动生电动势皆为零，为什么？试分析其原因.

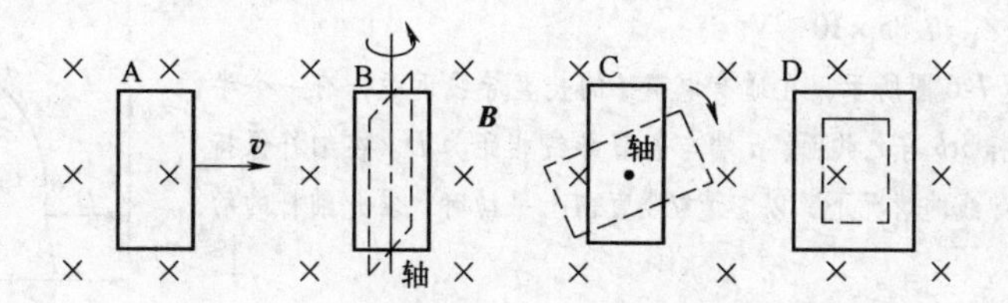

问题7-4（2）图

例题7-4 如例题7-4图所示，一根长直导线通有电流 I，周围介质的磁导率为 μ，在此长直导线近旁有一条长为 l 的导体细棒 CD，它以速度 $\boldsymbol{v}$ 向右做匀速运动的过程中，保持与长直导线平行. 求此棒运动到 $x = d$ 时的动生电动势；并问此棒两端 C、D 哪一端电势较高？

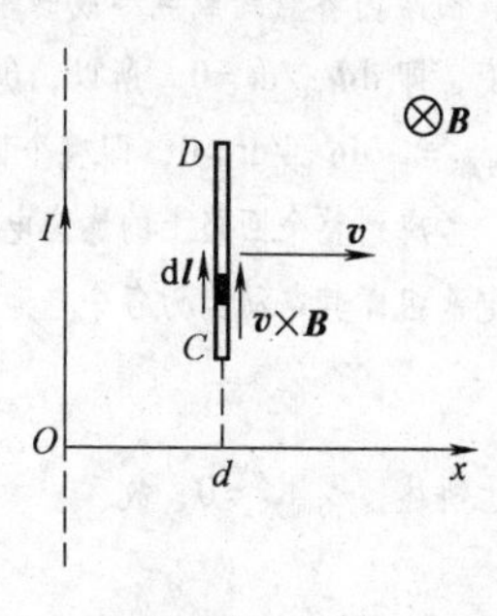

例题7-4图

解 假定 $C \to D$ 为导体棒中电动势的指向，循此指向任取线元 $\mathrm{d}l$.

导体棒虽在非均匀磁场中运动，但棒上各点的磁感应强度处处相同，当 $x = d$ 时，其大小皆为 $B = \mu I/(2\pi d)$，其方向皆垂直纸面向里. 因此，$\boldsymbol{v} \perp \boldsymbol{B}$，$\theta = 90°$；按右手螺旋法则，$(\boldsymbol{v} \times \boldsymbol{B})$ 与 $\mathrm{d}\boldsymbol{l}$ 同方向，$\gamma = 0$. 于是，按式（7-4a）、式（7-4b），得此时棒中的动生电动势为

$$\mathscr{E}_i = \int_C^D (\boldsymbol{v} \times \boldsymbol{B}) \cdot \mathrm{d}\boldsymbol{l} = \int_0^l vB\sin90°\cos0°\mathrm{d}l = \int_0^l v\left(\frac{\mu I}{2\pi d}\right)\mathrm{d}l = \frac{\mu Iv}{2\pi d}\int_0^l \mathrm{d}l$$

$$= \frac{\mu I}{2\pi}\frac{vl}{d}$$

㊀ 从导体切割磁感应线来理解，则此式中的乘积 lv 为单位时间内导线 ab 段划过的面积，Blv 为单位时间内直导线切割过的这个面积中的磁感应线条数（磁通量）. 所以**动生电动势在数值上等于单位时间内导线所切割的磁感应线条数**.

$\mathscr{E}_i>0$，表明它与所假定的电动势指向一致，即导体棒中的电动势自 C 指向 D. 故 D 点的电势较高.

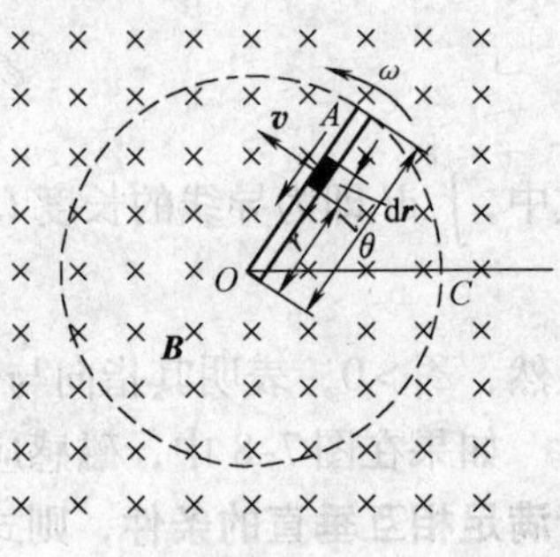

例题 7-5 图

例题 7-5 如例题7-5图所示，一金属棒 OA 长 $l=50\text{cm}$，在大小为 $B=0.50\times10^{-4}\text{Wb}\cdot\text{m}^{-2}$、方向垂直纸面向内的均匀磁场中，以一端 O 为轴心做逆时针的匀速转动，转速 ω 为 $2\text{r}\cdot\text{s}^{-1}$. 求此金属棒的动生电动势；并问哪一端电势高？

解 假定金属棒中电动势的指向为 $A\to O$，循着这个指向，在金属棒上距轴心 O 为 r 处取线元 $\mathrm{d}\boldsymbol{r}$，其速度大小为 $v=r\omega$，方向垂直于 OA，也垂直于磁场 $\boldsymbol{B}$，按题意，$\boldsymbol{v}\perp\boldsymbol{B}$，$\theta=90°$；故按右手螺旋法则，矢量 $(\boldsymbol{v}\times\boldsymbol{B})$ 与 $\mathrm{d}\boldsymbol{r}$ 同方向，即 $\gamma=0$. 于是，按式 (7-4b)，得棒中的动生电动势为

$$\mathscr{E}_i=\int_{OA}vB\sin90°\cos0°\mathrm{d}r=\int_0^l Br\omega\mathrm{d}r=B\omega\int_0^l r\mathrm{d}r=\frac{B\omega l^2}{2}$$

代入题设数据，解得动生电动势为

$$\begin{aligned}\mathscr{E}_i&=\frac{B\omega l^2}{2}=\frac{1}{2}(0.5\times10^{-4}\text{Wb}\cdot\text{m}^{-2})(2\times2\pi\ \text{rad}\cdot\text{s}^{-1})(0.50\text{m})^2\\&=7.85\times10^{-5}\text{V}\end{aligned}$$

$\mathscr{E}_i>0$，故它的指向与所假定的一致，即 $A\to O$，故 O 端的电势高；而两端之间的电势差为 $V_O-V_A=\mathscr{E}_i=7.85\times10^{-5}\text{V}$.

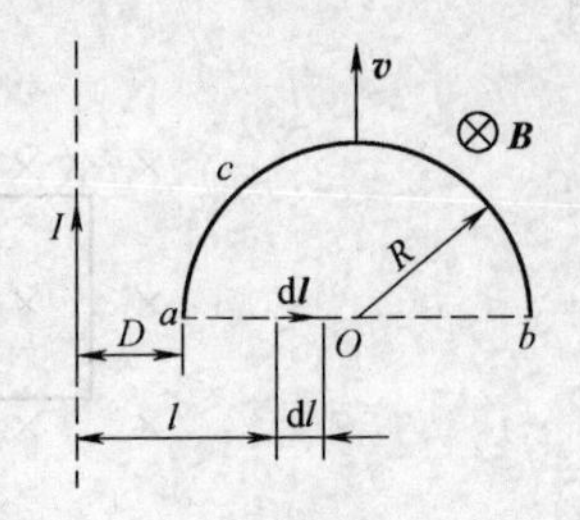

例题 7-6 图

例题 7-6 如例题7-6图所示，在通有电流 I 的长直导线近旁，有一个半径为 R 的半圆形金属细杆 acb 与之共面，a 端与长直导线相距为 D，在细杆保持其直径 aOb 垂直于长直导线的情况下，以匀速 $\boldsymbol{v}$ 竖直向上平动时，求此细杆的动生电动势.

分析 细杆处于非均匀磁场中，其上各点的磁感应强度不同.

解 如图所示，添加一条辅助的直导线 aOb，连接金属细杆 acb 的两端，使之构成一个假想的闭合回路 $aObca$. 当此回路以匀速 $\boldsymbol{v}$ 平行于载流导线运动时，回路内各点到载流导线的距离保持不变，因此，各点的磁感应强度 $\boldsymbol{B}$ 也保持不变，穿过回路的磁通量 Φ_m 没有改变，即 $\mathrm{d}\Phi_m/\mathrm{d}t=0$. 所以，纵然其中每条导线因切割磁感应线而具有动生电动势，但根据法拉第电磁感应定律有 $\mathscr{E}_{i回路}=-\mathrm{d}\Phi_m/\mathrm{d}t=0$，即整个回路无电动势.

考虑到整个回路上的感应电动势是两段导线 bca 与 aOb 的电动势的代数和（这相当于两个串联的电池所构成的一个电池组，其电动势为各个电池的电动势的代数和），即

$$\mathscr{E}_{i回路}=\mathscr{E}_{ibca}+\mathscr{E}_{iaOb}$$

如上所述，$\mathscr{E}_{i回路}=0$，故

$$\mathscr{E}_{ibca}=-\mathscr{E}_{iaOb} \tag{a}$$

因而，只需求出直导线 aOb 的电动势 $\mathscr{E}_{iaOb}$，就可得出所求细杆 bca 的电动势.

现在我们在直导线 aOb 上假定电动势的指向为 $a\to O\to b$，循此指向，取线元 $\mathrm{d}\boldsymbol{l}$，它与载流导线相距为 l，读者据此可以自行求出直导线 aOb 中的电动势为

$$\mathscr{E}_{iaOb}=-\frac{\mu_0 Iv}{2\pi}\ln\frac{D+2R}{D} \tag{b}$$

把式 (b) 代入式 (a)，便得所求的金属细杆 bca（即 acb）中的动生电动势 $\mathscr{E}_i$，即

$$\mathscr{E}_i=\mathscr{E}_{ibca}=\frac{\mu_0 Iv}{2\pi}\ln\frac{D+2R}{D} \tag{c}$$

说明 从本例可知，我们可以直接按式 (7-4a) 或式 (7-4b) 求动生电动势；有时，特别是当导线形状较复杂

而不易直接计算时，也可添加适当的辅助线，构成假想的导体回路，利用法拉第电磁感应定律［式（7-1）］，间接解算出回路中该导线的动生电动势．

7.3　感生电动势　涡旋电场及其应用

7.3.1　感生电动势与涡旋电场

如前所述，当线圈或导线在磁场里不运动，而是磁场随时间 t 不断地在改变，在线圈或导线内产生的感应电动势称为**感生电动势**．感生电动势产生的原因不能用洛伦兹力来说明，但肯定也是电子受定向力而运动的结果．在静电场中，电子在电场力作用下，可做定向运动．于是麦克斯韦发展了电场的概念，提出假说：当空间的磁场发生变化时，在其周围产生一种**感生电场**，也称为**涡旋电场**，这种电场对电荷有力作用，这种力是非静电力．因此，感生电场是产生感生电动势的原因．

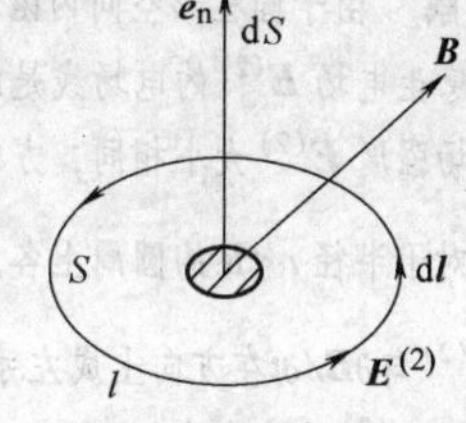

图7-9　感生电动势由感生电场产生

设变化磁场中有一个周长为 l 的导体回路，回路所包围的面积为 S，导体所在处的变化磁场所产生的感生电场为 $\boldsymbol{E}^{(2)}$，如图7-9所示，根据电动势的定义，回路 l 中产生的感生电动势为

$$\mathscr{E}_{\mathrm{i}} = \oint_l \boldsymbol{E}^{(2)} \cdot \mathrm{d}\boldsymbol{l} \tag{a}$$

又根据法拉第电磁感应定律和磁通量定义式，有

$$\mathscr{E}_{\mathrm{i}} = -\frac{\mathrm{d}\Phi_{\mathrm{m}}}{\mathrm{d}t} = -\frac{\mathrm{d}}{\mathrm{d}t}\iint_S \boldsymbol{B} \cdot \mathrm{d}\boldsymbol{S} \tag{b}$$

则

$$\oint_l \boldsymbol{E}^{(2)} \cdot \mathrm{d}\boldsymbol{l} = -\frac{\mathrm{d}}{\mathrm{d}t}\iint_S \boldsymbol{B} \cdot \mathrm{d}\boldsymbol{S} \tag{7-5}$$

$\boldsymbol{B}$ 矢量是坐标和时间的函数，因此可将上式改写为

$$\oint_l \boldsymbol{E}^{(2)} \cdot \mathrm{d}\boldsymbol{l} = -\iint_S \frac{\partial \boldsymbol{B}}{\partial t} \cdot \mathrm{d}\boldsymbol{S} \tag{7-6}$$

式（7-6）的物理意义是：**变化的磁场在其周围产生感生电场**．实验证明，不管在变化的磁场里有没有导体存在，都会在空间产生感生电场．利用此式可求感生电场 $\boldsymbol{E}^{(2)}$，于是感生电动势与变化磁场的关系式可写为

$$\mathscr{E}_{\mathrm{i}} = -\iint_S \frac{\partial \boldsymbol{B}}{\partial t} \cdot \mathrm{d}\boldsymbol{S} \tag{7-7}$$

式（7-6）表明，**在涡旋电场中，对于任何的闭合回路，$\boldsymbol{E}^{(2)}$ 的环流 $\oint_l \boldsymbol{E}^{(2)} \cdot \mathrm{d}\boldsymbol{l} \neq 0$**．所以，**涡旋电场是非保守力场．**这就是电荷的电场和变化磁场的电场两者之间的一个重要区别．式（7-7）中的负号来源于楞次定律的数学表示；即 $\boldsymbol{E}^{(2)}$ 与 $\partial \boldsymbol{B}/\partial t$ 在方向上是**左旋**的，即遵循左手螺旋关系，如果左手的四指沿着电场线 $\boldsymbol{E}^{(2)}$ 的绕向弯曲，那么大拇指伸直的指向就是 $\partial \boldsymbol{B}/\partial t$ 的方向（见图7-10）．

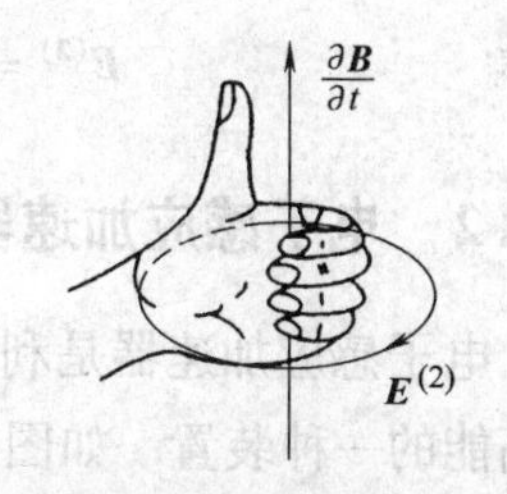

图7-10　$\boldsymbol{E}^{(2)}$ 与 $\partial \boldsymbol{B}/\partial t$ 形成左手螺旋关系

综上所述，感生电场和静电场的相同之处在于皆对电荷

有作用力，不同之处主要有二：①静电场是由静止电荷激发的，感生电场却是随时间 t 而改变的磁场（亦称**时变磁场**）所激发的；②静电场的电场线是不闭合的，沿闭合回路一周时，静电力做功为零，感生电场的电场线是闭合的，故称**涡旋电场**. 沿闭合回路一周时，感生电场力做功不为零.

问题 7-5　(1) 何谓涡旋电场，它是如何引起的？静止电荷的电场和涡旋电场有什么区别？有人说："凡是电场都是由电荷激发的，电场线总是有起点和终点." 这句话应如何评判？

(2) 从理论上来说，怎样获得一个稳定的涡旋电场？

(3) 设在空间中存在时变磁场，如果在该空间内没有导体，则这个空间中是否存在电场？是否存在感生电动势？

例题 7-7　如例题 7-7 图所示，在横截面半径为 R 的无限长圆柱形范围内，有方向垂直于纸面向里的均匀磁场 $\boldsymbol{B}$，并以 $\frac{\mathrm{d}B}{\mathrm{d}t}>0$ 的恒定变化率在变化着. 求圆柱内、外空间的感生电场.

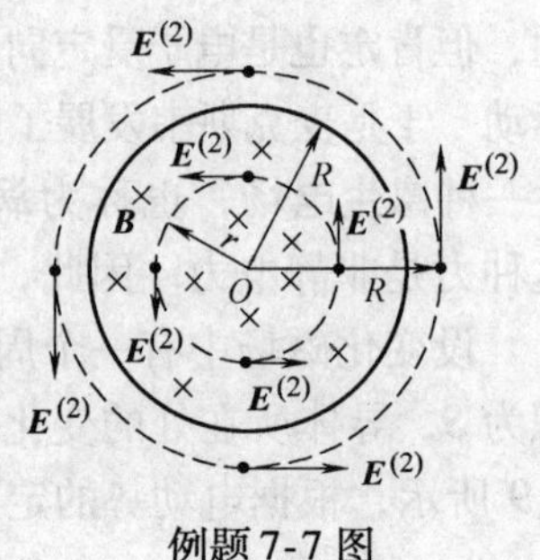

例题 7-7 图

解　由于圆柱形空间内磁场均匀，且与圆柱轴线对称，因此磁场变化所激发的感生电场 $\boldsymbol{E}^{(2)}$ 的电场线是以圆柱轴线为圆心的一系列同心圆，同一圆周上的电场强度 $\boldsymbol{E}^{(2)}$ 大小相同，方向与圆相切.

对于半径 $r<R$ 的圆周上各点 $\boldsymbol{E}^{(2)}$ 的方向，可以从 $\frac{\mathrm{d}B}{\mathrm{d}t}>0$ 和楞次定律判定，即 $\boldsymbol{E}^{(2)}$ 与 $\partial\boldsymbol{B}/\partial t$ 在方向上成左手螺旋关系，如图所示，乃沿逆时针方向. 求感生电场 $\boldsymbol{E}^{(2)}$ 的公式为

$$\oint_l \boldsymbol{E}^{(2)}\cdot \mathrm{d}\boldsymbol{l} = -\iint_S \frac{\partial \boldsymbol{B}}{\partial t}\cdot \mathrm{d}\boldsymbol{S}$$

应用上式时，必须注意到 $\mathrm{d}\boldsymbol{l}$ 是面积为 S 的周界上的一小段，它与 $\mathrm{d}\boldsymbol{S}$ 的方向之间存在右手螺旋关系. 本题中如果选取 $\mathrm{d}\boldsymbol{l}$ 的绕行方向与 $\boldsymbol{E}^{(2)}$ 同向，则 $\mathrm{d}\boldsymbol{S}$ 的方向由纸面向外，而 $\frac{\partial \boldsymbol{B}}{\partial t}$ 的方向由纸面向里，因此，$\boldsymbol{E}^{(2)}$ 与 $\mathrm{d}\boldsymbol{l}$ 的夹角为 0°，$\frac{\partial \boldsymbol{B}}{\partial t}$ 与 $\mathrm{d}\boldsymbol{S}$ 的夹角为 π. 积分计算得

$$E^{(2)}2\pi r = \frac{\partial B}{\partial t}\pi r^2$$

所以

$$E^{(2)} = \frac{r}{2}\frac{\partial B}{\partial t}$$

对于半径 $r>R$ 的圆周上各点 $\boldsymbol{E}^{(2)}$ 的方向，也是逆时针方向，同理，可进行积分计算，得

$$E^{(2)}2\pi r = \frac{\partial B}{\partial t}\pi R^2$$

即
$$E^{(2)} = \frac{R^2}{2r}\frac{\partial B}{\partial t}$$

7.3.2　电子感应加速器

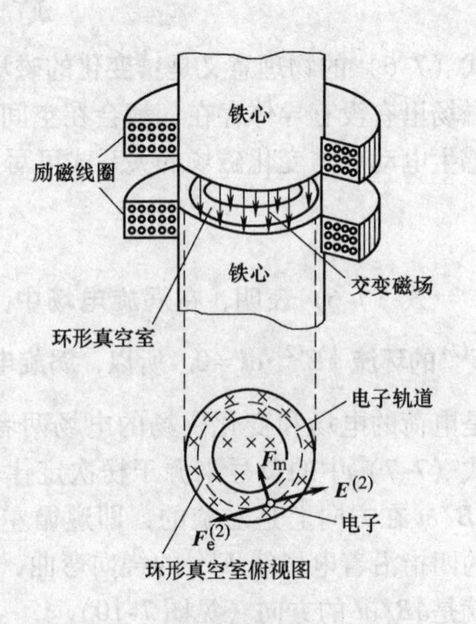

图 7-11　电子感应加速器工作原理图

电子感应加速器是利用涡旋电场加速电子以获得高能的一种装置. 如图7-11所示，在绕有励磁线圈的圆形电磁铁两极之间，安装一个环形真空室. 当励磁线圈通有交变电流时，电磁铁便在真空室区

域内激发随时间变化的交变磁场，使该区域内的磁通量发生变化，从而在环形真空室内激发涡旋电场．这时，借电子枪射入环形真空室中的电子，既要受磁场中的洛伦兹力 $\boldsymbol{F}_{\mathrm{m}}$ 作用，在真空室内沿圆形轨道运行；同时，在涡旋电场中又要受电场力 $\boldsymbol{F}_{\mathrm{e}}^{(2)}=-e\boldsymbol{E}^{(2)}$ 作用，沿轨道切线方向被加速．为了使电子在涡旋电场作用下沿恒定的圆形轨道不断被加速而获得越来越大的能量，必须保证磁感应强度随时间按一定的规律变化．

7.3.3　涡电流及其应用

把金属块放在变化的磁场中，金属内产生的感生电场（涡旋电场）能使金属中的自由电子运动形成涡旋电流，简称**涡电流**．由于金属中的电阻很小，涡电流很大，产生大量热量使金属发热，甚至熔化．用此原理制成的高频感应炉（见图 7-12）可进行有色金属的冶炼．涡电流的热效应还可用来加热真空系统中的金属部件，以除去它们吸附的气体．又如，金属在磁场中运动时要产生涡电流，涡电流在磁场中要受洛伦兹力作用使金属的运动受阻，常称**电磁阻尼**，此原理常用于电磁测量仪表，以及无轨电车中的电磁制动器．涡电流在电动机、变压器等铁心中要引起发热是有害的，所以它们的铁心是用许多薄片叠合而成，片间绝缘，隔断强大涡电流的流动，以减少热能的损耗．

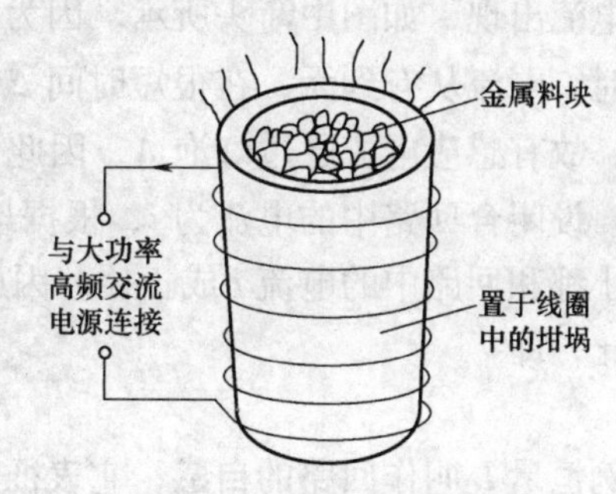

图 7-12　高频感应冶金炉

问题 7-6　什么叫作涡电流？试述涡流在工业上有哪些利弊？如问题 7-6图所示，一铝质圆盘可以绕固定轴 Oz 转动．为了使圆盘在力矩作用下做匀速转动，常在圆盘边缘处放一蹄形的永久磁铁．圆盘受到力矩作用后做加速转动．当角速度增加到一定值时，就不再增加．试说明其作用原理．

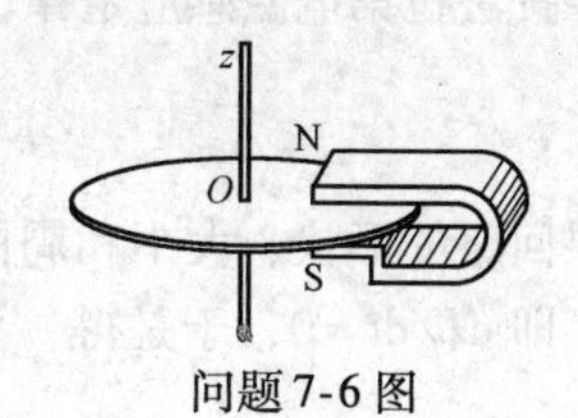

问题 7-6 图

7.4　自感与互感

7.4.1　自感

当回路中通有电流而在其周围激发磁场时，将有一部分磁通量穿过这回路所包围的面积．因而，当回路中的电流、回路的形状或大小、回路周围的磁介质发生变化时，穿过这回路所包围面积内的磁通量都要发生变化．从而在这回路中也要激起感应电动势．上述**由于回路中的电流所引起的磁通量变化而在回路自身中激起感应电动势的现象**，称为**自感现象**，回路中激起的电动势称为**自感电动势**．

关于自感现象，我们可以用下述实验来观察．在图 7-13所示的电路中，A 和 B 是两只相同的白炽电灯泡，灯泡 B 与具有显著自感而电阻很小的线圈 L 串联，灯泡 A 和变阻器 R 串联，把它的电阻调节到和线圈 L 的电阻相同．

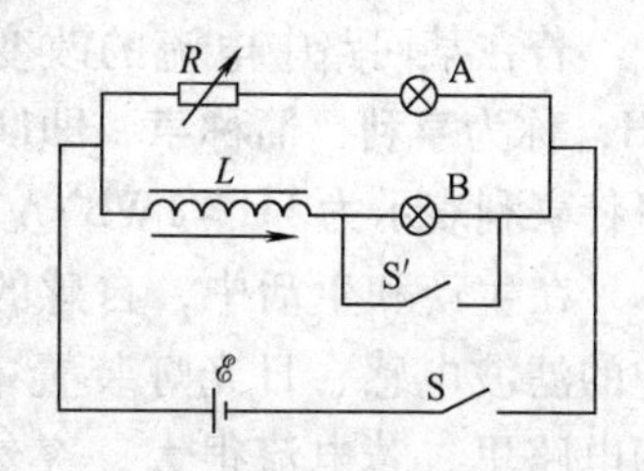

图 7-13　自感现象实验示意图

现在打开电键S′，按下电键S，接通电流，可以看到灯泡A先亮，而和线圈L串联的灯泡B需经过相当一段时间后才和灯泡A有同一的亮度. 这是由于当电路接通时，电流在片刻之间从无到有，线圈L所包围的面积内穿过的磁通量也从无到有地增加，但由于自感的存在，线圈L中就产生了感应电动势，以反抗电流的增长，因而使电路中的电流不能立即达到它的最大值，而只是逐渐增长，比没有自感的电路缓慢些.

现在按下电键S′，同时打开S. 在打开电键S的瞬时，这时电路中的电流就成为零，通过L所包围面积的磁通量也减少，由于线圈L的自感作用，有和原来电流相同流向的感应电流出现，如图中箭头所示. 因为在切断原来电流的瞬时，电流从有到无，在很短时间Δt内，线圈L便产生很大的自感电动势，又因S′已按下，故有感应电流通过灯泡A，因此使A发出比原来更强的闪光，而后逐渐熄灭.

> 在电路图中，一般用符号—ᴗᴗᴗ—表示线圈，若线圈中装有铁心等，则表示为—ᴗᴗᴗ—（上加横线）.

设闭合回路中的电流为i，根据毕奥-萨伐尔定律，空间任意一点的磁感应强度$\boldsymbol{B}$的大小都和回路中的电流i成正比，因此，穿过该回路所包围面积内的磁通量Φ_{m}也和i成正比，即

$$\Phi_{\mathrm{m}} = Li \tag{7-8}$$

比例恒量L叫作回路的**自感**，它表征回路本身的一种属性，与电流的大小无关，它的数值由回路的几何形状、大小及周围介质（指非铁磁质）的磁导率所决定. 从式(7-8)可见，**某回路的自感在数值上等于这回路中的电流为1单位时穿过这回路所包围面积中的磁通量.**

按法拉第电磁感应定律，回路中所产生的自感电动势为

$$\mathscr{E}_L = -\frac{\mathrm{d}\Phi_{\mathrm{m}}}{\mathrm{d}t} = -\frac{\mathrm{d}(Li)}{\mathrm{d}t} = -\left(L\frac{\mathrm{d}i}{\mathrm{d}t} + i\frac{\mathrm{d}L}{\mathrm{d}t}\right)$$

如果回路的形状、大小和周围磁介质的磁导率都不变，则取决于这些因素的自感L也不变，即$\mathrm{d}L/\mathrm{d}t=0$，于是得

$$\mathscr{E}_L = -L\frac{\mathrm{d}i}{\mathrm{d}t} \tag{7-9}$$

式中，负号是楞次定律的数学表示，它指出自感电动势将反抗回路中电流的改变. 亦即，**当电流增加时，自感电动势与原来电流的流向相反；当电流减小时，自感电动势与原来电流的流向相同.** 由此可见，任何回路中电流改变的同时，必将引起自感的作用，以反抗回路中电流的改变. 显然，回路的自感越大，自感的作用也越大，则改变该回路中的电流也越不易. 换句话说，回路的自感L有使回路保持原有电流不变的性质，这一特性和力学中物体的惯性相仿. 因而，自感L可认为是描述回路"电惯性"的一个物理量.

若在某回路中电流的改变率为$1\mathrm{A\cdot s^{-1}}$时，自感电动势为1V，则回路的自感L为1H，称为**亨利**，简称**亨**，即$1\mathrm{H}=1\mathrm{V}/(1\mathrm{A\cdot s^{-1}})=1\Omega\cdot\mathrm{s}$；或由自感$L$的定义式(7-8)，也可将亨利表示为$1\mathrm{H}=1\mathrm{Wb\cdot A^{-1}}$.

在生产和生活中，自感的应用很多，例如电工和无线电技术中的扼流圈、稳压电源中的滤波电感、日光灯装置中的镇流器等. 自感现象也有很多害处，在具有铁心线圈的电路里，若电流很大，突然断开电流时，将在断开处产生很大的自感高电压，以致使空气击穿产生强大的电弧，例如电车顶上导电弓与架空线脱开时的火花. 在电动机

和电磁铁等强电系统中，应先增大电阻、减小电流后再断开电路，有时还在开关中装有灭弧设备，以减少断开开关时所形成的电弧.

问题 7-7　(1) 何谓自感现象？如何引入自感 L？其单位如何确定？在通有交变电流的交流电路中，接入一个自感线圈，问这线圈对电流有何作用？在通有直流电的电路中接入一自感线圈，问这线圈对电流有作用吗？

(2) 要设计一个自感较大的线圈，应从哪些方面去考虑？

(3) 自感是由 $L=\Phi_m/i$ 定义的，能否由此式说明：通过线圈的电流越小，自感 L 就越大？

例题 7-8　长直螺线管的长度 l 远大于横截面面积 S 的线度，密绕 N 匝线圈，管内充满磁导率为 μ 的磁介质，求它的自感.

解　设想当螺线管通以电流 i 时，管内中部的磁感应强度可视为均匀磁场，它的大小为 $B=\mu ni=\mu\dfrac{N}{l}i$，通过线圈每一匝的磁通量都为 $\Phi_m=BS$，对整个线圈的磁通量为

$$N\Phi_m=NBS=\mu\frac{N^2}{l}Si$$

则按式 (7-8)，可得长直螺线管的自感为

$$L=\frac{N\Phi_m}{i}=\mu\frac{N^2}{l}S=\mu\frac{N^2}{l^2}lS=\mu n^2\tau \tag{7-10}$$

式中，$\tau=Sl$ 为螺线管的体积；$n=N/l$ 为螺线管单位长度的匝数. 如此看来，某个导体回路（或线圈）的自感只由回路的匝数、大小、形状和介质的磁导率所决定，与回路中有无电流无关. 但对于有铁心的线圈，由于 μ 随电流 i 而变，这时，L 才与电流 i 有关.

在计算自感时，为了先求磁通量，必须假定它已通电，而在最后可以消去电流，这样的计算方法是与电容的计算相类似的.

例题 7-9　如例题 7-9 图所示，设有一电缆，由两个"无限长"同轴圆筒状的导体组成，其间充满磁导率为 μ 的磁介质. 某时刻在电缆中沿内圆筒和外圆筒流过的电流 i 相等，但方向相反. 设内、外圆筒的半径分别为 R_1 和 R_2，求单位长度电缆的自感.

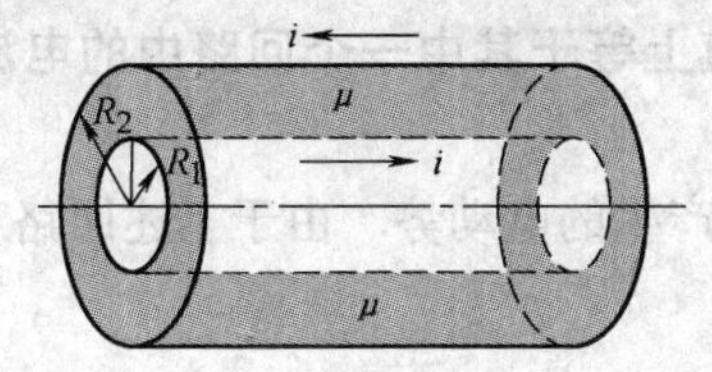

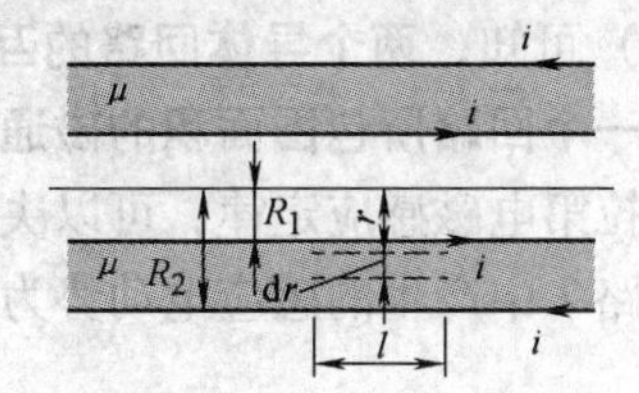

例题 7-9 图

解　应用有磁介质时磁场的安培环路定理可知，在内圆筒以内及在外圆筒以外的区域中，磁场强度均为零. 在内、外两圆筒之间，离开轴线距离为 r 处的磁场强度为 $H=i/(2\pi r)$. 今任取一段电缆，长为 l，穿过电缆纵剖面上的面积元 $l\mathrm{d}r$ 的磁通量为

$$\mathrm{d}\Phi_m=B\mathrm{d}S=(\mu H)(l\mathrm{d}r)=\frac{\mu il}{2\pi}\frac{\mathrm{d}r}{r}$$

对某一时刻而言，i 为一定值，则长度为 l 的两圆筒之间的总磁通量为

$$\Phi_m=\iint_S \mathrm{d}\Phi_m=\int_{R_1}^{R_2}\frac{\mu il}{2\pi}\frac{\mathrm{d}r}{r}=\frac{\mu il}{2\pi}\ln\frac{R_2}{R_1}$$

按 $\Phi_m=Li$，可得长度为 l 的这段电缆的自感为

$$L=\frac{\Phi_m}{i}=\frac{\mu l}{2\pi}\ln\frac{R_2}{R_1}$$

由此，便可求出单位长度电缆的自感为

$$L'=\frac{L}{l}=\frac{\mu}{2\pi}\ln\frac{R_2}{R_1}$$

7.4.2　互感

设有两个邻近的导体回路1和2，分别通有电流 i_1 和 i_2（图7-14）. i_1 激发一磁场，这磁场的一部分磁感应线要穿过回路2所包围的面积，用磁通量 Φ_{m21} 表示. 当回路1中的电流 i_1 发生变化时，Φ_{m21} 也要变化，因而在回路2内激起感应电动势 $\mathscr{E}_{21}$；同样，回路2中的电流 i_2 变化时，它也使穿过回路1所包围面积的磁通量 Φ_{m12} 变化，因而在回路1中也激起感应电动势 $\mathscr{E}_{12}$. **上述两个载流回路相互地激起感应电动势的现象，称为互感现象**.

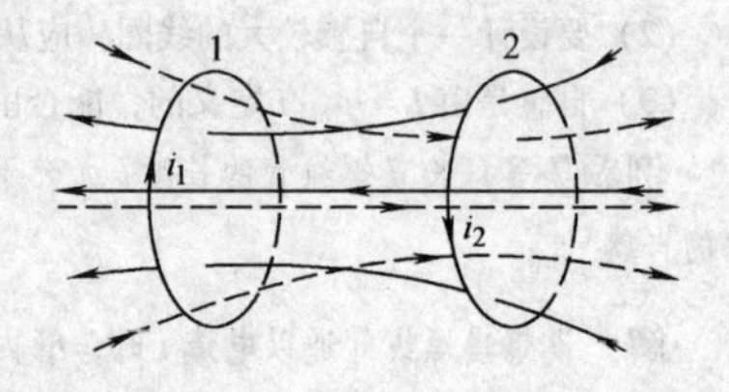

图7-14　互感现象

假设这两个回路的形状、大小、相对位置和周围磁介质的磁导率都不改变，则根据毕奥-萨伐尔定律，由 i_1 在空间任何一点激发的磁感应强度都与 i_1 成正比，相应地，穿过回路2的磁通量 Φ_{m21} 也必然与 i_1 成正比，即

$$\Phi_{m21} = M_{21} i_1$$

同理，有

$$\Phi_{m12} = M_{12} i_2$$

式中，M_{21} 和 M_{12} 是两个比例恒量，它们只和两个回路的形状、大小、相对位置及其周围磁介质的磁导率有关，可以证明（从略），$M_{12} = M_{21} = M$，M 称为两回路的**互感**. 这样，上两式可简化为

$$\left.\begin{aligned} \Phi_{m21} &= M i_1 \\ \Phi_{m12} &= M i_2 \end{aligned}\right\} \tag{7-11}$$

由式（7-11）可知，**两个导体回路的互感在数值上等于其中一个回路中的电流为1单位时，穿过另一个回路所包围面积的磁通量**.

应用法拉第电磁感应定律，可以决定由互感产生的电动势. 由于上述回路1中电流的变化，在回路2中产生的感应电动势为

$$\mathscr{E}_{21} = -\frac{\mathrm{d}\Phi_{m21}}{\mathrm{d}t} = -M\frac{\mathrm{d}i_1}{\mathrm{d}t} \tag{7-12}$$

同理，回路2中电流的变化，在回路1中产生的感应电动势为

$$\mathscr{E}_{12} = -\frac{\mathrm{d}\Phi_{m12}}{\mathrm{d}t} = -M\frac{\mathrm{d}i_2}{\mathrm{d}t} \tag{7-13}$$

根据互感定义式（7-11），我们也可计算 N 匝线圈的互感（见例题7-10）. 互感的计算一般很复杂，常用实验方法测定.

根据式（7-12）和式（7-13），可以规定互感的单位. 如果在两个导体回路中，当一个回路的电流改变率为 $1\mathrm{A \cdot s^{-1}}$ 时，在另一回路中激起的感应电动势为1V，则两个导体回路的互感规定为1H，这与自感的单位是相同的.

互感在电工和电子技术中应用很广泛. 通过互感线圈可使能量或信号由一个线圈方便地传递到另一个线圈；利用互感现象的原理可制成变压器、感应圈等.

问题7-8　（1）何谓互感现象？如何引入互感及其单位？

（2）互感电动势与哪些因素有关？为了在两个导体回路间获得较大的互感，需用什么方法？

例题7-10　如例题7-10图所示，一长直螺线管线圈C_1，长为l，截面积为S，共绕N_1匝彼此绝缘的导线，在C_1上再绕另一与之共轴的绕圈C_2，其长度和截面积都与线圈C_1相同，共绕N_2匝彼此绝缘的导线．线圈C_1称为**原线圈**，线圈C_2称为**副线圈**．螺线管内磁介质的磁导率为μ．求：(1) 这两个共轴螺线管的互感；(2) 这两个螺线管的自感与互感的关系．

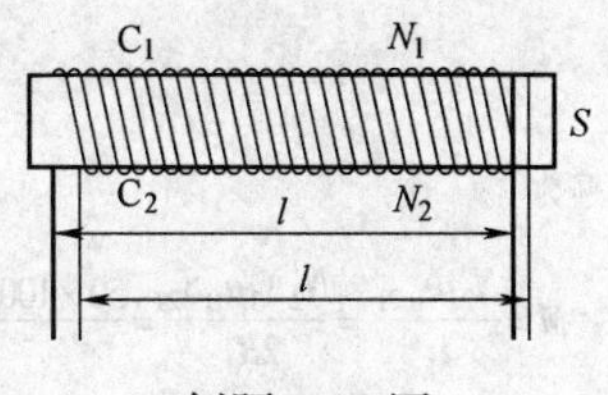

例题7-10图

解　(1) 假想原线圈C_1中通有电流i_1，则螺线管内均匀磁场的磁感应强度为$B=\mu N_1 i_1/l$，且磁通量为

$$\Phi_m=BS=\mu\frac{N_1 i_1}{l}S$$

因为磁场集中在螺线管内部，所有磁感应线都通过副线圈C_2，即通过副线圈的磁通量也为Φ_m，故副线圈的磁链为

$$N_2\Phi_m=\mu\frac{N_1 N_2 i_1}{l}S$$

按互感的定义式(7-11)，对N_2匝线圈来说，当穿过每匝回路的磁通量相同时，应有$Mi_1=N_2\Phi_m$，由此得两线圈的互感为

$$M=\frac{N_2\Phi_m}{i_1}=\mu\frac{N_1 N_2}{l}S$$

(2) 在原线圈通电流i_1时，原线圈自己的磁链为

$$N_1\Phi_m=\mu\frac{N_1^2 i_1}{l}S$$

按自感的定义式(7-8)，对N_1匝线圈来说，当穿过每匝回路的磁通量相同时，应有$L=N_1\Phi_m/i$，由此得原线圈的自感为

$$L_1=\frac{N_1\Phi_m}{i_1}=\mu\frac{N_1^2 S}{l}$$

同理，副线圈的自感为

$$L_2=\mu\frac{N_2^2 S}{l}$$

故有

$$M^2=L_1 L_2$$

由此，得这两螺线管的自感与互感的关系为

$$M=\sqrt{L_1 L_2} \tag{7-14}$$

顺便指出，只有对本例所述这种完全耦合的线圈，才有$M=\sqrt{L_1 L_2}$的关系．一般情形下，$M=k\sqrt{L_1 L_2}$，而$0\leqslant k\leqslant 1$，k称为**耦合系数**，k值视两线圈的相对位置（即耦合的程度）而定．

例题7-11　如例题7-11图所示，圆形小线圈C_2由绝缘导线绕制而成，其匝数$N_2=50$，面积$S_2=40\text{cm}^2$，放在半径为$R_1=20\text{cm}$、匝数为$N_1=100$的大线圈C_1的圆心O处，两者同轴、同心且共面．试求：(1) 两线圈的互感；(2) 当大线圈的电流以$5\text{A}\cdot\text{s}^{-1}$的变化率减小时，小线圈中的互感电动势为多大？

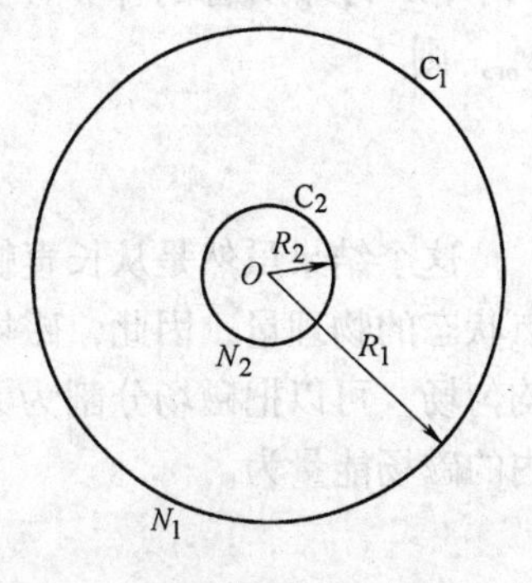

例题7-11图

解　(1) 设大线圈中通有电流为i_1，由题设可知，$S_2\ll S_1$，且$S_1=\pi R_1^2$，因而可视i_1在面积S_2上各点激发的磁场均匀分布，其值为

$$B=N_1\frac{\mu_0 i_1}{2R_1}$$

通过S_2的磁通量为

$$N_2\Phi_{m21}=N_2BS_2=N_2N_1\frac{\mu_0 i_1}{2R_1}S_2$$

互感为

$$M=\frac{N_2\Phi_{m21}}{i_1}=\frac{N_2N_1\mu_0S_2}{2R_1}=\frac{50\times100\times(4\pi\times10^{-7}\mathrm{N\cdot A^{-2}})\times(40\times10^{-4}\mathrm{m})}{2\times20\times10^{-2}\mathrm{m}}=6.28\times10^{-5}\mathrm{H}$$

(2) 小线圈中的互感电动势为

$$\mathscr{E}_M=-M\frac{\mathrm{d}i_1}{\mathrm{d}t}=-(6.28\times10^{-5}\mathrm{H})\times(-5\mathrm{A\cdot s^{-1}})=3.14\times10^{-4}\mathrm{V}$$

说明　读者按本题求解过程，自行总结一下互感和互感电动势的求解方法和步骤.

7.5　磁场的能量

我们讲过，电场拥有能量. 那么，磁场是否也拥有能量? 从自感现象的实验中读者曾看到，当切断电源时，由于自感线圈的存在，与其并联的灯泡不是由明到暗地即刻熄灭，而是突然变得很亮后再熄灭. 这就显示通电线圈的磁场中拥有能量. 当切断电流时，磁场消失，磁场的能量被释放出来，转变为灯泡的光能量和热能量.

如图 7-15 所示，当开关 S 合上时，电路中的电流 i 是缓慢地增长到稳定值 I 的，与此同时，线圈 L 中就逐渐建立起磁场. 现在我们来计算线圈中磁场的能量. 设某时刻电流为 i 时，线圈中的自感电动势为 $\mathscr{E}_L=-L\mathrm{d}i/\mathrm{d}t$，在 $\mathrm{d}t$ 时间内，电源反抗自感电动势所做的功为

$$\mathrm{d}A=-\mathscr{E}_L i\mathrm{d}t=Li\mathrm{d}i$$

因而电流从零增加到 I 时，外电源对线圈建立磁场所做的功为

$$A=\int_\tau \mathrm{d}A=\int_0^I Li\mathrm{d}i=\frac{1}{2}LI^2 \tag{7-15}$$

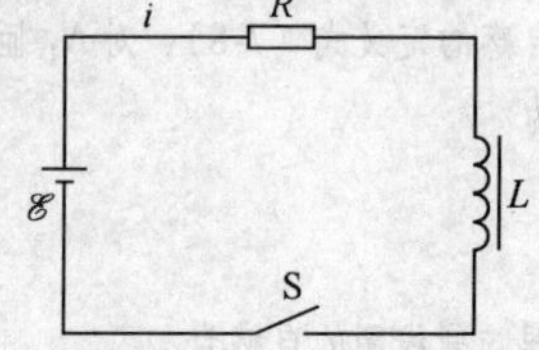

图 7-15　磁场的能量

这个功就转换为线圈中磁场的能量 W_m 而存储在磁场里. 为了用磁场的磁感应强度来表示磁场的能量，我们以密绕的长直螺线管中均匀磁场为例予以讨论，它的自感为 $L=\mu n^2\tau$，磁感应强度为 $B=\mu nI$，则得**磁场能量**为

$$W_m=\frac{1}{2}LI^2=\frac{1}{2}\mu n^2\tau(B/\mu n)^2=\frac{B^2}{2\mu}\tau$$

式中，τ 为螺线管的体积. 我们把单位体积中的磁场能量称为**磁场能量体密度**，记作 w_m，则

$$w_m=\frac{W_m}{\tau}=\frac{B^2}{2\mu}=\frac{1}{2}BH=\frac{\mu}{2}H^2 \tag{7-16}$$

这个结果虽然是从长直螺线管中导出的，但它适用于一切磁场，$\boldsymbol{B}$、$\boldsymbol{H}$ 是描述磁场各点状态的物理量，因此，磁场能量体密度 w_m 也是表示磁场中各点的能量. 如果磁场是非均匀场，可以把磁场分割为无数个体积元 $\mathrm{d}\tau$，使 $\mathrm{d}\tau$ 区域内的磁场可视为均匀的，则 $\mathrm{d}\tau$ 内的磁场能量为

$$\mathrm{d}W_m=w_m\mathrm{d}\tau=\frac{B^2}{2\mu}\mathrm{d}\tau$$

而有限体积内拥有的总磁场能量为

$$W_{\mathrm{m}} = \iiint_{\tau} \frac{B^2}{2\mu} \mathrm{d}\tau \qquad (7\text{-}17)$$

问题 7-9　(1) 阐明磁场能量密度和在有限区域内磁场能量的公式的意义.

(2) 在真空中，设一均匀电场与一个 0.5T 的均匀磁场具有相同的能量密度，求此电场的电场强度的大小.（**答**：$E = 1.5\times10^{8}\,\mathrm{V\cdot m^{-1}}$）

例题 7-12　同轴电缆是由半径为 R_1 的铜芯线和半径为 R_2 的筒状导体所组成，中间充满磁导率为 μ 的绝缘介质. 电缆工作时沿芯线和外筒流过的电流大小相等、方向相反. 如果略去导体内部的磁场，求“无限长”同轴电缆长为 l 的一段电缆内的磁场所存储的能量.

例题 7-12 图

解　在外筒外面的空间，由安培环路定理计算可知，各处的磁感应强度 $\boldsymbol{B}$ 为零，在芯线与外筒之间，距轴线 r 处的磁感应强度的大小，用安培环路定理可算得 $B = \mu I/(2\pi r)$，在芯线与外筒之间距离轴线 r 处的磁场能量密度为

$$w_{\mathrm{m}} = \frac{B^2}{2\mu} = \frac{\mu I^2}{8\pi^2 r^2}$$

则长为 l 的一段电缆所存储的磁场能量为

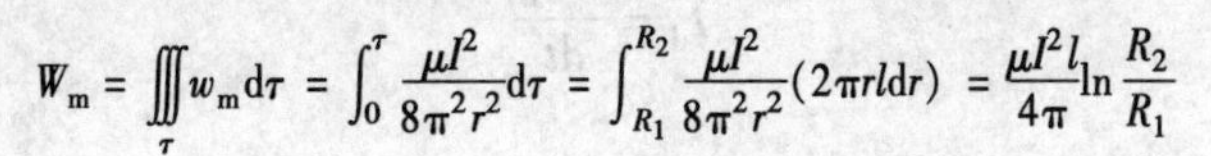

$$W_{\mathrm{m}} = \iiint_{\tau} w_{\mathrm{m}} \mathrm{d}\tau = \int_0^{\tau} \frac{\mu I^2}{8\pi^2 r^2} \mathrm{d}\tau = \int_{R_1}^{R_2} \frac{\mu I^2}{8\pi^2 r^2} (2\pi r l \mathrm{d}r) = \frac{\mu I^2 l}{4\pi} \ln \frac{R_2}{R_1}$$

讨论　如果用磁场能量公式 $W_{\mathrm{m}} = \frac{1}{2}LI^2$ 与上式比较，则可得到这段同轴电缆的自感为

$$L = \frac{\mu l}{2\pi} \ln \frac{R_2}{R_1}$$

这与例题 7-9 中对长为 l 的一段电缆的自感的计算结果相同.

问题 7-10　如何理解磁场的能量是分布在磁场所在的空间里?

7.6　位移电流

在 7.3 节中我们讲过，变化的磁场能够产生涡旋电场. 而今，我们不禁要问：变化的电场能否建立磁场呢? 回答是肯定的. 但是，问题的提出在这里还需借助于电容器的充、放电情况. 如图 7-16 所示，开关 S 与节点 1 接通时，对电容器充电，S 与节点 2 接触，电容器就放电，无论在充电还是放电过程中，同一瞬时导线各横截面通过的电流皆相同，可是电容器两极板间却无电流. 对整个电路而言，电流应是不连续的. 这与传导电流应该是连续的这个结论，显然相悖.

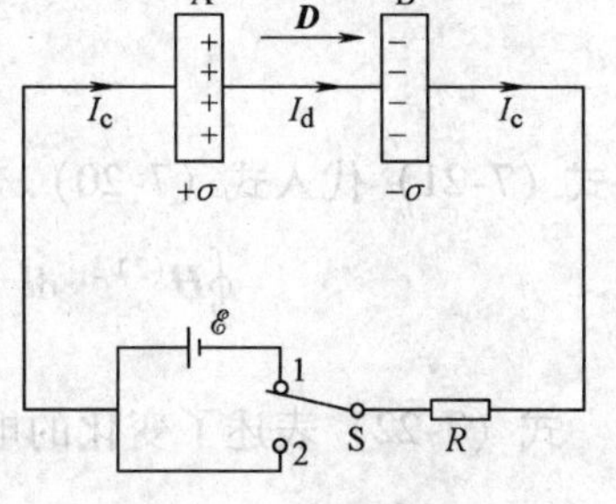

图 7-16　位移电流

为了解决上述传导电流的连续性问题，并在上述场合下，使得适用于传导电流的安培环路定理也能成立，麦克斯韦（J. C. Maxwell，1831—1879）提出了在电容器两极板之间存在**位移电流**的概念.

下面我们来求位移电流的表述式. 在电容器充电的任一时刻，极板 A 上有正电荷 $+q$，电荷面密度为 $+\sigma$，极板 B 上有负电荷 $-q$，电荷面密度为 $-\sigma$，它们皆随时间而改变. 设极板面积为 S，则极板内部的传导电流为

$$I_c=\frac{dq}{dt}=\frac{d(\sigma S)}{dt}=S\frac{d\sigma}{dt} \tag{a}$$

传导电流密度为

$$j_c=\frac{I_c}{S}=\frac{d\sigma}{dt} \tag{b}$$

而两极板间的空间内传导电流为零；但存在电场，按式（5-48）可知，其电位移矢量的大小为 $D=\sigma$，电位移通量为 $\Phi_e=DS=\sigma S$，它们随时间的变化率分别为

$$\frac{dD}{dt}=\frac{d\sigma}{dt} \tag{c}$$

$$\frac{d\Phi_e}{dt}=S\frac{d\sigma}{dt} \tag{d}$$

为了使上述电路中的电流保持连续性，对以上四式［式（a）~式（d）］进行比较. 麦克斯韦把两极板间变化的电场假设为电流，称为**位移电流**，记作 I_d，则

$$I_d=\frac{d\Phi_e}{dt} \tag{7-18}$$

位移电流密度为

$$j_d=\frac{dD}{dt} \tag{7-19}$$

这样，整个电路上传导电流中断的地方就由位移电流接续. 实验指出，位移电流在建立磁场方面是与传导电流等效的；在其他方面，位移电流不能与传导电流相提并论. 例如，传导电流有热效应，位移电流则没有.

由于位移电流在磁效应方面与传导电流是等效的，所以设位移电流周围的磁场强度为 $\boldsymbol{H}^{(2)}$，则 $\boldsymbol{H}^{(2)}$ 也应满足安培环路定理，即

$$\oint_l \boldsymbol{H}^{(2)}\cdot d\boldsymbol{l}=I_d=\frac{d\Phi_e}{dt} \tag{7-20}$$

式中，Φ_e 为积分回路 l 所包围面积的电位移通量，即

$$\Phi_e=\iint_S \boldsymbol{D}\cdot d\boldsymbol{S} \tag{7-21}$$

将式（7-21）代入式（7-20），并考虑 $\boldsymbol{D}$ 是坐标和时间的函数，应改用偏导数表示，则有

$$\oint_l \boldsymbol{H}^{(2)}\cdot d\boldsymbol{l}=\iint_S \frac{\partial \boldsymbol{D}}{\partial t}\cdot d\boldsymbol{S} \tag{7-22}$$

式（7-22）表述了变化的电场 $\frac{\partial \boldsymbol{D}}{\partial t}$ 与它所建立的磁场 $\boldsymbol{H}^{(2)}$ 之间的关系，二者的方向成右手螺旋关系，如图 7-17 所示. 由此可见，麦克斯韦的位移电流假设实质上揭示了**变化的电场可以激发涡旋磁场**.

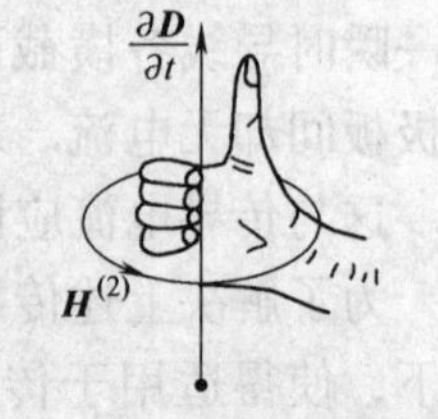

图 7-17 $\boldsymbol{H}^{(2)}$ 与 $\partial \boldsymbol{D}/\partial t$ 形成右旋系统

问题 7-11 为什么要引入位移电流的概念？其实质是什么？它与传导电流有何异同？

例题 7-13 真空中的一个平行板电容器，由半径为 $R=0.1\text{m}$ 的两平行圆形极板组成，设电容器被匀速地充电，使两板间电场的变化率 $dE/dt=1.0\times10^{13}\text{V}\cdot\text{m}^{-1}\cdot\text{s}^{-1}$. 求：(1) 两极板间的位移电流；(2) 电容器内离两极板中心

连线为 r 处（$r<R$）处及 $r=R$ 处的磁感应强度.

解　(1) 平行板电容器中的位移电流为

$$I_d = d\Phi_e/dt = \varepsilon_0 \pi R^2 dE/dt$$

$$= (8.85\times10^{-12}\times\pi\times(0.10)^2\times1.0\times10^{13})\text{A} = 2.8\text{A}$$

(2) 在离两极板中心连线 r 处（$r<R$）取一环路，由安培环路定理有

$$\oint_l \boldsymbol{H}^{(2)}\cdot d\boldsymbol{l} = I_d$$

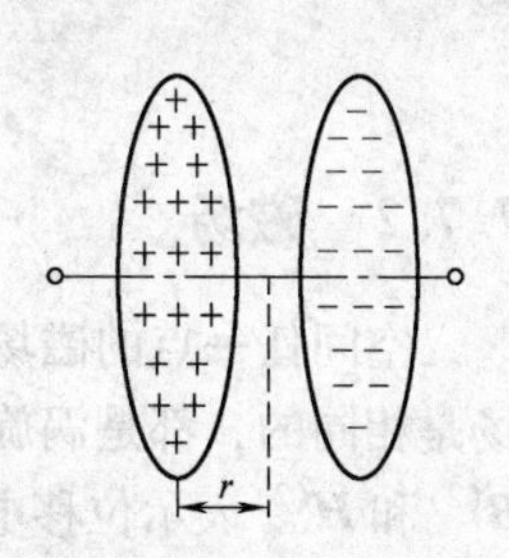

例题7-13图

考虑到磁场对称分布，按题设，有

$$H(2\pi r) = \varepsilon_0 (dE/dt)\pi r^2$$

由上式，即得所求的磁感应强度为

$$B = \mu_0 H = \frac{\mu_0 \varepsilon_0}{2}\frac{dE}{dt}r$$

当 $r=R$ 时　$B = \frac{\mu_0\varepsilon_0}{2}\frac{dE}{dt}R = \left(\frac{4\pi\times10^{-7}\times8.85\times10^{-12}}{2}\times10\times10^{13}\times0.1\right)\text{T} = 5.6\times10^{-6}\text{T}$

7.7　麦克斯韦电磁场理论

麦克斯韦系统地总结了前人的成果，特别是总结了电磁学的基本规律，然后提出了涡旋电场和位移电流的概念，从理论上概括、总结、推广和发展了电磁学理论，从而建立了表达电磁场理论的麦克斯韦方程组，为此，我们先对电场和磁场的规律做一归纳.

7.7.1　电场

空间任一点的电场可以是由电荷激发的静电场或稳恒电场，也可以是由变化的磁场激发的涡旋电场. 稳恒电场和静电场的规律是相同的，是有源无旋场，是保守场，具有电势；涡旋电场是无源有旋场. 前者的电力线不闭合，后者则是闭合的，若用 $\boldsymbol{E}^{(1)}$、$\boldsymbol{D}^{(1)}$ 表示静电场或稳恒电场的电场强度和电位移矢量，用 $\boldsymbol{E}^{(2)}$、$\boldsymbol{D}^{(2)}$ 表示涡旋电场的电场强度和电位移矢量，则高斯定理和电场强度的环流为

$$\oint\!\!\!\oint_S \boldsymbol{D}^{(1)}\cdot d\boldsymbol{S} = \sum_i q_i \tag{7-23}$$

$$\oint_l \boldsymbol{E}^{(1)}\cdot d\boldsymbol{l} = 0 \tag{7-24}$$

$$\oint\!\!\!\oint_S \boldsymbol{D}^{(2)}\cdot d\boldsymbol{S} = 0 \tag{7-25}$$

$$\oint_l \boldsymbol{E}^{(2)}\cdot d\boldsymbol{l} = -\iint_S \frac{\partial \boldsymbol{B}}{\partial t}\cdot d\boldsymbol{S} \tag{7-26}$$

设 $\boldsymbol{E}$、$\boldsymbol{D}$ 分别表示空间任一点电场的电场强度和电位移矢量，则 $\boldsymbol{E}$、$\boldsymbol{D}$ 应为两类性质不同的电场的矢量和，即 $\boldsymbol{E}=\boldsymbol{E}^{(1)}+\boldsymbol{E}^{(2)}$, $\boldsymbol{D}=\boldsymbol{D}^{(1)}+\boldsymbol{D}^{(2)}$，因此

$$\oint\!\!\!\oint \boldsymbol{D}\cdot d\boldsymbol{S} = \sum_i q_i \tag{7-27}$$

$$\oint_l \boldsymbol{E}\cdot \mathrm{d}\boldsymbol{l} = -\iint_S \frac{\partial \boldsymbol{B}}{\partial t}\cdot \mathrm{d}\boldsymbol{S} \tag{7-28}$$

7.7.2 磁场

空间任一点的磁场可以是传导电流产生的，也可以是位移电流产生的．两者产生的磁场是相同的，都是涡旋场，磁感应线都是闭合的．若用 $\boldsymbol{B}^{(1)}$ 和 $\boldsymbol{H}^{(1)}$ 表示传导电流的磁场，$\boldsymbol{B}^{(2)}$ 和 $\boldsymbol{H}^{(2)}$ 表示位移电流的磁场，则高斯定理和安培环路定理为

$$\oiint_S \boldsymbol{B}^{(1)}\cdot \mathrm{d}\boldsymbol{S} = 0 \tag{7-29}$$

$$\oint_l \boldsymbol{H}^{(1)}\cdot \mathrm{d}\boldsymbol{l} = \sum_i I_i \tag{7-30}$$

$$\oiint_S \boldsymbol{B}^{(2)}\cdot \mathrm{d}\boldsymbol{S} = 0 \tag{7-31}$$

$$\oint_l \boldsymbol{H}^{(2)}\cdot \mathrm{d}\boldsymbol{l} = I_\mathrm{d} = \iint_S \frac{\partial \boldsymbol{D}}{\partial t}\cdot \mathrm{d}\boldsymbol{S} \tag{7-32}$$

设 $\boldsymbol{B}$、$\boldsymbol{H}$ 分别表示空间任一点磁场的磁感应强度和磁场强度，则 $\boldsymbol{B}$、$\boldsymbol{H}$ 应为两种相同性质磁场的矢量和，即 $\boldsymbol{B} = \boldsymbol{B}^{(1)} + \boldsymbol{B}^{(2)}$，$\boldsymbol{H} = \boldsymbol{H}^{(1)} + \boldsymbol{H}^{(2)}$．因此

$$\oiint_S \boldsymbol{B}\cdot \mathrm{d}\boldsymbol{S} = 0 \tag{7-33}$$

$$\oint_l \boldsymbol{H}\cdot \mathrm{d}\boldsymbol{l} = \sum_i I_i + \iint \frac{\partial \boldsymbol{D}}{\partial t}\cdot \mathrm{d}\boldsymbol{S} \tag{7-34}$$

式（7-34）中等号右端是传导电流和位移电流之和，称为**全电流**，式（7-34）也称为**全电流环路定律**．全电流总是闭合的，亦即全电流永远是连续的．实际上，无论在真空中或在电介质中的电流主要是位移电流，传导电流可忽略不计，但是，当电介质被击穿时，传导电流就不能忽略了．在一般情况下，金属中的位移电流可忽略不计，但在电流变化频率较高的情况下，位移电流就不能略去．

7.7.3 电磁场的麦克斯韦方程组的积分形式

综合上述电场和磁场的规律，可以简洁而完美地用下列四个方程表达：

$$\oiint_S \boldsymbol{D}\cdot \mathrm{d}\boldsymbol{S} = \sum_i q_i \tag{7-35}$$

$$\oint_l \boldsymbol{E}\cdot \mathrm{d}\boldsymbol{l} = -\iint_S \frac{\partial \boldsymbol{B}}{\partial t}\cdot \mathrm{d}\boldsymbol{S} \tag{7-36}$$

$$\oiint_S \boldsymbol{B}\cdot \mathrm{d}\boldsymbol{S} = 0 \tag{7-37}$$

$$\oint_l \boldsymbol{H}\cdot \mathrm{d}\boldsymbol{l} = \sum_i I_i + \iint_S \frac{\partial \boldsymbol{D}}{\partial t}\cdot \mathrm{d}\boldsymbol{S} \tag{7-38}$$

一般来说，$\dfrac{\partial \boldsymbol{B}}{\partial t}$是随时间的变化而变化的．从上述四个方程组可知，变化的磁场所激

发的电场是变化的；又$\frac{\partial \boldsymbol{D}}{\partial t}$也是随时间的变化而变化的，同理可知，变化的电场所激发的磁场也是变化的．这样，变化的电场和磁场是紧密联系、互相交织在一起的，而不是简单的电场和磁场的叠加，故可以称为统一的**电磁场**，这在认识上是一个飞跃．这四个方程称为**麦克斯韦方程组的积分形式**．在实际应用中更为重要的是要知道场中各点的场量，为此，可以通过数学变换，将上述积分形式的方程组变为微分形式的方程组．这个微分方程组，常称为**麦克斯韦方程组**．

在各向同性均匀介质中，由麦克斯韦方程组，再加上以前曾介绍过的描述物质性质的物质方程，即

$$\boldsymbol{D} = \varepsilon \boldsymbol{E}$$

$$\boldsymbol{B} = \mu \boldsymbol{H}$$

$$\boldsymbol{j} = \gamma \boldsymbol{E}$$

再考虑到边界条件和初始条件，原则上就可求解电磁场的问题．因此，麦克斯韦方程组在电磁学中具有举足轻重的重要地位．

问题 7-12　试述麦克斯韦方程（积分形式）及其意义．

阅读材料

超导现象及其应用

超导，一般是指超导电性，即在低温环境下某些物质呈现出零电阻的性质．超导做动词的时候，指超导体的无阻导电行为．另外，有时候在不引起混淆的情况下，也简称超导体为超导．

1911 年，荷兰物理学家卡末林·昂内斯意外地发现，将汞冷却到 －268.98℃时，汞的电阻突然消失，如图 7-18 所示，即汞在温度降至 4.2K 附近时突然进入一种新状态，其电阻小到实际上测不出来，他把汞的这一新状态称为超导态．后来他发现，许多金属和合金都具有与上述汞相类似的低温下失去电阻的特性，低于某一温度出现超导电性的物质称为超导体．1913 年，卡末林在诺贝尔领奖演说中指出：低温下金属电阻的消失“不是逐渐的，而是突然的”，汞在 4.2K 进入了一种新状态，由于它的特殊导电性能，可以称为超导态．

超导体的主要性质表现为：

超导体进入超导态时，其电阻率实际上等于零．从电阻不为零的正常态转变为超导态的温度称为超导转变温度或超导临界温度，用 T_c 表示．

外磁场可破坏超导态．只有当外加磁场小于某一阈值 H_c 时才能维持超导电性，否则超导态将转变为正常态，H_c 称为临界磁场强度．

1933 年，荷兰的迈斯纳和奥森菲尔德首先共同发现了超导体的一个极为重要的性质：不论开始时有无外磁场，只要当温度 $T < T_c$，超导体变为超导态后，体内的磁感应强度恒为零，即超导体能把磁力线全部排斥到体外，具有**完全的抗磁性**．此现象被称为迈斯纳效应．一个小的永久磁体降落到超导体表面附近时，由于永久磁体的磁感应线不能进入超导体，在永久磁体与超导体间产生排斥力，使永久磁体悬浮于超导体上．

1962 年，年仅 20 多岁的剑桥大学实验物理研究生约瑟夫逊在著名科学家安德森指导下研究超导体的能隙性质，他提出，在超导结中，电子对可以通过氧化层形成无阻的超导电流，这个现象称作**直流约瑟夫逊效应**．当外加直流电压为 V 时，除直流超导电流之外，还存在交流电流，这个现象称作**交流约瑟夫逊效应**．将超导体放在磁场中，磁场透入氧化层，这时超导结的最大超导电流随外磁场大小作有规律的变化．约瑟夫逊的这一重要发现为超导体中电子对运动提供了证据，使对超导现象本质的认识更加深入．约瑟夫逊效应成为微弱电磁信号探测和其他电子学应用的基础．

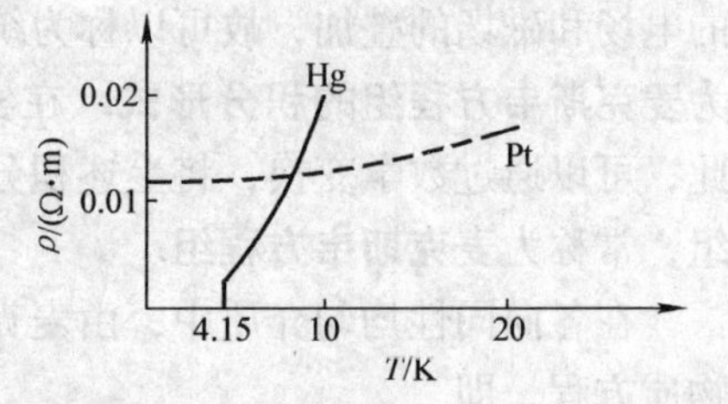

图 7-18　汞的电阻率在 4.2K 以下变为零

超导体分第一类（软超导体）和第二类（又称硬超导体）两种．第一类超导体只存在一个临界磁场 H_c，当外磁场 $H<H_c$ 时，呈现完全抗磁性，体内磁感应强度为零．第二类超导体具有两个临界磁场，分别用 H_{c1}（下临界磁场）和 H_{c2}（上临界磁场）表示．当外磁场 $H<H_{c1}$ 时，具有完全抗磁性，体内磁感应强度处处为零．外磁场在 H_{c1} 和 H_{c2} 范围时，超导态和正常态同时并存，磁力线通过体内正常态区域，称为混合态或涡旋态．外磁场 H 增加时，超导态区域缩小，正常态区域扩大，$H \geqslant H_{c2}$ 时，超导体全部变为正常态．在已发现的超导元素中，只有钒、铌和锝属第二类超导体，其他元素均为第一类超导体，但大多数超导合金则属于第二类超导体．

超导电性具有重要的应用价值，如利用在临界温度附近电阻率随温度快速变化的规律可制成灵敏的超导温度计；利用超导态的无阻效应可传输强大的电流，以制造超导磁体、超导加速器、超导电机等；利用超导体的磁悬浮效应可制造无摩擦轴承、悬悬浮列车等；利用约瑟夫逊效应制造的各种超导器件已广泛用于基本常数、电压和磁场的测定、微波和红外线的探测以及电子学领域．高临界温度超导材料的出现必将大大扩展超导电性的应用前景．

超导体最理想的应用是在城市商业用电输送系统当中充当电缆带材．然而由于费用过高和冷却系统难以达到现有要求导致无法实用化，但现在已经有部分地点进行了试运行．2001 年 5 月，丹麦首都哥本哈根大约 15 万居民使用上了由超导材料传送的生活用电．

2001 年夏，Pirelli 公司为底特律一个能源分局完成了可以输送 1 亿 W 功率电能的三条 400ft（英尺）㊀长高温超导电缆，这也是美国第一条将电能通过超导材料输送给用户的商用电缆．2006 年 7 月，住友商事电子在美国能源部和纽约能源研究发展委员会的支持下进行了一项示范工程——超导 DI－BSCCO 电缆首次入网运行．到目前为止，该电缆承担着 7 万个家庭的供电需求并且未出现过任何问题．

利用超导体的磁悬浮效应可以实现速度高达 $581\text{km}\cdot\text{h}^{-1}$ 的磁悬浮列车，如图 7-19 所示，世界上第一条磁悬浮列车建成于英格兰伯明翰．我国上海浦东机场也有一条长达 30km 的磁悬浮列车轨道于 2003 年 12 月投入运营．

超导体还可用来制作超导磁体，与常规磁体相比，它没有焦耳热，无须冷却；轻便，一个 5T 的常规磁体重达 20t 而超导磁体不过几千克；稳定性好、均匀度高；易于启动，能长期运转．

超导磁体也使得制造能将亚粒子加速到接近光速的粒子对撞机成为可能．

㊀　1ft = 0.3048m。

图7-19　运行中的磁悬浮列车

超导材料应用于超导直流电机、变压器以及磁流体发电机，将显著提高能效并显著减轻重量以及体积. 此外，超导计算机、超导储能线圈、核磁共振成像、超导量子干涉仪(SQUID)、开关器件、高性能滤波器、军事上的超导纳米微波天线、电子炸弹、超导X射线检测仪、超导光探测器等都是非常重要的应用项目.

习　题　7

7-1　如习题7-1图所示，矩形区域为均匀稳恒磁场，半圆形闭合导线回路在纸面内绕轴O做逆时针方向匀角速转动，O点是圆心且恰好落在磁场的边缘上，半圆形闭合导线完全在磁场外时开始计时. 下列选项的$\mathscr{E}-t$函数图象中哪一条属于半圆形导线回路中产生的感应电动势？　[　　]

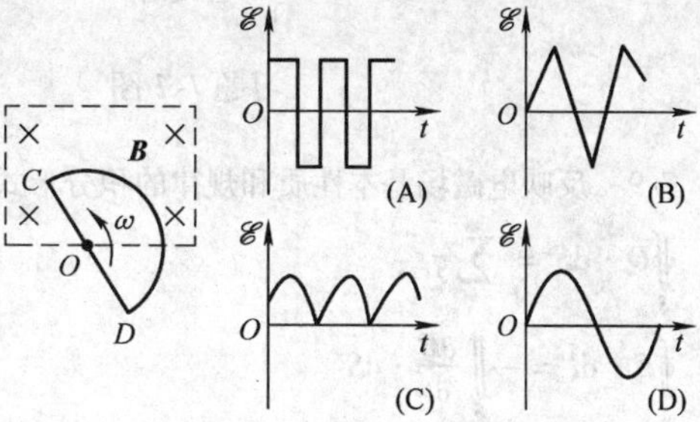

习题7-1图

7-2　将形状完全相同的铜环和木环静止放置，并使通过两环面的磁通量随时间的变化率相等，则不计自感时，

(A) 铜环中有感应电动势，木环中无感应电动势.

(B) 铜环中感应电动势大，木环中感应电动势小.

(C) 铜环中感应电动势小，木环中感应电动势大.

(D) 两环中感应电动势相等.　[　　]

7-3　如习题7-3图所示，导体棒AB在均匀磁场$\boldsymbol{B}$中绕通过C点的垂直于棒且沿磁场方向的轴OO'转动（角速度$\boldsymbol{\omega}$与$\boldsymbol{B}$同方向），BC的长度为棒长的$\dfrac{1}{3}$，则

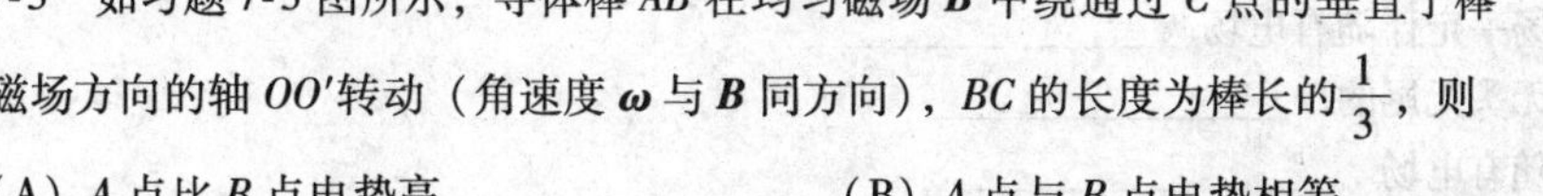

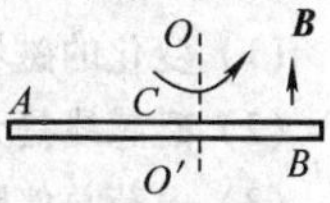

习题7-3图

(A) A点比B点电势高.　(B) A点与B点电势相等.

(B) A点比B点电势低.　(D) 有稳恒电流从A点流向B点.

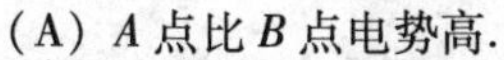

[　　]

7-4　自感为0.25H的线圈中，当电流在(1/16)s内由2A均匀减小到零时，线圈中自感电动势的大

小为

(A) 7.8×10^{-3}V.　(B) 3.1×10^{-2}V.

(C) 8.0V.　(D) 12.0V.　[　]

7-5　在感应电场中，电磁感应定律可写成 $\oint_L \boldsymbol{E}_K\cdot \mathrm{d}\boldsymbol{l}=-\frac{\mathrm{d}\Phi}{\mathrm{d}t}$，式中 $\boldsymbol{E}_K$ 为感应电场的电场强度. 此式表明：

(A) 闭合曲线 L 上 $\boldsymbol{E}_K$ 处处相等.

(B) 感应电场是保守力场.

(C) 感应电场的电场强度线不是闭合曲线.

(D) 在感应电场中不能像对静电场那样引入电势的概念.　[　]

7-6　用导线制成一半径为 $r=10$cm 的闭合圆形线圈，其电阻 $R=10\Omega$，均匀磁场垂直于线圈平面. 欲使电路中有一稳定的感应电流 $i=0.01$A，B 的变化率应为 $\mathrm{d}B/\mathrm{d}t=$__________.

7-7　磁换能器常用来检测微小的振动. 如习题 7-7 图所示，在振动杆的一端固接一个 N 匝的矩形线圈，线圈的一部分在匀强磁场 $\boldsymbol{B}$ 中，设杆的微小振动规律为 $x=A\cos\omega t$，线圈随杆振动时，线圈的感应电动势为__________.

7-8　如习题 7-8 图所示，aOc 为一折成∠形的金属导线（$aO=Oc=L$），位于 xOy 平面中；磁感应强度为 $\boldsymbol{B}$ 的匀强磁场垂直于 Oxy 平面. 当 aOc 以速度 $\boldsymbol{v}$ 沿 x 轴正向运动时，导线上 a、c 两点间电势差 $U_{ac}=$________；当 aOc 以速度 $\boldsymbol{v}$ 沿 y 轴正向运动时，a、c 两点的电势相比较，是________点电势高.

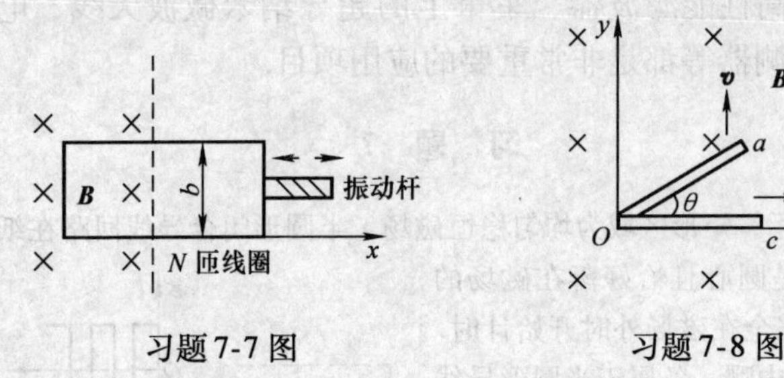

习题 7-7 图　　习题 7-8 图

7-9　反映电磁场基本性质和规律的积分形式的麦克斯韦方程组为

$$\oiint_S \boldsymbol{D}\cdot \mathrm{d}\boldsymbol{S}=\sum_i q_i \quad ①$$

$$\oint_l \boldsymbol{E}\cdot \mathrm{d}\boldsymbol{l}=-\iint_S \frac{\partial \boldsymbol{B}}{\partial t}\cdot \mathrm{d}\boldsymbol{S} \quad ②$$

$$\oiint_S \boldsymbol{B}\cdot \mathrm{d}\boldsymbol{S}=0 \quad ③$$

$$\oint_l \boldsymbol{H}\cdot \mathrm{d}\boldsymbol{l}=\sum_i I_i+\iint_S \frac{\partial \boldsymbol{D}}{\partial t}\cdot \mathrm{d}\boldsymbol{S} \quad ④$$

试判断下列结论是包含于或等效于哪一个麦克斯韦方程的. 将你确定的方程用代号填在相应结论后的空白处.

(1) 变化的磁场一定伴随有电场. __________

(2) 磁感线是无头无尾的. __________

(3) 电荷总伴随有电场. __________

7-10　习题 7-10 图所示为一圆柱体的横截面，圆柱体内有一均匀电场 $\boldsymbol{E}$，其方向垂直纸面向内，$\boldsymbol{E}$ 的大小随时间 t 线性增加，P 为柱体内与轴线相距为 r 的一点，则：

(1) P 点的位移电流密度的方向为__________.

(2) P 点感生磁场的方向为__________.

7-11　如习题7-11图所示，一长直导线通有电流 I，其旁共面地放置一匀质金属梯形线框 $abcda$，已知：$da=ab=bc=L$，两斜边与下底边夹角均为60°，d 点与导线相距 l. 今线框从静止开始自由下落 H 高度，且保持线框平面与长直导线始终共面，求：

(1) 下落高度为 H 的瞬间，线框中的感应电流为多少?

(2) 该瞬时线框中电势最高处与电势最低处之间的电势差为多少?

7-12　均匀磁场 $\boldsymbol{B}$ 被限制在半径 $R=10\text{cm}$ 的无限长圆柱空间内，方向垂直纸面向里. 取一固定的等腰梯形回路 $abcd$，梯形所在平面的法向与圆柱空间的轴平行，位置如习题7-12图所示. 设磁感应强度以 $\mathrm{d}B/\mathrm{d}t=1\text{T}\cdot\text{s}^{-1}$ 的匀速率增加，已知 $\theta=\frac{1}{3}\pi$，$\overline{Oa}=\overline{Ob}=6\text{cm}$，求等腰梯形回路中感生电动势的大小和方向.

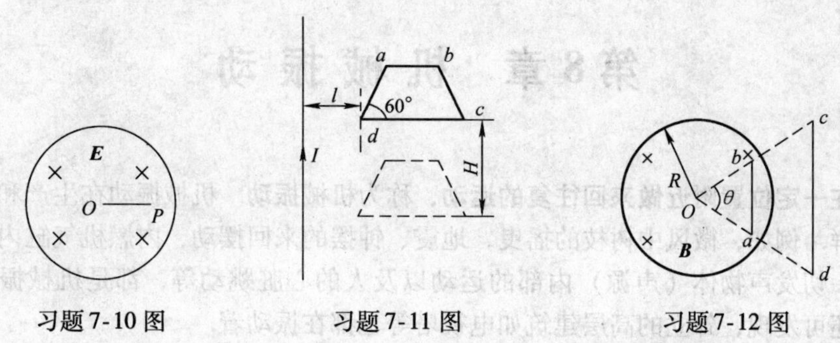

习题7-10图　　习题7-11图　　习题7-12图

7-13　给电容为 C 的平行板电容器充电，电流为 $i=0.2\mathrm{e}^{-t}$ (SI)，$t=0$ 时电容器极板上无电荷. 求：

(1) 极板间电压 U 随时间 t 而变化的关系.

(2) t 时刻极板间总的位移电流 I_d（忽略边缘效应).

[**自测题**] 如图 8-0 所示，一长为 a、宽为 b 的均质矩形薄平板 C，其质量为 m，对与平板一长边重合的轴 OO' 的转动惯量为 $mb^2/3$. 求证：当平板绕 OO' 轴以微小角度摆动时，平板做简谐振动的频率为 $\sqrt{1.5g}/(2\pi b)$.

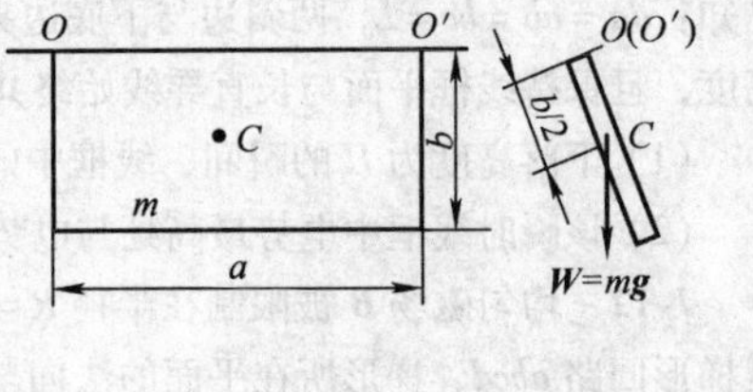

图 8-0

第 8 章 机 械 振 动

物体在一定位置附近做来回往复的运动，称为**机械振动**. 机械振动在生产和生活实际中屡见不鲜. 例如，微风中树枝的摇曳，地震、钟摆的来回摆动，内燃机气缸内活塞的往复运动，一切发声物体（声源）内部的运动以及人的心脏跳动等，都是机械振动. 通过仪器检测还可发现，耸立的高层建筑如电视塔等也都在振动着.

除了机械振动以外，自然界中还存在着各种各样的振动. 广义地说，**凡是描述物质运动状态的物理量在某一量值附近往复运动**，都可叫作**振动**. 例如，在交流电路中，电流和电压的量值随时间做周期性的变化；在电磁波通过的空间内，任意一点的电场强度与磁场强度的周期性变化；固体晶格上原子的振动……这些振动在本质上虽然和机械振动不同，但是在数学描述方法上却有很多相似之处.

8.1 简谐振动

实际碰到的振动都是比较复杂的. 但是，任何复杂的振动，都可以看作是几个或多个简谐振动的合成. 因此，简谐振动是一种最简单、最基本的振动. 我们应很好地掌握简谐振动的特征和规律.

在忽略空气阻力和摩擦力等的情况下，弹簧振子的振动、单摆的微小摆动等都是简谐振动.

8.1.1 简谐振动的基本特征

现在，我们以弹簧振子为例来说明简谐振动的基本特征.

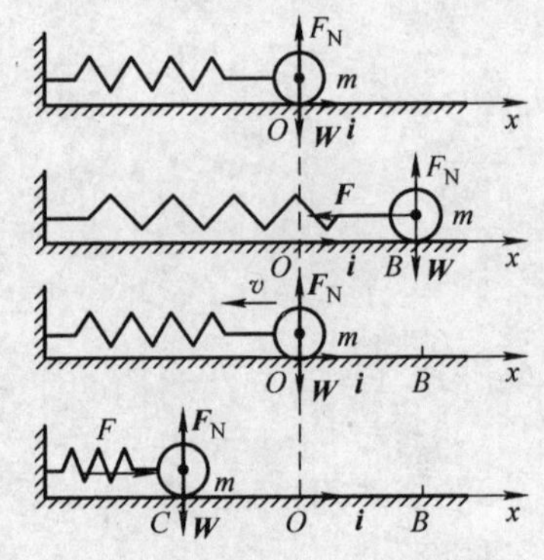

图 8-1 弹簧振子的振动

如图 8-1 所示，将水平轻弹簧的一端固定，在另一端系一质量为 m 的物体，放置在水平面上. 这样，作用在物体上的重力 $\boldsymbol{W}$ 和水平面的支承力 $\boldsymbol{F}_N$ 相互平衡，它们对物体运动的影响可不考虑. 设物体在位置 O 时，弹簧为原长（即自然长度），弹簧作用于物体上的力等于零，位置 O 为**平衡位置**. 现将物体略微向右移开到 B 点，于是弹簧因伸长便出现方向向左（指向平衡位置）的弹性力 $\boldsymbol{F}$，这个力作用在物体上，驱动物体返向平衡位置运动. 当物体回到平衡位置时，弹簧的作用力虽变为零，但因为物体在返回 O 点的过程中是被加速的，它在到达平衡位置时已具有一定的速度，所以，由于惯性，物体并不停止运动，而是继续向左移动. 在物体通过平衡位置向左运动时，弹簧逐渐被压缩，出现作用于物体上的方向向右的弹性力 $\boldsymbol{F}$，即 $\boldsymbol{F}$ 仍指向平衡位置. 这时力 $\boldsymbol{F}$ 的作用企图阻止物体向左运动，因此，物体的运动是减速的，其速度越来越小，在抵达位置 C 时，速度减小到零. 但此时弹簧作用在物体上的弹性力达到最大值，于是，物体在弹性力的作用下回头向右运动，移向平衡位置；在向右运动的过程中，读者可仿照上述向左运动的过程自行讨论，情况是相类似的. 这样，在弹簧的弹性力（它是恒指向平衡位置的**回复力**）和物体的惯性支配下，物体就在平衡位置左右来回往复地运动，从而形成振动.

我们把上述由轻弹簧与物体（视作质点）组成的振动系统称为**弹簧振子**.

现在，我们来研究弹簧振子在忽略摩擦力的理想情况下的运动规律. 取平衡位置 O 为 x 轴的原点，Ox 轴正方向向右，用单位矢量 $\boldsymbol{i}$ 标示（图 8-1）. 当物体偏离平衡位置的位移甚小时，物体沿 Ox 轴所受的弹簧弹性力 $\boldsymbol{F}$ 与弹簧的伸长量（或压缩量）——物体相对于平衡位置的位移 x 满足如下关系：

$$\boldsymbol{F} = -kx\boldsymbol{i} \tag{8-1}$$

根据牛顿第二定律，物体运动方程沿 Ox 轴的分量式为 $F_x = ma_x$. 将 $F_x = F = -kx$，$a_x = a = \mathrm{d}^2x/\mathrm{d}t^2$ 代入上式后，可得物体的加速度为

$$\frac{\mathrm{d}^2x}{\mathrm{d}t^2} = -\frac{k}{m}x \tag{8-2}$$

式中，k 和 m 都是正的恒量，其比值 k/m 也是一个正的恒量，可表示为另一恒量 ω 的平方，即 $\omega^2 = k/m$，则式（8-2）可写作

$$\frac{\mathrm{d}^2x}{\mathrm{d}t^2} + \omega^2x = 0 \tag{8-3}$$

这是一个二阶线性常微分方程. **凡是运动规律满足上述微分方程的振动**，都称为**简谐振动**. 做简谐振动的振动系统，有时统称**简谐振子**.

8.1.2 简谐振子是一个理想模型

应当指出，实际的振动系统通常是很复杂的. 像弹簧振子等这种简谐振子只是研究振动问题的一个理想模型. 在机械振动中，如果我们对一个实际的振动系统，从动力学角度抓住形成振动的最本质的因素——惯性和弹性，便可将实际的振动系统抽象简化成弹簧振子. 如图 8-2a 所示，在精密机床下面，一般都筑有混凝土基础，并在混凝土基础下铺设弹性垫层. 为了研究这一系统的振动情况，不妨将它做如下的简化：由于机床和混凝土基础的质量比弹性垫层的质量大得多，而振动时它们的形变又比弹性垫层小得多，因此，可以将弹性垫层简化为一根轻弹簧，而将机床和混凝土基础简化为压在弹簧上面的一个物体，这样便构成了如图 8-2b 所示的弹簧振子. 此弹簧振子沿竖直方向做振动时，只有弹簧（弹性垫层）发生形变，物体（机床与混凝土基础）形变甚小可忽略，而只有位置的变化. 分析这一弹簧振子的运动规律，也就能掌握所述振动系统振动的基本特征.

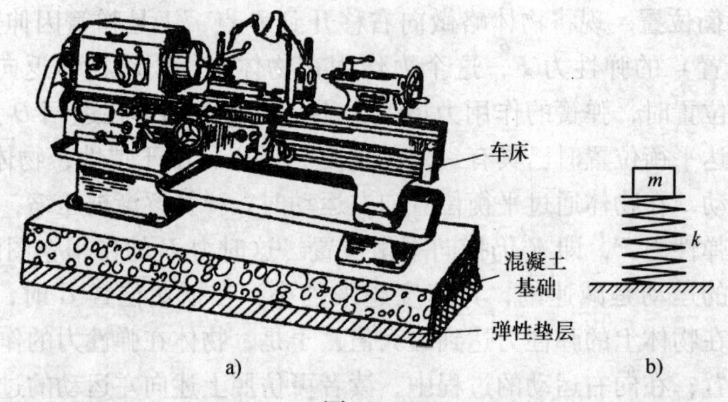

图 8-2

后面的例题 8-1 中还将表明，沿竖直方向振动和沿水平方向振动的弹簧振子（图 8-1），它们的振动规律完全相同，都是简谐振动.

8.1.3 简谐振动的表达式

求前述简谐振动微分方程（8-3）的解，可得简谐振动的运动函数，称为**简谐振动表达式**：

$$x = A\cos(\omega t + \varphi) \tag{8-4a}$$

式中，A 和 φ 是积分常量，它们的物理意义将在后面说明. 又因为

$$\cos(\omega t + \varphi) = \sin\left(\omega t + \varphi + \frac{\pi}{2}\right)$$

若令 $\varphi' = \varphi + \pi/2$，则式（8-4a）也可写成

$$x = A\sin(\omega t + \varphi') \tag{8-4b}$$

由式（8-4a）和式（8-4b）可见，**物体做简谐振动时，位移是时间的正弦或余弦函数**. 为统一起见，在本书中一般采用式（8-4a）的余弦函数形式来表示简谐振动.

因为余弦函数的绝对值不能大于 1，所以在 $x = A\cos(\omega t + \varphi)$ 中的位移绝对值 $|x| \leqslant A$. 这说明，**A 是物体离开平衡位置的最大位移值，称为振幅**. 显然，A 恒为正值.

现在把式（8-4a）对时间 t 相继求导，即得简谐振动的速度和加速度分别为

$$v = \frac{\mathrm{d}x}{\mathrm{d}t} = -\omega A\sin(\omega t + \varphi) \tag{8-5}$$

$$a = \frac{\mathrm{d}v}{\mathrm{d}t} = -\omega^2 A\cos(\omega t + \varphi) \tag{8-6}$$

其中，速度的最大值 $v_{\max} = \omega A$ 称为**速度振幅**；加速度的最大值 $a_{\max} = \omega^2 A$ 称为**加速度振幅**. 从上两式可见，速度 v 和加速度 a 都随时间而变化，即简谐振动是一种变速运动，并且是一种变加速运动. 把简谐振动表达式（8-4a）代入加速度表示式（8-6），得

$$a = -\omega^2 x$$

这符合简谐振动的定义［参见式（8-3）］. 也说明式（8-4a）确是简谐振动的微分方程（8-3）的解.

综上所述，**当物体做简谐振动时，它的位移、速度和加速度都是时间 t 的余弦或正弦函数**. 由于余弦或正弦函数都是有界的周期函数，因此，三者都是在相应的数值范围内随时间 t 做周期性的变化.

以时间为横坐标，位移、速度及加速度为纵坐标，可以分别绘出 $x-t$ 曲线、$v-t$ 曲线和 $a-t$ 曲线，如图8-3所示（曲线是假定 $\varphi=0$ 而绘出的）.

从三条曲线上可以清楚地看出简谐振动的周期性，也就是说，位移、速度和加速度都在每隔一定的时间后，重复一次原来的数值. 既然如此，我们在研究简谐振动时，只需弄清楚一次完全振动中的联动情况，也就掌握了简谐振动的全过程.

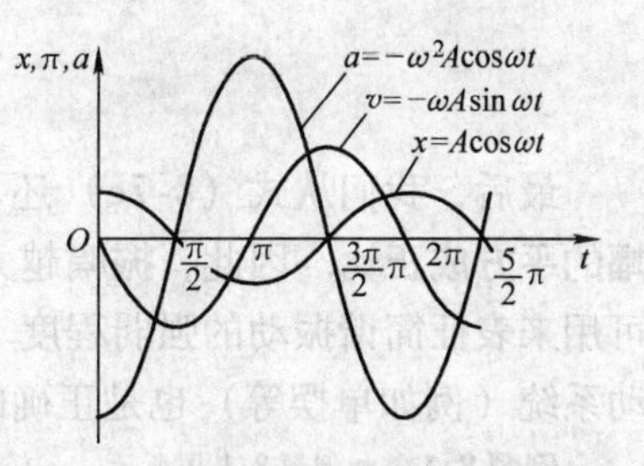

图8-3 简谐振动的位移、速度和加速度与时间的关系曲线

8.1.4 简谐振动的能量

设弹簧振子的质量为 m，在某一时刻 t，其速率为 v，沿 Ox 轴相对于平衡位置 O 的坐标为 x，x 也就是弹簧的伸长（或压缩）量. 若弹簧的劲度系数为 k，则由式（8-5）、式（8-4a）分别得振子做简谐振动的动能和弹性势能为

$$E_{\mathrm{k}}=\frac{1}{2}mv^2=\frac{1}{2}m\omega^2A^2\sin^2(\omega t+\varphi) \tag{8-7a}$$

$$E_{\mathrm{p}}=\frac{1}{2}kx^2=\frac{1}{2}kA^2\cos^2(\omega t+\varphi) \tag{8-7b}$$

可见，由于简谐振动的 v 和 x 都随时间 t 做周期性变化，所以**简谐振动系统的动能和势能也都随时间 t 做周期性的变化**. 其总能量为

$$E=E_{\mathrm{k}}+E_{\mathrm{p}}=\frac{1}{2}m\omega^2A^2\sin^2(\omega t+\varphi)+\frac{1}{2}kA^2\cos^2(\omega t+\varphi)$$

将 $\omega^2=k/m$ 代入上式后，化简得

$$E=\frac{1}{2}kA^2[\sin^2(\omega t+\varphi)+\cos^2(\omega t+\varphi)]$$

即

$$E=\frac{1}{2}kA^2 \tag{8-7c}$$

当给定的弹簧振子做一定的简谐振动时，m、k 和 A 都是恒量. 因此，式（8-7c）说明，**简谐振动的总能量在振动过程中是一个恒量**. 这就是说，尽管动能和势能都随时间而变化，但它们的总和 E 却不随时间 t 而变，即 $\mathrm{d}E/\mathrm{d}t=0$，这一结论是与机械能守恒定律完全符合的. 这种**能量和振幅保持不变的振动**称为**无阻尼自由振动**.

图8-4表示简谐振动的势能 E_{p} 随位置坐标 x 的变化曲线. 由式（8-7b）可知，它是通过原点 O 且对称于纵坐标轴的一条抛物线. 由式（8-7c）可知，总能量线是一条平行于 Ox 轴的水平线，它与势能曲线分别交于坐标为 $x=+A$ 和 $x=-A$ 的 P、Q 两点. 显然，简谐振动只能局限于2A范围内进行.

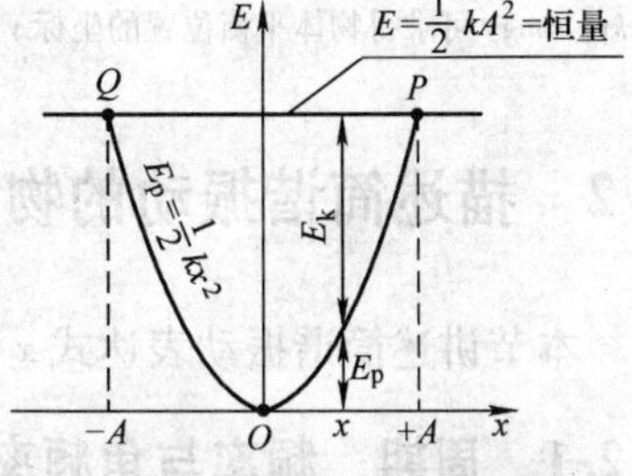

图8-4 简谐振子的势能曲线

读者试由关系式 $E_{\mathrm{k}}=\frac{1}{2}mv^2=E-\frac{1}{2}kx^2$，在上述图8-4中绘出动能随位置坐标变化的曲线；并自行证明：当 $x=\pm A/\sqrt{2}$ 时，

$$E_{\mathrm{k}}=E_{\mathrm{p}}=\frac{1}{2}E$$

最后，我们从式（8-7c）还可看出，**对于一定的振动系统，简谐振动的总能量与振幅的平方成正比**．因此，振幅越大，振动越强烈，振动能量也就越大．所以，振幅的大小可用来表征简谐振动的强弱程度．这一结论不仅对于弹簧振子而且对于其他形式的简谐振动系统（例如单摆等）也是正确的．

例题 8-1 如例题 8-1 图所示，一轻弹簧在 9.8×10^2N 力的作用下，伸长量为 4.9cm．今将此弹簧竖直悬挂，上端固定，在其下端系一质量为 m 的物体，构成一个弹簧振子．今将物体从平衡位置拉下 1.0cm 后释放，空气阻力不计．求振动的总能量．

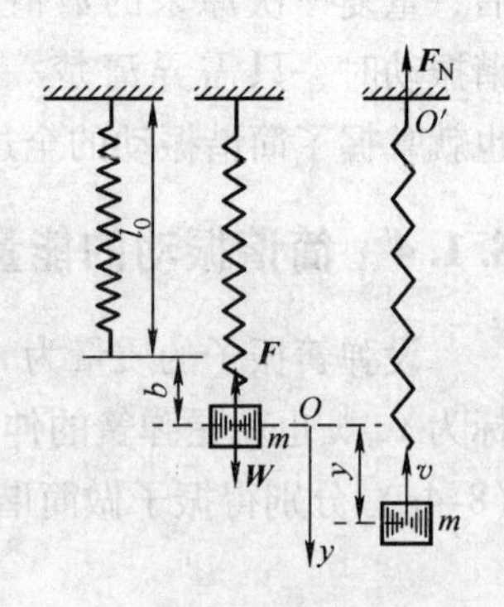

例题 8-1 图

分析 当悬挂物体后，弹簧伸长．静平衡时，弹簧有一段静伸长量（在图中记作 b），以使弹簧所产生的弹性力和物体的重力相平衡，这时物体所受合力为零；相应的这个位置就是物体的静平衡位置 O，今取 O 作为原点，Oy 轴竖直向下．若将物体从平衡位置 O 稍微拉开，释放后，振子在合力大小为 $F=-ky$ 作用下，将围绕这个新的平衡位置 O 沿 Oy 轴上下做简谐运动．

从以上分析，不难推断，当振动系统除本身的弹性力外，还受有恒力（如本例的重力）作用时，系统仍做简谐振动；恒力除了使振动的平衡位置发生改变外，并不影响系统做简谐运动．

解 由题设，作用力为 9.8×10^2N 时，弹簧的伸长量为 4.9cm，故可求出此弹簧的劲度系数为

$$k=\frac{9.8\times10^{2}\mathrm{N}}{4.9\times10^{-2}\mathrm{m}}=2\times10^{4}\mathrm{N\cdot m^{-1}}$$

按题意，振动的振幅为 $A=1.0$cm．于是，可算出振动的总能量为

$$E=\frac{1}{2}kA^{2}=\frac{1}{2}\times2\times10^{4}\mathrm{N\cdot m^{-1}}\times(1.0\times10^{-2}\mathrm{m})^{2}=1.0\mathrm{J}$$

问题 8-1 （1）弹簧振子做简谐振动时，它的运动有哪些特征？分别从受力情况和运动规律（位移、速度、加速度等）进行分析．

（2）一质点在使它返回平衡位置的力的作用下，是否一定做简谐振动？拍皮球的振动是不是简谐振动（设皮球和地面的碰撞是完全弹性的）？

（3）振幅 A 能否取负值？当我们说 $x=-A$ 时，指的是什么意思？

问题 8-2 （1）证明简谐振动中的动能与弹性势能的总和保持不变，并分析总能量与振幅的关系．

（2）两个相同的竖直轻弹簧分别挂着质量不同的物体．当它们以相同的振幅做简谐振动时，振动的能量是否相同？

（3）在例题 8-1 中，如果轻轻地在弹簧下端挂上物体，弹簧被拉长，弹性势能将增加，重力势能将减少．因此由 $\frac{1}{2}ky^2=mgy$ 可求得物体平衡位置的坐标 $y=2mg/k$．而正确的答案为 $y=mg/k$．这是为什么？

8.2 描述简谐振动的物理量

本节讲述简谐振动表达式 $x=A\cos(\omega t+\varphi)$ 中各量的意义．

8.2.1 周期、频率与角频率

简谐振动的运动形式表现在运动状态具有周期性．**物体做一次完全振动（来回一次）所需的时间称为振动的周期**．经历一个周期，物体又将完全重复原来的运动状态．如以 T

表示周期，则物体在任一时刻 t 的运动状态（位置和速度）应该与物体在时间 $t+T$ 的运动状态（位置和速度）完全相同. 现在根据所述的周期定义，利用式（8-4）就可推出它的表达式，即

$$A\cos(\omega t+\varphi)=A\cos[\omega(t+T)+\varphi]$$
$$=A\cos(\omega t+\varphi+\omega T)$$

因为余弦函数经 2π 才重复一次，所以上列等式的成立，就意味着等式右边的 ωT 满足

$$\omega T=2k\pi \quad (k=1, 2, \cdots, \text{且 } k\neq 0)$$

相应于 $k=1$ 的 T 值是所有周期中的最小值，也就是我们所指的周期，即

$$T=\frac{2\pi}{\omega} \tag{8-8}$$

周期的倒数称为频率，它表示单位时间内物体所做的完全振动的次数. 我们以**每秒振动一次作为频率的单位**，称为**赫兹**，简称**赫**，符号是 Hz，即 $1\text{Hz}=1\text{s}^{-1}$. 例如，电动机的底座基础振动时的频率为50Hz，就是说，在1s内它振动50次. 用 ν 表示频率，则

$$\nu=\frac{1}{T}=\frac{\omega}{2\pi} \tag{8-9}$$

或

$$\omega=2\pi\nu$$

即 ω 这个量等于频率 ν 的 2π 倍，也就是在数值上等于 2πs 内的振动次数. 我们把 ω 称为**角频率**，其单位为 s^{-1}.

若已知周期、频率或角频率三者中的任一个，则其他两个就可由式（8-9）求得. 因此，简谐振动的公式也可用周期或频率表示：

$$x=A\cos\left(\frac{2\pi}{T}t+\varphi\right) \tag{8-10}$$

$$x=A\cos(2\pi\nu t+\varphi) \tag{8-11}$$

现在，我们来说明周期或频率与振动系统本身性质的关系. 以弹簧振子为例，前面说过，它的角频率是 $\omega=\sqrt{k/m}$，因而周期和频率分别是

$$T=\frac{2\pi}{\omega}=2\pi\sqrt{\frac{m}{k}} \tag{8-12}$$

$$\nu=\frac{1}{T}=\frac{1}{2\pi}\sqrt{\frac{k}{m}} \tag{8-13}$$

因为质量 m 和劲度系数 k 代表弹簧振子本身的性质，故上式表明：周期、频率或角频率都是由振动系统本身性质所决定的量；这种**由系统本身性质所决定的频率或周期**亦称为**固有频率或固有周期**.

简谐振子都是以其本身的固有频率或固有周期做简谐振动的.

问题8-3 （1）简谐振动的周期、频率、角频率的意义如何？它们各由哪些因素决定？

（2）一弹簧振子，先后把它拉离平衡位置3cm和1cm处放手，让它做简谐振动. 问前、后两次振动的周期、振幅、劲度系数、总能量、速度振幅和加速度振幅是否相同？为什么？

（3）若不知物体的质量和弹簧的劲度系数，能否通过测量悬挂于竖直弹簧上的物体所产生的弹簧伸长量，来确定这个弹簧系统的固有周期？

问题8-4 （1）弹簧振子做简谐振动时，如果振幅增加到原来的两倍而频率减小到原来的一半，它的总能量将如何变化？

（2）试证：在一个周期 T 中，简谐振动的动能和势能对时间的平均值$\overline{E_k}$和$\overline{E_p}$相等，即

$$\frac{1}{T}\int_0^T E_k \mathrm{d}t = \frac{1}{T}\int_0^T E_p \mathrm{d}t$$

且$\overline{E}_p = \overline{E}_k = \frac{1}{4}kA^2$.

例题 8-2 火车的客车车厢底部装有支承弹簧，如果车厢在满载时而处于静平衡，支承弹簧的形变量（即弹簧的压缩量）为 30mm，试求其固有频率.

解 设支承弹簧的质量与满载时车厢的质量相比可忽略不计，则满载的车厢和支承弹簧组成的系统就可看作一个弹簧振子. 可以证明，它在运动时将做简谐振动.

设满载时，车厢的质量为 m，支承弹簧的压缩量为 Δl，则在静平衡时，有

$$mg = k\Delta l$$

由 $\omega^2 = k/m$，得

$$\omega = \sqrt{\frac{g}{\Delta l}}$$

代入已知值 $g = 9.8\mathrm{m \cdot s^{-2}}$，$\Delta l = 30 \times 10^{-3}\mathrm{m}$，可求得所述振动系统的固有频率为

$$\nu = \frac{\omega}{2\pi} = \frac{1}{2\pi}\sqrt{\frac{g}{\Delta l}} = \frac{1}{2\pi} \times \sqrt{\frac{9.8\mathrm{m \cdot s^{-2}}}{30 \times 10^{-3}\mathrm{m}}} = 2.88\mathrm{Hz}$$

8.2.2 相位和初相 振幅和初相的确定

我们知道，质点的运动状态可以用位置和速度来描述. 由于物体做简谐振动时，位移和速度分别为

$$x = A\cos(\omega t + \varphi)$$
$$v = -A\omega\sin(\omega t + \varphi)$$

所以当振幅 A 与角频率 ω 一定时，位移和速度都取决于量 $\omega t + \varphi$，$\omega t + \varphi$ 称为**时刻 t 的相位**. 从上两式可以看出，相位可以确定物体在某一时刻的位置和速度（大小和方向）. 因此，相位是用来决定振动物体运动状态的物理量. 在一次完全振动过程中，每一时刻的运动状态都是不同的，而这就反映在相位的不同上. 例如，图 8-1 所示的弹簧振子，当$\omega t + \varphi = \frac{\pi}{2}$时，$x = A\cos\frac{\pi}{2} = 0$，$v = -A\omega\sin\frac{\pi}{2} = -A\omega$，即物体在平衡位置以速度的最大值 $A\omega$ 向左运动；可是当 $\omega t + \varphi = \frac{3}{2}\pi$ 时，$x = 0$，$v = A\omega$，物体也是在平衡位置，但以速度的最大值 $A\omega$ 向右运动. 可见，两个不同的相位表示两种不同的运动状态.

选定计时零点（即起始时刻）$t = 0$，则恒量 φ 是 $t = 0$ 时的相位，称为**初相位**，简称**初相**. 由初相 φ 可确定物体在起始时刻的运动状态，亦即 $t = 0$ 时的位置和速度. 例如，图 8-1 所示的弹簧振子，若它的初相 $\varphi = 0$，则由式（8-3）、式（8-4a）可以断定：当 $t = 0$ 时，物体处于位置 $x = +A$ 上，其速度 $v = 0$，即物体从右端开始振动；若它的初相 $\varphi = \pi$，同理可以断定：当 $t = 0$ 时，$x = -A$，$v = 0$，即物体从左端开始振动.

振幅 A 和初相 φ 都取决于振动开始计时（$t = 0$）的位移 x_0 和速度 v_0. 即由**初始条件**：当 $t = 0$ 时 $x = x_0$，$v = v_0$，就可由式（8-4a）和式（8-5）得

$$x_0 = A\cos\varphi$$
$$v_0 = -A\omega\sin\varphi$$

从以上两式可解出

$$A=\sqrt{x_0^2+\frac{v_0^2}{\omega^2}} \tag{8-14}$$

$$\tan\varphi=-\frac{v_0}{\omega x_0} \tag{8-15}$$

上述结果说明，**振幅和初相是由初始条件决定的**.

根据上述方法确定简谐振动的振幅 A、角频率 ω 和初相 φ 后，则简谐振动的运动规律 $x=A\cos(\omega t+\varphi)$ 也就完全确定了.

通常，为简便和明确起见，我们往往不利用式（8-15）求初相，而是直接根据初始条件来判取初相. 举例说明如下：设图8-1所示的弹簧振子，其振幅 $A=2\text{cm}$，角频率 $\omega=10\text{s}^{-1}$，并当振子在平衡位置右方 1cm 处向正方向运动时作为起始时刻，设向右作为 Ox 轴的正向，则当 $t=0$ 时，$x_0=+1\text{cm}$，$v_0>0$. 于是，由式（8-4a），有

$$x_0=A\cos\varphi$$

代入已知数据，即

$$1\text{cm}=(2\text{cm})\cos\varphi$$

解得 $\varphi=\frac{\pi}{3}$ 或 $\frac{5\pi}{3}$. 这两个答案应该选用哪一个呢？可从 $v_0=-A\omega\sin\varphi$ 来判断，现因 $t=0$ 时，运动方向（即速度方向）与 Ox 轴的正向一致，于是，我们再考虑 $v_0>0$ 的条件，即同时应满足

$$v_0=-(2\text{cm})(10\text{s}^{-1})\sin\varphi>0$$

故 $\sin\varphi$ 必须为负值，因此取 $\varphi=5\pi/3$，从而，所求的振动表达式为

$$x=2\cos\left(10t+\frac{5\pi}{3}\right)(\text{cm}) \tag{a}$$

值得指出，对给定振幅和频率的同一个简谐振动，它的初相将因起始时刻的选择不同而异. 例如，上述的弹簧振子，如果选择在平衡位置右方极端时开始计时，就是说，当 $t=0$ 时，$x_0=+2\text{cm}$，则同样有 $x_0=A\cos\varphi$，并代入所给数据，成为

$$2\text{cm}=(2\text{cm})\cos\varphi$$

由此得 $\varphi=0$ 或 2π，于是振动表达式成为

$$x=2\cos 10t(\text{cm}) \tag{b}$$

式（a）和式（b）代表同一个弹簧振子的简谐振动表达式，所不同的只是它们的初相. 我们知道，初相是 $t=0$ 时的相位，对给定振幅和频率的同一个振子来说，初相不同，就意味着它们开始计时的时刻（或时间坐标原点）的选择不同. 为此，对给定振幅和频率的一个简谐振动而言，在初始条件未给定的情况下，我们也可任意选择振动过程中处于某一运动状态（位置和速度）时，作为开始计时的时刻 $t=0$. 并且，从上例可见，如果适当地选择起始时刻，并尽可能选择这样的计时零点：使得初相 $\varphi=0$，就可将简谐振动表达式化成如式（b）的简单形式.

问题 8-5 （1）试述相位和初相的意义. 如何确定初相？

（2）在简谐振动表达式 $x=A\cos(\omega t+\varphi)$ 中，$t=0$ 是质点开始运动的时刻，还是开始观察的时刻？初相 $\varphi=0$，$\frac{\pi}{2}$ 各表示从什么位置开始振动？

问题 8-6 一质点沿 Ox 轴按 $x=A\cos(\omega t+\varphi)$ 做简谐振动，其振幅为 A，角频率为 ω，今在下述情况下开始计

时，试分别求振动的初相：

(1) 质点在平衡位置处且向负方向运动；(答：$\varphi=\frac{\pi}{2}$)

(2) 质点在 $x=\frac{A}{2}$ 处且向正方向运动；(答：$\varphi=\frac{5}{3}\pi$)

(3) 质点的速度为零而加速度为正值. (答：$\varphi=\pi$)

例题 8-3　质量为 0.25kg 的物体，仅受弹簧的弹性力作用，沿 Ox 轴运动，弹簧的劲度系数为 $25\mathrm{N}\cdot\mathrm{m}^{-1}$，(1) 求振动的周期和角频率；(2) 若振幅 $A=1.5\mathrm{cm}$，并在位置 $x_0=0.75\mathrm{cm}$ 处沿 Ox 轴负向运动的时刻开始计时，求初速及初相.

分析　因物体仅受弹簧的弹性力作用，所以沿 Ox 轴做简谐振动. 为了求振动的周期，可先求出角频率. 在求初相时，需要知道初始条件；但是，题中的初始速度值未给出（只给出运动方向），而振幅是知道的，因此，用 A、ω 和 x_0 按式 (8-14) 也可求出初始速度，从而可求初相.

解　(1) 按题设，$m=0.25\mathrm{kg}$，$k=25\mathrm{N}\cdot\mathrm{m}^{-1}$，可求得振动的角频率为

$$\omega=\sqrt{\frac{k}{m}}=\sqrt{\frac{25\mathrm{N}\cdot\mathrm{m}^{-1}}{0.25\mathrm{kg}}}=10\mathrm{s}^{-1}$$

周期为

$$T=\frac{2\pi}{\omega}=\frac{2\pi}{10\mathrm{s}^{-1}}=0.63\mathrm{s}$$

(2) 已知振幅 $A=1.5\mathrm{cm}$；在时刻 $t=0$，$x_0=0.75\mathrm{cm}$，故初始速度为

$$\begin{aligned}v_0&=-\omega\sqrt{A^2-x_0^2}\\&=-10\mathrm{s}^{-1}\times\sqrt{(1.5\mathrm{cm})^2-(0.75\mathrm{cm})^2}\\&=-7.5\sqrt{3}\mathrm{cm}\cdot\mathrm{s}^{-1}\end{aligned}$$

式中，负号是由于题设 $t=0$ 时运动沿 Ox 轴负向，即 $v_0<0$，其次，初相为

$$\begin{aligned}\varphi&=\arctan\left(-\frac{v_0}{\omega x_0}\right)=\arctan\left[-\frac{-7.5\sqrt{3}}{10\times0.75}\right]\\&=\arctan\sqrt{3}=\frac{\pi}{3},\ \frac{4\pi}{3}\end{aligned}$$

但因题设 $x_0>0$，由 $x_0=A\cos\varphi>0$，且 $A>0$，可知 $\cos\varphi>0$，故取 $\varphi=\pi/3$.

说明　在本题的条件下，为简捷起见，我们也可直接将已知数据代入简谐振动表达式 $x=A\cos(\omega t+\varphi)$ 来求 φ，即

$$0.75\mathrm{cm}=(1.5\mathrm{cm})\cos(\omega\cdot0+\varphi)$$

$$\varphi=\arccos\frac{1}{2}=\frac{\pi}{3},\ \frac{5\pi}{3}$$

由题设 $v_0<0$，则有 $-A\omega\sin\varphi<0$，且 $A\omega>0$，可知 $\sin\varphi_0>0$，故取 $\varphi=\pi/3$，结果与上述相同.

注意　在决定初相时，必须同时考虑起始时刻 ($t=0$) 的 x_0 与 v_0 的方向，这样才能选取合适的 φ 值.

例题 8-4　如例题 8-4 图所示，一条长为 l 的细线，上端 O' 固定，下端悬挂一质量为 m 的很小的重物，当悬线静止在竖直位置时，重物处于平衡位置 O. 若将重物（即摆锤）从平衡位置移开而偏离竖直线为某一微小角度 θ_0 时释放，且不计空气阻力，它就在竖直平面内来回摆动. 这种振动系统称为**单摆**. 求证：单摆做简谐振动；并求其振动表达式.

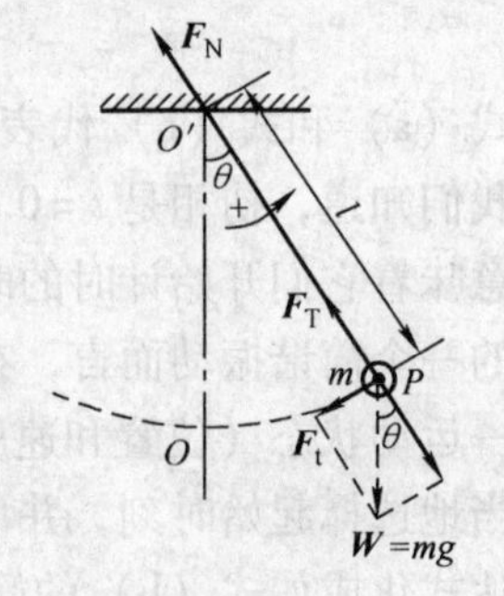

例题 8-4 图

证　设悬线无伸缩，故重物只能在以悬点 O' 为圆心、长度 l（简称**摆长**）为半径的竖直圆周上运动. 今规定悬线绕 O' 点循逆时针的转向为正向，则当重物在某一时刻位于图示的 P 点位置时，相对于竖直线 $O'O$，相应的角位移（这里，也就是角坐标）θ 为正值.

在摆动过程中，由重物、悬线和地球组成的系统，仅受的外力为悬线固定端 O' 的支承力 $\boldsymbol{F}_{\mathrm{N}}$，它不做功，空气阻力又不计，因此，系统机械能守恒，即

$$\frac{1}{2}m(l\omega)^2+mgl(1-\cos\theta)=E(\text{恒量})$$

式中，ω 为重物相对于悬点 O' 的角速度，取 $\omega=\mathrm{d}\theta/\mathrm{d}t$，$v=l\omega$ 为相应的线速度．由于机械能守恒，有 $\frac{\mathrm{d}E}{\mathrm{d}t}=0$，为此将上式对时间 t 求导，得

$$ml^2\omega\frac{\mathrm{d}\omega}{\mathrm{d}t}+(mgl\sin\theta)\omega=0$$

因 $\frac{\mathrm{d}\omega}{\mathrm{d}t}=\frac{\mathrm{d}^2\theta}{\mathrm{d}t^2}$，且由于小角度摆动（一般为 $\theta<5°$），$\sin\theta\approx\theta$，则化简上式，得

$$\frac{\mathrm{d}^2\theta}{\mathrm{d}t^2}+\frac{g}{l}\theta=0 \tag{a}$$

可见，式（a）是满足简谐振动微分方程（8-2）的，所以，单摆在摆角甚小时做简谐振动．这里，$\omega^2=g/l$，由此可得熟知的单摆周期公式：

$$T=\frac{2\pi}{\omega}=2\pi\sqrt{\frac{l}{g}} \tag{8-16}$$

至于微分方程（a）的解，显然与弹簧振子的简谐振动表达式（8-3）相类同，故单摆的简谐振动表达式可写作

$$\theta=A\cos(\omega t+\varphi) \tag{b}$$

为了确定式中的振幅 A 和初相 φ，可再求出角速度：

$$\frac{\mathrm{d}\theta}{\mathrm{d}t}=-A\omega\sin(\omega t+\varphi) \tag{c}$$

按题意，初始条件为：$t=0$ 时，$\theta=\theta_0$，$\mathrm{d}\theta/\mathrm{d}t=0$，分别代入式（b）或式（c），得

$$A\cos\varphi=\theta_0,\quad A\omega\sin\varphi=0$$

由上两式可解出单摆的角振幅 A 和初相 φ，即

$$A=\sqrt{\theta_0^2+0^2}=\theta_0,\quad \varphi=\arctan\left(-\frac{0}{\omega\theta_0}\right)=0$$

于是得单摆的简谐振动表达式为

$$\theta=\theta_0\cos\sqrt{\frac{g}{l}}t(\mathrm{rad}) \tag{d}$$

说明 （1）如前所述，在弹簧振子的情况下，振动物体所受的力是弹性力，即力的大小与位移的大小成正比而两者正、负号相反；在单摆的情况下，虽然振动物体所受的力不是弹性力，实际上是重力的切向分力 $F_t=-mg\sin\theta$，而在 θ 角甚小时，$\sin\theta\approx\theta$，成为 $F_t=-mg\theta$，即它与角位移之间的关系，却与弹性力相类同，也具有力的大小与角位移的大小成正比而两者正、负号相反的特点．我们将这种**本质上是非弹性的、但就其对振动所起的作用来说，又与弹性力特征相类同的力，称为准弹性力**．显然，在弹性力或准弹性力作用下所引起的振动，它们的特征相同，运动方程的形式也一样，即满足微分方程（8-2），因此，振动系统做简谐振动．

（2）在工程上所遇到的振动大多是小振幅的，其受力特征均可近似地用弹性力或准弹性力（或力矩）描述，因而系统的振动总是符合常系数线性微分方程的，这种振动称为**线性振动**；但在工程实际中，有些振动系统不能模拟为简谐振子而线性化，这种系统的振动就属于**非线性振动**问题．例如，在本例中，若 $\theta\geqslant5°$，式（a）就不成立，即单摆在大幅度摆动时，是一种非简谐振动．这时，就要对非线性微分方程求解，可是在数学上至今只能给出振动规律的近似解．

例题 8-5 如例题 8-5 图所示，我们用一立方形均质木块在水中的浮沉来模拟船舶在江河中的竖向振动，设此

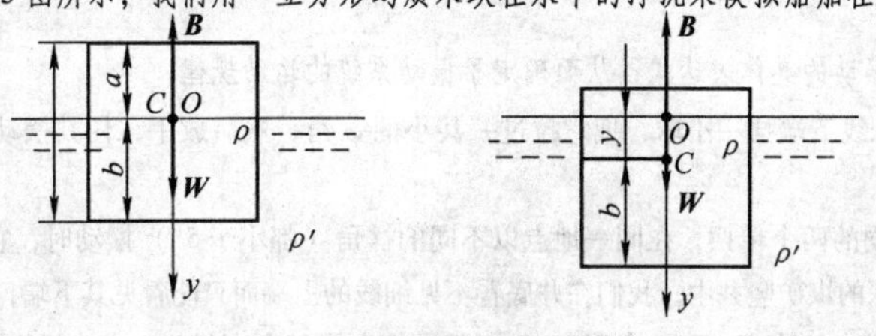

例题 8-5 图

木块的边长 $l=25\text{cm}$，密度 $\rho=0.8\text{g}\cdot\text{cm}^{-3}$，浮于水面上. 水的密度 $\rho'=1.0\text{g}\cdot\text{cm}^{-1}$. 今把木块完全压入水中，然后放手，木块将冒出水面，做上下浮沉的往复运动. 若不计水对木块的阻力和被木块所吸附的水的质量. (1) 试问木块是否做简谐振动? (2) 求木块运动的表达式.

解 (1) 先讨论木块是否做简谐振动. 设木块浮在水面上而处于静平衡时，浸没在水中部分的深度为 b，木块的底面积为 S，则浸没部分的木块体积为 bS，这就是被木块所排开的水的体积. 根据阿基米德的浮力定律，这时木块所受浮力的大小为 $B=\rho' bSg$，方向竖直向上；它与竖直向下的木块重力 $W=\rho Slg$ 相平衡，即 $\rho' gbS=\rho gSl$. 由此求得浸没部分的深度为

$$b=\frac{\rho}{\rho'}l=\frac{0.80\text{g}\cdot\text{cm}^{-3}}{1.00\text{g}\cdot\text{cm}^{-3}}\times 25\text{cm}=20\text{cm} \tag{a}$$

露出水面部分的高度为

$$a=l-b=25\text{cm}-20\text{cm}=5\text{cm}$$

这时，在木块上，与顶端相距 5cm 的 C 点恰在水面上，如图所示. 为此我们取水面上 O 点为原点，不妨取 Oy 轴正向为竖直向下. 当木块运动时，在任一时刻的位置可用木块上的 C 点相对于水面的位移 y 来描述. 这时，木块所受的重力和浮力就不再平衡，且由式 (a)，$\rho l=\rho' b$，可求出木块所受的合力为

$$F=-(b+y)S\rho' g+lS\rho g=-S\rho' gy \tag{b}$$

式中，由于 S、ρ'、g 均为恒量，故合力 $\boldsymbol{F}$ 的大小与位移大小成正比而两者正、负号相反，即 $\boldsymbol{F}$ 是一个准弹性力，可知木块做简谐振动.

读者不难借助牛顿第二定律列出木块的运动方程，从中求出角频率为

$$\omega=\sqrt{\frac{S\rho' g}{\rho Sl}}=\sqrt{\frac{\rho' g}{\rho l}}$$

$$=\sqrt{\frac{g}{b}}=\sqrt{\frac{9.8\text{m}\cdot\text{s}^{-2}}{0.20\text{m}}}=7\text{s}^{-1}$$

(2) 取简谐振动表达式为

$$y=A\cos(\omega t+\varphi)$$

则速度为

$$v=\frac{\mathrm{d}y}{\mathrm{d}t}=-A\omega\sin(\omega t+\varphi)$$

式中，t 以 s 计. 据题意，开始时，木块刚好全部压入水中，即 $t=0$ 时，$y=+5\text{cm}$，$v=0$，由此可求出 $A=5\text{cm}$，$\varphi=0$. 于是，得木块的简谐振动表达式为

$$y=5\cos(7t)\,(\text{cm})$$

说明 通过本例以及前面列举的有关示例，我们可以总结一下解决简谐振动问题的一般步骤和方法：

(1) 先按题意，分析振动系统的受力特征，由此按牛顿第二定律或功能关系列出振动系统的运动微分方程，判定它是否做简谐振动；

(2) 若断定系统是做简谐振动的，则可从中求出角频率 ω，从而可确定简谐振动的周期或频率；

(3) 从简谐振动表达式 (即简谐振动微分方程的通解)，根据初始条件，决定振幅 A 和初相 φ (即上述微分方程通解中的积分常量)；

(4) 最后，求出简谐振动的具体表达式，从而确定了振动系统的运动规律.

问题 8-7 (1) 在悬线下端挂一小球，把它拉过一甚小的 φ 角，然后放手，任其摆动 (如单摆)，角 φ 是否就是初相?

(2) 摆长和摆锤都相同的两个单摆，在同一地点以不同的摆角 (都小于 5°) 摆动时，它们的周期是否相同?

(3) 一根细线挂在很深的煤矿竖井中，我们在井底看不见细线的上端而只能看见其下端，问如何测量此线的长度?

(4) 为了测量某地的重力加速度，取一个用 91.7cm 长的细金属丝和直径为 2cm 的金属球做成的单摆，测得这个摆振动 100 次所需的时间为 3min 13.2s，求重力加速度. (**答**: $g=9.825\text{m}\cdot\text{s}^{-2}$)

8.3 简谐振动的旋转矢量图示法 相位差

8.3.1 简谐振动的旋转矢量图示法

简谐振动的位移与时间的关系也可用几何方法表示，使我们能够形象地了解简谐振动的各个物理量的意义.

对于一个给定的简谐振动 $x = A\cos(\omega t + \varphi)$，根据几何知识，可以将它看作为一矢量 $\boldsymbol{A}$ 在 Ox 轴上的投影；如图 8-5 所示，在取定的 Ox 轴上任选一原点 O 作为简谐振动的平衡位置，自 O 点起作一矢量 $\boldsymbol{A}$，使其长度等于振动的振幅 A，矢量 $\boldsymbol{A}$ 称为**旋转矢量**. 先使旋转矢量 $\boldsymbol{A}$ 与 Ox 轴所成的角等于振动的初相 φ. 并让 $\boldsymbol{A}$ 从相应于 $t=0$ 时这个位置开始，在同一平面内以匀角速做逆时针旋转，角速度的大小与简谐振动的角频率 ω 相等，则在任一时刻 t，旋转矢量 $\boldsymbol{A}$ 与 Ox 轴所成的角 $\omega t + \varphi$ 就是该时刻的相位. 可见，$\boldsymbol{A}$ 在 Ox 轴上的投影 $A\cos(\omega t + \varphi)$ 就代表给定的简谐振动. 也可以说，旋转矢量 $\boldsymbol{A}$ 的末端 M 在 Ox 轴上的投影 P 沿 Ox 轴做简谐振动. 这种几何表示法又称为**旋转矢量图示法**.

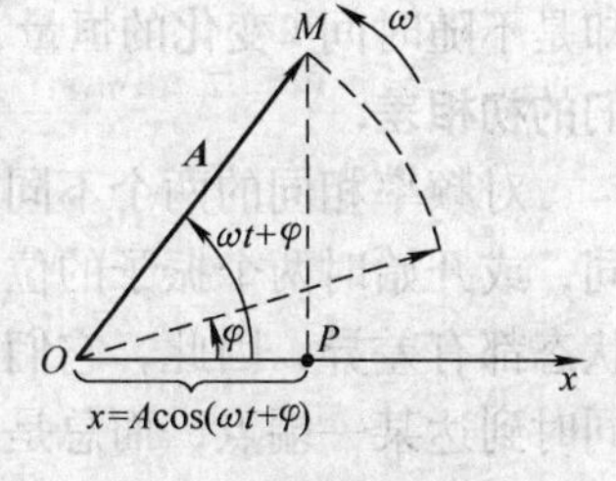

图 8-5

由简谐振动的旋转矢量图示法看出，旋转矢量转动一周，相当于简谐振子振动一个周期（来回一次）. 在相位 $\omega t + \varphi$ 从 0 到 2π 的变动过程中，显示出一个周期中简谐振子的各个不同位置.

上述旋转矢量图示法以后在讨论同方向简谐振动的合成时就要用到，此外，在电工学等学科中也有广泛的应用.

问题 8-8 什么叫作旋转矢量？为什么可用它来表述简谐振动？

例题 8-6 一弹簧振子，沿 Ox 轴做振幅为 A 的简谐振动，其表达式用余弦函数表示. 若 $t=0$ 时，振子的运动状态分别为：(1) $x_0 = -A$；(2) 过平衡位置向 Ox 轴正方向运动；(3) 过 $x_0 = A/2$ 处向 Ox 轴负方向运动；(4) 过 $x_0 = A/\sqrt{2}$ 处向 Ox 轴正方向运动. 试用旋转矢量图示法确定相应的初相.

解 根据起始时刻的位置 x_0 和初速 $\boldsymbol{v}_0$ 的方向，确定旋转矢量 $\boldsymbol{A}$ 在 $t=0$ 时的方位，则旋转矢量 $\boldsymbol{A}$ 与 Ox 轴正方向所成的角即为初相 φ，按题设，做出相应的旋转矢量图，如例题 8-6 图 a、b、c、d 所示，其初相分别为 $\varphi = \pi$，$\varphi = 3\pi/2$，$\varphi = \pi/3$ 和 $\varphi = 7\pi/4$（也可表示为 $-\pi/4$）.

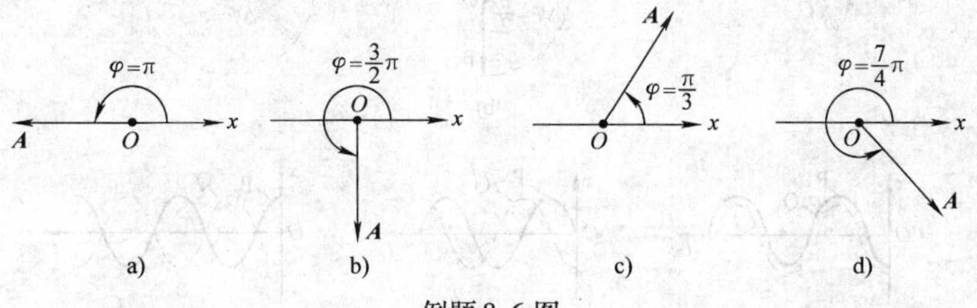

例题 8-6 图

8.3.2 相位差

在比较两个或两个以上的简谐振动时，相位差的概念很重要. 设有两个质点 A 及 B 沿同一直线，以不同的振幅、频率和初相在振动着，其振动表达式分别为

$$x_{\mathrm{A}}=A'\cos(\omega't+\varphi')$$
$$x_{\mathrm{B}}=A\cos(\omega t+\varphi)$$

式中，A、A'分别为两个振动的振幅；ω'、ω 和 φ、φ'分别为它们的角频率和初相. 其相位差

$$(\omega't+\varphi')-(\omega t+\varphi)=(\omega'-\omega)t+(\varphi'-\varphi)$$

显然是随时间 t 而变化的.然而,对频率相同的两个简谐振动而言,其相位差

$$(\omega t+\varphi')-(\omega t+\varphi)=\varphi'-\varphi$$

却是不随时间 t 变化的恒量，读者应牢记：**在同频率的情况下，两个振动的相位差就是它们的初相差**.

对频率相同的两个不同的振子来说，它们的相位不同，往往是由于开始振动的时刻不同，或开始时两个振子的位置或速度的不同所造成的，以致使两个振子在任何时刻的运动状态都有差异，因此，它们振动的步调不相一致. 即它们不能同时到达平衡位置，也不能同时到达某一端点，而总是一个比另一个**落后**（或**超前**）一些. 这种现象称为**异步**，其差异我们就可以用两个振动的**相位差**来描述.

图 8-6 表示两个同频率、同振幅的振子 P、Q 做简谐振动，它们的相位差（同频率的情况下即为初相差）分别为 $\Delta\varphi=\varphi'-\varphi=0$，$\pi/2$，$\pi$. 当初相差等于零（即初相相同）、即 $\Delta\varphi=0$ 时，我们把两个简谐振动 P、Q 称为**同相**或**同步**，这表示它们同来同往，同时到达平衡位置，也同时到达每个端点，在 $x-t$ 曲线上两者重合，步调永远一致；当初相差等于 $\pi/2$ 时，表示当振子 P 在平衡位置时，振子 Q 却在左端，往后，当振子 Q 到达平衡位置时，振子 P 已超前 $T/4$ 的时间而到达右端了，在 $x-t$ 曲线上，振子 P 的最大位移（或称**峰值**）比振子 Q 出现得早；有时我们也可以说，振子 Q 比振子 P 在相位上**落后** $\pi/2$，故在 $x-t$ 曲线上，振子 Q 的最大位移比振子 P 滞迟 $T/4$ 时间出现；当相位差等于 π 时，则两个振动的位移与速度方向永远相反，振子 P 和振子 Q 相差半个周期，即 P 在相位上比 Q 超前 π，我们称这两个简谐振动为**反相**. 对于其他的相位差，也可以仿此想象.

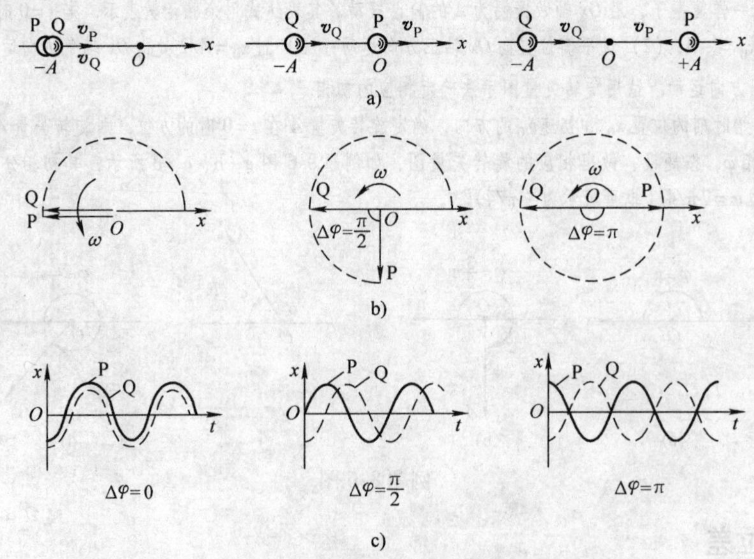

图 8-6 两个简谐振动的相位差

a）两个简谐振子的振动情况 b）两个简谐振子振动的旋转矢量图 c）$x-t$ 曲线

问题8-9 何谓相位差？它与初相差有何异同？如何根据相位差来比较两个振动的步调？

例题8-7 两个弹簧振子的振动周期都是0.4s. 设开始时，第一个振子从平衡位置向负方向运动，经过0.2s后，第二个振子才从正方向的端点开始运动. 求这两个振动的相位差.

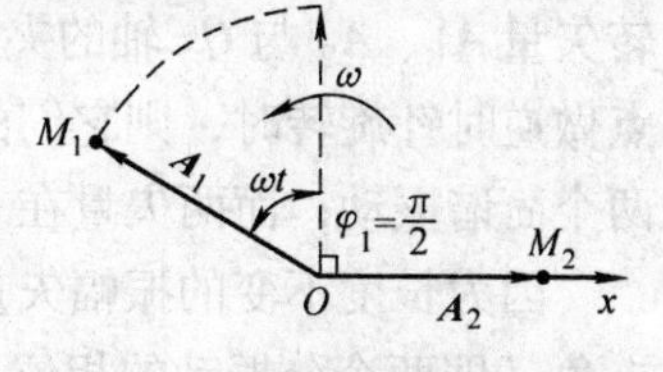

例题8-7图

解 我们用旋转矢量图示法来讨论这个问题. 如例题8-7图所示，开始时，第一个振子在平衡位置，且向负方向运动，故其初相为 $\varphi_1=\pi/2$；经 $t=0.2\text{s}$ 后，这个振动的旋转矢量 $\boldsymbol{A}_1$ 转过一角度 ωt，因而其相位为 $\omega t+\pi/2$（即旋转矢量 $\boldsymbol{A}_1$ 与 Ox 轴所夹的角）. 此时第二个振子刚好从正端开始运动，所以它在这时的相位为零，即第二个振动的旋转矢量 $\boldsymbol{A}_2$ 与 Ox 轴的夹角为零，故这两个振动的相位差为

$$
\begin{aligned}
(\omega t+\varphi_1)-(\omega t+\varphi_2) &= \left(\omega t+\frac{\pi}{2}\right)-0 \\
&= \omega t+\frac{\pi}{2} \\
&= \frac{2\pi}{T}t+\frac{\pi}{2} \\
&= \frac{2\pi}{0.4\text{s}}\times 0.2\text{s}+\frac{\pi}{2} \\
&= \frac{3}{2}\pi
\end{aligned}
$$

8.4 同方向简谐振动的合成 拍

在实际问题中，所遇到的振动往往是由好几个振动合成的. 例如，在剧烈震动的机房内，为了防止精密仪器震坏，可以将仪器用软弹簧悬挂起来，如图8-7所示. 这相当于一个弹簧振子悬挂在机房顶上，一方面这振子相对于机房有一振动，同时机房相对于地面也在振动. 这样，弹簧振子相对于地面的振动就是上述两个振动的合成. 又如，当两个声波同时传播到空间某一点时，该点处的空气质元就被迫同时参与两个振动，这时质元的运动就是这两个振动的合成. 下面我们只讨论几种简单情形下的简谐振动的合成.

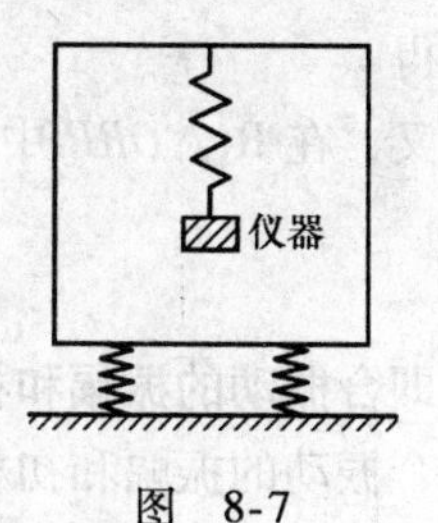

图 8-7

8.4.1 同方向、同频率简谐振动的合成

设质点同时参与两个在同一直线上（例如沿 Ox 轴）进行的简谐振动，它们的频率相同，即角频率都是 ω，而振幅和初相不同，且分别为 A_1、A_2 和 φ_1、φ_2，它们在任一时刻 t 的位移分别为

$$x_1=A_1\cos(\omega t+\varphi_1)$$
$$x_2=A_2\cos(\omega t+\varphi_2)$$

则合振动的位移 x 应等于上述两个位移的代数和，即

$$x=x_1+x_2=A_1\cos(\omega t+\varphi_1)+A_2\cos(\omega t+\varphi_2) \quad (8\text{-}17)$$

利用旋转矢量图示法很容易得到合振动的表达式. 如图8-8所示，Ox 轴代表振动方向，原点 O 代表平衡位置.

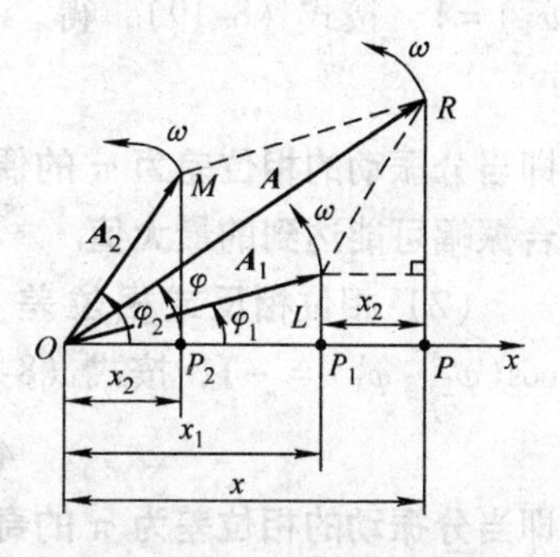

图8-8 两个同方向、同频率简谐振动合成的矢量图

从 O 点作两个长度分别为 A_1、A_2 的旋转矢量 $\boldsymbol{A}_1$、$\boldsymbol{A}_2$，以表示这两个振动．在开始时，旋转矢量 $\boldsymbol{A}_1$、$\boldsymbol{A}_2$ 与 Ox 轴的夹角分别为 φ_1 和 φ_2．当两个旋转矢量以相同的匀角速度 ω 绕 O 点做逆时针旋转时，则它们的端点 L、M 在 Ox 轴上的投影 P_1、P_2 的运动就分别代表上述两个简谐振动；而两矢量在 Ox 轴上的投影则分别代表两个振动的位移 x_1 和 x_2．

因为长度不变的振幅矢量 $\boldsymbol{A}_1$ 和 $\boldsymbol{A}_2$ 以同一匀角速度 ω 绕 O 点旋转，所以它们之间的夹角（即两个分振动的相位差）$\delta=\varphi_2-\varphi_1$ 恒保持不变，因而由 $\boldsymbol{A}_1$ 和 $\boldsymbol{A}_2$ 构成的平行四边形的形状始终保持不变，并以角速度 ω 整体地做逆时针旋转．这样，它们的合矢量 $\boldsymbol{A}$ 的长度（即平行四边形的对角线）也不变，并且也以匀角速度 ω 绕 O 点做逆时针旋转．所以合矢量 $\boldsymbol{A}$ 的端点 R 在 Ox 轴上的投影 P 所代表的运动也是简谐振动，而且其频率与原来两个振动的频率一样．从图上还可看出，合矢量 $\boldsymbol{A}$ 在 Ox 轴上的投影 x 等于 x_1 和 x_2 的代数和，所以合矢量 $\boldsymbol{A}$ 在 Ox 轴上的投影可以代表这两个简谐振动的合成，即合矢量 $\boldsymbol{A}$ 代表了合成振动的旋转矢量．

由此可以断定，**由两个频率相同的、在同一直线上进行的简谐振动所合成的运动，也是沿此直线的简谐振动，其频率 ω 等于原来振动的频率**，合振动的振动表达式为

$$x=A\cos(\omega t+\varphi) \tag{8-18}$$

式中，振幅 A 即为合矢量 $\boldsymbol{A}$ 的长度；初相 φ 是合矢量 $\boldsymbol{A}$ 与 Ox 轴所成的夹角．在图 8-8 中，对△OLR，根据余弦定理，有

$$A^2=A_1^2+A_2^2-2A_1A_2\cos[180°-(\varphi_2-\varphi_1)]$$

得

$$A=\sqrt{A_1^2+A_2^2+2A_1A_2\cos(\varphi_2-\varphi_1)} \tag{8-19}$$

又，在 Rt△ORP 中，有

$$\varphi=\arctan\frac{A_1\sin\varphi_1+A_2\sin\varphi_2}{A_1\cos\varphi_1+A_2\cos\varphi_2} \tag{8-20}$$

即合振动的振幅和初相分别由式（8-19）和式（8-20）确定；它们的值均取决于原来两个振动的振幅和初相．

从式（8-19）可以看出，合振动的振幅和原来两个振动的相位差（$\varphi_2-\varphi_1$）有关，下面讨论振动合成的两个重要特例．这两个特例将来在讨论声波（机械波）、光波的干涉和衍射现象时常要用到．

（1）**相位相同或相位差 $\varphi_2-\varphi_1=2k\pi$（$k$ 为零或任意正、负整数）**．这时，$\cos(\varphi_2-\varphi_1)=1$，按式（8-19），得

$$A=\sqrt{A_1^2+A_2^2+2A_1A_2}=A_1+A_2 \tag{8-21}$$

即当分振动的相位差为 π 的偶数倍时，合振动的振幅等于两个分振动的振幅之和，这是合振幅可能达到的最大值．

（2）**相位相反或相位差 $\varphi_2-\varphi_1=(2k+1)\pi$（$k$ 为零或任意正、负整数）**．这时，$\cos(\varphi_2-\varphi_1)=-1$，按式（8-19），得

$$A=\sqrt{A_1^2+A_2^2-2A_1A_2}=|A_1-A_2| \tag{8-22}$$

即当分振动的相位差为 π 的奇数倍时，合振动的振幅等于两个分振动的振幅之差的绝对值（因振幅 A 是正值，故取绝对值），**这是合振幅可能达到的最小值**．如果在这种情形下，$A_1=A_2$，则 $A=0$，就是说，振动合成的结果，使质点处于静止状态．例如，在图 8-7

所示的情况中，只要弹簧振子和机房两者的振动相位相反、振幅相近，仪器的合成振动的振幅就很小，即振动很微弱，从而可以防止仪器震坏.

上述式（8-21）、式（8-22）所给出的结果是很容易理解的. 前者，两个分振动由于位移方向始终相同，故始终互相加强，因此，合振动的振幅最大；而后者，两个分振动由于位移方向始终相反，故始终互相削弱，因此，合振动的振幅最小.

上面所讲的是两种极端情况；在一般情形下，相位差 $\varphi_2-\varphi_1$ 可以是任意值，而合振动的振幅是介于 A_1+A_2 和 $|A_1-A_2|$ 之间的某一个定值，即 $|A_1-A_2|\leqslant A\leqslant A_1+A_2$.

综上所述，**两个简谐振动的相位差对合振动起着重要的作用.**

问题 8-10 试导出同方向、同频率的两个简谐振动的合振动表达式及其振幅和初相的计算公式；并分析合成时互相加强和互相减弱的条件.

8.4.2 同方向、不同频率简谐振动的合成 拍

如果物体参与两个方向相同、频率不同（为确定起见，设 $\omega_2>\omega_1$，并为了便于讨论，取两个振动的初相 φ 相同）的简谐振动，振动表达式分别为

$$\left.\begin{aligned}x_1&=A_1\cos(\omega_1 t+\varphi)\\x_2&=A_2\cos(\omega_2 t+\varphi)\end{aligned}\right\}\tag{8-23}$$

则合振动的振动表达式为

$$x=x_1+x_2=A_1\cos(\omega_1 t+\varphi)+A_2\cos(\omega_2 t+\varphi)\tag{8-24}$$

虽然合振动仍与原来振动的方向相同，但由于上述两个简谐振动的角频率 ω_1 和 ω_2 不同，故合成后不再是简谐振动，而是比较复杂的周期运动了. 上述两个振动的合成，我们仍可利用图 8-8 的旋转矢量图示法来说明.

由于这两个简谐振动的角频率不同，在旋转矢量图中，旋转矢量 $\boldsymbol{A}_1$ 和 $\boldsymbol{A}_2$ 绕点 O 的转动角速度 ω_1 和 ω_2 就不再相同，$\boldsymbol{A}_1$ 与 $\boldsymbol{A}_2$ 之间的夹角（即两振动的相位差）$\delta=(\omega_2 t+\varphi)-(\omega_1 t+\varphi)=(\omega_2-\omega_1)t$ 将随时间变化. 以两个旋转矢量 $\boldsymbol{A}_1$ 和 $\boldsymbol{A}_2$ 为邻边所构成的平行四边形，在转动过程中将不断地改变形状，因此，代表合振动的旋转矢量 $\boldsymbol{A}$ 的长度（即平行四边形的对角线）和转动角速度 ω 都在不断变化，合振动不再是简谐振动.

现在，我们来讨论合振动振幅的变化规律. 如图 8-9 所示，设在某时刻（作为 $t=0$ 的起始时刻），$\boldsymbol{A}_1$ 与 $\boldsymbol{A}_2$ 的相位差为零，即 $\boldsymbol{A}_1$ 与 $\boldsymbol{A}_2$ 之间的夹角 $\delta=0$，因而合振动的振幅最大，$A=A_1+A_2$，合振动最强（图 8-9a）. 此后，由于 $\boldsymbol{A}_2$ 的转速 ω_2 大于 $\boldsymbol{A}_1$ 的转速 ω_1，$\boldsymbol{A}_2$ 将领先于 $\boldsymbol{A}_1$，使二者间的夹角 δ 随时间增长而逐渐增大. 设经过时间 t_1，δ 从 0 增加到 π，则由（$\omega_2-\omega_1$）$t_1=\pi$，可知经历时间 $t_1=\dfrac{\pi}{\omega_2-\omega_1}$后，$\boldsymbol{A}_2$ 与 $\boldsymbol{A}_1$ 指向相反，此时合

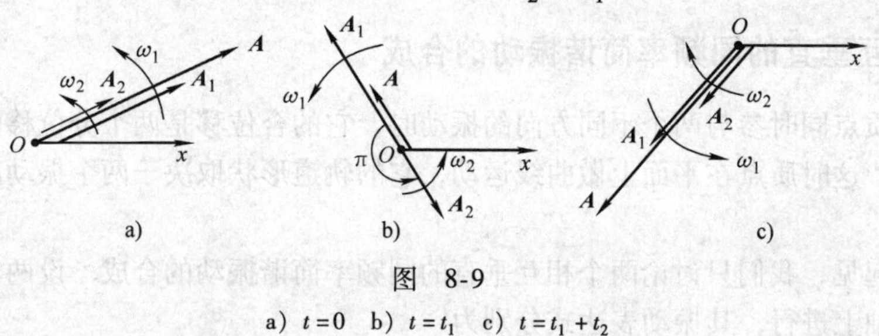

图 8-9

a) $t=0$ b) $t=t_1$ c) $t=t_1+t_2$

振动的振幅最小，$A=|A_1-A_2|$，合振动最弱（图 8-9b）. 接着，又经过时间 $t_2=\frac{\pi}{\omega_2-\omega_1}$，$\delta$ 从 π 增大到 2π，$\boldsymbol{A}_2$ 领先而比 $\boldsymbol{A}_1$ 多转一圈，并与 $\boldsymbol{A}_1$ 再度重叠而指向相同，此时，合成振幅又达最大，即 $A=A_1+A_2$，合振动又最强（图 8-9c）. 往后，上述过程将重复出现. 所以，合振动的振幅时大时小（或者说合振动的强度时强时弱）地在做周期性的变化，这种现象称为**拍**.

如上所述，合振动强弱变化一次所需的时间是 $t_1+t_2=\frac{2\pi}{\omega_2-\omega_1}$. 那么，合振动在单位时间内强弱变化的次数为

$$\nu=\frac{1}{t_1+t_2}=\frac{\omega_2-\omega_1}{2\pi}=\frac{\omega_2}{2\pi}-\frac{\omega_1}{2\pi}=\nu_2-\nu_1 \tag{8-25}$$

便叫作**拍频**，即拍频等于两个简谐振动的频率 ν_2 与 ν_1 之差.

如上所说，两个同方向的简谐振动由于频率不同，其合振动会产生周期性的加强和减弱，出现拍的现象. 但是值得指出，实用上所研究的拍的现象，主要是对两个角频率都较大、而二者之差又很小的同方向简谐振动的合振动而言的. 在这种情形下，由于 ω_1 和 ω_2 相差甚微，两个振动的旋转矢量的夹角 $\delta=(\omega_2-\omega_1)t$ 的变化很缓慢，拍频较小，合振动经历一次强弱变化所需的时间就很长，因而能明显地觉察到合振动时强时弱的周期性变化. 例如，同时敲打两个并列的音叉，若它们的频率相差很小，我们就会周而复始地听到“嗡”“嗡”……的声音，显示出声音时强时弱的周期性变化，察觉到拍的现象.

图 8-10 表示形成拍的情形. 图 8-10a、b 分别代表分振动（图中设其振幅 $A_1=A_2$），图 8-10c 代表合振动. 在任一时刻，合振动的位移在图上直接由分振动的位移相加而得到. 从图中可以清楚地看出，合振动的振幅是随时间而变化的，并且这种变化时强时弱地显示出一定的周期性. 因此，拍是一种周期性的非简谐振动.

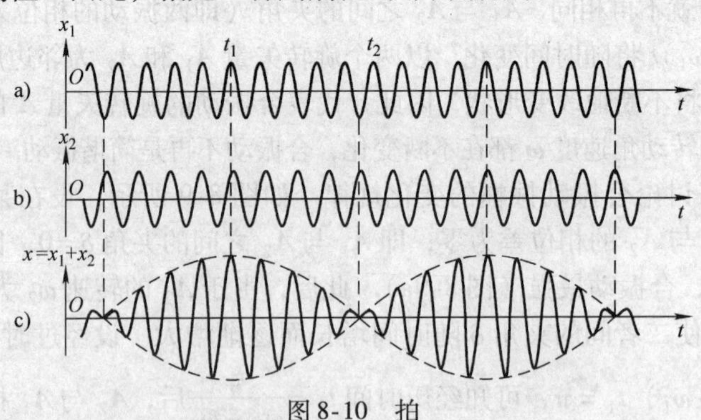

图 8-10　拍

8.4.3　相互垂直的同频率简谐振动的合成

当一个质点同时参与两个不同方向的振动时，它的合位移是两个分位移的矢量和. 在一般情况下. 这时质点在平面上做曲线运动，它的轨道形状取决于两个振动的周期、振幅和相位差.

为简单起见，我们只讨论两个相互垂直的同频率简谐振动的合成. 设两个振动分别在 Ox 轴和 Oy 轴上进行，其振动表达式分别为

$$\left.\begin{aligned}x&=A_1\cos(\omega t+\varphi_1)\\y&=A_2\cos(\omega t+\varphi_2)\end{aligned}\right\}\tag{8-26}$$

在时刻 t，质点在 xOy 平面上的位置坐标是（x，y），t 改变时，其位置坐标（x，y）也随之改变．所以，上两式就是质点运动轨道的参数方程．如果利用三角函数和差公式将上两式展开，经过数学处理，把参数 t 消去．就可得到合成振动的轨道方程为

$$\frac{x^2}{A_1^2}+\frac{y^2}{A_2^2}-\frac{2xy}{A_1A_2}\cos(\varphi_2-\varphi_1)=\sin^2(\varphi_2-\varphi_1)\tag{8-27}$$

这是椭圆方程．设 $A_1>A_2$，则椭圆的形状可由两个分振动的相位差 $\varphi_2-\varphi_1$ 决定．下面讨论几种特殊情形．

（1）$\varphi_2-\varphi_1=0$，**即两个振动的相位差为零，亦即，相位相同**，$\varphi_1=\varphi_2$．这时，由式（8-27）得

$$\frac{y}{x}=\frac{A_2}{A_1}$$

因此，质点的轨道是通过坐标原点的一条直线，斜率为两个振幅之比 A_2/A_1（图8-11a）．由式（8-26），令 $\varphi_1=\varphi_2=\varphi$，则在时刻 t，质点沿这条直线相对于平衡位置 O 的位移为

$$r=\sqrt{x^2+y^2}=\sqrt{A_1^2+A_2^2}\cos(\omega t+\varphi)$$

所以，合振动也是简谐振动，频率等于原来的频率，振幅等于 $\sqrt{A_1^2+A_2^2}$，沿直线 $y/x=A_2/A_1$ 振动．

如果两个振动的相位差为 $\varphi_2-\varphi_1=\pi$，即相位相反，那么，读者可自行得出，质点在另一条直线 $y/x=-A_2/A_1$ 上做简谐振动（图8-11b），其振幅和频率与上述结果相同．

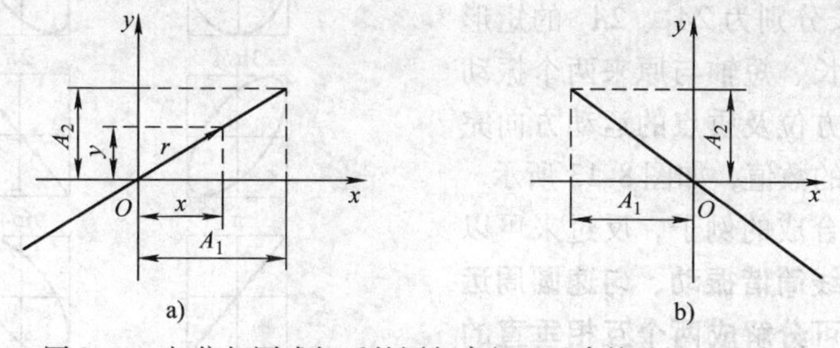

图8-11　相位相同或相反的同频率相互垂直简谐振动的合成

a）$\varphi_2-\varphi_1=0$　b）$\varphi_2-\varphi_1=\pi$

（2）$\varphi_2-\varphi_1=\pi/2$，这时，由式（8-27）得

$$\frac{x^2}{A_1^2}+\frac{y^2}{A_2^2}=1$$

即质点运动的轨道是以坐标轴为主轴的正椭圆（图8-12a）．质点沿这个椭圆轨道的运动方向，可以这样来判断：即由式（8-26），当 $\varphi_2-\varphi_1=\pi/2$ 时，质点的振动表达式分别为

$$\begin{aligned}x&=A_1\cos(\omega t+\varphi_1)\\y&=A_2\cos(\omega t+\varphi_2)\\&=A_2\cos\left(\omega t+\varphi_1+\frac{\pi}{2}\right)\\&=-A_2\sin(\omega t+\varphi_1)\end{aligned}$$

设某一时刻，$\omega t+\varphi_1=0$，此时振动质点的位置为 $x=A_1$，$y=0$. 稍后，t 略微增大，此时 $x>0$，$y<0$，即质点运动到第四象限，可见质点在椭圆上做顺时针旋转（即右旋），如图 8-12a 上的箭头所示.

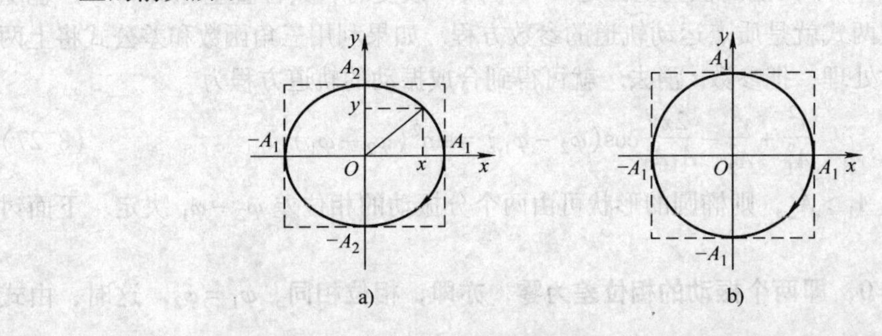

图 8-12　相位差为 π/2 的同频率相互垂直简谐振动的合成

如果 $\varphi_2-\varphi_1=\dfrac{3}{2}\pi$，这时质点做逆时针旋转（即左旋）. 请读者自行分析.

在上述两种情形中，如果两个分振动的振幅相等，即 $A_1=A_2$，则椭圆将变为圆（图 8-12b 表示了其中的一种情况）.

在一般情形下，即相位差不是上述几种特殊值时，合成振动的轨道是一些方位不同的斜椭圆，这些椭圆被局限在平行于 Ox、Oy 轴的边长分别为 $2A_1$、$2A_2$ 的矩形范围内，它们的长、短轴与原来两个振动方向不重合，其方位及质点的运动方向完全取决于相位差的数值，如图 8-13 所示.

从上述各种合成的例子，反过来可以说：**任何一种直线简谐振动、匀速圆周运动或椭圆运动都可分解成两个互相垂直的简谐振动.**

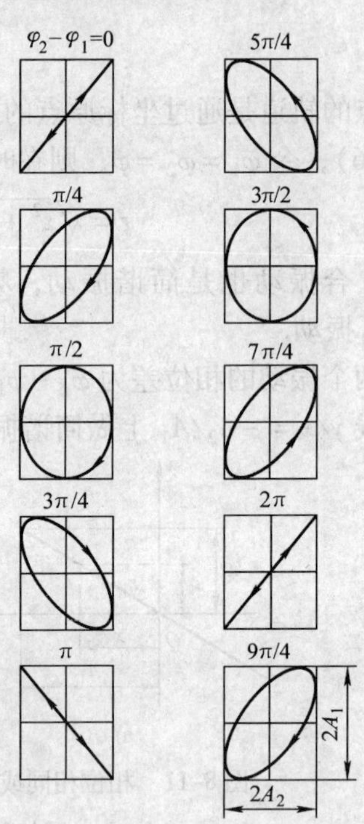

图 8-13　在各种相位差时，两个同频率相互垂直振动的合成

问题 8-11　试按式（8-27）分析相位差为 $\varphi-\varphi_2=0$、$\dfrac{\pi}{4}$、$\dfrac{\pi}{2}$、$\dfrac{3}{4}\pi$、π 时，两个同频率相互垂直振动的合成，并大致勾画出其轨道曲线.

8.4.4　相互垂直的不同频率简谐振动的合成　李萨如图形

两个相互垂直的简谐振动，若具有不同频率，则其相位差将随时间而变化，因而其合成振动的轨道一般不能形成稳定的图形. 若两个分振动的频率相差较小，则合成振动的轨道将不断地按图 8-13 所示的顺序，在边长为 $2A_1$、$2A_2$ 的矩形范围内由直线逐渐变为椭圆、又由椭圆变为直线，并重复地变化下去.

如果两个分振动的频率相差较大，但具有简单的整数比，则合成振动的轨道为稳定的封闭曲线，曲线的样式与分振动的频率比及相位差有关，这种曲线叫作**李萨如**

(J. A. Lissajous, 1822—1880) **图形**. 图8-14表示两个分振动的频率比分别为1∶2、1∶3、2∶3时几种不同相位差的李萨如图形. 李用电子示波器，调整输入信号的频率比，可以在荧光屏上观察到不同样式的李萨如图形. 因此，可由一个振动的已知频率，测求另一个振动的未知频率. 工程上常用这种方法来测定未知频率.

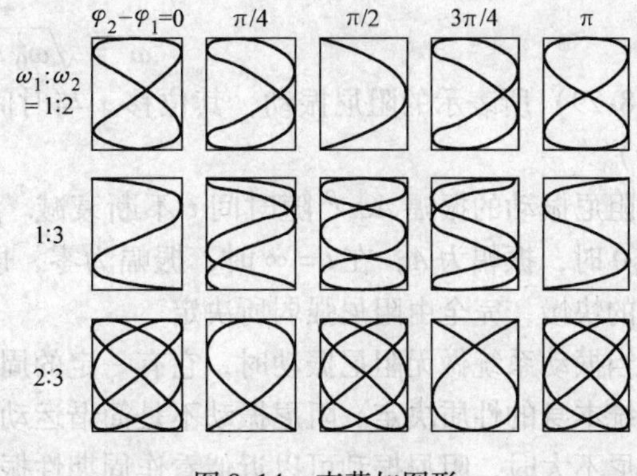

图8-14　李萨如图形

*8.5　阻尼振动

到现在为止，我们所讨论的简谐振动只是理想的情形. 在实际振动中，由于振动系统受阻尼作用，它最初所拥有的能量因不断克服阻力做功和向外辐射而逐渐减小. 随着能量的不断减少，振动强度逐渐衰减，振幅也就越来越小，以致最后停止振动. **这种振幅(或能量)随时间而减小的振动**称为**阻尼振动**.

如图8-15所示的弹簧振子，我们主要讨论它受摩擦阻力而减幅的情形. 在振动情况下所受的摩擦阻力中，一般来说，往往只考虑介质（即振动物体周围的空气或液体等流体）的黏滞阻力. 实验指出，在物体运动速度甚小的情况下，黏滞阻力 $\boldsymbol{R}$ 的大小与物体运动速度的大小 v 成正比，阻力方向与速度方向相反，即

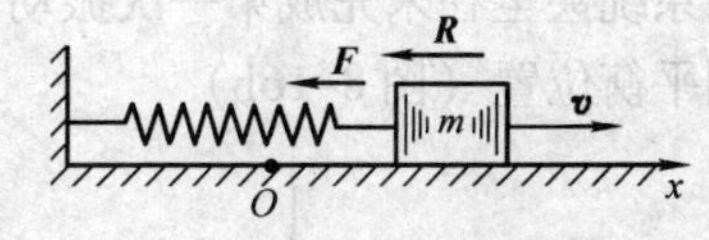

图8-15　阻尼振动

$$R = -\gamma v$$

式中，γ 称为**阻力系数**，它由振动物体的形状和介质的性质决定. 式中的负号表示阻力与速度的方向相反. 弹簧振子除受弹性力 $\boldsymbol{F}$ 以外，只考虑黏滞阻力 $\boldsymbol{R}$ 的作用，则按牛顿第二定律，振子运动方程沿 Ox 轴的分量式为

$$-kx - \gamma v = m\frac{\mathrm{d}^2x}{\mathrm{d}r^2}$$

或

$$m\frac{\mathrm{d}^2x}{\mathrm{d}t^2} + \gamma\frac{\mathrm{d}x}{\mathrm{d}t} + kx = 0$$

式中，m 为振动物体的质量；$\mathrm{d}x/\mathrm{d}t = v$；$k$、$\gamma$ 都是恒量. 为了便于数学处理，若令 $k/m = \omega_0^2$，$\gamma/m = 2\beta$，则上式可写成

$$\frac{\mathrm{d}^2x}{\mathrm{d}t^2} + 2\beta\frac{\mathrm{d}x}{\mathrm{d}t} + \omega_0^2x = 0 \tag{8-28}$$

式中，β 表征阻尼的强弱，称为**阻尼恒量**，它与系统本身的质量和介质的阻力系数有关；ω_0 是振动系统不受阻尼作用时的固有角频率，由系统本身的性质决定.

当阻尼较小，即 $\beta^2 < \omega_0^2$ 时，上述微分方程（8-28）的解为

$$x = A\mathrm{e}^{-\beta t}\cos(\omega' t + \varphi) \tag{8-29}$$

这就是阻尼振动的表达式. 式中，A、φ 为积分恒量，由初始条件决定；而角频率为

$$\omega' = \sqrt{\omega_0^2 - \beta^2} \tag{8-30}$$

式（8-29）所表示的阻尼振动，其位移 x 与时间 t 的关系曲线如图 8-16a 所示（图中设 $\varphi = 0$）.

阻尼振动的振幅 $Ae^{-\beta t}$ 随时间 t 不断衰减. β 越大，说明阻尼越大，振幅衰减越快. 在 $t = 0$ 时，振幅为 A；在 $t = \infty$ 时，振幅为零，即振动停止. 阻尼振动的振幅按指数规律衰减的快慢，完全由阻尼强弱所决定.

当振动系统做无阻尼振动时，它有一定的周期，这就是系统本身的**固有周期**，它完全由系统本身的性质决定. 阻尼振动不是简谐运动，而且严格地讲，它也不是周期运动. 但在阻尼不大时，阻尼振动可以近似看作周期性振动，它的周期是

$$T_{阻} = \frac{2\pi}{\omega'} = \frac{2\pi}{\sqrt{\omega_0^2 - \beta^2}} \tag{8-31}$$

这周期由系统本身的性质和阻尼的强弱共同决定. 实验和理论都可以证明，对于一定的振动系统，有阻尼时的周期要比无阻尼时的周期大些，即 $T_{阻} > 2\pi/\omega_0$，这意味着完成一次振动的时间要长些.

如果阻尼很大，以至于 $\beta^2 > \omega_0^2$，则式（8-28）的解已不是式（8-29）了. 此时，振动系统甚至在未完成第一次振动以前，能量就消耗殆尽，继而通过非周期性运动的方式回到平衡位置（图 8-16b）.

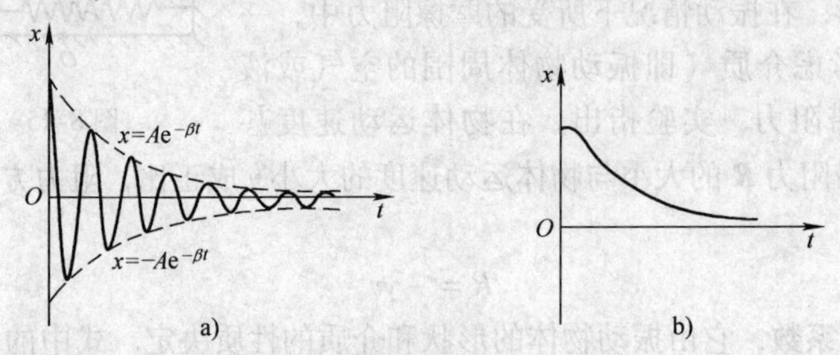

图 8-16 阻尼振动的 $x-t$ 曲线

问题 8-12 （1）试按式（8-29）计算阻尼振动的机械能 $E = \frac{1}{2}mv^2 + \frac{1}{2}kx^2$.

（2）证明机械能的时间变化率 $dE/dt < 0$（$dE/dt < 0$ 的意义是什么?）

（3）为什么说阻尼振动就是减幅振动?

*8.6 受迫振动 共振

前述各节所讨论的振动系统，一旦受外界扰动而离开平衡位置，就能自行振动；在振动过程中，除所受的弹性力（或准弹性力）和阻尼力以外，并没有再施加用来维持振动的其他外力——即所谓**驱动力**. 这种不受驱动力作用的振动称为**自由振动**.

振动系统在驱动力的持续作用下发生的振动称为受迫振动. 日常所见的受迫振动，所受的驱动力大多是一种周期性变化的外力. 例如，在发动机工作时，它的基础就受到发动机旋转时所作用的周期性力，使其做受迫振动.

如图 8-17 所示，设质量为 m 的弹簧振子在弹性力 $F = -kx$，黏滞阻力 $R = -\gamma dx/dt$ 和周期性外力（驱动力）$F_{\sim} = H\cos pt$ 作用下，进行受迫振动. $F_{\sim}$ 的最大值是 H，称为驱

动力的**力幅**，p 是驱动力的角频率. 按牛顿第二定律，振子运动方程沿 Ox 轴的分量式为

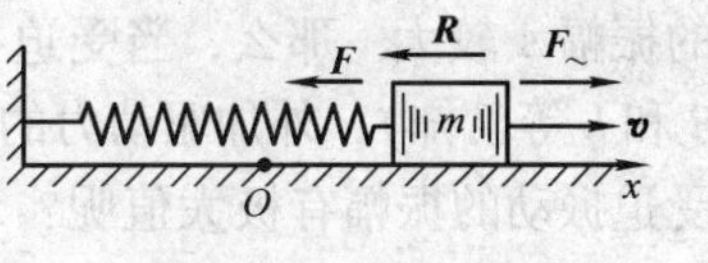

$$-kx-\gamma\frac{\mathrm{d}x}{\mathrm{d}t}+H\cos pt=m\frac{\mathrm{d}^2x}{\mathrm{d}t^2}$$

图 8-17 受迫振动

令 $k/m=\omega_0^2$，$\gamma/m=2\beta$ 及 $H/m=h$，则上式可写成

$$\frac{\mathrm{d}^2x}{\mathrm{d}t^2}+2\beta\frac{\mathrm{d}x}{\mathrm{d}t}+\omega_0^2x=h\cos pt \tag{8-32}$$

在 $\beta^2<\omega_0^2$ 的情况下，上述二阶非齐次线性微分方程的解为

$$x=A'\mathrm{e}^{-\beta t}\cos(\omega't+\varphi')+A\cos(pt+\varphi) \tag{8-33}$$

A'、φ'都是积分恒量. 式（8-33）说明，受迫振动是由含有阻尼恒量的衰减振动 $A'\mathrm{e}^{-\beta t}\cos(\omega't+\varphi')$ 和等幅的余弦振动 $A\cos(pt+\varphi)$ 所合成的；在特定的初始条件下，其位移 x 与时间 t 的关系曲线如图 8-18的实线所示.

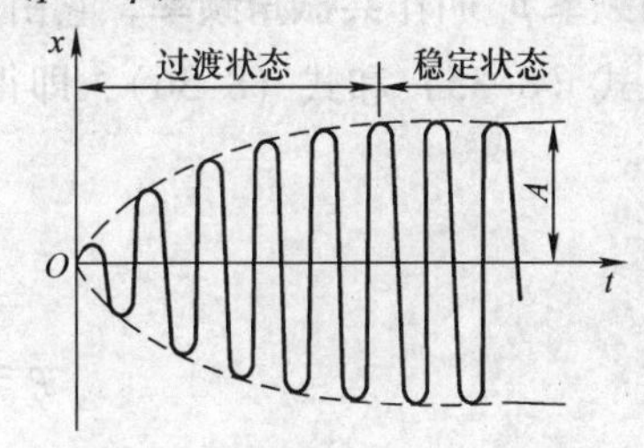

图 8-18 受迫振动的 $x-t$ 曲线

受迫振动开始时的情形很复杂. 但经过较短时间的过渡状态后，式（8-33）右端第一项的阻尼振动实际上已衰减到可以忽略不计的程度，随后振动便过渡到一种稳定状态（图8-18）.

在稳定状态下，受迫振动成为一种周期性的等幅余弦振动，其振动表达式为

$$x=A\cos(pt+\varphi) \tag{8-34}$$

式中，振动的角频率就是驱动力的角频率 p，而振幅 A 以及受迫振动与驱动力之间的相位差 φ[⊖]不仅决定于驱动力的力幅和角频率，还决定于系统的固有角频率 ω_0 和阻尼常量 β，它们和开始时的运动状态无关（这和简谐运动的情形不同，在简谐运动中，振幅 A 和初相 φ 决定于初始条件），实际上，将式（8-34）代入式（8-32），读者可自行求得受迫振动在稳定状态时的振幅和初相分别为

$$A=\frac{h}{\sqrt{(\omega_0^2-p^2)^2+4\beta^2p^2}} \tag{8-35}$$

$$\varphi=\arctan\frac{-2\beta p}{\omega_0^2-p^2} \tag{8-36}$$

综上所述，当系统受周期性驱动力而做受迫振动时，经过一定时间后，振动就达到稳定状态. 而稳定状态下的受迫振动是一个由式（8-34）所表示的余弦振动，它的频率就是驱动力的频率，它的振幅和初相分别由式（8-35）和式（8-36）决定.

现在，我们由式（8-35）来讨论稳定状态下受迫振动的振幅 A 与驱动力的角频率 p 之间的关系. 在不同的阻尼常量 β 的情形下，这二者之间的关系可按式（8-35）大致画出，如图 8-19 所示. 图中 ω_0 为振动系统的固有角频率. 由图可见，当驱动力的角频率 $p\gg\omega_0$ 或 $p\ll\omega_0$ 时，受迫振动的振幅 A 较小；而当 p 与 ω_0 接近，即 $p\approx\omega_0$ 时，受迫振动

⊖ 将式（8-34）的受迫振动表达式 $x=A\cos(pt+\varphi)$ 与驱动力 $F_{\sim}=H\cos pt$ 比较，可见初相 φ 也就是受迫振动与驱动力之间的相位差.

的振幅 A 较大. 那么，当受迫振动系统的条件给定（即 ω_0、β 和 h 等已知），外加驱动力的角频率 p 究竟多大时，才能使受迫振动的振幅有极大值呢？利用求函数极值的方法，将式（8-35）对 p 求导，令 $\mathrm{d}A/\mathrm{d}p=0$，并可判断：当驱动力的角频率为

$$p_{\mathrm{r}}=\sqrt{\omega_0^2-\beta^2} \tag{8-37}$$

时，受迫振动的振幅将有极大值. 我们把**受迫振动的振幅出现极大值的现象**叫作**共振，共振时的周期性外力（驱动力）的角频率 p_{r}** 叫作**共振角频率**，它由上式所决定. 将式(8-37)代入式（8-35）和式（8-36），即得共振时受迫振动的振幅和初相分别为

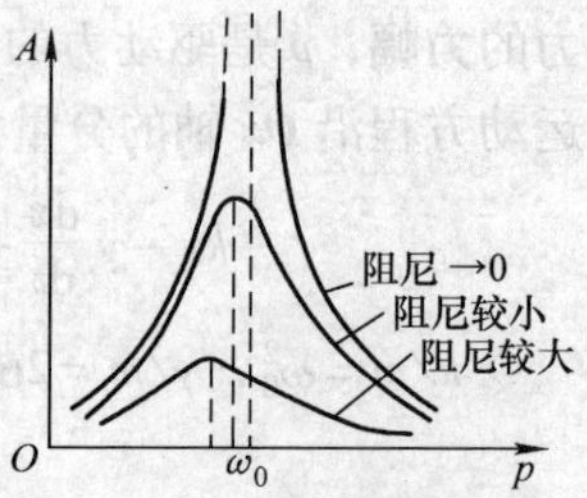

图 8-19 在不同的阻尼情况下，受迫振动的振幅 A 与驱动力角频率 p 的关系

$$A=\frac{h}{2\beta\sqrt{\omega_0^2-\beta^2}} \tag{8-38}$$

$$\varphi=\arctan=\frac{-\sqrt{\omega_0^2-2\beta^2}}{\beta} \tag{8-39}$$

由以上三式可见，共振角频率、共振振幅以及共振时受迫振动与驱动力之间的相位差，都和系统本身的性质（由 ω_0 表征）与阻尼力（由 β 表征）有关. 阻尼常量 β 越小，共振角频率 p_{r} 越接近受迫振动系统的固有角频率 ω_0，共振时振幅也越大，共振现象表现得越尖锐.

其实，在实际的振动系统中，β 不可能为零，所以总是存在着能量的耗损，而且振动越强烈，损耗也越大. 因此，振幅增大到一定程度时，外界输给系统的能量全部都损耗掉，这时振幅就不再增大. 也就是说，β 越小，共振时所达到的振幅极大值也越大，但不至于变为无限大.

受迫振动和共振现象在科学和技术领域内有广泛的应用. 由式（8-35）可知，受迫振动的振幅 A 决定于振动系统的固有角频率 ω_0、阻尼常量 β 以及驱动力的力幅 H 和角频率 p. 因此，我们可以通过调整这些物理量的大小去控制驱动力对振动系统的作用.

为了加强驱动力的作用而使受迫振动有很大的振幅，应该使驱动力的频率接近于固有振动频率. 例如，混凝土振捣器、选矿用的共振筛和收音机的调频等，就是根据这一原理设计制造的. 如果要削弱驱动力的作用而使受迫振动的振幅很小，就得改变驱动力的频率，使它与固有频率相差很大. 例如，人在跳板上行走时，如果步伐的频率和跳板上下颤动的固有频率相接近时，跳板就会上下剧烈振动，可能导致跳板折断，所以必须变慢步伐或用频率不定的步伐，使步伐的频率和跳板固有频率相差很远. 火车过桥时要开得慢，部队过桥时不能齐步行进，也是这个道理.

改变振动系统的固有角频率大小也可以控制驱动力的作用. 例如，各种机器的转动部分不可能都造得完全均衡，因此，机器运转时要产生和转动同频率的周期性力，如果机器（汽轮机、柴油机、发电机等）的转动频率和基座的固有角频率接近，将发生共振而损坏机器. 为此需要加厚基座，即改变其固有角频率，以避免共振.

此外，在驱动力的频率接近共振频率的情形下，增大或减小阻尼恒量，可以显著地削弱或增大振动系统的振幅. 例如，在建造地震区的建筑物时，除要考虑建筑物的固有频率

外，还常常用加大阻尼的方法以削弱地震的作用.

问题8-13 (1) 受迫振动的频率是否由振动系统的固有频率所决定？

(2) 产生共振的条件是什么？举例说明共振现象在工程和生活实际中有何利弊.

阅读材料

汽车减振系统

汽车减振器结构图悬架系统中由于弹性元件受冲击产生振动，为改善汽车行驶平顺性，悬架中与弹性元件并联安装减振器，为衰减振动，汽车悬架系统中采用减振器多是液力减振器，其工作原理是：

当车架（或车身）和车桥间受振动出现相对运动时，减振器内的活塞上下移动，减振器腔内的油液便反复地从一个腔经过不同的孔隙流入另一个腔内. 此时，孔壁与油液间的摩擦和油液分子间的内摩擦对振动形成阻尼力，使汽车振动能量转化为油液热能，再由减振器吸收散发到大气中. 在油液通道截面和等因素不变时，阻尼力随车架与车桥（或车轮）之间的相对运动速度增减，并与油液黏度有关.

减振器与弹性元件承担着缓冲击和减振的任务（图1），阻尼力过大，将使悬架弹性变坏，甚至使减振器连接件损坏. 因而要调节弹性元件和减振器这一矛盾. ①在压缩行程(车桥和车架相互靠近)，减振器阻尼力较小，以便充分发挥弹性元件的弹性作用，缓和冲击. 这时，弹性元件起主要作用. ②在悬架伸张行程中（车桥和车架相互远离），减振器阻尼力应大，迅速减振. ③当车桥（或车轮）与车桥间的相对速度过大时，要求减振器能自动加大液流量，使阻尼力始终保持在一定限度之内，以避免承受过大的冲击载荷.

在汽车悬架系统中广泛采用的是筒式减振器，且在压缩和伸张行程中均能起减振作用的叫作双向作用筒式减振器. 双向作用筒式减振器（图2）包括：活塞杆、工作缸筒、活塞、伸张阀、储油缸筒、压缩阀、补偿阀、流通阀、导向座、防尘罩、油封等.

双向作用筒式减振器工作原理：

在压缩行程时，指汽车车轮移近车身，减振器受压缩，此时减振器内活塞向下移动. 活塞下腔室的容积减少，油压升高，油液流经流通阀流到活塞上面的腔室（上腔）. 上腔被活塞杆占去了一部分空间，因而上腔增加的容积小于下腔减小的容积，一部分油液于是就推开压缩阀，流回储油缸. 这些阀对油的节约形成悬架受压缩运动的阻尼力.

减振器在伸张行程时，车轮相当于远离车身，减振器受拉伸. 这时，减振器的活塞向上移动，活塞上腔油压升高，流通阀关闭，上腔内的油液推开伸张阀流入下腔. 由于活塞杆的存在，自上腔流来的油液不足以充满下腔增加的容积，促使下腔产生一真空度，这时储油缸中的油液推开补偿阀流进下腔进行补充，因而这些阀的节流作用对悬架在伸张运动时起到阻尼作用. 由于伸张阀弹簧的刚度和预紧力设计的大于压缩阀的，在同样压力作用下，伸张阀及相应的常通缝隙的通道截面积总和小于压缩阀及相应常通缝隙通道截面积总和. 这使得减振器的伸张行程产生的阻尼力大于压缩行程的阻尼力，达到迅速减振的要求.

请读者思考一下，当你将汽车车身一角向下压并松开后，车身在弹簧力作用下将反弹. 如果反弹后基本趋于稳定，或多次反复后趋于稳定，那么，哪种减振效果更好呢？相信很多读者会认为反复多次后趋于稳定的减振器效果好，但事实上是前面情况更好.

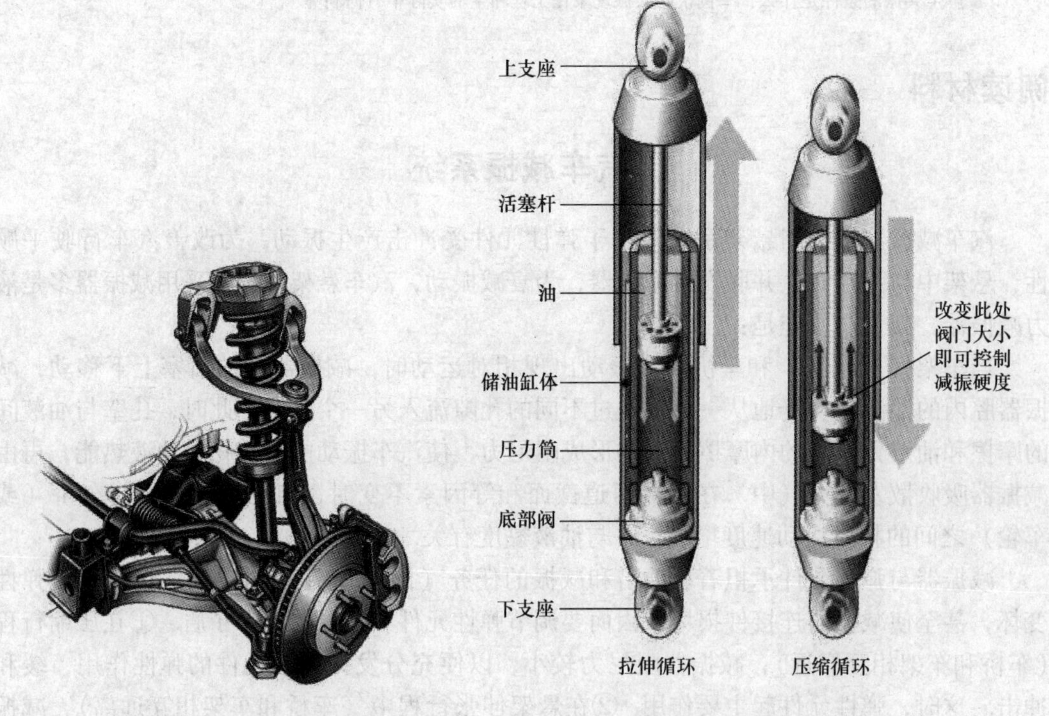

图 1 汽车悬架中减振器和弹簧组合图　　图 2 汽车减振器结构图

习 题 8

8-1 两个质点各自做简谐振动，它们的振幅相同、周期相同. 第一个质点的振动方程为 $x_1 = A\cos(\omega t+\alpha)$. 当第一个质点从相对于其平衡位置的正位移处回到平衡位置时，第二个质点正在最大正位移处. 则第二个质点的振动方程为

(A) $x_2 = A\cos\left(\omega t+\alpha+\frac{1}{2}\pi\right)$.　　(B) $x_2 = A\cos\left(\omega t+\alpha-\frac{1}{2}\pi\right)$.

(C) $x_2 = A\cos\left(\omega t+\alpha-\frac{3}{2}\pi\right)$.　　(D) $x_2 = A\cos(\omega t+\alpha+\pi)$.　　[ ]

8-2 把单摆摆球从平衡位置向位移正方向拉开，使摆线与竖直方向成一微小角度 θ，然后由静止放手任其振动，从放手时开始计时. 若用余弦函数表示其运动方程，则该单摆振动的初相为

(A) π.　　(B) π/2.　　(C) 0.　　(D) θ.　　[ ]

8-3 一质点做简谐振动. 其运动速度与时间的曲线如习题 8-3 图所示. 若质点的振动规律用余弦函数描述，则其初相应为

(A) π/6.　　(B) 5π/6.　　(C) −5π/6.　　(D) −π/6.

(E) −2π/3.　　[ ]

8-4 如习题 8-4 图所示，质量为 m 的物体由劲度系数为 k_1 和 k_2 的两个轻弹簧连接在水平光滑导轨上做微小振动，则该系统的振动频率为

(A) $\nu = 2\pi\sqrt{\frac{k_1+k_2}{m}}$.　　(B) $\nu = \frac{1}{2\pi}\sqrt{\frac{k_1+k_2}{m}}$.

(C) $\nu = \dfrac{1}{2\pi}\sqrt{\dfrac{k_1 + k_2}{mk_1k_2}}$.　　(D) $\nu = \dfrac{1}{2\pi}\sqrt{\dfrac{k_1k_2}{m\ (k_1 + k_2)}}$.　　[　]

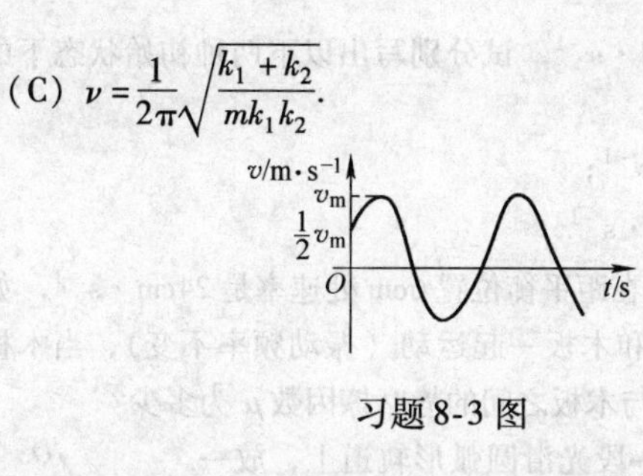

习题 8-3 图

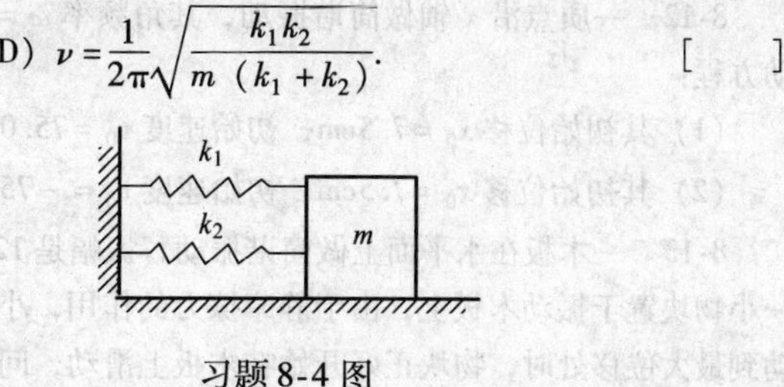

习题 8-4 图

8-5　一弹簧振子做简谐振动，总能量为 E_1，如果简谐振动的振幅增加为原来的两倍，重物的质量增为原来的四倍，则它的总能量 E_2 变为

(A) $E_1/4$.　　(B) $E_1/2$.　　(C) $2E_1$.　　(D) $4E_1$.　　[　]

8-6　一质点做简谐振动，已知振动频率为 f，则振动动能的变化频率是

(A) $4f$.　　(B) $2f$.　　(C) f.　　(D) $f/2$.

(E) $f/4$.　　[　]

8-7　一简谐振动用余弦函数表示，其振动曲线如习题 8-7 图所示，则此简谐振动的三个特征量为

$A =$ ＿＿＿＿＿；$\omega =$ ＿＿＿＿＿；

$\varphi =$ ＿＿＿＿＿.

8-8　在 $t=0$ 时，周期为 T、振幅为 A 的单摆分别处于习题 8-8 图 a、b、c 所示的三种状态．若选单摆的平衡位置为坐标的原点，坐标指向正右方，则单摆做小角度摆动的振动表达式（用余弦函数表示）分别为

(a) ＿＿＿＿＿＿＿＿＿＿＿＿；

(b) ＿＿＿＿＿＿＿＿＿＿＿＿；

(c) ＿＿＿＿＿＿＿＿＿＿＿＿.

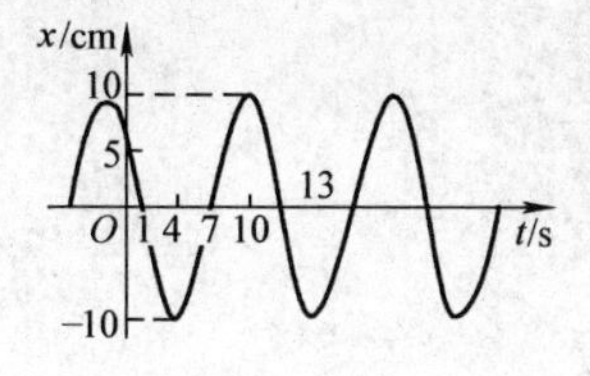

习题 8-7 图

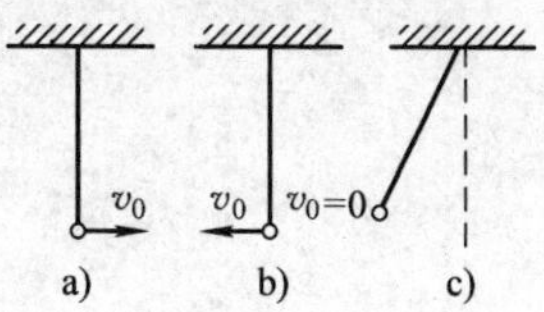

习题 8-8 图

8-9　一简谐振动的旋转矢量图如习题 8-9 图所示，振幅矢量长 2cm，则该简谐振动的初相为＿＿＿＿．振动方程为＿＿＿＿＿＿＿＿＿＿.

8-10　已知两个简谐振动曲线如习题 8-10 图所示．x_1 的相位比 x_2 的相位超前＿＿＿＿.

8-11　两个同方向的简谐振动曲线如习题 8-11 图所示．合振动的振幅为＿＿＿＿＿＿＿＿＿＿＿＿＿＿＿＿，合振动的振动方程为＿＿＿＿＿＿＿＿＿＿＿＿＿＿＿＿.

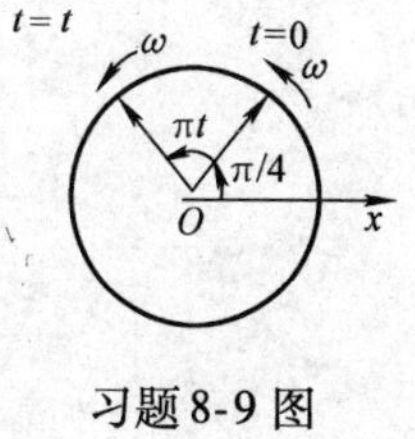

习题 8-9 图

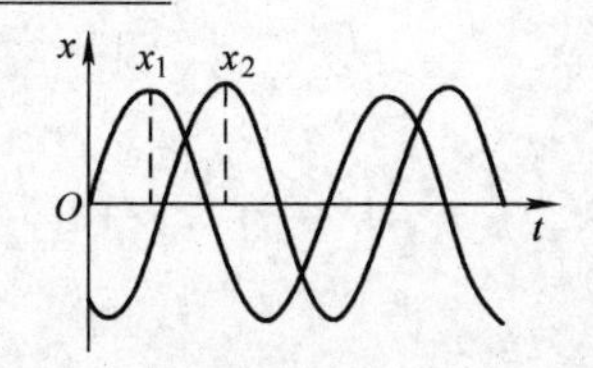

习题 8-10 图

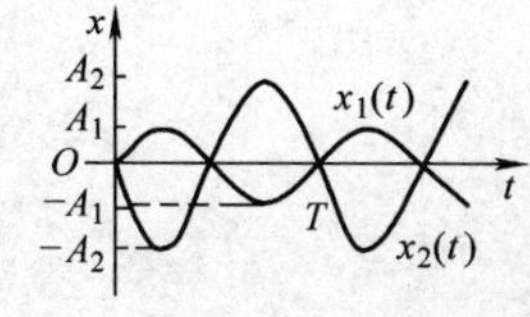

习题 8-11 图

8-12　一质点沿 x 轴做简谐振动，其角频率 $\omega = 10\text{rad}\cdot\text{s}^{-1}$. 试分别写出以下两种初始状态下的振动方程：

（1）其初始位移 $x_0 = 7.5\text{cm}$，初始速度 $v_0 = 75.0\text{cm}\cdot\text{s}^{-1}$；

（2）其初始位移 $x_0 = 7.5\text{cm}$，初始速度 $v_0 = -75.0\text{cm}\cdot\text{s}^{-1}$.

8-13　一木板在水平面上做简谐振动，振幅是12cm，在距平衡位置6cm处速率是 $24\text{cm}\cdot\text{s}^{-1}$. 如果一小物块置于振动木板上，由于静摩擦力的作用，小物块和木板一起运动（振动频率不变），当木板运动到最大位移处时，物块正好开始在木板上滑动，问物块与木板之间的静摩擦因数 μ 为多少？

8-14　如习题8-14图所示，在竖直面内半径为 R 的一段光滑圆弧形轨道上，放一小物体，使其静止于轨道的最低处，然后轻碰一下此物体，使其沿圆弧形轨道来回做小幅度运动. 试证：

（1）此物体做简谐振动；

（2）此简谐振动的周期 $T = 2\pi\sqrt{R/g}$.

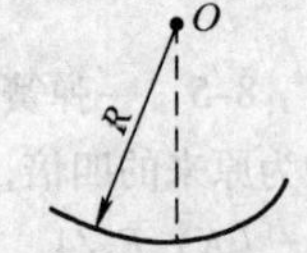

习题8-14图

[**自测题**] 某地区发生地震波的纵波和横波在地表附近的波速分别为 $9.1\text{km}\cdot\text{s}^{-1}$ 和 $3.7\text{km}\cdot\text{s}^{-1}$. 在一次地震时，这个地区的一个观测站记录的纵波和横波到达时刻相差5s，则地震的震源距这个观测站为多远？（答：31.2km）

第9章 机 械 波

振动在空间的传播称为**波动**. 所以振动与波动密切相关. 波动也是一种常见的物质运动形式. 例如绳上的波、空气中的声波、水面波等. 这些波都是机械振动在弹性介质（如绳、空气、水等媒介物）中的传播，称为**机械波**. 无线电波、光波等也是一种波动，它是变化的电场和变化的磁场在空间的传播所形成的，称为**电磁波**. 近代物理的研究表明，电子、质子等微观粒子也具有波动性，这种波称为**物质波**. 以上各种波的发射机制、物理本质虽然不同，但是它们都具有波动的共同特征和规律. 为此，本章先介绍机械波，讨论描述波动过程的基本概念和基本理论.

9.1 机械波的产生和传播

9.1.1 机械波产生的条件

我们把石子投入平静的湖面时，引起石子周围的水发生振动，这个振动向周围水面传播出去，就形成水面波. 铃铛振动时，引起周围空气分子的振动，这个振动在空气中传播出去，就形成声波（图9-2a）. 由此可见，机械波的产生需具备两个条件：①要有做机械振动的物体，称为机械波的**波源**；②要有能够传播机械振动的**弹性介质**. 例如，铃铛振动产生声波时，铃铛就是波源，空气就是传播声波的弹性介质. 所谓弹性介质，就是连续地组成这种介质的质元之间彼此有弹性力相互联系着，因而每个质元都可以产生弹性形变（例如，长变、切变和体变等）.

本章中如未做特别说明时，所指的介质，都是弹性连续介质.

在连续弹性介质内部，由于各个质元间有弹性力相互联系着，因此，如果介质中有一个质元 A 离开了平衡位置，介质中各质元间就因形变而产生等值、反向的弹性力. 质元 A 受到它周围质元弹性力的作用，驱使质元 A 回到平衡位置，因而产生振动，而根据牛顿第三定律，质元 A 周围的质元同时受到质元 A 的弹性力作用，要使它们离开平衡位置，当它们离开平衡位置时，它们自己周围的其他质元又对它们施加弹性力，要使它们回到平衡位置，因而也要产生振动. 所以介质中一个质元的振动会引起邻近质元的振动，而邻近质元的振动又会引起较远质元的振动. 这样，振动就由近及远地向各个方向以一定的速度传播出去，形成了波.

在日常生活中，我们稍加注意就会发现，若把一颗石子投入平静的水池中，就会激起一圈一圈的水面波，以投入点为中心向外扩展. 但漂浮在水面上的一些小树叶却不会向前运动，始终在原来的平衡位置附近振动. 这表明，在波动过程中，导致介质中各质元相继在各自的平衡位置附近振动，质元本身并不迁移，只是振动状态在传播，也就是振动相位依次向前传递，各质元的相位依次落后. 亦即，波动过程就是相位的传播过程.

问题 9-1　试述机械波产生的条件和在连续弹性介质中机械波形成的过程. 如果连续介质的质元相互间没有弹性力的联系，能否形成机械波？为什么？

9.1.2　横波和纵波

按质元振动方向和波传播方向的不同，机械波可分为横波和纵波两大类. 质元振动方向与传播方向相垂直的波叫作**横波**；而质元振动方向与波的传播方向沿同一直线上的波叫作**纵波**. 尽管这两种波具有不同的特点，但它们波动过程的本质是一致的.

图 9-1 所示是一列简谐横波传播的简图. 用手拿绳子的一端抖动，让它上、下做简谐振动（其周期为 T），就在绳上形成横波. 下面我们来分析绳上的横波是如何形成的.

设想把绳子看成由无数个质元所组成，图中画有 1 ~ 16 个质元. 设在 $t=0$ 时，质元都在各自的平衡位置上，但质元 1 在手的作用下，正要离开平衡位置向上运动. 此后，当质元 1 离开平衡位置时，由于质元间有弹性力的作用，质元 1 就带动质元 2 向上运动. 继而，质元 2 又带动质元 3. 这样，每个质元的运动都将带动它右方的质元，于是 2、3、4、…各质元先后上下振动起来，振动就沿着绳子向右传播出去. 在图中，我们画出了绳端质元 1 经历一次完全振动的过程中，在 $t=0$、$T/4$、$T/2$、$3T/4$、T 各时刻，质元 1 到质元 13 的振动位移. 在 $t=T$ 时刻，质元 1 经历了一次完全振动后回到了平衡位置，并将继续进行第二次振动，这时振动传到第 13 个质元. 质元 13 与质元 1 的振动状态完全相同，只是在时间上落后一个周期，在相位上落后了 2π. 在质元 13 与质元 1 之间的其他质元，由于相位各不相同，它们形成了由一个波峰和一个波谷组成的完整波形.

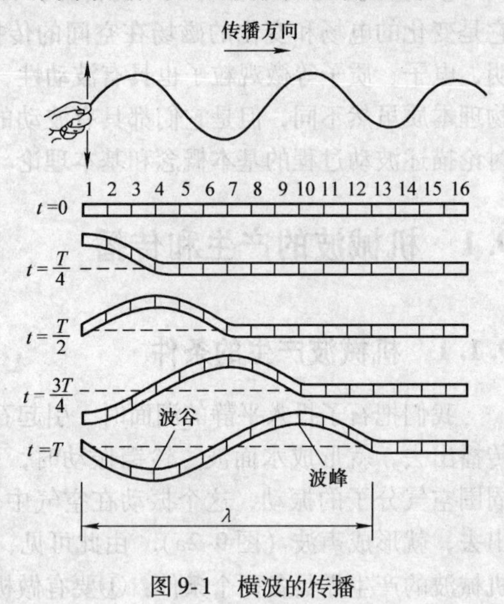

图 9-1　横波的传播

以后，通过介质质元间弹性力的相互作用，将继续使更远的质元投入振动，波继续向右传播；而且，质元 1 每振动一次都要向右传播出一个完整的波形. 以上就是绳子中横波的传播过程.

对纵波也可做类似的分析. 设波源（例如铃铛）的振动周期为 T，如图 9-2 所示，在 $t=0$ 时，每个质元都在各自的平衡位置上，但质元 1 正要离开平衡位置向右运动，在 $t=T/4$ 时，振动已传到了质元 4，此时，质元 4 正要离开平衡位置向右运动，如同质元 1 在

$t=0$ 时的运动状态一样；此时，质元1已向右运动到最大位移并将向左运动. 因此，在质元1～质元4之间形成稠密区域. 在 $t=T/2$ 时，振动传到了质元7，此时，质元1～质元4之间变成了稀疏区域，而质元4～质元7之间形成了稠密区域. 以此类推，经过一个周期 T，质元1完成了一次完全振动后，回到平衡位置，并将向右运动；此时，质元13也将向右运动，质元1～质元13之间形成了一个具有稠密和稀疏区域的纵波波形. 此后，这种疏、密相间的纵波波形将继续向前传播.

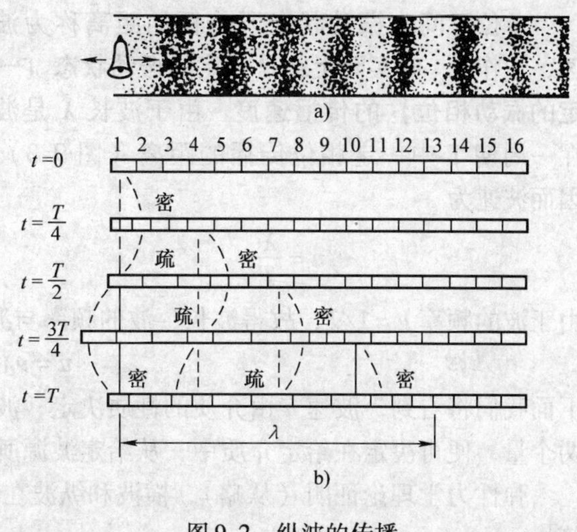

图9-2 纵波的传播

我们还看到，当纵波在介质中传播时，介质中的质元沿波的传播方向振动，导致了质元分布时而密集，时而稀疏，使介质产生压缩和膨胀（或伸长）的形变. 对固体、液体和气体这三种介质来说，都能依靠质元之间相互作用的弹性力，承受一定的压缩和膨胀（或伸长）的形变，并借这种弹性力的联系，使振动传播出去，因此，纵波能够在固体、液体和气体中传播.

至于横波，则只能在固体中传播. 这是因为横波的特点是振动方向与传播方向垂直，使介质产生切向的形变（即切变），而固体能够承受一定的切变，故在固体中，引起切变的切力（弹性力）带动邻近质元运动. 例如图9-1所示，当横波沿绳传播时，在绳上取出一个质元，其两端横截面相互平行地错开，发生切变，与此同时，引起切变的相互作用的剪切力带动绳子中相邻部分的质元相继投入振动. 由于液体和气体不能承受剪切力，所以在液体和气体中不存在这种剪切弹性力的联系，故不能传播横波.

问题9-2 （1）横波与纵波有何区别？试绘图分别显示它们的传播过程. 为什么说波的传播过程也就是振动状态（或者说相位）的传播？

（2）为什么说，在空气中只能传播纵波而不能传播横波？

9.2 描述波的一些物理量 波的几何表示

9.2.1 周期、频率、波长与波速

在波的传播过程中，波源和介质中各质元都在做周期性的机械振动，每隔一定时间各质元的振动状态都将复原. **介质质元每完成一次全振动的时间称为波的周期**，用 T 来表示，单位为s. 而**在单位时间内，质元振动的次数即为频率**，用 ν 表示，$\nu=1/T$，单位为 s^{-1} 或Hz（赫兹）. 振动状态在一个周期中传播的距离称为**波长**，用 λ 来表示，单位为m. 因为相隔一周期后振动状态复原，相位差为 2π，所以相隔一个波长的两点之间的振动状态是相同的，即振动的相位是相同的. 所以，**波长就是两个相邻的振动相位相同或相位差为 2π 的质元之间的距离**.

单位时间内振动状态所传播的距离称为波速，记作 u. 它实际上就是一定的振动状态（一定的振动相位）的传播速度. 由于波长 λ 是波在一周期 T 中一定相位传播的距离（图 9-3），因而波速为

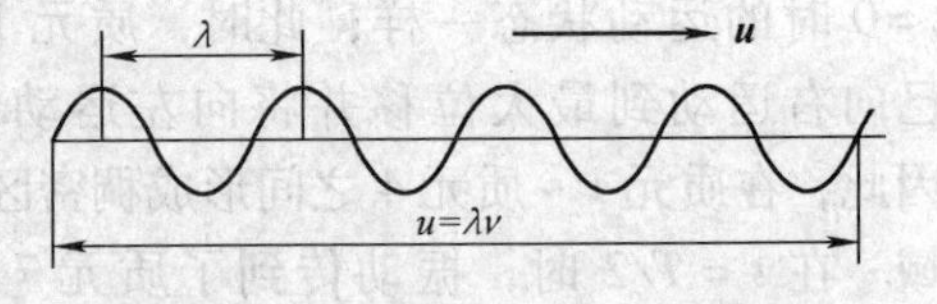

图 9-3　波长、波的频率与波速的关系

$$u=\frac{\lambda}{T}$$

由于波的频率 $\nu=1/T$，故得波长、波的频率与波速之间的基本关系式为

$$u=\nu\lambda \tag{9-1}$$

下面我们将看到，波速 u 由介质的性质决定；波的频率 ν 则取决于波源的振动情况. 由这两个量，便可决定在给定介质中，从给定波源所发出波的波长.

弹性力学理论证明（从略），横波和纵波在固态介质中的速度 u 可分别用下列两式计算：

$$u=\sqrt{\frac{G}{\rho}}\quad（横波） \tag{9-2}$$

$$u=\sqrt{\frac{E}{\rho}}\quad（纵波） \tag{9-3}$$

式中，G 和 E 分别为介质的切变模量和弹性模量，它们表述了介质的力学性质，其值一般可查《工程手册》；ρ 是介质的密度. 纵波在无限大的固态介质中传播时，式（9-3）是近似的，但在固态细棒中沿着棒的长度传播时是准确的.

由上述可知，在同一固态介质中，横波和纵波的传播速度是不相同的，当波源同时发出这两种波动时，如果在某处的观察者测定两种波动到达该处前、后相隔的时间，就可求出波源与观察者之间的距离，这一方法在观测和研究地震、地层构造等方面有广泛应用.

此外，在拉紧的细绳（如弦线）中，横波的速度为

$$u=\sqrt{\frac{F_{\mathrm{T}}}{\mu}} \tag{9-4}$$

式中，F_{T} 为细绳中张力；μ 为质量线密度（即绳子单位长度的质量）.

前面说过，在液体和气体中只能传播纵波，波速可用下式计算：

$$u=\sqrt{\frac{B}{\rho}}\quad（纵波） \tag{9-5}$$

式中，B 是体变弹性模量；ρ 是密度.

问题 9-3　机械波在给定的介质中传播时，试说明波速、波长和波的周期与频率的意义及其相互关系.

问题 9-4　（1）波速与介质的哪些性质有关？在同一固态介质中，横波和纵波的波速是否相同？

（2）问题 9-4（2）图所示的曲线表示一列向右传播的横波在某一时刻的波形. 试分别用箭头标出质元 A、B、C、D、E、F、G、H、I、J 在该时刻的运动方向；并指出质元 A 与 E，C 与 G，A 与 I 之间的相位差.（答：π，π，2π）

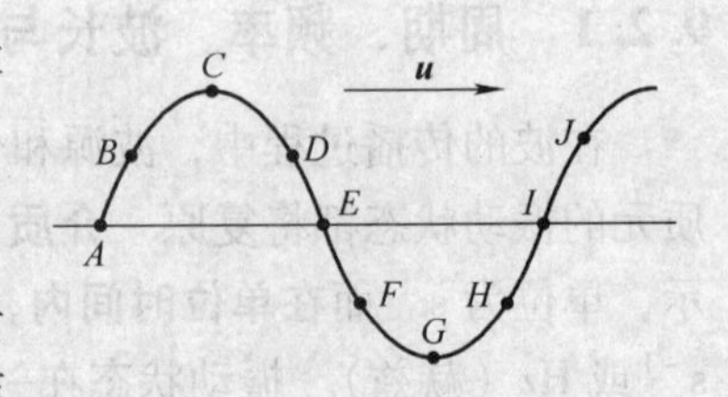

问题 9-4（2）图

问题 9-5　设钢的密度为 $7.89\mathrm{g\cdot cm^{-3}}$，测得纵波在钢管壁中的传播速度为 $5.1\mathrm{km\cdot s^{-1}}$，求钢管的弹性模量.

（答：$20.2\times10^{10}N\cdot m^{-2}$）

9.2.2 波的几何表示

当波源在弹性介质中振动时，振动将沿各个方向传播. 为了形象地描述某一时刻振动所传播到的各点的位置，我们在介质中做出**该时刻振动所传播到的各点组成的面**，称为**波前**；而振动相位相同的各点所组成的面，叫作**同相面**或**波面**. 任意时刻波前的位置是确定的，任何时刻都只有一个波前，但任意时刻振动相位相同的各点所组成的波面则有任意多个. 波前只不过是在波动过程中最前面的一个波面. 如图9-4所示.

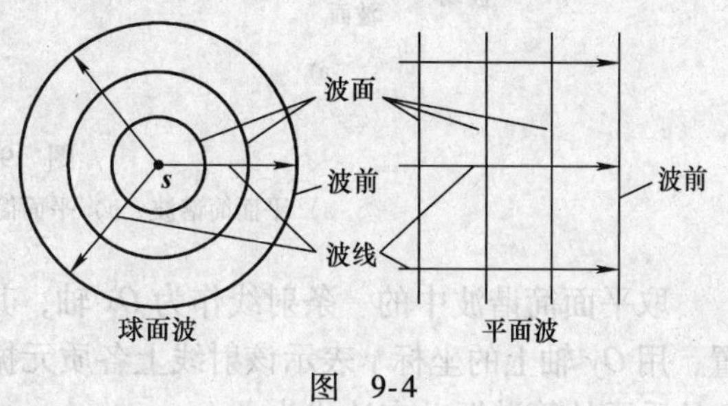

图 9-4

波前形状为平面的波称为**平面波**，波前形状为球面的波称为**球面波**. 为了形象地描述波的传播方向，我们用和波传播方向一致的线来表示，这些线叫作**波线**. **在各个方向上的物理性质（指密度、弹性模量等）都相同的介质，即所谓各向同性均匀介质中，波线与波面相垂直**.

例题 9-1 一列简谐横波沿一细绳传播，已知波源振动的频率为50Hz，波速为$20m\cdot s^{-1}$，绳上P、Q两点相距0.2m，波先经点P再传至点Q. 求P、Q两点的相位差.

解 按式(9-1)，此横波的波长为

$$\lambda=\frac{u}{\nu}=\frac{20}{50}m=0.4m$$

再由P、Q两点间的距离l. 求得两点间的波长个数为

$$n=\frac{l}{\lambda}=\frac{0.2}{0.4}=0.5$$

由于相距一个波长的两点间的相位差为2π，故相距n个波长的两点间的相位差为

$$\varphi_{PQ}=0.5\times2\pi=0.5\times2\pi=\pi$$

即点P的相位比点Q超前π.

问题 9-6 (1) 试绘图说明波前和波面有何区别？为什么说在各向同性均匀介质中波线垂直于波面？
(2) 为什么说平面波的波源在无限远处？

9.3 平面简谐波的波函数及其物理意义

9.3.1 平面简谐波的波函数

如果波源和介质内质元的振动都是简谐振动，这种波称为**简谐波**；若简谐波的波面是平面，就称为**平面简谐波**，它是最简单、最基本的一种波. 事实上，其他复杂的波都可看作由若干个不同频率的平面简谐波所合成. 因此，在这里只限于讨论平面简谐波的规律.

下面我们以平面简谐横波为例进行探讨，所得结论也同样适用于纵波. 如图9-5a所示，设一平面简谐波在无吸收的均匀介质中传播，波速为$\boldsymbol{u}$. 因为平面波的射线是垂直于波面的许多平行直线，在每条射线上，波传播的情况都是相同的，为此，我们只需讨论其中一条射线上波传播的情况就行了.

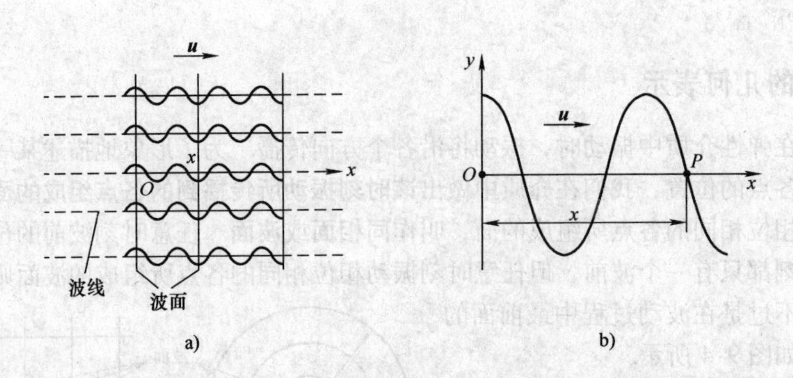

图 9-5
a) 平面简谐波 b) 平面简谐波的波函数推导用图

取平面简谐波中的一条射线作为 Ox 轴，其上的坐标用来表示射线上各质元的平衡位置，用 Oy 轴上的坐标 y 表示该射线上各质元振动的位移，如图 9-5b 所示. 已知坐标原点 O 处质元的简谐振动表达式为

$$y_0 = A\cos(\omega t + \varphi) \tag{9-6}$$

式中，A、ω、φ 分别为点 O 处质元振动的振幅、角频率和初相，y_0 则代表点 O 处质元在任意时刻 t 的位移. 设 P 为波线上的任意一点，其平衡位置的坐标为 x. 当波由点 O 传到点 P 时，点 P 处的质元也随之做简谐振动，其频率决定于点 O 处质元振动的频率，振幅也与点 O 处质元振动的振幅相同（假设介质不吸收能量），只是振动的相位落后于点 O 处质元振动的相位. 由于波从点 O 处质元传播到点 P 需要的时间为$\dfrac{x}{u}$，所以点 P 处质元在 t 时刻的相位等于点 O 处质元在$\left(t-\dfrac{x}{u}\right)$时刻的相位；也就是说，点 P 处质元在 t 时刻的位移就等于点 O 处质元在$\left(t-\dfrac{x}{u}\right)$时刻的位移. 由式（9-6）可得点 O 处质元在$\left(t-\dfrac{x}{u}\right)$时刻的位移为

$$y = A\cos\left[\omega\left(t-\frac{x}{u}\right)+\varphi\right] \tag{9-7}$$

这就是点 P 处质元在 t 时刻的位移. 由于点 P 是射线上的任意一点，因此式（9-7）给出了**射线上任一点处质元在任一时刻的位移**，换言之，它表达了射线上所有各点上质元的振动情况. 所以，式（9-7）就称为**平面简谐波的波函数**，亦称**波动表达式**. 因为 $\omega = 2\pi/T = 2\pi\nu$，$u=\lambda\nu$，所以式（9-7）还可以写成

$$y = A\cos\left[2\pi\left(\frac{t}{T}-\frac{x}{\lambda}\right)+\varphi\right] \tag{9-8}$$

或

$$y = A\cos\left[2\pi\left(\nu t-\frac{x}{\lambda}\right)+\varphi\right] \tag{9-9}$$

9.3.2 波函数的物理意义

（1）波函数中有两个自变量 x 和 t. 若坐标 x 给定，例如取 $x=b$，则由式（9-7），得

$$y=A\cos\left[\omega\left(t-\frac{b}{u}\right)+\varphi\right]=A\cos\left[\omega t+\left(-\frac{\omega b}{u}+\varphi\right)\right]$$

这样，位移 y 仅为时间 t 的余弦函数. 显然，这就是坐标 $x=b$ 处质元的简谐振动表达式. 据此作 $y-t$ 曲线，就可得到一条描述该质元振动的振动曲线，如图 9-6a 所示. 将上式分别对时间 t 求一阶导数和二阶导数，即得该质元振动的速度和加速度.

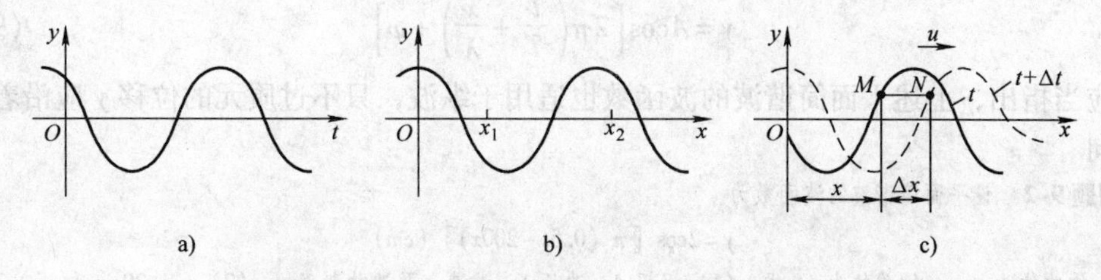

图 9-6

a）振动曲线 b）波形曲线 c）波的传播

（2）若时间 t 给定，如取 $t=c$，则位移 y 仅是坐标 x 的余弦函数，即式（9-7）成为

$$y=A\cos\left[\omega\left(c-\frac{x}{u}\right)+\varphi\right]=A\cos\left[-\frac{\omega}{u}x+(\omega c+\varphi)\right]$$

这时波函数给出了射线上各质元在此时刻（$t=c$）的位移. 作 $y-x$ 曲线，就得到该时刻的**波形曲线**，如图 9-6b 所示. 由上式可以求得，在同一时刻射线上坐标分别为 x_1 和 x_2 的两质元间振动的相位差，即

$$\varphi_{12}=\left[\omega\left(c-\frac{x_1}{u}\right)+\varphi\right]-\left[\omega\left(c-\frac{x_2}{u}\right)+\varphi\right]$$

$$=\frac{\omega}{u}(x_2-x_1)=\frac{2\pi}{\lambda}(x_2-x_1) \tag{9-10}$$

（3）若 x 和 t 都变化，则波函数表示不同时刻在射线上各质元的位移，它描述了波形不断向前推进的图景. 设某一时刻 t 的波形曲线如图 9-6c 中的实线所示，射线上某点质元 M（坐标为 x）的位移为

$$y_M=A\cos\left[\omega\left(t-\frac{x}{u}\right)+\varphi\right]$$

则经过一段时间 Δt 后，波传播的距离为 $\Delta x=u\Delta t$，此时射线上位于 $x+\Delta x=x+u\Delta t$ 处的质元 N 的位移为

$$y_N=A\cos\left[\omega\left(t+\Delta t-\frac{x+u\Delta t}{u}\right)+\varphi\right]$$

$$=A\cos\left[\omega\left(t-\frac{x}{u}+\varphi\right)\right]=y_M$$

这说明，t 时刻的波形曲线在 Δt 时间内整体往前推进了一段距离 $\Delta x=u\Delta t$，到达图中虚线所示的位置. 因此，我们看到波形在前进，这种波称为**行波**. 也就是说，平面简谐波的波函数定量地表达了行波的传播情况.

（4）我们在建立上述波函数时，假定波是沿 Ox 轴正向传播的. 如果波沿 Ox 轴负方向传播，则在图 9-5b 中，点 P 处质元振动的相位将超前于点 O 处质元振动的相位. 由于波从点 P 传播到点 O 所需的时间为 $\Delta t=x/u$，故点 P 处质元在 t 时刻的位移就等于点 O 处质元在$\left(t+\frac{x}{u}\right)$时刻的位移. 因此，由式（9-6）可得$t$时刻点$P$处质元的位移为

$$y=A\cos\left[\omega\left(t+\frac{x}{u}\right)+\varphi\right] \tag{9-11}$$

这就是沿Ox轴负方向传播的平面简谐波的波函数. 式（9-11）也可写作

$$y=A\cos\left[2\pi\left(\frac{t}{T}+\frac{x}{\lambda}\right)+\varphi\right] \tag{9-12}$$

应当指出，上述平面简谐波的波函数也适用于纵波，只不过质元的位移y应沿着射线的方向.

例题 9-2 设平面简谐波的波函数为

$$y=2\cos\ [\pi\ (0.5t-200x)]\ (\mathrm{cm})$$

式中，x的单位为cm；t的单位为s. 求：(1) 振幅A、波长λ、波速u及波的频率ν；(2) $x_1=20\mathrm{cm}$和$x_2=21\mathrm{cm}$处两个质元振动的相位差.

解 (1) 在题设的波函数中，$\varphi=0$，将它分别化成标准形式（9-8）和式（9-7）：

$$y=2\cos2\pi\left(\frac{1}{4}t-\frac{x}{1/100}\right)\ (\mathrm{cm})$$

和

$$y=2\cos\frac{\pi}{2}\left(t-\frac{x}{1/400}\right)\ (\mathrm{cm})$$

与式（9-8）及式（9-7）分别比较，可得

$$A=2\mathrm{cm},\qquad \lambda=\frac{1}{100}\mathrm{cm},\qquad u=\frac{1}{400}\mathrm{cm\cdot s^{-1}},\qquad \nu=\frac{1}{4}\mathrm{Hz}$$

(2) 由式（9-8），即

$$y=A\cos2\pi\left(\frac{t}{T}-\frac{x}{\lambda}\right)$$

在x_1与x_2处两质元的振动分别比原点O落后一初相$-2\pi x_1/\lambda$和$-2\pi x_2/\lambda$，由于同频率的两个振动，其相位差即为初相差，故x_1与x_2两点的相位差为

$$\varphi_{12}=\varphi_1-\varphi_2=-\frac{2\pi x_1}{\lambda}-\left(-\frac{2\pi x_2}{\lambda}\right)=\frac{2\pi}{\lambda}\ (x_2-x_1)$$

$$=\frac{2\pi}{\frac{1}{100\mathrm{cm}}}\ (21\mathrm{cm}-20\mathrm{cm})\ =200\pi\ \mathrm{rad}$$

说明 x_1与x_2两点处质元振动的相位差为2π的100倍，表明这两处质元的振动状态相同（为什么?），即相位相同. 其次要注意，为什么相距仅为1cm的两点，相位竟相差200π这么大呢？这是由于本题中的波长很小，仅有1/100cm，即1cm内包含有100个完整的波形.

例题 9-3 有一沿Ox轴正向传播的平面简谐波，波速为$2\mathrm{m\cdot s^{-1}}$，原点O的简谐振动表达式为$y_0=6\times10^{-2}\cos\pi t$ (m). 求：(1) 波函数；(2) 波长λ和周期T；(3) $x=2\mathrm{m}$处质元的简谐振动表达式；(4) $t=3\mathrm{s}$时的波形表达式.

解 (1) 按平面简谐波的波函数在初相$\varphi=0$时的标准形式$y=A\cos\omega\left(t-\frac{x}{u}\right)$，所求的波函数为

$$y=6\times10^{-2}\cos\pi\left(t-\frac{x}{2}\right)\ (\mathrm{m})\ =6\times10^{-2}\cos2\pi\left(\frac{t}{2}-\frac{x}{4}\right)\ (\mathrm{m})$$

(2) 与平面简谐波的波函数标准式$y=A\cos2\pi\left(\frac{t}{T}-\frac{x}{\lambda}\right)$比较，得

$$\lambda=4\mathrm{m},\qquad T=2\mathrm{s}$$

(3) 在波函数中，令$x=2\mathrm{m}$，则得该处质元的简谐振动表达式为$y=6\times10^{-2}\cos\ (\pi t-\pi\times2/2)$ m，即

$$y=6\times10^{-2}\cos(\pi t-\pi)\ (\mathrm{m})$$

(4) 在波函数中，令 $t=3\mathrm{s}$，则得该时刻的波形表达式为

$$y=6\times10^{-2}\cos\left(3\pi-\frac{\pi x}{2}\right)\ (\mathrm{m})$$

例题 9-4 设 P 点处质元做简谐振动，振幅 A 为 0.01m，周期为 0.01s，经平衡位置向 Oy 轴正方向运动时，作为计时起点. 设此振动以 $u=400\mathrm{m\cdot s^{-1}}$ 的速度沿 Ox 轴方向传播，求：(1) 平面简谐波的波函数；(2) 求距 P 点 2m 处质元振动的相位比 P 点处质元的相位落后多少？它的初相是多少？(3) P 点处质元振动的速度最大值为多大？

解 由已知条件可求得

$$A=0.01\mathrm{m},\ \omega=\frac{2\pi}{T}=\frac{2\pi}{0.01\mathrm{s}}=200\pi\ \mathrm{s^{-1}}$$

$$\lambda=uT=(400\times0.01)\ \mathrm{m}=4\mathrm{m},\ t=0,\ \varphi=\frac{3}{2}\pi$$

则 P 点质元的简谐振动表达式为

$$y=0.01\cos\left(200\pi t+\frac{3}{2}\pi\right)\ (\mathrm{m}) \tag{a}$$

(1) 按式 (9-7)，$y=A\cos\left[\omega\left(t-\frac{x}{u}\right)+\varphi\right]$，代入已知数据，得所求波函数为

$$y=0.01\cos\left(200\pi t-\frac{\pi x}{2}+\frac{3\pi}{2}\right)\ (\mathrm{m}) \tag{b}$$

(2) 把 $x=2\mathrm{m}$ 代入式 (b)，得 $x=2\mathrm{m}$ 处质元的简谐振动表达式为

$$y=0.01\cos\left(200\pi t-\frac{\pi\times2}{2}+\frac{3\pi}{2}\right)=0.01\cos\left(200\pi t+\frac{\pi}{2}\right)\ (\mathrm{m}) \tag{c}$$

比较式 (a) 与式 (c)，可见该处质元的相位比 P 点处质元的相位落后 π；从式 (c) 可知，该处质元振动的初相为 $\pi/2$.

(3) 质元做简谐振动的速度的最大值为

$$u=A\omega=(0.01\times200\pi)\ \mathrm{m\cdot s^{-1}}=6.3\mathrm{m\cdot s^{-1}}$$

例题 9-5 设有一沿 Ox 轴负向传播的平面简谐波，其波长为 0.10m，原点 O 处质元的振动表达式为 $y_0=0.03\cos\pi t$ (SI). 求波函数.

解 由波函数 (9-12)

$$y=A\cos2\pi\left(\nu t+\frac{x}{\lambda}\right) \tag{a}$$

当 $x=0$ 时，得原点处质元振动表达式为

$$y=A\cos2\pi\nu t \tag{b}$$

因此，与题给的原点处质元振动表达式相比较得

$$A=0.03\mathrm{m},\qquad \nu=0.5\mathrm{Hz}$$

已知波长 $\lambda=0.10\mathrm{m}$，将这些数据代入式 (a)，得所求的波函数为

$$y=0.03\cos2\pi\ (0.5t+10x)\ (\mathrm{m})$$

例题 9-6 一平面余弦横波沿水平张紧的细绳自 P 点向 Q 点传播. 当 $t=0$ 时绳的 P 处质元开始经平衡位置向下运动. 已知振幅 $A=10\mathrm{cm}$，频率 $\nu=0.5\mathrm{Hz}$，波速 $u=100\mathrm{cm\cdot s^{-1}}$. 求平面简谐波的波函数和距 P 点 150cm 处的振动表达式.

解 要求平面简谐波的波函数，须先求出介质中某一质元的振动表达式. 按题意，绳上 P 处质元的振动规律是可以求出的，为此，设绳上 P 处质元的振动表达式为

$$y_0=A\cos(\omega t+\varphi)$$

由题设得角频率

$$\omega=2\pi\nu=2\pi\times0.5\mathrm{Hz}=\pi\mathrm{Hz}=\pi\mathrm{s^{-1}}$$

已知 $t=0$ 时，$y_0=0$，于是有 $0=A\cos\varphi$，解得 $\varphi=\pi/2$，$3\pi/2$，但初始振动速度 $v_0<0$（题设向下运动），故取 $\varphi=\pi/2$. 因此绳上 P 处的质元振动表达式为

$$y_0=10\cos\left(\pi t+\frac{\pi}{2}\right)\ (\text{cm})$$

以振动规律已知的绳上的 P 点作为坐标原点 O、沿绳规定水平向右为 Ox 轴的正方向，Oy 轴则表示质元振动的位移，向上为正，于是，按式 (9-7)，得所求波函数为

$$y=10\cos\left[\pi\left(t-\frac{x}{100}\right)+\frac{\pi}{2}\right]\ (\text{cm})$$

式中，x 的单位是 cm；t 的单位是 s.

为了求离绳上的 P 点为 150cm 处的振动表达式，只要将 $x=+150\text{cm}$ 代入上述波函数中，便可求出

$$y=10\cos\left[\pi\left(t-\frac{150}{100}\right)+\frac{\pi}{2}\right](\text{cm})$$
$$=10\cos(\pi t-\pi)(\text{cm})$$

说明 (1) 读者通过本例应该注意到：今后在建立波函数时，坐标原点 O 通常可以设在波线上质元振动规律已知（或可以求出）的一点上，也就是说，不管这一点是在波线上哪一点，只要这一点上的质元振动规律给定，就可以选作为坐标原点.

(2) 要求读者通过上述各例，应总结一下求波动函数的步骤和方法.

问题 9-7 (1) 试导出平面简谐波（余弦波）的波函数，并分析其意义.

(2) 质元振动的速度与波传播的速度有何区别?

(3) 已知平面简谐波的波函数，能否由此求出质元振动的频率? 能否求出波长?

(4) 试将波动表达式 $y=A\cos\omega\left(t-\frac{x}{u}\right)$ 化成

$$y=A\cos2\pi(\nu t-kx)$$

式中，$k=2\pi/\lambda$，叫作**波数**，表示 2π 长度中所包含的波长的个数，表征了波的空间周期性，它与 $T=\lambda/u$ 所表征波的时间周期性相对应.

问题 9-8 在波长为 λ 的平面简谐波的传播过程中，试证明同一时刻在波线上与原点 O 相距为 r_1、r_2 两点处质元振动的相位差 φ_{12} 与距离 (r_1-r_2) 的关系为

$$\varphi_{12}=\frac{2\pi}{\lambda}(r_1-r_2)$$

对 $r_1-r_2=k\lambda$ 和 $r_1-r_2=(2k+1)\lambda/2$（k 为零或任意整数）两种情况下，两点的相位差如何? 它们的振动状态是否相同?

问题 9-9 (1) 平面简谐波波函数中的坐标原点宜取在什么位置上?

(2) 有一平面简谐波在空间传播. 已知沿 Ox 轴的波线上某点 A 的质元振动规律为 $y=A\cos(\omega t+\varphi)$，就下列给出的四种坐标取法，分别列出波函数（填入表中 A 行空格）；并由此给出与 A 点相距为 b 的 P 点处的质元振动表达式（填入表中 B 行空格）:

	1	2	3	4
坐标取法	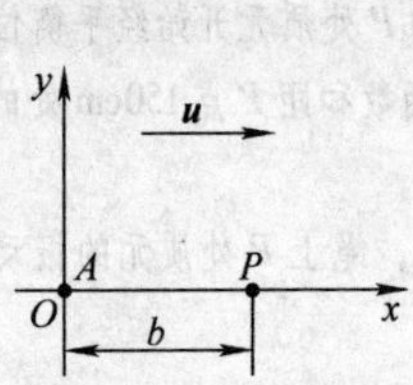	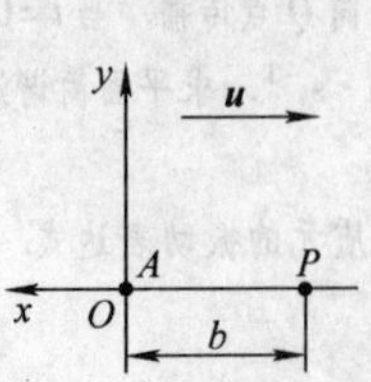	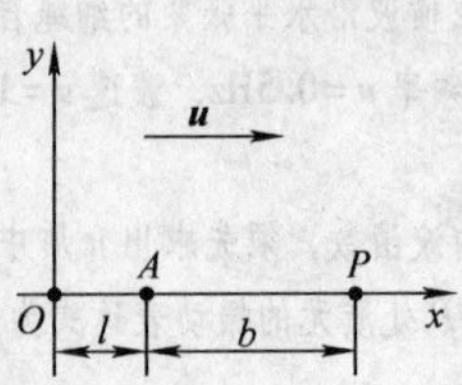	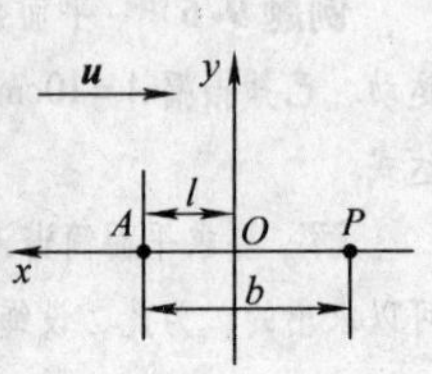
A				
B				

9.4 波的能量 能流密度

9.4.1 波的能量

波在传播时，介质中各质元都在各自的平衡位置附近振动，因而具有动能，同时介质要产生形变，因而具有弹性势能. 波的能量就是介质中这些动能和势能之和.

设有一平面简谐波在密度为ρ的弹性介质中沿Ox轴正向传播，其波函数为

$$y = A\cos\omega\left(t-\frac{x}{u}\right) \quad \text{(a)}$$

在弹性介质中坐标为x处取一体积为$\mathrm{d}V$的质元，其质量为$\mathrm{d}m=\rho\mathrm{d}V$. 当波传播到这个质元时，根据式（a），其振动速度为

$$v=\frac{\partial y}{\partial t}=-A\omega\sin\omega\left(t-\frac{x}{u}\right) \quad \text{(b)}$$

这时质元所拥有的振动动能为

$$\mathrm{d}E_{\mathrm{k}}=\frac{1}{2}(\mathrm{d}m)v^2=\frac{1}{2}(\rho\mathrm{d}V)A^2\omega^2\sin^2\omega\left(t-\frac{x}{u}\right) \quad (9\text{-}13)$$

同时，质元因发生弹性形变而拥有弹性势能，可以证明（从略），质元的弹性势能为

$$\mathrm{d}E_{\mathrm{p}}=\frac{1}{2}(\rho\mathrm{d}V)A^2\omega^2\sin^2\omega\left(t-\frac{x}{u}\right) \quad (9\text{-}14)$$

质元的总能量为其动能与势能之和，即

$$\mathrm{d}E=\mathrm{d}E_{\mathrm{k}}+\mathrm{d}E_{\mathrm{p}}=(\rho\mathrm{d}V)A^2\omega^2\sin^2\omega\left(t-\frac{x}{u}\right) \quad (9\text{-}15)$$

由式（9-13）和式（9-14）可以看出，在任一时刻，介质中质元的动能和势能都相等，二者同时达到最大值，同时达到最小值（即零）；由式（9-15）还可以看出，质元的总能量不是一个恒量，而是随时间做周期性变化. 这表明，在波动中，每个质元都在不断地从前面的质元吸收能量，与此同时，又不断地向后面的质元释放能量，从而将能量不断地传播出去，显然，这并不像上一章所述的简谐振动系统那样，不存在与外界交换能量，其总能量是保持不变的.

上述论点是不难理解的. 我们可以想象介质中的某一局部区域或一点，当波未到来之前，该处的质元是静止的，不存在动能和势能. 只有当波传到这点以后，才开始发生振动，也就是具有了能量，这能量显然是由它前面的质元通过弹性力对它做功而传过来的. 质元振动时，又能依靠弹性力的做功推动后面的质元振动，而把能量传递给后者. 所以在波动过程中永远存在着能量的“流动”，就好像“流水”一样，波的能量从波源出发，源源不断地流向远方. 因此，**波是能量传播的一种形式**，这是波的重要特征之一.

在波传播的介质中，为了描述介质中各处能量的分布情况，可用单位体积中的波的能量，即**能量密度**w表示. 由式（9-15），有

$$w=\frac{\mathrm{d}E}{\mathrm{d}V}=\rho A^2\omega^2\sin^2\omega\left(t-\frac{x}{u}\right) \quad (9\text{-}16)$$

在介质中某一地点（即x一定），介质的能量密度w随时间t做周期性变化，而该处介质

在一个周期内的平均能量密度则为

$$\overline{w} = \frac{1}{T}\int_0^T w\mathrm{d}t = \frac{1}{T}\rho A^2\omega^2\int_0^T \sin^2\omega\left(t - \frac{x}{u}\right)\mathrm{d}t$$

$$= \frac{1}{T}\rho A^2\omega^2\frac{T}{2} = \frac{1}{2}\rho A^2\omega^2 \tag{9-17}$$

式（9-17）表明，对平面简谐波来说，波的平均能量密度与振幅的平方、频率的平方和介质的密度三者成正比.

9.4.2　能流密度

波的能量来自波源，能量流动的方向就是波传播的方向. 能量传播的速度就是波速 $\boldsymbol{u}$.

为了描述波的能量传播，常引入能流密度的概念. 我们把单位时间内通过介质中某一面积的平均能量，叫作通过该面积的**平均能流**. 在介质中，设想取一个垂直于波速 $\boldsymbol{u}$ 的面积 S. 如图 9-7 所示，在单位时间内通过 S 的平均能量等于体积 uS 中的平均能量. 上面说过，单位体积内的平均能量（即平均能量密度）为$\overline{w}$，因此，在单位时间内平均通过面积 S 的能量为

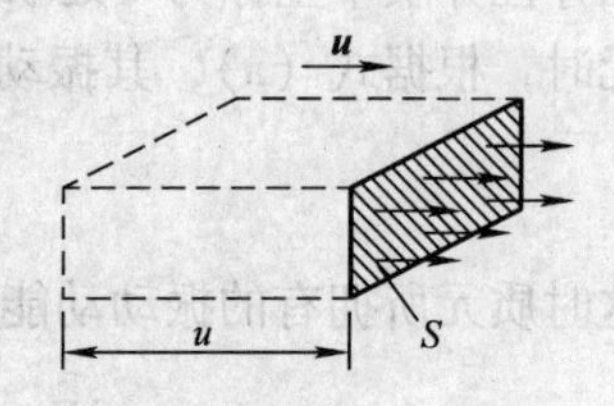

图 9-7　在体积 uS 内，波的能量在 1s 内通过 S 面

$$\overline{P} = \overline{w}uS \tag{9-18}$$

在单位时间内通过垂直于波传播方向的单位面积上的平均能量，称为能流密度，以 I 表示，由式（9-18）和式（9-17），得

$$I = \frac{\overline{P}}{S} = \overline{w}u = \frac{1}{2}\rho A^2\omega^2 u \tag{9-19}$$

式中，ρ 是介质的密度；u 是波速；A 是振幅；ω 是波的角频率. 能流密度 I 的单位是 $\mathrm{W\cdot m^{-2}}$（瓦·米$^{-2}$）. 式（9-19）说明，**在均匀介质（即 ρ、u）中，从一给定波源（即 ω 确定）发出的波，其能流密度与振幅的平方成正比**. 能流密度是一矢量（常称为**坡印廷矢量**），它的方向即为波速的方向. 故式（9-19）可写成如下的矢量形式：

$$\boldsymbol{I} = \frac{1}{2}\rho A^2\omega^2\boldsymbol{u} \tag{9-20}$$

能流密度越大，单位时间内通过垂直于波传播方向的单位面积的能量越多，波就越强，所以能流密度也称为**波的强度**. 例如，声音的强弱决定于声波的能流密度（称为**声强**）的大小；光的强弱决定于光波的能流密度（称为**光强**）的大小.

问题 9-10　（1）试述能流密度的意义，它与哪些因素有关？

（2）试从能量观点阐释平面简谐波在理想的、无吸收的介质中传播时，振幅将保持不变.

9.5　惠更斯原理　波的衍射、反射和折射

9.5.1　惠更斯原理

当我们观察水面上的波时，如果该波遇到一个障碍物，且障碍物上有一个很小的孔，

可以发现，在小孔的后面也出现圆形的波．这圆形波就好像是以小孔为新的波源所发射出去的波，称为**子波**．从这种观点出发，惠更斯提出：**介质中波传到的各点，不论在同一波前或不同波前上，都可看作是发射子波的波源；在任一时刻，这些子波的包迹就是该时刻的波前**．这就是**惠更斯原理**．

这一原理，可做如下的初步理解：波的根源是波源的振动，波的传播则依靠介质中质元之间的相互作用．对弹性介质而言，介质中任何一个质元的振动将直接引起相邻的周围各质元的振动．因而在介质中任何一个质元的所在处，从波传到时起，都可看作新的波源．

值得指出，不论是机械波或电磁波，不论这些波经过的介质是均匀的或非均匀的，惠更斯原理都是适用的．我们只要知道某一时刻的波前，就可根据这一原理来决定次一时刻的波前，因而在很广泛的范围内有助于研究波的传播问题．

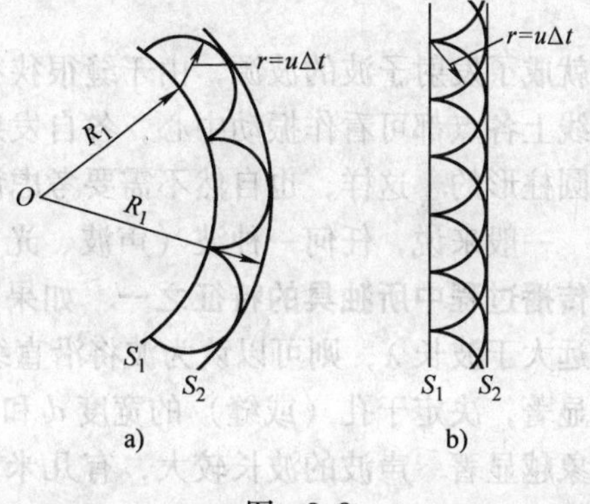

图 9-8

下面举例说明惠更斯原理的应用．如图 9-8a 所示．设以 O 为中心的球面波，以波速 $\boldsymbol{u}$ 在各向同性均匀介质中传播．已知在时刻 t 的波前是半径为 R_1 的球面 S_1．根据惠更斯原理，S_1 上的各点都可以看成是发射子波的点波源．以 S_1 上各点为中心，以 $u\Delta t$ 为半径，分别画出子波，再做出公切于各子波的包迹面，就得到波前 S_2，它是以 O 为中心，以 $R_2=R_1+u\Delta t$ 为半径的球面．

若已知平面波在某时刻的波阵面 S_1，根据惠更斯原理，应用同样的方法，也可以求出以后任一时刻的波前．如图 9-8b 所示．

问题 9-11 试述惠更斯原理．如何用这条原理确定波在传播过程中的波前？

9.5.2 波的衍射

波的衍射在声学和光学中非常重要．**波在向前传播过程中遇到障碍物时，波线发生弯曲并绕过障碍物边缘的现象**，称为波的**衍射**（或**绕射**）现象．有时，两人隔着墙壁谈话，也能各自听到对方的声音，这就是由声波的衍射所引起的．

如图 9-9a 所示，一列水波在前进途中遇到平行于波面的障碍物 AB，AB 上有一宽缝，缝的宽度 d 大于波长 λ．按惠更斯原理，可把经过缝时的波前上各点作为发射子波的波源，画出子波的波前，再作这些波前的包迹，就得到通过缝后的波前．这波前除与缝宽相等的中部仍保持为平面（在图中用一系列平行直线表示）、波线保持为平行线束外，两侧不再是平面而呈曲面的波前（在图中用一系列曲线表示），因而波线也发生了偏折，并绕到了障碍物的后面，这说明水波的一部分能够绕过缝的边缘前进．如果传播的是声波，那么我们在此曲面处任一点 P，都可听到声音；如果传播的是光波，在 P 点就可接收到光线．若没有衍射现象，则波将沿直线方向传播，即波线经过缝隙时不会偏折，于是在 P 点就什么都感受不到．

如果缝很狭窄，宽度小于或接近于波长 λ，则水面波经过狭缝后的波前是圆形的（图 9-9b）．当水波抵达障碍物 AB 时，大部分的波将被障碍物所反射回去，但在狭缝处的波

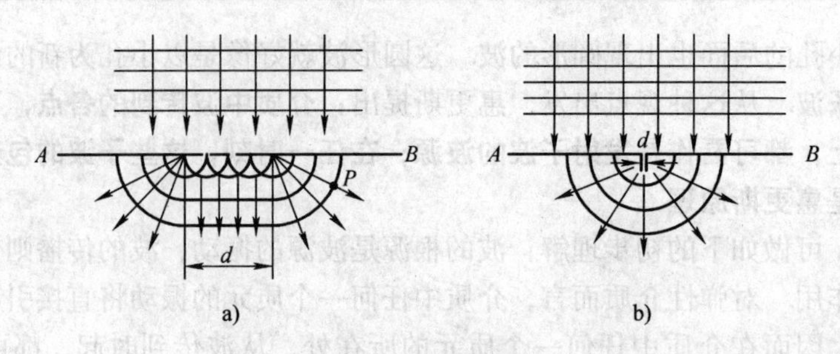

图 9-9　波的衍射

a）缝宽 d 大于波长 λ 时的衍射现象　b）缝宽 d 小于波长 λ 时的衍射现象

前就成了发射子波的波源，由于缝很狭窄，水面处的缝口本身可以近似当作一条直线，从而线上各点都可看作振动中心，各自发射出半圆形子波．这些子波共同形成的波前显然是半圆柱形的．这样，也自然不需要考虑许多子波叠加而形成包迹的问题了．

一般来说，任何一种波（声波、光波等）都会产生衍射现象．因此，**衍射现象是波在传播过程中所独具的特征之一**．如果障碍物的孔口（或缝）的宽度或障碍物本身的线度远大于波长 λ，则可以认为波将沿直线传播，衍射现象不显著．实验证明，衍射现象是否显著，决定于孔（或缝）的宽度 d 和波长 λ 的比值 d/λ，d 越小或波长 λ 越大，则衍射现象越显著．声波的波长较大，有几米左右，因此衍射较显著，而波长较短的波（如超声波、光波等），衍射现象就不显著，呈现出明显的方向性，即按直线做定向传播．

在技术上，凡需要定向传播信号，就必须利用波长较短的波．例如，用雷达探测物体和测定物体的远近时，需要把雷达发出的信号（电磁波）对准物体的方向发射出去，并从该物体上反射回来后，被雷达所接收，这就需采用波长数量级为几厘米或几毫米的电磁波（即微波）．利用超声波探测鱼群或材料内部的缺陷，主要也是由于超声波的波长较短（约几毫米），它的方向性较好．但在有些情形下，例如，广播电台播送节目时，发射出去的电磁波并不要求定向传播，通常采用波长达几十米到几百米的电磁波（即无线电波）．这样，在传播途中即使遇到较大的障碍物，也能绕过它而到达任何角落，使得无线电收音机不论放在哪里，都能接收到电台的广播．

问题 9-12　（1）试用惠更斯原理解释波的衍射现象．为什么通常我们只观察到光线沿直线传播而没有观察到衍射现象？

（2）设声源是一直径为 D 的振动圆片（见问题 9-12（2）图），它发出的声波射线的发散角 θ 满足下式（理论推导从略）：

$$\sin\theta = 1.2\frac{\lambda}{D}$$

λ 为声波波长．今借 $D=2\text{cm}$ 的振动片在水中发出频率为 $10^7\,\text{Hz}$ 的超声波，试求射线束的发散角，波速为 $1390\text{m}\cdot\text{s}^{-1}$．（答：$\theta=0.48°$，这表明高频超声波的波长甚短，故更易于定向发射．）

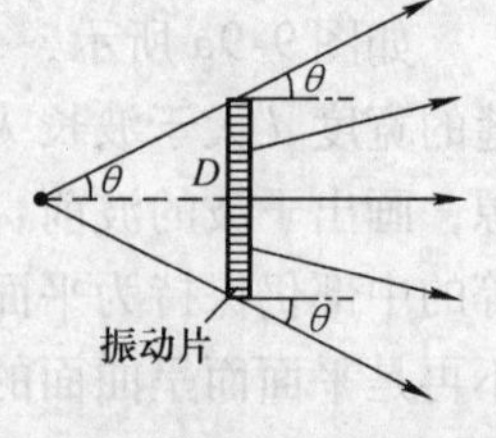

问题 9-12（2）图

9.5.3　波的反射和折射

如果一束平面波由波速为 u_1 的介质Ⅰ（其折射率为 n_1）射向波速为 u_2 的另一种介质Ⅱ（其折射率为 n_2），则波的传播方向在两种介质的分界面上一般要发生改变，即波的一部分发生反射，另一部分透入介质Ⅱ而发生折射，如图 9-10a 所示．图中分别画出了入射波、反射波和折射波的一系列平面波波面，相应的传播方向称为**入射线、反射线和折射线**，它们与两种介质分界面 MN 的法线 $\boldsymbol{e}_n$ 所成的夹角分别称为**入射角、反射角和折射角**.

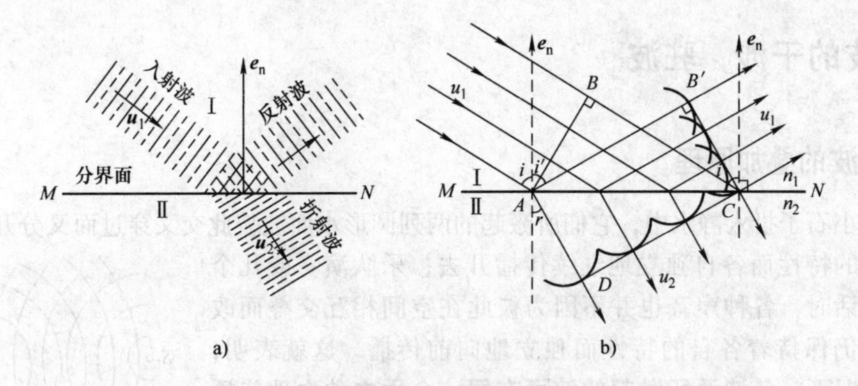

图 9-10 波的反射和折射

如图 9-10b 所示，一束入射角为 i 的平面波波前在时刻 t 到达位置 AB，根据惠更斯原理，波阵面 AB 上各点将发出子波，设由点 B 发出的子波到达分界面上点 C 所需时间为 Δt，即 $BC = u_1\Delta t$. 与此同时，处于分界面上点 A 发出的子波，一部分返回在介质Ⅰ中传播，成为**反射波**，另一部分透过介质Ⅱ中继续传播，成为**折射波**.

考虑到入射波与反射波在同一种介质Ⅰ中传播时，其波速相同，因而在同一段时间 Δt 内，它们传播的距离相等，即 $AB' = BC = u_1\Delta t$. 过点 C 作 A、C 之间各点发出的子波波面（如图中一些圆弧线所示）的公切面 $B'C$，即为 $t+\Delta t$ 时刻反射波的波前，其反射线与法线 $\boldsymbol{e}_n$ 所成的反射角为 i'. 由于直角△ABC 与△$AB'C$ 全等，便得波的反射定律表达式，即

$$i = i' \tag{9-21}$$

波的反射定律表明，**反射角等于入射角，且入射线、法线和反射线在同一平面内**.

对另一部分在介质Ⅱ中传播的子波而言，它在该介质中的波速为 u_2，在 Δt 时间内，点 A 发出的子波传播的距离为 $AD = u_2\Delta t$，而前面说过，这时同一入射波波前上点 B 发出的子波传播了距离 $BC = u_1\Delta t$，因此，过点 C 作 A、C 之间各点发出的子波波面（如图中一些圆弧线所示）的公切面 CD，即为 $t+\Delta t$ 时刻折射波的波前，其折射线与法线所成的折射角为 r. 若 $u_2 < u_1$，则 $AD < BC$，故折射波的波前 CD 与入射波的波前 AB 不再平行，**入射线在介质Ⅱ中发生偏折而成为折射线，亦即改变了波的传播方向**，这就是**波的折射现象**. 由图可知，$BC = AC\sin i$，$AD = AC\sin r$，两式相除，并因 $BC = u_1\Delta t$，$AD = u_2\Delta t$，代入后，得

$$\frac{\sin i}{\sin r} = \frac{u_1}{u_2} = n_{21} \tag{9-22}$$

式（9-22）说明，**入射角的正弦与折射角的正弦之比等于第一介质与第二介质中的波速之比，即为一恒量，称此恒量 n_{21} 为第二介质对第一介质的相对折射率**；由图还可看出，**入射线、折射线和分界面法线在同一平面内**. 以上结论就称为**波的折射定律**.

由式（9-22）可知，如 $u_1 > u_2$，则 $i > r$，即当波从波速较大的介质进入波速较小的介质中时，折射线折向法线；反之，如 $u_1 < u_2$，则 $i < r$，即当波从波速较小的介质进入波

速较大的介质中时，折射线折离法线.

上述波的反射和折射定律对声波、光波等皆适用.

9.6　波的干涉　驻波

9.6.1　波的叠加原理

两个小石子投入静水中，它们所激起的两列圆形水面波彼此交叉穿过而又分开后，仍保持原来的特性而各自独立地继续传播开去；乐队演奏或几个人同时说话时，各种声音也并不因为彼此在空间相互交叠而改变，它们仍保持着各自的特性而独立地向前传播. 这就表明，在通常情况下，**各波源所激起的波可在同一介质中独立地传播**（图 9-11），这便是**波传播的独立性**. 正因为如此，**当各列波在同一介质中传播时，在各列波相遇的区域内，介质内任一点处质元的振动应是各列波在该点所激起的分振动的合成**，这就是**波的叠加原理**.

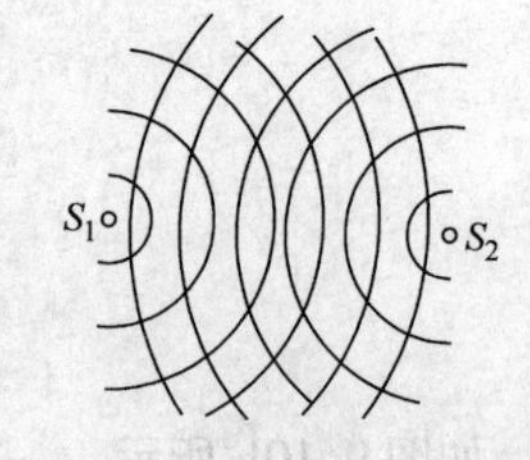

图 9-11　波的独立传播

9.6.2　波的干涉

一般来说，频率、相位、振动方向都不同的几列波相遇而叠加时，叠加处介质各点上质元的合振动是很复杂的. 在波的叠加中，我们将着重讨论，由**两个或多个频率相同、振动方向相同、相位相同或相位差恒定的波源所激发的波的叠加，叠加的结果，可使介质中某些地方的振动始终加强，而另一些地方的振动始终减弱**，这种现象就称为**波的干涉**. 满足上述条件的波源称为**相干波源**，由它们激发的波称为**相干波**.

下面讨论两列相干的平面简谐波相遇时，互相加强和减弱的条件. 设有两个相干的点波源 S_1、S_2，它们分别按简谐振动规律在振动着，即

$$y_1 = A_1\cos(\omega t + \varphi_1)$$

$$y_2 = A_2\cos(\omega t + \varphi_2)$$

它们的振动方向皆沿 Oy 轴，振动角频率均为 ω，相位差（$\varphi_2 - \varphi_1$）是恒定的. 从这两个点波源发出的两个相干的球面波在空间任一点 P 相遇时，该点处质元的合振动可由振动的合成求得. 设点 P 与 S_1 和 S_2 的距离分别为 r_1 和 r_2，如图 9-12 所示，则两列波在点 P 激起的两个分振动分别为

$$y_1 = A_1\cos\left(\omega t + \varphi_1 - \frac{2\pi r_1}{\lambda}\right)$$

$$y_2 = A_2\cos\left(\omega t + \varphi_2 - \frac{2\pi r_2}{\lambda}\right)$$

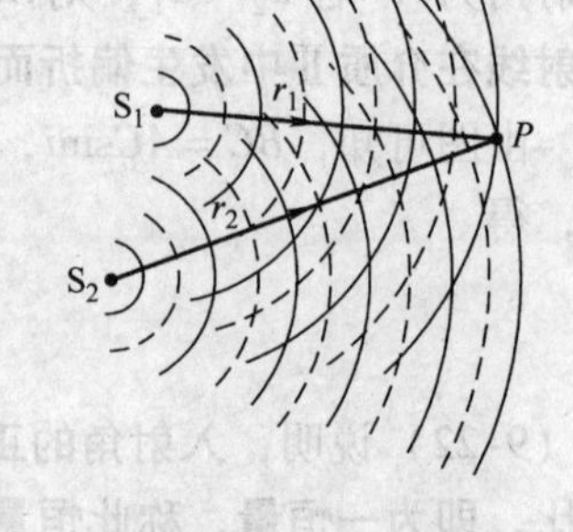

图 9-12　两个相干波在点 P 相遇而叠加

点 P 处质元的振动为这两个独立的分振动的合成. 由于这两个分振动为同方向、同频率的简谐振动，由 8.4 节可知，合成的结果仍为简谐振动，且按式（8-19），其合振幅为

$$A=\sqrt{A_1^2+A_2^2+2A_1A_2\cos\varphi_{12}} \tag{9-23}$$

式中，φ_{12}为两个分振动在点P的相位差，即

$$\varphi_{12}=\left(\omega t+\varphi_2-\frac{2\pi r_2}{\lambda}\right)-\left(\omega t+\varphi_1-\frac{2\pi r_1}{\lambda}\right)$$

或

$$\varphi_{12}=\varphi_2-\varphi_1+2\pi\frac{r_1-r_2}{\lambda} \tag{9-24}$$

可见相位差由两部分组成，其中一部分为两波源的相位差（$\varphi_2-\varphi_1$），另一部分则为点P至两波源距离之差（r_1-r_2）所引起的相位差．r_1-r_2又称为**波程差**，记作δ．对于空间给定的点P来说，相位差φ_{12}为一恒量，因而在点P处质元振动的合振幅A也是恒量．对于空间不同点上的质元，在振动时，其合振幅随相位差φ_{12}的不同而异．由式（9-23）可知，合振幅A为最大或最小，即干涉加强或减弱所应满足的条件分别为

$$\varphi_{12}=\begin{cases}\pm 2k\pi,\ A=A_1+A_2, & \text{干涉加强}\\ \pm(2k+1)\pi,\ A=|A_1-A_2|, & \text{干涉减弱}\end{cases} \tag{9-25}$$

式中，k取正整数0，1，2，3，⋯．

若两相干波源具有相同的初相，即$\varphi_2=\varphi_1$，则两个分振动在点P的相位差仅由波程差δ决定，由式（9-24）得

$$\varphi_{12}=2\pi\frac{r_1-r_2}{\lambda} \tag{9-26}$$

将式（9-26）代入式（9-25），便可得合振幅A最大或最小的条件分别为

$$\delta=r_1-r_2=\begin{cases}\pm k\lambda, & A=A_1+A_2\\ \pm(2k+1)\dfrac{\lambda}{2}, & A=|A_1-A_2|\end{cases} \tag{9-27}$$

式中，$k=0$，1，2，3，⋯．式（9-27）表明，当两个相干波源为同相位时，在两相干波交叠的区域内，**波程差δ等于零或波长整数倍的各点（同相点），振幅最大，干涉加强；在波程差δ等于半波长奇数倍的各点（反相点），振幅最小，干涉减弱**；其他各点的振幅，则介于最大和最小之间．

图9-13表示产生相干波的一种方法．在发出球形波面的波源S附近，放置一个开有两个小孔的障碍物AB，小孔S_1和S_2的位置相对于S是对称的．根据惠更斯原理，S_1和S_2可以看作发出子波的点波源．因为它们的振动频率、振动方向和波源S的振动频率、振动方向相同，且它们都处在波源S所发出的同一波面上，即具有相同的相位，所以S_1、S_2是相干波源，它们分别发出两列相干的球面波．图中两组圆弧线表示它们的波面．设波源发出的是横波，则实线圆弧表示波峰，虚线圆弧表示波谷．在两列波的波峰与波峰或波谷与波谷的交点处，两个分振动是同相的，所以振动始终加强，合振幅最大；在两列波的波峰与波谷的交点处，两个分振

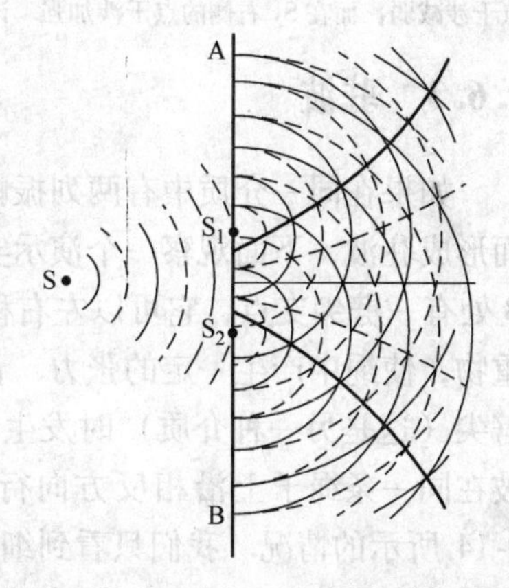

图9-13 波的干涉

动是反相的，所以振动始终减弱，合振幅最小. 在图中，振幅最大的各点用粗实线连接起来，振幅最小的各点用粗虚线连接起来.

例题 9-7　如例题 9-7 图所示，两列同振幅平面简谐波（横波）在同一介质中相向传播，波速均为 $200\mathrm{m\cdot s^{-1}}$. 当这两列波各自传播到 A、B 两点时，这两点做同频率（$\nu=100\mathrm{Hz}$）、同方向的振动，且 A 点为波峰时，B 点适为波谷. 设 A、B 两点相距 20m，求 AB 连线上因干涉而静止的各点位置.

分析　解此题时应考虑：①两列波分别传播到 A、B 两点时，该两点上的质元振动情况；②根据 A、B 两点处的质元振动情况可以分别列出题设两列平面简谐波的波函数；③这两列波是否是相干波？它们在 AB 连线上某点（如 C 点）若因干涉而静止（振幅为零），需要满足什么条件？

例题 9-7 图

解　以 A 点为坐标原点 O，以 A、B 两点的连线为 Ox 轴，正向向右，则 A 点和 B 点的质元振动表达式分别为 $y_A=A\cos 2\pi\nu t$ 和 $y_B=A\cos(2\pi\nu t+\pi)$（由题意可知，A、B 点的振动相位差为 π）. 于是，来自 A 点左方而通过 A 点的平面简谐波，其波函数为

$$y_A=A\cos 2\pi\left(\nu t-\frac{x}{\lambda}\right)$$

式中，x 为波的传播途上任一点 C 的坐标，即 $x=AC$. 这样，来自 B 点右方而通过 B 点的平面简谐波（仍对以 A 点为原点来说的），其波函数为

$$y_B=A\cos\left[2\pi\left(\nu t-\frac{BC}{\lambda}\right)+\pi\right]=A\cos\left[2\pi\left(\nu t-\frac{20-x}{\lambda}\right)+\pi\right]$$

上述两列波是相干波，它们因干涉而静止的条件为相位差 $\varphi_{12}=(2k+1)\pi$，即

$$\left[2\pi\left(\nu t-\frac{20-x}{\lambda}\right)+\pi\right]-2\pi\left(\nu t-\frac{x}{\lambda}\right)=(2k+1)\pi$$

化简后，并由题设 $\nu=100\mathrm{Hz}$，$u=200\mathrm{m\cdot s^{-1}}$，求出 $\lambda=(200\mathrm{m\cdot s^{-1}})/100\mathrm{s^{-1}}=2\mathrm{m}$，代入上式，并解出因干涉而静止的各点的位置为

$$x=(10+k)\mathrm{m}\quad k=0,\ \pm1,\ \pm2,\ \cdots,\ \pm9$$

问题 9-13　试述波的叠加原理；产生波的干涉现象时，其相干条件是什么？

问题 9-14　两波叠加产生干涉时，试分析：在什么情况下，两波干涉加强？在什么情况下，干涉减弱？

问题 9-15　如问题 9-15 图所示，S_1 和 S_2 为两个相干的点波源，S_1 的初相比 S_2 超前 $\pi/2$，S_1 与 S_2 相距 $\lambda/4$，则在 S_1S_2 连线上，在 S_1 左侧的点干涉减弱，而在 S_2 右侧的点干涉加强. 试解释这一现象.

问题 9-15 图

9.6.3　驻波

如果在同一介质中有两列振幅相等的相干波在同一直线上沿相反方向传播，就会叠加而形成驻波，下面观察一个演示实验. 如图 9-14 所示，音叉末端 A 系一水平的细绳 AB. B 处有一劈尖支点，它可以左右移动以改变 AB 间的距离. 细绳经过滑轮 P 后，末端悬加重物，使绳中产生一定的张力. 音叉振动时，绳中产生波动，向右传播，到达 B 点而遇劈尖（这是另一种介质）时发生反射，便形成向左传播的反射波. 这样，入射波和反射波在同一条绳子上沿相反方向行进而产生干涉. 移动劈尖 B 至适当位置就可形成如图 9-14 所示的情况. 我们只看到细绳被分成几段做分段振动. 每段两端点处的质元几乎固定不动. 而每段细绳中的各质元则同步地做振幅不同的振动，而各段中央的质元振幅最大. 从外形上看，很像波，但它的波形却不向任何方向移动，所以叫作**驻波**. 驻波和前面讲的振动状态传播的行波相比是有区别的.

图 9-14

下面对驻波做定量分析. 设两列相干的平面简谐波分别沿 Ox 轴正向和负向传播，其波函数分别为

$$y_1 = A\cos\left(\omega t - \frac{2\pi x}{\lambda}\right)$$

$$y_2 = A\cos\left(\omega t + \frac{2\pi x}{\lambda}\right)$$

在上述两波交叠区，质元在任意时刻的合位移为

$$y = y_1 + y_2 = A\cos\left(\omega t - \frac{2\pi x}{\lambda}\right) + A\cos\left(\omega t + \frac{2\pi x}{\lambda}\right)$$

利用三角函数关系，可以求出

$$y = \left(2A\cos\frac{2\pi x}{\lambda}\right)\cos\omega t \tag{9-28}$$

这就是驻波的波函数. 式中，$\cos\omega t$ 表示质元做简谐振动，$|2A\cos 2\pi x/\lambda|$ 就是这个简谐振动的振幅. 各点振动频率相同，但各点的振幅随位置的不同而异. 振幅最大的那些点称为**波腹**. 而那些始终静止不动的点称为**波节**. 波腹对应于 $\left|\cos\frac{2\pi x}{\lambda}\right| = 1$，即 $\frac{2\pi x}{\lambda} = k\pi$ 的各点. 因此，波腹的位置为

$$x = \frac{k\lambda}{2}, \qquad k = 0,\ \pm1,\ \pm2,\ \cdots \tag{9-29}$$

振幅为零的点对应于 $\left|\cos\frac{2\pi x}{\lambda}\right| = 0$，即 $\frac{2\pi x}{\lambda} = \frac{(2k+1)\ \pi}{2}$ 的各点. 因此，波节的位置为

$$x = \frac{2k+1}{4}\lambda, \qquad k = 0,\ \pm1,\ \pm2,\ \cdots \tag{9-30}$$

由上两式可算出相邻两个波节和相邻两个波腹之间的距离都是 $\lambda/2$. 据此可用来测定波长.

驻波是介质的一种极为重要的振动状态，它有着许多实际应用.

从图 9-14 所示的演示实验，读者可以自行分析，在驻波中，两相邻波节间各质元以不同的振幅振动着，它们都具有相同的相位，都同时达到最大的位移，同时通过平衡点. 在波节的两侧的质元，其振动相位相反，即同时沿反方向达到最大位移，也同时达到平衡位置，但速度方向相反.

前面说过，驻波一般是由入射波和反射波叠加而产生的. 在反射处（即两种介质的分界面处）究竟出现波腹还是波节，理论证明（从略），这将取决于波的种类、两种介质的性质以及入射角的大小.

在波垂直入射的情况中，对弹性介质中的波来说，我们把介质的密度ρ与波速u的乘积ρu较大的介质称为**波密介质**，ρu较小的介质称为**波疏介质**. 当波从波疏介质传到波密介质而在分界面上反射时，如图 9-15 所示，若$\rho_1 u_1 < \rho_2 u_2$，则在反射点A处，反射波的相位与入射波的相位相反，即相位差为π. 或者说，反射波和入射波的相位在反射点上有**π的跃变**. 我们知道，在同一波形上相距半个波长的两点的相位相反（即相位差为π），因此，在反射时引起相位相反的这种现象，相当于附加了半个波长的波程，有时形象地称它为"**半波损失**". 由于相位跃变了π，入射波和反射波在反射点合成的位移为零，即出现驻波的波节. 声波在水面上反射回空气就是这种情况. 又如图 9-14 所示的演示实验中，因反射端B用劈尖固定，所以B点是一个波节，入射波在B点反射时，反射波的相位就有π的跃变.

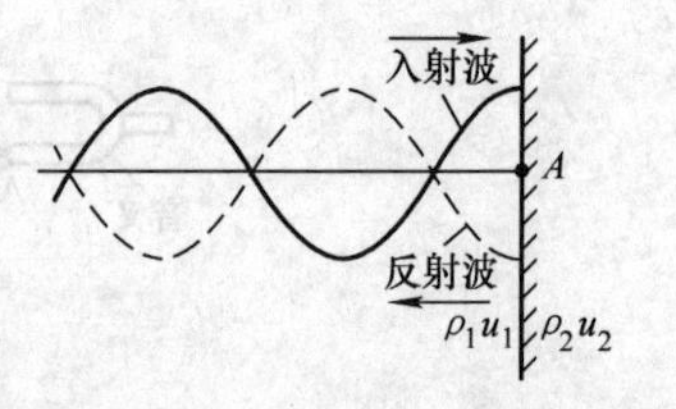

图 9-15　相位跃变

如果波从波密介质传到波疏介质，则在分界面上也将发生反射，但在反射处反射波的相位与入射波的相位相同，因此在反射点形成驻波的波腹，而没有相位跃变. 例如，用手握住绳的一端，让绳竖直地下垂，绳子下端为自由端（端点处即为绳和空气两种介质的分界处），用手摆动绳的上端，使波沿绳传到下端，在下端被反射，入射波和反射波在自由端就形成驻波的波腹，即振幅为最大. 读者可以自行动手演证.

上述情况以后在光学中还要讲到.

问题 9-16　何为驻波？试述驻波的形成过程，并绘图指出波腹和波节的位置. 读者还可自行导出驻波的表达式，并据此说明驻波与行波的区别.

问题 9-17　由驻波的波函数（9-28）分析驻波的振幅分布和相位分布.

问题 9-18　试述相位跃变现象；在什么情况下，入射波与反射波才能在两种介质分界面上要产生相位π的跃变？

*9.7　声波　超声波

9.7.1　声波

声波是在弹性介质中传播的一种机械波，其频率在 20 ~ 20000Hz 范围内，能够引起人的听觉，这种波称为**声波**. 频率低于 20Hz 的称为**次声波**；频率高于 20000Hz 的称为**超声波**. 从物理的观点来看，上述三种波没有本质上的区别. 因此，广义的声波包含次声波和超声波. 声波具有波动的一般特性，也能产生反射、折射、干涉和衍射等现象.

1. 声速

声波在不同的弹性介质中的传播速度是不同的，可以证明（从略），在气体中的声速为

$$v = \sqrt{\frac{\gamma p}{\rho}} \tag{9-31}$$

式中，$\gamma = C_{p,\mathrm{m}}/C_{V,\mathrm{m}}$，即气体摩尔定压热容$C_{p,\mathrm{m}}$与摩尔定容热容$C_{V,\mathrm{m}}$之比（参阅第 11 章）；$p$和$\rho$分别是气体的压强和密度。例如，在标准状态下，空气中的声速为

$$v=\sqrt{\frac{1.4\times1.013\times10^{5}\mathrm{N\cdot m^{-2}}}{1.29\times10^{-3}\mathrm{kg\cdot m^{-3}}}}=331\mathrm{m\cdot s^{-1}}$$

如果气体可以看作理想气体，则由理想气体状态方程可得 $\rho=Mp/RT$，把它代入式(9-31)，可得出声波在摩尔质量为 M、温度为 T 的理想气体中的传播速度为

$$v=\sqrt{\frac{\gamma RT}{M}} \tag{9-32}$$

在同一温度下，在液体和固体中的声速远大于气体中的声速. 表9-1列出了一些介质中的声速.

表9-1 声速㊀

介质材料	空气0℃	空气100℃	水40℃	大理石	木材	玻璃	钢、铁	铜	铝
声速 u/m·s^{-1}	330	387	1529	5260	3500	5300	5180	3800	5110

问题9-19 声波是机械波. 人们讲话时，声带发生机械振动，这振动通过空气等介质传播出去，形成**声波**. 声波传播到听者之耳，引起耳膜做受迫振动，刺激人的听觉神经，引起声音的感觉，如问题9-19图所示. 已知常温下空气中的声速为340m·s^{-1}，一人讲话时的声频率为200Hz，求此声波的波长；并问，距此人3.4m处的听者在几秒钟后可接收到此声波？(答：$\lambda=1.7\mathrm{m}$，$t=0.01\mathrm{s}$)

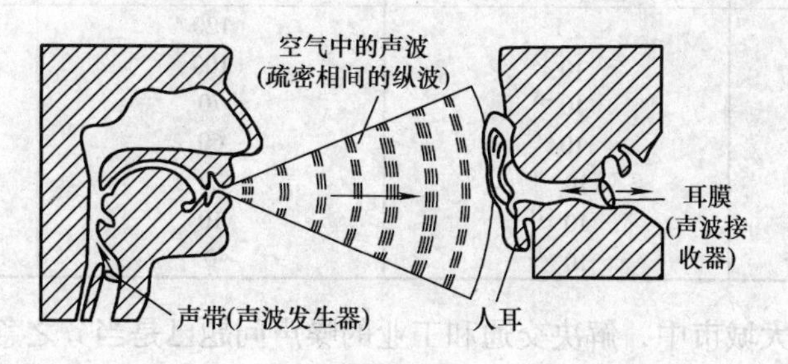

问题9-19图

2. 声强和声强级

声波的传播伴随着能量的传播，其能流密度 I［参阅式(9-19)］称为**声强**.

声波在介质中传播时，它的声强是与振幅的平方成正比的. 因此，声波的声强越大，声振幅也就越大，声音便越响. 过强的声音可以震耳欲聋. 因此，声强是描述声音强弱的一个物理量. 声频率为1000Hz时，声强约为 $I_0=10^{-16}\mathrm{W\cdot cm^{-2}}$ 的声音，才可听到. 这个引起人耳听觉的声强的最低限度叫作**可闻阈**. 由于声强的变化范围过大，直接用声强 I 表示，反而不方便，而是采用声强 I 与可闻阈 I_0 的比值来表示. 又因人耳对弱的声波，听觉较为灵敏，对强的声波则不甚灵敏. 经验表明，人耳所感觉到的响度并非正比于声强，而大约正比于声强的对数. 据此，对声强为 I 的声波，采用比值 I/I_0 的常用(十进)对数来表征这声波的强度，叫作**声强级**. 为了选取合乎实际使用的单位大小，规定声强级(用 L 表示)为

㊀ 表中给出的几种固体中(在室温20℃时)的声速是指细棒中纵波的波速. 在“无限大”固体介质中，平面纵波的波速大于所列数据的5%~15%，横波波速一般约为所列数据的60%.

$$L = 100\lg \frac{I}{I_0} \tag{9-33}$$

这样定出的声强级的单位叫作**分贝**，以 dB 表示.

按式（9-23）计算，声强为 $10^{-16}\,\mathrm{W \cdot cm^{-2}}$ 的最轻音的声强级就是 0dB. 震耳的炮声，其声强约为 $10^{-3}\,\mathrm{W \cdot cm^{-2}}$，其声强级为

$$L = 10\lg \frac{10^{-3}}{10^{-16}} = 10 \times 13\mathrm{dB} = 130\mathrm{dB}$$

正常的谈话声的声强级约为 60 ~ 70dB. 室内噪声在 80dB 以上，就会感到交谈困难，影响工作. 如果长期在 90dB 以上的高噪声环境下工作会损坏听觉. 尤其是高频噪声更令人厌烦. 为了保护工作人员健康，提高工作效率，必须消除或削弱这种声污染. 通常对一些强噪声源（例如，发电厂锅炉在排气时，往往发出高达 140 ~ 150dB 的强烈噪声），必须安装消声设备；对一些控制室的墙壁、门窗需作隔声处理，使室内达到良好的工作环境.

人耳感觉的声音响度与声强级有一定的关系，声强级越高，人就感觉越响，表 9-2 列出了一些声音的声强、声强级和响度.

表 9-2　几种声音的声强、声强级和响度

声源	声强/($\mathrm{W \cdot m^{-2}}$)	声强级/dB	响度
引起痛觉的声音	1	120	
钻岩机或铆钉机	10^{-2}	100	震耳
交通繁忙的街道	10^{-5}	70	响
通常的谈话	10^{-6}	60	正常
耳语	10^{-10}	20	轻
树叶沙沙声	10^{-11}	10	极轻
引起听觉的最弱声音	10^{-12}	0	

当前，特别在大城市中，解决交通和工业的噪声问题已是当务之急，乃是环境保护工程的一项重要课题. 而降低噪声，除了从根本上控制和降低噪声源的发声外，主要是利用某种材料对声波的吸收和散射.

9.7.2　超声波

超声波的特征是频率高（现代可以产生频率高达 10^9Hz 的超声波），因而波长短. 由于这一特征，它具有很多特殊的物理性质. 基本的物理特性如下：

（1）由波的衍射条件可知，波长越短，衍射现象越不显著. 所以超声波传播的方向性好，容易保持定向而集中的超声波束，能够产生反射、折射，也能够被聚焦.

（2）在波的传播过程中单位时间内所传递的能量（也就是波的功率）与波的频率的平方成正比，由于超声波的频率高，所以超声波的功率比通常声波的功率大得多.

（3）由于超声波频率高，功率大，它在液体中引起流态和密度的迅速变化，这种疏密变化，使液体迅速地时而受压，时而受拉. 鉴于液体的抗拉能力很差，经受不住过大的拉力，液体就会断裂而产生一些接近于真空的小空穴. 在受压时，这些空穴发生崩溃. 崩溃时，空穴内部压强可达几万大气压，同时还会产生极高的局部温度以及放电现象等. 超声波在液体中的这种作用叫作**空化作用**.

（4）实验发现，气体对超声波的吸收很强，液体吸收较弱，固体吸收更弱. 所以超

声波主要应用于液体和固体中.

超声波的上述特性在科学和技术中具有广泛的应用. 例如，超声波探伤仪可用于探测工件内部的缺陷（如气泡、裂缝等），主要是利用了超声波传播的方向性好、功率大，穿透力强的特性. 利用超声波定向发射的特性制成的超声波测距仪，可以测量海水深度，探测鱼群位置等. 在木材工业中，可以用超声波发现木材中的铁钉. 在医疗上，可以用超声波探查人体内的病变. 利用超声波的空化作用，可以进行焊接、清洗或加工高硬度的工件. 超声波还可用于除尘、促进化学反应等.

*9.8　多普勒效应

在前面讨论波的传播时，波源和观察者相对于介质都是静止的，观察者接收到的波的频率与波源的振动频率相同. 如果波源或观察者相对于介质在运动，将会发生在日常生活中所遇到的一种现象. 例如，一辆快速驶来的汽车，它的扬声器的频率比汽车静止时扬声器的频率高；而当它快速离开我们时，扬声器的频率又比静止时的为低. 这种**观察者接收到波的频率不等于波源的振动频率的现象**称为**多普勒效应**.

下面讨论声波的多普勒效应. 为简单起见，设声源的运动、观察者的运动以及波速都在同一直线上. 我们用 v_S 表示声源 S 相对于介质的速度；用 v_0 表示观察者相对于介质的速度. 并规定声源与观察者相趋近时，v_S 和 v_0 为正；远离时为负. 用 $\boldsymbol{u}$ 表示声波在介质中的传播速度. 设声源频率为 ν，则波长为 $\lambda = u/\nu$. 现分别讨论下述三种情况.

1. 声源不动、观察者相对于介质以速度 v_0 运动（$v_S=0$，$v_0\neq0$）

如图9-16a 所示，S 为声源，其速度 $v_S=0$，P 为观察者，以速度 v_0 向着声源运动，观察者感觉到声波以速度 $u+v_0$ 向着他传播. 于是，每秒钟内观察者接收到波的个数，即观察者接收到的频率为

$$\nu' = \frac{u+v_0}{\lambda} = \frac{u+v_0}{\dfrac{u}{\nu}} = \nu\left(1+\frac{v_0}{u}\right) \tag{9-34}$$

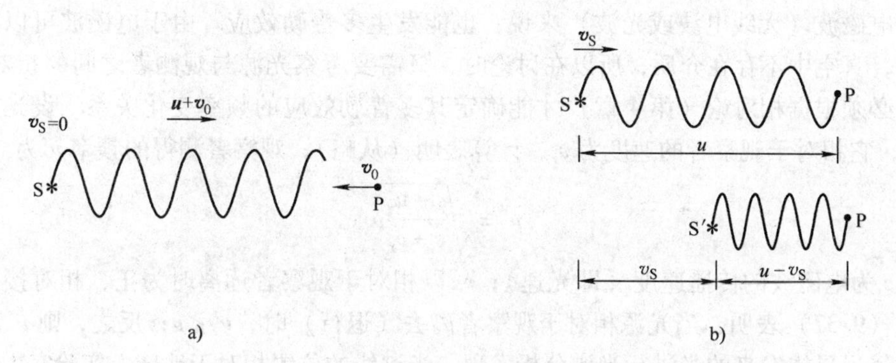

图9-16　多普勒效应

所以，当观察者向着声源运动时（即 $v_0>0$），观察者接收到的声波的频率 ν'大于声波频率 ν；反之，当观察者远离声源运动时（即 $v_0<0$），ν'小于 ν.

2. 观察者不动、声源相对于介质以速度 $\boldsymbol{v}_S$ 运动（$v_S \neq 0$，$v_0 = 0$）

如图 9-16b 所示，声源在 S 点发出一列波，设在 1s 末到达观察者 P，同时声源在 1s 内移动了 v_S 距离而到达 S′，这样，1s 内这列波被挤集在 S′P 之间，因此，声波波长被压缩，从图中可以看到，压缩后的波长为

$$\lambda' = \frac{S'P}{\nu} = \frac{u - v_S}{\nu}$$

由于观察者相对于介质是静止的，所以观察者感受到的波速不变，因此，观察者接收到的频率为

$$\nu' = \frac{u}{\lambda'} = \frac{u}{\dfrac{u - v_S}{\nu}} = \frac{u}{u - v_S}\nu \tag{9-35}$$

所以，当声源向着观察者运动时（$v_S > 0$），ν'大于 ν. 因此，汽车向着观察者运动时，观察者听到的扬声器频率变高；反之，当波源远离观察者运动时（$v_S < 0$），则 ν'小于 ν. 因此，汽车离去时，观察者听到的扬声器频率变低. 火车鸣笛而来时，汽笛的声调变高；鸣笛而去时，汽笛的声调变低，也是这个道理.

3. 声源 S 与观察者 P 同时相对于介质运动（$v_0 \neq 0$，$v_S \neq 0$）

由于观察者以速度 v_0 运动，声波相对于观察者的速度变为 $u + v_0$；同时，由于声源以速度 v_S 运动，声源发出的波，其波长变为

$$\lambda' = \lambda - v_S T = \frac{u - v_S}{\nu}$$

因此，这两种结果引起观察者感觉到的频率应为

$$\nu' = \frac{u + v_0}{\lambda'} = \frac{u + v_0}{\dfrac{u - v_S}{\nu}} = \frac{u + v_0}{u - v_S}\nu \tag{9-36}$$

式中，v_0 和 v_S 的正、负按前述的符号规则决定. 若$\boldsymbol{v}_0$和$\boldsymbol{v}_S$不在声源与观察者的连线上，则应以$\boldsymbol{v}_0$和$\boldsymbol{v}_S$在连线上的分量作为 v_0 和 v_S 值代入以上各式即可.

对电磁波（无线电波或光波）来说，也能发生多普勒效应. 由于电磁波可以在真空中传播，真空中不存在介质，所以在讨论时，只需要考察光源与观测者之间的相对运动. 这时，必须根据相对论（第 4 章）才能确定其多普勒效应的频率变化关系. 设光源的频率为 ν，它相对于观察者的速度为 v_r，计算表明（从略），观察者测得的频率 ν'为

$$\nu' = \sqrt{\frac{c - u_r}{c + v_r}}\nu \tag{9-37}$$

式中，c 为电磁波的传播速度（即光速）；v_r 以相对于观察者远离时为正，相对接近时为负. 式（9-37）表明，当光源相对于观察者离去（退行）时，$\nu' < \nu$；反之，则 $\nu' > \nu$.

对遥远星体发来的光进行光谱分析发现，光谱线的位置相对于地球上实验室中测定的同种元素光谱线位置，存在着明显的偏移，并且，总是移向相应于可见光谱的红光一端（低频端）. 这就是所谓光谱的**红移**，它是由发光星体（光源）运动的多普勒效应所引起的. 测出谱线移动数值，便可估算星体的运行速度.

根据地球上观察者对遥远星体所观测到的上述红移事实，恒有 $\nu' < \nu$，这表明宇宙中

所有星体总是远离地球而去，即宇宙在膨胀着. 从而，为宇宙膨胀理论提供了实验支持. 宇宙既然在膨胀着，那么，早期的宇宙应该小于现今的宇宙，而可能只占有一个较小的空间区域，其中的物质处于高度密集状态. 按照目前提出的宇宙大爆炸理论，认为今天的宇宙是在大约10^{10}年以前，发生于一个较小空间区域内的一次大爆炸演化而成的.

此外，多普勒效应在测定人造卫星的位置变化、报警、测量流体的流速、检查车速等方面都有重要应用.

问题 9-20 试述多普勒效应，并讨论声波在课文中所述三种情形下的频移规律.

例题 9-8 借安装在车站铁路线旁的仪器，测得火车驶近车站时和离站而去后的汽笛声频率分别为410Hz和380Hz. 设空气中的声速为$330\mathrm{m\cdot s^{-1}}$，求火车速度.

解 设汽笛的频率为ν，则按式 (9-35)，当火车（声源）向着仪器（观察者）时，仪器接收到的频率为

$$\nu'_{来}=\frac{u}{u-v_S}\nu \tag{a}$$

当火车离站而去后，按规定，v_S 取负值，用 $-v_S$ 代入式 (9-35)，则仪器接收到的频率为

$$\nu'_{去}=\frac{u}{u+v_S}\nu \tag{b}$$

由式 (a)、式 (b)，有

$$\frac{\nu'_{来}}{\nu'_{去}}=\frac{u+v_S}{u-v_S}$$

把 $\nu'_{来}=410\mathrm{Hz}$，$\nu'_{去}=380\mathrm{Hz}$，$u=330\ \mathrm{m\cdot s^{-1}}$ 代入上式，可算得火车速度为 $v_S=12.5\mathrm{m\cdot s^{-1}}$.

习 题 9

9-1 在下面几种说法中，正确的说法是：

(A) 波源不动时，波源的振动周期与波动的周期在数值上是不同的.

(B) 波源振动的速度与波速相同.

(C) 在波传播方向上的任一质点振动相位总是比波源的相位滞后（按差值不大于π计）.

(D) 在波传播方向上的任一质点的振动相位总是比波源的相位超前（按差值不大于π计）. [ ]

9-2 机械波的表达式为 $y=0.03\cos 6\pi(t+0.01x)$ (SI)，则

(A) 其振幅为3m. (B) 其周期$\frac{1}{3}$s.

(C) 其波速为$10\mathrm{m\cdot s^{-1}}$. (D) 波沿 x 轴正向传播. [ ]

9-3 一平面简谐波在弹性媒质中传播，在某一瞬时，媒质中某质元正处于平衡位置，此时它的能量是

(A) 动能为零，势能最大. (B) 动能为零，势能为零.

(C) 动能最大，势能最大. (D) 动能最大，势能为零. [ ]

9-4 某时刻驻波波形曲线如习题9-4图所示，则 a、b 两点振动的相位差是

(A) 0. (B) $\frac{1}{2}\pi$.

(C) π. (D) $5\pi/4$. [ ]

9-5 一平面简谐波的表达式为 $y=A\cos\omega(t-x/u)=A\cos(\omega t-\omega x/u)$，其中 x/u 表示________；$\omega x/u$ 表示________；y 表示________.

9-6 一个余弦横波以速度 $\boldsymbol{u}$ 沿 x 轴正向传播，t 时刻波形曲线如习题9-6图所示. 试分别指出图中 A、B、C 各质点在该时刻的运动方向. A：______；B：______；C：______.

9-7　习题 9-7 图所示为一平面简谐波在 $t=2\mathrm{s}$ 时刻的波形图，波的振幅为 0.2m，周期为 4s，则图中 P 点处质点的振动方程为________.

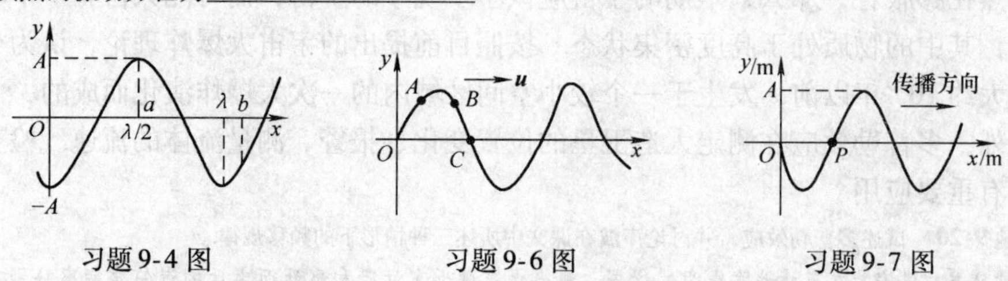

习题 9-4 图　　习题 9-6 图　　习题 9-7 图

9-8　两列波在一根很长的弦线上传播，其表达式为

$y_1=6.0\times10^{-2}\cos\pi(x-40t)/2(\mathrm{SI})$

$y_2=6.0\times10^{-2}\cos\pi(x+40t)/2(\mathrm{SI})$

则合成波的表达式为________；在 $x=0$ 至 $x=10.0\mathrm{m}$ 内波节的位置是________；波腹的位置是________.

9-9　一声纳装置向海水中发出超声波，其波的表达式为

$$y=1.2\times10^{-3}\cos\ (3.14\times10^5t-220x)\ (\mathrm{SI})$$

则此波的频率 $\nu=$________，波长 $\lambda=$________，海水中声速 $u=$________.

9-10　电磁波在媒质中传播速度的大小是由媒质的________决定的.

9-11　一列火车以 $20\mathrm{m}\cdot\mathrm{s}^{-1}$ 的速度行驶，若机车汽笛的频率为 600Hz，一静止观测者在机车前和机车后所听到的声音频率分别为________和________（设空气中声速为 $340\mathrm{m}\cdot\mathrm{s}^{-1}$）.

9-12　习题 9-12 图所示为一种声波干涉仪，声波从入口 E 进入仪器，分 B、C 两路在管中传播至扬声器口 A 汇合传出，弯管 C 可以移动以改变管路长度，当它渐渐移动时从扬声器口发出的声音周期性地增强或减弱，设 C 管每移动 10cm，声音减弱一次，则该声波的频率为________（空气中声速为 $340\mathrm{m}\cdot\mathrm{s}^{-1}$）.

9-13　如习题 9-13 图所示，一平面简谐波沿 Ox 轴正向传播，波速大小为 u，若 P 处质点的振动方程为，求 $y_P=A\cos(\omega t+\phi)$，求：

（1）O 处质点的振动方程；

（2）该波的波动表达式；

（3）与 P 处质点振动状态相同的那些质点的位置.

9-14　一平面简谐波沿 x 轴正向传播，其振幅为 A，频率为 ν，波速的大小为 u. 设 $t=t'$ 时刻的波形曲线如习题 9-14 图所示. 求：

（1）$x=0$ 处质点的振动方程；

（2）该波的表达式.

9-15　一微波探测器位于湖岸水面以上 0.5m 处，一发射波长 21cm 的单色微波的射电星从地平线上缓慢升起，探测器将相继指出信号强度的极大值和极小值. 当接收到第一个极大值时，射电星位于湖面以上什么角度？

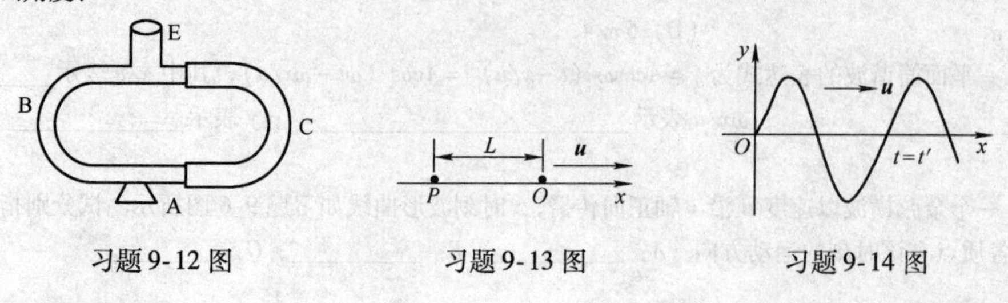

习题 9-12 图　　习题 9-13 图　　习题 9-14 图

［**自测题**］ 利用牛顿环的干涉条纹可以测定凹曲面的曲率半径. 在透镜磨制工艺中常用的一种检测方法是：将已知半径的平凸透镜的凸面放在待测的凹面上，如图 10-0 所示，在两镜面之间形成空气层，可观察到环状的干涉条纹. 试证明第 k 个暗环中心的半径 r_k 与凹面半径 R_2、凸面半径 R_1 及光波波长 λ 之间的关系式为

$$r_k=\sqrt{\frac{R_1R_2}{R_2-R_1}k\lambda}$$

设测得第 40 个暗环半径 $r_{40}=2.25\text{cm}$，而 $R_1=1.023\text{m}$，$\lambda=589\text{nm}$，求 R_2.

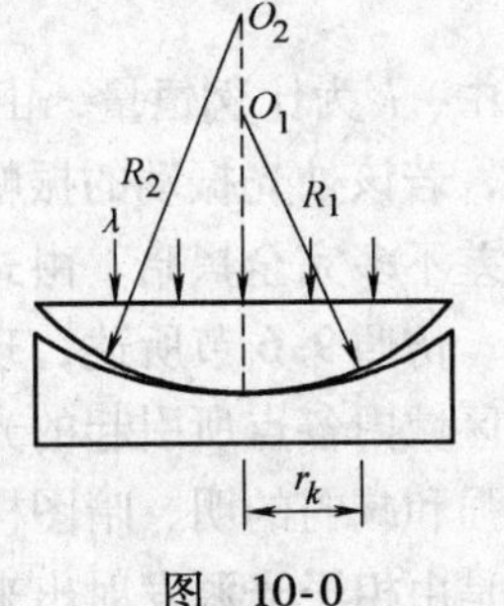

图 10-0

第 10 章　波 动 光 学

波的干涉和衍射现象是各种波所独有的基本特征. 光是电磁波. 在一定条件下，两列光波在传播过程中当然也可以因叠加而产生干涉和衍射等现象. 本章主要研究可见光在传播过程中呈现的干涉、衍射和偏振等现象的规律.

曾如前述，光在电磁波谱中的波段是很窄的，其波长范围为 400 ~ 760nm. 这一波段的电磁波能引起人们的视觉，故称为**可见光**. 不同波长的可见光引起人们不同颜色的感觉. 人眼对不同波长的光感觉的灵敏度也不同，对波长为 550nm 左右的黄绿光感觉最为敏感.

可见光的天然光源主要是太阳，人工光源主要是炽热物体，特别是白炽灯，它们所发射的可见光谱是连续的. 气体放电管也发射可见光，如荧光灯（日光灯）、高压汞灯、钠光灯、氙灯等. 在实验室中，常利用各种气体放电管加滤色片作为单色光源，如钠光灯，它能发出波长为 589.3nm 的单色光. 以上光源统称为**普通光源**. 1960 年问世的**激光器**是一种特殊的光源，它所发出的激光具有一系列与普通光不同的鲜明特点，引起了现代光学及应用技术的巨大变革.

> 仅单纯含有一种波长（严格地说，应是一种频率）的光，称为单色光.

10.1　光的干涉　相干光的获得

10.1.1　光强　光的干涉

光波是光振动的传播，并且主要是指电磁波中电场强度 $\boldsymbol{E}$ 矢量振动的传播. 但是，在光学中，$\boldsymbol{E}$ 矢量、$\boldsymbol{H}$ 矢量都是无法直接观测到的，人们除能够看到光的颜色以外，只能

观测到光强．例如，任何感光仪器，无论是人的眼睛或者照相底片，观感到的都是光强而不是光振动本身．不过，光的电磁理论指出，光强 I 取决于在一段观察时间内的电磁波能流密度的平均值，其值与光振动的振幅 E 的平方成正比，并可写作

$$I = kE^2 \tag{10-1}$$

式中，k 为比例恒量，由于我们只关心相对光强，因而不妨取 $k=1$．因此，光波传到之处，若该处光振动的振幅为最大，看起来就最亮；而振幅为最小（或几乎接近于零）处，则差不多完全黑暗．由式（10-1）可知，亮暗的程度也可用光强来表述．

仿照 9.6 节所述，现在我们讨论光的干涉现象．对于两列光波在空间重叠（相遇）的区域内各点所引起的光振动，若叠加所得的合振动具有恒定的振幅，则将稳定地呈现出加强和减弱的明、暗图样．这就是**光的干涉现象**．产生干涉现象的光称为**相干光**，它们分别是由**相干光源**发射出来的．

相干光必须满足**相干条件：光振动的频率相同、振动方向相同**（或具有同方向的光振动分量）、**相位相同或相位差保持恒定**．

如上所述，两束相干光的干涉，可以归结为在空间任一点上两个光振动的叠加问题．设两个相干光光振动的振幅分别为 E_1 和 E_2，相位差为 $\Delta\varphi$，仿照波的干涉的讨论和式（9-23）可知，光的合振动振幅 E 的平方为

$$E^2 = E_1^2 + E_2^2 + 2E_1E_2\cos\Delta\varphi \tag{10-2}$$

既然我们能观测到的都是光强，而不是振幅，因此我们可将式（10-2）改写成光强之间的关系．对一定频率的光波来说，按式（10-1），可将式（10-2）改写成

$$I = I_1 + I_2 + 2\sqrt{I_1I_2}\cos\Delta\varphi \tag{10-3}$$

式中，$\Delta\varphi$ 为两相干光的相位差；I_1、I_2 和 I 分别为两列相干光的光强和所合成的光强．即在相干光叠加时，合成的光强并不等于两光源单独发出的光波在该点处的光强之和，即 $I \neq I_1 + I_2$．若所讨论的两束相干光的振幅相等，则它们的光强相等，即 $I_1 = I_2$，并因 $1+\cos\varphi = 2\cos^2\varphi/2$，式（10-3）可简化为

$$I = 4I_1\cos^2\frac{\Delta\varphi}{2} \tag{10-4}$$

当 $\Delta\varphi = \pm 2k\pi$，$k=0$，1，2，…时，

$$I = 4I_1$$

当 $\Delta\varphi = \pm(2k+1)\pi$，$k=0$，1，2，…时，

$$I = 0$$

由此可见，两束光强相等的相干光叠加后，空间各点的合成光强不是两束光的光强的简单相加．在某些地方，光强增大到一束光光强的 4 倍，而有些地方光强则为零，即**两束光干涉的结果，光的能量在空间做了重新分布**，于是我们便可以从屏幕上看到由一系列明暗相间的条纹所组成的干涉图样．

对于干涉图样的明暗反差，取决于相应的光强的对比，光强反差越大，明暗对比越明显．因此，我们引用**可见度** V 来表征干涉图样的明暗反差，即

$$V = \frac{I_{max} - I_{min}}{I_{max} + I_{min}} \tag{10-5}$$

特别是在两列相干波的振幅恒定且$E_1=E_2$的情况下，有$I_1=I_2$，并令$I_1=I_2=I_0$，则由式（10-4）得

$$I_{\max}=4I_0,\ I_{\min}=0$$

由式（10-5），在所述情况下，可见度为$V=100\%$，达到最大值. 这时，由于最大光强达到了每列相干光波的光强的4倍，显得更亮；而最小光强为零，暗得全黑. 亮暗分明，反差极大，干涉图样最为清晰.

所以，为了获得清晰的干涉图样，**两束相干光波的光强应力求相等或接近于相等**. 这是对光的干涉所提出的另一个要求.

问题10-1 （1）试述光强与光振动振幅之间的关系.

（2）何谓相干光和相干条件？导出相干光叠加时总光强与两列相干光波光强之间的关系.

（3）何谓干涉图样的可见度？$V=0$和$V=100\%$分别表示什么意义？为了获得清晰的干涉图样，两列相干光尚需满足什么条件？

10.1.2 相干光的获得

现在我们进一步说明如何才能获得相干光.

对于机械波或无线电波来说，相干条件比较易于满足. 例如，两个频率完全相等的音叉在室内振动时，可以觉察到空间有些点的声振动始终很强，而另一些点的声振动始终很弱. 这是因为机械波的波源可以连续地振动，发射出不中断的波. 只要两个波源的频率相同，相干波源的其他两个条件，即振动方向相同和相位差恒定的条件就较易满足. 因此，观察机械波的干涉现象比较容易.

但是对于光波来说，即使两个光源的光强、形状、大小等完全相同，上节所述的光的相干条件仍然不可能获得，这是由于光源发光机制的复杂性所决定的.

根据近代研究，光波是炽热物体中大量分子和原子的运动状态发生变化时辐射出去的电磁波. 因此，发光物体（光源）中许多发光的原子、分子，它们分别相当于一个小的点光源. 人们看到的每束光，都是由大量原子辐射出来的电磁波汇集而成的.

在发光体中，同一时间内各个分子或原子的状态变化不同，因而它们所发出的光波的振幅、相位、振动方向亦彼此不同. 另一方面，分子或原子的发光是间歇的，当某一群分子或原子发光时，另一群分子或原子还没有开始发光；当后者发光时，以前发光的分子或原子群已经由于辐射而损失了能量，或由于周围分子或原子的作用而停止发光了. 每个分子或原子发光的持续时间很短，大约只有10^{-9}s. 在这样短促的时间内发出的光波，是一个长度有限的波列；并且，往往在间歇片刻（时间很短，其数量级也是10^{-9}s）后再发出另一个波列，如图10-1所示. 同一个分子或原子前后发出的各个波列，它们的频率和振动方向不尽相同，也无固定的相位关系，这些波列是完全独立的. 对于不同原子发出的光波，情况同样如此，也是各自独立的. 因此，对整个发光体而言，所发光的相位瞬息万变.

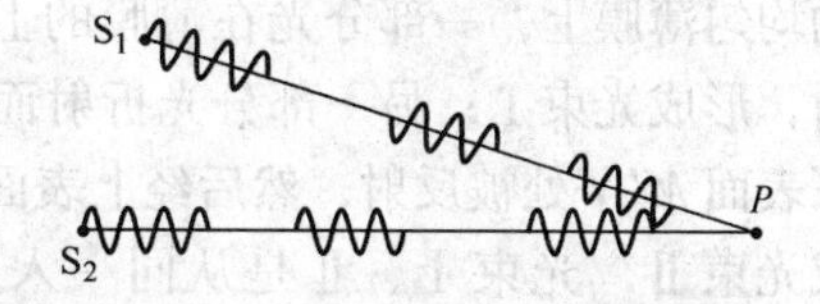

图10-1 光源S_1、S_2中分子或原子发出的光波是一系列断续的波列

这样，对两个独立的光源来说，由于其中各原子发出的光振动相位之间没有任何固定

的联系，所以，**从两光源中所有原子发出的光振动在空间任一点 P 处叠加时，这些光振动在该点的相位差是随时改变的**．**实际上，我们只能观察到一个平均效应，即光强的均匀分布**㊀．这种情况叫作**非相干叠加**．例如，我们用两支点燃的蜡烛或电灯（即两个不相干的独立光源）照射屏幕，在幕上就只能看到均匀照亮的一片，而不能形成明、暗相间的干涉图样．而且，在幕上被均匀照亮区域上的光强等于每支蜡烛单独照射所产生的各个光强之和．由此可见，要使两个独立光源满足相干的条件，特别是相位相同或相位差恒定这个条件，显然是不可能实现的，即使利用同一发光体上两个不同的部分，也是不可能实现的．

但是，如果两个并排的小孔受到同一个很小的光源或离得很远的宽光源（例如一支点燃的蜡烛）照明，则从两个小孔射出来的光可以在小孔后面的屏幕（例如墙壁）上产生干涉现象，出现明、暗的条纹，读者不妨自行演示一下．

因此，为了获得满足相干条件的光波，我们只能采用人为的方法，**将同一个点光源发出来的光线分成两个细窄的光束，并使这两束光在空间经过不同的路径而会聚于同一点**．由于这两束光来自同一个点光源，所以，在任何瞬时到达观察点的，应该是经过不同波程的两列频率相同、振动方向相同的光波．尽管各原子辐射的光波，其相位迅速地改变，但任何相位的改变总是亦步亦趋地同时发生在这两列光波中，因此，如果一个光束发生相位的改变，则另一个光束也将同步地发生同样的相位改变，即它们时时刻刻保持恒定的相位差．总起来说，它们是满足相干条件的．

根据以上所述，通常我们采取下列两种方法来获得相干光．

（1）**分波阵面法（或分波前法）** 可采用类似于图 10-1 所示的装置，设 S_0 处为光源，所发出的光波传播到对称于 S_0 的两狭缝 S_1 和 S_2 时，S_1 和 S_2 处在同一波前上，其相位是相同的，并且，通过狭缝 S_1 和 S_2 后，所分开的两列光波都来自同一光源 S_0，其频率和振动方向也都是相同的．所以，S_1 和 S_2 成为两个相干光源，所发出的两列相干光在空间将产生干涉现象．历史上著名的杨氏双缝干涉实验，就是利用分波阵面法获得相干光的（见 10.2 节）．

（2）**分振幅法** 利用光的反射和折射，将来自同一光源的一束光分成两束相干光．例如，图 10-2 所示，从光源 S_0 发出的光在空气中入射到一定厚度的均匀薄膜上，一部分光在薄膜的上表面 MN 处反射，形成光束Ⅰ；另一部分光折射而透入膜内，在下表面 $M'N'$ 处被反射，然后经上表面折射出来，形成光束Ⅱ．光束Ⅰ、Ⅱ是从同一入射光中分开来的㊁，因此具有相同的频率和振动方向，并具有恒

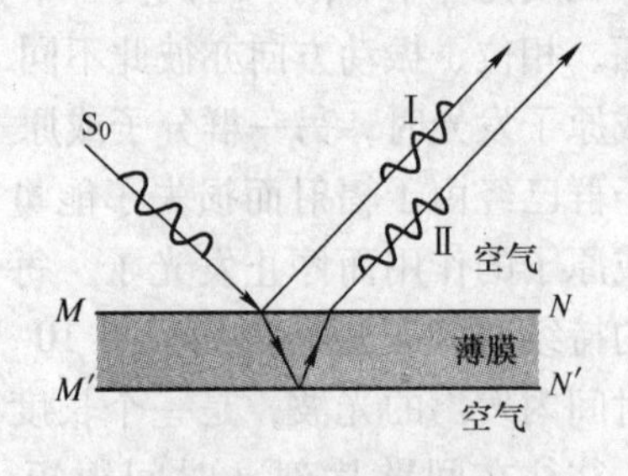

图 10-2 分振幅法

㊀ 即使光源中两个发光原子同时发出振动方向相同的同频率的光波，它们所形成的干涉图样也只能在极短的时间（$\sim10^{-9}$s）内存在，而另一时刻将被对应于另一个相位差的干涉图样所代替，在一定的观察和测量时间内，干涉图样瞬息万变，任何接收器都来不及反应，因而觉察不到这种图样的迅捷更迭，而只能记录到光强的某一时间平均值，如同眼睛不能觉察到交流电通过电灯时灯丝的亮度变化、而只能看到某一不变的平均亮度一样．

㊁ 光束Ⅰ、Ⅱ的能量也是从同一入射光的能量中分出来的．由于光波的能量与振幅有关，所以，由此获得相干光的方法叫作**分振幅法**．

定的相位差（这是由于它们所经历的介质和波程、即几何路程不同所造成的），所以这两束光是相干光，如果让它们通过透镜或肉眼会聚于空间各点，将产生干涉现象. 在10.4节中讨论的薄膜干涉，就是借这种分振幅法实现干涉的一个实例.

最后，我们要指出，以上所谈到的光的干涉现象，乃是一种理想情况下的干涉，即对光源线度为无限小，波列为无限长的单色光而言的.

实际上，光源总是有一定的大小，它将对光的相干性产生影响，主要表现在干涉图样明暗对比的清晰程度被削弱. 这就是说，光源的线度应受到一定的限制，才能使发出的光获得较好的相干性.

其次，由于光源中的分子或原子每次发光的持续时间 Δt 很短，而且先后各次发出的光波波列，其振动方向和相位又不尽相同. 故而采取了上述的分波阵面法或分振幅法，才能够将同一次发出的光分成两个相干的波列. 显然，这两个波列到达空间某点的时间之差不能大于一次发光的持续时间 Δt，否则在该点相遇的两个波列，就不可能是从同一次发出的光波中分出来的，因而不能满足光波的相干条件. 显然，Δt 越长，光的相干性就越好.

因此，我们在考察光的相干性时，严格地说，应考虑到上述影响. 有时可以通过适当的装置来消除这些影响，以获得好的相干性. 幸而，当前有了激光光源，它与普通光源相比，具有亮度高、方向性好、相干性好的特点，这就为实现光的干涉提供了充分的条件.

问题 10-2 试述光源的发光机理和获得相干光的两种方法.

10.2 双缝干涉

10.2.1 杨氏双缝干涉实验

1. 实验装置

1801年英国医生兼物理学家托马斯·杨（Thomas Young，1773—1829）首先用实验方法实现了光的干涉，从而为光的波动学说提供了有力的证据.

图10-3所示是实验的装置示意图. 将平行单色光垂直地射向狭缝 S_0，于是 S_0 便成为一个发射柱面波的线光源，如图10-3b所示. 双缝 S_1 和 S_2 相对于 S_0 呈对称分布，因而两者位于柱面波的同一个波面上. 根据惠更斯原理，S_1 和 S_2 就成为来自同一光源的频率相同、振动方向相同、相位相同的两个**相干光源**，从它们发出的光在相遇区域内便能产生干涉现象，若在此区域内放置一个观察屏幕E，就可以在屏上观察到一系列与狭缝平行的明暗相间的稳定条纹，即**干涉条纹**. 这些条纹的大致情况，如图10-3a的观察屏E所示.

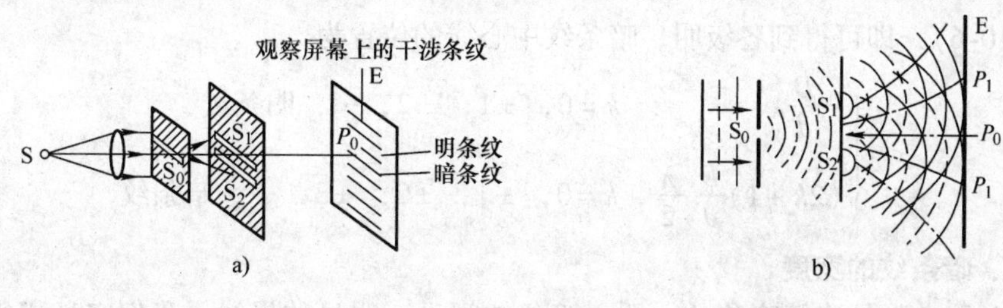

图10-3 双缝干涉实验

由于 S_1 和 S_2 是从同一波阵面上分离出来的两部分，因而这种获得相干光的方法就称为**分波阵面法**. 下面就对干涉条纹在屏幕上的分布进行定量的分析.

2. 明、暗条纹在屏幕上的位置

在图 10-4 中，设 S_1 和 S_2 相距为 d（$\approx 10^{-3}$m），它们到屏幕 E 的距离为 D（约 1 ~ 3m），屏幕上某点 P 到两狭缝的距离分别为 r_1 和 r_2，故由点 P 到两狭缝的波程差为

$$\delta = r_2 - r_1$$

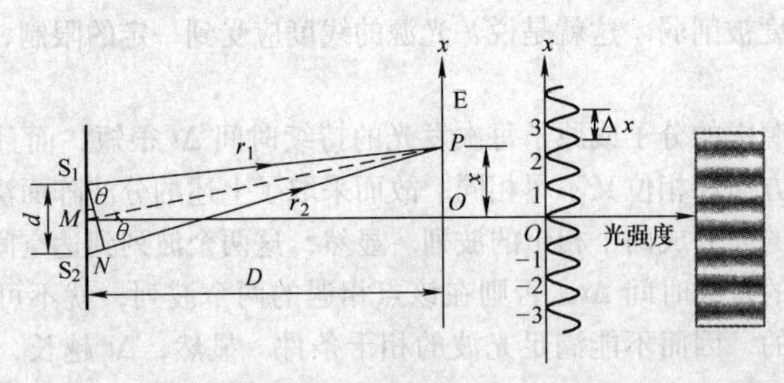

图 10-4　干涉条纹的计算

由于 S_1 和 S_2 是初相相同的两个相干光源，所以相干光在点 P 干涉的结果仅由波程差 δ 来决定，即

$$\delta = r_2 - r_1 = \begin{cases} k\lambda, & k=0,\ \pm1,\ \pm2,\ \cdots，明条纹 \\ (2k+1)\dfrac{\lambda}{2}, & k=0,\ \pm1,\ \pm2,\ \pm3,\ \cdots，暗条纹 \end{cases} \tag{10-6}$$

式中，k 称为条纹的**级次**. 当 $k=0$ 时，$\delta = r_2 - r_1 = 0$，即**零级明条纹**呈现在双缝的中垂面与屏幕的交线处，故又称**中央明条纹**. 在零级明条纹上、下两侧，对称地排列着正、负级次的条纹. 图中的曲线表示屏幕上光强的分布情况.

为了确定各级明、暗条纹在屏幕上的位置，我们以零级明纹中心点 O 为原点作坐标轴 Ox，以坐标为 x 的点 P 代表某一条纹的位置. 连接点 P 和双缝的中点 M，并设 PM 与 OM 的夹角为 θ. 由图可得

$$x = D\tan\theta \tag{a}$$

在一般情况下，有 $D >> d$ 及 $D >> x$，故

$$r_2 - r_1 \approx S_2N = d\sin\theta \approx d\tan\theta \tag{b}$$

由式（a）、式（b）两式可得

$$r_2 - r_1 = \frac{d}{D}x$$

代入式（10-6），即可得到各级明、暗条纹中心线的位置为

$$x = \begin{cases} k\dfrac{D}{d}\lambda, & k=0,\ \pm1,\ \pm2,\ \cdots，明条纹 \\ (2k+1)\dfrac{D}{d}\dfrac{\lambda}{2}, & k=0,\ \pm1,\ \pm2,\ \pm3,\ \cdots，暗条纹 \end{cases} \tag{10-7}$$

3. 明、暗条纹的宽度

屏幕上的光强是连续变化的，明、暗条纹间没有明显的界线，我们定义相邻两条明

条纹中心线之间的距离为暗条纹的宽度（见图10-4）. 由式（10-7）中的明条纹条件，可得暗条纹宽度为

$$\Delta x = x_{k+1} - x_k = (k+1)\frac{D}{d}\lambda - k\frac{D}{d}\lambda = \frac{D}{d}\lambda \tag{10-8}$$

仿此，相邻两条暗条纹中心线间的距离即为明条纹的宽度，通过计算，其宽度与式（10-8）结果相同.

由式（10-8）可见，条纹宽度 Δx 与条纹的级次 k 无关，即各级条纹是等宽的，它们在幕上是均匀排列的. 由式（10-8）还可看出，条纹宽度 Δx 与波长 λ 成正比，因此，如果用白光做双缝干涉实验，白光中所含各种波长的单色光各自形成干涉条纹，其宽度各不相同. 红光波长最长，条纹最宽；紫光波长最短，条纹最窄. 所以在零级明条纹的边缘将出现彩色，其他各级明条纹也将成为彩色条纹. 随着级次 k 的增大，各种波长的不同级次的明条纹和暗条纹将互相重叠，以致难以分辨.

10.2.2 洛埃德镜实验

如图10-5所示，英国物理学家洛埃德（H. Lloyd，1800—1881）于1834年提出了用一块平面反射镜 KL 观察干涉的装置，称为**洛埃德镜**. 具体构想是这样的，从一个狭缝光源 S_1 所发出的光波，其波前的一部分直接照射到屏幕E上，另一部分则被平面镜 KL 反射到屏幕上. 这两束光为由分波阵面得到的，满足相干条件，故在叠加区域互相干涉，在此区域的屏幕上可以观察到与狭缝平行的明暗相间的干涉条纹.

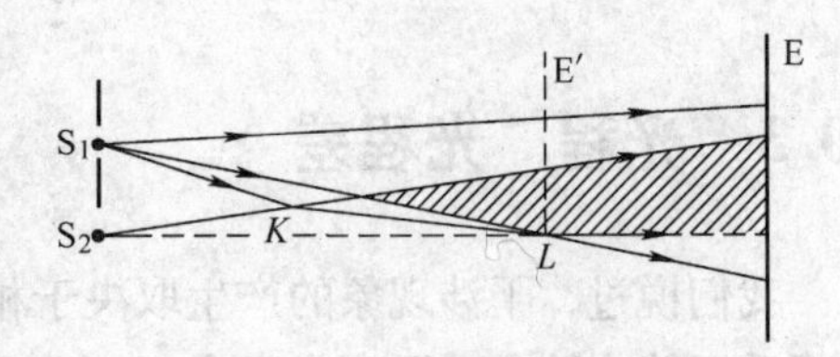

图10-5 洛埃德镜光路图

从镜面上反射出来的光束好似是从虚光源 S_2 发出来的，S_2 也就是 S_1 在平面镜 KL 中的虚像. S_1、S_2 构成一对相干光源，相当于两个狭缝光源，因此，所产生的干涉条纹与双缝干涉条纹相类同.

此实验还有一个重要的现象. 我们将屏幕E平移到图中E′处，使其与镜端 L 相接触. 从图中可见，S_1 和 S_2 到屏幕上 L 处的距离相等，即波程相等，两束相干光在 L 处似乎应该干涉加强而出现明条纹，但事实上在 L 处却出现暗条纹. 这是因为：从光源 S_1 发出的光波在镜面上反射时，其相位要发生 π **的突变，故而当此反射光与到达该处的入射光相互叠加后，便会出现暗条纹. 由电磁场理论可以严格证明：当一束光从折射率较小的光疏介质，垂直入射（$i=0°$）或掠入射（$i \approx 90°$）到折射率较大的光密介质上发生反射时，**在这两种介质分界面的入射点处，**便有 π 的相位突变，**这相当于光波在该处存在半个波长的额外波程差. 我们把这种情况往往称为光波的**半波损失**. 如果光波从光密介质向光疏介质传播时，在分界面处，入射波的相位与反射波的相位相同，不存在半波损失.

问题10-3 在杨氏双缝实验中，按下列方法操作，则干涉条纹将如何变化？为什么？

（1）使两缝间的距离逐渐增大；

（2）保持双缝间距不变，使双缝与屏幕的距离变大；

（3）将缝光源 S_0 在垂直于轴线方向往下移动.

问题10-4 在双缝实验中，所用蓝光的波长是440nm，在2.00m远的屏幕上测得干涉条纹的宽度为0.15cm. 试求两缝间距.（答：5.87×10^{-4}m）

问题 10-5　(1) 试述由洛埃德镜获得相干光的方法，画出其光路图．并说明如何由洛埃德镜实验证实相位突变现象；何谓半波损失？

(2) 如问题 10-5 (2) 图所示，从远处的点光源 S_0 发出的两束光 S_0AP 和 S_0BP 在折射率为 n_1 的介质中传播，它们分别在折射率为 n_2、n_3 的介质表面上反射后相遇于 P 点．已知 $n_2>n_1$，$n_3<n_1$．问这两束光在分界面发生反射时有无相位 π 的突变？

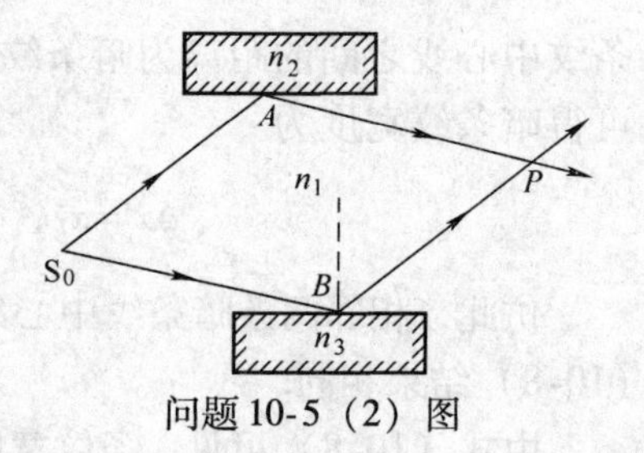

问题 10-5 (2) 图

例题 10-1　如图 10-4 所示，在杨氏双缝实验中测得 $d=1.0\text{mm}$，$D=50\text{cm}$，相邻明条纹宽度为 0.3mm，求光波波长．

解　按式 (10-7) 的暗条纹形成条件，可得第 k 级和第 $k+1$ 级暗条纹中心线的位置分别为

$$x_k=\pm(2k+1)\frac{D}{d}\frac{\lambda}{2},\quad x_{k+1}=\pm[2(k+1)+1]\frac{D}{d}\frac{\lambda}{2}$$

因此，得相邻暗条纹中心之间的距离，即明条纹的宽度为

$$|\Delta x|=|x_{k+1}-x_k|=\frac{D}{d}\lambda \tag{a}$$

即

$$\lambda=\frac{d|\Delta x|}{D} \tag{b}$$

已知：$d=1.0\text{mm}=1.0\times10^{-3}\text{m}$，$|\Delta x|=0.3\text{mm}=0.3\times10^{-3}\text{m}$，$D=50\times10^{-2}\text{m}$．代入式 (b)，得波长为

$$\lambda=\frac{1.0\times10^{-3}\times0.3\times10^{-3}}{50\times10^{-2}}\text{m}=6.0\times10^{-7}\text{m}=600\text{nm}$$

10.3　光程　光程差

我们说过，干涉现象的产生取决于相干光之间的相位差．在同种的均匀介质内，例如在杨氏双缝实验中，两束光在空气（介质）中相遇处叠加时的相位差，仅取决于两束光之间波程（即几何路程）之差．可是，在一般情况下，光波将经历不同的介质，例如光从空气中透入薄膜．这时，相干光之间的相位差，就不能单纯地由两束相干光的波程差来决定．为此，我们在下面先介绍光程的概念，然后说明光程差的计算方法．

10.3.1　光程

我们知道，单色光的光速 v、波长 λ 与频率 ν 有下列关系：

$$v=\lambda\nu$$

当光穿过不同介质时，其频率 ν 始终不变，但其光速 v 则随介质的不同而异，因而，其波长 λ 亦将随介质的不同而改变．设 c 和 v_1 为给定的单色光分别在真空中和某种介质中的速度，n_1 为这介质对真空的绝对折射率，则有

$$v_1=\frac{c}{n_1} \tag{a}$$

设 λ 和 λ_1 分别为该单色光在真空中和这介质中的波长，则 $c=\lambda\nu$，$v_1=\lambda_1\nu$，把它们代入式 (a)，可得

$$\lambda_1=\frac{\lambda}{n_1} \tag{b}$$

可见，光经历较密的介质（其折射率恒大于 1）时，其波长要缩短．

空气的折射率 $n_1\approx1$，所以光在空气中的波长与在真空中的波长相差极微．通常我们

所说的各色光的波长 λ，都是指真空中或空气中的波长.

在折射率为 n_1 的介质中，设频率为 ν 的平面光波的波函数为

$$E = E_0\cos\omega\left(t - \frac{r}{v_1}\right) = E_0\cos 2\pi\left(\nu t - \frac{r}{\lambda_1}\right) \tag{c}$$

式中，r 为光波所经过的波程；v_1 和 λ_1 分别为在折射率 n_1 的介质中光的速度和波长.

利用式（b），用真空中的波长 λ 代替 λ_1，则光波波函数式（c）成为

$$E = E_0\cos 2\pi\left(\nu t - \frac{n_1 r}{\lambda}\right) \tag{d}$$

在式（d）中我们看到，光波的相位为 $2\pi\left(\nu t - \frac{n_1 r}{\lambda}\right)$. 在均匀介质中，对给定的单色光来说，$\nu$ 和 λ（真空中的波长）都是恒量，因此在折射率为 n_1 的介质中，决定光波相位的不是波程 r，而是 $n_1 r$. 我们把**介质的折射率与光波经过的波程的乘积**，称为**光程**.

现在我们进一步指出"光程"的意义. 设在折射率为 n 的介质中，光速为 v，则光波在该介质中经过路程 r 所需的时间为 $t = r/v$；在这一段时间内，光波在真空中所经过的路程为

$$ct = c\frac{r}{v} = \frac{c}{v}r = nr \tag{e}$$

而这就是光在介质中的光程. 由此可见，计算光程实际上就是计算与介质中几何路程相当的真空中的路程，也就是把牵涉到不同介质时的复杂情形，都变换成真空中的情形.

问题 10-6 （1）何谓光程？为什么要引用光程这一概念？

（2）单色光从空气射入水中，光的频率、波长、速度、颜色是否改变？怎样改变？

（3）波长为 λ 的单色光在折射率为 n 的均匀介质中自点 A 传播到点 B，相位改变了 3π. 问 A、B 两点间的光程是多少？几何路程是多少？（答：$3\lambda/2$，$3\lambda/(2n)$）

（4）一频率为 ν 的单色光从真空进入折射率为 n 的介质. 试证：在介质中路程 r 内所包含的波长数与真空中路程 nr 内所包含的波长数相等.

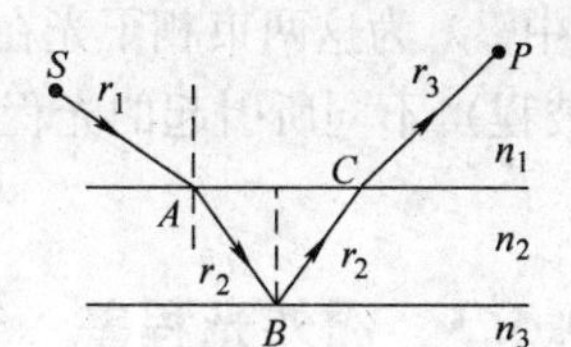

问题 10-6 图

（5）设一束光从 S 出发，经平行透明平板到达点 P，其光路 $SABCP$ 的各段波程 r_1、r_2 和 r_3 如问题 10-6（5）图所示. 设介质的折射率分别为 n_1、n_2 和 n_3，试将光线的几何路程折算为光程.（答：$n_1r_1 + 2n_2r_2 + n_1r_3$）

例题 10-2 用很薄的云母片（$n = 1.58$）覆盖在双缝中的一条缝上，如例题 10-2 图所示. 观察到零级明条纹由点 O 移到原来的第 9 级明条纹的位置上. 已知所用单色光波长 $\lambda = 550\text{nm}$，求云母片的厚度 d.

解 按题意，在未覆盖云母片时，屏幕上点 P 处应是第 9 级明条纹. 由式（10-6）可得

$$r_2 - r_1 = 9\lambda \tag{a}$$

覆盖云母片后，点 P 处变为零级明条纹，这意味着由 S_1 和 S_2 到点 P 的光程差为零. 今由 S_1 到点 P 的光程可以认为 $nd +(r_1 - d)$，由 S_2 到点 P 的光程仍为 r_2，两者之差为零，即

$$r_2 - [nd + (r_1 - d)] = 0 \tag{b}$$

例题 10-2 图

联立式（a）、式（b）两式，解得云母片的厚度为

$$d=\frac{9\lambda}{n-1}=\frac{9\times5.5\times10^{-7}}{1.58-1}\text{m}=8.5\times10^{-6}\text{m}$$

10.3.2　光程差

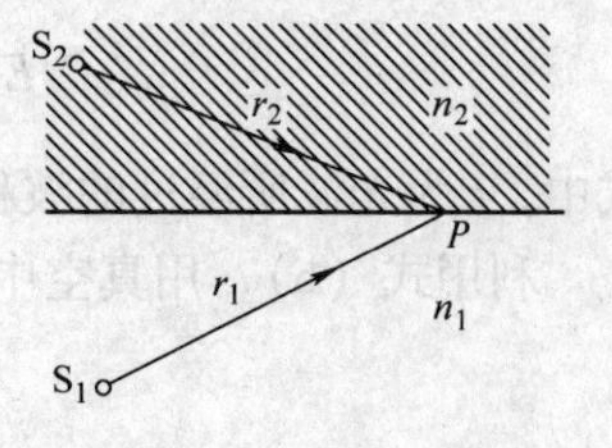

图 10-6　光程差计算用图

有了光程的概念，就可用来比较光波在不同介质中经过的路程所引起的相位变化，这对于讨论两束相干光各自经过不同介质而干涉的条件，十分方便．设来自同一个点光源的两束相干光 S_1P 和 S_2P，分别在两种介质（折射率分别为 n_1 及 n_2）中经过的波程为 r_1 和 r_2（图 10-6），它们在点 P 的干涉条件决定于相位差：

$$\varphi_{12}=\left(\omega t+\varphi_1-\frac{2\pi r_1}{\lambda_1}\right)-\left(\omega t+\varphi_2-\frac{2\pi r_2}{\lambda_2}\right)^{\ominus}$$

$$=2\pi\frac{r_2}{\lambda_2}-2\pi\frac{r_1}{\lambda_1}$$

式中已设 $\varphi_2=\varphi_1$（因这两束相干光来自同一个点光源，它们的初相相同）；λ_1 和 λ_2 是这两束光分别在两种介质中的波长．今把上式中的不同介质中的波程 r_1、r_2 统一折算成真空中的波程（即光程），则上式的相位差便可用光程差来表达，即

$$\underset{\text{相位差}}{\varphi_{12}}=\frac{2\pi}{\lambda}\underset{\text{光程差}}{\underbrace{(n_2r_2-n_1r_1)}}\tag{10-9}$$

式中，λ 为这两束相干光在真空中的波长；$n_2r_2-n_1r_1$ 是由它们在两种介质中的传播路径（波程）不同所引起的光程差，用 Δ_1 表示，则

$$\Delta_1=n_2r_2-n_1r_1\tag{10-10}$$

10.3.3　额外光程差　干涉条件的一般表述

如果两束相干光在传播路径中，还相继地在不同介质的分界面上发生过反射，那么，如 10.2.2 节所述，对每一次反射都需考虑是否存在相位 π 的突变，或者说，在计算两束相干光的光程差时，对每一次反射是否都需计入一个相应的额外光程差 $\lambda/2$——半波损失（即增加或减小半个波长；本书约定：一律采取增加 $\lambda/2$ 的方式[⊜]．）．设所有可能由半波损失产生的额外光程差为 Δ_2，则两束相干光的光程差 Δ 的公式一般地可写作

$$\Delta=\Delta_1+\Delta_2\tag{10-11}$$

即总的光程差 Δ 等于波程差引起的光程差 Δ_1 与半波损失引起的光程差 Δ_2 的代数和．这时，由式（10-9）所表述的两束相干光的相位差与光程差的关系应进一步改写成

$$\varphi_{12}=2\pi\frac{\Delta}{\lambda}\tag{10-12}$$

⊖　在求两列相干波的相位差时，我们可以随意地将其中任何一列波的相位减去另一列波的相位，无须顾及它们的顺序，这对决定它们的干涉条件无关紧要，在计算光程差或波程差时，也是如此．

⊜　在计入额外光程差 $\lambda/2$ 时，可以加上 $\lambda/2$，也可以减去 $\lambda/2$，这不影响干涉条件的结果，只不过在干涉条件中，导致 k 递增或递减一个级次而已，本书统一采用加上 $\lambda/2$ 的办法．

式中，Δ 按式（10-11）计算．于是，两束相干光的干涉条件便归结为

$$2\pi\frac{\Delta}{\lambda}=\begin{cases}2k\pi, & k=0,\ \pm1,\ \pm2,\ \cdots,\ \text{干涉加强}\\ (2k+1)\pi, & k=0,\ \pm1,\ \pm2,\ \cdots,\ \text{干涉减弱}\end{cases}\tag{10-13a}$$

由式（10-13a），可把干涉条件化成用波长 λ 表示的常见形式：

$$\Delta=\begin{cases}k\lambda, & k=0,\ \pm1,\ \pm2,\ \cdots,\ \text{干涉加强}\\ (2k+1)\dfrac{\lambda}{2}, & k=0,\ \pm1,\ \pm2,\ \cdots,\ \text{干涉减弱}\end{cases}\tag{10-13b}$$

总之，**两束相干光在不同介质中传播时，干涉条件取决于这两束光的光程差 Δ，而不是两者的波程（即几何路程）之差．**

10.3.4　透镜不引起额外的光程差

在光学中，为了把光束会聚（聚焦）在焦平面上成像，我们经常要用到透镜．在透镜成像的实验中，如果平行光波的波前和透镜的光轴垂直，则这光波经过透镜后，能够会聚于透镜焦平面上，且相互加强而产生亮点（像点）．这是因为平行光在同一个波前上各点的相位是相同的，经过透镜而会聚于焦平面上一点时（图 10-7），相位必然仍是相同的，因而才能相互加强而形成亮点．这就表明，使用透镜并不引起这些光的额外光程差．其实，从光程来考虑，也不难定性理解这一结论．例如，在图 10-7 所示的平行光中，光束 $AA'F$ 的波程虽然大于光束 $BB'F$ 的波程，但是前者在透镜内的波程小于后者在透镜内的波程，而透镜材料的折射率则大于空气的折射率，故把它们折算成光程，$AA'F$ 与 $BB'F$ 两者的光程便有可能相等．

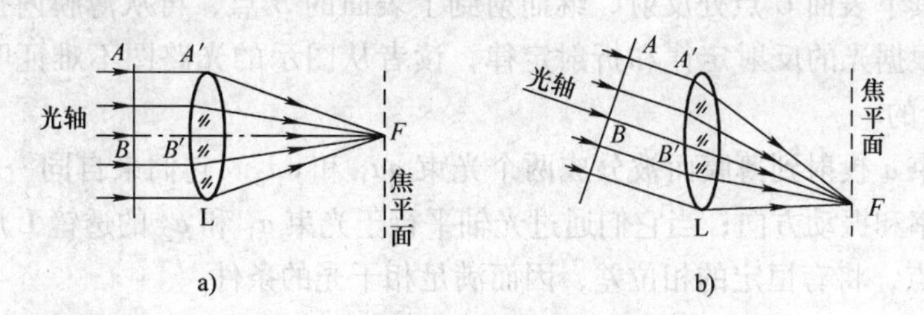

图 10-7　平行光经过透镜聚焦成像

问题 10-7　在问题 10-5（2）中，设 $S_0A=AP=BP=r_1$，$S_0B=r_2$，试在两种情况下求两束光 S_0AP 和 S_0BP 的光程差：①$n_2>n_1$，$n_3<n_1$；②$n_2>n_1$，$n_3>n_1$．（答：① $\Delta=n_1(r_1-r_2)+\lambda/2$；② $\Delta=n_1(r_1-r_2)$）

10.4　薄膜干涉　增透膜和增反膜

现在讨论光照射到薄膜上的干涉现象．平时，我们观察透明的薄膜，例如肥皂泡、河面上和雨后地面上的废油层等，常会发现薄膜的表面上呈现许多绚丽的彩色条纹．这些条纹就是自然光（阳光）照射在薄膜上，经过薄膜的上、下表面反射后相互干涉的结果．

日常生活中我们遇到的光波一般是自然界的阳光，它或者直接来自天空，或者是从反光的物体上（例如墙壁等）反射过来的．因此，光波的光源并不是点光源，而是一个宽

广的扩展光源．扩展光源上的每一个发光点相当于一个点光源，它向各方向发射光波．

10.4.1 薄膜干涉

如图10-8所示，在折射率为n_1的介质（例如空气）中，有一层均匀透明介质形成的薄膜，其折射率为n_2，且$n_2 > n_1$．薄膜的表面为两个互相平行的平面，膜的厚度为e（图中做了放大）．

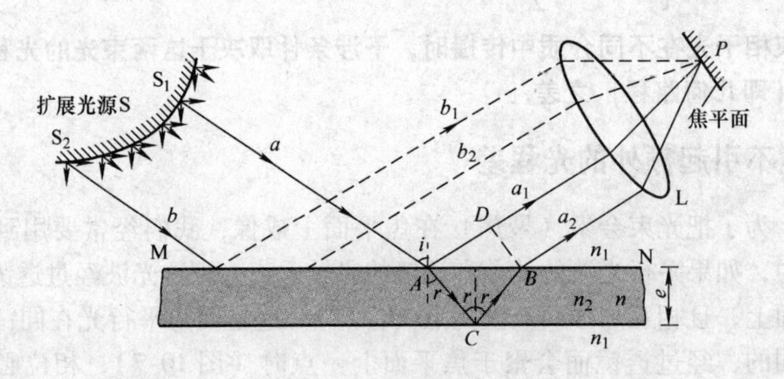

图10-8 薄膜的光干涉

设图示的扩展光源S是单色的，它的表面上每一发光点（点光源）都向各方向发射波长为λ的单色光．其中，一个点光源S_1发出的一束光a投射到薄膜上表面的A点，入射角为i．光束a的一部分在上表面A点反射，成为反射光束a_1；另一部分以折射角r透入薄膜内，在其下表面C点处反射．继而射到上表面的B点，再从薄膜内折射出来，成为光束a_2[⊖]．根据光的反射定律和折射定律，读者从图示的光路图不难证明，这两束光a_1与a_2是平行的．

这样，光束a投射到薄膜而被分成两个光束aa_1和aa_2．它们来自同一个点光源S_1，具有相同的频率和振动方向；当它们通过光轴平行于光束a_1和a_2的透镜L后，会聚在其焦平面上的P点，将有恒定的相位差，因而满足相干光的条件．

现在我们来计算两束光aa_1、aa_2的光程差．由于它们从点光源S_1到达A点的光程是相等的，其光程差为零，为此，只需计算在A点以后的两者光程差．作$BD \perp AD$，则光束aa_1从A点反射后到达D点的光程为$n_1\,\overline{AD}$；光束aa_2从A点经C点到达B点的光程为$n_2\,(\overline{AC}+\overline{CB})$．此后，光束$aa_1$和$aa_2$乃是具有同一波前$BD$的平行光，分别通过透镜而会聚于$P$点，由于透镜不产生额外的光程差，故它们的光程相等，不存在光程差．因而，总起来说，这两束光的光程差为

$$\Delta = n_2\,(\overline{AC}+\overline{CB}) - n_1\,\overline{AD} + \frac{\lambda}{2} \tag{a}$$

式中附加了$\lambda/2$一项．这是因为光束aa_1从光疏介质入射到光密介质（薄膜）而在薄膜

⊖ 尚需说明：在薄膜下表面，除了一部分光反射到上表面外，另一部分光将透过下表面而折出薄膜，成为透射光（图中未画出），再有，从下表面反射到上表面的光束中，除了从薄膜折射出来的光束a_2外，还有一部分在薄膜内向下表面反射（图中也未画出）等．这种几经反射的光甚为微弱，可忽略不计，只有a_1、a_2两束光的光强度相差无几．因此，我们只讨论这两束光的干涉．

的上表面 A 点反射时，有相位 π 的突变，故应计入额外光程差 $\lambda/2$；而光束 aa_2 是从上表面折射进入光密介质而射向光疏介质，并在薄膜的下表面 C 点反射，没有半波损失. 由图 10-8 可知

$$AC = CB = e\sec r,\quad AD = AB\sin i = 2e\tan r\sin i$$

根据光的折射定律 $n_1\sin i = n_2\sin r$，式（a）可化成

$$\begin{aligned}\Delta &= 2n_2AC - n_1AD + \frac{\lambda}{2} = 2n_2e\sec r - 2n_1e\tan r\sin i + \frac{\lambda}{2}\\ &= \frac{2n_2e}{\cos r}(1-\sin^2 r) + \frac{\lambda}{2} = 2n_2e\cos r + \frac{\lambda}{2}\\ &= 2e\sqrt{n_2^2 - n_2^2\sin^2 r} + \frac{\lambda}{2}\\ &= 2e\sqrt{n_2^2 - n_1^2\sin^2 i} + \frac{\lambda}{2}\end{aligned} \tag{b}$$

于是，根据式（10-13b），便得薄膜的光干涉条件为

$$2e\sqrt{n_2^2 - n_1^2\sin^2 i} + \frac{\lambda}{2} = \begin{cases}k\lambda, & k=1,2,\cdots,\text{干涉加强}^{\ominus}\\ (2k+1)\dfrac{\lambda}{2}, & k=0,1,2,\cdots,\text{干涉减弱}\end{cases} \tag{10-14}$$

类似地，从扩展光源上其他点光源发出的光波中，凡是与光束 a 在同一入射面内，且与光束 a 的入射角 i 相等的所有光束（例如图 10-8 所示的点光源 S_2 发出的光束 b 等），如同光束 a 的情况一样，经薄膜后所形成的每一对相干光束（如光束 bb_1 和 bb_2 等），都将会聚在透镜焦平面上的同一点 P. 由于它们的入射角 i 相等，由式（b）可知，每一对相干光束皆有相同的光程差，它们在 P 点产生的干涉强、弱的效果也完全相同，显示出相同的光强度. 并且，由于来自各个点光源 S_1、S_2、…的光束 a、b、…彼此独立，互不相干，这些光强度在 P 点将被非相干叠加（参阅 10.1 节），从而提高了 P 点的明、暗程度.

读者不难想象，由于扩展光源的表面展布于空间中，其上每个点光源向各方向发射的光波中，也有与光束 a 不在同一入射面上、但与光束 a 具有相同入射角 i 的众多光束，这些入射光束将形成以薄膜法线为轴的圆锥面（图 10-9），相应于沿圆锥不同母线（即不同的入射面）的入射光束，纵然与光束 a 一样，经薄膜干涉而在焦平面上会聚时，有相同的相位差（因入射角 i 相同）和相同的干涉效果，可是由于入射面与光束 a 的入射面不同，因而它们在透镜焦平面上将不再会聚于 P 这个点上，而是在焦平面上形成一个光强度相同的圆形条纹. 由于同一个圆形条纹对应于同一个入射角 i，即对应于入射光束与薄膜上表面所成的相同倾角，故把这种条纹称为**等倾干涉条纹**. 条纹的明、暗可以根据薄膜的光干涉条件确定. 由式（10-14）可知，对于不同的入射角，将对应着不同级次的明、暗圆条纹. 因而，在焦平面处的屏幕上所显示出来的等倾干涉图样，乃是一组明、暗相间的同心圆条纹（图 10-10）.

如果我们用白色扩展光源照射薄膜时，这种等倾干涉明条纹便成为彩色光环.

⊖ 因为此处干涉加强条件式的左端恒不等于零（因左端的第二项 $\lambda/2 \neq 0$），所以此式的右端，$k\lambda \neq 0$；如果我们取 $k=0$，此式便不成立. 因此，这里 k 的取法只能从 $k=1$ 开始，这与以前所述的情况有所不同，要求读者注意.

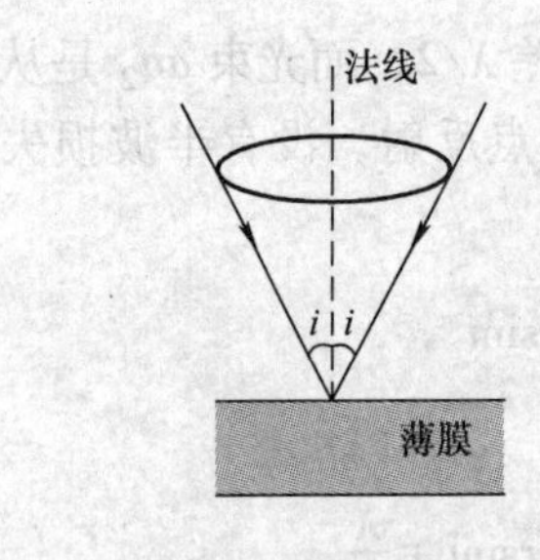

图 10-9

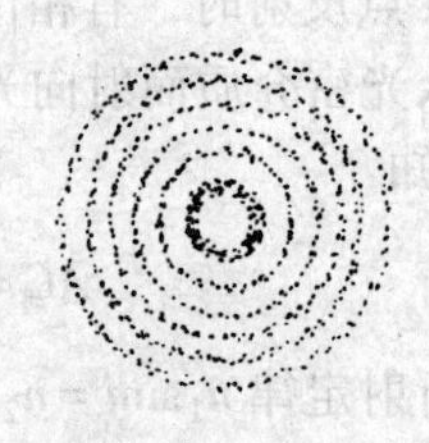
图 10-10

10.4.2 增透膜和增反膜

下面我们简单介绍一下薄膜干涉在镀膜工艺中的应用. 为了减少光学仪器中光学元件（照相机的镜头、眼镜片、棱镜等）表面上光反射的损失，一般在元件表面上都镀有一层厚度均匀的透明薄膜（通常用氟化镁，MgF_2），叫作**增透膜**.

它的作用就是利用薄膜干涉原理来减少反射光，增强透射光，使元件的透明度增加.

如图 10-11 所示，在元件的玻璃（其折射率 $n_1=1.5$）表面上镀一层厚度为 e 的氟化镁增透膜，它的折射率 $n_2=1.38$，比玻璃的折射率 n_1 小，比空气的折射率 n_3 大. 所以在氟化镁上、下两表面上的反射光Ⅰ和Ⅱ都是从光疏介质到光密介质进行的，在两个界面上都有半波损失. 假设入射光束 a 垂直照射到氟化镁薄膜表面上，即入射角 $i=0$，则氟化镁薄膜上、下表面的反射光束Ⅰ和Ⅱ[⊖]，其光程差为

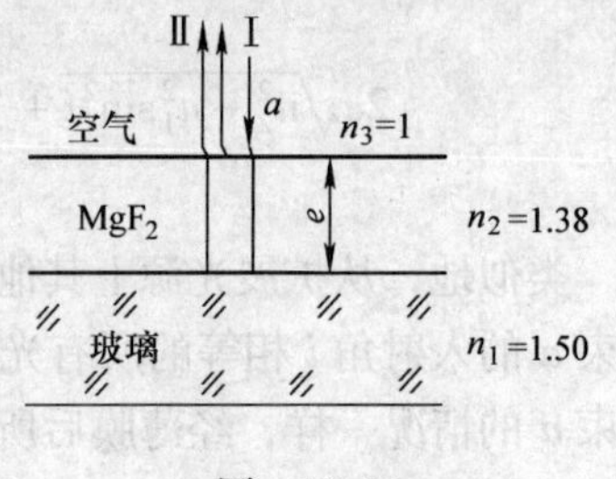

图 10-11

$$\Delta=2n_2e+\frac{\lambda}{2}+\frac{\lambda}{2}=2n_2e+\lambda \tag{a}$$

我们希望从氟化镁薄膜上、下表面反射的光束Ⅰ和Ⅱ干涉相消，则由式（10-13b）可知，式（a）应满足干涉减弱条件：

$$2n_2e+\lambda=(2k+1)\frac{\lambda}{2},\quad k=1,2,\cdots \tag{b}$$

式中，应取 $k\neq0$（为什么?）. 由此可得应需控制镀膜的厚度为

$$e=\frac{(2k-1)\lambda}{4n_2}$$

令 $k=1$，取光的波长 $\lambda=550\text{nm}$（黄绿光），则镀膜的最小厚度为

$$e_{\min}=\frac{\lambda}{4n_2}=\frac{550\text{nm}}{4\times1.38}=100\text{nm}$$

即氟化镁的厚度如为 100nm 或 $(2k-1)\times100\text{nm}$，都可使这种波长的黄绿光在两界面上的反射光干涉减弱. 根据能量守恒定律，反射光减少，透过薄膜的黄绿光就增强了.

反之，对图 10-11 所示的薄膜，在入射光垂直照射的情况下，若使两束光Ⅰ和Ⅱ的光

⊖ 在垂直入射的情况下，反射光Ⅰ和Ⅱ与入射光 a 三者都在一条直线上，为了清楚起见，在图 10-11 中把这三束光分开来画了. 以后我们往往这样画，请读者注意.

程差［见式（a)］等于入射光波长的整数倍，即

$$2n_2e+\lambda=k\lambda,\ k=1,\ 2,\ \cdots \tag{c}$$

则由式（10-13b）可知，两束光的干涉加强，反射光增强，透射光势必相应地被削减．这种薄膜则称为**增反膜**．激光器中反射镜的表面都镀有增反膜，以提高其反射率；宇航员的头盔和面甲，其表面上亦需镀增反膜，以削弱强红外线对人体的透射．

问题10-8　(1）试讨论光的薄膜干涉现象中的干涉条件．

(2）小孩吹的肥皂泡鼓胀得较大时，在阳光下便呈现出彩色．这是何故？

(3）何谓增透膜和增反膜？

例题10-3　在空气中垂直入射的白光从肥皂膜上反射，对630nm的光有一个干涉极大（即加强），面对525nm的光有一个干涉极小（即减弱）．其他波长的可见光经反射后并没有发生极小．假定肥皂水膜的折射率看作与水的相同，即$n=1.33$，膜的厚度是均匀的，求膜的厚度．

解　按薄膜的反射光干涉加强和减弱的条件式（10-14），由题设垂直入射，即入射角$i=0$，有

$$2ne+\lambda_1/2=k\lambda_1 \tag{a}$$

$$2ne+\lambda_2/2=(2k+1)\frac{\lambda_2}{2} \tag{b}$$

其中$\lambda_1=630\text{nm}$，$\lambda_2=525\text{nm}$．联立求解式（a）和式（b)，得

$$k=\frac{\lambda_1}{2(\lambda_1-\lambda_2)}=\frac{630\text{nm}}{2\times(630\text{nm}-525\text{nm})}=3$$

以$k=3$代入式（a)，得膜的厚度为

$$e=\frac{(k-0.5)\lambda_1}{2n}=\frac{(3-0.5)\times630\text{nm}}{2\times1.33}=592.1\text{nm}$$

10.5　劈尖干涉　牛顿环

10.5.1　劈尖干涉

如果上节所述的薄膜两个表面不平行，便形成劈的形状，称为**劈形膜**．本节主要讨论光波垂直入射在劈形空气膜上的干涉．

如图10-12a所示，两块平面玻璃片AB和AC，其一端互相紧密叠合，另一端垫入一薄纸片（为了便于作图，将纸片的厚度d放大了），则在两玻璃片之间形成一个夹角为θ的**劈形空气膜**，膜的上、下两个表面就是两块玻璃片的内表面．两玻璃片叠合端的交线称为**棱边**，在膜的表面上，沿平行于棱边的一条直线上各点处，膜的厚度e皆相等．

当单色光源S发出的光波经透镜L成为平行光后，投射到倾角为45°的半透明平面镜M上，经反射而垂直射向劈形空气膜．从膜的上、下表面分别反射回来的光波，就有一部分透过平面镜M㊀，进入读数显微镜T．在显微镜中便可观察到一组明暗相间、均匀分布的平行直条纹（图10-12b)，每一条明（或暗）条纹各自位于劈形空气膜的相等厚度处，它们都是相应的两束反射光干涉的结果。因此，这种条纹叫作**等厚干涉条纹**，这种干涉称为**等厚干涉**．

㊀　例如，在平板玻璃的一个表面上镀以薄银层，就成为半透明平面镜．这样，入射光不仅可以从平面镜上反射到劈形膜上，而且可以使来自劈形膜上的反射光一部分透过平面镜，进入显微镜．

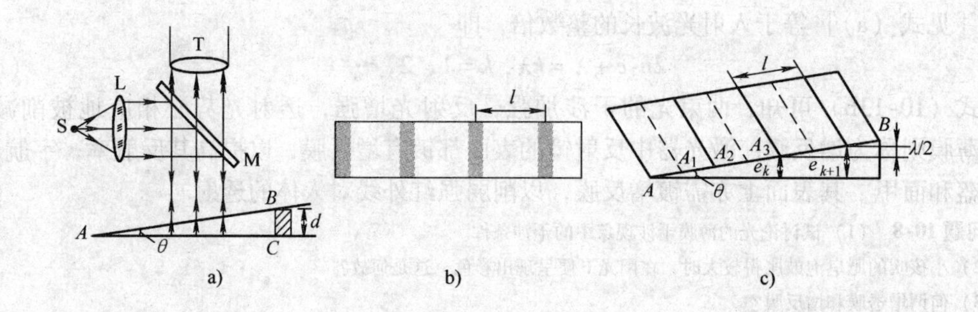

图 10-12 劈形空气膜的光干涉

为了阐明上述等厚干涉现象，我们先计算入射光在劈形空气膜的上、下表面分别反射所产生的光程差 Δ. 由于膜的夹角 θ 甚小，因而入射光和反射光皆可近似看成垂直于空气膜的上、下表面，即入射角 $i\approx0$，折射角 $r\approx0$. 类似于上一节关于薄膜的讨论，由于在入射光中，同一入射光束 a 在劈形空气膜的上、下表面反射后的光束 a_1、a_2 是相干光（图 10-13），考虑到反射光束 a_2 是在空气膜的下表面反射的，这是从光疏介质（空气）射向光密介质（玻璃片 AC）的反射，故存在额外光程差 $\lambda/2$. 因而，两束反射光 a_1、a_2 的光程差为

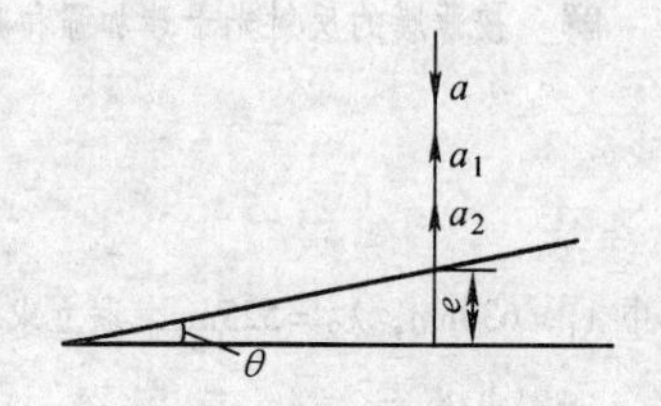

图 10-13 垂直入射光在劈形空气膜上、下表的反射

$$\Delta=2n_2e+\frac{\lambda}{2} \tag{10-15}$$

式中，n_2 为空气膜的折射率，即 $n_2=1$. 由此便可给出劈形空气膜的光干涉条件：

$$\begin{cases}2e+\dfrac{\lambda}{2}=k\lambda, & k=1,\ 2,\ 3,\ \cdots,\ \text{干涉加强}\\[2mm] 2e+\dfrac{\lambda}{2}=(2k+1)\dfrac{\lambda}{2}, & k=0,\ 1,\ 2,\ \cdots,\ \text{干涉减弱}\end{cases} \tag{10-16}$$

干涉加强和干涉减弱的位置分别对应于一定的级次 k，而由式（10-16）可知，一定的级次 k 对应于劈形空气膜的一定厚度 e. 这意味着因干涉加强而出现的某一级次 k 的亮点都位于劈形空气膜的同一厚度上，形成一条平行于棱边的直条纹；同理，因干涉减弱而出现的同一级次的暗条纹，也必是位于同一厚度处.

任何两个相邻的明条纹或暗条纹的中心线之间的距离 l 都是相等的，即间隔相同. 从图 10-12c 不难给出：

$$l\sin\theta=e_{k+1}-e_k=\frac{1}{2}(k+1)\lambda-\frac{1}{2}k\lambda$$

化简得

$$l=\frac{\lambda}{2\sin\theta} \tag{10-17}$$

所以，当已知劈形空气膜的夹角 θ 和入射光的波长 λ 时，便可由式（10-17）求出条纹的间隔 l. 其次，对波长 λ 给定的入射光来说，劈形空气膜的夹角 θ 越小，则 l 越大，干涉条纹越疏；θ 越大，则 l 越小，干涉条纹越密．因此，干涉条纹只能在 θ 很小的劈形空气膜上看得清楚．否则，θ 较大，干涉条纹就密集得无法分辨．

仿照上述劈形空气膜光干涉的讨论，读者也可自行研究其他介质的劈形膜光干涉问题（参阅例题 10-4）．

在图 10-12a 中，如果将玻璃片 AC 向上平移，并保持玻璃片 AB 固定不动，因为两玻璃片的紧密接触处始终是一条暗线（接触处 $e=0$，只适合于 $k=0$ 的暗条纹条件）㊀，所以 AB 面上的明、暗条纹组将沿着 AB 面移动．例如，在图 10-12c 中，当 A 端平移到 A_1 处时，原来 A_1 处是明条纹，现在要变成暗条纹，原来 A_2 处是暗条纹，现在要变成明条纹．由此类推，其他各条纹的明暗交替改变也是如此．当 A 端平移到 A_2 处时，即玻璃片 AC 上移 $\lambda/2$，各明、暗条纹又恢复原状；如果玻璃片 AC 向上移动 $n\lambda/2$，则各明、暗条纹也交替改变 n 次．由此可根据明、暗条纹改变的次数，算出玻璃片 AC 向上移动的距离．利用这个原理可以制成干涉膨胀仪和各种干涉仪，前者用于测量热膨胀效应甚小的物质的线膨胀系数，后者可用来测量光谱线的波长和检验机械加工的工件表面光洁度．

利用等厚干涉检测机械加工的工件表面光洁度时，把一块标准的平面玻璃（即**块规**）覆盖在待测的工件表面上，并使之形成一个劈形空气膜（图 10-14）．这时，用单色光垂直入射，如果工件表面是平整的，则劈形空气膜的等厚干涉条纹必是平行于棱边的直条纹；倘若观察到的干涉条纹并不是直的，在待测表面上有凹痕，凹陷处的膜厚 e_a 与它右方某处的膜厚 e_b 相同（图 10-14）．因此，从显微镜中观察到凹陷处对应的条纹与右方向某处的条纹是属于同一级条纹．所以凹陷处的干涉条纹向劈形膜棱边方向弯曲．同理，若待测工件表面有凸痕，则凸出处的干涉条纹向背离劈形膜的方向弯曲．这样，我们便可以根据条纹的弯曲方向，判断工件表面的凹、凸情况；并且还可由此计算出凹（或凸）痕的深度．

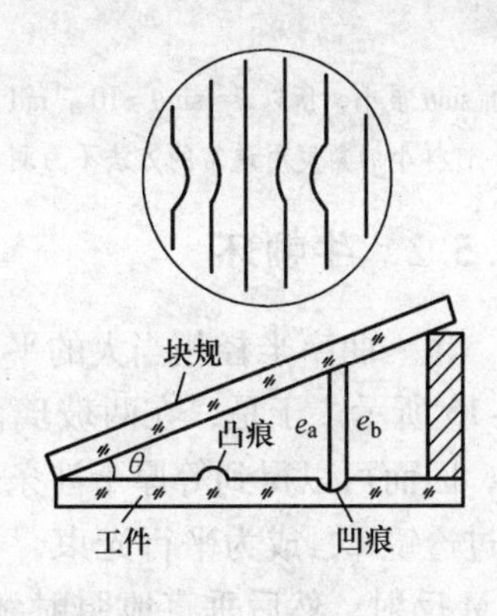

图　10-14

问题 10-9　（1）劈形空气膜在单色光垂直照射下，试计算从上、下表面反射而相遇于上表面的两条光线的光程差，并由此给出明、暗条纹分布的公式及推算两相邻明（或暗）条纹之间的距离．

（2）波长为 λ 的单色光垂直照射折射率为 n 的劈形膜，观察到相邻明条纹中心的间距为 $l=\lambda/(2n\theta)$，求相邻两暗条纹中心处的厚度差．（**答**：$\lambda/(2n)$）

（3）简述劈形膜干涉现象的一些应用．

例题 10-4　利用等厚干涉可以测量微小的角度．如例题 10-4 图所示，折射率 $n=1.4$ 的透明楔形板在某单色光的垂直入射下，量出两相邻明条纹中心线之间的距离 $l=0.25\text{cm}$．已知单色光在空气中的波长 $\lambda=700\text{nm}$，求楔形板顶角 θ．

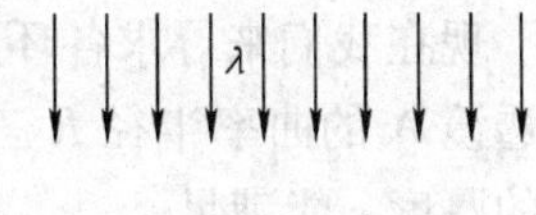

解　在楔形板的表面上，取第 k 级和第 $k+1$ 级这两条相邻的明条纹，用 e_k 及 e_{k+1} 分别表示这两条明条纹所在处楔形板的厚度（如图所示）．按明条纹出现的条件，e_k 和 e_{k+1} 应满足下列两式：

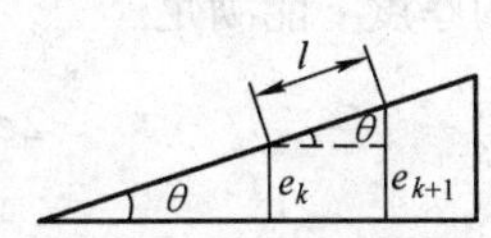

例题 10-4 图

㊀　入射光在厚度 $e=0$ 的薄膜的两表面反射的两束光，尽管波程都为 $e=0$，但由于从下表面反射的一束光有半波损失，致使两束光之间存在额外光程差 $\lambda/2$，即相位相反而互相减弱，出现暗条纹．

$$2ne_k + \frac{\lambda}{2} = k\lambda$$

$$2ne_{k+1} + \frac{\lambda}{2} = (k+1)\lambda$$

读者可自行思考：上两式中为什么都有 $\lambda/2$ 这一项？现在我们将两式相减，得

$$n(e_{k+1} - e_k) = \frac{\lambda}{2} \tag{a}$$

由图可知，$(e_{k+1} - e_k)$ 与两明条纹的间隔 l 之间，有如下关系：

$$l\sin\theta = e_{k+1} - e_k$$

把上式代入式 (a)，可求得

$$\sin\theta = \frac{\lambda}{2nl} \tag{b}$$

将 $n = 1.4$，$l = 0.25\text{cm}$，$\lambda = 700\text{nm} = 700 \times 10^{-9}\text{m} = 7 \times 10^{-5}\text{cm}$ 代入式 (b)，得

$$\sin\theta = \frac{\lambda}{2nl} = \frac{7 \times 10^{-5}}{2 \times 1.4 \times 0.25} = 10^{-4}$$

由于 $\sin\theta$ 很小，所以 $\theta \approx \sin\theta = 10^{-4}\text{rad} = 20.8''$.

这样小的角度用通常的方法不易测出，而用本例所述光的等厚干涉方法测定，却很简便.

10.5.2　牛顿环

将一曲率半径相当大的平凸玻璃透镜 A 的凸面，放在一片平板玻璃 B 的上面，如图 10-15 所示. 于是，在两玻璃面之间，形成一厚度由零逐渐增大的类似于劈形的空气薄层，因而可以得到等厚干涉条纹. 自单色光源 S 发出的光线经过透镜 L，成为平行光束，再经倾角为 45° 的半透明平面镜 M 反射，然后垂直地照射到平凸透镜 A 的表面上. 入射光线在空气层的上、下两表面（即透镜 A 的凸面和平板玻璃 B 的上表面）反射后，一部分穿过平面镜 M，进入显微镜 T，在显微镜中可以观察到，在透镜的凸面和空气薄层的交界面上，呈现着以接触点 O 为中心的一组环形干涉条纹，这组环形条纹在靠近中央部分分布较疏，边缘部分分布较密. 如果光源发出单色光，这些条纹是明、暗相间的环形条纹（参见后面的图 10-17）；如果光源发出白色光，则这些条纹是彩色的环形条纹（级次高的条纹互相重叠，分辨不清，一般能看到三四个彩色环）. 这些环状干涉条纹叫作**牛顿环**，它是等厚干涉条纹的另一特例.

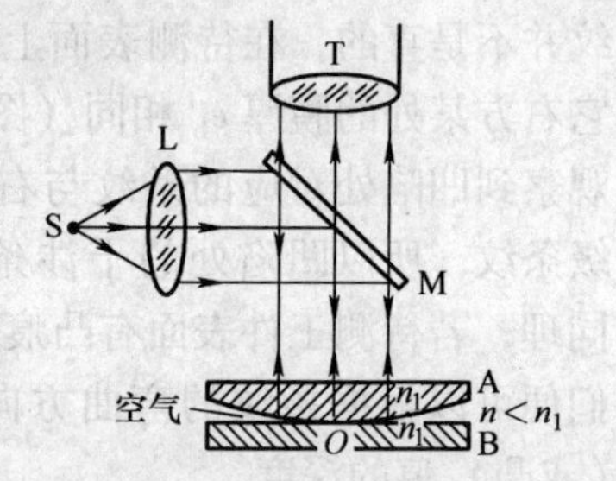

图 10-15　观察牛顿环的仪器简图

现在我们来寻求各环形明、暗条纹中心的半径 r、波长 λ 及平凸透镜 A 的曲率半径 R 三者之间的关系. 根据前面所讲，在空气层的厚度 e 能满足

$$\left.\begin{aligned} 2e + \frac{\lambda}{2} &= k\lambda \\ 2e + \frac{\lambda}{2} &= (2k+1)\frac{\lambda}{2} \end{aligned}\right\} \tag{a}$$

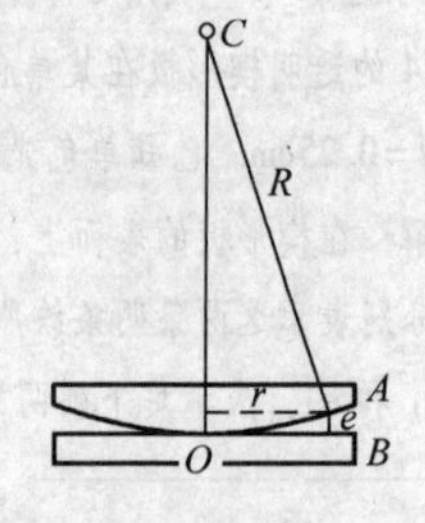

图　10-16

的地方，就分别出现明的及暗的干涉条纹. 令 r 为条纹中心的半

径，从图10-16可得

$$R^2=r^2+(R-e)^2$$

简化后，得

$$r^2=2eR-e^2$$

因为R远比e为大，所以上式中e^2可以略去，因而，有

$$e=\frac{r^2}{2R} \tag{b}$$

把式（b）代入式（a）的干涉条件中，化简后，得条纹中心的半径为

$$\left.\begin{aligned}&\text{明环：}r=\sqrt{(2k-1)\frac{\lambda}{2}R},\ k=1,\ 2,\ 3,\ \cdots\\&\text{暗环：}r=\sqrt{k\lambda R},\qquad k=0,\ 1,\ 2,\ \cdots\end{aligned}\right\} \tag{10-18}$$

在平凸透镜与玻璃片的接触点O上，因为$e=0$，两反射光线的额外光程差是$\Delta=\lambda/2$，所以接触点（即牛顿环的中心点）是一个暗点. 可是，平凸透镜放在平玻璃片上，会引起接触点附近的变形，所以接触处实际上不是暗点而是一个暗圆面，如图10-17a所示.

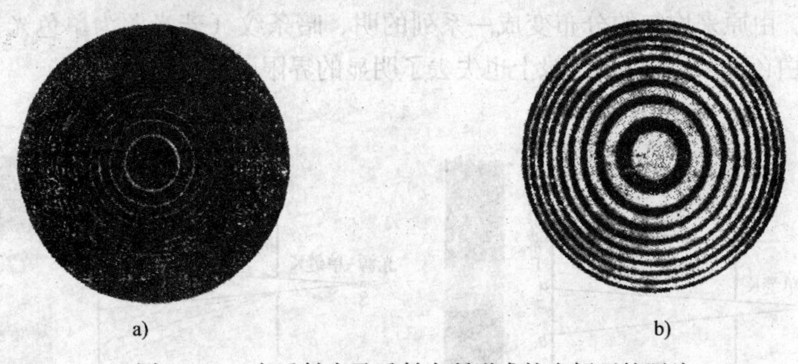

图10-17 由反射光及透射光所形成的牛顿环的照片

用牛顿环仪器也可以观察透射光的环形干涉条纹. 这些条纹的明暗情形与反射光的明暗条纹恰好相反，环的中心点在透射光中是一个亮点（如图10-17b所示，实际上是一亮圆面）.

在实验室里，用牛顿环来测定光波的波长是一种最通用的方法. 我们也可以根据条纹的圆形程度来检验平面玻璃是否磨得很平，以及曲面玻璃的曲率半径是否处处均匀.

问题10-10 （1）在牛顿环实验中，试导出单色光垂直照射下所形成牛顿环的明环中心和暗环中心的半径公式.

（2）为什么在劈形薄膜干涉中条纹的间距相等，而在牛顿环中则是中心接触点附近的条纹较疏，离中心接触点较远处的条纹较密？

例题10-5 用紫色光观察牛顿环现象时，看到第k级暗环中心的半径$r_k=4\text{mm}$，第$k+5$级暗环中心的半径$r_{k+5}=6\text{mm}$. 已知所用平凸透镜的曲率半径为$R=10\text{m}$，求紫色光的波长和环数k.

解 根据牛顿环的暗环半径公式$r=\sqrt{k\lambda R}$，得

$$r_k=\sqrt{k\lambda R},\quad r_{k+5}=\sqrt{(k+5)\lambda R}$$

从以上两式得出

$$\lambda=\frac{r_k^2}{kR},\quad \lambda=\frac{r_{k+5}^2}{(k+5)R}$$

以$r_k=4\text{mm}$，$r_{k+5}=6\text{mm}$和$R=10\text{m}$代入上两式，可联立解算出环数和波长分别为

$$k=4,\ \lambda=400\text{nm}$$

10.6 光的衍射

10.6.1 光的衍射现象

在第9章中讲过，当水波穿过障碍物的小孔时，可以绕过小孔的边缘，不再按照原来波射线的方向，而是弯曲地向障碍物后面传播．波能够绕过障碍物而弯曲地向它后面传播的现象，称为**波的衍射**现象．和干涉一样，衍射现象是波动过程基本特征之一．

光的衍射现象进一步说明了光具有波动性．如图10-18所示，在屏障上只开一个缝，叫作**单缝**．自光源S发出的光线，穿过宽度可以调节的单缝K之后，在屏幕E上呈现光斑ab（图10-18a）．在S、K、E三者的位置已经固定的情况下，光斑的宽度决定于单缝K的宽度．如果缩小单缝K的宽度，使穿过它的光束变得更狭窄，则屏幕E上的光斑也随之缩小．但是，当单缝K的宽度缩小到一定程度（约10^{-4}m）时，如果再继续缩小，实验指出，屏幕上的光斑不但不缩小，反而逐渐增大，如图10-18b中$a'b'$所示．这时，光斑的全部亮度也发生了变化，由原来均匀的分布变成一系列的明、暗条纹（若光源为单色光）或彩色条纹（若光源为白色光），条纹的边缘上也失去了明显的界限，变得模糊不清．

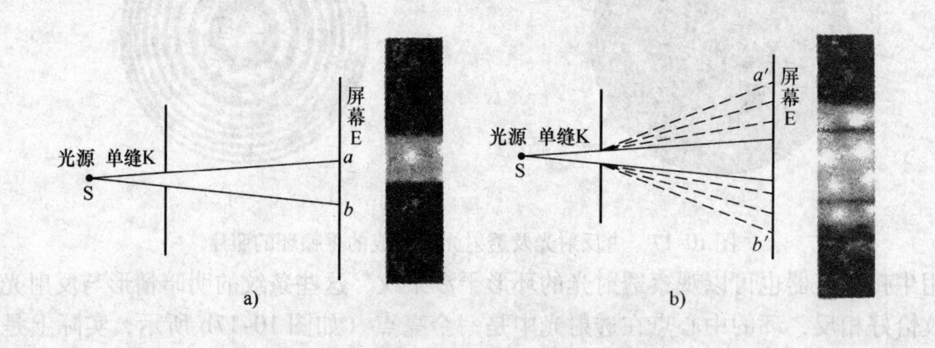

图10-18　光的衍射现象的演示实验

如果用一根细长的障碍物，例如细线、针、毛发等代替缝K，在光沿直线传播时，按通常的想法，一部分光势必被障碍物挡住，在屏上出现一个暗影；但是，实际上却并非如此，屏上出现的却是明、暗条纹组（若光源为单色光）或彩色条纹组（若光源为白色光）．

以上事实表明，光显著地发生了不符合直线传播的情况．这就是光的波动性所表现出来的衍射现象．

光的衍射现象在日常生活中也不难观察到．例如，在夜间隔着纱窗眺望远处灯火，其周围散布着辐射状的光芒，这是灯光通过纱窗小孔的衍射结果．太阳光或月光经大气层中雾滴的衍射，人们可以观察到其边缘所呈现出来的彩色光圈，即所谓**日晕**或**月晕**．

10.6.2 惠更斯－菲涅耳原理

光的衍射现象只能用光的波动理论来说明．以前在第9章“机械波”中所介绍的惠更斯原理，虽可用来定性说明波的衍射，但却不能定量地研究上述衍射条纹的分布情况.

法国物理学家菲涅耳（A. J. Fresnel，1788—1827）用光的波动说圆满地解释了光的衍射现象，从而使光的波动学说更臻完备. 他发展了惠更斯原理，认为**波前上每一点都要发射子波**；还进一步认为：**从同一波前上各点所发出的子波，在传播过程中相遇于空间某点时，也可相互叠加而产生干涉现象**. 此原理发展了的惠更斯原理，故称为**惠更斯－菲涅耳原理**.

根据惠更斯－菲涅耳原理，如果已知波动在某时刻的波前 S，就可以计算光波从波前 S 传播到某点 P 的振动情况. 其基本思想和方法是：将波前 S 分成许多面积元 ΔS（图 10-19），每个面积元 ΔS 都是子波的波源，它们发出的子波分别在点 P 引起一定的光振动；把波前 S 上所有各面积元 ΔS 发出的子波在点 P 相遇时的光振动叠加起来，就得到点 P 的合振动. 其中各面积元 ΔS 发出的子波在点 P 引起的光振动，其振幅和面积元 ΔS 的大小、ΔS 到点 P 的距离 r 以及相应位矢 r 与 ΔS 的法线 e_n 所成夹角 α 等有关，其相位则仅与 r 有关. 所以在一般情况下，合成振动的计算比较复杂. 下面我们将根据惠更斯－菲涅耳原理，应用菲涅耳所提出的波带法来解释单缝衍射现象，以避免复杂的计算.

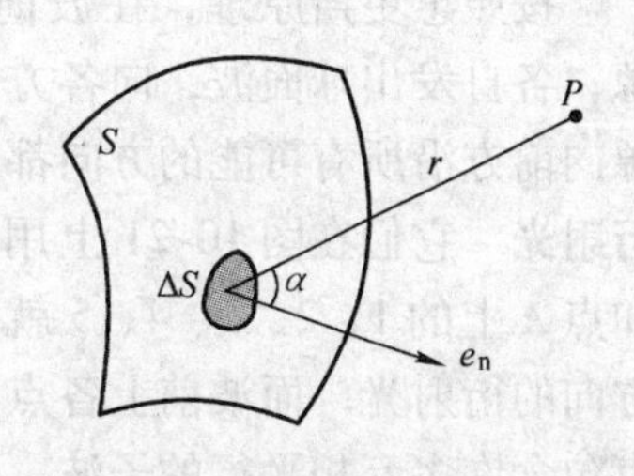

图 10-19 惠更斯－菲涅耳原理

问题 10-11 试述光的衍射现象，简述惠更斯－菲涅耳原理.

10.7 单缝衍射

10.7.1 单缝的夫琅禾费衍射

上面我们介绍的是不用透镜而直接观察到的衍射现象. 其实也可用德国物理学家夫琅禾费（J. Fraunhofer，1787—1826）研究衍射现象的方法来考察，即用透镜把入射光和衍射光都变成平行光束，由此来观察平行光的衍射现象. 这种平行光的衍射叫作**夫琅禾费衍射**. 我们主要讨论这种衍射.

图 10-20 所示是观察单缝的夫琅禾费衍射的演示实验装置简图. 自点光源 S㊀（位于透镜 L_1 的焦点上）发出的光，经透镜 L_1 变成平行光，射在单缝 K 上，一部分光被屏障挡住，一部分光穿过单缝，再经过透镜 L_2 的聚焦，就在放置于透镜 L_2 焦平面处的屏幕 E 上出现与狭缝平行的明、暗衍射条纹㊁.

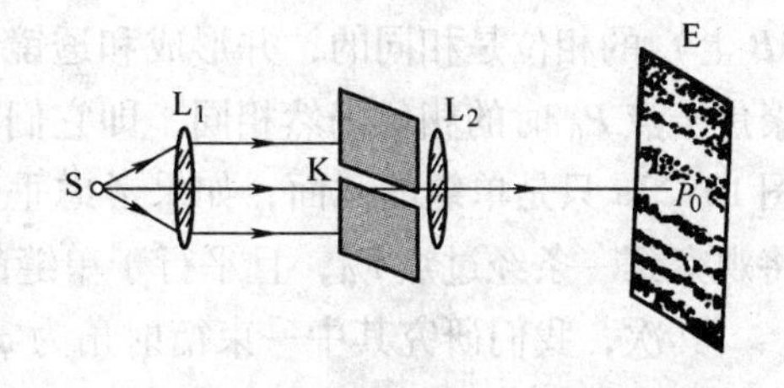

图 10-20 单缝衍射演示装置简图

㊀ 实际上，图 10-20 中的 S 不一定是点光源，而是一条位于透镜 L_1 的焦平面上，且平行于狭缝的线光源（例如，一种指示灯泡内的一根细短的明亮直灯丝）. 其次，光源 S 的尺寸必须借一定装置加以限制，以能获得清晰的单缝衍射条纹.

㊁ 由于一般光源的光强太弱，不能在屏幕上直接观察到条纹，这时可用显微镜放大，进行观察.

10.7.2　单缝衍射条纹的形成

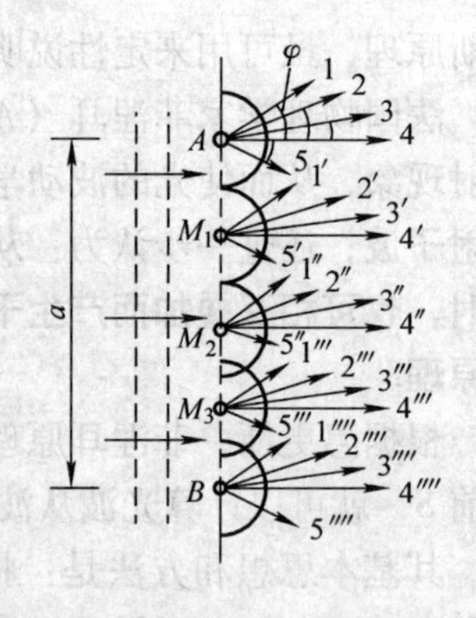

图 10-21　单缝

在上述图 10-20 中，设单缝 K 的宽度为 a，如图 10-21 所示（为便于说明，图中把缝特别放大）. 当入射的平行光垂直于单缝的平面 AB 时，这个平面 AB 也就是入射光经过单缝时的波前（在图 10-21 中，如虚线 AB 所示）.

按照惠更斯原理，在波前上的每一点都可看作子波波源，各自发出球面波，向各方向传播. 显然，每一个子波波源向前方沿所有可能的方向都发射出子波，这些子波都称为**衍射光**. 它们在图 10-21 上用许多带箭头的直线表示㊀，例如点 A 上的 1、2、3、4、5 就代表该点发出的任意五个传播方向的衍射光. 而波前上各点发出的所有衍射光，则互相构成各方向的平行光束，每一光束包含许多互相平行的子波. 例如在图 10-21 中，沿同一方向 1、1′、1″、1‴、1⁗、…的子波构成一个平行光束，沿另一方向 2、2′、2″、2‴、2⁗、…的子波构成另一个平行光束，图中画出五个平行光束，每一个都有其特殊的方向，这个方向可用与透镜主光轴间的夹角 φ 来表示，这个角称为**衍射角**.

按几何光学原理，各平行光束经过透镜 L_2 以后，会聚于焦平面上. 图 10-22 表示图 10-21 中五个光束经透镜 L_2 后的会聚情况. 显然，从同一波前 AB 面上发生的每一个平行光束中，它所包含的子波均来自同一光源 S，因此根据惠更斯 - 菲涅耳原理，每个平行光束中的各子波有干涉作用. 至于它们在屏幕 E 上（E 放置在焦平面上）会聚成亮条纹还是暗条纹，则要看光束中各平行子波间的光程差如何来决定.

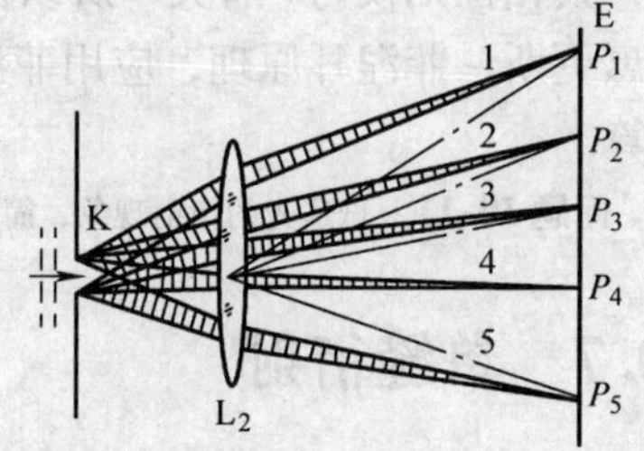

图 10-22　单缝中的各平行光束

10.7.3　单缝衍射条纹的明、暗条件

如图 10-23a 所示，设入射光为平行单色光. 我们首先考虑沿入射光方向传播的一束平行光［图中用（4）表示，即衍射角 $\varphi=0$］. 光束中的这些子波在出发处（即同一波前 AB 上）的相位是相同的，并形成和透镜 L_2 的主光轴垂直的平面波，因而经过透镜 L_2 后聚焦于点 P_0 时的相位仍然相同，即它们在点 P_0 的相位差为零，所以 P_0 是一亮点. 但是，图 10-23a 只是单缝的截面，如果考虑垂直于纸面、通过一定长度单缝的全部光线，我们将观察到一条经过点 P_0，且平行于单缝的明亮条纹（见图 10-20）.

其次，我们研究其中一束衍射角为 φ 的平行光［图 10-23a 中用（3）表示］，经过透镜后聚焦于屏幕上的点 P. 这束光的两条边缘光线 AP 和 BP 之间的光程差（即最大光程差）为 $BC=a\sin\varphi$. 这里，a 为缝的宽度. 为了根据这个光程差决定 P 处条纹的明、暗，我们利用菲涅耳的**波带法**来研究. 这种方法是把波前 AB 分割成许多相等面积的**波带**. 如

㊀　图中所画的这些直线仅表示沿所有可能方向的衍射光中某几条光线，用箭头表示它们的传播方向；所画直线的长短是任意的，不表示其他意义，只是为了便于读者看清楚图形而已.

图10-23b所示，在所述的单缝情况下，作一系列平行于 AC 的平面，两个相邻平面间的距离等于入射单色光的波长之半，即 $\lambda/2$. 设这些平面将单缝处的波前 AB 分成 AA_1、A_1A_2、A_2B 等整数个面积相等的**波带**（亦称为**半波带**），则由于这些波带的面积相等，所以波带上子波波源的数目也相等. 任何两个相邻的波带上，两对应点（如 A_1A_2 带上的点 A_1 与 A_2B 带上的点 A_2，A_1A_2 带上的点 G 与 A_2B 带上的点 G'，等等）所发出的子波到达 AC 面上时，因为光程差为 $\lambda/2$，所以相位差是 π. 经过透镜聚焦在点 P 时，相位差不变，仍然是 π. 由此可见，任何两个相邻波带所发出的光波在 P 处将完全相互抵消.

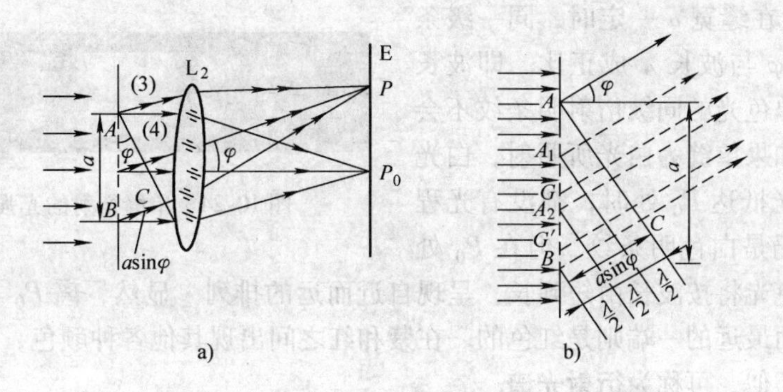

图10-23 单缝衍射条纹的计算

如果 BC 是半波长的偶数倍，即在某个确定的衍射角 φ 下将单缝上的波前 AB 分成偶数个波带，则相邻波带发出的子波皆成对抵消，从而在 P 处出现暗条纹；如果 BC 是半波长的奇数倍，则波前 AB 也被分成奇数个波带，于是除了其中相邻波带发出的子波两两相互抵消外，必然剩下一个波带发出的子波未被抵消，故在 P 处出现明条纹；这明条纹的亮度（光强），只是奇数个波带中剩下来的一个波带上所发出的子波经过透镜聚焦后所产生的效果. 上述结果可用数学式表示如下：

$$\left.\begin{aligned}&\text{当 }\varphi\text{ 适合 } a\sin\varphi=\pm 2k\frac{\lambda}{2},\\&\qquad k=1,2,3,\cdots\text{时，为暗条纹（衍射极小）}\\&\text{当 }\varphi\text{ 适合 } a\sin\varphi=\pm(2k+1)\frac{\lambda}{2},\\&\qquad k=1,2,3,\cdots\text{时，为明条纹（衍射次极大）}\\&\text{当 }\varphi\text{ 适合 } a\sin\varphi=\lambda\text{ 与 }a\sin\varphi=-\lambda\text{ 之间，且对应于}\\&\qquad k=0\text{ 时，为零级明条纹（衍射主极大）}\end{aligned}\right\}\qquad(10\text{-}19)$$

尚需指出，对于任意衍射角 φ 来说，波前 AB 一般不能恰巧被分成整数个波带，即 BC 段的长度不一定等于 $\lambda/2$ 的整数倍，对应于这些衍射角的衍射光束，经透镜聚焦后，在屏幕上形成介于最明与最暗之间的中间区域. 所以，在单缝衍射条纹中，光强分布并不是均匀的. 如图10-24所示，中央条纹（即零级明条纹）最亮，同时也最宽，可以证明（参见例题10-6)，它的宽度为其他各级明条纹宽度的两倍，然后亮度向着两侧逐渐降低，直到第1级暗条纹为止. 这是因为在式（10-19）的暗条纹条件中，当 $k=\pm1$ 时，一侧适合于 $a\sin\varphi=\lambda$，另一侧适合于 $a\sin\varphi=-\lambda$ 处，而中央条纹区域即处于这两侧之间，显然，其宽度为最大. 接着，光强又逐渐增大，由第1级暗条纹而过渡到第1级明条纹，以此类推．同时，各级明条纹的光强随级次 k 的增加而逐渐减小．这是因为 φ 角越大，分成的波带数越多，因而未被抵消的波带面积占单缝的面积越小，所以波带上发出的光在屏上产生的明条纹的光强也越小．

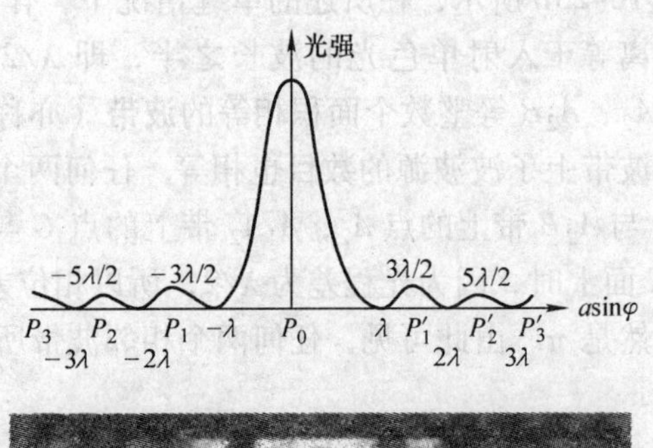

图 10-24　单缝衍射的光强分布

衍射条纹的位置是由 $\sin\varphi$ 决定的，但按公式 $a\sin\varphi = \pm(2k+1)\lambda/2$ 或 $a\sin\varphi = \pm 2k\lambda/2$ 可知，在缝宽 a 一定时，同一级条纹所对应的 $\sin\varphi$ 与波长 λ 成正比．即波长不同时，各种单色光的同级衍射明条纹不会重叠在一起．如果单缝为白光所照射，白光中各种波长的光抵达 P_0 处时，都没有光程差，所以中央仍是白色明条纹．但在 P_0 处两侧，各种单色光将按波长由短到长，呈现自近而远的排列．显然，离 P_0 处最近的一端将是紫色的，而最远的一端则是红色的．在紫和红之间出现其他各种颜色，色彩分布情况与棱镜光谱相类似，可称为**衍射光谱**．

由式（10-19）可见，对波长 λ 一定的单色光来说，在 a 越小时，相应于各级条纹的 φ 角也就越大，也就是衍射越显著．反之，在 a 越大时，各级条纹所对应的 φ 角将越小，这些条纹就都向 P_0 处的中央明条纹靠拢，逐渐分辨不清，衍射也就越不显著．如果 $a \gg \lambda$，各级衍射条纹将全部汇拢在 P_0 处附近，形成单一的明条纹，这就是透镜所造成的单缝的像．这个像相当于 φ 趋近于零的平行光束所造成的，亦即，这是由于入射到单缝平面 AB 的平行光束直线传播所引起的．由此可见，通常所看到的光的直线传播现象，乃是因为光的波长极短，而障碍物上缝的线度相对来说很大，以致衍射现象极不显著的缘故．只有当缝较窄，以至于其线度与波长可相比较时，衍射现象才较为显著．

问题 10-12　(1) 利用波带法分析单缝衍射明、暗条纹形成的条件和光强的分布情况．干涉现象和衍射现象有什么区别？又有什么联系？

(2) 以白光垂直照射单缝，中央明条纹边缘有彩色出现，为什么？边缘的彩色中，靠近中央一侧的是红色还是紫色？

(3) 单缝宽度较大时，为什么看不到衍射现象而表现出光线沿直线行进的特性？在日常生活中，声波的衍射为什么比光波的衍射现象显著？

例题 10-6　如例题 10-6 图所示，波长 $\lambda = 500\text{nm}$ 的单色光，垂直照射到宽为 $a = 0.25\text{mm}$ 的单缝上．在缝后置一凸透镜 L，使之形成衍射条纹，若透镜焦距为 $f = 25\text{cm}$，求：(1) 屏幕上第一级暗条纹中心与点 O 的距离；(2) 中央明条纹的宽度；(3) 其他各级明条纹的宽度．

分析　用以观察衍射条纹的屏幕实际上是放在透镜焦平面上的，由于透镜 L 很靠近单缝，因此，屏幕与单缝间的距离 D 近似等于透镜的焦距 f．

又因 φ 角很小，故有近似关系式

$$\sin\varphi \approx \varphi \approx \frac{x}{D} \approx \frac{x}{f}$$

由此可求出条纹与中心的距离 x．

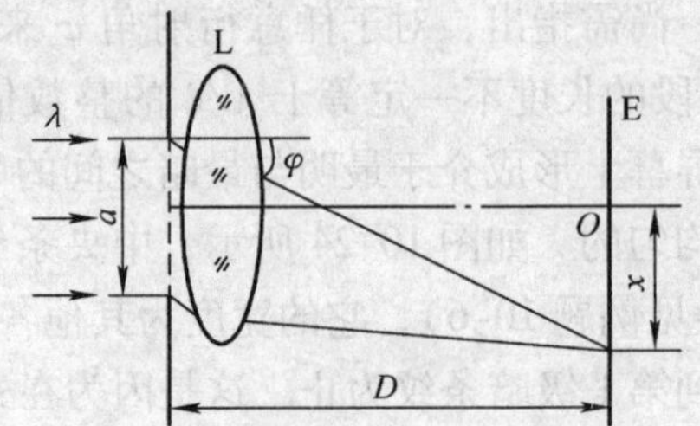

例题 10-6 图

解　(1) 按式 (10-19) 的暗条纹条件

$$a\sin\varphi = \pm 2k\frac{\lambda}{2}$$

由式 (a)，上式可写作

$$a\varphi = \pm 2k\frac{\lambda}{2} \tag{b}$$

在本题中，$k=1$，并因中央明条纹的上、下侧条纹是对称的，故只需讨论其中的一侧，因此，± 号也就无须考虑. 于是，得

$$a\varphi = \lambda \tag{c}$$

设第1级暗条纹中心与中央明条纹中心的距离为 x_1，则由式 (c) 和式 (a) 得

$$x_1 = f\varphi = \frac{f\lambda}{a} \tag{d}$$

把 $f=25\text{cm}$，$\lambda=500\text{nm}=5\times10^{-5}\text{cm}$，$a=0.025\text{cm}$ 代入式 (d)，得

$$x_1 = \frac{25\times5\times10^{-5}}{0.025}\text{cm} = 0.05\text{cm}$$

(2) 欲求中央明条纹的宽度，只需求中央明条纹上、下两侧第1级暗条纹间的距离 s_0，由式 (d)，有

$$s_0 = 2x_1 = 2\lambda f/a \tag{e}$$

利用上面的计算结果，得

$$s_0 = 2\times0.05\text{cm} = 0.10\text{cm}$$

(3) 设其他任一级明条纹的宽度 (即其两旁的相邻暗条纹间的距离) 为 s. 按式 (a)、式 (b)，有

$$s = x_{k+1} - x_k = \varphi_{k+1}f - \varphi_k f = \left[\frac{(k+1)\lambda}{a} - \frac{k\lambda}{a}\right]f = \frac{f\lambda}{a} \tag{f}$$

按上式，代入已知数据，则可算出任一级明条纹 (除中央明条纹以外) 的宽度均为 $s=0.05\text{cm}$.

说明 由式 (f)、式 (e) 可见，**除中央明条纹外，所有其他各级明条纹的宽度均相等，而中央明条纹的宽度为其他明条纹宽度的两倍**.

读者从上述式 (e)、式 (f) 不难看出，若已知缝宽 a 和透镜焦距 f，只要测定 s_0 或 s，就可算出波长 λ. 因此，利用单缝衍射，应该说也可测定光波的波长.

10.8 衍射光栅 衍射光谱

10.8.1 衍射光栅

在上节例题10-6中，我们讲过，原则上可以利用单色光通过单缝所产生的衍射条纹来测定这单色光的波长. 但是为了测得准确的结果，就必须把各级条纹分得很开，而且每一级条纹又要很亮. 然而对单缝衍射来说，这两个要求是不能同时满足的，因为要求各级明条纹分得很开，单缝的宽度 a 就要很小，而宽度太小，通过单缝的光能量就少，条纹就不甚亮. 为了克服这一困难，实际上测定光波波长时，往往利用**光栅**所形成的衍射现象.

常用的光栅是用一块玻璃片刻制而成的，在这玻璃片上刻有大量宽度和距离都各自相等的平行线条 (刻痕)，在1cm内，刻痕最多可以达一万条以上. 每一刻痕就相当于一条毛玻璃而不易透光，所以当光照射到光栅的表面上时，只有在两刻痕之间的光滑部分才是透明的，可以让光通过，这光滑部分就相当于一狭缝. 因此，我们可以把这种光栅叫作**平面透射光栅**. 它是由同一平面上许多彼此平行的、等宽、等距离的狭缝构成的. 设以 a 表示每一狭缝的宽度，b 表示两条狭缝之间的距离，即刻痕的宽度，则 $a+b$ 称为**光栅常量**. 光栅常量的数量级约为 $10^3\sim10^4\text{nm}$.

本节讨论平面透射光栅的夫琅禾费衍射. 图 10-25 表示光栅的一个截面. 平行光线垂直地照射在光栅上，在靠近光栅的另一面置一透镜 L，并在其焦平面上放置一屏幕 E，光线经过 L 后，聚焦于屏幕 E 上，就呈现出各级衍射条纹.

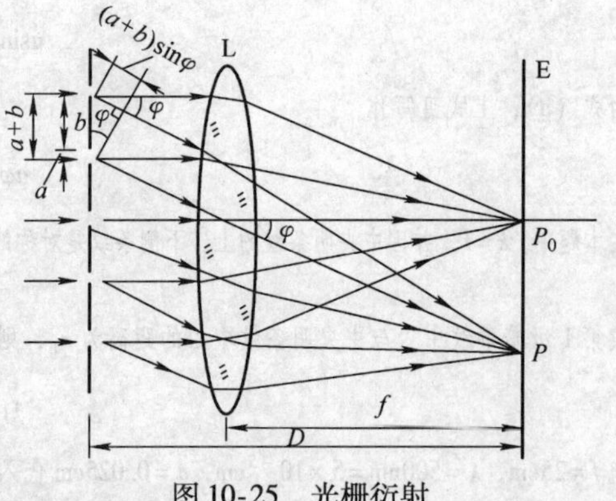

图 10-25 光栅衍射

光栅衍射条纹的分布和单缝的情况不同. 在单缝衍射图样中，中央明条纹宽度很大，其他各级明条纹的宽度较小，且其强度也随级次 k 递降，这可从图 10-24 的光强分布图上看出；而在光栅衍射中，呈现在屏幕上的衍射图样，乃是在黑暗背景上排列着一系列平行于光栅狭缝的明条纹. 如图 10-26 所示，光栅的狭缝数目 N 越多，则屏幕上的明条纹变得越亮和越细窄，且互相分离得越开，即各条细亮的明条纹之间的暗区扩大了.

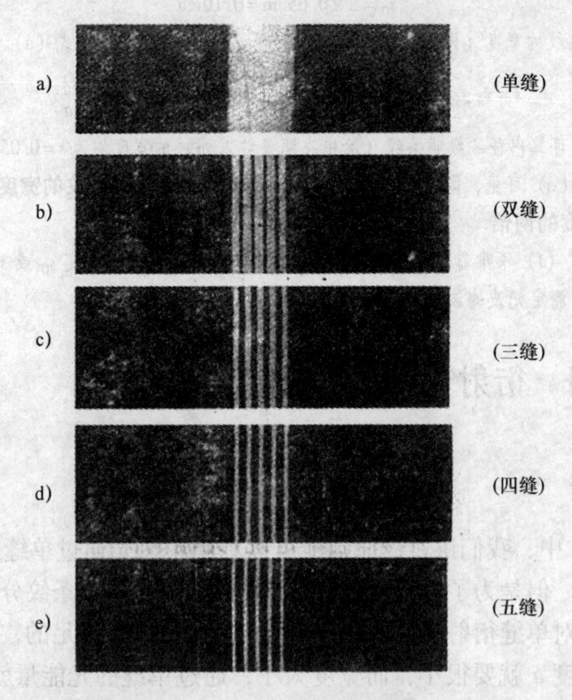

图 10-26 单缝和含有若干条狭缝的光栅所产生的衍射条纹照相

问题 10-13 光栅衍射图样与单缝衍射图样有何不同?

10.8.2 衍射光栅条纹的成因

从式（10-19）可知，在单缝的夫琅禾费衍射中，屏幕上各级条纹的位置仅取决于相应的衍射角 φ，而与单缝沿着缝平面方向上所处的位置无关. 也就是说，如果把单缝平行于缝平面移动，通过同一透镜而在屏幕上显示的衍射图样，仍在原位置保持原状. 因此，在具有 N 条狭缝的光栅平面上，各条狭缝的位置尽管不同，但是，它们以相同的衍射角 φ

发出的平行光通过同一透镜后，必定会聚于通过某点 P，且平行于狭缝的同一条直线的位置上（图 10-27）；所有狭缝独自产生的单缝衍射图样在屏幕上的位置是相同的，形成彼此重叠的 N 幅单缝衍射图样.

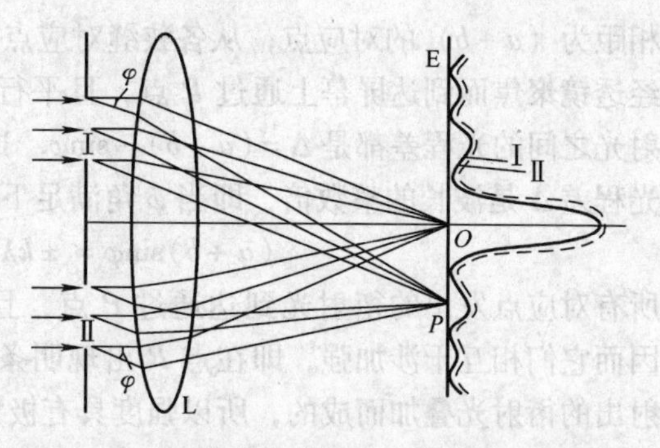

图 10-27 光栅中各狭缝的衍射图样彼此重叠（图中只画出两个狭缝Ⅰ、Ⅱ的重叠衍射图样，分别用实线和虚线表示）

不过，在上述互相重叠的衍射图样中，任一衍射极大处的光强，却并不都等于所有狭缝发出的衍射光在该处的光强之和. 事实上，由于各狭缝都处在同一波前上，它们发出的衍射光都是相干光，在屏幕上会聚时还要发生干涉，使得干涉加强的地方，出现明条纹；干涉减弱的地方，出现暗条纹. 这样，对上述重叠的 N 个衍射图样中的光强就同时被相干叠加了，导致了光强的重新分布.

综上所述，最后形成的光栅衍射条纹，不仅与光栅上各狭缝的衍射作用有关，更重要的还是由于各狭缝之间发出的衍射光束之间的干涉，即多光束干涉作用所引起的结果. 也就是说，**光栅的衍射条纹是单缝衍射和多光束干涉的综合效果**.

据此进行理论计算（从略），可以给出光栅衍射图样的光强分布曲线，如图 10-28 所示. 由图可知，在光栅衍射图样中，呈现出一系列光强较大和甚弱的明条纹，前者叫作**主极大**，后者叫作**次极大**. 主极大的位置与缝数 N 无关，但它们的宽度随缝数 N 的增大而减小. 可以证明，对一个具有 N 条狭缝的光栅来说，在衍射图样的相邻主极大之间存在 $N-1$ 条暗纹和 $N-2$ 条次极大. 这些次极大的光强甚弱，可以不予考虑. 所以，如果光栅的狭缝数目 N 很大，则在两相邻主极大之间，暗条纹和次极大的数目 $(N-1)$，$(N-2)$ 也都很大，两者几乎无法分辨，实际上形成了一个暗区，从而清晰地衬托出既细窄又明亮的主极大. 其情况正如图 10-26 所示.

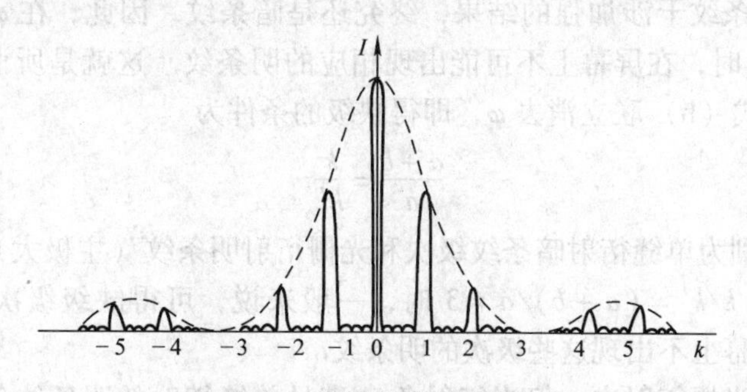

图 10-28 光栅衍射的光强分布

问题 10-14 试述光栅衍射图样的成因和特征. 若一光栅的缝数为 $N=1.02\times10^5$，相邻主极大条纹之间各有多少条暗条纹和次极大条纹？你能由此想象到其间出现什么情景？

10.8.3 光栅公式

光栅衍射中的明条纹（主极大）的位置，取决于各狭缝衍射光束之间的干涉情况. 现在，我们考虑衍射角为 φ 的衍射光. 如图 10-25 所示，在所有相邻的狭缝中有许多彼此相距为（$a+b$）的对应点，从各狭缝对应点沿衍射角 φ 方向发出的平行衍射光是相干光，经透镜聚焦而到达屏幕上通过 P 点，且平行于狭缝的一条直线上时，其中任两条相邻衍射光之间的光程差都是 $\Delta=(a+b)\cdot\sin\varphi$. 这是因为透镜不产生额外的光程差. 如果上述光程差 Δ 是波长的整数倍，即当 φ 角满足下述条件时：

$$(a+b)\sin\varphi=\pm k\lambda \qquad k=0,1,2,\cdots \tag{10-20}$$

所有对应点发出的衍射光到达通过 P 点，且平行于狭缝的这条直线上时都是同相位的，因而它们相互干涉加强，即在点 P 出现明条纹. 由于这种明条纹是由所有狭缝的对应点射出的衍射光叠加而成的，所以强度具有极大值，故称为**主极大**，也称为**光谱线**. 光栅狭缝数目 N 越大，则这种明条纹越细窄、越明亮.

式（10-20）称为**光栅公式**. 式中，k 是一个整数，表示条纹的级次. $k=0$ 时，$\varphi=0$，叫作中央明条纹；于是$k=1$，2，3，…对应的明条纹分别称为 1 级、2 级、3 级、…光谱，通常大致应用到 3 级. 式（10-20）中的正、负号表示各级明条纹（光谱线）对称地分布在中央明条纹的两侧. 在波长 λ 一定的单色光照射下，光栅常量$(a+b)$越小，则由公式（10-20）可知，φ 越大，相邻两个明条纹分得越开.

> $|\varphi|\leqslant 90°$，因而 $|\sin\varphi|\leqslant 1$，这就限制了所能观察到的明条纹数目. 显然，主极大的最大级次 $k<(a+b)(\sin 90°)/\lambda=(a+b)/\lambda$.

其次，读者应注意，光栅公式（10-20）只是出现明条纹（主极大）的必要条件. 这是因为：当衍射角 φ 满足式（10-20）时，理应出现明条纹（主极大）；但如果 φ 角同时又满足单缝衍射的暗条纹条件［式（10-19）］，即

$$a\sin\varphi=\pm 2k'\frac{\lambda}{2}\ ,\ k'=1,\ 2,\ \cdots \tag{a}$$

这时，从每个狭缝射出的光都将由于单缝本身的衍射而自行抵消，形成暗条纹. 因此，尽管 φ 角也同时满足式（10-20）的干涉加强的条件：

$$(a+b)\sin\varphi=\pm k\lambda,\ k=0,\ 1,\ 2,\ \cdots \tag{b}$$

怎奈缝与缝之间暗条纹干涉加强的结果，终究还是暗条纹. 因此，在 φ 角同时满足上述式（a）和式（b）时，在屏幕上不可能出现相应的明条纹. 这就是所谓主极大的**缺级现象**. 将式（a）和式（b）联立消去 φ，即得缺级的条件为

$$\frac{a+b}{a}=\frac{k}{k'} \tag{10-21}$$

这里，k'和 k 是分别为单缝衍射暗条纹级次和光栅衍射明条纹（主极大）的级次，而 k/k' 为整数. 例如，当 $k/k'=(a+b)/a=3$ 时，一般来说，可得缺级级次为 $k=3k'=\pm 3$，± 6，± 9，…，屏幕上不出现这些级次的明条纹.

综上所述，在光栅衍射中，仅当衍射角 φ 满足单缝衍射的明条纹条件或中央明条纹条件：

$$a\sin\varphi=\pm(2k+1)\frac{\lambda}{2},k=1,2,3,\cdots$$

或

$$-\lambda<a\sin\varphi<\lambda$$

的前提下，相邻两缝的干涉同时满足光栅公式（10-20），才能形成强度最大的明条纹（主极大）.

问题 10-15 （1）确定光栅衍射中主极大位置的光栅公式是如何给出的?

(2) 若光栅常量中 $a=b$，光栅光谱有何特点？

(3) 试分析主极大出现缺级的原因；在同时满足什么条件下才能形成主极大？

例题 10-7 波长为500nm及520nm的光照射于光栅常量为0.002cm的衍射光栅上．在光栅后面用焦距为2m的透镜L把光线会聚在屏幕上（参见图10-25）．求这两种光的第1级光谱线间的距离．

解 根据光栅公式 $(a+b)\sin\varphi=k\lambda$，得

$$\sin\varphi=\frac{k\lambda}{a+b} \tag{a}$$

第1级光谱中，$k=1$；因此相应的衍射角 φ_1 满足下式：

$$\sin\varphi_1=\frac{\lambda}{a+b} \tag{b}$$

设 x 为谱线与中央条纹间的距离（图10-25所示的 P_0P），D 为光栅与屏幕间的距离，由于透镜L实际上很靠近光栅，故近似地可看作为透镜L的焦距 f，即 $D\approx f$，则 $x=D\tan\varphi$．因此，对第1级有

$$x_1=D\tan\varphi_1 \tag{c}$$

本题中，由于 φ 角不大（用数字代入式（a）即可看出），所以 $\sin\varphi\approx\tan\varphi$．因此，波长为520nm与500nm的两种光的第1级谱线间的距离为

$$\begin{aligned}x_1-x_1'&=D\tan\varphi_1-D\tan\varphi_1'=D\left(\frac{\lambda}{a+b}-\frac{\lambda'}{a+b}\right)\\&=200\text{cm}\times\left(\frac{520\times10^{-7}}{0.002}-\frac{500\times10^{-7}}{0.002}\right)=0.2\text{cm}\end{aligned}$$

10.8.4 衍射光谱

一般来说，光栅上每单位长度的狭缝条数很多，光栅常量 $(a+b)$ 很小，故各级明条纹的位置分得很开，而且由于光栅上狭缝总数很多，所以得到的明条纹也很亮、很窄，这样就很容易确定明条纹的位置，因而可以用衍射光栅精确地测定光波的波长．

用衍射光栅测定光波波长的方法如下：先用显微镜测出光栅常量，然后将光栅G放在分光计上，如图10-29所示．光线由平行光管C射来，通过光栅G以后形成各级条纹．用望远镜T观察，从分光计上的读数可以测定相应的偏离角度 φ．将光栅常量、角度 φ 等数值代入公式（10-20），就可算出波长 λ．

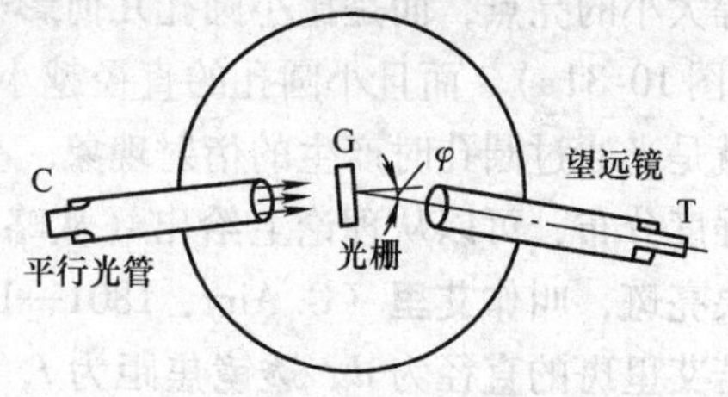

图10-29 用光栅测定光波波长的装置

根据衍射光栅的公式（10-20），可以看出，在已知光栅常量的情况下，产生明条纹的衍射角 φ 与入射光波的波长有关，因此白色光通过光栅之后，各单色光将产生各自的明条纹，从而相互分开形成衍射光谱．中央条纹或零级条纹显然仍为白色条纹，在中央条纹两旁，对称地排列着第1级、第2级等光谱，如图10-30所示（图中只画出中央条纹一侧的光谱，每级光谱中靠近中央条纹的一侧为紫色，远离中央条纹的一侧为红色，分别用V、R表示）．由于各谱线间的距离随着光谱的级次而增加，所以级次高的光谱彼此重叠，实际上很难观察到．

可以看出，在衍射光谱中，波长越小的光波偏折越小，而在棱镜折射后形成的光谱中，波长越小的光波偏折越大．这是两种光谱的不同之处．

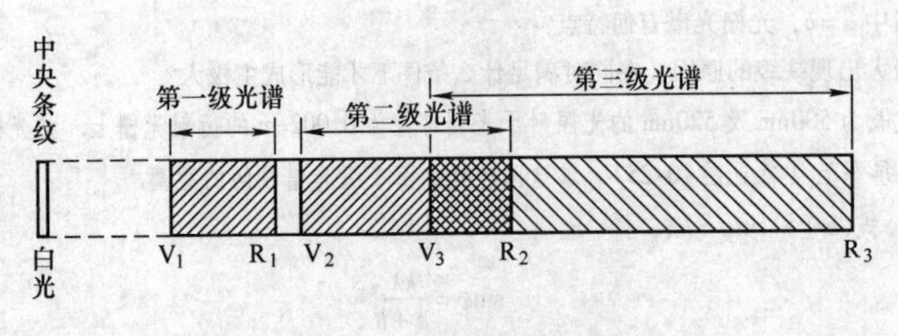

图 10-30　各级衍射光谱

10.9　圆孔的夫琅禾费衍射　光学仪器的分辨率

在几何光学中讨论光学仪器的成像时，总认为只要适当选择透镜的焦距，便能得到所需要的放大率，就可把任何微小的物体放大到可以看得清楚的程度．但实际上这是不可能的，因为各种光学仪器受到光的波动性的影响，即使它把物体所成的像放得很大，但由于光的衍射现象，物体上细微部分仍有可能分辨不出来．

为了说明光的衍射现象对光学仪器分辨能力的限制，下面我们先来讨论具有实际意义的圆孔衍射．

10.9.1　圆孔的夫琅禾费衍射

前面讲过，光通过狭缝时要产生衍射现象．同样，当光通过小圆孔时，也会产生衍射现象．如图 10-31a 所示，当用单色平行光垂直照射到小圆孔 K 上时，若在小圆孔后面放置一个焦距为 f 的透镜 L，则位于透镜焦平面处的屏幕 E 上，所出现的不是和小圆孔 K 同等大小的亮点，而是比小圆孔几何影子大的亮斑，亮斑周围有较弱的明暗相间的环状条纹（图 10-31a）．而且小圆孔的直径越小，亮斑的半径越大，周围的环纹也越向外扩展．这就是光通过圆孔时产生的衍射现象．亮斑和它周围的环纹所形成的衍射图样及其强度分布，可以从理论上给出（从略），如图 10-31b 所示，其中以第一暗环为界限的中央亮斑，叫作**艾里**（G. Airy，1801—1892）**斑**，它的光强约占整个入射光强的 80% 以上．若艾里斑的直径为 d，透镜焦距为 f，圆孔直径为 D，单色光波长为 λ，则由理论计算得出，艾里斑对透镜光心的张角（图 10-31c）可借下式来求，即

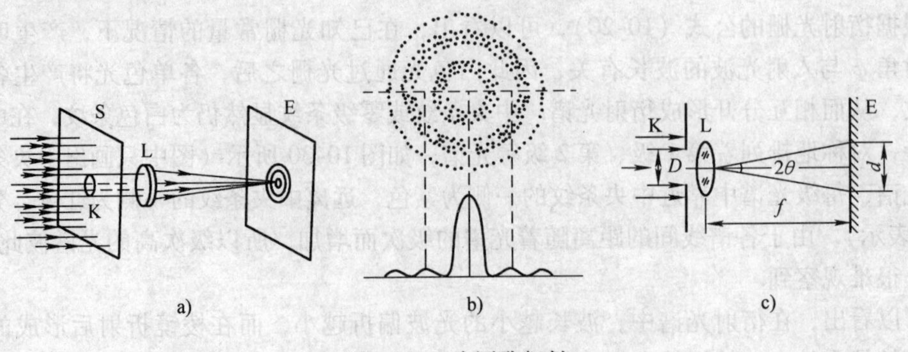

图 10-31　小圆孔衍射

$$\theta = \frac{d}{2f} = 1.22\frac{\lambda}{D} \tag{10-22}$$

10.9.2 光学仪器的分辨率

上述关于圆孔衍射的讨论有很重要的实际意义. 大多数光学仪器都要通过透镜将入射光会聚成像，透镜边缘一般都制成圆形的，或者说，透镜是一个透明的圆片，因而可以看成一个圆孔. 从几何光学来看，在物体通过透镜成像时，每一个物点有一个对应的像点. 但由于光的衍射，物点的像就不是一个几何点，通常是一个具有一定大小的亮斑. 如果两个物点的距离太小，以致对应的亮斑互相重叠，这时就不能清楚地分辨出两个物点的像. 也就是说，光的衍射现象限制了光学仪器的分辨能力.

例如，显微镜的物镜可以看成是一个小圆孔，用显微镜观察一个物体上 a、b 两点时，从 a、b 发出的光经显微镜的物镜成像时，将形成两个亮斑，它们分别是 a 和 b 的像. 如果这两个亮斑分得较开，亮斑的边缘没有重叠，或重叠较少，我们就能够分辨出 a、b 两点（图 10-32a）. 如果 a、b 靠得很近，它们的亮斑将相互重叠，a、b 两点就不再能分辨出来（图 10-32b）. 对于任何一个光学仪器，例如显微镜，如果点 a 的衍射图样的中央最亮处，刚好和点 b 的衍射图样的第一个最暗处相重叠（图 10-32b），我们就说，这个物体上的 a、b 两点恰好为这一光学仪器所分辨. 所以对于恰能分辨的两个点，它们的衍射图样中心之间的距离 d_0，应等于它们的中央亮斑的半径 $d/2$（图 10-33）. 此时，a、b 两点在显微镜物镜（透镜）处所张的角度 θ_0 叫作**最小分辨角**. 设 f 为透镜 L 的焦距，则

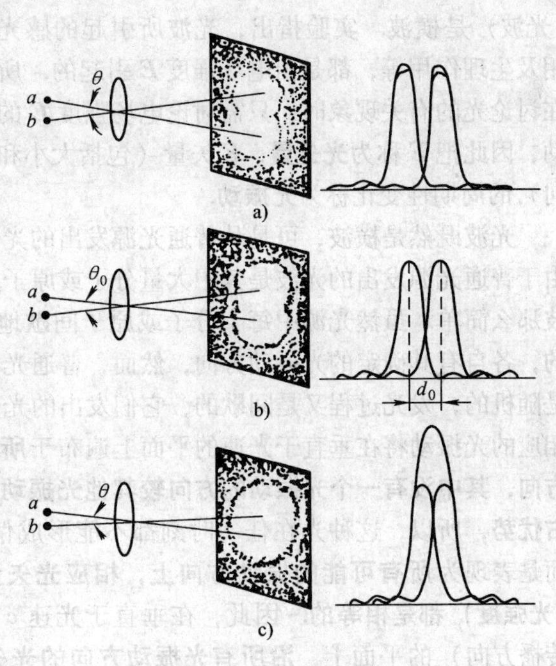

图 10-32 光学仪器的分辨能力

a）能分辨 b）恰能分辨 c）不能分辨

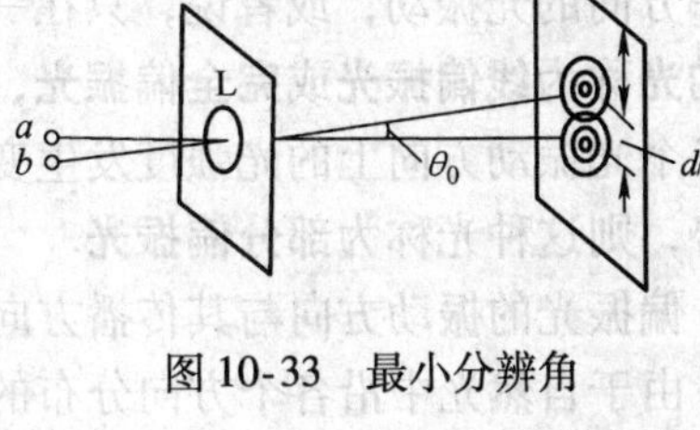

图 10-33 最小分辨角

$$\theta_0 = \frac{d_0}{f} = \frac{1}{2}\frac{d}{f}$$

将式（10-22）代入上式，得最小分辨角为

$$\theta_0 = 1.22\frac{\lambda}{D} \tag{10-23}$$

最小分辨角的倒数叫作光学仪器的**分辨率**. 由式（10-23）可知，分辨率与波长 λ 成反比，与透镜的直径成正比. 分辨率是评定光学仪器性能的一个主要指标，也是我们在使用光学仪器时必须考虑的一个因素.

10.10　光的偏振

大家知道，波的基本形态有纵波、横波两种，纵波的振动与波的传播方向是一致的；而横波的振动在与传播方向相垂直的某一特定方向上，横波的这个特性称为波的**偏振性**. 光的干涉和衍射现象表明了光的波动性，光的偏振现象则进一步说明光是一种横波.

光是电磁波. 我们说过，任何电磁波都可由两个互相垂直的振动矢量来表征，即电场强度 $\boldsymbol{E}$ 和磁场强度 $\boldsymbol{H}$；而电磁波的传播方向则垂直于 $\boldsymbol{E}$ 与 $\boldsymbol{H}$ 两者所构成的平面（见图 10-34）. 因此，电磁波（光波）是横波. 实验指出，光波所引起的感光作用及生理作用等，都是由电场强度 $\boldsymbol{E}$ 引起的. 所以在讨论光的有关现象时，只需讨论电场强度 $\boldsymbol{E}$ 的振动，因此把 $\boldsymbol{E}$ 称为**光矢量**，$\boldsymbol{E}$ 矢量（包括大小和方向）的周期性变化称为**光振动**.

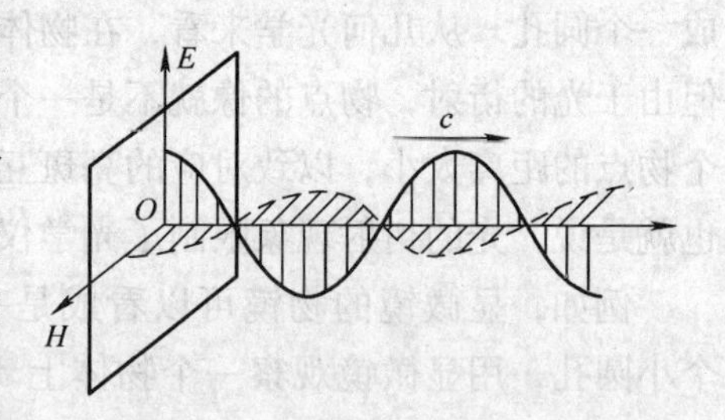

图 10-34　$\boldsymbol{E}$、$\boldsymbol{H}$ 与 c 的关系

光波既然是横波，可是从普通光源发出的光却未能从总体上显示出它的偏振性. 这是由于普通光源发出的光波是其中大量分子或原子发射出来的，它远非图 10-34 所示的电磁波那么简单. 虽然光源中每个分子或原子间歇地每次发射出的光波（即波列）都是偏振的，各自有其确定的光振动方向，然而，普通光源中各个分子或原子内部运动状态的变化是随机的，发光过程又是间歇的，它们发出的光是彼此独立的，从统计规律上来说，相应的光振动将在垂直于光速的平面上遍布于**所有可能的方向，其中没有一个光振动的方向较其他光振动的方向更占优势**，所以，这种光在任一时刻都不能形成偏振状态，而是表现为**所有可能的振动方向上，相应光矢量的振幅（光强度）都是相等的**. 因此，在垂直于光速 c（即光的传播方向）的平面上，**沿所有光振动方向的光矢量 $\boldsymbol{E}$ 呈对称分布**（图 10-35a），具有上述特征的光称为**自然光**.

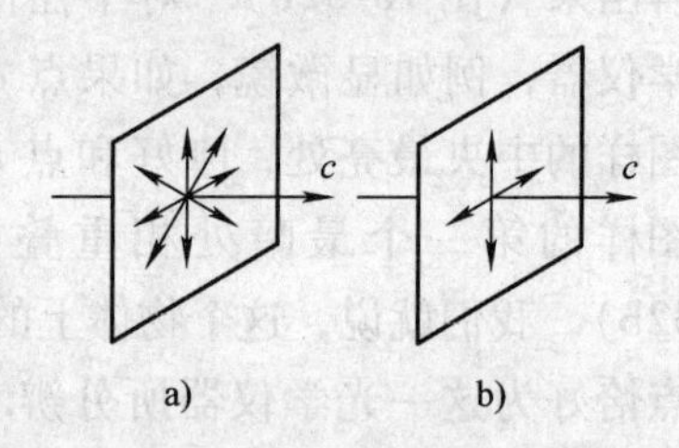

图 10-35　自然光

在自然光的传播过程中，由于介质的反射、折射及吸收等外界作用，可以成为只具有某一方向的光振动，或者说，只在一个确定的平面内有光振动，**这种只具有某一方向光振动的光称为线偏振光或完全偏振光**，简称**偏振光**. 如果由于上述的外界作用，造成自然光中各个光振动方向上的光强度发生变化，导致某一方向的光振动比其他方向的光振动更占优势，则这种光称为**部分偏振光**.

偏振光的振动方向与其传播方向所构成的平面，叫作偏振光的**振动面**.

由于自然光中沿各个方向分布的光矢量 $\boldsymbol{E}$ 彼此之间没有固定的相位关系，所以不能把它叠加成一个具有某一方向的合矢量，亦即，不可能把自然光归结为相应于这个合成光矢量的线偏振光. 但是我们可以把自然光中所有取向的光矢量 $\boldsymbol{E}$ 在任意指定的两个相互垂直方向上都分解为两个光矢量（分矢量），对沿这两个方向上分解成的所有光矢量，分别求其光强的时间平均值，应是相等的. 也就是说，在任一时刻，我们总是可以**把自然光都等效地表示成这样的两个线偏振光，它们的光矢量互相垂直，相位之间没有固定的关**

系，两者的光强各等于自然光总光强的一半．这样，今后我们就可把自然光用两个相互垂直的光矢量来表示（图10-35b），显然，对这两个光矢量来说，它们的光振动振幅是相同的；而相位关系则瞬息万变，乃是不固定的．

如上所述，既然自然光可看作两个互相垂直的线偏振光，那么，如果我们用垂直于传播方向的短线表示在纸面内的光振动，用点子表示与纸面垂直的光振动，就可以在自然光的传播方向上把短线和点子画成一个隔一个地均匀分布，形象地表示自然光中没有哪一个方向的光振动占优势（图10-36a）．同样，我们可以把光振动方向在纸面内和垂直于纸面的线偏振光分别表示成图10-36b、c所示；而把在纸面内光振动较强和垂直于纸面光振动较强的部分偏振光分别用线多点少和点多线少来标示，如图10-36d、e所示．

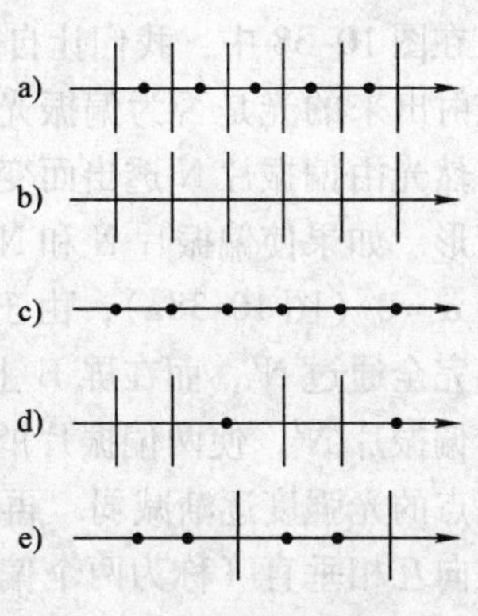

图10-36　自然光、偏振光和部分偏振光的图示

实际上，除了激光发生器等特殊光源外，一般光源（如太阳、电灯等）发出的光都是自然光．但是，有时我们需要将自然光转变为偏振光，这就是所谓**起偏**；有时还需检查某束光是否是偏振光，即所谓**检偏**．用以转变自然光为偏振光的物体叫作**起偏器**；用以判断某束光是否是偏振光的物体叫作**检偏器**．

下面，我们将介绍起偏和检偏的一些方法以及有关的定律．

问题10-16　（1）何谓偏振光？自然光为什么是非偏振光？如何把自然光用两个线偏振光来表示？（2）何谓振动面？试绘图分别用自然光、线偏振光和部分偏振光表示出来，并指出它们的振动面．（3）何谓起偏和检偏？

10.11　偏振片的起偏和检偏　马吕斯定律

有一些物质（如奎宁硫酸盐碘化物等晶体），对光波中沿某一方向的光振动有强烈的吸收作用，而在与该方向相垂直的那个方向上，对光振动的吸收甚为微弱而可以让光透过．这种物质叫作**二向色性物质**，如图10-37所示．这个允许通过的光振动方向，叫作二向色性物质的**偏振化方向**．当自然光照射在一定厚度的二向色性物质上时，透射光中垂直于偏振化方向的光振动可以全部被吸收掉，因而只有沿偏振化方向的光透射出来，成为线偏振光．因此，我们可以把这种二向色性物质涂在透明薄片（如赛璐珞等）上，制成常见的**偏振片**，用作起偏和检偏．偏振片上的偏振化方向用符号“↕”表示．

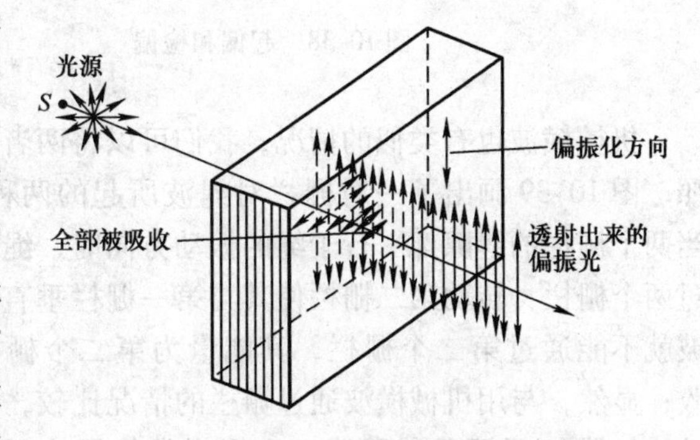

图10-37　利用二向色性物质产生偏振光

10.11.1　偏振片的起偏和检偏

偏振片既可以用作起偏器，也可以用作检偏器.

在图 10-38 中，我们让自然光投射到偏振片 N 上，并利用偏振片 N′来检查从偏振片 N 透射出来的光是否为偏振光. 图中 OO_1 和 $O'O'_1$ 分别是偏振片 N 和 N′的偏振化方向，当自然光由偏振片 N 透出而变成偏振光后，再经过偏振片 N′，我们可以在屏 E 上看到亮暗情形. 如果使偏振片 N 和 N′两者的偏振化方向 OO_1 与 $O'O'_1$ 相互平行，即它们之间的夹角 $\alpha=0$（图 10-38a），由于偏振光的振动方向与 N′的偏振化方向 $O'O'_1$ 平行，因此它能够完全通过 N′，而在屏 E 上形成一个光强度最大的亮点 S'. 以偏振光传播方向为轴，旋转偏振片 N′，使两偏振片的偏振化方向 OO_1 与 $O'O'_1$ 成 α 角（图 10-38b），这时屏 E 上亮点的光强度逐渐减弱. 再旋转 N′，使 $\alpha=90°$时（图 10-38c），即两个偏振片的偏振化方向互相垂直（称为两个偏振片“**正交**”），屏上亮点就完全消失. 这表明从偏振片 N 透射出来的光确是一种偏振光，因为只有偏振光才具有上述这种表现，从而偏振片 N′就起了检偏器的作用.

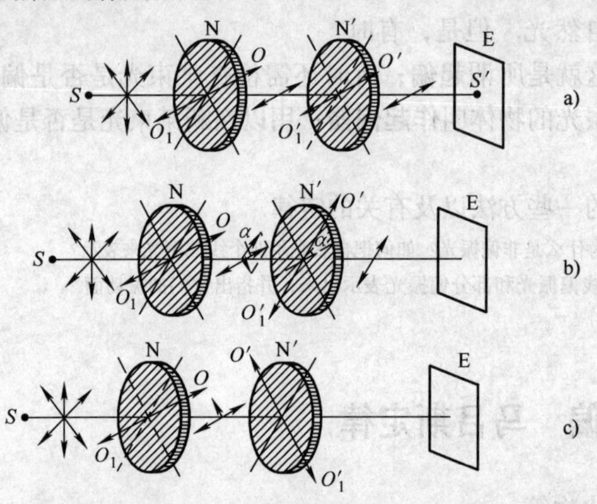

图 10-38　起偏和检偏

> 如果你有两个相同的人造偏振片（例如，偏振化眼镜的两个镜片）重叠在一起，将其中一片相对于另一片缓慢地旋转，就很易做这个实验.

机械横波也有类似的情况，我们可以将两者做一对照. 图 10-39 画出了一对栅栏对绳波所起的两种作用. 当两个栅栏的缝隙都平行于绳的振动方向时，绳波能通过两个栅栏：转动第二栅栏使其与第一栅栏垂直时，绳波就不能通过第二个栅栏，其能量为第二个栅栏所吸收；显然，与用机械横波通过栅栏的情况比较，则这里的检偏器 N′无疑是起了第二个栅栏的作用. 所以偏振光虽不能直接用人眼觉察到，但可以用检偏器来鉴别.

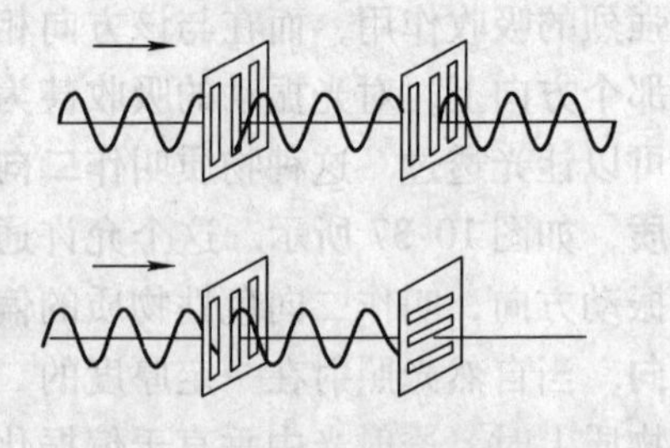

图 10-39　机械横波的检偏

10.11.2　马吕斯定律

法国物理学家马吕斯（E. L. Malus，1775—1812）在研究偏振光的光强时发现：**光强为 I_0 的偏振光透过检偏器后，光强变为**

$$I = I_0\cos^2\alpha \tag{10-24}$$

式中，α 是起偏器和检偏器的偏振化方向之间的夹角. 这就是**马吕斯定律**.

这定律可证明如下：如图10-40所示，若 N 为起偏器Ⅰ的偏振化方向，N' 为检偏器Ⅱ的偏振化方向，两者的夹角为 α，令 A_0 为通过起偏器Ⅰ以后偏振光的振幅. A_0 可分解为 $A_0\cos\alpha$ 及 $A_0\sin\alpha$，其中只有平行于检偏器Ⅱ的 N' 方向的分量 $A = A_0\cos\alpha$ 可通过检偏器. 由于光强正比于振幅的平方，所以

$$\frac{I}{I_0} = \frac{A^2}{A_0^2}$$

把 $A = A_0\cos\alpha$ 代入上式，从而证得 $I = (I_0A_0^2\cos^2\alpha)/A_0^2 = I_0\cos^2\alpha$.

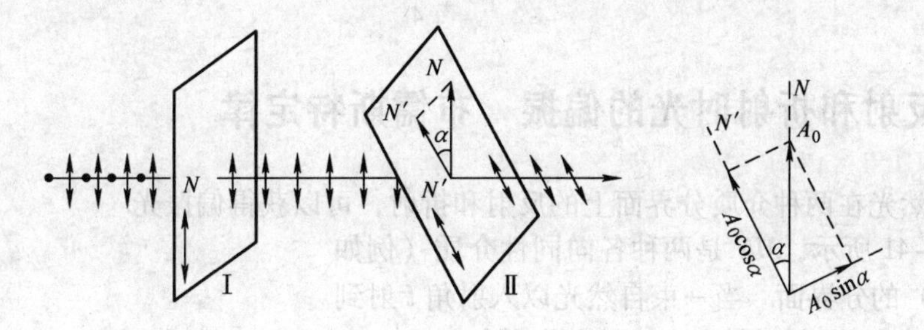

图10-40 马吕斯定律的证明

10.11.3 偏振片的应用

上面我们讲了偏振片的起偏和检偏. 由于这种人造偏振片可以制成很大的面积且厚度很薄，既轻便，又价廉，因此，尽管其透射率较低且随光波的波长而改变，但是，在工业上还是被广泛应用.

例如，地质工作者所使用的偏振光显微镜和用于力学试验方面的光测弹性仪，其中的起偏器和检偏器目前大多采用人造偏振片.

又如，强烈的阳光从水面、玻璃表面、高速公路路面或白雪皑皑的地面反射入人眼的眩光十分耀眼，影响人们的视力，特别是城市里有些高层建筑的玻璃幕墙，往往造成上述这种光污染. 经检测，这种反射光是光振动大多在水平面内的部分偏振光. 因此，如果把偏振化方向设计成铅直方向的偏振片，制成偏振光眼镜，供汽车驾驶员、交通警察、哨兵、水上运动员、渔民、舵手和野外作业人员等戴用，就可消除或削弱来自路面和水面等水平面上反射过来的强烈眩光.

问题 10-17 （1）二向色性物质有何特性？如何用偏振片鉴别一束光是否是偏振光？

（2）叙述马吕斯定律，并证明之.

（3）夜间行车时，为了避免迎面驶来的汽车的炫目灯光，以保证行车安全，可在汽车的前灯和挡风玻璃上装配偏振片，其偏振化方向都与铅直方向向右成45°角. 则当两车相向行驶时，就可大大削弱对方汽车射来的灯光. 这是为什么？

例题 10-8 将两偏振片分别作为起偏器和检偏器，当它们的偏振化方向成30°时，看一个光源发出的自然光；成45°时，再看同一位置的另一光源发出的自然光，两次观测到的光强相等. 求两光源光强之比.

分析 前面说过，自然光可用两个相互垂直、振幅相同的线偏振光表示，它们的光强各占自然光总的光强的一半，今将本题中两个光源发出的自然光分别用平行和垂直于起偏器偏振化方向的两个线偏振光表示，其中平行于偏振

化方向的线偏振光将透过起偏器. 因此，若令所述两光源的光强分别为 I_1 和 I_2，则透过起偏器后，其光强分别为 $I_1/2$ 和 $I_2/2$.

解　按马吕斯定律，两光源发出的光透过检偏器的光强分别为

$$I'_1 = \frac{I_1}{2}\cos^2 30°,\ I'_2 = \frac{I_2}{2}\cos^2 45°$$

由题设 $I'_1 = I'_2$，则由上两式可得

$$I'_1\cos^2 30° = I_2\cos^2 45°$$

故得两光源光强之比为

$$\frac{I_1}{I_2} = \frac{\cos^2 45°}{\cos^2 30°} = \frac{\frac{2}{4}}{\frac{3}{4}} = \frac{2}{3}$$

10.12　反射和折射时光的偏振　布儒斯特定律

利用自然光在两种介质分界面上的反射和折射，可以获得偏振光.

如图 10-41 所示，MN 是两种各向同性介质（例如空气和玻璃）的分界面. 当一束自然光以入射角 i 射到分界面 MN 上时，它的反射光和折射光分别为 IR 和 IR'，反射角为 i，折射角为 r. 根据电磁波理论，在这种情况下，自然光可分解为互相垂直的两部分光矢量：一部分光矢量在入射面（即纸面）内，它的光振动方向与分界面 MN 成 i 角，叫作**平行振动**，在图上用短线表示；另一部分光矢量垂直于入射面，它的光振动方向与入射面（纸面）垂直，叫作**垂直振动**，在图上用点子表示. 由于光是横波，这两种光振动都垂直于光的传播方向；并且，沿着自然光的射线，表示这两种光振动的短线和点子是均匀分布的.

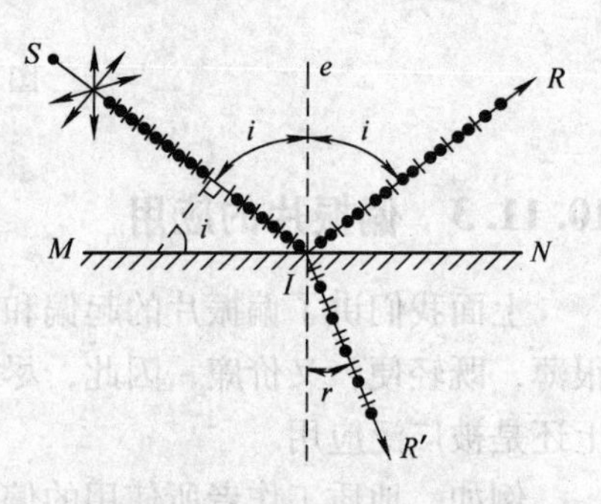

图 10-41　自然光反射与折射后产生的部分偏振光

由于上述两种光振动的振动方向相对于分界面是不同的，所以它们也以不同程度进行反射和折射：垂直振动（点子）反射多而折射少，平行振动（短线）反射少而折射多. 因此，反射光和折射光都变成了部分偏振光（图中分别用点多线少和线多点少来标志），这也可用检偏器来判别. 例如，我们用一块偏振片来观察反射光，当偏振片表面正对着反射光方向而旋转时，其偏振化方向就不断改变，发现反射光透过偏振片的光强也随着在变化，表明反射光在不同方向上的偏振化程度是不同的. 可知反射光是部分偏振光.

实验表明，当自然光入射到折射率分别为 n_1 和 n_2 的两种介质的分界面上时，反射光的偏振化程度取决于入射角 i. **当入射角** $i = i_0$，**且满足关系**

$$\tan i_0 = n_{21} \tag{10-25a}$$

时，反射光变成光振动方向垂直于入射面的完全偏振光（图 10-42），式中，$n_{21} = n_2/n_1$，乃是折射介质对入射介质的相对折射率. i_0 称为**起偏角**或**布儒斯特角**. 上述结论是 1812 年由英国物理学家布儒斯特（D. Brewster，1781—1868）由实验得

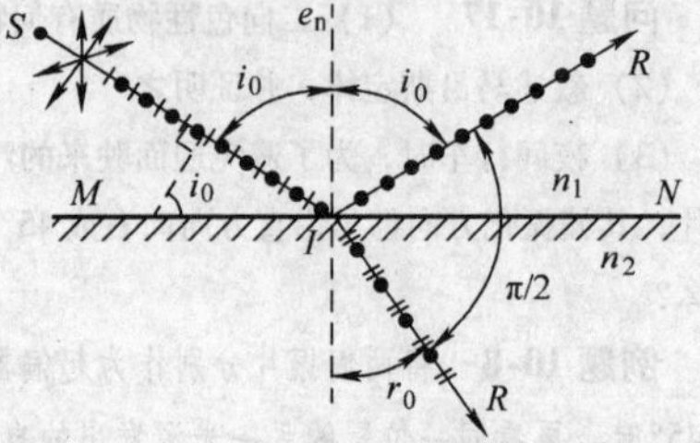

图 10-42　产生反射完全偏振光的条件

出的，称为**布儒斯特定律**.

例如，当太阳光自空气（$n_1=1$）射向玻璃（$n_2=1.5$）而反射时，$n_{21}=1.5/1=1.5$，则由式（10-25a）可算得起偏角为 $i_0=56°19'$.

又如，在晴天的清晨或黄昏时，太阳光线接近于水平方向，当它通过大气层时，一部分光将被空气中的水滴（云、雾）或尘埃沿不同方向反射而形成散射光，其中被铅直地反射到地面上的散射光，约有一半以上是偏振光.

现在，我们根据公式（10-25a）也可以把布儒斯特定律表述为：**完全偏振的反射光和折射光相互垂直**. 证明如下：因为式（10-25a）可写作

$$\frac{\sin i_0}{\cos i_0}=n_{21}$$

但根据折射定律

$$\frac{\sin i_0}{\sin r_0}=n_{21}$$

式中，r_0 是相应于自然光以起偏角 i_0 入射时的折射角，则由上两式，得 $\cos i_0=\sin r_0$，即

$$i_0+r_0=90° \tag{10-25b}$$

至于折射光的偏振化程度，则取决于入射角和相对折射率. 在相对折射率 n_{21} 给定的情况下，如果入射角 i_0 适合 $\tan i_0=n_{21}$，则折射光偏振化的程度最强，但与反射光不同，它不是完全偏振光. 如果自然光以起偏角 i_0 连续通过由许多平行玻璃片叠置而成的**玻璃片堆**，如图 10-43a 所示，则折射光偏振化的程度可以逐渐增加. 因为光从一块玻璃透过而进入下一块玻璃时，又发生折射而增加偏振化的程度，所以玻璃片数越多，透射出来的折射光的偏振化程度也高，最后透射出来的光几乎变成完全偏振光，它的光振动都在入射面内.

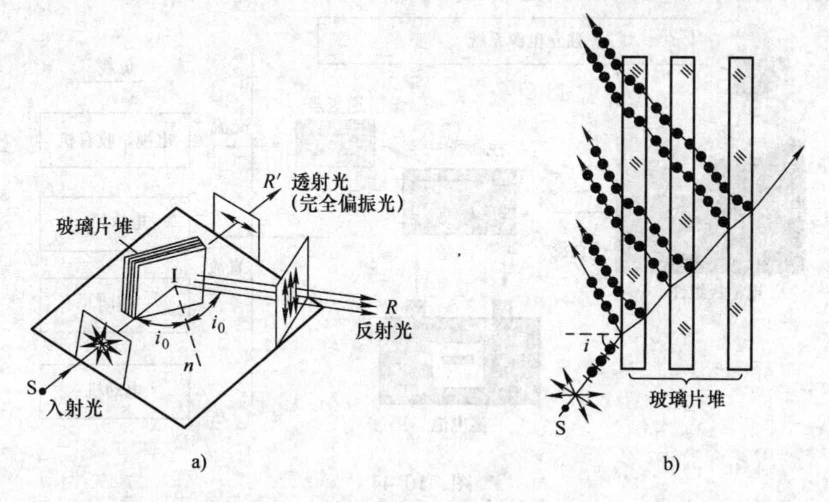

图 10-43　利用玻璃片堆产生完全偏振光

综上所述，利用玻璃片的反射或玻璃片堆的折射，可以将自然光变为偏振光，玻璃片或玻璃片堆就是起偏器.

问题 10-18　(1) 在什么情况下反射光是完全偏振光？这时折射光是不是完全偏振光？使折射光变成完全偏

振光需用什么方法？

（2）在问题10-18（2）图所示的各种情况中，以部分偏振光或偏振光入射于折射率分别为n_1和n_2的两种介质的分界面，试在入射角$i=i_0$和$i\neq i_0$（$i_0=\arctan(n_2/n_1)$为起偏角）两种情况下，对图上的反射光和折射光分别用点子与短线表示出光振动的方向．

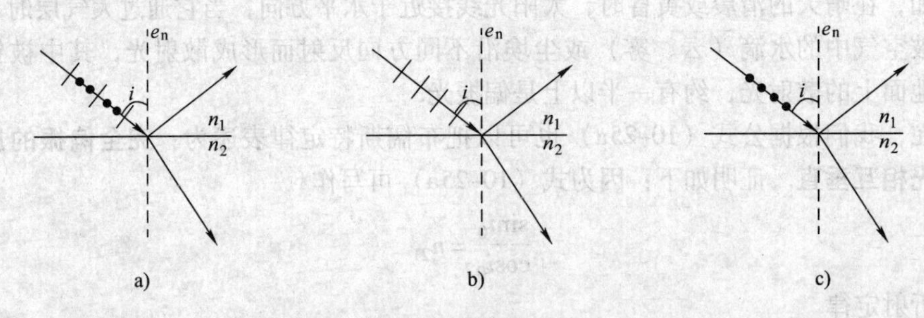

问题10-18（2）图

阅读材料

独立光伏发电系统

光伏发电系统是利用太阳电池直接将太阳能转换成电能的发电系统．它的主要部件是太阳电池、蓄电池、控制器和逆变器．该系统分为独立太阳能光伏发电系统、并网太阳能光伏发电系统、分布式太阳能光伏发电系统．下面我们主要介绍独立太阳能光伏发电系统．

独立太阳能光伏发电系统主要组成为：光伏阵列、蓄电池组、控制器、逆变器、负载等部分组成，如图10-44所示．发电原理如下：

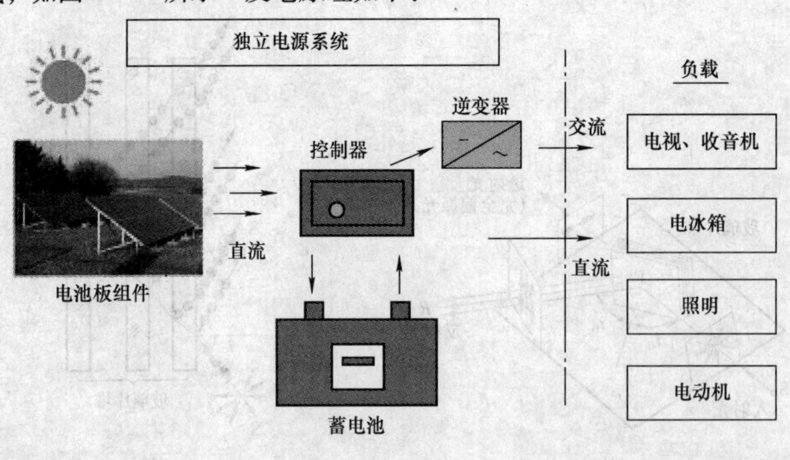

图　10-44

其太阳光照在半导体PN结上，形成新的空穴－电子对，在PN结电场的作用下，空穴由N流向P区，电子由P区流向N区，接通电路后就形成电流．这就是光电效应太阳电池的工作原理，如图10-45所示．光伏发电方式是利用光电效应，光－电转换的基本装置就是太阳电池．太阳电池是一对光有响应并能将光能转换成电力的器件．能产生光伏效应的材料有许多种，如：单晶硅、多晶硅、非晶硅、砷化镓、硒铟铜等．它们的发电原理基本相同，现以晶体硅为例描述光伏发电过程．P型晶体硅经过掺杂磷可得N型硅，形成PN结．当光线照射太阳电池表面时，一部分光子被硅材料吸收；光子的能量传递给了硅原子，使电子发生了跃迁，成为自由电子在PN结两侧集聚形成了电位差，当外部接通电路时，在该电压的作用下，将会有电流流过外部电路产生一定的输出功率．这个过程的实质是：光子能量转换成电能的过程．电池片采用高效率的单晶硅太阳能片封装，保证太阳电池板发电功率充足．

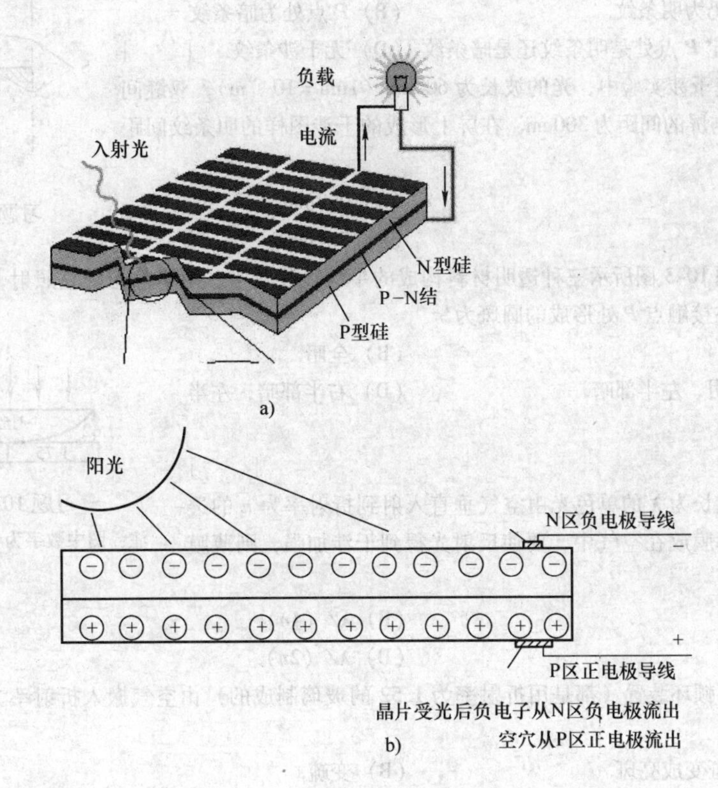

图 10-45

a）太阳电池阵列 b）太阳电池片结构

太阳能控制器的作用是控制整个系统的工作状态，并对蓄电池起到过充电保护、过放电保护的作用．在温差较大的地方，合格的控制器还应具备温度补偿的功能．

蓄电池一般分为铅酸电池和胶体电池，小微型系统中，也可用镍氢电池、镍镉电池或锂电池．其作用是在有光照时将太阳电池板所发出的电能储存起来，到需要的时候再释放出来．

实际生产和生活中通常使用交流电源．由于太阳能的直接输出一般都是直流电，需要将太阳能发电系统所发出的直流电能转换成交流电能，所以需要使用逆变器．在某些需要使用多种电压的负载场合，也要用到逆变器．

中国光伏发电产业于20世纪70年代起步，90年代中期进入稳步发展时期，并已建立起从原材料生产到光伏系统建设等多个环节组成的完整产业链，特别是多晶硅材料生产取得了重大进展，冲破了太阳电池原材料生产的瓶颈制约，为我国光伏发电的规模化发展奠定了基础. 我国太阳能资源十分丰富，其中青藏高原、黄土高原、冀北高原、内蒙古高原等太阳能资源丰富地区占到陆地国土面积的三分之二，具有大规模开发利用太阳能的资源潜力.

习 题 10

10-1 在双缝干涉实验中，屏幕 E 上的 P 点处是明条纹. 若将缝 S_2 盖住，并在 S_1S_2 连线的垂直平分面处放一高折射率介质反射面 M，如习题 10-1 图所示，则此时

(A) P 点处仍为明条纹.　　(B) P 点处为暗条纹.

(C) 不能确定 P 点处是明条纹还是暗条纹.　(D) 无干涉条纹.　[　　]

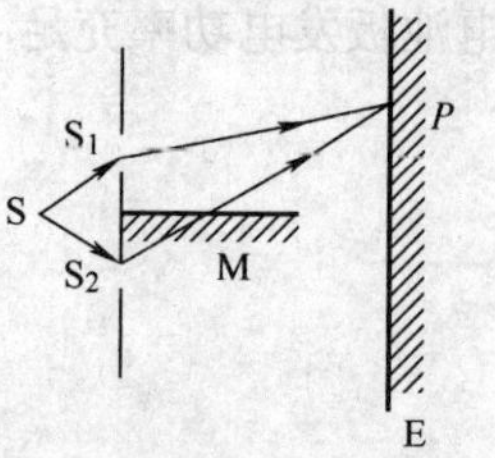

S　S_1　S_2　M　P　E

习题 10-1 图

10-2 在双缝干涉实验中，光的波长为 600nm（$1\text{nm}=10^{-9}\text{m}$），双缝间距为 2mm，双缝与屏的间距为 300cm. 在屏上形成的干涉图样的明条纹间距为

(A) 0.45mm.　　(B) 0.9mm.

(C) 1.2mm　　(D) 3.1mm.　[　　]

10-3 在习题 10-3 图所示三种透明材料构成的牛顿环装置中，用单色光垂直照射，在反射光中看到干涉条纹，则在接触点 P 处形成的圆斑为

(A) 全明.　　(B) 全暗.

(C) 右半部明，左半部暗.　　(D) 右半部暗，左半部明.

[　　]

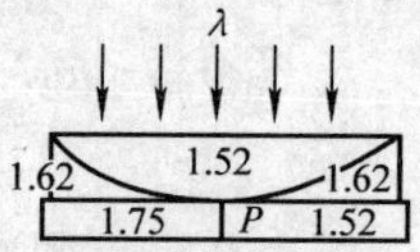

λ　1.62　1.52　1.62　1.75　P　1.52

习题 10-3 图

注：图中数字为各处的折射率

10-4 一束波长为 λ 的单色光由空气垂直入射到折射率为 n 的透明薄膜上，透明薄膜放在空气中，要使反射光得到干涉加强，则薄膜最小的厚度为

(A) $\lambda/4$.　　(B) $\lambda/(4n)$.

(C) $\lambda/2$.　　(D) $\lambda/(2n)$.　[　　]

10-5 若把牛顿环装置（都是用折射率为 1.52 的玻璃制成的）由空气搬入折射率为 1.33 的水中，则干涉条纹

(A) 中心暗斑变成亮斑.　　(B) 变疏.

(C) 变密.　　(D) 间距不变.　[　　]

10-6 用劈尖干涉法可检测工件表面缺陷，当波长为 λ 的单色平行光垂直入射时，若观察到的干涉条纹如习题 10-6 图所示，每一条纹弯曲部分的顶点恰好与其左边条纹的直线部分的连线相切，则工件表面与条纹弯曲处对应的部分

(A) 凸起，且高度为 $\lambda/4$.

(B) 凸起，且高度为 $\lambda/2$.

(C) 凹陷，且深度为 $\lambda/2$.

(D) 凹陷，且深度为 $\lambda/4$.　[　　]

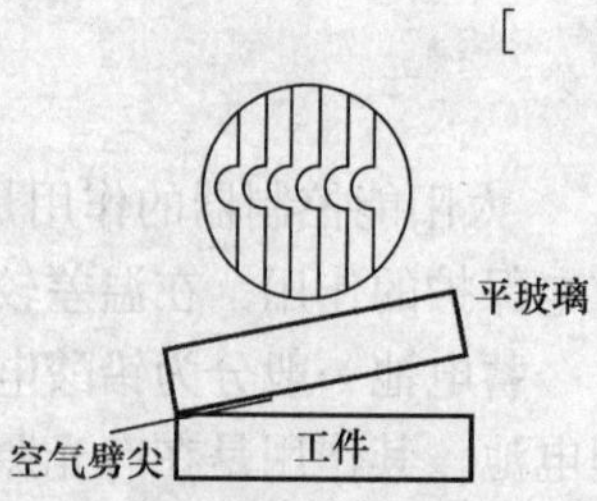

平玻璃　空气劈尖　工件

习题 10-6 图

10-7 一束波长为 λ 的平行单色光垂直入射到一单缝 AB 上，装置如习题 10-7 图所示. 在屏幕 D 上形成衍射图样，如果 P 是中央亮纹一侧第一个暗纹所在的位置，则 $\overline{BC}$ 的长度为

(A) $\lambda/2$.　　(B) λ.

(C) $3\lambda/2$.　　(D) 2λ.　[　　]

10-8 波长为 λ 的单色光垂直入射于光栅常数为 d、缝宽为 a、总缝数为 N 的光栅上. 取 $k=0$,

±1，±2，…，则决定出现主极大的衍射角 θ 的公式可写成

（A）$N a\sin\theta = k\lambda$.　　（B）$a\sin\theta = k\lambda$.

（C）$N d\sin\theta = k\lambda$.　　（D）$d\sin\theta = k\lambda$.　　[　]

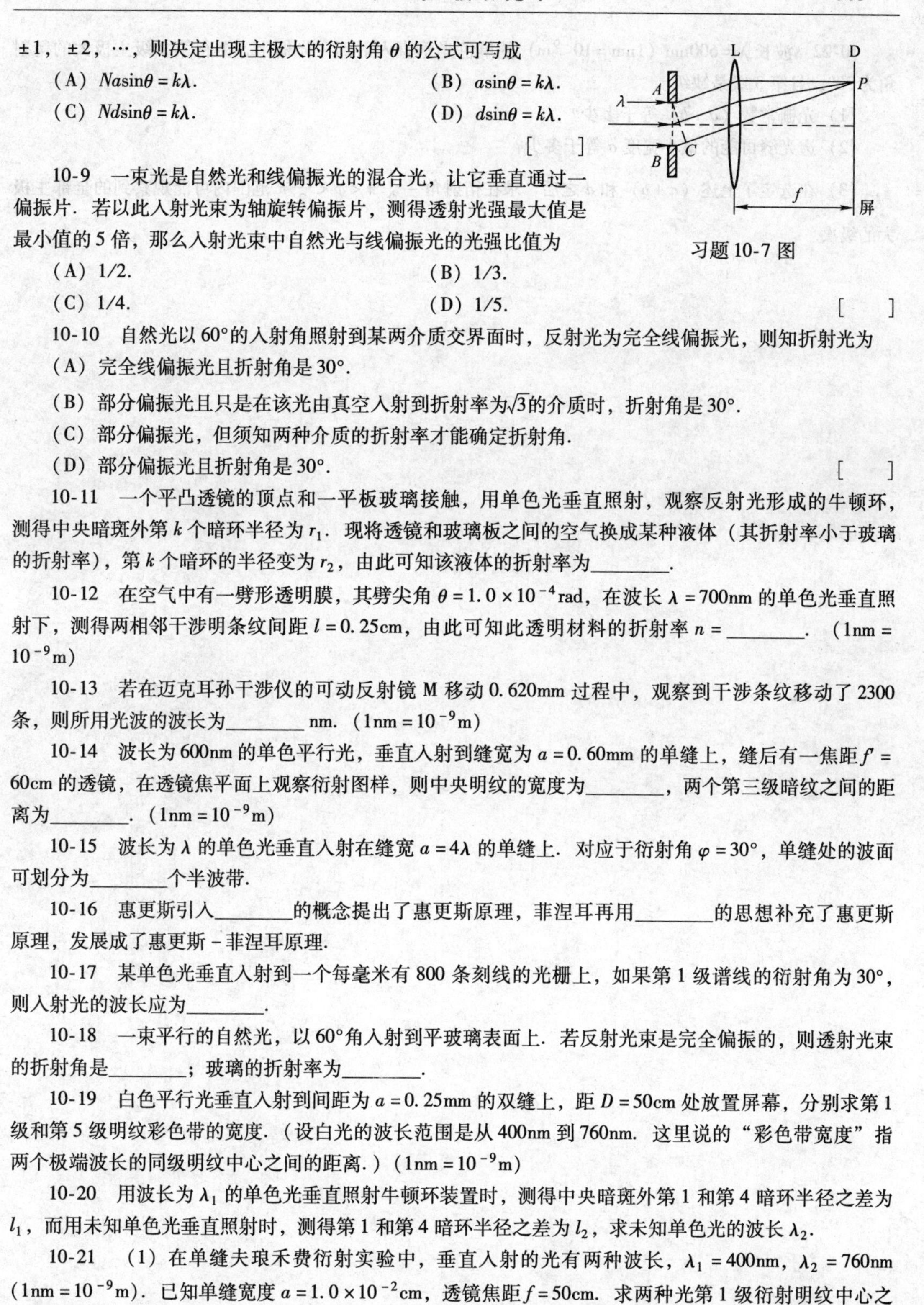

习题10-7图

10-9　一束光是自然光和线偏振光的混合光，让它垂直通过一偏振片. 若以此入射光束为轴旋转偏振片，测得透射光强最大值是最小值的5倍，那么入射光束中自然光与线偏振光的光强比值为

（A）1/2.　　（B）1/3.

（C）1/4.　　（D）1/5.　　[　]

10-10　自然光以60°的入射角照射到某两介质交界面时，反射光为完全线偏振光，则知折射光为

（A）完全线偏振光且折射角是30°.

（B）部分偏振光且只是在该光由真空入射到折射率为$\sqrt{3}$的介质时，折射角是30°.

（C）部分偏振光，但须知两种介质的折射率才能确定折射角.

（D）部分偏振光且折射角是30°.　　[　]

10-11　一个平凸透镜的顶点和一平板玻璃接触，用单色光垂直照射，观察反射光形成的牛顿环，测得中央暗斑外第 k 个暗环半径为 r_1. 现将透镜和玻璃板之间的空气换成某种液体（其折射率小于玻璃的折射率），第 k 个暗环的半径变为 r_2，由此可知该液体的折射率为________.

10-12　在空气中有一劈形透明膜，其劈尖角 $\theta = 1.0\times10^{-4}$rad，在波长 $\lambda = 700$nm 的单色光垂直照射下，测得两相邻干涉明条纹间距 $l = 0.25$cm，由此可知此透明材料的折射率 $n =$________.（$1\text{nm} = 10^{-9}\text{m}$）

10-13　若在迈克耳孙干涉仪的可动反射镜M移动0.620mm过程中，观察到干涉条纹移动了2300条，则所用光波的波长为________nm.（$1\text{nm} = 10^{-9}\text{m}$）

10-14　波长为600nm的单色平行光，垂直入射到缝宽为 $a = 0.60$mm 的单缝上，缝后有一焦距 $f' = 60$cm 的透镜，在透镜焦平面上观察衍射图样，则中央明纹的宽度为________，两个第三级暗纹之间的距离为________.（$1\text{nm} = 10^{-9}\text{m}$）

10-15　波长为 λ 的单色光垂直入射在缝宽 $a = 4\lambda$ 的单缝上. 对应于衍射角 $\varphi = 30°$，单缝处的波面可划分为________个半波带.

10-16　惠更斯引入________的概念提出了惠更斯原理，菲涅耳再用________的思想补充了惠更斯原理，发展成了惠更斯－菲涅耳原理.

10-17　某单色光垂直入射到一个每毫米有800条刻线的光栅上，如果第1级谱线的衍射角为30°，则入射光的波长应为________.

10-18　一束平行的自然光，以60°角入射到平玻璃表面上. 若反射光束是完全偏振的，则透射光束的折射角是________；玻璃的折射率为________.

10-19　白色平行光垂直入射到间距为 $a = 0.25$mm 的双缝上，距 $D = 50$cm 处放置屏幕，分别求第1级和第5级明纹彩色带的宽度.（设白光的波长范围是从400nm到760nm. 这里说的“彩色带宽度”指两个极端波长的同级明纹中心之间的距离.）（$1\text{nm} = 10^{-9}\text{m}$）

10-20　用波长为 λ_1 的单色光垂直照射牛顿环装置时，测得中央暗斑外第1和第4暗环半径之差为 l_1，而用未知单色光垂直照射时，测得第1和第4暗环半径之差为 l_2，求未知单色光的波长 λ_2.

10-21　（1）在单缝夫琅禾费衍射实验中，垂直入射的光有两种波长，$\lambda_1 = 400$nm，$\lambda_2 = 760$nm（$1\text{nm} = 10^{-9}\text{m}$）. 已知单缝宽度 $a = 1.0\times10^{-2}$cm，透镜焦距 $f = 50$cm. 求两种光第1级衍射明纹中心之间的距离.

（2）若用光栅常数 $d = 1.0\times10^{-3}$cm 的光栅替换单缝，其他条件和上一问相同，求两种光第1级主极大之间的距离.

10-22　波长 $\lambda = 600\text{nm}$（$1\text{nm} = 10^{-9}\text{m}$）的单色光垂直入射到一光栅上，测得第 2 级主极大的衍射角为 30°，且第 3 级是缺级.

（1）光栅常数（$a+b$）等于多少？

（2）透光缝可能的最小宽度 a 等于多少？

（3）在选定了上述（$a+b$）和 a 之后，求在衍射角 $-\frac{1}{2}\pi < \varphi < \frac{1}{2}\pi$ 范围内可能观察到的全部主极大的级次.

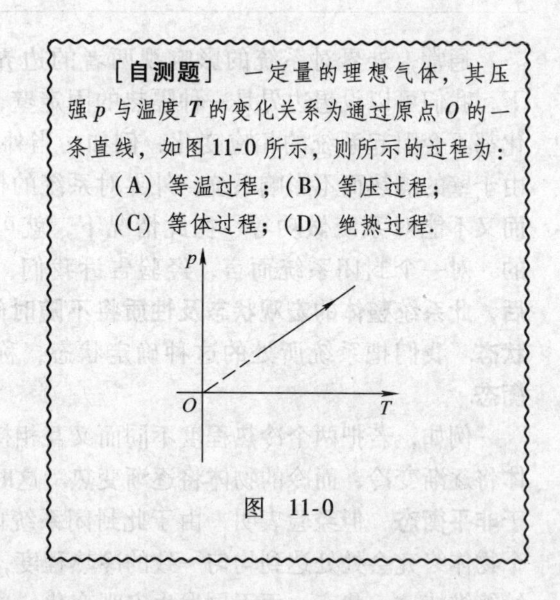

［**自测题**］ 一定量的理想气体，其压强 p 与温度 T 的变化关系为通过原点 O 的一条直线，如图 11-0 所示，则所示的过程为：
(A) 等温过程；(B) 等压过程；
(C) 等体过程；(D) 绝热过程.

图 11-0

第 11 章 热力学基础

热学是研究物质热运动规律的一门学科.

在日常生活和生产实践中，我们经常遇到物质的溶解、蒸发、沸腾、汽化、液化、凝结、凝固和化学变化等现象. 伴随着这些现象的发生，人们往往感觉到有一定程度的冷、热的变化. 而这种冷热的程度，需引用温度这一个基本物理量来表征. 凡是与温度及其变化有关的物理现象，都称为**热现象**.

物质通常是由大量微观粒子（分子、原子、离子、电子等）所组成的. 从本质上说，热现象是大量微观粒子杂乱无章运动的宏观表现，因此，我们把**大量微观粒子的这种无规则运动，叫作物质的热运动**.

热力学是研究物质热运动的宏观理论. 它不考虑分子的微观运动，而是根据大量实验事实，总结出自然界有关热现象的一些基本规律，从宏观上来研究物质热运动的过程以及过程进行的方向.

现在我们以气体为研究对象，介绍热力学的一些基本规律及有关概念.

11.1 热力学系统及其平衡态 准静态过程

11.1.1 热力学系统 平衡态

通常，我们把热学中所研究的物体或物体系统（它们都是由大量分子或原子所组成），称为**热力学系统**，简称**系统**；而处于系统以外的物质，称为**外界**或**环境**. 例如，若以一台贮气罐内的气体作为所研究的系统（图 11-1），则罐壁和罐外周围的物质（如空气或水等）就是外界，而罐壁近似地可看作该系统的**边界**.

通常，外界对系统的影响视两者的边界而异. 在理想的情况下，我们可以设想边界是一种隔热的固定壁，它能使外界的任何变化都不会引起系统的相应变化，例如，当外界发生冷热的变化时，由于壁的隔热而不影响系统；外界对系统的作用力因器壁不可移动而又不能对系统做功等. 在此情况下，就可以说，这系统是**封闭**的. 对一个封闭系统而言，经验告诉我们，**在经过相当长的时间后，此系统整体的宏观状态及性质将不随时间变化，而具有确定的状态**. 我们把系统所处的这种确定状态，称为**平衡状态**，简称**平衡态**.

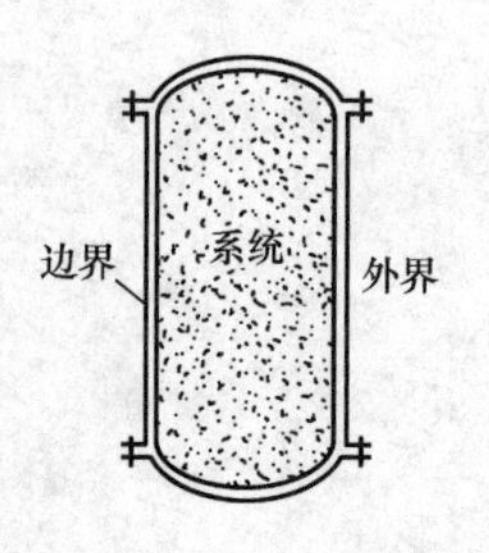

图 11-1　贮气罐

例如，若把两个冷热程度不同而又互相接触的物体视作一个封闭系统，则其中热的物体将逐渐变冷，而冷的物体将逐渐变热. 这时，系统各部分的温度都不相同，因而系统处于**非平衡态**. 但经验表明，由于此封闭系统内的物体间能量传递（热传导）的结果，两个物体终究会处处达到均匀一致的冷热程度，并且，此后只要一直不受外界影响，系统将始终维持这一状态，而不再发生宏观变化. 这时，系统就处于平衡态.

11.1.2　气体的状态参量

在力学中，质点的运动状态可以用位置矢量和速度矢量来描述，但却难以描述大量分子所组成的热力学系统的整体状态. 为此，我们必须引用一些能够表述热力学系统整体特征的物理量，称为**状态参量**.

由于处于平衡态的系统在不受外界影响的情况下，系统的宏观状态一定，各种宏观性质在系统内处处均匀一致，且不随时间而变化. 于是，我们就可相应地选择一组状态参量来描述系统的平衡态. 对气体而言，当**一定质量**的同种气体（即其摩尔数一定）处于平衡态时，通常可用体积、压强、温度这三个宏观物理量来描述其状态，这三个量就是气体的状态参量. 简介如下：

体积 V　由于气体大量分子永不停息地在做杂乱无章的热运动，到处乱窜，其结果必将占据所能达到的某个空间，所以，气体的体积就是存贮气体容器的容积. 体积的单位是 m^3（立方米）；另外还常用 cm^3（立方厘米）或 L（升）作单位，它们的换算关系为

$$1L = 1000cm^3 = 10^{-3}m^3$$

压强 p　大量气体分子对容器壁的碰撞，在宏观上表现为气体对器壁的压力. 实验表明，当气体没有宏观流动时，气体的压力 $\boldsymbol{F}$ 垂直于所作用的器壁表面. 若用 S 表示压力所作用的器壁面积，则作用于单位面积上的压力就是**压强**，即 $p = F/S$. 压力的单位是 N，面积的单位是 m^2，故压强的单位是 $N \cdot m^{-2}$（牛 · 米$^{-2}$），叫作**帕斯卡**，简称**帕**，其符号为 Pa.

温度 T　温度是表征物体冷热程度的物理量. 测量温度的理论依据乃是基于热平衡概念所建立起来的**热力学第零定律：若两物体 A、B 分别与另一个物体 C 处于热平衡，则物体 A、B 也处于热平衡**. 据此，人们就可把物体 C 作为温度计，**无须** A、B 直接接触，就可以比较物体 A 和 B 的温度了. 测温时，可先使温度计与被测物体达到热平衡，即两者具有相同的温度，于是便可用一个数字来标定. 按上述的操作和要求，规定一个温度标尺，简称温标，以用来表示不同的温度值.

温度的高低反映了物质内部分子运动的剧烈程度，在此意义下规定的温度叫作**热力学温度**，用 T 表示，在 SI 中，其单位称为**开尔文**（Kelvin），简称“**开**”，符号为 K. 热力学温度数值称为**开氏**（即**开尔文**）**温标**. 后来，考虑到工程上和日常生活上的需要，在开氏温标的基础上又定义了一个**摄氏温标**，它用 t 表示，其单位为℃，摄氏温度与热力学温度之间有如下关系：

$$t/℃ = T/\mathrm{K} - 273.16 \approx T/\mathrm{K} - 273$$

值得注意，在热学中，我们常用摩尔来表示**物质的量**，并且规定若一定量某种物质所含粒子（可以是分子、原子、离子或电子等）数目与 0.012kg 的 $^{12}_{6}\mathrm{C}$（碳 - 12）中的原子数目相等，则这种物质的量叫作 1 **摩尔**，摩尔简称**摩**，符号为 mol.

根据化学上的测算，1mol 的任何物质所包含的分子数为

$$N_{\mathrm{A}} = 6.022136 \times 10^{23}\,\mathrm{mol}^{-1}$$

N_{A} 是一个普适常数，称为**阿伏伽德罗常数**.

11.1.3　准静态过程

处于平衡态的热力学系统，一旦受到外界的作用（例如，对系统做功或加热等），原来的平衡态就要受到破坏，直到外界对它停止作用，经过相当时间后，各部分的状态才又逐渐趋于一致，而达到另一个新的平衡态，即系统的状态发生了变化. 系统的状态一个接一个地相继发生变化，叫作状态变化的**过程**.

然而，实际发生的热力学过程往往进行得很快. 当系统由某一个平衡态开始变化时，在还未到达相继的另一个新的平衡态之前，早已继续进行下一步的变化了. 这样，系统在整个过程中必然要经历一系列的非平衡态，这种过程叫作**非静态过程**，亦称**非平衡过程**.

倘若**在系统所进行的过程中，每一时刻所经历的中间状态都非常接近于平衡态**，则此过程称为**准静态过程**.

例如，当活塞快速推进而压缩气缸中的气体时（图 11-2），靠近活塞处的气体首先受到扰动而被压缩得稠密些，该处气体压强 p 将高于缸内其他处的气体压强 p_i，这时缸内各处的压强便不能时时刻刻保持均匀一致，整个压缩过程将经历一个非静态过程. 但是，当活塞足够缓慢地在气缸中压缩气体时，让气体状态足够缓慢地变化，这样，靠近活塞处的气体压强 p 仅比缸内其他处的气体压强 p_i 稍有增加，这时气体的平衡态虽被破坏，但由于过程进行得较缓慢，有足够时间来达到下一个新的平衡态. 于是，在过程进行中的任意时刻，可以近似地认为系统处于平衡态，而把系统的整个过程视作准静态过程.

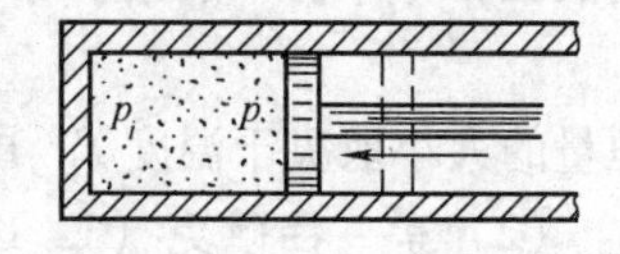

图 11-2　气体的压缩

准静态过程虽然是一种理想化的过程，但是实际情况表明，许多热力学的具体过程一般都可以近似地视作准静态过程来处理.

根据前述，当一定量某种气体处于平衡态时，气体内各处的状态均匀一致，此时可用三个状态参量（p, V, T）来描述整个气体的状态. 实验指出，这三个状态参量之间存在着一定的关系. 当选定其中两个作为独立参量时，第三个参量便可通过它们之间的关系来确定（见下节）. 因此，一般只需任选其中两个参量，就可以表述一定量气体的平衡态.

通常选用 p、V 两个参量作为坐标，便可用坐标图的任一点来表示气体的一个平衡态.

这种坐标图称为 $p-V$ 图，如图 11-3 中的Ⅰ、Ⅱ等点所示. 有时，也可选用 p、T 或 T、V 两个参量作为坐标，这种坐标图分别称作 $p-T$ 图或 $T-V$ 图.

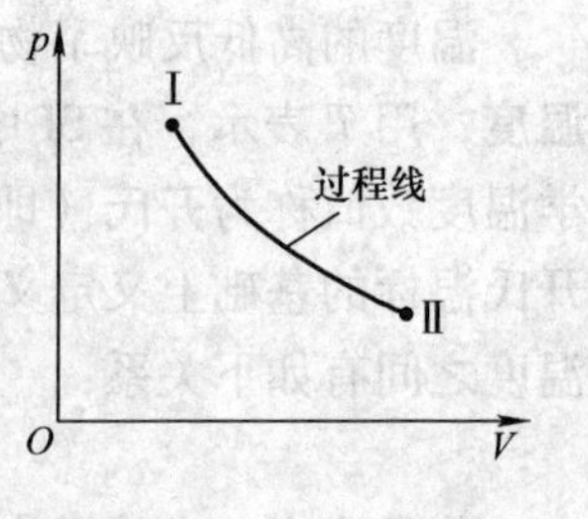

图 11-3 准静态过程

当一定量气体的状态发生变化时，若从某一初始状态Ⅰ(p_1，V_1，T_1) 经历一个准静态过程变化到末了状态Ⅱ (p_2，V_2，T_2)，则由于其间相继经过的每一个中间状态都可视作平衡态，它们分别都可以用 $p-V$ 图上的一些点来表示，将这一系列的点连接起来，便得到一条曲线，如图 11-3 所示，这就是气体在一个准静态过程中的**过程线**.

问题 11-1 (1) 何谓热力学系统？在什么情况下系统可视作封闭的？

(2) 为什么一定量的气体在平衡态时，才能用一组状态参量 (p，V，T) 来描述？平衡态与非平衡态有什么区别？何谓准静态过程？如何在 $p-V$ 图上表示？

(3) 将金属杆的一端与沸水接触，另一端与冰水接触，当沸水和冰水的温度维持不变时，杆内的温度虽然各点不同，但却不随时间而变，即杆内温度的分布处于稳定状态；问这时杆内是否处于平衡态？为什么？

11.2 理想气体的状态方程

实验表明，一定质量的某种气体处于平衡态时，它的状态参量 p、V、T 之间存在着一定的关系. 凡是表示气体在任一平衡态时这些参量之间的关系式，都称为气体的**状态方程**. 为了研究气体的状态方程，先介绍气体的三条实验定律.

11.2.1 气体的实验定律 理想气体

(1) **波意耳** (R. Boyle，1627—1691) **定律：当一定量气体在温度 T 保持不变时，其压强 p 与体积 V 的乘积等于恒量.** 即

$$pV = \text{恒量} \qquad (m\text{ 与 }T\text{ 不变}) \tag{11-1}$$

恒量的大小取决于温度 T. 即在不同的温度时，有不同的恒量值.

(2) **盖-吕萨克** (J. L. Gay-Lussac，1778—1850) **定律：当一定量气体在压强 p 保持不变时，其体积 V 与热力学温度 T 成正比.** 即

$$\frac{V}{T} = \text{恒量} \qquad (m\text{ 与 }p\text{ 不变}) \tag{11-2}$$

(3) **查理** (J. A. Charles，1746—1823) **定律：当一定量气体在体积 V 保持不变时，其压强 p 与热力学温度 T 成正比.** 即

$$\frac{p}{T} = \text{恒量} \qquad (m\text{ 与 }V\text{ 不变}) \tag{11-3}$$

实验表明，不论何种气体，在压强不太大（与大气压比较）和温度不太低（与通常的室温比较）时，都能较好地遵守上述三条定律. 温度越高，压强越小，即气体越稀薄时，这些定律的准确性越高；反之，温度越低，压强越高，即气体不很稀薄，或气体接近液化时，这些定律的偏差也越大. 根据这些实验事实，我们把**任何情况下都能严格遵守上述三条实验定律的气体**称为**理想气体**. 实际存在的气体当然不是理想气体，但在常温、常压下，那些不易液化的气体，例如氩、氢、氧、氮、氦等实际气体，基本上都遵循上述三

条实验定律，因而都可近似地看成理想气体.

11.2.2　理想气体的状态方程

现在我们根据上述实验定律导出一定量的理想气体在平衡态时 p、T、V 三个状态参量之间的关系.

设有质量为 m 的理想气体，由初始状态为Ⅰ（p_1，V_1，T_1）变化到末了状态Ⅱ（p_2，V_2，T_2）. 由于只研究气体在始、末状态Ⅰ、Ⅱ时各参量之间的关系，故而不涉及其间的状态变化过程. 因此，可以任意设想一个中间状态：使其温度与始态相同，压强与末态相同，相应的体积为 V'，则得一个中间状态Ⅲ（p_2，V'，T_1）（图11-4）. 假定气体从初态Ⅰ过渡到中间状态Ⅲ时，温度保持不变，按波意耳定律，有

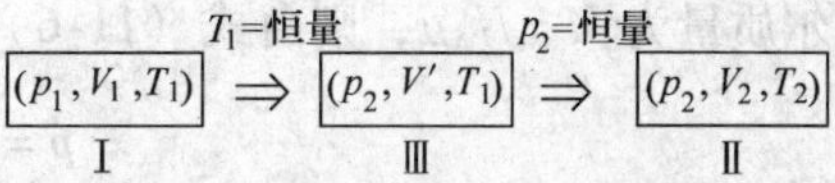

$$(p_1,V_1,T_1)\ \text{Ⅰ} \xRightarrow{T_1=\text{恒量}} (p_2,V',T_1)\ \text{Ⅲ} \xRightarrow{p_2=\text{恒量}} (p_2,V_2,T_2)\ \text{Ⅱ}$$

图11-4　理想气体状态方程的推导

$$p_1V_1=p_2V'$$

继而，假定气体由中间状态Ⅲ过渡到末状态Ⅱ时，压强保持不变，按盖-吕萨克定律，有

$$\frac{V'}{V_2}=\frac{T_1}{T_2}$$

在上两式中消去 V'，得

$$\frac{p_1V_1}{T_1}=\frac{p_2V_2}{T_2} \tag{11-4}$$

如果我们任意选择其他的两个状态，也可类似地给出上述关系. 所以，式（11-4）不仅适用于Ⅰ、Ⅱ两个状态，还可以推广到其他任何状态，即

$$\frac{pV}{T}=\text{常量}\qquad(m\text{一定}) \tag{11-5}$$

式（11-5）称为**理想气体的状态方程**.

鉴于在标准状态下，压强 $p_0=1.013\times10^5\text{Pa}$，温度 $T_0=273.15\text{K}$ 时，1mol 任何气体的体积为 $V_0=22.4\text{L}$，因此，我们可以借助于标准状态来确定式（11-5）中的常量，即 $\frac{p_0V_0}{T_0}$是对1mol任何气体都普遍适用的常量，与气体性质无关，所以称为**摩尔气体常数**，用 R 表示，其值为

$$R=\frac{1.013\times10^5\times22.4\times10^{-3}}{273.15}\text{J}\cdot\text{mol}^{-1}\cdot\text{K}^{-1}=8.31\text{J}\cdot\text{mol}^{-1}\cdot\text{K}^{-1}$$

于是，对1mol的理想气体来说，式（11-5）成为

$$\frac{pV_0}{T}=R$$

式中，V_0 是1mol气体的体积. 对于质量为 m（kg）、摩尔质量为 M（$\text{kg}\cdot\text{mol}^{-1}$）的气体，则$\frac{m}{M}V_0$ 就是质量为 m（kg）的该种气体在同样的 p、T 下的体积 V，即 $V=\frac{m}{M}V_0$. 将 $V_0=\frac{MV}{m}$代入上式，便可给出质量为 m 的理想气体状态方程，即

$$pV = \frac{m}{M}RT \tag{11-6}$$

这就是对一定量的理想气体处于任一平衡态时，其状态参量之间的关系式.

设质量为 m、摩尔质量为 M 的某种理想气体，其分子质量为 μ，该气体的分子总数为 N，即 $m = N\mu$；并由于 1mol 气体拥有 $N_A = 6.023 \times 10^{23}$ 个分子（即阿伏伽德罗常数），故摩尔质量为 $M = N_A\mu$，则由式（11-6），有

$$p = \frac{N\mu}{N_A\mu}\frac{RT}{V} = \frac{N}{V}\frac{R}{N_A}T$$

式中，$N/V = n$ 是**气体在单位体积内所拥有的分子数**，称为**分子数密度**. 两个常量 N_A 与 R 的比值 R/N_A 可用 k 表示，则

$$k = \frac{R}{N_A} = \frac{8.31\text{J} \cdot \text{mol}^{-1} \cdot \text{K}^{-1}}{6.023 \times 10^{23}\text{mol}^{-1}} = 1.38 \times 10^{-23}\text{J} \cdot \text{K}^{-1}$$

k 称为**玻耳兹曼常数**，它也是一个普适恒量. 于是，由前式可得理想气体状态方程的另一种形式，即

$$p = nkT \tag{11-7}$$

例题 11-1 一柴油机的气缸体积为 $0.827 \times 10^{-3}\text{m}^3$. 压缩前，缸内空气的温度为 320K，压强为 8.4×10^4Pa. 当活塞将空气压缩到原体积的 1/17 时，使压强增大到 4.2×10^6Pa，求这时空气的温度（假设空气可视作理想气体）.

解 按式（11-4），空气从一平衡态Ⅰ（p，V_1，T_1）改变到另一平衡态Ⅱ（p_2，V_2，T_2），状态参量间的关系为 $\frac{p_1V_1}{T_1} = \frac{p_2V_2}{T_2}$，已知 $p_1 = 8.4 \times 10^4$Pa，$p_2 = 4.2 \times 10^6$Pa，$T_1 = 320$K，$\frac{V_2}{V_1} = \frac{1}{17}$，则得

$$T_2 = \frac{p_2V_2}{p_1V_1}T_1 = \frac{4.2 \times 10^6\text{Pa} \times 320\text{K}}{8.4 \times 10^4\text{Pa} \times 17} = 941\text{K}$$

此温度远远超过柴油的燃点（即开始发生燃烧的温度）. 因此，柴油在气缸内将立即燃烧，形成高压气体，推动活塞做功.

例题 11-2 一容器内有 0.100kg 氧气，其压强为 1.013×10^6Pa，温度为 320K. 因容器漏气，稍后，测得压强减到原来的 5/8，温度降到 300K. 求：(1) 容器的体积；(2) 漏气后，容器中还剩余多少氧气？

解 (1) 已知：$m = 0.100$kg，$M = 0.032\text{kg} \cdot \text{mol}^{-1}$（因氧气的分子量为 32），$T = 320$K，$p = 1.013 \times 10^6$Pa；$R = 8.31\text{J} \cdot \text{mol}^{-1} \cdot \text{K}^{-1}$. 按理想气体状态方程，可得容器的体积为

$$V = \frac{mRT}{Mp} = \frac{0.100 \times 8.31 \times 320}{0.032 \times 1.013 \times 10^6}\text{m}^3 = 8.20 \times 10^{-3}\text{m}^3$$

(2) 已知在漏气一段时间后，压强减小到 $p' = \frac{5}{8} \times 1.013 \times 10^6$Pa，温度降到 $T' = 300$K. 如以 m' 表示容器中剩余的氧气质量，由状态方程得

$$m' = \frac{Mp'V}{RT'} = \frac{0.032 \times 5/8 \times 1.013 \times 10^6 \times 8.20 \times 10^{-3}}{8.31 \times 300}\text{kg} = 6.7 \times 10^{-2}\text{kg}$$

*11.2.3 实际气体的状态方程

如上所述，对于实际气体只有在压强不太大，温度不太低的情形下才遵从理想气体状态方程. 当压强比较大，温度比较低时，实际气体的行为就难以用理想气体物态方程来研究. 这是因为在压强比较大、温度比较低的情形下，气体分子的数密度 n 将比较大，那时，分子本身的大小和分子间的引力就不能再略去不计了，否则将有悖于下一章所提出的理想气体分子模型：即把理想气体分子看作为可忽略其本身大小和分子相互间引力的

质点.

据此，范德瓦耳斯首先导出了如下的实际气体的状态方程，即

$$\left(p+\frac{m^2}{M^2}\frac{a}{V^2}\right)\left(V-\frac{m}{M}b\right)=\frac{m}{M}RT \tag{11-8}$$

并称为**范德瓦耳斯方程**. 式中，a 是考虑到分子间的引力而引入的修正数；b 是考虑到分子本身的大小而引入的修正数. 应当指出，实际上分子的运动比这两个因素要复杂得多，因此，范德瓦耳斯方程只反映了实际气体的一些方面，它只是对理想气体状态方程做了一些最简单的修正而得出的. 修正数 a 和 b 可由实验测定. 例如，氮气的 a 和 b 实验值分别为 $a=0.137\text{Pa}\cdot\text{m}^6\cdot\text{mol}^{-2}$，$b=4.0\times10^{-5}\text{m}^3\cdot\text{mol}^{-1}$.

问题 11-2　(1) 试述气体的三条实验定律.

(2) 什么叫作理想气体？如何根据气体的实验定律导出理想气体的状态方程？同时指出这方程的适用范围.

(3) 两个体积相同的密闭钢瓶，装着同一种气体（可视作理想气体），压强相同，问它们的温度是否一定相同？

11.3　热力学第一定律

从现在开始，我们将研究热力学系统在状态变化过程中的一些主要规律. 本节首先论述热力学第一定律及有关概念.

11.3.1　系统的内能　功与热的等效性

在力学中，我们知道，系统在一定的运动状态时，具有一定的机械能. 例如，在一个物体与地球组成的系统中，当它处于一定的运动状态（在一定的位置，具有一定的速度）时，它具有一定量值的机械能（动能和重力势能）. 这就是说，系统的机械能是系统运动状态的单值函数. 当外界对系统做功而使它的机械能改变时，系统的运动状态也随之发生变化.

对于一个热力学系统来说，当它处于某一平衡态时，它的状态参量如温度、压强、体积、物质的量等宏观量都分别具有一定的量值. 但是实际上处于平衡态的物质，其内部的分子、原子、电子等粒子仍处于相互作用中，在做不停息的运动. 处于运动状态中的上述粒子相应地具有各种动能、势能以及其他形式的能量. **系统中各种物质内部所拥有的这些能量的总和**，称为**系统的内能**. 实验和理论指出，**系统处在一定的状态（平衡态），就具有一定的内能**. 例如，一定量的气体处在一定的状态（p，V，T）时，相应于这个状态的内能就只有一个量值. 亦即，**系统的内能是状态的单值函数**. 因此我们说，**内能是一个状态量**.

当系统的状态参量中有一个或几个参量发生变化时，系统的状态就有了变化，系统的内能也发生了相应的变化. 如今我们来讨论改变系统内能的两种方法：对系统传递热量或对系统做功.

如图 11-5a 所示，我们以不导热的固定密闭容器 A 中所盛的水作为研究的系统. C 是可在水中转动的叶轮，G 为测水温用的温度计. 当重物 P 下落做功时，通过缠在叶轮上的绳子使叶轮转动，叶片就对水搅拌，并摩擦生热，使水的温度上升，从而改变了系统的状态. 也就是改变了系统的内能. 由于密封容器既不导热、又是固定的，在这方面，外界对系统也无法施加影响. 可见，系统因温度上升而改变的内能，只能是因叶轮对水搅拌时做

功，而使水升温变热所引起的. 也就是说，在这种功与热的转换过程中，依靠重物下降时对系统做功，把机械能（即重物下降所减少的重力势能）转化为另一种形式的能量——系统的内能.

如果不采用上述的方法，如图 11-5b 所示，将一个底壁导热、其他边界不导热的固定容器 B 盛水后，放置在另一个温度较高的物体（例如电炉）上，对水加热，系统（指容器 B 中的水）的温度也将上升，其内能也增加了. 系统所增加的内能显然是由高温物体（亦称高温热源）传递过来的. 这种由于**系统与外界之间存在温差而传递的能量**，称为**热量**.

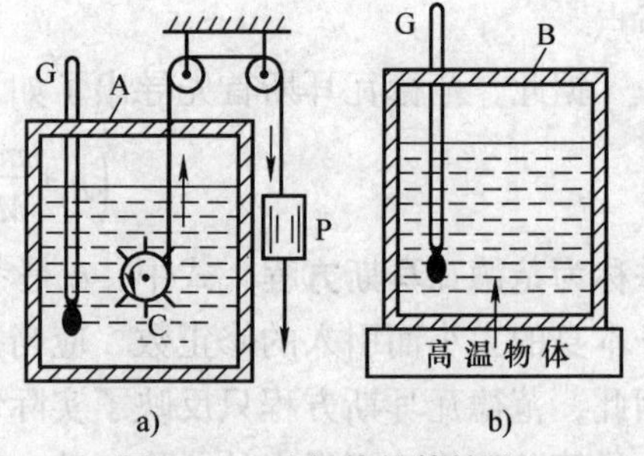

图 11-5 功与热的等效性

> 在 SI 中，热量和功的单位都是 J，目前已不再使用卡（Cal）这个单位.

总而言之，对系统做功与热量传递都具有相同的效果，它们都是系统内能改变的量度，焦耳曾于 1843 年首先用实验测定热功当量，即 1Cal（卡）热量等于做功 4.1840J；并且，做功和热量传递都是与系统状态变化的过程相联系的. 当系统的状态发生了改变，其内能也随之而改变，根据做功和传递热量的量值，我们就可以确定系统的内能量值改变了多少. 因此，做功和传递热量都与系统状态的变化过程有关，它们都是**过程量**. 我们说一个物体“具有多少功”，或者说“具有多少热量”，都是毫无意义的.

问题 11-3 （1）说明内能、功、热量的意义. 怎样才能使系统内能发生变化？如何理解热与功的等效性？

（2）动力车间的各种生产设备，其总功率为 500kW，在设备运行过程中将全部所做的功转变为热量；另外还经常用 50 盏 100W 的电灯照明，试计算这些热源每小时向车间内空气中所传递的热量.（答：18.2×10^8J）

11.3.2 热力学第一定律的内涵

上面讲过，对系统做功或向它传递热量，都能改变系统的状态，使系统的内能发生变化. 对于任何一个热力学系统而言，在状态变化过程中，往往同时进行着做功和传递热量. 设外界对一系统传递的热量为 Q，使系统从内能为 E_1 的初始状态 Ⅰ 改变到内能为 E_2 的末了状态 Ⅱ，内能的增量为 $\Delta E = E_2 - E_1$；同时，系统在此过程中对外做功为 A，则根据能量守恒定律可得

$$Q = (E_2 - E_1) + A \tag{11-9}$$

这就是**热力学第一定律**的数学表达式. 可见，热力学第一定律是包括热现象在内的能量守恒定律.

在应用热力学第一定律［式（11-9）］时，我们这样规定：当系统从外界吸取热量时，Q 为正；系统向外界放出热量时，Q 为负. 如果系统对外界做功，A 为正；外界对系统做功，A 为负. 当系统内能增加时，$E_2 - E_1$ 为正；系统内能减少时，$E_2 - E_1$ 为负. 并且要注意 Q、$E_2 - E_1$ 及 A 三者的单位必须一致，即它们都以 J（焦耳）为单位.

如果系统经历了一个微小的状态变化过程，则热力学第一定律可写作

$$\mathrm{d}Q = \mathrm{d}E + \mathrm{d}A \tag{11-10}$$

式（11-9）和式（11-10）是热力学第二定律的普遍表达式，它对气体、液体或固体等任何热力学系统来说，不论经历什么过程都是适用的.

需要指出，当系统从内能为 E_1 的始态 Ⅰ 改变到内能为 E_2 的末态 Ⅱ 时，由于内能是状

态的单值函数，所以系统的内能变化与过程无关，不论经历的过程如何，在过程的始、末状态既定的情况下，其内能的改变量 E_2-E_1 就为一定值.

在热力学第一定律建立之前，曾有许多人试图制造一种机器，它可使系统不断地经历状态变化而仍能回到初始状态，即内能变化 $E_2-E_1=0$，同时又不需要消耗任何形式的能量而不断地对外做功，这种机器在历史上称为**第一类永动机**. 然而，屡经实践，结果都失败了. 根据热力学第一定律，做功必须提供能量. 所以，第一类永动机是不能实现的.

问题 11-4　(1) 说明热力学第一定律的意义及其数学表示式（包括微小的和有限的变化过程），并指出式中各量正、负的意义.

(2) 热力学第一定律是否只对气体适用？系统吸热是否直接转变为功？

(3) 在某一过程中供应一系统 500J 热量，同时，此系统向外做 100J 的功，问系统的内能增加若干？

(4) 有人设计一部机器，当燃料供给 10.5×10^7J 的热量时，要求机器对外做 30kW · h 的功，而放出了 31.4×10^6J 的热量. 问这部机器能工作吗？

（答：(3) $\Delta E=400$J；(4) 不能）

11.3.3　功和热量的计算　摩尔热容

这里我们将着重说明气体在准静态过程中做功和热量传递的计算.

1. 功的计算

如图 11-6 所示，设气缸中的气体膨胀时，从状态 Ⅰ 经历一个准静态过程变化到状态 Ⅱ，则其过程线可用 $p-V$ 图上一条连续的曲线 Ⅰ - Ⅱ 表示. 当气体在膨胀过程中的压强为 p 时，设截面积为 S 的活塞移过了一段微小的距离 dl，在这一微小的过程中，压力 $F=pS$ 可视作不变，气体所做的元功为

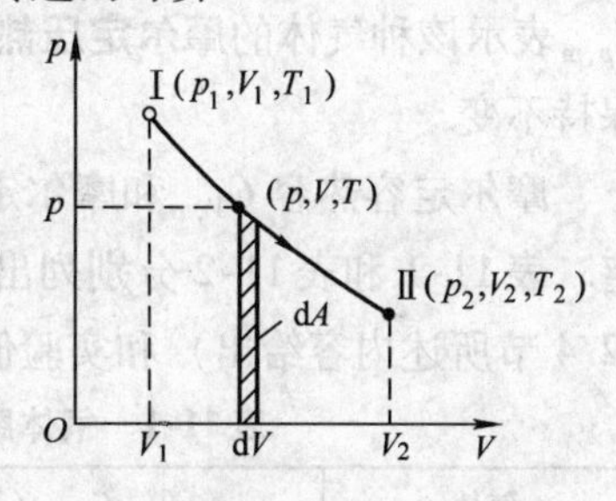

图 11-6　示功图——功的计算

$$dA=pSdl=pdV$$

式中，$dV=Sdl$ 为气体体积的改变量.

当气体体积膨胀时，$dV>0$，则 $dA>0$，它表示系统对外做功. 元功 dA 在 $p-V$ 图上可用画有斜线的面积元表示. 气体从始态Ⅰ准静态地变化到末态Ⅱ的过程中所做的功 A 等于许多这样的面积元之总和，即过程线与 OV 轴在区间 $[V_1, V_2]$ 内所包围的面积. 亦即

$$A=\int_V dA=\int_{V_1}^{V_2}pdV \tag{11-11}$$

如果系统经历有限量的状态变化的准静态过程，则热力学第一定律可写作

$$Q=E_2-E_1+\int_{V_1}^{V_2}pdV \tag{11-12}$$

由于内能的增量 E_2-E_1 与过程无关，而功则随过程的不同而异，因而从式（11-12）可知，系统吸收或放出的热量也随过程的不同而异，即**传递的热量也是过程量**.

2. 热量的计算　摩尔热容

实验指出，若外界向系统（可以是气体、液体或固体）传递热量 Q，系统的温度由 T_1 变化到 T_2，则热量 Q 可按下式计算，即

$$Q=\frac{m}{M}C_m(T_2-T_1) \tag{11-13}$$

式中，m/M 为物质的物质的量；C_m 是 1mol 该种物质的热容，称为**摩尔热容**，它表示 1mol **该**

种物质温度升高（或降低）1K 时所吸收（或放出）的热量. C_m 的单位是$J \cdot mol^{-1} \cdot K^{-1}$.

前面说过，系统从给定的始态经历不同的过程变化到某一末态时，外界与系统之间传递的热量是不同的. 因而热容的值也与具体过程有关. 所以，在谈到系统的热容时，应指明系统所经历的过程. 对气体来说，经常要用到两种热容，即摩尔定容热容和摩尔定压热容.

设 1mol 的某种气体，在体积保持不变的准静态过程中吸收热量 $(dQ)_V$，温度的变化为 dT，则按摩尔热容的定义，有

$$C_{V,m} = \frac{(dQ)_V}{dT} \tag{11-14}$$

$C_{V,m}$表示该种气体的**摩尔定容热容**. 式（11-14）中的下标 V 表示所述过程中系统的体积保持不变.

设 1mol 的某种气体，在压强保持不变的准静态过程中吸收热量 $(dQ)_p$，温度的变化为 dT，则按摩尔热容定义，有

$$C_{p,m} = \frac{(dQ)_p}{dT} \tag{11-15}$$

$C_{p,m}$表示该种气体的**摩尔定压热容**. 式（11-15）中的下标 p 表示所述过程中系统的压强保持不变.

摩尔定容热容 $C_{V,m}$和摩尔定压热容 $C_{p,m}$可以近似认为是恒量，它们可用实验方法测定. 表 11-1 和表 11-2 分别列出了一些气体的两种摩尔热容的理论值（理论值可由下一章 12.4 节所述内容给出）和实验值，供读者在解算习题时参考和查用.

表 11-1　气体摩尔热容的理论值（表中，R 是摩尔普适常数）

气体	i	$C_{V,m}/(J \cdot mol^{-1} \cdot K^{-1})$	$C_{p,m}/(J \cdot mol^{-1} \cdot K^{-1})$	$\gamma = C_{p,m}/C_{V,m}$
单原子气体	3	$3R/2 \approx 12.5$	$5R/2 \approx 20.8$	$5/3 = 1.67$
双原子气体	5	$5R/2 \approx 20.8$	$7R/2 \approx 29.1$	$7/5 = 1.40$
三原子气体	6	$3R \approx 24.9$	$4R \approx 33.3$	$4/3 = 1.33$

表 11-2　常温下气体摩尔热容的实验值

原子数	气体的种类	$C_{p,m}/(J \cdot mol^{-1} \cdot K^{-1})$	$C_{V,m}/(J \cdot mol^{-1} \cdot K^{-1})$	$C_{p,m} - C_{V,m}$	$\gamma = C_{p,m}/C_{V,m}$
单原子	氦（He）	20.9	12.5	8.4	1.67
	氩（Ar）	21.2	12.5	8.7	1.65
双原子	氢（H_2）	28.8	20.4	8.4	1.41
	氮（N_2）	28.6	20.4	8.2	1.41
	一氧化碳（CO）	29.3	21.2	8.1	1.40
	氧（O_2）	28.9	21.0	7.9	1.40
三个以上的原子	水蒸气（H_2O）	36.2	27.8	8.4	1.31
	甲烷（CH_4）	35.6	27.2	8.4	1.30
	氯仿（$CHCl_3$）	72.0	63.7	8.3	1.13

从上列两表不难发现：

（1）对各种气体来说，两种摩尔热容的理论值之差都等于气体普适常量 $R = 8.3J \cdot$

mol^{-1} · K^{-1}，实验值之差也接近 R 值，可以认为

$$C_{p,\mathrm{m}} - C_{V,\mathrm{m}} = R \tag{11-16}$$

（2）气体的定压摩尔热容 $C_{p,\mathrm{m}}$与定体摩尔热容 $C_{V,\mathrm{m}}$之比，称为**摩尔热容比**，用 γ 表示，即

$$\gamma = \frac{C_p}{C_V} \tag{11-17}$$

γ 是热力学中经常引用的一个参数，由于 $C_{p,\mathrm{m}} > C_{V,\mathrm{m}}$，故 $\gamma > 1$.

（3）对单原子和双原子气体来说，各种气体的 $C_{p,\mathrm{m}}$、$C_{V,\mathrm{m}}$、γ 的实验值与理论值颇为接近.

（4）至于三原子以上的气体，$C_{p,\mathrm{m}}$、$C_{V,\mathrm{m}}$、γ 的实验值与理论值差别较大.

今后，如不做特别说明，$C_{V,\mathrm{m}}$、$C_{p,\mathrm{m}}$和 γ 均按理论值计算.

例题 11-3　一系统由例题 11-3 图所示的状态 A 经历 ABC 过程到达状态 C，在此过程中吸收热量 380J，同时对外做功 150J. 若沿 AC 过程进行，则系统吸收的热量为 630J，求这时系统对外所做的功.

例题 11-3 图

解　已知系统在 ABC 过程中吸收热量 $Q = 380\mathrm{J}$，对外做功 $A = 150\mathrm{J}$，按热力学第一定律，系统内能的增量为

$$E_C - E_A = Q - A = 380\mathrm{J} - 150\mathrm{J} = 230\mathrm{J}$$

由于系统内能是状态的函数. 当系统沿 AC 过程进行时，其始、末状态亦为 A、C，故其内能增量仍为 $E_C - E_A = 230\mathrm{J}$；已知系统在此过程中吸收的热量为 630J，故由热力学第一定律，可求得系统对外界所做的功为

$$A = Q - (E_C - E_A) = 630\mathrm{J} - 230\mathrm{J} = 400\mathrm{J}$$

可见，系统在 AC 过程中所做的功大于 ABC 过程中所做的功. 这表明做功与过程有关.

问题 11-5　（1）如何计算准静态过程中系统所做的功？

（2）设两容器 Ⅰ、Ⅱ 用管子相连，如问题 11-5（2）图所示，容器 Ⅱ 是完全真空的，当开启管子上的阀门后，容器 Ⅰ 中气体将自由膨胀到容器 Ⅱ 中，问所做的功是否可用式（11-11）计算，且是否为

$$A\int_{V_1}^{V_2} p\mathrm{d}V \neq 0$$

式中，p 为阀门处的压强；V_1 为容器 Ⅰ 的体积；V_2 为容器 Ⅰ 、Ⅱ 的体积之和.

问题 11-5（2）图

问题 11-6　何谓定体摩尔热容、定压摩尔热容？为什么说摩尔热容比 $\gamma > 1$？

11.4　理想气体的热力学过程

本节讨论热力学第一定律对理想气体的准静态过程的应用.

11.4.1　等体过程

如图 11-7 所示，设一定量气体存贮在密闭的固定容器中，将容器与一系列有微小温度差的热源相继地接触，对容器内的气体缓慢地加热，气体的温度将逐渐上升，压强增大，但是气体在这一状态变化过程中，其体积始终保持不变. 这就是一个准静态的**等体过程**.

显然，等体过程的特征是系统的体积 V 为恒量，在 $p-V$ 图上的过程线是一条平行于 Op 轴的直线段，称为**等体线**，如图所示.

在等体过程中，由于 $\mathrm{d}V = 0$，因而系统对外所做的功为

$$A = \int_{V_1}^{V_2} p\mathrm{d}V = 0$$

设系统为 m/Mmol 的理想气体，它的摩尔定容热容为 $C_{V,\mathrm{m}}$，气体的温度由 T_1 变化到 T_2，则外界传给气体的热量为

$$Q_V = \frac{m}{M}\int_{T_1}^{T_2} C_{V,\mathrm{m}}\mathrm{d}T = \frac{m}{M}C_{V,\mathrm{m}}(T_2 - T_1)$$

式中，下标 V 表示体积不变的意思. 根据上述结果，按热力学第一定律［式（11-9）］，有

$$Q_V = \Delta E + 0$$

即
$$E_2 - E_1 = \frac{m}{M}C_{V,\mathrm{m}}(T_2 - T_1) \tag{11-18}$$

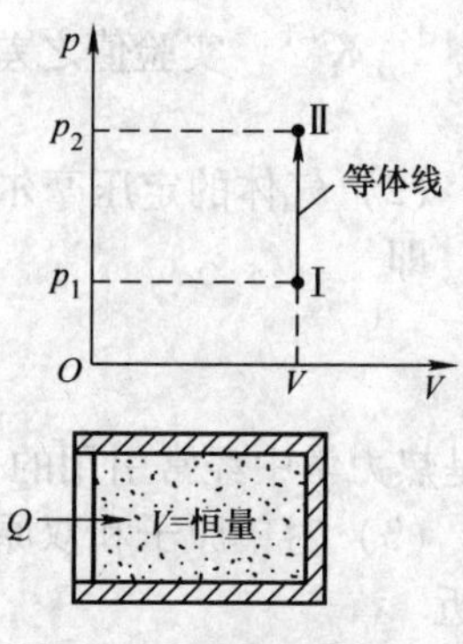

图 11-7　气体的等体过程

式（11-18）表明，**理想气体在等体过程中吸收的热量 Q_V，全部用来增加自身的内能 $E_2 - E_1$. 若是等体放热过程，这时 $T_2 < T_1$**，读者不难自行给出 $E_2 - E_1 < 0$，**即气体借自身内能的降低向外界传递热量**.

从式（11-18）可知，如果理想气体在等体过程中始、末状态的状态参量 T_1 和 T_2 一旦确定，便可计算出一定质量某种气体的内能增量. 想当初，我们曾经讲过，系统的内能是状态的单值函数而与具体过程无关，因而，对一定量的任何一种理想气体（即 m/M、C_V 给定）而言，无论经过怎样的变化过程，只要已知过程始、末状态的温度 T_1 和 T_2，其内能增量 $E_2 - E_1$ 皆可用式（11-18）计算. 这样，该式便成为我们今后计算内能增量的一个重要公式.

11.4.2　等压过程

如图 11-8 所示，设气缸内贮有一定量的气体，今向密闭气缸中的气体传递热量，同时使气体的压强保持不变，这一过程就是**等压过程**. 等压过程在 $p-V$ 图上是一条平行于 OV 轴的直线，这就是**等压线**（图 11-8）.

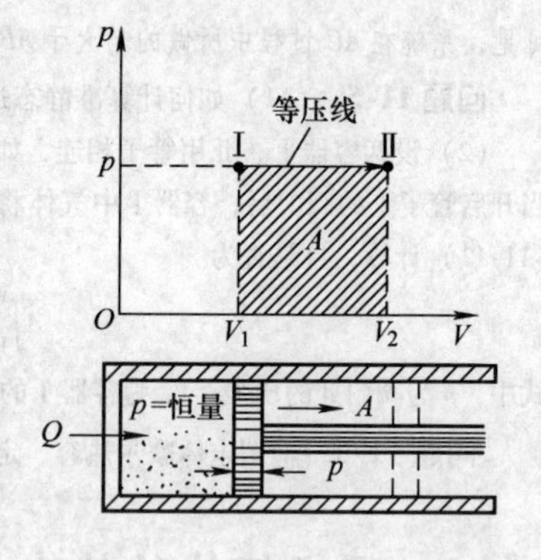

图 11-8　气体的等压过程

对 m/Mmol 的理想气体而言，当它由始态Ⅰ（p，V_1，T_1）经过等压过程变化到末态Ⅱ（p，V_2，T_1）时，气体对外界所做的功为

$$A = \int_{V_1}^{V_2} p\mathrm{d}V = p\int_{V_1}^{V_2}\mathrm{d}V = p(V_2 - V_1) \tag{11-19}$$

其值就等于等压线下区间为［V_1，V_2］内的面积. 按热力学第一定律［式（11-9）］，有

$$Q_p = (E_2 - E_1) + p(V_2 - V_1) \tag{11-20}$$

式中，下标 p 表示压强不变的意思. 由于始、末状态的状态参量分别满足 $pV_1 = \frac{mRT_1}{M}$，$pV_2 = \frac{mRT_2}{M}$，，则将它们代入式（11-19）中，可得等压过程中计算功的另一表达式，即

$$A = \frac{m}{M}R(T_2 - T_1) \tag{11-21}$$

又因在等压过程中，气体温度由 T_1 变到 T_2 时的内能增量，可借用等体过程中使气体温度

由 T_1 变到 T_2 时的内能增量公式计算. 即气体在等压过程中的内能改变亦为

$$E_2 - E_1 = \frac{m}{M}C_{V,\mathrm{m}}\ (T_2 - T_1) \tag{11-22}$$

从而，由上两式也可把式（11-20）写成另一种形式，即

$$Q_p = \frac{m}{M}C_{V,\mathrm{m}}\ (T_2 - T_1)\ + \frac{m}{M}R\ (T_2 - T_1) \tag{11-23}$$

所以，式（11-23）表明，**气体在等压（膨胀或压缩）过程中所吸收的热量 Q_p，一部分用来增加（或减少）气体自身的内能，另一部分用于气体对外界（或外界对气体）做功.**

上节讲过，气体在等压过程中从外界吸收的热量为

$$Q_p = \frac{m}{M}C_{p,\mathrm{m}}\ (T_2 - T_1)$$

将上式代入式（11-23）中，化简，得

$$C_{p,\mathrm{m}} - C_{V,\mathrm{m}} = R$$

这与上节分析 $C_{p,\mathrm{m}}$、$C_{V,\mathrm{m}}$时所得的结论相一致. 即理想气体的摩尔定压热容比摩尔定容热容大了一个气体普适恒量，亦即 $C_{p,\mathrm{m}} > C_{V,\mathrm{m}}$. 也就是说，在等体与等压两种过程中，气体在升高相同温度（即内能增量相同）的条件下所吸收的热量不同，这是因为在等体过程中，气体吸收的热量全部用于增加自身的内能；而在等压过程中，气体除增加与之相同的内能外，还要膨胀而对外做功，这就必然要比等体过程吸收更多的热量. 亦即，1mol 理想气体升高温度 1K 时，在等压过程中要比等体过程中多吸收 $R = 8.31\mathrm{J \cdot mol^{-1} \cdot K^{-1}}$ 的热量，用来转化为对外所做的功.

例题 11-4　质量为 2.8g、温度为 300K、压强为 1.013×10^5Pa 的氮气（N_2），等压膨胀到原来体积的两倍. 求氮气所做的功、吸收的热量以及内能的改变.

解　在等压过程中，气体做功为

$$A = \int_{V_1}^{V_2} p\mathrm{d}V = p(V_2 - V_1) = \frac{m}{M}R(T_2 - T_1)$$

已知：$m = 0.0028\mathrm{kg}$；$M = 0.028\mathrm{kg \cdot mol^{-1}}$；$V_2/V_1 = 2$；$T_1 = 300\mathrm{K}$；$T_2 = T_1V_2/V_1 = 2 \times 300\mathrm{K} = 600\mathrm{K}$；$R = 8.31\mathrm{J \cdot mol^{-1} \cdot K^{-1}}$. 代入上式，得

$$A = \frac{0.0028\mathrm{kg}}{0.028\mathrm{kg \cdot mol^{-1}}} \times 8.31\mathrm{J \cdot mol^{-1} \cdot K^{-1}} \times\ (600\mathrm{K} - 300\mathrm{K})\ = 249.3\mathrm{J}$$

内能改变量为

$$\Delta E = \frac{m}{M}C_{V,\mathrm{m}}(T_2 - T_1)$$

氮气是双原子分子气体，读者可查表 11-1，得 $C_{V,\mathrm{m}} = 20.8\mathrm{J \cdot mol^{-1} \cdot K^{-1}}$，代入上式，得

$$\Delta E = \frac{0.0028\mathrm{kg}}{0.028\mathrm{kg \cdot mol^{-1}}} \times 20.8\mathrm{J \cdot mol^{-1} \cdot K^{-1}} \times\ (600\mathrm{K} - 300\mathrm{K})\ = 624\mathrm{J}$$

吸收的热量为

$$Q_p = A + \Delta E = 249.3\mathrm{J} + 624\mathrm{J} = 873.3\mathrm{J}$$

注意　计算热力学问题时，各量皆宜统一换算成国际制单位.

11.4.3　等温过程

如图 11-9 所示的气缸，其底部是导热的，侧壁则是绝热的. 今有一恒温热源与气缸底部接触，向密闭于缸中的气体传递热量，同时保持气体的温度不变，这一过程就是**等温**

过程. 对于理想气体，当温度 T 不变时，$pV=$恒量，所以等温过程在 $p-V$ 图上是处于第一象限的一条双曲线，这就是**等温线**（图 11-9）.

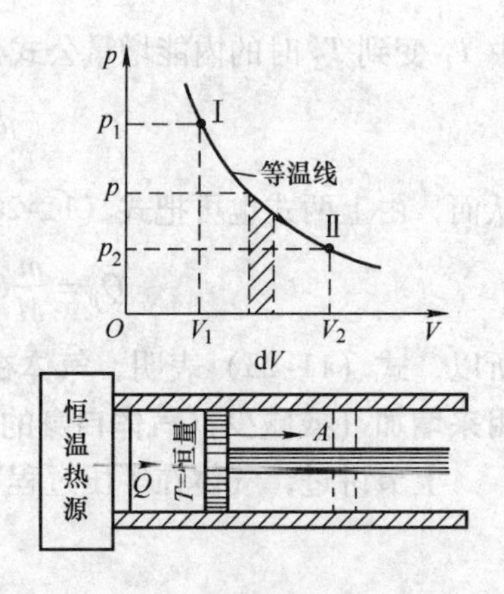

图 11-9　气体的等温过程

在等温过程中，当 m/Mmol 的理想气体自始态 I（p_1，V_1，T）变化到末态 II（p_2，V_2，T）时，气体对外界所做的功为

$$A=\int_{V_1}^{V_2}p\mathrm{d}V=\frac{m}{M}\int_{V_1}^{V_2}\frac{RT}{V}\mathrm{d}V$$

$$=\frac{m}{M}RT\int_{V_1}^{V_2}\frac{\mathrm{d}V}{V}=\frac{m}{M}RT\ln\frac{V_2}{V_1}$$

在等温过程中，由于温度 $T=$恒量，所以 $\mathrm{d}T=0$，即其内能保持不变，$E_2-E_1=0$. 按热力学第一定律［式 (11-9)］，有

$$Q_T=A=\frac{m}{M}RT\ln\frac{V_2}{V_1} \tag{11-24}$$

也可由等温过程的过程方程 $p_1V_1=p_2V_2$，将式（11-24）改写成

$$Q_T=\frac{m}{M}RT\ln\frac{p_1}{p_2} \tag{11-25}$$

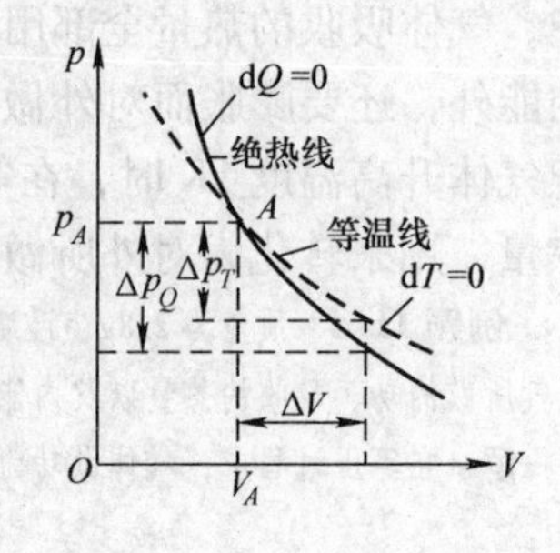

功的量值等于 $p-V$ 图上等温线下区间为［V_1，V_2］的面积. 上两式表明，**理想气体在等温膨胀过程中所吸收的热量全部转化为对外界所做的功**；反之，**在等温压缩过程中，外界对理想气体所做的功转化为热量而传给恒温热源**，以保持气体的温度不变.

11.4.4　绝热过程

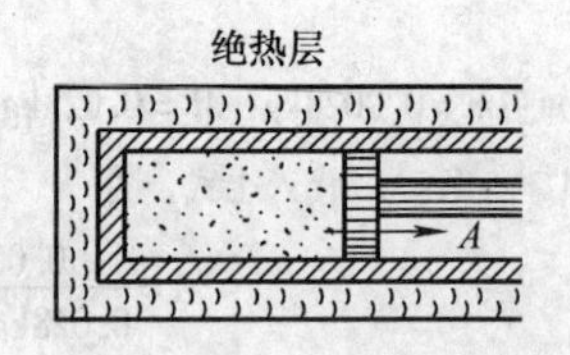

图 11-10　气体的绝热过程

如图 11-10 所示，设气缸的外壁和活塞与外界是完全隔热的，则气缸内的气体在缓慢的状态变化过程中，与外界没有热量的交换. 系统这种不与外界交换热量的状态变化过程，称为**绝热过程**. 其特征是 $Q=0$.

但是，实际上完全不传热的物质是找不到的，所以不可能做成一种完全绝热的器壁，只能实现近似的绝热过程. 例如，气体在常用的保温瓶内，或在一般隔热材料（如毛绒毡子等）包围起来的容器内所经历的状态变化过程，就可近似地看作绝热过程. 在自然界和工程技术中，诸如声波（纵波）在空气中传播时所引起的空气膨胀和压缩、内燃机中的气体爆炸，空气压缩机中气体的压缩、蒸汽机中水蒸气的膨胀，等等，由于这些过程进行甚快，来不及与四周交换热量，皆可近似地认为是绝热过程.

在绝热过程中，$\mathrm{d}Q=0$，按热力学第一定律［式 (11-10)］，有

$$\mathrm{d}A=-\mathrm{d}E \tag{11-26a}$$

或

$$A=-(E_2-E_1)=-\frac{m}{M}C_{V,\mathrm{m}}(T_2-T_1) \tag{11-26b}$$

式（11-26b）表明，**在绝热过程中，系统依靠自身内能的减少，全部用来对外界做功**，这就是系统的**绝热膨胀过程**；或者，**外界对系统做功全部转化成系统的内能**，这就是系统的**绝热压缩过程**. 可见，若使气体绝热膨胀而对外做功，即 $A>0$，则 $T_2<T_1$，气体温度将降低. 工程上有时也可让已被压缩的气体进行绝热膨胀来对外做功，使温度降低，以获得低温. 反之，若外界对气体绝热压缩，即 $A<0$，则 $T_2>T_1$，气体温度将升高. 例如，用打气筒给自行车打气时，筒内气体不断被压缩而引起温度升高，往往导致打气筒发热.

显然，当气体绝热膨胀而对外做功时，气体的体积 V 在不断增大；同时，内能的减少使温度 T 下降；且压强 p 随体积的增大而变小. 这意味着在绝热过程中，气体的三个状态参量 p、V、T 都在同步地改变，但对于一个平衡态来说，理想气体的三个参量总是服从物态方程的，即

$$pV=\frac{m}{M}RT \tag{a}$$

同时在绝热过程中，又应该满足条件 $\Delta Q=0$，即满足式（11-26a），它的微分形式为

$$p\mathrm{d}V=-\frac{m}{M}C_{V,\mathrm{m}}\mathrm{d}T \tag{b}$$

利用式（a）和式（b），即可导出绝热过程中，状态参量间的变化关系，由于绝热过程中 p、V、T 三者全是变量，则把式（a）微分后，得

$$p\mathrm{d}V+V\mathrm{d}p=\frac{m}{M}R\mathrm{d}T$$

从式（b）解出 $\mathrm{d}T$，代入上式，并移项，便成为

$$C_{V,\mathrm{m}}(p\mathrm{d}V+V\mathrm{d}p)=-Rp\mathrm{d}V \tag{c}$$

再把关系式 $R=C_{p,\mathrm{m}}-C_{V,\mathrm{m}}$ 代入式（c），有

$$C_{V,\mathrm{m}}(p\mathrm{d}V+V\mathrm{d}p)=-(C_{p,\mathrm{m}}-C_{V,\mathrm{m}})p\mathrm{d}V$$

化简后，得

$$C_{V,\mathrm{m}}V\mathrm{d}p+C_{p,\mathrm{m}}p\mathrm{d}V=0$$

引入摩尔热容比 $\gamma=C_{p,\mathrm{m}}/C_{V,\mathrm{m}}$，则上式成为

$$\frac{\mathrm{d}p}{p}=-\gamma\frac{\mathrm{d}V}{V} \tag{d}$$

积分后，可得

$$\ln p+\gamma\ln V=C_1$$

或

$$pV^{\gamma}=C_1 \tag{11-27}$$

式（11-27）就是理想气体准静态的绝热过程中，状态参量 p、V 存在的关系式. 式中，γ 为热容比；C_1 为恒量. 应用 $pV=\dfrac{mRT}{M}$，也可从式（11-27）中消去变量 V 或 p，于是可得与式（11-27）等价的两个关系式，即

$$TV^{\gamma-1}=C_2 \tag{11-28}$$

及

$$p^{\gamma-1}V^{-\gamma}=C_3 \tag{11-29}$$

式中，C_2、C_3 也是恒量. 上述三式皆称为**绝热过程方程**，读者可视问题的具体要求和使用的方便，选用其中的任一个方程. 顺便指出，上述三式中的恒量 C_1、C_2、C_3，其值与气体的种类、质量和初始状态有关，对于一定的气体而言，C_1、C_2、C_3 的值并不相等.

按绝热过程方程（11-27），我们可以在$p-V$图上画出绝热过程的过程线，称为绝热线，如图11-10中的实线所示，为了与等温过程相比较，图中还画出了一条等温线（用虚线表示），设两条过程线相交于坐标为（p_A，V_A）的点A，对等温过程方程$pV=C$和绝热过程$pV^\gamma=C_1$分别求微分，有

$$p\mathrm{d}V+V\mathrm{d}p=0,\quad \gamma V^{\gamma-1}p\mathrm{d}V+V^\gamma\mathrm{d}p=0$$

可相应地求得等温线和绝热线在交点A的斜率，即

$$\left(\frac{\mathrm{d}p}{\mathrm{d}V}\right)_T=-\frac{p_A}{V_A},\quad \left(\frac{\mathrm{d}p}{\mathrm{d}V}\right)_Q=-\gamma\frac{p_A}{V_A}$$

下标Q表示绝热过程，由$\gamma>1$，故绝热线斜率的绝对值大于等温线斜率的绝对值，从图上可看出，绝热线比等温线要向下陡一些．这就表明，对一定的气体而言，若使气体从同一始态分别经历等温和绝热过程而膨胀相同的体积ΔV，则经历等温过程时所需减小的压强Δp_T将小于经历绝热过程所需要减小的压强Δp_Q（图11-10）．这一结论可解释如下：就上述情况而言，在等温膨胀过程中，其压强的减小仅是由于体积的膨胀；在绝热膨胀过程中，压强的减小不仅由于体积的膨胀，还因气体对外界做功，使气体的内能减小，温度降低，亦将导致压强的减小．因此，$\Delta p_Q>\Delta p_T$．

在绝热过程中，还常用绝热过程方程来计算功．设系统由始态Ⅰ（p_1，V_1，T_1）绝热地变化到末态Ⅱ（p_2，V_2，T_2），则由绝热过程方程$p_1V_1^\gamma=p_2V_2^\gamma=C_1$，可给出系统做功为

$$A=\int_{V_1}^{V_2}p\mathrm{d}V=\int_{V_1}^{V_2}\frac{C_1}{V^\gamma}\mathrm{d}V=\frac{C_1}{1-\gamma}(V_2^{1-\gamma}-V_1^{1-\gamma})$$

借上述绝热过程方程（11-27）消去恒量C_1，便可将上式写成

$$A=\frac{1}{\gamma-1}(p_1V_1-p_2V_2)\tag{11-30}$$

例题11-5　2mol的氧气，由始态$p_1=4.052\times10^5\,\mathrm{Pa}$，$V_1=12\mathrm{L}$，等温膨胀至原来体积的4倍，然后再等压压缩回原来的体积．求：(1) 在$p-V$图上画出过程线；(2) 从始态到终态过程中系统对外所做的净功；(3) 整个过程中内能的变化；(4) 整个过程中系统吸热还是放热？

解　(1) 画出的等温膨胀和等压压缩的过程线如例题11-5图所示．

(2) 由题设数据，按理想气体的状态方程求得始态Ⅰ的温度为

$$T_1=\frac{Mp_1V_1}{mR}=\frac{4.052\times10^5\times12\times10^{-3}}{2\times8.31}\mathrm{K}=293\mathrm{K}$$

由等温过程方程，状态Ⅱ的压强为

$$p_2=\frac{p_1V_1}{V_2}=\left(\frac{1}{4}\right)\times4.052\times10^5\,\mathrm{Pa}=1.013\times10^5\,\mathrm{Pa}$$

再由等压过程方程求得终态Ⅲ的温度为

$$T_3=\left(\frac{V_1}{V_2}\right)T_1=\frac{1}{4}\times293\mathrm{K}=73.1\mathrm{K}$$

例题11-5图

根据系统在各状态的状态参量，就可分别求等温过程Ⅰ→Ⅱ和等压过程Ⅱ→Ⅲ中系统所做的功，即

$$A_{\mathrm{I}\to\mathrm{II}}=\frac{m}{M}RT_1\ln\frac{V_2}{V_1}=(2\times8.31\times293\mathrm{J})\times\ln4=6.75\times10^3\mathrm{J}$$

$$A_{\mathrm{II}\to\mathrm{III}}=p_2(V_1-V_2)=\{1.013\times10^5\times[(1-4)\times12\times10^{-3}]\}\mathrm{J}=-3.65\times10^3\mathrm{J}$$

因而从始态Ⅰ到终态Ⅲ的全过程中，系统所做的净功为

$$A = A_{\mathrm{I}\to\mathrm{II}} + A_{\mathrm{II}\to\mathrm{III}} = 6.75\times10^3\mathrm{J} + (-3.65\times10^3)\mathrm{J} = 3.10\times10^3\mathrm{J}$$

(3) 氧气为双原子分子，查表11-2，其摩尔定容热容为 $C_{V,\mathrm{m}} = 21.0\mathrm{J\cdot mol^{-1}\cdot K^{-1}}$. 整个过程Ⅰ→Ⅱ→Ⅲ中的内能变化为

$$\Delta E = (E_{\mathrm{II}} - E_{\mathrm{I}}) + (E_{\mathrm{III}} - E_{\mathrm{II}}) = (E_{\mathrm{III}} - E_{\mathrm{I}}) = \frac{m}{M}C_{V,\mathrm{m}}(T_3 - T_1)$$
$$= [2\times21.0\times(73.1-293)]\mathrm{J} = -9.24\times10^3\mathrm{J}$$

(4) 按热力学第一定律，在等温过程Ⅰ→Ⅱ中，系统传递的热量为

$$Q_{\mathrm{I}\to\mathrm{II}} = 0 + A_{\mathrm{I}\to\mathrm{II}} = 6.75\times10^3\mathrm{J}\quad(\text{吸热})$$

查表11-2，氧气的摩尔定压热容为 $C_{p,\mathrm{m}} = 28.9\mathrm{J\cdot mol^{-1}\cdot K^{-1}}$. 由此可算出等压压缩过程中系统传递的热量为

$$Q_{\mathrm{II}\to\mathrm{III}} = \frac{m}{M}C_{p,\mathrm{m}}(T_3 - T_2) = 2\times28.9\times(73.1-293)\mathrm{J} = -12.7\times10^3\mathrm{J}\quad(\text{放热})$$

$Q_{\mathrm{II}\to\mathrm{III}} < 0$，说明系统对外放热，于是整个过程中系统传递的热量为

$$Q_{\mathrm{I}\to\mathrm{II}\to\mathrm{III}} = Q_{\mathrm{I}\to\mathrm{II}} + Q_{\mathrm{II}\to\mathrm{III}} = 6.75\times10^3\mathrm{J} + (-12.7\times10^3)\mathrm{J} = -5.95\times10^3\mathrm{J}$$

即系统在整个过程中对外是放热的.

例题11-6　质量为80g的氮气，体积为0.41L，温度为300K. 氮气做绝热膨胀后的体积为4.1L. 求外界对氮气所做的功.

解　绝热膨胀时，外界对系统所做的功 A_1' 为系统对外界做功 A_1 的负值. 将式(11-30)借 $p_1V_1^{\gamma} = p_2V_2^{\gamma}$ 化成

$$A_1' = -\frac{p_1V_1}{\gamma-1}\left(1 - \frac{p_2V_2}{p_1V_1}\right) = \frac{p_1V_1}{\gamma-1}\left[\left(\frac{V_1}{V_2}\right)^{\gamma-1} - 1\right] \tag{a}$$

氮气是双原子气体，查表11-1，$\gamma = 1.4$；又 $V_1 = 0.41\times10^{-3}\mathrm{m^3}$，$V_2 = 4.1\times10^{-3}\mathrm{m^3}$，$m = 0.08\mathrm{kg}$，$M = 0.028\mathrm{kg\cdot mol^{-1}}$，$R = 8.31\mathrm{J\cdot mol^{-1}\cdot K^{-1}}$，$T_1 = 300\mathrm{K}$. 则得

$$p_1V_1 = \frac{m}{M}RT_1 = \left(\frac{0.08}{0.028}\times8.31\times300\right)\mathrm{J} = 7.12\times10^3\mathrm{J} \tag{b}$$

把式(b)及有关数据代入式(a)，可算得

$$A_1' = \frac{7.12\times10^3}{1.4-1}\times\left[\left(\frac{0.41\times10^{-3}\mathrm{m^3}}{4.1\times10^{-3}\mathrm{m^3}}\right)^{1.4-1} - 1\right]\mathrm{J} = -1.1\times10^4\mathrm{J}$$

问题11-7　(1) 试述等体、等压、等温和绝热过程的特征，并按热力学第一定律分别导出这些过程中各量的关系.

(2) 问题11-7(2)图所示两条等温过程线($T_1 \neq T_2$)，问从体积 V_1 膨胀到 V_2 时，哪个过程的温度较高？哪个过程吸热较多？

(3) 如问题11-7(3)图所示，一定量气体的体积从 V_1 膨胀到 V_2，经历：(a) 等压过程 $A\to B$；(b) 等温过程 $A\to C$；(c) 绝热过程 $A\to D$. 从图示的 $p-V$ 图上看，问：①经历哪一种过程做功较多？经历哪一种过程做功较少？②经历哪一种过程内能增加？经历哪一种过程内能减少？③经历哪一种过程吸热较多？

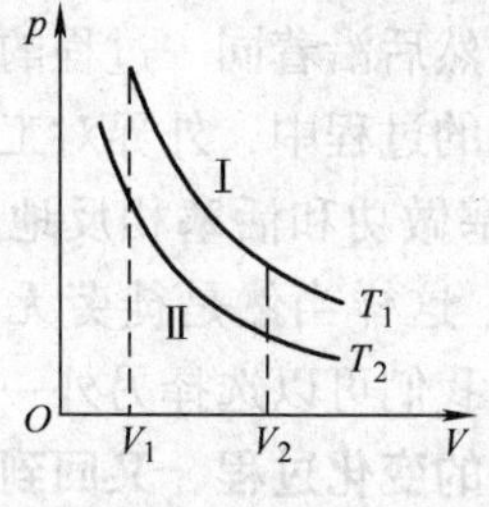

问题11-7(2)图

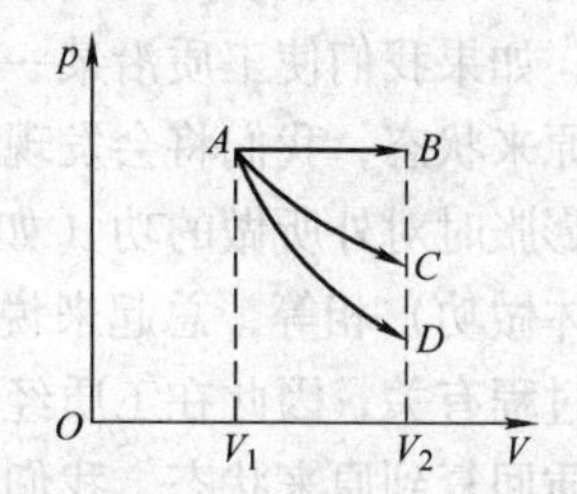

问题11-7(3)图

*11.4.5　多方过程

在实际的热力学过程（如汽油机燃气的压缩和膨胀）中，由于气体不可能与外界进行理想的热交换，也难以保证理想的绝热，而一般在过程进行中系统与外界总存在着部分的热交换. 这种实际的热力学过程称为**多方过程**.

理想气体的多方过程常可用下式表示，即

$$pV^n = C \tag{11-31}$$

式中，C 为一恒量；n 称为**多方指数**. 由式（11-31）可知，当 $n \to \gamma$ 时，多方过程趋近于绝热过程；当 $n \to 1$ 时，多方过程趋近于等温过程；当 $n \to 0$ 时，多方过程趋近于等压过程；当 $n \to \infty$ 时，将式（11-31）变形为 $p^{1/n}V = C' = C^{1/n}$ = 恒量，则多方过程趋近于等体过程.

仿照绝热过程中关于功的求法，可以导出多方过程中系统对外所做的功为

$$A = \frac{1}{n-1}(p_1 V_1 - p_2 V_2) \tag{11-32}$$

11.5　循环过程　卡诺循环

11.5.1　循环过程

前面讲过，热转换为功的过程，需通过物质系统来完成，即某系统从外界吸收热量，增加内能，这系统再在减少内能时反抗外力而做功. 这个将热转换为功的物质系统，称为**工作物质**或**工质**. 例如，在气缸中做等温膨胀的气体，就能把热源的热量转化为功，因此气体就是工质，在实际应用中，往往要求通过工质继续不断地把热转换为功，完成这种过程的装置叫作**热机**或**热力发动机**.

乍一想，理想气体的等温膨胀过程似乎是最有利的，它可以把所吸收的热量，通过等温膨胀完全转变为功. 但是，仅靠单一的气体等温膨胀过程来做功的机器是不切实际的！因为气缸的长度有限，气体的膨胀过程是不可能无限制地进行下去的. 纵然不切实际地把气缸做得非常长，最后气体的压强终究要降低到与外界相同，从而再也不能继续做功了.

十分明显，要继续不断地把热转换为功，必须使工质做功以后，能回复到原来的状态，并且能一次又一次、周而复始地吸热做功.

然而，如果我们使工质沿某一过程膨胀而对外做功，然后沿着同一过程的相反方向压缩而回到原来状态，我们将会发现，使工质返回原来状态的过程中，外界对工质所做的功和工质在膨胀时对外所做的功（如气缸中气体膨胀对活塞做功和活塞相反地以同样的过程压缩气体做功）相等，总起来说，对外界并没有做功，这样当然是徒劳无益的，考虑到做功与过程有关，因此在工质经历对外做功的过程后，我们可以选择另外一些不同的过程，让工质回复到原来状态. 我们把**工质经过若干个不同的变化过程、又回到它的原来状态的整个过程称为循环过程**，或简称**循环**，并把循环中所包括的每个过程叫作**分过程**. 只有利用循环过程，才可以把热继续不断地转变为功.

由于内能是状态的单值函数，故工质经历任何一个循环而回到原来状态时，**它的内能**

并无改变，即内能增量 $\Delta E = 0$. 这是循环过程的一个重要特征.

现在我们以蒸汽机为例，简单介绍其中工质（蒸汽）将热转换为功的循环过程. 如图 11-11 所示，水泵将水箱内的水唧入锅炉后，把水加热，变成高温、高压的蒸汽，这是一个吸热而使内能增加的过程. 蒸汽通过管道进入气缸，在气缸内膨胀，推动活塞对外做功；同时蒸汽内能减小，在这一过程中，一部分内能通过做功转化为机械能. 最后，蒸汽成为废气，进入冷凝器，在冷凝器中借冷却水，将废气冷却，放出热量凝结成水，再用水泵将水唧入水箱，并经水泵再次将水唧入锅炉加热，使蒸汽恢复原始状态. 然后，再进行第二次循环过程. 这样，在工质如此循环不息地工作下去时，每一次循环，作为工质的蒸汽，从高温热源（即工质从中吸取热量的物体，这里是指锅炉）中吸收热量，增加内能，并将一部分内能通过做功转换为机械能，另一部分内能在低温热源（即工质向它放出热量的物体，这里是指冷凝器）中通过放热而传给外界，使工质又回到原始状态. 其他如汽油机、柴油机、汽轮机等，虽然它们的工作过程不尽相同，但热转换为功的工作原理均与上述一致. 因此，我们可以不管这些热机的工作细节，皆可把热机循环过程中的能量转换和传递关系用图 11-12a 所示的**能流图**表示出来.

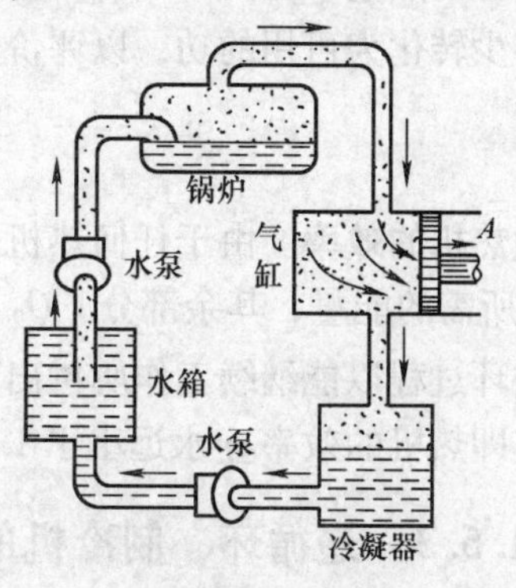

图 11-11　蒸汽机的工作流程图

11.5.2　正循环　热机的效率

图 11-12b 表示沿 $ABCDA$ 进行的一个循环过程，它是沿着顺时针方向进行的，称为**正循环**. 其中，ABC 为膨胀过程，系统对外做正功，其大小等于 $ABCLKA$ 所包围的面积；CDA 为压缩过程，外界对系统做功，即系统对外做负功，其大小等于 $CLKADC$ 所包围的面积. 因此，在一个正循环中，系统对外做了净功，其大小即为上述两面积之差，亦即等于 $p-V$ 图上表示该循环的封闭曲线 $ABCDA$ 所包围的面积. 显然，这个功是正的. 所以工作物质经历正循环过程后对外做了正功，**任何热机都是按正循环进行工作的**.

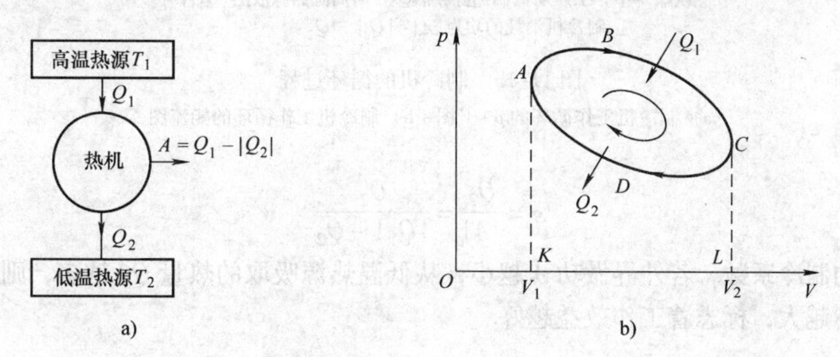

图 11-12　热机的循环过程

a）热机在一次循环中从高温热源吸热 Q_1，向低温热源放热 Q_2，热机对外做功 $A = Q_1 - |Q_2|$

b）热机工作循环的 $p-V$ 图

由于在完成一个循环时，内能没有改变，即 $\Delta E = 0$，因此，根据热力学第一定律，在整个正循环过程中，系统对外所做净功 A 等于从高温热源吸收的热量 Q_1 减去传递给低温

热源的热量 Q_2，即 $A = Q_1 - |Q_2|$，如图 11-12b 所示[㊀]. 为了表述所吸收的热量 Q_1 中有多少转化为可用的功，以评价热机的工作效益，我们定义

$$\eta = \frac{A_{净}}{Q_1} = \frac{Q_1 - |Q_2|}{Q_1} = 1 - \frac{|Q_2|}{Q_1} \tag{11-33}$$

为**热机的效率**. 由于任何热机从高温热源吸收的热量 Q_1 中，只有一部分转换为对外做功 A 所需的能量，其余部分 $|Q_2|$ 则主要是为了使工作物质回复到原来状态，作为热机实现循环过程以能继续工作所付出的代价而传给低温热源[㊁]，所以 $|Q_2|$ 实际上不能等于零，亦即热机的效率 η 永远小于 1.

11.5.3　逆循环　制冷机的效率

如果循环是沿着图 11-13a 中 $ABCDA$ 的逆时针转向进行的，则称为**逆循环**. 逆循环过程反映了制冷机的工作过程，它与热机的循环过程恰恰相反，即依靠外界对工质做功 $|A|$，使工质从低温热源（如冰箱中的冷库）处吸取热量 Q_2，然后将外界对工质所做的功 $|A|$ 和由低温热源处所吸收的热量 Q_2，完全在高温处（如大气）通过放热 Q_1 传给外界，即 $Q_2 + |A| = |Q_1|$. 这样，在完成一个循环时，系统恢复原来状态. 如此循环不已的工作，就可使低温热源的温度逐步降得更低. 这就是制冷机的工作原理，如图 11-13b 所示. 在制冷机内工质所实现的逆循环中，热量可从低温热源向高温热源传递；但要完成这样的循环，必须以消耗外界的功作为代价. 为了评价制冷机的工作效益，我们定义

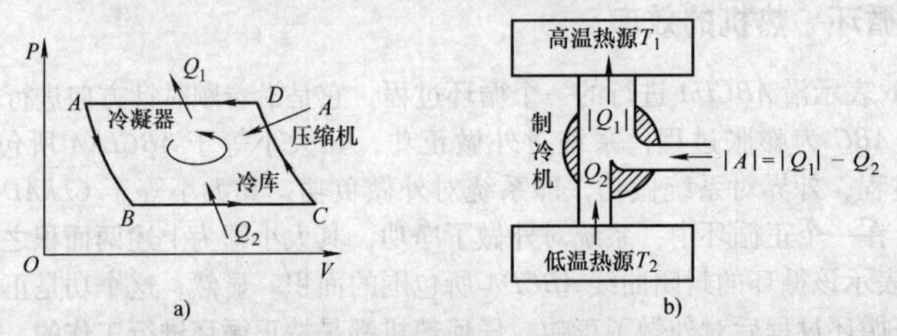

在一次循环中，工质从低温热源吸热 Q_2，向高源热源放热 $|Q_1|$，制冷机消耗的功为 $|A| = |Q_1| - Q_2$

图 11-13　制冷机的循环过程

a）制冷机工作循环的 $p-V$ 图　b）制冷机工作循环的能流图

$$\varepsilon = \frac{Q_2}{|A|} = \frac{Q_2}{|Q_1| - Q_2} \tag{11-34}$$

为**制冷机的制冷系数**. 若外界做功 A 越小，从低温热源吸取的热量 Q_2 越多，则制冷机的制冷系数 ε 越大，标志着工作效益越好.

㊀ 按照热力学第一定律中关于热量 Q 的符号规定，系统放出的热量应为负值，即 $Q<0$，但今后在讨论循环过程的效率时，我们只考虑系统吸收或放出热量的大小，所以应取它们的绝对值，其次，外界对系统所做的功按规定也是负的，即 $A<0$，由于上述理由，在考虑其大小时，也写成绝对值. 读者务必请注意.

㊁ 低温热源总是存在的. 例如，汽车发动机（内燃机）工作时，将带有余热的废气通过排气管在车身后排泄到空气中，空气即为低温热源.

图11-14所示是一种制冷机（如冰箱等）的工作流程简图．在这种制冷机中的工质是一种制冷剂，当前多用氟利昂－12、CCl_2F_2或液氨作为制冷剂．它在常温高压下为液态，贮存在贮液室中．液态制冷剂经阀门（大小可以调节的节流阀），缓慢地流入冷库（低温热源）内的蛇形汽化管中，使压强降低，引起液态制冷剂立即汽化，所需的汽化热是通过吸收管外四周的冷库中热量来提供的，从而使冷库内的温度降低．继而，低压气体从汽化管排入压缩机，被压缩成高压（约1.013×10^6Pa）气体，并使其温度升高到环境（高温热源）温度以上．然后进入冷凝器内，将热量传给较冷的环境，使高压气体被冷却到常温而液化，又回到贮液室中，遂完成一个循环．在制冷机的一个循环中，压缩机压缩气体所做的功，就是把工质从冷库中所吸取的热量传递给环境所需的功．制冷机的$p-V$图如图11-13a所示．

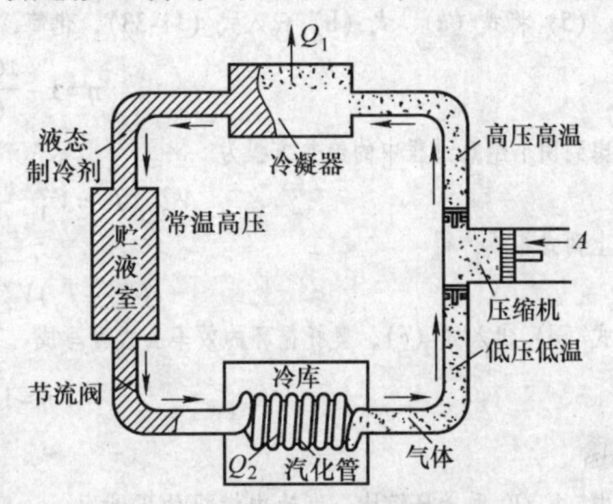

图11-14 制冷机的工作流程图

在夏天，若以室外的空气作为高温热源，而以室内作为低温热源，则上述制冷机工作时，可使室内降温变冷．在冬天，可将室外的空气作为低温热源，以室内作为高温热源，则制冷机工作时，将从室外吸取热量Q_2，并向室内传入热量$|Q_1|$，使室内升温变暖．这时，制冷机也被称为**热泵**，其工作效益可用向室内供热$|Q_1|$与外界驱动热泵所提供的功A之比$\dfrac{|Q_2|}{A}$来衡量．利用这种办法取暖较之用电热器等直接取暖效率来得高，故这是一种节能型供暖装置．

问题11-8 （1）什么叫作循环过程？有何特征？为什么说热机是按正循环进行工作的，而制冷机却是按逆循环进行工作的？

（2）热机的效率和制冷机的制冷系数如何规定？

（3）在热机循环过程中工质吸收净热做功（即$\eta<1$），而等温过程中却吸收全部热量来做功（$\eta=1$），那么，为何不采用单独的等温过程设计热机呢？

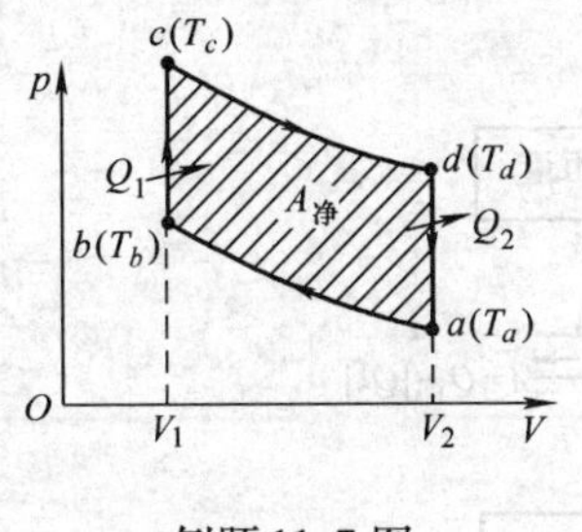

例题11-7图

例题11-7 四冲程汽油发动机的工作循环叫作**奥托循环**，它是由两条绝热线ab、cd和两条等体线bc、da等四个分过程所组成的，如例题11-7图所示，四个状态a、b、c、d的温度分别用T_a、T_b、T_c、T_d来表示．试求奥托循环的效率．

解 （1）绝热压缩过程ab．借外力推进活塞，将吸入气缸中汽油蒸汽和空气混合成的可燃气体进行快速压缩，这可近似地认为是绝热压缩，被压缩的可燃气体的温度升高到T_b，压强也增大到p_b，外力做功为

$$A_{ab}=-(E_b-E_a)=-\frac{m}{M}C_{V,\mathrm{m}}(T_a-T_b)<0$$

（2）等体吸热过程bc．被压缩后的高温可燃气体用电火花点火后发生爆炸，由于爆炸过程很快，可视作一个等体吸热过程．爆炸过程中工质吸收化学能使自身温度上升到T_c，压强增大到p_c，吸收的热量为

$$Q_1=E_c-E_b=\frac{m}{M}C_{V,\mathrm{m}}(T_c-T_b)>0 \tag{a}$$

（3）绝热膨胀过程cd，爆炸后，高温高压气体迅速膨胀推动活塞对外做正功，此过程可近似地视作绝热膨胀过程，系统对处做功为

$$A_{cd}=-(E_d-E_c)=-\frac{m}{M}C_{V,\mathrm{m}}(T_c-T_d)<0$$

(4) 等体放热过程 da，膨胀后的废气由排气管排放到大气中放热，从而使系统回复到初始状态，放出的热量为

$$Q_2=E_a-E_d=\frac{m}{M}C_{V,\mathrm{m}}(T_a-T_d)=-\frac{m}{M}C_{V,\mathrm{m}}(T_d-T_a) \tag{b}$$

(5) 将式 (a)、式 (b) 代入式 (11-33)，化简，得奥托循环的热效率为

$$\eta=1-\frac{|Q_2|}{Q_1}=1-\frac{T_d-T_a}{T_c-T_b} \tag{c}$$

考虑到两个绝热过程中的绝热方程为

$$V_2^{\gamma-1}T_d=V_1^{\gamma-1}T_c,\quad V_2^{\gamma-1}T_a=V_1^{\gamma-1}T_b \tag{d}$$

将上两式相减，得

$$(T_d-T_a)V_2^{\gamma-1}=(T_c-T_b)V_1^{\gamma-1}$$

将式 (d) 代入式 (c)，奥托循环的效率公式可写成

$$\eta=1-\frac{1}{\left(\dfrac{V_2}{V_1}\right)^{\gamma-1}}$$

式中，V_2/V_1 称为**压缩比**. 汽油内燃机的压缩比，一般约为 5 ~ 7. 若取 $V_2/V_1=5$，$\gamma=1.4$，则由上式可算出 $\eta=4.7\%$. 这是理想情况；如果考虑到摩擦、散热等因素，效率还要低得多.

11.5.4 卡诺循环

19 世纪初，热机的效率很低，约为 $\eta=3\%\sim5\%$，即 95% 以上的热量都未得到利用. 在生产需要的推动下，许多人开始从理论上来研究热机的效率. 1824 年，法国青年工程师卡诺（N. L. S. Carnot，1796—1832）研究了一种理想热机，并从理论上证明了它的效率最大，从而指出了提高热机效率的途径.

卡诺热机的工质只与两个恒温热源交换热量，即从温度 T_1 为恒定的高温热源吸热，向温度 T_2 为恒定的低温热源放热；且假设其中各分过程都是准静态的. 因此，工质与两个恒温热源交换热量的过程应是温度分别为 T_1、T_2（$T_1>T_2$）的两个等温过程；而当工质从温度 T_1 变为 T_2，或从 T_2 变到 T_1 的两个过程时，由于并未与其他热源交换热量，因而都只能是绝热过程. 这种在卡诺热机中由上述两个等温过程和两个绝热过程所组成的循环，称为**卡诺循环**，如图 11-15 所示. 这个循环为热力学第二定律的建立奠定了基础，在热力学中是十分重要的.

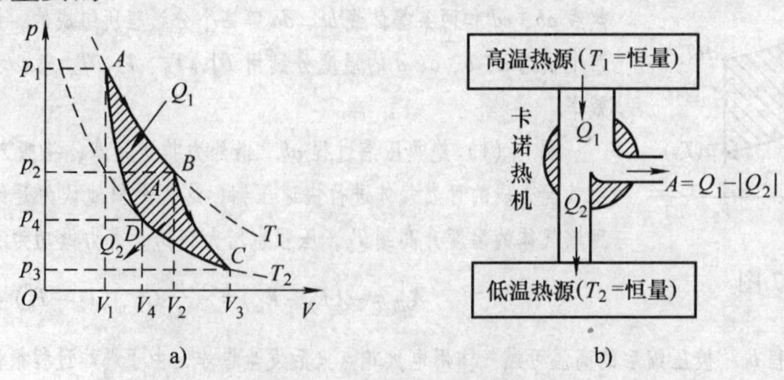

图 11-15　卡诺循环

a）卡诺循环的 $p-V$ 图　b）卡诺循环的能流图

现在我们以理想气体作为工质，讨论卡诺循环的效率.

气体在等温膨胀过程 $A\to B$ 中，从温度为 T_1 的高温热源吸收热量 Q_1，使体积由 V_1 膨

胀到 V_2，由于在等温过程中气体内能不变，所以气体吸收的热量 Q_1 等于它对外界所做的功 A_1，即

$$Q_1 = A_1 = \frac{m}{M} R T_1 \ln \frac{V_2}{V_1} \tag{a}$$

气体在状态 B 时脱离高温热源，使之进行绝热膨胀过程 $B \to C$.

气体绝热膨胀到状态 C 时，与温度为 T_2 的低温热源接触而向它放热，并作等温压缩过程 $C \to D$，让体积由 V_3 缩小到某一适当体积 V_4，恰使状态 D 与原来状态 A 位于同一条绝热线上. 在这个过程中，外界对气体做功 A_3 全部转变为气体向低温热源放出的热量 Q_2，即

$$|Q_2| = |A_3| = \frac{m}{M} R T_2 \ln \frac{V_3}{V_4} \tag{b}$$

气体压缩到状态 D 后，与低温热源分开，经绝热压缩过程 $D \to A$，回到初始状态 A，从而完成一个循环.

按热机效率的普遍公式（11-33），由式（a）、式（b）可得卡诺循环的效率为

$$\eta = 1 - \frac{|Q_2|}{Q_1} = 1 - \frac{T_2 \ln \frac{V_3}{V_4}}{T_1 \ln \frac{V_2}{V_1}} \tag{c}$$

对两条绝热线 BC、DA 分别应用理想气体的绝热过程方程，有

$$T_1 V_2^{\gamma-1} = T_2 V_3^{\gamma-1}, T_1 V_1^{\gamma-1} = T_2 V_4^{\gamma-1}$$

将这两式相比，并化简，得

$$\frac{V_2}{V_1} = \frac{V_3}{V_4} \tag{d}$$

将式（d）代入式（c），化简后，卡诺循环的效率成为

$$\eta = 1 - \frac{T_2}{T_1} \tag{11-35}$$

即理想气体卡诺循环的效率只与两个热源的温度有关，而与气体的种类无关. 从而可知：①实现卡诺循环，必须有高温和低温两个恒温热源. 卡诺热机内的工质从高温热源吸收热量 Q_1，一部分热量 $|Q_2|$ 传递给低温热源，另一部分对外做功 $A = Q_1 - |Q_2|$；②高温热源温度 T_1 越高，而低温热源温度 T_2 越低，即两热源的温度差越大，从高温热源所吸取热量 Q_1 的利用价值也越大，这是提高热机效率的途径之一；③由于 $T_1 = \infty$ 和 $T_2 = 0\text{K}$ 皆不可能实现，因此，卡诺循环的效率总是小于 1.

上面讲了热机的卡诺循环，它是正循环. 如果在以理想气体为工质的制冷机中进行卡诺循环，则它是逆循环. 相仿地，读者可自行推导出制冷机卡诺循环的制冷系数为

$$\varepsilon = \frac{Q_2}{|A|} = \frac{Q_2}{|Q_1| - Q_2} = \frac{T_2}{T_1 - T_2} \tag{11-36}$$

式（11-36）表明，低温热源（冷库）的温度 T_2 越低，ε 也越小. 这意味着，要从温度越低的低温热源中吸收热量，就需要外界做更多的功.

卡诺循环是一种理想循环. 可以证明（从略），式（11-35）所给出的卡诺热机效率，

乃是工作于温度分别为 T_1 与 T_2 两个恒温热源之间的任何热机的最高效率；它是理想热机所能达到的效率的极限. 但是，实际的热机由于存在着散热、摩擦、漏气等原因而造成的能量损耗，其效率远低于这个极限. 因此，如何减少热机运行过程中由于种种原因所造成的能量损耗，也是今后提高热机效率的另一个途径.

问题 11-9　卡诺循环是由哪几个过程组成的？写出其效率公式及主要推导步骤. 并分析卡诺循环的效率的意义.

11.6　热力学第二定律　卡诺定理

11.6.1　可逆过程和不可逆过程

现在首先对过程进行的方向问题做一介绍.

如果没有外界的影响，系统所发生的过程都是有方向性的. 例如，气体会自动膨胀；高处的水会自动地向低处流动；热量会自动地从高温处向低温处传递等. 这些在没有外界作用下能够自动发生的过程，称为**自然过程**. 当然，要使这种过程倒过来逆向进行，也未尝不可，但必须依靠外界施加影响，例如，用空气压缩机迫使气体收缩；用制冷机使热量从低温处向高温处传递；用水泵使水从低处流向高处. 显然，通过这些设备的工作，来实现上述自然过程的逆向操作，都要消耗外界的能量，使外界发生了变化. 从而在外界都留下了痕迹.

我们知道，**在一个过程发生时，系统都要从某个状态Ⅰ经过一系列的中间状态** I_1，…，I_{n-1}，I_n，**最后变到另一个状态Ⅱ. 如果我们使系统进行逆向变化，由状态Ⅱ经历与原过程完全一样的那些中间状态** I_n，I_{n-1}，…，I_2，**回复到原状态Ⅰ；并且在逆向变化的过程中，原过程对外界所产生的一切影响都逐步地被一一消除，在外界不留下丝毫痕迹，则由状态Ⅰ到状态Ⅱ的过程，**就叫作**可逆过程；如果系统不能逆向回复到初状态Ⅰ，或当系统在回复到初状态Ⅰ的逆向过程中引起外界的变化，在外界留下了痕迹，使外界不能恢复原状，则由状态Ⅰ到状态Ⅱ的过程，**叫作**不可逆过程**. 可见，一切自然过程都是不可逆过程.

非静态过程是不可逆的. 例如，快速地移动气缸中的活塞，使气缸中的气体实现膨胀过程，这时靠近活塞处气体压强，必然小于缸内离活塞较远处气体的压强，由于过程进行快速，气体的每一中间状态都来不及达到平衡态；在压缩气体的逆过程中，情况恰好相反，靠近活塞处的气体压强则较大，离活塞较远处则较小（图 11-2）. 在上述两个非静态的过程中，由于靠近活塞处的压强不同，故可推断，气体在快速地被压缩到原状态的逆过程中外界对它所做的功 $|A_2|$ 大于气体在快速膨胀的正过程中对外界所做的功 A_1，外界所多做的功 $|A_2|-A_1$，使气体内能增加，并以放热形式回授给外界，气体就恢复原状. 而外界再也无法将这部分热量通过循环过程全部变为功. 这样，必然**在外界留下了痕迹**. 所以，气体快速膨胀所导致的非静态过程（原过程）是不可逆过程.

但是，如果过程进行得非常缓慢，使气体在过程中的每一步都处于平衡态而实现了准静态过程，而且没有漏气、摩擦和散热等损耗，则当过程逆向进行时，就能重复正过程的所有中间状态而恢复原态，在外界也不留下任何痕迹. 这就是说，在不考虑漏气、摩擦和散热等损耗的理想情形下，准静态过程是可逆过程.

一切实际的过程都是不可逆过程. 可逆过程是从实际过程中抽象出来的一种理想过程. 研究可逆过程可以大致上掌握实际过程的规律性，并可由此进一步去探求实际过程的更精确的规律.

由若干个可逆过程组成的循环，叫作**可逆循环**. 在一个循环中，如果有一个分过程是不可逆的，那么，即使其余各分过程都是可逆的，这个循环仍是不可逆循环. 现在我们来看上节讲过的卡诺循环（图11-15a). 在沿状态A、B、C、D、A做正循环后，若再逆向地沿状态A、D、C、B、A做逆循环. 这样，在正循环中，工作物质从高温热源吸取热量Q_1的同时，对外做功A和向低温热源放出热量$|Q_2|$；而在逆循环中，工作物质从低温热源吸收热量Q_2，连同外界对工作物质所做的功$|A|$，一起向高温热源放出热量$|Q_1|$，显然，$|Q_1| = Q_2 + |A|$. 因而将正循环与逆循环合并起来看，不仅工作物质的状态没有变化，高温热源和低温热源也都没有变化，在外界没有留下痕迹，即工作物质和外界都回复原状. 所以，卡诺循环是一个可逆循环. 这显然是一个理想的循环.

我们把实现可逆循环的热机叫作**可逆热机**，否则就是**不可逆热机**. 可逆热机进行逆循环时，就成为制冷机.

问题11-10　试述可逆过程和不可逆过程. 为什么说自然界中一切自然过程都是不可逆的？为什么说理想的准静态过程是可逆过程？

11.6.2　热力学第二定律的内涵

上节说过，自然过程都是不可逆过程. 为了表述一切自然过程的不可逆性，人们在大量实验事实的基础上，总结出热力学第二定律，阐明了热力学过程的方向性. 这一定律有多种不同的表述方式，这里只介绍常用的两种表述.

1. 开尔文表述

不可能从单一热源吸取热量，使之完全变为有用的功而不引起其他变化.

要注意，表述中说的“其他变化”，是指除了单一热源放热和对外界做功这二者以外的任何其他变化. 其实，并非热不能完全变为功，而是在不引起其他变化的条件下热不能完全变为功. 例如，理想气体从单一热源吸热做等温膨胀时，内能不变，即$\Delta E = 0$，按热力学第一定律，得$Q = A$，即所吸热量全部变为功. 但是在这一过程中却引起了“其他变化”，即气体的体积膨胀，不能自动地缩回.

历史上曾有许多人企图制造出一种循环动作的热机，它只从单一热源吸取热量，使之完全变为有用的功，而不需要具备低温热源进行放热. 这种机器称为**第二类永动机或单热源热机**. 其效率为$\eta = 100\%$. 曾如前述，根据热力学第一定律，要想制造出效率$\eta > 100\%$的第一类永动机是不可能的，否则，能量无中生有，与能量守恒定律相违背；但是能否制造出不违背热力学第一定律而达到$\eta = 100\%$的热机呢？设想能够实现的话，那么我们只要将大气、海洋、地层作为单一热源，使之冷下去，取其全部热量来对外做功，这对开发和利用新的能源问题无疑是一件美事. 据估算，地球上的海水约有10^{18}t，只要使海水降温0.01K，所释放的热能足以使全世界的机器开动好多年. 但是从式（11-33）可知，$\eta = 100\%$，相当于$Q_2 = 0$，这是违背开尔文表述的. 因此，也可将热力学第二定律表述为：**第二类永动机是不可能造成的**.

2. 克劳修斯表述

不可能使热量从低温物体传向高温物体而不引起其他变化.

值得注意，表述中的“其他变化”是指高温物体吸热和低温物体放热两者以外的任何变化. 如果允许引起其他变化，热量由低温物体传入高温物体也是可能的. 例如，制冷机可以将热量从低温热源传给高温热源，但这不是自动传递的，需有外界对系统做功，并把所做的功转变为热而送入高温热源，外界做了这部分的功，自然要引起其他变化.

热力学第二定律的开尔文表述与热机的工作有关；克劳修斯表述与热传导现象有关. 两种表述貌似不同，但是它们通过热功转换和热传导各自表达了过程进行的方向性，所以本质上是一致的. 可以证明（从略），两者事实上是等效的. 也就是说，如果开尔文表述是正确的，则克劳修斯表述也是正确的；若违反开尔文表述，也必违反克劳修斯表述.

热力学第一定律表述了能量转换与守恒的数量关系，热力学第二定律则指出了过程进行的方向性. 它们是两条彼此独立的自然规律，都是在长期实践的基础上总结出来的. 在**自然界中所发生的过程，都满足能量守恒定律，但是，满足能量守恒关系的过程不一定都能实现.** 也就是说，满足热力学第一定律的过程能否实现，还得根据热力学第二定律对过程进行的方向做出判断.

问题 11-11 （1）试述热力学第二定律的两种表述.

（2）有人想利用雪水作冷源和地热作热源，或者利用热带的海洋中不同深度处温度的差异来设计一种机器，将其内能变为机械功，用来驱动发电机. 这是否违反热力学第二定律？

（3）用热力学第二定律证明：①绝热线与等温线不能相交于两点；②两条绝热线不能相交.（提示：设两条绝热线相交于一点，再用一条等温线与它们组成一个循环过程进行分析.）

11.6.3 卡诺定理

从热力学第二定律可以证明（从略）热机理论中非常重要的卡诺定理：

（1）**所有工作在相同的高温热源与相同的低温热源之间的可逆热机，不论用何种工质，它们的效率都相等，**即

$$\eta = 1 - \frac{T_2}{T_1} \tag{11-37}$$

（2）**所有工作在相同的高温热源与相同的低温热源之间的不可逆热机，其效率都不可能大于工作在同样热源之间的可逆热机的效率，**即

$$\eta \leqslant 1 - \frac{T_2}{T_1} \tag{11-38}$$

读者应注意，定理中所说的热源都是温度均匀的恒定热源；还需指出，凡是一可逆热机只从某一温度恒定的热源吸热，向另一温度恒定的热源放热，并对外做功，则这种可逆热机一定是卡诺热机，其中的工质所进行的循环是由两条等温线与两条绝热线所组成的卡诺循环.

卡诺定理指出了提高热机效率的方向；就过程而论，应当使实际的不可逆机尽量地接近可逆机；对高温热源和低温热源的温度来说，应尽量提高高温热源的温度并降低低温热源的温度. 例如，采取具体措施改进蒸汽机的锅炉，使用过热蒸汽，排出的废气用水冷却等.

问题 11-12 （1）试述卡诺定理及其对提高热机效率的指导意义.

（2）有一可逆的卡诺机，当作为热机使用时，如果工作的两热源的温差越大，则对做功就越有利；当作为制冷机使用时，如果两热源的温差越大，对于制冷是否也越有利?

11.7　熵　熵增加原理

本节将从宏观上进一步定量讨论热力学过程进行的方向问题.

11.7.1　克劳修斯公式

根据卡诺定理，所有工作于温度 T_1 的高温热源和温度为 T_2 的低温热源之间的热机循环效率，即式（11-38）为

$$\eta \leqslant 1 - \frac{T_2}{T_1} \tag{a}$$

式中，等号“ = ”指可逆循环，不等号“ < ”指不可逆循环. 若 Q_1、Q_2 分别是从高温热源吸收的热量和向低温热源放出的热量，则按循环效率公式（11-33），有

$$\eta = 1 - \frac{|Q_2|}{Q_1} \tag{b}$$

将式（b）代入式（a），可得

$$\frac{Q_1}{T_1} - \frac{|Q_2|}{T_2} \leqslant 0 \tag{c}$$

式中，Q_1、$|Q_2|$ 皆为绝对值. 为了便于表述，将 Q_1、Q_2 视作代数量，仍按照过去的规定，$Q>0$ 表示吸热，$Q<0$ 表示放热，则式（c）可改写为

$$\frac{Q_1}{T_1} + \frac{Q_2}{T_2} \leqslant 0 \tag{d}$$

我们把 Q/T 称为**热温比**，表示从某一热源吸收的热量（若 $Q<0$，则为放出的热量）与该热源的温度之比. 上述循环中仅有两个热源，所以是卡诺循环. 并且，我们可以把上式推广到任意的可逆循环（如图 11-16 所示的闭合曲线 abcda）. 设想它由 n 个小卡诺循环近似地组成，且可与 n 个热源相接触；其中每一条绝热线（图中的虚线）为两个相邻的小循环所共有，沿此线的绝热过程各沿正、反方向进行一次，效果互消. 这样，所有小卡诺循环的总效果相当于一条接近原循环 abcda 的锯齿形曲线. 因而对所有小卡诺循环按式（d）可推广为

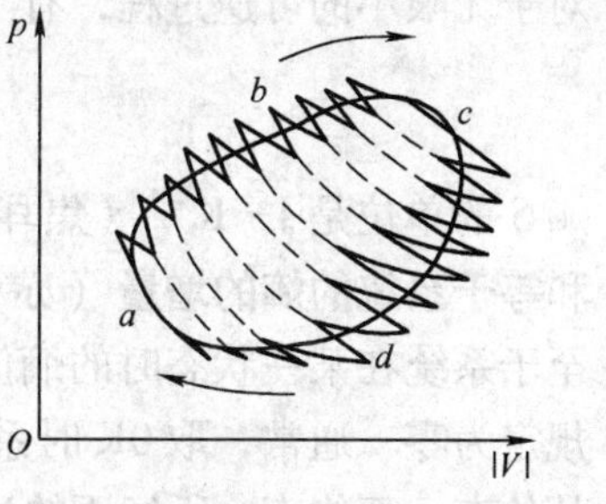

图 11-16　任意可逆循环

$$\frac{\Delta Q_1}{T_1} + \frac{\Delta Q_2}{T_2} + \cdots + \frac{\Delta Q_i}{T_i} + \cdots + \frac{\Delta Q_n}{T_n} \leqslant 0$$

或

$$\sum_{i=1}^{n} \frac{\Delta Q_i}{T_i} \leqslant 0 \tag{e}$$

式中，ΔQ_i 表示系统与温度 T_i 的热源接触时吸收或放出的热量. 实际上，系统在循环过程中的温度通常是连续地变化的，故可令小卡诺循环趋向无限小，其个数 n 趋向无限大，并分别与无数个温度连续变化的热源相接触. 于是，锯齿形曲线就趋于原来的可逆循环.

因此，式（e）可写作

$$\oint_l \frac{dQ}{T} \leqslant 0 \tag{11-39}$$

其中，dQ/T 为系统在温度 T 时的**热温比**；$\oint_l$ 表示对整个循环 l 进行积分. 式（11-39）称为**克劳修斯公式**，它表明，**系统经历一个可逆循环过程，其热温比之和等于零；系统经历一个不可逆循环过程，其热温比之和小于零**.

11.7.2　熵

如图 11-16 所示，设系统从始态 a 至末态 c 可经历 abc、adc 两个不同的可逆过程. 显然，使系统沿 $abcda$ 曲线进行的循环是可逆循环. 由式（11-39），并因 adc 是可逆过程，则

$$\oint_l \frac{dQ}{T} = \int_{abc} \frac{dQ}{T} + \int_{cda} \frac{dQ}{T} = \int_{abc} \frac{dQ}{T} - \int_{adc} \frac{dQ}{T} = 0$$

即

$$\int_{abc} \frac{dQ}{T} = \int_{adc} \frac{dQ}{T}$$

上式表明，在可逆过程中，热温比的积分仅与系统的始、末状态有关，而与过程无关. 我们在力学中曾讲过，保守力做功与路径无关，仅与物体始、末位置有关，因而可引入一个状态函数——势能；并且保守力做功等于始、末位置的势能之差. 由上式可见，我们也可相仿地引入一个系统状态的单值函数，称为**熵**，记作 S，使系统在可逆过程中的热温比的积分等于熵的增量，即

$$\int_a^c \frac{dQ}{T} = S_c - S_a \tag{11-40}$$

对于无限小的可逆过程，有

$$\frac{dQ}{T} = dS \tag{11-41}$$

熵 S 的单位是 $J \cdot K^{-1}$（焦耳 · 开$^{-1}$）. 式（11-40）表示，**系统在可逆过程中的热温比之和等于系统的熵的增量**（亦称**熵变**）. 由式（11-40）可计算系统始、末两状态的熵变. 至于系统在某一状态时的熵值则只有相对意义，需事先选定一个参考状态，把该状态的熵规定为零. 通常，取 0K 时系统的熵为零，据此算出来的熵称为**绝对熵**. 其次，如果系统从始态 a 至终态 c 所经历的过程是不可逆的，那么就不能用式（11-40）对这个不可逆过程进行积分. 考虑到熵是系统状态的单值函数，与具体过程无关，因此，不妨假想一个从 a 到 c 的可逆过程，利用式（11-40）计算出熵的增量，显然也就是原来所求的不可逆过程熵的增量了.

由式（11-41），$dQ = TdS$，则对可逆过程来说，热力学第一定律［式（11-10）］可写作

$$TdS = dE + pdV \tag{11-42}$$

这是用熵的增量、内能的增量表示的热力学第一定律，称为热力学基本关系式. 它可用来定量地研究热力学系统的宏观性质.

问题 11-13　（1）何谓熵？熵为什么只具有相对意义？

（2）对于可逆和不可逆过程，如何分别计算其始态和终态间的熵变？

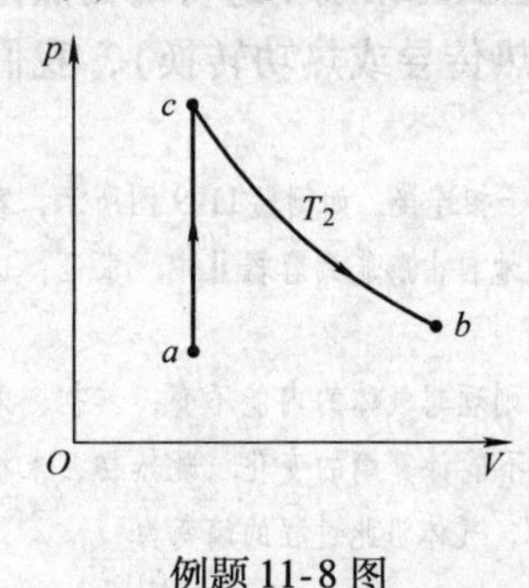

例题 11-8 图

例题 11-8　m/M mol 的理想气体，由始态 a（V_1，T_1）经某一过程变为末态 b（V_2，T_2），且在此过程中气体的摩尔定容热容 $C_{V,\mathrm{m}}$为恒量，求熵变.

解　题中未给出具体过程，但其始、末状态已定，为此，可设计一个可逆过程，如例题 11-8 图所示，它由等体升温过程 ac 和等温膨胀过程 cb 组成，其熵变分别为

$$\Delta S_1 = \int_a^c \frac{\mathrm{d}Q}{T} = \int_{T_1}^{T_2} \frac{m}{M}\frac{C_{V,\mathrm{m}}}{T}\mathrm{d}T = \frac{m}{M}C_{V,\mathrm{m}}\ln\frac{T_2}{T_1}$$

$$\Delta S_2 = \int_c^b \frac{\mathrm{d}Q}{T} = \frac{1}{T_2}\int_c^b \mathrm{d}Q = \frac{m}{M}\int_{V_1}^{V_2} R\frac{\mathrm{d}V}{V} = \frac{m}{M}R\ln\frac{V_2}{V_1}$$

则总的熵变为

$$\Delta S = \Delta S_1 + \Delta S_2 = \frac{m}{M}C_{V,\mathrm{m}}\ln\frac{T_2}{T_1} + \frac{m}{M}R\ln\frac{V_2}{V_1}$$

11.7.3　熵增加原理——热力学第二定律的数学表达式

将克劳修斯公式应用于不可逆循环，还可得出热力学第二定律的数学表述. 设不可逆循环由可逆过程 c_2 与不可逆过程 c_1 组成，如图 11-17 所示，由于 c_1 不可能是准静态过程，无法在 $p-V$ 图上表示出来，姑且用虚线表示. 由式（11-39），由于 c_2 是可逆过程，则对这个不可逆循环 l 而言，有

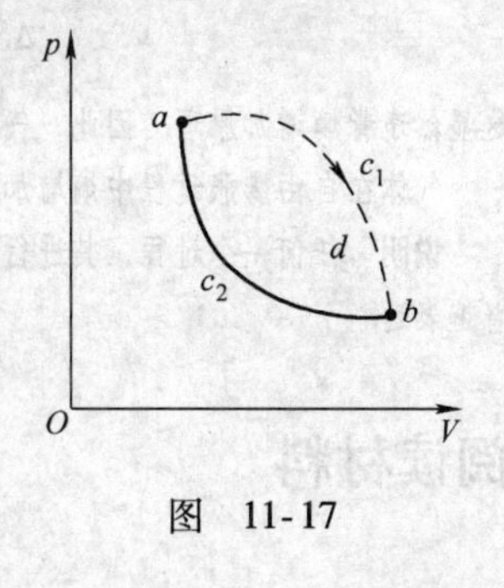

图　11-17

$$\oint_l \frac{\mathrm{d}Q}{T} = \int_{ac_1b}\frac{\mathrm{d}Q}{T} + \int_{bc_2a}\frac{\mathrm{d}Q}{T} = \int_{ac_1b}\frac{\mathrm{d}Q}{T} - \int_{ac_2b}\frac{\mathrm{d}Q}{T} < 0$$

即

$$\int_{ac_1b}\frac{\mathrm{d}Q}{T} < \int_{ac_2b}\frac{\mathrm{d}Q}{T}$$

上式右端是对可逆过程而言的，可用式（11-40）代入. 将上式取写成

$$\int_a^b \frac{\mathrm{d}Q}{T} < S_b - S_a \tag{11-43}$$

由此可见，系统在不可逆过程中的热温比之和（即上式左端）小于熵的增量. 综合式（11-40）和式（11-43），有

$$S_b - S_a \geqslant \int_a^b \frac{\mathrm{d}Q}{T} \tag{11-44}$$

式中，对不可逆过程取“>”，对可逆过程取“=”. 式（11-44）表明，**在任何一个过程中，系统始、末状态的熵的增量恒大于**（对于不可逆过程）**或等于**（对于可逆过程）**过程中系统的热温比之和**. 对一个与外界没有热量交换的孤立系统而言，在任一温度下，$\mathrm{d}Q=0$，即 $\int_a^b \frac{\mathrm{d}Q}{T}=0$，则由上式得

$$S_b - S_a \geqslant 0 \tag{11-45}$$

即在孤立系统中，进行任何可逆过程，熵总是不变；在孤立系统中，进行任何不可逆过程，熵总是增加. 这一结论称为**熵增加原理**. 式（11-45）就是热力学第二定律的数学表达式. 它仅对孤立系统适用.

式（11-45）更普遍、更深刻地反映了自然界中过程进行的方向性. 因为在自然界

中，实际的自然过程都是不可逆的，所以，根据熵增加原理，**在孤立系统中进行的自然过程总是朝着熵增加的方向进行**. 对于一个具体的过程（不限于热传导或热功转换），我们可以通过计算熵的变化来判断过程进行的方向.

例题 11-9 设体积分别为 V_1 和 V_2 的两容器Ⅰ、Ⅱ皆由隔热壁包围，并用管子相连接，如例题 11-9 图所示，容器Ⅱ是完全真空的，当开启管子上的阀门后，容器Ⅰ中的 m/M mol 理想气体将绝热地自由膨胀到容器Ⅱ中. 求证：这个过程是不可逆的.

证 理想气体在绝热自由膨胀中，按题意，与外界无相互作用，$Q=0$，$A=0$，则理想气体的内能不变，其初、末状态的温度相等. 由于自由膨胀不可能是准静态的，因而不可能是可逆过程，也就不能计算熵的变化. 既然初、末状态温度相等，可以设想一个初态为 (T, V_1) 和末态为 (T, V_1+V_2) 的等温过程 l，气体沿此过程的熵变为

$$\Delta S=\int_l \frac{\mathrm{d}Q}{T}=\int_l \frac{\mathrm{d}E+p\mathrm{d}V}{T}=\int_{V_1}^{V_1+V_2}\frac{p\mathrm{d}V}{T}=\frac{m}{M}R\int_{V_1}^{V_1+V_2}\frac{\mathrm{d}V}{V}=\frac{m}{M}R\ln\frac{V_1+V_2}{V_1}$$

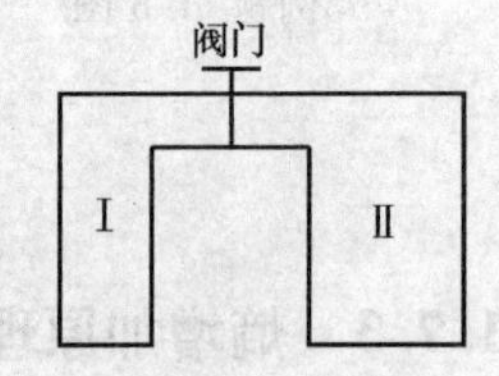

例题 11-9 图

由于 $V_1+V_2>V_1$，则 $\Delta S>0$ 符合熵增加原理.

如果是相反的过程，即气体自动地由 V_1+V_2 收缩到 V_1，则经过类似计算不难得到熵变为

$$\Delta S'=\frac{m}{M}R\ln\frac{V_1+V_2}{V_1}<0$$

这显然违背熵增加原理. 因此，气体自动地收缩是不可能的.

气体在自由膨胀过程中熵增加，当熵增加到最大值时，气体在整个容器内达到平衡态，膨胀过程也就结束.

说明 任何一个过程，其进行方向和限度原则上皆可以由熵增加原理做出判断. 熵增加原理是热力学第二定律的普遍表达.

阅读材料

四冲程循环发动机

在现代汽车中内燃机大多都是四冲程循环的. 因为该循环是尼古拉斯·奥托于 1876 年发明的，所以又叫作奥托循环.

发动机是汽车的动力源. 汽车发动机大多是热能动力装置，简称热力机. 热力机是借助工质的状态变化，将燃料燃烧产生的热能转变为机械能. 往复活塞式四冲程汽油机是德国人奥托（Nikolaus A. Otto）在大气压力式发动机基础上，于 1876 年发明并投入使用的. 采用了进气（0—1）、压缩（1—2）、做功（3—4）和排气（4—1）四个冲程，如图11-18和图 11-19 所示. 这是内燃机历史上的第一次重大突破. 1892 年，德国工程师狄塞尔（Rudolf Diesel）发明了压燃式发动机（即柴油机），实现了内燃机历史上的第二次重大突破. 由于采用高压缩比和膨胀比，热效率比当时其他发动机的又提高了 1 倍. 1956 年，德国人汪克尔（F. Wankel）发明了转子式发动机，使发动机转速有较大幅度的提高. 1964 年，德国 NSU 公司首次将转子式发动机安装在轿车上. 1926 年，瑞士人布希（A.

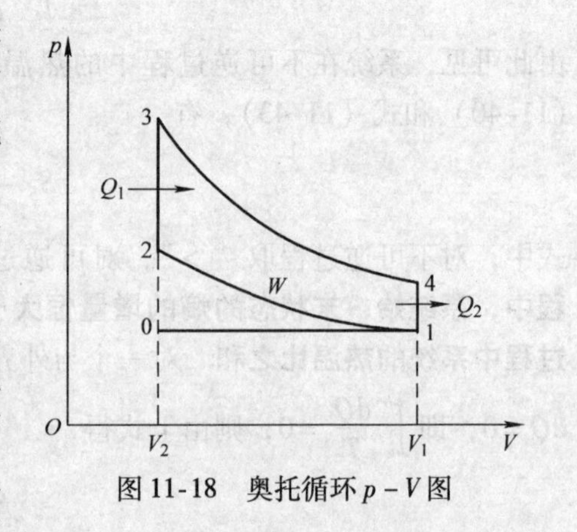

图 11-18 奥托循环 $p-V$ 图

Buchi）提出了废气涡轮增压理论，利用发动机排出的废气能量来驱动压气机，给发动机增压．20 世纪 50 年代后，废气涡轮增压技术开始在车用内燃机上逐渐得到应用，使发动机性能有很大提高，成为内燃机发展史上的第三次重大突破．1967 年，德国博世（Bosch）公司首次推出由计算机控制的汽油喷射系统（Electronic Fuel Injection，EFI），开创了电控技术在汽车发动机上应用的历史．经过 30 年的发展，以计算机为核心的发动机管理系统（Engine Management System，EMS）已逐渐成为汽车、特别是轿车发动机上的标准配置．由于电控技术的应用，发动机的污染物排放、噪声和燃油消耗大幅度地降低，改善了动力性能，成为内燃机发展史上第四次重大突破．在一个工作循环中，活塞往复四个行程的内燃机称作四冲程往复活塞式内燃机．

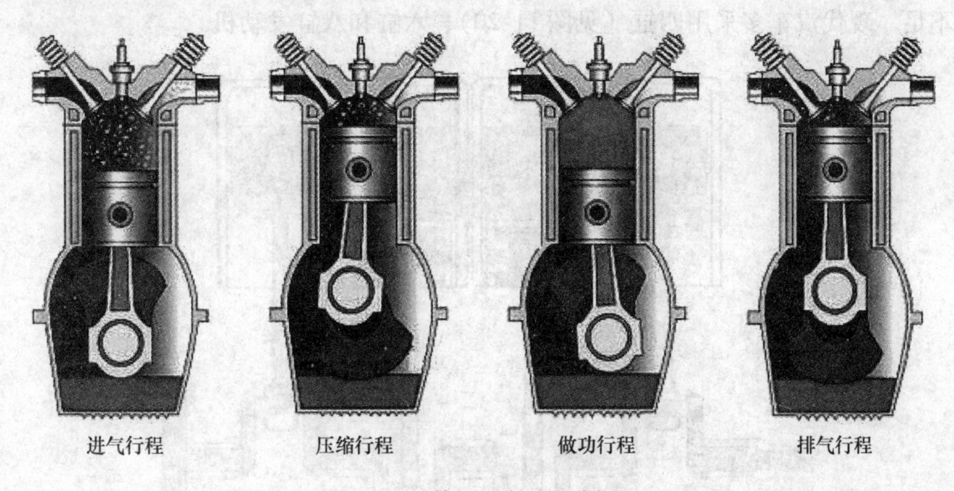

图 11-19　单缸四个过程分解图

往复活塞式内燃机所用的燃料主要是汽油或柴油．由于汽油和柴油具有不同的性质，因而在发动机的工作原理和结构上有差异．

1. 四冲程汽油机的工作原理

汽油机是将空气与汽油以一定的比例混合成良好的混合气，在进气行程被吸入气缸，混合气经压缩点火燃烧而产生热能，高温高压的气体做用于活塞顶部，推动活塞做往复直线运动，通过连杆、曲轴飞轮机构对外输出机械能．四冲程汽油机在进气行程、压缩行程、做功行程和排气行程内完成一个工作循环．

（1）进气行程（intake stroke）　活塞在曲轴的带动下由上止点移至下止点．此时进气门开启，排气门关闭，曲轴转动 180°．在活塞移动过程中，气缸容积逐渐增大，气缸内气体压力逐渐降低，气缸内形成一定的真空度，空气和汽油的混合气通过进气门被吸入气缸，并在气缸内进一步混合形成可燃混合气．

（2）压缩行程（compression stroke）　压缩行程时，进、排气门同时关闭．活塞从下止点向上止点运动，曲轴转动 180°．活塞上移时，工作容积逐渐缩小，缸内混合气受压缩后压力和温度不断升高，到达压缩终点时，其压力可达 800 ~ 2000kPa，温度达 600 ~ 750K．

（3）做功行程（power stroke）　当活塞接近上止点时，由火花塞点燃可燃混合气，混合气燃烧释放出大量的热能，使气缸内气体的压力和温度迅速提高．高温高压的燃气推动活塞从上止点向下止点运动，并通过曲柄连杆机构对外输出机械能．随着活塞下移，气缸容积增加，气体压力和温度逐渐下降．

（4）排气行程（exhaust stroke） 排气行程时，排气门开启，进气门仍然关闭，活塞从下止点向上止点运动，曲轴转动180°．排气门开启时，燃烧后的废气一方面在气缸内外压差作用下向缸外排出，另一方面通过活塞的排挤作用向缸外排气．

柴油机的排气与汽油机的基本相同，只是排气温度比汽油机低．对于单缸发动机来说，其转速不均匀，发动机工作不平稳，振动大．这是因为四个行程中只有一个行程是做功的，其他三个行程是消耗动力为做功做准备的行程．为了解决这个问题，飞轮必须具有足够大的转动惯量，这样又会导致整个发动机质量和尺寸增加．采用多缸发动机可以弥补上述不足．现代汽车多采用四缸（见图11-20）、六缸和八缸发动机．

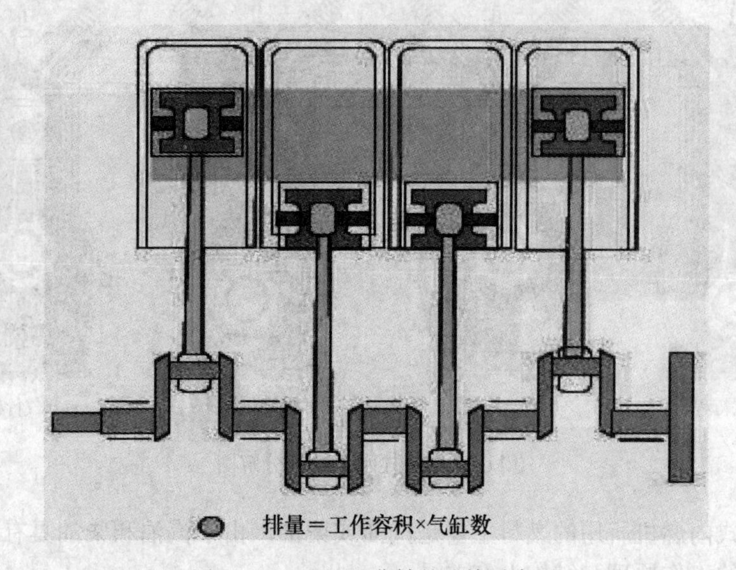

图11-20 四缸和曲轴的连接示意图

循环是在上止点开始的，即活塞处在其最上方位置．当活塞在其第一次向下运动的过程（进气冲程）中，燃料与空气的混合体通过一个或者多个气门注入气缸．进气门关闭，紧接着的压缩冲程压缩这种混合气体（压缩冲程）．

于是，混合气体在接近压缩冲程顶点时被火花塞点燃．燃烧空气爆炸所产生的推力迫使活塞向下做第三次运动（做功冲程）．第四次也就是最后一次冲程是排气冲程，燃烧过的气体通过排气门排出气缸．

习 题 11

11-1 一物质系统从外界吸收一定的热量，则

（A）系统的内能一定增加．

（B）系统的内能一定减少．

（C）系统的内能一定保持不变．

（D）系统的内能可能增加，也可能减少或保持不变． [ ]

11-2 如习题11-2图所示，一定量理想气体从体积 V_1 膨胀到体积 V_2 分别经历的过程是：$A \to B$ 等压过程，$A \to C$ 等温过程，$A \to D$ 绝热过程，其中吸热量最多的过程

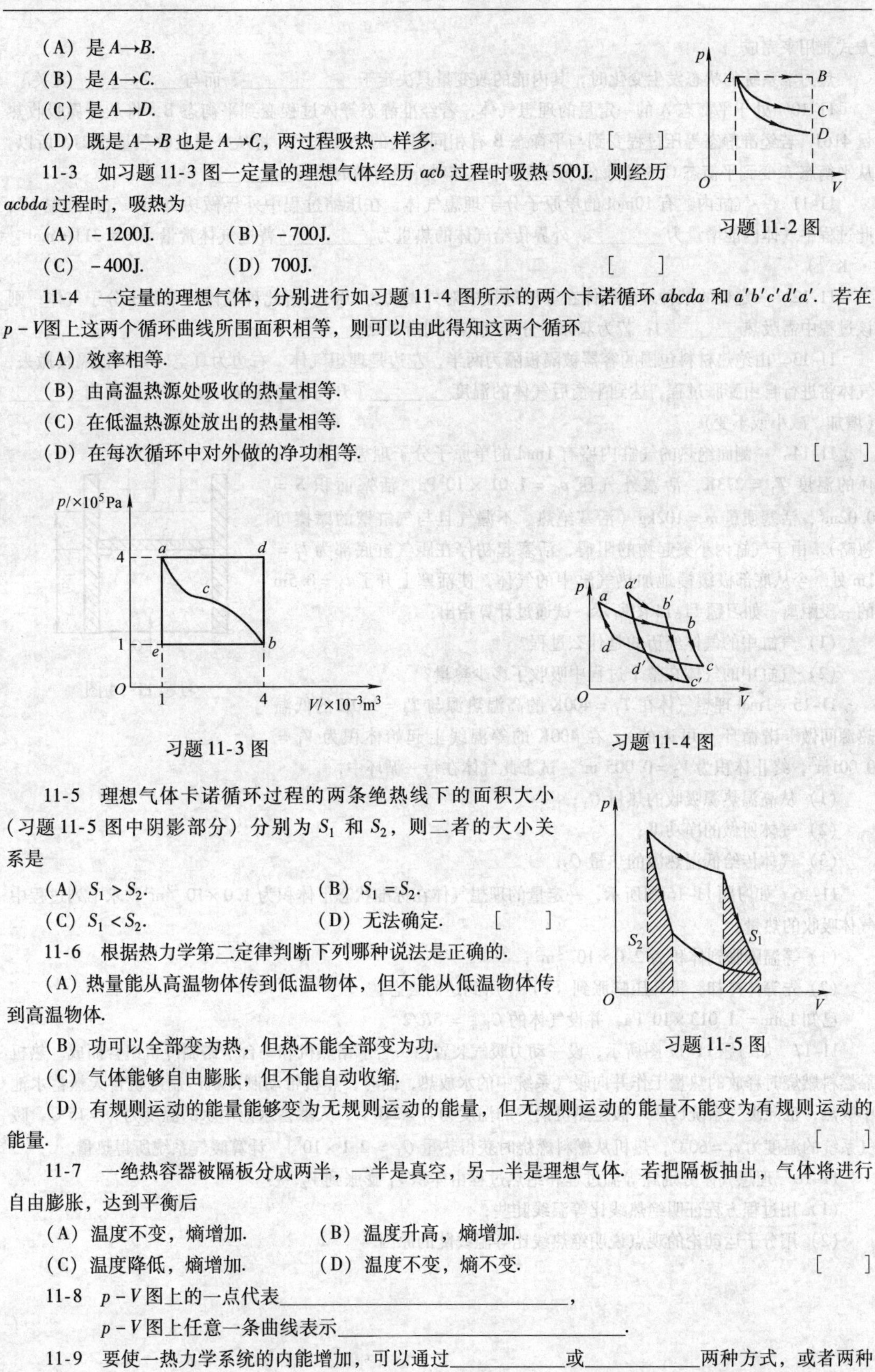

（A）是 $A \to B$.

（B）是 $A \to C$.

（C）是 $A \to D$.

（D）既是 $A \to B$ 也是 $A \to C$，两过程吸热一样多. [ ]

习题11-2图

11-3 如习题11-3图一定量的理想气体经历 acb 过程时吸热500J. 则经历 $acbda$ 过程时，吸热为

（A）-1200J. （B）-700J.

（C）-400J. （D）700J. [ ]

11-4 一定量的理想气体，分别进行如习题11-4图所示的两个卡诺循环 $abcda$ 和 $a'b'c'd'a'$. 若在 $p-V$图上这两个循环曲线所围面积相等，则可以由此得知这两个循环

（A）效率相等.

（B）由高温热源处吸收的热量相等.

（C）在低温热源处放出的热量相等.

（D）在每次循环中对外做的净功相等. [ ]

习题11-3图 习题11-4图

11-5 理想气体卡诺循环过程的两条绝热线下的面积大小（习题11-5图中阴影部分）分别为 S_1 和 S_2，则二者的大小关系是

（A）$S_1 > S_2$. （B）$S_1 = S_2$.

（C）$S_1 < S_2$. （D）无法确定. [ ]

习题11-5图

11-6 根据热力学第二定律判断下列哪种说法是正确的.

（A）热量能从高温物体传到低温物体，但不能从低温物体传到高温物体.

（B）功可以全部变为热，但热不能全部变为功.

（C）气体能够自由膨胀，但不能自动收缩.

（D）有规则运动的能量能够变为无规则运动的能量，但无规则运动的能量不能变为有规则运动的能量. [ ]

11-7 一绝热容器被隔板分成两半，一半是真空，另一半是理想气体. 若把隔板抽出，气体将进行自由膨胀，达到平衡后

（A）温度不变，熵增加. （B）温度升高，熵增加.

（C）温度降低，熵增加. （D）温度不变，熵不变. [ ]

11-8 $p-V$图上的一点代表________________，

$p-V$图上任意一条曲线表示________________.

11-9 要使一热力学系统的内能增加，可以通过________或________两种方式，或者两种

方式兼用来完成.

热力学系统的状态发生变化时，其内能的改变量只决定于＿＿＿＿＿＿，而与＿＿＿＿＿＿无关.

11-10 处于平衡态 A 的一定量的理想气体，若经准静态等体过程变到平衡态 B，将从外界吸收热量 416J，若经准静态等压过程变到与平衡态 B 有相同温度的平衡态 C，将从外界吸收热量 582J，所以，从平衡态 A 变到平衡态 C 的准静态等压过程中气体对外界所做的功为＿＿＿＿.

11-11 一气缸内贮有 10mol 的单原子分子理想气体，在压缩过程中外界做功 209J，气体升温 1K，此过程中气体内能增量为＿＿＿＿，外界传给气体的热量为＿＿＿＿（普适气体常量 $R=8.31\mathrm{J}\cdot\mathrm{mol}^{-1}\cdot\mathrm{K}^{-1}$）.

11-12 一定量的某种理想气体在等压过程中对外做功为 200J. 若此种气体为单原子分子气体，则该过程中需吸热＿＿＿＿ J；若为双原子分子气体，则需吸热＿＿＿＿ J

11-13 由绝热材料包围的容器被隔板隔为两半，左边是理想气体，右边为真空. 如果把隔板撤去，气体将进行自由膨胀过程，达到平衡后气体的温度＿＿＿＿（升高、降低或不变），气体的熵＿＿＿＿（增加、减小或不变）.

11-14 一侧面绝热的气缸内盛有 1mol 的单原子分子理想气体. 气体的温度 $T_1=273\mathrm{K}$，活塞外气压 $p_0=1.01\times10^5\mathrm{Pa}$，活塞面积 $S=0.02\mathrm{m}^2$，活塞质量 $m=102\mathrm{kg}$（活塞绝热、不漏气且与气缸壁的摩擦可忽略）. 由于气缸内小突起物的阻碍，活塞起初停在距气缸底部为 $l_1=1\mathrm{m}$ 处. 今从底部极缓慢地加热气缸中的气体，使活塞上升了 $l_2=0.5\mathrm{m}$ 的一段距离，如习题 11-14 图所示. 试通过计算指出：

（1）气缸中的气体经历的是什么过程?

（2）气缸中的气体在整个过程中吸收了多少热量?

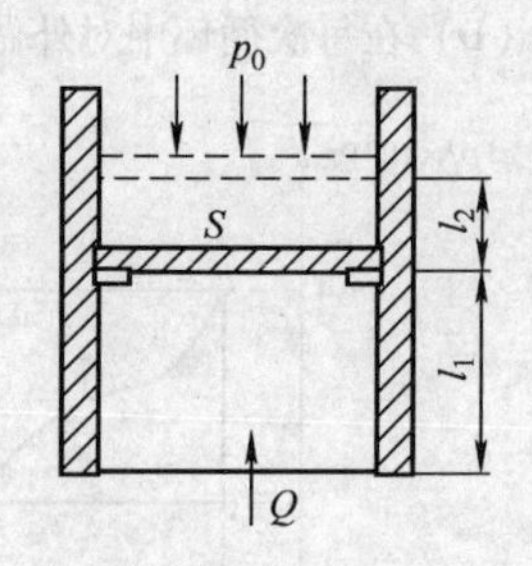

习题 11-14 图

11-15 1mol 理想气体在 $T_1=400\mathrm{K}$ 的高温热源与 $T_2=300\mathrm{K}$ 的低温热源间做卡诺循环（可逆的），在 400K 的等温线上起始体积为 $V_1=0.001\mathrm{m}^3$，终止体积为 $V_2=0.005\ \mathrm{m}^3$，试求此气体在每一循环中，

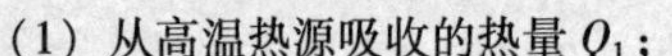

（1）从高温热源吸收的热量 Q_1；

（2）气体所做的净功 W；

（3）气体传给低温热源的热量 Q_2.

11-16 如习题 11-16 图所示，一定量的理想气体在标准状态下体积为 $1.0\times10^{-2}\mathrm{m}^3$，求下列过程中气体吸收的热量：

（1）等温膨胀到体积为 $2.0\times10^{-2}\mathrm{m}^3$；

（2）先等体冷却，再等压膨胀到（1）中所到达的终态；

已知 $1\mathrm{atm}=1.013\times10^5\mathrm{Pa}$，并设气体的 $C_{V,\mathrm{m}}=5R/2$.

11-17 如习题 11-17 图所示，设一动力暖气装置由一台卡诺热机和一台卡诺制冷机组合而成. 热机靠燃料燃烧时释放的热量工作并向暖气系统中的水放热，同时，热机带动制冷机. 制冷机自天然蓄水池中吸热，也向暖气系统放热. 假定热机锅炉的温度为 $t_1=210℃$，天然蓄水池中水的温度为 $t_2=15℃$，暖气系统的温度为 $t_3=60℃$，热机从燃料燃烧时获得热量 $Q_1=2.1\times10^7\mathrm{J}$，计算暖气系统所得热量.

11-18 理想气体分别经等温过程和绝热过程由体积 V_1 膨胀到 V_2.

（1）用过程方程证明绝热线比等温线陡些；

（2）用分子运动论的观点说明绝热线比等温线陡的原因.

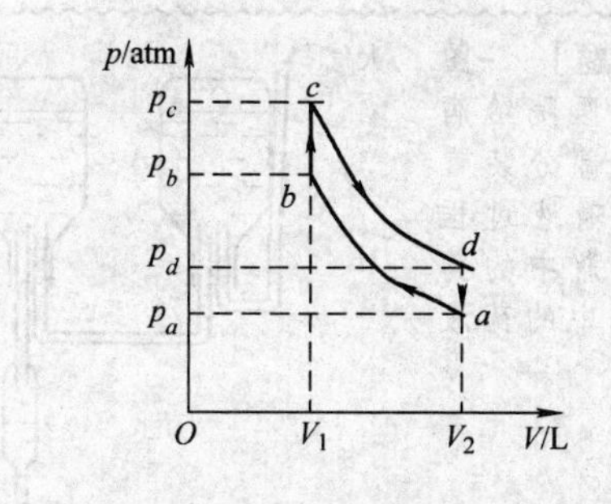

习题 11-16 图

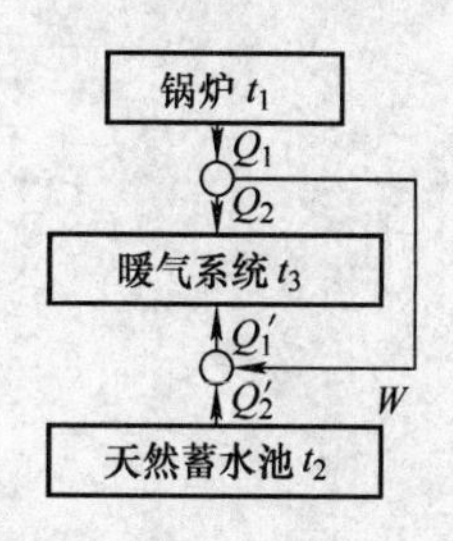

习题 11-17 图

［自测题］ 图 12-0 所示是医院给病人连续输的部分装置示意图，在输液过程中，试问 B 瓶中的药液还是 A 瓶中的药液先输完？

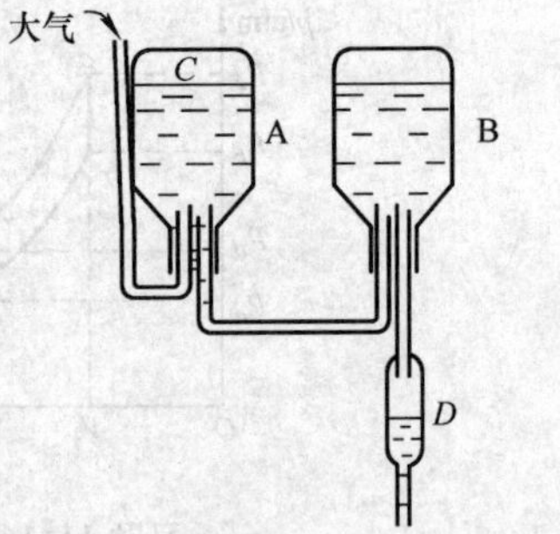

图 12-0

第 12 章　气体动理论

热力学从宏观上研究了物质热现象的规律．本章将从气体动理论出发，以气体作为研究对象，描述气体分子热运动的图像；运用统计方法，对表征气体宏观性质的宏观物理量（压强、温度等）与表征气体分子运动的微观物理量（分子速率、分子动能等）之间的关系进行讨论，以阐明宏观物理量的微观本质．

12.1　气体动理论的基本观点

人们对宏观物体的物质组成和内部的物质运动，经过长时期的实验和理论研究，建立了气体动理论，它是以下述三个基本观点为基础的．

1. 宏观物体（固体、液体和气体等）**是由大量不连续的、彼此有一定距离的微小粒子——分子或原子所组成的．**

上一章说过，1mol 任何物质拥有 $N_A = 6.02 \times 10^{23}$ 个分子（即阿伏加德罗常数）．可见，寻常的物质中所含的分子数是巨大的，这也表明分子是非常微小的．如果把分子看成小球，则分子的直径一般仅为几个埃（Å）[⊖]

物质虽然含有大量分子，但分子之间仍存在空隙而保持着一定距离，即物质结构是不连续的．例如，向自行车内胎打气时，可以将外界空气大量压缩到车胎里去，说明在通常条件下的气体，其内部的分子之间存在着很大的空隙．并且，实验证明，在液体和固体的分子间也存在间隙．

2. 一切宏观物体内的大量分子都在做永不停息的无规则运动．

例如，人们在抽香烟时，周围空间就会弥漫着烟味，使空气污染，这是由于尼古丁、焦油等分子的无规则运动而与周围空气均匀混合、相互渗透的结果，这种现象称为气体的**扩散**．气体的扩散现象在一般情况下是十分显著的．液体和固体的分子也存在扩散现象，不过其扩散的速度远比气体的扩散来得慢．

⊖　$1\text{Å} = 10^{-10}\text{m}$．

1827 年，英国植物学家布朗（R. Brown，1773—1858）用显微镜观察到悬浮在水中的植物小颗粒（例如花粉），尽管外界的干扰极轻微，但它们还是永远在做不规则的无定向的运动. 颗粒的这种运动叫作**布朗运动**. 后来，经过多次实验，肯定了这种运动并不是外界影响（如振荡、气流、温度等）所引起的，而是不规则运动的水分子对水中的小颗粒不停地冲击的结果. 由于水分子在不停地运动着，水中的小颗粒必然要受到来自四面八方的水分子的碰撞，每一时刻来自各个方向的碰撞经常不同，颗粒必然要沿冲击力较大的方向运动. 在某一时刻，沿某一方向运动；到下一时刻，对颗粒的碰撞作用可能在另一方向上较大，于是，颗粒的运动方向就要改变. 可见，颗粒运动的不规则性，间接反映了水分子运动的不规则性. 图 12-1 表示在显微镜的观察下，每隔一定时间所记录下来的一个颗粒的位置.

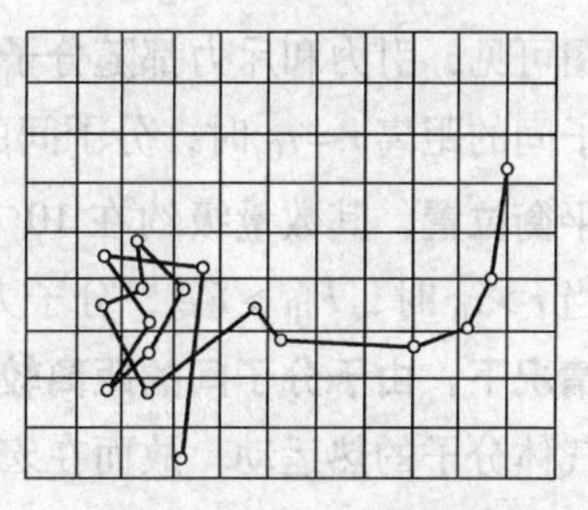

图 12-1　布朗运动中微粒的运动轨迹

在不同的温度下，观察悬浮在同一液体中的同一种的布朗颗粒时，可以发现液体温度越高，颗粒的布朗运动越激烈，这也间接地充分说明了大量分子的无规则运动，其剧烈程度与温度有关. 正是由于大量分子的无规则运动与温度有关，所以把这种运动叫作**分子的热运动**.

可以观察到，悬浮在气体中的灰尘、烟雾等小颗粒也有类似于上述的布朗运动，这说明气体分子的运动也是不规则的.

3. 分子之间存在着相互作用力

液体和固体的分子能聚集在一起而不飞散，说明组成物质的分子间存在着相互吸引力. 在钢杆受拉力作用而被拉伸时，分子间的距离变大，因而会产生抵抗伸长形变的弹性力，这就是分子间存在相互吸引力的宏观表现；在钢杆受压力作用而被压缩时，分子间的距离变小，因而会产生抵抗压缩形变的弹性力，这说明，分子间除了存在相互吸引力外，还存在着相互间的排斥力. 气体和液体具有流动性，说明分子之间的引力较弱；但若压缩气体或液体使之体积变小时，它们就有一种反抗体积变小的体变弹性力，这反映了气体或液体的分子之间也存在着排斥力. 由此可见，**物质分子间同时存在着引力和斥力这样的相互作用力**，其强弱与分子间的距离有关. 物质的三种聚集态（固态、液态和气态）就是通过其间分子的相互作用力而形成的.

分子间吸引力和排斥力的合力称为分子力[⊖]，其值远大于两个分子间的万有引力. 物质分子间相互作用力的大小随分子间的距离而变化. 图 12-2a 绘出了两个分子之间作用力的大小随分子间距离的变化曲线. 其中虚线表示分子间的引力 $F_{引}$ 和斥力 $F_{斥}$ 随分子之间距离 r 而变化的曲线. 二者之和，就是图上用实线表示的**分子力 F 随距离 r 变化的曲线**. 由

⊖ 同类分子之间所存在的相互作用的分子力，称为**内聚力**. 对异类分子而言，当分子之间的距离小于分子力的作用范围时，也能产生相互作用力，这种分子力称为**附着力**. 例如，从水中拔出的玻璃棒上附有一层水膜，就是由于附着力作用的结果.

图可见，引力和斥力都随分子间距离 r 的增加而减小，但斥力要比引力减小得更快，当分子间的距离 $r=r_0$ 时，分子间的引力和斥力大小相等而相互平衡，即分子力 $F=0$，r_0 称为**平衡位置**，其数量级约在 10^{-10}m 左右. 当 $r<r_0$ 时，$F_{斥}>F_{引}$，分子力 F 表现为斥力；当 $r>r_0$ 时，$F_{引}>F_{斥}$，分子力 F 表现为引力，如图 12-2b 所示，**对于气体来说，在通常情况下，由于分子间的距离较大，分子间的相互作用力甚小而可忽略不计**，基本上不影响气体分子的热运动. 故而在宏观上表现为气体总是充满整个容器，且较易压缩.

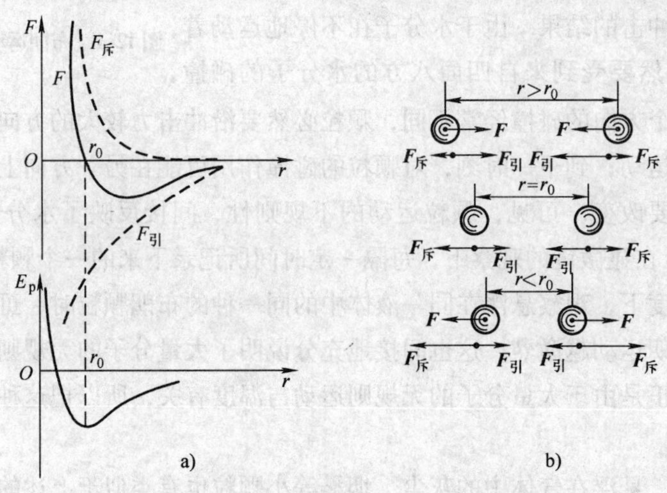

图 12-2　分子力和分子相互作用势能

顺便指出，当分子间相互接近而斥力增大到无法使它们之间再接近时，相应的距离 d 称为分子的**有效直径**. 通常所说的分子直径就是指有效直径，其次，大量分子在做无规则运动时所发生的分子间碰撞过程，并不是我们平常所理解的那种直接接触的碰撞，而是指分子间非常接近时出现强大斥力而被弹开的过程.

分子间相互作用的分子力既与分子间距离（或相对位置）有关，那么可以设想，将一对分子拉开，就得施拉力，以克服两分子间的引力；将一对分子挤拢，就要施压力，以克服两分子间的斥力. 而所施外力（拉力、压力）在改变分子间距离的过程中所做的功，就转变为分子间**相互作用的势能**. 这好比外力反抗物体的重力而将物体提高（即增大了物体与地球之间相对位置的距离）时所做的功，转变为物体与地球间的重力势能一样. 分子间相互作用势能 E_p 与分子间距离 r 的关系如图 12-2a 下方的曲线所示. 由图可见，对应于 $F=0$ 的分子间距离 r_0 时，势能最小，分子处于稳定状态. 当分子间的位置偏离 r_0 时，将使分子的势能增加，分子便处于不稳定状态，这时的分子力 $F\neq 0$，于是，分子具有力图回到势能较低状态的趋势.

利用图 12-2a 所示的分子力曲线和分子相互作用势能曲线，可以解释气体、液体和固体的一些物理性质.

综合上述三点，使我们对分子及其运动有了全貌性的初步了解，即**物质都是由大量分子（或原子）组成的；分子都在永不停息地做无规则运动；分子间存在相互作用力**. 这就是气体动理论的基本观点.

12.2　气体分子热运动及其统计规律性

本节首先为读者提供一幅气体内大量分子热运动的图景；然后引述大量分子热运动所表现出来的统计规律性.

12.2.1　气体分子的热运动

根据气体动理论（见12.1节），我们将进一步对气体分子热运动的景象做一番描绘. 在通常的状态下，气体中分子之间的距离是很大的㊀，它不像液体或固体中的分子排列得较为紧密. 因此，我们可以将气体看作是彼此有很大间距（相对于分子本身大小来说）的大量分子的聚集体. 在气体中，由于分子的分布相当"稀疏"，即分子间的距离相当大，分子与分子之间的相互作用力，除了在热运动过程中相互碰撞的那个瞬间以外，是极其微小的. 这样，分子在相继两次碰撞之间所经历的一段路程上，由于未与其他分子相碰撞，并且，其他分子对它作用的分子力也微不足道，因此，分子几乎是做匀速直线运动的. 由此可以认为，气体分子的热运动，乃是在它的惯性所支配下的自由运动.

读者以后通过计算可以了解到，在连续相继的两次碰撞之间，分子自由运动所经历的路程平均约为10^{-5}cm，而分子热运动的平均速率很大，通常在数百米·秒$^{-1}$左右. 因此，平均地说，大约经过10^{-10}s就会碰撞一次，也就是说，在1s内，一个分子估计要遭受数十亿次碰撞. 分子相互碰撞的时间约等于10^{-13}s，这一时间远比分子自由运动所经历的平均时间10^{-10}s为小（约为后者的千分之一）.

我们说过，气体的分子在做永不停息的热运动，同时，由于构成气体的分子数目很大，因此导致分子间的频繁碰撞. 当一个分子与另一个分子碰撞时，可以认为，像一对小球碰撞一样，它们服从力学中的动量守恒定律和能量守恒定律，进行动量和能量的交换（见2.7节），结果就各自改变了速度的大小和方向，而各向其他方向飞散，直到下一次碰撞为止. 设想我们去追随气体中某个分子（如图12-3中的黑点）的运动. 那么，将会看到，这个分子忽而左，忽而右，忽而前，忽而后. 有时快，有时慢. 分子的动能也时大时小. 它所经历的路程如图12-3所示，是一条不规则的折线（如折线路程$BCD\cdots N$）. 在两次连续碰撞之间，分子做自由运动所经过的直线路程（如线段BC、CD、…），称为**自由程**. 自由程也有长有短. 对气体中的其他分子来说，其运动情况，也像上面所说那样的杂乱无章. 因此，气体中的大量分子是在做永不停息的、杂乱无章的热运动，而造成气体分子这种不规则运动（即分子的速度、动能、自由程瞬息万变）的原因，就是分子与其他分子或器壁的碰撞. 分子碰撞是气体中产生某些物理现象的重要机制. 例如，气体从非平衡态到平衡态的过渡；大量分子对器壁碰撞而

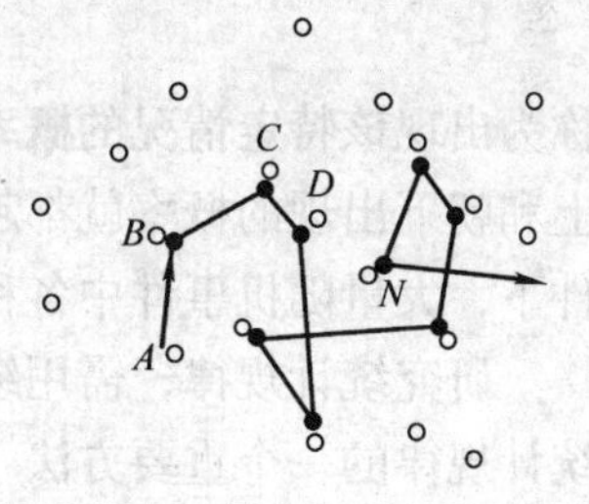

图12-3　气体分子的碰撞

㊀ 例如，氧分子的体积约为10^{-23}cm^3. 在标准状态下，在1cm^{3}的氧内有2.7×10^{19}个分子，因此每个分子所分摊到的空间体积约为0.4×10^{-19}cm^3. 比较氧分子本身的体积（10^{-23}cm^3）和一个氧分子所分摊到的空间体积这两个数字的大小，就可知道分子在空间的分布是很稀疏的.

形成气体的压强；等等.

12.2.2　大量分子热运动服从统计规律性

从上述大量分子热运动的图景中，我们看到，每个分子的运动状态和运动状态的变化历程是各不相同的，带有很大偶然性，因而也是不规则的. 但对大量分子的聚集体（即总体）来说，运动却表现出确定的规律性，这就是所谓的统计规律性. 下面我们对统计规律性做一简介.

读者不难体察，在自然界和社会生活中所发生的现象，一种是**确定性**的，例如，在标准大气压下（1.013×10^5Pa），纯水加热到100℃必然会沸腾；还有一种现象是**偶然性**的，它的发生可能具有多个结果，而究竟发生哪一个结果，事先不能预测，这就是一种**随机现象**. 随机现象的每一个表现或结果，叫作一个**随机事件**（亦称**偶然事件**）. 例如，掷一次硬币，就是一个随机现象，它的“正面朝上”或“正面朝下”则是这个现象中的两个随机事件，它们的出现完全是偶然的. 如果我们在相同的条件和环境下，把硬币投掷上万次，每次把硬币出现正面朝上或朝下的结果记录下来，并把这上万次的大量随机事件进行统计，结果表明，正面朝上和正面朝下出现的次数大致相等，即两种情况出现的可能性近乎一样. 这就是大量随机事件显示出来的一种所谓**统计规律性**.

统计规律性主要表现为：在一定条件下，当一类随机事件的总数 N（例如，上述投掷硬币出现正面朝上和朝下的总次数）趋向无限大时，其中，出现某种特定情况（例如出现正面朝上）的数目 n 与总数 N 之比 n/N 趋向于一个极限值 P. 我们把

$$P=\lim_{N\to\infty}\frac{n}{N}\tag{12-1}$$

称为出现该特定情况的**概率**. 例如，在上述投掷硬币时，随着投掷次数愈来愈多，正面朝上和朝下出现的概率就都趋近于一个稳定的极限值，即 $P_{上}=P_{下}=1/2$. 可见，在一定条件下，大量随机事件中各种可能情况出现的概率是一定的.

研究统计规律，需用统计方法. 根据大量随机事件的各种结果求其统计平均值，是求统计规律的一个重要方法.

在气体动理论中，我们往往用统计方法，来描述大量气体分子在总体上所显示的统计规律性. 在下一节中，我们将看到，当气体在宏观上处于一定的平衡态时，这种统计规律性表现为压强、温度等宏观量和个别分子的动能、速度等统计平均值之间的相互关系，从而揭示了宏观现象及其规律的微观本质.

当气体处于平衡态时，我们测得容器内气体各部分的密度是相同的. 尽管这时由于分子的热运动，容器内气体各部分的分子跑进跑出，但是，气体中各部分每单位体积内的分子个数是相同的. 由此可以推断，当气体处于平衡态时，分子沿各方向运动的机会是均等的，没有任何一个方向上气体分子的运动比其他方向更为显著. 就大量分子统计平均来说，**沿着空间各个方向运动的分子数目应该相等，分子速度在各个方向上的分量的平均值也应该相等**[㊀].

㊀ 不然的话，将导致气体中各部分的密度不相同，由此也会造成气体内各处的压强、温度等宏观状态参量的不一致，这就不是气体的平衡态了.

必须指出，以上所述都是对无规则运动的大量分子统计平均的结果；这种大量分子总体所体现出来的统计规律性，与个别分子做无规则运动时所遵循的力学规律在性质上是完全不同的.

问题12-1 （1）简述气体分子热运动的图景，并列举气体分子热运动的自由程、平均速率、每秒钟碰撞次数等的数量级.

（2）何谓统计规律性？它在什么情况下适用？

12.3 理想气体的压强公式及温度的统计意义

现在，根据气体动理论的基本观点，运用统计方法来研究理想气体的压强及其微观本质，并阐释温度的统计意义.

12.3.1 理想气体的微观模型

在上节中，我们从气体动理论的基本观点出发，描述了气体分子热运动的图景. 在此基础上，考虑到常温常压下的气体可当作理想气体，因此，对理想气体从微观上可做出如下的假设：

（1）分子本身的大小比起分子间的平均距离来，要小得多，故可将分子视作质点，它们的运动遵从牛顿运动定律.

（2）分子与分子间或分子与器壁间的碰撞是完全弹性的.

（3）分子间的平均距离相当大，因此除碰撞时外，分子间相互作用的分子力可以忽略不计，重力的影响也可略去，故气体中每个分子在碰撞前后都在做相应的匀速直线运动.

根据这些假定所得到的虽是一个粗略的气体模型，但是由此推得的结果是符合理想气体性质的，因此，可作为理想气体的微观模型，并且在一定范围内，可用来解释真实气体的基本性质.

12.3.2 理想气体的压强公式

容器中大量气体分子对器壁不断碰撞的结果，使器壁受到宏观上可以测量出来的压强. 压强是描述气体基本性质的一个物理量.

为了计算方便，假设有一个边长为l_1、l_2及l_3的长方体容器，体积为$V=l_1l_2l_3$，其中有N个同类分子，每个分子的质量为m. 由于在平衡状态时，气体内各处的压强完全相同，因此，我们只要计算与Ox轴垂直的器壁A_1面的压强（见图12-4a）就可以了.

先研究一个分子α，其速度为$\boldsymbol{v}$，速度分量为v_x、v_y及v_z（图12-4b）. 因为分子与器壁的碰撞是完全弹性的［假设（2）］，而且只有在碰撞时，分子α与器壁间才有力的作用［假设（3）］，所以，分子α与A_1面碰撞时，它在Ox轴方向的分速度由v_x改变为$-v_x$，而和A_2面碰撞时，再由$-v_x$改变为v_x，与其他面的碰撞，不影响Ox轴方向的分速度. 这样，分子α每与A_1面碰撞一次，动量就相应地发生改变.

$$(-mv_x)-(mv_x)=-2mv_x$$

根据动量定理，上述动量的改变量应等于A_1面的器壁对分子α的作用力F_α的冲量$F_\alpha\Delta t$，

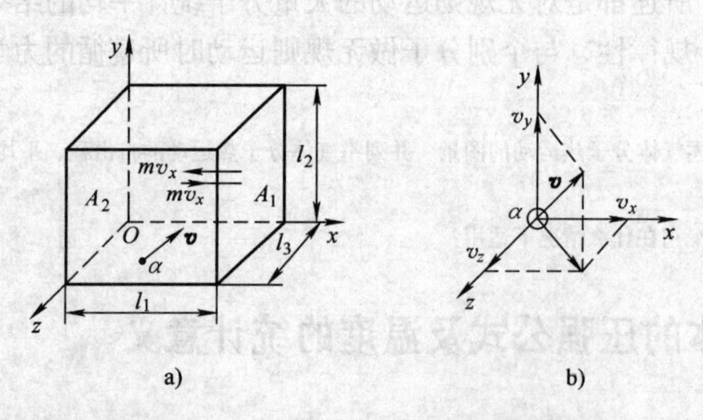

图 12-4　气体分子动理论压强公式的推导

Δt 为力 F_α 的作用时间，亦即，器壁对分子 α 的作用力的大小为

$$F_\alpha = \frac{-2mv_x}{\Delta t}$$

力 $\boldsymbol{F}_\alpha$ 的方向从右向左，与 Ox 轴方向相反. 按牛顿第三定律，此时，分子 α 对 A_1 面必有等值反向的反作用力，其方向从左向右，与 Ox 轴方向相同，这就是分子 α 与器壁碰撞一次时对器壁的作用力，即

$$F'_\alpha = -F_\alpha = \frac{2mv_x}{\Delta t}$$

由于分子 α 沿 Ox 轴方向所经过的路程决定于它在 Ox 轴方向的速度分量 v_x，而与速度分量 v_y、v_z 无关. 所以，无论分子 α 的速度方向如何，由于分子的大小不计，分子 α 与 A_1 面做连续两次碰撞之间，它沿 Ox 轴方向经过的距离总是 $2l_1$ ［假设（1）］，因此所需时间为$\frac{2l_1}{v_x}$，这样，在单位时间内（即 $\Delta t = 1\text{s}$），就要与 A_1 面碰撞 $1/(2l_1/v_x) = \frac{v_x}{2l_1}$次. 因而，在 $\Delta t = 1\text{s}$ 内，分子 α 对器壁的作用力 F'_α为

$$F'_\alpha = (2mv_x)\frac{v_x}{2l_1}$$

上面只讨论了一个分子对器壁碰撞时的作用力，这个力显然只是间歇性的打击，而不是连续的，但是，实际上，容器中有大量的分子对 A_1 面做连续不断的碰撞，这样，在任何时间内，A_1 面受到的力可以看作是**连续的**. 这个力的大小应等于单位时间内全部分子对 A_1 面的作用力，即

$$F = \sum_i F'_i = 2mv_{1x}\frac{v_{1x}}{2l_1} + 2mv_{2x}\frac{v_{2x}}{2l_1} + \cdots + 2mv_{Nx}\frac{v_{Nx}}{2l_1}$$

式中，v_{1x}、v_{2x}、⋯、v_{Nx}是各个分子速度沿 Ox 轴方向的分量，由于容器中每个分子都在做无规则的热运动，因此，我们可以利用统计方法，对上式右端寻求大量分子速度的统计平均值. 按气体压强的定义，由上式可得 A_1 面所受的压强为

$$p = \frac{F}{l_2 l_3} = \frac{m}{l_1 l_2 l_3}(v_{1x}^2 + v_{2x}^2 + \cdots + v_{Nx}^2) \tag{a}$$

$$= \frac{Nm}{l_1 l_2 l_3}\left(\frac{v_{1x}^2 + v_{2x}^2 + \cdots + v_{Nx}^2}{N}\right)$$

式中，括弧内的物理量称为分子沿 Ox 轴方向速度分量的**平方的平均值**$\overline{v_x^2}$，它和分子速度的关系如下：因为

$$v_1^2 = v_{1x}^2 + v_{1y}^2 + v_{1z}^2$$
$$v_2^2 = v_{2x}^2 + v_{2y}^2 + v_{2z}^2$$
$$\vdots$$
$$v_N^2 = v_{Nx}^2 + v_{Ny}^2 + v_{Nz}^2$$

把各式两边相加，并同除 N，得

$$\frac{v_1^2 + v_2^2 + \cdots + v_N^2}{N} = \frac{v_{1x}^2 + v_{2x}^2 + \cdots + v_{Nx}^2}{N} + \frac{v_{1y}^2 + v_{2y}^2 + \cdots + v_{Ny}^2}{N} + \frac{v_{1z}^2 + v_{2z}^2 + \cdots + v_{Nz}^2}{N}$$

上式右边三项各表示沿坐标轴 Ox、Oy、Oz 三方向速度分量的平方的平均值$\overline{v_x^2}$、$\overline{v_y^2}$、$\overline{v_z^2}$，左边一项则表示所有分子速度的平方的平均值$\overline{v^2}$，因此，得

$$\overline{v^2} = \overline{v_x^2} + \overline{v_y^2} + \overline{v_z^2} \tag{b}$$

由于在平衡状态下容器中气体的密度到处是均匀的，因此，对于大量分子来说，我们可以假定分子沿各个方向运动的机会是均等的，没有任何一个方向气体分子的运动比其他方向更为显著. 这一假定从统计意义上来说，就是在任一时刻沿各个方向运动的分子数目相等，分子速度在各个方向的分量的各种平均值也相等. 所以，对大量分子而言，三个速度分量的平方的平均值应该相等，即

$$\overline{v_x^2} = \overline{v_y^2} = \overline{v_z^2} \tag{c}$$

故从式（b）、式（c）可解得

$$\overline{v_x^2} = \overline{v_y^2} = \overline{v_z^2} = \frac{1}{3}\overline{v^2}$$

代入式（a），并设 $n = \dfrac{N}{l_1 l_2 l_3}$为分子数密度，则得压强为

$$p = \frac{nm}{3}\overline{v^2}$$

或

$$p = \frac{2}{3}n\left(\frac{1}{2}m\,\overline{v^2}\right) \tag{12-2}$$

式（12-2）称为**理想气体的压强公式**，它表明，压强正比于分子数密度 n 和分子的**平均平动动能**$\dfrac{1}{2}m\,\overline{v^2}$.

虽然在推导压强公式的上述过程中，我们采取容器的形状为长方体，而且认为分子的质量皆相等，它们之间的碰撞是完全弹性的［假设（2）］，在碰撞时，彼此交换速度[⊖]. 但是，事实上只要满足前述有关理想气体微观模型的三个假定，则式

⊖　当分子 α 与某个分子做弹性碰撞时，被碰撞的那个分子将取代分子 α，以等同于分子 α 的速度前进，这样，依此相继地取代过去，宛如分子 α 一往直前，沿途未与其他分子发生碰撞一样.

(12-2) 就是普遍正确的.

式 (12-2) 是气体动理论的基本公式之一. 压强公式建立了压强 p 这个宏观量与分子平均平动动能之间的联系，它描述了大量分子集体的行为，所以，压强具有统计意义. 亦即，压强是由大量分子对器壁的碰撞而产生的. 由于大量分子对器壁的碰撞，使器壁受到一个持续的、均匀的压强，正如密集的雨点打到雨伞上，使我们感受到一个均匀的压力一样. 实际上，这一均匀性只是对于我们测量尺度而讲的，因为我们测量一个压强值所花的时间，比器壁受到分子碰撞的时间间隔要长得多. 如果我们能够分别记录每一个分子的个别碰撞，那么，将看到这个均匀压强不过是气体分子对器壁非常密集的间歇性打击罢了!

压强公式 (12-2) 中左端的宏观量 (压强) 是可以直接从实验测量出来的，右端的分子平均平动动能是不能直接量度的，故上式无法直接用实验验证. 但是从式 (12-2) 出发，可以满意地解释或推证许多已经验证过的实验规律. 所以，我们认为，压强公式 (12-2) 在一定的程度上足够正确地反映了客观实际.

12.3.3 温度的统计意义

根据上述气体压强公式以及理想气体状态方程，可以对温度这一宏观量做出微观解释.

将理想气体状态方程 $p = nkT$ 与气体压强公式 (12-2) 比较，则有

$$\frac{2}{3}n\left(\frac{1}{2}m\overline{v^2}\right) = nkT$$

或

$$\bar{\varepsilon}_k = \frac{3}{2}kT \tag{12-3}$$

式中，$\bar{\varepsilon}_k = \frac{1}{2}m\overline{v^2}$，即分子的平均平动动能. 式 (12-3) 常称为**能量公式**，这是气体动理论中继压强公式之后的另一个重要公式. 它指出气体分子热运动的平均平动动能与温度有关，即与气体的热力学温度 T 成正比，而与气体的性质无关. 换句话说，理想气体分子的平均平动动能在相同的温度下都是相等的. 因此，如果说甲气体和乙气体有相等的温度，从气体动理论的观点来看，甲气体和乙气体的分子平均平动动能是相等的. 若甲气体比乙气体的温度高些，就是指甲气体分子的平均平动动能比乙气体分子的平均平动动能大些. 温度越高，分子平均平动动能越大，分子热运动越剧烈. 温度是大量粒子热运动剧烈程度的量度. 而式 (12-3) 表明，理想气体的**热力学温度就是气体分子平均平动动能的量度**. 这就是温度的微观本质.

如果在式 (12-3) 中，令 $T = 0$，可得 $\frac{1}{2}m\overline{v^2} = 0$，或者说在热力学温度等于零时，理想气体分子似乎将停止热运动. 实际上，理论和实验证明，热力学温度 T 不可能达到零; 即使在 $T \to 0$ 时，分子或原子内部仍保持某种形态的运动 (如振动等)，物质内的运动永远不会停止，因而分子的动能也并不为零.

应当指出，温度与压强一样，也是大量分子热运动的集体表现，因此也具有统计意义. 对于个别分子，要说它的温度有多少开，那是没有意义的.

例题 12-1 试证理想气体的**道尔顿** (J. Dalton, 1766—1844) **分压定律: 在一定温度下，混合气体的总压强,**

等于互相混合的各种气体的分压强之和.

证明　设一容器中装有几种气体，第一种气体的分子数密度为 n_1，第二种气体的分子数密度为 n_2，…，则单位体积中的总分子数为

$$n=n_1+n_2+\cdots$$

因为在同一温度下，平均平动动能与气体性质无关，所以由式 (12-2)，可得总压强为

$$\begin{aligned} p &= \frac{2}{3}n\left(\frac{1}{2}m\overline{v^2}\right)=\frac{2}{3}(n_1+n_2+\cdots)\left(\frac{1}{2}m\overline{v^2}\right) \\ &= \frac{2}{3}n_1\left(\frac{1}{2}m\overline{v^2}\right)+\frac{2}{3}n_2\left(\frac{1}{2}m\overline{v^2}\right)+\cdots=p_1+p_2+\cdots \end{aligned} \tag{12-4}$$

式中，p_1、p_2、…为容器中依次只装着原有数量的第一种气体、第二种气体、…时所产生的压强，称为**分压强**. 式 (12-4) 即为理想气体的道尔顿分压定律的表述形式，这与实验归纳得出的结果相一致.

例题 12-2　一容器中，如果气体非常稀薄，通常就说这个容器是"**真空**"的㊀，容器中气体稀薄的程度叫作**真空度**. 真空度用气体的压强来表示. 压强越小，就说真空度越高. 真空技术在电子管、显像管的制造及真空冶炼、真空镀膜等方面有广泛应用.

今有一体积为 10cm^3 的电子管，当温度为 300K 时用真空泵抽成高真空，使管内压强为 666.5×10^{-6}Pa，问管内有多少气体分子？这些分子总的平均平动动能是多少？

解　已知气体体积 $V=10\text{cm}^3=10^{-5}\text{m}^3$，温度 $T=300\text{K}$，压强 $p=666.5\times10^{-6}\text{Pa}$. 玻耳兹曼常数 $k=1.38\times10^{-23}\text{J}\cdot\text{K}^{-1}$. 设管内总分子数为 N，则由

$$p=nkT=\frac{N}{V}kT$$

得

$$N=\frac{pV}{kT}=\frac{666.5\times10^{-6}\text{Pa}\times10^{-5}\text{m}^3}{1.38\times10^{-23}\text{J}\cdot\text{K}^{-1}\times300\text{K}}=1.61\times10^{12}\text{个}$$

按式 (12-2)，有

$$p=\frac{2}{3}n\left(\frac{1}{2}m\overline{v^2}\right)=\frac{2N}{3V}\left(\frac{1}{2}m\overline{v^2}\right)$$

从上式可得分子的总平均平动动能为

$$E_\text{k}=N\left(\frac{1}{2}m\overline{v^2}\right)=\frac{3}{2}pV$$

代入已知数据，得分子的总平均平动动能为

$$E_\text{k}=\frac{3}{2}\times666.5\times10^{-6}\text{Pa}\times10^{-5}\text{m}^3\approx10^{-8}\text{J}$$

说明　再三叮咛，在计算过程中，一般要把单位统一换算成国际制单位. 例如，在本题中，k 的单位用 $\text{J}\cdot\text{K}^{-1}$，压强的单位应化为 Pa，体积单位要用 m^3.

问题 12-2　(1) 导出压强公式及能量公式 $\frac{1}{2}m\overline{v^2}=\frac{3}{2}kT$，并说明它们的意义. 为什么说这些公式不能单纯由力学定律推导出来？

(2) 乒乓球瘪了，放入热水中又能鼓起来，这是否由于热胀冷缩所致？为什么？又如，热水瓶的瓶塞有时为什么会自动跳出来？试解释之.

(3) 利用压强公式等解释气体的三条实验定律的微观意义.

(4) 对一定质量的某种气体来说，当 T 不变时，气体的 p 随 V 的减小而反比地增大（波意耳定律）；

㊀ 所谓"真空"，是说容器中的空间里没有由分子、原子构成的任何物质. 但实际上这是不可能的. 平时，所达到的真空，只是说那个空间里的气体极其稀薄，气体分子的数密度 n 很小，压强远远低于一个大气压，所以，真空只具有相对的意义（即相对于大气压而言）.

当 V 不变时，p 随 T 的升高而正比地增大（查理定律）. 从宏观来看，这两种变化同样使 p 增大；从微观来看，它们是否有区别？

（5）两瓶气体，种类不同，分子平均平动动能相同，但气体的密度不相同，它们的温度相同吗？压强相同吗？

12.4 能量按自由度均分定理 理想气体的内能

本节讨论气体在平衡态下分子能量所遵循的统计规律，即能量按自由度均分定理. 据此，可用来计算理想气体的内能和热容.

在讨论分子热运动能量时，应考虑分子各种运动形式的能量. 实际上，由于气体分子本身具有一定的大小和较复杂的内部结构，因此，分子除平动外，还会有转动和分子内原子的振动；相应地，分子不仅具有平动动能，还可能存在转动动能和振动动能. 为了计算分子各种运动形式的能量，先介绍物体自由度的概念.

12.4.1 自由度

完全确定一物体在空间位置所需的独立坐标数目，叫作这个物体的自由度.

决定一个在空间任意运动的质点的位置，需要三个独立坐标，如 x、y、z，因此质点有三个自由度，它们都是平动自由度. 若由 N 个互相独立的质点组成一个系统，则该系统应有 $3N$ 个自由度.

如果对质点的运动加以限制（约束），把它限制在一个平面或曲面上运动，这样的质点就只有两个自由度了. 若限制质点在一条给定的直线或曲线上运动，则质点就只有一个自由度. 把飞机、轮船和火车头当作质点看，则在天空中任意飞行的飞机有三个自由度，在海面上任意航行的轮船有两个自由度，在路轨上行驶的火车头只有一个自由度.

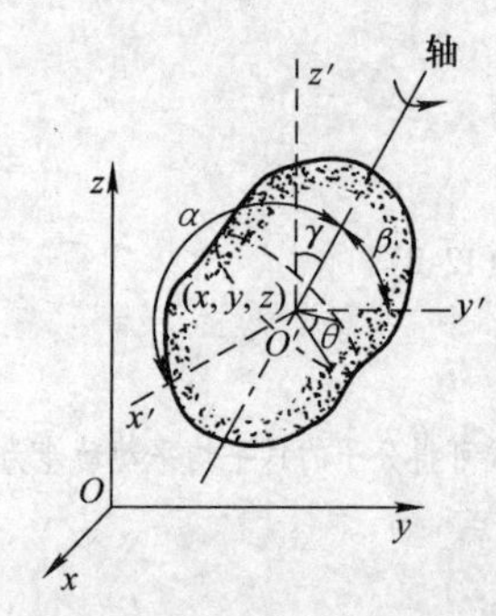

图 12-5 刚体的自由度

一个刚体在空间做任意运动时，除平动外还有转动（图 12-5）. 它的运动可以分解为质心的平动及绕通过质心的轴的转动. 其中：①为了确定质心 O' 在平动过程中任一时刻的位置，需要三个独立坐标 x、y、z，即刚体有三个平动自由度；②与此同时，为了确定刚体绕通过质心 O' 的轴的转动状态，首先要确定该轴在空间的方位，这可用三个方向余弦（$\cos\alpha$、$\cos\beta$、$\cos\gamma$）表示，但由于三者存在着 $\cos^2\alpha+\cos^2\beta+\cos^2\gamma=1$ 的关系，所以，三个量中只有两个是独立的，即确定转轴方位的自由度仅有两个；其次要确定刚体绕该轴的转动，可用转角 θ 表示，这就又有一个自由度. 这样，刚体绕通过质心的轴的转动，共有三个转动自由度.

因此，任意运动的刚体共有六个自由度，即三个平动自由度和三个转动自由度. 当刚体的运动受到某种限制时，它的自由度将减少. 若把刚体的一点固定，刚体只可绕通过该点的任一轴转动，故只有三个转动自由度；若把刚体的两点固定，它就只能绕通过此两点的连线（转轴）做定轴转动，刚体便只有一个转动自由度.

现在按照上述概念来确定分子的自由度. 从分子的结构上来说，有单原子、双原子、三原子和多原子分子. 单原子分子（如氦、氖、氩等）可看作自由运动的质点，有三个自由度（图12-6a）. 双原子分子（如氢、氧、氮、一氧化碳等）中的两个原子是通过键联结起来的（图12-6b）. 所以，若是把键看作是刚性的（即认为两原子间的距离不会改变），则双原子分子就可看作是两端分别连接一个质点（原子）的直线，因此，需用三个独立坐标（x，y，z）来决定其质心的所在位置，需用两个独立坐标（如α、β）决定其连线的方位，而两个质点绕其连线为轴的转动是不存在的. 这样，双原子分子共有五个自由度：三个平动自由度、两个转动自由度. 三个或三个以上的原子所组成的分子，如果其中原子之间保持刚性连接，则可将其看作是自由运动的刚体（图12-6c），共有六个自由度. 实际上，双原子或多原子的气体分子并不完全是刚性的，在原子间相互作用力的支配下，分子内部还存在着振动，因此，还应有振动自由度.

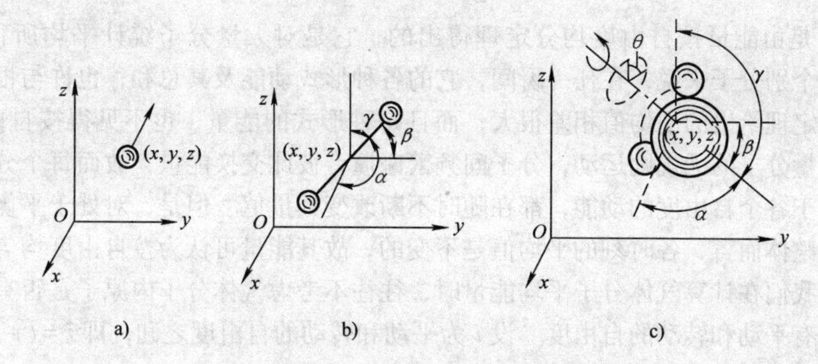

图12-6　分子运动的自由度

a）单原子分子　b）双原子分子　c）三原子分子

12.4.2　能量按自由度均分定理

对理想气体来说，它的内能就是它所具有的动能. 一个理想气体的分子所具有的平均平动动能为

$$\frac{1}{2}m\overline{v^2}=\frac{3}{2}kT \tag{a}$$

式中，$\overline{v^2}=\overline{v_x^2}+\overline{v_y^2}+\overline{v_z^2}$. 分子有三个平动自由度，与此相应，分子的平动动能可表示为

$$\frac{1}{2}m\overline{v^2}=\frac{1}{2}m\overline{v_x^2}+\frac{1}{2}m\overline{v_y^2}+\frac{1}{2}m\overline{v_z^2} \tag{b}$$

前面曾已指出，在平衡态下，大量气体分子沿各方向运动的机会均等，因而

$$\overline{v_x^2}=\overline{v_y^2}=\overline{v_z^2}=\frac{1}{3}\overline{v^2} \tag{c}$$

由式（a）、式（b）、式（c）可得

$$\frac{1}{2}m\overline{v_x^2}=\frac{1}{2}m\overline{v_y^2}=\frac{1}{2}m\overline{v_z^2}=\frac{1}{2}kT$$

上式说明，**温度为T的气体，其分子所具有的平均平动动能$\frac{3}{2}kT$均匀地分配给每一个平动自由度**，因为分子有三个平动自由度，所以相应于每一个平动自由度都分配到相同的平

动动能是 $kT/2$.

这一结论同样可以推广到分子的转动和振动等能量分配上，由于气体分子的无规则运动，不可能有某一种运动形式在运动中特别占优势. 因此，**在平衡状态下，分子的每一个自由度都具有相同的平均动能，其大小都等于$\frac{1}{2}kT$. 这叫作能量按自由度均分定理.**

根据这条定理，如果某种气体的分子有 t 个平动自由度、r 个转动自由度和 s 个振动自由度，则每个分子平均分配到的平动动能为 $t\left(\frac{1}{2}kT\right)$、转动动能为 $r\left(\frac{1}{2}kT\right)$和振动动能为 $s\left(\frac{1}{2}kT\right)$，因此，它的平均总动能为三者之和，即

$$\bar{\varepsilon}=\frac{1}{2}(t+r+s)kT \tag{12-5}$$ ㊀

式（12-5）是由能量按自由度均分定理得出的，它是对大量分子统计平均所得的结果. 实际上，对个别分子来说，在任一瞬间，它的各种形式动能及其总和，也许与根据能量按自由度均分定理给出的平均值相差很大；而且每种形式的能量，也不见得按自由度均分. 这是因为大量分子的无规则运动，分子间频繁碰撞，彼此交换能量，故而每个分子的总动能以及相应于各个自由度的动能，都在随时不断改变其量值. 但是，对处于平衡态的大量气体分子的整体而言，各时刻的平均值是不变的，故其能量可认为按自由度均匀分配.

通常，我们在计算气体分子平均能量时，往往不考虑气体分子内原子是否有振动，这样，分子只有平动和转动的自由度. 设 i 为平动和转动的自由度之和，即 $i=t+r$，则由式(12-5)，一个分子的平均总能量为

$$\bar{\varepsilon}=\frac{i}{2}kT \tag{12-6}$$

问题 12-3　(1) 试述能量按自由度均分定理及其统计意义.

(2) 求一个单原子分子的平均总能量.

(3) 对双原子分子和三原子以及三个原子以上的分子，如不考虑分子内原子的振动，求其平均总能量.

12.4.3　理想气体的内能

任何宏观物体，不论是气体、液体或固体，都是大量分子、原子等微观粒子的集合. 因此，纵然不考虑物体做整体宏观运动所具有的能量，**物体内部由于分子、原子的运动，仍具有一定的能量**，这就是物体的**内能**.

物体的内能与机械能应明确区别. 静止在地球表面上的物体，相对于地球而言，其机械能（动能和重力势能）可以等于零；但物体内部粒子仍在运动着和相互作用着，因此内能永远不等于零.

对于气体来说，除了分子热运动的动能（如平动动能、转动动能和振动动能等）外，由于气体分子之间尚存在相互作用力，故在一定状态下，分子间也具有一定的相互作用势能. **气体的内能就等于其中所有分子热运动的动能和分子间相互作用势能的总和.**

㊀ 实际上，气体分子除具有平动自由度外，它是否可能有转动和振动自由度，需视气体种类和温度而定. 例如，氢分子，在低温时，只可能有平动，在室温时，可能有平动和转动，仅在高温时，才可能有平动、转动和振动；又如，氨分子，在室温时已可能有平动、转动和振动.

对于理想气体，分子之间相互作用忽略不计，因而不存在分子间的相互作用势能. 所以，**理想气体的内能只是分子各种运动形式的动能之和**. 由于我们不考虑分子内原子的振动动能，这样，对温度为 T 的理想气体，若每个分子自由度（包括平动和转动）的总数为 i，则一个分子的平均总能量为$\frac{i}{2}kT$. 1mol 理想气体（含有 N_A 个分子，N_A 是阿伏伽德罗常数）的内能为 $N_A\left(\frac{ikT}{2}\right)$. 质量为 $m(\mathrm{kg})$、摩尔质量为 $M(\mathrm{kg\cdot mol^{-1}})$ 的理想气体的内能为 $E=\frac{m}{M}\cdot N_A\cdot\frac{ikT}{2}$，其中，$N_Ak=R$，即

$$E=\frac{m}{M}\frac{i}{2}RT \tag{12-7}$$

从式（12-7）可见，理想气体的内能只是温度的单值函数，即 $E=f(T)$，其函数的具体形式就是式（12-7）. 它表明，对于一定质量的某种理想气体，从一个状态变化到另一个状态时，不论经历什么过程，也不论其压强和体积如何变化，只要温度保持恒定，则气体的内能也就不变；在不同的状态变化过程中，只要温度的变化量相等，则相应的气体内能的变化量也相等.

有关理想气体内能的这些结论，在热力学一章中已学过.

问题 12-4　(1) 何谓气体的内能？试述理想气体内能的意义及其与气体状态的关系.

(2) 试指出下列各式所表示的物理意义：①$\frac{kT}{2}$；②$\frac{3kT}{2}$；③$\frac{ikT}{2}$；④$\frac{m}{M}\frac{i}{2}RT$.

(3) 设氢和氦的温度相同，摩尔数相同，则对这两种气体的分子，其平均平动动能是否相等？平均总动能是否相等？内能是否相等？

(4) 有两瓶不同的气体，一瓶是氦气，一瓶是氮气，它们的压强相同，温度相同，但体积不同. 问：①单位体积的气体的质量是否相同？②单位体积的气体的内能是否相同？

12.5　气体分子运动的速率分布律

我们说过，气体在某一平衡态下，它的压强 p 和温度 T 相应地具有确定的数值. 而由式（12-2）和式（12-3）

$$p=\frac{2}{3}n\left(\frac{1}{2}m\overline{v^2}\right),\quad \frac{3}{2}kT=\frac{1}{2}m\overline{v^2}$$

可知，p 和 T 的值都与大量分子的统计平均值——速度的平方的平均值$\overline{v^2}$有关. 显然，当某种气体处于给定的温度时，分子速度平方的统计平均值$\overline{v^2}$也是确定的.

于是，我们可以进一步推想：尽管在气体中每个分子以不同的速率沿各个方向做无规则运动，并因彼此间频繁的碰撞而导致分子的速度在不断地改变，且这种变化因碰撞的随机性，而带有偶然性. 但是，就大量气体分子而言，在平衡态下，相应于一定的温度，分子的速度分布具有稳定的统计平均值. 因此，在全部 N 个分子中，具有不同速度 v_1、v_2、…、v_i、…的分子个数在全部分子中所占的份额应是分别确定的.

12.5.1　分子运动的速率分布

在处于平衡态的气体中，各个分子的速率是不同的，有的大，有的小，互有差异. 我

们可以用统计方法做如下的探讨：把分子的速率大小划分成若干相等的间隔 Δv（速率大小的范围），并在某种温度下，将速率大小属于各间隔内的分子数 ΔN 占总分子数 N 的百分比 $\Delta N/N\%$（即相对分子数）用实验测定，如表 12-1 所列，显示在 273K 时空气分子的速率分布情况. 从表上看出，**以低速或高速运动的分子数目都较少**（例如速率在 $100\mathrm{m}\cdot\mathrm{s}^{-1}$ 以下的分子数只占总数的 1.4%，$600\sim700\mathrm{m}\cdot\mathrm{s}^{-1}$ 之间的只占总数的 9.2%），而**多数的分子**（占总数的 21.5%），**它们的运动速率大小都处于中等速率**（$300\sim400\mathrm{m}\cdot\mathrm{s}^{-1}$ 之间），比这速率大的或小的相对分子数都依此递减. 在大量分子的热运动中，分子速率的这种分布情况，对处于任何温度下的不论何种气体来说；大体上都是如此. 这就是**分子速率分布的规律性**.

如果以速率 v 为横坐标，以 $(\Delta N/N)\div\Delta v=\Delta N/(N\Delta v)$，即**单位速率间隔内的相对分子数**作为纵坐标，则表 12-1 给出的速率分布，可以表示成如图 12-7 所示的直方图. 为了能把速率分布的真实情况更详细地反映出来，表 12-1 的速率间隔 $\Delta v=100\mathrm{m}\cdot\mathrm{s}^{-1}$ 就嫌大了，这就需要把速率间隔取得小些. 如果把速率间隔尽可能地划小，便能得到一条平滑的速率分布曲线（图 12-8）. 速率分布曲线下画有斜线的小长条面积为 $\frac{\mathrm{d}N}{N\mathrm{d}v}\cdot\mathrm{d}v=\frac{\mathrm{d}N}{N}$，代表速率在 v 附近的微分区间 $\mathrm{d}v$ 内的分子数目的百分比.

表 12-1　空气分子速率在 273K 时的统计分布

速率间隔（以 $\mathrm{m}\cdot\mathrm{s}^{-1}$ 计）	分子数的百分比 $\Delta N/N$	速率间隔（以 $\mathrm{m}\cdot\mathrm{s}^{-1}$ 计）	分子数的百分比 $\Delta N/N$
100 以下	1.4	400 至 500	20.5
100～200	8.1	500 至 600	15.1
200～300	16.7	600 至 700	9.2
300～400	21.5	700 以上	7.7

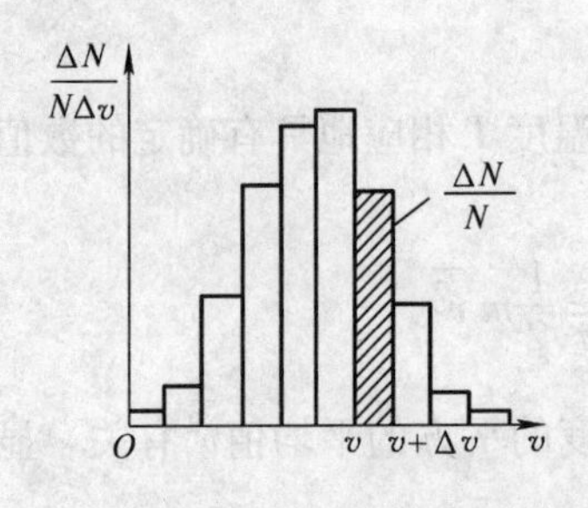

图 12-7　气体分子速率分布的直方图

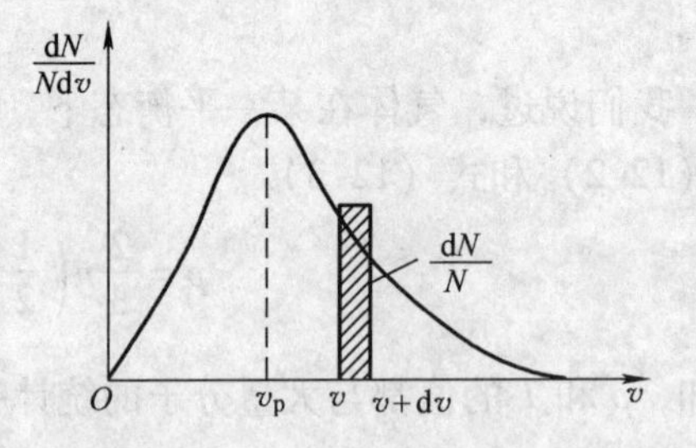

图 12-8　气体分子速率分布曲线

由分子速率分布曲线可见，曲线上任一点的纵坐标 $\frac{\mathrm{d}N}{N\mathrm{d}v}$ 是速率 v 的函数，可用 $f(v)$ 表示，即

$$f(v)=\frac{1}{N}\frac{\mathrm{d}N}{\mathrm{d}v}\tag{12-8}$$

$f(v)$ 称为气体分子的**速率分布函数**，它表示分子在不同速率间隔的分布情况. 因此，若能获得这个函数的具体形式，那么就可以计算分子速率在任一有限范围 v 与 $v+\Delta v$ 之间

的相对分子数，即

$$\frac{\Delta N}{N} = \int_v^{v+\Delta v} f(v)\,\mathrm{d}v \tag{12-9}$$

这相当于速率分布曲线下画有斜线的小长条面积（图 12-8），它代表速率在 v 附近的速率间隔 v 到 $v+\Delta v$ 之间的相对分子数百分比．因此，从数学上来说，速率分布曲线下面的总面积就代表了分布在 $v=0$ 到 $v=\infty$ 整个速率范围内的相对分子数全部百分比之和，此和等于 100%（即全部分子），即为 1，亦即

$$\int_0^{\infty} f(v)\,\mathrm{d}v = 1 \tag{12-10}$$

这叫作速率分布函数 $f(v)$ 的**归一化条件**；它是 $f(v)$ 必须满足的条件．

问题 12-5　（1）试述气体分子速率分布函数的意义；并分别阐明下列各式的含义：

①$f(v)\,\mathrm{d}v$；②$Nf(v)\,\mathrm{d}v$；③ $\int_{v_1}^{v_2} f(v)\,\mathrm{d}v$；④ $\int_{v_1}^{v_2} Nf(v)\,\mathrm{d}v$．

（2）为什么说速率分布函数 $f(v)$ 必须满足归一化条件？

12.5.2　麦克斯韦速率分布律

麦克斯韦（J. C. Maxwell，1831—1879）从理论上导出了气体分子速率分布律，即气体分子速率分布函数：

$$f(v) = 4\pi\left(\frac{m}{2\pi kT}\right)^{\frac{3}{2}} \mathrm{e}^{-\frac{mv^2}{2kT}} v^2 \tag{12-11}$$

式中，m 是一个气体分子的质量；T 是气体的热力学温度；k 是玻耳兹曼常数．由式（12-11）给出的**麦克斯韦速率分布函数**，确定了气体分子数目按速率分布的统计规律，称为**麦克斯韦速率分布律**．这定律可表述为：**在平衡态下，分子速率在 v 到 $v+\mathrm{d}v$ 间隔内的相对分子数的百分比为**

$$\frac{\mathrm{d}N}{N} = f(v)\,\mathrm{d}v = 4\pi\left(\frac{m}{2\pi kT}\right)^{\frac{3}{2}} \mathrm{e}^{-\frac{mv^2}{2kT}} v^2\,\mathrm{d}v \tag{12-12}$$

根据麦克斯韦速率分布函数［式（12-11）］画出的曲线，称为麦克斯韦速率分布曲线．这条曲线基本上与由实验给出的速率分布曲线（图 12-8）相符合．

由式（12-11）可知，气体分子的速率分布和温度有关．不同的温度有不同的分布曲线．图 12-9 给出了两种不同温度下的分布曲线．不难看出，温度升高时，曲线的最高点向速率增大的方向迁移，这是因为温度越高，分子的运动程度愈加剧烈，速率大的分子数目就相对地增多．并且，由于气体总分子数目不变，由归一化条件可知，曲线下的总面积恒等于 1，所以，随着温度的升高，曲线变得较为平坦．

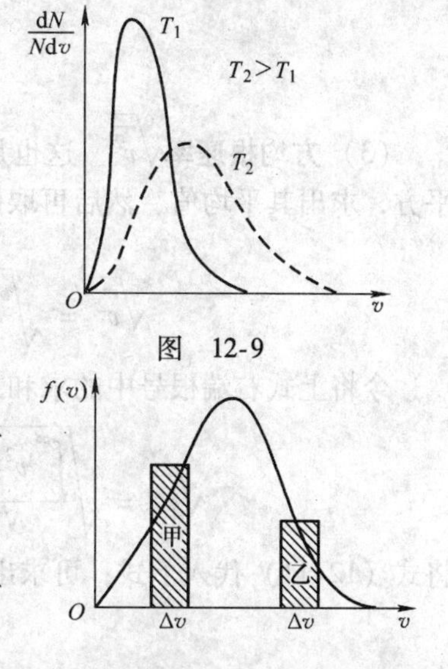

图　12-9

问题 12-6（2）图

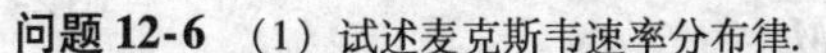

问题 12-6　（1）试述麦克斯韦速率分布律．

（2）试描绘一条如问题 12-6（2）图所示的麦克斯韦速率分布曲线．两个底边相等（均为 Δv）的小矩形甲和乙，面积不相等，这说明了什么？画出 $f(v)$ 为极大值处的横坐标，它表示什

么意义？曲线与横坐标轴之间的总面积表示什么？从曲线形状大致地可看出分子按速率分布有怎样的规律？

12.5.3 分子速率的统计平均值

利用麦克斯韦速率分布函数［式（12-11）］，可以求分子速率的统计平均值.

（1）**最概然速率** v_p　在平衡态下，温度为 T 的一定量气体中，与 $\dfrac{dN}{Ndv}$ 的极大值相对应的速率 v_p，叫作**最概然速率**（图 12-8）. 它的意义是：速率在 v_p 附近的单位速率间隔内的分子数，在总分子数中所占的百分比最大；亦即，分布函数 $f(v)$ 具有极大值. 因此可把式（12-11）的 $f(v)$ 对 v 求导，并令它等于零，可解出最概然速率 v_p，即

$$v_p \approx 1.41\sqrt{\frac{RT}{M}} \tag{12-13}$$

（2）**平均速率** $\bar{v}$　在平衡状态下，气体分子速率有大有小，从统计意义上说，总具有一个平均值. 设速率为 v_1 的分子有 ΔN_1 个，速率为 v_2 的分子有 ΔN_2 个，…. 总分子数 N 是具有各种速率的分子数之和，即 $N=\Delta N_1+\Delta N_2+\cdots$. 平均速率定义为大量分子的速率的算术平均值，即

$$\bar{v}=\frac{v_1\Delta N_1+v_2\Delta N_2+\cdots}{N}=\frac{\sum_i v_i\Delta N_i}{N}$$

将上式右端的求和式 $\sum_i v_i\Delta N_i$ 用积分 $\int_0^\infty v\mathrm{d}N$ 代替，则

$$\bar{v}=\frac{\int_0^\infty v\mathrm{d}N}{N}=\frac{\int_0^\infty vNf(v)\mathrm{d}v}{N}=\int_0^\infty vf(v)\mathrm{d}v$$

将式（12-11）代入上式，可求出平均速率，即

$$\bar{v}\approx 1.60\sqrt{\frac{RT}{M}} \tag{12-14}$$

（3）**方均根速率** $\sqrt{\overline{v^2}}$　这也是表达气体分子热运动的一种统计平均值，即将分子速率平方，求出其平均值，然后再取此平均值的平方根，亦即

$$\sqrt{\overline{v^2}}=\sqrt{\frac{v_1^2\Delta N_1+v_2^2\Delta N_2+\cdots}{N}}=\sqrt{\frac{\sum_i v_i^2\Delta N_i}{N}}$$

今将上式右端根号中的求和式改用积分表示，则上式成为

$$\sqrt{\overline{v^2}}=\sqrt{\frac{\int_0^\infty v^2\mathrm{d}N}{N}}=\sqrt{\frac{\int_0^\infty v^2Nf(v)\mathrm{d}v}{N}}=\sqrt{\int_0^\infty v^2f(v)\mathrm{d}v}$$

将式（12-11）代入上式，可求出方均根速率为

$$\sqrt{\overline{v^2}}\approx 1.73\sqrt{\frac{RT}{M}} \tag{12-15}$$

气体分子的上述三种速率 v_p、$\bar{v}$ 和 $\sqrt{\overline{v^2}}$ 都与 $\sqrt{T}$ 成正比，与 $\sqrt{M}$ 成反比. 即某种气体的

温度越高，三者都越大；而在给定的温度下，分子质量越大，三者都越小. 在室温下，它们的数量级一般为每秒几百米. 这三种速率对于不同的问题有着各自的应用. 例如，在讨论速率分布时，要了解接近于哪一个速率的分子所占的百分比最高，就需用到最概然速率；在计算分子运动的平均距离时，要用到平均速率；在计算分子的平均平动动能时（参阅 12.3 节），则要用到方均根速率.

问题 12-7　(1) 试述气体分子三种统计速率的含义. 它们与温度和摩尔质量的关系如何？对同一种气体而言，在同一温度下，试比较这三种统计速率的大小.

(2) 设问题 12-7 (2) 图所示两条曲线是氢气和氧气在同一温度下分子速率分布曲线，试判定哪一条是氧气分子的速率分布曲线.

(3) 两种不同种类的理想气体分别处于平衡态，分子的平均速率相等，则它们的最概然速率相等吗？方均根速率相等吗？分子的平均平动动能相等吗？

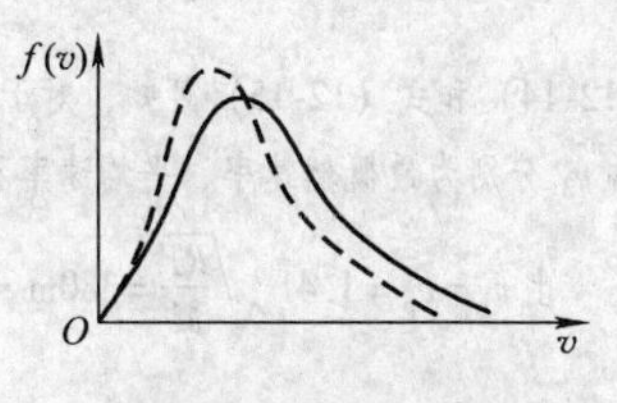

问题 12-7 (2) 图

例题 12-3　求 $T=273\text{K}$ 时氧气的方均根速率.

解　将氧气的摩尔质量 $M=0.032\text{kg}\cdot\text{mol}^{-1}$，$R=8.31\text{J}\cdot\text{mol}^{-1}\cdot\text{K}^{-1}$，$T=273\text{K}$ 代入式 (12-15)，得

$$\begin{aligned}\sqrt{\overline{v^2}}&=1.73\sqrt{\frac{RT}{M}}\\&=1.73\times\sqrt{\frac{8.31\times273}{0.032}}\text{m}\cdot\text{s}^{-1}\\&=461\text{m}\cdot\text{s}^{-1}\end{aligned}$$

说明　氧分子的这一速率，比现在一般的超声速飞机的速率大得多.

应该注意，不论对哪一种气体来说，并不是全部分子都是以它的方均根速率在运动的. 实际上，气体分子各以不同的速率在运动着，有的比方均根速率大，有的比它小，而方均根速率不过是速率的某一种统计平均值而已. 对平均速率和最概然速率也应做相仿的理解.

例题 12-4　例题 12-4 图所示为气体分子的速率分布曲线.

(1) 若图中两条曲线 a、b 分别表示氢气和氦气在同一温度下的速率分布情况，试判定哪条曲线是氢气分子的速率分布曲线？（氢气和氦气的摩尔质量分别为 $M_1=2\times10^{-3}\text{kg}\cdot\text{mol}^{-1}$，$M_2=4\times10^{-3}\text{kg}\cdot\text{mol}^{-1}$）

(2) 若图中两条曲线 a、b 分别表示氢气分子在不同温度下的速率分布情况，试判定哪条曲线对应的温度较高？

(3) 图中 v_1、v_2 和 v_3 分别表示三种统计速率中的哪一种？若 $v_1=380\text{m}\cdot\text{s}^{-1}$，求 v_2 和 v_3.

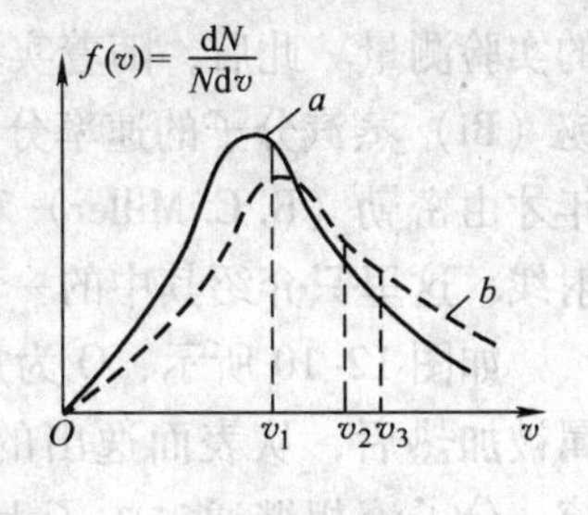

例题 12-4 图

分析　我们知道，与速率分布函数 $f(v)=\frac{\text{d}N}{N\text{d}v}$ 极大值相对应的速率叫作最概然速率，故由题设（图示）条件可直接判定曲线 a 对应的最概然速率 v_{pa} 比曲线 b 对应的最概然速率 v_{pb} 要小，即 $v_{pa}<v_{pb}$. 鉴于气体分子最概然速率为 $v_\text{p}=1.41\sqrt{\frac{RT}{M}}$，它与气体的种类 ($M$) 和温度 ($T$) 有关. 因此，本例可通过对 v_p 的讨论来求解.

解　(1) 设氢气和氦气的最概然速率分别为 $v_{\text{p}1}$ 和 $v_{\text{p}2}$，则有

$$v_{\text{p}1}=\sqrt{\frac{2RT}{M_1}},\ v_{\text{p}2}=\sqrt{\frac{2RT}{M_2}}$$

因为 $M_2>M_1$，所以 $v_{\text{p}1}>v_{\text{p}2}$. 而上述分析告诉我们，与曲线 a 和 b 相对应的最概然速率 v_{pa} 和 v_{pb} 的关系为 $v_{pa}<v_{pb}$，因此有 $v_{\text{p}1}=v_{pb}$，$v_{\text{p}2}=v_{pa}$，即图中曲线 b 是氢气分子的速率分布曲线.

(2) 设氢气分子在温度 T_1 与 T_2 时的最概然速率分别为 $v_{\text{p}1}$ 和 $v_{\text{p}2}$，且设 $T_1<T_2$，则有

$$\frac{v_{p1}}{v_{p2}}=\frac{\sqrt{\frac{2RT_1}{M_1}}}{\sqrt{\frac{2RT_2}{M_2}}}=\frac{\sqrt{T_1}}{\sqrt{T_2}}<1$$

即 $v_{p1}<v_{p2}$，下面与（1）中的讨论相同，故可得 $v_{p1}=v_{pa}$，$v_{p2}=v_{pb}$. 即图中曲线 b 是氢气在温度较高时的速率分布曲线.

（3）所谓三种统计速率，即气体分子的最概然速率 v_p、平均速率 $\bar{v}$ 和方均根速率 $\sqrt{\overline{v^2}}$. 由式（12-13）、式（12-14）和式（12-15）可知，对于相同温度下的同种气体，有 $v_p<\bar{v}<\sqrt{\overline{v^2}}$，已知 $v_1<v_2<v_3$，因此，可判断 v_1、v_2 和 v_3 分别为最概然速率、平均速率和方均根速率.

由 $v_1=v_p=1.41\sqrt{\frac{RT}{M}}=380\text{m}\cdot\text{s}^{-1}$，得

$$\sqrt{\frac{RT}{M}}=\frac{380}{1.41}\text{m}\cdot\text{s}^{-1}$$

因此

$$v_2=\bar{v}=1.60\sqrt{\frac{RT}{M}}=\frac{1.60\times380}{1.41}\text{m}\cdot\text{s}^{-1}=432\text{m}\cdot\text{s}^{-1}$$

$$v_3=\sqrt{\overline{v^2}}=1.73\sqrt{\frac{RT}{M}}=\frac{1.73\times380}{1.41}\text{m}\cdot\text{s}^{-1}=467\text{m}\cdot\text{s}^{-1}$$

12.5.4 麦克斯韦速率分布律的实验验证

在麦克斯韦从理论上导出分子速率分布律的年代里，由于技术条件限制，还不可能用实验来验证这个定律. 直到 1920 年，斯特恩（O. Stern）才首次实现了气体分子速率分布的实验测量. 此后，随着实验技术的不断改进，我国物理学家葛正权在 1934 年曾测定了铋（Bi）蒸汽分子的速率分布. 至于对气体分子速率分布的高精度实验验证，到了 1955 年才由密勒（R. C. Miller）和库士（P. Kusch）完成. 上述的几种实验方法都是利用分子射线. 这里只介绍其中的一种，简述如下.

如图 12-10 所示，O 为加热金属的电炉，金属被加热后，从表面逸出的金属分子形成分子流，分子流相继通过炉子上的狭缝 S 及另一狭缝 S′后，变成一束分子流，即所谓的**分子束**（或称**分子射线**）. 狭缝 S′后面安装两个具有公共轴的圆盘 W_1、W_2，盘上各开一狭缝 S_1 和 S_2，这两缝相距为 l，且互成一小角 α（$\alpha\approx2°$）. S′、S_1、S_2 三个缝的宽度相同，P 是接收分子的屏. 上述全部装置放在高真空的容器中.

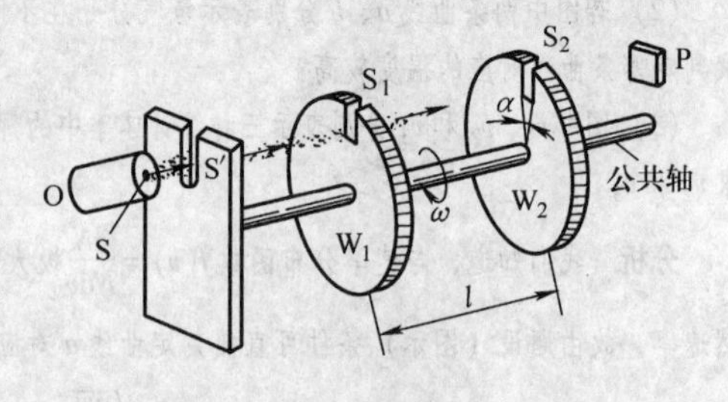

图 12-10

当圆盘 W_1、W_2 绕公共轴同时以角速度 ω 转动时，每转一圈，分子束通过 W_1 一次，由于分子具有各种速率，分子自 W_1 到达 W_2 所需时间不尽相同，所以并非所有通过 S_1 的分子，都能通过 S_2. 只有速率满足下列条件的分子才能通过 S_2 而射到屏 P 上，即

$$\frac{v}{l}=\frac{\omega}{\alpha}$$

或 $$v=\frac{\omega l}{\alpha}$$

实际上，由于缝 S_1、S_2 都具有一定宽度，故当 ω 一定时，通过 S_1、S_2 而射到屏 P 上的分子，它们的速率并不严格相同，乃是一群速率在 v 与 $v+\Delta v$ 间隔内的分子. 也就是说，这个装置无异是一个滤速装置，利用它可以将一定速率间隔内的分子“过滤”出来.

实验时，令圆盘依次以不同的角速度 ω_1、ω_2、…转动，就可分别过滤出不同速率间隔内的分子. 这些分子射到屏 P 上，并黏附在屏上形成痕迹，可用自动测微光度计测定痕迹的厚度. 显然，这厚度是与相应速率的金属分子数成正比的. 从而可以得出在分子射线中不同速率间隔（如 v_1 与 $v_1+\Delta v$，v_2 与 $v_2+\Delta v$，…）内的相对分子数. 这一实验结果与由麦克斯韦速率分布律得出的分子射线中速率分布的理论结果符合得较好. 因此，上述分子射线实验证实麦克斯韦速率分布律是正确的.

12.6 分子的平均碰撞频率和平均自由程

本节将进一步研究气体分子的碰撞过程. 这对研究气体的非平衡态性质是很重要的.

前已说过，在气体分子热运动中，每个分子都要与其他分子频繁碰撞，在相继的两次碰撞之间，可以认为分子是在惯性支配下做匀速直线运动，它所经过的这段直线路程，就是自由程. 对个别分子而言，其自由程时长时短，带有偶然性，但气体在一定状态下，由于大量分子无规则运动的结果，分子的自由程具有确定的统计规律性. 自由程的平均值叫作**平均自由程**，用 $\bar{\lambda}$ 表示.

同时，我们把每个分子与其他分子在单位时间内的碰撞次数，称为**碰撞频率**. 碰撞频率也是时多时少的，带有偶然性. 对于大量分子来说，也同样服从一定的统计规律. 碰撞频率的平均值叫作**平均碰撞频率**，用 $\bar{Z}$ 表示.

设 $\bar{v}$ 是气体分子的平均速率，即 1s 内平均走过的路程，它随温度的升高而增大［见式（12-14）］，而 $\bar{\lambda}$ 是相继两次碰撞之间经过的一段平均路程，则由于每经过一段平均路程，分子平均要与其他分子碰撞一次，因此，1s 内的平均碰撞次数即平均碰撞频率应是

$$\bar{Z}=\frac{\bar{v}}{\bar{\lambda}} \tag{12-16}$$

这就是平均自由程 $\bar{\lambda}$ 和平均碰撞频率 $\bar{Z}$ 之间的关系.

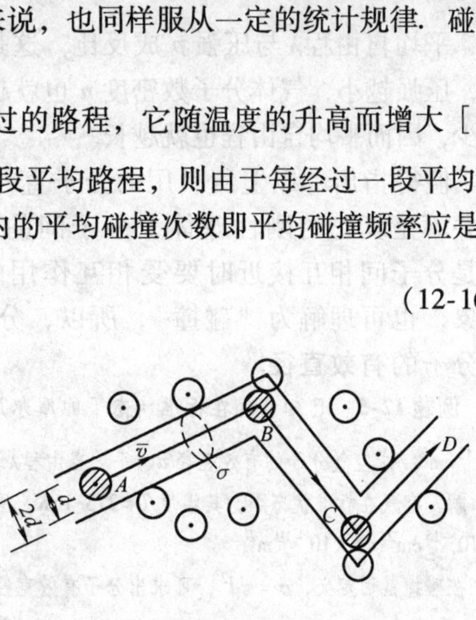

下面先对分子的平均碰撞频率 $\bar{Z}$ 做一粗略计算. 我们假定每个分子都是直径为 d 的圆球，并假想跟踪其中的一个分子，例如图 12-11 所示的分子 A，它以平均速率 $\bar{v}$ 运动，而其他分子姑且看作静止不动，且分子 A 与其他分子做完全弹性碰撞.

图 12-11

分子 A 与其他分子每碰撞一次，其运动方向就要改变一次，因而分子 A 的球心所走过的轨迹是一条折线，如图示的折线 $ABCD$…. 设想以分子 A 的球心在 1s 内所经过的折线

轨迹为轴（此折线的长度就是$\bar{v}$）、以d为半径作一曲折的圆柱形空间，则圆柱的横截面面积为πd^2，体积为$\pi d^2\ \bar{v}$. 凡是球心在此曲折的圆柱形空间内（即球心离开折线的距离小于d）的其他分子，均将在1s内和分子A相碰撞. 设分子数密度为n，则此曲折的圆柱形空间内的分子数为$\pi d^2\ \bar{v}n$，这些分子在1s内都将与分子A相碰撞，这也就是运动着的分子A在1s内与其他分子的平均碰撞次数$\bar{Z}$，即平均碰撞频率为

$$\bar{Z}=\pi d^2\ \bar{v}n$$

式中，$\sigma=\pi d^2$常称为分子的**碰撞截面**.

上式是假定一个分子运动、其他分子都静止不动而得出的. 如果考虑所有分子都在运动这一实际情况，则从理论上可以推导出分子的平均碰撞频率为（推导从略）

$$\bar{Z}=\sqrt{2}\pi d^2\ \bar{v}n \tag{12-17}$$

将式（12-17）代入式（12-16），得分子的平均自由程为

$$\bar{\lambda}=\frac{\bar{v}}{\bar{Z}}=\frac{1}{\sqrt{2}\pi d^2 n} \tag{12-18}$$

上两式表明，分子的直径越大，分子数密度n越大，都将导致分子的碰撞愈益频繁，因而平均碰撞频率就越大，平均自由程就越短.

根据$p=nkT$，读者还可以从式（12-18）推出

$$\bar{\lambda}=\frac{kT}{\sqrt{2}\pi d^2 p} \tag{12-19}$$

这就是平均自由程$\bar{\lambda}$与温度T及压强p之间的关系. 从式（12-19）可知，当温度T一定时，平均自由程$\bar{\lambda}$与压强p成反比. 这是不难推想的，若温度保持不变，则由$p=nkT$可知，压强越小，气体分子数密度n也就越小，即单位体积内分子越稀薄，分子碰撞的机会减少，因而平均自由程也就越长.

值得指出. 以上所引用的分子直径d并不真实反映分子的实际大小. 这是由于分子并不是真正的刚性球体，分子间的碰撞也绝非我们平常所理解的那种接触碰撞，而是分子间相互接近时要受相互作用的斥力，以至于改变速度方向而被弹开的这种现象，也可理解为“碰撞”，所以，分子直径d只能近似地反映分子的大小，故称d为分子的**有效直径**.

例题12-5 已知空气在标准状态下的摩尔质量为$M=28.9\times10^{-3}\ \mathrm{kg\cdot mol^{-1}}$，分子的碰撞截面$\sigma=5\times10^{-15}\mathrm{cm}^2$，求空气分子的有效直径$d$、平均自由程$\bar{\lambda}$、平均碰撞频率$\bar{Z}$和分子在相继两次碰撞之间的平均飞行时间$\bar{\tau}$.

解 空气在标准状态下，其温度$T=273.16\mathrm{K}$，压强$p=1.013\times10^5\mathrm{Pa}$；并由题设$M=28.9\times10^{-3}\mathrm{kg\cdot mol^{-1}}$，$\sigma=5\times10^{-15}\mathrm{cm}^2=5\times10^{-19}\mathrm{m}^2$.

按碰撞截面定义，$\sigma=\pi d^2$，可求出分子有效直径为

$$d=\sqrt{\frac{\sigma}{\pi}}=\sqrt{\frac{5\times10^{-19}\mathrm{m}^2}{3.14}}=3.99\times10^{-10}\mathrm{m}$$

为了求$\bar{\lambda}$和$\bar{Z}$，需先求出分子的平均速率$\bar{v}$和分子数密度n，即

$$\bar{v}=\sqrt{\frac{8RT}{\pi M}}=\sqrt{\frac{8\times8.31\times273}{3.14\times28.9\times10^{-3}}}\mathrm{m\cdot s^{-1}}=447\mathrm{m\cdot s^{-1}}$$

$$n=\frac{p}{kT}=\frac{1.013\times10^5}{1.38\times10^{-23}\times273}\text{m}^{-3}=2.69\times10^{25}\text{m}^{-3}$$

于是，就可算出平均自由程$\bar{\lambda}$和平均碰撞频率$\bar{Z}$分别为

$$\bar{\lambda}=\frac{1}{\sqrt{2}\pi d^2 n}=\frac{1}{\sqrt{2}\sigma n}=\frac{1}{\sqrt{2}\times5\times10^{-19}\times2.69\times10^{25}}\text{m}=5.26\times10^{-8}\text{m}$$

$$\bar{Z}=\frac{\bar{v}}{\bar{\lambda}}=\frac{447}{5.26\times10^{-8}}\text{s}^{-1}=8.5\times10^{9}\text{s}^{-1}$$

因为分子在相继两次碰撞之间飞行的平均路程是$\bar{\lambda}$，平均飞行速率是$\bar{v}$，故分子在相继两次碰撞之间的平均飞行时间为

$$\bar{\tau}=\frac{\bar{\lambda}}{\bar{v}}=\frac{1}{\bar{Z}}=\frac{1}{8.5\times10^{9}\text{s}^{-1}}=1.18\times10^{-10}\text{s}$$

说明　从上述计算结果可以看到，在标准状态下，空气分子的平均自由程$\bar{\lambda}$约为分子有效直径d的100倍.

问题12-8　(1) 何谓平均自由程$\bar{\lambda}$和平均碰撞频率$\bar{Z}$? 试写出它们的计算公式，并分析其意义.

(2) 有一定量的某种理想气体，试证：①在体积不变的情况下，$\bar{Z}\propto\sqrt{T}$，$\bar{\lambda}$不随温度T而变化；②在压强不变的情况下，$\bar{Z}\propto\frac{1}{\sqrt{T}}$，$\bar{\lambda}\propto T$. [提示：利用式(12-17)、式(12-18)和$p=nkT$，且平均速率$\bar{v}\propto\sqrt{T}$.]

12.7　热力学第二定律的统计诠释

热力学第二定律指出，一切与热现象有关的实际宏观过程都是不可逆的. 我们知道，热现象是大量分子无规则运动的宏观表现，而大量分子无规则运动遵循着统计规律. 据此，我们就可从微观上用统计方法来解释过程的不可逆性和熵的统计意义，从而对热力学第二定律的本质获得进一步的认识.

12.7.1　热力学过程不可逆性的统计意义

现在先用一个日常生活中的事实来说明这种不可逆性. 假设有N个小球，黑白各半，分开放在一个盘子的两半边. 如果把盘子摇几下，黑白两种球必然要混合. 再多摇几下，黑、白仍然是混合的，会不会分开来呢? 有可能性，但是机会是很少的. 摇几千次或上万次，不一定会碰上一次. 黑、白球数目越大，分开的机会就越小.

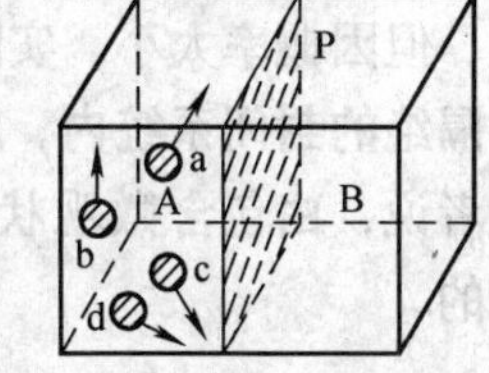

图　12-12

我们以前讲过，气体可以自动地膨胀，但不能自动地收缩，这也是一个统计规律. 假想周壁绝热的容器中有四个可识别的气体分子a、b、c、d（图12-12），用一活动的隔板P将容器分为体积相等的A、B两室. 先假定分子都在A室，B室为真空. 今将隔板抽掉，气体分子就可在整个容器的A、B两室中随机地运动，就单个分子而言，它在A、B两室的机会是均等的，处于A室或B室的概率各为1/2. 从这四个分子在整个容器内的运动来看，它们既可在A室，也可在B室，在容器中共有16种可能的分布，如表12-2所示.

表 12-2　四个可识别的分子在容器中的分布情况

相应于分子总体分布的宏观状态	Ⅰ		Ⅱ		Ⅲ		Ⅳ		Ⅴ	
	A 室	B 室	A 室	B 室	A 室	B 室	A 室	B 室	A 室	B 室
	4 个	0	3 个	1 个	2 个	2 个	1 个	3 个	0	4 个
相应于分子各种可能分布的微观状态（共 16 种）	a b c d	0	a b c b c d c d a d a b	d a b c	a b a c a d c d b d c b	c d b d b c a b a c a d	a b c d	b c d c d a d a b a b c	0	a b c d
每个宏观状态所包含的微观状态数目	1		4		6		4		1	

从表中不难看出，a、b、c、d 四个分子同时退回到 A 室（即自动收缩）的概率是 $1/16 = 1/2^4$，这比单个分子退回到 A 室的概率为小. 若容器内的分子数很大，例如有 1mol 的气体，其分子数约为 $N_A = 6 \times 10^{23}$ 个，则气体自由膨胀后，所有这些分子全都返回 A 室的概率是 $1/2^{N_A} = 1/2^{6\times10^{23}}$. 这概率极为微小，意味着气体很难自动收缩回去.

如果把上述四个分子在 A 室或 B 室的每一种可能分布叫作一个微观状态，则在这 16 种可能的微观状态中㊀，全部分子分别在 A 室或 B 室这样的宏观状态Ⅰ和Ⅴ，仅包含一个微观状态；A 室（或 B 室）有三个分子和 B 室（或 A 室）有一个分子这种宏观状态Ⅱ、Ⅳ，各有四个微观状态；而 A 室和 B 室各有两个分子的这种均匀分布的宏观状态Ⅲ，含有六个微观状态，它的概率最大，与这些微观状态对应的宏观状态就是平衡状态；亦即，宏观上的平衡状态是对应微观状态个数最大的那个宏观状态. 否则，宏观状态就是非平衡态.

对于容器内分子数 N 很大的情况下，也可依此推想.

从宏观上说，气体自由膨胀是一个不可逆过程. 从上述微观意义上来看，不可逆过程是这样的过程，与此过程相反的过程，其概率甚小. 这相反的过程并非原则上不可能发生，但因概率太小，实际上是观察不到的. 从上述气体自由膨胀的结果表明，**在一个与外界隔绝的封闭系统内，所发生的过程总是由概率小的宏观状态向概率大的宏观状态进行**，或者说，**由包含微观状态数目较少的宏观状态向包含微观状态数目较多的宏观状态进行的**.

12.7.2　热力学概率与熵

在孤立系统内，对于热传递来说，由于高温物体分子的平均动能比低温物体分子的大，在它们的相互作用中，显然，能量从高温物体传到低温物体的概率也就比反向传递的

㊀ 对所述的系统，这 16 种微观状态的任一个微观状态出现的机会是均等的，其概率相等，都是 $1/2^4 = 1/16$. 类似地，如果此容器中有 N 个分子，则每个微观状态出现的概率都是 $1/2^N$. 不过，系统所具有的各个宏观状态出现的概率则是不相同的，宏观状态包含的微观状态越多，该状态出现的概率也越大，例如，出现宏观状态Ⅰ和Ⅴ的概率分别是 1/16，出现宏观状态Ⅲ的概率是 6/16.

概率来得大. 对热功转换来说，功转变为热的过程是表示在外力作用下宏观物体的有规则的定向运动转变为分子的无规则运动，这种转变的概率大. 而热转变为功则是表示分子的无规则运动转变为宏观物体有规则的运动，这种转变的概率很小. 所以，阐明热传递的不可逆性和热功转换的不可逆性的热力学第二定律，本质上是一种统计性的规律.

如上所述，热力学第二定律反映了系统内大量分子无规则运动的不可逆性. 分子运动的无规则性亦称**无序性**，系统的每一种宏观状态，从微观上来说，总是对应着其中大量分子运动的某种无序程度，这种无序程度可用相应的微观状态数来量度. 通常，我们把与某一宏观状态相应的微观状态数称为**热力学概率**，记作 W. 例如，在表12-2中，宏观状态Ⅰ、Ⅴ各自仅有一个微观状态，其热力学概率最小，而宏观状态Ⅲ的微观状态有6个，其热力学概率最大，亦即，这种状态的无序性最大.

玻耳兹曼（L. Boltzmann，1844—1906），通过热力学概率 W，将熵这个状态函数与对系统的无序性的量度联系起来，从本质上揭示熵 S 的含义；并将熵的概念拓广，应用到其他自然科学和人文社会科学方面去. 1877年，玻耳兹曼提出了一个重要的关系式，即

$$S \propto \ln W$$

1900年，普朗克（M. Planck，1858—1947）引进了一个比例系数 k，则上式便成为

$$S = k\ln W \tag{12-20}$$

式中，k 为玻耳兹曼常数. 式（12-20）称为**玻耳兹曼熵公式**.

由此可见，从统计意义上说，熵实际上是宏观状态的可实现的微观状态数的量度. 系统宏观态的熵越大. 这一宏观状态所可实现的微观状态数 W 也就越大，意味着宏观态所对应的微观状态运动越复杂，亦即分子热运动越无序；反之，W 越小，相应的熵 S 越小，对应于宏观状态的分子热运动越有序. 所以，对应于宏观状态的微观状态数 W 是定量描述宏观态的微观热运动无序程度的量，从而由玻耳兹曼公式所确定的熵 S，也是宏观态所对应的大量分子热运动无序程度的量度.

热力学第二定律指出，孤立系统内实际发生的热运动都是熵增加的过程，并最终达到熵值最大的平衡态. 从分子热运动的角度来看，这就是孤立系统内发生的实际过程皆从无序程度较小向无序程度较大乃至最大的宏观状态变化的过程，亦即尽可能趋向更混乱、无序（即 W 更大）的状态；这正是分子热运动的基本特征，也是热力学第二定律的本质.

习　题　12

12-1　关于温度的意义，有下列几种说法：

（1）气体的温度是分子平均平动动能的量度.

（2）气体的温度是大量气体分子热运动的集体表现，具有统计意义.

（3）温度的高低反映物质内部分子运动剧烈程度的不同.

（4）从微观上看，气体的温度表示每个气体分子的冷热程度.

这些说法中正确的是

（A）（1）、（2）、（4）　　（B）（1）、（2）、（3）

（C）（2）、（3）、（4）　　（D）（1）、（3）、（4）　　[　]

12-2　1mol 刚性双原子分子理想气体，当温度为 T 时，其内能为

（A）$\frac{3}{2}RT$.　　（B）$\frac{3}{2}kT$.

（C）$\frac{5}{2}RT$.　　（D）$\frac{5}{2}kT$.　　[　]

（其中 R 为摩尔气体常数，k 为玻耳兹曼常数）

12-3　水蒸气分解成同温度的氢气和氧气，内能增加了百分之几（不计振动自由度和化学能）？

（A）66.7%.　　（B）50%.

（C）25%.　　（D）0.　　[　]

12-4　一定量的理想气体贮存于某一容器中，温度为 T，气体分子的质量为 m. 根据理想气体分子模型和统计假设，分子速度在 x 方向的分量的平均值

（A）$\overline{v_x}=\sqrt{\frac{8kT}{\pi m}}$.　　（B）$\overline{v_x}=\frac{1}{3}\sqrt{\frac{8kT}{\pi m}}$.

（C）$\overline{v_x}=\sqrt{\frac{8kT}{3\pi m}}$.　　（D）$\overline{v_x}=0$.　　[　]

12-5　一定量的理想气体，在温度不变的条件下，当体积增大时，分子的平均碰撞频率$\overline{Z}$和平均自由程$\overline{\lambda}$的变化情况是：

（A）$\overline{Z}$减小而$\overline{\lambda}$不变.　　（B）$\overline{Z}$减小而$\overline{\lambda}$增大.

（C）$\overline{Z}$增大而$\overline{\lambda}$减小.　　（D）$\overline{Z}$不变而$\overline{\lambda}$增大.　　[　]

12-6　理想气体微观模型（分子模型）的主要内容是：

（1）________________________________；

（2）________________________________；

（3）________________________________.

12-7　有一个电子管，其真空度（即电子管内气体压强）为 1.0×10^{-5}mmHg，则 27℃ 时管内单位体积的分子数为______.（玻耳兹曼常数 $k=1.38\times10^{-23}\text{J}\cdot\text{K}^{-1}$，$1\text{atm}=1.013\times10^{5}\text{Pa}=76\text{cmHg}$）

12-8　有一瓶质量为 m 的氢气（视作刚性双原子分子的理想气体），温度为 T，则氢分子的平均平动动能为________，氢分子的平均动能为________，该瓶氢气的内能为________.

12-9　习题 12-9 图所示的两条曲线分别表示氦、氧两种气体在相同温度 T 时分子按速率的分布，其中

（1）曲线Ⅰ表示________气分子的速率分布曲线；

曲线Ⅱ表示________气分子的速率分布曲线.

（2）画有阴影的小长条面积表示________.

（3）分布曲线下所包围的面积表示________.

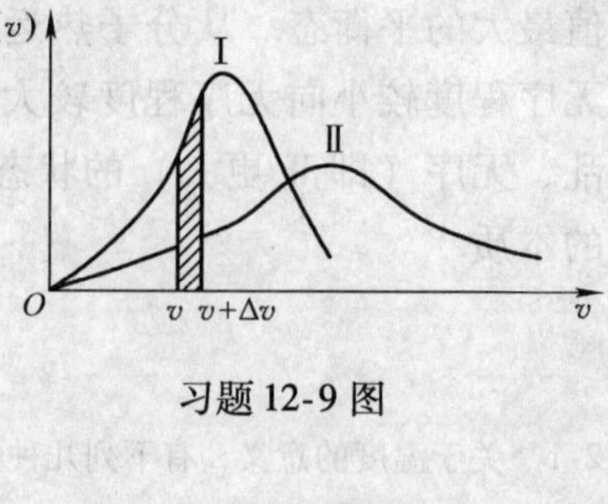

习题 12-9 图

12-10　在平衡状态下，已知理想气体分子的麦克斯韦速率分布函数为 $f(v)$、分子质量为 m、最概然速率为 v_p，试说明下列各式的物理意义：

（1）$\int_{v_p}^{\infty} f(v)\mathrm{d}v$ 表示________________；

（2）$\int_{0}^{\infty}\frac{1}{2}mv^2 f(v)\mathrm{d}v$ 表示________________.

12-11　试根据理想气体压强公式推导出理想气体的道尔顿分压定律（即在一定温度下，混合气体

的总压强等于互相混合的各种气体的分压强之和).

12-12　试从分子动理论的观点解释：为什么当气体的温度升高时，只要适当地增大容器的容积就可以使气体的压强保持不变.

12-13　试从温度公式（即分子热运动平均平动动能和温度的关系式）和压强公式导出理想气体的状态方程.

［自测题］ 若把太阳看作半径为 7.0×10^{8}m 的球形黑体，太阳射到地球表面上每平方米的辐射能量为 $\varepsilon=1.4\times10^{3}$W，地球与太阳的距离为 $r=1.5\times10^{11}$m，试证：太阳的温度为 $T=3.26\times10^{4}$K.

第 13 章　量子物理基础

我们前面学过的牛顿力学、热力学和麦克斯韦电磁场理论（包括光学）等内容，总称为**经典物理学**. 它能够解释自然界中许多物理现象，并在生产实践中获得了广泛的应用.

然后到了 19 世纪末，人们在研究涉及物质内部微观过程的黑体辐射、光电效应、原子光谱等实验现象时，都无法用经典物理来进行解释. 为了摆脱困境，1900 年普朗克提出的量子假设，1905 年爱因斯坦提出的光子假设以及 1913 年玻尔提出的原子理论相继冲破了经典理论的束缚，形成了早期的量子理论.

早期量子论虽然取得一定的成就，由于它还带有半经典的性质，难以完满地解释微观过程，有待于进一步的发展和深化，促成量子力学的建立. 我们学习该内容，旨在引领读者从概念和方法上由经典理论过渡到近代量子理论，以便更好地领会量子力学的有关论述.

13.1　热辐射

13.1.1　热辐射及其定量描述

任何物体在一定温度下以不同波长的电磁波向周围发射能量的现象，称**热辐射**. 热辐射是传递热量的一种基本方式. 对于给定的物体而言，在单位时间内辐射能量的多少以及辐射能量按波长分布等，都与物体的温度有关. 例如，灯丝通电后当温度低于 800K 时，我们只感觉到灯丝发热，而灯丝并不发光，因为绝大部分的辐射能量分布在红外波长. 超过 800K 以后，就可看到灯丝微微发红了；继续升高温度，灯丝由暗红变红，再变黄，以至变白. 最后，当温度极高时，灯丝呈现青白色，即所谓白炽化，同时我们感到灯丝灼热逼人. 这说明了两点，一是随温度升高，辐射的总能量增加；二是能量也逐渐更多地向短波部分分布.

为了定量描述热辐射现象，先引入两个有关的物理量：

（1）物体在一定温度下，单位时间内从物体表面单位面积辐射的全部波长的能量，称为**辐射出射度**（简称**辐出度**），用 $M=M(T)$ 表示. 它不随波长而变，仅是温度 T 的函数. 它的 SI 单位是 $\mathrm{W\cdot m^{-2}}$（瓦·米$^{-2}$）.

（2）在单位时间内，从物体表面的单位面积上，某波长附近的单位波长区间所发射的能量，称为**单色辐射辐出度**，简称**单色辐出度**，用 $M_{\lambda}(T)$ 表示. 单位是 $\mathrm{W\cdot m^{-3}}$（瓦·

米$^{-3}$). 它反映了物体在不同温度下辐射能量按波长分布的情况.

如上所述，在一定的温度时，对给定的物体而言，其辐出度与单色辐出度有如下的关系，即

$$M(T) = \int_0^{\infty} M_{\lambda}(T)\mathrm{d}\lambda \tag{13-1}$$

实验表明，物体的单色辐出度 $M_{\lambda}(T)$ 不仅取决于温度和波长，并且还与物体本身的性质及表面粗糙程度有关. 因而由式（13-1）可知，对不同的物体，$M(T)$ 也是不同的.

任何物体在辐射电磁波的同时，也吸收外界照射到它表面的电磁波. 当物体辐射电磁波所消耗的能量等于同一时间内它从外界吸收的电磁波的能量时，该物体及其辐射就达到热平衡，这时，物体的状态可用一个确定的温度 T 描述. 这时的热辐射称为平衡热辐射. 本节只讨论平衡热辐射.

13.1.2　绝对黑体辐射定律　普朗克公式

实验指出，好的辐射体也是好的吸收体. 假如一个物体能完全吸收任何波长的入射辐射能，就称该物体为**绝对黑体**（简称**黑体**）. 黑体就像质点、刚体等模型一样，也是一种理想化模型. 实验时，可用不透明材料制成一空腔，腔壁上开有一小孔（图 13-1），作为黑体模型. 因为当光线从小孔射入后，经过器壁多次吸收和反射后，光线射出的机会极小，可以认为它能全部吸收射入的一切波长的辐射. 另一方面，如果把空腔加热，使其保持在一定温度下，空腔将通过小孔向外发出辐射. 正如前述，它辐射的能量仅是温度和波长的函数.

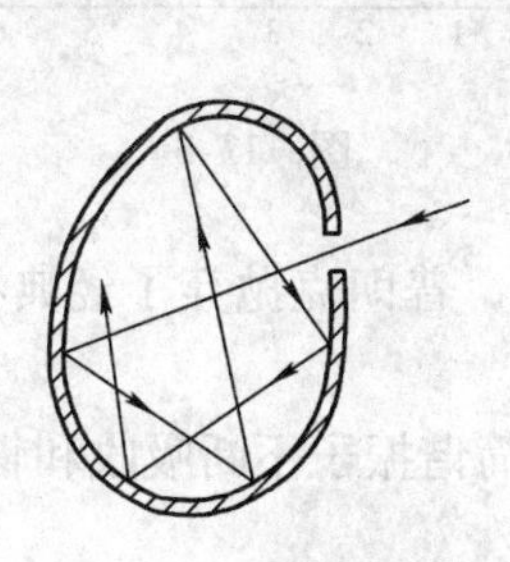

图 13-1　黑体模型

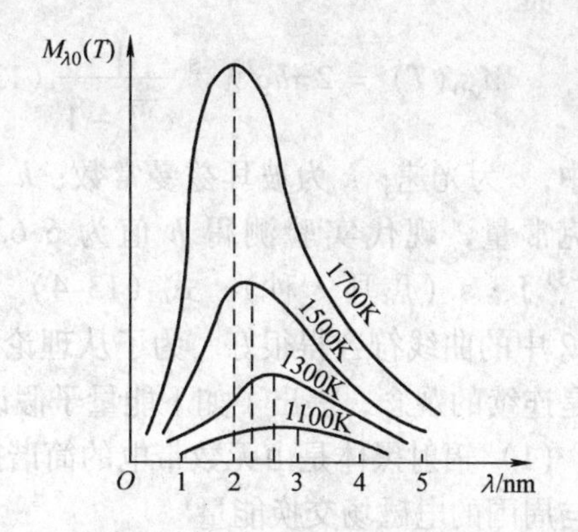

图 13-2　辐射本领与波长的关系

在实验时，一般用分光计测定黑体相应于各波长的单色辐出度 $M_{\lambda 0}$ 随波长 λ 和温度 T 的变化关系，实验结果如图 13-2 所示. 由实验曲线可得出下述两条定律：

（1）斯忒藩（J. S. Stefan，1835—1893）- 玻耳兹曼（L. E. Boltzmann，1844—1906）定律　在图 13-2 中，每条曲线反映了在一定温度下，黑体的单色辐射本领随波长分布的情况. 每一条曲线下的面积等于黑体在一定温度下的辐出度. 由图可见，温度越高，图中曲线以下的面积越大，表示黑体的辐出度 $M_0(T)$ 随温度升高而增大. 实验指出，黑体的辐出度 $M(T)$ **与热力学温度 T 的四次方成正比**，即

$$M_0(T) = \sigma T^4 \tag{13-2}$$

式中，$\sigma=5.67\times10^{-8}\mathrm{W}\cdot\mathrm{m}^{-2}\cdot\mathrm{K}^{-4}$，称为斯忒藩常量. 上述结论称为**斯忒藩－玻耳兹曼定律**，式（13-2）为其表达式.

（2）维恩（W. C. W. O. F. F. Wien，1864—1928）位移定律　从图 13-2 还可看到，每条曲线都有一个极大值，即单色辐出度的峰值，对应于这个峰值的波长用 λ_m 表示. **当黑体的热力学温度升高时，λ_m 向短波方向移动**，实验发现两者关系为

$$T\lambda_m=b \tag{13-3}$$

式中，$b=2.898\times10^{-3}\mathrm{m}\cdot\mathrm{K}$，称为维恩位移常量，上述结论称为**维恩位移定律**，式（13-3）为其表达式. 以上两条定律在科技领域应用很广泛，乃是光测高温学的理论基础. 例如，根据维恩位移定律，在实验中测出某黑体的单色辐出度的峰值所对应的波长 λ_m，就可算出该黑体的温度.

1900 年瑞利（B. Rayleigh，1842—1919）和琼斯（J. H. Jeans，1877—1946）根据经典物理学中能量按自由度均分原理（见第 12 章），利用经典电磁理论和统计物理导出一个公式. 这个公式在长波段与实验结果一致，而在短波段（即紫外区）与实验不符，如图 13-3 所示. 由该公式得出，在紫外区 $M_{\lambda0}$ 将趋向无穷大. 这就是所谓“紫外灾难”，由于瑞利－琼斯公式是依据经典物理得到的，因此“紫外灾难”实际上就是经典物理的灾难.

1900 年，普朗克（M. K. E. L. Planck，1858—1947）总结前人研究的成果，成功地推出了黑体单色辐出度的分布公式，称为**普朗克公式**，即

$$M_{\lambda0}(T)=2\pi hc^2\lambda^{-5}\frac{1}{e^{\frac{hc}{\lambda kT}}-1} \tag{13-4}$$

式中，c 为光速；k 为玻耳兹曼常数；h 为普朗克常量，现代实验测得 h 值为 6.626×10^{-34} J · s（焦耳 · 秒）. 式（13-4）与图 13-2 中的曲线符合得很好. 为了从理论上解释这一公式，普朗克抛弃了经典物理关于能量是连续的观念，提出了如下能量子假说：

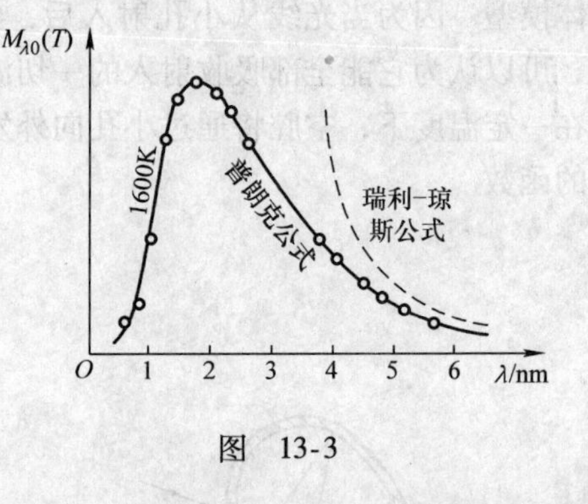

图　13-3

（1）辐射黑体是由无数带电的简谐振子组成，这些简谐振子不断吸收和辐射电磁波，并与周围的电磁场交换能量.

（2）这些简谐振子所具有的能量不是任意的，它们只能取 ε、2ε、…、$n\varepsilon$ 等分立的值，即某一最小能量 ε 的整数倍 n（ε 称为**能量子**，n 称为**量子数**），当简谐振子与周围电磁场交换能量时，只能从这些状态之一跃迁到另一个状态.

（3）能量子 ε 与简谐振子的频率 ν 成正比，即

$$\varepsilon=h\nu \tag{13-5}$$

式中，h 就是普朗克常量.

普朗克利用这种能量子假说圆满地解释了热辐射实验现象，并能从普朗克公式（13-4）推出斯忒藩－玻耳兹曼定律和维恩位移定律.

普朗克的量子假设对近代物理的发展具有深远的影响，揭开了现代量子理论的序幕.

例题 13-1　宇宙宛如一个巨大的空腔，这个空腔的温度就是宇宙背景的温度. 通过测定外层空间发射出来的电

磁辐射随波长的分布，就能确定宇宙的温度. 今测得宇宙背景辐射中的单色辐出度峰值所对应的波长为 $\lambda_m = 10^{-3}$m，求宇宙的平均温度.

解　按维恩位移定律可算得宇宙平均温度为

$$T = \frac{b}{\lambda_m} = \frac{2.898 \times 10^{-3}}{10^{-3}}\mathrm{K} = 2.9\mathrm{K} \approx 3\mathrm{K}$$

这就是宇宙学中所谓3K宇宙背景辐射.

例题 13-2　已知做简谐运动的弹簧振子的质量为 $m = 1.0$kg，弹簧的劲度系数 $k = 20\mathrm{N \cdot m^{-1}}$，振幅 $A = 1.0$cm. 求：(1) 如果弹簧振子的能量是量子化的，则量子数 n 有多大？(2) 若 n 改变 1，能量的相对变化有多大？

解　(1) 因简谐振子频率为　$\nu = \frac{1}{2\pi}\sqrt{\frac{k}{m}} = \left(\frac{1}{2\pi}\sqrt{\frac{20}{1}}\right)\mathrm{Hz} = 0.71\mathrm{Hz}$

振子的机械能为

$$E = \frac{1}{2}kA^2 = \left[\frac{1}{2} \times 20 \times (1.0 \times 10^{-2})^2\right]\mathrm{J} = 1.0 \times 10^{-3}\mathrm{J}$$

则量子数 n 为

$$n = \frac{E}{h\nu} = \frac{1.0 \times 10^{-3}}{6.626 \times 10^{-34} \times 0.71} = 2.25 \times 10^{30}$$

(2) 能量的相对变化为

$$\frac{\Delta E}{E} = \frac{h\nu}{nh\nu} = \frac{1}{n} \approx 10^{-30}$$

所以，对于宏观系统来说，量子数 n 很大，能量的量子性不能显示出来. 并且能量的变化简直微不足道，而可忽略不计，可以认为，在宏观上能量是连续变化的.

问题 13-1　什么叫作热辐射和平衡热辐射？"火炉有辐射，而冰没有辐射". 这句话对吗？试说出单色辐出度和辐出度的含义.

问题 13-2　何谓绝对黑体？墙上有一小窗的房间，白天我们从远处向窗内望去，屋内显得特别暗，这是什么原因？

13.2　光电效应

13.2.1　光电效应的实验规律

赫兹研究电磁波时，曾用紫外光照射火花缝隙处，偶然发现放电现象. 不久，其他物理学家就明确地指出，这是金属表面被光照射后释放出电子（称为**光电子**）的缘故，这种现象叫作**光电效应**.

图 13-4 所示是研究光电效应的实验装置. 在一个抽空玻璃管内装上阳极 A 和阴极金属板 K，管上有一石英窗口，可让入射光照射到阴极 K 上. 当改变 A、K 极间的电势差 $U_{AK} = V_A - V_K$（称加速电压），可测得光电流 I 随 U_{AK} 变化的关系曲线（即光电效应的伏安特性曲线），如图 13-5 所示. 图中（b）是对应光强度较大的一组. 从图中能够看到，加速电压 U_{AK} 为正值时，光电流 I 随 U_{AK} 增加而增大，最后达到饱和值 I_H. 电压极性反向后，$|U_{AK}|$ 值增大，I 值减小，

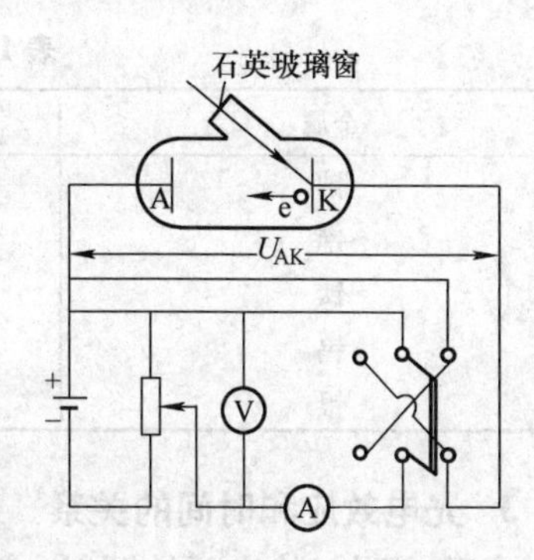

图 13-4　光电效应实验装置

最后趋于零，此时所对应的电压称为**遏止电压** U_a.

总结实验结果，我们能得到如下几点规律：

1. 光电流和入射光强关系

从图示的伏安特性曲线上可看出，在相同的加速电压下，增加光强时，光电流 I_H 值随之增加，且光电流的饱和值和入射光强成正比，这一事实表明，在单位时间内，受光照射的阴极上释放出的光电子数目与入射光强成正比.

2. 光电子的初动能和入射光频率的关系

如果加速电压 U_{AK} 为负值，从阴极逸出的光电子所受电场力的方向自阳极 A 指向阴极 K，此时若有光电流，则向阳极 A 运动的电子做减速运动. 当 U_{AK}值达到遏止电压 U_a 时，光电流为零，说明电子由于减速运动，已不能达到阳极 A，这时电子由阴极 K 逸出时具有的初动能全部消耗于克服电场力做功. 因而，有

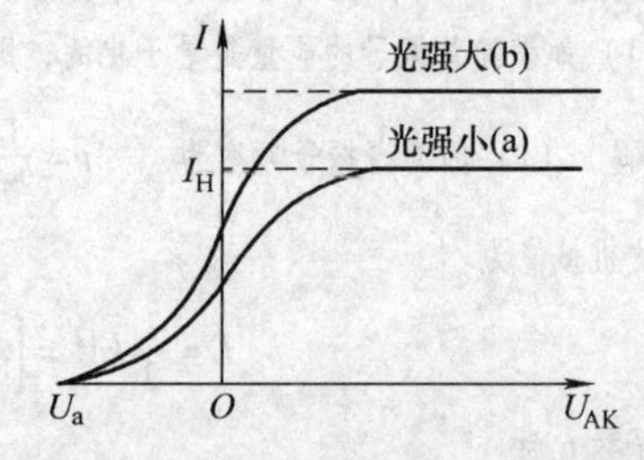

图 13-5　光电效应的伏安特性曲线

$$\frac{1}{2}mv^2 = e|U_a| \tag{13-6}$$

实验指出，用不同频率的光照射阴极 K 时，有不同的遏止电压 U_a，其值和光频率具有线性关系

$$|U_a| = K\nu - U_0 \tag{13-7}$$

式中，K、U_0 都是常量. K 和阴极的金属性质无关，而 U_0 则和阴极的金属性质有关. 把式（13-7）代入式（13-6），得

$$\frac{1}{2}mv^2 = eK\nu - eU_0 \tag{13-8}$$

式（13-8）表明，光电子的初动能随入射光频率 ν 线性地增加，而与入射光强无关.

从式（13-8）还可得到另一个重要结论. 因为动能恒为正值，显然，要使光所照射的金属释放电子，入射光的频率 ν 必须满足 $\nu = \frac{U_0}{K}$ 的条件. 令 $\nu_0 = \frac{U_0}{K}$，ν_0 称为光电效应的**红限**. 不同的金属具有不同的红限，这就是说，每种金属都存在着频率的极限值 ν_0——红限. 如果入射光的频率小于 ν_0，不论入射光强多大，都不会产生光电效应. 表 13-1 列出了几种金属的红限和逸出功.

表 13-1　几种金属的红限和逸出功

金属	红限 ν_0/Hz	逸出功 A/eV
钠	5.53×10^{14}	2.29
铯	4.69×10^{14}	1.94
钛	9.96×10^{14}	4.12
钨	10.95×10^{14}	4.54
银	11.19×10^{14}	4.63

3. 光电效应和时间的关系

实验表明，从光开始照射一直到金属释放出电子，无论光强如何，几乎是瞬时的，并

不存在一个滞后时间.

13.2.2 光电效应与光的波动理论的矛盾

光电效应的实验规律无法用经典的波动理论来解释. 首先，按照经典理论，光照射在金属上时，光强越大，则光电子获得的能量应越大，它从金属表面逸出的初动能也越大，所以光电子的初动能理应与光强有关. 但实验结果并非如此，光电子的初动能只与入射光的频率有关，而和入射光的光强无关. 第二，按照经典的波动理论，无论何种频率的光照射在金属上，只要入射光的光强足够大，或者照射时间足够长，使自由电子获得足够的能量，电子就应从金属中逸出，不存在实验所发现的红限问题. 第三，按照经典的波动理论，如果入射光强很微弱，光射到金属表面后，应隔一段时间才有光电子从金属中逸出. 在此段时间内，电子从光波中不断接受能量，直至所积累的能量足以使它从金属表面逸出，这也和光电效应发生几乎是瞬时的这一事实相矛盾.

实验规律和光的波动理论之间的上述种种矛盾，暴露了光的波动理论存在着缺陷.

13.2.3 爱因斯坦的光子假设 光的波粒二象性

为了解释光电效应的实验规律，爱因斯坦在普朗克量子假设的基础上，提出了光子假设. 他认为：光是一粒一粒以光速 c 运动着的粒子流，这些粒子称为**光子**，对于频率为 ν 的单色光，光子的能量为 $\varepsilon = h\nu$ ，h 为普朗克常量.

根据光子假设，光电效应的产生，是由于金属中的自由电子吸收了光子的能量，而从金属中逸出. 当频率为 ν 的光照射到金属表面时，电子吸收一个光子，便获得能量 $h\nu$，这能量一部分消耗于电子从金属表面逸出时所需要的逸出功 A，另一部分则转换为电子的初动能 $\frac{1}{2}mv^2$，按照能量守恒定律，可得

$$h\nu = A + \frac{1}{2}mv^2 \tag{13-9}$$

式（13-9）称为**爱因斯坦光电效应方程**. 它表明光电子的初动能和入射光的频率呈线性关系，而和入射光强无关. 这与实验规律吻合.

从式（13-9）可以看出，如果入射光子的能量 $h\nu$ 小于电子的逸出功 A 时，电子就不能从金属中逸出，只有 $h\nu \geqslant A$，即 $\nu_0 \geqslant A/h$ 时，才能产生光电效应，所以产生光电效应具有一定的截止频率 ν_0（红限），且 $\nu_0 = A/h$；入射光的频率为 ν_0 时，电子吸收光子的能量全部消耗于电子的逸出功.

根据光子假设，入射光强增加时，单位时间内射到金属表面的光子数增加，相应地吸收光子的电子数也增加，因此，单位时间内从金属中逸出的光电子数和入射光强成正比. 这也符合实验规律. 同样，由光子理论可以得出：当光照射金属时，一个光子的能量立即被一个电子所吸收，不需要积累能量的时间，就自然地说明了光电效应瞬时发生的问题. 如此看来，爱因斯坦的光子假设是正确的.

由于光的波动性可用光波的波长 λ 和频率 ν 描述，光的粒子性可用光子的质量、能量和动量描述. 按照光子理论，光子的能量为

$$\varepsilon = h\nu \tag{13-10}$$

由于光子速度为光速，故应根据相对论的质能关系 $\varepsilon = mc^2$，可给出光子的质量为 $m = \varepsilon/c^2$，由式（13-10），即得

$$m = \frac{h\nu}{c^2} \tag{13-11}$$

光子不是经典力学中描述的质点，它是静止质量 $m_0 = 0$ 的一种特殊粒子. 故不存在着与光子相对静止的参考系. 光子的动量 $p = mc$，由式（13-11）有

$$p = \frac{h}{\lambda} \tag{13-12}$$

式（13-10）和式（13-12）是描述光的性质的基本关系式，在这两式的左侧，能量 ε 和动量 p 描述了光的粒子性；右侧的频率 ν 和波长 λ 则描述了光的波动性. 这样，便把光的粒子性和波动性在数量上通过普朗克常量联系在一起了.

总而言之，爱因斯坦的光子理论把普朗克的量子化假设运用到光电效应现象中，不仅揭示了电磁辐射在吸收或发射时以能量子 $\varepsilon = h\nu$ 的微粒形式出现，而且在空间的传播也表现出量子性，这种光的粒子性质似乎是和经典电磁理论，即光的波动学说相矛盾，难以被当时物理学界所接受. 直到 1916 年，爱因斯坦的光电效应方程终于被美国物理学家密立根（R. A. Millikan，1868—1953）的精确实验所证实，从而光子理论才被人们所接受. 爱因斯坦为此而荣获 1921 年诺贝尔物理学奖.

13.2.4　光电效应的应用

光电效应在近代科学和技术中获得广泛应用. 真空光电管就是利用光电效应的原理制成的. 图 13-6 所示是光电管的原理图. 光电管主要由抽成真空的玻璃泡、阴极 K 和阳极 A 组成. 阴极 K 是涂在内表面的感光层（可由铯、钾、银等各种材料制成，以适用于不同频率的光），阳极 A 通常制成环形，光电管的灵敏度很高，可用于记录和测量光信号（如曝光表等），也广泛用于自动控制（如光控继电器、自动计数器、自动报警等）和电影、电视装置中.

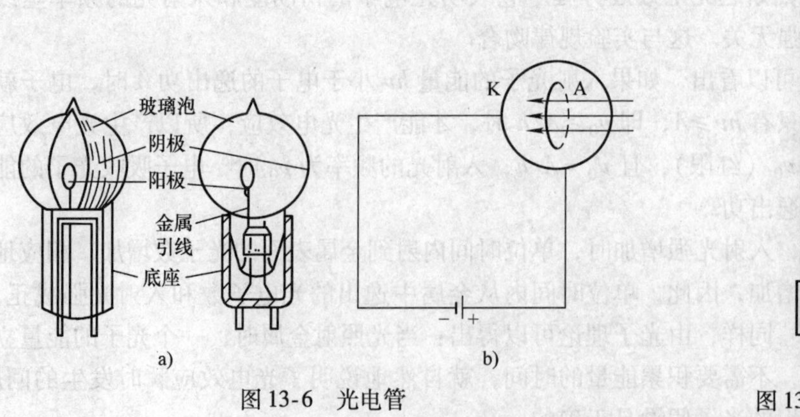

图 13-6　光电管

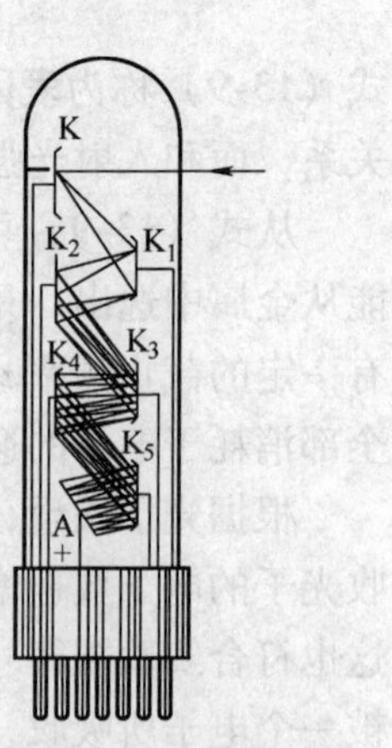

图 13-7　光电倍增管

为了增大光电流，通常在光电管的阴、阳两极间加装若干个倍增电极，制成光电倍增管（见图 13-7）. 光照到阴极 K 时，通过倍增电极的不断放大，光电流可以增大数百万倍，这种光电管可以测量非常微弱的光，在工程、天文和军事上有重要应用.

光电效应可分为外光电效应和内光电效应．当光照在金属表面上时，若能把光电子逸出金属表面外，我们把这种光电效应称为**外光电效应**，前述的应用大多是指外光电效应而言的；内光电效应是指入射光深入到某些物体（晶体、半导体等）内部，从而使物体内部的原子释放出电子，使物体的导电性能增加，由于**这种光电效应发生后，电子仍留在物质内部**，故称为**内光电效应**．利用内光电效应可制成各种半导体光敏元件（如光敏电阻、硒光电池等），在计算机及自动化设备中应用广泛．

问题 13-3　光电效应有哪些重要规律？这些规律与光的电磁波理论有什么矛盾？

问题 13-4　设用一束红光照射某金属时不能产生光电效应，如果用透镜把光聚焦到金属上，并经历相当长的时间，能否产生光电效应？

例题 13-3　当波长为 400nm 的光照射在铯上时，试求铯放出的光电子的初速度．

解　由爱因斯坦方程 $h\nu = A + \frac{1}{2}mv^2$，光电子初速度为 $v = \sqrt{2\ (h\nu - A)\ /m}$，又 $A = h\nu_0$，可从表 13-1 查出 $\nu_0 = 4.69 \times 10^{14}$Hz．于是，可算得光电子的初速度为

$$v = \sqrt{\frac{2}{m}h\left(\frac{c}{\lambda} - \nu_0\right)} = \sqrt{\frac{2 \times 6.63 \times 10^{-34}}{9.1 \times 10^{-31}}\left(\frac{3 \times 10^8}{400 \times 10^{-9}} - 4.69 \times 10^{14}\right)}\mathrm{m \cdot s^{-1}} = 6.399 \times 10^5\mathrm{m \cdot s^{-1}}$$

13.3　康普顿效应　电磁辐射的波粒二象性

13.3.1　康普顿效应

1922 年，美国物理学家康普顿（A. H. Compton，1892—1962）首先研究了 X 射线通过石墨时所产生的散射现象．图 13-8 所示是康普顿实验的示意图．由单色 X 射线管 R 发出波长为 λ 的 X 射线，通过光阑 D 变为一狭窄的射线束，再入射到一块作为散射物质的石墨 C 上，射线通过石墨向各方向传播，即发生散射，散射的方向可用图示的散射角 φ 表示．散射线的波长可由摄谱仪 S 测定．实验发现，散射线中除具有与入射线波长 λ_0 相同的射线外，还有比入射线波长更长的射线，其波长为 λ．这种现象称为**康普顿效应**．

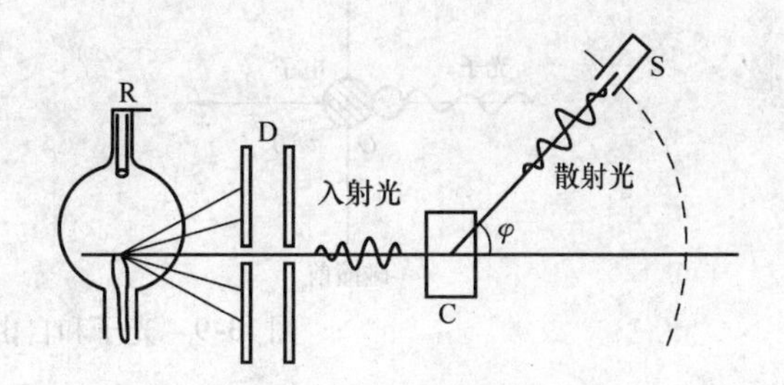

图 13-8　康普顿实验

康普顿还发现波长的变化量 $\lambda - \lambda_0$．随散射角 φ 增大而增大，并且在同一散射角下，波长变化量与散射物质无关．

对于散射线中具有和入射波长（或频率）相同的射线，可以用经典的波动理论解释．按照经典波动理论，X 射线是一种电磁波，电磁波通过物体时能引起物体中带电粒子的受迫振动，每个振动着的带电粒子又向四周辐射电磁波，就成为散射的 X 射线．因为带电粒子受迫振动的频率等于入射的 X 射线的频率，所以散射的 X 射线的波长（或频率）应该和入射的 X 射线的波长（或频率）相等．对于散射线中有比入射波长更长的射线，用经典理论就无法解释．康普顿于 1923 年用光子的概念做了解释．他认为这种现象是由光

子和电子相互碰撞所引起的. 如图 13-9 所示，当 X 射线入射到散射物质上时，入射光子将与物质中的电子发生弹性碰撞. 碰撞前，设电子的静止质量为 m_0，碰撞后，电子以$\boldsymbol{v}$ 的速度反冲，其动能来自入射光子提供的能量，其速率很大. 根据相对论的动能公式，电子的动能为正 $E_k=(m-m_0)c^2$. 根据能量守恒定律，光子和电子碰撞前、后应满足下式，即

$$h\nu_0=h\nu+(m-m_0)c^2 \tag{13-13}$$

并且，碰撞时的动量亦守恒，对电子来说，动量的相对论表达式为 $p=m_0v/\sqrt{1-(v/c)^2}$. 于是，沿 Ox 轴和 Oy 轴方向动量守恒应满足下列两式，即

$$\frac{h}{\lambda_0}=\frac{h}{\lambda}\cos\varphi+\frac{m_0v}{\sqrt{1-\left(\frac{v}{c}\right)^2}}\cos\theta \tag{13-14}$$

$$0=\frac{h}{\lambda}\sin\varphi+\frac{m_0v}{\sqrt{1-\left(\frac{v}{c}\right)^2}}\sin\theta \tag{13-15}$$

从以上三式中消去 v 和 θ，并化简，可得波长改变的公式为

$$\Delta\lambda=\lambda-\lambda_0=2\frac{h}{m_0c}\sin^2\frac{\varphi}{2} \tag{13-16}$$

式（13-16）表明，散射光波长的改变量 $\Delta\lambda$ 与入射光波长无关，仅由散射角 φ 决定，当散射角增大时，$\Delta\lambda$ 也随之增大. 这一结论与实验结果完全符合.

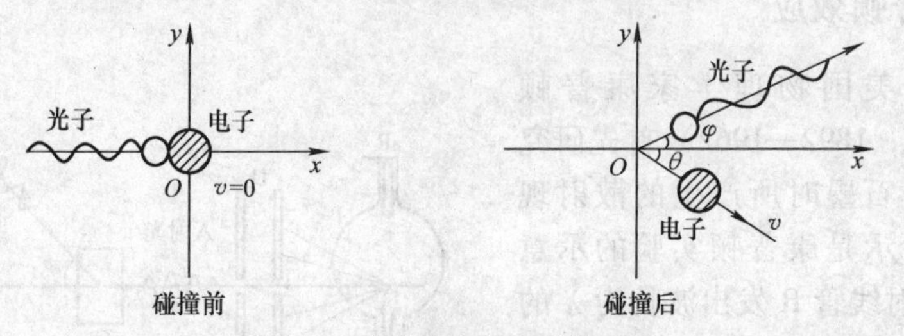

图 13-9　光子和自由电子的碰撞

在散射物质中，除了自由电子和被原子核束缚很松的外层电子外，还有被原子核束缚很紧的内层电子. 当 X 射线与内层电子发生弹性碰撞时，光子将与整个原子交换能量和动量. 因此，上式中电子的静止质量 m_0 要代之以原子的静止质量 M_0. 由于 $M_0>>m_0$，根据碰撞理论，光子碰撞后不会显著地失去能量. 所以 $\Delta\lambda=\dfrac{2h\sin^2\frac{\varphi}{2}}{M_0c}\approx0$，这时散射光的波长几乎不变. 因此，散射光中除了有波长移动的新射线外，还有波长不变的射线.

康普顿散射的理论和实验完全相符，曾在量子论的发展中起过重要作用. 它不仅再一次验证了光子假设的正确性，而且还证明了光子和微观粒子的相互作用过程也严格遵守动量守恒定律和能量守恒定律.

13.3.2　电磁辐射的波粒二象性

迄今为止，我们已认识到，**光和所有电磁辐射在传播过程中，所表现的干涉、衍射和偏振等现象，说明它们具有波动性**；而在光电效应和康普顿效应等现象中，**当光或其他电**

磁辐射（如 X 射线等）和物体相互作用时，表现为具有质量、动量和能量的微粒性．因此，它们具有波动和粒子的两重性质，这称为**电磁辐射的波粒二象性**.

实际上，光子和电磁波两者并非互不相关，而是以某种方式相互联系着的．对此，我们不做详述，仅从统计角度做一简述．**光的波动性应理解为大量光子的统计平均行为**，并且**单个光子也有波动性质**，但这不是经典意义下的波，而是一种具有统计规律性的波，即**一个光子在某处出现的概率与该处的光强度成正比**.

问题 13-5　假如采用可见光（例如绿光，其波长 $\lambda=500\text{nm}$），能不能观察到康普顿效应？为什么？

例题 13-4　红外线（波长 $\lambda=10^4\text{nm}$）是否适宜用来观察康普顿效应？为什么？

解　在康普顿效应中观察到波长最大变化量值为

$$\Delta\lambda=\frac{2h}{m_0c}=\frac{2\times6.63\times10^{-34}}{9.1\times10^{-31}\times3\times10^{8}}\text{m}=0.0048\text{nm}.$$

对红外线而言 $\Delta\lambda \ll \lambda$．波长变化量如此之小，在实验中是难以观察出来的．因此，不宜采用红外线来观察康普顿效应.

13.4　氢原子光谱　玻尔的氢原子理论

13.4.1　氢原子光谱的规律性

在研究原子结构及其规律时，通常采用的实验方法有两种：一种是利用高能粒子对原子进行轰击；另一种则是观察原子在外界激发下辐射的光谱规律.

1. 原子的核型结构

在 1897 年英国物理学家汤姆孙（J. J. Thomson，1856—1940）发现并确认电子是原子的组成部分之后，物理学面临的一个新课题就是探索原子内部的奥秘.

1911 年，英国物理学家卢瑟福（E. Rutherford，1871—1937）通过 α 粒子的散射实验探索原子的内部结构，在实验中，当高速运动的 α 粒子轰击金属箔时，发生了散射现象．在分析实验结果的基础上，卢瑟福提出了**原子的核型结构模型：即原子是由一个带正电的原子核和若干绕核运动的电子所组成，原子核的质量占原子的 99.9% 以上，而其半径仅是原子半径的万分之一**．这个模型类似于太阳系中行星绕太阳运转，因此称为**原子的行星模型**.

2. 氢原子光谱的规律性

使炽热的气态元素发光，用摄谱仪观察其生成的光谱，可以根据光谱的特征来分析其化学元素．观察光谱时，通常在黑暗背景下，出现一些颜色不同的线状亮条纹，通常称为**光谱线**，一系列不连续的谱线组成的光谱称为**线光谱**.

氢原子是结构最简单的原子，因此其光谱情况也最简单．用氢气放电管可以得到氢原子光谱．通过对氢原子光谱的分析，可以进一步研究原子核外电子的运动规律．19 世纪末，巴尔末、莱曼、帕邢、布喇开、普芳德等人通过观察氢原子光谱在可见光以及紫外光、红外光区域的谱线，分析谱线之间的内在联系，得出如下的统一的公式，即所谓**广义巴尔末公式**：

$$\tilde{\nu}=\frac{1}{\lambda}=R\left(\frac{1}{k^2}-\frac{1}{n^2}\right)\tag{13-17}$$

式中，$\tilde{\nu}$是**波长的倒数**，叫作**波数**；R 称为**里德伯常量**，它是由瑞典人里德伯（J. R. Rydberg，1854—1919）就大量实验数据中总结出来的，其实验值为 $R=1.0967758\times10^{7}\text{m}^{-1}$．$k$ 可取整数值，当 $k=1$ 时，称为莱曼谱系；$k=2$ 时，称为巴尔末谱系；$k=3$ 时，称为帕邢谱系；$k=4$ 时，称为布喇开谱系；$k=5$ 时，称为普芳德谱系．对应每一个谱系，n 可取整数值 $k+1$，$k+2$，$k+3$，…，分别表示该谱系中的不同谱线．图 13-10 所示是一组氢原子的巴尔末谱系线图．

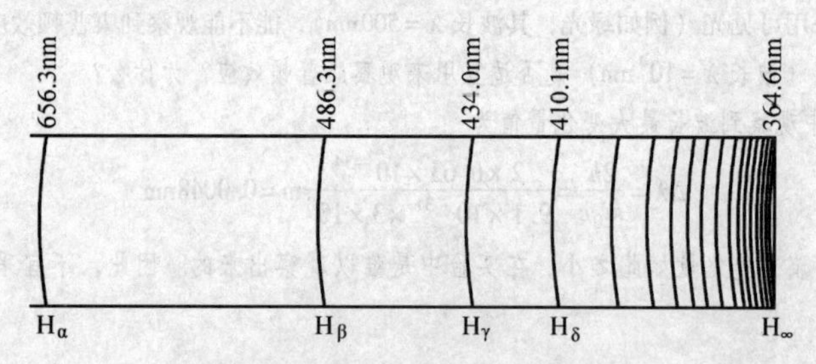

图 13-10　氢原子的巴尔末谱系线图

从式（13-17）得到的可见光以及紫外光、红外光的各组谱线的数值和实验结果十分相符，说明了式（13-17）反映了氢原子结构的内部规律，后来，里德伯等人又证明在其他类氢元素的原子光谱中，光谱线也具有类似于氢原子光谱的规律性，从而为原子结构理论的建立提供了依据．

3. 用经典理论解释所遇到的困难

根据经典的电磁波理论难以解释原子的核型结构，因为做加速运动的电子，将不断向外辐射电磁波，所以它的能量会不断减少，从而电子运动的半径越来越小，电子逐渐靠近原子核，最后落入原子核中，因此，原子将是不稳定的结构，这和实验结果不相符合．事实上，原子结构是相当稳定的．

经典的电磁波理论也难以解释原子光谱的规律．电子在绕核运动中，不断向外辐射电磁波，能量不断损失，其轨道半径和转动频率也在连续不断变化，因而辐射的电磁波的频率也应连续变化，故观察到的原子光谱应是连续的光谱，但实验结果却指出，原子光谱是不连续的线光谱．

13.4.2　玻尔的氢原子理论

如何解决上述经典的电磁波理论和实验结果的矛盾？1913 年，丹麦物理学家玻尔（N. Bohr，1885—1962）提出了关于原子结构量子论的两个基本假设：

1. 定态假设

电子只能在一定轨道上绕核做圆周运动，只有电子的角动量上 L_φ 等于 $h/(2\pi)$ 的整数倍的轨道上，运动才是稳定的，即

$$L_\varphi = n\frac{h}{2\pi} \tag{13-18}$$

式中，$L_\varphi=mvr$ 称为**轨道角动量**．其中 m、v、r 分别是电子的质量、运动速度和轨道半径，h 是普朗克常量，n 叫作**量子数**，可取正整数 1，2，3，…．式（13-18）称为玻尔的角动量量子化条件．

电子在上述特定轨道上运动时，不向外辐射电磁波，这时电子处于稳定状态（称为**定态**），对应这些不连续的定态，氢原子具有一系列不连续的能量 E_1、E_2、…、E_n. 这种能量称为**能级**.

2. 跃迁假设

当原子发射或吸收辐射时，原子的能量从定态 E_n 跃迁到定态 E_m，它发射或吸收的单色光的频率由下式决定：

$$h\nu = |E_n - E_m| \tag{13-19}$$

式（13-19）称为**玻尔的频率条件**. 当 $E_n > E_m$ 时，原子发出辐射；当 $E_n < E_m$ 时，原子吸收辐射.

玻尔根据以上两个基本假设，推出了氢原子的能级公式，成功地解释了氢原子光谱的规律性.

设氢原子中，质量为 m 的电子在半径为 r_n 的圆形轨道上以速率 v 绕核运动，电子的电荷量为 e，它受到的库仑力便是向心力. 按牛顿第二定律，有

$$m\frac{v^2}{r_n} = \frac{1}{4\pi\varepsilon_0}\frac{e^2}{r_n^2} \tag{13-20}$$

将式（13-20）和式（13-18）联立，可解得

$$r_n = \frac{\varepsilon_0 h^2}{\pi m e^2}n^2,\quad n = 1,2,3,\cdots \tag{13-21}$$

令 $n=1$，可得

$$r_1 = \frac{\varepsilon_0 h^2}{\pi m e^2}$$

代入有关数据，可算出 $r_1 = 0.529\times10^{-10}\mathrm{m}$，这就是氢原子的最小轨道半径，称为**玻尔半径**.

电子在第 n 个轨道上运动时具有的总能量为

$$E_n = \frac{1}{2}mv^2 - \frac{e^2}{4\pi\varepsilon_0 r_n}$$

式中，$\frac{1}{2}mv^2$ 为电子绕核运动的动能；$-\frac{e^2}{4\pi\varepsilon_0 r_n}$为电子和原子核组成的系统所具有的电势能. 又由式（13-20）可得 $mv^2/2 = e^2/(8\pi\varepsilon_0 r_n)$，代入上式，并由式（13-21），得

$$E_n = -\frac{e^2}{8\pi\varepsilon_0 r_n} = -\frac{1}{n^2}\frac{me^4}{8\varepsilon_0^2 h^2} \tag{13-22}$$

令 $n=1$，有

$$E_1 = -\frac{me^4}{8\varepsilon_0^2 h^2}$$

代入有关数据，可算出 $E_1 = -13.6\mathrm{eV}$. 这就是电子处在第一个轨道上时原子的能量，显然

$$E_n = \frac{1}{n^2}E_1$$

我们把 $n=1$ 时的能量状态称为**基态**，把 $n=2$，3，4，…时的能量状态称为**激发态**.

原子处于基态时，能量最低，原子最稳定；处于激发态时一般不稳定，电子要向基态或较低能级跃迁，在跃迁时向外辐射能量. 原子如果从外界吸收能量，电子就可以从较低能级跃迁到较高能级.

从式（13-22）可知，当 $n\to\infty$ 时，$r_n\to\infty$，$E_n=0$，电子离核无限远，能量 E_n 最大（即等于零），此时氢原子处于**电离状态**. 电子从基态跃迁到电离态需要能量 13.6eV，即氢原子的**电离能**为 13.6eV.

氢原子中电子轨道是量子化的，所以它的能量也是量子化的，氢原子所允许的能量值可以用能级图来表示，如图 13-11 所示. 能级图上的每一根水平线代表 E_n 的一个数值，即为一个**能级**，所以式（13-22）亦称为氢原子的能级公式.

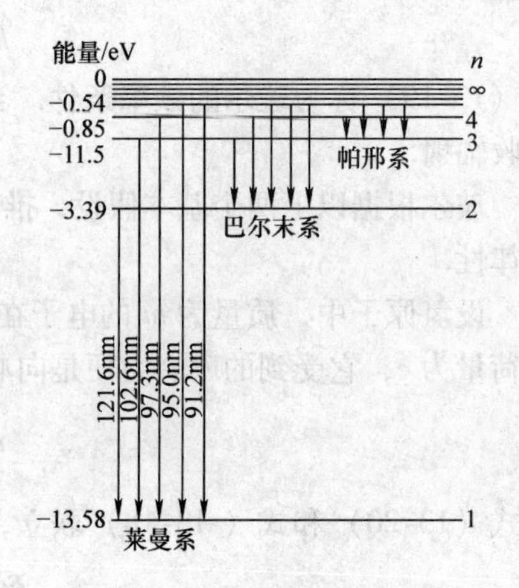

图 13-11　氢原子的能级图

根据玻尔假设，当电子从较高能级 E_n 跃迁到某较低能级 E_k 时，辐射出频率为 ν 的光子，光子的能量为

$$h\nu = E_n - E_k$$

将能级公式和 $\nu=\dfrac{c}{\lambda}$ 代入上式，可得

$$\tilde{\nu} = \frac{1}{\lambda} = \frac{me^4}{8\varepsilon_0^2h^3c}\left(\frac{1}{k^2}-\frac{1}{n^2}\right) \qquad (13\text{-}23)$$

式中，c 是真空中的光速，$c=3\times10^8\mathrm{m\cdot s^{-1}}$. 将式（13-23）和式（13-17）比较，可知它就是广义巴尔末公式，其中里德伯常量 $R=\dfrac{me^4}{8\varepsilon_0^2h^3c}=1.09737\times10^7\mathrm{m^{-1}}$，这个结果和实验符合得很好.

令式（13-23）中 $k=1, 2, 3, 4, \cdots$，可以分别得到莱曼、巴尔末、帕邢、布喇开、普芳德等谱系.

玻尔氢原子理论成功地解释了氢原子光谱的规律性，因而，在一定准确的程度上，它反映了原子内部的运动规律，对现代物理学的发展起了很大的推动作用. 然而，由于这个理论只不过是经典理论和量子理论的混合物，所以带有很大的局限性和缺陷. 我们把玻尔的量子理论称为**旧量子论**. 1926 年，海森伯、薛定谔、玻恩等人在旧量子论和德布罗意物质波的基础上建立了量子力学理论，才全面和正确地揭示了微观世界原子运动的规律.

问题 13-6　（1）玻尔对原子的机制提出哪几点假设？是在什么前提下提出的？根据这些假设得到哪些结果？解决了什么问题？

（2）为什么通常把氢原子中反映电子状态的能量作为整个氢原子的状态能量？试求在基态下氢原子的能量.

（3）试述能级的意义. 能级图中最高和最低的两条水平横线各表示电子处于什么状态？

例题 13-5　求氢原子的电离能，即把电子从 $n=11$ 的轨道移到离原子核无限远处（$n=\infty$）时氢原子变成为氢离子所需的功.

分析　按氢原子的能级公式

$$E_n = -\frac{me^4}{8\varepsilon_0^2n^2h^2}$$

可以看出，E_n 随 n 而增大，并随 $n\to\infty$ 而趋于零. 但电子在 $E_\infty=0$ 时就不再受到原子核吸引力的束缚，即被游离出去，脱离原子，而使原子成为带正电的离子．因此，如用电子束轰击原子，使原子获得能量，而从基态能级 E_1 跃迁到能级 $E_\infty=0$，就会使原子电离．给原子提供的这一部分能量 $\Delta E=E_\infty-E_1=0-E_1=-E_1$ 就是原子的**电离能**.

解　对氢原子来说，电子在轨道 $n=1$ 时，氢原子的能量为 E_1，电子离原子核无限远时，$E_\infty=0$，则得氢原子电离能为

$$\Delta E=E_\infty-E_1=-E_1=\frac{me^4}{8\varepsilon_0^2h^2}$$

将各量的数值代入上式，得

$$\Delta E=\frac{9.11\times10^{-31}\text{kg}\times(1.60\times10^{-19}\text{C})^4}{8\times(8.85\times10^{-12}\text{C}^2\cdot\text{N}^{-1}\cdot\text{m}^{-2})^2\times(6.63\times10^{-34}\text{J}\cdot\text{s})^2}$$
$$=2.17\times10^{-18}\text{J}=13.6\text{eV}$$

上述氢原子电离能数值和实验值 13.58eV 很接近（图 13-11）.

说明　若提供给原子系统的能量大于它的电离能 ΔE，则游离出去的电子还可以有动能，此后，由于游离的电子已不再受原子的束缚，因而它的能量不再服从量子条件，即不取分立值，而是连续变化的.

例题 13-6　在气体放电管中，用携带着能量 12.2eV 的电子去轰击氢原子，试确定此时的氢可能辐射的谱线的波长.

解　氢原子所能吸收的最大能量就等于对它轰击的电子所携带的能量 12.2eV．氢原子吸收这一能量后，将由基态能级 $E_1\approx13.6\text{eV}$，激发到更高的能级 E_n，如图所示，而

$$\begin{aligned}E_n&=E_1+12.2\text{eV}\\&=-13.6\text{eV}+12.2\text{eV}\\&=-1.4\text{eV}\end{aligned}$$

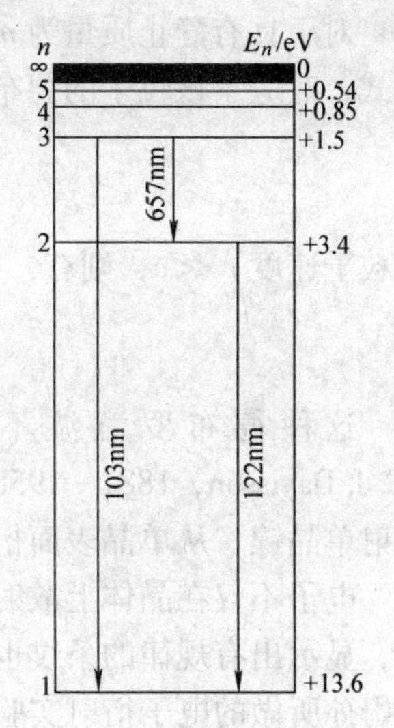

例题 13-6 图

在式（13-22）中，可令 $n=1$，得基态能级为

$$E_1=-\frac{me^4}{8\varepsilon_0^2h^2}$$

于是式（13-22）变成　　$E_n=\dfrac{E_1}{n^2}$

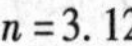

由于 $E_1=-13.6\text{eV}$，故由上式可求得与激发态 E_n 相对应的 n 值：

$$-1.4\text{eV}=\frac{-13.6\text{eV}}{n^2}$$

即
$$n=3.12$$

因 n 只能是正整数，所以能够达到的激发态对应于 $n=3$．这样，当电子从这个激发态跃迁回到基态时，将可能发出三种不同波长的谱线，它们分别相应于如例题 13-6 图所示的三种跃迁：$n=3$ 到 $n=2$，$n=2$ 到 $n=1$ 和 $n=3$ 到 $n=1$，读者不难求出这三种波长分别为 $\lambda=657\text{nm}$、122nm 和 103nm.

13.5　德布罗意假设　海森伯不确定关系

13.5.1　实物粒子的波动性——德布罗意假设

面对在微观世界中建立描述实物粒子运动规律所遇到的困难，法国青年物理学家德布罗意提出了一个发人深省的问题，他认为：“整个世纪以来，在光学中，比起波的研究方法来，如果说是过于忽视粒子的研究方法的话，那么在实物粒子的理论上，是不是发生了相反的错误，把粒子的图像想得太多，而过分忽视了波的图像呢?”于是，在1924 年他提

出了一个大胆的假设：**不仅辐射具有波粒二象性，一切实物粒子也都具有波粒二象性.**

按德布罗意假设，一个不受外力作用的自由运动的粒子，同时具有粒子性和波动性. 从粒子性来看，质量为 m 的粒子具有能量 E 和动量 p；从波动性来看，它对应着一列单色平面波，具有频率 ν 和波长 λ. 与描述光子的能量公式、动量公式相仿，描述粒子性的物理量 E、p 与描述波动性的物理量 ν、λ 之间的关系有

显然，不受外力作用的自由粒子是做匀速直线运动的.

$$E = h\nu \tag{13-24}$$

$$p = \frac{h}{\lambda} \tag{13-25}$$

以上两式就是联系粒子性和波动性的关系式，称之为**德布罗意公式**. 它反映了对应一个具有一定能量和动量的粒子，存在着一定频率和波长的波. 这种描写实物粒子的波称为**物质波**，也称**德布罗意波**.

对于具有静止质量为 m_0 的实物粒子来说，粒子以速度 v 运动时，根据相对论的动量公式，对应于该粒子的德布罗意波长为

$$\lambda = \frac{h}{p} = \frac{h}{mv} = \frac{h}{m_0 v}\sqrt{1 - \frac{v^2}{c^2}} \tag{13-26}$$

若粒子速度 $v \ll c$，则有

$$\lambda = \frac{h}{m_0 v} \tag{13-27}$$

这种德布罗意波不久就为实验所证实. 1927 年，美国物理学家戴维孙（C. J. Davisson，1881—1958）和革末（L. H. Germer，1896—1971）的实验证实：电子束入射单晶镍，从单晶表面衍射出来的电子束的波长，符合晶体衍射的规律.

电子不仅在晶体上散射时表现出波动性，而且在穿过一晶体薄片再照射到照相底片上时，显示出有规律的条纹也同样表现出波动性质. 如图 13-12 所示，这就是英国物理学家汤姆孙所做的电子衍射实验. K 为发射电子的灯丝，电子经加速电压 U_{KD} 加速后，通过光阑 D 形成很细的电子束，电子束穿过一薄晶片 M（金属箔）后，射到照相底片 P 上，在 P 上出现衍射图样，如图 13-13 所示，这和 X 射线通过晶体时产生的衍射图样极其相似，它表示电子通过晶体后在照相底片上的分布是不均匀的，有些地方出现的电子密集，有些地方出现的电子稀疏. 根据实验中的衍射图样算出电子波长完全符合德布罗意公式，充分证实了德布罗意假设的正确.

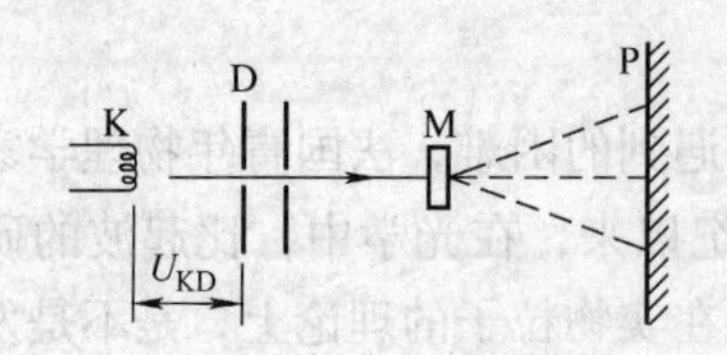

图 13-12　电子衍射实验

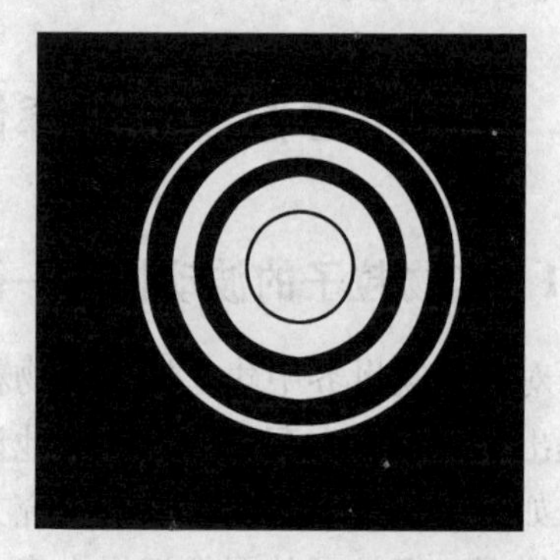

图 13-13　电子衍射图样

在实验证实了电子的波动性后，人们又用实验证实了其他微观粒子，如原子、中子和分子等也具有波动性，德布罗意公式对这些粒子也适用．于是，一切微观粒子具有波动性已是无可置疑的了．从而德布罗意公式已成为揭示微观粒子波动性和粒子性之间内在联系的基本公式．

微观粒子的波动性在现代科学技术中已得到应用．电子显微镜的使用就是利用电子的波动性．因为光学仪器的分辨率和波长成反比，波长越短，分辨率就越高．普通的光学显微镜由于受可见光波长的限制，分辨率不可能很高，放大倍数也只在2000倍左右．而电子波的波长远比可见光的波长为短，当加速电压为几百伏时，其波长和X射线接近，加速电压越大，波长越短．所以，电子显微镜的分辨率就比光学显微镜高得多．我国已制成能分辨0.144nm、放大80万倍的电子显微镜．可观察到晶体结构和蛋白质、脂肪之类的较大分子．

问题13-7 （1）试述微观粒子的波粒二象性，为什么我们在日常生活中没有觉察到物的波动性？

（2）求动能为 1.00×10^5 eV 的电子的物质波波长．（**答**：0．004nm）

例题13-7 （1）设有一质量 $m=10^{-6}$g 的微粒，以速度 $v=1\text{cm}\cdot\text{s}^{-1}$ 运动，求此微粒的德布罗意波的波长．

（2）动能为100eV的电子，其德布罗意波长是多少？

解 （1）按德布罗意波长公式（13-27），得所求波长为

$$\lambda=\frac{h}{p}=\frac{h}{mv}=\frac{6.63\times10^{-34}\text{J}\cdot\text{s}}{10^{-9}\text{kg}\times10^{-2}\text{m}\cdot\text{s}^{-1}}=6.63\times10^{-23}\text{m}$$

说明 对于如此之短的波长，目前尚无能够观察出其波动性的精密仪器．我们知道，在宏观领域内，粒子的质量比 10^{-6}g 大得多，速度也多有比 $1\text{cm}\cdot\text{s}^{-1}$ 为高的．因此，从上式可以推想，它们的物质波波长将更短，所以我们在日常生活中未能觉察到宏观粒子的波动性，而只认识到它的粒子性．

（2）因为动量 p 和动能 E_k 之间的关系为 $p^2=2mE_k$，其中电子的质量为 $m=9.11\times10^{-31}$kg，所以可求得电子的德布罗意波长为

$$\lambda=\frac{h}{p}=\frac{h}{\sqrt{2mE_k}}=\frac{6.63\times10^{-34}}{\sqrt{2\times9.11\times10^{-31}\times100\times1.6\times10^{-19}}}\text{m}=0.123\times10^{-9}\text{m}=0.123\text{m}$$

说明 上述波长和X射线波长的数量级相同．所以，我们在电子衍射实验中用薄金箔当作光栅（薄金箔内原子有规则地排列着，原子的间距比上述波长更小，好像光栅的狭缝），就可以观察到物质波的衍射现象．说明在微观领域内，粒子明显地表现出波动性．

13.5.2 不确定关系

在经典力学中，可以同时用确定的坐标和确定的动量来描述宏观物体的运动．对于微观粒子，因为它具有波动性，我们是否能够同时用确定的坐标和确定的动量来描述它的运动呢？判断这一问题的依据，就是德国物理学家海森伯（W. K. Heisenberg，1901—1976）在1927年提出的不确定关系．

下面以电子的单缝衍射（图13-14）为例来进行研究．设有一束电子沿 Oy 轴射向AB屏上的狭缝，狭缝宽度为 a，入射电子的动量为 p，则在照相底片 ED 上可观察到单缝衍射图样．

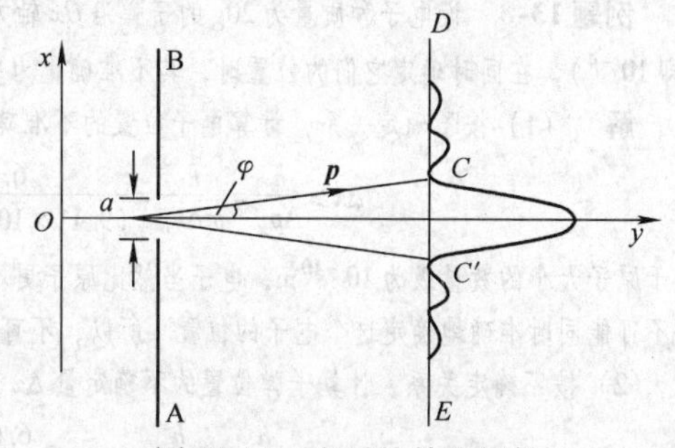

图13-14 电子的单缝衍射

当一个电子通过狭缝的瞬时，我们很难确

切地回答它的坐标 x 为多少？然而，该电子确实是通过了狭缝，因此，我们可以准确地确定电子的坐标在

$$\Delta x = a \tag{13-28}$$

的范围内．Δx 称之为电子在 Ox 轴方向位置的不确定量，即电子通过狭缝的瞬时，它在 Ox 轴上位置可以准确到缝的宽度．

现在再来研究电子经狭缝时在 Ox 轴方向的动量是否确定？由衍射图样分析可知，电子经狭缝时可能向各个方向运动，而今做保守的估计，假设电子经狭缝后射向底片 CC' 之间（C、C' 是衍射条纹第一级极小的位置）．射向 C（或 C'）点的电子在 Ox 轴方向的动量为 $p\sin\varphi$．因此，电子在 Ox 轴方向动量的可能值应介于 0 与 $p\sin\varphi$ 之间，即电子经狭缝时在 Ox 轴方向的动量也是不确定的，其不确定量为

$$\Delta p_x = p\sin\varphi \tag{13-29}$$

对于条纹的第 1 级极小，有

$$a\sin\varphi = \lambda$$

由式（13-28），将 $a = \Delta x$ 代入上式，则式（13-29）便成为

$$\Delta p_x = p\frac{\lambda}{\Delta x}$$

于是按德布罗意波长公式 $\lambda = h/p$，上式可写成

$$\Delta x \cdot \Delta p_x = h \tag{13-30}$$

在以上分析中我们做了保守的估计，即假设电子在一级极小的衍射角范围内．实际上电子也可能射向底片 CC' 区域之外，那么 $\sin\varphi$ 比 λ/a 还要大，所以 $\Delta p_x \geqslant h/(\Delta x)$，故得到

$$\Delta x \cdot \Delta p_x \geqslant h \tag{13-31}$$

式（13-31）称为**不确定关系式**．式中，h 为普朗克常量．式（13-31）不仅适用于电子，也适用于其他微观粒子．不确定关系表明：**不能同时准确地确定微观粒子的位置和动量**．如果我们想改善 x 的测量，势必要使 Δx 减小，这就得用较窄的缝，从而又将导致衍射图样变宽．而此图样变宽又意味着电子沿 Ox 轴方向的动量分量 p_x 变得更不确定了，即 Δp_x 变大了．反之，p_x 越确定，即 Δp_x 越小，则 Δx 变大，x 越不确定．总而言之，我们委实无法摆脱式（13-31）的限制．这种限制是源于物质的波粒二象性这一基本属性所导致的必然结果，其不确定量与测量仪器的精度和实验技术无关，纵使将来仪器精度和实验技术水平越来越提高，式（13-31）总是成立的．

问题 13-8 （1）什么叫作不确定关系？在什么情况下，微观粒子可以近似地认为做轨道运动？

（2）设粒子位置 x 的不确定量等于它的德布罗意波长，求证：此粒子速率 v 的不确定量 $\Delta v_x \geqslant v$．

例题 13-8 设电子和质量为 20g 的子弹沿 Ox 轴方向均以速度 $v_x = 200\text{m}\cdot\text{s}^{-1}$ 运动，速度可准确测量到万分之一（即 10^{-4}），在同时确定它们的位置时，其不准确量为多大？

解 （1）按不确定关系，计算电子位置的不准确量 Δx 为

$$\Delta x \geqslant \frac{h}{\Delta p_x} = \frac{h}{m\Delta v_x} = \frac{6.63\times10^{-34}}{(9.11\times10^{-31})(200\times10^{-4})}\text{m} = 3.64\times10^{-2}\text{m}$$

由于原子大小的数量级为 10^{-10}m，电子当然比原子更小，而电子位置的不确定量 Δx 已远远超过了其自身的线度，因而不可能同时准确地确定这个电子的位置．所以，不可能用经典力学方法来研究电子的运动．

（2）按不确定关系，计算子弹位置的不确定量 Δx 为

$$\Delta x \geqslant \frac{h}{\Delta p_x} = \frac{h}{m\Delta v_x} = \frac{6.63\times10^{-34}}{(20\times10^{-3})(200\times10^{-4})}\text{m} = 1.66\times10^{-30}\text{m}$$

显然，我们用当前最精密的仪器也无法测出这个不确定量，这意味着子弹的位置是能够准确测定的．因此，不确定关系对这两个不确定量的制约，在这里已不起作用．所以，用经典力学方法处理子弹这样的宏观物体的运动是允许的．

说明　从上例可以看出，当普朗克常量 h 的数量级与粒子质量相比而微不足道时，就可将粒子的运动近似看成宏观现象，可用经典力学方法处理；当粒子的质量 m 接近于 h 的数量级时，粒子的运动就属于微观现象，必须用量子力学方法来描述．

不确定关系并没有限制我们对微观世界的认识，所限制的是不能把经典概念和方法生搬硬套地强加到微观客体上去．因而不确定关系便成为判断经典概念和方法能否适用于微观粒子和适用程度有多大的一个准则．

13.6　波函数及其统计解释

以前说过，宏观物体的运动状态可用坐标和动量来描述．而量子力学是基于微观粒子的波粒二象性而建立起来的，因此，在量子力学中，微观粒子的运动状态可用波函数对物质的粒子性和波动性做出统一的描述．

13.6.1　波函数

我们知道，沿 Ox 轴方向传播的平面简谐波波函数是坐标 x 和时间 t 的二元周期函数，可写作

$$y(x,t)=A\cos 2\pi\left(\nu t-\frac{x}{\lambda}\right) \tag{13-32}$$

式中，A 为振幅；ν 为波的频率；λ 为波长．如果是机械波，y 表示位移；如果是电磁波，y 表示电场强度 $\boldsymbol{E}$ 或磁场强度 $\boldsymbol{H}$．同时，我们也知道，波的强度与振幅的平方成正比．

式（13-32）也可改用复指数形式来表示㊀，即

$$y(x,t)=A\mathrm{e}^{-\mathrm{i}2\pi\left(\nu t-\frac{x}{\lambda}\right)} \tag{13-33}$$

对机械波或电磁波来说，可取上式的实数部分，这就是式（13-32）．

前面说过，微观粒子的波动性可用物质波来描述．我们先讨论最简单的情况，即自由粒子的运动．对自由粒子而言，由于它不受外力作用，故做匀速直线运动，其动量 p 和能量 E 皆保持不变．因而，按照德布罗意假设，与一束自由粒子相关联的物质波，其频率 $\nu=E/h$ 和波长 $\lambda=h/p$ 也都是恒定的．由于具有恒定频率和波长的波是单色平面波，所以自由粒子的物质波一定是单色平面波．如果此波是沿 Ox 轴方向传播的，则其波动表达式应取式（13-33）的复指数函数形式，而不沿用式（13-32）的实数形式，这是物质波所要求的．同时，对物质波来说，式（13-33）中的 $y(x,t)$ 既不代表介质中质元的振动位移，也不代表某个数量（如电场强度等）的大小，为此，我们改用 $\varPsi(x,t)$ 来表示．$\varPsi(x,t)$ 称为**波函数**，用它来描述物质波在空间的传播．于是得自由粒子物质

㊀ 利用高等数学中的欧拉公式 $\mathrm{e}^{-\mathrm{i}\varphi}=\cos\varphi-\mathrm{i}\sin\varphi$，（其中 $\mathrm{i}=\sqrt{-1}$ 为虚数单位），可将式（13-32）表示成式（13-33）．这是因为在研究机械波或电磁波时，将振动表达式或波函数表示成复指数形式后，在运算时指数函数比三角函数来得简便，但在运算的结果中，我们仍取其中的实数部分，因为对机械波或电磁波来说，虚数是没有意义的，相反，在研究微观粒子的波函数时，我们所需要的则正是这种复指数函数形式，这是体现波粒二象性的理论所要求的．

波的表达式为

$$\Psi(x,t)=\psi_0 \mathrm{e}^{-\mathrm{i}2\pi\left(\nu t-\frac{x}{\lambda}\right)}$$

式中，ψ_0 为物质波的振幅．将德布罗意关系式 $E=h\nu$ 和 $p=h/\lambda$ 代入上式，就成为

$$\Psi(x,t)=\psi_0 \mathrm{e}^{-\mathrm{i}\frac{2\pi}{h}(Et-px)} \tag{13-34}$$

这就是沿 Ox 轴方向传播的情况下，动量为 p 和能量为 E 的自由粒子的物质波波函数．式(13-34) 还可写成

$$\Psi(x,t)=\psi(x)\mathrm{e}^{-\mathrm{i}\frac{2\pi}{h}Et} \tag{13-35}$$

其中

$$\psi(x)=\psi_0 \mathrm{e}^{\mathrm{i}\frac{2\pi}{h}px} \tag{13-36}$$

$\psi(x)$称为**振幅函数**，它不随时间 t 而变化，只与坐标 x 有关；$\psi(x)$作为波函数的一部分，也具有复指数函数的形式．

其次，由式（13-34），我们也可写出 Ψ㊀的共轭函数 Ψ^*，即

$$\Psi^*=\psi_0 \mathrm{e}^{\mathrm{i}\frac{2\pi}{h}(Et-px)}=\psi_0 \mathrm{e}^{\mathrm{i}\frac{2\pi}{h}px}\mathrm{e}^{\mathrm{i}\frac{2\pi}{h}Et}=\psi^*\mathrm{e}^{\mathrm{i}\frac{2\pi}{h}Et}$$

对照式（13-36），ψ^* 正好是 ψ 的共轭函数．同时，由上式和式（13-35）可得

$$\Psi\Psi^*=\left(\psi \mathrm{e}^{-\mathrm{i}\frac{2\pi}{h}Et}\right)\left(\psi^* \mathrm{e}^{\mathrm{i}\frac{2\pi}{h}Et}\right)=\psi\psi^* \tag{13-37}$$

或

$$|\Psi|^2=|\psi|^2 \tag{13-38}$$
㊁

即波函数 Ψ 与其共轭函数 Ψ^* 的乘积等于相应的振幅函数 ψ 与其共轭函数 ψ^* 的乘积，亦即，Ψ 的绝对值（即 Ψ 的模 $|\Psi|$）的平方 $|\Psi|^2$ 等于其振幅函数的绝对值平方 $|\psi|^2$．由于波的强度与振幅的平方成正比，因而我们也可认为，振幅函数的平方 $|\psi|^2$ 表征了物质波的强度，或者说，波函数 Ψ 与其共轭函数 Ψ^* 的乘积 $\Psi\Psi^*$ 或 $|\Psi|^2$ 表征了物质波的强度㊂．这对自由粒子运动的一维情况是如此，对三维情况也是如此；并且亦可推广到处于力场中非自由粒子运动的情况．

因为量子力学中的波函数是复数，它本身没有直接的物理意义．虽然德布罗意最早提出了波函数，但是他不能给予解释．当时在物理学界，对波函数是一个谜．这个谜直至 1926 年才由德国物理学家玻恩（M. Born，1882—1970）解开，对波函数做了正确的统计解释．

13.6.2　波函数的统计解释

现在我们以电子衍射为例，说明波函数的物理意义．

在图 13-12 所示的电子衍射实验中，如果我们控制电子束，使它极为微弱，甚至让电子一个一个地通过晶体而落到照相底片上．起初，当落到底片上的电子数目不多时，底片上呈现出一个一个的点，这些点的分布显得毫无规则，这表明每个电子落在底片上什么地方是不确定的．但是，经过一定时间，就有大量电子落于底片上，这时电子在底片上各处的分布渐渐显示出一定的规律性，形成如图 13-13 所示的衍射图样．既然照相底片上记录

㊀ 数学中讲过，复指数函数 $\rho=\mathrm{e}^{\mathrm{i}\varphi}$ 与 $\rho^*=\mathrm{e}^{-\mathrm{i}\varphi}$ 是相互共轭的．

㊁ 设 $\Psi=a+\mathrm{i}b$，则 $\Psi^*=a-\mathrm{i}b$，$\Psi\Psi^*=(a+\mathrm{i}b)(a-\mathrm{i}b)=a^2+b^2=(\sqrt{a^2+b^2})^2$，其中 $|\Psi|=\sqrt{a^2+b^2}$ 称为复数的模量，由此可知，复数与其共轭复数的乘积 $\Psi\Psi^*$ 一定是一个实数．

㊂ 物质波的强度应是实数，否则没有实际的意义．这里，$\Psi\Psi^*$ 是实数，正是描述物质波的波函数所要求的．

的是电子，亦即表现为粒子性；而其所显示的衍射图样，却又表现为波动性. 那么，我们要问：微观粒子兼有的波和粒子这两种行为之间究竟存在着什么关系呢？

从波动观点来看，照相底片上的电子衍射极大处（如同光波衍射图样中的明条纹处），衍射电子波（物质波）的强度大，即衍射电子的波函数模量的平方 $|\Psi|^2$ 也大. 再从粒子的观点来看，尽管我们不能预言电子一定落在照相底片上的什么地方，但是在衍射图样中，衍射电子波强度大的地方，底片感光强，表明落到该处的电子较密集；强度小的地方，则表明落到该处的电子较稀疏或甚至没有. 从统计意义上来说，电子波强度大的地方，说明电子落在该处的机会多，或者说概率大[⊖]，因此意味着落到该处的电子数目应越多，故而反映电子波动性的衍射图样，其强度分布与电子落在照相底片上各处的概率分布相对应. 这不仅对电子是这样的，对于其他微观粒子来说，情况也是如此. 所以，**微观粒子的物质波都是一种概率波**.

如上所述，由于微观粒子同时具有波动性，我们无法准确说出粒子在各个时刻的位置，只能说粒子出现在某一点有一定的概率. 设在空间中位于坐标（x, y, z）处附近的体积 $\mathrm{d}V$ 中出现粒子的概率为 $\mathrm{d}P$，则$\dfrac{\mathrm{d}P}{\mathrm{d}V}$即为该处附近单位体积中发现此粒子的概率，称为**概率密度**. 玻恩认为，**如果我们已知微观粒子的波函数，就能给出任一时刻 t 在空间各点出现该粒子的概率密度**. 由此，他在 1926 年提出了关于**物质波波函数的统计解释**，可综述如下：

设微观粒子的波函数为 $\Psi(x,y,z,t)$，则在给定时刻 t，在空间某点（x, y, z）附近找到该粒子的概率密度$\dfrac{\mathrm{d}P}{\mathrm{d}V}$与代表该点物质波强度的 $|\Psi(x,y,z,t)|^2$ 成正比，即

$$\frac{\mathrm{d}P}{\mathrm{d}V}\propto|\Psi|^2$$

不妨取比例系数为 1，则有

$$\frac{\mathrm{d}P}{\mathrm{d}V}=|\Psi|^2=\Psi\Psi^* \tag{13-39}$$

于是，可得在该处的体积元 $\mathrm{d}V$ 内发现粒子的概率为

$$\mathrm{d}P=\Psi\Psi^*\,\mathrm{d}V \tag{13-40}$$

13.6.3 波函数的归一化条件及标准条件

根据波函数的统计解释，波函数必须满足一定的要求.

首先，由于任一时刻粒子总是存在于空间中，它不在空间的这一地方出现，就要在其他地方出现，所以在整个空间 V 内搜索，一定能找到它. 亦即，在整个空间 V 内发现粒子的概率应等于 100%，即

$$\iiint_V \Psi\Psi^*\,\mathrm{d}V=1 \tag{13-41}$$

⊖ 我们举例说明概率的计算，设射向照相底片的电子有 $N=1000000$ 个，而有 $\Delta N=600000$ 个落在底片上某处，则电子落在该处的概率为 $P=\Delta N/N=600000/1000000=0.6=60\%$.

式（13-41）称为波函数 Ψ 的**归一化条件**. 式中，V 代表整个空间.

其次，由于在一定的时刻，在空间给定区域粒子出现的概率应该是唯一的，不可能既是这个值，又是那个值，并且应该是有限的（实际上，应该小于 1）；同时，在空间不同区域，概率应是连续分布的，不能逐点跃变；所以波函数 $\Psi(x, y, z, t)$ 应是（x, y, z, t）的**单值、有限、连续**的函数. 这一要求称为波函数的**标准条件**.

问题 13-9　（1）如何用波函数来描述微观粒子的运动状态？

（2）叙述玻恩关于物质波波函数的统计解释. 为什么波函数必须满足归一化条件？

（3）何谓波函数的标准条件？它的依据是什么？

13.7　薛定谔方程

在经典力学中，质点的运动状态可用位置和速度来描述；我们可以根据初始条件利用牛顿运动方程求出质点在任一时刻的位置和速度. 与之相仿，在量子力学中，微观粒子的状态可用波函数来描述；若已知粒子在某一时刻的状态，可借表述粒子运动的波函数 Ψ 所遵循的规律——薛定谔方程，求出粒子在任一时刻所处的状态. 这个方程是 1926 年由奥地利物理学家薛定谔（E. Schrödinger，1887—1961）建立的.

13.7.1　薛定谔方程的内涵

现在，首先从自由粒子运动的一维情况出发，来建立薛定谔方程. 我们已知，沿 Ox 轴方向运动的自由粒子，其物质波的波函数为

$$\Psi(x,t) = \psi_0 \mathrm{e}^{-\mathrm{i}\frac{2\pi}{h}(Et-px)}$$

将上式分别对 x 取二阶偏导数和对 t 取一阶偏导数，得

$$\frac{\partial^2 \Psi}{\partial x^2} = -p^2\left(\frac{2\pi}{h}\right)^2 \Psi, \qquad \frac{\partial \Psi}{\partial t} = -\mathrm{i}\,\frac{2\pi}{h}E\Psi \tag{13-42}$$

并因 $E = E_\mathrm{k}$，且当自由粒子的速度远小于光速时，$E_\mathrm{k} = mv^2/2 = p^2/(2m)$，则由上两式，得

$$\mathrm{i}\left(\frac{h}{2\pi}\right)\frac{\partial \Psi}{\partial t} = -\frac{1}{2m}\left(\frac{h}{2\pi}\right)^2 \frac{\partial^2 \Psi}{\partial x^2} \tag{13-43}$$

式（13-43）称为**自由粒子一维运动的薛定谔方程**.

若粒子在势场中做一维运动，其势能为 $E_\mathrm{p}(x)$，则粒子的总能量为

$$E = E_\mathrm{k} + E_\mathrm{p} = \frac{p^2}{2m} + E_\mathrm{p}(x) \tag{13-44}$$

将式（13-44）中的 E 代入式（13-42）的后一式，成为

$$\frac{\partial \Psi}{\partial t} = -\mathrm{i}\left(\frac{2\pi}{h}\right)\left[\frac{p^2}{2m} + E_\mathrm{p}(x)\right]\Psi$$

或

$$\mathrm{i}\left(\frac{h}{2\pi}\right)\frac{\partial \Psi}{\partial t} - E_\mathrm{p}(x)\Psi = \frac{p^2}{2m}\Psi$$

由上式和式（13-42）的前一式，可得

$$\mathrm{i}\left(\frac{h}{2\pi}\right)\frac{\partial \Psi}{\partial t} = -\frac{1}{2m}\left(\frac{h}{2\pi}\right)^2 \frac{\partial^2 \Psi}{\partial x^2} + E_\mathrm{p}(x)\Psi \tag{13-45}$$

式（13-45）即为**粒子在势场中一维运动的薛定谔方程**．将上述方程推广到三维运动的一般情况，这时粒子的波函数为 $\Psi=\Psi(x,y,z,t)$，势能为 $E_p=E_p(x,\ y,\ z,\ t)$，类似于一维情况的推导（从略），可得

$$\mathrm{i}\left(\frac{h}{2\pi}\right)\frac{\partial\Psi}{\partial t}=-\frac{1}{2m}\left(\frac{h}{2\pi}\right)^2\left(\frac{\partial^2\Psi}{\partial x^2}+\frac{\partial\Psi}{\partial y^2}+\frac{\partial^2\Psi}{\partial z^2}\right)+E_p(x,y,z,t)\Psi \tag{13-46}$$

这就是粒子在势场中运动的三维情况下**普遍的薛定谔方程**．

13.7.2　定态薛定谔方程

通常我们主要研究定态问题，即势能 E_p 与时间 t 无关的情形，亦即 $E_p=E_p(x,y,z)$．这时，对势场中粒子运动的三维情况，其物质波的波函数可仿照式（13-35）写成如下的形式：

$$\Psi(x,y,z,t)=\psi(x,y,z)\mathrm{e}^{-\mathrm{i}\frac{2\pi}{h}Et} ⊖ \tag{13-47}$$

式中，E 为粒子的能量，它是恒定的．将式（13-45）分别对 x、y、z 求二阶偏导数和对 t 求一阶偏导数，然后代入式（13-44），化简后可得

$$\frac{\partial^2\psi}{\partial x^2}+\frac{\partial^2\psi}{\partial y^2}+\frac{\partial^2\psi}{\partial z^2}+2m\left(\frac{2\pi}{h}\right)^2(E-E_p)\psi=0 \tag{13-48}$$

式（13-48）称为**定态薛定谔方程**．通常我们把振幅函数 ψ 也称为波函数．由于解上述方程求出 ψ 后，由式（13-47）即可给出波函数 Ψ，因此在研究处于定态的粒子时，就归结为求定态薛定谔方程的解 $\psi=\psi(x,y,z)$．

对一维定态问题，式（13-46）便退化为**一维定态薛定谔方程**：

$$\frac{\mathrm{d}^2\psi}{\mathrm{d}x^2}+2m\left(\frac{2\pi}{h}\right)^2(E-E_p)\psi=0 \tag{13-49}$$

最后指出，根据选定的初始条件和边界条件，由薛定谔方程所求得的解，即为粒子的波函数 ψ（或 Ψ）；由此可计算概率密度 $\frac{\mathrm{d}P}{\mathrm{d}V}=\psi\psi^*=|\psi|^2$．

其次，薛定谔方程是线性、齐次的偏微分方程，所以满足**叠加原理**．这就是说，如果一组函数 Ψ_1、Ψ_2、…、Ψ_i、…是薛定谔方程所有可能的解，则它们线性叠加所得的函数 $\Psi=C_1\Psi_1+C_2\Psi_2+\cdots+C_i\Psi_i+\cdots=\sum\limits_{i=1}^{\infty}C_i\Psi_i$ 也是同一方程的可能解，其中 C_1、C_2、…、C_i、…为常数．

顺便说明，薛定谔方程是不能由任何定律或原理“推导”出来的．它如同物理学中其他基本方程（如牛顿运动方程、麦克斯韦电磁场方程等）一样，其正确性只能通过实验来检验．实际上，在分子、原子等微观领域的研究中，应用薛定谔方程所得的结果都能很好地符合实验事实．因而，薛定谔方程是反映微观系统运动规律的一个基本方程．

⊖ 具有这种形式的波函数所描述的粒子状态，一定是定态的．因为在定态中，概率密度不随时间的变化而变化．我们求 $\Psi=\psi\mathrm{e}^{-\mathrm{i}\frac{2\pi}{h}Et}$ 与 $\Psi^*=\psi^*\mathrm{e}^{\mathrm{i}\frac{2\pi}{h}Et}$ 的乘积，即得概率密度 $\frac{\mathrm{d}P}{\mathrm{d}V}=|\Psi(x,y,z,t)|^2=|\psi(x,y,z)|^2$，确是与时间 t 无关的．把这样的状态称为定态，就是基于这个性质．

问题 13-10　(1) 列出普遍形式的薛定谔方程.

(2) 何谓定态？列出定态薛定谔方程.

(3) 据理论述波函数所满足的标准条件和叠加原理.

习 题 13

13-1　已知某单色光照射到一金属表面产生了光电效应，若此金属的逸出电势是 V_0（使电子从金属逸出需做功 eU_0），则此单色光的波长 λ 必须满足：

(A) $\lambda \leqslant hc/e(U_0)$.　　(B) $\lambda \geqslant hc/(eU_0)$.

(C) $\lambda \leqslant eU_0/(hc)$.　　(D) $\lambda \geqslant eU_0/(hc)$.　　[　]

13-2　用频率为 ν 的单色光照射某种金属时，逸出光电子的最大动能为 E_k；若改用频率为 2ν 的单色光照射此种金属时，则逸出光电子的最大动能为

(A) $2E_k$　　(B) $2h\nu - E_k$

(C) $h\nu - E_k$　　(D) $h\nu + E_k$　　[　]

13-3　在康普顿效应实验中，若散射光波长是入射光波长的 1.2 倍，则散射光光子能量 ε 与反冲电子动能 E_k 之比 ε/E_k 为

(A) 2.　　(B) 3.　　(C) 4.　　(D) 5.　　[　]

13-4　电子显微镜中的电子从静止开始通过电势差为 U 的静电场加速后，其德布罗意波长是 0.4Å，则 U 约为

(A) 150V.　　(B) 330V.　　(C) 630V.　　(D) 940V.　　[　]

(普朗克常量 $h = 6.63 \times 10^{-34}\,\text{J}\cdot\text{s}$)

13-5　不确定关系式 $\Delta x \cdot \Delta p_x \geqslant \hbar$ 表示在 x 方向上，

(A) 粒子位置不能准确确定.

(B) 粒子动量不能准确确定.

(C) 粒子位置和动量都不能准确确定.

(D) 粒子位置和动量不能同时准确确定.　　[　]

13-6　设粒子运动的波函数图线分别如习题 13-6 图所示，那么其中确定粒子动量的精确度最高的波函数是哪一项？

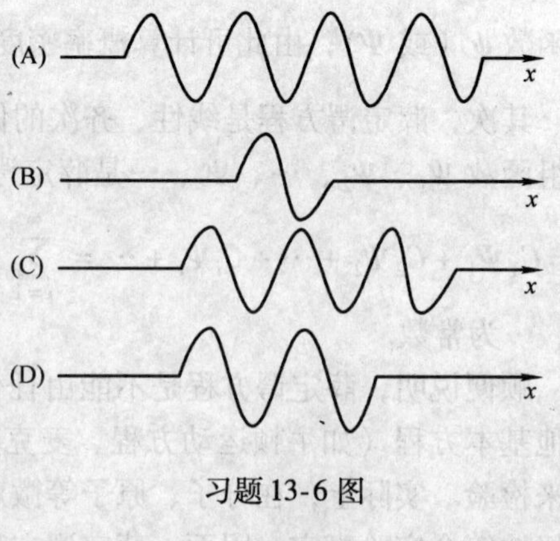

习题 13-6 图

13-7　玻尔的氢原子理论的三个基本假设是：

(1) ______________________________；

(2) ______________________________；

(3) ______________________________.

13-8　光子波长为 λ，则其能量 = ________，动量的大小 = ________，质量 = ________.

13-9　以波长为 $\lambda = 0.207\mu\text{m}$ 的紫外光照射金属钯表面产生光电效应，已知钯的红限频率 $\nu_0 = 1.21 \times 10^{15}$ Hz，则其遏止电压 $|U_a|$ = ________ V.

(普朗克常量 $h = 6.63 \times 10^{-34}\,\text{J}\cdot\text{s}$，基本电荷 $e = 1.60 \times 10^{-19}\,\text{C}$)

13-10　在光电效应实验中，测得某金属的遏止电压 $|U_a|$ 与入射光频率 ν 的关系曲线如习题 13-11 图所示，由此可知该金属的红限频率 ν_0 = ________ Hz；逸出功 A = ________ eV.

13-11　如习题 13-12 图所示，在戴维孙 - 革末电子衍射实验装置中，自热阴极 K 发射出的电子束经 $U = 500\text{V}$ 的电势差加速后投射到晶体上. 这电子束的德布罗意波长 λ = ________ nm.

（电子质量 $m_e = 9.11\times10^{-31}$ kg，基本电荷 $e = 1.60\times10^{-19}$ C，普朗克常量 $h = 6.63\times10^{-34}$ J·s）

13-12　设描述微观粒子运动的波函数为 $\Psi(\boldsymbol{r},t)$，则 $\Psi\Psi^*$ 表示________________；$\Psi(\boldsymbol{r},t)$ 须满足的条件是________________；其归一化条件是________________.

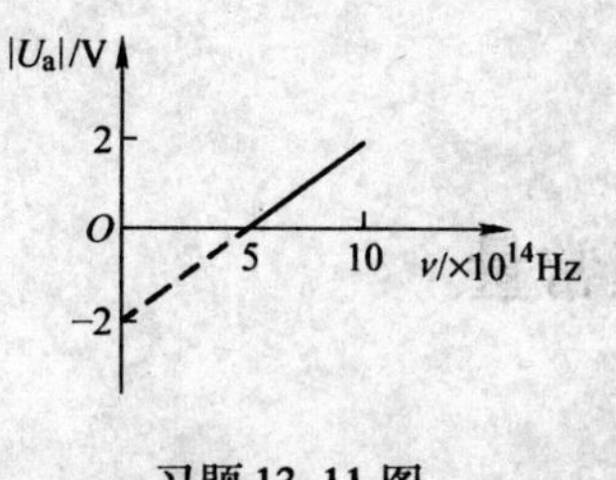

习题 13-11 图

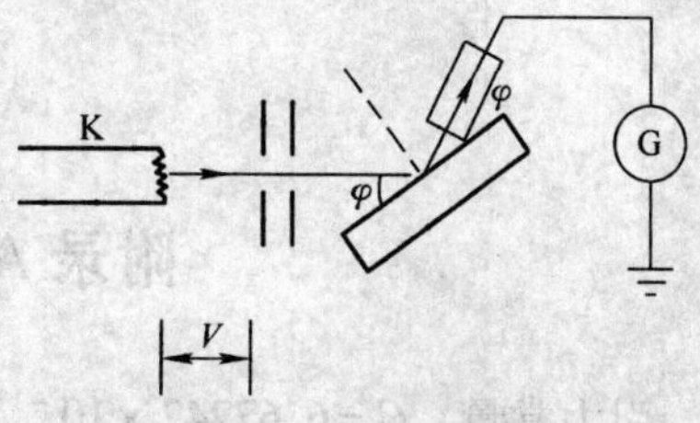

习题 13-12 图

附　　录

附录 A　一些物理常量

1. 引力常量　$G=6.67242\times10^{-11}\mathrm{N\cdot m^2\cdot kg^{-2}}$
2. 重力加速度　$g=9.80665\mathrm{m\cdot s^{-2}}$
3. 1mol 中的分子数目（阿伏伽德罗常数）　$N_A=6.0221415\times10^{23}\mathrm{mol^{-1}}$
4. 摩尔气体常数　$R=8.314472\ \mathrm{J\cdot mol^{-1}\cdot K^{-1}}$
5. 玻耳兹曼常数　$k=1.3806505\times10^{-23}\mathrm{J\cdot K^{-1}}$
6. 空气的平均摩尔质量　$M=28.9\times10^{-3}\mathrm{kg\cdot mol^{-1}}$
7. 冰的熔点为 273.16K（解题时用 273K）
8. 电子静质量　$m_e=9.1093826\times10^{-31}\mathrm{kg}$（解题时取 $9.1\times10^{-31}\mathrm{kg}$）
9. 质子静质量　$m_p=1.6726271\times10^{-27}\mathrm{kg}$
10. 中子静质量　$m_n=1.6726217\times10^{-27}\mathrm{kg}$
11. 电子电荷量　$e=1.60217653\times10^{-19}\mathrm{C}$
12. 普朗克常量　$h=6.6260755\times10^{-34}\mathrm{J\cdot s}$
13. 里德伯常量　$R_H=1.0973731534\times10^{-7}\mathrm{m^{-1}}$
14. 氢原子质量　$m_H=1.6734\times10^{-27}\mathrm{kg}$
15. 地球的平均半径　$6.37\times10^{6}\mathrm{m}$
16. 地球的质量　$5.977\times10^{24}\mathrm{kg}$
17. 太阳的直径　$1.39\times10^{9}\mathrm{m}$
18. 太阳的质量　$1.99\times10^{30}\mathrm{kg}$
19. 由太阳至地球的平均距离　$1.49\times10^{11}\mathrm{m}$
20. 月球半径与地球半径的比　3∶11
21. 月球质量　$7.35\times10^{22}\mathrm{kg}$
22. 地球到月球距离与地球半径的比　60∶1

附录 B　矢量的运算

B1　矢量的表示和基本运算

B1.1　矢量的表示

矢量可用几何方法表示：画一条有箭头的直线段，以一定的比例令其长度代表矢量的大小，并令直线段的方位及箭头的指向代表矢量的方向（图 B-1）. 矢量的大小（即直线段的长度）是正的标量（绝对值）.

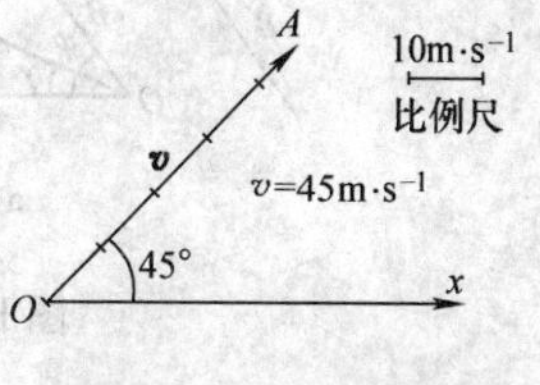

图 B-1　矢量图示法

矢量的写法通常有两种：一种是用普通印刷体的外文字母上面加“→”，如$\vec{v}$，我们平时在手写时，都采用这种写法；一种是用黑体外文字母表示，如$\boldsymbol{v}$. 而以$|\boldsymbol{v}|$或v表示该矢量的大小（例如$|\boldsymbol{v}|=v=45\mathrm{m\cdot s^{-1}}$）[⊖]. 读者要注意，本书除特殊情况外，矢量一般都印成黑体外文字母，如图 B-1 中的速度用$\boldsymbol{v}$表示；有时也用$\overrightarrow{OA}$表示，其中O是该矢量的始端，A是其末端，但后面这种表示法用得不多.

若一矢量$\boldsymbol{v}$的大小$|\boldsymbol{v}|=0$，则该矢量称为**零矢量**，记作**0**.

两个矢量相等，表示它们的大小相等，共线或相互平行，指向相同，如图 B-2a 所示. 若矢量$\boldsymbol{F}_1$和$\boldsymbol{F}_2$相等，则可表示为如下的矢量等式：

$$\boldsymbol{F}_1=\boldsymbol{F}_2 \tag{B-1}$$

如果一矢量$\boldsymbol{F}_1$与另一矢量$\boldsymbol{F}_2$有下列关系：

$$\boldsymbol{F}_1=-\boldsymbol{F}_2 \tag{B-2}$$

则表示$\boldsymbol{F}_1$和$\boldsymbol{F}_2$**的大小相等，共线或相互平行，而指向相反**，如图 B-2b 所示. 我们把矢量$-\boldsymbol{F}_2$称为矢量$\boldsymbol{F}_1$的**负矢量**.

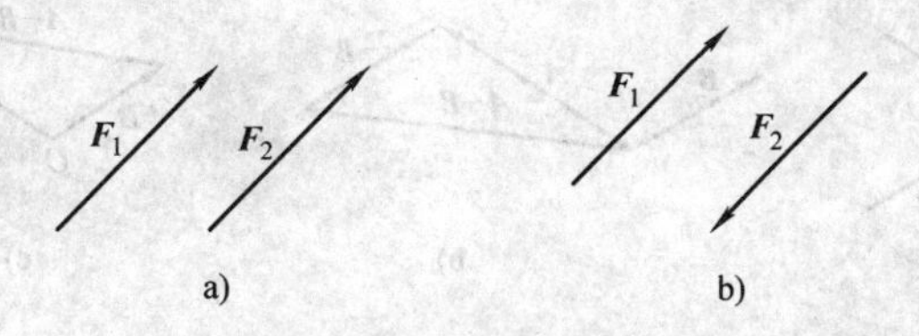

图 B-2　等矢量和负矢量

B1.2　矢量相加（或称矢量的合成）和相减

矢量相加（或合成）服从**平行四边形法则**. 合成的矢量称为**矢量和**. 用几何作图法，按平行四边形法则合成两个矢量$\boldsymbol{A}$和$\boldsymbol{B}$时（图 B-3a），可任取一点O，分别将两个矢量不改变大小和方向、平行地移到O点，**以这两个矢量为边作一个平行四边形，则从两矢量的始端交点O引出的该平行四边形的对角线$\overrightarrow{OQ}$，就代表矢量和$\boldsymbol{C}$，并以下列矢量式表示：**

$$\boldsymbol{C}=\boldsymbol{A}+\boldsymbol{B} \tag{B-3a}$$

与代数量（标量）的求和方法不同，式（B-3）表示：求矢量$\boldsymbol{A}$与$\boldsymbol{B}$的矢量和$\boldsymbol{C}$的大小和方向，要按照上述平行四边形法则，用几何方法确定.

当$\boldsymbol{A}$和$\boldsymbol{B}$的大小A、B与方向（图中以$\boldsymbol{A}$和$\boldsymbol{B}$两个方向之间小于180°的夹角φ表示）已知时，矢量$\boldsymbol{C}$的大小C和方向便可利用图 B-3c 所示的几何关系，根据余弦定理及三角函数的定义，从下面两个公式求出：

⊖ 用v表示矢量$\boldsymbol{v}$的大小，它是正的标量. 但要注意，今后我们对具有正、负意义的标量也是用普通印刷体外文字母表示的，读者应根据课文中表述的意思，加以区别，切勿混淆.

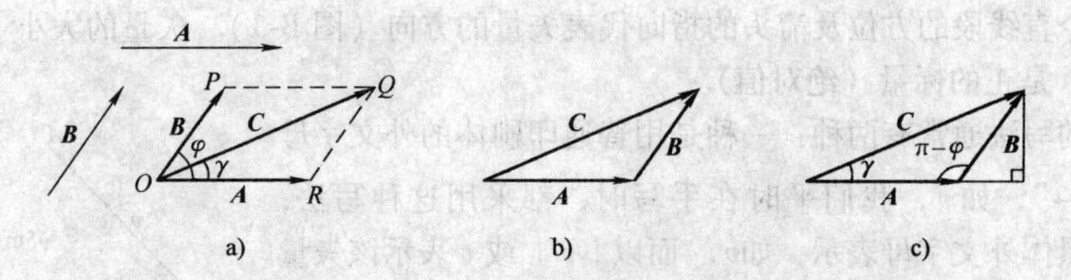

图 B-3　两矢量求和的平行四边形法则和三角形法则

$$C = |\boldsymbol{C}| = \sqrt{A^2 + B^2 + 2AB\cos\varphi} \tag{B-3b}$$

$$\tan\gamma = \frac{B\sin\varphi}{A + B\cos\varphi}^{㊀} \tag{B-3c}$$

求矢量和，采用**三角形法则**更为简便，即把两矢量 $\boldsymbol{A}$ 与 $\boldsymbol{B}$ 首尾相接地画出（图 B-3b），然后从始端 $\boldsymbol{A}$ 向末端 $\boldsymbol{B}$ 画一矢量，这个矢量就是它们的矢量和 $\boldsymbol{C}$. 显然，三角形法则与平行四边形法则是等效的.

矢量也可以相减. **两个矢量相减所得的差称为矢量差**. 两矢量 $\boldsymbol{A}$ 与 $\boldsymbol{B}$ 之差记作 $\boldsymbol{A}-\boldsymbol{B}$，它可以看成矢量 $\boldsymbol{A}$ 与 $-\boldsymbol{B}$ 之和（图 B-4b），即

$$\boldsymbol{A} - \boldsymbol{B} = \boldsymbol{A} + (-\boldsymbol{B}) \tag{B-4}$$

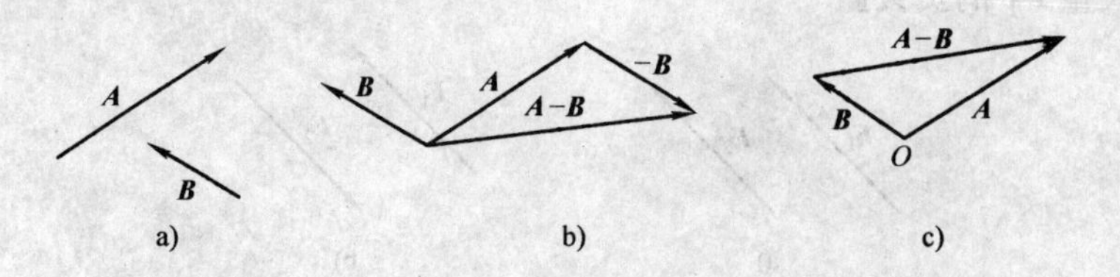

图 B-4　两矢量相减

因此，两矢量相减也可转化为用矢量相加的三角形法则来求. 通常，也可按图 B-4c 所示的方法求矢量差：**即任选一点 O，分别将两矢量 $\boldsymbol{A}$、$\boldsymbol{B}$ 平行移动到同一点 O，则从 $\boldsymbol{B}$ 末端向 $\boldsymbol{A}$ 末端画一矢量，即得矢量差 $\boldsymbol{A}-\boldsymbol{B}$.**

根据平行四边形合成法则，不难推断，矢量加法具有下列性质：

（1）**交换律**　由图 B-3a 可见，

$$\overrightarrow{OQ} = \overrightarrow{OP} + \overrightarrow{PQ} = \boldsymbol{B} + \boldsymbol{A}$$

及

$$\overrightarrow{OQ} = \overrightarrow{OR} + \overrightarrow{RQ} = \boldsymbol{A} + \boldsymbol{B}$$

所以

$$\boldsymbol{A} + \boldsymbol{B} = \boldsymbol{B} + \boldsymbol{A}$$

即矢量和与各矢量相加的次序无关.

（2）**结合律**　不难证明，对多个矢量相加，服从结合律，例如四个矢量 $\boldsymbol{F}_1$、$\boldsymbol{F}_2$、$\boldsymbol{F}_3$、$\boldsymbol{F}_4$ 相加，有

$$\begin{aligned}(\boldsymbol{F}_1 + \boldsymbol{F}_2) + (\boldsymbol{F}_3 + \boldsymbol{F}_4) &= \boldsymbol{F}_1 + (\boldsymbol{F}_2 + \boldsymbol{F}_3) + \boldsymbol{F}_4 \\ &= \boldsymbol{F}_1 + \boldsymbol{F}_2 + \boldsymbol{F}_3 + \boldsymbol{F}_4\end{aligned}$$

㊀　一个矢量的方向通常可用它与已知方向所成的角表示. 由于矢量 $\boldsymbol{A}$、$\boldsymbol{B}$ 的方向已给定，故矢量 $\boldsymbol{C}$ 的方向可用它与矢量 $\boldsymbol{A}$ 或矢量 $\boldsymbol{B}$ 的夹角来表示. 这里，我们选用矢量 $\boldsymbol{C}$ 与矢量 $\boldsymbol{A}$ 之间的夹角 γ 表示.

B1.3　矢量在给定轴上的分矢量和分量（投影）

标定方向的无限长直线称为**轴**. 设有矢量$\boldsymbol{v}=\overrightarrow{AB}$和 Ox 轴，Ox 轴的方向如图 B-5 所示. 从矢量$\boldsymbol{v}$的两端点 A 和 B 分别作 AA_1、BB_1 垂直于 Ox 轴，垂足 A_1 和 B_1 分别称为点 A 和 B 在 Ox 轴上的**投影**；而矢量$\overrightarrow{A_1B_1}$则称为矢量$\boldsymbol{v}$在 Ox 轴上的**分矢量**，记作$\boldsymbol{v}_x$.

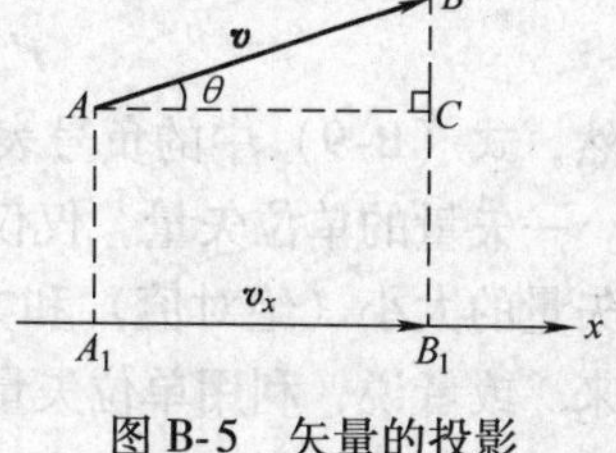

图 B-5　矢量的投影

我们把这样的一个标量 v_x 称为**矢量$\boldsymbol{v}$在 Ox 轴上的投影**，即这个标量的绝对值等于矢量$\boldsymbol{v}$在 Ox 轴上的分矢量$\boldsymbol{v}_x$的大小；这个标量的正、负按下述规则确定：若$\boldsymbol{v}_x$的指向与事先规定的 Ox 轴正方向一致（图 B-5），其值为正，即 $v_x>0$；若$\boldsymbol{v}$的指向与 Ox 轴正方向相反，其值为负，即 $v_x<0$. 据此，矢量$\boldsymbol{v}$在 Ox 轴上的投影 v_x 可由下式确定：

$$v_x=v\cos\theta \tag{B-5}$$

即一矢量$\boldsymbol{v}$在 Ox 轴上的投影，等于该矢量的大小 v 乘以该矢量$\boldsymbol{v}$与 Ox 轴的正方向之间夹角 θ 的余弦.

请注意，矢量在任一轴上的投影，以后我们就叫作**矢量在该轴上的分量**.

由式（B-5）可知：若$\boldsymbol{v}$与 Ox 轴平行且同向，即 $\theta=0°$，则分量为 $v_x=+v$；若$\boldsymbol{v}$与 Ox 轴成锐角，即 $0<\theta<\pi/2$，$\cos\theta>0$，则 $v_x>0$，分量为正；若$\boldsymbol{v}$与 Ox 轴成钝角，即 $\pi/2<\theta<\pi$，$\cos\theta<0$，则 $v_x<0$，即分量为负；若$\boldsymbol{v}$与 Ox 轴平行、但反向，即 $\theta=\pi$，则分量 $v_x=-v$；若$\boldsymbol{v}$与 Ox 轴垂直，即 $\theta=\pi/2$ 或 $3\pi/2$，则分量 $v_x=0$.

B1.4　矢量与标量的乘积　单位矢量

从矢量的加法可知，n 个相同的矢量 $\boldsymbol{E}$ 之和是这样的一个矢量：它的大小等于矢量 $\boldsymbol{E}$ 的大小之 n 倍；它的方向与矢量 $\boldsymbol{E}$ 的方向相同. 这个矢量可看作矢量 $\boldsymbol{E}$ 与标量 n 之乘积，记作 $n\boldsymbol{E}$. 这一概念可推广到任意实数 q 与矢量 $\boldsymbol{E}$ 的乘积. 设有一矢量 $\boldsymbol{E}$ 与标量 q（q 为任意实数）相乘，其乘积 $q\boldsymbol{E}$ 是一个新的矢量 $\boldsymbol{F}$，即

$$\boldsymbol{F}=q\boldsymbol{E} \tag{B-6}$$

如图 B-6 所示，若标量 $q>0$，则矢量 $\boldsymbol{F}$ 与 $\boldsymbol{E}$ 共线或相互平行，且两者的方向相同，其大小等于矢量 $\boldsymbol{E}$ 的大小 E 的 q 倍，即 $F=qE$；若 $q<0$，则 $\boldsymbol{F}$ 与 $\boldsymbol{E}$ 共线或相互平行，且两者的方向相反，其大小等于矢量 $\boldsymbol{E}$ 的大小 E 的 $|q|$ 倍，即 $F=|q|E$；若 $q=-1$，则 $\boldsymbol{F}=(-1)\boldsymbol{E}=-\boldsymbol{E}$，则 $\boldsymbol{F}$ 与 $\boldsymbol{E}$ 两者大小相等而方向相反，亦即 $\boldsymbol{F}$ 是 $\boldsymbol{E}$ 的负矢量.

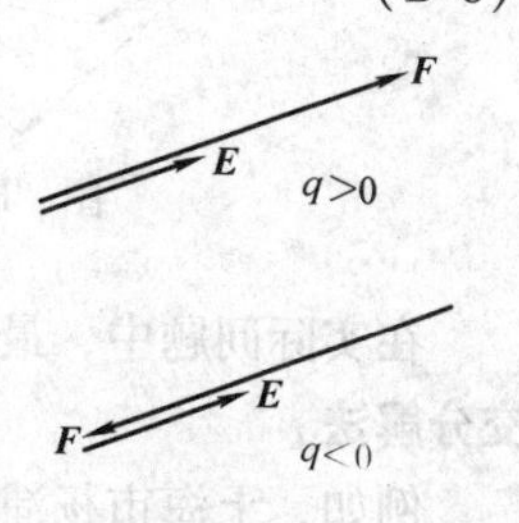

图　B-6

不难推断，**两个矢量共线（或相互平行）的充分必要条件是：其中任一矢量可表示为另一矢量与某一标量的乘积.**

如上所述，任一矢量都可用它的大小（正的标量）乘以与它同方向的**单位矢量**来表示. 所谓一矢量的单位矢量，**其方向与该矢量的方向相同，其大小等于 1**. 例如，在图 B-7 中，一矢量 $\boldsymbol{r}$，其大小为 r，若取与 $\boldsymbol{r}$ 同方向的单位矢量为 $\boldsymbol{e}_{\mathrm{r}}$，则 $\boldsymbol{r}$ 可表示为

$$\boldsymbol{r}=r\boldsymbol{e}_{\mathrm{r}} \tag{B-7}$$

其中，$|\boldsymbol{e}_r|=1$. 若 $\boldsymbol{r}$ 不是零矢量，即 $|\boldsymbol{r}|=r\neq 0$，则由式（B-7）可得

$$\boldsymbol{e}_r=\frac{\boldsymbol{r}}{r}\qquad\text{(B-8)}$$

而 $\boldsymbol{r}$ 的负矢量 $\boldsymbol{r}'$（图 B-7）可写作

$$\boldsymbol{r}'=-r\boldsymbol{e}_r\qquad\text{(B-9)}$$

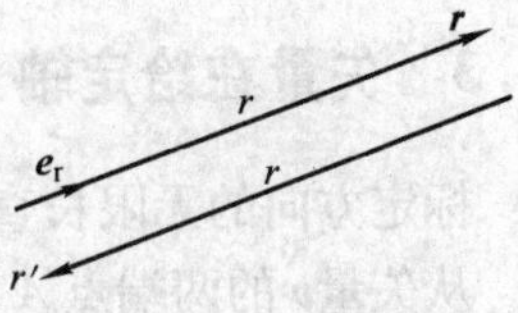

图 B-7

显然，式（B-9）中的负号表示 $\boldsymbol{r}'$与 $\boldsymbol{e}_r$ 两者的方向相反.

一矢量的单位矢量，仅仅起到表示该矢量方向的作用. 因此，利用单位矢量，便可将该矢量的大小（绝对值）和方向（由单位矢量表示）在矢量表示式（B-7）中各自区分开来. 或者说，利用单位矢量，可以把一个矢量的大小和方向同时表示出来.

其次，若沿一平面的法线方向作一个单位矢量 $\boldsymbol{e}_n$，则 $\boldsymbol{e}_n$ 就标示出该平面在空间的方位（图 B-8）. 设 S 为该平面的面积，则还可将此平面的大小和方位用面积矢量 $\boldsymbol{S}$ 表示为

$$\boldsymbol{S}=S\boldsymbol{e}_n\qquad\text{(B-10)}$$

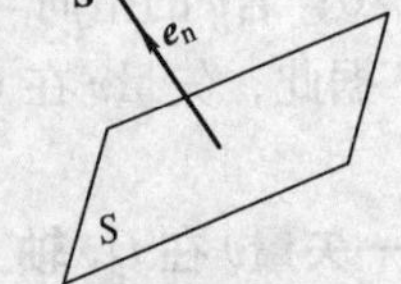

图 B-8

B2　矢量的正交分解及合成

B2.1　矢量的正交分解

在两个矢量合成时，由平行四边形或三角形法则可得到唯一的矢量和. 反之，有时我们需要把一个矢量看成是由几个矢量所合成的，或者说，把一个矢量**分解**为几个矢量，分解后的几个矢量称为原来矢量的**分矢量**（如分速度、分力等）. 把一个矢量分解成分矢量，可以有无数种不同的分解法. 例如，把图 B-9 所示的矢量 $\boldsymbol{A}$ 按三角形法则分解为两个分矢量，可有多种分法. 但是，如果根据需要，将 $\boldsymbol{A}$ 按事先选定的方位（如图 B-10 所示的虚线）分解为两个分矢量，由几何作图法可知，其分法就只有一种.

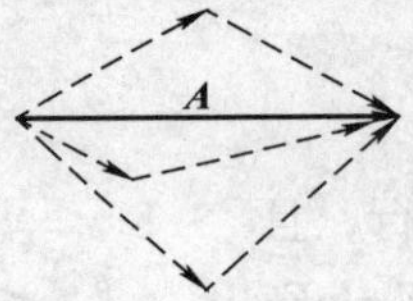

图　B-9 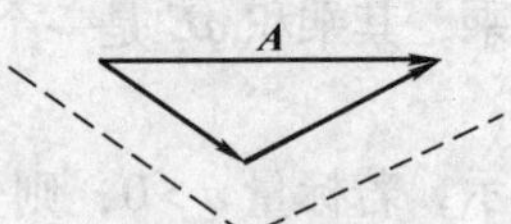　　　　图　B-10

在实际问题中，最常用的矢量分解法是将矢量沿平面或空间的正交轴分解，即所谓**正交分解法**.

例如，上海市杨浦大桥是一座横跨黄浦江的**斜拉桥**. 为了考察每根钢索的斜向拉力 $\boldsymbol{F}_i$ 的作用，就得利用正交分解法，将 $\boldsymbol{F}_i$ 正交分解为垂直和平行于桥面的两个分矢量（即分力）$\boldsymbol{F}_{iy}$、$\boldsymbol{F}_{ix}$（图 B-11a）. 其中，所有钢索斜向拉力的垂直分力 $\sum_i \boldsymbol{F}_{iy}$ [⊖]承担了桥身自

⊖ 求和符号 $\sum_i$ 下面的“i”表示对相加项 $\boldsymbol{F}_{iy}$ 或 $\boldsymbol{F}_{ix}$ 中的下标 i 取所有可能的值，然后求所有这些相加项矢量和；若相加项为标量，则表示求代数和.

重和桥面上各种负载（如车辆和行人等）；相应的水平分力 $\sum_i \boldsymbol{F}_{ix}$ 则用来增大桥面的抗弯刚度. 这样，既可减少桥墩，增大跨度和桥的净空高度，便于大吨位的船舶畅通，又可减轻桥面自重.

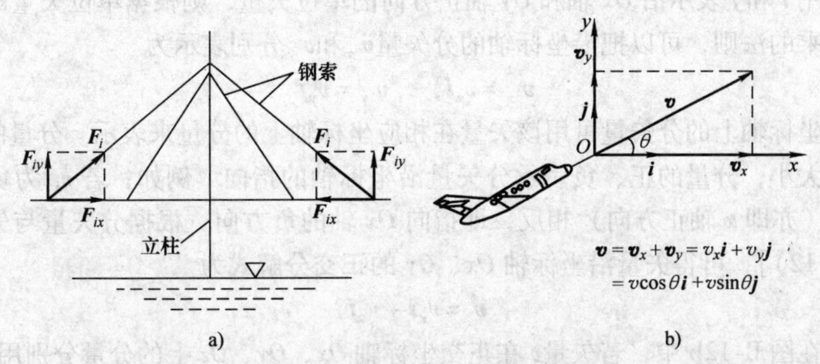

图 B-11　矢量在平面上的正交分解

又如，一架飞机以速度$\boldsymbol{v}$ 与水平成 θ 角斜向上升（图 B-11b）. 若要知道飞机的上升速度和水平前进速度，可以先在通过矢量$\boldsymbol{v}$ 的竖直平面内，沿水平方向和竖直方向作正交的 Ox 和 Oy 轴，再将矢量$\boldsymbol{v}$ 分别沿 Ox 和 Oy 轴分解成两个分矢量$\boldsymbol{v}_x$和$\boldsymbol{v}_y$，这就是飞机的水平分速度和竖直分速度.

同样，也可将一矢量$\boldsymbol{v}$ 在空间正交分解. 设直角坐标系 $Oxyz$ 的原点 O 取在矢量$\boldsymbol{v}$ 的始端，如图 B-12a 所示. 按平行四边形法则，先将$\boldsymbol{v}$ 分解为沿 Oz 轴的分矢量$\boldsymbol{v}_z$和 xOy 平面上的分矢量$\boldsymbol{v}_1$，然后再将$\boldsymbol{v}_1$在平面 xOy 上分解成沿 Ox 和 Oy 轴的分矢量$\boldsymbol{v}_x$和$\boldsymbol{v}_y$，即

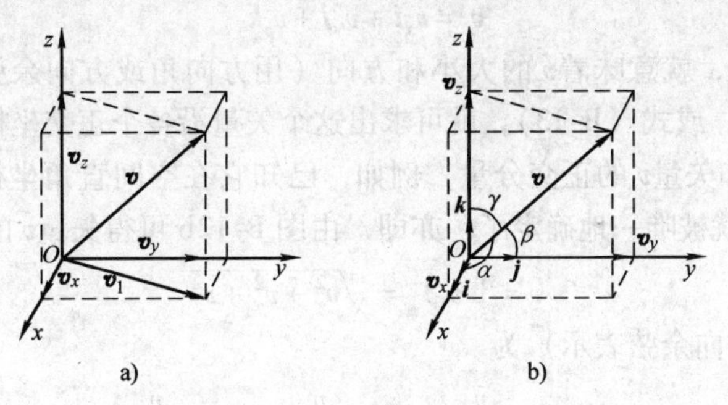

图 B-12　矢量在空间的正交分解

$$\boldsymbol{v} = \boldsymbol{v}_1 + \boldsymbol{v}_z \tag{B-11}$$

而

$$\boldsymbol{v}_1 = \boldsymbol{v}_x + \boldsymbol{v}_y$$

所以

$$\boldsymbol{v} = \boldsymbol{v}_x + \boldsymbol{v}_y + \boldsymbol{v}_z \tag{B-12}$$

B2.2　矢量的分量表示式——正交分解式

在图 B-11b 中，矢量$\boldsymbol{v}$ 在正交坐标轴 Ox 和 Oy 上的投影分别用 v_x 和 v_y 表示，由式(B-5)，有

$$\begin{cases} v_x = v\cos\theta \\ v_y = v\cos\left(\dfrac{\pi}{2} - \theta\right) = v\sin\theta \end{cases} \tag{B-13}$$

通常，我们用 $\boldsymbol{i}$ 和 $\boldsymbol{j}$ 表示沿 Ox 轴和 Oy 轴正方向的单位矢量，则根据单位矢量的定义和矢量与标量相乘的法则，可以把沿坐标轴的分矢量 $\boldsymbol{v}_x$ 和 $\boldsymbol{v}_y$ 分别表示为

$$\boldsymbol{v}_x = v_x\boldsymbol{i}, \quad \boldsymbol{v}_y = v_y\boldsymbol{j} \tag{B-14}$$

即一矢量在坐标轴上的分矢量可用该矢量在相应坐标轴上的分量来表示．分量的绝对值表示分矢量的大小，分量的正、负表示分矢量沿坐标轴的指向．例如，若 v_x 为负值，则 $\boldsymbol{v}_x$ 与 $\boldsymbol{i}$ 的指向（亦即 x 轴正方向）相反，即指向 Ox 轴的负方向．根据分矢量与矢量和的关系［式（B-12)］，可得矢量沿坐标轴 Ox、Oy 的**正交分解式**为

$$\boldsymbol{v} = v_x\boldsymbol{i} + v_y\boldsymbol{j} \tag{B-15}$$

同理，在图 B-12b 中，若矢量 $\boldsymbol{v}$ 在正交坐标轴 Ox、Oy、Oz 上的分量分别用 v_x、v_y、v_z 表示，则有

$$\begin{cases} v_x = v\cos\alpha \\ v_y = v\cos\beta \\ v_z = v\cos\gamma \end{cases} \tag{B-16}$$

式中，α、β、γ 分别为矢量 $\boldsymbol{v}$ 与 Ox、Oy、Oz 轴正方向所成的方向角；$\cos\alpha$、$\cos\beta$、$\cos\gamma$ 表示矢量 $\boldsymbol{v}$ 的**方向余弦**．若 $\boldsymbol{i}$、$\boldsymbol{j}$、$\boldsymbol{k}$ 分别为沿 Ox、Oy、Oz 轴正方向的单位矢量，则利用式（B-16）所给出的沿各坐标轴的分量，类似地可将矢量 $\boldsymbol{v}$ 表示成如下的正交分解式：

$$\boldsymbol{v} = v_x\boldsymbol{i} + v_y\boldsymbol{j} + v_z\boldsymbol{k} \tag{B-17}$$

若说矢量 $\boldsymbol{v}$ 已知，就意味着 $\boldsymbol{v}$ 的大小和方向（用方向角或方向余弦表出）均已知道．于是，由式（B-16）或式（B-13），就可求出这个矢量沿各个正交坐标轴的分量．

反之，如果已知矢量 $\boldsymbol{v}$ 的正交分量，例如，已知它在空间直角坐标轴上的各分量 v_x、v_y、v_z，则矢量 $\boldsymbol{v}$ 也就被唯一地确定了．亦即，由图 B-12b 可得矢量 $\boldsymbol{v}$ 的大小为

$$v = |\boldsymbol{v}| = \sqrt{v_x^2 + v_y^2 + v_z^2} \tag{B-18}$$

矢量 $\boldsymbol{v}$ 的方向（用方向余弦表示）为

$$\cos\alpha = \frac{v_x}{v}, \quad \cos\beta = \frac{v_y}{v}, \quad \cos\gamma = \frac{v_z}{v} \tag{B-19}$$

对于图 B-11 所示的平面情况，一矢量与其在 Ox、Oy 轴上的各分量间的关系，可以仿照上述空间情况处理．平面问题是空间问题的特例，亦即，当矢量 $\boldsymbol{v}$ 的两个分量 v_x、v_y 已知时，矢量 $\boldsymbol{v}$ 便可完全确定（图 B-11)．其中，$\boldsymbol{v}$ 的大小为

$$v = \sqrt{v_x^2 + v_y^2} \tag{B-20}$$

$\boldsymbol{v}$ 的方向只需用 $\boldsymbol{v}$ 与 Ox 轴正方向的夹角 θ 就可表示出来了，即

$$\theta = \arctan\frac{v_y}{v_x} \tag{B-21}$$

综上所述，给定一个矢量同给定该矢量的全部正交分量，完全是一回事．

由于矢量兼具大小和方向，我们固然可从几何上用一定长度和一定方向的线段来表示一个矢量，但是在实际运算时毕竟不方便．而今，既然一个矢量可以用指定的正交坐标系

中的一组分量来表示，那么，不仅可以把一个矢量从解析上表示成正交分解式，而且还可把矢量的运算归结为标量的运算. 例如，设矢量 $\boldsymbol{r}_1$ 和 $\boldsymbol{r}_2$ 在选定的空间直角坐标系 $Oxyz$ 中的分量分别为 x_1、y_1、z_1 和 x_2、y_2、z_2，则相应的正交分解式为

$$\boldsymbol{r}_1 = x_1\boldsymbol{i} + y_1\boldsymbol{j} + z_1\boldsymbol{k}, \qquad \boldsymbol{r}_2 = x_2\boldsymbol{i} + y_2\boldsymbol{j} + z_2\boldsymbol{k}$$

于是，$\boldsymbol{r}_1$ 与 $\boldsymbol{r}_2$ 的矢量和 $\boldsymbol{r}$ 的正交分解式为

$$\begin{aligned}\boldsymbol{r} &= \boldsymbol{r}_1 + \boldsymbol{r}_2 = (x_1\boldsymbol{i} + y_1\boldsymbol{j} + z_1\boldsymbol{k}) + (x_2\boldsymbol{i} + y_2\boldsymbol{j} + z_2\boldsymbol{k}) \\ &= (x_1 + x_2)\boldsymbol{i} + (y_1 + y_2)\boldsymbol{j} + (z_1 + z_2)\boldsymbol{k}\end{aligned} \tag{B-22}$$

式中，$x_1 + x_2$、$y_1 + y_2$ 和 $z_1 + z_2$ 是矢量和 $\boldsymbol{r}$ 的三个正交分量. 上述表明，**两矢量之和的分量等于它们对应分量的代数和.**

同理，若 $\boldsymbol{r}_1$ 与 $\boldsymbol{r}_2$ 的矢量差为 $\boldsymbol{r}'$，则正交分解式为

$$\begin{aligned}\boldsymbol{r}' &= \boldsymbol{r}_1 - \boldsymbol{r}_2 = (x_1\boldsymbol{i} + y_1\boldsymbol{j} + z_1\boldsymbol{k}) - (x_2\boldsymbol{i} + y_2\boldsymbol{j} + z_2\boldsymbol{k}) \\ &= (x_1 - x_2)\boldsymbol{i} + (y_1 - y_2)\boldsymbol{j} + (z_1 - z_2)\boldsymbol{k}\end{aligned} \tag{B-23}$$

式中，$x_1 - x_2$、$y_1 - y_2$ 和 $z_1 - z_2$ 是矢量差 $\boldsymbol{r}'$的三个正交分量.

又如，标量 m 与矢量 $\boldsymbol{r}_1$ 的乘积的正交分解式为

$$m\boldsymbol{r}_1 = m(x_1\boldsymbol{i} + y_1\boldsymbol{j} + z_1\boldsymbol{k}) = mx_1\boldsymbol{i} + my_1\boldsymbol{j} + mz_1\boldsymbol{k} \tag{B-24}$$

式中，mx_1、my_1 和 mz_1 是矢量 $m\boldsymbol{r}_1$ 的三个正交分量.

我们知道，两个标量 x_1 与 x_2 的差是指前一个标量 x_1 与后一个标量相减，即 $x_1 - x_2$；而它们的增量 Δx 则是指后一个标量 x_2 与前一个标量 x_1 相减，即 $\Delta x = x_2 - x_1$. 显然，$x_1 - x_2 = -\Delta x$，亦即，**两个标量之差是其增量的负值**. 与此相仿，由式（B-23），矢量 $\boldsymbol{r}_2$ 相对于 $\boldsymbol{r}_1$ 的增量为

$$\Delta\boldsymbol{r} = \boldsymbol{r}_2 - \boldsymbol{r}_1 = (x_2 - x_1)\boldsymbol{i} + (y_2 - y_1)\boldsymbol{j} + (z_2 - z_1)\boldsymbol{k} \tag{B-25}$$

式中，分量的增量 $x_2 - x_1$、$y_2 - y_1$ 和 $z_2 - z_1$ 是矢量增量 $\Delta\boldsymbol{r}$ 的三个正交分量.

必须注意，在物理学中，常用矢量式来表述物理定律或概念，但**在具体计算时，又常常运用矢量的正交分解法，写出矢量的正交分解式**. 由于其中各分量是标量，它易于用代数或微积分的方法进行计算. 这样，便可把矢量计算问题转化为对其分量的标量运算问题. 例如，力学中的质点动量定理是用矢量式

$$\boldsymbol{F}\Delta t = m\boldsymbol{v}_2 - m\boldsymbol{v}_1 \tag{B-26}$$

表述的. 式中，m、Δt 是正的标量. 当利用该公式计算力学问题时，通常是将其转化为沿事先选定的各坐标轴的分量式. 在空间中，当直角坐标系 $Oxyz$ 选定后，若矢量 $\boldsymbol{F}$ 的三个分量为 $\boldsymbol{F}_x$、$\boldsymbol{F}_y$、$\boldsymbol{F}_z$，矢量$\boldsymbol{v}_2$的三个分量为 v_{2x}、v_{2y}、v_{2z}，矢量$\boldsymbol{v}_1$的三个分量为 v_{1x}、v_{2y}、v_{1z}，则由式（B-17），可得

$$\boldsymbol{F} = F_x\boldsymbol{i} + F_y\boldsymbol{j} + F_z\boldsymbol{k}$$
$$\boldsymbol{v}_2 = v_{2x}\boldsymbol{i} + v_{2y}\boldsymbol{j} + v_{2z}\boldsymbol{k}$$
$$\boldsymbol{v}_1 = v_{1x}\boldsymbol{i} + v_{1y}\boldsymbol{j} + v_{1z}\boldsymbol{k}$$

把它们代入式（B-26），有

$$(F_x\boldsymbol{i} + F_y\boldsymbol{j} + F_z\boldsymbol{k})\Delta t = m(v_{2x}\boldsymbol{i} + v_{2y}\boldsymbol{j} + v_{2z}\boldsymbol{k}) - m(v_{1x}\boldsymbol{i} + v_{1y}\boldsymbol{j} + v_{1z}\boldsymbol{k})$$

展开后移项，再合并同类项，可得

$$\begin{aligned}&[F_x\Delta t - (mv_{2x} - mv_{1x})]\boldsymbol{i} + [F_y\Delta t - (mv_{2y} - mv_{1y})]\boldsymbol{j} + \\ &[F_z\Delta t - (mv_{2z} - mv_{1z})]\boldsymbol{k} = \boldsymbol{0}\end{aligned}$$

因 $|\boldsymbol{i}| = |\boldsymbol{j}| = |\boldsymbol{k}| = 1 \neq 0$，故要求上式成立，必有

$$\begin{cases} F_x\Delta t - (mv_{2x} - mv_{1x}) = 0 \\ F_y\Delta t - (mv_{2y} - mv_{1y}) = 0 \\ F_z\Delta t - (mv_{2z} - mv_{1z}) = 0 \end{cases}$$

从而，在选定的直角坐标系 $Oxyz$ 中，得到与矢量式（B-26）等价的一组分量式：

$$\begin{cases} F_x\Delta t = mv_{2x} - mv_{1x} \\ F_y\Delta t = mv_{2y} - mv_{1y} \\ F_z\Delta t = mv_{2z} - mv_{1z} \end{cases} \tag{B-27}$$

应注意，以后在课文中遇到矢量式时，或者在解题运算中须将矢量方程转化成分量方程时，往往都直接列出其相应的分量式，而不再做详尽分解．读者可利用沿坐标轴的单位矢量 $\boldsymbol{i}$、$\boldsymbol{j}$、$\boldsymbol{k}$，按照上述的正交分解方法自行推演．

B2.3 矢量合成的解析法

对于多个矢量，虽然可用平行四边形法则逐步求其矢量和，但我们却往往用它们的正交分量来计算矢量和．这就是所谓的**正交分解合成法或矢量合成的解析法**，它使计算结果更为准确．如图 B-13 所示，矢量 $\boldsymbol{v}_1$ 与 $\boldsymbol{v}_2$ 的矢量和为 $\boldsymbol{v}$，在平面直角坐标系 Oxy 中，由式（B-22）及其结论可知，矢量和 $\boldsymbol{v}$ 在任一坐标轴 Ox 或 Oy 上的分量等于矢量 $\boldsymbol{v}_1$ 与 $\boldsymbol{v}_2$ 在同一坐标轴上各分量的代数和，即

$$\begin{cases} v_x = v_{1x} + v_{2x} \\ v_y = v_{1y} + v_{2y} \end{cases} \tag{B-28}$$

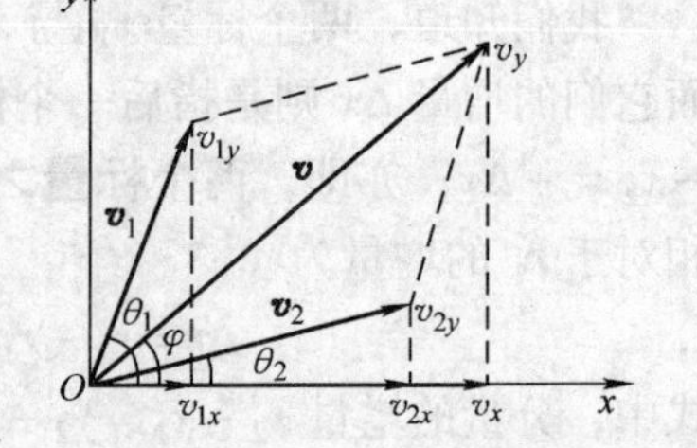

图 B-13 矢量正交分解合成法

这样，矢量和 $\boldsymbol{v}$（即其大小和方向）便可由它的两个分量 v_x、v_y 按式（B-20）和式（B-21）完全确定．因此，只要求出 v_x 和 v_y，这就意味着矢量和 $\boldsymbol{v}$ 可以求出来了．

由两个矢量得到的上述结论，不难推广到有任意多个矢量的情形．并且，也可把上述平面问题推广到空间问题中去．事实上，对于 n 个矢量 $\boldsymbol{v}_1$、$\boldsymbol{v}_2$、…、$\boldsymbol{v}_n$ 的矢量和 $\boldsymbol{v}$，它在空间直角坐标系 $Oxyz$ 中的分量 v_x、v_y、v_z 可表示为

$$\begin{cases} v_x = v_{1x} + v_{2x} + \cdots + v_{ix} + \cdots + v_{nx} = \sum\limits_i v_{ix} \\ v_y = v_{1y} + v_{2y} + \cdots + v_{iy} + \cdots + v_{ny} = \sum\limits_i v_{iy} \\ v_z = v_{1z} + v_{2z} + \cdots + v_{iz} + \cdots + v_{nz} = \sum\limits_i v_{iz} \end{cases} \tag{B-29}$$

式中，v_{ix}、v_{iy}、v_{iz} 分别表示 n 个矢量中第 i 个矢量 $\boldsymbol{v}_i$ 在 Ox、Oy、Oz 轴上的分量．在求出矢量和 $\boldsymbol{v}$ 的三个正交分量 v_x、v_y、v_z 后，便可由式（B-18）和式（B-19）算出矢量和 $\boldsymbol{v}$ 的大小和方向．

B3 矢量的标积和矢积

物理学中，还常遇到矢量与矢量相乘的问题. 矢量乘法与通常的代数乘法根本不同. 本书中用到的矢量乘法有两种运算法则，分别简述如下：

B3.1 矢量的标积

矢量$\boldsymbol{F}$与矢量s的标积$\boldsymbol{F}\cdot s$是一个标量，其数值等于两矢量的大小F、s与二者之间小于180°的夹角θ（图B-14）的余弦之积，记作

$$\boldsymbol{F}\cdot\boldsymbol{s}=Fs\cos\theta \tag{B-30}$$

标积的正负，取决于矢量$\boldsymbol{F}$和$\boldsymbol{s}$之间的夹角为锐角或钝角.

设有矢量$\boldsymbol{F}$、$\boldsymbol{s}$、$\boldsymbol{a}$、$\boldsymbol{b}$、$\boldsymbol{c}$，读者试证明标积的如下性质和运算规则：

(1) 若$\boldsymbol{F}$与s平行，则$\boldsymbol{F}\cdot\boldsymbol{s}=\pm Fs$

(2) 若$\boldsymbol{F}$与s垂直，则$\boldsymbol{F}\cdot\boldsymbol{s}=0$

(3) $\boldsymbol{a}\cdot\boldsymbol{a}=a^2$

(4) $\boldsymbol{a}\cdot\boldsymbol{b}=\boldsymbol{b}\cdot\boldsymbol{a}$（交换律）

(5) $\boldsymbol{a}\cdot(\boldsymbol{b}+\boldsymbol{c})=\boldsymbol{a}\cdot\boldsymbol{b}+\boldsymbol{a}\cdot\boldsymbol{c}$ （分配律）

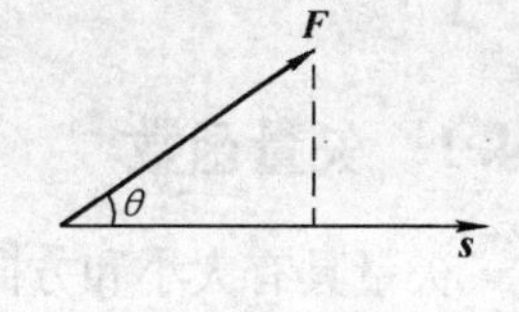

图 B-14

(6) 直角坐标系$Oxyz$各轴上的单位矢量$\boldsymbol{i}$、$\boldsymbol{j}$、$\boldsymbol{k}$之间的标积为

$$\boldsymbol{i}\cdot\boldsymbol{i}=\boldsymbol{j}\cdot\boldsymbol{j}=\boldsymbol{k}\cdot\boldsymbol{k}=1,\quad \boldsymbol{i}\cdot\boldsymbol{j}=\boldsymbol{j}\cdot\boldsymbol{k}=\boldsymbol{k}\cdot\boldsymbol{i}=0$$

我们往往利用标积求一矢量在某方向上的分量. 例如，设矢量$\boldsymbol{A}$与Ox轴成α角，Ox轴方向可用单位矢量$\boldsymbol{i}$标志，则矢量$\boldsymbol{A}$在Ox轴上的分量为

$$\boldsymbol{A}\cdot\boldsymbol{i}=|\boldsymbol{A}|\ |\boldsymbol{i}|\cos\alpha=A\cos\alpha$$

式中，$|\boldsymbol{A}|=A$，$|\boldsymbol{i}|=1$. 因此，还可将矢量$\boldsymbol{a}$在另一矢量$\boldsymbol{b}$上的分量写作$\frac{\boldsymbol{a}\cdot\boldsymbol{b}}{b}$，其实它就是$\boldsymbol{a}\cdot\frac{\boldsymbol{b}}{b}=\boldsymbol{a}\cdot\boldsymbol{b}^0$，式中，$\boldsymbol{b}^0=\frac{\boldsymbol{b}}{b}$为矢量$\boldsymbol{b}$的单位矢量.

B3.2 矢量的矢积

矢量$\boldsymbol{r}$与矢量$\boldsymbol{F}$的矢积$\boldsymbol{r}\times\boldsymbol{F}$仍是矢量，它被定义为另一矢量$\boldsymbol{M}$，即

$$\boldsymbol{M}=\boldsymbol{r}\times\boldsymbol{F} \tag{B-31}$$

矢量$\boldsymbol{M}$的大小为

$$M=|\boldsymbol{M}|=rF\sin\theta \tag{B-32}$$

式中，r、F分别为矢量$\boldsymbol{r}$、$\boldsymbol{F}$的大小；θ为$\boldsymbol{r}$和$\boldsymbol{F}$间小于180°的夹角. **矢量$\boldsymbol{M}$的方向垂直于$\boldsymbol{r}$与$\boldsymbol{F}$所组成的平面，其指向由“右手螺旋法则”确定：即当右手除拇指外的四指从$\boldsymbol{r}$方向经小于180°的角度转向$\boldsymbol{F}$方向时，伸直拇指的指向就是$\boldsymbol{M}$的方向**（图B-15）.

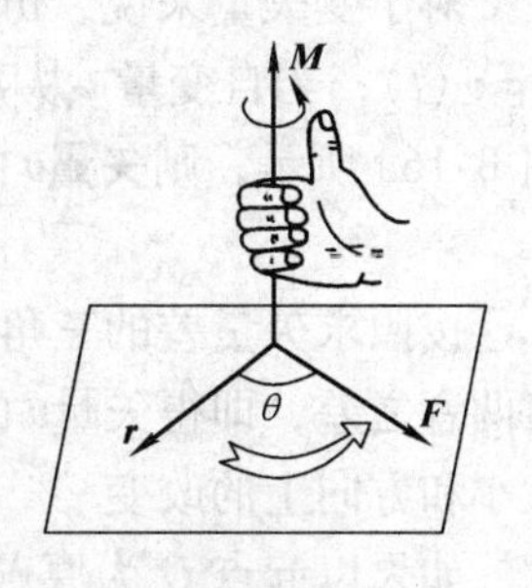

图 B-15

设有矢量$\boldsymbol{F}$、$\boldsymbol{r}$、$\boldsymbol{a}$、$\boldsymbol{b}$、$\boldsymbol{c}$，读者试证明矢积的如下性质和运

算规则：

(1) 若$\boldsymbol{r}$与$\boldsymbol{F}$平行或其中有一矢量为零，则$\boldsymbol{r}\times\boldsymbol{F}=\boldsymbol{0}$

(2) 若$\boldsymbol{r}$与$\boldsymbol{F}$垂直，则$|\boldsymbol{r}\times\boldsymbol{F}|=rF$

(3) $\boldsymbol{a}\times\boldsymbol{a}=\boldsymbol{0}$

(4) $\boldsymbol{a}\times\boldsymbol{b}=-(\boldsymbol{b}\times\boldsymbol{a})$ （矢积不适合交换律）

(5) $\boldsymbol{a}\times(\boldsymbol{b}+\boldsymbol{c})=\boldsymbol{a}\times\boldsymbol{b}+\boldsymbol{a}\times\boldsymbol{c}$ （矢积适合分配律）

(6) 直角坐标系 $Oxyz$ 各轴上的单位矢量$\boldsymbol{i}$、$\boldsymbol{j}$、$\boldsymbol{k}$之间的矢积为

$$\boldsymbol{i}\times\boldsymbol{i}=\boldsymbol{j}\times\boldsymbol{j}=\boldsymbol{k}\times\boldsymbol{k}=\boldsymbol{0}$$

$$\boldsymbol{i}\times\boldsymbol{j}=\boldsymbol{k},\ \boldsymbol{j}\times\boldsymbol{k}=\boldsymbol{i},\ \boldsymbol{k}\times\boldsymbol{i}=\boldsymbol{j}$$

$$\boldsymbol{j}\times\boldsymbol{i}=-\boldsymbol{k},\ \boldsymbol{k}\times\boldsymbol{j}=-\boldsymbol{i},\ \boldsymbol{i}\times\boldsymbol{k}=-\boldsymbol{j}$$

B4 矢量微积分

B4.1 矢量函数

矢量具有大小和方向两个要素. 若一个矢量的大小和方向都不发生变化，则叫作**恒矢量**；若一个矢量的大小虽不变但方向却在变化，或方向虽不变，但大小却在变化，或大小和方向二者同时都在变化，则叫作**变矢量**. 物理学中经常遇到变矢量. 变矢量往往是某一个标量的函数，我们把该函数称为**矢量函数**. 如果矢量$\boldsymbol{v}$是一个标量 t 的函数，则可记作

$$\boldsymbol{v}=\boldsymbol{v}(t)$$

请注意，上式左边的$\boldsymbol{v}$是矢量函数的符号，它表示矢量$\boldsymbol{v}$的大小和方向都按一定的规律随 t 而变. 不要误解为$\boldsymbol{v}$与 t 相乘.

B4.2 矢量的增量

大家知道，当一个标量发生变化时，其变化情形可用该标量的**增量**（即改变量）来描述. 例如，在一事物变化的某一过程中，标量 t 从开始的 t_1 变化到末了的 t_2，**则标量 t 的增量 Δt 即为末了的标量 t_2 与开始的标量 t_1 之差**，即

$$\Delta t=t_2-t_1$$

如果 $\Delta t>0$，即 $t_2>t_1$，则表示 t 增大；如果 $\Delta t<0$，即 $t_2<t_1$，则表示 t 减小；如果 $\Delta t=0$，即 $t_1=t_2$，则表示 t 没有改变.

对于变矢量来说，仿照标量变化的增量概念，也可引入**矢量的增量**概念. 设有变矢量$\boldsymbol{v}=\boldsymbol{v}(t)$，当自变量 t 从 t_1 变化到 t_2 时，矢量$\boldsymbol{v}$相应地从$\boldsymbol{v}_1=\boldsymbol{v}(t_1)$变化到$\boldsymbol{v}_2=\boldsymbol{v}(t_2)$，如图 B-16a 所示，则**矢量$\boldsymbol{v}$的增量等于末了的矢量$\boldsymbol{v}_2$与开始的矢量$\boldsymbol{v}_1$之差**，即

$$\Delta\boldsymbol{v}=\boldsymbol{v}_2-\boldsymbol{v}_1 \tag{B-33}$$

按照求矢量差的三角形法则，将矢量$\boldsymbol{v}_1$和$\boldsymbol{v}_2$平移到同一起点 O，根据式（B-33）画出两者之差，即得矢量$\boldsymbol{v}$的增量 $\Delta\boldsymbol{v}$，如图 B-16b 所示. $\Delta\boldsymbol{v}$仍为矢量，它描述了矢量$\boldsymbol{v}$的大小和方向上的改变.

如果以起点 O 为原点，作空间直角坐标系 $Oxyz$，并设沿 Ox、Oy、Oz 轴的单位矢量分别为$\boldsymbol{i}$、$\boldsymbol{j}$、$\boldsymbol{k}$，则有

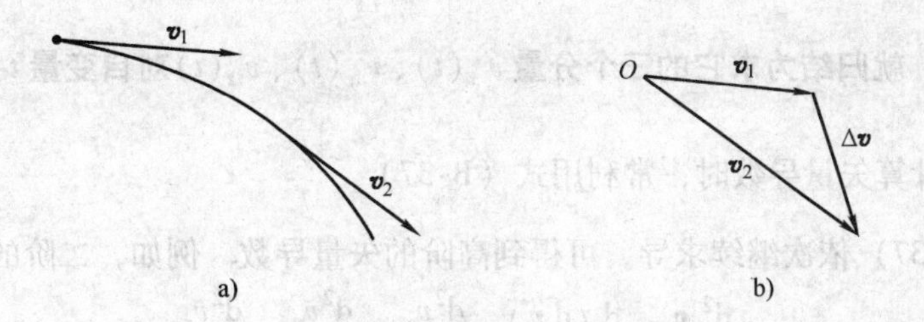

图 B-16　变矢量及其增量

$$\boldsymbol{v}_1 = v_{1x}\boldsymbol{i} + v_{1y}\boldsymbol{j} + v_{1z}\boldsymbol{k}$$

$$\boldsymbol{v}_2 = v_{2x}\boldsymbol{i} + v_{2y}\boldsymbol{j} + v_{2z}\boldsymbol{k}$$

从而可将式（B-33）表示成

$$\Delta\boldsymbol{v} = (v_{2x} - v_{1x})\boldsymbol{i} + (v_{2y} - v_{1y})\boldsymbol{j} + (v_{2z} - v_{1z})\boldsymbol{k}$$

记 $\Delta v_x = v_{2x} - v_{1x}$，$\Delta v_y = v_{2y} - v_{1y}$，$\Delta v_z = v_{2z} - v_{1z}$，它们分别表示矢量$\boldsymbol{v}$在各坐标轴上分量的增量，亦即增量$\Delta\boldsymbol{v}$在各轴上的分量. 因而，矢量$\boldsymbol{v}$的增量$\Delta\boldsymbol{v}$沿坐标轴的正交分解式为

$$\Delta\boldsymbol{v} = \Delta v_x\boldsymbol{i} + \Delta v_y\boldsymbol{j} + \Delta v_z\boldsymbol{k} \tag{B-34}$$

B4.3　矢量函数的微分

设变矢量$\boldsymbol{v}$是一个标量 t 的矢量函数，即

$$\boldsymbol{v} = \boldsymbol{v}(t)$$

在自变量 t 改变 Δt 时，矢量$\boldsymbol{v}$变为$\boldsymbol{v}(t+\Delta t)$，于是，矢量$\boldsymbol{v}$的增量为

$$\Delta\boldsymbol{v} = \boldsymbol{v}(t+\Delta t) - \boldsymbol{v}(t) \tag{B-35}$$

仿照微分学中标量导数的定义，我们引入下述矢量导数的概念. **矢量$\boldsymbol{v}$对自变量 t（标量）的导数称为矢量导数**，它定义为

$$\frac{\mathrm{d}\boldsymbol{v}}{\mathrm{d}t} = \lim_{\Delta t\to 0}\frac{\Delta\boldsymbol{v}}{\Delta t} = \lim_{\Delta t\to 0}\frac{\boldsymbol{v}(t+\Delta t) - \boldsymbol{v}(t)}{\Delta t} \tag{B-36}$$

将增量$\Delta\boldsymbol{v}$的分解式（B-34）代入上式，得

$$\frac{\mathrm{d}\boldsymbol{v}}{\mathrm{d}t} = \lim_{\Delta t\to 0}\frac{\Delta v_x(t)\boldsymbol{i} + \Delta v_y(t)\boldsymbol{j} + \Delta v_z(t)\boldsymbol{k}}{\Delta}$$ [⊖]

根据极限运算法则，并由于在给定坐标系中，$\boldsymbol{i}$、$\boldsymbol{j}$、$\boldsymbol{k}$ 均为恒矢量，于是，上式成为

$$\frac{\mathrm{d}\boldsymbol{v}}{\mathrm{d}t} = \boldsymbol{i}\lim_{\Delta t\to 0}\frac{\Delta v_x(t)}{\Delta t} + \boldsymbol{j}\lim_{\Delta t\to 0}\frac{\Delta v_y(t)}{\Delta t} + \boldsymbol{k}\lim_{\Delta t\to 0}\frac{\Delta v_z(t)}{\Delta t}$$

于是可得矢量导数 $\mathrm{d}\boldsymbol{v}/\mathrm{d}t$ 沿坐标轴的正交分解式为

$$\frac{\mathrm{d}\boldsymbol{v}}{\mathrm{d}t} = \frac{\mathrm{d}v_x}{\mathrm{d}t}\boldsymbol{i} + \frac{\mathrm{d}v_y}{\mathrm{d}t}\boldsymbol{j} + \frac{\mathrm{d}v_z}{\mathrm{d}t}\boldsymbol{k} \tag{B-37}$$

矢量导数 $\mathrm{d}\boldsymbol{v}/\mathrm{d}t$ 是一个矢量，它的三个分量是$\frac{\mathrm{d}v_x}{\mathrm{d}t}$、$\frac{\mathrm{d}v_y}{\mathrm{d}t}$、$\frac{\mathrm{d}v_z}{\mathrm{d}t}$. 因此，**求一矢量$\boldsymbol{v}(t)$对自**

⊖ 由于矢量$\boldsymbol{v}$随自变量 t 变化，则它在各坐标轴上的分量v_x、v_y、v_z也随 t 而变化，各分量的增量因而也随 t 而变化，即均为 t 的函数，所以记作 $\Delta v_x(t)$、$\Delta v_y(t)$、$\Delta v_z(t)$. 其次，我们假定各分量$v_x(t)$、$v_y(t)$、$v_z(t)$都是连续可微的.

变量 t 的导数，就归结为求它的三个分量 $v_x(t)$、$v_y(t)$、$v_z(t)$ 对自变量 t 的标量导数 $\frac{dv_x}{dt}$、$\frac{dv_y}{dt}$、$\frac{dv_z}{dt}$. 在计算矢量导数时，常利用式（B-37）.

对式（B-37）依次继续求导，可得到高阶的矢量导数. 例如，二阶的矢量导数为

$$\frac{d^2\boldsymbol{v}}{dt^2}=\frac{d}{dt}\left(\frac{d\boldsymbol{v}}{dt}\right)=\frac{d^2v_x}{dt^2}\boldsymbol{i}+\frac{d^2v_y}{dt^2}\boldsymbol{j}+\frac{d^2v_z}{dt^2}\boldsymbol{k} \tag{B-38}$$

设矢量 $\boldsymbol{v}$、$\boldsymbol{v}_1$、$\boldsymbol{v}_2$ 都是标量 t 的函数，标量 m 为恒量，读者试证明矢量导数的如下性质和运算规则：

（1）$\frac{d}{dt}(\boldsymbol{v}_1\pm\boldsymbol{v}_2)=\frac{d\boldsymbol{v}_1}{dt}\pm\frac{d\boldsymbol{v}_2}{dt}$

（2）$\frac{d}{dt}(m\boldsymbol{v})=m\frac{d\boldsymbol{v}}{dt}$

（3）$\frac{d}{dt}(\boldsymbol{v}_1\cdot\boldsymbol{v}_2)=\boldsymbol{v}_1\cdot\frac{d\boldsymbol{v}_2}{dt}+\boldsymbol{v}_2\cdot\frac{d\boldsymbol{v}_1}{dt}$

（4）$\frac{d}{dt}(\boldsymbol{v}_1\times\boldsymbol{v}_2)=\frac{d\boldsymbol{v}_1}{dt}\times\boldsymbol{v}_2+\boldsymbol{v}_1\times\frac{d\boldsymbol{v}_2}{dt}$

（5）若 $\boldsymbol{v}$ 为恒矢量（即其大小、方向均不随 t 而变），则 $\frac{d\boldsymbol{v}}{dt}=\boldsymbol{0}$

B4.4　矢量函数的积分

在物理学中，经常遇到矢量函数的定积分问题. 与标量函数定积分的定义相仿，**矢量函数的定积分是求矢量和的极限**. 矢量函数的定积分仍是一个矢量. 在求一个矢量函数的定积分时，仍可归结为求该矢量的三个分量的标量积分. 例如，若一质点受变力 $\boldsymbol{F}(t)$ 作用时，在选定的直角坐标系 $Oxyz$ 中，$\boldsymbol{F}(t)$ 可表示成

$$\boldsymbol{F}(t)=F_x(t)\boldsymbol{i}+F_y(t)\boldsymbol{j}+F_z(t)\boldsymbol{k}$$

将 $\boldsymbol{F}(t)$ 对时间 t 求定积分，便可求得质点所受的冲量 $\boldsymbol{I}$ 为

$$\boldsymbol{I}=\int_0^t\boldsymbol{F}(t)dt=\int_0^t[F_x(t)\boldsymbol{i}+F_y(t)\boldsymbol{j}+F_z(t)\boldsymbol{k}]dt$$

因 $\boldsymbol{i}$、$\boldsymbol{j}$、$\boldsymbol{k}$ 在给定的坐标系中是恒矢量，可以提到积分号之外，故得

$$\boldsymbol{I}=\int_0^t\boldsymbol{F}(t)dt=\left[\int_0^tF_x(t)dt\right]\boldsymbol{i}+\left[\int_0^tF_y(t)dt\right]\boldsymbol{j}+\left[\int_0^tF_z(t)dt\right]\boldsymbol{k} \tag{B-39}$$

式（B-39）等号右端的三个标量积分分别是矢量函数 $\boldsymbol{F}(t)$ 的积分（冲量 $\boldsymbol{I}$）的三个分量，即 I_x、I_y、I_z.

附录 C　十大经典物理实验

美国两位学者在全美物理学家中做了一份调查，请他们提名有史以来最出色的十大物理试验，结果刊登在了美国《物理世界》杂志上.

令人惊奇的是十大经典试验几乎都是由一个人独立完成的，或者最多有一两个助手协

助. 试验中没有用到什么大型计算工具如计算机一类，最多不过是把直尺或者是计算器.

所有这些实验的另外共通之处是它们都仅仅“抓”住了物理学家眼中“最美丽”的科学之魂：最简单的仪器和设备，发现了最根本、最单纯的科学概念，就像是一座座历史丰碑一样，扫开人们长久的困惑和含糊，开辟了对自然界的崭新认识.

按时间先后顺序：

埃拉托色尼测量地球圆周

伽利略的自由落体试验

伽利略的加速度试验

牛顿的棱镜分解太阳光

卡文迪许的扭矩试验

托马斯·杨的光干涉试验

傅科钟摆试验

罗伯特·密立根的油滴试验

卢瑟福发现核子

托马斯·杨的双缝演示应用于电子干涉试验

1. 埃拉托色尼测量地球圆周

在公元前3世纪，埃及的一个名叫阿斯瓦的小镇上，夏至正午的阳光悬在头顶. 物体没有影子，太阳直接照入井中. 埃拉托色尼意识到这可以帮助他测量地球的圆周. 在几年后的同一天的同一时间，他记录了同一条经线上的城市亚历山大（阿斯瓦的正北方）的水井的物体的影子. 发现太阳光线有稍稍偏离，与垂直方向大约成7°角. 剩下的就是几何问题了. 假设地球是球状，那么它的圆周应是360°. 如果两座城市成7°角，就是7/360的圆周，就是当时5000个希腊运动场的距离. 因此地球圆周应该是25万个希腊运动场. 今天我们知道埃拉托色尼的测量误差仅仅在5%以内. 如图C-1所示.（排名第七）

2. 伽利略的自由落体试验

在16世纪末人人都认为质量大的物体比质量小的物体下落得快，因为伟大的亚里士多德是这么说的. 伽利略，当时在比萨大学数学系任职，大胆地向公众的观点挑战，他从斜塔上同时放下一轻一重的物体，让大家看到两个物体同时落地. 他向世人展示尊重科学而不畏权威的可贵精神. 如图C-2所示.（排名第二）

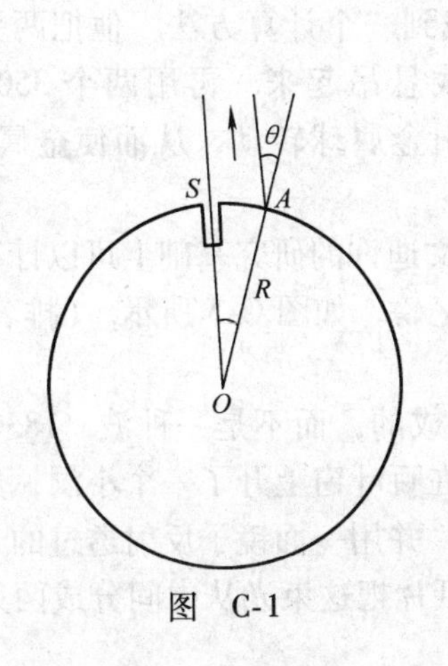

图　C-1

图　C-2

3. 伽利略的加速度试验

伽利略继续他的物体移动研究．他做了一个 6m 多长、3m 多宽的光滑直木板槽．再把这个木板槽倾斜固定，让铜球从木槽顶端沿斜面滑下．然后测量铜球每次下滑的时间和距离，研究它们之间的关系．亚里士多德曾预言滚动球的速度是均匀不变的：铜球滚动两倍的时间就走出两倍的路程．伽利略却证明铜球滚动的路程和时间的平方成比例：两倍的时间里，铜球滚动 4 倍的距离．因为存在重力加速度．如图 C-3 所示．（排名第八）

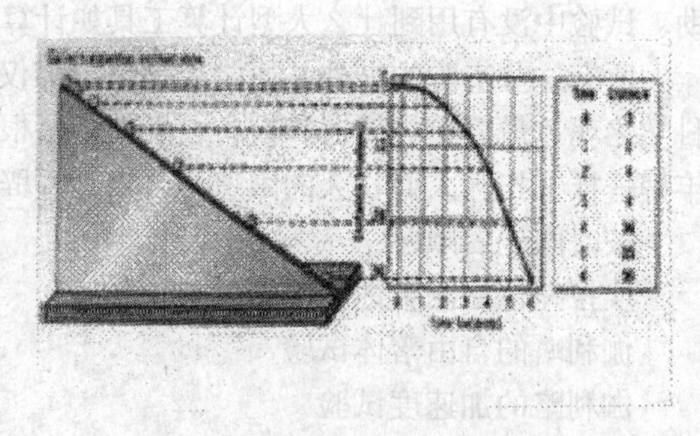

图　C-3

4. 牛顿的棱镜分解太阳光

艾萨克·牛顿出生那年，伽利略与世长辞．牛顿 1665 年毕业于剑桥大学的三一学院．当时大家都认为白光是一种纯的没有其他颜色的光，而有色光是一种不知何故发生变化的光（亚利士多德的理论）．

为了验证这个假设，牛顿把一面三棱镜放在阳光下，透过三棱镜，光在墙上被分解为不同颜色，后来我们称作为光谱．牛顿的结论是：正是这些红、橙、黄、绿、青、蓝、紫基础色有不同的色谱才形成了表面上颜色单一的白色光，如果你深入地看看，会发现白光是非常美丽的．如图 C-4 所示．（排名第四）

图　C-4

5. 卡文迪许的扭秤试验

牛顿的另一大贡献是他的万有引力理论：两个物体之间的吸引力与它们质量的乘积成正比，与它们距离的平方成反比．但是万有引力到底多大?

18 世纪末，英国科学家亨利·卡文迪许决定要找到一个计算方法．他把两头带有金属球的 6ft（英尺）　（1ft = 0. 3048m）木棒用金属线悬吊起来．再用两个 350lb（磅）（1lb = 0. 454kg）重的皮球放在足够近的地方，以吸引金属球转动，从而使金属线扭动，然后用自制的仪器测量出微小的转动．

测量结果惊人的准确，他测出了引力恒量．在卡文迪许的研究基础上可以计算地球的密度和质量．地球重 6.0×10^{24}kg，或者说 13 万亿万亿磅．如图 C-5 所示．（排名第六）

6. 托马斯·杨的光干涉试验

牛顿也不是永远都对．牛顿曾认为光是由微粒组成的，而不是一种波．1830 年英国医生也是物理学家的托马斯·杨向这个观点挑战．他在百叶窗上开了一个小洞，然后用厚纸片盖住，再在纸片上戳一个很小的洞．让光线透过，并用一面镜子反射透过的光线．然后他用一个厚约 1/30in（英寸）（1in = 0. 0254m）的纸片把这束光从中间分成两束．结果看到了相交的光线和阴影. 这说明两束光线可以像波一样相互干涉. 这个试验为一个世纪后量子学说的创立起到了至关重要的作用. 如图 C-6 所示. (排名第五)

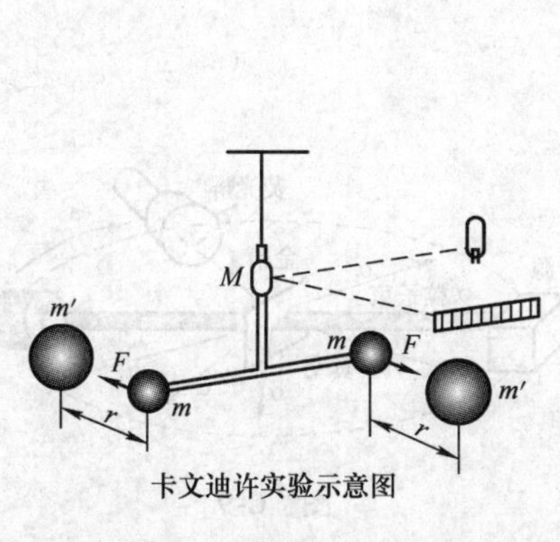

图　C-5

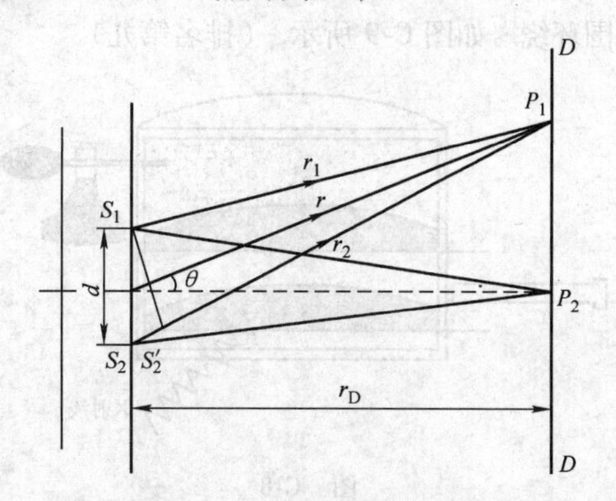

图　C-6

7. 傅科钟摆试验

1851 年法国科学家傅科当众做了一个实验，用一根长 220ft 的钢丝吊着一个重 62 磅重的头上带有铁笔的铁球悬挂在屋顶下，观测记录它的摆动轨迹. 周围观众发现钟摆每次摆动都会稍稍偏离原轨迹并发生旋转时，无不惊讶. 实际上这是因为房屋在缓缓移动. 傅科的演示说明地球是在围绕地轴旋转. 在巴黎的纬度上，钟摆的轨迹沿顺时针方向是一周 30h. 在南半球，钟摆应是逆时针转动，而在赤道上将不会转动. 在南极，转动周期是 24h（小时）. 如图 C-7 所示.（排名第十）

图　C-7

8. 罗伯特 · 密立根的油滴试验

很早以前，科学家就在研究电. 人们知道这种无形的物质可以从天上的闪电中得到，也可以通过摩擦头发得到. 1897 年，英国物理学家托马斯已经得知如何获取负电荷电流. 1909 年美国科学家罗伯特 · 米利肯开始测量电流的电荷.

他用一个香水瓶的喷头向一个透明的小盒子里喷油滴. 小盒子的顶部和底部分别放有一个通正电的电板，另一个放有通负电的电板. 当小油滴通过空气时，就带有了一些静电，它们下落的速度可以通过改变电板的电压来控制. 经过反复试验密立根得出结论：电荷的值是某个固定的常量，最小单位就是单个电子的带电量. 如图 C-8 所示. （排名第三）

9. 卢瑟福发现核子

1911 年卢瑟福还在曼彻斯特大学做放射能实验时，原子在人们的印象中就好像是“葡萄干布丁”，大量正电荷聚集的糊状物质，中间包含着电子微粒. 但是他和他的助手发现向金箔发射带正电的 α 微粒时有少量被弹回，这使他们非常吃惊. 卢瑟福计算出原子并不是一团糊状物质，大部分物质集中在一个中心小核上，现在叫作核子，电子在它周围环绕. 如图 C-9 所示.（排名第九）

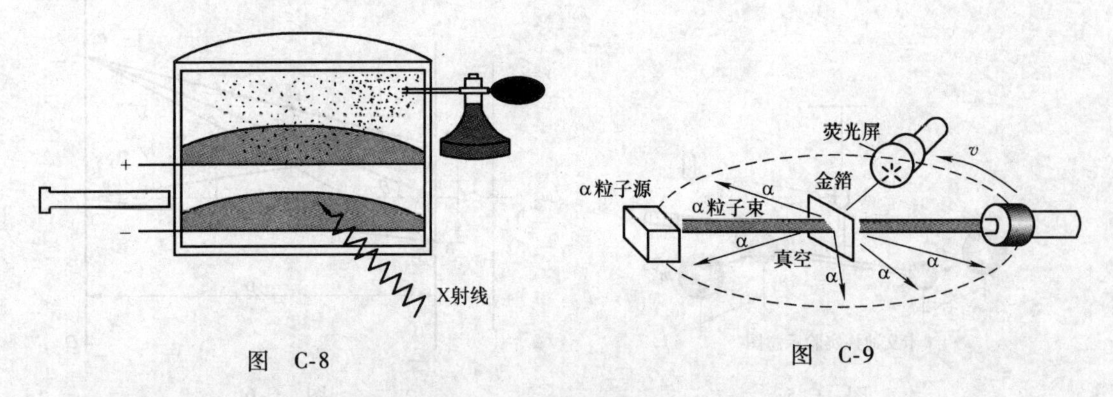

图　C-8　　　　图　C-9

10. 托马斯 · 杨的双缝演示应用于电子干涉试验

牛顿和托马斯 · 杨对光的性质研究得出的结论都不完全正确. 光既不是简单地由微粒构成的，也不是一种单纯的波. 20 世纪初，麦克斯 · 普克朗和艾伯特 · 爱因斯坦分别指出一种叫作光子的东西发出光和吸收光. 但是其他试验还是证明光是一种波状物. 经过几十年发展的量子学说最终总结了两个矛盾的真理：光子和亚原子微粒（如电子、光子等）是同时具有两种性质的微粒，物理上称它们为波粒二象性.

将托马斯 · 杨的双缝演示改造一下可以很好地说明这一点. 科学家们用电子流代替光束来做这个实验. 根据量子力学，电粒子流被分为两股，被分得更小的粒子流产生波的效应，它们相互影响，以至于产生像托马斯 · 杨的双缝演示中出现的加强光和阴影. 这说明微粒也有波的效应. 究竟是谁最早做了这个试验已经无法考证. 如图 C-10 所示.（排名第一）

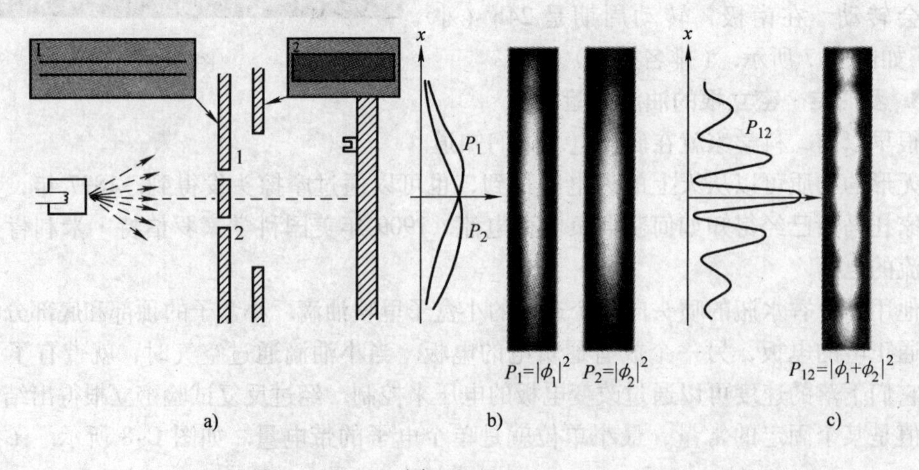

图　C-10

部分习题参考答案

第1章（习题1）

1-1　D　　1-2　D　　1-3　B　　1-4　B　　1-5　B　　1-6　C

1-7　$23\mathrm{m\cdot s^{-1}}$　　1-8　$v_M = h_1 v/(h_1 + h_2)$　　1-9　$16Rt^2$，$4\mathrm{rad\cdot s^{-2}}$

1-10　$-g12, 2\sqrt{3}v^2/(3g)$　　1-11　$1/\cos^2\theta$

1-12　$v = 2(x + x^3)^{1/2}$

1-13　$-0.5\mathrm{m/s}$，$9t - 6t^2$，$2.25\mathrm{m}$

1-14　48.7m

1-15　$|\boldsymbol{v}_{AE}| = \sqrt{(\boldsymbol{v}_{AF})^2 - (\boldsymbol{v}_{FE})^2} = 170\mathrm{km/h}$

$\theta = \arctan^1(v_{FE}/v_{AE}) = 19.4°$

飞机应取向北偏东19.4°的航向.

1-16　（1）$F_{\mathrm{T}} = mg$；　（2）$F_{\mathrm{T}} = m\sqrt{a^2 + g^2}$

1-17　$F_{\mathrm{T}}(r) = m\omega^2(L^2 - r^2)/(2L)$

1-18　略

1-19　略

第2章（习题2）

2-1　C　　2-2　C　　2-3　B　　2-4　C　2-5　$\sqrt{2}mv$，指向正西南或南偏西45°

2-6　(1)$(1+\sqrt{2})m\sqrt{gy_0}$；　(2)$\frac{1}{2}mv_0$　　2-7　$1\mathrm{m\cdot s^{-1}}$，$0.5\mathrm{m\cdot s^{-1}}$

2-8　$18\mathrm{N\cdot s}$　　2-9　$-F_0R$

2-10　$Gm_{\mathrm{E}}m\frac{r_2 - r_1}{r_1 r_2}$，$Gm_{\mathrm{E}}m\frac{r_1 - r_2}{r_1 r_2}$　　2-11　$6.3\mathrm{km\cdot s^{-1}}$　　2-12　$mgb\boldsymbol{k}$，$mgbt\boldsymbol{k}$

2-13　$0.793\mathrm{N\cdot s}$

2-14　$v = \sqrt{2Gm_{\mathrm{E}}\frac{h}{R(R+h)} + v_0^2}$　　2-15　$\frac{-27kc^{2/3}l^{7/3}}{7}$　　2-16　$13\mathrm{m\cdot s^{-1}}$

2-17　（1）$v_x = -mu\cos\alpha/(m_{炮} + m)$，即炮车向后退；　（2）$\Delta x = -ml\cos\alpha/(m_{炮} + m)$

第3章（习题3）

3-1　A　　3-2　C　　3-3　D　　3-4　C　　3-5　C

3-6 $v \approx 15.2\mathrm{m \cdot s^{-1}}$, $n = 500\mathrm{r \cdot min^{-1}}$ 3-7 98N 3-8 $6.54\mathrm{rad \cdot s^{-2}}$, 4.8s

3-9 刚体的质量和质量分布以及转轴的位置（或刚体的形状、大小、密度分布和转轴位置；或刚体的质量分布及转轴的位置.）

3-10 g/l, $g/(2l)$ 3-11 $\frac{1}{2}mgl$, $2g/(3l)$ 3-12 $157\mathrm{N \cdot m}$

3-13 $\frac{1}{3}\omega_0$ 3-14 $v = at = mgt\Big/\left(m + \frac{1}{2}m_{轮}\right)$ 3-15 （1）$-0.50\mathrm{rad \cdot s^{-2}}$；（2）$-0.25\mathrm{N \cdot m}$；（3）75rad 3-16 $F_{\mathrm{T}} = \frac{mm'g}{m' + 2m} = 24.5\mathrm{N}$ 3-17 （1）$\omega = \frac{m'v}{\left(\frac{1}{3}m + m'\right)l} = 15.4\mathrm{rad \cdot s^{-1}}$；（2）$\theta = \frac{\left(\frac{1}{3}m + m'\right)l^2\omega^2}{2M_r} = 15.4\mathrm{rad}$ 3-18 （1）$n \approx 200\mathrm{r \cdot min^{-1}}$ （2）$4.19 \times 10^2\mathrm{N \cdot m \cdot s}$

第4章（习题4）

4-1 B 4-2 B 4-3 A 4-4 C 4-5 C 4-6 A

4-7 一切彼此相对做匀速直线运动的惯性系对于物理学定律都是等价的，在一切惯性系中，真空中的光速都是相等的

4-8 4.33×10^{-8} 4-9 2.60×10^8 4-10 $1.29 \times 10^{-5}\mathrm{s}$ 4-11 $7.2\mathrm{cm^2}$ 4-12 $6.72 \times 10^8\mathrm{m}$

第5章（习题5）

5-1 D 5-2 D 5-3 D 5-4 B 5-5 D 5-6 B 5-7 D 5-8 D 5-9 B 5-10 C 5-11 D

5-12 $-3\sigma/(2\varepsilon_0)$；$-\sigma/(2\varepsilon_0)$；$3\sigma/(2\varepsilon_0)$ 5-13 0；$qQ/(4\pi\varepsilon_0 R)$ 5-14 $Q^2/(2\varepsilon_0 S)$

5-15 $5.6 \times 10^{-7}\mathrm{C}$ 5-16 452 5-17 $\boldsymbol{D} = \varepsilon_0\varepsilon_{\mathrm{r}}\boldsymbol{E}$ 5-18 $= \frac{q}{4\pi\varepsilon_0 d\,(L + d)}$

5-19 $\boldsymbol{E} = \boldsymbol{E}_x\boldsymbol{i} + \boldsymbol{E}_y\boldsymbol{j} = -\frac{\lambda_0}{8\varepsilon R}\boldsymbol{j}$ 5-20 在 $x \leqslant 0$ 区域，$V = \int_x^0 E\mathrm{d}x = \int_x^0 \frac{-\sigma}{2\varepsilon_0}\mathrm{d}x = \frac{\sigma x}{2\varepsilon_0}$；在 $x \geqslant 0$ 区域，$V = \int_x^0 E\mathrm{d}x = \int_x^0 \frac{\sigma}{2\varepsilon_0}\mathrm{d}x = -\frac{\sigma x}{2\varepsilon_0}$

5-21 $r = \frac{Ze^2}{4\pi\varepsilon_0 mv_0^2} + \sqrt{\left(\frac{Ze^2}{4\pi\varepsilon_0 mv_0^2}\right)^2 + b^2}$ 5-22 略 5-23 略

第6章（习题6）

6-1 A 6-2 D 6-3 C 6-4 C 6-5 D 6-6 B 6-7 B

6-8　$\pi R^2 c$　　6-9　$\mu_0 I/(2d)$　　6-10　向下　6-11　$B=\dfrac{3\mu_0 I}{8\pi a}$　　6-12　$\mu_0 I/(4\pi R)$，垂直纸面向内

6-13　$\dfrac{e^2 B}{4}\sqrt{\dfrac{r}{\pi\varepsilon_0 m_e}}$　　6-14　铁磁质；顺磁质；抗磁质

6-15　$\Phi=\Phi_1+\Phi_2=\dfrac{\mu_0 I}{4\pi}+\dfrac{\mu_0 I}{2\pi}\ln 2$　　6-16　（1）$\dfrac{\mu NIb}{2\pi}\ln\dfrac{R_2}{R_1}$；（2）$B=0$

6-17　2.1×10^{-5}T　　6-18　$\dfrac{\mu_0 NI}{2(R_2-R_1)}\ln\dfrac{R_2}{R_1}$

第7章（习题7）

7-1　A　　7-2　D　　7-3　A　　7-4　C　　7-5　D

7-6　$3.18\text{T}\cdot\text{s}^{-1}$　　7-7　$\mathscr{E}=NbB\mathrm{d}x/\mathrm{d}t=NbB\omega A\cos(\omega t+\pi/2)$　或 $\mathscr{E}=NBbA\omega\sin\omega t$

7-8　$vBL\sin\theta$　a　　7-9　（1）②；（2）③；（3）①　　7-10　（1）垂直纸面向里；（2）垂直 OP 连线向下

7-11　（1）$I_i=0$；（2）$\dfrac{\mu_0 I}{2\pi}\sqrt{2gH}\ln\dfrac{2L+l}{l}$　　7-12　3.68，方向：沿 $adcb$ 绕向

7-13　（1）$U=\dfrac{q}{C}=\dfrac{1}{C}\int_0^t i\mathrm{d}t=\dfrac{0.2}{C}(1-\mathrm{e}^{-t})$；（2）$I_d=i=0.2\mathrm{e}^{-t}$

第8章（习题8）

8-1　B　　8-2　C　　8-3　C　　8-4　B　　8-5　D　　8-6　B

8-7　10cm，$(\pi/6)\ \text{rad}\cdot\text{s}^{-1}$　$\pi/3$

8-8　(a) $x=A\cos\left(\dfrac{2\pi t}{T}-\dfrac{1}{2}\pi\right)$；(b) $x=A\cos\left(\dfrac{2\pi t}{T}+\dfrac{1}{2}\pi\right)$；(c) $x=A\cos\left(\dfrac{2\pi t}{T}+\pi\right)$

8-9　$\pi/4$，　$x=2\times10^{-2}\cos(\pi t+\pi/4)$　(SI)　　8-10　$3\pi/4$

8-11　$|A_1-A_2|$，$x=|A_2-A_1|\cos\left(\dfrac{2\pi}{T}t+\dfrac{1}{2}\pi\right)$

8-12　（1）$x=10.6\times10^{-2}\cos[10t-(\pi/4)]$　(SI)；　（2）$x=10.6\times10^{-2}\cos[10t+(\pi/4)]$(SI)

8-13　0.0653　　8-14　（略）

第9章（习题9）

9-1　C　　9-2　B　　9-3　C　　9-4　C

9-5　波从坐标原点传至 x 处所需时间，x 处质点比原点处质点滞后的振动相位，t 时刻 x 处质点的振动位移

9-6 向下，向上，向上　9-7 $y_P = 0.2\cos\left(\frac{1}{2}\pi t - \frac{1}{2}\pi\right)$

9-8 $y = 12.0 \times 10^{-2}\cos\left(\frac{1}{2}\pi x\right)\cos 20\pi t$ (SI)

$x =$ （$2n+1$）m（$n=0, 1, 2, 3, 4$），即 $x=1$m，3m，5m，7m，9m

$x = 2n(n = 0,1,2,3,4,5)$ m，即 $x=0$m，2m，4m，6m，8m，10m

9-9 5.0×10^4Hz，2.86×10^{-2}m，$1.43\times10^3\text{m}\cdot\text{s}^{-1}$

9-10 介电常数 ε 和磁导率 μ　9-11 637.5Hz，566.7Hz　9-12 1.7×10^3Hz

9-13 （1）O 处质点振动方程：$y_0 = A\cos\left[\omega\left(t+\frac{L}{u}\right)+\phi\right]$；（2）波动表达式：$y = A\cos\left[\omega\left(t-\frac{x-L}{u}\right)+\phi\right]$；（3）$x = L \pm x = L \pm k\frac{2\pi u}{\omega}$ （$k=0, 1, 2, 3, \cdots$）

9-14 （1）$x=0$ 处质点的振动方程为 $y = A\cos\left[2\pi\nu(t-t')+\frac{1}{2}\pi\right]$；（2）该波的表达式为 $y = A\cos\left[2\pi\nu\left(t-t'-\frac{x}{u}\right)+\frac{1}{2}\pi\right]$

9-15 $\theta=6°$

第10章（习题10）

10-1 B　10-2 B　10-3 D　10-4 B　10-5 C　10-6 C　10-7 B　10-8 D　10-9 A　10-10 D

10-11 r_1^2/r_2^2　10-12 1.40　10-13 539.1　10-14 1.2mm，3.6mm

10-15 4

10-16 子波，子波相干叠加　10-17 6250Å（或625nm）　10-18 30°，1.73

10-19 0.72mm，3.6mm　10-20 $\lambda_2 = l_2^2\lambda_1/l_1^2$　10-21 （1）0.27cm；（2）1.8cm

10-22 （1）2.4×10^{-4}cm；（2）0.8×10^{-4}cm；（3）$k=0$，±1，±2 级明条纹

第11章（习题11）

11-1 D　11-2 A　11-3 B　11-4 D　11-5 B　11-6 C　11-7 A

11-8 系统的一个平衡态，系统经历的一个准静态过程

11-9 外界对系统做功，向系统传递热量；始、末两个状态，所经历的过程

11-10 166J　11-11 124.7J，−84.3J　11-12 500，700　11-13 不变，增加

11-14 （1）气体经历的过程是由等体升温和等压膨胀两个过程组成；（2）$Q = 4.90\times10^3$J

11-15 （1）$Q_1=5.35\times10^3$J；（2）$W=1.34\times10^3$J；$Q_2=4.01\times10^3$J

11-16 （1）7.02×102J；（2）5.07×102J； 11-17 6.27×10^{7}J 11-18. 略

第12章（习题12）

12-1 B 12-2 C 12-3 C 12-4 D 12-5 B

12-6 （1）气体分子的大小与气体分子之间的距离比较，可以忽略不计；

（2）除了分子碰撞的一瞬间外，分子之间的相互作用力可以忽略；

（3）分子之间以及分子与器壁之间的碰撞是完全弹性碰撞

12-7 $3.2\times10^{17}\text{m}^{-3}$

12-8 $\frac{3}{2}kT$, $\frac{5}{2}kT$, $\frac{5}{2}RT$

12-9 （1）氧，氦；

（2）速率在 $v\rightarrow v+\Delta v$ 范围内的分子数占总分子数的百分率；

（3）速率在 $0\rightarrow\infty$ 整个速率区间内的分子数的百分率的总和.

12-10 （1）分布在 $v_{\text{p}}\sim\infty$ 速率区间的分子数在总分子数中占的百分率；

（2）分子平动动能的平均值

12-11 ~12-13 略

第13章（习题13）

13-1 A 13-2 D 13-3 D 13-4 D 13-5 D 13-6 A

13-7 （1）量子化定态假设；（2）量子化跃迁的频率法则，$\nu_{kn}=|E_n-E_k|/h$；

（3）角动量量子化假设，$L=nh/2\pi$，$n=1, 2, 3, \cdots$

13-8 $hc/\lambda, h/\lambda, h/(c\lambda)$ 13-9 0.99 13-10 5×10^{14}，2

13-11 0.0549

13-12 粒子在 t 时刻在（x，y，z）处出现的概率密度； 单值、有限、连续；

$\iiint|\Psi|^{2}\text{d}x\text{d}y\text{d}z=1$

参 考 文 献

[1] 程守洙，江之永．普通物理学［M］．5版．北京：高等教育出版社，1982．
[2] 杨仲耆．大学物理学：力学［M］．北京：人民教育出版社，1979．
[3] 林润生，彭知难．大学物理学［M］．兰州：甘肃教育出版社，1990．
[4] 古玥，李衡芝．物理学［M］．北京：化学工业出版社，1985．
[5] 江宪庆，邓新模，陶相国．大学物理学［M］．上海：上海科学技术文献出版社，1989．
[6] 张三慧．大学物理学［M］．2版．北京：清华大学出版社，1985．
[7] 刘克哲，张承琚．物理学［M］．3版．北京：高等教育出版社，2005．
[8] 梁绍荣，池无量，杨敬明．普通物理学［M］．北京：北京师范大学出版社，1999．
[9] 张宇，赵远．大学物理［M］．2版．北京：机械工业出版社，2007．
[10] 毛骏健，顾牡．大学物理学［M］．北京：高等教育出版社，2006．
[11] 赵凯华，陈熙谋．电磁学［M］．北京：高等教育出版社，1985．
[12] 梁灿彬，秦光戎，梁竹健．电磁学［M］．北京：人民教育出版社，1980．
[13] Lorrain P，Corson D R．电磁学原理及应用［M］．潘仲麟，胡芬，译．成都：成都科技大学出版社，1988．
[14] 唐端方．物理［M］．上海：上海科学普及出版社，2001．
[15] 林焕文．物理阅读与实验制作［M］．上海：上海科学普及出版社，1998．
[16] 上海市物理学会，上海市中专物理协作组．物理阅读与辅导［M］．上海：上海科学普及出版社，1996．
[17] Cromer A．科学和工业中的物理学［M］．陆思，译．北京：科学出版社，1986．